# Springer-Lehrbuch Masterclass

Andreas Knauf

# Mathematische Physik: Klassische Mechanik

2., überarbeitete und ergänzte Auflage

Andreas Knauf
Department Mathematik
Universität Erlangen-Nürnberg
Erlangen, Deutschland

Masterclass
ISBN 978-3-662-55775-4 ISBN 978-3-662-55776-1 (eBook)
https://doi.org/10.1007/978-3-662-55776-1

Die Deutsche Nationalbibliothek verzeichnet diese Publikation in der Deutschen Nationalbibliografie; detaillierte bibliografische Daten sind im Internet über http://dnb.d-nb.de abrufbar.

Springer Spektrum


Planung: Dr. Annika Denkert

Gedruckt auf säurefreiem und chlorfrei gebleichtem Papier

Springer Spektrum ist Teil von Springer Nature
Die eingetragene Gesellschaft ist Springer-Verlag GmbH Deutschland
Die Anschrift der Gesellschaft ist: Heidelberger Platz 3, 14197 Berlin, Germany

# Inhaltsverzeichnis

# Bemerkungen zur Mathematischen Physik

## Motive und Ziele

„*The laws of nature are constructed in such a way as to make the universe as interesting as possible.*" FREEMAN DYSON, in *Imagined Worlds* (1997)

In der Mathematischen Physik wird versucht, ausgehend von physikalischen Grundgleichungen und -Annahmen (wie der newtonschen Gleichung, der Boltzmann–Verteilung oder der Schrödinger–Gleichung) physikalische Sachverhalte mathematisch abzuleiten.

Im Mittelpunkt steht also das physikalische Problem (zum Beispiel die Frage nach der Stabilität des Sonnensystems, dem Grund für die Existenz von Kristallen oder der Lokalisierung von Elektronen im amorphen Festkörper).

Die zur Lösung des jeweiligen Problems benötigten Methoden lassen sich mehrheitlich Analysis oder Geometrie zuordnen, aber auch algebraische Techniken spielen eine Rolle. In grober Zuordnung entspricht mathematisch der

- Klassischen Mechanik die Theorie der gewöhnlichen Differentialgleichungen,
- der Quantenmechanik die Funktionalanalysis und
- der (klassischen) Statistischen Mechanik die Wahrscheinlichkeitstheorie.

Zu einem Zyklus über Theoretische Physik gehört aber auch die Elektrodynamik und damit mathematisch gesehen die Theorie der Maxwell–Gleichung, einer linearen partiellen Differentialgleichung. Die Allgemeine Relativitätstheorie, eins der Fundamente der modernen Physik, führt wie viele andere Fragestellungen auf eine nichtlineare partielle Differentialgleichung. Die Quantenfeldtheorie beruht auf einer Vielfalt analytischer, geometrischer wie algebraischer Methoden.

Bei dieser Uferlosigkeit des Gebietes stellt sich die Frage, wie es möglich ist, hier in vernünftiger Zeit Boden unter den Füßen zu bekommen, und ob sich die Beschäftigung mit Mathematischer Physik lohnt.

Der vorliegende Band gibt ein Teilangebot zur ersten Frage.[1]

[1] Es ist nicht ausgeschlossen, dass ihm Bände zur Quantenmechanik und zur statistischen Mechanik folgen.

Die zweite Frage muß jeder für sich entscheiden. Studierende der Mathematik und der Physik haben hier oft unterschiedliche Motive:

- In den Kursusvorlesungen der *Theoretischen Physik* kann ein mathematisch rigoroser Unterbau aus Zeitgründen nicht geschaffen werden. Notgedrungen werden etwa Schrödinger-Operatoren wie endliche Matrizen behandelt. Hier bietet die Mathematischen Physik eine sinnvolle Ergänzung.

  Der für eine höhere mathematische Genauigkeit zu zahlende Preis besteht darin, dass ein Kurs zur Mathematischen Physik bei Bachelor-regulierter Zeit nicht die gleiche Vielfalt physikalischer Phänomene behandeln kann, wie das in einem Kurs zur Theoretischen Physik möglich ist. Stattdessen werden begriffliche Grundlagen geklärt und exemplarische Modelle untersucht.

- Im *Mathematik*-Studium wird aus gutem Grund eine deduktive Entwicklung mathematischer Begriffe gewählt.

  Hier kann die problem- und nicht methodenorientierte Mathematische Physik die praktische Relevanz dieser Begriffe motivieren, etwa die dynamische Bedeutung der Spektralanteile eines selbstadjungierten Operators.

Ein weiterer Grund für das Interesse an der Mathematischen Physik ist ein Phänomen, das Eugene Wigner zum Titel eines 1960 erschienenen Essays machte, nämlich

*„The Unreasonable Effectiveness of Mathematics in the Natural Sciences"*

Oder mit Albert Einstein:

*„Wie ist es möglich, daß die Mathematik, die doch ein von aller Erfahrung unabhängiges Produkt des menschlichen Denkens ist, auf die Gegenstände der Wirklichkeit so vortrefflich paßt?"*[2]

Unmittelbar bezieht sich das Zitat Einsteins auf alle ‚Gegenstände der Wirklichkeit'. Aber seine beste Bestätigung findet es in der Physik. Hier weisen mathematische Strukturen (wie die Differentialgeometrie für die Relativitätstheorie oder die Gruppentheorie für die Quantenfeldtheorie) oft vor experimentellen Beobachtungen den Weg zur angemessenen Theorie.[3]

Dagegen sind etwa in der Biologie als neuer Leitwissenschaft naturhistorisch entstandene Strukturen entscheidend. Auch wenn sich viele Phänomene mathematisch modellieren lassen, ist die Voraussagekraft der Modelle begrenzt. Gleiches gilt in verstärktem Maß etwa für die Wirtschaftswissenschaften.

Zwar läßt sich auch die Vielfalt technischer Erfindungen in mathematischer Sprache beschreiben, auch hier wird mehr problem- als methodenorientiert gearbeitet. Ein Unterschied liegt aber in der Zielsetzung. Ziel Mathematischer Physik ist zunächst Erkenntnis von Naturvorgängen, während es in der Technomathematik letztlich um die Simulation und Optimierung von Strukturen und Prozessen geht.

[2]A. Einstein: Geometrie und Erfahrung. Festvortrag, gehalten an der Preussischen Akademie der Wissenschaften zu Berlin, am 27. Januar 1921. Berlin: Julius Springer 1921.

[3]Dass umgekehrt ‚physikalische Beweise' mathematischer Sachverhalte möglich sind, zeigt auf sehr unterhaltsame Weise das Buch [Lev] von Mark Levi.

# Inhalte des Buches ‚Klassische Mechanik'

*„Als $\mu\eta\chi\alpha\nu\acute{\eta}$ (mêchanê) bezeichnet man vorwissenschaftlich im Griechischen eine Konstruktion, einen Kunstgriff oder auch einen — illegitimen — Trick. Wenn griechische Staatsverträge hinterlistiges Verhalten ausschließen wollten, verboten sie den Einsatz von $\tau\acute{\epsilon}\chi\nu\eta$ (technê) oder mêchanê, von Hinterlist und Tücke." [Me],* Seite 129

Die logischen Beziehungen zwischen den Kapiteln dieses Buches werden in erster Näherung durch den folgenden Baum dargestellt.

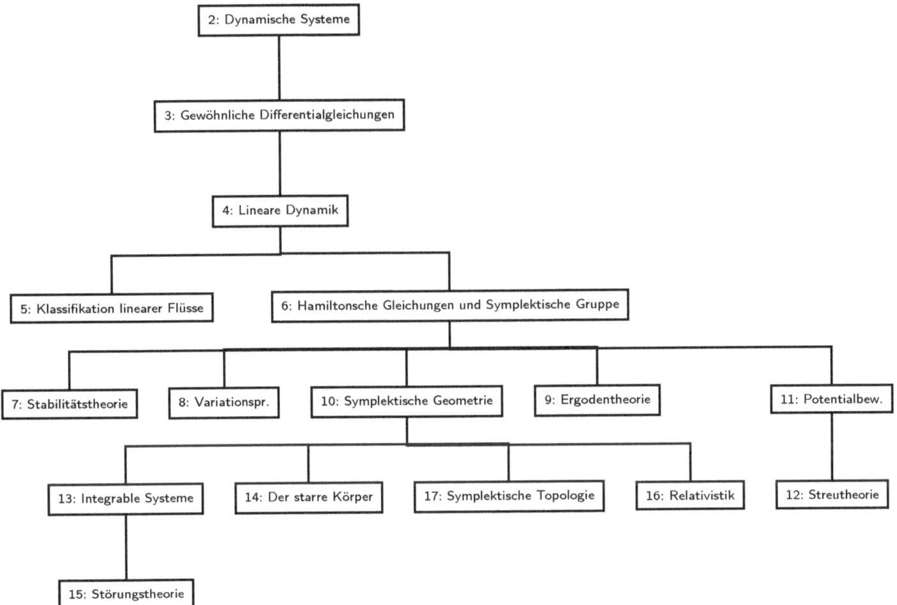


Grob gesagt, liefern also Kapitel 2 bis 6 ein Grundgerüst, von dem ausgehend speziellere Fragen betrachtet werden können.

Einer vierstündigen Vorlesung kann beispielsweise (falls Grundkenntnisse über gewöhnliche Differentialgleichungen vorausgesetzt werden können) die folgende Stoffauswahl zugrunde gelegt werden:

- Kapitel 2: Dynamische Systeme
- Kapitel 6: Hamiltonsche Gleichungen und Symplektische Gruppe
- Kapitel 8: Variationsprinzipien
- Kapitel 9: Ergodentheorie
- Kapitel 10: Symplektische Geometrie
- Kapitel 13: Integrable Systeme

Ergänzend zu den Anhängen dieses Buches sei das *Taschenbuch der Mathematik* [Zei] von EBERHARD ZEIDLER [Hg] empfohlen.

## Vorwort zur zweiten Auflage

Explizit vorausgesetzt werden nur die Vorlesungen zur Analysis und zur Linearen Algebra. Anhänge fassen die wichtigsten Voraussetzungen etwa aus Differentialgeometrie, Gruppentheorie, Topologie und Wahrscheinlichkeitstheorie zusammen. *Essentials* etwa aus der Theorie gewöhnlicher Differentialgleichungen oder der Funktionalanalysis werden an Ort und Stelle eingeführt. Bei entsprechenden Vorkenntnissen können die entsprechenden Kapitel ausgelassen werden.

Der Band eignet sich auch zum Selbststudium.

Dieses Lehrbuch versucht, die Breite aktueller Fragestellungen abzubilden und Voraussetzungen für das Verständnis spezialisierterer Literatur zu schaffen.

Die durch einen Stern (*) gekennzeichneten Kapitel sind mathematisch anspruchsvoller, werden aber im Weiteren nicht vorausgesetzt.

Die (in diesem Band über 100) Übungsaufgaben werden teilweise durch Lösungstipps ergänzt, denn sie variieren stark in ihrem Schwierigkeitsgrad. In einem Anhang findet man die Lösungen.

Die (für den vorliegenden Band etwa 340) Illustrationen sind – soweit möglich – quantitativ exakt.

60 von ihnen sind in der zweiten Auflage qualitativ verbessert oder neu hinzugefügt worden Ebenso wurden für diese Auflage erkannte Druckfehler beseitigt und der Text an einigen Stellen verbessert oder ergänzt.

**Danksagung** Der vorliegende Band hat seinen Ursprung im Vorlesungszyklus ‚Mathematische Physik', der von Ruedi Seiler am Fachbereich Mathematik der TU Berlin etabliert wurde. Ihm verdanke ich und verdankt das Buch sehr viel.

Robert Schrader[4], der am Fachbereich Physik der FU Berlin meine Diplomarbeit und Dissertation betreute, hat meine Sicht der Mathematischen Physik entscheidend geformt. Er war ein ausgezeichneter Wissenschaftler. Für mich war er Mentor, Kollege und Freund. Ich widme dieses Buch seinem Andenken.

Ich danke Frau Irmgard Moch, die in detektivischer Arbeit meine Handschrift entzifferte und dieses Buch schrieb. Christoph Schumacher hat unter Anderem mehrere Aufgaben beigetragen. Viviane Baladi, Tanja Dierkes, Jacques Féjoz, Daniel Matthes, Herbert Lange, Johannes Singer, Zhiyi Tang, Stefan Teufel, Stephan Weis sowie zahlreiche weitere Kolleginnen und Kollegen fanden Fehler im Manuskript oder trugen anderweitig zu seiner Verbesserung bei. Jochen Denzler, der das Manuskript für die englische Ausgabe übersetzte, trug mit seinen Vorschlägen auch wesentlich zur deutschen Neuauflage bei.

Frau Allewelt, Frau Denkert, Frau Herrmann und Herrn Heine vom Springer–Verlag danke ich für ihre freundliche Hilfe bei der Veröffentlichung und Neuauflage des Buches.

Alle Fehler gehen natürlich auf mein Konto. Für entsprechende Hinweise bin ich dankbar.

Erlangen, im Juli 2017, A.K.

[4]Die *International Association of Mathematical Physics* (IAMP, `www.iamp.org`) veröffentlichte einen Nachruf auf Robert Schrader in ihrem *News Bulletin* vom April 2016.

## Zur Notation

**Teilmengen:** Sind $A$ und $B$ Mengen, dann heißt $A$ *Teilmenge* von $B$ (in Zeichen $A \subseteq B$), wenn gilt: $x \in A \Rightarrow x \in B$. Insbesondere gilt $B \subseteq B$. Die *echte Inklusion* $A \subsetneq B$ bedeutet, dass $A \subseteq B$, aber $A \neq B$ gilt. In der mathematischen Literatur findet man auch das Teilmengenzeichen $A \subset B$. Dies benutzen wir statt $\subsetneq$ als Hinweis auf eine echte Teilmenge.

**Potenzmengen:** Ist $A$ eine Menge, dann ist die *Potenzmenge von A*

$$2^A := \{B \mid B \subseteq A\}.$$

Synonym findet man auch die Notationen $\mathfrak{P}(A)$ und $\mathcal{P}(A)$.

**Funktionen:** Für $f: M \to N$ und $A \subseteq M$ ist $f(A) := \{f(a) \mid a \in A\}$.
Für $B \subseteq N$ ist $f^{-1}(B) := \{m \in M \mid f(m) \in B\}$. Für $b \in N$ ist $f^{-1}(b) := f^{-1}(\{b\})$.

**Zahlen:** Menge $\mathbb{N} = \{1, 2, \ldots\}$ der natürlichen Zahlen, $\mathbb{N}_0 = \{0, 1, 2, \ldots\}$,
Ring $\mathbb{Z} = \{0, 1, -1, 2, -2, \ldots\}$ der ganzen Zahlen.
Körper $\mathbb{Q}, \mathbb{R}, \mathbb{C}$ der rationalen, reellen beziehungsweise komplexen Zahlen.
Für einen Körper $\mathbb{K}$ bedeutet $\mathbb{K}^*$ die multiplikative Gruppe $\mathbb{K}^* := \mathbb{K} \setminus \{0\}$, und

$$\mathbb{R}^+ := \{x \in \mathbb{R} \mid x > 0\} = (0, \infty).$$

**Intervalle:** Für $a, b \in \mathbb{R},\ a < b$ ist

$$(a,b) := \{x \in \mathbb{R} \mid x > a,\ x < b\} \quad , \quad (a,b] := \{x \in \mathbb{R} \mid x > a,\ x \leq b\} \quad \text{etc.}$$

(Synonym findet man auch die Notation $]a, b[= (a, b)$, $]a, b] = (a, b]$ etc.)

**Matrizen:** Mat$(m \times n, \mathbb{K})$ bezeichnet den $\mathbb{K}$–Vektorraum der $m \times n$–Matrizen mit Einträgen aus dem Körper $\mathbb{K}$, und Mat$(n, \mathbb{K})$ den Ring Mat$(n \times n, \mathbb{K})$.

**Sphären und Kugeln:** Für $d \in \mathbb{N}_0$ ist $S^d := \{x \in \mathbb{R}^{d+1} \mid \|x\| = 1\} = \partial B^{d+1}$, also Rand der abgeschlossenen Vollkugel $B_r^d := \{x \in \mathbb{R}^d \mid \|x\| \leq r\}$ vom Radius $r > 0$, und $B^d := B_1^d$.
Wir schreiben $S^1 \subset \mathbb{C}$ für $\{c \in \mathbb{C} \mid |c| = 1\}$, aber auch $S^1 := \mathbb{R}/\mathbb{Z}$ (mit der Identifikation $[x] \mapsto \exp(2\pi \imath x)$) für die multiplikative bzw. additive Gruppe.

**Das griechische Alphabet:** a) Kleinbuchstaben

| | | | | | | | | | |
|---|---|---|---|---|---|---|---|---|---|
| $\alpha$ | Alpha | $\zeta$ | Zeta | $\lambda$ | Lambda | $\pi$ | Pi | $\phi, \varphi$ | Phi |
| $\beta$ | Beta | $\eta$ | Eta | $\mu$ | My | $\rho, \varrho$ | Rho | $\chi$ | Chi |
| $\gamma$ | Gamma | $\theta, \vartheta$ | Theta | $\nu$ | Ny | $\sigma, \varsigma$ | Sigma | $\psi$ | Psi |
| $\delta$ | Delta | $\iota$ | Jota | $\xi$ | Xi | $\tau$ | Tau | $\omega$ | Omega |
| $\epsilon, \varepsilon$ | Epsilon | $\kappa$ | Kappa | $o$ | Omikron | $\upsilon$ | Ypsilon | | |

b) Großbuchstaben (soweit verschieden von den lateinischen)

| | | | | | | | | | | | |
|---|---|---|---|---|---|---|---|---|---|---|---|
| $\Gamma$ | Gamma | $\Theta$ | Theta | $\Xi$ | Xi | $\Sigma$ | Sigma | $\Phi$ | Phi | $\Omega$ | Omega |
| $\Delta$ | Delta | $\Lambda$ | Lambda | $\Pi$ | Pi | $\Upsilon$ | Ypsilon | $\Psi$ | Psi | | |

## Kleines Englisch-Wörterbuch

| | |
|---|---|
| abelian | abelsch |
| absolute value | Betrag |
| acceleration | Beschleunigung |
| accumulation point | Häufungspunkt |
| angular momentum | Drehimpuls |
| area | Fläche |
| assertion | Aussage |
| associativity | Assoziativität |
| as. completeness | as. Vollständigkeit |
| asymptotic value | Grenzwert |
| average | Mittelwert |
| ball | Vollkugel |
| barycenter | Schwerpunkt |
| bifurcation | Verzweigung |
| billiard | Billard |
| bound | Schranke |
| bounded | beschränkt |
| box | Würfel |
| bundle | Bündel |
| cardinality | Mächtigkeit |
| cartesian product | kartesisches Produkt |
| centroid | Schwerpunkt |
| chain rule | Kettenregel |
| circle | Kreislinie |
| closed | abgeschlossen |
| complete | vollständig |
| conditionally periodic | bedingt-periodisch |
| connected | zusammenhängend |
| connection | Zusammenhang |
| constraint | Zwangsbedingung |
| continuity | Stetigkeit |
| convergent | konvergent |
| convolution | Faltung |
| countable | abzählbar |
| covering | Überlagerung |
| critical point | Ruhelage; kr. Punkt |
| critically damped | Aperiodischer Grenzfall |
| cross section | Wirkungsquerschnitt |
| curvature | Krümmung |
| degree | Abbildungsgrad |
| derivative | Ableitung |
| disjoint | disjunkt |
| disk | Kreisscheibe |
| distance | Abstand |
| divergent | divergent |
| domain | Definitionsbereich |
| empty set | leere Menge |
| equilibrium | Ruhelage |
| equivalence class | Äquivalenzklasse |
| escape time | Fluchtzeit |
| expectation value | Erwartungswert |
| fibre | Faser |
| field | Körper |
| fixed point | Fixpunkt |
| flow | Fluss |
| force | Kraft |
| forced oscillation | erzwungene Schwingung |
| friction | Reibung |
| function | Funktion |
| golden ratio/mean | Goldener Schnitt |
| graph | Graph |
| group | Gruppe |
| group action | Gruppenwirkung |
| ill-posed | schlecht gestellt |
| image | Bild |
| imaginary part | Imaginärteil |
| imgaginary unit | imaginäre Einheit |
| inequality | Ungleichung |
| initial condition | Anfangsbedingung |
| intersection | Durchschnitt |
| interval | Intervall |
| inverse mapping | Umkehrabbildung |
| limit | Limes |
| linking number | Verschlingungszahl |
| manifold | Mannigfaltigkeit |
| map | Abbildung, Karte |
| measure | Maß |
| metric | Metrik |
| metric space | metrischer Raum |
| mixing | mischend |
| moment of inertia | Trägheitsmoment |
| momentum | Impuls |
| monotonous | monoton |
| neighborhood | Umgebung |
| numbers | Zahlen |
| - complex | - komplexe |
| - integer | - ganze |
| - irrational | - irrationale |
| - natural | - natürliche |
| - rational | - rationale |
| - real | - reelle |
| one-to-one | injektiv |
| onto | surjektiv |
| open | offen |
| order | Ordnung |
| overdamped | Kriechfall |
| partition | Zerlegung |
| proposition | Satz |
| power series | Potenzreihe |
| power set | Potenzmenge |
| primes | Primzahlen |
| principal bundle | Hauptfaserbündel |
| proper map | eigentliche Abb. |
| real part | Realteil |
| relation | Relation |
| residue class | Restklasse |
| ring | Ring |
| root | Wurzel |
| scattering | Streuung |
| section | Schnitt |
| semicontinuous | halbstetig |
| sequence | Folge |
| set | Menge |
| sign | Signum |
| solution | Lösung |
| speed | Betrag der Geschw. |
| stable | stabil |
| subsequence | Teilfolge |
| subset | Teilmenge |
| theorem | Satz |
| time delay | Zeitverzögerung |
| time reversal | Zeitumkehr |
| triangle inequality | Dreiecksungleichung |
| underdamped | Schwingfall |
| union | Vereinigung |
| unit | Einheit |
| velocity | Geschwindigkeit |
| well defined | wohldefiniert |

# Kapitel 1

# Einleitung

Prop. VIII. Prob. III.

*Moveatur corpus in circulo PQA: ad hunc effectum requiritur lex vis centripetæ tendentis ad punctum adeo longinquum S, ut lineæ omnes PS, RS ad id ductæ, pro parallelis haberi possint.*

A circuli centro *C* agatur semidiameter *CA* parallelas istas perpendiculariter secans in *M* & *N*, & jungatur *CP*. Ob similia triangula *CPM*, & *TPZ*, vel (per Lem. VIII.) *TPQ*, est *CPq.* ad *PMq.* ut *PQq.* vel (per Lem. VII.) *PRq.* ad *QTq.* & ex natura circuli rectangulum *QR* x *RN* + *QN* æquale est *PR* quadrato. Coeuntibus autem punctis P, *Q* fit *RN*+*QN* æqualis 2*PM*. Ergo est *CP quad.* ad *PM quad.* ut *QR* x 2*PM* ad *QT quad.* ade-

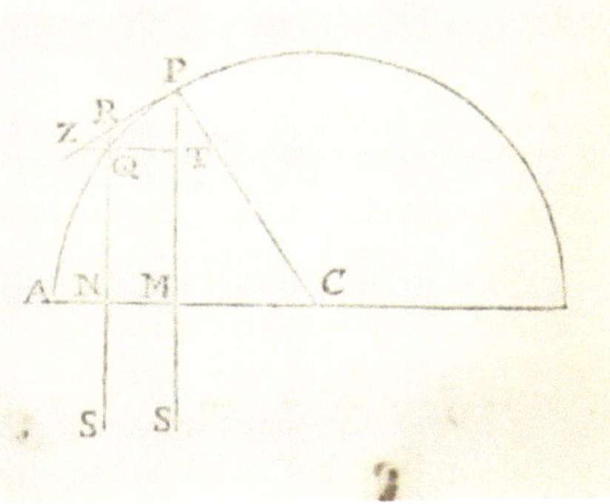


Newtons eigenes Exemplar der ersten Auflage seines Buches *Philosophiæ Naturalis Principia Mathematica*. Mit freundlicher Erlaubnis der Cambridge University Library.

## Wie alles anfing

*„Und nachdem ihm gesagt worden war, er möge die Wahrheit sagen, sonst werde man zur Folter schreiten, Antwortete er: Ich bin hier, um Gehorsam zu leisten, und ich habe besagte Meinung nach der getroffenen Entscheidung nicht aufrechterhalten".* Gerichtsprotokoll des Heiligen Offiziums der Inquisition zum Fall GALILEI (1633) [1]

[1]Zitiert nach SOBEL [Sob2], Seite 289.

Gut fünfzig Jahre vergingen zwischen Galileis Verurteilung und dem Erscheinen der *Principia* Newtons. In dieser Zeit etablierte sich die moderne Naturforschung, mit der Klassischen Mechanik als Leitwissenschaft. Wir beginnen diese Einführung mit der Lösung der Bewegungsgleichung für die Planeten, also der Bestätigung und Präzisierung des heliozentischen Weltbilds von Galileo Galilei.

Sowohl die Untersuchung von Differentialgleichungen als auch die physikalisch begründete Himmelsmechanik gehen auf Isaac Newton (1643–1727) zurück.

- Der *Mathematiker* Newton ist (zusammen mit Leibniz) als Begründer der Differentialrechnung bekannt.
- Der *Physiker* Newton gab dem Gesetz
$$\text{Kraft} \quad = \quad \text{Masse} \quad \times \quad \text{Beschleunigung} \tag{1.1}$$
seinen Namen.

Diese beiden Tätigkeitsfelder Newtons hängen miteinander zusammen. Ist nämlich

- $x(t) \in \mathbb{R}^3$ der *Ort* eines Massenpunktes zur Zeit $t \in \mathbb{R}$, dann sind (in Newtons Schreibweise für Zeitableitungen) $\dot{x}(t) = \frac{\mathrm{d}x}{\mathrm{d}t}(t) \in \mathbb{R}^3$ seine *Geschwindigkeit* und $\ddot{x}(t) = \frac{\mathrm{d}^2x}{\mathrm{d}t^2}(t) \in \mathbb{R}^3$ seine *Beschleunigung* zu diesem Zeitpunkt.
- Andererseits kann die *Kraft* $F$ von Ort und Geschwindigkeit des Teilchens und auch direkt von der Zeit abhängen, sodass Gleichung (1.1) die Form
$$\boxed{F(x, \dot{x}, t) = m\ddot{x}}$$
besitzt. Dabei ist die Kraftfunktion $F$ als bekannt vorausgesetzt.

Dies ist ein Beispiel einer Differentialgleichung, denn es handelt sich um eine Gleichung, die von der gesuchten, hier vektorwertigen Funktion $t \mapsto x(t)$ und ihren Ableitungen erfüllt wird.

Beispielsweise wirkt auf die Erde (mit dem Mittelpunkt[2] bei $x$, der Masse $m > 0$, und mit der euklidischen Norm $\|x\| = \sqrt{x_1^2 + x_2^2 + x_3^2}$) die Kraft
$$F(x) = -m\gamma \frac{x}{\|x\|^3} \qquad (x \in \mathbb{R}^3 \backslash \{0\}), \tag{1.2}$$
wobei vereinfachend vorausgesetzt wird, dass die Sonne im Ursprung des Koordinatensystems ruht.

Eine genauere Behandlung zeigt, dass sich das echte 2–Körperproblem, bei dem Erde und Sonne sich um ihren gemeinsamen Schwerpunkt bewegen, auf das diskutierte

[2] In Aufgabe 12.37 auf Seite 298 wird gezeigt, dass für eine zentralsymmetrische Masseverteilung die Gravitation so wirkt, als ob die Masse im Mittelpunkt konzentriert wäre.

Zentralkraftproblem reduzieren lässt, wenn man statt der Erdmasse $m$ die *reduzierte Masse* $mM/(m+M)$ einsetzt[3]. Die positive Konstante $\gamma$ ist das Produkt von Gravitationskonstante und Sonnenmasse. Gleichung (1.1) besitzt hier also nach Kürzung durch $m$ die Form

$$\boxed{\ddot{x} = -\gamma \tfrac{x}{\|x\|^3}\,.} \tag{1.3}$$

Newton löste diese Differentialgleichung und leitete damit die bisher nur empirisch aus den Beobachtungsdaten abgelesenen keplerschen Gesetze der Planetenbewegung aus dem mechanischen Grundgesetz (1.1) und (1.2) ab.

Dies war der erste Triumph der neuen Naturwissenschaft — 1687 in seinem Hauptwerk „Philosophiæ naturalis principia mathematica"(kurz: *Principia*) [Ne] veröffentlicht.

Newton war sich der Bedeutung seiner Erkenntnis bewusst, und da er außer zu Mathematik und Physik auch zum Geheimnisvollen und Mystischen neigte, verschlüsselte er den lateinischen Satz *data aequatione quotcunque fluentes quantitates involvente, fluxiones invenire et vice versa* im Anagramm[4]

`6accdae13eff7i3l9n4o4qrr4s8t12ux.`

Der Satz besagte, frei übersetzt:

„Es ist nützlich, Differentialgleichungen zu lösen."

## Ableitung der keplerschen Gesetze

Wir wollen Newtons Rat folgen und (1.3) lösen.

1. Als erstes stellen wir fest, dass der Planet für alle Zeiten in der durch seinen Anfangsort und seine Anfangsgeschwindigkeit aufgespannten *Bahnebene*[5] bleibt, denn

$$\frac{\mathrm{d}}{\mathrm{d}t}[x \times \dot{x}] = \dot{x} \times \dot{x} + x \times \ddot{x} = \dot{x} \times \dot{x} - \gamma \frac{x \times x}{\|x\|^3} = 0\,, \tag{1.4}$$

der auf dieser Ebene senkrechte Vektor $x(t) \times \dot{x}(t) \in \mathbb{R}^3$ ist also zeitlich konstant.

2. Nun ist es nützlich, den Ort $x(t)$ in dieser Bahnebene durch eine komplexe Zahl $z(t)$ zu beschreiben, wobei $z(t) := x_1(t) + \imath x_2(t)$, falls ohne Einschränkung $x \times \dot{x}$ in 3–Richtung weist.

   Damit ist in *Polarkoordinaten* $z(t) = r(t)e^{\imath\varphi(t)}$, also

$$\dot{z} \;=\; (\dot{r} + \imath r\dot{\varphi})e^{\imath\varphi} \quad \text{und} \quad \ddot{z} = \big(\ddot{r} - r\dot{\varphi}^2 + \imath(2\dot{r}\dot{\varphi} + r\ddot{\varphi})\big)e^{\imath\varphi}.$$

---

[3]Siehe Beispiel 12.39 auf Seite 299.

[4]Siehe `www.newtonproject.sussex.ac.uk/view/texts/normalized/NATP00180`. Zitiert nach der Einleitung des Buches [Ar3] von ARNOL'D. Interessante biographische Notizen zu Newton findet man in [Ar6].

[5]Falls $\dot{x}$ parallel zu $x$ ist, erhalten wir statt einer Ebene eine Gerade.

Nach Division durch $e^{\imath\varphi}$ und Trennung von Real- und Imaginärteil führt die newtonsche Kraftgleichung $\ddot{z} = -\gamma\frac{z}{|z|^3}$ damit zu den beiden verkoppelten reellen Differentialgleichungen

$$\text{(I): } \ddot{r} - r\dot{\varphi}^2 + \frac{\gamma}{r^2} = 0 \quad , \quad \text{(II): } 2\dot{r}\dot{\varphi} + r\ddot{\varphi} = 0\,. \tag{1.5}$$

3. Wegen $\frac{\mathrm{d}}{\mathrm{d}t}(r^2\dot{\varphi}) = r(2\dot{r}\dot{\varphi} + r\ddot{\varphi}) = 0$ ist $\ell := r^2\dot{\varphi} = \mathrm{const}$ eine Konstante der Bewegung. Die Multiplikation dieser Größe mit der Masse $m$ des Planeten ergibt definitionsgemäß den *Drehimpuls*. Dieser ist also zeitlich konstant.

4. Substitution von $\dot{\varphi} = \ell/r^2$ in (I) ergibt die Gleichung

$$\ddot{r} - \frac{\ell^2}{r^3} + \frac{\gamma}{r^2} = 0\,.$$

Auch hier lässt sich eine Konstante der Bewegung finden, denn mit

$$U_\ell(r) := \frac{\ell^2}{2r^2} - \frac{\gamma}{r} \quad \text{und} \quad H_\ell(r,\dot{r}) := \tfrac{1}{2}\dot{r}^2 + U_\ell(r)$$

ist $\frac{\mathrm{d}}{\mathrm{d}t}H_\ell\big(r(t),\dot{r}(t)\big) = \dot{r}\left(\ddot{r} - \frac{\ell^2}{r^3} + \frac{\gamma}{r^2}\right) = 0,$
sodass $H_\ell$ zeitlich konstant ist: $H_\ell\big(r(t),\dot{r}(t)\big) = H_\ell\big(r(0),\dot{r}(0)\big) =: E$. Physikalisch wird $Em$ als die *Gesamtenergie* des Planeten interpretiert, und alle reellen Zahlen treten als Energiewerte auf.

5. Nun sind wir zunächst weniger an der Lösung der Differentialgleichung

$$\dot{r} = \pm\sqrt{2(E - U_\ell(r))}\,, \tag{1.6}$$

also der Zeitabhängigkeit des Radius interessiert, als an der Bahnform $R(\varphi) := r(t(\varphi))$.

Wir können zu $\varphi$ als unabhängiger Variable übergehen, wenn wir voraussetzen, dass $\ell = r^2\dot{\varphi} \neq 0$ ist. Dann ergibt sich aus (1.6)

$$\frac{\mathrm{d}R}{\mathrm{d}\varphi} = \frac{\dot{r}}{\dot{\varphi}} = \frac{\pm R^2\sqrt{2(E - U_\ell(R))}}{\ell}$$

oder durch Separation der Variablen und Einsetzen von $U_\ell$

$$\int \frac{\ell\,\mathrm{d}R}{\pm R\sqrt{2ER^2 + 2\gamma R - \ell^2}} = \int \mathrm{d}\varphi' = \varphi - \varphi_0\,.$$

Mit den Konstanten $e := \sqrt{1 + \frac{2E\ell^2}{\gamma^2}}$ und $p := \ell^2/\gamma$ lässt sich der Integrand der linken Seite umformen:

$$\frac{\ell}{R\sqrt{2ER^2 + 2\gamma R - \ell^2}} = \frac{p/R}{\sqrt{e^2R^2 - (p-R)^2}}\,.$$

Laut Integraltabelle ist $\arccos\left(\frac{p/R(\varphi)-1}{e}\right) = \varphi - \varphi_0$ oder

$$R(\varphi) = \frac{p}{1 + e\cos(\varphi - \varphi_0)}. \tag{1.7}$$

Dies ist aber die Gleichung eines Kegelschnittes, wobei die Konstante $e$ als *Exzentrizität* und $p$ als *Parameter* des Kegelschnittes bezeichnet wird. Der Winkel $\varphi - \varphi_0$ heißt in der astronomischen Literatur *wahre Anomalie*.

## Ergebnisse

1. Es ergibt sich bei von Null verschiedenen Drehimpuls $\ell$ für Energien

   - $E < 0: \; 0 \leq e < 1$ (Ellipse) , mit dem Kreis für $e = 0$
   - $E = 0: \; e = 1$ (Parabel)
   - $E > 0: \; e > 1$ (Hyperbel)

   Damit haben wir das **erste Keplersche Gesetz** abgeleitet.

2. Das **zweite Keplersche Gesetz** besagt, dass die Verbindungsstrecke zwischen Sonne und Planet in gleichen Zeiten gleiche Flächen überstreicht.

   Es ergibt sich aus der Konstanz von $\ell = r^2\dot{\varphi}$, denn die im Zeitintervall $[t_1, t_2]$ überstrichene Fläche ist

$$\int_{\varphi_1}^{\varphi_2} \tfrac{1}{2}R(\varphi)^2\,\mathrm{d}\varphi = \tfrac{1}{2}\int_{t_1}^{t_2} r(t)^2\frac{\mathrm{d}\varphi}{\mathrm{d}t}(t)\,\mathrm{d}t = \tfrac{1}{2}\ell\,(t_2 - t_1)\,.$$

3. Ebenso bestätigen wir das **dritte Keplersche Gesetz**, nach dem sich die Quadrate der Umlaufzeiten[6] wie die dritten Potenzen der großen Halbachsen verhalten.

   Wir substituieren für eine Lösung $t \mapsto x(t)$ der Kraftgleichung (1.3) $X(t) := c_x\,x(t/c_t)$, mit positiven Parametern $c_x$ und $c_t$. Genau für $c_t^2 = c_x^3$ erfüllt die Kurve $t \mapsto X(t)$ wieder die Kraftgleichung, denn $\frac{\mathrm{d}^2X}{\mathrm{d}t^2}(t) = \frac{c_x}{c_t^2}\frac{\mathrm{d}^2x}{\mathrm{d}t^2}(t)$ und $\frac{X}{\|X\|^3} = c_x^{-2}\frac{x}{\|x\|^3}$.
   Dies beweist das Gesetz für größenskalierte Orbits gleicher Form.

[6]Merkregel für die zu quadrierende Größe: *Times Square*.

**1.1 Aufgabe (Drittes Keplersches Gesetz)** Zeigen Sie, dass die Umlaufzeit auf einer Kepler–Ellipse nur von deren großer Halbachse abhängt[7].
**Tipp:** Zeigen Sie zunächst, dass

(a) mit den Minimal- und Maximalabständen $r_{\min} := R(\varphi_0)$, $r_{\max} := R(\varphi_0 + \pi)$ die Länge der großen Halbachse gleich dem arithmetischen Mittel $a := \frac{1}{2}(r_{\min} + r_{\max})$, die der kleinen Halbachse gleich dem geometrischen Mittel $b := (r_{\min}\, r_{\max})^{1/2}$ ist;

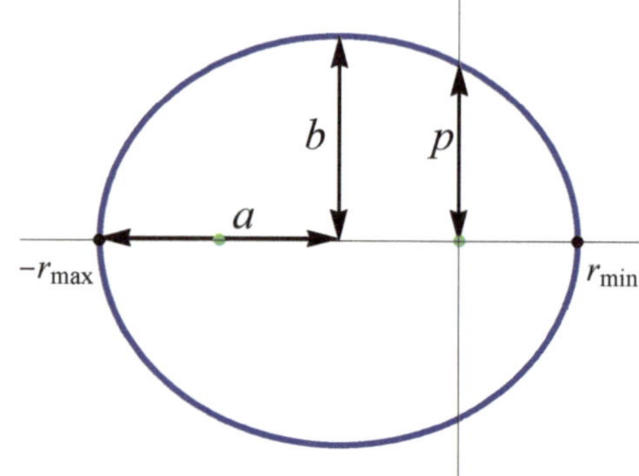


(b) Wegen des zweiten Keplerschen Gesetzes die Umlaufzeit gleich $2\pi ab/\ell$ ist.

(c) Benutzen sie dann die Beziehung $\ell^2 = \gamma^2 \frac{e^2-1}{2E}$ zwischen Drehimpuls und Exzentrizität. ◇

Wir haben also die Differentialgleichung des Kepler–Problems gelöst.[8]

Ohne dass dies vielleicht klar wurde, profitierten wir von der *Symmetrie* des untersuchten Systems, nämlich der Invarianz von (1.3) unter den orthogonalen Transformationen des $\mathbb{R}^3$, indem wir feststellten, dass bestimmte Grössen zeitlich konstant sind, und damit die Zahl der Variablen reduzieren konnten. Die newtonsche Gleichung mit einer Zentralkraft ist immer integrabel.

In (1.2) kommen maximal zweite zeitliche Ableitungen von $x$ vor, und entsprechend müssen als *Anfangswerte* zur Zeit 0 Anfangsort $x(0) \in \mathbb{R}^3$ und Anfangsgeschwindigkeit $\dot{x}(0) \in \mathbb{R}^3$ vorgegeben werden. Dann *existiert für alle Zeiten eine eindeutige Lösung von (1.3)* (außer für den bei linearer Abhängigkeit von $x(0)$ und $\dot{x}(0)$ auftretenden Fall der Kollision mit der Zentralmasse bei $x = 0$).

## Das $n$-Körper-Problem

Diesem Erfolg Newtons steht aber ein Misserfolg gegenüber.

Verallgemeinert kann man die Bewegung von $n$ Massenpunkten untersuchen, die sich gegenseitig anziehen. Man stelle sich zum Beispiel das Sonnensystem mit Sonne und Planeten vor.

Da die Kraft auf den $i$–ten Himmelskörper mit Position $q_i \in \mathbb{R}^3$ gleich dem Produkt aus seiner Masse $m_i$ und seiner Beschleunigung $\ddot{q}_i$ ist, ergibt sich[9] mit

[7] Aus den Formeln für die Halbachsen folgt, dass ihr Quotient $b/a$ gleich $1 + \mathcal{O}(e^2)$ ist, während der Quotient von $r_{\min}$ und $r_{\max}$ von der Exzentrizität $e$ in der Form $\frac{1-e}{1+e} = 1 - 2e + \mathcal{O}(e^2)$ abhängt. Planetenbahnen mit ihren Exzentrizitäten $e < \frac{1}{4}$ sind also in erster Näherung Kreise, wobei die Sonne um die Ordnung $e$ aus dem Mittelpunkt verschoben ist. Die abgebildete Ellipse hat die Exzentrizität $e = \frac{1}{2}$, die Erde $e = 0.017$.

[8] Die zeitliche Parametrisierung der Kegelschnitte ergibt sich aus elliptischen Integralen.

[9] in Einheiten, in denen die Gravitationskonstante Eins ist.

(1.1) und (1.2) das Differentialgleichungssystem

$$\ddot{q}_i = \sum_{j \neq i} m_j \frac{q_j - q_i}{\|q_j - q_i\|^3} \qquad (i = 1, \ldots, n). \tag{1.8}$$

Daß die Planeten so viel leichter als die Sonne sind, führt zwar dazu, dass die Näherungslösung des Zwei-Körperproblems so präzise ist.

Jupiter — der massereichste Planet — ist aber immerhin knapp $1/1000$ so schwer wie die Sonne. Man kann also erwarten, dass schon nach ca. 1000 Jahren seine Anwesenheit die Erdbahn merklich beeinflusst. Die Lösung des nächst einfachen Problems von drei Körpern wäre für uns also von besonderer Bedeutung. Das 3–Körperproblem widerstand aber in den 200 auf das Erscheinen der ‚Principia' folgenden Jahren allen Lösungsversuchen [10].

1885 wurde dem französischen Mathematiker Henri Poincaré ein von König Oskar II. von Schweden auf die Lösung dieses Problems ausgesetzter Preis verliehen. Poincaré hatte das Problem aber nicht allgemein gelöst, sondern Indizien dafür gefunden, dass Lösungsansätze divergieren mussten (Diacu und Holmes erzählen in [DH] die interessante Geschichte).

**1.2 Bemerkung (Dreikörperproblem)**
Tatsächlich sind die Bahnformen schon des sogenannten *restringierten Dreikörperproblems* (bei dem sich ein Satellit mit verschwindend kleiner Masse im Gravitationsfeld zweier um ihren Schwerpunkt kreisender Himmelskörper bewegt), sehr kompliziert.

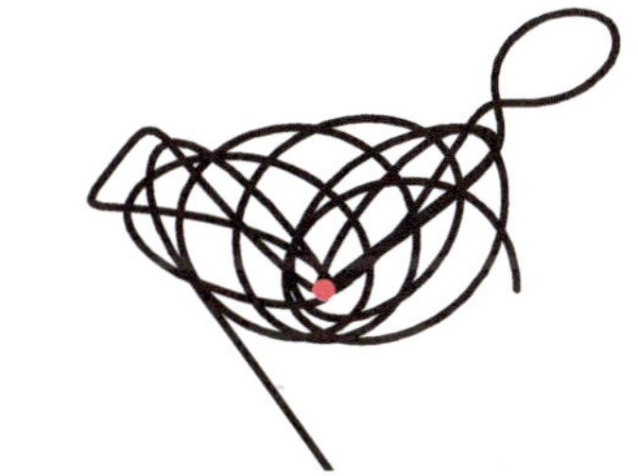

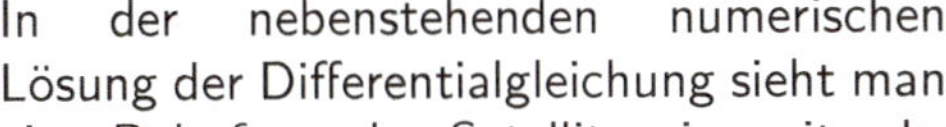

In der nebenstehenden numerischen Lösung der Differentialgleichung sieht man

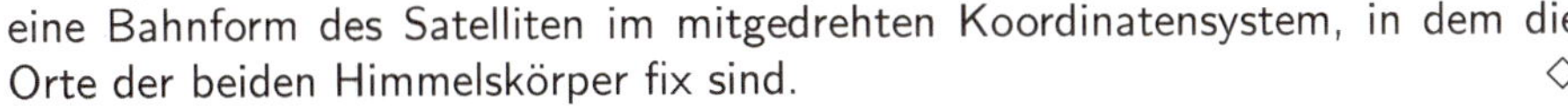

eine Bahnform des Satelliten im mitgedrehten Koordinatensystem, in dem die Orte der beiden Himmelskörper fix sind. ◇

Die Feststellung Poincarés leitete eine neue Epoche ein, in der mehr Gewicht auf qualitative Eigenschaften von Differentialgleichungen gelegt wurde. Beispielsweise wird gefragt, ob das Sonnensystem stabil ist oder nicht, ob ohne Reibungskräfte Himmelskörper eingefangen werden können etc. Beide Typen von Fragen, die nach den expliziten Lösungen von Differentialgleichungen und die nach ihren qualitativen Eigenschaften, werden im Buch ihren Platz haben.

## Zwangsbedingungen und Reibung

Ziel der Klassischen Mechanik ist es also, aus der Form der zwischen den Massenkörpern wirkenden Kräfte auf die Gestalt ihrer Bewegungen zu schließen. Eine erste Teilaufgabe besteht darin, die Bewegungsgleichung aufzustellen.

---

[10] Siehe Kapitel 11.3, beginnend auf Seite 245.

Stellen wir uns etwa die Bewegungen eines Balls vor. Zwar besteht dieser aus einer riesigen Zahl von Atomen. Insoweit deren Abstände aber zeitlich konstant sind, der Ball also als ein sogenannter starrer Körper aufgefasst werden kann, reichen sechs Gleichungen zweiter Ordnung aus, um seine Bewegung im Raum zu beschreiben. Davon beschreiben drei die Lage seines Schwerpunktes und drei die Drehung gegenüber seiner Ausgangslage[11].

Rollt der Ball auf einer Unterlage, wird durch diese Zwangsbedingung die Zahl dieser Freiheitsgrade um Eins erniedrigt. Rollt er ohne Schlupf, dann ist eine Schwerpunktbewegung nur bei gleichzeitiger Drehung möglich. Eine Frage ist, ob der Ball durch geeignete Bewegungen jede vorgegebenen Punkt in seinem Konfigurationsraum erreichen kann.

Während im Fall der Bewegung der Erde um die Sonne in guter Näherung von Reibung abgesehen werden konnte, ist dies für den auf der Erde rollenden Ball nicht der Fall. Hier ist die Abbremsung proportional zur Geschwindigkeit. Der Ball gibt im Lauf der Zeit durch Reibung Energie an seine Umgebung ab und kommt daher allmählich zur Ruhe.

Wir werden uns zwar vorzugsweise mit hamiltonschen Systemen herumschlagen, bei denen die Energie eine zeitlich erhaltene Größe ist. Wir werden dabei sehen, dass diese eine geometrische Beschreibung zulassen, wobei diese sogenannte *symplektische Geometrie* des Phasenraums sich wesentlich von der gewohnteren riemannschen Geometrie unterscheidet.

Trotzdem wollen wir auch, und gerade am Anfang, allgemeinere dynamische Systeme, zum Beispiel solche mit Energieverlust, betrachten. Nur so können wir die Besonderheit der hamiltonschen Dynamik richtig erkennen.

## Diskrete dynamische Systeme

Ein letztes Beispiel: In der Hochenergiephysik werden Teilchen auf hohe Energien beschleunigt, um sie dann kollidieren zu lassen. Aus verschiedenen Gründen möchte man die Teilchen oft nicht sofort zur Kollision bringen. Daher werden Speicherringe verwandt, in denen die bis fast auf Lichtgeschwindigkeit beschleunigten Teilchen durch ein Magnetfeld auf eine Kreisbahn gezwungen werden.

Ein konstantes Magnetfeld erzeugt eine spiralförmige Bahn, wobei die Geschwindigkeitskomponente in Magnetfeldrichtung konstant ist[12]. Nach wenigen Umläufen würden die geladenen Teilchen daher den Speicherring verlassen. Daher werden kompliziertere Anordnungen von Magneten benutzt.

Um diese zu studieren, kann man an einer Stelle des Ringes Ort und Geschwindigkeit des Teilchens senkrecht zur Strahlrichtung messen. Wir erhalten so eine Abbildung, die es gestattet, aus Ort $q_n$ und Geschwindigkeit $v_n$ des Teilchens beim $n$–ten Umlauf auf die Werte dieser Größen beim $(n+1)$–ten Umlauf zu schließen:

$$q_{n+1} = f_1(q_n, v_n) \quad , \quad v_{n+1} = f_2(q_n, v_n)$$

[11] Siehe Kapitel 14, beginnend auf Seite 353.

[12] Das wird in Kapitel 6.3.3 auf Seite 118 gezeigt.

oder kurz

$$x_{n+1} = F(x_n) \quad \text{mit} \quad x_k := \binom{q_k}{v_k} \quad \text{und} \quad F := \binom{f_1}{f_2}.$$

Um die Abbildung $F$ zu bestimmen, muss die Wirkung der Magnete auf die relativistischen Teilchen berechnet werden.

Wo befinden sich die Teilchen am Ende der Speicherung, zum Beispiel nach $10^8$ Umläufen? Zur Beantwortung dieser Frage müssen wir im Prinzip die obige Abbildung iterieren. Wir setzen

$$F^{n+1} := F \circ F^n \quad \text{mit} \quad F^0 := \mathrm{Id}.$$

Ist $F$ invertierbar, dann definieren wir analog $F^{-n-1} := F^{-1} \circ F^{-n}$.

Wir erhalten also ein sozusagen stroboskopisches Modell der Bewegung. Bei diesem nimmt der Zeitparameter $n$ Werte in den ganzen Zahlen $\mathbb{Z}$ an, während im ersten Fall $t \in \mathbb{R}$ war.

Wieder kann in guter Näherung Energieerhaltung vorliegen oder, zum Beispiel durch Abstrahlung, Energie verloren gehen.

Eine Ingenieursaufgabe besteht darin, die Magnete so auszulegen, dass Stabilität vorliegt, die Teilchen also nicht den Speicherring verlassen. Es ist dabei rechnerisch ineffektiv, $F$ tatsächlich $10^8$ mal zu iterieren. Denn es muss ja Stabilität für ein Kontinuum von Anfangsbedingungen gezeigt werden. Eine tiefergehende Analyse der Dynamik ist notwendig.

Nehmen wir an, dass $F(0) = 0$ ist, also die ohne Auslenkung von Ort und Geschwindigkeit startenden Teilchen auch wieder so ankommen. Eine erste Näherung besteht dann in der Linearisierung von $F$, das heißt der Untersuchung der Matrix $M := \mathrm{D}F(0)$. Würde diese nur komplexe Eigenwerte besitzen, deren Betrag kleiner als Eins ist, dann wäre die Bewegung stabil.

Dies ist aber bei Energieerhaltung nicht der Fall. Das Beste, was hier konstruktiv erreicht werden kann, ist marginale Stabilität, bei der sich alle komplexen Eigenwerte auf dem Einheitskreis befinden.

Kann dann immer noch von $M$ auf $F$ geschlossen werden? Dies ist mit der hamiltonschen Störungstheorie möglich, nach dem berühmten Satz von Kolmogorov, Arnol'd und Moser[13] sogar für alle Zeiten. In der Tat stellt man bei Variation der Parameter von $F$ (also der Anordnung der Magnete) fest, dass für bestimmte Parameterwerte eine Verzweigung von instabilem zu stabilem Verhalten stattfindet. Die Ingenieursaufgabe ist also im Prinzip lösbar.

Zusätzlich gefährden verschiedene Wechselwirkungen zwischen den Teilchen die Stabilität des Strahls, insbesondere bei hohen Intensitäten. Dann wird ihre kollektive Bewegung durch die Vlasov-Gleichung, eine hamiltonsche partielle Differentialgleichung, modelliert.

Abbildung 1.1 zeigt, wie für große Ladungen Instabilitäten auftreten.

---

[13]Die KAM-Theorie wird in Kapitel 15.4 behandelt, beginnend auf Seite 398.

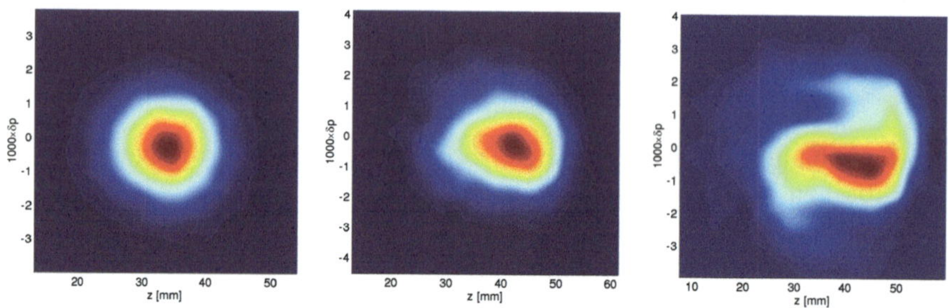


Abbildung 1.1: Strahlinstabilität. Links: Ladung 1 Picocoulomb, Mitte: 8 pC, rechts: 12 pC. Bilder: Andy Wolski (Liverpool)

## Verhältnis zur Statistischen Mechanik und Quantenmechanik

Während der aus vielen Atomen bestehende starre Körper durch nur sechs verkoppelte Differentialgleichungen beschrieben werden konnte, ist dies etwa für Gase nicht der Fall. Trotzdem werden diese in der Statistischen Mechanik sehr effektiv beschrieben. Die Basis ist aber nicht mehr deterministisch sondern wahrscheinlichkeitstheoretisch. Man geht davon aus, dass der Gleichgewichtszustand des Gases durch wenige Parameter wie Dichte und Energie beschrieben werden kann und auf der durch diese Parameter definierten Mannigfaltigkeit gleichverteilt ist. Diese erfolgreiche Annahme muss aber gerechtfertigt werden, indem die ergodischen Eigenschaften des mechanischen Systems analysiert werden.

In Wirklichkeit ist die Natur nicht klassisch sondern quantenhaft. Die Newton–Gleichung der Klassischen Mechanik erscheint nur in einer Asymptotik der quantenmechanischen Schrödinger–Gleichung. Trotzdem würde niemand auf die Idee kommen, etwa die mechanischen Eigenschaften eines Fahrrads quantenmechanisch zu untersuchen. Und auch bei mikroskopischen Objekten wie Atomen und Molekülen ist es oft effektiv, die Quantendynamik als Störung der klassischen Bewegung anzusetzen.

# Kapitel 2

# Dynamische Systeme

Seeschnecken (Links: Oliva porphyria, Rechts: Conus marmoreus)
Jeweils Links: Fotografie, Rechts: Simulation durch ein dynamisches System.[1]



Dynamiken kann man unter verschiedenen Blickwinkeln und mit unterschiedlichen Zusatzstrukturen betrachten, und entsprechend gibt es auch verschiedene Definitionen dynamischer Systeme. Wir werden in diesem Kapitel zwar hauptsächlich sogenannte *topologische* und *differenzierbare* dynamische Systeme untersuchen, beginnen aber noch etwas allgemeiner.

Erst ab Kapitel 6 rücken die in der Klassischen Mechanik dominierenden *hamiltonschen* dynamischen Systeme ins Zentrum. Das sind Lösungen von speziellen Differentialgleichungen erster Ordnung. Sie besitzen ein zeitinvariantes Maß, was für einen Vektorraum als Phasenraum das Lebesgue-Maß ist.

Das Kapitel 9 widmet sich solchen (nicht notwendig hamiltonschen) *maßerhaltenden* dynamischen Systemen.

[1]Die Fotos entstammen Kapitel 10 (geschrieben von D. Fowler und P. Prusinkiewicz [FP]) in H. Meinhardt: The Algorithmic Beauty of Sea Shells. 4. ed., c Springer 2009. Fotos mit freundlicher Genehmigung von D. Fowler und P. Prusinkiewicz

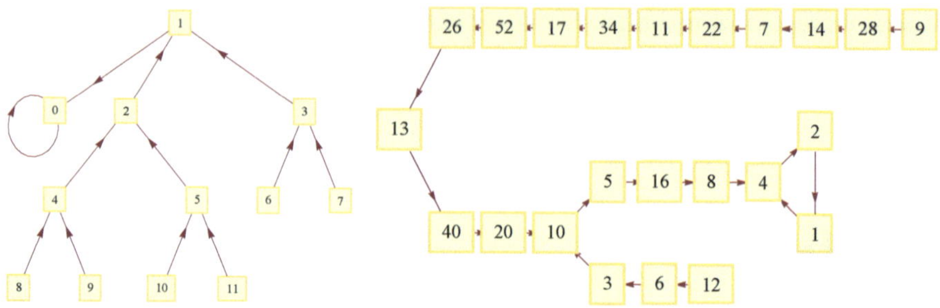


Abbildung 2.1.1: Iterierte Abbildungen. Links: Beispiel 2.2. Rechts: Collatz–Graph aus Beispiel 2.3

**2.1 Weiterführende Literatur** Die Lehrbücher von KATOK und HASSELBLATT [KH] und von ROBINSON [Ro] behandeln allgemeine (nicht notwendig hamiltonsche) dynamische Systeme, und auch iterierte nicht invertierbare Abbildungen (die oft ebenfalls als dynamische Systeme bezeichnet werden). ◇

## 2.1 Iterierte Abbildungen, dynamische Systeme

*„Wir müssen also den gegenwärtigen Zustand des Weltalls als die Wirkung seines früheren und als die Ursache des folgenden Zustandes betrachten. Eine Intelligenz, welche für einen gegebenen Augenblick alle in der Natur wirkenden Kräfte sowie die gegenseitige Lage der sie zusammensetzenden Elemente kennte, und überdies umfassend genug wäre, um diese gegebenen Größen der Analysis zu unterwerfen, würde in derselben Formel die Bewegungen der größten Himmelskörper wie des leichtesten Atoms umschließen; nichts würde ihr ungewiß sein und Zukunft und Vergangenheit würden ihr offen vor Augen liegen."* PIERRE-SIMON LAPLACE *(1814), [Lap]*, Seite 1

Gegeben sei eine Abbildung $f : M \to M$ einer Menge $M$ in sich. Diese können wir *iterieren*, indem wir die *iterierte Abbildung*

$$f^{(0)} := \mathrm{Id}_M \quad , \quad f^{(t)} := f \circ f^{(t-1)} \qquad (t \in \mathbb{N})$$

definieren. Für jedes $m \in M$ erhalten wir eine Folge $a : \mathbb{N} \to M,\ a_t = f^{(t)}(m)$. Wir nennen dann $M$ Phasenraum, $t$ Zeitparameter und $m$ Anfangspunkt. Wir haben nicht vorausgesetzt, dass $f$ injektiv ist. Dass verschiedene Anfangspunkte also die gleiche Zukunft haben können, kann man am Graphen von $f$ ablesen.

**2.2 Beispiel** Für $f : \mathbb{N}_0 \to \mathbb{N}_0,\ m \mapsto \lfloor m/2 \rfloor$ ergibt sich der in Abbildung 2.1.1 (links) durch Pfeile von $m$ nach $f(m)$ dargestellte gerichtete Graph. ◇

Schon einfache iterierte Abbildungen können zu sehr schwierigen Fragen führen.

**2.3 Beispiel (Collatz–Vermutung)** Auf dem Phasenraum $M := \mathbb{N}$ ist $f$ definiert durch $f(m) := m/2$, falls $m$ gerade und $f(m) := 3m+1$, falls $m$ ungerade. Zum Beispiel beginnt die Folge mit Anfangspunkt 7 mit 7, 22, 11, 34, 17, 52, 26, 13, 40, 20, 10, 5, 16, 8, 4, 2, 1, 4, … und wird nach Erreichen der Eins zyklisch, siehe Abbildung 2.1.1 (rechts).

Die Vermutung von Lothar Collatz, dass *jede* Folge die 1 enthält, ist seit 1937 weder bewiesen noch widerlegt worden. ◇

**2.4 Beispiel (Calkin-Wilf-Folge)** Für die Zerlegung $x = \lfloor x \rfloor + \{x\}$ von $x \in \mathbb{R}$, mit $\lfloor x \rfloor \in \mathbb{Z}$ und $\{x\} \in [0,1)$ iterieren wir die Abbildung

$$f : \mathbb{R}^+ \to \mathbb{R}^+ \quad , \quad x \mapsto \frac{1}{\lfloor x \rfloor + 1 - \{x\}},$$

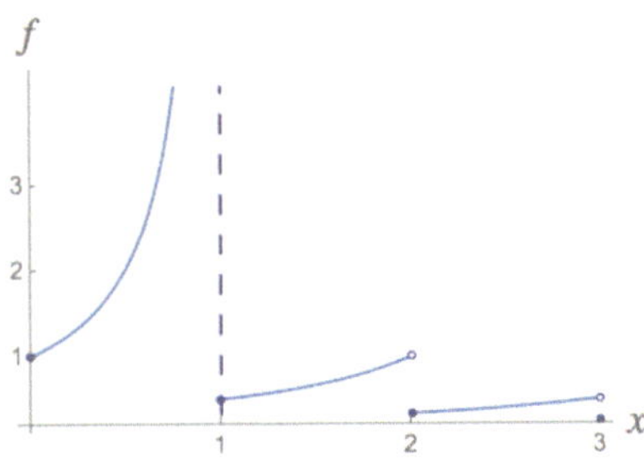


beginnend mit 1. Die ersten Folgenglieder sind also $1, \frac{1}{2}, 2, \frac{1}{3}, \frac{3}{2}, \frac{2}{3}, 3, \frac{1}{4}, \frac{4}{3}, \frac{3}{5}, \frac{5}{2}, \frac{2}{5}, \frac{5}{3}, \frac{3}{4}, \ldots$ Diese Folge zählt die positiven rationalen Zahlen ab. Einen Beweis findet man in CALKIN und WILF [CW]. ◇

**2.5 Aufgabe (Cantor–Menge)** Im Intervall $I := [0,1]$ befindet sich das *Loch* $L := (1/3, 2/3)$. Wir iterieren die Abbildung

$$f : \mathbb{R} \to \mathbb{R}, \quad x \mapsto \tfrac{3}{2}\left(1 - 2\,|x - 1/2|\right)$$

so oft, bis wir das Loch erreichen. Wir betrachte also für den Startwert $x_0 \in I$ die Folge $(x_n)_{n \in \mathbb{N}}$, $x_{n+1} := f(x_n)$. Zeigen Sie, dass die Menge

$$C := \{x_0 \in I \setminus L \mid \forall n \in \mathbb{N} : x_n \in I \setminus L\}$$

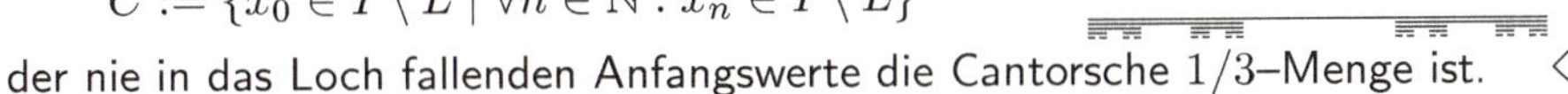

der nie in das Loch fallenden Anfangswerte die Cantorsche $1/3$–Menge ist. ◇

**2.6 Bemerkung (Invertierbarkeit)**
Die Grundgleichungen der Natur geben keine Zeitrichtung vor. Daher spielen nicht bijektive, eine Dynamik definierende Abbildungen nur als grobe Modelle physikalischer Geschehnisse eine Rolle. Statt allgemeiner iterierter Abbildungen stehen in der Klassischen Mechanik eher dynamische Systeme im Sinn der folgenden Definition im Mittelpunkt des Interesses.

Trotzdem kommen wir gelegentlich auf nicht injektive iterierte Abbildungen zurück (so die *logistische Familie* aus Beispiel 2.26). Denn diese können schon in Dimension Eins komplizierte Dynamiken aufweisen und eignen sich daher besonders zur Veranschaulichung. ◇

**2.7 Definition** *Für die Gruppen $G := (\mathbb{Z}, +)$ beziehungsweise $G := (\mathbb{R}, +)$ heißt eine Familie von Abbildungen $\Phi_t : M \to M \quad (t \in G)$ auf einer Menge $M$* **dynamisches System**, *wenn gilt:*

$$\Phi_0 = \mathrm{Id}_M \quad \textit{und} \quad \Phi_{t_2} \circ \Phi_{t_1} = \Phi_{t_1+t_2} \quad (t_1, t_2 \in G). \tag{2.1.1}$$

*$M$ heißt dann* **Phasenraum**. *Für $G = \mathbb{Z}$ heißt das dynamische System* **diskret**, *für $G = \mathbb{R}$* **kontinuierlich** *oder* **Fluss auf** *$M$.*

**2.8 Beispiel (Diskretes dynamisches System)**
$(\Phi_t)_{t\in\mathbb{Z}}$ ist genau dann ein dynamisches System, wenn $f := \Phi_1 : M \to M$ bijektiv ist mit $\Phi_t = f^{(t)}$ und $\Phi_{-t} = (f^{-1})^{(t)} \quad (t \in \mathbb{N}_0)$. ◇

**2.9 Bemerkungen**

1. Der Phasenraumpunkt $\Phi(t, m)$ gibt den Zustand des dynamischen Systems (also z.B. die Orte und Geschwindigkeiten der betrachteten Himmelskörper) zur Zeit $t$ an, wenn zur Zeit $0$ der Zustand $m$ war.

2. Die Forderung $\Phi_0(m) = m$ ist nur billig und stellt sicher, dass die Abbildungen $\Phi_t$ bijektiv sind.

   Die Forderung $\Phi_{t_2} \circ \Phi_{t_1} = \Phi_{t_1+t_2}$ der Invarianz unter Zeittranslationen ist für $G = \mathbb{R}$ erfüllt, wenn $\Phi$ die Lösung eines autonomen Differentialgleichungssystems ist (siehe Def. 3.13). Um beispielsweise die Position und Geschwindigkeit der Erde in zehn Monaten zu berechnen, können wir zunächst ihren Zustand in sieben Monaten bestimmen, um danach diesen Zeitpunkt als neuen Zeitnullpunkt zu wählen und den Zustand in drei Monaten zu berechnen.

   Für Lösungen $\Phi$ explizit zeitabhängiger Differentialgleichungen ist diese Forderung aber nicht erfüllt. Nehmen wir etwa an, dass in acht Monaten ein schneller Komet die Erde ablenkt und sei $\Phi(t, m)$ der Zustand der Erde zum Zeitpunkt $t$. Dann erfüllt *diese* Abbildung $\Phi$ die obige Bedingung nicht. Erst nach Einbeziehung der Kometendynamik durch Vergrößerung des Phasenraums um dessen Ort und Geschwindigkeit erhalten wir wieder ein autonomes Differentialgleichungssystem und als Lösung ein dynamisches System. ◇

**2.10 Definition**
*Für ein dynamisches System $(\Phi_t)_{t\in G}$ auf dem Phasenraum $M$ und $m \in M$ heißt*

- *die Abbildung $G \to M,\ t \mapsto \Phi_t(m)$ die* **Bahnkurve durch** *$m$.*
- *ihr Bild $\mathcal{O}(m) := \{\Phi_t(m) \mid t \in G\}$ der* **Orbit** *oder die* **Trajektorie durch** *$m$,*
- *$m$ heißt* **Ruhelage** *oder* **Fixpunkt**, *wenn $\mathcal{O}(m) = \{m\}$.*
- *$m \in M$ heißt* **periodisch** *(oder* **geschlossen***) mit* **Periode** *$T \in G$, wenn $T > 0$ und $\Phi_T(m) = m$.*
  *$T$ heißt dabei* **Minimalperiode**, *wenn für alle $t \in (0, T)$ gilt: $\Phi_t(m) \neq m$.*

Analoge Definitionen ergeben sich für nicht invertierbare iterierte Abbildungen, wenn man von der Gruppe $\mathbb{Z}$ zu $\mathbb{N}_0$ übergeht.

**2.11 Beispiel (Matrixpotenzen als dynamische Systeme)**
Für eine invertierbare symmetrische Matrix $A \in \mathrm{Mat}(n, \mathbb{R})$ und $M := \mathbb{R}^n$ ist

$$\Phi : \mathbb{Z} \times M \to M \quad , \quad \Phi(t, x) := A^t x \quad \text{mit } A^t = \sum\nolimits_{\lambda \in \mathrm{spek}(A)} \lambda^t P_\lambda$$

für die Spektraldarstellung $A = \sum_{\lambda \in \mathrm{spek}(A)} \lambda P_\lambda$ von $A$ ein dynamisches System. Falls $1 \notin \mathrm{spek}(A)$, also kein Eigenwert ist, ist $x = 0$ die einzige Ruhelage. ◇

**2.12 Aufgaben (Periode)**

1. Auf dem Phasenraum $S^1 = \{c \in \mathbb{C} \mid |c| = 1\}$ sei für einen Parameter $\alpha \in \mathbb{R}$ die Drehung um Vielfache von $2\pi\alpha$ gegeben durch

$$\Phi_t : S^1 \to S^1 \ , \ \Phi_t(m) := \exp(2\pi\imath t\alpha)\, m \qquad (t \in \mathbb{Z}), \tag{2.1.2}$$

   siehe Abbildung. Zeigen Sie:

   (a) Die Abbildungen (2.1.2) bilden ein dynamisches System.

   (b) Für rationale Parameterwerte $\alpha \in \mathbb{Q}$, also $\alpha = \frac{q}{p}$, $q \in \mathbb{Z}$, $p \in \mathbb{N}$, $q$ und $p$ teilerfremd, ist jeder Phasenraumpunkt periodisch, mit Minimalperiode $p$.

   (c) Für irrationale $\alpha \in \mathbb{R} \setminus \mathbb{Q}$ ist kein Phasenraumpunkt periodisch.

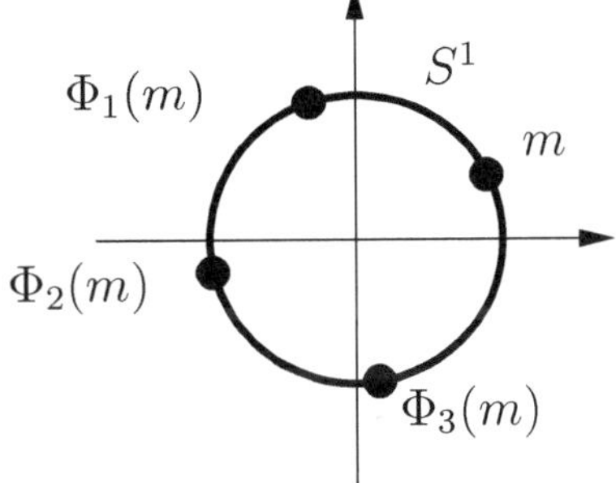


2. Die Abbildung $\mathbb{C} \to \mathbb{C}$, $z \mapsto z^m$ mit $m \in \mathbb{N} \setminus \{1\}$ induziert durch Einschränkung auf $|z| = 1$ eine (nicht invertierbare) Abbildung $f_m : S^1 \to S^1$ der Kreislinie auf sich.
   Berechnen Sie für $n \in \mathbb{N}$ die Anzahl $P_n(f_m)$ der periodischen Punkte von $f_m$ mit Periode $n$ (wobei $n$ nicht die Minimalperiode zu sein braucht) und zeigen Sie, dass die Menge der periodischen Punkte von $f_m$ dicht in $S^1$ liegt. ◇

**2.13 Satz (Orbiten dynamischer Systeme)**

1. *Die Relation $m_1 \sim m_2$, falls $m_2 \in \mathcal{O}(m_1)$ der Zugehörigkeit zum gleichen Orbit ist eine Äquivalenzrelation auf $M$.*

2. *Ist $m$ periodisch mit Periode $T$, dann gilt dies auch für alle Punkte des Orbits $\mathcal{O}(m)$ (wir sprechen dann von einem* **periodischen Orbit***).*

3. *Besitzt der Orbit $\mathcal{O}$ die Minimalperiode $T > 0$, dann ist diese eindeutig, und die Perioden von $\mathcal{O}$ bilden die Menge $T\mathbb{N} = \{Tn \mid n \in \mathbb{N}\}$.*

**Beweis:**

1. 
   - Wegen $\Phi_0 = \mathrm{Id}_M$ ist die Relation $\sim$ *reflexiv* (d.h. $m \sim m$ für alle $m \in M$).
   - Ist $m_2 = \Phi_t(m_1)$, dann gilt $\Phi_{-t}(m_2) = \Phi_{-t} \circ \Phi_t(m_1) = \Phi_{t-t}(m_1) = m_1$, die Relation also *symmetrisch*.
   - Mit $m_2 = \Phi_{t_1}(m_1)$ und $m_3 = \Phi_{t_2}(m_2)$ ist $m_3 = \Phi_{t_1+t_2}(m_1)$, $\sim$ also *transitiv*.

2. Ist $m' = \Phi_t(m)$, dann ist $\Phi_T(m') = \Phi_{T+t}(m) = \Phi_t \circ \Phi_T(m) = \Phi_t(m) = m'$, also $T$ auch Periode von $m'$.

3. Ist $S > 0$ ebenfalls Minimalperiode von $\mathcal{O}$, dann gilt $T \notin (0, S)$, also $T \geq S$ und umgekehrt $S \geq T$.

   Letzteres gilt für alle Perioden $S$. Wäre $S \notin T\mathbb{N}$, dann gäbe es eine eindeutige Darstellung $S = nT + r$ mit $n \in \mathbb{N}$ und $r \in (0, T)$. Damit wäre auch $r$ Periode von $m \in \mathcal{O}$:

   $$\Phi_r(m) = \Phi_{S-nT}(m) = \Phi_S \circ \Phi_{-nT}(m) = \Phi_S(m) = m\,,$$

   was einen Widerspruch zur Minimalität von $T$ ergeben würde. □

Für die Gruppe $G = \mathbb{Z}$ von Zeiten haben die Ruhelagen eine Minimalperiode, nämlich 1, für $G = \mathbb{R}$ haben sie keine.

**2.14 Definition** *Eine Teilmenge $N \subseteq M$ des Phasenraums $M$ heißt*

- **vorwärtsinvariant**, *wenn für alle $t \in G$, $t \geq 0$ gilt: $\Phi_t(N) \subseteq N$.*
- **invariant**, *wenn für alle $t \in G$ gilt: $\Phi_t(N) \subseteq N$.*

Invariante Teilmengen $N$ haben die Eigenschaft $\Phi_t(N) = N$ für alle $t \in G$, denn aus $\Phi_{-t}(N) \subseteq N$ folgt $N = \Phi_t\big(\Phi_{-t}(N)\big) \subseteq \Phi_t(N)$.

Wir nennen eine nicht leere invariante Teilmenge $N$ von $M$ (mengentheoretisch) *minimal*, wenn sie nicht ihrerseits eine echte solche Teilmenge besitzt. Die minimalen Teilmengen sind also gerade die Orbits. Wir haben also ein dynamisches System $(\Phi_t)_{t\in G}$ verstanden, wenn wir dessen Orbits und die Restriktionen von $\Phi_t : M \to M$ auf diese Orbits kennen.

**2.15 Aufgabe (Minimalperiode eines dynamischen Systems)**
Wir nennen $T > 0$ **Periode des dynamischen Systems**, wenn $\Phi_T = \mathrm{Id}_M$ gilt.

Zeigen Sie, dass ein diskretes dynamisches System $\Phi : \mathbb{Z} \times M \to M$ auf einer endlichen Menge $M \neq \emptyset$ als Minimalperiode das kleinste gemeinsame Vielfache der Minimalperioden seiner Orbits besitzt. ◇

## 2.2 Stetige dynamische Systeme

Die Zahl der Fragen an ein dynamisches System erhöht sich enorm, wenn wir eine Topologie zur Verfügung haben (siehe Anhang A.1), also zum Beispiel von Grenzwerten sprechen können.

**2.16 Definition**
*Ein dynamisches System* $(\Phi_t)_{t\in G}$ *auf dem Phasenraum* $M$ *heißt* **stetiges** *oder* **topologisches** *dynamisches System, wenn* $M$ *ein topologischer Hausdorff–Raum ist und*

$$\Phi : G \times M \to M \quad , \quad \Phi(t,m) := \Phi_t(m)$$

*stetig*[2] *ist.*

**2.17 Bemerkungen (Topologische dynamische Systeme)**

1. Da $\mathbb{Z}$ als topologischer Raum diskret ist, also jede Teilmenge offen ist, ist die Stetigkeit von $\Phi$ für $G = \mathbb{Z}$ gleichbedeutend mit der Stetigkeit der $\Phi_t$ $(t \in \mathbb{Z})$. Dies wiederum ist äquivalent dazu, dass $\Phi_1 : M \to M$ ein Homöomorphismus (siehe Definition A.17) ist. Umgekehrt erzeugt jeder Homöomorphismus $f : M \to M$ durch Iteration ein stetiges dynamisches System.

2. In fast allen Anwendungen ist der Phasenraum eines dynamischen Systems in natürlicher Weise ein Hausdorff–Raum. Ob aber die Dynamik stetig ist, muss von Fall zu Fall entschieden werden. Dies ist zum Beispiel bei Billards oder bei Stößen von Punktmassen nicht immer der Fall.

3. Verzichtet man auf die Topologie, also auch auf die Forderung der Stetigkeit von $\Phi$, dann verliert man aber die Kontrolle darüber, dass für endliche Zeit $t$ die $\Phi(t,m')$ nahe bei $\Phi(t,m)$ bleibt, wenn die Anfangspunkte $m,m' \in M$ nahe beieinander liegen. Dies ist aber von praktischem Interesse, denn $m$ kann im Experiment nur mit endlicher Genauigkeit gemessen werden.

4. In allen einleitenden Beispielen ist $M$ der Raum der Orte $q$ und Geschwindigkeiten $v$ der betrachteten Massenkörper. Etwa im Fall der Erde im dreidimensionalen Raum ist also $M$ der topologische Raum $\mathbb{R}^3 \times \mathbb{R}^3$ und $m = (q,v)$. Der Wert $\Phi(t,m)$ gibt den Zustand (also hier Ort und Geschwindigkeit) des Körpers nach der Zeit $t$ an, wenn er sich zur Zeit $0$ im Zustand $m$ befand.

   Wir möchten aber auch zum Beispiel die Bewegung einer Perle auf einem kreisförmigen Draht betrachten. Dort ist ihr Ort durch einen Punkt auf dem Kreis $S^1 := \{x \in \mathbb{R}^2 \mid \|x\| = 1\}$ gegeben und der Phasenraum ist die Mannigfaltigkeit $M := S^1 \times \mathbb{R}$ ($\mathbb{R}$ für die Geschwindigkeit der Kreisbewegung). Im Anhang A.2 wird der Begriff der Mannigfaltigkeit eingeführt.

5. Es kommen auch Phasenräume vor, die keine Mannigfaltigkeiten sind.

   Beispielsweise definiert die quantenmechanische *Schrödinger–Gleichung*

$$\frac{\mathrm{d}\Phi_t}{\mathrm{d}t} = -\imath H \,\Phi_t \quad , \quad \Phi_0 = \mathbb{1}_{\mathcal{H}}$$

   eines selbstadjungierten Operators $H = H^* : \mathcal{H} \to \mathcal{H}$ eine unitäre Zeitentwicklung $\Phi_t = \exp(-\imath Ht)$ $(t \in \mathbb{R})$ auf dem $\mathbb{C}$-Hilbert–Raum $(\mathcal{H}, \langle\cdot,\cdot\rangle)$.

[2]Dabei wird $(\mathbb{R},+)$ beziehungsweise $(\mathbb{Z},+)$ als topologische Gruppe (Definition E.16) aufgefasst und die Produkttopologie (Anhang A.1) auf $G \times M$ benutzt.

Letzterer ist als normierter Vektorraum ein topologischer Raum, und die Abbildung

$$\Phi : \mathbb{R} \times \mathcal{H} \to \mathcal{H} \quad , \quad \Phi(t, \psi) = \Phi_t(\psi)$$

ist stetig[3]. Allerdings ist nur für $\dim(\mathcal{H}) < \infty$ der Phasenraum eine (endlich-dimensionale) Mannigfaltigkeit im Sinn der Definition A.25.

6. Teil unserer Aufgabe wird es sein, $\Phi$ zu bestimmen, für die Gruppe $G = \mathbb{R}$ durch Integration gewöhnlicher Differentialgleichungen und für $G = \mathbb{Z}$ durch Iteration einer Abbildung. Die Abbildungen $\Phi$ werden dabei nicht nur stetig, sondern beliebig oft differenzierbar (‚glatt') sein, falls entsprechendes für die Differentialgleichung beziehungsweise für die zu iterierende Abbildung gilt.

7. Lässt man in Definition 2.16 beliebige topologische Gruppen[4] $(G, \circ)$ zu (und fordert verallgemeinert $\Phi_{t_2} \circ \Phi_{t_1} = \Phi_{t_2 \circ t_1}$), dann kommt man zum Begriff der (topologischen) *Gruppenwirkung*, genauer *Linkswirkung* oder *-operation*, im Gegensatz zur *Rechtswirkung* mit $\Phi_{t_2} \circ \Phi_{t_1} = \Phi_{t_1 \circ t_2}$. Solche Gruppenwirkungen können z.B. als Symmetrien eines dynamischen Systems auftreten. Der Spezialfall dynamischer Systeme ist zwar insofern einfacher, weil die topologischen Gruppen $\mathbb{R}$ und $\mathbb{Z}$ abelsch sind. Allerdings sind sie nicht kompakt, was die Analyse erschwert. $\diamond$

**2.18 Beispiele (Topologische dynamische Systeme)**

1. Ein einfaches Beispiel ist die *freie Bewegung* eines Himmelskörpers im Vakuum. Der Phasenraum ist wieder $M := \mathbb{R}^3_q \times \mathbb{R}^3_v$. Da nach Voraussetzung am Körper keine Kräfte angreifen, ist seine Beschleunigung $\frac{\mathrm{d}^2}{\mathrm{d}t^2} q = 0$. Damit ist die Geschwindigkeit, also die Ableitung $v = \frac{\mathrm{d}}{\mathrm{d}t} q$ des Ortes nach der Zeit, zeitlich konstant: $\frac{\mathrm{d}}{\mathrm{d}t} v = 0$, und wir haben die in Anfangswert $m$ und Zeit $t$ stetige Lösung
$$\Phi(t, m) = (q + v\,t,\, v) \qquad \big(t \in \mathbb{R},\, m = (q, v) \in M\big)\,.$$

2. Das einleitende Beispiel des himmelsmechanischen Zweikörperproblems liefert dagegen im strengen Sinn noch nicht einmal ein dynamisches System im Sinn von Definition 2.7, denn die beiden Himmelskörper können in endlicher Zeit kollidieren. Restringiert man aber den Phasenraum durch die (flussinvariante) Bedingung $q \times v \neq 0$ nicht verschwindenden Drehimpulses, dann erhält man ein stetiges dynamisches System.

3. Für eine endliche Menge $\mathcal{A} \neq \emptyset$ ist auf dem Folgenraum
$$M := \mathcal{A}^{\mathbb{Z}} = \{a : \mathbb{Z} \to \mathcal{A}\} = \{(a_k)_{k \in \mathbb{Z}} \mid a_k \in \mathcal{A}\}$$

---

[3] Im Fall der in der Quantenmechanik üblichen *un*beschränkten selbstadjungierten Operatoren $H$ ist der Fluss $\Phi$ zwar nicht mehr bezüglich der Normtopologie, aber der sogenannten starken Topologie auf $\mathcal{H}$ stetig.

[4] siehe Anhang E.1 und E.2.

durch

$$\Phi_t : M \to M \quad , \quad \big(\Phi_t(a)\big)_k := a_{k+t} \qquad (t \in \mathbb{Z}) \tag{2.2.1}$$

eine diskrete Dynamik definiert.

Versieht man das sogenannte *Alphabet* $\mathcal{A}$ mit der diskreten Topologie und den *Folgenraum* oder *Shiftraum* $M$ mit der Produkttopologie, dann ist $M$ ein topologischer Raum und der *Shift* $\Phi$ ein stetiges dynamisches System. Nach dem Satz von Tychonoff (Satz A.19) ist dabei der Phasenraum $X$ kompakt.

Obwohl sein Phasenraum (für $|\mathcal{A}| > 1$) keine Mannigfaltigkeit bildet, kann es, wie wir sehen werden, auch für die Analyse physikalisch relevanter chaotischer dynamischer Systeme benutzt werden.

Als einfaches Beispiel betrachten wir ein von drei Kreisscheiben elastisch reflektiertes Teilchen, siehe Abbildung. Diejenigen Orbits, die für alle Zeiten beschränkt sind, besitzen unendlich viele Kollisionen mit den Scheiben.

Da sie nicht zweimal hintereinander mit der selben Scheibe kollidieren können, ist die Kollisions-Folge ein Punkt in

$$\Sigma := \left\{a \in \mathcal{A}^{\mathbb{Z}} \mid \forall k \in \mathbb{Z} : a_{k+1} \neq a_k\right\},$$

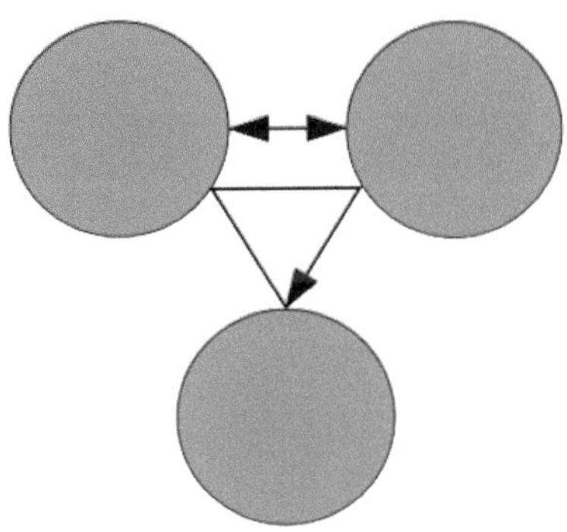

für das die Kreisscheiben nummerierende Alphabet $\mathcal{A} := \{1, 2, 3\}$. Es stellt sich heraus, dass es eine Bijektion zwischen $\Sigma$ und denjenigen Phasenraumpunkten auf den Scheiben gibt, die zu diesen gebundenen Orbits gehören.
In der Abbildung werden zwei periodische Orbits dargestellt, mit den Symbolfolgen $\overline{12}$ beziehungsweise $\overline{123}$.
Siehe [KS, Section 3] für weitere Details. ◇

**2.19 Aufgabe (Shift)** Es sei wie in Beispiel 2.18.3 $\mathcal{A}$ ein Alphabet, $M := \mathcal{A}^{\mathbb{Z}}$.

(a) Überprüfen Sie, dass $d : M \times M \to [0, \infty)$, gegeben durch

$$d(x, y) := \sum_{j \in \mathbb{Z}} 2^{-|j|}\, d_{\mathcal{A}}(x_j, y_j) \qquad \big(x = (x_j)_{j\in\mathbb{Z}},\ y = (y_j)_{j\in\mathbb{Z}} \in M\big),$$

mit $d_{\mathcal{A}}(a, b) := 0$ falls $a = b$, sonst $d_{\mathcal{A}}(a, b) := 1$, eine Metrik auf $M$ definiert. Zeigen Sie, dass der Shift $\Phi$ stetig ist.

(b) Wie viele periodische Punkte $m \in M$ und wie viele periodische Orbits der Periode $n \in \{2, 3, 4\}$ hat $\Phi$ aus (2.2.1) für das Alphabet $\mathcal{A} := \{0, 1\}$? Geben Sie alle Punkte der Minimalperiode $n$ für $n \in \{2, 3, 4\}$ an.

(c) Zeigen Sie, dass ein $x \in M$ mit in $M$ dichtem Orbit existiert, das heißt, es gilt

$$\overline{\{\Phi_t(x) \mid t \in \mathbb{Z}\}} = M.$$

Bemerkung: Damit ist das stetige dynamische System $\Phi : \mathbb{Z} \times M \to M$ *topologisch transitiv*, das heißt für offene, nicht leere $A, B \subseteq M$ gibt es ein $t \in \mathbb{Z}$ mit $\Phi_t(A) \cap B \neq \emptyset$. ◇

Das Langzeitverhalten eines Punktes im Phasenraum $M$ wird (zumindest für kompakte $M$) durch seine Limesmengen beschrieben:

**2.20 Definition**
*Für ein stetiges dynamisches System $\Phi : G \times M \to M$ und $x \in M$ heißen*

$$\alpha(x) := \left\{ y \in M \;\middle|\; \exists (t_n)_{n \in \mathbb{N}} \text{ mit } \lim_{n \to \infty} t_n = -\infty \text{ und } \lim_{n \to \infty} \Phi(t_n, x) = y \right\},$$

$$\omega(x) := \left\{ y \in M \;\middle|\; \exists (t_n)_{n \in \mathbb{N}} \text{ mit } \lim_{n \to \infty} t_n = +\infty \text{ und } \lim_{n \to \infty} \Phi(t_n, x) = y \right\}$$

$\alpha$**–Limesmenge von** $x$ *beziehungsweise* $\omega$**–Limesmenge von** $x$.

Diese Mengen sind einerseits Invarianten des Orbits $\mathcal{O}(x)$ (das heißt $\alpha(y) = \alpha(x)$ und $\omega(y) = \omega(x)$ für $y \in \mathcal{O}(x)$), andererseits selbst invariant.

Man ist aber nicht nur an den einzelnen Orbits interessiert, sondern auch am Verhalten benachbarter Orbits. Zum Beispiel ist es beruhigend, dass auch bei einer kleinen Veränderung der Geschwindigkeit der Erde, etwa durch Meteoriteneinschlag, ihre neue Bahn auf Dauer in der Nähe der alten bleibt. Zunächst untersuchen wir die Stabilität von Fixpunkten, später von periodischen Orbits.

**2.21 Definition (Stabilität)**
*Sei $m_0 \in M$ ein Fixpunkt des stetigen dynamischen Systems $\Phi : G \times M \to M$.*

1. *$m_0$ heißt* **liapunov–stabil**, *wenn für jede Umgebung $U \subseteq M$ von $m_0$ eine (kleinere) Umgebung $V$ von $m_0$ existiert, so dass für alle $t \geq 0$*

$$\Phi_t(V) \equiv \{\Phi_t(m) \mid m \in V\} \subseteq U\,.$$

2. *Andernfalls heißt $m_0$* **instabil**.

3. *$m_0$ heißt* **asymptotisch stabil**, *falls $m_0$ liapunov–stabil ist und eine vorwärtsinvariante Umgebung $V \subseteq M$ von $m_0$ existiert mit*

$$\lim_{t \to \infty} \Phi_t(m) = m_0 \qquad (m \in V).$$

**2.22 Aufgabe (Stabilität)**
Auf dem Phasenraum $M := \mathbb{C}$ seien für den Parameter $\lambda \in \mathbb{C} \setminus \{0\}$ die Abbildungen $\Phi_t : M \to M$ , $\Phi_t(m) := \lambda^t\, m \quad (t \in \mathbb{Z})$ gegeben. Zeigen Sie:

(a) Diese bilden ein stetiges dynamisches System, und $0 \in M$ ist ein Fixpunkt.

(b) Dieser Fixpunkt ist genau dann liapunov–stabil, wenn $|\lambda| \leq 1$.

(c) Der Fixpunkt ist genau dann asymptotisch stabil, wenn $|\lambda| < 1$. ◇

**2.23 Definition**

- *Eine kompakte invariante Teilmenge $A \subseteq M$ heißt* **Attraktor** *des stetigen dynamischen Systems $\Phi : G \times M \to M$, wenn eine offene Umgebung $U_0 \subseteq M$ von $A$ existiert mit*

  *(a) $U_0$ ist vorwärts invariant.*

  *(b) Für jede offene Umgebung $V$ von $A$, $A \subseteq V \subseteq U_0$ gibt es ein $\tau > 0$ mit $\Phi_t(U_0) \subseteq V$ für alle $t \geq \tau$.*

- *Das* **Bassin** *eines Attraktors $A$ ist die Vereinigung aller offenen Umgebungen $U_0$ von $A$, die a) und b) erfüllen.*

Damit ist das Bassin $B$ selbst eine offene Umgebung von $A$, die die Eigenschaft a) besitzt. Wie das nächste Beispiel zeigt, ist aber die Eigenschaft b) für $B$ im Allgemeinen nicht erfüllt.

**2.24 Beispiel (Attraktor)**
Auf dem Phasenraum $\mathbb{C}$ ist ein stetiges dynamisches System $\Phi : \mathbb{Z} \times \mathbb{C} \to \mathbb{C}$ mit Parameter $\lambda \in \mathbb{R}$ gegeben
durch Iteration des Homöomorphismus

$$\Phi_1(m) := \begin{cases} e^{\imath\lambda} \frac{m}{\sqrt{|m|}} & , \quad m \neq 0 \\ 0 & , \quad m = 0, \end{cases}$$

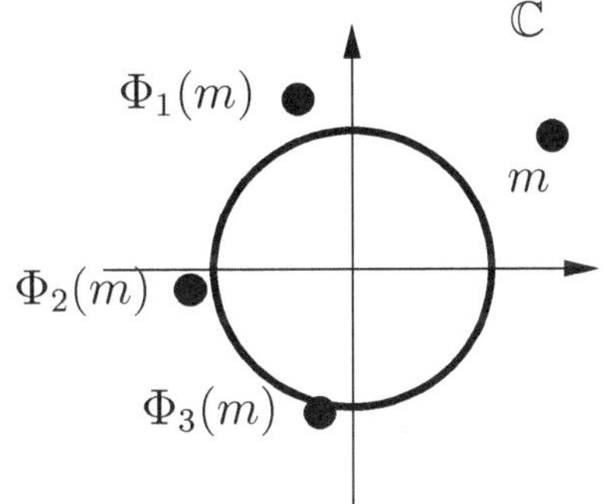


siehe Abbildung. Hier ist $A := S^1 \subset \mathbb{C}$ ein Attraktor, und sein Bassin ist $\mathbb{C} \setminus \{0\}$. Denn $\Phi_t : \mathbb{C} \to \mathbb{C}$ bildet Kreise vom Radius $r > 0$ auf solche vom Radius $r^{(2^{-t})}$ ab, die (abgeschlossene) Kreislinie $S^1$ ist also invariant, und die Bilder der offenen Kreisringe

$$U(r_1, r_2) := \{c \in \mathbb{C} \mid |c| \in (r_1, r_2)\} \subset \mathbb{C} \setminus \{0\}$$

konvergieren für $0 < r_1 < 1 < r_2$ im folgenden Sinn gegen $A$:
Für alle $c > 1$ existiert ein $\tau \in \mathbb{N}$ mit $\Phi_t\big(U(r_1, r_2)\big) \subseteq U(1/c, c)$ falls $t \geq \tau$. Wegen Kompaktheit von $A$ enthält aber jede offene Umgebung $V$ von $A$ ein $U(1/c, c)$. Das Bassin von $A$ kann den Fixpunkt $0 \in \mathbb{C}$ nicht enthalten, enthält aber die Mengen $U(r_1, r_2)$, ist also gleich $\mathbb{C} \setminus \{0\}$.

Der Parameter $\lambda$ beschreibt die Drehung um den Ursprung. Sein Wert ist wesentlich für die Frage, welche Teilmengen von $A$ ebenfalls Attraktoren sind. $\diamond$

**2.25 Aufgaben (Attraktor)**

1. Finden Sie zum dynamischen System aus Beispiel 2.24 alle Fixpunkte und zwei weitere Attraktoren mit Bassin.

2. Es sei $\Phi : G \times M \to M$ ein stetiges dynamisches System.

(a) Ist die Vereinigung zweier Attraktoren wieder ein Attraktor?

(b) Zeigen Sie $A = \bigcap_{t\geq 0} \Phi_t(U_0)$ für einen Attraktor $A \subseteq M$ und eine zugehörige offene Menge $U_0$ aus der Definition 2.23 eines Attraktors. ◇

**2.26 Beispiel (Logistische Familie)**
Für Parameterwerte $p \in [0,4]$ betrachten wir die (nicht invertierbare) *logistische Abbildung* auf $M := [0,1]$

$$f_p : M \to M \quad , \quad f_p(x) := p\,x\,(1-x)\,. \tag{2.2.2}$$

- Der Punkt $0 \in M$ wird von $f_p$ für jeden Parameterwert $p$ auf sich abgebildet, ist also Fixpunkt.
- Ist nun der Parameter $p \leq 1$, dann ist für $x > 0$ immer $f_p(x) < x$, sodass für alle Startwerte $m \in M$ folgt: $\lim_{t\to\infty} f_p^{(t)}(m) = 0$.
- Darüber hinaus gibt es für Parameterwerte $p \in (1,4]$ einen zweiten Fixpunkt von $f_p$ in $M$, nämlich $y_p := \frac{p-1}{p}$, siehe nebenstehende Abbildung.

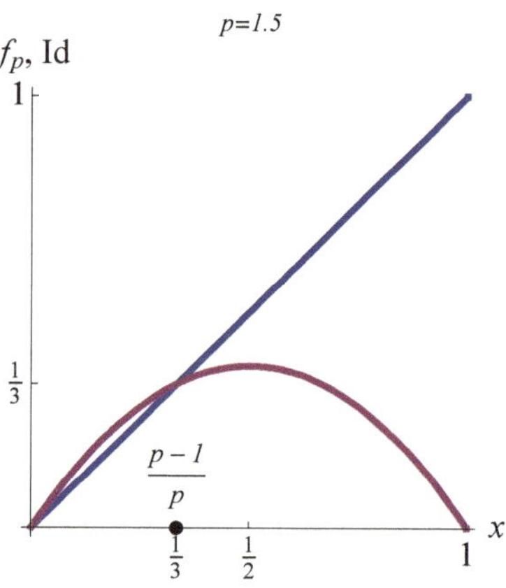


- Für $p \in (1,3]$ gilt für alle Folgen mit Anfangspunkt $m \in (0,1)$, dass $\lim_{t\to\infty} f_p^{(t)}(m) = y_p$. Dies sieht man für $p \in (1,2]$ so: Da $f_p$ das rechte Intervall $[1/2,1)$ in das linke Intervall $(0,1/2]$ abbildet, brauchen wir nur Anfangswerte $x \in (0,1/2]$ zu betrachten. Für $x \in (0,y_p)$ gilt: $f_p(x) \in (x,y_p)$, für $x \in (y_p,1/2]$ gilt: $f_p(x) \in (y_p,x)$.

  Der allgemeine Fall soll in Aufgabe 2.27 bearbeitet werden.
- Für Werte $p \in (3,4]$ besitzt die zweifach iterierte Abbildung $f_p \circ f_p$ vier Fixpunkte. Diese sind in nebenstehender Abbildung als die Schnittpunkte zwischen der Diagonale und dem Graphen von $f_p \circ f_p$ sichtbar. Zwei dieser Fixpunkte sind die schon diskutierten Fixpunkte von $f_p$. Die beiden anderen, nennen wir sie $y_p^{(1)}$ und $y_p^{(2)}$, werden durch die logistische Abbildung aufeinander abgebildet, das heißt $f_p\left(y_p^{(1)}\right) = y_p^{(2)}$ und $f_p\left(y_p^{(2)}\right) = y_p^{(1)}$.

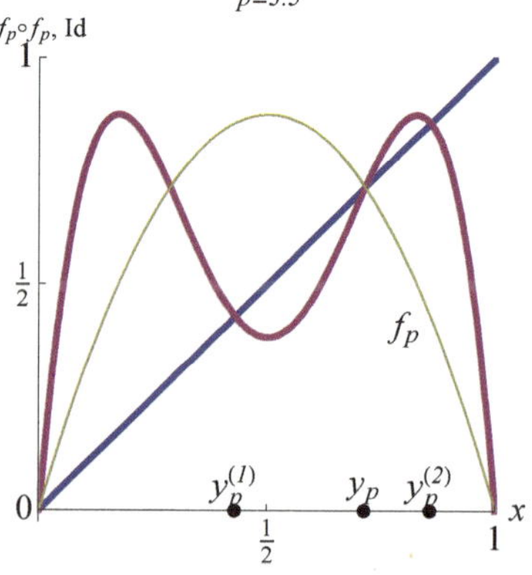

Wegen des Satzes von Bolzano–Weierstraß wissen wir, dass die Folgen $t \mapsto f_p^{(t)}(m)$ immer einen Häufungspunkt besitzen.

Wir interessieren uns für Menge ihrer Häufungspunkte, in Abhängigkeit vom Parameter $p$ und vom Startwert $m$.

Wegen $f_p(0) = 0$ existiert für $m = 0$ nur der Häufungspunkt 0. Für typische Startwerte $m$ ergibt sich in Abhängigkeit von $p$ eine komplizierte Struktur der Häufungspunkte,

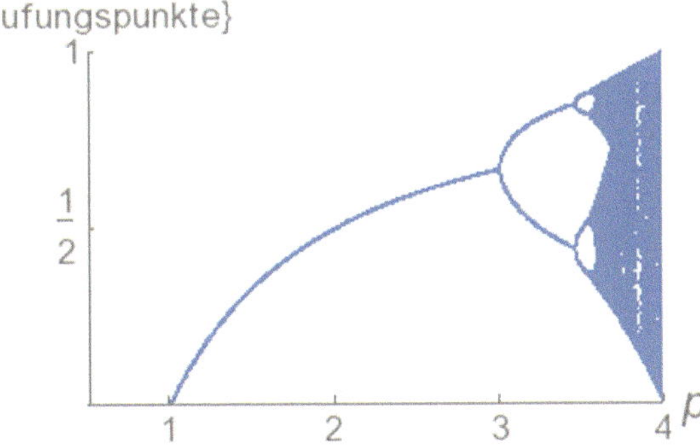


siehe nebenstehende Abbildung (mit Startwert $m = 0.01$). Nebenbei: Die iterierte logistische Abbildung dient in der Physik als einfaches Modell für den Übergang von laminarer zu turbulenter Strömung von Flüssigkeiten, wobei große Werte von $p$ dem turbulenten Regime zugeordnet werden, siehe FEIGENBAUM [Fei]. $\diamond$

**2.27 Aufgaben (Logistische Familie)**

1. Wir betrachten die $n$-te Iterierte $f_4^{(n)}$ der logistischen Abbildung (2.2.2). Zeigen Sie, dass $f_4^{(n)}$ genau $2^n$ Fixpunkte in $[0, 1]$ hat, indem Sie die Monotonieintervalle von $f_4^{(n)}$ untersuchen.

2. Zeigen Sie, dass die logistische Abbildung (2.2.2) für Parameterwerte $p \in (1, 3)$ den Fixpunkt $y_p = (p-1)/p$ besitzt und dass $\lim_{n\to\infty} f_p^{(n)}(x) = y_p$ für alle $x \in (0, 1)$.
   **Tipp:** Welche Werte nimmt $f_p'(y_p)$ im Intervall $1 \leq p \leq 3$ an? $\diamond$

Wir wollen nun stetige dynamische Systeme miteinander vergleichen.

**2.28 Definition**

*Für zwei stetige dynamische Systeme $\Phi^{(i)} : G \times M^{(i)} \to M^{(i)}$ $(i = 1, 2)$*

- *heißt $\Phi^{(2)}$ (topologischer)* **Faktor von** $\Phi^{(1)}$, *und $\Phi^{(2)}$ zu $\Phi^{(1)}$* **semikonjugiert**, *wenn es eine stetige Surjektion $h : M^{(1)} \to M^{(2)}$ gibt mit $\Phi_t^{(2)} \circ h = h \circ \Phi_t^{(1)}$ für alle $t \in G$, das heißt wenn das folgende Diagramm kommutiert:*

$$\begin{array}{ccc} M^{(1)} & \xrightarrow{\Phi_t^{(1)}} & M^{(1)} \\ {\scriptstyle h}\big\downarrow & & \big\downarrow{\scriptstyle h} \\ M^{(2)} & \xrightarrow{\Phi_t^{(2)}} & M^{(2)} \end{array} \tag{2.2.3}$$

- *heißt $\Phi^{(2)}$* **konjugiert zu** $\Phi^{(1)}$, *wenn $\Phi^{(2)}$ sogar für einen Homöomorphismus $h : M^{(1)} \to M^{(2)}$ Faktor von $\Phi^{(1)}$ ist. $h$ heißt dann* **Konjugation**.

**2.29 Bemerkungen (Konjugation)**

1. Da die Inversen (und die Komposition) von Homöomorphismen wieder Homöomorphismen sind, ist die Definition der Konjugation unabhängig von der Nummerierung der beiden dynamischen Systeme, und wir erhalten eine Einteilung in Klassen zueinander konjugierter stetiger dynamischer Systeme.

2. Wenn zwei stetige dynamische Systeme überhaupt konjugiert sind, gibt es im Allgemeinen viele Konjugationen. Denn mit $h$ aus (2.2.3) sind zum Beispiel auch $h_s := h \circ \Phi_s^{(1)}$, $s \in G$ Konjugationen, die aber für $\Phi_s^{(1)} \neq \mathrm{Id}_{M^{(1)}}$ von $h$ verschieden sind.

3. Im Beweis des Satzes 2.31 über Kreisrotationen wird eine Semikonjugation als Beweistechnik benutzt werden. ◇

Da die in diesem Kapitel definierten Begriffe rein topologischer Natur sind, gelten sie gleichermaßen für konjugierte Systeme. Insbesondere gilt:

**2.30 Aufgabe (Konjugation)** Es sei $h : M^{(1)} \to M^{(2)}$ eine Konjugation der stetigen dynamischen Systeme $\Phi^{(i)} : G \times M^{(i)} \to M^{(i)}$. Beweisen Sie:

(a) $x_1 \in M^{(1)}$ ist genau dann Ruhelage von $\Phi^{(1)}$, wenn $x_2 := h(x_1) \in M^{(2)}$ Ruhelage von $\Phi^{(2)}$ ist. Konjugierte Ruhelagen unterscheiden sich nicht hinsichtlich ihrer Liapunov–Stabilität oder asymptotischen Stabilität.

(b) Der $\Phi^{(1)}$–Orbit $\mathcal{O}(x_1)$ durch $x_1 \in M^{(1)}$ ist genau dann geschlossen, wenn der $\Phi^{(2)}$–Orbit $\mathcal{O}(x_2)$ durch $x_2 := h(x_1) \in M^{(2)}$ geschlossen ist. Dann sind auch die Perioden gleich.

(c) Das Bild der $\omega$–Limes–Menge $\omega(x_1)$ von $x_1 \in M^{(1)}$ ist gleich

$$h\big(\omega(x_1)\big) = \omega\big(h(x_1)\big).$$ ◇

Um zu zeigen, dass zwei stetige dynamische Systeme *nicht* konjugiert sind, genügt es, eine Konjugationsinvariante zu benutzen. Zum Beispiel sind nach Aufgabe 2.30.b) die Systeme nicht konjugiert, wenn im ersten System ein periodischer Orbit einer bestimmten Periode existiert, aber nicht im zweiten.

Im Beweis des folgenden Satzes ist die sogenannte *Rotationszahl* (fast) eine solche Invariante.

Als Beispiel untersuchen wir nämlich, wann die Kreisrotationen aus Aufgabe 2.12.1 konjugiert sind. Für diese stetigen dynamischen Systeme

$$\Phi^{(\gamma)} : \mathbb{Z} \times S^1 \to S^1 \quad , \quad \Phi^{(\gamma)}(t,m) = \exp(2\pi\imath\gamma t)\, m \qquad (\gamma \in \mathbb{R})$$

ist genau dann sogar $\Phi^{(\alpha)} = \Phi^{(\beta)}$, falls $\alpha - \beta \in \mathbb{Z}$ ist. Wir nehmen also ohne Einschränkung $\gamma \in [0,1)$ an.

**2.31 Satz (Kreisrotationen)**
*Zwei solche Kreisrotationen $\Phi^{(\alpha)}$ und $\Phi^{(\beta)}$ sind genau dann konjugiert, wenn $\alpha = \beta$ oder $\alpha = 1 - \beta$ gilt.*

**Beweis:**
• Für $\alpha = \beta$ ist $\mathrm{Id}_{S^1}$ eine Konjugation, für $\alpha = 1 - \beta$ die Abbildung

$$S^1 \to S^1 \quad , \quad z \mapsto \overline{z}\,.$$

• Gilt dagegen $\Phi_t^{(\beta)} = h \circ \Phi_t^{(\alpha)} \circ h^{-1}$ $(t \in \mathbb{Z})$ für einen Homöomorphismus $h : S^1 \to S^1$, dann *liften* wir diese dynamischen Systeme auf den Phasenraum $\mathbb{R}$. Darunter ist Folgendes zu verstehen: Die Abbildung

$$\pi : \mathbb{R} \to S^1 \quad , \quad x \mapsto \exp(2\pi\imath x)$$

ist stetig und wickelt anschaulich die Zahlengerade auf der Kreislinie auf. $\pi$ ist ein Gruppenhomomorphismus von $(\mathbb{R}, +)$ auf $(S^1, \cdot)$, denn wegen der Funktionalgleichung von $\exp$ ist $\pi(x + y) = \pi(x)\pi(y)$.
• Wir nennen ein stetiges dynamisches System

$$\tilde{\Phi}^{(\gamma)} : \mathbb{Z} \times \mathbb{R} \to \mathbb{R}$$

$\pi$–*Lift* der Kreisrotation $\Phi^{(\gamma)} : \mathbb{Z} \times S^1 \to S^1$, wenn $\pi \circ \tilde{\Phi}_t^{(\gamma)} = \Phi_t^{(\gamma)} \circ \pi \quad (t \in \mathbb{Z})$ gilt, also

$$\exp\left(2\pi\imath\tilde{\Phi}_1^{(\gamma)}(x)\right) = \exp\left(2\pi\imath(x + \alpha)\right) \qquad (x \in \mathbb{R}),$$

das heißt $\tilde{\Phi}_1^{(\gamma)}(x) = x + \alpha - n_\gamma$ für ein $n_\gamma \in \mathbb{Z}$ (wegen der Stetigkeit von $\tilde{\Phi}^{(\gamma)}$ hängt $n_\gamma$ nicht von $x$ ab).
• Ähnlich nennen wir eine stetige Abbildung $\tilde{h} : \mathbb{R} \to \mathbb{R}$ einen $\pi$–*Lift* der Konjugation $h : S^1 \to S^1$, wenn gilt: $\pi \circ \tilde{h} = h \circ \pi$, also $\exp\left(2\pi\imath\tilde{h}(x)\right) = h\left(\exp(2\pi\imath x)\right)$. Damit muss $\tilde{h}(x+1) = \tilde{h}(x) + n$ für ein $n \in \mathbb{Z}$ gelten. Da $\tilde{h}$ streng monoton ist, folgt $n \neq 0$. Da andererseits kein $y \in (x, x+1)$ existiert mit $\tilde{h}(y) - \tilde{h}(x) \in \mathbb{Z}$, kommen für $n$ nur $n = -1$ und $n = 1$ in Frage.
• Die Rotationszahl des $\pi$–Lifts $\tilde{\Phi}^{(\gamma)}$ ist definiert als

$$R(\gamma) := \lim_{t\to\infty} \frac{\tilde{\Phi}^{(\gamma)}(t, x)}{t} \tag{2.2.4}$$

und in der Tat unabhängig vom Startpunkt $x \in \mathbb{R}$, nämlich $R(\gamma) = \gamma - n_\gamma$. Sinnvollerweise wählen wir $n_\gamma := 0$. Für zu $\Phi^{(\alpha)}$ konjugierte dynamische Systeme $\Phi^{(\beta)}$ kommt also, je nachdem ob $\tilde{h}$ streng monoton steigend oder fallend ist, nur

$$R(\beta) = \lim_{t\to\infty} \frac{\tilde{h} \circ \Phi_t^{(\alpha)} \circ \tilde{h}^{-1}(x)}{t} \in \begin{cases} \alpha + \mathbb{Z} & , \quad \tilde{h} \text{ steigend} \\ -\alpha + \mathbb{Z} & , \quad \tilde{h} \text{ fallend}\,. \end{cases}$$

in Frage. Das zeigt, dass nur $\beta = \alpha$ und $\beta = 1 - \alpha$ Lösungen sein können. □

Die meisten Kreisrotationen unterscheiden sich also topologisch voneinander.

Andererseits kann man auch für andere Diffeomorphismen (siehe Def. 2.36) $f : S^1 \to S^1$ der Kreislinie als die Rotationen die Rotationszahl $R(f)$ der iterierten Abbildung analog zu (2.2.4) definieren, und es gilt folgender erstaunliche Satz (siehe Herman [Her]):

**2.32 Satz (Denjoy)**
*Ist für den Diffeomorphismus $f \in C^2(S^1, S^1)$ die Rotationszahl $R(f)$ irrational, dann ist das von $f$ definierte dynamische System zur Kreisrotation $\Phi^{(R(f))}$ konjugiert.*

## 2.3 Differenzierbare dynamische Systeme

Um Techniken der Analysis auf stetige dynamische Systeme anzuwenden, ist es natürlich anzunehmen, dass deren Phasenraum eine differenzierbare Mannigfaltigkeit ist.

Mannigfaltigkeiten werden in Anhang A systematisch eingeführt. Hier betrachten wir nur den Fall von Untermannigfaltigkeiten des $\mathbb{R}^n$. Dies ist aber keine wirkliche Einschränkung (siehe Satz A.49).

**2.33 Definition**
*Für eine offene Teilmenge $W \subseteq \mathbb{R}^n$ und $f \in C^1(W, \mathbb{R}^m)$ heißt $y \in \mathbb{R}^m$* **regulärer Wert** *von $f$, wenn für alle $q \in W$ mit $f(q) = y$ die Ableitung $\mathrm{D}_q f : \mathbb{R}^n \to \mathbb{R}^m$ surjektiv ist.*

Dieser Begriff dient zunächst zur Definition von Untermannigfaltigkeiten des $\mathbb{R}^n$. Er wird in (A.45) auf Abbildungen zwischen Mannigfaltigkeiten verallgemeinert.

**2.34 Definition**
*Für $p \in \{0, \ldots, n\}$ heißt eine Teilmenge $M \subseteq \mathbb{R}^n$* **$p$–dimensionale Untermannigfaltigkeit** *des $\mathbb{R}^n$, wenn jeder Punkt $x \in M$ eine Umgebung $V_x \subseteq \mathbb{R}^n$ besitzt, so dass für eine geeignete Abbildung $f \in C^1(V_x, \mathbb{R}^{n-p})$ mit regulärem Wert $0$ gilt:*

$$M \cap V_x = f^{-1}(0)\,.$$

Im einfachsten Fall ist $M = f^{-1}(0)$, aber man möchte auch Mengen wie im folgenden Beispiel als Mannigfaltigkeiten bezeichnen.

**2.35 Beispiel (Möbius–Band)** Für $U := \mathbb{R} \times (-1, 1)$ und $g \in C^\infty(U, \mathbb{R}^3)$,

$$g(x,y) := \begin{pmatrix} \left(2 - y \sin \frac{x}{2}\right) \sin x \\ \left(2 - y \sin \frac{x}{2}\right) \cos x \\ y \cos \frac{x}{2} \end{pmatrix}$$

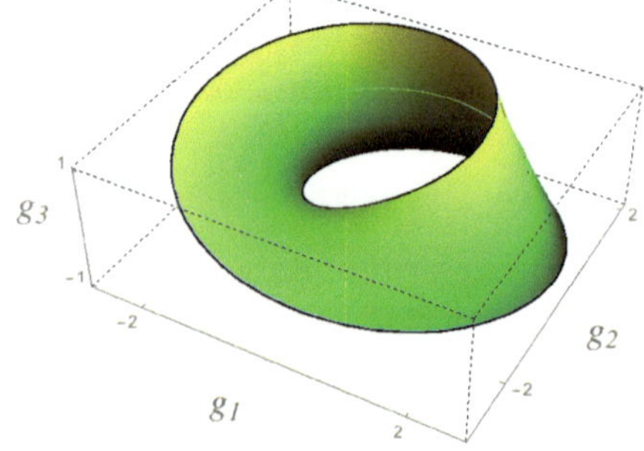


ist $M := g(U) \subset \mathbb{R}^3$ das sogenannte *Möbius–Band*.
Für die Parametrisierung würde der Winkelbereich $x \in [0, 2\pi)$ ausreichen, denn zwar kommen Winkel $x/2$ in $g$ vor, aber $g(x + 2\pi, y) = g(x, -y)$. $g(\mathbb{R} \times \{0\})$ ist eine Kreislinie vom Radius 2. Da die

Fläche $M$ nur *eine* Seite besitzt, kann sie nicht Niveaumenge $f^{-1}(0)$ eines regulären Wertes $0$ sein, denn sonst würde $\nabla f(x) \neq 0$ an jedem Punkt $x \in M$ senkrecht auf der Fläche stehen und damit eine von zwei Seiten auszeichnen. ◇

**2.36 Definition**
*Es sei $U \subseteq \mathbb{R}^n$ offen und $f \in C^1(U, \mathbb{R}^n)$.*

- *$f$ heißt* **Diffeomorphismus auf das Bild** *$V := f(U) \subseteq \mathbb{R}^n$, wenn $V$ offen, $f : U \to V$ bijektiv und auch $f^{-1} : V \to U$ stetig differenzierbar ist.*
- *$f$ heißt* **lokaler Diffeomorphismus**, *wenn jeder Punkt $x \in U$ eine offene Umgebung $U_x \subseteq U$ besitzt, für die $f\restriction_{U_x}$ ein Diffeomorphismus auf das Bild ist.*
- *Für $r \in \mathbb{N}$ und $U, V \subset \mathbb{R}^n$ offen heißt eine Abbildung $f \in C^r(U, V)$ ein $C^r$–***Diffeomorphismus**, *wenn $f$ Diffeomorphismus auf das Bild $V$ ist (also die inverse Abbildung $f^{-1} \in C^r(V, U)$ ist).*

Man kann Diffeomorphismen als Koordinatenwechsel ansehen, und da man gerne dem jeweiligen Problem angepasste Koordinaten verwendet, sind Diffeomorphismen eine häufig verwendete Klasse von Abbildungen.

**2.37 Beispiel (Affine Abbildungen)**
Eine affine Abbildung $f : \mathbb{R}^n \to \mathbb{R}^n$ besitzt die Form $f(x) = Ax + b$ mit $A \in \mathrm{Mat}(n, \mathbb{R})$ und $b \in \mathbb{R}^n$. Sie ist genau dann ein Diffeomorphismus, wenn sie bijektiv ist, d.h. wenn $A \in \mathrm{GL}(n, \mathbb{R})$ ist. ◇

Aus diesem Beispiel liest man ab, dass die Regularität der Jacobi–Matrix $\mathrm{D}f$ Einfluss auf die Invertierbarkeit der Abbildung $f$ hat, denn hier ist $\mathrm{D}f = A$.

**2.38 Satz (Lokale Diffeomorphismen)**
*Für $U \subseteq \mathbb{R}^n$ offen ist $f \in C^1(U, \mathbb{R}^n)$ genau dann ein lokaler Diffeomorphismus, wenn für alle $x \in U$ gilt:*

$$\mathrm{D}f(x) \in \mathrm{GL}(n, \mathbb{R})$$

**Beweis:**

- Es sei $f$ ein lokaler Diffeomorphismus, $x \in U$, und $g : V_x \to U_x$ die Umkehrfunktion des Diffeomorphismus $f\restriction_{U_x} : U_x \to V_x$. Dann gilt nach der Kettenregel

  $$\mathrm{D}g\big(f(x)\big)\,\mathrm{D}f(x) = \mathrm{D}(g \circ f)(x) = \mathrm{D}\,\mathrm{Id}_{U_x}(x) = \mathbb{1}, \text{ also } \mathrm{D}f(x) \in \mathrm{GL}(n, \mathbb{R}).$$

- Es gelte umgekehrt $\mathrm{D}f(z) \in \mathrm{GL}(n, \mathbb{R})$. Um die lokale Inverse von $f$ bei $z \in U$ zu finden, wenden wir den Satz über die implizite Funktion auf

  $$F : \mathbb{R}^n \times U \to \mathbb{R}^n \quad , \quad (y, z) \mapsto -y + f(z)$$

  an. Nach Voraussetzung ist für $X := \big(f(z), z\big)$

  $$\mathrm{D}_2F(X) = \mathrm{D}f(z) \in \mathrm{GL}(n, \mathbb{R}) \quad , \text{ und } \quad F(X) = 0\,.$$

Anwendung des Satzes über die implizite Funktion ergibt die Existenz einer auf der Umgebung $V_z := U_{r_y}(f(z))$ des Bildpunktes definierten Abbildung $g \in C^1(V_z, W)$ mit $W = U_{r_z}(z)$, für die $F(y, g(y)) = f(g(y)) - y = 0$ ist. Wir setzen $U_z := g(V_z) \subseteq W$. Sowohl $g$ als auch $f\restriction_{U_z}$ sind injektiv, denn sonst könnte nicht $f \circ g = \mathrm{Id}_{V_z}$ gelten. Damit ist auch $g \circ f\restriction_{U_z} = \mathrm{Id}_{U_z}$ und nach der Kettenregel $\mathrm{D}g(y) \in \mathrm{GL}(n, \mathbb{R})$ für alle $y \in V_z$. Damit ist $U_z$ nach dem folgenden Satz eine offene Umgebung von $z$. □

**2.39 Satz** *Es sei $U \subseteq \mathbb{R}^n$ offen und $f \in C^1(U, \mathbb{R}^n)$. Ist $f$ **regulär**, d.h. gilt $\mathrm{D}f(x) \in \mathrm{GL}(n, \mathbb{R})$ für alle $x \in U$, dann ist $f(V)$ offen, falls $V \subseteq U$ offen ist.*

**Beweis:** Siehe zum Beispiel HILDEBRANDT [Hil], Band 2, Kapitel 1.9. □

**2.40 Bemerkung (Lokale Koordinaten für Untermannigfaltigkeiten)**
Wir nehmen an, dass für eine offene Teilmenge $W \subseteq \mathbb{R}^n$ $0 \in F(W)$ regulärer Wert von $F : W \to \mathbb{R}^m$ ist. Dann muss offensichtlich $m \leq n$ sein, und wegen des Satzes über die implizite Funktion können wir für $q \in M := F^{-1}(0)$ eine Umgebung $U \subseteq W$ von $q$ und einen Diffeomorphismus $\varphi : U \to \mathbb{R}^n$ finden, sodass $\varphi(z)_i = 0$ für $n - m < i \leq n$ und alle $z \in U \cap M$.

Die ersten $n-m$ Komponenten von $\varphi$ dienen dann, eingeschränkt auf $U \cap M$, als **lokale Koordinaten** der Untermannigfaltigkeit $M$. Beispielsweise kann man bei $q$ immer geeignete $n - m$ der $n$ kartesischen Koordinaten verwenden. ◇

**2.41 Beispiel (Sphäre)**
Null ist regulärer Wert von $F : \mathbb{R}^3 \to \mathbb{R}$, $F(x) := \|x\|^2 - 1$, denn für die Urbilder $x \in F^{-1}(0) = S^2$ ist $\|\mathrm{D}F(x)\| = \|2x\| = 2$. Der Nordpol $q := \left(\begin{smallmatrix}0\\0\\1\end{smallmatrix}\right) \in S^2$ besitzt die Umgebung $U := \{x \in \mathbb{R}^3 \mid x_3 > 0\}$. Der Diffeomorphismus auf das Bild $\varphi : U \to V$, $\varphi(x) := \big(x_1, x_2, F(x)\big)$ wird durch die Abbildung $\varphi^{-1}(y) = \Big(y_1, y_2, \sqrt{y_3 + 1 - y_1^2 - y_2^2}\Big)$ invertiert.

Da wir durch Drehung in jedem Punkt $q \in S^2$ eine analoge Konstruktion durchführen können, haben wir gezeigt, dass $S^2$ eine zweidimensionale Untermannigfaltigkeit des $\mathbb{R}^3$ ist. ◇

**2.42 Beispiel**
Ein Gegenbeispiel hierzu ist

$$F : \mathbb{R}^2 \to \mathbb{R}\ ,\ F(x_1, x_2) := x_1^2 - x_2^3\,,$$

also mit $F^{-1}(0) = \{(x_1, x_2) \in \mathbb{R}^2 \mid x_1^2 = x_2^3\}$. Auch hier ist $F$ unendlich oft differenzierbar, aber $0$ kein regulärer Wert von $F$. Nebenstehend sieht man die Niveaumenge $F^{-1}(0)$, die keine Untermannigfaltigkeit ist. ◇

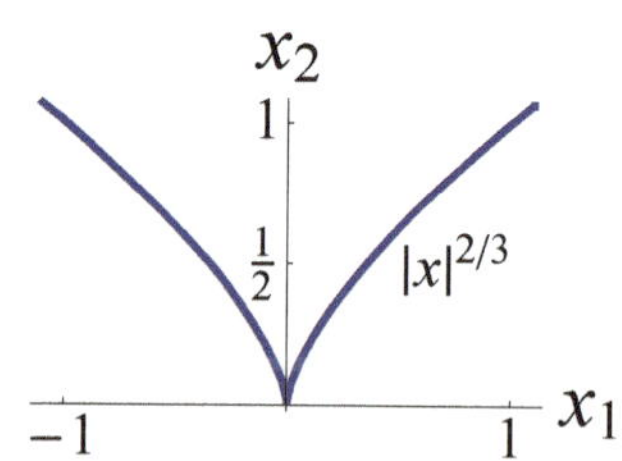


**2.43 Definition**
*Ein stetiges dynamisches System $\Phi : G \times M \to M$ heißt **differenzierbar**, wenn $M$ eine differenzierbare Mannigfaltigkeit ist und $\Phi$ stetig differenzierbar ist.*

**2.44 Bemerkungen (Differenzierbare dynamische Systeme)**

1. Auf differenzierbare dynamische Systeme kann man also die Methoden der Analysis anwenden. Ein Beispiel sind Stabilitätsuntersuchungen. So wird im Satz von Liapunov (Satz 7.6) von den Eigenwerten der totalen Ableitung eines Vektorfeldes bei einer Gleichgewichtslage auf die asymptotische Stabilität bezüglich des durch dieses Vektorfeld definierten Flusses geschlossen.

2. Die Diffeomorphismen $f : M \to M$ einer Mannigfaltigkeit (siehe Def. A.36) bilden unter Komposition eine Gruppe, die *Diffeomorphismengruppe* $\mathrm{Diff}(M)$. Ist $M$ kompakt, dann kann man $\mathrm{Diff}(M)$ als unendlich-dimensionale Lie–Gruppe auffassen, deren Lie–Algebra der Raum $\mathcal{X}(M)$ der Vektorfelder ist.

   Ein differenzierbares dynamisches System $\Phi : G \times M \to M$ ist damit ein Gruppenhomomorphismus
$$G \to \mathrm{Diff}(M) \quad , \quad g \mapsto \Phi_g .$$
   Diese Sichtweise hilft manchmal beim Verständnis dynamischer Systeme.

   - Man kann untersuchen, welche Eigenschaften dynamischer Systeme typisch sind. Beispielsweise gilt für kompakte $M$, dass die Diffeomorphismen $F \in \mathrm{Diff}(M)$, die nur endlich viele Fixpunkte besitzen, eine offene dichte Teilmenge von $\mathrm{Diff}(M)$ bilden.

     Allgemein heißt eine Eigenschaft, die diskreten dynamischen Systemen zukommen kann, *generisch*, wenn die durch sie definierte Teilmenge von $\mathrm{Diff}(M)$ Schnitt abzählbar vieler offener dichter Mengen ist.
   - Man kann statt der mengentheoretischen die algebraische Topologie von $\mathrm{Diff}(M)$ untersuchen und beispielsweise feststellen, dass die Diffeomorphismen $F \in \mathrm{Diff}(S^1)$ der Kreislinie $S^1 \subset \mathbb{C}$ entweder in der Zusammenhangskomponente der Identität oder der der Konjugationsabbildung $S^1 \to S^1$, $z \mapsto \overline{z}$ liegen. ◇

**2.45 Aufgabe (Diffeomorphismengruppe)**
Zeigen Sie, dass die Diffeomorphismengruppe $\mathrm{Diff}(M)$ einer zusammenhängenden Mannigfaltigkeit $M$ transitiv wirkt, das heißt, es für alle $x, y \in M$ ein $f \in \mathrm{Diff}(M)$ gibt mit $f(x) = y$.
**Tipp:** Beweisen Sie zunächst für alle $y$ in einer kleinen Umgebung von $x \in M$ die Existenz eines Vektorfeldes auf $M$, dessen Zeit-1-Fluss $f$ ein Diffeomorphismus mit $f(x) = y$ ist. ◇

**2.46 Weiterführende Literatur** Eine sehr lesenswerte frühe Übersichtsarbeit zu differenzierbaren dynamischen Systemen ist [Sm1] von STEVEN SMALE. ◇

# Kapitel 3

# Gewöhnliche Differentialgleichungen

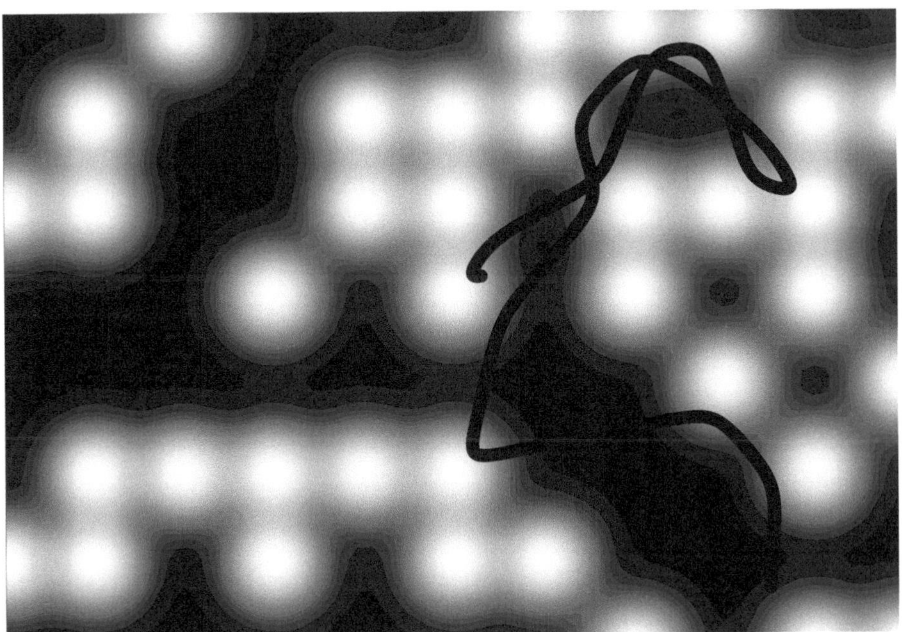

Bewegung in einem zufälligen Potential (siehe Seite 238)

Differentialgleichungen sind so vielfältig wie die Naturvorgänge, die sie beschreiben. Dieses Kapitel beginnt damit, diese begrifflich zu sortieren, und gewöhnliche Differentialgleichungen in eine Normalform (explizite DGL 1. Ordnung) zu überführen. Danach werden Existenz, Eindeutigkeit und Glattheit der Lösung des Anfangswertproblems untersucht. Es geht dabei noch weniger um konkrete Lösungstechniken. Sind entsprechende Kenntnisse vorhanden, kann Kapitel 3 problemlos überschlagen werden.

## 3.1 Definitionen und Beispiele

Wir beginnen mit (etwas informellen) Definitionen und einer Grobeinteilung:

**3.1 Definition**

- *Eine* **Differentialgleichung (DGL)** *ist eine Gleichung, in der Ableitungen einer oder mehrerer Funktionen von einer oder mehreren Variablen auftreten. Die gesuchten Unbekannten sind hierbei die Funktionen.*
- *Hängen die Funktionen von nur* **einer** *Variablen ab, so heißt die Differentialgleichung* **gewöhnlich**, *sonst* **partiell**.
- *Werden mehrere Funktionen gesucht, so spricht man von einem* **Differentialgleichungssystem**, *sonst von einer* **Einzel-DGL**.

**3.2 Beispiele (Differentialgleichungen)**

1. Für $c > 0$ beschreibt die gewöhnliche Einzel–Differentialgleichung

$$\tfrac{\mathrm{d}x}{\mathrm{d}t}(t) = -c\,x(t)$$

zum Beispiel radioaktiven Zerfall, mit der Stoffmenge $x$ als Funktion der Zeit $t$ und Zerfallskonstante $c$. Ist die Stoffmenge zur Zeit $t = 0$ gleich $x_0 \in \mathbb{R}$, dann ist

$$x(t) = x_0\, e^{-ct} \qquad (t \in \mathbb{R})$$

die eindeutige Lösung. Wir erhalten also eine einparametrige Schar von Lösungen, die linear vom Anfangswert $x_0$ abhängt (siehe Abbildung).

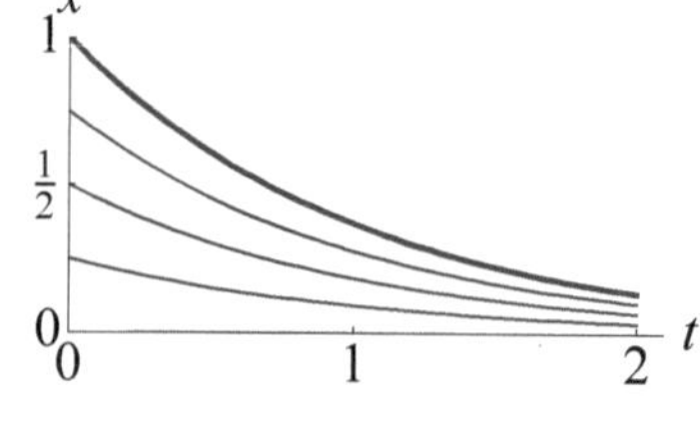


2. Die Bahn eines geworfenen Körpers im konstanten Schwerefeld der Erde mit Erdbeschleunigung[1] $g > 0$ wird unter Vernachlässigung der Luftreibung durch das gewöhnliche DGL–System,

$$\tfrac{\mathrm{d}^2x_1}{\mathrm{d}t^2}(t) = 0 \quad , \quad \tfrac{\mathrm{d}^2x_2}{\mathrm{d}t^2}(t) = -g$$

[1] In Bodenhöhe ist $g = 9.81\mathrm{m/s}^2$.

beschrieben. Dabei bezeichnet $x_1$ die Horizontalkomponente und $x_2$ die Vertikalkomponente des Ortes als Funktionen der Zeit $t$.
Für Anfangsort $x_0 = \binom{x_{1,0}}{x_{2,0}} \in \mathbb{R}^2$ und Anfangsgeschwindigkeit $v_0 = \binom{v_{1,0}}{v_{2,0}} \in \mathbb{R}^2$ ist die *Lösung:*

$$x_1(t) = x_{1,0} + v_{1,0}t \quad , \quad x_2(t) = x_{2,0} + v_{2,0}t - \tfrac{1}{2}gt^2 \qquad (t \in \mathbb{R}).$$

Dies entspricht den Geschwindigkeiten

$$v_1(t) := \tfrac{\mathrm{d}}{\mathrm{d}t}x_1(t) = v_{1,0} \quad , \quad v_2(t) := \tfrac{\mathrm{d}}{\mathrm{d}t}x_2(t) = v_{2,0} - gt \qquad (t \in \mathbb{R}).$$

Die Zeichnung zeigt verschiedene Wurfbahnen bei gleichem Anfangsort und Betrag der Anfangsgeschwindigkeit, aber unterschiedlicher Richtung der Anfangsgeschwindigkeit. Der Wurf mit Winkel $\alpha = \pi/4$ führt dabei am weitesten, denn für die Zeit $t := 2v_{2,0}/g$ ist $x_2(t) = x_{2,0}$, und wegen $v_0 = \|v_0\| \binom{\cos\alpha}{\sin\alpha}$ ist

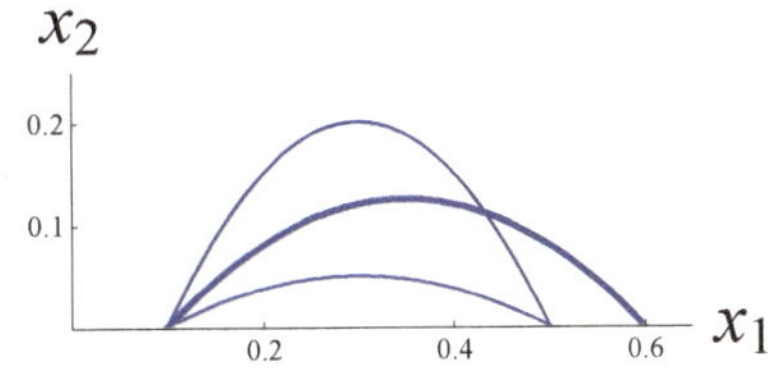


$$x_1(t) - x_{1,0} = \frac{2v_{1,0}v_{2,0}}{g} = \frac{\|v_0\|^2 \sin(2\alpha)}{g}.$$

3. Die eindimensionale *Wellengleichung* $\frac{\partial^2 u}{\partial t^2}(x,t) = c^2 \frac{\partial^2 u}{\partial x^2}(x,t)$ mit Parameter $c > 0$ (*Ausbreitungsgeschwindigkeit*) ist ein Beispiel einer partiellen Differentialgleichung. Für beliebige Funktionen $f_\pm \in C^2(\mathbb{R})$ ist

$$u(x,t) := f_+(x - ct) + f_-(x + ct) \qquad (x, t \in \mathbb{R})$$

eine Lösung. Eine physikalische Anwendung ist die Ausbreitung elektrischer Signale $f_\pm$ in einem Telegraphendraht, wobei die Position mit $x$, die Zeit mit $t$ bezeichnet wird. ◇

Wir werden in diesem Buch nur gewöhnliche Differentialgleichungen (englisch: *ordinary differential equations* oder *o.d.e.*) behandeln.

**3.3 Definition** *Die höchste Ordnung eines in der DGL auftretenden Differentialquotienten wird* **Ordnung der Differentialgleichung** *genannt.*

**3.4 Beispiele**

1. Die DGL aus Beispiel 3.2.1. ist von erster Ordnung,
2. die aus 3.2.2. ist von zweiter Ordnung.
3. Die Differentialgleichung (1.3) und ihr durch Spezialisierung auf verschwindenden Drehimpuls entstehender Radialteil $\frac{\mathrm{d}^2 r}{\mathrm{d}t^2}(t) = -\frac{\gamma}{r^2(t)}$ sind von zweiter Ordnung. Letztere DGL beschreibt z.B. die Bewegung eines sich radial mit

Geschwindigkeit $\frac{dr}{dt}$ vom Erdmittelpunkt wegbewegenden Raumschiffes. $\gamma$ ist das Produkt von Gravitationskonstante und Erdmasse $M > 0$, $r$ der Abstand des Raumschiffes vom Erdmittelpunkt und $\dot{r} = \frac{d}{dt}r$ die Radialgeschwindigkeit. $\diamond$

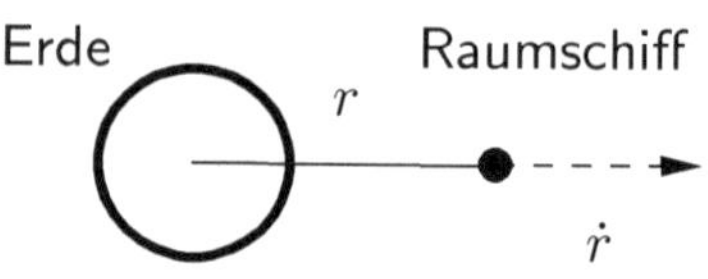


**3.5 Definition**

- *Ein gewöhnliches Differentialgleichungssystem für die Funktionen* $x_1, \ldots, x_m$ *heißt* **linear**, *wenn es die Form*

$$\sum_{i=0}^{n} A^{(i)}(t)\, x^{(i)}(t) \;=\; b(t)$$

*hat. Dabei bezeichnet* $x^{(i)} := \left(\frac{d^i}{dt^i}x_1, \ldots, \frac{d^i}{dt^i}x_m\right)^\top$ *den Vektor der* $i$*–ten Ableitungen;* $t \mapsto A^{(i)}(t) \in \mathrm{Mat}(m, \mathbb{R})$ *und* $t \mapsto b(t) \in \mathbb{R}^m$ *sind vorgegebene Matrix– beziehungsweise vektorwertige Funktionen.*

- *Andernfalls heißt das Differentialgleichungssystem* **nicht linear**.
- *Eine lineare DGL heißt* **homogen**, *wenn* $b(t) = 0$ *für alle* $t$, *sonst* **inhomogen**.
- *Die Komponenten* $b_l$ *von* $b$ *heißen* **Störfunktionen**.

So ist Beispiel 3.2.1. linear homogen, Beispiel 3.2.2. ist linear inhomogen und Beispiel 3.4.3. ist nicht linear.

Ab jetzt werden viele Begriffe nur für Einzel–Differentialgleichungen eingeführt. Das meiste überträgt sich aber auf DGL–Systeme.

**3.6 Definition**

1. *Eine Differentialgleichung heißt* **implizit**, *wenn sie die Form*

$$F\left(t, x, x', \ldots, x^{(n)}\right) = 0 \tag{3.1.1}$$

*hat,* **explizit**, *wenn sie von der folgenden Gestalt ist:*

$$x^{(n)} = f\big(t, x, x', \ldots, x^{(n-1)}\big). \tag{3.1.2}$$

2. *Eine* $n$*–mal differenzierbare auf dem offenen Intervall* $I$ *definierte Funktion* $x : I \to \mathbb{R}$ *heißt* **explizite Lösung** *der DGL (3.1.1) bzw. (3.1.2), wenn gilt:*

$$F\big(t, x(t), x'(t), \ldots, x^{(n)}(t)\big) = 0 \qquad (t \in I)$$

$$\text{bzw.}\quad x^{(n)}(t) = f\big(t, x(t), x'(t), \ldots, x^{(n-1)}(t)\big) \qquad (t \in I).$$

Beispiele 3.2.1.–2. und Beispiel 3.4.3 sind explizite Differentialgleichungen. Für 3.2.1.–2. wurden auch (die) expliziten Lösungen angegeben.

**3.7 Bemerkung (Lösungsbegriff)**
Algebraische Gleichungen, wie etwa $ax^2+bx+c=0$ mit Koeffizienten $a,b,c \in \mathbb{R}$, sind uns vertraut. Diese sind *Aussageformen* über dem Variablenbereich $\mathbb{R}$, es entsteht also eine (entweder wahre oder falsche) Aussage, wenn wir eine Zahl $x \in \mathbb{R}$ einsetzen.

Ähnlich betrachten wir z.B. eine Differentialgleichung vom Typ (3.1.2) mit stetigem $f$ als Aussageform über dem Variablenbereich $C^n(I,\mathbb{R})$, wobei die Lösungen wieder die wahren Aussagen liefern, siehe WÜST [Wu], Kap. 5.2. ◇

**3.8 Beispiel (Implizite und explizite Lösungen)**
$y\frac{\mathrm{d}y}{\mathrm{d}x}+x=0$ ist eine implizite nichtlineare DGL. Die Kreisgleichung $x^2+y^2=c \geq 0$ ist die allgemeine Lösung, aber in *impliziter* Form. *Explizite* Lösung: $y(x)=\pm\sqrt{c-x^2}$ für $|x|<\sqrt{c}$, also

$$\frac{\mathrm{d}y}{\mathrm{d}x}=\mp\frac{x}{\sqrt{c-x^2}}=-\frac{x}{y}\,. \qquad ◇$$

Die folgenden Definitionen sind etwas heuristisch.

**3.9 Definition**

- *Eine einzelne Lösung (ohne frei wählbare Konstanten) heißt* **spezielle** *oder* **partikuläre** *Lösung.*
- *Eine parameterabhängige Lösung einer Differentialgleichung $n$–ter Ordnung heißt* **allgemeine** *Lösung, wenn sie $n$ unabhängige Parameter enthält,*
- *eine parameterabhängige Lösung heißt* **vollständig**, *wenn alle speziellen Lösungen durch Wahl geeigneter Parameterwerte aus ihr hervorgehen.*
- *Eine nicht zu einer parameterabhängigen Lösung gehörende spezielle Lösung heißt* **singulär**.

Beispiele 3.2.1. und 2.: Die allgemeinen und auch vollständigen Lösungen wurden angegeben. Eine partikuläre Lösung von 2. ist z.B. $x_1(t)=0,\ x_2(t)=-\frac{1}{2}gt^2$.

Beachte: In 2. gab es *vier* Parameter $x_{1,0},x_{2,0},v_{1,0},v_{2,0}$, denn es waren zwei Differentialgleichungen zweiter Ordnung, $2\times 2=4$.
Beispiel 3.8.4.: Hier war $c \geq 0$ Parameter der allgemeinen = vollständigen Lösung.

**3.10 Beispiel (implizite Differentialgleichung)** $(y')^2-4xy'+4y=0$ ist eine implizite nichtlineare DGL erster Ordnung.
Die *allgemeine* Lösung: $y(x)=2cx-c^2$, $c\in\mathbb{R}$ ist eine durch $c$ parametrisierte Geradenschar.
Dies ist aber *nicht* die *vollständige* Lösung, denn es existiert noch die *singuläre* Lösung $y(x)=x^2$. Diese Parabel ist die Einhüllende der Geradenschar, siehe Abbildung. ◇

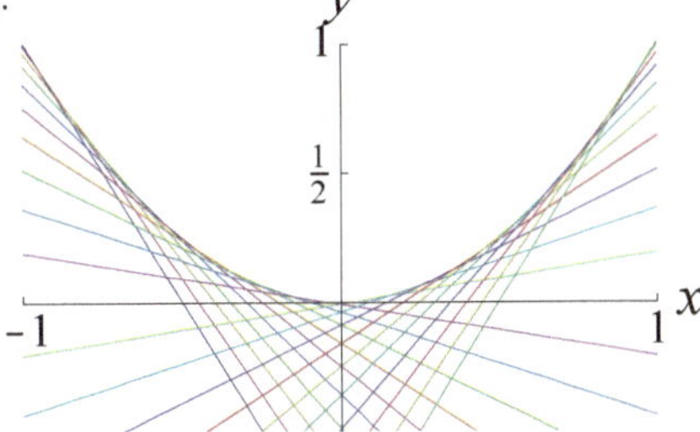

**Frage:**
- Wie findet man Lösungen?
- Woher weiß man, dass man alle gefunden hat?

Diese Frage beschäftigt seit der Zeit Newtons viele Mathematiker (und uns in diesem Kapitel).[2]

Wir betrachten zunächst die expliziten Einzel-Differentialgleichungen erster Ordnung

$$y' = f(x,y) \qquad (x,y) \in U \subseteq \mathbb{R}^2,\ U \text{ offen}.$$

**Geometrische Interpretation:** Zeichnet man an jedem Punkt $(x,y) \in U$ ein Geradensegment der Steigung $f(x,y)$, dann ist der

$$\operatorname{graph}(\tilde{y}) = \{(x,\tilde{y}(x)) \mid x \in I\} \subset U$$

jeder speziellen Lösung $\tilde{y} : I \to \mathbb{R}$ der Differentialgleichung das Bild einer Kurve $I \to U,\ x \mapsto (x,\tilde{y}(x))$, die überall *tangential* an den lokalen Geraden ist.

**Beispiel** $y' = -cy$, also $f : \mathbb{R}^2 \to \mathbb{R}$, $f(x,y) = -cy$, siehe Abbildung.

Um also die durch den Punkt $(x,y)$ gehende spezielle Lösung zu finden, bewegt man sich, von $(x,y)$ ausgehend, tangential zum Richtungsfeld.

**Vorsicht:** Woher wissen wir überhaupt, dass durch jeden Punkt $(x,y) \in U \subset \mathbb{R}^2$ nur *eine* Lösungskurve geht?

### 3.11 Beispiele (Gegenbeispiele zur eindeutigen Lösbarkeit)

1. **Implizite Differentialgleichung aus Beispiel 3.10.**

$$(y')^2 - 4xy' + 4y = 0 \qquad (3.1.3)$$

Hier gehen durch jeden Punkt $(x_0, y_0)$ unterhalb des Graphen der Parabel $y = x^2$ zwei Lösungskurven, das heißt an die Parabel tangentiale Geraden. Deren Steigungen entsprechen den zwei Lösungen der quadratischen Gleichung (3.1.3) für $y'$ am Punkt $(x_0, y_0)$.
Oberhalb des Graphen der Parabel gibt es keine Lösung.

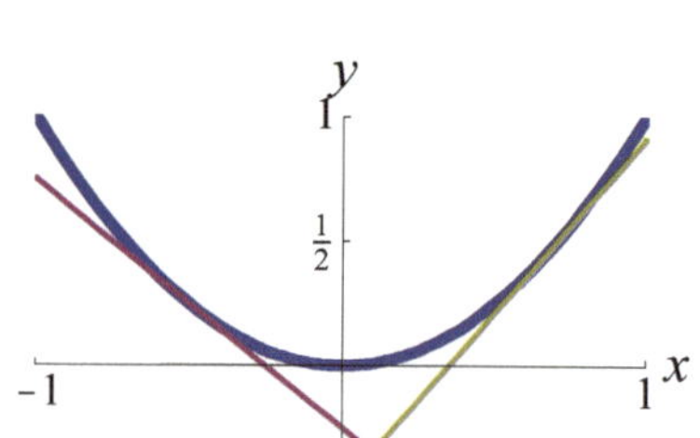


2. **Explizite Differentialgleichung mit nicht lipschitz–stetigem $f$**
Eine allgemeine Lösung der DGL $\dot{v} = f(v)$ mit $f(v) := 3\sqrt[3]{v^2}$ ist

[2]Numerische Methoden zur Lösung von Differentialgleichungen werden zum Beispiel in Deuflhard und Bornemann [DB] behandelt.

$$v(t) = (t-c)^3, \ c \in \mathbb{R}.$$

Daneben gibt es aber eine singuläre Lösung: $v(t) = 0$.
Durch jeden Punkt auf der $t$–Achse gehen damit mindestens zwei Lösungskurven!
In diesem Beispiel fällt auf, dass die Funktion $f$ zwar stetig, aber bei $0$ nicht differenzierbar ist.

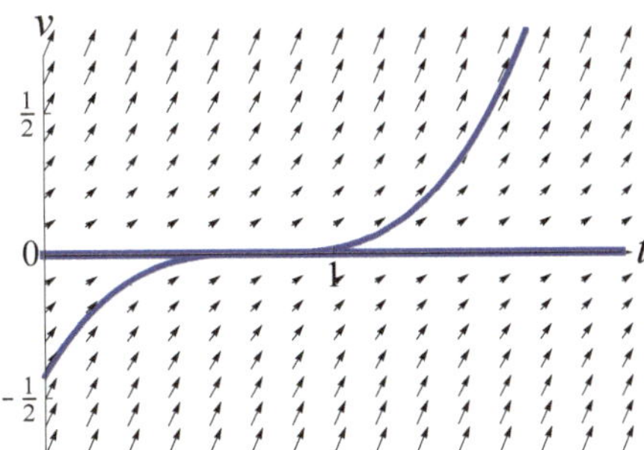


Der Vergleich mit dem (eindeutigen) Fall $f(t) := |t|$ legt aber nahe, dass nicht die mangelnde Differenzierbarkeit sondern die fehlende Lipschitz–Stetigkeit die Nichteindeutigkeit verursacht.

Physikalisch modelliert dieses Beispiel das Wachstum des Volumens $v$ von Regentropfen durch Kondensation von Wasserdampf an der Oberfläche. Dabei wird angenommen, dass die Rate kondensierten Wassers proportional zur Oberfläche des Tropfens, also zu $v^{2/3}$ ist. Zur eigentlichen *Entstehung* von Tropfen kann das Modell also nichts aussagen. $\diamond$

**3.12 Aufgaben (Einzeldifferentialgleichungen erster Ordnung)**

1. Skizzieren Sie die Graphen der Geschwindigkeitsfunktionen $f_i : \mathbb{R} \to \mathbb{R}$ mit

$$f_1(x) := (x^2-1)^2 \quad , \quad f_2(x) := (x^2+1)^2 .$$

Bestimmen Sie die Fixpunkte und die minimalen invarianten Mengen der Differentialgleichungen $\dot{x} = f_i(x)$.
Beschreiben Sie, ohne die Differentialgleichungen explizit zu lösen, das qualitative Verhalten ihrer Lösungen $x_i(t, x_0)$ für Zeiten $t$ und Anfangswert $x_0$.

2. Geben Sie in Abhängigkeit von $\alpha \geq 0$ und dem Anfangswert $x_0 > 0$ das maximale Zeitintervall an, für das das Anfangswertproblem $\dot{x} = f(x)$ für $f : \mathbb{R}^+ \to \mathbb{R}$, $f(x) := x^\alpha$ eine Lösung besitzt. $\diamond$

Nach dieser informellen Übersicht über die bei gewöhnlichen Differentialgleichungen auftretenden Phänomene zeigen wir nun mathematisch rigoros die (lokale) Existenz und Eindeutigkeit der Lösung genügend regulärer expliziter gewöhnlicher DGLn 1. Ordnung. Später werden wir sehen, dass damit auch die gleiche Frage für explizite Differentialgleichungen höherer Ordnung beantwortet wird.

## 3.2 Lokale Existenz und Eindeutigkeit der Lösung

Wir werden nun sehen, dass bei etwas mehr Regularität von $f$ die Differentialgleichung lokal eindeutig lösbar ist. Dazu schauen wir uns aber gleich die $n$–dimensionale Situation an:

**3.13 Definition**

- *Ist* $U \subseteq \mathbb{R}_t \times \mathbb{R}^n_x$ *offen und* $f : U \to \mathbb{R}^n$ *stetig, dann heißt* $U$ **erweiterter Phasenraum**, $f$ **zeitabhängiges Vektorfeld** *und die Gleichung*

$$\boxed{\dot{x} = f(t, x)}$$

**nichtautonome** *oder* **explizit zeitabhängige** *Differentialgleichung.*

- *Ist speziell* $U = \mathbb{R}_t \times \tilde{U}$ *mit* **Phasenraum** $\tilde{U} \subseteq \mathbb{R}^n_x$ *offen und* $f$ *von der Form* $f(t,x) = \tilde{f}(x)$, *dann heißt die DGL* **autonom** *oder* **dynamisches System**.

- *Eine differenzierbare Funktion* $\varphi : I \to \mathbb{R}^n_x$ *auf dem Intervall* $I \subseteq \mathbb{R}_t$ *wird eine* **Lösung** *der Differentialgleichung genannt, wenn* graph$(\varphi) \subset U$ *und*

$$\left.\frac{\mathrm{d}\varphi}{\mathrm{d}t}\right|_{t=\tau} = f\big(\tau, \varphi(\tau)\big) \qquad (\tau \in I).$$

- $\varphi : I \to \mathbb{R}^n_x$ **genügt** *der* **Anfangsbedingung** $(t_0, x_0)$, *wenn* $t_0 \in I$, $(t_0, x_0) \in U$ *und* $\varphi(t_0) = x_0$ *gilt.* $\varphi$ **löst das Anfangswertproblem** *(AWP), wenn gilt:*

$$\left.\frac{\mathrm{d}\varphi}{\mathrm{d}t}\right|_{t=\tau} = f\big(\tau, \varphi(\tau)\big) \quad (\tau \in I) \quad \textit{und} \quad \varphi(t_0) = x_0 \tag{3.2.1}$$

- *Das zeitabhängige Vektorfeld* $f : U \to \mathbb{R}^n$ *erfüllt*
  - **global eine Lipschitz–Bedingung** *mit Konstante* $L$, *wenn*

$$\|f(t, x_0) - f(t, x_1)\| \leq L \,\|x_0 - x_1\| \qquad \big((t, x_i) \in U\big)$$

  - *und* **(lokal) eine Lipschitz–Bedingung**, *wenn jeder Punkt* $(\tau, x)$ *aus* $U$ *eine Umgebung* $V \subseteq U$ *besitzt, sodass für eine Konstante* $L = L(\tau, x)$

$$\|f(t, x_0) - f(t, x_1)\| \leq L \,\|x_0 - x_1\| \qquad \big((t, x_i) \in V\big). \tag{3.2.2}$$

**3.14 Lemma (Lokale Lipschitz–Bedingung)**
*Ist das zeitabhängige Vektorfeld* $f : U \to \mathbb{R}^n_x$ *stetig differenzierbar, dann ist die lokale Lipschitz–Bedingung (3.2.2) auf jeder kompakten konvexen Teilmenge* $V \subseteq U$ *des erweiterten Phasenraums erfüllt, mit Lipschitz–Konstante*

$$L := \sup_{(t,x) \in V} \|\mathrm{D}_x f(t, x)\| \,.$$

**Beweis:**
• Da $\mathrm{D}_x f : V \to \mathrm{Mat}(n, \mathbb{R})$ stetig und $V$ kompakt ist, gilt $L < \infty$.
• Für die Punkte $x_s := (1-s)x_0 + s x_1$ ($s \in [0,1]$) der Verbindungsstrecke ist wegen der Konvexitätsannahme $(t, x_s) \in V$.
• Der Hauptsatz der Integralrechnung sagt: $f(t,x_1) - f(t,x_0) = \int_0^1 \frac{\mathrm{d}}{\mathrm{d}s} f(t, x_s)\,\mathrm{d}s$ $= \int_0^1 \mathrm{D}_x f(t, x_s) \frac{\mathrm{d}x_s}{\mathrm{d}s}\,\mathrm{d}s = \int_0^1 \mathrm{D}_x f(t, x_s)(x_1 - x_0)\,\mathrm{d}s$, woraus (3.2.2) folgt: $\|f(t,x_1) - f(t,x_0)\| \leq \int_0^1 \|\mathrm{D}_x f(t, x_s)\|\,\mathrm{d}s \;\|x_1 - x_0\| \leq L \|x_1 - x_0\|$. $\square$

**3.15 Bemerkungen (Existenz und Eindeutigkeit)**

1. Man beachte, dass die Lipschitz–Stetigkeit nur bezüglich der $x$–Variablen gefragt ist.

2. Die lokale Lipschitz–Bedingung garantiert nach dem Satz von Picard–Lindelöf (Satz 3.17) schon die Existenz und Eindeutigkeit (siehe Definition 3.16) einer zeitlokalen Lösung des Anfangswertproblems.

   Die bloße *Existenz* einer solchen Lösung folgt sogar schon aus unserer Generalannahme, dass das zeitabhängige Vektorfeld $f$ stetig ist (Satz von Peano).

3. Es war schon festgestellt worden, dass aus einer Lösung $\varphi : I \to \mathbb{R}^n_x$ des AWP durch Restriktion $\varphi\restriction_{\tilde{I}}$ auf ein kleines, $t_0$ enthaltendes Intervall $\tilde{I} \subseteq I$ eine von $\varphi$ im strengen Sinn verschiedene Lösung entsteht, denn die Definitionsbereiche der beiden Funktionen $\varphi$ und $\varphi\restriction_{\tilde{I}}$ sind ja unterschiedlich. In diesem Sinn ist die Lösung des Anfangswertproblems also nicht eindeutig.

   Da wir aber nach dem größtmöglichen Zeitintervall $I$ suchen, für das die Lösung von (3.2.1) definiert ist (siehe Kapitel 3.5), interessiert uns diese triviale Verschiedenheit der Lösungen nicht. Daher wird sie wegdefiniert: $\diamond$

**3.16 Definition** *Die Lösung des Anfangswertproblems (3.2.1) ist* **eindeutig**, *wenn für je zwei Lösungen $\varphi_1 : I_1 \to \mathbb{R}^n_x$ und $\varphi_2 : I_2 \to \mathbb{R}^n_x$ des Anfangswertproblem auf dem Intervall $I_3 := I_1 \cap I_2$ gilt:*

$$\varphi_1\restriction_{I_3} = \varphi_2\restriction_{I_3} .$$

Wir werden im Beweis des Satzes 3.17 die eindeutigen lokalen Lösungen des Anfangswertproblems als Fixpunkte einer kontrahierenden Abbildung auf einem Raum stetiger Funktionen finden. Damit wir sicher sein können, dass der Fixpunkt überhaupt existiert, benutzen wir gemäß dem banachschen Fixpunktsatz (Satz D.3 des Anhangs) die in Satz D.1 auf Seite 519 konstatierte Vollständigkeit dieses Raumes.

**3.17 Satz (Picard–Lindelöf)**
*Das zeitabhängige Vektorfeld $f : U \to \mathbb{R}^n$ auf dem erweiterten Phasenraum $U \subseteq \mathbb{R}_t \times \mathbb{R}^n_x$ genüge einer Lipschitz–Bedingung auf $U$.*
*Dann existiert für $(t_0, x_0) \in U$ ein $\varepsilon > 0$, sodass das Anfangswertproblem*

$$\dot{x} = f(t,x) \quad , \quad x(t_0) = x_0 \tag{3.2.3}$$

*eine eindeutige Lösung $\varphi : [t_0 - \varepsilon, t_0 + \varepsilon] \to \mathbb{R}^n_x$ besitzt.*

**Beweis:** Wir bezeichnen das gesuchte Zeitintervall mit $I \equiv I_\varepsilon := [t_0 - \varepsilon, t_0 + \varepsilon]$.

- Existiert eine solche Lösung, dann muss sie die Integralgleichung

$$\varphi(t) = x_0 + \int_{t_0}^{t} f\bigl(s, \varphi(s)\bigr)\, \mathrm{d}s \qquad (t \in I) \tag{3.2.4}$$

erfüllen, wie man durch das bestimmte Integral von (3.2.3) bzw. Einsetzen von $t_0$ feststellt.

Andererseits ist nach dem Hauptsatz der Differential– und Integralrechnung jede stetige Lösung von (3.2.4) auch schon differenzierbar und damit eine Lösung des Anfangswertproblems (3.2.3).

- Es soll nun die Lösung $\varphi$ als Fixpunkt einer Abbildung $A$ aufgefunden werden. $A$ wird stetige Kurven im Phasenraum in solche abbilden. Um den Definitionsbereich von $A$ günstig zu wählen, soll der Phasenraumbereich die abgeschlossene Vollkugel $V \equiv V_r := \overline{U_r(x_0)}$ sein. Wir setzen

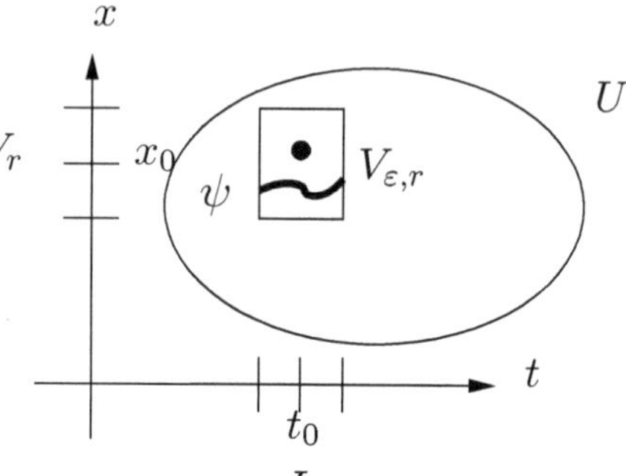


$$V_{\varepsilon,r} := I_\varepsilon \times V_r ,$$

und wählen $r$ so klein, dass $V_{r,r} \subseteq U$.
Weiter sei $L > 0$ Lipschitz–Konstante von $f\restriction_{V_{r,r}}$,

$$N := \max_{(t,x)\in V_{r,r}} \|f(t,x)\| \quad \text{und}^3 \quad \varepsilon := \min\left(r, \frac{r}{N}, \frac{1}{2L}\right). \qquad (3.2.5)$$

Damit ist insbesondere $V_{\varepsilon,r} \subseteq V_{r,r} \subseteq U$.

$$M := C(I,V) \subseteq C(I,\mathbb{R}^n)$$

bezeichne wieder den metrischen Raum der stetigen Funktionen $\psi : I \to V$, mit Supremumsmetrik

$$d(\psi,\varphi) := \sup_{t\in I} \|\psi(t) - \varphi(t)\| .$$

Nach Satz D.1 ist $(M,d)$ ein vollständiger metrischer Raum (denn $V \subseteq \mathbb{R}^n$ ist abgeschlossen).

- Wir führen durch

$$\boxed{(A\psi)(t) := x_0 + \int_{t_0}^t f(s,\psi(s))\,\mathrm{d}s \qquad (t \in I)}$$

eine Abbildung $A : M \to C(I,\mathbb{R}^n)$ ein. Von dieser zeigen wir zunächst, dass ihr Bild in $M$ bleibt. Der Abstand zwischen $(A\psi)(t)$ und $x_0$ ist

$$\begin{aligned}\left\|\int_{t_0}^t f(s,\psi(s))\,\mathrm{d}s\right\| &\leq \left|\int_{t_0}^t \|f(s,\psi(s))\|\,\mathrm{d}s\right| \\ &\leq \left|\int_{t_0}^t \max_{(\tilde{t},x)\in V_{r,r}} \|f(\tilde{t},x)\|\,\mathrm{d}s\right| \leq |t-t_0|N \leq \varepsilon N \leq r ,\end{aligned}$$

[3] mit $r/N := +\infty$ für $N = 0$

unter Verwendung der Definition (3.2.5) von $\varepsilon$.

Damit gilt für alle Zeiten $t \in I$: $(A\psi)(t) \in U_\varepsilon(x_0) = V$, also $A\psi \in M$.

- Jetzt fehlt uns als Voraussetzung des banachschen Fixpunktsatzes nur noch, dass diese sogenannte *Picard–Abbildung*

$$A : M \to M$$

kontrahierend ist, dass also für ein geeignetes $0 < \theta < 1$ gilt

$$d\big(A\varphi, A\psi\big) \le \theta\, d(\varphi, \psi) \qquad (\varphi, \psi \in M).$$

Tatsächlich ergibt sich

$$\begin{aligned} d\big(A\varphi, A\psi\big) &= \sup_{t\in I} \|A\varphi(t) - A\psi(t)\| \\ &= \sup_{t\in I} \left\| \int_{t_0}^{t} \big[f\big(s,\varphi(s)\big) - f\big(s,\psi(s)\big)\big]\, \mathrm{d}s \right\| \le \varepsilon \sup_{s\in I} \big\|f\big(s,\varphi(s)\big) - f\big(s,\psi(s)\big)\big\| \\ &\le \varepsilon L \sup_{s\in I} \|\varphi(s) - \psi(s)\| = \varepsilon L\, d(\varphi,\psi) \le \tfrac{1}{2}\, d(\varphi,\psi)\,. \end{aligned}$$

Die Definition (3.2.5) von $\varepsilon$ wurde wieder in der letzten Ungleichung verwendet.

$A$ ist damit eine kontrahierende Abbildung auf dem vollständigen metrischen Raum $M$.

- $A$ besitzt also nach dem banachschen Fixpunktsatz (siehe Seite 520) einen eindeutigen Fixpunkt $\varphi \in M$. Diese Funktion $\varphi$ erfüllt die Integralgleichung (3.2.4) und löst damit das Anfangswertproblem. □

Die *Picard–Iteration* $x_{i+1} := Ax_i$, die hier benutzt wurde, um den Fixpunkt $\varphi = \lim_{i\to\infty} x_i$ von $A$ zu finden, wurde, kann auch zur Lösung von Differentialgleichungen verwendet werden:

**3.18 Beispiele (Picard–Iteration)**

1. Wir approximieren die Lösung des Anfangswertproblems $\dot{x} = x$ , $x(0) = x_0 \in \mathbb{R}$ durch

$$x_0(t) := x_0 \quad \text{und} \quad x_{i+1}(t) := x_0 + \int_0^t x_i(s)\,\mathrm{d}s \qquad (t \in \mathbb{R}),$$

also (siehe Abbildung)

$$\begin{aligned} x_1(t) &= x_0\,(1+t) \\ x_2(t) &= x_0 \left(1 + t + \frac{t^2}{2}\right) \\ &\ \ \vdots \\ x_n(t) &= x_0 \sum_{i=0}^{n} \frac{t^i}{i!}. \end{aligned}$$

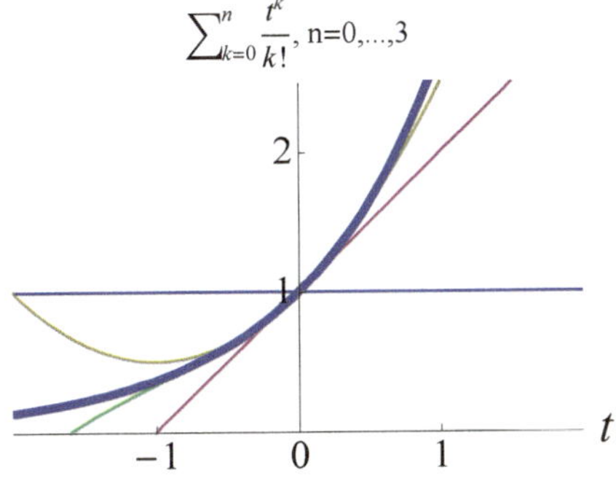

Da $x(t) = x_0 \sum_{i=0}^{\infty} \frac{t^i}{i!} = x_0 \cdot e^t$, konvergiert für alle $t \in \mathbb{R}$ die $n$–te Iterierte $x_n(t)$ gegen die Lösung $x(t)$, und zwar gleichmäßig auf jedem kompakten Zeitintervall (aber nicht gleichmäßig auf $\mathbb{R}$).

2. Das Anfangswertproblem $\dot{x} = 1 + x^2$ , $x_0 = 0$ besitzt nur eine Lösung auf $\left(-\frac{\pi}{2}, \frac{\pi}{2}\right)$, und zwar den Tangens.

Wir optimieren die Konstanten im Beweis des Satzes von Picard–Lindelöf. Für $r > 0$ ist $N = \max_{|x| \le r} \|f(x)\| = 1 + r^2$, und die Lipschitz–Konstante $L = \max_{|x| \le r} \|f'(x)\| = 2r$. Also ist gemäß Definition (3.2.5) $\varepsilon = \min\left(\frac{r}{1+r^2}, \frac{1}{4r}\right)$.

$\varepsilon$ wird maximal für $r = \frac{1}{\sqrt{3}}$, das heißt $\varepsilon = \frac{\sqrt{3}}{4}$. Für Zeiten $|t| < \frac{\sqrt{3}}{4}$ können wir also Konvergenz garantieren. Picard–Iteration mit Anfangswert $x_0(t) := x_0$ ergibt

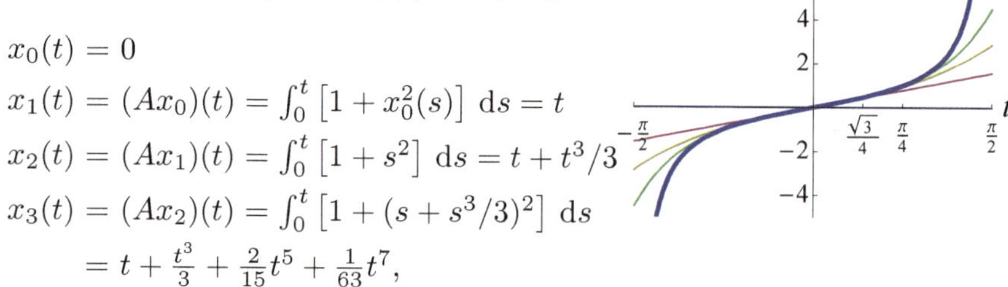


$$
\begin{aligned}
x_0(t) &= 0\\
x_1(t) &= (Ax_0)(t) = \textstyle\int_0^t \left[1 + x_0^2(s)\right] \,\mathrm{d}s = t\\
x_2(t) &= (Ax_1)(t) = \textstyle\int_0^t \left[1 + s^2\right] \,\mathrm{d}s = t + t^3/3\\
x_3(t) &= (Ax_2)(t) = \textstyle\int_0^t \left[1 + (s + s^3/3)^2\right] \,\mathrm{d}s\\
&= t + \tfrac{t^3}{3} + \tfrac{2}{15}t^5 + \tfrac{1}{63}t^7,
\end{aligned}
$$

etc. Faktisch konvergiert diese Funktionenfolge nicht nur auf $[-\varepsilon, \varepsilon]$ gegen den Tangens, die Lösung des Anfangswertproblems, sondern auf dem gesamten Intervall $\left(-\frac{\pi}{2}, \frac{\pi}{2}\right)$. ◇

**3.19 Aufgabe (Picard–Lindelöf)** Wir betrachten die Differentialgleichung

$$\dot{x} = f(x) \quad \text{mit} \quad f : \mathbb{R} \to \mathbb{R} \ , \ f(x) := \exp(-x)$$

und Anfangsbedingung $x(0) = 0$. Da $f$ lokal lipschitz–stetig ist, existiert nach Satz 3.17 ein $\varepsilon > 0$ und eine Funktion $\varphi : [-\varepsilon, \varepsilon] \to \mathbb{R}$, welche dieses Anfangswertproblem löst.

(a) Finden Sie eine untere Schranke an $\varepsilon$, die von diesem Satz garantiert wird.

(b) Wie sieht die Picard–Iteration für dieses Anfangswertproblem aus?

(c) Wie lautet die maximale Lösung des Anfangswertproblems? ◇

In den naturwissenschaftlichen oder technischen Anwendungen von Differentialgleichungen kennen wir deren Anfangswerte normalerweise nicht genau. Der folgende Satz besagt, dass dies auch gar nicht nötig ist.

**3.20 Satz** *Unter den Voraussetzungen des Satzes 3.17 (Picard–Lindelöf) existiert für jeden Punkt $(T_0, X_0) \in U$ des erweiterten Phasenraums eine kompakte Umgebung $V \subset U$ und ein Intervall $I_\varepsilon := [-\varepsilon, \varepsilon]$, sodass die Familie*

$$\Phi : I_\varepsilon \times V \to U \quad , \quad (s; t_0, x_0) \mapsto \varphi(t_0 + s)$$

*der Lösungen des Anfangswertproblems (3.2.3) eine stetige Abbildung ist. Die Lösungen hängen also stetig von ihren Anfangswerten und der Zeit ab.*

**Beweis:**

- Für kleine $R > 0$ und $\varepsilon > 0$ ist $[T_0 - 2\varepsilon, T_0 + 2\varepsilon] \times \overline{U_R(X_0)}$ Teilmenge des erweiterten Phasenraums $U$.

  Die Menge $V_{\varepsilon,r} := [T_0 - \varepsilon, T_0 + \varepsilon] \times \overline{U_r(X_0)}$ von Anfangswerten $(t_0, x_0)$ ist für $r \in (0, R)$ darin enthalten. Außerdem ist sie beschränkt und abgeschlossen, also kompakt. Für die Picard–Iteration benutzen wir statt des Raumes der Kurven den metrischen Raum

  $$M := C\Big(I_\varepsilon \times V_{\varepsilon,r}\,,\, \overline{U_R(X_0)}\Big)$$

  mit der Supremumsmetrik

  $$d(\Phi, \Psi) := \sup\{\|\Phi(t; y) - \Psi(t; y)\| \mid (t; y) \in I_\varepsilon \times V_{\varepsilon,r}\} \qquad (\Phi, \Psi \in M).$$

- $(M, d)$ ist ein vollständiger metrischer Raum, denn

  (a) die Bildmenge ist eine abgeschlossene Teilmenge des $\mathbb{R}^n$, also vollständig.

  (b) der Definitionsbereich ist kompakt. Jede Cauchy–Folge $(\Phi_m)_{m\in\mathbb{N}}$ in $M$ besitzt also einen *punktweisen* Limes $\Phi$ mit $\Phi(t; y) := \lim_{m\to\infty} \Phi_m(t; y)$.

  (c) auch das $\varepsilon/3$–Argument aus Satz D.1 überträgt sich auf diese Situation, $\Phi$ ist also stetig und $\Phi \in M$.

- Wir betrachten für $\Psi \in M$ die Picard–Abbildung

  $$(A\Psi)(s; t_0, x_0) := x_0 + \int_0^s f\big(t_0 + \tau, \Psi(\tau; t_0, x_0)\big)\,\mathrm{d}\tau \qquad \big((s; t_0, x_0) \in I_\varepsilon \times V_{\varepsilon,r}\big).$$

  Ist $\Phi$ ein Fixpunkt von $A$, dann bedeutet dies

  $$\Phi(0; t_0, x_0) = A\Phi(0; t_0, x_0) = x_0$$

  und

  $$\frac{\mathrm{d}}{\mathrm{d}s}\Phi(s; t_0, x_0) = \frac{\mathrm{d}}{\mathrm{d}s}(A\Phi)(s; t_0, x_0) = f\big(t_0 + s, \Phi(s; t_0, x_0)\big)\,.$$

  Die Abbildung $t \mapsto \Phi(t - t_0; t_0, x_0)$ löst also das AWP mit Anfangswert $(t_0, x_0)$.

- Mit der gleichen Argumentation wie im Beweis von Picard–Lindelöf wird für kleine Parameter $\varepsilon, r > 0$ die Picard–Abbildung zu einer Kontraktion

  $$A : M \to M\,.$$

  Sie hat also nach dem banachschen Fixpunktsatz einen eindeutigen Fixpunkt $\Phi \in M$. □

## 3.3 Globale Existenz und Eindeutigkeit der Lösung

Es ist naheliegend, auch Differentialgleichungen auf Mannigfaltigkeiten zu untersuchen.

**3.21 Definition**

- *Ist* $f : M \to TM$ *ein (zeitunabhängiges) Vektorfeld auf der Mannigfaltigkeit* $M$ *(siehe Definition A.39), dann wird eine Kurve* $\varphi \in C^1(I, M)$ **Lösung der Differentialgleichung** $\dot{x} = f(x)$ *genannt, wenn für alle Zeiten* $t \in I$ *gilt:* $\frac{\mathrm{d}}{\mathrm{d}t}\varphi(t) = f\big(\varphi(t)\big)$.
- *Ein Vektorfeld* $f : M \to TM$ *auf der Mannigfaltigkeit* $M$ *heißt* **vollständig**, *wenn für alle* $x_0 \in M$ *das Anfangswertproblem* $\dot{x} = f(x)$, $x(0) = x_0$ *eine eindeutige Lösung* $\varphi : \mathbb{R} \to M$ *besitzt.*

In diesem Abschnitt stellen wir Kriterien für die Vollständigkeit von Vektorfeldern vor. Wir beginnen mit dem Fall des Phasenraums $M = \mathbb{R}^n$.

**3.22 Beispiele**

1. Am Beispiel 3.18.2 der DGL $\dot{x} = f(x) = 1 + x^2$ des Tangens sehen wir, dass die Lösung nicht für alle Zeiten existiert (sondern in der Zeit $\frac{\pi}{2}$ von Null nach $\infty$ divergiert), da $x \mapsto f(x)$ superlinear wächst. Dies steht nicht im Widerspruch zur *lokalen* Lipschitz–Stetigkeit von $f$.
2. Dagegen ist in Beispiel 3.18.1 $f(x) = x$ sogar *global* lipschitz–stetig, und dieses lineare Vektorfeld ist vollständig. Dies ist ganz allgemein so: ◇

**3.23 Satz**

- *Lipschitz–stetige Vektorfelder* $f : \mathbb{R}^n \to \mathbb{R}^n$ *sind vollständig.*
- *Allgemeiner sei* $I \subseteq \mathbb{R}$ *ein Intervall, und das zeitabhängige Vektorfeld* $f : I \times \mathbb{R}^n \to \mathbb{R}^n$ *erfülle die zeitabhängige globale Lipschitz–Bedingung*

$$\|f(t,x_1) - f(t,x_2)\| < L(t)\|x_1 - x_2\| \qquad \big(t \in I,\ x_1, x_2 \in \mathbb{R}^n\big)$$

*mit* $L : I \to \mathbb{R}^+$ *stetig. Dann hat das Anfangswertproblem für alle Anfangswerte* $(t_0, x_0) \in I \times \mathbb{R}^n$ *eine eindeutige Lösung* $\varphi : I \to \mathbb{R}^n$.

**Beweis:**
• Der zeitunabhängige Fall ergibt sich aus dem zeitabhängigen Fall mit $I = \mathbb{R}$ und konstantem $L$.
• Es genügt, kompakte Zeitintervalle $I$ zu betrachten, denn jedes Intervall $I \ni t_0$ lässt sich als Vereinigung kompakter Intervalle $I_k \ni t_0$ darstellen.
• Da $L : I \to [0, \infty)$ stetig ist, folgt mit der Kompaktheitsannahme an das Intervall, dass $\sup_{t \in I} L(t) < \infty$. Es gibt also eine Lipschitz-Konstante $\tilde{L} \geq 1$ mit

$$\|f(t,x_1) - f(t,x_2)\| \leq \tilde{L}\,\|x_1 - x_2\| \qquad (t \in I,\ x_1, x_2 \in \mathbb{R}^n).$$

Wir wählen den Radius $r \equiv r(x_0) := \sup_{t\in I} \|f(t,x_0)\| + \frac{1}{2\tilde{L}} < \infty$ einer Kugel um $x_0$, sodass in dieser die Maximalgeschwindigkeit

$$N(x_0) := \max_{(t,x)\in I\times\overline{U_r(x_0)}} \|f(t,x)\|$$

die Ungleichung

$$N(x_0) \leq \max_{t\in I}\left(\|f(t,x_0)\| + \max_{x\in\overline{U_r(x_0)}}\|f(t,x) - f(t,x_0)\|\right) \leq r(x_0)(1+\tilde{L})$$

erfüllt. Damit ist die das Zeitintervall definierende Konstante $\varepsilon$ aus (3.2.5) unabhängig von $x_0$ (es gilt aber nicht mehr unbedingt $[t_0-\varepsilon, t_0+\varepsilon] \subseteq I$):

$$\varepsilon(x_0) = \min\left(r(x_0), \frac{r(x_0)}{N(x_0)}, \frac{1}{2\tilde{L}}\right) = \min\left(\frac{1}{2\tilde{L}}, \frac{1}{1+\tilde{L}}, \frac{1}{2\tilde{L}}\right) = \frac{1}{2\tilde{L}}.$$

• Für beliebige Zeiten $t_k \in I$ und Anfangswerte $x_k \in \mathbb{R}^n$ können wir nach Satz 3.17 die eindeutige lokale Lösung $\varphi_k : I_k \to \mathbb{R}^n$ des Anfangswertproblems $\dot{x} = f(t,x)$ mit $\varphi_k(t_k) := x_k$ auf dem Intervall $I_k := [t_k - \varepsilon, t_k + \varepsilon] \cap I$ finden.

Mit den Zeiten $t_k := t_0 + \frac{\varepsilon}{2}k \in I$ setzen wir nun für $k \in \mathbb{N}$ bei Kenntnis der Lösung $\varphi_{k-1}$ den Anfangswert $x_k := \varphi_{k-1}(t_k)$. Analog wählen wir für ganzzahlige $k < 0$ den Anfangswert $x_k := \varphi_{k+1}(t_k)$.

• Es ist also $\varphi_{k-1}(t_k) = \varphi_k(t_k)$. Wegen der Eindeutigkeit der Lösung des Anfangswertproblems im Sinn von Definition 3.16 erhalten wir mit

$$\varphi : I \to \mathbb{R}^n \quad , \quad \varphi(t) := \varphi_k(t) \text{ falls } t \in I_k$$

eine eindeutige Lösung des Anfangswertproblems $\dot{x} = f(t,x)$, $x(t_0) = x_0$. □

### 3.24 Bemerkungen

1. Analog zu Lemma 3.14 hat man das folgende hinreichende Kriterium für globale Lipschitz–Stetigkeit. Ist das Vektorfeld $f \in C^1(\mathbb{R}^n, \mathbb{R}^n)$, dann ist $f$ genau dann Lipschitz–stetig, wenn gilt:

$$\sup_{x\in\mathbb{R}^n} \|\mathrm{D}f(x)\| < \infty .$$

2. Insbesondere folgt, dass für alle *linearen Differentialgleichungen* das Anfangswertproblem

$$\dot{x} = Ax \quad , \quad x(0) = x_0$$

für alle Zeiten eindeutig lösbar ist, denn das Vektorfeld $f(x) = Ax$ ist lipschitz–stetig mit Konstante $L = \|A\| := \sup_{v\in S^{n-1}} \|Av\|$, der Matrixnorm von $A \in \mathrm{Mat}(n,\mathbb{R})$. In Kapitel 4.1 wird gezeigt, dass diese Lösung von der Form $x(t) = \exp(At)x_0$ ist.

3. Satz 3.23 garantiert die eindeutige globale Lösbarkeit unter Voraussetzung der Existenz einer stetig von der Zeit abhängigen Lipschitz–Konstante $L : I \to \mathbb{R}^+$. Für inhomogen-lineare Differentialgleichungen $\dot{x}(t) = A(t)x(t) + b(t)$ genügt es sogar anzunehmen, dass $\|A\|$ und $\|b\|$ lokal integrabel sind, siehe WEIDMANN [Weid], Theorem 2.1. ◇

**3.25 Aufgabe** Finden Sie die Lösung des Anfangswertproblems $\dot{x} = \sin x$ mit $x(0) = \pi/2$. Berechnen Sie $\lim_{t\to-\infty} x(t)$ und $\lim_{t\to\infty} x(t)$. ◇

Wie das folgende Beispiel zeigt, ist die Lipschitz–Stetigkeit des Vektorfeldes auf dem gesamten Phasenraum $\mathbb{R}^n$ eine hinreichende, aber keineswegs notwendige Voraussetzung für seine Vollständigkeit.

**3.26 Beispiel (Vollständiges Vektorfeld)**
Das Vektorfeld $f : P \to \mathbb{R}^2$, $x \mapsto \|x\|^2 \left(\begin{smallmatrix} x_2 \\ -x_1 \end{smallmatrix}\right)$ auf dem Phasenraum $P = \mathbb{R}^2$ ist glatt. Es ist aber nicht global lipschitz–stetig, denn seine Ableitung

$$\mathrm{D}f : P \to \mathrm{Mat}(2,\mathbb{R}) \quad , \quad \mathrm{D}f(x) = \begin{pmatrix} 2x_1x_2 & x_1^2+3x_2^2 \\ -3x_1^2-x_2^2 & -2x_1x_2 \end{pmatrix}$$

ist nicht beschränkt. Daher können wir seine Vollständigkeit nicht mit Satz 3.23 beweisen. Wir stellen aber fest, dass $f$ tangential zu den Kreislinien $S_r^1 := \{x \in P \mid \|x\| = r\}$ vom Radius $r$ ist, denn es steht senkrecht auf deren Normalenvektoren: $\langle f(x), x\rangle = 0$.

In Polarkoordinaten $x_1 = r\cos\varphi$, $x_2 = r\sin\varphi$ lautet die DGL $\dot{x} = f(x)$

$$\dot{r} = 0 \quad , \quad \dot{\varphi} = -r^2 .$$

Die eindeutige Lösung $r(t) = r_0$ , $\varphi(t) = \varphi_0 - r_0^2\, t$ des Anfangswertproblems existiert für alle Zeiten $t \in \mathbb{R}$. ◇

Entscheidend für die globale Lösbarkeit war hier die Möglichkeit, das Vektorfeld $f$ auf die *kompakten* Untermannigfaltigkeiten $S_r^1$ des Phasenraums einzuschränken.

**3.27 Satz (Vollständigkeit)**
*Lipschitz–stetige Vektorfelder auf kompakten Mannigfaltigkeiten sind vollständig.*

**Beweis:**
• Zunächst macht man sich klar, dass *lokale* Lipschitz–Stetigkeit (und wegen der Kompaktheitsvoraussetzung geht es hier um diese) kartenunabhängig definiert ist. Denn Kartenwechsel sind Diffeomorphismen offener Teilmengen des $\mathbb{R}^n$, deren Ableitungen auf Kompakta beschränkt sind.
• Für jeden Punkt $x \in M$ gibt es nach Satz 3.20 eine kompakte Umgebung $K_x$ und ein $\varepsilon_x > 0$, sodass das Anfangswertproblem für alle $x_0 \in K_x$ eine eindeutige Lösung mit Zeitintervall $(-\varepsilon_x, \varepsilon_x)$ besitzt. Ebenso gibt es im (maximalen) Atlas von $M$ zu jedem $x \in M$ Karten $(U_x, \varphi_x)$ mit offenen, $x$ enthaltenden Kartengebieten $U_x \subset K_x$ und Kartenabbildungen $\varphi_x : U_x \to \mathbb{R}^n$.

Da die Mannigfaltigkeit $M$ kompakt ist, werden von diesen Karten nur endlich viele für einen Atlas benötigt (denn jede offene Überdeckung von $M$ besitzt wegen der Kompaktheit eine endliche Teilüberdeckung). Wir können also annehmen, dass die Indexmenge $I$ des Atlas $\{(U_i, \varphi_i) \mid i \in I\}$ von $M$ endlich ist.
• Da das Minimum der $\varepsilon_i$ immer noch positiv ist, kann man mit der Stückelungsmethode des Beweises von Satz 3.23 eine eindeutige Lösung des Anfangswertproblems mit Zeitintervall $\mathbb{R}$ konstruieren. □

**3.28 Aufgabe (Existenz des Flusses)**
Es sei $H : \mathbb{R}^{2n} \to \mathbb{R}$ eine glatte Funktion, so dass $H^{-1}\big((-\infty, E]\big)$ für alle $E \in \mathbb{R}$ kompakt ist.

(a) Geben Sie ein Beispiel für eine solche Funktion $H$.

(b) Zeigen Sie, dass der Fluss, der von den (hamiltonschen) Differentialgleichungen

$$\dot{x}_j = -\frac{\partial H}{\partial x_{j+n}}(x) \quad , \quad \dot{x}_{j+n} = \frac{\partial H}{\partial x_j}(x) \qquad (j \in \{1, \ldots, n\})$$

generiert wird, für alle Zeiten existiert. ◇

## 3.4 Transformation in ein dynamisches System

### Reduktion auf eine Differentialgleichung erster Ordnung

Auch Differentialgleichungen höherer als erster Ordnung lassen sich mit den beschriebenen Methoden behandeln, indem man aus einer expliziten Differentialgleichung $n$–ter Ordnung ein System von $n$ DGLn erster Ordnung macht.

**3.29 Satz** *Die Differentialgleichung der Ordnung* $n > 1$

$$\tfrac{\mathrm{d}^n x}{\mathrm{d}t^n} = F\left(t, x, \tfrac{\mathrm{d}x}{\mathrm{d}t}, \ldots, \tfrac{\mathrm{d}^{n-1}x}{\mathrm{d}t^{n-1}}\right) \tag{3.4.1}$$

*mit* $F \in C^1(\mathbb{R}^{n+1})$ *ist zum Differentialgleichungssystem*

$$\frac{\mathrm{d}y}{\mathrm{d}t} = f(t, y) \quad \textit{mit} \quad f(t, y) := \begin{pmatrix} y_2 \\ \vdots \\ y_n \\ F(t, y_1, \ldots, y_n) \end{pmatrix} \tag{3.4.2}$$

*im folgenden Sinn äquivalent:*

- *Ist* $\varphi : I \to \mathbb{R}$ *Lösung von (3.4.1), dann ist* $\psi := \begin{pmatrix} \varphi \\ \varphi' \\ \vdots \\ \varphi^{(n-1)} \end{pmatrix} : I \to \mathbb{R}^n$ *Lösung von (3.4.2).*
- *Ist umgekehrt* $\psi = \begin{pmatrix} \psi_1 \\ \vdots \\ \psi_n \end{pmatrix}$ *Lösung von (3.4.2), dann ist* $\psi_1$ *Lösung von (3.4.1).*

**Beweis:** Nach Definition ist $\varphi$ $n$–mal differenzierbar, also $\psi : I \to \mathbb{R}^n$ differenzierbar, und $\psi_k = \frac{\mathrm{d}}{\mathrm{d}t}\psi_{k-1} \quad (k = 2, \ldots, n)$,

$$\tfrac{\mathrm{d}}{\mathrm{d}t}\psi_n = \tfrac{\mathrm{d}^n \varphi}{\mathrm{d}t^n} = F(t, \varphi, \varphi', \ldots, \varphi^{(n-1)}) = F(t, \psi_1, \ldots, \psi_n)\,.$$

Die Argumentation lässt sich umkehren. □

**3.30 Aufgabe** Betrachten Sie die eindimensionale Bewegung $\ddot{x} = x$. Finden Sie die Lösung mit Anfangsbedingung $(x_0, \dot{x}_0) = (1, -1)$. Wie viel Zeit braucht sie, um $x = 0$ zu erreichen? ◇

**3.31 Beispiel (Kepler–Problem)**
Das himmelsmechanische 2–Körper–Problem beschreibt die z.B. die Bewegung von Erde und Sonne um ihren gemeinsamen Schwerpunkt. Es läßt sich auf das in der Einleitung behandelte sogenannte *1–Zentren-Problem* der Bewegung einer Punktmasse am Ort $x \in \mathbb{R}^3\backslash\{0\}$ im Schwerefeld eines im Koordinatenursprung befindlichen Himmelskörpers reduzieren. Es gilt dann nach (1.3)

$$\ddot{x} = -\gamma \frac{x}{\|x\|^3}.$$

Dieses DGL–System zweiter Ordnung lässt sich auf die Differentialgleichung erster Ordnung mit Phasenraum $U := (\mathbb{R}^3\backslash\{0\}) \times \mathbb{R}^3$

$$\dot{z} = f(z) := \begin{pmatrix} v \\ -\gamma\frac{x}{\|x\|^3} \end{pmatrix} \qquad \big(z = (x, v) \in U\big) \tag{3.4.3}$$

umformen. Der Phasenraum $U$ ist eine offene Teilmenge des $\mathbb{R}^6$, mit einem Vektorfeld $f \in C^\infty(U, \mathbb{R}^6)$.

Damit können wir (3.4.3) mit Picard–Iteration oder einem anderen Verfahren für kleine Zeiten lösen. Analoges gilt auch für das $n$–Körper-Problem (1.8). ◇

## Übergang zu einem zeitunabhängigen System

Wir können auch explizit zeitabhängige Differentialgleichungen auf autonome zurückführen. Statt der DGL $\dot{x} = f(t, x)$ mit $f : U \to \mathbb{R}^n$, $U \subseteq \mathbb{R}_t \times \mathbb{R}^n_x$ offen betrachten wir dazu das autonome Differentialgleichungssystem

$$\dot{y} = g(y) \quad \text{mit} \quad g : U \to \mathbb{R}^{n+1} \quad , \quad y := \begin{pmatrix} s \\ x \end{pmatrix} \qquad g(y) := \begin{pmatrix} 1 \\ f(y) \end{pmatrix}. \tag{3.4.4}$$

Wir erhöhen also die Dimension des Phasenraums um Eins, indem wir den Zeitparameter $s$ zum Phasenraumpunkt $x$ hinzufügen. Ausgeschrieben hat (3.4.4) die Form

$$\tfrac{\mathrm{d}}{\mathrm{d}t} s = 1 \quad , \quad \tfrac{\mathrm{d}}{\mathrm{d}t} x = f(s, x). \tag{3.4.5}$$

Ist nun $\psi : I \to U$ eine Lösung von (3.4.4), dann gilt mit $\psi(t) = \begin{pmatrix} s(t) \\ x(t) \end{pmatrix}$ $s(t) = s(0) + t$, bis auf eine zu wählende additive Konstante ist also die Phasenraumkoordinate $s$ gleich der Zeit $t$. Die Lösung $\psi = \begin{pmatrix} \tilde{s} \\ \tilde{x} \end{pmatrix}$ des Anfangswertproblems $\dot{y} = g(y)$, $\psi(0) = \begin{pmatrix} t_0 \\ x_0 \end{pmatrix}$ ergibt daher eine Lösung $x$ des Anfangswertproblems $\dot{x} = f(t, x)$, $x(t_0) = x_0$. Man setzt einfach $x(t) := \tilde{x}(t - t_0)$.

Umgekehrt kann man aus einer Lösung des AWP $\dot{x} = f(t, x)$, $x(t_0) = x_0$ durch Ergänzung eine Lösung des Anfangswertproblems von (3.4.4) konstruieren.

Ist $f : U \to \mathbb{R}^n$ (in allen Argumenten) lipschitz–stetig, dann auch $g$. Damit überträgt sich der Existenz– und Eindeutigkeitssatz (man beachte aber, dass wir für nicht autonome DGLn keine Lipschitz–Stetigkeit bezüglich $t$ forderten).

## Grundbegriffe für autonome Differentialgleichungen

Existiert für alle $x_0 \in M$ eine eindeutige Lösung $\varphi_{x_0} : \mathbb{R} \to M$ des Anfangswertproblems $\dot{x} = f(x)$, $x(0) = x_0$ auf der Mannigfaltigkeit $M$, dann heißt die Abbildung

$$\Phi : \mathbb{R} \times M \to M \quad , \quad (t,x) \mapsto \varphi_x(t) \tag{3.4.6}$$

*Phasenfluss* oder kurz *Fluss* der Differentialgleichung. Sie bildet dann ein kontinuierliches dynamisches System im Sinn der Definition 2.7.

Es ist aber oft praktisch, die folgenden bis jetzt nur für dynamische Systeme definierten Begriffe auch dann zu verwenden, wenn die Lösung des Anfangswertproblems nicht für alle Zeiten existiert:

**3.32 Definition** *Das Vektorfeld $f : M \to TM$ auf einer Mannigfaltigkeit $M$ sei lokal lipschitz–stetig. Wir betrachten die Differentialgleichung $\dot{x} = f(x)$.*

1. *$\varphi : I \to M$ sei eine Lösungskurve der Differentialgleichung mit maximalem Zeitintervall $I$. Das Bild $\varphi(I) \subseteq M$ heißt dann* **Orbit**. *Für $x \in \varphi(I)$ heißt $\mathcal{O}(x) := \varphi(I)$ der* **Orbit durch** *$x$.*

2. *$x_s \in M$ heißt* **singulärer Punkt** *des Vektorfeldes $f$, wenn $f(x_s) = 0$ ist.*
   *Ist $x_s \in M$ singulärer Punkt von $f$, dann heißt $x_s$ auch* **Ruhelage** *oder* **Gleichgewichtslage** *der Differentialgleichung.*

3. *$x \in M$ heißt* **periodischer Punkt** *mit* **(Minimal)-Periode** *$T > 0$, wenn $\varphi_x(T) = x$ (und $\varphi_x(t) \neq x$ falls $t \in (0,T)$).*
   *Ein Orbit $\mathcal{O}(x)$ heißt* **geschlossen**, *wenn $x \in M$ ein periodischer Punkt ist*

**3.33 Bemerkungen**

1. Für einen singulären Punkt $x_s$ des Vektorfelds $f$ ist die konstante Funktion $x(t) = x_s$ die (einzige) Lösung des Anfangswertproblems.

2. *Singulär* heißt der Punkt nicht etwa deswegen, weil das Vektorfeld $f$ dort eine Singularität besäße, sondern weil dessen *Richtungsfeld*[4] $x \mapsto f(x)/\|f(x)\|$ dort undefiniert ist und sich auch im Allgemeinen nicht stetig auf $x_s$ fortsetzen lässt.

3. Wie schon in Satz 3.27 verwendet, ist der Definition 3.32 zugrundeliegende Begriff der *lokalen* Lipschitz–Stetigkeit auch für Vektorfelder auf Mannigfaltigkeiten wohldefiniert. ◇

**3.34 Satz** *Wenn das durch ein lokal lipschitz–stetiges Vektorfeld $f : M \to TM$ definierte Anfangswertproblem $\dot{x} = f(x)$ eine Lösung $\Phi : \mathbb{R} \times M \to M$ besitzt, ist $\Phi$ ein stetiges dynamisches System (im Sinn von Definition 2.16).*

[4] mit einer zum Beispiel von einer riemannschen Metrik kommenden Norm

**Beweis:** Nach Satz 3.20 ist die Abbildung $\Phi$ aus (3.4.6) stetig. Die Bedingung $\Phi_0 = \mathrm{Id}_M$ ist wegen der Eigenschaft $\varphi_{x_0}(0) = x_0$ der Lösung des Anfangswertproblems erfüllt, die Kompositionseigenschaft $\Phi_{t_1} \circ \Phi_{t_2} = \Phi_{t_1+t_2}$ $(t_1, t_2 \in \mathbb{R})$ wegen der Eindeutigkeit und Translationsinvarianz der Lösung. □

**3.35 Beispiele**

1. Für ein reelles Polynom $f(x) = \prod_{i=1}^n (x - a_i)$ mit den Nullstellen $a_1 < \ldots < a_n$ ist die Differentialgleichung $\dot{x} = f(x)$ lokal eindeutig lösbar und besitzt für $x \in [a_1, a_n]$ sogar Lösungen $t \mapsto \Phi_t(x)$ für alle $t \in \mathbb{R}$.

   Die Ruhelagen sind die Punkte $a_1, \ldots, a_n$. Für $x \in (a_i, a_{i+1})$ ist $f\restriction_{(a_i,a_{i+1})} > 0$, falls $n - i$ gerade ist. In diesem Fall ist damit $\omega(x) = \{a_{i+1}\}$ und $\alpha(x) = \{a_i\}$. Ist dagegen $n - i$ ungerade, also $f\restriction_{(a_i,a_{i+1})} < 0$, dann gilt umgekehrt $\omega(x) = \{a_i\}$, $\alpha(x) = \{a_{i+1}\}$. Periodische Punkte existieren nicht.

2. Für das (in Polarkoordinaten $(r, \varphi)$ notierte) Differentialgleichungssystem mit Phasenraum $\mathbb{R}^2$
$$\dot{r} = r(1 - r^2) \quad , \quad \dot{\varphi} = 1$$
   ist der Ursprung $(r = 0)$ die einzige Ruhelage, und $\{1\} \times [0, 2\pi)$ der einzige periodische Orbit. Für alle $x \in \mathbb{R}^2 \backslash \{0\}$ ist $\omega(x)$ gleich diesem periodischen Orbit, für $\|x\| < 1$ ist $\alpha(x) = \{0\}$. ◇

## 3.5 Das maximale Existenzintervall

Zur Vorbereitung des Hauptsatzes bestimmen wir zunächst die Struktur des maximalen Definitionsbereichs von $\Phi$.

Wir betrachten das Vektorfeld $f \in C^1(U, \mathbb{R}^n)$ auf dem Phasenraum $U \subseteq \mathbb{R}^n$ (oder allgemeiner ein Vektorfeld auf einer Mannigfaltigkeit), und wollen für die Anfangszeit $t_0 = 0$ allen Anfangswerten $x_0$ aus $U$ das maximale Zeitintervall zuordnen, für das die Lösung des Anfangswertproblems definiert ist. Nach dem Satz von Picard–Lindelöf ist dies eine Umgebung der Null, und (da dies auch für alle Punkte des Orbits gilt) offen. Wir können es also in der Form $(T^-(x_0), T^+(x_0))$ mit
$$-\infty \leq T^-(x_0) < 0 < T^+(x_0) \leq +\infty$$
schreiben. Die entsprechende Lösung des Anfangswertproblems wird auch die *maximale Lösung* genannt.

Wir untersuchen die *Fluchtzeiten*
$$T^\pm : U \longrightarrow \overline{\mathbb{R}} := \{-\infty\} \cup \mathbb{R} \cup \{+\infty\} \tag{3.5.1}$$

mit Werten in der *erweiterten Zahlengerade*. Dazu wird $\overline{\mathbb{R}}$ mit einer Topologie versehen, bezüglich derer $\overline{\mathbb{R}}$ zum Intervall $[-1,1]$ homöomorph ist, mit Homöomorphismus

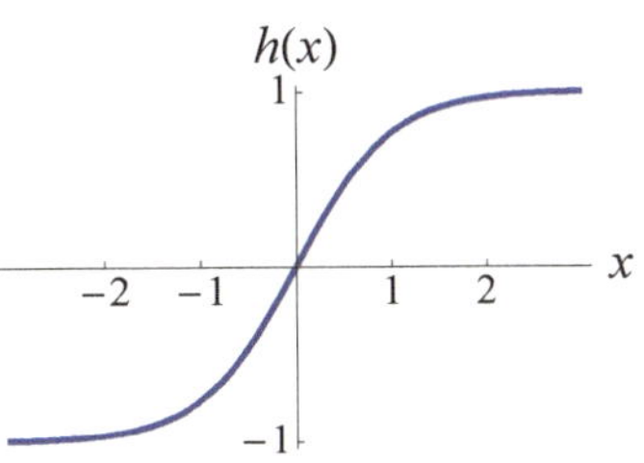


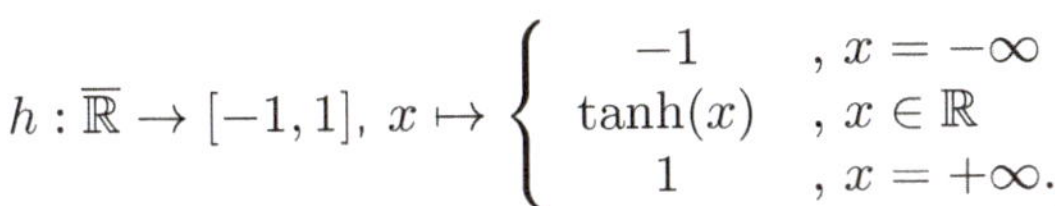

$$h:\overline{\mathbb{R}}\to[-1,1],\ x\mapsto\begin{cases}-1 & ,\ x=-\infty\\ \tanh(x) & ,\ x\in\mathbb{R}\\ 1 & ,\ x=+\infty.\end{cases}$$

Wir sehen an folgendem Beispiel, dass $T^+$ und $T^-$ im Allgemeinen nicht stetig sind:

**3.36 Beispiel (Fluchtzeiten)** Auf dem Phasenraum $U:=\mathbb{R}^2\backslash\{0\}$ betrachten wir das Anfangswertproblem für das konstante Vektorfeld $f(x):=e_1$, also $\Phi_t(x)=x+e_1t$. Dies ist für alle $t$ definiert, falls $x=\binom{x_1}{x_2}$ mit $x_2\neq 0$ ist. Für $x_2=0$ und $x_1<0$ ist $\big(T^-(x),T^+(x)\big)=\big(-\infty,|x_1|\big)$. ◇

In diesem Beispiel springt $T^+$ nur nach oben, nicht nach unten. Dies ist typisch für alle Differentialgleichungen:

**3.37 Definition** *Eine Funktion $f:U\to\overline{\mathbb{R}}$ auf einem topologischen Raum*[5] *$U$ heißt* **oberhalbstetig** *beziehungsweise* **unterhalbstetig bei** *$x_0\in U$, wenn*

$$f(x_0)\geq\limsup_{x\to x_0}f(x)\quad \textit{bzw.}\quad f(x_0)\leq\liminf_{x\to x_0}f(x)\,,$$

*und* **oberhalbstetig** *(beziehungsweise* **unterhalbstetig***), wenn sie für alle $x_0\in U$ oberhalbstetig (bzw. unterhalbstetig) bei $x_0$ ist.*

**3.38 Beispiel (floor und ceil)** In der Zerlegung von $x\in\mathbb{R}$ in $x=\lfloor x\rfloor+\{x\}$ mit $\lfloor x\rfloor\in\mathbb{Z}$ und $\{x\}\in[0,1)$ ist die *floor*–Funktion $\lfloor\cdot\rfloor:\mathbb{R}\to\mathbb{R}$ (auch *Gauss–Klammer* genannt) oberhalbstetig, während $x\mapsto\{x\}$ (ebenso wie die *ceil*–Funktion $\lceil\cdot\rceil:\mathbb{R}\to\mathbb{R}$, $x\mapsto\min\{z\in\mathbb{Z}\mid z\geq x\}$) unterhalbstetig ist. ◇

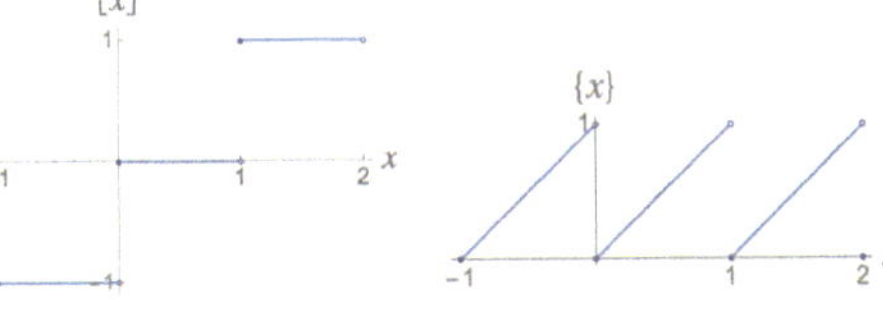


**3.39 Satz (Fluchtzeit)**
*Die Fluchtzeit $T^+:U\to\overline{\mathbb{R}}$ aus (3.5.1) ist unterhalbstetig, die Fluchtzeit $T^-:U\to\overline{\mathbb{R}}$ ist oberhalbstetig. Damit ist der Definitionsbereich*

$$D:=\big\{(t,x)\in\mathbb{R}\times U\mid t\in\big(T^-(x),T^+(x)\big)\big\}$$

*des sogenannten* **maximalen Flusses** *$\Phi:D\to U$ eine offene Teilmenge des erweiterten Phasenraums.*

[5] Wir haben es durchweg mit Räumen zu tun, deren Topologie metrisierbar ist, verstehen also $\limsup_{x\to x_0}f(x)$ und im Sinn von $\lim_{\varepsilon\searrow 0}\sup\big\{f(x)\mid x\in U_\varepsilon(x_0)\setminus\{x_0\}\big\}$. Allgemein ist eine solche Funktion genau dann unterhalbstetig, wenn ihr Epigraph abgeschlossen ist.

**Beweis:**

- Es sei $x_0 \in U$. Dann existiert wegen der Offenheit von $U$ eine Umgebung $U_r(x_0)$ mit $\overline{U_r(x_0)} \subset U$. Da $\overline{U_r(x_0)}$ kompakt ist, ist die Einschränkung des Vektorfeldes auf diese Menge lipschitz–stetig. Nach dem Satz von Picard–Lindelöf gibt es ein $\varepsilon > 0$, sodass für alle $y \in U_{r/2}(x_0)$ das Anfangswertproblem $\dot{x} = f(x)$, $x(0) = y$ für $t \in (-\varepsilon, \varepsilon)$ eindeutig lösbar ist.

- Wir betrachten nun eine aufsteigende Folge von Zeiten $(t_n)_{n\in\mathbb{N}}$ mit $t_1 = 0$, $\lim_{n\to\infty} t_n = T^+(x_0)$, sodass für geeignete $r_n > 0$ und $\varepsilon_n > 0$ das AWP

$$\dot{x} = f(x) \quad , \quad x(0) = y \quad \text{für alle} \quad t \in (-\varepsilon_n, \varepsilon_n) \quad \text{und} \quad y \in U_{r_n/2}(x_n)$$

  lösbar ist, wobei wir $x_n := \Phi_{t_n}(x_0)$ setzen. Nach Konstruktion der maximalen Lösung können wir annehmen, dass $t_{n+1} - t_n < \varepsilon_n$ ist.

- Es sei nun $T^+$ *nicht* unterhalbstetig bei $x_0$, also $\hat{T} := \liminf_{x\to x_0} T^+(x) < T^+(x_0)$ und $k \in \mathbb{N}$ so gewählt, dass $t_k \leq \hat{T} < t_{k+1}$. Nach Annahme ist $t_k + \varepsilon_k > \hat{T}$. Wegen der Stetigkeit des Flusses in den Anfangsbedingungen (Iteration von Satz 3.20) existiert eine Umgebung $V \subset U$ von $x_0$ mit $\Phi_{t_k}(V) \subset U_{r_k/2}(x_n)$, und für alle $y \in V$ gilt, im Widerspruch zur Annahme:

$$T^+(y) = t_k + T^+(\Phi_{t_k}(y)) \geq t_k + \varepsilon_k > \hat{T}.$$

- Die Oberhalbstetigkeit von $T^-$ zeigt man analog.

- Wäre $D$ nicht offen, dann würde eine Folge $(t_n, x_n)_{n\in\mathbb{N}}$ in $\mathbb{R} \times \mathbb{R}^n \setminus D$ mit Grenzwert $(t, x) := \lim_{n\to\infty}(t_n, x_n) \in D$ existieren. Wegen der Offenheit von $U \subseteq \mathbb{R}^n$ können wir (durch Weglassen der ersten Folgenglieder) annahmen, dass $x_n \in U$. Also muss für jedes $n$ gelten: Entweder ist $t_n \geq T^+(x_n)$ oder $t_n \leq T^-(x_n)$. Einer der beiden Fälle tritt unendlich oft auf, zum Beispiel $t_n \geq T^+(x_n)$. Wir gehen wieder zur entsprechenden Teilfolge über. Wegen $(t, x) \in D$ ist $t \in (0, T^+(x))$, was wegen

$$\liminf_{n\to\infty} T^+(x_n) \leq \liminf_{n\to\infty} t_n = t < T^+(x)$$

  der Unterhalbstetigkeit von $T^+$ bei $x$ widerspricht. □

**3.40 Bemerkung (Nicht autonome Differentialgleichungen)**
In diesem Abschnitt haben wir angenommen, dass die Differentialgleichung autonom ist. Ganz analoge Aussagen stimmen aber auch für Anfangswertprobleme nicht autonomer Differentialgleichungen, wenn wir eine Anfangszeit $t_0$ fixieren. Denn durch Hinzunahme einer abhängigen Variable können wir die DGL in autonomer Form schreiben. Diese Tatsache werden wir uns beim Beweis des Hauptsatzes zunutze machen. ◇

**3.41 Aufgabe (Fluchtzeit)**

$$H : \mathbb{R} \times (0,\infty) \to \mathbb{R} \quad , \quad H(p,q) := \tfrac{1}{2}p^2 - \frac{m}{q}$$

mit Parameter $m \in (0,\infty)$ und zugehöriger hamiltonscher Differentialgleichung $\dot{p} = -m/q^2$, $\dot{q} = p$ beschreibt die radiale Bewegung im Gravitationsfeld.

(a) Geben Sie eine obere Schranke für die Fluchtzeit (also Kollisionszeit) an.

(b) Finden Sie eine untere Schranke an die Fluchtzeit.

(c) Finden Sie eine DGL auf $\mathbb{R}$ mit – je nach Anfangswert – nur für die Vergangenheit, die Zukunft oder immer unendlichen Fluchtzeiten. ◇

## 3.6 Hauptsatz der Differentialgleichungstheorie

Wir wissen aus Satz 3.20, dass für stetig differenzierbare zeitabhängige Vektorfelder $f$ auch die Lösungen $\Phi(t, x_0)$ des Anfangswertproblems

$$\dot{x}(t) = f\big(t, x(t)\big) \quad , \quad x(t_0) = x_0 \tag{3.6.1}$$

stetig in der Zeit $t$ *und* im Anfangswert $x_0$ sind.

Der Hauptsatz besagt nun, dass die Lösung $\Phi$ genauso glatt wie $f$ ist.

Die beim Beweis benutzte Gronwall–Ungleichung ist eine in der Differentialgleichungstheorie wichtige Abschätzung. Sie ähnelt Münchhausens Methode, sich an den eigenen Haaren aus dem Sumpf zu ziehen.

**3.42 Satz (Gronwall–Ungleichung)**
*Für $F, G \in C\big([t_0,t_1), [0,\infty)\big)$ gelte mit einem geeigneten $a \geq 0$ die Ungleichung*

$$F(t) \leq a + \int_{t_0}^{t} F(s)G(s)\,\mathrm{d}s \qquad \big(t \in [t_0,t_1)\big). \tag{3.6.2}$$

*Dann ist*

$$F(t) \leq a\,\exp\left(\int_{t_0}^{t} G(s)\,\mathrm{d}s\right) \qquad \big(t \in [t_0,t_1)\big). \tag{3.6.3}$$

**Beweis:**
• Ist $a > 0$, dann gilt für die rechte Seite $h(t) := a + \int_{t_0}^{t} F(s)G(s)\,\mathrm{d}s$ der Voraussetzung (3.6.2): $h(t) > 0$ und $h'(t) = F(t)G(t) \leq h(t)G(t)$, also $\frac{h'(t)}{h(t)} \leq G(t)$.
Integration ergibt $\ln\left(\frac{h(t)}{a}\right) \leq \int_{t_0}^{t} G(s)\,\mathrm{d}s$, oder $h(t) \leq a\exp\left(\int_{t_0}^{t} G(s)\,\mathrm{d}s\right)$. Zusammen mit der Ungleichung $F(t) \leq h(t)$ zeigt dies die Behauptung (3.6.3).

• Für $a = 0$ gelten Voraussetzung und Resultat für alle $\hat{a} > 0$. Also ist $F = 0$. □

**3.43 Bemerkung (Gronwall–Gleichung)** Man kann sich die Abschätzung leicht merken, wenn man Gleichheit annimmt. Die Integralgleichung

$$F(t) = a + \int_{t_0}^{t} F(s)G(s)\,\mathrm{d}s$$

entspricht ja dem Anfangswertproblem $\dot{F} = FG$, $F(t_0) = a$ mit der Lösung $F(t) = a \exp\left(\int_{t_0}^{t} G(s)\,\mathrm{d}s\right)$. ◇

### 3.6.1 Linearisierung der DGL entlang einer Trajektorie

Zur Vorbereitung des Beweises des Hauptsatzes lernen wir zunächst, welcher Differentialgleichung die Ableitung der Lösung nach dem Anfangswert genügen sollte. Nehmen wir dazu schon einmal an, dass sowohl das Vektorfeld $f$ in (3.6.1) als auch die Lösung $\Phi$ stetig differenzierbar sind und setzen

$$M(t,x) := \mathrm{D}_2\Phi(t,x) \;\in \mathrm{Mat}(n,\mathbb{R})\,.$$

Dann folgt mit $\tilde{A}(t,x) := \mathrm{D}_2 f(t,x) \in \mathrm{Mat}(n,\mathbb{R})$ aus

$$\Phi(t,x) = x + \int_{t_0}^{t} f\big(s,\Phi(s,x)\big)\,\mathrm{d}s \tag{3.6.4}$$

die Integralgleichung

$$M(t,x) = \mathbb{1} + \int_{t_0}^{t} A(s,x)M(s,x)\,\mathrm{d}s \tag{3.6.5}$$

mit $A(s,x) := \tilde{A}\big(s,\Phi(s,x)\big)$. $A$ ist als Komposition stetiger Abbildungen stetig. Wir untersuchen Integralgleichungen vom Typ (3.6.5) zunächst für beliebige stetige $A$. Sie sind äquivalent zum linearen Anfangswertproblem

$$\mathrm{D}_1 M(t,x) = A(t,x)M(t,x) \quad , \quad M(t_0,x) = \mathbb{1}\,. \tag{3.6.6}$$

Die im folgenden Lemma konstatierte Stetigkeit der Lösung von (3.6.6) in Zeit $t$ *und* Parameter $x$ folgt nicht aus schon bewiesenen Aussagen wie Satz 3.34.

**3.44 Lemma** *Es sei $D \subseteq \mathbb{R}_t \times \mathbb{R}^n_x$ eine offene Umgebung von $(t_0, x_0)$, die (wie $D$ aus Satz 3.39) die Zeitachsen $\mathbb{R}_t \times \{x\}$ in $t_0$ enthaltenden Intervallen schneidet. Für $A \in C\big(D, \mathrm{Mat}(n,\mathbb{R})\big)$ besitzt dann das Anfangswertproblem (3.6.6) eine eindeutige Lösung $M \in C\big(D, \mathrm{Mat}(n,\mathbb{R})\big)$.*

**Beweis:**

- Nach Satz 3.23 besitzt für den Anfangswert $(t_0, \mathbb{1})$ das Anfangswertproblem (3.6.6) eine eindeutige Lösung. Denn $x$ ist nur ein Parameter, und $A$ ist stetig in $t$, das zeitabhängige Vektorfeld $(t,M) \mapsto A(t,x)M$ also lipschitz–stetig.

- Um auch Stetigkeit von $M$ in $(t,x)$ zu zeigen, genügt es, sich auf kompakte Umgebungen $K \subset D$ von $(t_0,x_0)$ der Form

  $$K := \overline{U_{\delta_t}(t_0)} \times \overline{U_{\delta_x}(x_0)}$$

  zu beschränken. Es ist $k := \sup_{(t,x)\in K} \|A(t,x)\| < \infty$, also nach (3.6.5)

  $$\|M(t,x)\| \leq 1 + k \left| \int_{t_0}^{t} \|M(s,x)\| \,\mathrm{d}s \right|$$

  und mit dem Gronwall–Lemma (Satz 3.42)

  $$\sup_{(t,x)\in K} \|M(t,x)\| \leq e^{k\delta_t}. \tag{3.6.7}$$

- Aus (3.6.5) folgt die Identität

  $$\begin{aligned} M(t,x) - M(t,x_0) &= \int_{t_0}^{t} A(s,x_0)\big(M(s,x) - M(s,x_0)\big) \,\mathrm{d}s \\ &+ \int_{t_0}^{t} \big(A(s,x) - A(s,x_0)\big) M(s,x) \,\mathrm{d}s \,. \end{aligned} \tag{3.6.8}$$

  Der zweite Term besitzt eine radiusabhängige obere Schranke $a(\delta_x) > 0$ mit $\lim_{\delta_x \searrow 0} a(\delta_x) = 0$. Denn die stetige Funktion $A$ ist auf dem Kompaktum $K$ gleichmäßig stetig, und die Norm von $M$ ist durch (3.6.7) beschränkt.

  Damit ergibt sich für $F_x(t) := \|M(t,x) - M(t,x_0)\|$ aus (3.6.8):

  $$F_x(t) \leq a(\delta_x) + \left| \int_{t_0}^{t} k\, F_x(s) \,\mathrm{d}s \right| .$$

  Die Gronwallsche Ungleichung macht daraus

  $$F_x(t) \leq a(\delta_x) \exp(k|t - t_0|) \leq a(\delta_x) \exp(k\delta_t) \qquad \big(x \in U_{\delta_x}(x_0)\big),$$

  also $\lim_{x\to x_0} M(t,x) = M(t,x_0)$ gleichmäßig in $t \in [t_0 - \delta_t, t_0 + \delta_t]$. □

Damit sind wir in der Lage, den *Hauptsatz der Theorie der gewöhnlichen Differentialgleichungen* zu beweisen.

### 3.6.2 Aussage und Beweis des Hauptsatzes

Das zeitabhängige Vektorfeld $f$ auf dem erweiterten Phasenraum $U \subseteq \mathbb{R} \times \mathbb{R}^n$ sei in $C^r(U, \mathbb{R}^n)$. Wir fixieren eine Anfangszeit $t_0 \in \mathbb{R}$ und betrachten für Anfangswert $(t_0, x_0) \in U$ das maximale Lösungsintervall $\big(T^-(x_0), T^+(x_0)\big)$ des AWP

$$\dot{x} = f(t,x) \quad , \quad x(t_0) = x_0 \,. \tag{3.6.9}$$

Wie im zeitunabhängigen Fall bekommen wir einen in $U$ offenen maximalen Definitionsbereich

$$D = \{(t,x) \in U \mid t \in (T^-(x), T^+(x))\}$$

des nichtautonomen Flusses $\Phi : D \to \mathbb{R}^n$, mit

$$\Phi(t_0, x_0) = x_0 \quad \text{und} \quad \frac{\mathrm{d}}{\mathrm{d}t}\Phi(t, x_0) = f(t, \Phi(t, x_0)) . \tag{3.6.10}$$

Der nichtautonome Fluss ist so glatt wie das Vektorfeld:

**3.45 Satz (Hauptsatz der Theorie gewöhnlicher Differentialgleichungen)** *Ist in (3.6.9) das zeitabhängige Vektorfeld $f \in C^r(U, \mathbb{R}^n)$ für $r \in \mathbb{N}$, dann ist*

$$\Phi \in C^r(D, \mathbb{R}^n) .$$

**Beweis:**

- Wir wissen von Satz 3.20, dass für $r = 1$ gilt: $\Phi \in C^0(D, \mathbb{R}^n)$. Auch die Zeitableitung der Lösung existiert, mit $\mathrm{D}_1\Phi \in C^0(D, \mathbb{R}^n)$, denn dies folgt aus der zweiten Formel in (3.6.10).

  Unser erstes Ziel ist zu zeigen, dass aus $f \in C^1(U, \mathbb{R}^n)$ auch $\Phi \in C^1(D, \mathbb{R}^n)$ folgt. Da die Zeitableitung $\mathrm{D}_1\Phi$ stetig ist, muss nur noch die Existenz und Stetigkeit der Ableitung $\mathrm{D}_2\Phi : D \to \mathrm{Mat}(n, \mathbb{R})$ nachgewiesen werden. Falls $\mathrm{D}_2\Phi$ existiert, muss diese Abbildung auch stetig sein, denn dann ist $\mathrm{D}_2\Phi = M$ mit der Lösung $M$ der Integralgleichung

  $$M(t,x) = 1\!\!1 + \int_{t_0}^{t} A(s,x) M(s,x)\, \mathrm{d}s ,$$

  siehe Lemma 3.44.

  Nach Definition der totalen Ableitung muss gezeigt werden, dass für Anfangswert $(t_0, x_0) \in U$ und Zeiten $t \in (T^-(x_0), T^+(x_0))$ gilt:

  $$\Phi(t, x_0 + h) - \Phi(t, x_0) = M(t, x_0)h + \mathrm{o}(\|h\|) . \tag{3.6.11}$$

- Wir können das zeitabhängige Vektorfeld bei $(t, x)$ nach Taylor entwickeln und erhalten

  $$f(t,y) = f(t,x) + \mathrm{D}_2 f(t,x)(y-x) + R(t,x,y) \tag{3.6.12}$$

  mit in $t$ stetigem Restterm $R(t,x,y) = \mathrm{o}(\|y-x\|)$ $(t \in [t_0 - \delta_t, t_0 + \delta_t])$.

Es ergibt sich wegen $A(s,x_0) = \mathrm{D}_2 f\big(s,\Phi(s,x_0)\big)$ und (3.6.12) aus (3.6.4) und (3.6.5) die folgende Abweichung von der Linearität:

$$\begin{aligned}&\big(\Phi(t,x_0+h)-\Phi(t,x_0)\big) - M(t,x_0)h\\ &= \int_{t_0}^t \Big(f\big(s,\Phi(s,x_0+h)\big) - f\big(s,\Phi(s,x_0)\big) - A(s,x_0)M(s,x_0)h\Big)\,\mathrm{d}s\\ &= \int_{t_0}^t \mathrm{D}_2 f\big(s,\Phi(s,x_0)\big)\cdot\Big[\Phi(s,x_0+h)-\Phi(s,x_0)-M(s,x_0)h\Big]\,\mathrm{d}s\\ &\quad + \int_{t_0}^t R\Big(s,\Phi(s,x_0),\Phi(s,x_0+h)\Big)\,\mathrm{d}s\,. \qquad (3.6.13)\end{aligned}$$

Die Stetigkeit von $\Phi$ verbessert sich durch eine Gronwall–Abschätzung zunächst zur Lipschitz–Stetigkeit

$$\|\Phi(s,x_0+h)-\Phi(s,x_0)\| = \mathcal{O}(\|h\|) \qquad \big(s\in[t_0-\delta_t,t_0+\delta_t]\big),$$

gleichmäßig im Zeitintervall. Wegen der Resttermabschätzung ist daher der zweite Term in (3.6.13) von der Ordnung $\mathrm{o}\,(\|h\|)$.

Mit der Abkürzung

$$F(t) := \|\Phi(t,x_0+h)-\Phi(t,x_0)-M(t,x_0)h\|$$

schreiben wir damit für $k := \sup_s \|\mathrm{D}_2 f(s,\Phi(s,x_0))\|$ den Betrag von (3.6.13) in der Form

$$F(t) \le \mathrm{o}\,(\|h\|) + k\left|\int_{t_0}^t F(s)\,\mathrm{d}s\right|,$$

also nach Gronwall

$$F(t) = \mathrm{o}\,(\|h\|)e^{k|t-t_0|} = \mathrm{o}\,(\|h\|) \qquad \big(t\in[t_0-\delta_t,t_0+\delta_x]\big).$$

Damit ist (3.6.11) bewiesen.

- Um für $r\ge 2$ und $f\in C^r(U,\mathbb{R}^n)$ zu zeigen, dass auch der Fluss $r$–mal stetig differenzierbar ist, benutzen wir ein Induktionsargument. Dazu setzen wir

$$\tilde f : U\times\mathbb{R}^n \to \mathbb{R}^n\times\mathbb{R}^n \quad , \quad \tilde f(t,x,h) := \big(f(t,x),\mathrm{D}_2 f(t,x)h\big)\,.$$

Damit ist $\tilde f\in C^{r-1}(\tilde U,\mathbb{R}^n\times\mathbb{R}^n)$ ein zeitabhängiges Vektorfeld auf dem erweiterten Phasenraum $\tilde U := U\times\mathbb{R}^n$. Nach dem eben Bewiesenen ist für $\tilde D := D\times\mathbb{R}^n$

$$\tilde\Phi : \tilde D \to \mathbb{R}^n\times\mathbb{R}^n \quad , \quad \tilde\Phi(t,x_0,h_0) := \big(\Phi(t,x_0),\mathrm{D}_2\Phi(t,x_0)h_0\big)$$

eine stetige Abbildung, die das Anfangswertproblem

$$\frac{\mathrm{d}}{\mathrm{d}t}(x,h) = \tilde f(t,x,h) \quad , \quad (x,h)(t_0) = (x_0,h_0)$$

löst. Wir wissen auch schon, dass die Zeitableitung $\mathrm{D}_1\tilde{\tilde{\Phi}}$ stetig ist. Um $\tilde{\tilde{\Phi}} \in C^1(\tilde{D}, \mathbb{R}^n \times \mathbb{R}^n)$ zu zeigen, müssen wir nur die Existenz und Stetigkeit von $\mathrm{D}_2\tilde{\tilde{\Phi}}$ zeigen. Dies geht wie der obige Beweis der Existenz und Stetigkeit von $\mathrm{D}_2\Phi$. Der Induktionsschritt lässt sich $r$–mal anwenden, und wir erhalten $\mathrm{D}^r\Phi \in C^0$, also $\Phi \in C^r(D, \mathbb{R}^n)$. □

### 3.6.3 Folgerungen aus dem Hauptsatz

In der Nähe einer Gleichgewichtslage können wir ein autonomes Differentialgleichungssystem zwar linearisieren, aber der Zusammenhang zwischen den Lösungen der beiden Differentialgleichungen ist nicht immer sehr eng (siehe Kapitel 7).

Anders ist die Situation in der Nähe einer Nichtgleichgewichtslage:

**3.46 Satz (Satz über die Begradigung)**
*Es sei $U \subseteq \mathbb{R}^n$ offen und für ein $r \in \mathbb{N}$ das Vektorfeld $f \in C^r(U, \mathbb{R}^n)$. Ist dann $\tilde{x} \in U$ keine Gleichgewichtslage, dann existiert ein $C^r$–Diffeomorphismus*

$$G : V \to W$$

*von einer Umgebung $V$ von $\tilde{x}$ auf $W \subseteq \mathbb{R}^n$ mit $\mathrm{D}G_x f(x) = e_1 = (1, 0, \ldots, 0)^\top \in \mathbb{R}^n$ für alle $x \in V$.*

**3.47 Bemerkung** In geeigneten Koordinaten auf $V$ ist also das Vektorfeld $f$ konstant und damit die Lösung des AWP $\dot{x} = f(x)$, $x(0) = x_0$ lokal gleich $x(t) = x_0 + e_1 t$, also eine affine Funktion der Zeit. ◇

**Beweis von Satz 3.46:** Da $f(\tilde{x}) \neq 0$ ist, ist für kleine $\varepsilon > 0$

$$F_\varepsilon := \{x \in U_\varepsilon(\tilde{x}) \mid \langle x - \tilde{x}, f(\tilde{x})\rangle = 0\}$$

eine Kreisscheibe der Dimension $n - 1$, und

$$\langle f(x), f(\tilde{x})\rangle > 0 \qquad \big(x \in U_\varepsilon(\tilde{x})\big). \tag{3.6.14}$$

Durch eine euklidische Transformation $T$ des $\mathbb{R}^n$, also eine Komposition einer Translation und einer Drehung, können wir erreichen, dass $T(\tilde{x}) = 0$ und $T\big(f(\tilde{x})\big) = \lambda e_1$ mit $\lambda > 0$ gilt, also

$$T(F_\varepsilon) = \left\{y \in \mathbb{R}^n \mid y_1 = 0, \|y\| < \varepsilon\right\}.$$

Zur Vereinfachung der Notation nehmen wir an, dass $f$ und $\tilde{x}$ selbst schon die Eigenschaften $\tilde{x} = 0$ und $f(x_0) = \lambda e_1$ mit $\lambda > 0$ haben. Wir betrachten den Zylinder $Z_\delta := (-\delta, \delta) \times F_\delta$. Für kleine $\delta > 0$ ist $\Phi\restriction_{Z_\delta} : Z_\delta \to U_\varepsilon(x_0)$ injektiv, denn solange $\Phi_t(x) \in U_\varepsilon$ ist, gilt wegen (3.6.14)

$$\left(\frac{\mathrm{d}}{\mathrm{d}t}\Phi(t,x)\right)_1 = f_1\big(\Phi(t,x)\big) > 0,$$

keine Trajektorie in $U_\varepsilon$ schneidet also $F_\delta$ mehrmals. Nach dem Hauptsatz ist $\Phi\restriction_{Z_\delta}$ ein $C^r$–Diffeomorphismus auf sein Bild $V := \Phi(Z_\delta)$, einer Umgebung von $\tilde{x}$. Also ist auch die Umkehrabbildung $G$ ein $C^r$–Diffeomorphismus. □

Oft hängen Differentialgleichungen von Parametern $p \in P$ ab, wie etwa Masse und Länge eines Pendels. Wir betrachten also das *parametrisierte Anfangswertproblem*

$$\dot{x} = f(t,x,p) \quad , \quad x(t_0) = x_0 \tag{3.6.15}$$

mit $U \subseteq \mathbb{R} \times \mathbb{R}^n$ und $P \subseteq \mathbb{R}^d$ offen und $f \in C^r(U \times P, \mathbb{R}^n)$.

**3.48 Satz** *Es sei $D \subseteq U \times P$ der maximale Definitionsbereich des parametrisierten Anfangswertproblems (3.6.15). Dann ist die Lösung $\Phi \in C^r(D, \mathbb{R}^n)$.*

**Beweis:** Dies folgt direkt durch Übergang zum Anfangswertproblem

$$(\dot{x}, \dot{p}) = \tilde{f}(t,x,p) \quad , \quad (x,p)(t_0) = (x_0, p_0)$$

mit dem zeitabhängigen Vektorfeld

$$\tilde{f} \in C^r\big(\tilde{U}, \mathbb{R}^n \times \mathbb{R}^d\big) \quad , \quad \tilde{f}(t,x,p) := \big(f(t,x,p), 0\big)$$

auf $\tilde{U} := U \times P$, denn dieses lässt den Parameterwert invariant und besitzt eine Lösung $\tilde{\Phi} \in C^r(D, \mathbb{R}^{n+d})$. □

Die wichtigste Folgerung aus dem Hauptsatz ist aber: In der Nähe eine Nichtgleichgewichtslage besitzen glatte Differentialgleichungen *keine lokale Struktur*. Alle interessanten Fragen sind globaler Natur, also Fragen an das Verhalten der Lösung für große Zeiten.

**3.49 Weiterführende Literatur** Standardtexte sind die Bücher von Amann [Am], Arnol'd [Ar1], Heuser [Heu], Perko [Per] und Walter [Wa1]. ◇

# Kapitel 4

# Lineare Dynamik

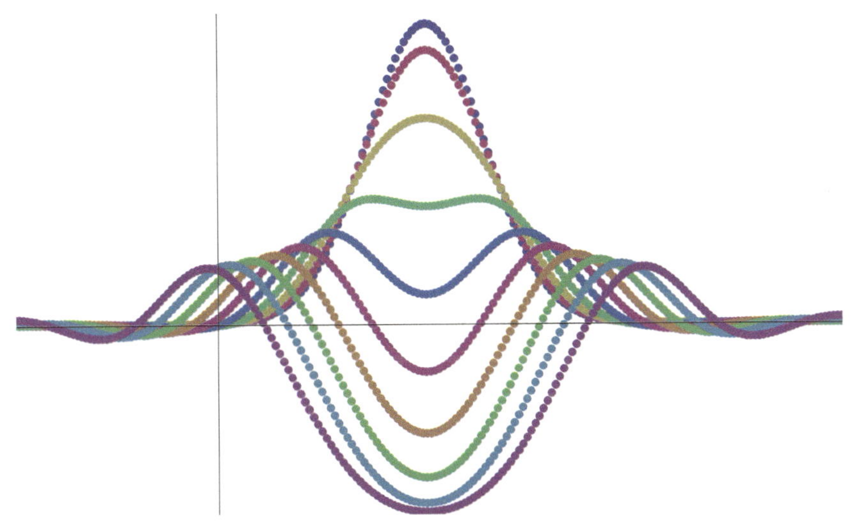



Eine besonders wichtige Klasse von Differentialgleichungen sind die linearen, und wir können mit Satz 3.29 annehmen, dass das System von erster Ordnung ist. Das *inhomogene* Anfangswertproblem lautet dann

$$\dot{x}(t) = A(t)\,x(t) + b(t) \quad , \quad x(t_0) = x_0 \,, \tag{4.0.1}$$

mit *Systemmatrix* $A : I \to \mathrm{Mat}(n, \mathbb{R})$ und *Störfunktion* $b : I \to \mathbb{R}^n$, $t_0$ im Intervall $I$ und $x_0 \in \mathbb{R}^n$. Die Lösungsstrategie besteht darin, zunächst das *homogene* AWP

$$\dot{y} = A(t)y \quad , \quad y(t_0) = x_0 \tag{4.0.2}$$

zu lösen, und danach (4.0.1) mittels des so genannten Duhamel–Prinzips, d.h. durch eine Integration. *Formal* ist für den Fall einer konstanten Systemmatrix $A$

$$y(t) := \exp\big((t - t_0)A\big)x_0 \qquad (t \in \mathbb{R}) \tag{4.0.3}$$

die Lösung von (4.0.2), denn Anwendung der Differentiationsregel $\exp' = \exp$ auf $y$ ergibt $Ay$, und $y(t_0) = x_0$.

# 4.1 Homogene lineare autonome DGLn

### Exponentiation von Matrizen

Zur Definition und Rechtfertigung von (4.0.3) untersuchen wir jetzt matrixwertige Funktionen, und zwar für Vektorräume über den Körpern $\mathbb{K} = \mathbb{R}$ und $\mathbb{K} = \mathbb{C}$. Die Exponentialfunktion ist wie in Dimension $n = 1$ durch ihre Potenzreihe erklärt:

**4.1 Definition**

- *Für einen Endomorphismus* $M \in \mathrm{Lin}(V)$ *eines endlich-dimensionalen* $\mathbb{K}$*–Vektorraums* $V$ *ist* $\exp(M) \in \mathrm{Lin}(V)$ *definiert durch*

$$\exp(M) := \sum_{k=0}^{\infty} \frac{M^{(k)}}{k!} \tag{4.1.1}$$

  *(mit* $M^{(0)} = \mathrm{Id}_V$ *und* $M^{(k+1)} = M \circ M^{(k)}$*).*

- *Analog wird das* **Matrixexponential** *von Matrizen in* $\mathrm{Mat}(n, \mathbb{K})$ *gebildet.*

Warum aber löst das Matrixexponential für konstante Systemmatrix das homogene Anfangswertproblem (4.0.2)? Diese Frage ist nicht rein akademisch, denn ist die Matrix $A$ zeitabhängig, dann löst die Abbildung $t \mapsto \exp\left(\int_{t_0}^t A(s)\,\mathrm{d}s\right) x_0$ (4.0.2) *nicht*, außer für Spezialfälle wie Dimension $n = 1$.

Wir haben mit (4.1.1) eine Reihe vor uns, deren Summanden Elemente von $\mathrm{Lin}(V)$, dem Raum der (beschränkten) linearen Abbildungen von $V$ in $V$ sind. Sei etwa $V = \mathbb{K}^n$, mit euklidischer Norm $\|\cdot\|$. Die *Operatornorm* auf $\mathrm{Lin}(\mathbb{K}^n)$

$$\|M\| := \sup_{v \in \mathbb{K}^n \setminus \{0\}} \tfrac{\|M(v)\|}{\|v\|} = \sup_{v \in \mathbb{K}^n,\, \|v\|=1} \|M(v)\|$$

ist dann zusätzlich zu den Eigenschaften $\|M\| \geq 0,\ \|M\| = 0 \Longleftrightarrow M = 0,$

$$\|\lambda M\| = |\lambda|\,\|M\| \quad (\lambda \in \mathbb{K}) \quad \text{und} \quad \|M + N\| \leq \|M\| + \|N\|$$

jeder Norm noch *submultiplikativ*:

**4.2 Lemma** *Für* $M, N \in \mathrm{Lin}(\mathbb{K}^n)$ *gilt:* $\|MN\| \leq \|M\|\,\|N\|$.

**Beweis:** Durch Erweitern ergibt sich für $\|MN\| = \sup_{v\neq 0} \frac{\|MNv\|}{\|v\|}$:

$$\|MN\| = \sup_{v:\, Nv\neq 0} \frac{\|MNv\|}{\|Nv\|} \cdot \frac{\|Nv\|}{\|v\|} \le \sup_{w\neq 0} \frac{\|Mw\|}{\|w\|} \cdot \sup_{v\neq 0} \frac{\|Nv\|}{\|v\|} = \|M\|\,\|N\|,$$

außer für $N = 0$, wo sowieso beide Seiten Null sind. □

Die obige Definition von $\exp(M)$ ist sinnvoll, weil konvergent:

**4.3 Lemma (Matrixexponential)** *Für $M \in \mathrm{Lin}(\mathbb{K}^n)$ bilden die Partialsummen $s_k := \sum_{\ell=0}^{k} \frac{M^{(\ell)}}{\ell!}$ $(k \in \mathbb{N})$ von $\exp(M)$ eine Cauchy–Folge.*

**Beweis:** Für $k_1 \ge k_0 \ge \|M\|$ gilt nach der Dreiecksungleichung und Lemma 4.2

$$\begin{aligned} \|s_{k_1} - s_{k_0}\| &= \left\| \sum_{\ell=k_0+1}^{k_1} \frac{M^{(\ell)}}{\ell!} \right\| \le \sum_{\ell=k_0+1}^{k_1} \frac{\|M^{(\ell)}\|}{\ell!} \le \sum_{\ell=k_0+1}^{k_1} \frac{\|M\|^{\ell}}{\ell!} \\ &\le \frac{\|M\|^{k_0+1}}{(k_0+1)!} \sum_{m=0}^{k_1-k_0-1} \frac{\|M\|^m}{(k_0+1)^m} \le \frac{\|M\|^{k_0+1}}{(k_0+1)!} \left(1 - \frac{\|M\|}{k_0+1}\right)^{-1}. \end{aligned}$$

Dieser Ausdruck geht für $k_0 \to \infty$ gegen Null, denn die Fakultät wächst schneller als die (reelle) Exponentialfunktion. □

Nebenbei stellen wir fest, dass wir an keiner Stelle vorausgesetzt haben, dass der lineare Endomorphismus beziehungsweise die Matrix reell ist. Dies ist günstig, denn die Jordan–Normalform von $A$ in (4.0.2), und damit von $\exp(At)$, kann auch komplex sein.

Um nun zu sehen, dass (4.0.3) das Anfangswertproblem (4.0.2) tatsächlich löst, müssen wir in der Lage sein, die Abbildung

$$\mathbb{R} \longrightarrow \mathrm{Lin}(\mathbb{K}^n) \quad , \quad t \longmapsto \exp(At)$$

nach dem Zeitparameter zu differenzieren. Später werden wir uns auch fragen, wie die Lösungen von eventuellen Parametern der linearen DGL abhängen.

Für diese Art von Fragestellungen wertet man die Exponentialfunktion für mehr als ein Argument aus, man betrachtet also die Abbildung

$$\exp : \mathrm{Lin}(\mathbb{K}^n) \to \mathrm{Lin}(\mathbb{K}^n) \quad , \quad M \mapsto \exp(M)$$

in ihrer Abhängigkeit vom Argument $M$. Hier hilft das *Weierstraß–Kriterium*:

**4.4 Satz (Weierstraß)** *Es sei $(V, \|\cdot\|)$ ein Banach–Raum, $X \subseteq V$ und*

$$f_l : X \to V \qquad (l \in \mathbb{N}_0)$$

*seien Funktionen mit $\sup_{x\in X} \|f_l(x)\| \le a_l$ mit $\sum_{l=0}^{\infty} a_l < \infty$. Dann konvergiert die Reihe $\sum_{l=0}^{\infty} f_l$ auf $X$ gleichmäßig.*

**Beweis:** Das Beweisargument für reelle Funktionenreihen lässt sich verallgemeinern: Wegen der Vollständigkeit des metrischen Raumes $V$ haben wir *punktweise* Konvergenz der Partialsummen $s_l := \sum_{m=0}^{l} f_m$, das heißt:

$$s(x) := \lim_{l\to\infty} s_l(x) \qquad (x \in X).$$

Für alle $\varepsilon > 0$ gibt es nach Annahme ein $m \in \mathbb{N}$ mit $\sum_{l=m+1}^{n} a_l < \varepsilon \quad (n > m)$. Daher folgt $\|s_n(x) - s_m(x)\| \leq \sum_{l=m+1}^{n} a_l < \varepsilon \quad (x \in X)$, also *gleichmäßige* Konvergenz auf $X$. □

**4.5 Satz (Exponentialabbildung)** *Für $A \in \mathrm{Lin}(\mathbb{K}^n)$ ist die Abbildung*

$$\mathbb{R} \to \mathrm{Lin}(\mathbb{K}^n) \quad , \quad t \mapsto \exp(At)$$

*stetig differenzierbar, und es gilt*

$$\boxed{\tfrac{\mathrm{d}}{\mathrm{d}t} \exp(At) = A \exp(At)\,.} \tag{4.1.2}$$

**Beweis:** • Setzen wir $V := \mathrm{Lin}(\mathbb{K}^n)$ und $f_l : X \to V$, $M \mapsto \frac{M^{(l)}}{l!}$ in Satz 4.4 ein, so gilt für alle $l \in \mathbb{N}$: $\sup_{M\in V} \|f_l(M)\| = \infty$.
Wir können also im Satz von Weierstraß als Definitionsbereich $X$ nicht den gesamten Vektorraum $V$ wählen.
• Für die Vollkugel $X := \{M \in V \mid \|M\| \leq r\}$ mit Radius $r > 0$ ist aber

$$a_l := \sup_{M\in X} \|f_l(M)\| = \frac{1}{l!} \sup_{M\in X} \left\|M^{(l)}\right\| \leq \frac{r^l}{l!},$$

und die Reihe $\sum_{l=0}^{\infty} a_l \leq \exp(r)$ konvergiert für jede Wahl von $r$.
• Deshalb ist die Exponentialabbildung als Limes gleichmäßig konvergenter stetiger Funktionen $s_l\restriction_X : X \to V$ auch stetig, und, da die Ableitungen $\mathrm{D}s_l$ auf $X$ ebenfalls gleichmäßig konvergent sind, auch differenzierbar. Damit ist die Formel (4.1.2) richtig, und aus ihr ergibt sich auch die Stetigkeit der Ableitung. □

### Verwendung der Jordan–Normalform

Die konkrete Berechnung von $\exp(At)$ kann mittels der Jordan–Normalform von $A$ erfolgen.

**4.6 Definition** • *Für $\lambda \in \mathbb{K}$ und $r \in \mathbb{N}$ heißt* $J_r(\lambda) := \begin{pmatrix} \lambda & 1 & \cdots & 0 \\ 0 & \ddots & \ddots & \vdots \\ \vdots & & \lambda & 1 \\ 0 & \cdots & 0 & \lambda \end{pmatrix} \in$ $\mathrm{Mat}(r, \mathbb{K})$ $r \times r$**–Jordan–Block mit Eigenwert** $\lambda$.

• *Eine* **Jordan–Matrix** *ist eine quadratische Matrix der Form*

$$J = \begin{pmatrix} J_{r_1}(\lambda_1) & & & 0 \\ & J_{r_2}(\lambda_2) & & \\ & & \ddots & \\ 0 & & & J_{r_k}(\lambda_k) \end{pmatrix} \equiv J_{r_1}(\lambda_1) \oplus \ldots \oplus J_{r_k}(\lambda_k)\,. \tag{4.1.3}$$

- *Eine* **Jordan–Basis** *eines Operators* $A \in \mathrm{Lin}(V)$ *auf dem* $\mathbb{K}$*–Vektorraum* $V$ *ist eine Basis von* $V$*, in der die darstellende Matrix von* $A$ *eine Jordan–Matrix ist.*

Aus der Linearen Algebra ist der (konstruktive) Beweis des folgenden Satzes bekannt:

**4.7 Satz** *Sei* $V$ *ein endlich–dimensionaler* $\mathbb{C}$*–Vektorraum und* $A \in \mathrm{Lin}(V)$*. Dann existiert eine Jordan–Basis für* $A$*.*

Da der Vektorraum $V$ isomorph zu $\mathbb{C}^n$ mit $n := \dim(V)$ ist, können wir $A$ in der Form

$$A = WJW^{-1} \qquad \text{, mit Jordan–Matrix } J \in \mathrm{Mat}(n,\mathbb{C}) \text{ und } W \in \mathrm{GL}(n,\mathbb{C})$$

schreiben, wenn wir die darstellende Matrix ebenfalls mit $A$ bezeichnen.

Wegen $\mathrm{Mat}(n,\mathbb{R}) \subset \mathrm{Mat}(n,\mathbb{C})$ können wir insbesondere reelle quadratische Matrizen $A$ Jordan-diagonalisieren, aber $J$ ist im Allgemeinen nicht mehr reell (wir *komplexifizieren* $A$ also im Sinne der Linearen Algebra).

**4.8 Beispiel (Jordan–Basis)** $A = \begin{pmatrix} 0 & -1 \\ 1 & 0 \end{pmatrix}$ besitzt die komplexen Eigenwerte $\pm\imath$. Die Matrix $W := \frac{1}{\sqrt{2}}\begin{pmatrix} 1 & 1 \\ -\imath & \imath \end{pmatrix} \in \mathrm{GL}(2,\mathbb{C})$, mit $W^{-1} = \frac{1}{\sqrt{2}}\begin{pmatrix} 1 & \imath \\ 1 & -\imath \end{pmatrix}$, diagonalisiert $A$:

$$W^{-1}AW = \begin{pmatrix} \imath & 0 \\ 0 & -\imath \end{pmatrix} = J_1(\imath) \oplus J_1(-\imath). \qquad \diamond$$

Wie in diesem Beispiel existiert allgemein zu jedem nicht reellen Eigenwert $\lambda$ von $A \in \mathrm{Mat}(n,\mathbb{R})$ und Jordan–Block $J_r(\lambda)$ ein Eigenwert $\overline{\lambda}$ gleicher Multiplizität[1] und ein Jordan–Block $J_r(\overline{\lambda})$, denn das charakteristische Polynom von $A$ lässt sich in $\mathbb{R}$ in Faktoren höchstens zweiten Grades zerlegen (siehe Abbildung 4.1.1).

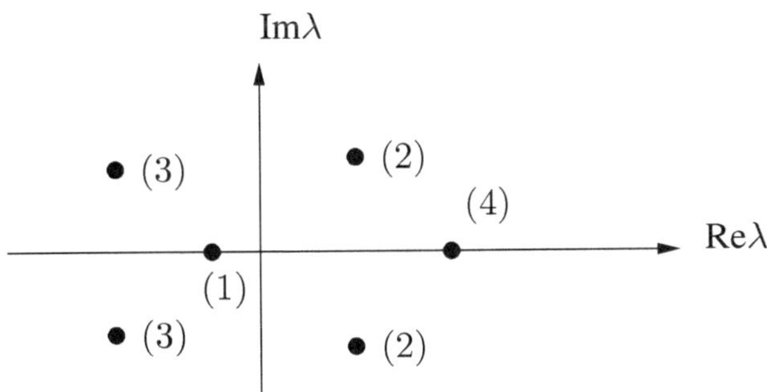


Abbildung 4.1.1: Komplexe Eigenwerte (mit Multiplizitäten) einer reellen Matrix

Es gilt $\boxed{\exp(At) = W\exp(Jt)W^{-1} \qquad (t \in \mathbb{R}).}$

[1]Die *algebraische Vielfachheit* oder *Multiplizität* von $\lambda \in \mathbb{C}$ ist die Ordnung der Nullstelle $\lambda$ des charakteristischen Polynoms $x \mapsto \det(A - x\mathbb{1})$, die *geometrische* der Defekt von $A - \lambda\mathbb{1}$.

Das folgt aus der Potenzreihe des Matrixexponentials unter Benutzung von $A^m = (WJW^{-1})^m = WJ^mW^{-1}$. Da für die Jordan–Matrix $J$ aus (4.1.3) $\exp(Jt)$ gleich

$$\begin{pmatrix} \exp\big(J_{r_1}(\lambda_1)t\big) & & 0 \\ & \ddots & \\ 0 & & \exp\big(J_{r_k}(\lambda_k)t\big) \end{pmatrix} \equiv \exp\big(J_{r_1}(\lambda_1)t\big) \oplus \ldots \oplus \exp\big(J_{r_k}(\lambda_k)t\big) \tag{4.1.4}$$

ist, genügt es, $\exp\big(J_r(\lambda)t\big)$ zu berechnen. Nun gilt $J_r(\lambda) = J_r(0) + \lambda\mathbb{1}$. $J_r(0)$ und $\lambda\mathbb{1}$ kommutieren aber, was die Berechnung von $\exp\big(J_r(\lambda)t\big)$ erleichtert:

**4.9 Lemma** *Für kommutierende ($BC = CB$) Matrizen $B, C \in \mathrm{Mat}\,(n, \mathbb{C})$ gilt*

$$\exp(B + C) = \exp(B)\ \exp(C)\,.$$

**Beweis:** Formal ergibt sich die Identität durch Einsetzen in die Definition von exp:

$$\begin{aligned} \exp(B+C) &= \sum_{n=0}^{\infty} \frac{1}{n!}(B+C)^n \overset{BC=CB}{=} \sum_{n=0}^{\infty} \frac{1}{n!} \sum_{i=0}^{n} \binom{n}{i} B^i C^{n-i} \\ &= \sum_{n=0}^{\infty} \sum_{i=0}^{n} \frac{1}{i!(n-i)!} B^i C^{n-i} = \left(\sum_{i=0}^{\infty} \frac{1}{i!} B^i\right) \left(\sum_{j=0}^{\infty} \frac{1}{j!} C^j\right), \end{aligned}$$

also $\exp(B)\ \exp(C)$. Diese formale Rechnung ist nach einem Satz über das Cauchy–Produkt von Reihen erlaubt, denn diese sind absolut konvergent. □

**4.10 Bemerkungen** 1. Als Gegenbeispiel gilt für die Dreiecksmatrizen $B := \left(\begin{smallmatrix} 0 & 1 \\ 0 & 0 \end{smallmatrix}\right)$ und $C := B^\top = \left(\begin{smallmatrix} 0 & 0 \\ 1 & 0 \end{smallmatrix}\right)$: $\exp(Bt) = \left(\begin{smallmatrix} 1 & t \\ 0 & 1 \end{smallmatrix}\right)$ und $\exp(Ct) = \left(\begin{smallmatrix} 1 & 0 \\ t & 1 \end{smallmatrix}\right)$, also

$$\exp(Bt)\exp(Ct) = \left(\begin{smallmatrix} 1+t^2 & t \\ t & 1 \end{smallmatrix}\right) \quad \text{und} \quad \exp(Ct)\exp(Bt) = \left(\begin{smallmatrix} 1 & t \\ t & 1+t^2 \end{smallmatrix}\right).$$

Dagegen folgt aus $(B+C)^n = \left(\begin{smallmatrix} 0 & 1 \\ 1 & 0 \end{smallmatrix}\right)^n = \begin{cases} \left(\begin{smallmatrix} 1 & 0 \\ 0 & 1 \end{smallmatrix}\right) & , \ n \text{ gerade} \\ \left(\begin{smallmatrix} 0 & 1 \\ 1 & 0 \end{smallmatrix}\right) & , \ n \text{ ungerade} \end{cases}$

$$\exp\big((B+C)t\big) = \left(\begin{smallmatrix} 1 & 0 \\ 0 & 1 \end{smallmatrix}\right) \sum_{m=0}^{\infty} \frac{t^{2m}}{(2m)!} + \left(\begin{smallmatrix} 0 & 1 \\ 1 & 0 \end{smallmatrix}\right) \sum_{m=0}^{\infty} \frac{t^{2m+1}}{(2m+1)!} = \left(\begin{smallmatrix} \cosh t & \sinh t \\ \sinh t & \cosh t \end{smallmatrix}\right). \tag{4.1.5}$$

2. Für alle $A \in \mathrm{Mat}\,(n, \mathbb{K})$ gilt die *Funktionalgleichung*

$$\boxed{\exp(At_1)\exp(At_2) = \exp\big(A\ (t_1 + t_2)\big) \qquad (t_1, t_2 \in \mathbb{R}),}$$

da Vielfache einer Matrix miteinander kommutieren.
Der für $A \in \mathrm{Mat}\,(n, \mathbb{R})$ die Differentialgleichung $\dot{x} = Ax$ lösende lineare Fluss

$$\Phi_t : \mathbb{R}^n \to \mathbb{R}^n \quad , \quad \Phi_t(x) = \exp(At)x \qquad (t \in \mathbb{R})$$

bildet also eine einparametrige Gruppe. ◇

Für die Jordan–Blöcke in (4.1.4) gilt $\exp\big(J_r(\lambda)t\big) = \exp\big(J_r(0)t\big)\,\exp\big(\lambda t \mathbb{1}\big)$. $\exp(\lambda t\mathbb{1})$ ist gleich $\exp(\lambda t)\mathbb{1}$ und $\exp\big(J_r(0)t\big) = \sum_{n=0}^{\infty}\frac{1}{n!}\big(J_r(0)\big)^n t^n$ mit

$$\big(J_r(0)\big)^n_{i,k} = \delta_{i,k-n} \qquad \big(i,k\in\{1,\ldots,r\}\big),$$

also

$$\exp\big(J_r(\lambda)t\big) = \exp(\lambda t)\begin{pmatrix} 1 & t & \cdots & \cdots & \frac{t^{r-1}}{(r-1)!} \\ 0 & 1 & t & & \vdots \\ \vdots & \ddots & \ddots & \ddots & \vdots \\ \vdots & & \ddots & \ddots & t \\ 0 & \cdots & \cdots & 0 & 1 \end{pmatrix}. \tag{4.1.6}$$

**4.11 Aufgabe (Matrixexponential)**
Lösen Sie das Differentialgleichungssystem $\dot{x} = Ax$ mit $A = \left(\begin{smallmatrix} 1&0&0\\1&1&0\\1&1&1\end{smallmatrix}\right)$. ◇

### Verwendung der reellen Jordan–Normalform

Für $A \in \mathrm{Mat}\,(n,\mathbb{R})$ ist es oft sinnvoll, die *reelle* Jordan–Normalform von $\exp(At)$ zu benutzen. Dabei setzt man für reelle Eigenwerte einfach

$$J_r^{\mathbb{R}}(\lambda) := J_r(\lambda) \qquad (\lambda\in\mathbb{R}).$$

Für $\lambda \in \mathbb{C}\backslash\mathbb{R}$ transformiert man Paare von Jordan–Blöcken der Gestalt

$$\begin{pmatrix} J_r(\lambda) & 0 \\ 0 & J_r(\overline{\lambda})\end{pmatrix},$$

unter Benutzung von $X := \frac{1}{\sqrt{2}}\left(\begin{smallmatrix} \mathbb{1}_r & \mathbb{1}_r \\ -\imath\,\mathbb{1}_r & \imath\,\mathbb{1}_r\end{smallmatrix}\right)$ in die *reelle Normalform*

$$J_r^{\mathbb{R}}(\lambda) := X\begin{pmatrix} J_r(\lambda) & 0 \\ 0 & J_r(\overline{\lambda})\end{pmatrix}X^{-1} = \begin{pmatrix} J_r(\mu) & -\varphi\mathbb{1}_r \\ \varphi\mathbb{1}_r & J_r(\mu)\end{pmatrix} \qquad (\lambda\in\mathbb{C}\backslash\mathbb{R})$$

mit $\mu := \mathrm{Re}(\lambda)$ und $\varphi := \mathrm{Im}(\lambda)$. Es ist $\exp\big(J_r^{\mathbb{R}}(\lambda)t\big)$ gleich

$$X\exp\Big(\begin{pmatrix} J_r(\lambda) & 0 \\ 0 & J_r(\overline{\lambda})\end{pmatrix}t\Big)X^{-1} = e^{\mu t}\begin{pmatrix} \cos(\varphi t)e^{J_r(0)t} & -\sin(\varphi t)e^{J_r(0)t} \\ \sin(\varphi t)e^{J_r(0)t} & \cos(\varphi t)e^{J_r(0)t}\end{pmatrix}, \tag{4.1.7}$$

also im Spezialfall $r=1$ einfacher Multiplizität

$$\exp\big(J_1^{\mathbb{R}}(\lambda)t\big) = e^{\mu t}\begin{pmatrix} \cos(\varphi t) & -\sin(\varphi t) \\ \sin(\varphi t) & \cos(\varphi t)\end{pmatrix}. \tag{4.1.8}$$

### Bedeutung der Spur

Unter einem Diffeomorphismus $g:\mathbb{R}^n\to\mathbb{R}^n$ besitzt das Bild $g(\Lambda)$ einer kompakten Teilmenge $\Lambda\subset\mathbb{R}^n$ das Volumen

$$V_n\big(g(\Lambda)\big) = \int_\Lambda \big|\det\big(\mathrm{D}g(x)\big)\big|\,\mathrm{d}x\,,$$

der Betrag der Funktionaldeterminante bei $x \in \Lambda$ ist also der Faktor, um den bei $x$ das Volumen durch $g$ vergrößert wird (*Transformationssatz*).

Betrachten wir nun für die Zeit $t \in \mathbb{R}$ den Lösungsoperator der Differentialgleichung $\dot{x} = Ax$, also die lineare Abbildung

$$\Phi_t \in \mathrm{Lin}(\mathbb{R}^n) \quad , \quad \Phi_t(x) = \exp(At)x \, .$$

Wie bei jeder linearen Abbildung ist die Ableitung konstant:

$$\mathrm{D}\Phi_t(x) = \exp(At) \qquad (x \in \mathbb{R}^n), \tag{4.1.9}$$

und es gilt

**4.12 Satz** *Für* $A \in \mathrm{Lin}(\mathbb{C}^n)$ *gilt* $\boxed{\det\big(\exp(A)\big) = \exp\big(\mathrm{tr}(A)\big) \, .}$

**Beweis:** Dies folgt aus der Existenz einer Jordan–Basis, also von $W \in \mathrm{GL}(n, \mathbb{C})$ mit $W^{-1}AW = J$ und Jordan–Matrix $J$. Es ist in der Notation (4.1.3) für $J$

$$\begin{aligned} \det\big(\exp(A)\big) &= \det\big(W^{-1}\exp(A)W\big) = \det\big(\exp(W^{-1}AW)\big) = \det\big(\exp(J)\big) \\ &= \textstyle\prod_{\ell=1}^k \det\big(\exp(J_{r_\ell}(\lambda_\ell))\big) = \prod_{\ell=1}^k \exp(r_\ell \lambda_\ell) \end{aligned}$$

und andererseits $\mathrm{tr}(A) = \mathrm{tr}(W^{-1}AW) = \mathrm{tr}(J) = \sum_\ell \mathrm{tr}\big(J_{r_\ell}(\lambda_\ell)\big) = \sum_\ell r_\ell \lambda_\ell$, sodass sich die Aussage aus der Funktionalgleichung der komplexen Exponentialfunktion ergibt. □

**Folgerung:** Der von $A \in \mathrm{Mat}(n, \mathbb{R})$ erzeugte lineare Fluss $\Phi_t(x) = \exp(At)x$ auf dem Phasenraum $\mathbb{R}^n$ ist genau dann volumenerhaltend, wenn $\mathrm{tr}(A) = 0$.

**4.13 Bemerkung (reelle Allgemeine Lineare Gruppe)**
$\mathrm{GL}(n, \mathbb{R})$, die Gruppe der invertierbaren Matrizen in $\mathrm{Mat}(n, \mathbb{R})$, ist das wichtigste Beispiel einer Lie–Gruppe. $\mathrm{GL}(n, \mathbb{R})$ ist die offene Teilmenge derjenigen Matrizen $A$ im $n^2$–dimensionalen Vektorraum $\mathrm{Mat}(n, \mathbb{R})$, für die $\det(A) \neq 0$ gilt. Damit wird $\mathrm{GL}(n, \mathbb{R})$ zu einer Untermannigfaltigkeit von $\mathrm{Mat}(n, \mathbb{R})$, siehe Definition 2.34. Matrizenmultiplikation und Inversion sind in den Matrizeneinträgen glatt (letzteres folgt aus der Cramerschen Regel der Linearen Algebra). Betrachten wir die Abbildung

$$\mathrm{Mat}(n, \mathbb{R}) \to \mathrm{GL}(n, \mathbb{R}) \quad , \quad u \mapsto \exp(u) \, ,$$

dann liegt das Bild der Exponentialfunktion tatsächlich in $\mathrm{GL}(n, \mathbb{R})$, denn

$$\det\big(\exp(u)\big) = \exp\big(\mathrm{tr}(u)\big) > 0 \, .$$

Da $g \in \mathrm{GL}(n, \mathbb{R})$ mit $\det(g) < 0$ existieren, ist klar, dass $\exp$ nicht surjektiv ist (sondern das Bild die Untergruppe $\mathrm{GL}^+(n, \mathbb{R})$ ist, siehe Beispiel E.18).

Andererseits ist die Exponentialabbildung mindestens für $A \in \mathrm{GL}(n, \mathbb{R})$ mit $\|\mathbb{1} - A\| < 1$ invertierbar, denn die Potenzreihe der Umkehrfunktion konvergiert dann:

$$\ln(A) = \ln\big(\mathbb{1} - (\mathbb{1} - A)\big) = -\sum_{k=1}^{\infty} \frac{(\mathbb{1} - A)^k}{k} \, .$$

$\mathrm{Mat}(n,\mathbb{R})$ mit dem Kommutator bildet eine sogenannte Lie–Algebra [2]. Der Kommutator $[u_1,u_2]=u_1u_2-u_2u_1$ von $u_1,u_2\in\mathrm{Mat}(n,\mathbb{R})$ misst den Mangel an Kommutativität in der Gruppenmultiplikation, denn

$$\exp(\varepsilon u_1)\exp(\varepsilon u_2)\exp(-\varepsilon u_1)\exp(-\varepsilon u_2)=\mathbb{1}+\varepsilon^2[u_1,u_2]+\mathcal{O}(\varepsilon^3)\,.$$

Man nennt daher $\mathrm{Mat}(n,\mathbb{R})$ *die* Lie–Algebra *von* $\mathrm{GL}(n,\mathbb{R})$. ◇

## 4.2 Explizit zeitabhängige lineare DGLn

### Das homogene Problem

Wir betrachten zunächst auf dem $t_0$ enthaltenden Zeitintervall $I$ das *homogene*, lineare, aber nichtautonome (das heißt explizit zeitabhängige) Anfangswertproblem

$$\dot y(t)=A(t)y(t)\quad,\quad y(t_0)=y_0\,, \tag{4.2.1}$$

wobei $A:I\to\mathrm{Mat}(n,\mathbb{R})$ eine stetige matrixwertige Funktion ist.

**4.14 Satz** *Das Anfangswertproblem (4.2.1) hat eine eindeutige Lösung*

$$y:I\to\mathbb{R}\quad \textit{mit}\quad \|y(t)\|\le\exp\left(\left|\int_{t_0}^t\|A(s)\|\,\mathrm{d}s\right|\right)\|y_0\|\,. \tag{4.2.2}$$

**Beweis:**

- Es genügt, $t\ge t_0$ zu betrachten, denn (4.2.2) ist invariant unter Zeitumkehr.
- Die eindeutige Lösbarkeit des Anfangswertproblems für das zeitabhängige Vektorfeld $(t,x)\mapsto A(t)x$ auf dem Intervall $I$ folgt mit der zeitabhängigen Lipschitz–Konstante $L(t):=\|A(t)\|$ aus Satz 3.23.
- $z(t):=\exp\left(-\int_{t_0}^t\|A(s)\|\,\mathrm{d}s\right)y(t)$ erfüllt für $t\in I$ das Anfangswertproblem

  $$\dot z(t)=N(t)z(t)\quad,\quad z(0)=y_0\quad\text{mit}\quad N(t):=A(t)-\|A(t)\|\mathbb{1},$$

  wie man durch Differentiation nachprüft. Die Abschätzung (4.2.2) folgt, wenn wir

  $$\|z(t)\|\le\|y_0\|\qquad(t\ge t_0,t\in I) \tag{4.2.3}$$

  bewiesen haben. Nun ist mit $S(t):=N(t)+N^\top(t)$ für $t\ge t_0$

  $$\begin{aligned}\tfrac{\mathrm{d}}{\mathrm{d}t}\|z(t)\|^2 &= \langle\dot z(t),z(t)\rangle+\langle z(t),\dot z(t)\rangle=\langle N(t)z(t),z(t)\rangle+\langle z(t),N(t)z(t)\rangle\\ &= \langle z(t),S(t)z(t)\rangle\le 0,\end{aligned} \tag{4.2.4}$$

  denn $S(t)$ ist selbstadjungiert und besitzt nur Eigenwerte $E\le 0$.

[2] **Definition:** Eine *Lie–Algebra* ist ein Vektorraum $E$ mit einer bilinearen alternierenden Abbildung $[\cdot,\cdot]:E\times E\to E$, die die *Jacobi–Identität* $[A,[B,C]]+[B,[C,A]]+[C,[A,B]]=0$ erfüllt (siehe auch Anhang E.3).

Letzteres sieht man so: Wäre $S(t)v = Ev$ mit $v \in \mathbb{R}^n \setminus \{0\}$ und $E > 0$, dann würde auch $(A(t) + A(t)^\top)v = (E + 2\|A(t)\|)v$ gelten, also

$$\|A(t) + A(t)^\top\| > 2\|A(t)\| = \|A(t)\| + \|A(t)^\top\|,$$

im Widerspruch zur Dreiecksungleichung der Operatornorm. Aus (4.2.4) folgt aber (4.2.3). □

Sind $\varphi_1, \varphi_2 : I \to \mathbb{R}^n$ Lösungen der DGL $\dot{y}(t) = A(t)y(t)$ und $c_1, c_2 \in \mathbb{R}$, dann ist auch $c_1\varphi_1 + c_2\varphi_2 : I \to \mathbb{R}^n$ Lösung der Differentialgleichung. Die Menge

$$L_0 := \{\varphi \in C^1(I, \mathbb{R}^n) \mid \dot{\varphi}(t) = A(t)\varphi(t),\ t \in I\} \tag{4.2.5}$$

der Lösungen bildet also einen $\mathbb{R}$–Untervektorraum von $C^1(I, \mathbb{R}^n)$, den (*homogenen*) *Lösungsraum*. Ist $t_0 \in I$, so ist wegen der lokalen Existenz und Eindeutigkeit der Lösung des Anfangswertproblems die lineare Abbildung

$$B_{t_0} : L_0 \to \mathbb{R}^n \quad , \quad \varphi \mapsto \varphi(t_0)$$

ein Isomorphismus, es ist also $\dim(L_0) = n$.

**4.15 Definition** *Eine Basis des homogenen Lösungsraumes* $L_0$ *heißt* **Fundamentalsystem** *von Lösungen der Differentialgleichung.*

Da die Lösung des homogenen Differentialgleichungssystems (4.2.1) linear von $y_0$ abhängt, erhalten wir die allgemeine Lösung in der Form

$$y_h(t) = \Phi(t, s)y_h(s)$$

mit dem *Lösungsoperator* $\Phi : I \times I \to \mathrm{Mat}(n, \mathbb{R})$. Im Fall einer zeitunabhängigen Matrix $A$ ist

$$\Phi(t, s) = \exp\big((t - s)\,A\big) \qquad (t, s \in \mathbb{R}).$$

Allgemein gilt

$$\boxed{\tfrac{\mathrm{d}}{\mathrm{d}t}\Phi(t, s) = A(t)\Phi(t, s) \text{ und } \Phi(s, s) = \mathbb{1}\,.} \tag{4.2.6}$$

**4.16 Bemerkungen** 1. Auch wenn diese Familie von Matrizen von *zwei* Parametern, der Anfangszeit $s$ und der Endzeit $t$ abhängt, genügt es, für ein einziges $t_0 \in I$ die einparametrige Familie

$$t \mapsto \Phi(t, t_0) \qquad (t \in I)$$

zu kennen, denn es gilt $\Phi(t, s) = \Phi(t, t_0)\,\Phi(t_0, s) = \Phi(t, t_0)\,\Phi(s, t_0)^{-1}$.

2. Die Lösung dieses homogenen nicht autonomen Problems ist oft eine Matrix, deren Einträge keine elementaren Funktionen sind, auch wenn die Einträge von $A$ elementare Funktionen sind.

   Tatsächlich werden viele sogenannte *höhere Funktionen* als Lösungen solcher DGLn definiert, etwa die Bessel–Gleichung und die Mathieu–Gleichung. ◇

## Die Wronski–Determinante

**4.17 Definition** *Für ein Intervall $I$ und Kurven $v_1, \ldots, v_n \in C(I, \mathbb{R}^n)$ ist die* **Wronski–Determinante** *die stetige Funktion*

$$w : I \to \mathbb{R} \quad , \quad t \mapsto \det\big(v_1(t), \ldots, v_n(t)\big) .$$

Wir sind hier an der Wronski–Determinante $w$ von Lösungen $v_1, \ldots, v_n$ der DGL (4.2.1) interessiert. Da diese Lösungen sogar stetig differenzierbar von der Zeit abhängen, ist $w \in C^1(I, \mathbb{R})$, und erfüllt selbst eine Differentialgleichung.

**4.18 Satz** *Für die Wronski–Determinante $w$ gilt*

$$\frac{\mathrm{d}}{\mathrm{d}t} w(t) = \mathrm{tr}\big(A(t)\big) w(t) \qquad (t \in I), \tag{4.2.7}$$

*also*

$$w(t) = \exp\left(\int_{t_0}^{t} \mathrm{tr}\big(A(s)\big)\, \mathrm{d}s\right) w(t_0) . \tag{4.2.8}$$

**Beweis:** Da die Lösungen $v_i \in C^1(I, \mathbb{R}^n)$ der Differentialgleichung die Ableitung

$$\dot{v}_i(t) = A(t) v_i(t) \qquad (i = 1, \ldots, n)$$

besitzen, gilt nach der Produktregel

$$\begin{aligned} \frac{\mathrm{d}}{\mathrm{d}t} w(t) &= \sum_{i=1}^{n} \det\Big(v_1(t), \ldots, v_{i-1}(t), \dot{v}_i(t), v_{i+1}(t), \ldots, v_n(t)\Big) \\ &= \sum_{i=1}^{n} \det\Big(v_1(t), \ldots, v_{i-1}(t), A v_i(t), v_{i+1}(t), \ldots, v_n(t)\Big) . \end{aligned}$$

Für die kanonische Basis $e_1, \ldots, e_n$ des $\mathbb{R}^n$ gilt

$$\mathrm{tr}(A) = \sum_{i=1}^{n} (A)_{i,i} = \sum_{i=1}^{n} \det\Big(e_1, \ldots, e_{i-1}, A e_i, e_{i+1}, \ldots, e_n\Big) ,$$

was sich nach der Determinantenproduktregel auf beliebige Vektoren $\tilde{v}_1, \ldots, \tilde{v}_n \in \mathbb{R}^n$ überträgt:

$$\begin{aligned} \mathrm{tr}(A) \det(\tilde{v}_1, \ldots, \tilde{v}_n) &= \sum_{i=1}^{n} \det\Big((\tilde{v}_1, \ldots, \tilde{v}_n)(e_1, \ldots, e_{i-1}, A e_i, e_{i+1}, \ldots, e_n)\Big) \\ &= \sum_{i=1}^{n} \sum_{k=1}^{n} \det\left(\tilde{v}_1, \ldots, \tilde{v}_{i-1}, (A)_{k,i} \tilde{v}_k, \tilde{v}_{i+1}, \ldots, \tilde{v}_n\right) \\ &= \sum_{i=1}^{n} \det\left(\tilde{v}_1, \ldots, \tilde{v}_{i-1}, A \tilde{v}_i, \tilde{v}_{i+1}, \ldots, \tilde{v}_n\right) . \end{aligned}$$

Die Lösung (4.2.8) der DGL (4.2.7) erfolgt durch Separation der Variablen. □

**4.19 Bemerkungen (Wronski–Determinante)**

1. Die Wronski–Determinante eines *Fundamentalsystems* lässt sich also durch Integration berechnen, auch wenn man nur die Anfangswerte $v_1(t_0),\ldots, v_n(t_0)$ kennt. Weil $w(t_0) = \det\big(v_1(t_0),\ldots,v_n(t_0)\big) \neq 0$ ist, folgt aus der Gestalt (4.2.8) der Lösung auch $w(t) \neq 0$ für alle $t \in I$.

2. Der Quotient $w(t)/w(t_0)$ der Wronski–Determinante eines Fundamentalsystems gibt den Faktor an, um den sich das Volumen von $\Phi(t,t_0)(K)$ zum Zeitpunkt $t$ gegenüber dem des Kompaktums $K \subset \mathbb{R}^n$ verändert hat.

3. Für eine lineare Differentialgleichung $n$–ter Ordnung der Form

$$y^{(n)}(t) + \sum_{i=0}^{n-1} a_i(t) y^{(i)}(t) = 0$$

mit stetigen Koeffizienten $a_0,\ldots,a_{n-1}$ ist die zugeordnete Differentialgleichung erster Ordnung nach Satz 3.29 von der Form

$$\begin{pmatrix} \dot{x}_1 \\ \vdots \\ \dot{x}_n \end{pmatrix} = A \begin{pmatrix} x_1 \\ \vdots \\ x_n \end{pmatrix} \quad \text{mit} \quad x_i = y^{(i-1)} \quad \text{und} \quad A = \begin{pmatrix} 0 & 1 & & \\ & & \ddots & \\ & & & 1 \\ -a_0 & -a_1 & \ldots & -a_{n-1} \end{pmatrix}.$$

Hier ist also die Wronski–Determinante von Lösungen $y_1,\ldots,y_n : I \to \mathbb{R}$ gleich

$$w(t) = \det \begin{pmatrix} y_1(t) & \ldots & y_n(t) \\ \vdots & & \vdots \\ y_1^{(n-1)}(t) & \ldots & y_n^{(n-1)}(t) \end{pmatrix}, \text{ und } \quad \tfrac{\mathrm{d}}{\mathrm{d}t} w(t) = -a_{n-1}(t) w(t)\,. \qquad \diamond$$

**Das inhomogene Problem**

Das *inhomogene Anfangswertproblem* mit stetiger Störfunktion $b : I \to \mathbb{R}^n$

$$\dot{z}(t) = A(t)z(t) + b(t) \quad , \quad z(t_0) = z_0 \tag{4.2.9}$$

lässt sich bei Kenntnis des homogenen Lösungsoperators aus (4.2.6) leicht lösen:

**4.20 Satz (‚Duhamel–Prinzip')** *Die Lösung des Anfangswertproblems (4.2.9) ist*

$$\boxed{z(t) = \Phi(t,t_0)z_0 + \textstyle\int_{t_0}^t \Phi(t,s)b(s)\,\mathrm{d}s \qquad (t \in I).} \tag{4.2.10}$$

**Beweis:** • Wegen $\Phi(s,s) = \mathbb{1}$ ist in (4.2.10) $z(t_0) = z_0$.
• Zusätzlich gilt wegen $\frac{\mathrm{d}}{\mathrm{d}t}\Phi(t,s) = A(t)\Phi(t,s)$

$$\dot{z}(t) = A(t)\Phi(t,t_0)z_0 + A(t)\int_{t_0}^t \Phi(t,s)b(s)\,\mathrm{d}s + \Phi(t,t)b(t) = A(t)z(t) + b(t)\,.$$

Damit ist (4.2.10) die Lösung von (4.2.9). □

Die Menge der Lösungen der inhomogenen linearen Differentialgleichung

$$L_b := \{\varphi \in C^1(I,\mathbb{R}^n) \mid \dot\varphi(t) = A(t)\varphi(t) + b(t), t \in I\}$$

ist also von der Form

$$L_b = L_0 + \varphi_b\,,$$

mit dem in (4.2.5) definierten homogenen Lösungsraum $L_0$ und der partikulären Lösung

$$\varphi_b \in C^1(I,\mathbb{R}^n) \quad , \quad \varphi_b(t) = \int_{t_0}^t \Phi(t,s)b(s)\,\mathrm{d}s$$

Der *inhomogene Lösungsraum* $L_b$ ist damit ein affiner Unterraum von $C^1(I,\mathbb{R}^n)$.

**4.21 Beispiel (Inhomogenes Problem)** Die DGL $\ddot x(t)+\frac{1}{10}\dot x(t)+x(t) = \cos(t)$ eines gedämpften harmonischen Oszillators mit äußerer Anregung ist zum System

$$\dot z(t) = A(t)z(t) + b(t)$$

mit $z(t) := \begin{pmatrix} x(t)\\ \dot x(t)\end{pmatrix}$ und $A(t) = \begin{pmatrix} 0 & 1\\ -1 & -1/10\end{pmatrix}$, $b(t) = \begin{pmatrix} 0\\ \cos(t)\end{pmatrix}$ äquivalent. $A$ besitzt die komplexen Eigenwerte

$$\lambda_{1/2} = -\tfrac{1}{20} \pm \sqrt{\left(\tfrac{1}{20}\right)^2 - 1} = \tfrac{1}{20}(-1 \pm \sqrt{399}\,\imath)\,,$$

und Eigenvektoren

$$W_{1/2} = \begin{pmatrix} \frac{1}{20}(+1\mp\sqrt{399}\imath)\\ 1\end{pmatrix}\,,$$

sodass mit der diagonalisierenden Matrix

$$W := (W_1;W_2) = \begin{pmatrix} \frac{1-\sqrt{399}\imath}{20} & \frac{1+\sqrt{399}\,\imath}{20}\\ 1 & 1\end{pmatrix} \quad , \text{ also } \quad W^{-1} = \begin{pmatrix} \frac{-10\imath}{\sqrt{399}} & \frac{1}{2}-\frac{\imath}{2\sqrt{399}}\\ \frac{10\imath}{\sqrt{399}} & \frac{1}{2}+\frac{\imath}{2\sqrt{399}}\end{pmatrix}$$

und $W^{-1}AW = \begin{pmatrix} \lambda_1 & 0\\ 0 & \lambda_2\end{pmatrix}$ gilt. Damit ist mit $\omega := \frac{\sqrt{399}}{20}$

$$\exp(At) = W\begin{pmatrix} e^{\lambda_1 t} & 0\\ 0 & e^{\lambda_2 t}\end{pmatrix}W^{-1} = e^{-t/20}\begin{pmatrix} \cos(\omega t)+\frac{\sin(\omega t)}{\sqrt{399}} & \frac{1}{\omega}\sin(\omega t)\\ -\frac{1}{\omega}\sin(\omega t) & \cos(\omega t)-\frac{\sin\left(\frac{\sqrt{399}}{20}t\right)}{\sqrt{399}}\end{pmatrix}.$$

Aus (4.2.10) ergibt sich

$$z(t) = \exp(At)z_0 + \int_0^t \exp\big(A(t-s)\big)b(s)\,\mathrm{d}s =$$

$$e^{-t/20}\begin{pmatrix} \cos(\omega t)+\frac{\sin(\omega t)}{\sqrt{399}} & \frac{1}{\omega}\sin(\omega t)\\ -\frac{1}{\omega}\sin(\omega t) & \cos(\omega t)-\frac{\sin(\omega t)}{\sqrt{399}}\end{pmatrix} z_0 + 10\begin{pmatrix} \sin(t)-\frac{1}{\omega}e^{-t/20}\sin(\omega t)\\ \cos(t)+e^{-t/20}\left(-\cos(\omega t)+\frac{\sin(\omega t)}{\sqrt{399}}\right)\end{pmatrix}.$$

Damit ist die allgemeine Lösung der DGL zweiter Ordnung von der Form

$$x(t) = e^{-t/20}\big(c_1\cos(\omega t) - c_2\sin(\omega t)\big) + 10\sin t\,.$$

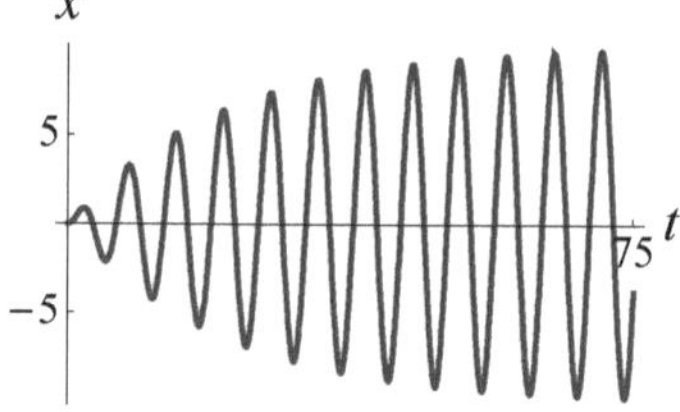


Die Lösung des Anfangswertproblems für $x_0 = x_0' = 0$ ist nebenstehend abgebildet.
Die Integration bereitet zwar keine grundsätzlichen Probleme, ist aber schon in diesem einfachen Beispiel rechenintensiv. ◇

## 4.3 Quasipolynome

Um den Rechenaufwand bei der Lösung einer inhomogenen linearen Differentialgleichung zu verringern, benutzt man die Methode der Quasipolynome.

**Erinnerung:** Der Lösungsoperator $\exp(At)$ der linearen DGL $\dot{x} = Ax$ hat die Form

$$\exp(At) = W\exp(Jt)W^{-1}$$

mit der Jordan–Matrix $J = \exp\big(J_{r_1}(\lambda_1)\big)\oplus\ldots\oplus\exp\big(J_{r_k}(\lambda_k)\big)$, und nach (4.1.6)

gilt $\exp\big(J_r(\lambda)t\big) = e^{\lambda t}\begin{pmatrix} 1 & t & \cdots & \cdots & \frac{t^{r-1}}{(r-1)!} \\ 0 & 1 & t & & \\ \vdots & \ddots & \ddots & \ddots & \vdots \\ \vdots & & \ddots & \ddots & t \\ 0 & \cdots & \cdots & 0 & 1 \end{pmatrix}$.

**Folgerung:** Ist $A \in \mathrm{Mat}(n,\mathbb{C})$ und sind $\lambda_1,\ldots,\lambda_k \in \mathbb{C}$ die Eigenwerte von $A$ mit den Vielfachheiten $\nu_1,\ldots,\nu_k$, dann haben die Einträge der Matrix $\exp(At)$ die Form $\sum_{l=1}^{k} e^{\lambda_l t}\,p_l(t)$, wobei $p_l(t)$ ein Polynom vom Grad $\leq \nu_l - 1$ ist.

Diese Folgerung können wir uns zunutze machen, nur unter Benutzung eines entsprechenden Lösungsansatzes direkter eine Lösung linearer DGLn zu finden.

**4.22 Definition** *Für $\lambda \in \mathbb{K}$ und ein Polynom $p \in \mathbb{K}[t]$ heißt die Funktion $t \mapsto e^{\lambda t}p(t)$ $\lambda$–**Quasipolynom** vom **Grad** $\mathrm{grad}(p)$ über $\mathbb{K}$.*

Kennt man nun durch Auswertung des charakteristischen Polynoms von $A$ die Eigenwerte $\lambda_1,\ldots,\lambda_k$ und die Multiplizitäten $\nu_1,\ldots,\nu_k$, dann kann man die Lösung in der oben angegebenen Form ansetzen.

Der $\mathbb{K}$-Vektorraum der $\lambda$–Quasipolynome wird durch Differentiation linear in sich abgebildet, und es gilt

$$\tfrac{\mathrm{d}}{\mathrm{d}t}\big(e^{\lambda t}p(t)\big) = e^{\lambda t}\big(p'(t) + \lambda p(t)\big)\,.$$

Einsetzen des Lösungsansatzes in die Differentialgleichung ergibt für jeden Eigenwert $\lambda_l$ eine Gleichung für die Polynome $p_l$ (im Allgemeinen ein Gleichungssystem, denn $x(t) = \big(x_1(t),\ldots,x_n(t)\big)^\top$).

Daraus lassen sich im Prinzip deren Koeffizienten bestimmen.

Besonders leicht ist der Lösungsansatz für lineare Einzel-Differentialgleichungen höherer Ordnung. Ist nämlich

$$x^{(n)} + a_{n-1}x^{(n-1)} + \ldots + a_0 x = 0\,,$$

dann ergibt sich das äquivalente System $\dot{y} = Ay$ mit $y = \begin{pmatrix} y_1 \\ \vdots \\ y_n \end{pmatrix}$, $y_k := \frac{\mathrm{d}^{k-1}x}{\mathrm{d}t^{k-1}}$

und $A = \begin{pmatrix} 0 & 1 & 0 & \ldots & 0 \\ 0 & 0 & 1 & \ddots & \vdots \\ \vdots & \vdots & \ddots & \ddots & 0 \\ 0 & 0 & \ldots & 0 & 1 \\ -a_0 & -a_1 & \ldots & -a_{n-2} & -a_{n-1} \end{pmatrix}$.

Es ist damit das charakteristische Polynom

$$\det(\lambda 1\!\!1 - A) = \det \begin{pmatrix} \lambda & -1 & 0 & \ldots & 0 \\ 0 & \lambda & -1 & \ddots & \vdots \\ \vdots & \ddots & \ddots & \ddots & 0 \\ 0 & 0 & & \lambda & -1 \\ a_0 & a_1 & \ldots & a_{n-2} & \lambda + a_{n-1} \end{pmatrix} = \lambda^n + a_{n-1}\lambda^{n-1} + \ldots + a_0\,,$$

also das Polynom mit den Koeffizienten der Differentialgleichung.

Wir brauchen also nicht den Umweg über ein Differentialgleichungssystem erster Ordnung zu machen, wenn wir die allgemeine Lösung in Form eines Quasipolynoms schreiben wollen.

### 4.23 Beispiele (Quasipolynome für gewöhnliche Differentialgleichungen)

1. $x^{(4)} - ax = 0$, $a > 0$. Die Nullstellen des charakteristischen Polynoms $\lambda^4 - a = 0$ sind
$$\lambda_k = \imath^k \sqrt[4]{a} \qquad (k = 1, \ldots, 4)\,.$$
Jede Lösung besitzt also die Form $x(t) = \sum_{k=1}^{4} c_k e^{\lambda_k t}$ mit Koeffizienten $c_k \in \mathbb{C}$. Ist eine reelle Lösung gefragt, dann muss offensichtlich $c_2, c_4 \in \mathbb{R}$ und $c_1 = \overline{c}_3$ gelten. Damit ist mit $\omega := \sqrt[4]{a} > 0$ die allgemeine reelle Lösung
$$x(t) = d_1 \exp(\omega t) + d_2 \exp(-\omega t) + d_3 \cos(\omega t) + d_4 \sin(\omega t) \qquad (d_k \in \mathbb{R}).$$

2. Die Differentialgleichung $\ddot{x} + k\dot{x} + x = 0$ mit $k > 0$ (siehe Beispiel 4.21) beschreibt einen *gedämpften harmonischen Oszillator* (ohne äußere Anregung).

   Die Eigenwerte $\lambda_{1/2} = -\frac{k}{2} \pm \sqrt{\frac{k^2}{4} - 1}$ der Matrix $A = \left(\begin{smallmatrix} 0 & 1 \\ -1 & -k \end{smallmatrix}\right)$ sind nur im *aperiodischen Grenzfall* $k = 2$ einander gleich: Dann ist $\lambda_1 = \lambda_2 = -1$, sodass die allgemeine Lösung von der Form $x(t) = (c_1 + c_2 t)e^{-t}$ ist (siehe auch Kapitel 5.4). ◇

Für $\lambda \in \mathbb{R}$ (sogar für $\lambda \in \mathbb{C}$!) ist $\cosh(\lambda t) = \frac{1}{2}\left(e^{\lambda t} + e^{-\lambda t}\right)$ und $\sinh(\lambda t) = \frac{1}{2}\left(e^{\lambda t} - e^{-\lambda t}\right)$, und nach der Euler–Formel $\cos(\lambda t) = \frac{1}{2}\left(e^{\imath\lambda t} + e^{-\imath\lambda t}\right)$ und $\sin(\lambda t) = \frac{1}{2\imath}\left(e^{\imath\lambda t} - e^{-\imath\lambda t}\right)$. Lösungen linearer DGLn mit konstanten Koeffizienten können also insbesondere Produkte dieser vier elementaren Funktionen mit $t$–Potenzen enthalten, denn diese erhält man durch Linearkombination geeigneter Quasipolynome.

Das hat eine weitere Konsequenz. Ist nämlich $\dot{x} = Ax + b(t)$, wobei $b(t)$ sich als Summe von Quasipolynomen schreiben lässt, dann lässt sich die Lösung dieser *inhomogenen* Differentialgleichung mit konstanten Koeffizienten als Summe von $\lambda$–Quasipolynomen schreiben (wobei $\lambda$ Eigenwert von $A$ ist oder als Exponent in $b(t)$ auftaucht). Dies ergibt sich unmittelbar aus der in diesem Fall gültigen Lösungsformel (siehe (4.2.10))

$$\varphi(t) = \exp(At)\left(x_0 + \int_0^t \exp(-As)b(s)\,\mathrm{d}s\right)$$

für das Anfangswertproblem mit $\varphi(0) = x_0$, denn Produkte und Integrale von Quasipolynomen sind Quasipolynome.

**4.24 Beispiele (inhomogene lineare Differentialgleichungen)**

1. $\ddot{x} + x = t^2$. Eine partikuläre Lösung dieser inhomogenen Differentialgleichung ist $x_p(t) := t^2 - 2$, die allgemeine $a_1 \cos t + a_2 \sin t + x_p(t)$, mit $a_1, a_2 \in \mathbb{R}$.

2. $x^{(4)} + x = t^2 e^t \cos t$. Die rechte Seite ist von der Form $\frac{1}{2}t^2\left(e^{\lambda t} + e^{\overline{\lambda} t}\right)$ mit $\lambda := 1 + \imath$.

   Allgemein hat ein Quasipolynom $e^{\lambda t}p(t)$ die $k$–te Ableitung

$$\frac{\mathrm{d}^k}{\mathrm{d}t^k}\left(e^{\lambda t}p(t)\right) = e^{\lambda t}\sum_{l=0}^{k}\binom{k}{l}\lambda^l p^{(k-l)}(t)\,, \qquad (4.3.1)$$

   denn nach der Leibniz–Regel gibt es $\binom{k}{l}$ Wahlmöglichkeiten, den Exponentialfaktor $l$–mal abzuleiten.

   Wir setzen die partikuläre Lösung $x_p$ in der Form $x_p = y_p + \overline{y}_p$ mit $y_p^{(4)}(t) + y_p(t) = \frac{t^2}{2}e^{\lambda t}$ an, wobei $y_p(t) := e^{\lambda t}(a_2 t^2 + a_1 t + a_0)$ sein soll. Nach Formel (4.3.1) ist die linke Seite $y_p^{(4)}(t) + y_p(t) =$

$$e^{\lambda t}\Big((\lambda^4+1)a_2t^2 + [(\lambda^4+1)a_1 + 8\lambda^3 a_2]t + [(\lambda^4+1)a_0 + 4\lambda^3 a_1 + 12\lambda^2 a_2]\Big).$$

   Vergleich mit der rechten Seite ergibt wegen $\lambda^2 = 2\imath$, $\lambda^4 = -4$

$$a_2 = \frac{1/2}{\lambda^4+1} = -\frac{1}{6}\,,\ a_1 = \frac{-8\lambda^3 a_2}{\lambda^4+1} = \frac{8}{9}(1-\imath) \text{ und } a_0 = -\frac{4\lambda^3 a_1 + 12\lambda^2 a_2}{\lambda^4+1} = \frac{92}{27}\imath.$$

   Damit ist $x_p(t) = 2\mathrm{Re}\left(e^{(1+\imath)t}\left(-\frac{t^2}{6} + \frac{8}{9}(1-\imath)t + \frac{92}{27}\imath\right)\right) =$

$$e^t\left(\left(-\frac{t^2}{3} + \frac{16}{9}t\right)\cos t + \left(\frac{16}{9}t - \frac{184}{27}\right)\sin t\right). \qquad \diamond$$

# Kapitel 5

# Klassifikation linearer Flüsse

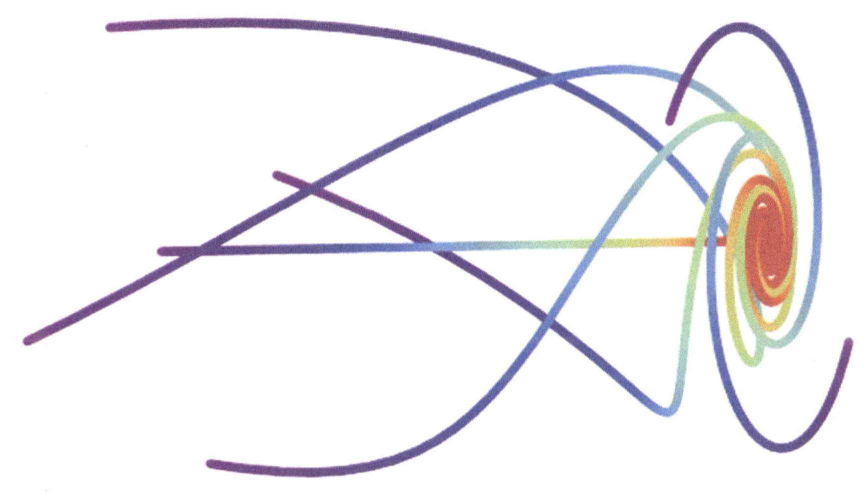



Wir kennen den von einer linearen Differentialgleichung $\dot{x} = Ax$ mit Systemmatrix $A \in \mathrm{Mat}(n, \mathbb{R})$ auf dem Phasenraum $\mathbb{R}^n$ erzeugten Fluss

$$\Phi_t : \mathbb{R}^n \to \mathbb{R}^n \quad , \quad x \mapsto \exp(At)x \qquad (t \in \mathbb{R}),$$

wollen aber ein vertieftes geometrisches Verständnis erlangen. Insbesondere werden wir für kleine Dimensionen $n$ die Phasenportraits von $\Phi$ untersuchen.

Allgemein versteht man unter dem *Phasenportrait* eines dynamischen Systems $\Phi : G \times M \to M$ die Zerlegung des Phasenraums $M$ in Orbits.

Abbildung 5.1.1: Phasenportraits von stabilen Spiralen der Differentialgleichung $\dot{x} = Ax$. Links: $A = \begin{pmatrix} -1/5 & -1 \\ 1 & -1/5 \end{pmatrix}$; rechts: eine zu $A$ ähnliche Matrix

## 5.1 Konjugationen linearer Flüsse

Zunächst fragen wir etwas unpräzise, wann eine zweite lineare Differentialgleichung $\dot{x} = Bx$ auf dem Phasenraum $\mathbb{R}^n$ ein ähnliches Phasenportrait hat wie das von $\dot{x} = Ax$. Naheliegend erscheint dabei zunächst vielleicht die folgende Klasseneinteilung.

Die Matrizen $A, B \in \mathrm{Mat}(n, \mathbb{R})$ heißen *ähnlich*, wenn ein $S \in \mathrm{GL}(n, \mathbb{R})$ existiert mit $B = SAS^{-1}$. Dann gilt für den von $B$ erzeugten Fluss $\Psi_t(y) := \exp(Bt)y$

$$\Psi_t(y) = S\exp(At)S^{-1}y = S\Phi_t(S^{-1}y)\,. \tag{5.1.1}$$

Also geht das Phasenportrait von $B$ aus dem von $A$ durch eine Basistransformation des $\mathbb{R}^n$ hervor. In Abbildung 5.1.1 sehen wir Phasenportraits zweier ähnlicher Matrizen.

Da bei der Ähnlichkeitstransformation die Eigenwerte mit ihrer Multiplizität invariant gelassen werden, ist diese Äquivalenzklasseneinteilung linearer Flüsse für viele Zwecke zu fein. Angemessener für den Vergleich zweier stetiger dynamischer Systeme $\Phi^{(i)} : \mathbb{R} \times M^{(i)} \to M^{(i)}$ ist dagegen oft der Begriff der Konjugation mit einem Homöomorphismus $h \in C\big(M^{(1)}, M^{(2)}\big)$ (siehe Definition 2.28).

Sind die dynamischen Systeme differenzierbar und ist $h$ sogar ein *Diffeo*morphismus (das heißt $h \in C^1\big(M^{(1)}, M^{(2)}\big)$ und $h^{-1} \in C^1\big(M^{(2)}, M^{(1)}\big)$), dann folgt aus $\Phi_t^{(2)} \circ h = h \circ \Phi_t^{(1)}$ für die Vektorfelder $f_k$:

$$f_2 \circ h = \frac{\mathrm{d}}{\mathrm{d}t}\left(\Phi_t^{(2)} \circ h\right)\Big|_{t=0} = \frac{\mathrm{d}}{\mathrm{d}t}\left(h \circ \Phi_t^{(1)}\right)\Big|_{t=0} = \mathrm{D}h \circ f_1$$

oder

$$f_2 = \mathrm{D}h \circ f_1 \circ h^{-1}\,. \tag{5.1.2}$$

Die den Fluss erzeugenden Vektorfelder werden also durch die Linearisierung von $h$ aufeinander abgebildet.

Ist insbesondere $x_1 \in M^{(1)}$ eine Ruhelage von $\Phi^{(1)}$, dann ist nach Aufgabe 2.30 auch $x_2 = h(x_1)$ eine Ruhelage von $\Phi^{(2)}$, und die Linearisierungen $\mathrm{D}f_1(x_1)$ und $\mathrm{D}f_2(x_2)$ sind ähnliche Matrizen aus $\mathrm{Mat}(n, \mathbb{R})$.

Angewandt auf die Ruhelage $0 \in \mathbb{R}^n$ impliziert dies für *lineare* Flüsse auf dem $\mathbb{R}^n$, dass diese genau dann durch Diffeomorphismen konjugiert sind, wenn die ihre Vektorfelder definierenden Matrizen ähnlich sind. In diesem Fall können wir statt *allgemeiner* Diffeomorphismen des $\mathbb{R}^n$ aber gleich die in (5.1.1) durch $S \in \mathrm{GL}(n, \mathbb{R})$ definierte *lineare* Abbildung als konjugierenden Diffeomorphismus verwenden.

Anders sieht die Situation bei Verwendung nicht differenzierbarer Homöomorphismen $h$ aus.

**5.1 Beispiel (Lineare Differentialgleichungen auf $\mathbb{R}$)**
Für Parameter $a \in \mathbb{R}$ betrachten wir die lineare Differentialgleichung $\dot{x} = ax$ auf $\mathbb{R}$, mit Fluss $\Phi_t^{(a)}(x) = e^{at}x$. Dann ist der Ursprung $x = 0$ für alle $a \in \mathbb{R}$ Ruhelage. Ist nun $x \in \mathbb{R}\backslash\{0\}$, dann ist die $\alpha$– bzw. $\omega$–Limesmenge von $x$ (siehe Definition 2.20) parameterabhängig:

- für $a < 0$: $\alpha(x) = \emptyset$, $\omega(x) = \{0\}$
- für $a = 0$: $\alpha(x) = \omega(x) = \{x\}$
- für $a > 0$: $\alpha(x) = \{0\}$, $\omega(x) = \emptyset$.

Nach Aufgabe 2.30 können also $\Phi^{(a)}$ und $\Phi^{(b)}$ höchstens dann konjugiert sein, wenn $\mathrm{sign}(a) = \mathrm{sign}(b)$ gilt. Dann sind die Abbildungen aber auch wirklich konjugiert. Sind nämlich $a$ und $b$ beide größer als Null oder beide kleiner als Null, können wir den für $\alpha > 0$ definierten Homöomorphismus

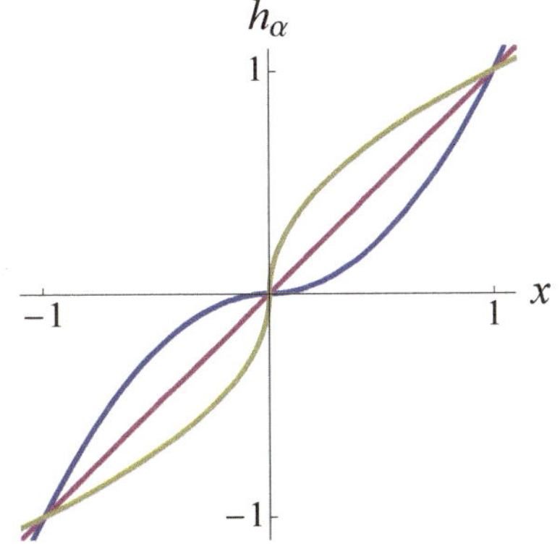

Der konjugierende Homöomorphismus $h_\alpha$, für $\alpha = 1/2$, 1 und 2

$$h_\alpha : \mathbb{R} \to \mathbb{R} \quad , \quad x \mapsto \mathrm{sign}(x)|x|^\alpha$$

von $\mathbb{R}$ benutzen. Es ist $h_\alpha^{-1} = h_{1/\alpha}$ und daher für $\alpha := \frac{b}{a} > 0$

$$\begin{aligned} h_\alpha \circ \Phi_t^{(a)} \circ h_\alpha^{-1}(x) &= h_\alpha(e^{at}\mathrm{sign}(x)|x|^{1/\alpha}) \\ &= \mathrm{sign}(x)(e^{at}|x|^{1/\alpha})^\alpha = e^{bt}\mathrm{sign}(x)|x| = e^{bt}x = \Phi_t^{(b)}(x). \end{aligned}$$

Wir beachten, dass dieser konjugierende Homöomorphismus außer an der Stelle Null glatt ist.

Der (eindimensionale, da durch $a \in \mathbb{R}$ parametrisierte) Parameterraum der eindimensionalen linearen dynamischen Systeme $\dot{x} = ax$ wird also in drei Äquivalenzklassen zueinander konjugierter Systeme zerlegt. ◇

## 5.2 Hyperbolische lineare Vektorfelder

Wir verallgemeinern jetzt das Beispiel 5.1 auf beliebige Dimensionen.

**5.2 Definition**

- *Eine Matrix* $A \in \mathrm{Mat}(n,\mathbb{R})$, *das Vektorfeld* $x \mapsto Ax$ *und der Fluss* $(t,x) \mapsto \Phi_t(x) = \exp(At)x$ *heißen* **hyperbolisch**, *wenn für alle Eigenwerte* $\lambda \in \mathbb{C}$ *von* $A$ *gilt:* $\mathrm{Re}(\lambda) \neq 0$.

- *Die Summe der algebraischen Vielfachheiten der Eigenwerte* $\lambda$ *mit* $\mathrm{Re}(\lambda) < 0$ *heißt der* **Index** *von* $A$ *und wird* $\mathrm{Ind}(A)$ *geschrieben.*

- $E^s := \{x \in \mathbb{R}^n \mid \lim_{t\to\infty} \Phi_t(x) = 0\}$ *heißt* **stabiler Unterraum,** $E^u := \{x \in \mathbb{R}^n \mid \lim_{t\to-\infty} \Phi_t(x) = 0\}$ **instabiler Unterraum** *von* $A$.

**5.3 Satz** *Für alle* $n \in \mathbb{N}$ *ist die Menge der hyperbolischen Matrizen in* $\mathrm{Mat}(n,\mathbb{R})$ *offen und dicht.*

**Beweis:**
• Sei $A \in \mathrm{Mat}(n,\mathbb{R})$ hyperbolisch und $\lambda \in \imath\mathbb{R}$. Dann ist $\lambda$ kein Eigenwert von $A$. Der Betrag des charakteristischen Polynoms divergiert mit dem Betrag seines Arguments: $\det(\lambda\, 1\!\!1_n - A) = \lambda^n\big(1 + \mathcal{O}(\|A\|/\lambda)\big)$, und die Abbildung $\det : \mathrm{Mat}(n,\mathbb{C}) \to \mathbb{C}$ ist stetig. Daher ist

$$I(A) := \inf\{|\det(\lambda\, 1\!\!1_n - A)| \mid \lambda \in \imath\mathbb{R}\} > 0\,,$$

und es gibt ein $\Lambda > 0$ und eine Umgebung $U \subset \mathrm{Mat}(n,\mathbb{R})$ von $A$ mit

$$I(B) = \inf\{|\det(\lambda\, 1\!\!1_n - B)| \mid \lambda \in \imath\mathbb{R},\ |\lambda| \le \Lambda\} > 0 \qquad (B \in U).$$

Die Matrizen $B \in U$ sind also auch hyperbolisch.
• Sei $A \in \mathrm{Mat}(n,\mathbb{R})$ nicht hyperbolisch. Dann ist für $c \in \mathbb{R}$ die Matrix $A + c1\!\!1_n \in \mathrm{Mat}(n,\mathbb{R})$ hyperbolisch, falls $|c| \in (0,C)$ mit

$$C := \inf\big\{|\mathrm{Re}(\lambda)| \mid \lambda \in \mathbb{C} \text{ Eigenwert von } A,\ \mathrm{Re}(\lambda) \neq 0\big\} \in (0,\infty]\,.$$

Die Menge dieser Matrizen besitzt $A$ als Häufungspunkt. □

**5.4 Bemerkungen (Hyperbolische Matrizen und Indices)**

1. Wenn auch typische Matrizen in $\mathrm{Mat}(n,\mathbb{R})$ hyperbolisch sind, gilt dies nicht mehr, wenn wir uns auf den Untervektorraum der in der Klassischen Mechanik als Systemmatrizen auftretenden infinitesimal symplektischen Matrizen (siehe Seite 100) beziehen.

2. Eine Matrix $A \in \mathrm{Mat}(n,\mathbb{R})$ ist genau dann hyperbolisch, wenn gilt:

$$\mathrm{Ind}(A) + \mathrm{Ind}(-A) = n\,.$$

3. Im Beispiel 5.1 waren die hyperbolischen dynamischen Systeme mit gleichem Index zueinander konjugiert. Dies werden wir jetzt auch für beliebige Dimensionen $n$ zeigen.

4. Die (gebräuchlichen) Indices $s$ bzw. $u$ stehen für *stable* bzw. *unstable*.

5. Der *Index einer Ruhelage* $x_0$ eines dynamischen Systems $\dot{x} = f(x)$ ist definiert als Index von $\mathrm{D}f(x_0)$. Für ein lineares Vektorfeld ($f(x) = Ax$) ist damit der Index jeder Ruhelage, insbesondere der Null, gleich dem Index der Systemmatrix $A$. ◇

**5.5 Aufgabe (Index)** Bestimmen Sie ein Fundamentalsystem der Lösungen zu

$$\dot{x} = \begin{pmatrix} 1 & 1 & -1 \\ 0 & -1 & 2 \\ -2 & -1 & 1 \end{pmatrix} x \, .$$

Welche Lösungen bleiben für $t \to \infty$ beschränkt? Ist die Matrix hyperbolisch? Wenn ja, welchen Index hat sie? ◇

**5.6 Lemma (Index)** *Für eine hyperbolische Matrix $A$ gilt* $\dim(E^s) = \mathrm{Ind}(A)$.

**Beweis:** Zunächst sind wegen der Linearität des Flusses $\Phi_t$ tatsächlich $E^u$ und $E^s$ Unterräume des Phasenraums $\mathbb{R}^n$.

- Ist $x \in \mathbb{R}^n$ Element der direkten Summe der verallgemeinerten Eigenräume zu den Eigenwerten $\lambda_i$ mit $\mathrm{Re}(\lambda_i) < 0$, dann sind die Komponenten der vektorwertigen Funktion $t \mapsto \Phi_t(x)$ Summen von $\lambda_i$–Quasipolynomen, also $x \in E^s$. Damit ist $\dim(E^s) \geq \mathrm{Ind}(A)$.
- Andererseits ist mit der analogen Argumentation für die Eigenwerte mit positivem Realteil $\dim(E^u) \geq \mathrm{Ind}(-A) = n - \mathrm{Ind}(A)$.
- Außerdem gilt für jede Summe $f(t) := \sum_i p_i(t)e^{\lambda_i t}$ von $\lambda_i$–Quasipolynomen: Falls $\lim_{t\to\infty} f(t) = \lim_{t\to-\infty} f(t) = 0$, dann ist auch $f = 0$.
Also ist $E^u \cap E^s = \{0\}$ und damit $\dim(E^u) + \dim(E^s) = n$, was $\dim(E^s) = \mathrm{Ind}(A)$ und $\dim(E^u) = n - \mathrm{Ind}(A)$ impliziert. □

**5.7 Beispiel** Die Abbildung am Kapitelanfang (Seite 77) zeigt Orbits eines linearen Flusses auf dem $\mathbb{R}^3$, mit Index 3. ◇

Betrachten wir das rechte Phasenportrait in Abbildung 5.1.1, dann ist die Trajektorie zwar stabil, nähert sich aber nicht die ganze Zeit dem Ursprung. Der Übergang zur ähnlichen Systemmatrix der linken Abbildung behebt diesen Defekt. Dies ist allgemein möglich:

**5.8 Lemma**
*Es sei $A \in \mathrm{Mat}(n,\mathbb{R})$, und $\Lambda := \max\{\mathrm{Re}(\lambda) \mid \lambda$ Eigenwert von $A\}$. Dann gibt es für alle $\Lambda' > \Lambda$ ein Skalarprodukt auf dem $\mathbb{R}^n$, für dessen Norm gilt:*

$$\frac{\mathrm{d}}{\mathrm{d}t}\|\Phi_t(x)\| \leq \Lambda' \, \|\Phi_t(x)\| \qquad (x \in \mathbb{R}^n, \ t \in \mathbb{R}). \tag{5.2.1}$$

**Beweis:** Wegen $\frac{\mathrm{d}}{\mathrm{d}t}\Phi_t(x) = \frac{\mathrm{d}}{\mathrm{d}s}\Phi_{t+s}(x)|_{s=0} = \frac{\mathrm{d}}{\mathrm{d}s}\Phi_s(y)|_{s=0}$ mit $y := \Phi_t(x)$ genügt es, (5.2.1) für $t = 0$ zu zeigen.

- (5.2.1) gilt für $x = 0$. Es genügt also, die Ungleichung für $x \in \mathbb{R}^n \setminus \{0\}$ zu beweisen. Stattdessen zeigen wir sogar, dass für ein geeignetes Skalarprodukt auf dem $\mathbb{C}^n$ gilt

$$\tfrac{1}{2}\frac{\mathrm{d}}{\mathrm{d}t}\,\langle \exp(At)x,\, \exp(At)x\rangle\,|_{t=0} \le \Lambda'\,\langle x, x\rangle \qquad (x \in \mathbb{C}^n). \tag{5.2.2}$$

Ohne Beschränkung der Allgemeinheit können wir voraussetzen, dass der Basiswechsel zur Jordan–Normalform schon vorgenommen wurde. Es ist

$$\frac{\mathrm{d}}{\mathrm{d}t}\,\langle \exp(At)x,\, \exp(At)x\rangle\,|_{t=0} = 2\mathrm{Re}\big(\,\langle x, Ax\rangle\,\big)\,.$$

- Ist das Skalarprodukt so gewählt, dass die Unterräume zu den verschiedenen Jordan–Blöcken orthogonal sind, ist dieser Term eine Summe über die Beiträge der Jordan–Blöcke.
Mit dem Jordan–Block $J_r(\lambda)$ für den Eigenwert $\lambda$ ist für $\mu := \mathrm{Re}(\lambda) \le \Lambda$

$$\mathrm{Re}\big(\,\langle x,\, J_r(\lambda)x\rangle\,\big) = \mathrm{Re}\big(\,\langle x,\, J_r(\mu)x\rangle\,\big)\,.$$

- Für $\varepsilon > 0$ konjugieren wir $J_r(\mu) = \mu \mathbb{1}_r + J_r(0)$ mit der Diagonalmatrix $D_\varepsilon := \mathrm{diag}(1, \varepsilon, \varepsilon^2, \ldots, \varepsilon^{r-1}) \in \mathbf{GL}(r, \mathbb{C})$ (also $D_\varepsilon^{-1} = D_{1/\varepsilon}$):

$$D_\varepsilon^{-1} J_r(\mu) D_\varepsilon = \mu \mathbb{1}_r + D_\varepsilon^{-1} J_r(0) D_\varepsilon = \mu \mathbb{1}_r + \varepsilon J_r(0)\,.$$

Die Nebendiagonale wurde also mit $\varepsilon$ multipliziert. Wir bezeichnen das kanonische Skalarprodukt auf $\mathbb{C}^r$ mit $\langle \cdot, \cdot\rangle_{\mathrm{can}}$. Die Cauchy-Schwarz–Ungleichung impliziert

$$\mathrm{Re}\big(\,\langle x,\, J_r(0)x\rangle_{\mathrm{can}}\,\big) \le \|x\|_{\mathrm{can}}\, \|J_r(0)x\|_{\mathrm{can}} \le \|x\|_{\mathrm{can}}^2\,.$$

Daher ist für $\varepsilon \in \big(0, \Lambda' - \Lambda\big)$

$$\begin{aligned}\mathrm{Re}\big(\,\langle x,\, (\mu \mathbb{1}_r + \varepsilon J_r(0))x\rangle_{\mathrm{can}}\,\big) &= \mu\,\langle x,\, x\rangle_{\mathrm{can}} + \varepsilon\,\mathrm{Re}\big(\,\langle x,\, J_r(0)x\rangle_{\mathrm{can}}\,\big)\\ &\le (\Lambda + \varepsilon)\,\langle x,\, x\rangle_{\mathrm{can}} \le \Lambda'\,\langle x,\, x\rangle_{\mathrm{can}}\,.\end{aligned}$$

Wir definieren also das Skalarprodukt durch $\langle x,\, y\rangle := \big\langle D_\varepsilon^{-1}x,\, D_\varepsilon^{-1}y\big\rangle_{\mathrm{can}}$ und erhalten für $\tilde{x} := D_\varepsilon^{-1}x$

$$\mathrm{Re}\,\langle x, J_r(\mu)x\rangle = \mathrm{Re}\,\langle \tilde{x},\, (\mu \mathbb{1}_r + \varepsilon J_r(0))\tilde{x}\rangle_{\mathrm{can}} \le \Lambda'\,\langle \tilde{x},\, \tilde{x}\rangle_{\mathrm{can}} = \Lambda'\,\langle x,\, x\rangle\,,$$

woraus sich $\frac{1}{2}\frac{\mathrm{d}}{\mathrm{d}t}\|\exp(At)x\|^2|_{t=0} \le \Lambda'\|x\|^2$, das heißt (5.2.2) ergibt. □

**5.9 Satz (Konjugationsklassen)**
*Die linearen Flüsse zweier hyperbolischer Matrizen $A^{(1)}, A^{(2)} \in \mathrm{Mat}(n, \mathbb{R})$ sind genau dann konjugiert, wenn gilt:*

$$\mathrm{Ind}\big(A^{(1)}\big) = \mathrm{Ind}\big(A^{(2)}\big)\,.$$

**Beweis:**
Wir bezeichnen die linearen Flüsse mit $\Phi_t^{(i)}(x) := \exp(A^{(i)}t)x$ und deren stabile Unterräume mit $E^{(i)}$ $(i = 1,2)$. $\|\cdot\|^{(i)} : E^{(i)} \to [0,\infty)$ bezeichnen Normen, die die Ungleichung aus Lemma 5.8 für ein $\Lambda < 0$ erfüllen.

- Existiert ein konjugierender Homöomorphismus $h : \mathbb{R}^n \to \mathbb{R}^n$, dann gilt $h(0) = 0$ und auch $h\big(E^{(1)}\big) = E^{(2)}$, denn die Punkte $x \in E^{(i)}$ haben die definierende Eigenschaft $\{0\} = \omega(x)$, und es gilt nach Aufgabe 2.30 $h\big(\omega(x)\big) = \omega\big(h(x)\big)$. Es ist eine wichtige Eigenschaft von Homöomorphismen von Vektorräumen, die Dimension invariant zu lassen.[1] Damit ist bei Existenz einer Konjugation $h$
$$\mathrm{Ind}\big(A^{(1)}\big) = \dim\big(E^{(1)}\big) = \dim\big(h(E^{(1)})\big) = \dim\big(E^{(2)}\big) = \mathrm{Ind}\big(A^{(2)}\big)\,.$$

- Wir nehmen jetzt umgekehrt $\mathrm{Ind}\big(A^{(1)}\big) = \mathrm{Ind}\big(A^{(2)}\big)$ an und konstruieren einen konjugierenden Homöomorphismus $h$. Da beide Phasenräume $\mathbb{R}^n$ direkte Summen ihrer stabilen beziehungsweise instabilen Unterräume sind, schreiben wir bezüglich dieser Zerlegungen den Homöomorphismus in der Form $h = \big(h^{(s)}, h^{(u)}\big)$ mit $h^{(s)} : E^{(1)} \to E^{(2)}$, während $h^{(u)}$ die instabilen Unterräume aufeinander abbildet.

- Wir definieren $h^{(s)}$ und zeigen, dass die Abbildung ein Homöomorphismus ist.

  Zunächst ist $h^{(s)}(0) := 0$, denn die hier eindeutigen Ruhelagen werden auf einander abgebildet. Ist $x \in E^{(1)}\backslash\{0\}$, dann ist $\lim_{t\to+\infty} \Phi_t^{(1)}(x) = 0$ und $\lim_{t\to-\infty} \big\|\Phi_t^{(1)}(x)\big\|^{(1)} = \infty$. Nach Lemma 5.8 gibt es genau ein
$$T(x) \in \mathbb{R} \quad \text{mit} \quad \Phi_{T(x)}^{(1)}(x) \in S^{(1)} := \Big\{y \in E^{(1)} \;\Big|\; \|y\|^{(1)} = 1\Big\}\,,$$
  und $T : E^{(1)} \setminus \{0\} \to \mathbb{R}$ ist wegen des Satzes über implizite Funktionen und der Glattheit des Flusses glatt.

  Geometrisch ist $S^{(1)}$ die Sphäre vom Radius 1 in $E^{(1)}$. Ähnlich bezeichnet $S^{(2)} := \{z \in E^{(2)} \mid \|z\|^{(2)} = 1\}$ die Einheitssphäre in $E^{(2)}$.

  Da die beiden $\mathbb{R}$–Vektorräume $E^{(1)}$ und $E^{(2)}$ die gleiche Dimension besitzen, gibt es einen Isomorphismus $I : E^{(1)} \to E^{(2)}$, und entsprechend den Diffeomorphismus
$$\tilde{I} : S^{(1)} \to S^{(2)} \quad , \quad y \mapsto \frac{I(y)}{\|I(y)\|^{(2)}}\,.$$
  Wir setzen
$$h^{(s)}(x) := \Phi_{-T(x)}^{(2)} \circ \tilde{I} \circ \Phi_{T(x)}^{(1)}(x) \qquad \big(x \in E^{(1)}\backslash\{0\}\big).$$
  Als Verkettung glatter Abbildungen ist $h^{(s)}$ auf $E^{(1)}\backslash\{0\}$ glatt, und $h^{(s)}(x) \to 0$ für $x \to 0$. Analoge Aussagen gelten für die Umkehrabbildung von $h^{(s)}$. Damit ist $h^{(s)}$ ein Homöomorphismus.

---
[1] Das ist ein nicht triviale Aussage, die mit Techniken der algebraischen Topologie bewiesen wird.

$h^{(u)}$ definiert man analog, durch Übergang von den Systemmatrizen $A^{(i)}$ zu $-A^{(i)}$. Daher ist schließlich auch $h$ ein Homöomorphismus.

- $h$ konjugiert die Flüsse. Denn für $y := \Phi_s^{(1)}(x)$ und $x \in E^{(1)} \setminus \{0\}$ ist

$$\Phi^{(1)}_{T(x)-s}(y) = \Phi^{(1)}_{T(x)} \circ \Phi^{(1)}_{-s}(y) = \Phi^{(1)}_{T(x)}(x) \quad \text{, also } T(y) = T(x) - s.$$

Für alle $t \in \mathbb{R}$ und (zunächst nur) für $x \in E^{(1)}$ ist daher $\Phi_t^{(2)} \circ h(x)$ gleich

$$\Phi^{(2)}_{t-T(x)} \circ \tilde{I} \circ \Phi^{(1)}_{T(x)}(x) = \Phi^{(2)}_{t-T(x)} \circ \tilde{I} \circ \Phi^{(1)}_{T(x)-t} \circ \Phi^{(1)}_t(x) = h \circ \Phi^{(1)}_t(x).$$

Daraus folgt mit analoger Argumentation für den instabilen Unterraum die Konjugationseigenschaft für alle $x \in \mathbb{R}^n$. □

Es gilt also bezüglich Konjugation genau $n+1$ Äquivalenzklassen hyperbolischer Matrizen $A \in \mathrm{Mat}(n, \mathbb{R})$.

**5.10 Weiterführende Literatur**
Eine weitergehende Analyse, insbesondere eine Verallgemeinerung auf die lokale Theorie nichtlinearer Differentialgleichungen in der Nähe eines hyperbolischen singulären Punktes, findet sich in PALIS und DE MELO [PdM], sowie in AMANN [Am]. ◇

## 5.3 Lineare Flüsse in der Ebene

Nach dem in Beispiel 5.1 behandelten Fall der Phasenraumdimension $n = 1$ untersuchen wir jetzt den nächst einfachen Fall $n = 2$.

Wir betrachten also für $A = \begin{pmatrix} a_{11} & a_{12} \\ a_{21} & a_{22} \end{pmatrix} \in \mathrm{Mat}(2, \mathbb{R})$ den Fluss $\Phi^{(A)} : \mathbb{R} \times \mathbb{R}^2 \to \mathbb{R}^2$ der linearen DGL $\dot{x} = Ax$. Zueinander ähnliche Matrizen führen zu Flüssen, die sich nur durch eine Basistransformation unterscheiden. Die Größen

$$\mathrm{tr}(A) = a_{11} + a_{22}\ , \quad \det(A) = a_{11}a_{22} - a_{12}a_{21} \text{ und } D(A) := \mathrm{tr}(A)^2 - 4\det(A)$$

sind invariant unter Konjugationen $A \mapsto SAS^{-1}$, und die Eigenwerte $\lambda_{1/2} \in \mathbb{C}$ sind gleich

$$\lambda_{1/2} = \tfrac{1}{2}\left(\mathrm{tr}(A) \pm \sqrt{D}\right).$$

Nur wenn die Diskriminante $D = 0$ ist, kann also die komplexe Jordan–Normalform von $A$ aus einem Jordan–Block der Größe 2 bestehen, und nur in diesem Fall eines doppelten Eigenwerts ist die Konjugations-Klasse von $A$ nicht schon durch $\mathrm{tr}(A)$ und $\det(A)$ festgelegt.

Nicht hyperbolisch ist die Matrix $A$ genau dann, wenn mindestens einer der Eigenwerte verschwindenden Realteil hat. Dies ist genau dann der Fall, wenn

1. $\det(A) = 0$, also sogar ein Eigenwert $0$ ist oder

2. $\det(A) > 0$, aber $\mathrm{tr}(A) = 0$ gilt, also die Eigenwerte rein imaginär sind.

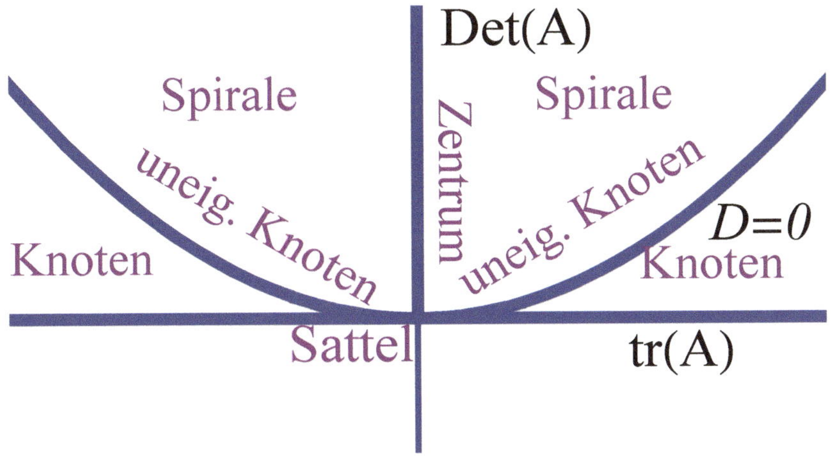


Abbildung 5.3.1: Verzweigungsdiagramm für Matrizen $A \in \mathrm{Mat}(2,\mathbb{R})$, mit Diskriminante $D \equiv D(A) = \mathrm{tr}(A)^2 - 4\det(A)$. $\mathrm{tr}(A) < 0$: Senke; $\mathrm{tr}(A) = 0$: Volumenerhaltender Fluss; $\mathrm{tr}(A) > 0$: Quelle

In der $(\mathrm{tr}, \det) \in \mathbb{R}^2$–Ebene bilden diese Bedingungen die Abszisse bzw. die positive Ordinate und trennen damit drei Gebiete[2] ab, siehe Abbildung 5.3.1.

- $\mathrm{Ind}(A) = 0$ gilt für den Quadranten mit $\det(A) > 0 < \mathrm{tr}(A)$.
- $\mathrm{Ind}(A) = 1$ gilt für $\det(A) < 0$. Hier sind beide Eigenwerte reell.
- $\mathrm{Ind}(A) = 2$ entspricht dem Quadranten mit $\det(A) > 0$ und $\mathrm{tr}(A) < 0$.

Wie im letzten Abschnitt bewiesen, sind die Flüsse innerhalb jedes dieser drei Gebiete untereinander konjugiert, aber Flüsse für Matrizen mit verschiedenen Indices sind nicht konjugiert.

Der Fall $\mathrm{Ind}(A) = 1$ ist, entsprechend dem Vorzeichen von $\mathrm{tr}(A)$, noch weiter unterteilbar. In der Situation $\mathrm{tr}(A) = 0$ zweier Eigenwerte $\lambda_1 = -\lambda_2 \in \mathbb{R}$ wird das Phasenraumvolumen durch den Fluss erhalten, während es für $\mathrm{tr}(A) < 0$ gemäß Lemma 4.12 im Limes großer Zeiten mit exponentieller Rate gegen Null geht. Der Fall $\mathrm{tr}(A) > 0$ ist in Abbildung 5.3.2 dargestellt.

Die durch die Gleichung $D = 0$ definierte Parabel trennt die Konjugations-Klassen $\mathrm{Ind}(A) = 0$ und $\mathrm{Ind}(A) = 2$ noch weiter auf. Für $D > 0$, also reelle Eigenwerte, erhalten wir sogenannte *Knoten* als Phasenraumportraits, siehe Abbildung 5.3.3. Diese werden *stabil* genannt, wenn $\dim(E^s) = 2$, also $\mathrm{Ind}(A) = 2$ ist und *instabil* für $\mathrm{Ind}(A) = 0$.

[2]Unter einem **Gebiet** wird eine offene, nichtleere und zusammenhängende Teilmenge eines topologischen Raumes verstanden.

Für $D = 0$ kann die Jordan–Normalform von $A$ ein nichttrivialer Jordan–Block sein. Ein entsprechendes Phasenportrait, *uneigentlicher Knoten* genannt, findet sich ebenfalls in Abbildung 5.3.3.

Ist zusätzlich $\mathrm{tr}(A) = 0$, sind also beide Eigenwerte gleich Null, erhält man einen eindimensionalen Eigenraum von Gleichgewichtslagen, wie in Abbildung 5.3.4 (links). Der Fall $\mathrm{tr}(A) = 0$, $\det(A) > 0$ führt zu imaginären Eigenwerten und periodischen Orbits (Abbildung 5.3.4 rechts), auch *Zentren* genannt.

Endlich ist für $D < 0$ und $\mathrm{tr}(A) < 0$ die Bewegung spiralförmig und stabil (Abb. 5.3.5), während $D < 0$ und $\mathrm{tr}(A) > 0$ zu sog. *instabilen Spiralen* führt.

Der reibungsfreie (hamiltonsche) Fall der Klassischen Mechanik entspricht einer Matrix $A \in \mathrm{Mat}(2,\mathbb{R})$ mit $\mathrm{tr}(A) = 0$. Wir befinden uns also auf der Ordinate des Verzweigungsdiagramms 5.3.1.

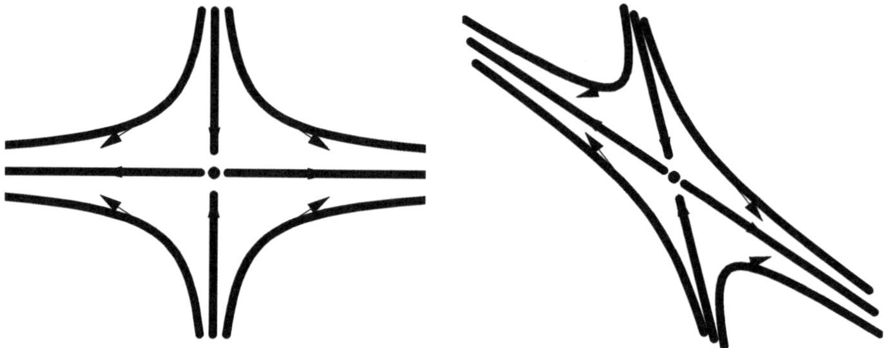

Abbildung 5.3.2: Phasenportrait von Satteln der Differentialgleichung $\dot{x} = Ax$. Links: Systemmatrix $A = \binom{3\ \ 0}{0\ -2}$; Rechts: zu $A$ ähnliche Matrix.

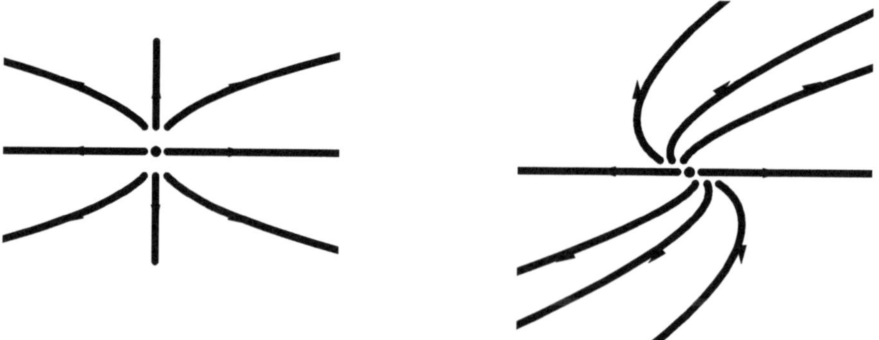

Abbildung 5.3.3: Phasenportraits von Knoten der DGL $\dot{x} = Ax$. Links: instabiler Knoten, für $A = \binom{1\ \ 0}{0\ 1/2}$; Rechts: instabiler uneigentlicher Knoten, für $A = \binom{1\,1}{0\,1}$

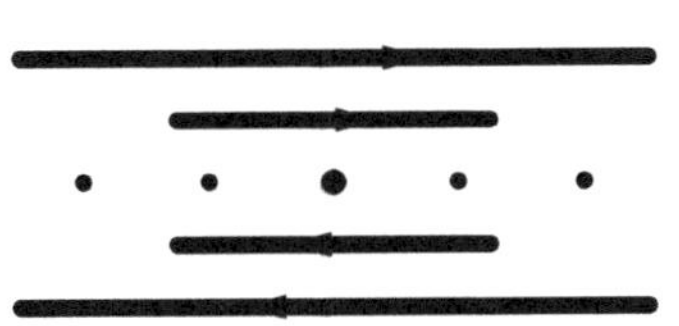
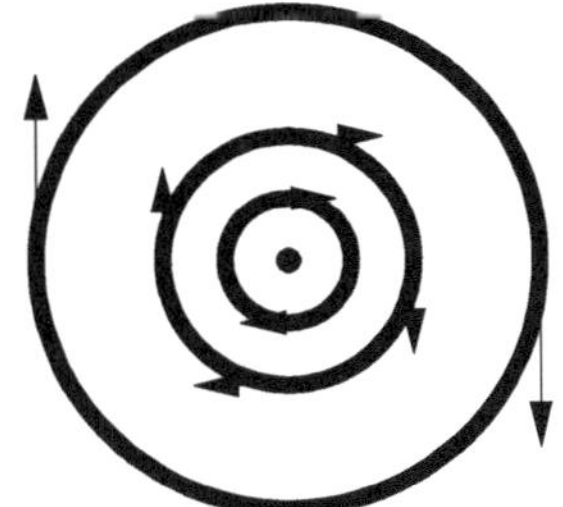

Abbildung 5.3.4: Phasenportraits von $\dot{x} = Ax$. Fall rein imaginärer Eigenwerte. Links: Nilpotente Matrix $A = \begin{pmatrix} 0 & 1 \\ 0 & 0 \end{pmatrix}$; Rechts: Zentrum, für antisymmetrische Matrix $A = \begin{pmatrix} 0 & 1 \\ -1 & 0 \end{pmatrix}$

Abbildung 5.3.5: Phasenportraits von stabilen Spiralen der Differentialgleichung $\dot{x} = Ax$. Links: $A = \begin{pmatrix} -1/5 & -1 \\ 1 & -1/5 \end{pmatrix}$; rechts: eine nicht zu $A$ ähnliche Matrix

**5.11 Beispiel (hamiltonsche lineare Differentialgleichungen)** Wir betrachten einen Massenpunkt der Masse 1 am Ort $q \in \mathbb{R}$, der durch eine Kraft $F(q) := a\,q$ beschleunigt wird, mit Parameter $a \in \mathbb{R}$. Physikalisch kann man etwa an einen Gegenstand denken, der unter dem Einfluss der Schwerkraft reibungsfrei nahe der Minimalstelle auf einer parabolisch geformten Unterlage gleitet (in Übung 8.21 wird die wahre Form der Unterlage abgeleitet). Nach Newton gilt also die DGL zweiter Ordnung $\ddot{q} = a\,q$. Durch Einführung der Geschwindigkeit $p = \dot{q}$ ergibt sich das lineare Differentialgleichungssystem erster Ordnung

$$\dot{q} = p \quad , \quad \dot{p} = a\,q$$

oder $\dot{x} = A\,x$ mit $x = \binom{q}{p}$ und $A := \begin{pmatrix} 0 & 1 \\ a & 0 \end{pmatrix}$. ◇

**5.12 Aufgabe (Hookesches Kraftgesetz)** Zeigen Sie, dass mit $A = \begin{pmatrix} 0 & 1 \\ a & 0 \end{pmatrix}$ für den linearen Fluss $\big(q(t), p(t)\big) = \Phi_t\big((q_0, p_0)\big) = \exp(A\,t)\binom{q_0}{p_0}$ gilt:

(a) Für $a > 0$ (siehe Abbildung 5.3.6) ist mit $\omega := \sqrt{a}$

$$\big(q(t), p(t)\big) = \Big(q_0 \cosh(\omega t) + \frac{p_0}{\omega} \sinh(\omega t) \;,\; \omega q_0 \sinh(\omega t) + p_0 \cosh(\omega t)\Big)\,.$$

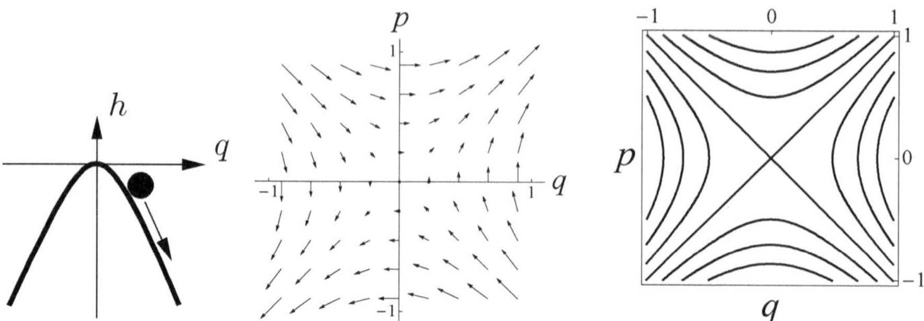


Abbildung 5.3.6: Abstoßende Kraft ($a = 1$): Vektorfeld $\dot{q} = p$, $\dot{p} = q$ und Phasenportrait

(b) Für $a = 0$ (siehe Abbildung 5.3.7) ist

$$\big(q(t), p(t)\big) = (q_0 + p_0 t, p_0)\,.$$

(c) Für $a < 0$, (siehe Abbildung 5.3.8) ist mit $\omega := \sqrt{-a}$

$$\big(q(t), p(t)\big) = \Big(q_0 \cos(\omega t) + \frac{p_0}{\omega} \sin(\omega t)\ ,\ -\omega q_0 \sin(\omega t) + p_0 \cos(\omega t)\Big)\,. \quad \diamond$$

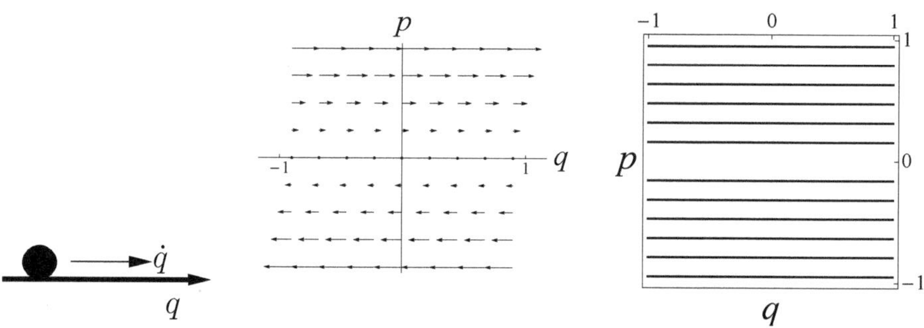


Abbildung 5.3.7: Freie Bewegung ($a = 0$): Vektorfeld $\dot{q} = p$, $\dot{p} = 0$ und Phasenportrait

Wir bemerken, dass in allen drei Fällen $\det(\exp(At)) = 1 \quad (t \in \mathbb{R})$ ist. Das folgt aus Satz 4.12. Eine anschauliche Interpretation dieser Tatsache ist die Feststellung, dass der Fluss in $\mathbb{R}^2$ flächenerhaltend ist.

## 5.4 Beispiel: Feder mit Reibung

Als Anwendungsbeispiel der Theorie linearer Differentialgleichungen diskutieren wir den Fall eines an einer Feder aufgehängten Gewichts der Masse $m > 0$, das sich im Ruhezustand in der Höhe $x = 0$ befinde.

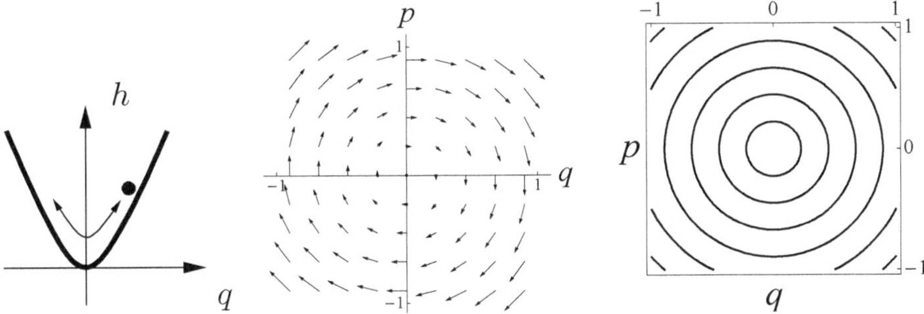


Abbildung 5.3.8: Anziehende Kraft ($a = -1$): Vektorfeld $\dot{q} = p$, $\dot{p} = -q$ und Phasenportrait

Die Kraft $F(x, \dot{x})$, die auf die Masse wirkt, ist in der einfachsten Näherung eine lineare Funktion der Auslenkung $x \in \mathbb{R}$ und der Geschwindigkeit $\dot{x} \in \mathbb{R}$, also $F(x, \dot{x}) = -Dx - R\dot{x}$. Die erste Proportionalitätskonstante $D > 0$ nennt man Federkonstante. Sie ist ein Maß für die Steifheit der Feder.

Die zweite Konstante $R \geq 0$ beschreibt die Reibung des Massenkörpers an der umgebenden Luft und die innere Reibung des Federmaterials[3].

### Autonomer Fall

Es gilt also nach Newton $m\frac{\mathrm{d}^2}{\mathrm{d}t^2}x(t) = -Dx(t) - R\frac{\mathrm{d}}{\mathrm{d}t}x(t)$. Setzt man als neuen Zeitparameter $s = \sqrt{\frac{m}{D}}t$ an, und kürzt $\frac{\mathrm{d}}{\mathrm{d}s}x(t(s))$ mit $\dot{x}$ ab, so ergibt sich

$$\ddot{x} = -x - k\dot{x} \quad , \text{mit} \quad k := \frac{R}{\sqrt{mD}} \geq 0\,. \tag{5.4.1}$$

Derartige Umskalierungen werden häufig benutzt, um eine Differentialgleichung auf eine möglichst einfache Form zu bringen.

Mit der Geschwindigkeit $v := \dot{x}$ ergibt sich das lineare System erster Ordnung

$$\begin{pmatrix} \dot{x} \\ \dot{v} \end{pmatrix} = A \begin{pmatrix} x \\ v \end{pmatrix} \quad \text{mit} \quad A := \begin{pmatrix} 0 & 1 \\ -1 & -k \end{pmatrix}\,.$$

Die Eigenwerte von $A$ ergeben sich als die Nullstellen $\lambda_{1/2} = -\frac{k}{2} \pm \imath\sqrt{1 - \frac{k^2}{4}}$ des charakteristischen Polynoms $\det(\lambda\mathbb{1} - A) = \lambda^2 + k\lambda + 1$.

Es gilt $\det(A) = 1$ und $\mathrm{tr}(A) = -k$, wir bewegen uns also im Diagramm 5.3.1 auf einer horizontalen Geraden. Je nach Größe des Reibungsterms müssen also drei Fälle unterschieden werden:

1. **Schwingfall:**, Kleine Reibung, $0 \leq k < 2$, (siehe auch Aufgabe 5.12).

[3] Im Gegensatz zu dieser geschwindigkeitsproportionalen, nach *Stokes* benannten Reibung wird die Reibung in einer turbulenten Strömung empirisch durch die zum Quadrat der Geschwindigkeit proportionale *Reibung* beschrieben.

Die allgemeine Lösung hat hier mit $\omega := \mathrm{Im}(\lambda_1) = \sqrt{1 - \frac{k^2}{4}}$ die Form

$$x(t) = e^{-kt/2}\big(a\cos(\omega t) + b\sin(\omega t)\big)$$

wobei die Koeffizienten $a$ und $b$ aus den Anfangswerten $x(0), \dot{x}(0)$ zu bestimmen sind.

Für den reibungsfreien Fall $k = 0$ liegt ein Zentrum vor, sonst eine Spirale.
Die Schwingungsfrequenz $\omega(k)$ ist gegenüber $\omega(0) = 1$ verkleinert, aber es gilt noch $\omega(k) > 0$. Die an der Feder aufgehängte Masse pendelt sich allmählich in ihre Ruhelage $(x, \dot{x}) = (0, 0)$ ein.

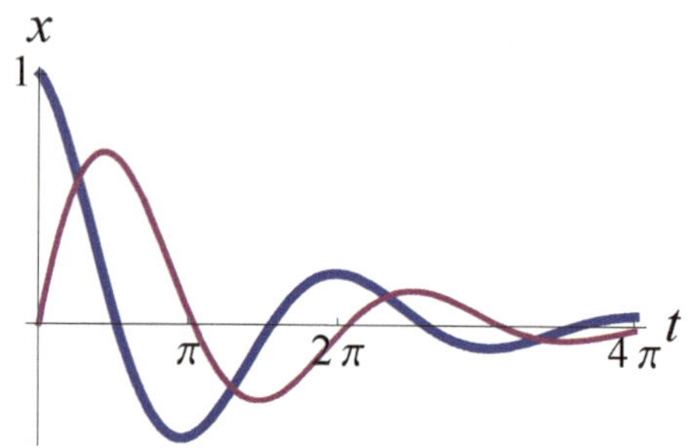

Zwei Lösungen für den Schwingfall ($k = 1/2$)

2. **Aperiodischer Grenzfall:** $k = 2$.
   Es ist $A = \begin{pmatrix} 0 & 1 \\ -1 & -2 \end{pmatrix}$, und die Matrix $V := \begin{pmatrix} 1 & 1 \\ -1 & 1 \end{pmatrix}$ mit $V^{-1} = \frac{1}{2}\begin{pmatrix} 1 & -1 \\ 1 & 1 \end{pmatrix}$, führt $A$ in obere Dreiecksform über:

   $$J := V^{-1}AV = \begin{pmatrix} -1 & 2 \\ 0 & -1 \end{pmatrix}.$$

   Damit ist $e^{Jt} = e^{-t}\begin{pmatrix} 1 & 2t \\ 0 & 1 \end{pmatrix}$ und

   $$\exp(At) = Ve^{Jt}V^{-1} = e^{-t}\begin{pmatrix} 1+t & t \\ -1 & 1-t \end{pmatrix}.$$

   Beispielsweise ist bei verschwindender Anfangsgeschwindigkeit $v_0 = 0$

   $$x(t) = x_0(1+t)e^{-t}.$$

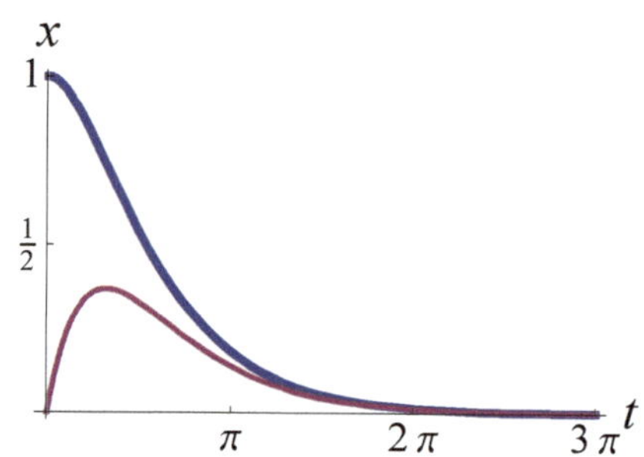

Zwei Lösungen für den Aperiodischen Grenzfall ($k = 2$)

   Es findet also keine Schwingung mehr statt. Wegen der Nichttrivialität des Jordan–Blockes ist die Bewegung zur Ruhelage hin gegenüber der Lösung $x(t) = x_0 e^{-t}$ verlangsamt.

3. **Kriechfall:** Große Reibung, $k > 2$.

   Hier hat $A$ die beiden reellen negativen Eigenwerte

   $$\lambda_{1/2} = -\frac{k \pm \sqrt{k^2 - 4}}{2} = -\frac{k}{2}\left(1 \pm \sqrt{1 - \frac{4}{k^2}}\right).$$

Für $k \to \infty$ ist also

$$\lambda_1 \sim -k^{-1} \quad , \quad \lambda_2 \sim -k\,.$$

Das Phasenportrait ist das eines Knotens. Physikalisch bedeutet dies, dass, außer für sehr spezielle Anfangswerte $(x_0, v_0)$ die einem Eigenvektor zum kleineren Eigenwert $\lambda_2$ entsprechen, die Annäherung an die Ruhelage sich bei Vergrößerung von $k$ verlangsamt:

$$x(t) = ae^{\lambda_1 t} + be^{\lambda_2 t}\,.$$

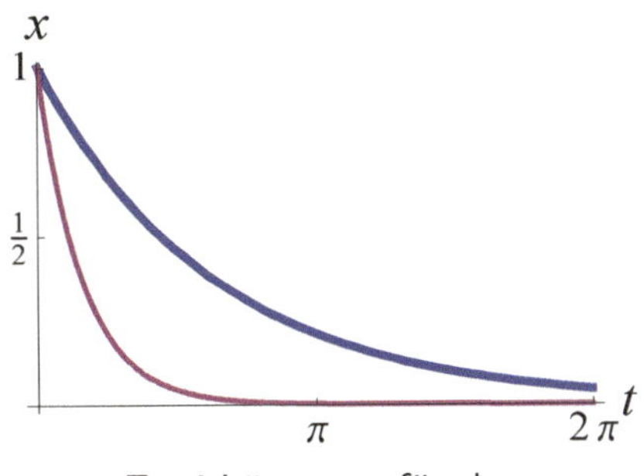

Zwei Lösungen für den Kriechfall ($k = 2.5$)

### Nicht autonomer Fall

Eine in der Praxis wichtige Erweiterung des eben besprochenen Beispiels besteht darin, dass auf den Massenpunkt zusätzlich eine äußere Kraft wirkt. Soll beispielsweise dauerhaft eine Schwingung aufrechterhalten werden, kann man den Aufhängungspunkt zeitperiodisch nach oben und unten bewegen. Die zu behandelnde Differentialgleichung hat dann die Normalform

$$\ddot{x} + k\dot{x} + x = f(t)$$

mit einer vorgegebenen äußeren Kraft $f$, etwa $f(t) = A\cos(\omega t)$. Es ist ja $\cos(\omega t) = \mathbf{Re}(e^{\imath\omega t})$. Es liegt also zur Verkürzung der Rechnung nahe, eine partikuläre Lösung $y : \mathbb{R} \to \mathbb{C}$ der komplexen Differentialgleichung

$$\ddot{y} + k\dot{y} + y = Ae^{\imath\omega t}$$

zu suchen, und danach $x(t) := \mathbf{Re}(y(t))$ zu setzen.

Physikalisch ist wegen der Reibung zu erwarten, dass der Massenpunkt nach einiger Zeit hauptsächlich eine harmonische Schwingung mit der Kreisfrequenz $\omega$ durchführt, die ihm von außen aufgeprägt wird. Setzen wir an: $y(t) := Be^{\imath\omega t}$, so ergibt sich $y^{(k)}(t) = (\imath\omega)^k y(t)$, also

$$(1 - \omega^2 + \imath k\omega)y(t) = Ae^{\imath\omega t}$$

oder, nach Auflösen nach $B$:

$$B = \frac{A}{1 - \omega^2 + \imath k\omega} = Ar(\omega)e^{-\imath\varphi(\omega)}$$

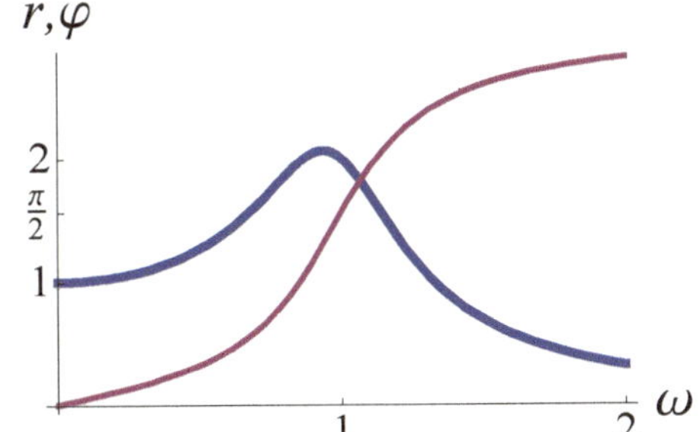

Amplitude und Phasendifferenz der Erzwungenen Schwingung ($k = \frac{1}{2}$)

mit *Amplitude* $r_k(\omega) := \frac{1}{\sqrt{(1-\omega^2)^2 + (k\omega)^2}}$ und *Phase* $\varphi_k(\omega) := \arctan\left(\frac{k\omega}{1-\omega^2}\right)$ der erzwungenen Schwingung (siehe Abbildung, ein sog. *Bode–Diagramm*).

Offensichtlich spielt $\omega = 1$ eine besondere Rolle; das ist nicht verwunderlich, denn die homogene Gleichung ohne Reibung hatte ja diese Frequenz ihrer Lösungen.

Wir interpretieren jetzt Amplitude und Phase der Lösung physikalisch:

- **Amplitude:** Für kleine anregende Frequenz $\omega$ schwingt die Masse etwa mit der Amplitude der Anregung, denn $r_k(0) = 1$.

  Ist $\omega$ nahe bei der auf 1 normierten Eigenfrequenz (also in unserer Normierung 1, bei verschwindender Dämpfung $k$), dann kommt es zur Resonanz. Die Schwingungsamplitude wird größer als die anregende Amplitude und zwar um so größer, je geringer die Dämpfung ist.[4]

  Das Maximum von $r_k(\omega)$ liegt an der Stelle mit $\omega$ gleich

$$\omega_{\max}(k) := \sqrt{1 - k^2/2}\,,$$

  also zwischen der Eigenfrequenz mit und ohne Reibung. Die Maximalamplitude ist für verschwindende Dämpfung $k \searrow 0$ asymptotisch zu

$$r_k\big(\omega_{\max}(k)\big) = \frac{1}{k\sqrt{1 - k^2/4}} \sim \frac{1}{k} \qquad \text{für } k \searrow 0\,.$$

- **Phase:** Die Phase $\varphi_k(\omega) = \operatorname{arccot}\left(\frac{1-\omega^2}{k\omega}\right)$, mit der die Schwingung der äußeren Kraft hinterherhinkt, hat folgende Eigenschaften.
  - Es ist $\lim_{\omega\searrow 0} \varphi_k(\omega) = 0$. Für $\omega \ll 1$ sind äußere Kraft und Schwingung also in Phase.
  - Wegen $\lim_{\omega\nearrow+\infty} \varphi_k(\omega) = \pi$ sind sie für $\omega \gg 1$ gegenphasig.
  - Für $\omega = 1$ sind sie um $\varphi_k(1) = \frac{\pi}{2}$ gegeneinander verschoben.

Wir erhalten also als allgemeine Lösung der Differentialgleichung

$$\ddot{x} + k\dot{x} + x = A\cos(\omega t)$$

$$x = x_H + x_I \quad \text{mit} \quad x_I(t) = r_k(\omega) A \cos\big(\omega t - \varphi(\omega)\big)\,,$$

und einer Lösung $x_H$ des homogenen Problems (5.4.1). Für $k = 0$ dagegen, gibt es die partikuläre Lösung

$$x_I(t) = \frac{A}{2} t \sin(t)\,,$$

also eine katastrophische Resonanz, die in mechanischen Anwendungen vermieden werden muss.

[4]Voraussetzung: Dämpfung $k < \sqrt{2}$.

# Kapitel 6

# Hamiltonsche Gleichungen und Symplektische Gruppe

Die symplektische Gruppe $\mathrm{Sp}(2,\mathbb{R}) = \mathrm{SL}(2,\mathbb{R})$, mit den Matrizen $\pm\mathbb{1}$ und der Hyperfläche der Matrizen mit degenerierten Eigenwerten $+1$ (rechte Hälfte) beziehungsweise $-1$ (linke Hälfte).



Der Energiebegriff ist vielleicht das wichtigste Konzept der Physik. Jedenfalls legt die Hamilton–Funktion (also die Gesamtenergie) eines Systems die Teilchendynamik fest. Das Vektorfeld der Differentialgleichung entsteht dabei durch Drehung aus dem Gradienten der Hamilton–Funktion. Im linearen Fall spielt sich die Dynamik in der symplektischen Gruppe ab.

## 6.1 Gradientenflüsse und hamiltonsche Systeme

In diesem Kapitel werden wir Differentialgleichungen mit Vektorfeldern behandeln, die jeweils durch Angabe einer einzigen Funktion fixiert sind: Gradienten– beziehungsweise hamiltonsche Differentialgleichungen. Diese werden einerseits häufig betrachtet, und letztere bilden die Basis der Klassischen Mechanik. Andererseits besitzen sie besondere dynamische Eigenschaften.

### 6.1.1 Gradienten–Differentialgleichungen

Wir betrachten die *Gradienten–Differentialgleichung* von $H \in C^2(M,\mathbb{R})$ auf dem in $\mathbb{R}^n$ offenen Phasenraum $M$:

$$\left\{\begin{array}{rcl} \dot{x}_1 & = & \frac{\partial H}{\partial x_1}(x_1,\ldots,x_n) \\ & \vdots & \\ \dot{x}_n & = & \frac{\partial H}{\partial x_n}(x_1,\ldots,x_n) \end{array}\right. \qquad \text{oder kurz}^{1} \quad \dot{x} = \nabla H(x) \tag{6.1.1}$$

Erfüllt $H$ geeignete Bedingungen, so definiert die obige Differentialgleichung ein differenzierbares dynamisches System $\Phi : \mathbb{R} \times M \to M$, den *Gradientenfluss.*

Wir stellen fest, dass $H$ entlang der Bahnkurven anwächst:

**6.1 Lemma** *Entweder ist ein Orbit einer Gradienten-Differentialgleichung (6.1.1) eine Ruhelage, oder $H$ steigt entlang der Lösungskurve streng monoton.*

**Beweis:** Es sei $t \mapsto \varphi(t)$ eine Lösungskurve, also $\frac{\mathrm{d}}{\mathrm{d}t}\varphi(t) = \nabla H\big(\varphi(t)\big)$. Dann gilt

$$\frac{\mathrm{d}}{\mathrm{d}t} H\big(\varphi(t)\big) = \big\langle \nabla H\big(\varphi(t)\big), \dot{\varphi}(t)\big\rangle = \|\nabla H\big(\varphi(t)\big)\|^2 \geq 0\,.$$

Ist der Gradient von $H$ an der Stelle $\varphi(t)$ Null, dann ist der Orbit eine Gleichgewichtslage. Sonst gilt (für den ganzen Orbit!) die strikte Ungleichung. □

Die Mengen

$$M_c := \{m \in M \mid H(m) \geq c\} \qquad (c \in \mathbb{R})$$

sind also vorwärtsinvariant ($\Phi_t(M_c) \subseteq M_c \quad (t \geq 0)$), das heißt die Trajektorien sind für positive Zeiten gewissermaßen in $M_c$ gefangen. Da, wie wir gesehen haben, $H$ entlang der Bahnkurven anwächst, gilt:

**Folgerung:** Außer Ruhelagen besitzt (6.1.1) keine periodischen Orbits.

---

[1]Hierbei ist $\nabla$ der Gradient bezüglich der kanonischen Metrik auf dem $\mathbb{R}^n$, siehe Seite 484.

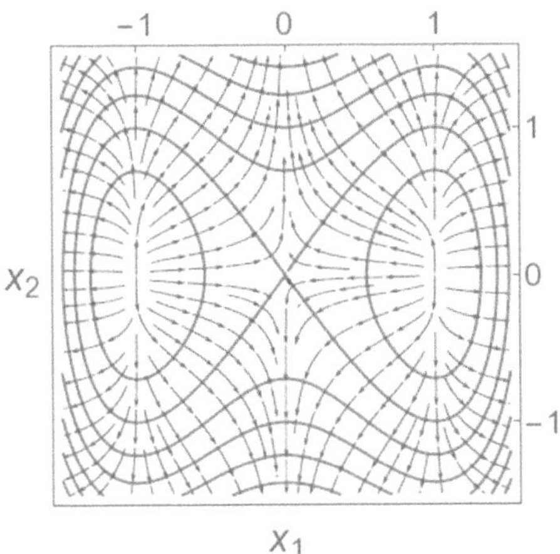


Abbildung 6.1.1: Gradientenvektorfeld $\nabla H(x)$ und Niveaulinien von $H(x) = x_2^2 + (x_1^2 - 1)^2$

**6.2 Beispiel** $H : \mathbb{R}^2 \to \mathbb{R}, H(x_1, x_2) := x_2^2 + (x_1^2 - 1)^2$.
Der Gradientenfluss existiert für *alle* negativen Zeiten, aber nur bis zu einer endlichen positiven Zeit. Er besitzt die Gleichgewichtslagen $(0,0)$, $(1,0)$ und $(-1,0)$, siehe Abbildung 6.1.1. ◇

### Kriterien, Eigenschaften und Beispiele

Wie stellt man nun fest, ob ein vorgegebenes Vektorfeld $f$ Gradienten-Vektorfeld ist? Hilfreich ist dafür die Theorie der Differentialformen (Anhang B). In kartesischen Koordinaten ist $\nabla H$ ja bis auf Transposition gleich der exakten Eins–Form $dH = \frac{\partial H}{\partial x_1} dx_1 + \cdots + \frac{\partial H}{\partial x_n} dx_n$. Die dem Vektorfeld $f = (f_1, \ldots, f_n)^\top$ assoziierte Eins–Form

$$\omega := f_1 dx_1 + \cdots + f_n dx_n$$

muss also *geschlossen* sein ($d\omega = 0$), wenn $f$ Gradienten-Vektorfeld sein soll. Diese Bedingung ist beispielsweise für konvexe Phasenräume auch hinreichend:

**6.3 Satz** *Ist $M \subseteq \mathbb{R}^n$ offen und einfach zusammenhängend (zum Beispiel konvex), dann ist das Vektorfeld $f \in C^1(M, \mathbb{R}^n)$ genau dann Gradienten-Vektorfeld, wenn $\omega$ geschlossen ist, das heißt, wenn gilt*

$$\frac{\partial f_i}{\partial x_k} = \frac{\partial f_k}{\partial x_i} \qquad (i, k \in \{1, \ldots, n\}). \tag{6.1.2}$$

**Beweis:** • Dass diese Bedingung notwendig ist, folgt aus $f_j = \frac{\partial H}{\partial x_j}$ und der Vertauschbarkeit der partiellen Ableitungen von $H \in C^2(M, \mathbb{R})$.
• Umgekehrt folgt die Aussage aus dem Poincaré-Lemma B.48. □

Die Forderung des einfachen Zusammenhangs von $M$ kann man nicht weglassen:

**6.4 Beispiel (rotationsfreies Vektorfeld)** Das Vektorfeld $f \in C^1(M, \mathbb{R}^2)$, $f(x) := \frac{1}{\|x\|^2}\binom{-x_2}{+x_1}$ auf dem Phasenraum $M := \mathbb{R}^2 \backslash \{0\}$ besitzt die partiellen Ableitungen $\frac{\partial f_1}{\partial x_2}(x) = \frac{x_2^2 - x_1^2}{\|x\|^4} = \frac{\partial f_2}{\partial x_1}(x)$, erfüllt also (6.1.2).
Das Vektorfeld $f$ ist senkrecht zur radialen Richtung, und $\|f(x)\| = \frac{1}{\|x\|}$. Daher ist das Wegintegral $H(x) := \int_0^1 \langle f(\gamma_x(t)), \gamma_x'(t) \rangle \, dt \quad (x \in M)$ nur vom durch $\gamma_x : [0,1] \to M$ überstrichenen Winkel abhängig. Auf der einfach zusammenhängenden geschlitzten Ebene

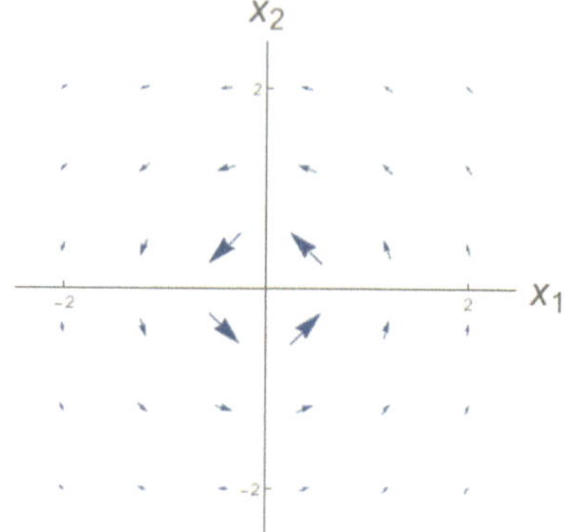


$$\tilde{M} := \mathbb{R}^2 \setminus \big(\{0\} \times [0, \infty)\big) \subset M$$

ist das Integral daher gleich dem Winkel zwischen Anfangs- und Endpunkt. $f\restriction_{\tilde{M}}$ ist also ein Gradienten-Vektorfeld.
Auf $M$ ist $H$ allerdings nicht stetig definierbar. $f$ selbst ist also kein Gradienten-Vektorfeld. $\diamond$

Die Orbits des Vektorfeldes im letzten Beispiel sind die Kreise um den Ursprung. Dergleichen kann bei Gradienten-Vektorfeldern nach Lemma 6.1 nicht geschehen.

### Lineare Gradienten-Vektorfelder

Welche *linearen* Vektorfelder sind Gradienten-Vektorfelder? Nach Satz 6.3 muss mit $f(x) = Ax$ für alle Indexpaare $(i,k)$ gelten: $\frac{\partial f_i}{\partial x_k} = \frac{\partial f_k}{\partial x_i}$ oder entsprechend $A_{i,k} = A_{k,i}$. Die linearen Gradienten-Vektorfelder zeichnen sich also dadurch aus, dass ihre Systemmatrix selbstadjungiert ist. $f$ ist dann Gradient der Funktion

$$H : \mathbb{R}^n \to \mathbb{R} \quad , \quad H(x) := \tfrac{1}{2}\langle x, Ax \rangle \ ,$$

also einer quadratischen Form auf dem Phasenraum $\mathbb{R}^n$.

Durch eine Drehung können wir erreichen, dass die Systemmatrix diagonal ist, also ohne Beschränkung der Allgemeinheit

$$A = \mathrm{diag}(\lambda_1, \ldots, \lambda_n) \quad \text{mit} \quad \lambda_i \in \mathbb{R}. \tag{6.1.3}$$

Damit ist $\exp(At) = \mathrm{diag}(e^{\lambda_1 t}, \ldots, e^{\lambda_n t})$.

Sind nun die $\lambda_i$ alle $\neq 0$, dann spaltet der Phasenraum in die direkte Summe $\mathbb{R}^n = E^s \oplus E^u$ zweier Unterräume auf, wobei $A$ die Aufspaltung invariant lässt, und $A\restriction_{E^s} < 0$, $A\restriction_{E^u} > 0$, also $\mathrm{Ind}(A) = \dim(E^s)$. Es gilt

$$E^s = \big\{x \in \mathbb{R}^n \mid \lim_{t\to\infty} \exp(At)\, x = 0\big\} \ , \ E^u = \big\{x \in \mathbb{R}^n \mid \lim_{t\to-\infty} \exp(At)\, x = 0\big\},$$

so dass $E^s$ bzw. $E^u$ der *stabile* bzw. *instabile Unterraum* aus Definition 5.2 ist.

**6.5 Beispiel (Lineare Gradientenflüsse in der Ebene)** Da die Diskriminante

$$D(A) = \mathrm{tr}(A)^2 - 4\det(A) \text{ einer symmetrischen Matrix } A \in \mathrm{Mat}(2,\mathbb{R})$$

nichtnegativ ist, sind die Systemmatrizen der Gradientenflüsse in Abbildung 5.3.1 auf Seite 85 unterhalb der Parabel $D = 0$ angesiedelt. Andererseits läßt sich jeder Punkt unterhalb dieser Parabel als Gradientensystem realisieren.

Nach Diagonalisierung (6.1.3) ist $A = \mathrm{diag}(\lambda_1, \lambda_2)$, also die Lösungen gleich $x(t) = \big(e^{\lambda_1 t}x_1(0), e^{\lambda_2 t}x_2(0)\big)$, siehe Abbildung 6.1.2. ◇

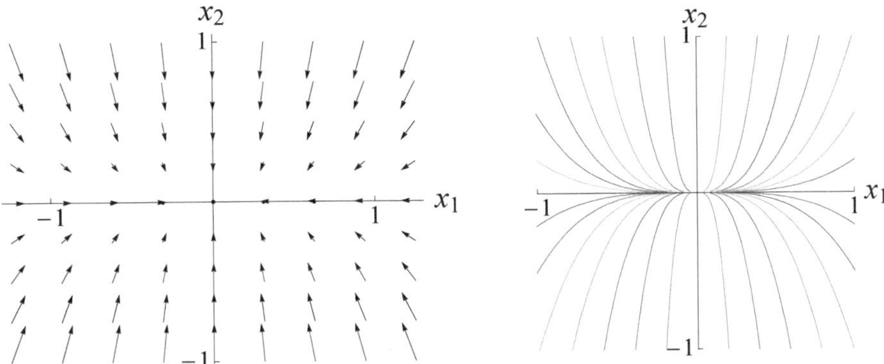


Abbildung 6.1.2: Links: Gradientenvektorfeld $\nabla H(x)$ mit $H(x) = -x_1^2 - 0.3x_2^2$. Rechts: Orbits

Gradientenvektorfelder auf riemannschen Mannigfaltigkeiten werden in Anhang G untersucht.

## 6.1.2 Hamiltonsche Systeme

Durch eine kleine, aber entscheidende Änderung des Differentialgleichungssystems kommen wir zum für die Mechanik zentralen Begriff der hamiltonschen Systeme:

**6.6 Definition** *Es sei $M \subseteq \mathbb{R}^{2n}$ offen und $H \in C^2(M,\mathbb{R})$. Das DGL-System*

$$\dot{p}_i = -\frac{\partial H}{\partial q_i}(p,q) \quad , \quad \dot{q}_i = \frac{\partial H}{\partial p_i}(p,q) \qquad (i = 1,\ldots,n)$$

*oder, in den Koordinaten $x \equiv (p_1,\ldots,p_n,q_1,\ldots,q_n) \equiv (p,q)$*

$$\dot{x} = X_H(x) \quad \textit{mit dem } \textbf{hamiltonschen Vektorfeld} \quad X_H := \mathbb{J}\nabla H$$

*und $\mathbb{J} := \left(\begin{smallmatrix} 0 & -\mathbb{1} \\ \mathbb{1} & 0 \end{smallmatrix}\right) \in \mathrm{Mat}(2n,\mathbb{R})$, heißt* **hamiltonsche Differentialgleichung**.

**6.7 Bemerkungen (Hamilton–Funktionen und hamiltonsche Vektorfelder)**

1. $H$ wird *Hamilton–Funktion* genannt, was auf den Zusammenhang mit der obigen Differentialgleichung hinweisen soll.

2. $H$ ist ein gebräuchliches Symbol für die Hamilton–Funktion, das auf Lagrange[2] zurückgeht. Wie schon aus dessen Lebensdaten[3] hervorgeht, konnte Lagrange bei $H$ nicht an Hamilton gedacht haben.

3. Satz 6.3 liefert uns (wegen des Zusammenhangs $\nabla H = -\mathbb{J}X_H$ mit dem Gradientenvektorfeld) ein Kriterium dafür, ob ein Vektorfeld $X : M \to \mathbb{R}^{2n}$ auf einem einfach zusammenhängenden Phasenraum $M$ hamiltonsch ist. $\diamond$

Wir nehmen im Folgenden einfachheitshalber an, dass das Vektorfeld $X_H$ vollständig im Sinn der Definition 3.21 ist, $H$ also ein dynamisches System definiert.[4]

**6.8 Satz** *$H$ ist entlang eines Orbits konstant.*

**Beweis:** Mit $y := \Phi(t, x) \in M$ ist

$$\frac{\mathrm{d}}{\mathrm{d}t}H\big(\Phi(t,x)\big) = \mathrm{D}H_y\left(\frac{\mathrm{d}}{\mathrm{d}t}\Phi(t,x)\right) = \mathrm{D}H_y\big(\mathbb{J}\,\nabla H(y)\big) = \langle \nabla H(y), \mathbb{J}\,\nabla H(y)\rangle \ .$$

Es gilt aber für $v := \nabla H(y) \in \mathbb{R}^{2n}$:

$$\langle v, \mathbb{J}v\rangle = \left\langle \mathbb{J}^\top v, v\right\rangle = -\langle \mathbb{J}v, v\rangle = -\langle v, \mathbb{J}v\rangle = 0\,. \qquad \square$$

Satz 6.8 erlaubt uns, das dynamische System auf die (oft *Energieschalen* genannten) Niveaumengen $H^{-1}(E)$ $(E \in \mathbb{R})$ zu restringieren. Nach dem Satz über die implizite Funktion sind dies für reguläre Werte $E$ von $H$ Untermannigfaltigkeiten von $M$.

Dies ermöglicht es für den Fall $n = 1$, also $M \subseteq \mathbb{R}^2$, für eine gegebene Funktion $H$ die Orbits, allerdings ohne Zeitparametrisierung, aufzufinden:

- Ist $\nabla H(x) = 0$, so ist der Orbit von der Form $\mathcal{O}(x) = \{x\}$.
- Ist dagegen $\nabla H(x) \neq 0$, dann ist der Orbit $\mathcal{O}(x)$ die Zusammenhangskomponente von $\Sigma := \{y \in M \mid H(y) = H(x), \nabla H(y) \neq 0\}$, zu der $x$ gehört. Die Orientierung erhalten wir durch die Richtung, die durch Drehung des Gradienten im Uhrzeigersinn um $\pi/2$ entsteht ($\mathbb{J}$ entspricht einer solchen Drehung).

---

[2] *Joseph Lagrange* (1736–1813), französischer Mathematiker und mathematischer Physiker.

[3] *William Hamilton* (1805–1865), irischer Mathematiker, Physiker und Astronom.

[4] Wenn man ein Vektorfeld mit einer geeigneten glatten positiven Funktion multipliziert, kann man erreichen, dass sein Fluss vollständig wird, ohne die Orbits zu verändern. Die Eigenschaft des Vektorfelds, Hamiltonsch zu sein, bleibt dabei allerdings im Allgemeinen nicht erhalten.

**6.9 Beispiel** Für die Hamilton–Funktion $H : \mathbb{R}^2 \to \mathbb{R}$, $H(p,q) := p^2 + (q^2-1)^2$, siehe die nebenstehende Abbildung und Abb. 6.1.1, besteht $H^{-1}(E)$ aus einem, drei oder zwei Orbits, für $E > 1$, $E = 1$ bzw. $0 \leq E < 1$. ◇

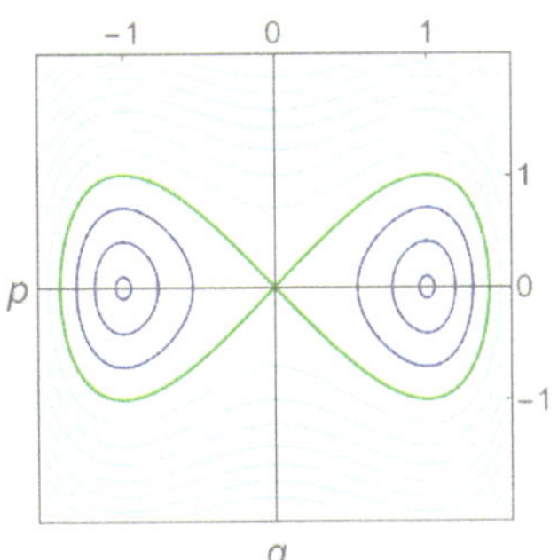

Niveaulinien von $H$

**Zusammenfassung der Begriffe:** Für den Phasenraum $M \subseteq \mathbb{R}^{2n} = \mathbb{R}^n_p \times \mathbb{R}^n_q$ nennen wir

- $n$ *Zahl der Freiheitsgrade*,
- $q \in \mathbb{R}^n_q$ *Ort* und $p \in \mathbb{R}^n_p$ *Impuls*,
- $\dot{q} = \frac{\partial H}{\partial p}$ *Geschwindigkeit* und $\ddot{q}$ *Beschleunigung*,
- $H : M \to \mathbb{R}$ *Hamilton–Funktion* oder *Gesamtenergie*.
- Besitzt der Phasenraum die Form $M = \mathbb{R}^n_p \times N$ mit $N \subseteq \mathbb{R}^n_q$, so heißt $N$ *Konfigurationsraum*.

# 6.2 Die symplektische Gruppe

## 6.2.1 Lineare hamiltonsche Systeme

Damit die hamiltonschen DGLn linear werden, muss die Hamilton–Funktion von der Form

$$H : \mathbb{R}^{2n} \to \mathbb{R} \quad , \quad H(x) = H(0) + \tfrac{1}{2}\langle x, Ax\rangle$$

sein mit $A \in \mathrm{Mat}(2n,\mathbb{R})$ und, ohne Einschränkung der Allgemeinheit, $A = A^\top$.

- Es ergibt sich $\nabla H(x) = Ax$ und $\dot{x} = ux$ mit der Systemmatrix $u := \mathbb{J}A \in \mathrm{Mat}(2n,\mathbb{R})$.
- Die Differentialgleichungen bleiben invariant, wenn wir zu $H$ eine Konstante dazuaddieren. Das entspricht physikalisch der Tatsache, dass nicht absolute Energiewerte, sondern nur Energiedifferenzen messbar sind. Wir setzen der Einfachheit halber $H(0) := 0$.
- Die Systemmatrix $u$ erfüllt die Identität

$$u^\top \mathbb{J} + \mathbb{J}u = A^\top \mathbb{J}^\top \mathbb{J} + \mathbb{J}^2 A = A - A = 0\,.$$

Das führt uns zu folgender Definition[5]:

[5] Im Buch [Art] von E. Artin wird die symplektische Algebra über allgemeinen Körpern statt dem Körper $\mathbb{R}$ der reellen Zahlen untersucht.

**6.10 Definition (Symplektische Algebra)** *Eine Matrix $u \in \mathrm{Mat}(2n, \mathbb{R})$ und der entsprechende Endomorphismus des $\mathbb{R}^{2n}$ heißen* **infinitesimal symplektisch**, *wenn*

$$u^\top \mathbb{J} + \mathbb{J}u = 0\,. \tag{6.2.1}$$

*Da die Bedingung an $u$ linear ist, bilden die infinitesimal symplektischen Endomorphismen einen Unterraum, $\mathfrak{sp}(2n) \subset \mathrm{Lin}(\mathbb{R}^{2n})$.*

**6.11 Satz** $\mathrm{tr}(u) = 0$ *für $u \in \mathfrak{sp}(2n)$.*

**Beweis:** $\mathrm{tr}\ (u) = -\mathrm{tr}\ (u\mathbb{J}^2) = -\mathrm{tr}(\mathbb{J}u\mathbb{J}) = -\mathrm{tr}\ (u^\top) = -\mathrm{tr}\ (u)$. □

**Folgerung:** (Lineare) hamiltonsche Systeme sind volumenerhaltend.

**Beweis:** Nach Satz 4.12 ist $\det\big(\exp(ut)\big) = \exp\big(\mathrm{tr}(u)t\big) = 1$. □

Der Fluss eines linearen hamiltonschen Systems hat nicht nur die Eigenschaft, volumenerhaltend zu sein. Es gilt auch

$$\big(\exp(ut)\big)^\top \mathbb{J} \exp(ut) = \mathbb{J} \qquad (t \in \mathbb{R}), \tag{6.2.2}$$

denn $\big(\exp(ut)\big)^\top = \exp(u^\top t)$, also wegen (6.2.1)

$$\big(\exp(ut)\big)^\top \mathbb{J} = \mathbb{J} \exp(-ut) = \mathbb{J}\big(\exp(ut)\big)^{-1}.$$

Gleichung (6.2.2) besagt, dass ein linearer hamiltonscher Fluss die antisymmetrische Bilinearform

$$\boxed{\omega_0 : \mathbb{R}^{2n} \times \mathbb{R}^{2n} \to \mathbb{R} \quad , \quad \omega_0(u,v) := \langle u, \mathbb{J}v\rangle}$$

invariant lässt, das heißt $\omega_0\big(\Phi_t(u), \Phi_t(v)\big) = \omega_0(u,v)$, ähnlich wie eine orthogonale Transformation das kanonische Skalarprodukt des $\mathbb{R}^n$ invariant lässt. Den mechanischen Bewegungen entspricht damit eine besondere Art von Geometrie, die wir im nächsten Kapitel eingehender untersuchen.

### 6.2.2 Symplektische Geometrie

Die den mechanischen Bewegungen zugrundeliegende symplektische Geometrie besitzt gewisse Ähnlichkeiten mit der riemannschen Geometrie. Diese werden wir im Folgenden herausarbeiten.

**6.12 Definition (Bilinearformen)** *Sei $E$ ein $\mathbb{R}$–Vektorraum endlicher Dimension $n$ und $\omega : E \times E \to \mathbb{R}$ eine Bilinearform.*

- *Die* **Transponierte** *$\omega^\top$ von $\omega$ ist durch $\omega^\top(e_1, e_2) := \omega(e_2, e_1)$ gegeben.*
- *$\omega$ heißt* **symmetrisch**, *wenn $\omega^\top = \omega$,* **antisymmetrisch**, *wenn $\omega^\top = -\omega$.*
- *Durch $\omega$ wird die lineare Abbildung $\omega^\flat : E \to E^*$, $\omega^\flat(e_1) \cdot e_2 := \omega(e_1, e_2)$ in den Dualraum $E^*$ von $E$ induziert.*

- *$\omega$ heißt* **nicht degeneriert**, *wenn $\omega^\flat(e) = 0$ nur für $e = 0$ gilt.*

- *Bezüglich einer Basis $(b_1, \ldots, b_n)$ von $E$ ist die* **darstellende Matrix** $\mathbb{J} \in \mathrm{Mat}(n, \mathbb{R})$ **von** $\omega$ *durch $(\mathbb{J})_{ik} := \omega(b_i, b_k)$, $(i, k = 1, \ldots, n)$ gegeben.*

- *Der* **Rang** *von $\omega$ ist der (basisunabhängige) Rang der darstellenden Matrizen von $\omega$.*

- *Ist $\rho$ eine Bilinearform auf $F$ und $f \in \mathrm{Lin}(E, F)$, dann heißt die Bilinearform*

$$f^*\rho : E \times E \to \mathbb{R} \quad , \quad f^*\rho(e_1, e_2) := \rho\big(f(e_1), f(e_2)\big)$$

*der* **pull-back von** $\rho$ **mit** $f$.

**6.13 Satz (Normalformen)**
*Sei $\omega$ Bilinearform auf einem $n$–dimensionalen $\mathbb{R}$–Vektorraum $E$.*

1. **(Trägheitssatz von Sylvester)** *Ist $\omega$ symmetrisch mit Rang $r$, dann besitzt bezüglich einer geeigneten Basis die darstellende Matrix von $\omega$ die Form, mit $\eta_i \in \{-1, +1\}$:*

$$J = \mathrm{diag}\big(\eta_1, \ldots, \eta_r, 0 \ldots, 0\big) = \begin{pmatrix} \eta_1 & & & & \\ & \ddots & & & \\ & & \eta_r & & \\ & & & 0 & \\ & & & & \ddots \\ & & & & & 0 \end{pmatrix} \in \mathrm{Mat}(n, \mathbb{R})\,.$$

2. **(Satz von Darboux — lineare Version)** *Ist $\omega$ antisymmetrisch mit Rang $r$, so ist $r = 2m$, $m \in \mathbb{N}_0$ und bezüglich einer geeigneten Basis besitzt die darstellende Matrix von $\omega$ die Form (mit Einheitsmatrix $\mathbb{1} \in \mathrm{Mat}(m, \mathbb{R})$)*

$$\mathbb{J} = \begin{pmatrix} 0 & -\mathbb{1} & 0 \\ \mathbb{1} & 0 & 0 \\ 0 & 0 & 0 \end{pmatrix} \in \mathrm{Mat}(n, \mathbb{R})\,.$$

**Beweis:** Diese Aussagen werden oft in der Vorlesung *Lineare Algebra* bewiesen.

1. Es gilt die *Polarisationsidentität* $\omega(e, f) = \frac{1}{4}\big(\omega(e+f, e+f) - \omega(e-f, e-f)\big)$.

   Ist also $\omega \neq 0$, dann existiert ein Vektor $\hat{e}_1$ mit $c_1 := \omega(\hat{e}_1, \hat{e}_1) \neq 0$. Setze $e_1 := \hat{e}_1/\sqrt{|c_1|}$ und $\eta_1 := \omega(e_1, e_1)$.

   Wir betrachten den von $e_1$ aufgespannten eindimensionalen Unterraum $E_1 \subset E$ und $E_2 := \{e \in E \mid \omega(e, e_1) = 0\}$. Es gilt $E_1 \cap E_2 = \{0\}$ und $E_1 + E_2 = E$, denn für $z \in E$ gilt

$$z - \eta_1 \omega(z, e_1) e_1 \in E_2\,.$$

   Wir betrachten die Einschränkung von $\omega$ auf $E_2$ und fahren induktiv fort.

2. Für $\omega \neq 0$ existieren $\hat{e}_1, \hat{e}_{m+1} \in E$ mit $c_1 := \omega(\hat{e}_{m+1}, \hat{e}_1) \neq 0$. Setze $e_1 := \hat{e}_1 / c_1$ und $e_{m+1} := \hat{e}_{m+1}$. Es ist

$$\omega(e_1, e_1) = \omega(e_{m+1}, e_{m+1}) = 0 \quad \text{und} \quad \omega(e_{m+1}, e_1) = -\omega(e_1, e_{m+1}) = 1\,.$$

Sei $P_1 := \mathrm{span}(e_1, e_{m+1}) \subset E$ und

$$E_2 := \big\{ e \in E \mid \omega(e, f) = 0 \text{ für alle } f \in P_1 \big\}\,.$$

Es gilt $E_2 \cap P_1 = \{0\}$ und $E_2 + P_1 = E$, denn für $z \in E$ gilt

$$z + \omega(e_1, z) e_{m+1} - \omega(e_{m+1}, z) e_1 \in E_2\,.$$

Wir behandeln induktiv die Einschränkung von $\omega$ auf $E_2$ etc. □

**6.14 Definition**

- *Eine* **symplektische Form** *auf einem endlich–dimensionalen* $\mathbb{R}$*–Vektorraum* $E$ *ist eine nicht degenerierte antisymmetrische Bilinearform*

$$\omega : E \times E \to \mathbb{R}\,.$$

- $(E, \omega)$ *heißt dann* **symplektischer Vektorraum**.

- *Sind* $(E, \omega)$ *und* $(F, \rho)$ *symplektisch, so heißt eine lineare Abbildung* $f : E \to F$ **symplektisch**, *wenn für den* pull-back *gilt:* $f^* \rho = \omega$.

**6.15 Bemerkungen**

1. Auf dem arithmetischen $\mathbb{R}$–Vektorraum $E := \mathbb{R}^n_p \times \mathbb{R}^n_q$ ist die symplektische Normalform $\omega_0$ gleich

$$\omega_0\big((p,q),(p',q')\big) := \sum_{j=1}^{n} \left(q_j p'_j - p_j q'_j\right) \qquad \big((p,q),(p',q') \in E\big). \tag{6.2.3}$$

Auf $E$ entspricht die Multiplikation mit der Matrix $\mathbb{J} = \left(\begin{smallmatrix} 0 & -\mathbb{1} \\ \mathbb{1} & 0 \end{smallmatrix}\right)$ dem Automorphismus $E \to E$, $(p,q) \mapsto (-q,p)$. Die Abbildung $\mathrm{id} : E \to \mathbb{C}^n$, $(p,q) \mapsto p + iq$ konjugiert also die Multiplikation mit $\mathbb{J}$ und die Multiplikation mit der imaginären Einheit $i \in \mathbb{C}$. Man bezeichnet daher $\mathbb{J}$ als eine *komplexe Struktur*. Bezüglich des Standard-Skalarproduktes

$$\langle u, v \rangle = \sum_{j=1}^{n} u_j \overline{v_j} \qquad \left(u, v \in \mathbb{C}^n\right)$$

besitzt damit bei Identifikation von $E$ mit $\mathbb{C}^n$ die symplektische Form $\omega_0$ die Gestalt

$$\omega_0(u, v) = \mathbf{Im}(\langle u, v \rangle) \qquad \left(u, v \in \mathbb{C}^n\right).$$

2. Die symplektischen Abbildungen $f \in \mathrm{Lin}(E)$ sind diejenigen, die die symplektische Form $\omega$ erhalten, das heißt $f^*\omega = \omega$. Nach Satz 6.13 finden wir eine Basis von $E$, in der die darstellende Matrix von $\omega$ gleich $\mathbb{J} = \begin{pmatrix} 0 & -\mathbb{1} \\ \mathbb{1} & 0 \end{pmatrix}$ ist. Es sei $A$ die darstellende Matrix von $f$. Dann gilt
$$A^\top \mathbb{J} A = \mathbb{J}\,. \tag{6.2.4}$$

3. Zwar sind symplektische Abbildungen volumenerhaltend, aber im Allgemeinen sind volumenerhaltende Abbildungen nicht symplektisch.

   Betrachten wir beispielsweise einen vierdimensionalen Vektorraum $E$ mit Basis $e_1, \ldots, e_4$ und symplektischer Bilinearform $\omega$ mit Matrix $\mathbb{J}$. Dann ist $f : E \to E$, $(e_1, e_2, e_3, e_4) \mapsto (-e_1, -e_2, e_3, e_4)$ volumenerhaltend, aber
$$\omega\big(f(e_1), f(e_3)\big) = -\omega(e_1, e_3)\,.$$

   Lässt dagegen ein Endomorphismus $f$ des $\mathbb{R}^2$ die orientierte Fläche invariant, so ist $f$ auch symplektisch. Denn für alle Matrizen $A \in \mathrm{Mat}(2, \mathbb{R})$ gilt $(A^\top \mathbb{J} A)\mathbb{J}^{-1} = \det(A)\mathbb{1}$. Daraus folgt (6.2.4) genau dann, wenn der durch $A$ gegebene Endomorphismus $f$ eine flächenerhaltende Abbildung ist. ◇

**6.16 Satz** *Sei* $(E, \omega)$ *ein symplektischer Vektorraum, dann bildet die Menge der symplektischen Endomorphismen* $f : E \to E$ *unter der Komposition eine Gruppe, genannt die* **symplektische Gruppe** $\mathrm{Sp}(E, \omega)$.

**6.17 Bemerkung (Orthogonale Gruppe)** Für einen Euklidischen Raum $(E, \omega)$ mit positiv definiter symmetrischer Bilinearform $\omega$ erhalten wir analog die *Orthogonale Gruppe* $\mathrm{O}(E, \omega)$ der Drehungen und Drehspiegelungen von $E$, siehe Beispiel E.19. ◇

**Beweis von Satz 6.16:** • Ist $f$ symplektisch, so ist $f \in \mathrm{GL}(E)$ (vergleiche mit (6.2.6) für $\det f \neq 0$), also existiert $f^{-1}$. Es gilt dann $(f^{-1})^*\omega = (f^*)^{-1}\omega = (f^*)^{-1}(f^*\omega) = \omega$. Also ist auch $f^{-1}$ symplektisch.
• Für symplektische $f, g$ ist $(f \circ g)^*(\omega) = g^* \circ f^*(\omega) = g^*\omega = \omega$.
• Außerdem ist die Identische Abbildung symplektisch, also $\mathrm{Sp}(E, \omega) \neq \emptyset$. □

Wegen Satz 6.13 ist $\mathrm{Sp}(E, \omega)$ isomorph zur Gruppe
$$\mathrm{Sp}(2n) := \mathrm{Sp}(2n, \mathbb{R}) := \mathrm{Sp}(\mathbb{R}^{2n}, \omega_0)\,, \tag{6.2.5}$$
wobei $\omega_0$ bezüglich der kanonischen Basis des $\mathbb{R}^{2n}$ die darstellende Matrix $\mathbb{J}$ besitzt (ganz analog braucht man nach Satz 6.13 statt $\mathrm{O}(E, \omega)$ nur die orthogonale Gruppe $\mathrm{O}(n) := \mathrm{O}(\mathbb{R}^n, \omega_0)$ zu betrachten, deren kanonisches inneres Produkt $\omega_0$ die darstellende Matrix $\mathbb{1}$ hat).

**6.18 Beispiel** Der Zeit–$t$–Fluss $\Phi_t(x) = \exp(ut)x$, $u = \mathbb{J}A$ eines linearen hamiltonschen Systems mit Hamilton–Funktion $H(x) = \frac{1}{2}\langle x, Ax\rangle$, $A \in \mathrm{Sym}(2n, \mathbb{R})$ ist Element der symplektischen Gruppe $\mathrm{Sp}(2n)$, denn es gilt (6.2.2). ◇

Der Betrag der Determinante eines symplektischen Endomorphismus ist gleich 1, denn es gilt mit (6.2.4)

$$(\det A)^2 = (\det A)^2 \det(\mathbb{J}) = \det(A^\top \mathbb{J} A) = \det(\mathbb{J}) = 1\,. \qquad (6.2.6)$$

Wie in Aufgabe B.16 gezeigt werden soll, gilt sogar $\det(A) = +1$.

Es folgt unmittelbar, dass das Produkt der $\mathbb{C}$–Nullstellen des charakteristischen Polynoms eines symplektischen Endomorphismus 1 ist.

**6.19 Satz (Eigenwerte symplektischer Endomorphismen)** *Sei $f \in \mathrm{Sp}(E,\omega)$.*
- *Ist $\lambda \in \mathbb{C}$ Eigenwert von $f$ mit (algebraischer) Vielfachheit $k$, dann sind auch $\overline{\lambda}, 1/\lambda$ und $1/\overline{\lambda}$ Eigenwerte mit Vielfachheit $k$.*
- *Die Multiplizitäten etwaiger Eigenwerte $+1$ und $-1$ sind gerade.*

**Beweis:** Die Zahl der Freiheitsgrade von $(E,\omega)$ nennen wir $n := \frac{1}{2}\dim(E)$.

- Dass mit $\lambda$ auch $\overline{\lambda}$ Eigenwert ist, folgt aus der Tatsache, dass $f$ reell ist.

- Wir beweisen, dass $1/\lambda$ Eigenwert ist, indem wir das charakteristische Polynom von $f$ betrachten. Wir wählen dazu (mit dem Normalform-Satz 6.13) eine Basis von $E$, in der $\omega$ die darstellende Matrix $\mathbb{J}$ besitzt und $f$ die Matrix $A$. Es gilt dann für $\lambda \in \mathbb{C}\backslash\{0\}$

$$\begin{aligned}\det(\lambda\mathbb{1} - A) &= \det\big(\mathbb{J}(\lambda\mathbb{1} - A)\mathbb{J}^{-1}\big) = \det\big(\lambda\mathbb{1} - \mathbb{J}A\mathbb{J}^{-1}\big)\\ &= \det\big(\lambda\mathbb{1} - (A^\top)^{-1}\big) \quad \big(\text{da } A^\top\mathbb{J}A = \mathbb{J} \text{ oder } \mathbb{J}A\mathbb{J}^{-1} = (A^\top)^{-1}\big)\\ &= \det\big(\lambda\mathbb{1} - A^{-1}\big) = \det\big(A^{-1}(\lambda A - \mathbb{1})\big)\\ &= \det(A^{-1})\,\det(\lambda A - \mathbb{1}) = \det(\lambda A - \mathbb{1}) = \lambda^{2n}\det(A - \lambda^{-1}\mathbb{1})\\ &= \lambda^{2n}\det(\lambda^{-1}\mathbb{1} - A)\,.\end{aligned}$$

- Das charakteristische Polynom $p_A(\lambda) := \det(\lambda\mathbb{1} - A)$ erfüllt also die Gleichung

$$p_A(\lambda) = \lambda^{2n} p_A(1/\lambda)\,. \qquad (6.2.7)$$

Einen Eigenwert $\lambda_0 \in \mathbb{C}$ der Vielfachheit $k$ können wir abspalten:

$$p_A(\lambda) = (\lambda - \lambda_0)^k Q(\lambda)\,, \qquad (6.2.8)$$

so dass mit (6.2.7) und (6.2.8)

$$p_A\left(\frac{1}{\lambda}\right) = \lambda^{-2n} p_A(\lambda) = \lambda^{-2n}(\lambda - \lambda_0)^k Q(\lambda) = \lambda_0^k \left(\frac{1}{\lambda_0} - \frac{1}{\lambda}\right)^k \lambda^{k-2n} Q(\lambda).$$

Da $Q$ ein Polynom vom Grad $2n-k$ in $\lambda$ ist, ist $\lambda \mapsto \lambda^{k-2n}\, Q(\lambda)$ ein Polynom in $1/\lambda$. Also ist $1/\lambda_0$ Nullstelle der Multiplizität $l \geq k$ von $P_A(1/\lambda)$.

Vertauschen der Rollen von $\lambda_0$ und $1/\lambda_0$ zeigt $l = k$.

- Es gilt genau dann $\lambda_0 = 1/\lambda_0$, wenn $\lambda_0 \in \{\pm 1\}$.

  Da insgesamt $2n$ Eigenwerte existieren und die Zahl der Eigenwerte $\neq \pm 1$ gerade ist, muss die Multiplizität der 1 zusammen mit der der $-1$ gerade sein. Wegen $\det A = 1$ folgt dann auch einzeln gerade Multiplizität. □

Für $\dim(E) = 2$ können also die in Abbildung 6.2.1 skizzierten Fälle auftreten.

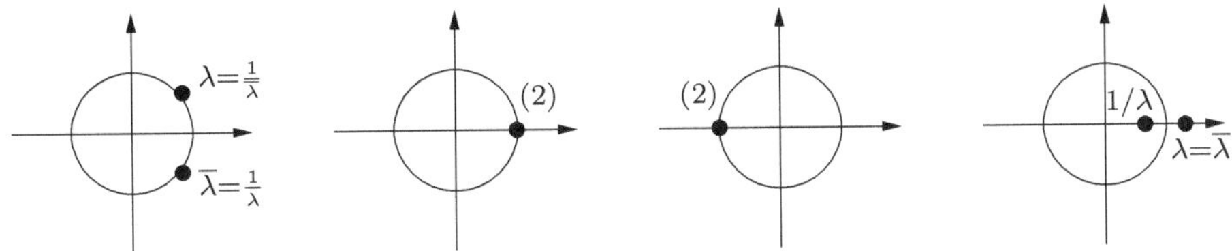


Abbildung 6.2.1: Komplexe Eigenwerte von $f \in \mathrm{Sp}(2)$

Als Matrixgruppe ist $\mathrm{Sp}(2n) = \{A \in \mathrm{Mat}(2n, \mathbb{R}) \mid F(A) = \mathbb{J}\}$ mit

$$F : \mathrm{Mat}(2n, \mathbb{R}) \to \mathrm{Alt}(2n, \mathbb{R}) \quad , \quad A \mapsto A^\top \mathbb{J} A \, ,$$

siehe (6.2.4). $\mathbb{J}$ ist ein regulärer Wert von $F$, da für $A \in \mathrm{Sp}(2n)$ und $B \in \mathrm{Alt}(2n, \mathbb{R})$ gilt: $DF_A(C) = B$, mit $C := -\frac{1}{2} A \mathbb{J} B \in \mathrm{Mat}(2n, \mathbb{R})$. Daher wird die symplektische Gruppe gemäß Definition 2.34 zu einer Untermannigfaltigkeit von $\mathrm{Mat}(2n, \mathbb{R})$. Sie ist damit sogar eine Lie–Gruppe (siehe Definition E.16), das heißt, Multiplikation und Inversenbildung sind glatte Abbildungen.

Für einen *Weg* in $\mathrm{Sp}(E, \omega)$, also eine stetige Abbildung $c : [0, 1] \to \mathrm{Sp}(E, \omega)$, können bei Veränderung des Parameters $t$ isolierte einfache Eigenwerte von $c(t)$ auf der reellen Achse beziehungsweise dem Einheitskreis diese nicht verlassen, siehe Bild 6.2.2. Wir werden sehen, dass aus dieser Eigenschaft eine Form von Stabilität hamiltonscher Systeme unter kleinen Störungen folgt.

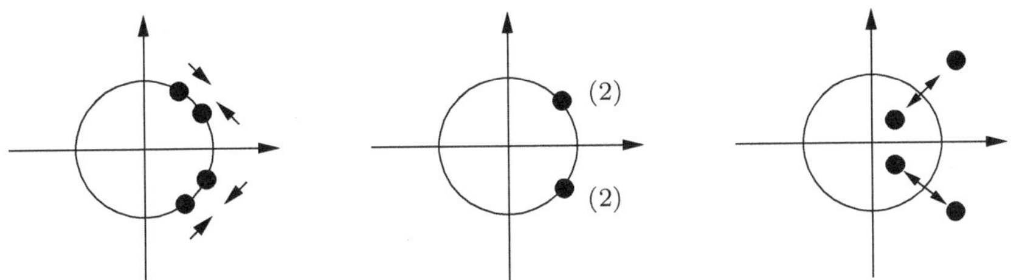


Abbildung 6.2.2: Komplexe Eigenwerte von $f \in \mathrm{Sp}(4)$

### 6.2.3 Die symplektische Algebra

In Verallgemeinerung von Definition 6.10 definieren wir:

**6.20 Definition**

- *Eine lineare Abbildung* $u \in \mathrm{Lin}(E)$ *heißt* **infinitesimal symplektisch** *bezüglich einer symplektischen Bilinearform* $\omega$, *wenn*

$$\omega\big(u(e_1), e_2\big) + \omega\big(e_1, u(e_2)\big) = 0 \qquad (e_1, e_2 \in E). \tag{6.2.9}$$

*Die Menge dieser Abbildungen bezeichnen wir mit* $\mathfrak{sp}(E,\omega)$.

- *Der* **Kommutator** *von* $u, v \in \mathrm{Lin}(E)$ *ist* $[u,v] := u \circ v - v \circ u$.

Wegen der Linearität von (6.2.9) in $u$ ist $\mathfrak{sp}(E,\omega)$ ein Unterraum von $\mathrm{Lin}(E)$. Es gilt sogar

**6.21 Lemma** $\big(\mathfrak{sp}(E,\omega), [\cdot,\cdot]\big)$ *ist eine Lie–Algebra.*

**Beweis:** • $\big(\mathrm{Lin}(E), [\cdot,\cdot]\big)$ ist eine Lie–Algebra, da der Kommutator bilinear und alternierend ($[u,u] = u \circ u - u \circ u = 0$) ist, und für $u, v, w \in \mathrm{Lin}(E)$ die Jacobi–Identität erfüllt ist:

$$\begin{aligned}[u,[v,w]] + [v,[w,u]] + [w,[u,v]] = {}& u \circ v \circ w - u \circ w \circ v \\ & - v \circ w \circ u + w \circ v \circ u + v \circ w \circ u - v \circ u \circ w - w \circ u \circ v + u \circ w \circ v \\ & + w \circ u \circ v - w \circ v \circ u - u \circ v \circ w + v \circ u \circ w = 0\end{aligned}$$

• Da für $u, v \in \mathfrak{sp}(E,\omega) \subset \mathrm{Lin}(E)$ und beliebige $e_1, e_2 \in E$ gilt

$$\begin{aligned}&\omega\big([u,v]e_1, e_2\big) + \omega\big(e_1, [u,v]e_2\big) \\ &= \omega\big(u \circ v(e_1), e_2\big) - \omega\big(v \circ u(e_1), e_2\big) + \omega\big(e_1, u \circ v(e_2)\big) - \omega\big(e_1, v \circ u(e_2)\big) \\ &= -\omega\big(v(e_1), u(e_2)\big) + \omega\big(u(e_1), v(e_2)\big) - \omega\big(u(e_1), v(e_2)\big) + \omega\big(v(e_1), u(e_2)\big)\end{aligned}$$

$= 0$, ist auch $[u,v] \in \mathfrak{sp}(E,\omega)$. □

Analog zu Satz 6.19 über die symplektische Gruppe erhält man für $\mathfrak{sp}(E,\omega)$ die folgende Aussage:

**6.22 Satz (Symplektische Algebra)** *Sei* $(E,\omega)$ *ein symplektischer Vektorraum.*

- *Ist* $\lambda \in \mathbb{C}$ *Eigenwert von* $u \in \mathfrak{sp}(E,\omega)$ *mit (algebraischer) Multiplizität* $k$, *so sind auch* $-\lambda, \overline{\lambda}, -\overline{\lambda}$ *Eigenwerte der Multiplizität* $k$.

- *Ist Null Eigenwert von* $u \in \mathfrak{sp}(E,\omega)$, *so besitzt er gerade Multiplizität.*

**6.23 Aufgabe (Symplektische Algebra)** Beweisen Sie Satz 6.22. ◇

**6.24 Beispiel** $u \in \mathfrak{sp}(\mathbb{R}^2)$. Hier kann das Eigenwertpaar nur reell oder rein imaginär sein, siehe Abbildung 6.2.3. ◇

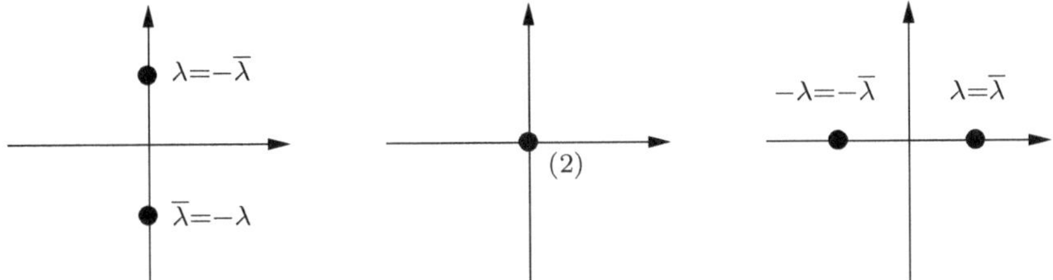


Abbildung 6.2.3: Eigenwerte von $u \in \mathfrak{sp}(\mathbb{R}^2)$

Analog zur in Bemerkung 4.13 besprochenen Abbildung $\exp : \mathrm{Mat}(u, \mathbb{R}) \to \mathrm{GL}(n, \mathbb{R})$ betrachten wir die Exponentialabbildung (siehe deren allgemeine Definition (E.3.1))

$$\mathfrak{sp}(E, \omega) \to \mathrm{Sp}(E, \omega) \quad , \quad u \mapsto \exp(u)$$

von der symplektischen Lie–Algebra in die symplektische Lie–Gruppe. Tatsächlich ist $\exp(u) \in \mathrm{Sp}(E, \omega)$, denn wegen (6.2.9) ist

$$\omega\big(\exp(u)e_1\,,\, \exp(u)e_2\big) \;=\; \omega\big(e_1\,,\, \exp(-u)\exp(u)e_2\big) \;=\; \omega(e_1, e_2)\,.$$

Wir sehen, dass die Eigenwerte $\lambda$ von $u$ mit $\mathrm{Re}(\lambda) > 0$ zu Eigenwerten $\exp(\lambda)$ von $\exp(u)$ mit Betrag $|\exp(u)| > 1$ werden.

**6.25 Bemerkung (Liapunov-Stabilität)** Erinnern wir uns nun an die Tatsache (Beispiel 6.18), dass für die quadratische Hamilton–Funktion $H(x) = \frac{1}{2}\langle x, Ax\rangle$ die Differentialgleichung $\dot{x} = X_H(x) = \mathbb{J}Ax$ die Lösung $\Phi_t(x) = \exp(ut)x$ mit $u := \mathbb{J}A \in \mathfrak{sp}(\mathbb{R}^{2n})$ besitzt, dann wird klar, dass der Fixpunkt 0 höchstens dann liapunov-stabil sein kann, wenn alle Eigenwerte von $u$ rein imaginär sind. ◇

**6.26 Aufgabe (Symplektische Matrizen)** Es sei $\mathbb{J} = \begin{pmatrix} 0 & -\mathbb{1} \\ \mathbb{1} & 0 \end{pmatrix} \in \mathrm{Mat}(2n, \mathbb{R})$.

(a) Zeigen Sie, dass $u \in \mathrm{Mat}(2n, \mathbb{R})$ genau dann infinitesimal symplektisch ist ($u^\top \mathbb{J} + \mathbb{J}u = 0$), wenn $u = \begin{pmatrix} A & B \\ C & D \end{pmatrix}$ mit $A, B, C, D \in \mathrm{Mat}(n, \mathbb{R})$, $D = -A^\top$ und $B, C$ symmetrisch sind. Daraus folgt $\dim \mathfrak{sp}(2n) = n(2n+1)$.

(b) Zeigen Sie, dass $a \in \mathrm{Mat}(2n, \mathbb{R})$ genau dann symplektisch ist, also $a^\top \mathbb{J} a = \mathbb{J}$, wenn $a = \begin{pmatrix} A & B \\ C & D \end{pmatrix}$ mit $A, B, C, D \in \mathrm{Mat}(n, \mathbb{R})$, $A^\top C$ und $B^\top D$ symmetrisch sind und $A^\top D - C^\top B = \mathbb{1}$.

(c) Zeigen Sie mit Hilfe von (b) $\mathrm{Sp}(2, \mathbb{R}) \cong \mathrm{SL}(2, \mathbb{R})$.
Zeigen Sie außerdem, dass $\mathrm{Sp}(2, \mathbb{R})$ homöomorph zum 3–dimensionalen Volltorus $S^1 \times B$, mit der offenen Kreisscheibe $B := \{x \in \mathbb{R}^2 \mid \|x\| < 1\}$ ist.
Verwenden Sie dazu den Satz über die Polarzerlegung aus Anhang E.18: Jede Matrix $M \in \mathrm{GL}(n, \mathbb{R})$ besitzt eine eindeutige Produktzerlegung $M = OP$ mit $O \in \mathbf{O}(n)$ und $P \in \mathrm{Sym}(n, \mathbb{R})$ positiv.

(d) Zeigen Sie, dass genau dann die Eigenwerte von $M \in \mathrm{Sp}(2,\mathbb{R})$ degeneriert sind, das heißt beide gleich $+1$ bzw. gleich $-1$, wenn in der Polarzerlegung

$$M = \begin{pmatrix} \cos(\varphi) & -\sin(\varphi) \\ \sin(\varphi) & \cos(\varphi) \end{pmatrix} \exp\begin{pmatrix} a & b \\ b & -a \end{pmatrix} \quad \text{gilt:} \quad \cos(\varphi) = \pm 1/\cosh\left(\sqrt{a^2+b^2}\right).$$

Die beiden Hyperflächen dieser *parabolischen* Matrizen trennen $\mathrm{Sp}(2,\mathbb{R})$ in vier offene Zusammenhangskomponenten auf. Zwei von diesen bestehen aus *elliptischen* Matrizen $M$, d.h. solchen mit von $\pm 1$ verschiedenen Eigenwerten auf dem Einheitskreis. Zwei bestehen aus *hyperbolischen* Matrizen, das heißt solchen mit von $\pm 1$ verschiedenen Eigenwerten auf der reellen Achse. Dies ist in der Illustration am Kapitelanfang, Seite 93, dargestellt. ◇

**6.27 Weiterführende Literatur** Die Normalformen von infinitesimal symplektischen und von symplektischen Abbildungen unter symplektischen Konjugationen werden in den Artikeln [Wil] von WILLIAMSON und [LaMe] von LAUB und MEYER klassifiziert und konstruiert. ◇

## 6.3 Lineare hamiltonsche Systeme

Die linearen hamiltonschen Vektorfelder $X : E \to E$ auf dem symplektischen Vektorraum $(E,\omega)$ entsprechen den Elementen von $\mathfrak{sp}(E,\omega)$. Ohne Beschränkung der Allgemeinheit nehmen wir an, dass $(E,\omega)$ der $\mathbb{R}^{2d}$ mit der durch $\mathbb{J} = \begin{pmatrix} 0 & -\mathbb{1} \\ \mathbb{1} & 0 \end{pmatrix}$ gegebenen symplektischen Struktur ist. Dann besitzt das Vektorfeld eine Darstellung

$$X(x) = \mathbb{J}\nabla H(x) \quad \text{mit} \quad H(x) = \tfrac{1}{2}\langle x, Ax\rangle \qquad \left(x \in \mathbb{R}^{2d}\right)$$

und $A \in \mathrm{Sym}(2d,\mathbb{R})$, also $\nabla H(x) = Ax$.

Wie jede lineare Differentialgleichung mit konstanten Koeffizienten wird auch das hamiltonsche Anfangswertproblem $\dot{x} = X(x), x(0) = x_0$ durch $x(t) = \Phi_t(x_0) = \exp(Xt)x_0$ gelöst.

Hinter diesen Allgemeinheiten verstecken sich aber viele physikalische und mathematische Besonderheiten, denen wir in diesem Kapitel nachgehen.

Zunächst ergibt sich die Bewegung auf der Energiefläche $\Sigma_E := H^{-1}(E)$ wegen Linearität durch Skalierung aus der auf $\Sigma_e$, $e := \mathrm{sign}(E)$. Ist nämlich $x \in \Sigma_E$ für $E \neq 0$, dann ist $x_e := x/\sqrt{|E|} \in \Sigma_e$ und $\Phi_t(x) = \sqrt{|E|}\Phi_t(x_e)$. Es genügt also immer, die Energien $1$, $0$ und $-1$ zu betrachten.

### 6.3.1 Harmonische Oszillatoren

In der Physik werden harmonische Oszillatoren benutzt, um näherungsweise die Dynamik hamiltonscher Systeme bei kleinen Schwankungen um eine stabile Ruhelage zu beschreiben.

Nach Bem. 6.25 führt ein solches lineares hamiltonsches Vektorfeld $X \in \mathfrak{sp}(E,\omega)$ bestenfalls dann zur Liapunov–Stabilität der Ruhelage $0$ bezüglich der Differentialgleichung $\dot{x} = X(x)$, wenn alle Eigenwerte von $X$ rein imaginär sind.

**6.28 Definition** *Eine lineare Abbildung $X \in \mathrm{Lin}(E)$ heißt* **halbeinfach**, *wenn ihr Minimalpolynom*[6] *keine quadratischen Faktoren enthält, also die algebraischen und geometrischen Multiplizitäten der Eigenwerte übereinstimmen.*

**6.29 Lemma** *1. Ist $X \in \mathfrak{sp}(E,\omega)$ halbeinfach und sind die Eigenwerte von $X$ imaginär, dann besitzt $X$ eine* **symplektische Basis** $(\hat{p}_1,\ldots,\hat{p}_d,\hat{q}_1,\ldots,\hat{q}_d)$ *von $E$ (d.h. $\omega(\hat{p}_j,\hat{p}_k)=\omega(\hat{q}_j,\hat{q}_k)=0$, $\omega(\hat{q}_j,\hat{p}_k)=\delta_{j,k}$) mit*

$$X(\hat{p}_k) = -\omega_k\hat{q}_k \quad , \quad X(\hat{q}_k)=\omega_k\hat{p}_k \qquad (k=1,\ldots,d) \tag{6.3.1}$$

*und den Eigenwerten $\pm\imath\,\omega_1,\ldots,\pm\imath\,\omega_d$ von $X$.*

*2. Die Voraussetzungen in 1. sind z.B. erfüllt, wenn $X$ hamiltonsches Vektorfeld einer positiv (oder negativ) definiten quadratischen Form $H : E \to \mathbb{R}$ ist.*

**Beweis:**

1. Jedenfalls können wir die Eigenwerte von $X$ in der Form $\pm\imath\,\omega_k$ mit $\omega_k \geq 0$ schreiben und wir wählen komplex konjugierte Eigenvektoren $\hat{e}_k^{\pm}$ zu diesen Eigenwerten, also $X(\hat{e}_k^{\pm}) = \pm\imath\,\omega_k\hat{e}_k^{\pm}$. Auch für $\omega_k = 0$ existieren linear unabhängige $\hat{e}_k^{\pm}$, denn nach Satz 6.22 ist die Multiplizität des Eigenwertes 0 gerade. Die Eigenräume zu Eigenwerten mit $\omega_k \neq \omega_\ell$ sind $\omega$–orthogonal, denn für $a,b \in \{-1,1\}$ ist

$$0=\omega\big(\hat{e}_k^a,(X-\imath b\omega_\ell\mathbb{1})\hat{e}_\ell^b\big)+\omega\big((-X+\imath a\omega_k\mathbb{1})\hat{e}_k^a,\hat{e}_\ell^b\big) = \imath(a\omega_k-b\omega_\ell)\omega(\hat{e}_k^a,\hat{e}_\ell^b)\,.$$

Bei Zerlegung in Real- und Imaginärteil, das heißt $\hat{e}_k^{\pm} = \hat{p}_k \pm \imath\hat{q}_k$ mit $\hat{p}_k,\hat{q}_k \in E$, ergibt sich unter Verwendung von Satz 6.13 nach Reskalierung eine symplektische Basis. Durch Koeffizientenvergleich folgt (6.3.1).

2. Nach Voraussetzung gilt $\omega(X,\cdot) = dH$. Ist $H$ positiv definit, dann definiert diese quadratische Form das Skalarprodukt

$$\langle\cdot,\cdot\rangle_H : E\times E \to \mathbb{R} \quad , \quad \langle x,y\rangle_H = \tfrac{1}{2}\big(H(x+y)-H(x-y)\big)\,. \tag{6.3.2}$$

Wir wählen eine Orthonormalbasis von $\big(E,\langle\cdot,\cdot\rangle_H\big)$. In dieser hat $x$ die Darstellung $\tilde{x}$, $H(x)=\frac{1}{2}\langle x,x\rangle_H$ die Form $\frac{1}{2}\langle\tilde{x},\tilde{x}\rangle$, und die symplektische Form die Gestalt $\omega(x,y)=\left\langle\tilde{x},\tilde{\mathbb{J}}\tilde{y}\right\rangle$ mit $\tilde{\mathbb{J}}^\top = -\tilde{\mathbb{J}} \in \mathrm{Mat}(2d,\mathbb{R})$. Also hat das hamiltonsche Vektorfeld $X$ die Darstellung $\tilde{x}\mapsto\tilde{\mathbb{J}}\tilde{x}$. Als antihermitesche Matrix ist $\tilde{\mathbb{J}}$ normal[7] und damit halbeinfach, mit rein imaginären Eigenwerten.
Für eine negativ definite quadratische Form $H$ ändert man das Vorzeichen in (6.3.2). □

[6] das normierte Polynom $p \in \mathbb{C}[x]$ kleinsten Grades, für das $p(X)=0$ ist.
[7] $A \in \mathrm{Mat}(n,\mathbb{C})$ heißt **normal**, wenn $A^\top A = AA^\top$.

Unter den Voraussetzungen des ersten Teils von Lemma 6.29 besitzt das hamiltonsche Vektorfeld $X$ in der angegebenen Basis die Hamilton–Funktion

$$\boxed{H : \mathbb{R}^{2d} \to \mathbb{R} \quad , \quad H(p,q) = \textstyle\sum_{k=1}^{d} \frac{\omega_k}{2}(p_k^2 + q_k^2)\,.} \tag{6.3.3}$$

(6.3.3) ist eine Normalform-Darstellung eines *harmonischen Oszillators* in $d$ Freiheitsgraden und mit den Frequenzen $\omega_k \in \mathbb{R}$. Seine hamiltonschen Gleichungen

$$\dot{p}_k = -\omega_k q_k \quad , \quad \dot{q}_k = \omega_k p_k \qquad (k = 1, \ldots, d)$$

besitzen die Lösungen

$$\begin{pmatrix} p_k(t) \\ q_k(t) \end{pmatrix} = \begin{pmatrix} \cos(\omega_k t) & -\sin(\omega_k t) \\ \sin(\omega_k t) & \cos(\omega_k t) \end{pmatrix} \begin{pmatrix} p_k(0) \\ q_k(0) \end{pmatrix}. \tag{6.3.4}$$

Diese sind also alle beschränkt, und die Ruhelage ist liapunov–stabil.

Nur dann sind aber alle Energieflächen $\Sigma_E = H^{-1}(E)$ kompakt, wenn $H$ positiv oder negativ definit ist, die Frequenzen $\omega_k$ also alle das gleiche Vorzeichen besitzen.

**6.30 Bemerkung (Indefinite Hamilton–Funktion)** Der Fall einer indefiniten quadratischen Funktion (6.3.3) tritt zum Beispiel bei der Linearisierung himmelsmechanischer Probleme auf (siehe SIEGEL und MOSER [SM], §36).

Dann ist es schwieriger zu entscheiden, ob eine kleine Störung von (6.3.3) zu einer hamiltonschen Dynamik führt, deren Ruhelage immer noch stabil ist. ◇

Wir schauen uns den definiten Fall genauer an und nehmen ohne Beschränkung an, dass alle Frequenzen positiv sind. Die Phasenraumfunktionen

$$F_k : \mathbb{R}^{2d} \to \mathbb{R}^+ \quad , \quad F_k(p,q) := \frac{\omega_k}{2}(p_k^2 + q_k^2) \qquad (k = 1, \ldots, d) \tag{6.3.5}$$

sind Konstanten der Bewegung (6.3.4), und $f = (f_1, \ldots, f_d)^\top \in \mathbb{R}^d$ ist genau dann regulärer Wert im Bild von

$$F := (F_1, \ldots, F_d)^\top : \mathbb{R}^{2d} \to [0, \infty)^d\,, \tag{6.3.6}$$

wenn die $f_k > 0$ sind. Dann ist $F^{-1}(f) \subset \mathbb{R}^{2d}$ eine $d$–dimensionale Untermannigfaltigkeit des Phasenraums, die flussinvariant und diffeomorph zu einem $d$–dimensionalen Torus ist.

Es ist nun wichtig zu verstehen, dass qualitative Eigenschaften der Dynamik stark von zahlentheoretischen Beziehungen zwischen den Frequenzen abhängen. Wir werden dies im Kapitel 13 über integrable Systeme noch genauer sehen, erlauben uns aber jetzt schon einen Vorgriff.

**6.31 Definition** *Der Frequenzvektor* $\omega := (\omega_1, \ldots, \omega_d)^\top \in \mathbb{R}^d$ *heißt* **rational unabhängig**, *wenn es kein* $k \in \mathbb{Z}^d \backslash \{0\}$ *gibt mit* $\langle \omega, k \rangle \equiv \sum_{i=1}^{d} \omega_i k_i = 0$.

**6.32 Satz** *Für jede positiv definite Hamilton–Funktion (6.3.3) des harmonischen Oszillators und Werte $E > 0$ der Energie gilt:*

- *Es gibt auf $\Sigma_E$ mindestens $d$ periodische Orbits.*
- *Wenn $\omega$ rational unabhängig ist, gibt es auf $\Sigma_E$ nur $d$ periodische Orbits.*

**Beweis:**
• Für $k = 1, \ldots, d$ betrachten wir $x(0) = \big(p(0), q(0)\big) \in \Sigma_E$, gegeben durch $p_i(0) = 0$ $(i = 1, \ldots, d)$ und $q_i(0) = \sqrt{\frac{2E}{\omega_k}}$ für $i = k$ und $q_i(0) = 0$ sonst. Dann ist der Orbit durch $x(0)$ nach (6.3.4) periodisch mit Minimalperiode $2\pi/\omega_k$.

• Ist $x(0) \in \Sigma_E$ periodisch mit Periode $T > 0$, dann muss $T$ ein ganzzahliges Vielfaches von $2\pi/\omega_k$ sein, falls $F_k\big(x(0)\big) > 0$ gilt. Ist dies für genau ein $k$ der Fall, entspricht dies den obigen *Normalschwingungen*. Sonst sei $F_{k_i}\big(x(0)\big) > 0$ für $k_1 \neq k_2$, also für geeignete $\ell_{k_1}, \ell_{k_2} \in \mathbb{N}$:

$$T = 2\pi\ell_{k_1}/\omega_{k_1} \quad \text{und} \quad T = 2\pi\ell_{k_2}/\omega_{k_2},$$

das heißt $\omega_{k_1}\ell_{k_2} - \omega_{k_2}\ell_{k_1} = 0$. Damit ist $\omega$ nicht rational unabhängig. □

**6.33 Bemerkungen** 1. Die im rational unabhängigen Fall auftretende Zahl von nur $d$ periodischen Orbits auf $\Sigma_E \subset \mathbb{R}^{2d}$ ist sehr niedrig, und es wurde gezeigt, dass sie auch für große Klassen nichtlinearer hamiltonscher Differentialgleichungen nicht unterschritten wird (siehe GINZBURG [Gi]).

2. Die Bilder der Bahnkurve $t \mapsto q(t)$ im Konfigurationsraum $\mathbb{R}^d$ sind deren für den Fall der Normalschwingungen Strecken auf der $k$-ten Achse. Im Fall rational unabhängiger Frequenzen füllt allgemeiner die Bahnkurve mit Anfangsbedingungen $x_0 \in \mathbb{R}^{2d}$ und $f := F(x_0) \in (\mathbb{R}^+)^d$ den Quader

$$Q(x_0) := \left\{ q \in \mathbb{R}^d \;\middle|\; \forall k = 1, \ldots, d : \; |q_k| \leq \sqrt{\tfrac{2f_k}{\omega_k}} \right\} \tag{6.3.7}$$

dicht aus (siehe Abbildung 6.3.1 links). Denn dieser Quader ist die Projektion des Torus $F^{-1}(f) \subset \mathbb{R}^{2d}$ auf den Konfigurationsraum, und die Bahn ist nach Korollar 15.8 auf $F^{-1}(f)$ dicht. ◇

Wir schauen uns als Nächstes Frequenzen $\omega_1, \ldots, \omega_d > 0$ an, die alle ganzzahlige Vielfache einer Grundfrequenz $\omega_0 > 0$ sind.

Dann sind alle Orbits geschlossen und $T := 2\pi/\omega_0$ ist eine Periode (nicht notwendig die Minimalperiode). In diesem Fall füllen die Ortsraumtrajektorien den Quader (6.3.7) nicht dicht aus, außer wenn eine Normalschwingung vorliegt. Für $d = 2$ heißen die (geschlossenen) Kurven im $\mathbb{R}^2$ *Lissajous-Figuren* (siehe Abbildung 6.3.1 rechts).

**6.34 Aufgaben (Lissajous–Figuren)** 1. Lesen Sie das Frequenzverhältnis $\omega_2/\omega_1 \in \mathbb{Q}$ des harmonischen Oszillators aus der Lissajous–Figur einer Trajektorie ab (dies ist nur möglich, wenn keine Normalschwingung vorliegt).

2. Gegeben sei ein harmonischer Oszillator mit zwei Freiheitsgraden und irrationalem Frequenzverhältnis $\omega_2/\omega_1$. Wir betrachten für $E > 0$ einen Punkt $q \in \mathbb{R}^2$ mit $H(0,q) \leq E$ für die Hamilton–Funktion (6.3.3). Welche Teilmenge des elliptischen Gebiets $\{Q \in \mathbb{R}^2 \mid H(0,Q) \leq E\}$ kann man mit den Anfangswerten $\{(p,q) \mid H(p,q) = E\}$ erreichen?

   Schließen Sie aus diesem Beispiel, dass der Satz G.15 von Hopf und Rinow über die Existenz einer Verbindungsgeodäte zwischen zwei vorgegebenen Punkten kein allgemeingültiges Analogon für die Bewegung im Potential besitzt (siehe aber Satz 11.6). ◇

Dabei beginnen wir mit dem einfachsten Fall $\omega_1 = \ldots = \omega_d = \omega_0$ gleicher Frequenzen. Dann ist die Bewegung (6.3.4) periodisch mit Minimalperiode $T = 2\pi/\omega_0$, und für $E > 0$ sind alle Orbits in $\Sigma_E$ diffeomorph zur Kreislinie $S^1$. Ohne Einschränkung nehmen wir $E = \frac{1}{2}\omega_0$ an, also

$$\Sigma_E = S^{2d-1} = \{x \in \mathbb{R}^{2d} \mid \|x\| = 1\} \cong \{y \in \mathbb{C}^d \mid \|y\| = 1\}.$$

Der Übergang zu komplexen Koordinaten $y_k = p_k + iq_k$ $(k = 1, \ldots, d)$ ermöglicht die Darstellung der Bewegung (6.3.4) in der Form

$$z(t) = e^{\imath\omega_0 t} z_0 \qquad (t \in \mathbb{R},\ z_0 \in S^{2d-1}). \tag{6.3.8}$$

Der Orbit durch $z_0$ ist also die Schnittmenge der Sphäre $S^{2d-1}$ mit dem durch $z_0$ aufgespannten eindimensionalen Unterraum $\mathbb{C}z_0 \subset \mathbb{C}^d$. Wir erhalten damit folgende Aussage (vergleiche auch mit dem Satz E.36 im Anhang):

**6.35 Satz** *Sind in der Hamilton–Funktion (6.3.3) des harmonischen Oszillators alle Frequenzen $\omega_k$ gleich, dann ist der Raum aller Orbits auf $\Sigma_E$ der projektive Raum $\mathbb{C}\mathrm{P}(d-1)$.*

Dies ist eine kompakte Mannigfaltigkeit der reellen Dimension

$$\dim_{\mathbb{R}}\left(\mathbb{C}\mathrm{P}(d-1)\right) = 2(d-1),$$

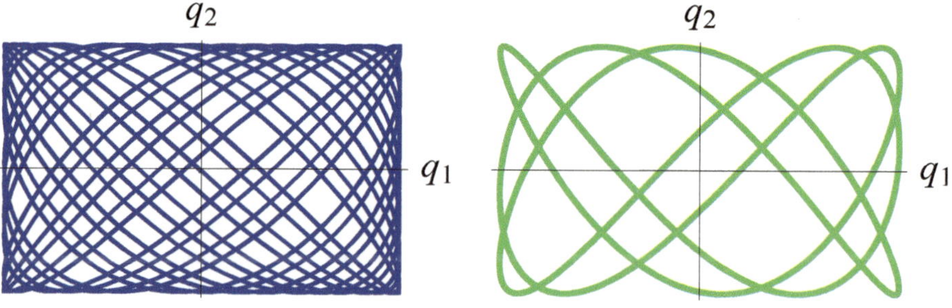


Abbildung 6.3.1: Lissajous-Figuren: Trajektorien endlicher Länge von harmonischen Oszillatoren mit zwei Freiheitsgraden und Frequenzverhältnis $\sqrt{2}$ (links) beziehungsweise $5/3$ (rechts)

was ja aus der Darstellung $\mathbb{CP}(d-1) \cong S^{2d-1}/S^1$ folgt.

**6.36 Bemerkung (Orbits des harmonischen Oszillators für $\omega_1 = \omega_2$)** Im Fall $d = 2$ ist damit die Mannigfaltigkeit der Orbits auf $\Sigma_E$ die Zwei-Sphäre $\mathbb{CP}(1) \cong S^2$. Dies ergibt sich aus (6.3.8), wenn man beachtet, dass nicht beide Komponenten von $z(t) = \binom{z_1(t)}{z_2(t)}$ verschwinden, und dass (z.B. für $z_2 \neq 0$) der Quotient $\frac{z_1(t)}{z_2(t)} \in \mathbb{C}$ zeitunabhängig wird.

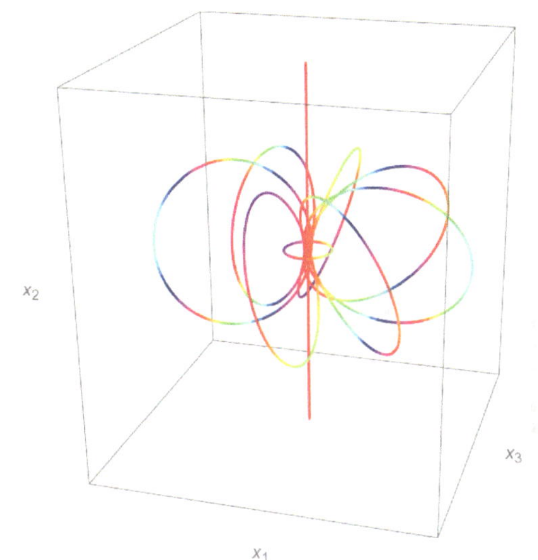


Dieser charakterisiert den Orbit, und mittels zweidimensionaler stereographischer Projektion kann man die Quotienten $\frac{z_1}{z_2}$ und $\frac{z_2}{z_1}$ als zwei die Fläche $S^2$ überdeckende Koordinatensysteme auffassen.
Mittels dreidimensionaler stereographischer Projektion kann man die Energiefläche $\Sigma_E \cong S^3$ mit $\mathbb{R}^3 \cup \{\infty\}$ identifizieren und damit die Orbits des harmonischen Oszillators darstellen, siehe Abbildung. Die Surjektion

$$\pi : S^3 \to S^2 \quad , \quad (z_1, z_2) \mapsto \left(2\mathrm{Re}(z_1\overline{z}_2)\,,\, 2\mathrm{Im}(z_1\overline{z}_2)\,,\, |z_2|^2 - |z_1|^2\right)$$

(mit $S^3 = \{z \in \mathbb{C}^2 \mid \|z\| = 1\}$ und $S^2 = \{x \in \mathbb{R}^3 \mid \|x\| = 1\}$) ist flussinvariant ($\pi \circ \Phi_t = \pi$) und heißt *Hopf-Abbildung*. Diese besitzt zahlreiche geometrische Anwendungen (siehe auch Kapitel I von BATES und CUSHMAN [CB]).

Zwar sind für die Basispunkte $o \in S^2$ die Fasern $\pi^{-1}(o) \subset S^3$, also die Orbits, von der Form $S^1$, aber das Bündel ist nicht trivial, denn $S^3$ ist nicht diffeomorph[8] zu $S^2 \times S^1$. Wie man in der (stereographisch auf den $\mathbb{R}^3$ projizierten) Abbildung sieht, winden sich die Orbits umeinander. ◇

**6.37 Bemerkung (Verschlingungszahl)** Für zwei sich nicht schneidende stetig differenzierbare geschlossene Kurven $c_1, c_2 : S^1 \to \mathbb{R}^3$ ist die *Gauss–Abbildung*

$$G : \mathbb{T}^2 \to S^2 \quad , \quad (t_1, t_2) \mapsto \frac{c_1(t_1) - c_2(t_2)}{\|c_1(t_1) - c_2(t_2)\|}$$

eine Abbildung zwischen zwei kompakten Flächen, deren Jacobi-Determinante für $t := (t_1, t_2) \in \mathbb{T}^2 = S^1 \times S^1$ und $\Delta c(t) := \|c_1(t_1) - c_2(t_2)\|$ gleich

$$\det\left(\mathrm{D}G(t)\right) = \det\left(G(t), \frac{c_1'(t_1)}{\Delta c(t)}, \frac{c_2'(t_2)}{\Delta c(t)}\right)$$

[8] Das folgt zum Beispiel aus der Feststellung, dass $S^3$ im Gegensatz zu $S^1$, also auch zu $S^2 \times S^1$, einfach zusammenhängend ist, siehe Definition A.22.

ist. Da der Flächeninhalt der Sphäre $S^2$ gleich $4\pi$ ist, ist das *Verschlingungsintegral*

$$LK(c_1, c_2) := \frac{1}{4\pi} \int_{\mathbb{T}^2} \det\left(\mathrm{D}G(t)\right) \mathrm{d}t_1 \, \mathrm{d}t_2 \tag{6.3.9}$$

ganzzahlig. Sein Wert wird *Verschlingungszahl* genannt und beschreibt anschaulich die Anzahl der Verschlingungen (englisch: *linking number*) der beiden Raumkurven.[9] Das im Kasten abgedruckte Zitat von Gauss zeigt, dass auch dieses topologische Konzept durch ein mechanisches Problem angeregt wurde.

Für zwei sich nicht schneidende differenzierbare geschlossene Kurven $c_1, c_2 : S^1 \to S^3$ gibt es immer einen Punkt $n \in S^3$, der nicht im Bild der Kurven liegt. Projizieren wir $S^3 \backslash \{n\}$ bezüglich $n$ stereographisch auf $\mathbb{R}^3$, so können wir analog $LK(c_1, c_2)$ definieren. Diese Zahl ist unabhängig von der Wahl von $n$, denn der Wert ist ganzzahlig und stetig in $n$. ◇

**Die Anfänge der Knotentheorie**

Die möglichen geozentrischen Positionen der Bahn eines Planeten oder Asteroiden bilden eine Teilmenge der Himmelskugel, die von C.F. Gauss *Zodiacus* genannt wurden.

Im Fall der Planeten ist dieser bandförmig.

Um die analoge Fragestellung für die neu beobachteten Asteroiden zu erläutern, traf Gauss in seiner 1804 erschienenen astronomischen Arbeit eine Unterscheidung: „In Ansehung der Lage der Planetenbahn gegen die Erdbahn sind drei Fälle zu unterscheiden. Entweder schließt jene diese ein, oder diese jene, oder beide einander (gleich Kettenringen)." ... „Wie sich schon aus Gründen der *Geometrie der Lage* darthun lässt", nimmt der Zodiacus im letzteren Fall „den ganzen Himmel" ein. Zitiert nach M. EPPLE [Ep], Seite 65. Siehe Abb. 6.3.2.

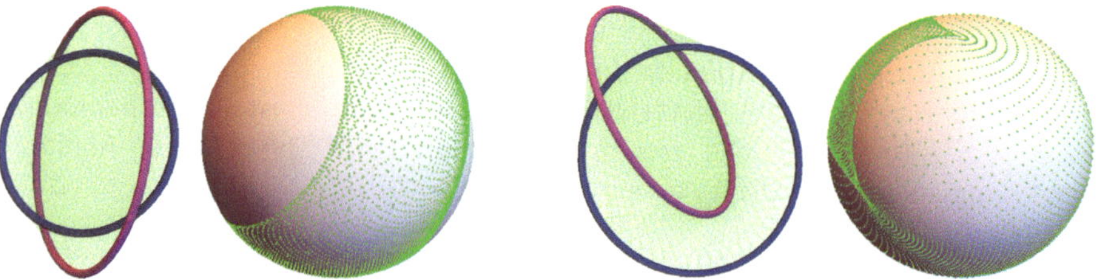

Abbildung 6.3.2: Zodiacus. Links: Verschlingungszahl 0, rechts: Verschlingungszahl 1

**6.38 Aufgabe (Verschlingungszahl)** Berechnen Sie für die Minimalperiode die Verschlingungszahl der beiden Normalschwingungen eines harmonischen Oszillators. Die Frequenzen seien $\omega_1 = n_1\omega_0$, $\omega_2 = n_2\omega_0$, mit teilerfremden $n_1, n_2 \in \mathbb{N}$.

[9] Für einen beliebigen regulären Wert $s \in S^2$ der Gauss–Abbildung $G$ ist die Verschlingungszahl gleich ihrem **Abbildungsgrad** $\deg(G) = \sum_{t \in G^{-1}(s)} \operatorname{sign}\left(\det(\mathrm{D}G(t))\right)$.

Schließen Sie aus der Stetigkeit von (6.3.9) auf die Verschlingungszahl für beliebige Paare voneinander verschiedener Orbits in $\Sigma_E$. Vergleichen Sie mit der Abbildung auf Seite 113. ◇

### 6.3.2 Harmonische Gitterschwingungen

Wir wissen, dass sich *lineare* hamiltonsche Differentialgleichungen im Prinzip mit algebraischen Methoden lösen lassen, aber für viele Freiheitsgrade ist eine *explizite* Lösung des Eigenwertproblems oft schwierig oder unmöglich.

Manchmal hilft aber eine zusätzliche Symmetrie der Hamilton–Funktion. Ein Beispiel bieten die Schwingungen der Atome eines Kristallgitters um ihre Ruhelagen. Eine naheliegende Modellierung des Kristalls ist ein reguläres Gitter $\mathcal{L} \subset \mathbb{R}^d$, zum Beispiel $\mathbb{Z}^3 \subset \mathbb{R}^3$, wobei die Gitterpunkte die Ruhelagen bezeichnen.

In diesem Fall müssten wir aber die Bewegung von unendlich vielen Atomen modellieren, was durch eine gewöhnliche Differentialgleichung nicht möglich ist. Wir benutzen stattdessen ein ‚endliches Gitter' $\mathcal{L} := (\mathbb{Z}_n)^d$ mit $n \in \mathbb{N}$ und der Restklassengruppe $\mathbb{Z}_n := \mathbb{Z}/n\mathbb{Z} \cong \{0, 1, \ldots, n-1\}$ (siehe Anhang E.1), also periodische Randbedingungen. Wir nehmen zunächst an, dass sich an jedem Gitterplatz $\ell \in \mathcal{L}$ ein Atom der Masse $m > 0$ befindet, und dass sein Abstand von der Ruhelage $q_\ell \in \mathbb{R}^d$ sei. Die Wechselwirkung zwischen den Atomen bei $\ell$ und $m \in \mathcal{L}$ sei harmonisch und nur abhängig von $\ell - m$, also translationsinvariant.

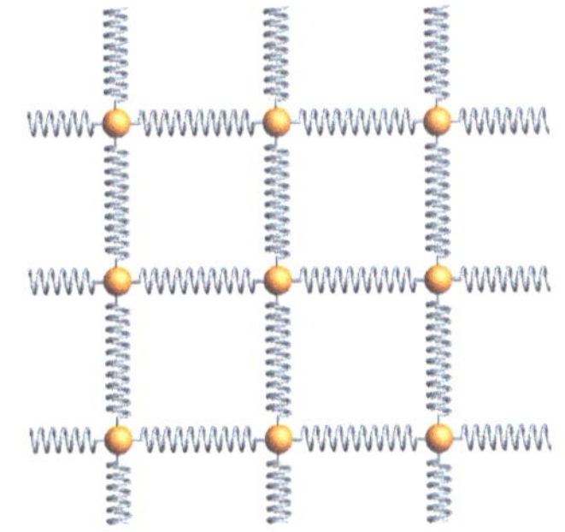

Auf dem Phasenraum $P := \mathbb{R}^{2dn^d}$ ergibt sich die Hamilton–Funktion

$$H : P \to \mathbb{R} \quad , \quad H(p,q) = \sum_{\ell \in \mathcal{L}} \frac{\|p_\ell\|^2}{2m} + \tfrac{1}{2} \sum_{r \in \mathcal{L}} c_r \sum_{\ell \in \mathcal{L}} \|q_\ell - q_{\ell+r}\|^2 ,$$

wobei $c_r \geq 0$ die Stärke der jeweiligen Wechselwirkung beschreibt. Die hamiltonschen Gleichungen

$$\dot{q}_\ell = p_\ell / m \quad , \quad \dot{p}_\ell = -\sum_{r \in \mathcal{L}} c_r (2q_\ell - q_{\ell+r} - q_{\ell-r}) \qquad (\ell \in \mathcal{L}) \tag{6.3.10}$$

werden im Allgemeinen durch den Ansatz

$$q_\ell(t) := \sum_{k \in \mathcal{L}} q_{\ell,k}(t) \quad \text{mit} \tag{6.3.11}$$

$$q_{\ell,0}(t) := d_0 + d_0' t \ , \ q_{\ell,k}(t) := d_k \exp\left(2\pi\imath \langle k, \ell \rangle / n\right) \exp(\imath \omega_k t) \quad (k \in \mathcal{L} \backslash \{0\})$$

(mit $\langle k, \ell \rangle = \sum_{j=1}^d k_j \ell_j \pmod{n}$ und $d_k \in \mathbb{C}^d$) im Komplexen gelöst.

**6.39 Bemerkung (Translationsinvarianz und Fourier–Transformation)**
Der Ansatz in (6.3.11) kommt dadurch zustande, dass die *Gittertranslationen um den Vektor* $\ell \in \mathcal{L}$, also die linearen Abbildungen

$$T_\ell : P \to P \quad , \quad \big(T_\ell(p,q)\big)_r = (p_{r+\ell}, q_{r+\ell}) \qquad (r \in \mathcal{L}),$$

die Hamilton–Funktion und damit die Systemmatrix des linearen Vektorfeldes invariant lassen. Im komplexifizierten Phasenraum $P_\mathbb{C} := \mathbb{C}^{2dn^d} \cong \mathbb{C}^{2d} \otimes \mathbb{C}^{\mathcal{L}}$ sind die $T_\ell$ unitäre Abbildungen. Diese besitzen die gemeinsamen orthogonalen Eigenfunktionen $\varphi_{k,r,j} := \varphi_k\, \delta_r\, \delta_j \in P_\mathbb{C}$, wobei

$$\varphi_k \in \mathbb{C}^{\mathcal{L}} \quad , \quad \varphi_k(m) := \exp\big(2\pi\imath \langle k, m\rangle / n\big) \qquad (k, m \in \mathcal{L})$$

unabhängig von den Indices $r \in \{1,2\}$, $j \in \{1,\ldots,d\}$ der Impuls- und Ortskomponenten ist. Die Lösung der Differentialgleichung lässt daher die von den $\varphi_{k,j,m}$ aufgespannten Eigenräume invariant.

Die $\varphi_k : \mathcal{L} \to S^1$ $(k \in \mathcal{L})$ bilden die Gruppe der Charaktere der abelschen Gruppe $\mathcal{L}$. Damit ist $\mathcal{L}$ ihre eigene duale Gruppe, und wir benutzen die Fourier-Transformation $\mathcal{F} : \mathbb{C}^{\mathcal{L}} \to \mathbb{C}^{\mathcal{L}}$, $(\mathcal{F}\psi)(k) := \sum_{\ell\in\mathcal{L}} \psi(\ell)\varphi_k(\ell)$. ◇

Die Frequenzen $\omega_k$ in (6.3.11) werden durch Einsetzen in (6.3.10) gefunden: Die Lösungen dieser Frequenz erfüllen die Gleichungen $\dot p_\ell = m\ddot q_\ell = -m\omega_k^2 q_\ell$. Andererseits ist

$$\dot p_\ell = \sum_{r\in\mathcal{L}} c_r\big(2q_\ell - q_{\ell+r} - q_{\ell-r}\big) = -\sum_{r\in\mathcal{L}} 2c_r\big(1 - \cos(2\pi\langle k, r\rangle/n)\big)q_\ell\,.$$

Zusammengenommen ergibt das

$$\omega_k^2 = \frac{2}{m}\sum_{r\in\mathcal{L}} c_r\big(1 - \cos(2\pi\langle k, r\rangle/n)\big)\,, \tag{6.3.12}$$

und unser Ansatz war erfolgreich, falls $\omega_k^2 > 0$ für alle $k \in \mathcal{L}\setminus\{0\}$.

Im einfachsten Fall haben wir eine Kette (das heißt $d = 1$) von $n$ Atomen, bei der nur die nächsten Nachbarn gekoppelt sind, zum Beispiel $c_1 \neq 0$, $c_r = 0$ $(r \in \mathbb{Z}_n\backslash\{1\})$. Es ergibt sich

$$\omega_k = 2\sqrt{\frac{c_1}{m}}\,|\sin(\pi k/n)|\,,$$

siehe Abbildung 6.3.3 (links). Im Limes großer Teilchenzahl $n \to \infty$ folgt die sogenannte *Dispersionsrelation*

$$\omega(K) := 2\sqrt{\frac{c_1}{m}}\,|\sin(\pi K)|$$

in der Variable $K := k/n$. Die Ableitung $\omega'(K)$ wird *Gruppengeschwindigkeit* genannt, sie lässt sich als Geschwindigkeit des Energietransportes für Wellen mit der durch $1/K$ gegebenen Wellenlänge verstehen.

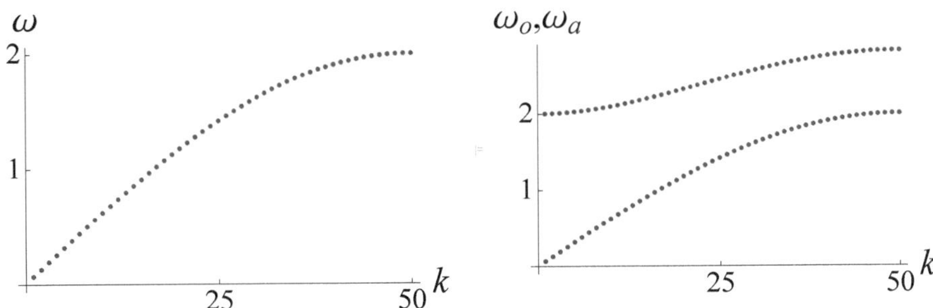


Abbildung 6.3.3: Dispersionsrelationen für eindimensionale Gitter mit Teilchenzahl $n = 100$. Links: Nächste–Nachbar–Kopplung. Rechts: Zwei Atome verschiedener Masse in der Elementarzelle. Oben: optischer Zweig, unten: akustischer Zweig.

Langwellige Gitterschwingungen breiten sich also hier mit fast konstanter, zu $\sqrt{\frac{c_1}{m}}$ proportionaler Geschwindigkeit aus, während für $K \to 1/2$ die Gruppengeschwindigkeit gegen Null geht. Auf Seite 61, am Anfang von Kapitel 4, sieht man die Dynamik von Atomen, die anfangs in Form einer Gauss-Funktion in der Bildmitte komprimiert sind. Diese bewegen sich nach außen, so dass nach einiger Zeit Kompressionswellen nach links und rechts laufen.

Befindet sich in jeder Zelle des Gitters eine Zahl $A > 1$ von Atomen, dann ergibt sich ein komplizierteres Bild der Dispersionsrelation.

### 6.40 Aufgabe (Dispersionsrelation)

(a) Für $A = 2$ Atome pro Gitterzelle sei die Dynamik der Kette durch die Hamilton–Funktion $H : \mathbb{R}^{2n}_p \times \mathbb{R}^{2n}_q \to \mathbb{R}$,

$$H(p,q) = \sum_{\ell=0}^{n-1} \left( \sum_{a=1}^{2} \frac{|p_\ell^{(a)}|^2}{2m^{(a)}} + \frac{c}{2} \left[ \left( q_\ell^{(1)} - q_{\ell+1}^{(2)} \right)^2 + \left( q_\ell^{(1)} - q_\ell^{(2)} \right)^2 \right] \right)$$

gegeben. Dabei sind $m^{(1)}, m^{(2)} > 0$ die Massen der beiden Atomsorten und $c > 0$ die Kopplung zwischen ihnen.

Zeigen Sie, dass die Dispersionsrelation aus den Lösungen

$$\omega_{o/a}(k) := \left( \frac{c\left( m^{(1)} + m^{(2)} \pm \sqrt{(m^{(1)} - m^{(2)})^2 + m^{(1)} m^{(2)} \left( \cos\left(\frac{2\pi k}{n}\right)\left(2 + \cos\left(\frac{2\pi k}{n}\right)\right) + 1 \right)} \right)}{m^{(1)} m^{(2)}} \right)^{\frac{1}{2}}$$

besteht, siehe Abbildung 6.3.3, rechts.

Die Lösung $\omega_a$ heißt in der physikalischen Literatur *akustischer*, $\omega_o$ *optischer Zweig.*[10]

[10] Wenn die Atome der beiden Teilgitter unterschiedlich geladen sind, dann kann durch eine Schwingung des optischen Zweiges eine Lichtwelle erzeugt werden, daher der Name.

(b) Berechnen Sie bei Kenntnis der Funktion $k \mapsto \omega_k$ aus der Dispersionsrelation (6.3.12) die Kopplungskonstanten $c_r$. ◇

**6.41 Bemerkungen** 1. Der Fall $k = 0$ in (6.3.11) entspricht einer Bewegung des gesamten Gitters mit konstanter Geschwindigkeit.

2. In einer physikalisch genaueren Beschreibung sind die Gitterschwingungen quantisiert und werden dann *Phononen* genannt. ◇

### 6.3.3 Teilchen im konstanten elektromagnetischen Feld

Das nächste Beispiel führt eigentlich zu affinen Vektorfeldern $X : \mathbb{R}^k \to \mathbb{R}^k$, also solchen von der Form

$$X(x) = Ax + b \qquad \text{mit } A \in \mathrm{Mat}(k, \mathbb{R}) \text{ und } b \in \mathbb{R}^k .$$

Die affine Differentialgleichung $\dot{x} = X(x)$ ist aber ebenso mit Methoden der Linearen Algebra lösbar wie die linearen Differentialgleichungen. Es gilt nämlich nach dem Duhamel–Prinzip (Satz 4.20)

$$x(t) = \exp(At)\left(x_0 + \int_0^t \exp(-As)b\,\mathrm{d}s\right). \tag{6.3.13}$$

Konkret betrachten wir Hamilton–Funktionen der Form

$$H : \mathbb{R}^{2d} \to \mathbb{R} \quad , \quad H(p,q) = \tfrac{1}{2}\|p - e_0 Bq\|^2 + e_0 \langle E, q\rangle ,$$

wobei $B \in \mathrm{Mat}(d, \mathbb{R})$, und $E \in \mathbb{R}^d$. Physikalisch wird $B$ als konstantes *Magnetfeld* und $E$ als konstantes *elektrisches Feld* interpretiert.[11] $e_0 \in \mathbb{R}$ ist dann die *Ladung* des Teilchens. Die Bewegungsgleichungen haben damit die Form

$$\dot{q} = p - e_0 Bq \quad , \quad \dot{p} = e_0\left(B^\top(p - e_0 Bq) - E\right)$$

oder, als Differentialgleichung zweiter Ordnung die *Lorentzsche* Kraftgleichung

$$\ddot{q} = -e_0\big((B - B^\top)\dot{q} + E\big). \tag{6.3.14}$$

Zur Vereinfachung der weiteren Diskussion nehmen wir jetzt ohne Beschränkung der Allgemeinheit an, dass der Magnetfeldtensor $B \in \mathrm{Mat}(d, \mathbb{R})$ antisymmetrisch ist, denn nur der antisymmetrische Anteil von $B$ geht in (6.3.14) ein (in der Raumdimension $d = 1$ gibt es also kein Magnetfeld). Ebenso nehmen wir $e_0 = 1$ an.

[11] Das lineare Vektorfeld $A : \mathbb{R}^d \to \mathbb{R}^d$, $q \mapsto Bq$ nennt man auch ein *Vektorpotential* von $B$. Die $A$ zugeordnete Eins-Form $\sum_{k=1}^d A_k(q)dq_k = \sum_{k,\ell=1}^d B_{k,\ell}\, q_\ell\, dq_k$ hat die äußere Ableitung $\sum_{k,\ell=1}^d B_{k,\ell} dq_\ell \wedge dq_k$. Diese Zwei-Form heißt 'magnetische Feldstärke'. Siehe auch Beispiel B.21.

- Ist zunächst $B = 0$, dann besitzt (6.3.14) für Anfangswerte $q(0) = q_0$, $\dot{q}(0) = v_0$ die Lösung
$$q(t) = q_0 + v_0 t - \tfrac{1}{2} E t^2 .$$
Das Teilchen wird also in Richtung des elektrischen Feldes beschleunigt.

- Ist dagegen $E = 0$, aber $B \neq 0$, dann ist
  - für $d = 2$ die antisymmetrische Matrix $B$ von der Form $B = \frac{1}{2}\begin{pmatrix} 0 & b \\ -b & 0 \end{pmatrix}$, sodass für die Geschwindigkeit $v(t) = \dot{q}(t)$ die Differentialgleichung $\dot{v} = b\,\mathbb{J}\,v$ mit $\mathbb{J} = \begin{pmatrix} 0 & -1 \\ 1 & 0 \end{pmatrix}$ und Lösung $v(t) = \begin{pmatrix} \cos(bt) & -\sin(bt) \\ \sin(bt) & \cos(bt) \end{pmatrix} v_0$ gilt. Also ist
$$q(t) = q_0 + \int_0^t v(s)\,\mathrm{d}s = q_0 + \frac{1}{b}\begin{pmatrix} \sin(bt) & \cos(bt)-1 \\ 1-\cos(bt) & \sin(bt) \end{pmatrix} v_0 .$$
Dies ist die Drehung um das Zentrum bei $c := q_0 + \frac{1}{b}\,\mathbb{J}\,v_0$, mit Periode $2\pi/|b|$ und Radius $\frac{\|v_0\|}{|b|}$, auch *Larmor–Radius* genannt.
  - Für gerade $d > 2$ können wir nach einem Satz der Linearen Algebra durch eine orthogonale Transformation $O \in \mathbf{SO}(d)$ die antisymmetrische Matrix $B$ in die Form $OBO^{-1} = \bigoplus_{k=1}^{d/2} B_k$ mit $B_k = \frac{1}{2}\begin{pmatrix} 0 & b_k \\ -b_k & 0 \end{pmatrix}$ bringen, für ungerade $d$ in die Form $OBO^{-1} = 0 \oplus \bigoplus_{k=1}^{\frac{d-1}{2}} B_k$.
Wenden wir diese Transformation nicht nur auf den Ortsvektor $q \in \mathbb{R}^d$, sondern auch auf den Impulsvektor $p \in \mathbb{R}^d$ an, dann bleibt die Form der Bewegungsgleichungen erhalten und wir können diese blockweise lösen.
  - Physikalisch interessant ist davon nur der Fall $d = 3$.
Hier gilt zwischen dem Vektor $\vec{B} := \frac{1}{2}\begin{pmatrix} B_1 \\ B_2 \\ B_3 \end{pmatrix} \in \mathbb{R}^3$ und der antisymmetrischen Matrix $B := i(\vec{B}) := \frac{1}{2}\begin{pmatrix} 0 & -B_3 & B_2 \\ B_3 & 0 & -B_1 \\ -B_2 & B_1 & 0 \end{pmatrix}$ die Beziehung
$$\vec{B} \times \vec{V} = B\,\vec{V} \qquad (\vec{V} \in \mathbb{R}^3), \tag{6.3.15}$$
wir erkennen also die gewohnte vektorielle Form des Magnetfeldes wieder. Durch Drehung mit $O \in \mathbf{SO}(3)$ wird die $\vec{B}$–Richtung zur 1–Richtung: $OBO^{-1} = \frac{1}{2}\begin{pmatrix} 0 & 0 & 0 \\ 0 & 0 & b \\ 0 & -b & 0 \end{pmatrix}$. Wir sehen, dass wir in 1–Richtung eine freie Bewegung, in $(2-3)$–Richtung aber die schon beschriebene Kreisbewegung erhalten. Insgesamt sind die Teilchenbahnen $t \mapsto q(t)$ also Schraubenlinien im $\mathbb{R}^3$.

- Wir betrachten für $d = 2$ den Fall nicht verschwindender elektrischer und magnetischer Felder.

  Wir schreiben (6.3.14) als Differentialgleichung für die Geschwindigkeit $w := \dot{q}$, also $\dot{w} = b\,\mathbb{J}\,w - E$. Die Lösung der zugehörigen homogenen Gleichung $\dot{v} = b\,\mathbb{J}\,v$ haben wir schon bestimmt, nämlich
$$v(t) = O(t)v_0 \quad \text{mit} \quad O(t) := \begin{pmatrix} \cos(bt) & -\sin(bt) \\ \sin(bt) & \cos(bt) \end{pmatrix} .$$

Nach (6.3.13) ist also

$$w(t) = O(t)\left(v_0 + \int_0^t O(-s)E\,\mathrm{d}s\right) = O(t)v_0 + \frac{1}{b}\mathbb{J}\,(\mathbb{1} - O(t))E\,.$$

Nochmalige Integration ergibt

$$q(t) = q_0 + \int_0^t w(s)\,\mathrm{d}s = q_0 + \frac{1}{b}\mathbb{J}\,(\mathbb{1} - O(t))v_0 + \frac{1}{b}\mathbb{J}\,Et + \frac{\mathbb{1} - O(t)}{b^2}E\,.$$

Es handelt sich also um die Überlagerung einer Kreisbewegung und einer Bewegung in Richtung $\mathbb{J}E$, das heißt *senkrecht* zum elektrischen Feld, siehe Abbildung 6.3.4.

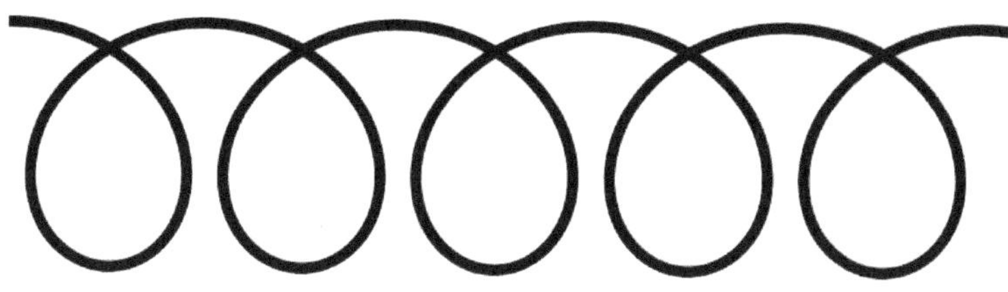

Abbildung 6.3.4: Bewegung in der Ebene, bei konstanten elektromagnetischen Feldern und vertikaler Richtung des elektrischen Feldes.

**6.42 Aufgabe (Obere Halbebene und Möbius–Transformationen)**
Nach Aufgabe 6.26 ist

$$\mathrm{Sp}(2,\mathbb{R}) = \mathrm{SL}(2,\mathbb{R}) = \{M \in \mathrm{Mat}(2,\mathbb{R}) \mid \det M = 1\}\,.$$

Die *Obere Halbebene* ist $\mathbb{H} := \{z \in \mathbb{C} \mid \mathrm{Im}\, z > 0\}$, und

$$\overline{\mathbb{H}} := \{z \in \mathbb{C} \mid \mathrm{Im}\, z \geq 0\} \cup \{\infty\}\,.$$

(a) Zeigen Sie, dass für jedes $M = \left(\begin{smallmatrix} a & b \\ c & d \end{smallmatrix}\right) \in \mathrm{SL}(2,\mathbb{R})$ die *Möbius–Transformation*

$$\widehat{M}\colon \mathbb{H} \to \mathbb{H} \quad , \quad \widehat{M}z := \frac{az+b}{cz+d}$$

(siehe auch Beispiel 16.17) wohldefiniert ist.

(b) Zeigen Sie, dass die Abbildung $\mathrm{SL}(2,\mathbb{R}) \times \mathbb{H} \to \mathbb{H}$, die durch $(M,z) \mapsto \widehat{M}z$ gegeben wird, eine Gruppenwirkung ist.

(c) Möbius–Transformationen lassen sich stetig auf $\overline{\mathbb{H}}$ fortsetzen.
Eine Matrix $M \in \mathrm{SL}(2,\mathbb{R})$ mit $|\mathrm{tr}\, M| < 2$ heißt *elliptisch*, mit $|\mathrm{tr}\, M| = 2$

*parabolisch* und mit $|\mathrm{tr}\, M| > 2$ *hyperbolisch*.
Zeigen Sie, dass die Möbius–Transformation zu einer elliptischen Matrix genau einen Fixpunkt in $\mathbb{H}$ hat, während die Möbius–Transformationen zu parabolischen Matrizen $\neq \pm 1\!\!1$ genau einen Fixpunkt und zu hyperbolischen Matrizen genau zwei Fixpunkte haben, die alle in $\partial\mathbb{H} := \overline{\mathbb{H}} \setminus \mathbb{H}$ liegen.

(d) Auf $\mathbb{H}$ wird eine Metrik

$$g(z) := (\mathrm{Im}\, z)^{-2}\, g_{\mathsf{Euklid}}(z) \qquad (z \in \mathbb{H})$$

definiert, wobei $g_{\mathsf{Euklid}}$ die euklidsche Metrik auf $\mathbb{H} \subset \mathbb{C}$ ist.
Zeigen Sie, dass die Möbius–Transformationen zu $\left(\begin{smallmatrix} a & b \\ 0 & a^{-1} \end{smallmatrix}\right)$ und $\left(\begin{smallmatrix} 0 & c \\ -c^{-1} & 0 \end{smallmatrix}\right)$ mit $a, b, c \in \mathbb{R}$, $a, c \neq 0$ Isometrien von $g$ sind. Folgern Sie, dass alle Möbius–Transformationen Isometrien von $g$ sind.

(e) $\mathfrak{sp}(\mathbb{R}^2)$ bezeichnet die Gruppe der infinitesimal symplektischen $2\times 2$–Matrizen. Zeigen Sie $\mathfrak{sp}(\mathbb{R}^2) = \mathfrak{sl}(\mathbb{R}^2) := \{m \in \mathrm{Mat}(2, \mathbb{R}) \mid \mathrm{tr}\, m = 0\}$.

(f) Eine infinitesimal symplektische Matrix $m \in \mathfrak{sp}(\mathbb{R}^2)$ erzeugt die einparametrige Gruppe $\{\exp(tm) \mid t \in \mathbb{R}\} \subseteq \mathrm{Sp}(2, \mathbb{R})$. Welche einparametrigen Gruppen werden von

$$m \in \left\{ \left(\begin{smallmatrix} 0 & 1 \\ -1 & 0 \end{smallmatrix}\right), \left(\begin{smallmatrix} 0 & 0 \\ 1 & 0 \end{smallmatrix}\right), \left(\begin{smallmatrix} 0 & 1 \\ 1 & 0 \end{smallmatrix}\right) \right\}$$

erzeugt? Klassifizieren Sie nach elliptisch, parabolisch und hyperbolisch. Welches sind die Fixpunkte der zugehörigen Möbius–Transformationen auf $\overline{\mathbb{H}}$? Wie sehen die Orbits $\{\widehat{\exp(tm)}\, v \mid t \in \mathbb{R}\}$ durch $v \in \mathbb{H}$ aus? ◇

## 6.4 Unterräume symplektischer Vektorräume

In einem Vektorraum $E$ ist die Gruppe der strukturerhaltenden Abbildungen die Allgemeine Lineare Gruppe $\mathrm{GL}(E)$. Zwei Unterräume von $E$ lassen sich genau dann mit einer Abbildung aus $\mathrm{GL}(E)$ ineinander überführen, wenn ihre Dimensionen gleich sind.

In einem symplektischen Vektorraum $(E, \omega)$ ist die Gruppe der strukturerhaltenden Abbildungen, die symplektische Gruppe $\mathrm{Sp}(E, \omega)$, eine echte Untergruppe von $\mathrm{GL}(E)$. Es gibt für $\dim(E) \geq 4$ auch mehr $\mathrm{Sp}(E, \omega)$–Invarianten von Unterräumen als nur ihre Dimension, nämlich den Rang der auf den Unterraum restringierten Bilinearform $\omega$.

Die Unterräume mit Rang Null beziehungsweise mit maximalem Rang sind besonders wichtig:

**6.43 Definition**
*Sei $(E, \omega)$ ein symplektischer Vektorraum und $F \subseteq E$ ein Unterraum.*

- *Das $\omega$–**orthogonale Komplement** von $F$ ist der Unterraum*

$$F^{\perp} := \big\{ e \in E \mid \forall f \in F :\ \omega(e, f) = 0 \big\}.$$

- $F$ *heißt* **isotrop**, *wenn* $F^\perp \supseteq F$, **lagrangesch**, *wenn* $F^\perp = F$.
- $F$ *heißt* **symplektisch**, *wenn* $F^\perp \cap F = \{0\}$.

Symplektische Unterräume $(F, \omega_F)$ von $E$ mit Einbettung $\imath : F \to E$ und zurückgezogener Zwei–Form $\omega_F := \imath^*(\omega)$ sind also selbst symplektische Vektorräume, und es kann (außer im Fall $\dim(E) = 0$) ein Unterraum nicht gleichzeitig isotrop und symplektisch sein.

**6.44 Beispiele** Wir betrachten den Standardfall eines $2n$–dimensionalen symplektischen Vektorraums, also $(E, \omega_0) = \left(\mathbb{R}^n_p \times \mathbb{R}^n_q, \langle \cdot, \left(\begin{smallmatrix} 0 & \mathbb{1} \\ -\mathbb{1} & 0 \end{smallmatrix}\right) \cdot \rangle\right)$.

1. Für $0 \le k, \ell \le n$ und $F := \left(\mathbb{R}^k_p \times \{0\}^{n-k}\right) \times \left(\{0\}^{n-\ell} \times \mathbb{R}^\ell_q\right)$ ist
$$F^\perp = \left(\mathbb{R}^{n-\ell}_p \times \{0\}^\ell\right) \times \left(\{0\}^k \times \mathbb{R}^{n-k}_q\right) .$$
Ein Unterraum $F$ von dieser Form ist also genau dann isotrop, wenn $k + \ell \le n$ und genau dann lagrangesch, wenn $k + \ell = n$. Insbesondere sind die Unterräume $\mathbb{R}^n_p \times \{0\}_q$ und $\{0\} \times \mathbb{R}^n_q$ von $E$ lagrangesch.
2. Die eindimensionalen Unterräume sind isotrop, da $\omega_0$ antisymmetrisch ist. Ist $\dim E = 2$, so sind genau die eindimensionalen Unterräume lagrangesch, denn $\omega_0$ ist nicht degeneriert.
3. Für eine Matrix $A \in \mathrm{Mat}(n, \mathbb{R})$ sei $F_A := \{(q, Aq) \mid q \in \mathbb{R}^n\}$, also der Graph der $A$ zugeordneten linearen Abbildung. Dieser $n$-dimensionale Unterraum ist genau dann lagrangesch, wenn für alle $q, q'$ gilt: $0 = \omega_0\big((q, Aq), (q', Aq')\big) = \langle q, Aq'\rangle - \langle Aq, q'\rangle$, das heißt wenn $A$ symmetrisch ist (siehe Satz 6.46.2).
4. Für die Unterräume $F := \left(\mathbb{R}^k_p \times \{0\}^{n-k}\right) \times \left(\mathbb{R}^k_q \times \{0\}^{n-k}\right)$ ist
$$F^\perp = \left(\{0\}^k \times \mathbb{R}^{n-k}_p\right) \times \left(\{0\}^k \times \mathbb{R}^{n-k}_q\right) ,$$
sie sind also symplektisch. ◇

**6.45 Aufgabe (Symplektische Abbildungen und Unterräume)**
Es sei $(E, \omega)$ ein symplektischer Vektorraum.

(a) Zeigen Sie, dass es zu zwei beliebigen Vektoren $v, w \in E \setminus \{0\}$ eine symplektische Abbildung $f \in \mathrm{Sp}(E, \omega)$ gibt mit $f(v) = w$.

(b) Zeigen Sie (durch Angabe eines Gegenbeispiels), dass für $\dim(E) > 2$ nicht jeder beliebige 2–dimensionale Unterraum $F$ von $(E, \omega)$ durch eine symplektische Abbildung $f \in \mathrm{Sp}(E, \omega)$ auf jeden 2–dimensionalen Unterraum $F'$ abgebildet werden kann.

(c) Zeigen Sie, dass jeder symplektische Unterraum $F$ auf jeden symplektischen Unterraum $F'$ mit $\dim(F') = \dim(F)$ durch eine symplektische Abbildung $f \in \mathrm{Sp}(E, \omega)$ abgebildet werden kann. ◇

**6.46 Satz**
*Sei $(E,\omega)$ ein symplektischer Vektorraum und $F \subseteq E$ ein Unterraum. Dann ist*

1. $\dim(F) + \dim(F^{\perp}) = \dim(E)$.

2. *$F \subseteq E$ ist genau dann lagrangesch, wenn $F$ isotrop ist und* $\dim F = \frac{1}{2}\dim E$.

**Beweis:**

1. Wir führen die Dimensionsformel auf die für orthogonale Unterräume zurück. Mit dem Normalform-Satz 6.13.2 können wir annehmen, dass $E = \mathbb{R}^{2n} = \mathbb{R}^n_p \times \mathbb{R}^n_q$ und $\omega$ von der Form (6.2.3) Dann gilt bezüglich des euklidischen inneren Produktes $\langle\cdot,\cdot\rangle$ auf $\mathbb{R}^{2n}$: $\omega_0(X,Y) = \langle X, \mathbb{J}Y\rangle$ mit $\mathbb{J} = \left(\begin{smallmatrix} 0 & -\mathbb{1} \\ \mathbb{1} & 0 \end{smallmatrix}\right)$.

   Für $n = 1$ ist $\mathbb{J}$ eine Drehung der $E$–Ebene um $\pi/2$, für $n > 1$ eine Drehung um $\pi/2$ in allen $(p_i, q_i)$–Ebenen. Damit ist
   $$F^{\perp} = \{X \in E \mid \forall Y \in F : \langle X, \mathbb{J}Y\rangle = 0\}$$
   der auf $\mathbb{J}F$ bezüglich $\langle\cdot,\cdot\rangle$ senkrecht stehende Unterraum, was die 1. Behauptung beweist.

2. Ist $\dim F = \frac{1}{2}\dim E$, also wegen 1. auch $\dim F^{\perp} = \frac{1}{2}\dim E$, dann folgt aus der Isotropie $F \subseteq F^{\perp}$ von $F$ schon $F = F^{\perp}$. Ist umgekehrt $F$ lagrangesch, also nach Definition isotrop, folgt $\dim F = \frac{1}{2}\dim E$ aus 1. □

**6.47 Aufgabe (Dimensionsformel)**
Im Beweis von Satz 6.46, Teil 1. wurde die Antisymmetrie von $\omega$ benutzt. Überlegen Sie sich einen Beweis, der ohne dies auskommt und nur die Nichtdegeneriertheit von $\omega$ verwendet, also auch zum Beispiel für Orthogonalräume bezüglich des Skalarproduktes (oder einer Lorentz–Metrik) gilt. ◇

Die Graphen symplektischer Abbildungen lassen sich als Lagrange–Unterräume auffassen:

**6.48 Satz** *Seien $(E_1,\omega_1)$ und $(E_2,\omega_2)$ symplektische Vektorräume und $\pi_i : E_1 \oplus E_2 \to E_i$, $i = 1,2$, die Projektionen. Dann ist*
$$\omega_1 \ominus \omega_2 := \pi_1^*\omega_1 - \pi_2^*\omega_2 \,.$$
*eine symplektische Form auf dem Vektorraum $E_1 \oplus E_2$.*

**Beweis:** Es ist nachzuweisen, dass die antisymmetrische Bilinearform $\omega := \omega_1 \ominus \omega_2$ auf $E := E_1 \oplus E_2$ nicht degeneriert ist. Für einen Vektor $e = (e_1, e_2) \in E \backslash \{0\}$ ist $e_1 \neq 0$ oder $e_2 \neq 0$. Im ersten Fall gibt es einen Vektor $f_1 \in E_1$ mit $\omega_1(e_1, f_1) \neq 0$, denn $(E_1, \omega_1)$ ist ein symplektischer Vektorraum. Für $f := (f_1, 0)$ ist damit $\omega(e,f) = \omega_1(e_1, f_1) \neq 0$. Der Fall $e_2 \neq 0$ ist analog. □

**6.49 Satz**
*Ein Isomorphismus $A : E_1 \to E_2$ ist genau dann symplektisch, wenn sein Graph*

$$\Gamma_A = \{(e_1, Ae_1) \mid e_1 \in E_1\} \subset E_1 \oplus E_2$$

*ein lagrangescher Unterraum des symplektischen Vektorraums $(E_1 \oplus E_2, \omega_1 \ominus \omega_2)$ ist.*

**Beweis:** Da die lineare Abbildung $A$ ein Isomorphismus ist, gilt $\dim(E_1) = \dim(E_2)$. Weil damit $\Gamma_A$ ein linearer Unterraum der Dimension $\dim(\Gamma_A) = \frac{1}{2}\dim(E_1 \oplus E_2)$ ist, ist er lagrangesch genau dann, wenn er isotrop ist, das heißt

$$\omega_1 \ominus \omega_2\big((e_1, Ae_1), (e_1', Ae_1')\big) = 0 \qquad (e_1, e_1' \in E_1),$$

oder äquivalent

$$\omega_1(e_1, e_1') - \omega_2(Ae_1, Ae_1') = 0 \qquad (e_1, e_1' \in E_1)$$

gilt. Das ist genau dann der Fall, wenn $A$ symplektisch ist. □

## 6.5 * Der Maslov–Index

Oft tauchen Lagrange–Unterräume als Tangentialräume von flussinvarianten Tori integrabler hamiltonscher Systeme auf (ein Beispiel für solche invarianten Tori ist die Urbildmenge $F^{-1}(f)$ für $F$ aus (6.3.6)). In solchen Fällen betrachten wir die Abhängigkeit des Lagrange–Unterraums vom Punkt des Torus. Um dies vorzubereiten, untersuchen wir jetzt die Menge *aller* (nicht orientierten) Lagrange–Unterräume.

**6.50 Definition**

- *Für einen $\mathbb{R}$-Vektorraum*[12] $v$ *mit* $m := \dim(v) < \infty$ *heißen die Mengen*

  $$\mathrm{Gr}(v, n) := \{u \subseteq v \mid u \text{ ist } n\text{–dimensionaler Unterraum}\} \quad \big(n \in \{0, \ldots, m\}\big)$$

  *die* **Grassmann–Mannigfaltigkeiten** *von $v$, und* $\mathrm{Gr}(m, n) := \mathrm{Gr}(\mathbb{R}^m, n)$.

- *Speziell heißt* $\mathbb{RP}(m-1) := \mathrm{Gr}(m, 1)$ **projektiver Raum**.

- *Für einen symplektischen Vektorraum $(E, \omega)$ heißt*

  $$\Lambda(E, \omega) := \{u \subseteq E \mid u \text{ ist Lagrange–Unterraum}\}$$

  **Lagrange–Grassmann–Mannigfaltigkeit** *von $E$, und* $\Lambda(m) := \Lambda\left(\mathbb{R}^{2m}, \omega_0\right)$.

Da alle $m$–dimensionalen $\mathbb{R}$–Vektorräume zueinander isomorph sind, reicht es aus, die $\mathrm{Gr}(m, n)$ zu untersuchen, und analog $\Lambda(m)$, da alle $2m$–dimensionalen symplektischen Vektorräume zueinander isomorph sind (siehe Aufgabe 6.45 (c)).

[12] Analoge Definitionen gibt es für $\mathbb{C}$–Vektorräume.

**6.51 Satz** *In natürlicher Weise ist*

- $\mathrm{Gr}(m,n)$ *eine kompakte Mannigfaltigkeit der Dimension* $n(m-n)$, *mit*

$$\mathrm{Gr}(m,m-n) \cong \mathrm{Gr}(m,n)$$

- *und* $\Lambda(n) \subseteq \mathrm{Gr}(2n,n)$ *eine kompakte Untermannigfaltigkeit der Dimension* $\frac{1}{2}n(n+1)$.

**6.52 Beispiele (Grassmann–Mannigfaltigkeiten)**

1. Nach Beispiel 6.44.2 sind alle eindimensionalen Unterräume eines zweidimensionalen symplektischen Vektorraums lagrangesch, das heißt $\Lambda(1) = \mathrm{Gr}(2,1) = \mathbb{RP}(1)$.

   Die eindimensionalen nicht orientierten Unteräume von $\mathbb{R}^2$ werden durch ihren Winkel $\varphi \in [0,\pi]$ gegen die 1-Achse parametrisiert, wobei $\varphi = 0$ und $\varphi = \pi$ die 1-Achse selbst beschreibt. Damit ist in natürlicher Weise der projektive Raum $\mathbb{RP}(1) \cong S^1$.

2. Für $(\mathbb{R}^4, \omega_0)$ ist die vierdimensionale Mannigfaltigkeit $\mathrm{Gr}(4,2)$ die disjunkte Vereinigung der 3-dim. Untermannigfaltigkeit $\Lambda(2)$ und der in $\mathrm{Gr}(4,2)$ offenen und dichten Menge der zweidimensionalen symplektischen Unterräume. ◇

**Beweis von Satz 6.51:**

- Zunächst einmal lässt sich $\mathrm{Gr}(m,n)$ als eine Teilmenge des Vektorraums $\mathrm{Lin}(\mathbb{R}^m)$ auffassen, denn die $n$–dimensionalen Teilräume $u \subset \mathbb{R}^m$ und die Orthogonalprojektionen $P_u \in \mathrm{Lin}(\mathbb{R}^m)$ auf diese stehen in Eins–zu–Eins–Beziehung zueinander.
  Damit wird $\mathrm{Gr}(m,n)$ zum metrischen Raum, mit dem Abstand

$$d(u,v) := \|P_u - P_v\|\,.$$

- $\mathrm{Gr}(m,n) \subset \mathrm{Lin}(\mathbb{R}^m)$ ist aber eine Mannigfaltigkeit, wenn man mit dem bezüglich des euklidischen Skalarproduktes auf $u$ senkrechten Unterraum

$$u_s := \{x \in \mathbb{R}^m \mid \forall y \in u : \langle x,y\rangle = 0\}$$

  die Umgebung

$$U := \big\{v \in \mathrm{Gr}(m,n) \mid d(u,v) < 1\big\}$$

  von $u \in \mathrm{Gr}(m,n)$ mit der (implizit definierten) Kartenabbildung[13]

$$\Phi : U \to \mathrm{Lin}(u,u_s) \quad , \quad v = \mathrm{Graph}\big(\Phi(v)\big) \qquad (6.5.1)$$

---

[13]Genau genommen wird $\Phi$ erst dann zu einer Kartenabbildung, wenn man durch Basiswahl $\mathrm{Lin}(u,u_s)$ mit $\mathrm{Mat}\big(n\times(m-n),\mathbb{R}\big) \cong \mathbb{R}^{n(m-n)}$ identifiziert. Außerdem wird in (6.5.1) benutzt, dass $\mathbb{R}^n = u \oplus u_s$ ist.

versieht. Die Bedingung $\|P_v - P_u\| < 1$ garantiert dabei, dass nur der Nullvektor in $v$ orthogonal zum Unterraum $u$ ist, also $v$ Graph einer eindeutigen linearen Abbildung aus $\mathrm{Lin}(u, u_s)$ ist. Der zum $n$–dimensionalen Unterraum $u$ orthogonale Unterraum $u_s$ hat die Dimension $m - n$, also ist $\dim\big(\mathrm{Gr}(m,n)\big) = \dim\big(\mathrm{Lin}(u,u_s)\big) = n(m-n)$.

Als Menge der Orthogonalprojektionen des Rangs $n$ ist $\mathrm{Gr}(m,n)$ beschränkt (mit Schranke 1 in der Operatornorm) und abgeschlossen, also kompakt.

- Die Abbildung $\mathrm{Gr}(m,n) \to \mathrm{Gr}(m, m-n)$, $P_u \mapsto \mathbb{1} - P_u$ ist ein Diffeomorphismus.
- Die Lagrange–Unterräume $u$ des $\mathbb{R}^{2n}$ sind unter den $n$–dimensionalen Unterräumen durch die Bedingung $u^\perp = u$ ausgezeichnet und bilden daher eine abgeschlossene, also kompakte Teilmenge von $\mathrm{Gr}(2n,n)$. In Beispiel 6.44.3 haben wir schon festgestellt, dass der Graph $\{(q, Aq) \mid q \in \mathbb{R}^n\} \subset E = \mathbb{R}^n \times \mathbb{R}^n$ einer Matrix $A \in \mathrm{Mat}(n, \mathbb{R})$ genau dann Lagrange–Unterraum ist, wenn $A$ symmetrisch ist. Analog ist für $A \in \mathrm{Lin}(u, u_s)$ genau dann $\mathrm{Graph}(A)$ Lagrange–Unterraum, wenn gilt

$$\omega\big(x + A(x), y + A(y)\big) = 0 \qquad (x, y \in u). \tag{6.5.2}$$

Da $u$ und $u_s (= \mathbb{J}u)$ Lagrange–Unterräume sind, ist

$$\omega(x,y) = 0 \quad \text{und} \quad \omega\big(A(x), A(y)\big) = 0\,.$$

Also ist unter der Voraussetzung (6.5.2) $\omega\big(A(x), y\big) = \omega\big(A(y), x\big)$, das heißt die Bilinearform

$$u \times u \to \mathbb{R} \quad , \quad (x,y) \mapsto \omega\big(A(x), y\big)$$

symmetrisch. Wegen $\dim(u) = n$ erhalten wir damit einen $n(n+1)/2$–dimensionalen Raum solcher $A \in \mathrm{Lin}(u, u^\perp)$, und die behauptete Dimensionsformel. □

**6.53 Aufgabe ($\mathbf{SO(3)} \cong \mathbb{R}\mathbf{P(3)}$)** Finden Sie einen Diffeomorphismus (das heißt eine invertierbar glatte Abbildung) zwischen der Drehgruppe $\mathrm{SO}(3)$ (siehe Beispiel E.28) und dem projektiven Raum $\mathbb{R}\mathrm{P}(3)$. ◇

In Anschluss an Arbeiten von V.P. Maslov hat V.I. Arnol'd in [Ar4] glatte Abbildungen

$$\mathrm{MA}_m : \Lambda(m) \to S^1 \qquad (m \in \mathbb{N}) \tag{6.5.3}$$

definiert. Diese ist im einfachsten Fall $\Lambda(1) \cong S^1$ die identische Abbildung.[14] Die Definition für allgemeine $m$ folgt in Lemma 6.57. Diese Abbildungen spielen eine wichtige Rolle in der Untersuchung integrabler quantenmechanischer

[14]Wenn sowohl die Punkte auf $S^1$ als auch die Unterräume $\mathbb{R} \subset \mathbb{R}^2$ wie in Beispiel 6.52 durch einen Winkel $\varphi$ parametrisiert werden, nimmt diese identische Abbildung die Form $\mathrm{MA}_1 : \Lambda(1) \to S^1$ , $\varphi \mapsto 2\varphi$ an!

Systeme, etwa der näherungsweisen Berechnung von Eigenwerten, bei der (als Korrekturterm zur Bohr–Sommerfeld–Quantisierung) der sogenannte *Maslov–Index*[15] auftritt. Stetige Abbildungen $c : S^1 \to \Lambda(m)$ lassen sich mit $\mathrm{MA}_m$ zu einer stetigen Abbildung

$$\mathrm{MA}_m \circ c : S^1 \to S^1 \tag{6.5.4}$$

verketten.

**6.54 Definition**

- *Der* **Abbildungsgrad** *einer Abbildung* $f \in C^1(S^1, S^1)$ *ist*[16]

$$\deg(f) := \int_{S^1} \frac{\mathrm{d}}{\mathrm{d}z} \log\left(f(z)\right) \frac{\mathrm{d}z}{2\pi\imath}.$$

- *Der* **Maslov–Index** *einer stetig differenzierbaren Abbildung* $c : S^1 \to \Lambda(m)$ *ist definiert als* $\deg(MA_m \circ c)$.

Der Abbildungsgrad von $f : S^1 \to S^1$ misst also die Zahl der Umläufe von $f(z)$ bei einem Umlauf von $z$. Er verändert sich bei orientierungserhaltenden Umparametrisierungen nicht; bei orientierungsumkehrenden ändert er das Vorzeichen.

**6.55 Beispiele (Abbildungsgrad und Maslov–Index)**

1. Für $m \in \mathbb{Z}$ ist der Abbildungsgrad der Abbildung $f_m : S^1 \to S^1$, $f(z) = z^m$ gleich $\deg(f_m) = \int_{S^1} \frac{m}{z} \frac{\mathrm{d}z}{2\pi\imath} = m$.

   Ist $f : S^1 \to S^1$ von der Form $f(z) = e^{\imath\varphi(z)} f_m(z)$ mit $\varphi \in C^1(S^1, \mathbb{R})$, dann ist nach dem Hauptsatz der Differential- und Integralrechnung ebenfalls $\deg(f) = m$.

2. Parametrisieren wir eine Niveaulinie $H^{-1}(E)$ des harmonischen Oszillators

$$H : \mathbb{R}_p \times \mathbb{R}_q \to \mathbb{R} \quad , \quad H(p,q) = \tfrac{1}{2}(p^2 + q^2)$$

   für $E > 0$ mit dem Weg $\tilde{c} : S^1 \to H^{-1}(E)$, $\tilde{c}(z) := \sqrt{2E}z$ (wobei wir $\mathbb{R}_p \times \mathbb{R}_q$ mit $\mathbb{C}$ identifiziert haben), dann ist der Tangentialraum von $H^{-1}(E)$ an $\tilde{c}(z)$ durch den Vektor $i\tilde{c}(z)$ aufgespannt. Es ergibt sich eine Abbildung

$$c : S^1 \to \Lambda(1) \quad , \quad c(z) = \mathrm{span}\big(i\tilde{c}(z)\big)$$

   mit Maslov–Index $\deg(\mathrm{MA}_1 \circ c) = 2$. Denn die unorientierten Tangentialräume sind bei $(-p, -q)$ die gleichen wie bei $(p, q) \in H^{-1}(E)$, siehe auch nebenstehende Abbildung. ◇

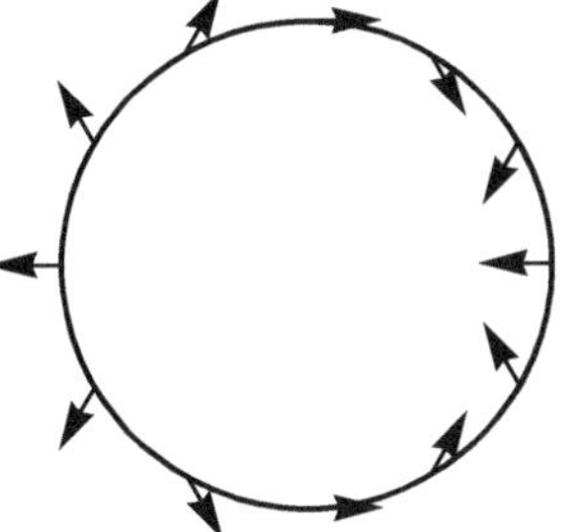

Zum Maslov-Index des 1D harmonischen Oszillators

[15] Siehe auch Bott [Bo1].

[16] Hier fassen wir die Kreislinie auf als $S^1 = \{z \in \mathbb{C} \mid |z| = 1\}$ und setzen den natürlichen Logarithmus so fort, dass die Abbildung $S^1 \to i\mathbb{R}$, $z \mapsto \frac{\mathrm{d}}{\mathrm{d}z} \log\left(f(z)\right)$ stetig ist.

Wie ist nun die Abbildung $\mathrm{MA}_m$ in (6.5.3) definiert? Diese Frage führt uns zur folgenden Darstellung der Lagrange–Grassmann–Mannigfaltigkeiten.

**6.56 Satz ($\Lambda(m)$ als homogener Raum)** *Für alle $m \in \mathbb{N}$ ist die Abbildung*

$$\mathrm{U}(m)/\mathrm{O}(m) \to \Lambda(m) \quad , \quad U\mathrm{O}(m) \mapsto \left\{ \begin{pmatrix} \mathrm{Re}(UO)\,x \\ \mathrm{Im}(UO)\,x \end{pmatrix} \;\middle|\; O \in \mathrm{O}(m),\, x \in \mathbb{R}^m \right\} \tag{6.5.5}$$

*ein Homöomorphismus zwischen dem homogenen Raum*[17] $\mathrm{U}(m)/\mathrm{O}(m)$ *und der Lagrange–Grassmann–Mannigfaltigkeit $\Lambda(m)$.*

**Beweis:**

• Für $V \in \mathrm{U}(m)$ ist die Menge $\left\{ \begin{pmatrix} \mathrm{Re}(V)\,x \\ \mathrm{Im}(V)\,x \end{pmatrix} \mid x \in \mathbb{R}^m \right\}$ ein Lagrange–Unterraum. Denn jeder $m$–dimensionale Unterraum $L \subset \mathbb{R}^m \times \mathbb{R}^m$ läßt sich als Bild einer injektiven linearen Abbildung

$$\mathbb{R}^m \to \mathbb{R}^m \times \mathbb{R}^m \quad , \quad x \mapsto \begin{pmatrix} Ax \\ Bx \end{pmatrix}$$

darstellen, mit $A, B \in \mathrm{Mat}(m, \mathbb{R})$ und $\mathrm{rang}\begin{pmatrix} A \\ B \end{pmatrix} = m$. $L$ ist genau dann Lagrange–Unterraum, wenn

$$\left\langle \begin{pmatrix} Ay \\ By \end{pmatrix}, \mathbb{J}\begin{pmatrix} Ax \\ Bx \end{pmatrix} \right\rangle = 0 \qquad (x, y \in \mathbb{R}^m),$$

also $A^\top B = B^\top A$ gilt.

Die Normalisierungs–Forderung, dass die Bilder der Basisvektoren $e_1, \ldots, e_m \in \mathbb{R}^m$ eine Orthonormalbasis von $L$ ergeben, ist gleichbedeutend zu $(A^\top\; B^\top)\begin{pmatrix} A \\ B \end{pmatrix} = A^\top A + B^\top B = \mathbb{1}$.

Beides zusammen ist genau dann der Fall, wenn $V := A + \imath B$ unitär ist, denn

$$V^*V = (A^\top - \imath B^\top)(A + \imath B) = (A^\top A + B^\top B) + \imath(A^\top B - B^\top A) = \mathbb{1}.$$

• Immer noch entspricht ein Lagrange–Unterraum vielen unitären Matrizen $V$, denn wir hätten ja statt der Basisvektoren $e_1, \ldots, e_m \in \mathbb{R}^m$ irgendeine Orthonormalbasis des $\mathbb{R}^m$ verwenden können. Die Wahl einer solchen entspricht aber dem Basiswechsel mit einer orthogonalen Matrix aus $\mathrm{O}(m)$.

• Die entsprechende Bijektion $\mathrm{U}(m)/\mathrm{O}(m) \to \Lambda(m)$ ist stetig, also wegen Kompaktheit von $\mathrm{U}(m)/\mathrm{O}(m)$ ein Homöomorphismus. □

Diese Darstellung von $\Lambda(m)$ ermöglicht die Definition des Maslov–Index:

**6.57 Lemma**
*Die Abbildung $\mathrm{MA}_m : \Lambda(m) \to S^1$ , $U\mathrm{O}(m) \mapsto \det\big(U\mathrm{O}(m)\big)^2$ ist wohldefiniert.*

---

[17] **Definition:** Eine Menge $M$ heißt *homogener Raum*, wenn eine Gruppe $G$ transitiv auf $M$ wirkt.

Hier wirkt die Lie–Gruppe $\mathrm{U}(m)$ stetig auf der Menge $\mathrm{U}(m)/\mathrm{O}(m)$ von Äquivalenzklassen unitärer Matrizen, mit der von $\mathrm{U}(m)$ stammenden Quotiententopologie (siehe Seite 464).

**Beweis:** Unabhängig von $O \in \mathrm{O}(m)$ ist

$$\left[\det(UO)\right]^2 = \left[\det(U)\right]^2\left[\det(O)\right]^2 = \left[\det(U)\right]^2. \qquad \square$$

Wir können den Maslov–Index einer Schleife in der Lagrange–Grassmann–Mannigfaltigkeit $\Lambda(m)$ auch ausrechnen, indem wir ihren Schnittpunkten mit einer gewissen Teilmenge $\overline{\Lambda}_1(m) \subset \Lambda(m)$ ganze Zahlen zuordnen und diese addieren.

**6.58 Beispiel (Maslov–Index für den 1D harmonischen Oszillator)**
In Beispiel 6.55.2 wurde der Maslov–Index der Parametrisierung $\tilde{c} : S^1 \to H^{-1}(E)$ der Energiekurve des harmonischen Oszillators berechnet, das heißt eigentlich, der Index der $\tilde{c}$ zugeordneten Kurve $c : S^1 \to \Lambda(1)$. Jeder Punkt $v \in \Lambda(1)$ wird von $c$ genau zweimal überstrichen, und zwar im mathematisch positiven Sinn. Also ist $\deg(c) = \sum_{z\in c^{-1}(v)} \mathrm{sign}\big(c'(z)\big) = 2$ der Maslov–Index. $\diamond$

In der Verallgemeinerung des Beispiels auf $m$ Freiheitsgrade ist es oft praktisch, als Referenzpunkt $v \in \Lambda(m)$ den ‚vertikalen' Lagrange–Unterraum $v := \mathbb{R}^m_p \times \{0\} \subset \mathbb{R}^m_p \times \mathbb{R}^m_q$ zu wählen.[18] Zwar werden typische glatte Kurven $c : S^1 \to \Lambda(m)$ für $m \geq 2$ den Referenzpunkt selbst nicht treffen, denn dann ist $\dim\big(\Lambda(m)\big) = \frac{m(m+1)}{2} > 1$. Betrachten wir aber die disjunkte Zerlegung der Lagrange–Grassmann-Mannigfaltigkeit in

$$\Lambda(m) = \bigcup_{k=0}^{m} \Lambda_k(m) \quad , \text{ mit } \quad \Lambda_k(m) := \big\{u \in \Lambda(m) \mid \dim(u \cap v) = k\big\},$$

dann lassen sich, wie wir sehen werden, Schnitte von $c$ mit $\overline{\Lambda}_1(m) := \Lambda(m) \backslash \Lambda_0(m)$ im Allgemeinen nicht vermeiden.

**6.59 Aufgaben (Maslov–Index)**

1. Zeigen Sie, dass für alle $k, m \in \mathbb{N}_0,\ k \leq m$ die Teilmenge $\Lambda_k(m)$ bezüglich der Abbildung

$$\pi_k : \Lambda_k(m) \to \mathrm{Gr}(v,k) \quad , \quad u \mapsto u \cap v$$

ein Bündel (siehe Definition F.1) über der Grassmann-Mannigfaltigkeit $\mathrm{Gr}(v,k)$ mit Faserdimension

$$\dim\big(\pi_k^{-1}(w)\big) = \frac{(m-k+1)(m-k)}{2} \qquad \big(w \in \mathrm{Gr}(v,k)\big)$$

ist. Folgern Sie mit Hilfe von Satz 6.51 für die Dimension der Mannigfaltigkeit $\Lambda_k(m)$:

$$\dim\big(\Lambda_k(m)\big) = \tfrac{1}{2}\big((m+1)m - (k+1)k\big) \qquad (k = 0, \ldots, m).$$

[18] Man könnte aber jeden anderen Punkt von $\Lambda(m)$ wählen.

2. Zeigen Sie, dass $\overline{\Lambda_1}(m) = \overline{\Lambda_1(m)}$ gilt, also für $k \geq 2$ die Untermannigfaltigkeiten $\Lambda_k(m)$ im Abschluss von $\Lambda_1(m)$ liegen, während $\Lambda_0(m)$ offen ist.

   **Tipp:** Zeigen Sie zunächst, dass $\pi_k^{-1}(w) \neq \emptyset$ gilt. Betrachten Sie dann unter Verwendung von Beispiel 6.44.3 eine Umgebung von $u \in \pi_k^{-1}(w)$. ◇

**6.60 Beispiel ($m = 1$)**
$\Lambda_1(1) = \{v\}$ und $\Lambda_0(1) = \Lambda(1)\backslash\{v\}$ ist diffeomorph zu $\mathbb{R}$. ◇

Wir wissen schon, dass in Verallgemeinerung dieses Beispiels $\Lambda_0(m)$ diffeomorph zum Vektorraum $\mathrm{Sym}(m, \mathbb{R})$ ist, denn gerade die zum vertikalen Unterraum $V = \mathbb{R}_p^m \times \{0\}$ transversalen Lagrange–Unterräume lassen sich als Graphen $\{(Aq, q) \in \mathbb{R}_p^m \times \mathbb{R}_q^m\}$ einer symmetrischen $m \times m$–Matrix $A$ darstellen.

Also lässt sich jede Schleife $c : S^1 \to \Lambda_0(m)$, $c(z) = \mathrm{Graph}\big(A(z)\big)$ mittels der Homotopie

$$H : S^1 \times [0, 1] \to \Lambda_0(m) \quad , \quad H(z, t) = \mathrm{Graph}\big(tA(z)\big)$$

zur konstanten Schleife (mit Wert $\{0\} \times \mathbb{R}_q^m \in \Lambda_0(m)$) kontrahieren. Da sich unter der stetigen Kontraktion der ganzzahlige Maslov–Index nicht ändert, ist er für Schleifen $c : S^1 \to \Lambda_0(m)$ gleich Null.

**6.61 Aufgabe (Wertebereich des Maslov-Index)**
Für vorgegebene $m \in \mathbb{N}$ und $I \in \mathbb{Z}$ gibt es eine Kurve $c : S^1 \to \Lambda(m)$ mit

$$\deg\big(\mathbf{MA}_m \circ c\big) = I\,.$$

**Tipp:** Finden Sie unter Verwendung von $\Lambda(1) \cong S^1$ zunächst eine solche Kurve für $m = 1$, und betten Sie diese dann in $\Lambda(m)$ ein, indem Sie $\mathbb{R}_p \times \mathbb{R}_q$ als symplektischen Unterraum von $(\mathbb{R}_p^m \times \mathbb{R}_q^m, \omega_0)$ auffassen. ◇

Die Aufgabe zeigt, dass sich Schnittpunkte von $c$ mit $\overline{\Lambda_1}(m)$ im Allgemeinen nicht umgehen lassen. Wohl aber ist es möglich, unter eventueller Anwendung einer Homotopie zu erreichen, dass $\overline{\Lambda_2}(m) := \overline{\Lambda_1}(m)\backslash\Lambda_1(m)$ vermieden wird und für $c(z) \in \Lambda_1(m)$ der Richtungsvektor $c'(z) \in T_{c(z)}\Lambda(m)$ transversal zum Tangentialraum $T_{c(z)}\Lambda_1(m)$ liegt[19], siehe die (schematische) Abbildung 6.5.1. Dies folgt aus der Formel

$$\mathrm{codim}\big(\Lambda_k(m)\big) := \dim\big(\Lambda(m)\big) - \dim\big(\Lambda_k(m)\big) = \frac{(k+1)k}{2}$$

für die Kodimension der Untermannigfaltigkeiten (siehe Aufgabe 6.59 und Abbildung 6.5.1). Denn diese ist für $k \geq 2$ mindestens 3, also größer als $\dim(S^1) = 1$ und auch größer als die Dimension 2 einer mit einer Homotopie $H : S^1 \times [0, 1] \to \Lambda(m)$ bewegten Schleife (damit hängt die folgende zweite Definition des Maslov–Index nicht von der Wahl einer Homotopie ab).

[19]In Hirsch [Hirs] findet man eine ausführliche Darstellung des Themas ‚Transversalität'.

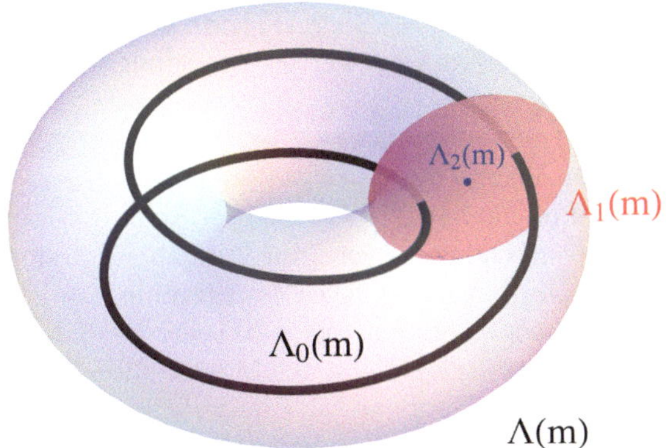


Abbildung 6.5.1: Schematische Darstellung einer Kurve $c : S^1 \to \Lambda(m)$ in der Lagrange–Grassmann–Mannigfaltigkeit mit Maslov–Index $\mathbf{MA}_m \circ c = 2$, mit Untermannigfaltigkeiten $\Lambda_k(m)$

Ist $c(z) \in \Lambda_1(m)$ und $c'(z)$ transversal zu $\Lambda_1(m)$, dann ist genau ein Eigenwert $\lambda(z)$ einer unitären Darstellung $U(z)$ von $c(z)$ imaginär, und dessen Ableitung $\lambda'(z)$ besitzt einen wohldefinierten Umlaufsinn $\operatorname{sign}\left(\frac{\lambda'(z)}{i\lambda(z)}\right)$. Die Summe dieser Vorzeichen ergibt den Maslov–Index von $c$.

**6.62 Aufgabe (Harmonischer Oszillator)**
Berechnen Sie den Maslov–Index für die Lissajous–Figur aus Abbildung 6.3.1, rechts, also für eine geschlossene Lösungskurve $\tilde{c} : S^1 \to F^{-1}(f) \subset \mathbb{R}^4$ mit

$$F = \begin{pmatrix} F_1 \\ F_2 \end{pmatrix} \quad , \quad F_i(p,q) = \frac{\omega_i}{2}(p_i^2 + q_i^2) \quad \text{und} \quad \frac{\omega_2}{\omega_1} = \frac{5}{3} \, .$$

Dieser Kurve ist die Abbildung

$$c : S^1 \to \Lambda(2) \quad , \quad c(z) := T_{c(z)} F^{-1}(f)$$

zugeordnet. Wie kann man der abgebildeten Projektion von $\tilde{c}$ auf den Konfigurationsraum ansehen, dass gilt: $\deg(\mathbf{MA}_2 \circ c) = 16$ ? ◇

Nicht nur Schleifen von Lagrange–Unterräumen, sondern auch von symplektischen Abbildungen kann man einen Maslov–Index zuordnen. Dies folgt unmittelbar aus Satz 6.49 in Kapitel 6.4, denn einer Schleife $c : S^1 \to \mathrm{Sp}(2m, \mathbb{R})$ entspricht eine Schleife

$$\tilde{c} : S^1 \to \Lambda(2m) \quad , \quad \tilde{c}(z) = \mathrm{Graph}\big(c(z)\big) \, .$$

Tatsächlich ist der *Maslov–Index von* $c$ als $\frac{1}{2}\deg(\mathbf{MA}_m \circ \tilde{c})$ definiert. Dies bewirkt, dass jede ganze Zahl (und nicht nur die geraden Zahlen) als Maslov–Index vorkommt.

Der Maslov–Index von $c : S^1 \to \mathrm{Sp}(2,\mathbb{R})$ kann auch mithilfe der Hyperfläche der Matrizen mit degenerierten Eigenwerten $+1$ definiert werden (siehe Aufgabe 6.26).

**6.63 Weiterführende Literatur**
Weiterführende Aspekte werden zum Beispiel im Buch [LiMa] von LIBERMANN und MARLE sowie dem Online-Skript (mit Aufgaben) ‚Symplectic Geometry' von DUISTERMAAT [Du] behandelt. Die Monographie [Lon] von LONG hat die symplektische Index-Theorie zum Thema. [SB] von SCHULZ-BALDES beschreibt einen alternativen Weg zur Berechnung des Maslov–Index. $\diamond$

# Kapitel 7

# Stabilitätstheorie

1885 Coventry Rotary Quadracycle, Washington DC.
Foto: The U.S. National Archives and Records Administration.



Die in Definition 2.21 eingeführten Stabilitätsbegriffe wurden bisher hauptsächlich auf lineare Systeme angewandt. Bei der in diesem Kapitel erfolgenden Analyse nichtlinearer differenzierbarer dynamischer Systeme erweist sich die asymptotische Stabilität aber als robust. So ist eine Ruhelage asymptotisch stabil wenn die Linearisierung des Vektorfelds an dieser Stelle asymptotisch stabil ist (Satz 7.6).

Leider spielt asymptotische Stabilität bei hamiltonschen Systemen keine Rolle, jedoch zeigt sich hier – zumindest im linearen Fall – Liapunov–Stabilität typischerweise als robust unter kleinen *hamiltonschen* Störungen. Der Nachweis der Liapunov–Stabilität bei nichtlinearen hamiltonschen Systemen ist dagegen oft schwierig (er wird im Kapitel 15.4 über KAM-Theorie wieder aufgegriffen).

Verzweigungen sind topologische Änderungen des Phasenraumportraits parameterabhängiger dynamischer Systeme. Im einfachsten (*lokalen*) Fall sind sie Folge einer Veränderung der Stabilitätseigenschaften einer Ruhelage oder eines periodischen Orbits.

## 7.1 Stabilität linearer Differentialgleichungen

Bevor wir die linearen Differentialgleichungen verlassen, wollen wir uns noch die Frage ihrer Stabilität anschauen. Neu gegenüber den Ergebnissen des Kapitels 5.2 ist dabei nur die Einbeziehung nicht hyperbolischer Matrizen.

Wir benutzen dabei wieder den Index einer quadratischen Matrix, also die Summe der algebraischen Vielfachheiten der Eigenwerte $\lambda \in \mathbb{C}$ mit $\mathrm{Re}(\lambda) < 0$.

**7.1 Satz**
*Die Ruhelage* $0$ *der Differentialgleichung* $\dot{x} = Ax$ *mit* $A \in \mathrm{Mat}(n, \mathbb{R})$ *ist*

1. **instabil**, *wenn* $\mathrm{Ind}(-A) > 0$, *oder wenn* $\mathrm{Ind}(-A) = 0$, *es aber einen Eigenwert* $\lambda \in \imath\,\mathbb{R}$ *gibt, dessen algebraische Multiplizität größer als die geometrische ist,*
2. **liapunov-stabil** , *wenn keine der in 1. genannten Bedingungen erfüllt ist,*
3. **asymptotisch stabil** *genau dann, wenn* $\mathrm{Ind}(A) = n$ *gilt.*

**Beweis:** Da Instabilität, Liapunov–Stabilität und asymptotische Stabilität linearer Differentialgleichungen unter Ähnlichkeitstransformationen erhalten bleiben, nehmen wir ohne Beschränkung der Allgemeinheit an, dass sich $A$ schon in der reellen Jordan–Normalform befindet, also aus reellen Jordan–Blöcken der Form

$$J_r^{\mathbb{R}}(\lambda) := J_r(\lambda) \text{ für } \lambda \in \mathbb{R} \quad \text{und} \quad J_r^{\mathbb{R}}(\lambda) := \begin{pmatrix} J_r(\mu) & -\varphi \mathbb{1}_r \\ \varphi \mathbb{1}_r & J_r(\mu) \end{pmatrix} \text{ für } \lambda \in \mathbb{C}\backslash\mathbb{R}$$

besteht, mit $\mu := \mathrm{Re}(\lambda)$, $\varphi := \mathrm{Im}(\lambda)$ und den Jordan–Blöcken $J_r(\mu)$ aus Definition 4.6.

1. Nach Voraussetzung gibt es einen Jordan–Block zu einem Eigenwert $\lambda$, für den $\mathrm{Re}(\lambda) > 0$ oder $\mathrm{Re}(\lambda) = 0$, aber $r \geq 2$ gilt. Wir benutzen den $r$–ten kanonischen Basisvektor $e_r$ im fluss–invarianten Unterraum dieses reellen Jordan–Blocks als Anfangswert. Inspektion von (4.1.6) beziehungsweise (4.1.7) zeigt, dass
$$\lim_{t\to\infty} \| \exp\left(J_r^{\mathbb{R}}(\lambda)\right) e_r \| = \infty\,.$$

2. Andernfalls gibt es keine Eigenwerte $\lambda$ mit Realteil $\mu > 0$, und diejenigen mit Realteil $\mu = 0$ gehören zu Jordan–Blöcken $J_r(\lambda)$ der Größe $r = 1$.

   Im Fall $\mu < 0$ zeigt für reelle $\lambda$ (4.1.6) und für nicht reelle $\lambda$ (4.1.7), dass

$$\lim_{t\to\infty} \left\| \exp\left(J_r^{\mathbb{R}}(\lambda)t\right) \right\| = \lim_{t\to\infty} e^{\mu t} \left\| \exp\left(J_r^{\mathbb{R}}(i\varphi)t\right) \right\| = 0\,.$$

   Für $\mathrm{Re}(\lambda) = 0$ und $r = 1$ tritt neben dem Fall $\exp(J_r(0)t) = 1$ nur der Fall des reellen Jordan–Blocks

$$\left\|\exp\left(J_r^{\mathbb{R}}(\lambda)t\right)\right\| = \left\| \begin{pmatrix} \cos(\varphi t) & -\sin(\varphi t) \\ \sin(\varphi t) & \cos(\varphi t) \end{pmatrix} \right\| = 1$$

   aus (4.1.8) auf, und beide führen zu Liapunov–Stabilität.

3. Ist $\mathrm{Ind}(A) = n$, also $\mathrm{Re}(\lambda) < 0$, dann ist $\lim_{t\to\infty} \| \exp(J_r^{\mathbb{R}}(\lambda)t)\| = 0$. Sonst gibt es ein $\lambda$ mit $\mathrm{Re}(\lambda) \geq 0$, also $\lim_{t\to\infty} \| \exp(J_r^{\mathbb{R}}(\lambda)t)\| \geq 1$. □

Hamiltonsche Flüsse besitzen keine asymptotisch stabilen Fixpunkte, denn sie lassen das Phasenraumvolumen invariant (das gilt auch im nichtlinearen Fall, siehe Bemerkung 10.14.2).

Der Nullpunkt kann nach Bemerkung 6.25 nur dann liapunov–stabiler Fixpunkt eines linearen hamiltonschen Systems sein, wenn alle Eigenwerte des den Fluss erzeugenden infinitesimal symplektischen Endomorphismus auf der imaginären Achse liegen. Bei Multiplizität $\neq 1$ ist die Liapunov–Stabilität von der Struktur der Jordan–Blöcke abhängig.

In einem gewissen Sinn neigen hamiltonsche Systeme also weniger zur Stabilität als allgemeine dynamische Systeme. Es gibt aber auch andere Aspekte.

**7.2 Definition** *Ein infinitesimal symplektischer Endomorphismus* $A \in \mathfrak{sp}(E,\omega)$ *heißt* **stark stabil**, *wenn eine Umgebung* $U \subset \mathfrak{sp}(E,\omega)$ *von* $A$ *existiert, sodass für alle* $B \in U$ *der Nullpunkt bezüglich des Flusses* $\exp(Bt)$ *liapunov-stabil ist.*

Zunächst fällt bei der Definition auf, dass nicht von der Stabilität eines Fixpunktes, sondern von der eines flusserzeugenden Endomorphismus gesprochen wird. Natürlich hängt das mit der Tatsache zusammen, dass der Nullpunkt immer Fixpunkt eines linearen Flusses ist.

Die Idee, die der Definition starker Stabilität zugrunde liegt, ist, dass wir die Bewegungsgleichung eines konkreten mechanischen Systems nicht mit unendlicher Präzision kennen, da wir zum Beispiel die Massen der wechselwirkenden Körper nur mit endlicher Genauigkeit messen können. Wir sind daher an der Frage interessiert, ob wir trotzdem entscheiden können, ob das mechanische System liapunov-stabil ist.

**7.3 Satz (Starke Stabilität)**
*Wenn alle Eigenwerte* $\lambda \in \mathbb{C}$ *eines infinitesimal symplektischen Endomorphismus voneinander verschieden sind und auf der imaginären Achse liegen, ist* $A$ *stark stabil.*

**Beweis:** Der Minimalabstand zweier Nullstellen des charakteristischen Polynoms sei $4\varepsilon$, für $\varepsilon > 0$. Wir betrachten für jede Nullstelle eine $\varepsilon$–Umgebung. Diese Umgebungen überlappen nicht, siehe nebenstehende Abbildung. Die Wurzeln des charakteristischen Polynoms einer Matrix hängen stetig von den Matrixelementen ab. Also muss ein genügend nahe bei $A$ liegender Endomorphismus $B$ Eigenwerte haben, von denen je einer in einer der $\varepsilon$–Umgebungen liegt.

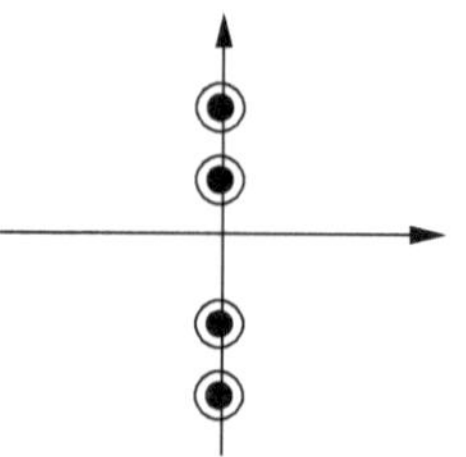

Eigenwerte einer Matrix $A \in \mathfrak{sp}(\mathbb{R}^4)$

Würden diese Eigenwerte $\lambda$ nicht gleichzeitig auf der imaginären Achse liegen, so wäre $-\overline{\lambda} \neq \lambda$ in der gleichen $\varepsilon$–Umgebung. Widerspruch! □

**7.4 Aufgabe (Starke Stabilität)**
Wir betrachten die lineare, zeitabhängige Differentialgleichung

$$\ddot{x}(t) = -f(t)\, x(t) \qquad (t \in \mathbb{R})$$

mit stetigem, $T$–periodischem $f : \mathbb{R} \to [0, \infty)$, $T > 0$, also $f(t + T) = f(t)$. Die Differentialgleichung ist äquivalent zu einem hamiltonschen System mit zeitabhängiger Hamilton–Funktion

$$H : \mathbb{R}_t \times \mathbb{R}^2_x \to \mathbb{R} \quad , \quad H(t, x_1, x_2) := \tfrac{1}{2}x_1^2 + \tfrac{1}{2}f(t)\, x_2^2 .$$

(a) Zeigen Sie, dass die durch den hamiltonschen Fluss definierten linearen Abbildungen $\Phi_t : \mathbb{R}^2 \to \mathbb{R}^2$, $\Phi_t(x(0)) := x(t)$, $t \in \mathbb{R}$, aufgrund der Zeitabhängigkeit von $f$ im Allgemeinen keine Gruppe bilden.

(b) Zeigen Sie $\Phi_{T+s} = \Phi_s \circ \Phi_T$ für alle $s \in \mathbb{R}$. Daraus folgt dann, dass die Abbildungen $\Phi_{nT} = (\Phi_T)^n$, $n \in \mathbb{Z}$, eine Gruppe bilden.

(c) Man nennt $A := \Phi_T : \mathbb{R}^2 \to \mathbb{R}^2$ die *Periodenabbildung* des Systems. Begründen Sie, warum diese linear ist und Determinante $1$ hat.

(d) Zeigen Sie, dass die Nulllösung $\Phi_t(0) = 0$ genau dann liapunov–stabil ist, wenn $0$ liapunov–stabiler Fixpunkt von $A$ (das heißt des dynamischen Systems $\Psi : \mathbb{Z} \times \mathbb{R}^2 \to \mathbb{R}^2$, $\Psi(n, x) := A^n(x)$) ist.

(e) In Verallgemeinerung von Definition 7.2 bezeichnen wir die Nulllösung als *stark stabil*, wenn sie für alle Hamilton–Funktionen in einer Umgebung von $H$ liapunov–stabil ist. Hier schränken wir uns auf Hamilton–Funktionen der Form $\tilde{H} : \mathbb{R}_t \times \mathbb{R}^2 \to \mathbb{R}$, $(t, x) \mapsto \langle x, \tilde{B}(t)x\rangle$ mit $\tilde{B} : \mathbb{R} \to \mathrm{Mat}(2, \mathbb{R})$, $\tilde{B}(t) = \tilde{B}(t)^\top = \tilde{B}(t + T)$ ein und verwenden die Norm

$$\|\tilde{H}\| := \sup\left\{\|B(t)v\|_{\mathbb{R}^2} \mid t \in [0, T],\ v \in \mathbb{R}^2,\ \|v\| \leq 1\right\}$$

zur Definition einer Umgebung. Zeigen Sie, dass die Nulllösung stark stabil ist, wenn $A$ (aus (c)) die Bedingung $|\mathrm{tr}\, A| < 2$ erfüllt.

(f) Betrachte nun die konkrete Funktion $f(t)^2 := \omega^2(1 + \varepsilon \cos(t))$ mit $\omega, \varepsilon \in \mathbb{R}$. Zeigen Sie mit Hilfe von (e), dass die Nulllösung für die Parameterwerte $\varepsilon = 0$ und $\omega \in \mathbb{R} \setminus \frac{1}{2}\mathbb{Z}$ stark stabil ist. ◇

## 7.2 Liapunov-Funktionen

Wir verlassen jetzt den Fall linearer Differentialgleichungssysteme und wenden uns dem nicht linearen Fall zu.

Eine natürliche Fragestellung ist die, ob ein Fixpunkt dann asymptotisch stabil ist, wenn die Linearisierung der DGL um diesen Punkt zu einem asymptotisch stabilen linearen Fluss führt. Für die Beantwortung dieser und vergleichbarer Fragen (wie der in Bemerkung 7.9 angesprochenen) sind Liapunov–Funktionen nützlich:

**7.5 Definition** *Sei $\Phi : G \times M \to M$ ein stetiges dynamisches System.*[1] *$L \in C^0(M, \mathbb{R})$ heißt* **Liapunov–Funktion** *von $\Phi$, wenn $L$ (oder $-L$) entlang der Bahnkurven monoton fällt.*

Eine Bahnkurve, die zu einem gegebenen Zeitpunkt die Menge $M_\ell := \{m \in M \mid L(m) \leq \ell\}$ trifft, kann diese in Zukunft nicht mehr verlassen. Andererseits hätte man gerne, dass die Funktion (außer an Fixpunkten etc.) *streng* monoton in der Zeit fällt, und die Trajektorien in immer kleineren Mengen $M_{\ell'} \subset M_\ell$ mit $\ell' < \ell$ gefangen werden.

Natürlich lässt sich ein entsprechendes Argument für eine entlang Bahnkurven monoton wachsende Funktion anwenden.

Wir wollen nun zeigen, dass die Lösungen der Differentialgleichung in führender Ordnung durch die Linearisierung von $f$ kontrolliert werden, soweit wir uns in der Nähe der Gleichgewichtslage befinden. Wir können die Gronwall–Ungleichung (Satz 3.42) benutzen.

**7.6 Satz (Liapunov)**
*Eine Gleichgewichtslage $x_s \in U \subseteq \mathbb{R}^n$ der Differentialgleichung*

$$\dot{x} = f(x) \quad , \quad f \in C^1(U, \mathbb{R}^n)$$

*ist asymptotisch stabil, wenn $\operatorname{Ind}(\mathrm{D}f(x_s)) = n$ ist.*

**Beweis:**

• Wieder können wir durch eine Verschiebung $x_s = 0$ erreichen. Da $U \subseteq \mathbb{R}^n$ offen ist, gehört eine Kugelumgebung vom positiven Radius $\tilde{r}$ zu $U$.

• Für $A := \mathrm{D}f(x_s)$ gibt es ein $\Lambda < 0$ mit $\mathrm{Re}(\lambda_i) < \Lambda$ für alle Eigenwerte $\lambda_i \in \mathbb{C}$ von $A$. Außerdem gibt es (wie man aus der Jordan–Normalform von $\exp(At)$ abliest) ein $C \geq 1$ mit

$$\|\exp(At)\| \leq C \exp(\Lambda t) \qquad (t \geq 0). \tag{7.2.1}$$

Die Duhamel–Gleichung (4.2.10) erlaubt uns, die maximale Lösung des Anfangswertproblems in der Form

$$x(t) = \exp(At)x(0) + \int_0^t \exp\big(A(t-s)\big) R\big(x(s)\big)\, \mathrm{d}s \qquad (t \in I)$$

[1] Oft genügt es bei Benutzung von Liapunov–Funktionen, zu zeigen, dass die Dynamik $\Phi_t : M \to M$ für alle $t \geq 0$ existiert, so etwa im Beweis des nachfolgenden Satzes 7.6.

mit $I \subseteq \mathbb{R}$ zu schreiben, für den Störterm $R(x) := f(x) - Ax$.

- Nun existiert ein Radius $r \in (0, \tilde{r})$ mit

$$\|R(x)\| \leq \frac{|\Lambda|}{2C}\,\|x\|, \qquad \text{falls } \|x\| \leq r\,, \tag{7.2.2}$$

denn nach Taylor ist $\lim_{x\to 0} \frac{\|R(x)\|}{\|x\|} = \lim_{x\to 0} \|f(x) - \mathrm{D}f(0)x - f(0)\|/\|x\| = 0$.

- Mit (7.2.1) und (7.2.2) folgt für die Funktion

$$F : I \to [0,\infty) \quad , \quad F(t) := \|x(t)\| \exp(|\Lambda| t)\,,$$

für alle Lösungen mit Anfangswerten $x(0) \in U_r(0)$ und für das maximale Zeitintervall $[0,T) \subset I$ mit $x\big([0,T)\big) \subset U_r(0)$

$$F(t) \leq CF(0) + \int_0^t C\frac{|\Lambda|}{2C}\|x(s)\|\,\mathrm{d}s \leq CF(0) + \int_0^t \frac{|\Lambda|}{2} F(s)\,\mathrm{d}s \qquad (t \in [0,T)).$$

Nach dem Gronwall–Lemma 3.42 ist also $F(t) \leq CF(0)\exp(\frac{1}{2}|\Lambda| t)$ oder

$$\|x(t)\| \leq C\|x(0)\| \exp\left(\tfrac{1}{2}\Lambda t\right)\,.$$

Die Lösungskurven mit Anfangsbedingung $x(0) \in U_{r/C}(0)$ bleiben also für alle positiven Zeiten in der Vollkugel $U_r(0)$ und konvergieren gegen die Ruhelage bei Null. Mit anderen Worten ist $x_s$ asymptotisch stabil. □

### 7.7 Bemerkungen

1. Der Beweis lieferte zusätzlich die Aussage, dass alle $x \in U_{r/C}(0)$ zu gegen die Gleichgewichtslage konvergierenden Orbits gehören, also in deren Einzugsbereich, dem *Bassin*, liegen (siehe Definition 2.23).

2. Als Korollar erhalten wir, dass eine Gleichgewichtslage $x_s$ instabil ist, falls $\mathrm{Ind}\big(-\mathrm{D}f(x_s)\big) = n$ gilt. Das folgt aus Satz 7.6 mittels Zeitumkehr, also Übergang zu $-f$. Für die Instabilität von $x_s$ reicht aber sogar $\mathrm{Ind}\big(-\mathrm{D}f(x_s)\big) \geq 1$ aus (siehe etwa WALTER [Wal], §29). ◇

### 7.8 Aufgabe (Liapunov–Funktion)

Die Vektorfelder in der folgenden Aufgabe sind nicht vollständig. Daher erweitern wir Definition 7.5 auf diese Situation: Für die Differentialgleichung $\dot{x} = g(x)$ auf $M \subseteq \mathbb{R}^n$ mit lokal lipschitz–stetigem Vektorfeld $g : M \to \mathbb{R}^n$ existiere eine stetig differenzierbare Funktion $V : M \to \mathbb{R}$, so dass für alle Lösungen $I \ni t \mapsto x(t)$ der Differentialgleichung

$$\tfrac{\mathrm{d}}{\mathrm{d}t} V\big(x(t)\big) \leq 0 \qquad (t \in I)$$

erfüllt ist.

Bekannterweise ist der Ursprung ein liapunov–stabiler, aber nicht asymptotisch stabiler Fixpunkt des linearen Systems $\dot{x} = Ax$ mit $x \in \mathbb{R}^2$, $A = \left(\begin{smallmatrix} 0 & -1 \\ 1 & 0 \end{smallmatrix}\right)$.

Verwenden Sie die Liapunov–Funktion $V(x) := \frac{1}{2}\|x\|^2$, um die Stabilität der gestörten Systeme $\dot{x} = Ax + f_j(x)$ mit $f_j : \mathbb{R}^2 \to \mathbb{R}^2$ $(j \in \{1,2,3\})$

(a) $f_1(x_1, x_2) := (-x_1^3 - x_1 x_2^2,\ -x_2^3 - x_1^2 x_2)^\top$

(b) $f_2(x_1, x_2) := (x_1^3 + x_1 x_2^2,\ x_2^3 + x_1^2 x_2)^\top$

(c) $f_3(x_1, x_2) := (-x_1 x_2,\ x_1^2)^\top$

zu untersuchen. Welche Form haben die Orbits im Fall (c)?

Es sei nun $\dot{x} = f_4(x) := \begin{pmatrix} -x_2 - x_1 x_2^2 + x_3^2 - x_1^3 \\ x_1 + x_3^3 - x_2^3 \\ -x_1 x_3 - x_1^2 x_3 - x_2 x_3^2 - x_3^5 \end{pmatrix}$. Zeigen Sie:

(d) $0 \in \mathbb{R}^3$ ist asymptotisch stabil.

(e) Die Trajektorien des linearisierten Systems $\dot{x} = \mathrm{D}f_4(0)x$ liegen in Kreisen parallel zur $x_1, x_2$–Ebene, der Ursprung ist für das linearisierte System also liapunov–stabil, aber nicht asymptotisch stabil. ◇

**7.9 Bemerkung (Liapunov–Funktion und hamiltonsche Dynamik)**
Es mag so aussehen, als ob das Konzept der Liapunov–Funktion im hamiltonschen Fall keine Anwendung findet. In der Tat ist ja dort das Phasenraumvolumen erhalten, sodass wir sowieso keine asymptotische Stabilität erwarten können. Es gibt aber andere Anwendungen:

1. Nichtdegenerierte Extremalstellen $x$ einer Hamilton–Funktion $H$ sind liapunov–stabile Fixpunkte. Denn einerseits ist $X_H(x) = 0$, andererseits ist $H$ selbst Liapunov–Funktion, da der Wert von $H$ sich entlang der Orbits nicht ändert. Zum dritten gibt es für eine Minimalstelle $x$ zu jeder Umgebung $U$ von $x$ eine Umgebung $V \subset U$ von $x$ der Form $V = H^{-1}\big([h, h+\varepsilon)\big)$.

2. Betrachten wir zum Beispiel die durch die Hamilton–Funktion

$$H : M := \mathbb{R}_p^3 \times \mathbb{R}_q^3 \to \mathbb{R} \quad , \quad H(p,q) = \tfrac{1}{2}\|p\|^2$$

gegebene freie Bewegung $\dot{q} = p$, $\dot{p} = 0$ oder $\Phi\big(t,(p_0,q_0)\big) = (p_0, q_0 + p_0 t)$. $L : M \to \mathbb{R}$, $(p,q) \mapsto \langle p, q\rangle$ ist dann eine Liapunov–Funktion, denn

$$\frac{\mathrm{d}}{\mathrm{d}t} L\big(\Phi_t(p,q)\big) = \langle \dot{p}, q\rangle + \langle p, \dot{q}\rangle = \langle p, \dot{q}\rangle = \|p\|^2 \geq 0\,.$$

Da $L(p,q) = \frac{1}{2}\frac{\mathrm{d}}{\mathrm{d}t}\|q\|^2$, ist $t \mapsto \|q\|^2(t)$ konvex. Das können wir zwar in diesem Fall auch direkt ausrechnen, denn $\|q\|^2(t) = \|q_0 + p_0 t\|^2$.

Wir können aber ähnlich argumentieren, wenn die Bewegung des Teilchens von einem Kraftfeld (schwach) abgelenkt wird. Unter geeigneten Voraussetzungen können wir dann schließen, dass die Bahn trotzdem nach räumlich unendlich geht. Daher ist dieses Argument in der Streutheorie beliebt (siehe etwa den Beweis von Satz 12.5). $L$ heißt dort *escape-Funktion*. ◇

## 7.3 Verzweigungen

Oft hängt ein dynamisches System von Parametern ab, wie zum Beispiel die in Kapitel 5.4 diskutierte Feder mit Reibung. Unter Veränderung des Parameters wird sich im Allgemeinen das Phasenportrait (das heißt die Zerlegung des Phasenraums in orientierte Orbits) ändern.

Es kann sein, dass wir einen Homöomorphismus des Phasenraums finden, der die Phasenportraits ineinander überführt, das heißt, orientierte Orbits auf orientierte Orbits abbildet. Solche Homöomorphismen wurden für die linearen hyperbolischen Flüsse in Satz 5.9 konstruiert.

Es kann aber auch sein, dass sich das Phasenportrait an einem bestimmten Parameterwert qualitativ ändert, dass es also nicht nur eine Deformation des Phasenportraits für andere Parameterwerte ist und kein derartiger Homöomorphismus existiert. Ein solches Phänomen wird *Verzweigung* oder auch *Bifurkation* genannt. Wie so vieles in der Theorie dynamischer Systeme geht der Begriff auf Poincaré zurück.

Qualitative Veränderungen des Phasenportraits durch Verzweigung eines Fixpunktes heißen *lokale*, alle anderen *globale* Bifurkationen.

Eine besondere Situation liegt vor, wenn sich der Phasenraum selbst parameterabhängig ändert. Beispielsweise ist ja bei hamiltonschen Systemen die Gesamtenergie Konstante der Bewegung, man kann also deren Niveauflächen als reduzierte Phasenräume benutzen. Bei Energieänderung können diese Phasenräume zueinander homöomorph bleiben oder ihre Gestalt ändern.

### 7.3.1 Verzweigungen von Ruhelagen

Am einfachsten ist die Theorie der lokalen Verzweigungen eines parameterabhängigen differenzierbaren dynamischen Systems. Dessen Phasenraum $M$ und Parameterraum $P$ sind differenzierbare Mannigfaltigkeiten.
Wir betrachten also für die Differenzierbarkeitsstufe $n \in \mathbb{N}$ (oder $n = \infty$):

- im *zeitdiskreten* Fall einen parameterabhängigen Diffeomorphismus $F_p : M \to M \quad (p \in P)$, gegeben durch ein $F \in C^n\big(M \times P, M\big)$, und einen Fixpunkt $x_0 \in M$ von $F_{p_0}$;

- im *zeitkontinuierlichen* Fall die parameterabhängige Differentialgleichung

$$\dot{x} = f(x, p) \quad \text{mit} \quad f \in C^n\big(M \times P, \mathbb{R}^d\big). \tag{7.3.1}$$

  Es sei für Parameterwert $p_0 \in P$ der Phasenraumpunkt $x_0 \in M$ eine Ruhelage.

Bei lokalen Betrachtungen in einer Umgebung von $(x_0, p_0) \in M \times P$ gehen wir ohne Beschränkung der Allgemeinheit davon aus, dass der Phasenraum $M$ statt eine beliebige Mannigfaltigkeit eine offene Teilmenge des $\mathbb{R}^d$ ist, und der Parameterraum $P$ offen in $\mathbb{R}^k$.

**7.10 Definition**
$p_0 \in P$ *heißt* **Verzweigungspunkt für die Ruhelage** $x_0$, *wenn*

- *die Matrix* $\mathrm{D}_1 F(x_0, p_0) \in \mathrm{Mat}(d, \mathbb{R})$ *einen komplexen Eigenwert mit Betrag 1 besitzt;*
- *die Matrix* $\mathrm{D}_1 f(x_0, p_0) \in \mathrm{Mat}(d, \mathbb{R})$ *einen imaginären Eigenwert besitzt.*

**7.11 Bemerkung**
Der Vorteil dieser Definition ist einerseits, dass sich die Bedingung leicht überprüfen lässt. Andererseits wissen wir als Folgerung von Satz 5.9, dass bei *linearen* Differentialgleichungen $\dot{x} = Ax$ genau für diese nichthyperbolischen Systemmatrizen $A \in \mathrm{Mat}(d, \mathbb{R})$ Verzweigungen auftreten.

Genau für diesen Fall besitzen aber die Lösungsoperatoren $\exp(At)$ für Zeiten $t \neq 0$ einen komplexen Eigenwert vom Betrag Eins, was auch den ersten Teil der Definition motiviert. ◇

Bei diesen Punkten $(x_0, p_0)$ im erweiterten Phasenraum *kann* sich das parameterabhängige Phasenraumportrait qualitativ ändern, dies muss aber nicht der Fall sein. Umgekehrt gilt allerdings:

**7.12 Satz (Parametrisierte Fixpunkte)**
*Es sei* $x_0 \in M$ *Fixpunkt für den Parameterwert* $p_0$. *Unter den folgenden Bedingungen gibt es offene Umgebungen* $\tilde{P} \subseteq P$ *von* $p_0$ *und* $\tilde{M} \subseteq M$ *von* $x_0$ *sowie eine Abbildung* $X \in C^n(\tilde{P}, \tilde{M})$ *mit* $X(p_0) = x_0$, *die die Ruhelagen lokal parametrisiert:*

- *Wenn 1 kein Eigenwert der Matrix* $\mathrm{D}_1 F(x_0, p_0)$ *ist. Dann ist für* $p \in \tilde{P}$
$$F\big(X(p), p\big) = X(p) \quad , \textit{ und } \quad \text{graph}(X) = \{(x,p) \mid F(x,p) = x\} \cap \tilde{M} \times \tilde{P}.$$
- *Wenn 0 kein Eigenwert der Matrix* $\mathrm{D}_1 f(x_0, p_0)$ *ist. Dann ist*
$$f\big(X(p), p\big) = 0 \quad (p \in \tilde{P}) \quad \textit{und} \quad \text{graph}(X) = f^{-1}(0) \cap \tilde{M} \times \tilde{P}.$$

**Beweis:** Dies ist einfach der Satz über implizite Funktionen, angewandt auf $F - \mathrm{Id}_M$ beziehungsweise $f$. □

Die Voraussetzung ist jeweils erfüllt, wenn $x_0$ kein Verzweigungspunkt ist.

**7.13 Bemerkung (Asymptotische Stabilität)**
Der Satz besagt, dass bei kleinen Veränderungen der Parameter der Fixpunkt nicht verschwinden kann oder ein zweiter Fixpunkt in seiner Nähe auftauchen kann. Stattdessen verändert sich seine Lage gemäß $X$, also mit der gleichen Differenzierbarkeitsstufe wie das parameterabhängige Vektorfeld selbst.

Fordert man sogar, dass $p_0$ kein Verzweigungspunkt ist, dann ist im zeitkontinuierlichen Fall der Index $p \mapsto \mathrm{Ind}\big(\mathrm{D}_1 f(X(p), p)\big)$ der Systemmatrix (Definition 5.2) auf $\tilde{P}$ konstant. Eine analoge Aussage gilt im zeitdiskreten Fall für die Anzahl der komplexen Eigenwerte, deren Betrag echt kleiner als Eins ist. ◇

Anders ist die Situation in den folgenden Beispielen. Dass diese keine dynamischen Systeme im engeren Sinn erzeugen, weil die Lösungen nicht für alle Zeiten existieren, tut nichts zur Sache.

**7.14 Beispiel (Die Sattel-Knoten-Verzweigung)**
Wir betrachten die durch $p \in \mathbb{R}$ parametrisierte Familie von Differentialgleichungen $\dot{x} = F_p(x) := p + \frac{1}{2}x^2$ auf dem Phasenraum $M := \mathbb{R}$.

- Für $p > 0$ ist $F_p(x) \geq p > 0$, es existiert also kein Fixpunkt.
- Für $p = 0$ existiert genau der Fixpunkt $x_0 = 0$. Dieser ist instabil, denn die allgemeine Lösung $x(t) = \frac{x_0}{1 - t\, x_0/2}$ divergiert für die Anfangswerte $x_0 > 0$ sogar bei $t = 2/x_0$.
- Für $p < 0$ existieren die beiden Fixpunkte $x_{\pm,p} := \pm\sqrt{-2p}$. Dabei ist $x_{-,p}$ eine asymptotisch stabile, $x_{+,p}$ eine instabile Ruhelage, denn $F_p'(x_{\pm,p}) = x_{\pm,p}$.

Die Linearisierung der Differentialgleichung an den Fixpunkten hat die Form

$$\dot{y} = x_\pm(p) \cdot y \quad \text{für} \quad p < 0$$

und

$$\dot{y} = 0 \quad \text{für} \quad p = 0\,.$$

Genau für $p = 0$ hat die Linearisierung also nicht mehr den maximalen Rang 1.
Man sieht an diesem Beispiel, dass sich ein Paar, bestehend aus einem stabilen und einem instabilen Fixpunkt, durch Kollision auslöschen kann. ◇

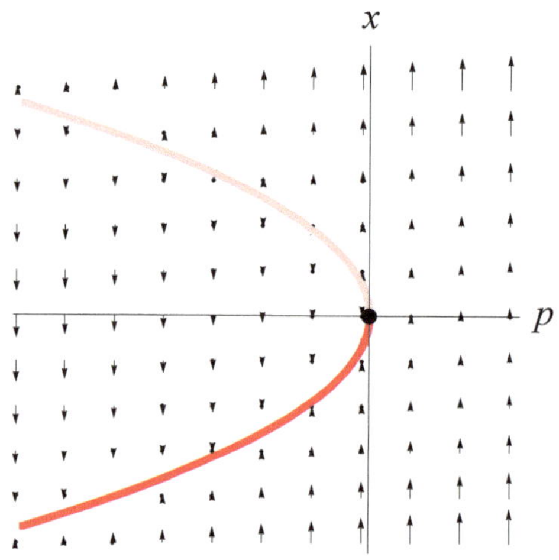

Sattel-Knoten-Verzweigung
$\dot{x} = p + \frac{1}{2}x^2$. Instabiler Fixpunkt: Hell

**7.15 Beispiel (Die Hopf-Verzweigung)** Auf dem Phasenraum $M := \mathbb{R}^2$ ist die Normalform der Hopf-DGL

$$\dot{x} = \begin{pmatrix} p & -1 \\ 1 & p \end{pmatrix} x - \|x\|^2 x, \qquad (7.3.2)$$

mit Parameter $p \in \mathbb{R}$, siehe nebenstehende Abbildung. Offensichtlich ist $0 \in M$ für alle Parameterwerte eine Ruhelage. Er ist auch der einzige Fixpunkt, denn das Betragsquadrat des Vektorfeldes auf der rechten Seite von (7.3.2) ist für $x \neq 0$

$$\|\dot{x}\|^2 = \|x\|^2 \left(1 + (p - \|x\|^2)^2\right) > 0\,.$$

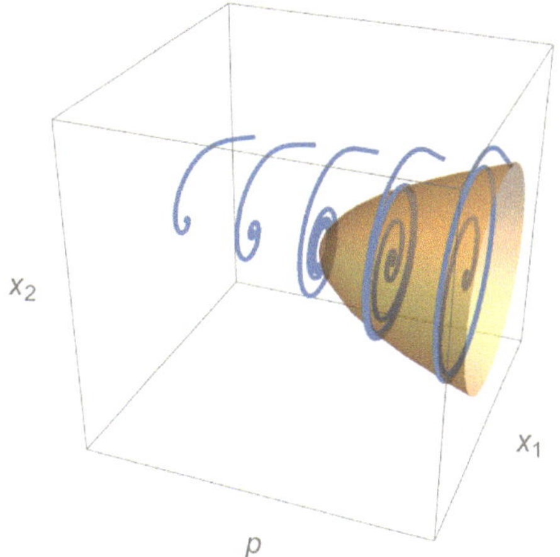

Die Hopf-Verzweigung (7.3.2)

Am einzigen Verzweigungspunkt $p_0 = 0$ für diese Ruhelage ist $\mathrm{D}f_0(0) = \begin{pmatrix} 0 & -1 \\ 1 & 0 \end{pmatrix}$, die Eigenwerte sind also nicht reell. Daher bleibt zwar die Ruhelage erhalten, aber ihr Stabilitäts-Status ändert sich: Auf $\mathbb{R}^2 \setminus \{0\}$ besitzt die DGL in Polarkoordinaten $x_1 = r\cos\varphi$ , $x_2 = r\sin\varphi$, $(r,\varphi) \in (0,\infty) \times \mathbb{R}$ die Form

$$\dot{r} = r(p - r^2) \quad , \quad \dot{\varphi} = 1\,,$$

denn $\dot{r} = \frac{\frac{\mathrm{d}}{\mathrm{d}t} r^2}{2r} = \frac{x_1\dot{x}_1 + x_2\dot{x}_2}{r}$ und $\dot{\varphi} = \frac{\dot{x}_2 x_1 - \dot{x}_1 x_2}{x_1^2 + x_2^2} = 1$.

Damit wird für Radien mit $r^2 > \max(0,p)$ die Zeitableitung $\dot{r} < 0$, für $0 < r^2 < p$ aber $\dot{r} > 0$. Für $r^2 = p > 0$ ist $\dot{r} = 0$ und wir haben einen periodischen Orbit gefunden (siehe auch Beispiel 3.35.2). ◇

Diese beiden Beispiele sind in gewisser Weise typisch für einparametrige Verzweigungen von Fixpunkten. Betrachten wir dazu eine stetige Familie

$$A : I \to \mathrm{Mat}(d,\mathbb{R}) \quad , \quad t \mapsto A_t$$

von durch ein Intervall $I$ parametrisierten Matrizen. Wir nehmen an, dass für Parameterwert $t = 0 \in I$ die Matrix $A_0$ mindestens einen Eigenwert $\lambda_0$ mit Realteil $0$ besitzt. Dann können zwei Fälle auftreten: $\lambda_0 = 0$ oder $\lambda_0 \neq 0$. Im zweiten Fall sind $\lambda_0, \overline{\lambda_0} \in i\mathbb{R} \setminus \{0\}$ zwei voneinander verschiedene imaginäre Eigenwerte. Besitzt $A_0$ unter dieser Maßgabe maximalen Rang, dann ist die reelle Jordan–Normalform von $A_0$

- für $\lambda_0 = 0$ gleich $0 \oplus J \in \mathbb{R} \oplus \mathrm{Mat}(d-1,\mathbb{R})$
- für $\lambda_0, \overline{\lambda_0} \in \imath\mathbb{R}\setminus\{0\}$ gleich $\begin{pmatrix} 0 & -\mathrm{Im}(\lambda_0) \\ \mathrm{Im}(\lambda_0) & 0 \end{pmatrix} \oplus J \in \mathrm{Mat}(2,\mathbb{R}) \oplus \mathrm{Mat}(d-2,\mathbb{R})$,

wobei in beiden Fällen die Matrix $J$ regulär ist. Der erste Fall tritt bei der Sattel–Knoten–Verzweigung auf, der zweite bei der Hopf–Verzweigung.

### 7.3.2 Verzweigungen periodischer Orbits

Bei einem parameterabhängigen dynamischen System lässt sich die Verzweigung eines $t$–periodischen Orbits $\mathcal{O}(m)$

- im *zeitdiskreten* Fall $F_p : M \to M$ auf die Verzweigung des Fixpunkts $m$ der Iterierten $F_p^t : M \to M$ zurückführen.
- Auch im *zeitkontinuierlichen* Fall ist die Reduktion auf die Verzweigung des Fixpunkts $m$ einer Abbildung möglich. Diese wird Poincaré–Abbildung genannt.

**7.16 Definition**

- *Für ein Vektorfeld $X : M \to TM$ auf der Mannigfaltigkeit $M$ wird eine Untermannigfaltigkeit $S$ mit $\dim(S) = \dim(M) - 1$ (***lokaler***) zu $X$* **transversaler Schnitt** *genannt, wenn für alle $m \in S$ gilt:*

$$T_m M = T_m S \oplus \text{span}(X(m)) .$$

- *Für ein differenzierbares dynamisches System $\Phi : \mathbb{R} \times M \to M$ und einen Punkt $m \in M$ auf einem periodischen Orbit sei $S \subset M$ ein zum Vektorfeld $\frac{\mathrm{d}}{\mathrm{d}t}\Phi_t|_{t=0}$ transversaler Schnitt mit $m \in S$. Für offene Umgebungen $U, V \subseteq S$ von $m$ heißt ein Diffeomorphismus $F : U \to V$* **Poincaré–Abbildung** *des Orbits $\mathcal{O}(m)$, wenn diese von der Form*

$$F(x) = \Phi\big(T(x), x\big)$$

*ist, mit der* **Poincaré–Zeit**

$$T : U \to (0, \infty) \quad , \quad T(x) := \inf\{t > 0 \mid \Phi_t(x) \in V\} .$$

**7.17 Satz** *Für jeden periodischen Orbit $\mathcal{O}(m)$ mit Minimalperiode $t_0 > 0$ gibt es eine Poincaré–Abbildung $F : U \to V$ mit $m \in U \cap V$, für deren Poincaré–Zeit $T \in C^1(U, \mathbb{R}^+)$ gilt: $T(m) = t_0$.*

**Beweis:**
• Da $m$ keine Ruhelage ist, also das Vektorfeld $X := \frac{\mathrm{d}}{\mathrm{d}t}\Phi_t|_{t=0}$ bei $m$ ungleich Null ist, gibt es einen transversalen Schnitt bei $m$. Nach dem Satz über die Begradigung (Satz 3.46) existiert nämlich eine $C^r$–Karte $(W, \varphi)$ von $M$ mit $m \in W$, die $X\restriction_W$ auf das konstante Vektorfeld $e_1 = (1, 0, \ldots, 0)^\top$ auf $\tilde{W} := \varphi(W) \subseteq \mathbb{R}^n$ abbildet. Dabei ist $d := \dim(M)$. Wir setzen ohne Einschränkung der Allgemeinheit $\varphi(m) := 0 \in \mathbb{R}^d$ und rechnen einfachheitshalber in den lokalen Koordinaten der Karte. Mit den Projektionen

$$\Pi : \mathbb{R}^d \to \mathbb{R}^d,\ \Pi(x) := \langle x, e_1\rangle\, e_1 = \varphi_1(x) e_1 \quad \text{und} \quad \Pi^\perp := \mathbb{1} - \Pi \qquad (7.3.3)$$

ist für kleine $\varepsilon > 0$ die Menge

$$W_\varepsilon := \{x \in W \mid \|\Pi(x)\| < \varepsilon,\ \|\Pi^\perp(x)\| < \varepsilon\}$$

ein Zylinder, mit $W_\varepsilon = (-\varepsilon, \varepsilon) \times S_\varepsilon$ für

$$S_\varepsilon := \{x \in W_\varepsilon \mid \Pi(x) = 0\}.$$

Der Fluss nimmt auf $W_\varepsilon$ die Form

$$\Phi_t(x) = x + t\, e_1 \qquad (x \in S_\varepsilon,\ |t| < \varepsilon) \tag{7.3.4}$$

an, denn auf $W$ ist $x = e_1$.

- Wir setzen $U := \{x \in S_\varepsilon \mid \Phi_{t_0}(x) \in W_\varepsilon\}$. Dann ist mit

$$T : U \to (0, \infty) \quad , \quad T(x) := t_0 - \varphi_1\big(\Phi_{t_0}(x)\big)$$

und $F : U \to N := F(U)$, $F(x) := \Phi\big(T(x), x\big)$

$$F(x) = \Phi\big(-\varphi_1(\Phi_{t_0}(x)),\ \Phi_{t_0}(x)\big) \in S_\varepsilon\,,$$

denn aus (7.3.4) folgt $\Phi\big(-\varphi_1(y), y\big) \in S_\varepsilon$ für alle $y \in W_\varepsilon$. Wegen der stetigen Differenzierbarkeit des Flusses $\Phi$ und der Koordinate $\varphi_1 : W \to \mathbb{R}$ sind $T$ und $F$ ebenfalls stetig differenzierbar.

- Für hinreichend kleine $\varepsilon > 0$ ist $T$ eine Poincaré–Zeit, das heißt $T = \tilde{T}$ mit

$$\tilde{T} : U \to \mathbb{R}^+ \quad , \quad \tilde{T}(x) := \inf\{t > 0 \mid \Phi_t(x) \in S_\varepsilon\}.$$

Denn für $t \in (\varepsilon, t_0 - \varepsilon)$ ist dann $\Phi_t(m) \notin W_\varepsilon$, da sonst $t_0$ nicht die Minimalperiode wäre. Da andererseits $|T(x) - t_0| < \varepsilon$ für alle $x \in U$ gilt, steht dies im Widerspruch zur Existenz einer Folge von $x_n \in U$ mit $\lim_{n\to\infty} x_n = m$ und $t_1 := \lim_{n\to\infty} T(x_n) \in (0, t_0)$. □

**7.18 Bemerkung (Nutzen der Poincaré–Abbildung)**
Zwar definiert die Poincaré–Abbildung $F : U \to V$ im Allgemeinen kein diskretes dynamisches System, da Definitions– und Wertebereich nicht übereinstimmen. Dennoch reicht die in $F$ steckende Information aus, um Verzweigungen des periodischen Orbits zu analysieren. Sie ist dafür sogar besser geeignet als die Abbildung $\Phi_{t_0} : M \to M$, die $m$ als Fixpunkt besitzt. Denn die lineare Abbildung $T_m\Phi_{t_0}$ auf dem Tangentialraum $T_mM$ besitzt den Eigenvektor $X(m)$ zum Eigenwert 1:

$$T_m\Phi_{t_0}\big(X(m)\big) = T_m\Phi_{t_0}\left(\frac{\mathrm{d}}{\mathrm{d}t}\Phi_t(m)|_{t=0}\right) = \frac{\mathrm{d}}{\mathrm{d}t}\Phi_{t_0+t}(m)|_{t=0} = \frac{\mathrm{d}}{\mathrm{d}t}\Phi_t(m)|_{t=0}\,,$$

also $X(m)$. Anders gesagt besitzt die lineare Abbildung $T_m\Phi_{t_0} - \mathrm{Id}_{T_mM}$ auf $T_mM$ einen nichttrivialen Kern. Falls $\Phi^{p_0}$ einen periodischen Orbit der Periode $t_0$ hat, kann man also nicht mit dem Satz über implizite Funktionen folgern, dass der parameterabhängige Fluss $\Phi^p : \mathbb{R} \times M \to M$ für $p$ nahe bei $p_0$ einen periodischen Orbit der gleichen Periode $t_0$ besitzt. Dies ist auch meistens nicht der Fall, wohl aber existiert typischerweise ein periodischer Orbit von $\Phi^p$ mit Periode $t(p)$ und $t(p_0) = t_0$. ◇

Abbildung 7.3.1: Links: Poincaré–Schnitt; Rechts: Verzweigung eines Orbits

**7.19 Lemma (Eigenwerte der linearisierten Poincaré–Abbildung)**
*Ist $\mathcal{O}(m) \subseteq M$ ein $t_0$–periodischer Orbit des Flusses $\Phi : \mathbb{R} \times M \to M$, und ist $F : U \to V$ Poincaré–Abbildung dieses Orbits mit $F(m) = m$, dann gilt für die komplexen Eigenwerte:*

$$\mathrm{spek}\big(\mathrm{D}\Phi_{t_0}(m)\big) = \mathrm{spek}\big(\mathrm{D}F(m)\big) \cup \{1\}\,.$$

**Beweis:**
Da der $U$ und $V$ enthaltende transversale Schnitt $S_\varepsilon \subset M$ nach Definition 7.16 die Eigenschaft $T_m M = T_m S \oplus \mathrm{span}\big(X(m)\big)$ hat, können wir wie im Beweis des Satzes 7.17 angepasste Koordinaten verwenden. In diesen ist $x \in W_\varepsilon = (-\varepsilon, \varepsilon) \times S_\varepsilon$ von der Form

$$x = y + s\,e_1 \quad \text{mit} \quad (s\,e_1, y) := \big(\Pi(x), \Pi^\perp(x)\big) \quad \text{, also} \quad s \in (-\varepsilon, \varepsilon),\ y \in S_\varepsilon$$

und der Projektion $\Pi$ aus (7.3.3). Mit der Kartendarstellung (7.3.4) des Flusses ist $\Phi_{t_0}(y + s\,e_1) = \Phi_{t_0+s}(y)$ gleich

$$\Phi_{s+t_0-T(y)} \circ \Phi_{T(y)}(y) = \Phi_{s+t_0-T(y)} \circ F(y) = F(y) + \big(s + t_0 - T(y)\big)e_1\,,$$

also

$$\mathrm{D}\Phi_{t_0}(m) \left(\begin{smallmatrix} \delta s \\ \delta y \end{smallmatrix}\right) = \begin{pmatrix} 1 & -\mathrm{D}T(m) \\ 0 & \mathrm{D}F(m) \end{pmatrix} \left(\begin{smallmatrix} \delta s \\ \delta y \end{smallmatrix}\right)\,.$$

Aus dieser Blockstruktur ergibt sich die Behauptung über die Eigenwerte. □

Wir haben sogar bewiesen, dass die algebraische Vielfachheit der Eigenwertes 1 von $\mathrm{D}\Phi_{t_0}(m)$ um Eins größer als die von $\mathrm{D}F(m)$ ist. Daraus ergibt sich

**7.20 Korollar (Parametrisierte periodische Orbits)**
*Für den parameterabhängigen Fluss $\Phi^p : \mathbb{R} \times M \to M$ ($p \in P$) von (7.3.1) sei $\mathcal{O}(m) \subseteq M$ ein periodischer Orbit mit Minimalperiode $t_0 > 0$ zum Parameter $p_0$. Falls der Eigenwert 1 von $T_m\Phi_{t_0}$ algebraische Multiplizität Eins hat, dann läßt sich dieser periodische Orbit fortsetzen:*
*Es existieren für eine Umgebung $\tilde{P} \subseteq P$ von $p_0$ im Parameterraum Abbildungen $X \in C^n(\tilde{P}, S_\varepsilon)$ mit $X(p_0) = m$ und $t \in C^n\big(\tilde{P}, (0,\infty)\big)$ mit $t(p_0) = t_0$, sodass der $\Phi^p$–Orbit durch $X(p)$ periodisch mit Minimalperiode $t(p)$ ist.*

**7.21 Aufgabe (Parametrisierte periodische Orbits)** Beweisen Sie Kor. 7.20. Präzisieren Sie, in welchem Sinn diese Orbits im wesentlichen eindeutig sind. ◇

**7.22 Bemerkung (Verzweigungen periodischer Orbits)**
Falls der Eigenwert 1 eine höhere Multiplizität hat, können vom periodischen Orbit weitere periodische Orbits mit ähnlicher Periode abzweigen.

Zwar ist letzteres ausgeschlossen, wenn die Voraussetzungen des Korollars 7.20 erfüllt sind. Aber es können andere Verzweigungsphänomene vorkommen. Wie im rechten Bild von Abbildung 7.3.1 angedeutet, kann beispielsweise bei Auftreten eines Eigenwertes $-1$ ein Orbit der doppelten Periode entstehen.

In Kapitel 7 und 8 von ABRAHAM und MARSDEN [AM] finden sich Illustrationen für generische beziehungsweise hamiltonsche Bifurkationen. ◇

### 7.3.3 Verzweigungen des Phasenraums

Wie eingangs erwähnt, tritt in hamiltonschen Systemen mit Hamilton–Funktion $H : M \to \mathbb{R}$ der Fall auf, dass sich der (reduzierte) Phasenraum $H^{-1}(E)$ selbst parameterabhängig ändert, denn die Energie kann wegen ihrer zeitlichen Konstanz als Parameter aufgefasst werden.

Abhängig von der Struktur der Dynamik können noch weitere Konstanten der Bewegung $F_k : M \to \mathbb{R}$ existieren, und wir fassen diese mit $H$ zu *einer* Abbildung $F \in C^\infty(M, N)$ zusammen.

Wann immer solch eine Abbildung $F$ von differenzierbaren Mannigfaltigkeiten gegeben ist, stellt sich die Frage nach der Veränderung der Niveaumengen $F^{-1}(f)$ mit $f \in N$.

Im einfachsten, aber untypischen Fall ist $F : M \to N$ ein $C^\infty$–Faserbündel im Sinn von Definition F.1 des Anhangs. Dann wird $N$ als Basis des Bündels aufgefasst, und die Fasern $F^{-1}(f)$ sind alle diffeomorph zu einer Standardfaser.

Häufiger treffen wir diese Situation lokal an (siehe auch [AM], *Section 4.5*):

**7.23 Definition** *Für Mannigfaltigkeiten $M$ und $N$ sei $F \in C^\infty(M, N)$.*

- *$F$ heißt* **lokal trivial bei** *$f_0 \in N$, wenn es eine Umgebung $V \subseteq N$ von $f_0$ gibt, sodass:*
  - *Für alle $f \in V$ ist $F^{-1}(f) \subset M$ eine differenzierbare Untermannigfaltigkeit;*
  - *Auf $U := F^{-1}(V)$ gibt es eine Abbildung $G \in C^\infty\big(U, F^{-1}(f_0)\big)$, für die $F \times G : U \to V \times F^{-1}(f_0)$ ein Diffeomorphismus ist.*
- *Die* **Verzweigungsmenge** *von $F$ ist*

$$\mathcal{V}(F) := \{f \in N \mid F \text{ ist bei } f \text{ nicht lokal trivial}\}.$$

Zunächst einmal ist bei einem lokal trivialen Wert die restringierte Abbildung $F{\restriction}_U : U \to V$ ein $C^\infty$–Faserbündel, sogar ein Produktbündel.

Andererseits gilt für singuläre Werte $f \in N$ von $F$ (für die es ein Urbild $m \in M$ gibt, bei dem die lineare Abbildung $T_m F : T_m M \to T_n N$ nicht regulär ist, siehe Definition A.45):

**7.24 Lemma** *Die singulären Werte von $F$ gehören zur Verzweigungsmenge $\mathcal{V}(F)$.*

**Beweis:** Es sei $m_0 \in M$ und $f_0 := F(m_0)$. Wir nehmen an, dass $F$ lokal trivial bei $f_0 \in N$ ist. Daher ist $\mathrm{Rang}\big(T_{m_0}(F,G)\big) = \dim(M)$. Wegen

$$\mathrm{Rang}\big(T_{m_0}(G)\big) \leq \dim\left(F^{-1}(f_0)\right) = \dim(M) - \dim(N)$$

ist $\mathrm{Rang}\big(T_{m_0}(F)\big) = \dim(N)$, $m_0$ also regulärer Punkt. □

Man könnte vermuten, dass $\mathcal{V}(F)$ sogar *nur* aus den singulären Werten besteht. Wie das folgende Beispiel zeigt, ist das aber nicht immer so:

**7.25 Beispiel (Verzweigungsmenge)**
Für $W : \mathbb{R} \to \mathbb{R}$, $q \mapsto -\exp(-q^2)$ (siehe obere Abbildung) ist nur der Minimalwert $-1$ singulär, denn $W'(q) = -2q\,W(q)$ verschwindet nur für $q = 0$.

Die Verzweigungsmenge von $W$ ist aber $\mathcal{V}(W) = \{-1, 0\}$, denn $W^{-1}(E) = \emptyset$ für $E \geq 0$ und $|W^{-1}(E)| = 2$ für $E \in (-1, 0)$. Um zu sehen, dass die Werte $E \in (-1, 0)$ lokal trivial sind, benutzen wir für $G$ in Definition 7.23 die Abbildung

$$\begin{aligned} G : \mathbb{R}^* &\to W^{-1}(E), \\ q &\mapsto \mathrm{sign}(q)\sqrt{\ln(1/|E|)}\,. \end{aligned}$$

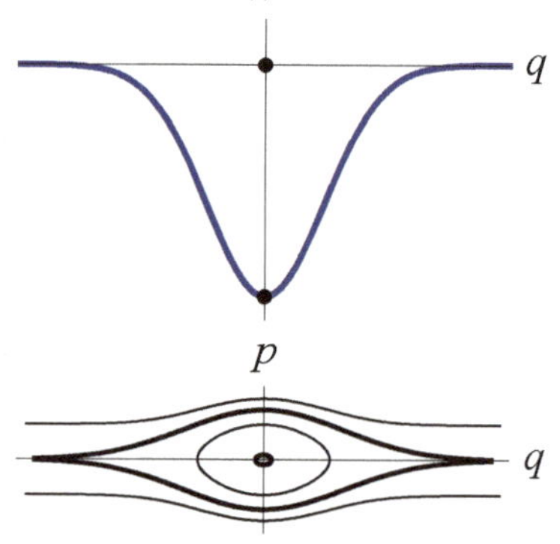


Fassen wir $W$ als Potential der Hamilton–Funktion

$$H : \mathbb{R}_p \times \mathbb{R}_q \to \mathbb{R},\ H(p,q) = \tfrac{1}{2}p^2 + W(q)$$

auf, dann ist auch $\mathcal{V}(H) = \{-1, 0\}$. Niveaukurven von $H$ sind in der unteren Abbildung dargestellt. Deren topologischer Typ ändert sich an der Verzweigungsmenge: Während die Niveaukurven für $E > 0$ diffeomorph zu zwei Kopien von $\mathbb{R}$ sind, ist $H^{-1}(E)$ für $E \in (-1, 0)$ diffeomorph zu einer Kreislinie $S^1$. Für $E < -1$ ist $H^{-1}(E) = \emptyset$. ◇

Im Abschnitt 11.3.2 werden die Verzweigungen für das (integrable) 2–Zentren-Modell der Himmelsmechanik untersucht.

**7.26 Weiterführende Literatur**
Einen weitergehenden Einblick in die Verzweigungstheorie bieten GUCKENHEIMER und HOLMES [GuHo]. Die Monographie [MMC] von MARSDEN und MCCRACKEN über die Hopf–Verzweigung ist auch online erhältlich. MARX und VOGT verbinden in [MV] Theorie und Numerik von Bifurkationen. ◇

# Kapitel 8

# Variationsprinzipien

Parabelrutschen, Fakultät für Mathematik und Informatik der TU München [1]



[1] Bild: Zentrum Mathematik (Technische Universität München)

Die Lagrange–Gleichungen einer Lagrange–Funktion sind Differentialgleichungen zweiter Ordnung. Mit ihnen lassen sich Zwangsbedingungen (die in Anwendungen etwa durch Befestigung an Achsen oder Verbindungsstangen entstehen) durch Restriktion der Lagrange–Funktion realisieren.

Variationsprinzipien fassen die Lösungen der Differentialgleichungen als Extrema von Funktionen auf Räumen von Kurven auf. Dies erleichtert das Auffinden dieser Lösungen, bereitet aber auch konzeptionell die Quantenmechanik vor.

## 8.1 Lagrange- und Hamilton–Gleichungen

Bisher haben wir uns auf den Standpunkt gestellt, die Zielsetzung der analytischen Mechanik bestehe darin, für eine gegebene Hamilton–Funktion die Lösungen der hamiltonschen Differentialgleichung zu finden, oder, falls dies nicht möglich sein sollte, zumindest qualitative Eigenschaften wie Fixpunkte, Stabilität etc. zu untersuchen.

Wie man die Hamilton–Funktion findet, die ein vorgegebenes mechanisches System beschreibt, wurde noch nicht analysiert.

Nun ist diese Fragestellung sicher zu einem Teil außermathematisch und fällt in den Bereich der Modellbildung in der Physik. Andererseits lässt sich doch unter Annahme einer bestimmten Form elementarer Wechselwirkungen (wie Elektromagnetismus oder Gravitation) die Hamilton–Funktion eines physikalischen Systems berechnen.

Es taucht dabei allerdings eine Problematik auf, die mit dem Begriff des Impulses zusammenhängt. Während der Ort und auch die Geschwindigkeit eines Teilchens wohldefinierte messbare Größen sind[2], ist der Impuls eine abgeleitete Größe, für die erst *nach* Kenntnis der Hamilton–Funktion $H$ eine Messvorschrift gefunden werden kann. Die Geschwindigkeit ist ja gleich $\dot{q} = \mathrm{D}_1 H(p,q)$. Daher ist der Impuls nur für eine Hamilton–Funktion der Form $H(p,q) = c\|p\|^2 + V(q)$ der Geschwindigkeit proportional.

Dies ist einer der Gründe, weshalb neben der Hamilton–Funktion auch die sogenannte Lagrange–Funktion in der Mechanik wichtig ist. Denn diese ist eine Funktion der Orte und Geschwindigkeiten (statt der Orte und Impulse).

Im betrachteten Beispiel ist die zugehörige Lagrange–Funktion

$$L(q,\dot{q}) = \tfrac{1}{4c}\|\dot{q}\|^2 - V(q)\,. \tag{8.1.1}$$

Der erste Summand wird auch *kinetische Energie*, der zweite *potentielle Energie* des Teilchens genannt. Da die beiden Terme voneinander subtrahiert statt addiert werden, ist die Lagrange–Funktion im Allgemeinen keine Konstante der Bewegung. Diesem Nachteil steht aber (wie im folgenden Abschnitt 8.2 dargestellt) gegenüber, dass Zwangsbedingungen einfach in den Lagrange–Formalismus eingebaut werden können.

[2]auch im Rahmen der speziellen Relativitätstheorie ist das in jedem Inertialsystem so, und man kann zwischen den Inertialsystemen umrechnen.

Jedenfalls kann man typischerweise zwischen diesen beiden Formulierungen der Mechanik wechseln (siehe Satz 8.6).

Die direkteste und historisch erste Formulierung der Mechanik ist die newtonsche, also das Gesetz

$$\text{Kraft} \quad = \quad \text{Masse} \times \text{Beschleunigung} \quad \text{oder } F(q,\dot{q},t) \;=\; m\,\ddot{q}\,.$$

Diese Formulierung führt also *unmittelbar* auf die Bewegungsgleichungen.

Wie schon in der Einleitung gesehen, ist es aber nützlich festzustellen, dass oft die Kraft nicht nur allein eine Funktion des Ortes $q$ ist, sondern sie sich auch als (negativer) Gradient einer reellwertigen Funktion $V$ von $q$ darstellen lässt:

$$F(q) = -\nabla V(q)\,. \tag{8.1.2}$$

Damit schließen wir mit Impuls $p = mv$, dass die newtonschen Gleichungen von der Hamilton–Funktion $H(p,q) = \frac{\|p\|^2}{2m} + V(q)$ herrühren. Aus Satz 6.3 folgt:

**8.1 Korollar** *Das Kraftfeld $F \in C^1(U,\mathbb{R}^n)$ auf einem offenen und einfach zusammenhängenden (zum Beispiel konvexen) Konfigurationsraum $U \subseteq \mathbb{R}^n_q$ ist genau dann ein Gradienten–Vektorfeld, wenn für seine Komponenten gilt:*

$$\frac{\partial F_i}{\partial q_k} = \frac{\partial F_k}{\partial q_i} \qquad (i,k \in \{1,\ldots,n\}).$$

Beispielsweise muss für $n = 3$ die Rotation von $F$ verschwinden.

Es ist also eine spezifische Form der Kräfte, die eine Formulierung der mechanischen Bewegungsgleichungen mithilfe einer einzigen Funktion erlaubt.

**8.2 Definition**

• *Für eine Funktion $L \in C^2\left(U \times \mathbb{R}^n_v, \mathbb{R}\right)$, genannt* **Lagrange–Funktion**, *mit einem offenen Konfigurationsraum $U \subseteq \mathbb{R}^n_q$ heißt das Differentialgleichungssystem*

$$\boxed{\frac{\mathrm{d}}{\mathrm{d}t}\frac{\partial L}{\partial v_i}(q,\dot{q}) = \frac{\partial L}{\partial q_i}(q,\dot{q}) \qquad (i = 1,\ldots,n)} \tag{8.1.3}$$

**Lagrange–Gleichung** *von $L$.*

• $p := \mathrm{D}_2 L(q,v)$ *heißt* **(verallgemeinerter) Impuls**.

**8.3 Beispiel** Die Wahl $c := 1/(2m)$ in (8.1.1) ergibt $L(q,v) = \frac{m}{2}\|v\|^2 - V(q)$. Die Lagrange–Gleichung $m\ddot{q} = -\nabla V(q)$ entspricht damit der newtonschen Bewegungsgleichung eines Teilchens der Masse $m$ im Potential $V$. ◇

In diesem Beispiel können wir die Gleichung $p = \mathrm{D}_2 L(q,v)$ des Impulses nach $v$ auflösen: $v \equiv v(p,q) = p/m$. Betrachten wir nun die Hamilton–Funktion

$$H(p,q) := \langle p, v(p,q)\rangle - L\big(q, v(p,q)\big) = \frac{\|p\|^2}{2m} + V(q)\,, \tag{8.1.4}$$

und schreiben mithilfe des Impulses die Lagrange–Gleichungen in ein System von $2n$ Differentialgleichungen erster Ordnung um, so ergibt sich, dass diese Gleichungen

$$\left.\begin{array}{r} m\dot{v} = -\nabla V(q) \\ \dot{q} = v \end{array}\right\} \Longleftrightarrow \left\{\begin{array}{l} \dot{p} = -\nabla V(q) \\ \dot{q} = p/m \end{array}\right.$$

die hamiltonschen Gleichungen von $H$ sind.

Wir wollen diesen Zusammenhang auch für andere Lagrange–Funktionen herstellen. Es stellt sich dabei die Frage, unter welchen Bedingungen an die Lagrange–Funktion $L$ wir die Gleichung $p = p(q,v) = \mathrm{D}_2 L(q,v)$ so umstellen können, dass $v = v(p,q)$ die abhängige Variable wird.

Dieses geometrische Problem einer ableitungsdefinierten Variablentransformation wird durch die Legendre–Transformation gelöst (siehe Anhang C).

Für die Lagrange–Funktionen, die die entsprechende Bedingung erfüllen, wird (8.1.4) eine Hamilton–Funktion liefern, deren hamiltonsche Differentialgleichung äquivalent zu der Lagrange–Gleichung von $L$ ist.

**8.4 Beispiel (Legendre–Transformation quadratischer Formen)**
Für eine symmetrische Matrix $A \in \mathrm{Mat}(d,\mathbb{R})$, $A > 0$ besitzt die quadratische Form $f : \mathbb{R}^d \to \mathbb{R}$, $f(x) := \frac{1}{2}\langle x, Ax\rangle$ die zweite Ableitung $\mathrm{D}^2 f(x) \equiv A$ und Legendre–Transformierte

$$f^*(p) = \sup_{x\in\mathbb{R}^d} \big(\langle p,x\rangle - f(x)\big) = \langle p, x(p)\rangle - \tfrac{1}{2}\langle x(p), Ax(p)\rangle \quad \text{mit } x(p) = A^{-1}p,$$

also $f^* : \mathbb{R}^d \to \mathbb{R}$, $f^*(p) = \frac{1}{2}\langle p, A^{-1}p\rangle$. Diese Beziehung wird z.B. in der Umrechnung der kinetischen Energie von Geschwindigkeits- auf Impulskoordinaten verwendet. ◇

**8.5 Aufgabe (Legendre–Transformation)** Es sei $H : \mathbb{R}^d \to \mathbb{R}$ konvex und

$$H^* : \mathbb{R}^d \to \mathbb{R} \quad , \quad H^*(q) := \sup_{p\in\mathbb{R}^d} \big(\langle p,q\rangle - H(p)\big)$$

die Legendre-Transformierte von $H$.

(a) Zeigen Sie für $H(p) = \frac{1}{r}\|p\|^r$ mit $r \in (1,\infty)$, dass gilt: $H^*(q) = \frac{1}{s}\|q\|^s$, mit $\frac{1}{r} + \frac{1}{s} = 1$.

(b) Diesmal sei $H(p) = \frac{1}{2}\langle p, Ap\rangle + \langle b,p\rangle + c$ mit einer symmetrischen, positiv definiten Matrix $A$, $b \in \mathbb{R}^d$ und $c \in \mathbb{R}$. Bestimmen Sie $H^*$.
Bemerkung: Diese Formel wird bei der Legendre–Transformation der die Bewegung im elektromagnetischen Feld beschreibenden Lagrange–Funktion verwendet, siehe Aufgabe 8.8 (b). ◇

Allgemeiner wenden wir nun die Legendre–Transformation an, um die Lagrange–Funktion in die Hamilton–Funktion umzuwandeln und umgekehrt. Das ist bei quadratischem Wachstum in der Geschwindigkeit möglich:

**8.6 Satz** *Für $L \in C^2(U \times \mathbb{R}^n_v, \mathbb{R})$ mit offenem $U \subseteq \mathbb{R}^n_q$ gebe es ein $a > 0$ mit*

$$\langle w, \mathrm{D}_v^2 L(q,v), w\rangle \geq a\,\langle w, w\rangle \qquad \big((q,v) \in U \times \mathbb{R}^n_v,\ w \in \mathbb{R}^n\big).$$

- *Dann ist mit Impuls $p \equiv p(q,v) = \mathrm{D}_v L(q,v)$*

$$\boxed{H(p,q) = \langle p, v\rangle - L(q,v)}$$

*die Legendre–Transformierte von $L$ bezüglich $v$, und $H \in C^2(\mathbb{R}^n_p \times U, \mathbb{R})$.*

- *Die Lagrange–Gleichungen (8.1.3) sind äquivalent zu den Hamilton-Gleichungen*

$$\dot{p}_i = -\frac{\partial H}{\partial q_i} \quad , \quad \dot{q}_i = \frac{\partial H}{\partial p_i} \qquad (i = 1, \ldots, n).$$

**Beweis:**
• $q \in U$ ist in der Beziehung zwischen $H$ und $L$ nur ein Parameter. Setzt man $\mathcal{L}_q(v) := L(q,v)$, dann ist $v \mapsto p(q,v) = \mathrm{D}\mathcal{L}_q(v)$ nach Satz C.7 ein Diffeomorphismus auf das Bild. Dieses Bild $B := p(q, \mathbb{R}^n) \subseteq \mathbb{R}^n$ ist aber wegen der Voraussetzung $\mathrm{D}_v^2 L(q,v) \geq a\mathbb{1}$ wieder der $\mathbb{R}^n$.
• Betrachten wir die Abbildung

$$\Phi : U \times \mathbb{R}^n_v \to \mathbb{R}^n_p \times U \quad , \quad \left(\begin{smallmatrix} q \\ v \end{smallmatrix}\right) \mapsto \left(\begin{smallmatrix} p \\ q \end{smallmatrix}\right) = \left(\begin{smallmatrix} \mathrm{D}_v L(q,v) \\ q \end{smallmatrix}\right).$$

Nach den gerade bewiesenen Eigenschaften von $v \mapsto p(q,v)$ ist diese einmal stetig differenzierbar und bijektiv. Am Punkt $(q,v)$ mit Bild $(p,q)$ ist ihre totale Ableitung durch

$$\mathrm{D}\Phi(q,v) = \begin{pmatrix} \mathrm{D}_q\mathrm{D}_v L(q,v) & \mathrm{D}_v^2 L(q,v) \\ \mathbb{1} & 0 \end{pmatrix}$$

gegeben. Die Jacobi–Matrix hat Determinante $(-1)^n \det\big(\mathrm{D}_v^2 L\big) \neq 0$ und ist damit invertierbar. Daher ist aber mit Satz 2.38 auch $\Phi$ lokal invertierbar, $\Phi$ also ein bijektiver lokaler Diffeomorphismus und damit ein Diffeomorphismus.
• Dass $H$ die gleiche Differenzierbarkeitsstufe wie $L$ hat, folgt aus Satz C.9.
• Die Äquivalenz der Bewegungsgleichungen ergibt sich aus der Bildung der totalen äußeren Ableitungen von $H$ und $L$: Einerseits ist $dH = \mathrm{D}_p H\, dp + \mathrm{D}_q H\, dq$, andererseits wegen $\mathrm{D}_v L = p$ die äußere Ableitung $dH = d\big(\langle v, p\rangle - L(q,v)\big)$ gleich

$$v\, dp + p\, dv - \mathrm{D}_q L\, dq - \mathrm{D}_v L\, dv = v(q,p)\, dp - \mathrm{D}_q L\, dq\,.$$

Koeffizientenvergleich ergibt $\dot{q} = v = \mathrm{D}_p H$, $\mathrm{D}_q H = -\mathrm{D}_q L = -\frac{\mathrm{d}}{\mathrm{d}t}\mathrm{D}_v L = -\dot{p}$, wenn wir (neben der Definition $v = \frac{\mathrm{d}q}{\mathrm{d}t}$ der Geschwindigkeit) die Lagrange–Gleichungen $\mathrm{D}_q L(q,v) = \frac{\mathrm{d}}{\mathrm{d}t}\mathrm{D}_v L(q,v)$ voraussetzen. □

Wir können auch umgekehrt aus einer im Impuls $p$ konvexen Hamilton–Funktion $H$ durch Legendre–Transformation bezüglich $p$ die Lagrange–Funktion gewinnen.

**8.7 Beispiel (Relativistische Hamilton–Funktion)**
Bezeichnet $c > 0$ die Lichtgeschwindigkeit, dann ist die Hamilton–Funktion eines freien relativistischen Teilchens mit Masse $m > 0$ gleich

$$H : \mathbb{R}^3_p \times \mathbb{R}^3_q \to \mathbb{R} \quad , \quad H(p,q) = c\sqrt{\|p\|^2 + m^2c^2}\,.$$

In der Interpretation von $H$ als Gesamtenergie ergibt eine Taylor-Entwicklung

$$H(p,q) = mc^2 + \frac{\|p\|^2}{2m} + \mathcal{O}(\|p\|^4)\,,$$

wobei der erste Term als *Ruheenergie* bezeichnet wird und der zweite Term die nichtrelativistische kinetische Energie ist. Hier nimmt die Geschwindigkeit

$$\dot{q} = \mathrm{D}_p H(p,q) = c\frac{p}{\sqrt{\|p\|^2 + m^2c^2}}$$

nur Werte an, die betragsmäßig kleiner als die Lichtgeschwindigkeit $c$ sind. Die Lagrange–Funktion $L : \mathbb{R}^n_q \times U_c(0) \to \mathbb{R}$ ist gleich

$$L(q,v) = \langle v, p(v)\rangle - H\bigl(p(v),q\bigr) = -\frac{m^2c^3}{\sqrt{\|p(v)\|^2 + m^2c^2}} = -mc^2\sqrt{1 - \frac{\|v\|^2}{c^2}}\,.$$

In diesem Beispiel ist der Definitionsbereich von $L$ nicht ganz $\mathbb{R}^n_q \times \mathbb{R}^n_v$, denn $\mathrm{D}^2_p H$ erfüllt nicht die Voraussetzung von Satz 8.6. ◇

**8.8 Aufgabe (Legendre-Transformation)**

(a) Ein Teilchen bewegt sich im Konfigurationsraum $\mathbb{R}^2$ in einem Zentralpotential

$$V : \mathbb{R}^2 \to \mathbb{R} \quad , \quad V(q) = U(\|q\|) \quad \text{mit} \quad U : \mathbb{R} \to \mathbb{R}\,.$$

Rechnen Sie die Lagrange–Funktion $\tilde{L}(q,v) = \frac{1}{2}\|v\|^2 - V(q)$ in ebene Polarkoordinaten um. Das Ergebnis sei die Funktion $L$. Berechnen Sie die Legendre–Transformierte von $L$.

(b) Die Bewegung eines geladenen Teilchens im elektromagnetischen Feld wird durch die Lagrange–Funktion

$$L \in C^\infty(\mathbb{R}^n_q \times \mathbb{R}^n_v, \mathbb{R}) \quad , \quad L(q,v) = \tfrac{1}{2}m\|v\|^2 - e\phi(q) + \tfrac{e}{c}\,\langle v, A(q)\rangle$$

beschrieben, wobei $\phi \in C^\infty(\mathbb{R}^n, \mathbb{R})$ und $A \in C^\infty(\mathbb{R}^n, \mathbb{R}^n)$. Dabei ist $e \in \mathbb{R}$ die Ladung des Teilchens und $c$ die Lichtgeschwindigkeit. Berechnen Sie durch Legendre–Transformation die Hamilton–Funktion. ◇

## 8.2 Holonome Zwangsbedingungen

In vielen Fällen ist die Bewegung der zu beschreibenden Teilchen in der einen oder anderen Weise eingeschränkt. So werden wir das Beispiel der Perle diskutieren, die auf einen Draht aufgefädelt wurde.

Betrachten wir die Bewegung des Teilchens in einer $m$–dimensionalen Untermannigfaltigkeit $S \subseteq \mathbb{R}^n_q$. In $\mathbb{R}^n_q \times \mathbb{R}^n_v$ habe das Teilchen die Lagrange–Funktion $\tilde{L}$. In der Nähe eines Punktes $q_0 \in S$ können wir eine lokale Parametrisierung $q = q(x)$, $x = (x_1, \ldots, x_m)$ von $S$ vornehmen.

**8.9 Definition** *Die Differentialgleichung mit* $L(x,w) := \tilde{L}\big(q(x), \mathrm{D}q(x)\, w\big)$

$$\frac{\mathrm{d}}{\mathrm{d}t} D_2 L(x, \dot{x}) = D_1 L(x, \dot{x})$$

*heißt System mit* **Konfigurationsraum** $S$ *und* **holonomer Zwangsbedingung**.

**8.10 Bemerkung (Nicht holonome Zwangsbedingungen)** Mit der Restriktion des Teilchenortes $q$ auf die Untermannigfaltigkeit $S \subseteq \mathbb{R}^n_q$ wird die Teilchengeschwindigkeit auf den Unterraum $T_q S$ des Tangentialraumes $T_q \mathbb{R}^n_q$ eingeschränkt.

$S$ kann in einer Umgebung $U \subseteq \mathbb{R}^n_q$ von $q$ als Niveaufläche $S = F^{-1}(0)$ des regulären Wertes $0$ einer Funktion $F \in C^\infty(U, \mathbb{R}^{n-m})$ dargestellt werden. Diese definiert eine geometrische Distribution $\mathcal{D}_F$ auf $U$ (siehe Definition F.23):

$$\mathcal{D}_F := \big\{(u,v) \mid u \in U,\ v \in T_u U,\ (\mathrm{D}F)_u(v) = 0\big\} \subseteq TU\,.$$

Die Geschwindigkeit des Teilchens ist immer tangential zu diesen Unterräumen. Betrachten wir für eine beliebige, nicht notwendig auf $S$ liegende Anfangskonfiguration $q_0 \in U$ nur solche Bahnen $c : I \to U$ mit $c(0) = q_0$ und $\big(c(t), c'(t)\big) \in \mathcal{D}_F$, dann bleiben diese entsprechend auf den Niveauflächen $F^{-1}(f)$ von $f := F(q_0)$.

Eine solche durch die Distribution $\mathcal{D}_F$ definierte Zwangsbedingung nennt man ebenfalls holonom.

Wann die freie Wahl von $f$ physikalisch realisiert werden kann (ein Beispiel ist etwa $F : \mathbb{R}^2 \to \mathbb{R}$, $F(q) = \|q\|^2$, also ein planares Pendel mit einstellbarer Pendellänge $f$), soll hier nicht weiter interessieren.

Interessant ist aber die folgende Verallgemeinerung. Eine *Zwangsbedingung* ist definiert als eine Distribution $\mathcal{D} \subseteq TU$ im Konfigurationsraum. Ist diese integrabel, nennt man sie holonom, sonst nicht holonom. Nicht holonome Zwangsbedingungen treten z.B. bei einer rollenden Kugel auf (siehe Kapitel 14.4). ◇

Wenn wir die Bewegung eines Teilchens auf einer Untermannigfaltigkeit $S$ des Konfigurationsraumes beschreiben wollen, geben wir zunächst die Lagrange–Funktion $\tilde{L}$ des sich in $\mathbb{R}^n_q$ frei bewegenden Teilchens an, berechnen dann $L$ und daraus gegebenenfalls über die Legendre–Transformation die Hamilton–Funktion $H : T^*S \to \mathbb{R}$. Dabei ist $T^*S$ das sogenannte Kotangentialbündel von $S$, eine $2m$–dimensionale Mannigfaltigkeit, deren Punkte aus Paaren $(p, x)$ mit $x \in S$, $p$ kanonischer Impuls, gebildet werden.

Zwar ist die obige Konstruktion zunächst nur in einer Umgebung von $q_0 \in S$ gültig, aber wir werden im Anhang A.2 den Begriff der Mannigfaltigkeit diskutieren, der es uns erlaubt, die globale Bewegung auf $S$ zu diskutieren.

**8.11 Beispiel (Perle am Draht)** Eine Perle gleitet ohne Reibung auf einem kreisförmigen Draht. Der Kreis vom Radius $R$ hat den Mittelpunkt $0 \in \mathbb{R}^3$. Er rotiert mit Winkelgeschwindigkeit $\omega$ um die (vertikale) $q_1$–Achse, und die Kreisebene enthält diese Achse (siehe Abbildung).

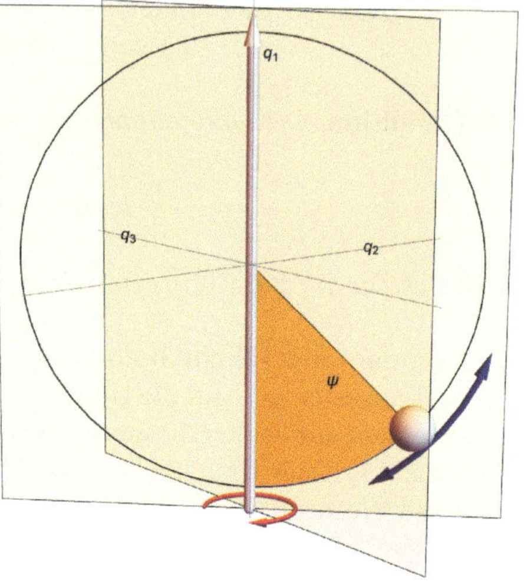


Bezeichnet man mit $\psi$ den Winkel zwischen der unteren Ruhelage und dem Ort $q$ der Perle, dann gilt also

$$q = \begin{pmatrix} q_1 \\ q_2 \\ q_3 \end{pmatrix} = R \begin{pmatrix} -\cos(\psi) \\ \sin(\psi)\,\sin(\omega t) \\ \sin(\psi)\,\cos(\omega t) \end{pmatrix}.$$

Die Lagrange–Funktion der Perle hat die Form $\tilde{L}(q,v) := \frac{m}{2}\|v\|^2 - V(q)$, und ist damit die Differenz von kinetischer und potentieller Energie. Letztere ist gleich $V(q) = mgq_1$, wobei $g > 0$ wieder die Erdbeschleunigung bezeichnet. Die Perle besitzt statt drei nur einen Freiheitsgrad. Entsprechend stellen wir die Lagrange–Funktion als Funktion von $\psi$, der Winkelgeschwindigkeit $v_\psi = \dot{\psi}$ und eventuell der Zeit $t$ dar (siehe auch Percival und Richards [PR2]). Es gilt

$$\dot{q} = \begin{pmatrix} \dot{q}_1 \\ \dot{q}_2 \\ \dot{q}_3 \end{pmatrix} = R \begin{pmatrix} \sin(\psi)\dot{\psi} \\ \cos(\psi)\sin(\omega t)\dot{\psi} + \omega\ \sin(\psi)\cos(\omega t) \\ \cos(\psi)\cos(\omega t)\dot{\psi} - \omega\ \sin(\psi)\sin(\omega t) \end{pmatrix},$$

also

$$\|\dot{q}\|^2 = R^2\left(\dot{\psi}^2 + \omega^2\sin^2(\psi)\right).$$

Außerdem ist $V(q) = -mgR\cos\psi$, sodass in den neuen Koordinaten die Lagrange-Funktion die zeitunabhängige Gestalt

$$L(\psi, v_\psi) = \frac{mR^2}{2} v_\psi^2 + mR\left(g\cos\psi + \frac{\omega^2 R}{2}\sin^2\psi\right)$$

besitzt. Damit ist der zum Winkel $\psi$ konjugierte Impuls $p_\psi$ gleich

$$p_\psi := \frac{\partial L}{\partial v_\psi} = mR^2\, v_\psi\,.$$

Die Hamilton–Funktion besitzt also die Form

$$H(p_\psi,\psi) = v_\psi\, p_\psi - L(\psi,v_\psi) = \frac{p_\psi^2}{2mR^2} - mR\left(g\cos(\psi) + \tfrac{1}{2}\omega^2 R\sin^2(\psi)\right).$$

Durch Veränderung von Längen-, Energie- und Zeitmaßstab können wir uns auf die Diskussion des Falls $m = R = g = 1$ beschränken und mit der neuen Winkelgeschwindigkeit $\Omega := \omega\,\sqrt{R/g}$ ergibt sich

$$H_\Omega(p_\psi,\psi) = \tfrac{1}{2}p_\psi^2 + W_\Omega(\psi) \qquad ((p_\psi,\psi)\in M)$$

mit dem Potential $W_\Omega(\psi) := -\cos\psi - \frac{\Omega^2}{2}\sin^2\psi$. Der Phasenraum von $H_\Omega$ ist dabei der Zylinder $M := \mathbb{R}\times S^1$.

Für $\Omega = 0$ ist $W_0(\psi) = -\cos\psi$, das Potential besitzt also in der unteren Ruhelage $\psi = 0$ ein nicht degeneriertes Minimum.

Andererseits dominiert für große $|\Omega|$ die Zentrifugalkraft und $W_\Omega(\psi)$ besitzt für $\psi$–Werte nahe bei $\pm\pi/2$ Minimalstellen (siehe Abbildung 8.2.1).

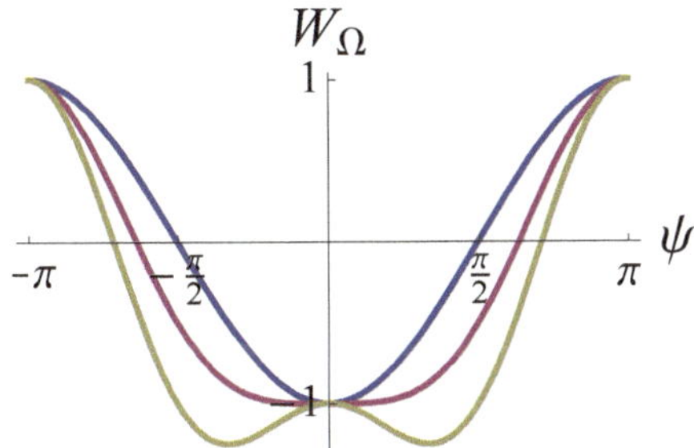


Abbildung 8.2.1: Potential $W_\Omega$ für $\Omega = 0$, $\Omega = 1$ und $\Omega = \sqrt{2}$

Dies übersetzt sich im Phasenraumportrait von $H_\Omega$ in eine Verzweigung (siehe Abbildung 8.2.2). Für alle $\Omega$–Werte ist die untere Gleichgewichtslage in $M$, das heißt der Punkt mit den Koordinaten $(p_\psi,\psi) = (0,0)$, Nullstelle des Vektorfeldes

$$X_{H_\Omega}(p_\psi,\psi) = \begin{pmatrix} -W_\Omega'(\psi) \\ p_\psi \end{pmatrix} = \begin{pmatrix} -\sin\psi + \frac{1}{2}\Omega^2\sin(2\psi) \\ p_\psi \end{pmatrix} \qquad ((p_\psi,\psi)\in M)$$

von $H_\Omega$. Wir berechnen dessen Stabilität durch Untersuchung der Linearisierung $\mathrm{D}X_{H_\Omega}(p_\psi,\psi) = \begin{pmatrix} 0 & -W_\Omega''(\psi) \\ 1 & 0 \end{pmatrix}$. $\mathrm{D}X_{H_\Omega}$ besitzt die Eigenwerte $\pm\sqrt{-\det(\mathrm{D}X_{H_\Omega})}$. Wegen

$$\det\left(\mathrm{D}X_{H_\Omega}\right)(\psi) = W_\Omega''(\psi) = \cos\psi - \Omega^2\cos(2\psi)$$

sind diese gleich $\pm\sqrt{-1+\Omega^2}$, also imaginär für $|\Omega| \le 1$ und reell für $|\Omega| \ge 1$. Für Winkelgeschwindigkeiten, die betragsmäßig kleiner als der Bifurkationswert 1 sind, wird damit die untere Gleichgewichtslage nach Bemerkung 7.9.1 liapunov–stabil, für größere Werte instabil. ◇

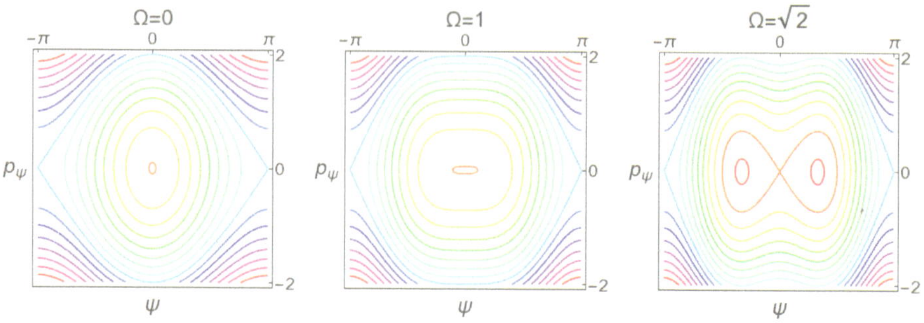


Abbildung 8.2.2: Phasenraumportraits für $H_\Omega$

**8.12 Aufgabe (Perle am Draht)** Eine Perle der Masse $m$ gleitet ohne Reibung unter dem Einfluss der Schwerebeschleunigung $g$ auf einem parabolischen Draht der Form $z = \frac{1}{2}\alpha^2 x^2$, wobei die $z$-Achse vertikal nach oben weist. Der Draht rotiert mit der konstanten Winkelgeschwindigkeit $\omega$ um die $z$-Achse.

(a) Berechnen Sie die Hamilton–Funktion $H$.

(b) Untersuchen Sie den Punkt $(0,0)$ mit Hilfe der Linearisierung des hamiltonschen Vektorfeldes $X_H$ auf Stabilität.

(c) Zeigen Sie, dass für $g\alpha^2 > \omega^2$ (also langsame Rotation) und Energie $E$ die Perle eine periodische Bewegung mit der Periode

$$T = \frac{\sqrt{8m}}{\beta} \int_0^{\frac{\pi}{2}} \left(1 + \frac{\alpha^4 E}{\beta^2} \sin^2\theta\right)^{1/2} \mathrm{d}\theta$$

mit $\beta^2 = \frac{m}{2}(g\alpha^2 - \omega^2)$ durchführt. ◇

# 8.3 Das hamiltonsche Variationsprinzip

Die kürzeste Verbindung zweier Punkte $x_0, x_1 \in \mathbb{R}^n$ ist die diese Punkte verbindende Strecke. Das lässt sich beweisen, indem man alle möglichen Wege zwischen diesen Punkten betrachtet. Sind diese Wege $\gamma$ nach dem Parameter stetig differenzierbar, so kommt ihnen eine Länge zu:

$$\gamma : [0,1] \to \mathbb{R}^n \quad , \quad \gamma(0) = x_0,\ \gamma(1) = x_1 \quad , \quad I(\gamma) := \int_0^1 L\big(\dot\gamma(t)\big)\,\mathrm{d}t$$

mit Lagrange–Funktion

$$L(v) := \|v\| = \sqrt{v_1^2 + \ldots + v_n^2}\,.$$

Das *Längenfunktional* $I$ ist also eine Abbildung von den in Betracht kommenden Wegen in die reellen Zahlen. Wie eine Funktion auf einem endlich-dimensionalen

Raum kann ein solches Funktional Minima - oder allgemeiner - Extrema besitzen. Wie im endlich-dimensionalen Fall ist dann die Linearisierung am Extremum die Null-Abbildung. Die *Variation* von $I$ verschwindet dort.

Wir wollen diesen Ansatz verallgemeinern. Wir setzen dabei voraus, dass die im Folgenden betrachteten Funktionen glatt sind. $L$ wird eine allgemeine Lagrange–Funktion sein, die von der Zeit abhängen kann:

Für den Konfigurationsraum, eine offene Teilmenge $U \subseteq \mathbb{R}^n_q$, betrachten wir eine Funktion

$$L \in C^2\big(U \times \mathbb{R}^n_v \times [t_0, t_1], \mathbb{R}\big) ,$$

genannt *Lagrange–Funktion*. Beispielsweise können wir als Raum von Wegen von $x_0$ nach $x_1 \in U$

$$X := \big\{\gamma \in C^2\big([t_0, t_1], U\big) \mid \gamma(t_0) = x_0, \gamma(t_1) = x_1\big\}$$

ansetzen. Auf diesem ist das *Wirkungsfunktional*

$$I : X \to \mathbb{R} \quad , \quad I(\gamma) = \int_{t_0}^{t_1} L\big(\gamma(t), \dot\gamma(t), t\big)\, \mathrm{d}t \; .$$

$X$ ist kein linearer Raum. Aber die Differenz $h := \gamma_1 - \gamma_2$ zweier Wege mit Anfangspunkt $x_0$ und Endpunkt $x_1$ ist eine Abbildung $h : [t_0, t_1] \to \mathbb{R}^n$ mit $h(t_0) = h(t_1) = 0$. Daher steht $X$ mit einem Vektorraum, und zwar mit

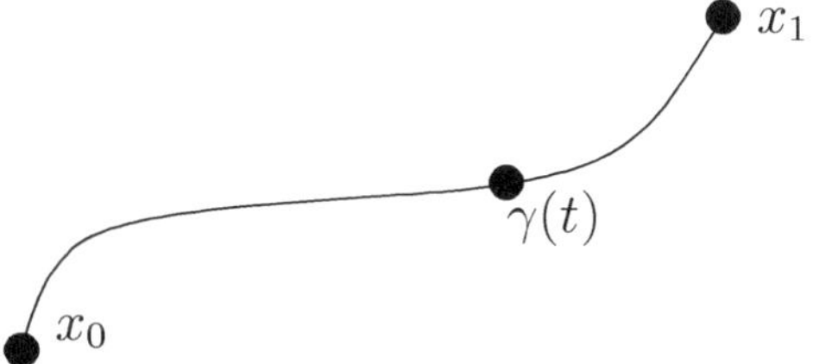


$$X_0 := \big\{h \in C^2\big([t_0, t_1], \mathbb{R}^n\big) \mid h(t_0) = h(t_1) = 0\big\}$$

in Zusammenhang, denn für $\gamma_1, \gamma_2 \in X$ ist $\gamma_1 - \gamma_2 \in X_0$ .

Auf dem unendlich-dimensionalen $\mathbb{R}$–Vektorraum $X_0$ können wir zum Beispiel die Norm

$$\|h\|_0 := \sup_{t \in [t_0, t_1]} \big(\|h(t)\| + \|\mathrm{D}h(t)\|\big)$$

einführen. Diese führt auf $X$ zu der Metrik $d(\gamma_1, \gamma_2) := \|\gamma_1 - \gamma_2\|_0$.

**8.13 Definition** *Ein Funktional $I : X \to \mathbb{R}$ heißt*

- **(Fréchet-)differenzierbar bei** $\gamma \in X$, *wenn eine beschränkte lineare Abbildung $\mathcal{L}_\gamma : X_0 \to \mathbb{R}$ existiert mit*

$$I(\gamma + h) - I(\gamma) = \mathcal{L}_\gamma(h) + o(\|h\|_0) \qquad (h \in X_0 \text{ mit } \gamma + h \in X). \quad (8.3.1)$$

- *$I$ heißt* **(Fréchet-)differenzierbar**, *wenn $\mathcal{L}_\gamma$ für alle $\gamma \in X$ existiert.*
- *$\gamma$ heißt* **stationärer Punkt** *(oder* **kritischer Punkt***) von $I$, wenn $\mathcal{L}_\gamma = 0$.*

- *$I$ heißt* **stetig differenzierbar**, *wenn sogar $\gamma \mapsto \mathcal{L}_\gamma$ stetig ist.*

**8.14 Notation** Wenn die lineare Abbildung $\mathcal{L}_\gamma$ existiert, dann ist sie durch (8.3.1) eindeutig definiert. Üblicher als $\mathcal{L}_\gamma$ sind die Schreibweisen $\delta I(\gamma)$ und $\mathrm{D}I(\gamma)$.[3] Damit ist dann $\mathrm{D}I(\gamma) = 0$ für stationäre Punkte $\gamma$.

**8.15 Satz** *Für $L \in C^2(U \times \mathbb{R}^n_v \times \mathbb{R}_t, \mathbb{R})$ und $\tilde{\gamma}(t) := \big(\gamma(t), \dot{\gamma}(t), t\big)$ ist*

$$I : X \to \mathbb{R} \quad , \quad I(\gamma) := \textstyle\int_{t_0}^{t_1} L\big(\tilde{\gamma}(t)\big)\,\mathrm{d}t \tag{8.3.2}$$

*ein differenzierbares Funktional mit Ableitung*

$$(\mathrm{D}I)_\gamma(h) = \textstyle\int_{t_0}^{t_1} \left[\mathrm{D}_1 L - \frac{\mathrm{d}}{\mathrm{d}t}\mathrm{D}_2 L\right] \circ \tilde{\gamma}(t)\; h(t)\,\mathrm{d}t \qquad (h \in X_0). \tag{8.3.3}$$

**Beweis:**
- Die linke Seite der $\mathcal{L}_\gamma$ definierenden Gleichung (8.3.1) ist

$$\begin{aligned} I(\gamma + h) - I(\gamma) &= \textstyle\int_{t_0}^{t_1} L\big(\gamma(t) + h(t), \dot{\gamma}(t) + \dot{h}(t), t\big)\,\mathrm{d}t - \int_{t_0}^{t_1} L\big(\tilde{\gamma}(t)\big)\,\mathrm{d}t \\ &= \int_{t_0}^{t_1} \Big[\mathrm{D}_1 L(\tilde{\gamma}(t)) \cdot h(t) + \mathrm{D}_2 L(\tilde{\gamma}(t)) \cdot \dot{h}(t)\Big]\,\mathrm{d}t + \mathcal{O}\left(\|h\|_0^2\right). \end{aligned}$$

Durch partielle Integration verschwindet die Zeitableitung der Variation $h$:

$$\textstyle\int_{t_0}^{t_1} \mathrm{D}_2 L\big(\tilde{\gamma}(t)\big)\;\dot{h}(t)\,\mathrm{d}t = \mathrm{D}_2 L \cdot h\big|_{t_0}^{t_1} - \int_{t_0}^{t_1} \frac{\mathrm{d}}{\mathrm{d}t}\big(\mathrm{D}_2 L(\tilde{\gamma}(t))\big) \cdot h(t)\,\mathrm{d}t\,,$$

Da $h \in X_0$, ist $h(t_0) = h(t_1) = 0$, also $(\mathrm{D}I)_\gamma(h)$ durch (8.3.3) gegeben.
- $\mathrm{D}I(\gamma)$ ist beschränkt, mit Operatornorm

$$\|\mathrm{D}I(\gamma)\| = \sup_{h \in X_0,\, \|h\|_0 = 1} |(\mathrm{D}I)_\gamma(h)| \le (t_1 - t_0) \sup_{t \in [t_0, t_1]} \left\|\big(\mathrm{D}_1 L - \tfrac{\mathrm{d}}{\mathrm{d}t}\mathrm{D}_2 L\big) \circ \tilde{\gamma}(t)\right\|,$$

denn die vektorwertige Funktion ist stetig auf dem Kompaktum $[t_0, t_1]$. □

**8.16 Satz (Hamiltonsches Variationsprinzip)**
*$\gamma \in X$ ist genau dann stationärer Punkt des Funktionals (8.3.2), wenn $\gamma$ die* **Euler–Lagrange–Gleichung** *erfüllt:*

$$\left(\mathrm{D}_1 L - \frac{\mathrm{d}}{\mathrm{d}t}\mathrm{D}_2 L\right) \circ \tilde{\gamma}(t) = 0 \qquad \big(t \in [t_0, t_1]\big). \tag{8.3.4}$$

Zum Beweis dieses Satzes benutzen wir ein einfaches Lemma.

**8.17 Lemma (Fundamental-Lemma der Variationsrechnung)**
*Wenn für $f \in C\big([t_0, t_1], \mathbb{R}\big)$ gilt, dass $\int_{t_0}^{t_1} f(t)h(t)\,\mathrm{d}t = 0$ für alle $h \in C\big([t_0, t_1], \mathbb{R}\big)$ mit $h(t_0) = h(t_1) = 0$, so ist $f = 0$.*

[3] Bei Anwendung des Operators $\mathrm{D}I(\gamma)$ auf einen Vektor $h$ schreiben wir $\gamma$ als Index.

**Beweis:** Sei stattdessen $f(t^*) > 0$ (oder $< 0$ entsprechend), dann existieren $\varepsilon > 0$ und $c > 0$ mit $[t^* - \varepsilon, t^* + \varepsilon] \subset (t_0, t_1)$ und

$$f(t) \geq c \qquad \big(t \in [t^* - \varepsilon, t^* + \varepsilon]\big)\,.$$

Wähle eine sogenannte *Abschneidefunktion* $h \in C\big([t_0, t_1], \mathbb{R}\big)$ mit $h \geq 0$,

$$h(t) = \begin{cases} 0 & , t \leq t^* - \varepsilon \\ 1 & , t^* - \frac{\varepsilon}{2} < t < t^* + \frac{\varepsilon}{2} \\ 0 & , t \geq t^* + \varepsilon, \end{cases}$$

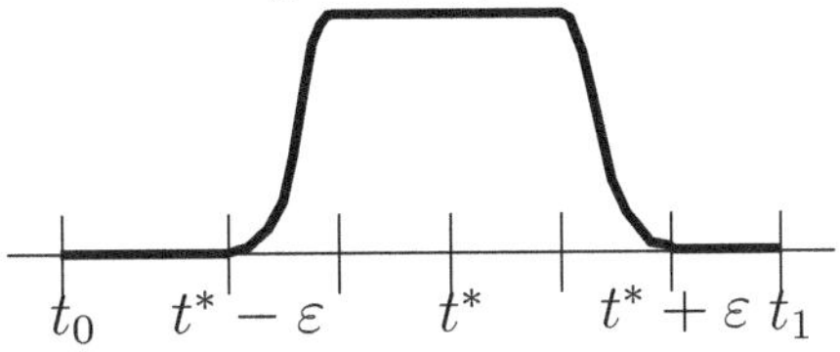

$t_0$ $t^* - \varepsilon$ $t^*$ $t^* + \varepsilon$ $t_1$

(siehe Abbildung). Dann ist $\int_{t_0}^{t_1} f(t)h(t)\,\mathrm{d}t \geq c\,\varepsilon > 0$. □

**Beweis des Satzes 8.16:**

- Ist $\gamma \in X$ stationärer Punkt, also $\mathrm{D}I(\gamma) = 0$, dann folgt mit (8.3.3)

$$0 = (\mathrm{D}I)_\gamma(h) = \int_{t_0}^{t_1} \left[\mathrm{D}_1 L - \frac{\mathrm{d}}{\mathrm{d}t}\mathrm{D}_2 L\right] \circ \tilde{\gamma}(t)\; h(t)\,\mathrm{d}t \qquad (h \in X_0 \text{ mit } \gamma{+}h \in X).$$

Anwenden von Lemma 8.17 auf die $n$ (unabhängig variierbaren) Komponenten von $h \in X_0$ ergibt die Euler-Lagrange–Gleichung (8.3.4).

- Nach (8.3.1) folgt umgekehrt das Verschwinden von $\mathrm{D}I(\gamma)$ aus (8.3.4). □

Die Lösungen der Euler-Lagrange–Gleichung sind also gleich den Extremalen des Wirkungsfunktionals $I$. Dieses ist wiederum Wegintegral der Lagrange–Funktion $L$ auf dem Phasenraum[4] $U \times \mathbb{R}^n \cong TU$, also des Tangentialraums von $U$. Denn das Argument von $L$ ist die Kurve $t \mapsto \tilde{\gamma}(t) = \big(\gamma(t), \dot{\gamma}(t)\big)$. Unter einer Koordinatentransformation des Konfigurationsraums mit einem glatten Diffeomorphismus $\psi : U \to V$ wird $\gamma : [t_0, t_1] \to U$ zu $\psi \circ \gamma : [t_0, t_1] \to V$, und $\tilde{\gamma}$ zu

$$\widetilde{\psi \circ \gamma} : [t_0, t_1] \to V \times \mathbb{R}^n \quad , \quad \widetilde{\psi \circ \gamma}(t) = \Big(\psi \circ \gamma(t),\ \mathrm{D}\psi_{\gamma(t)}\, \dot{\gamma}(t)\Big)\,.$$

Sie weist also das Transformationsverhalten einer Kurve im Tangentialraum auf (siehe Satz A.42), und wir haben bewiesen:

**8.18 Lemma** *Erfüllt $\gamma$ die Euler-Lagrange–Gleichung von $L \in C^2\big(U \times \mathbb{R}^n_v, \mathbb{R}\big)$, dann gilt das auch für $\psi \circ \gamma$ und $L \circ \Psi^{-1}$, mit*

$$\Psi : U \times \mathbb{R}^n \to V \times \mathbb{R}^n \quad , \quad \Psi(q, v) := \big(\psi(q),\ \mathrm{D}\psi_q\, v\big)\,.$$

Dieses Transformationsverhalten gestattet uns, auch für $\gamma : [t_0, t_1] \to M$ das Wirkungsfunktional

$$I(\gamma) := \int_{t_0}^{t_1} L\big(\gamma(t), \dot{\gamma}(t)\big)\,\mathrm{d}t$$

von Lagrange–Funktionen $L : TM \to \mathbb{R}$ zu betrachten, die Funktionen auf dem sogenannten Tangentialbündel $TM$ einer Konfigurationsmannigfaltigkeit $M$ sind.

[4]wir nehmen zur Vereinfachung der Diskussion an, dass $L$ nicht explizit von der Zeit abhängt.

**8.19 Bemerkungen (Funktionale)**

1. Nicht jedes Funktional besitzt einen stationären Punkt (auch nicht jede Funktion besitzt ja ein solches!).

   Als Beispiel dient das Längenfunktional $L(x,v,t) := \|v\|$ der gelochten Ebene $U := \mathbb{R}^2 \setminus \{0\}$. Die Strecke zwischen $x_0 := \binom{-1}{0}$ und $x_1 := \binom{1}{0}$ enthält den Punkt $0 \in \mathbb{R}^2$. Es gibt in $U$ also keine kürzeste Kurve zwischen $x_0$ und $x_1$.

2. Extremale brauchen nicht eindeutig zu sein. Als Beispiel betrachten wir den Raum

$$X := \left\{\gamma \in C^2([0,1], S^2) \;\middle|\; \gamma(0) = \begin{pmatrix} 0\\0\\1 \end{pmatrix} \;,\; \gamma(1) = \begin{pmatrix} 0\\0\\-1 \end{pmatrix}\right\}$$

   der den Nordpol $\begin{pmatrix} 0\\0\\1 \end{pmatrix}$ mit dem Südpol $\begin{pmatrix} 0\\0\\-1 \end{pmatrix}$ der Sphäre $S^2 = \{x \in \mathbb{R}^3 \mid \|x\| = 1\}$ verbindenden Kurven, und das Funktional

$$I(\gamma) := \tfrac{1}{2} \int_0^1 \left\| \frac{\mathrm{d}\gamma}{\mathrm{d}t}(t) \right\|^2 \mathrm{d}t\,.$$

   Die Segmente von Großkreisen, die am Nordpol beginnen und am Südpol enden, sind Extremale von $I$ (nebenstehende Abbildung; siehe auch Beispiel G.14.2).

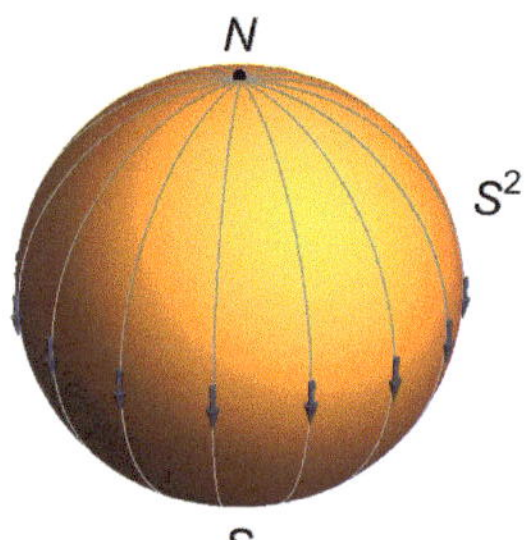

Nord- und Südpol verbindende Geodäten

3. Auch wenn das Bild der Kurve eindeutig ist, braucht die Parametrisierung noch nicht eindeutig zu sein.

   Ein Beispiel ist das Längenfunktional $I(\gamma) = \int_0^1 \|\dot\gamma(t)\|\,\mathrm{d}t$, denn für einen Diffeomorphismus $c : [0,1] \to [0,1]$ mit $c(0) = 0$, $c(1) = 1$ ist

$$\int_0^1 \left\| \frac{\mathrm{d}}{\mathrm{d}t}\gamma(c(t)) \right\| \mathrm{d}t = \int_0^1 \left\| \frac{\mathrm{d}}{\mathrm{d}s}\gamma(s) \right\| \mathrm{d}s \tag{8.3.5}$$

   mit Parameter $s = c(t)$.

   Diese Uneindeutigkeit der Parametrisierung bereitet manchmal Ärger. Deshalb ist das schon in Bemerkung 2. vorkommende *Energiefunktional*

$$\gamma \mapsto \tfrac{1}{2} \int_0^1 \|\dot\gamma(t)\|^2 \,\mathrm{d}t$$

   beliebter. Es besitzt bis auf Parametrisierung die gleichen Extremale wie das Längenfunktional, die Parametrisierung ist aber eindeutig (siehe Bemerkung G.3.2). ◇

**8.20 Aufgabe (Beispiel zur Nichtminimalität des Wirkungsfunktionals)**
Gegeben sei die Lagrange–Funktion

$$L \in C^\infty(\mathbb{R}^2 \times \mathbb{R}^2, \mathbb{R}) \quad , \quad L(q,v) := \tfrac{1}{2}\left(\|v\|^2 - q_2^2\right),$$

Problema novum ad cujus ſolutionem Mathematici invitantur.

*Datis in plano verticali duobus punctis A & B (vid. Fig. 5) aſſignare Mobili M, viam AMB, per quam gravitate ſua deſcendens & moveri incipiens a puncto A, breviſſimo tempore perveniat ad alterum punctum B.*

Ut harum rerum amatores inſtigentur & propenſiori animo ferantur ad tentamen hujus problematis, ſciant non conſiſtere in nuda ſpeculatione, ut quidem videtur, ac ſi nullum haberet uſum; habet enim maximum etiam in aliis ſcientiis quam in mechanicis, quod nemo facile crediderit. Interim (ut forte quorundam præcipiti judicio obvi-

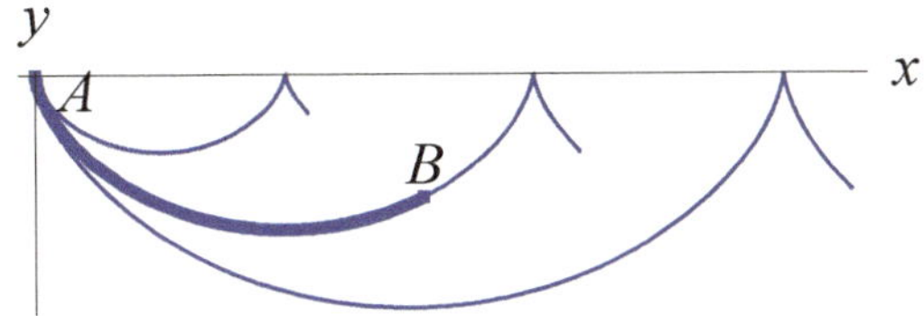


Abbildung 8.3.1: Links: Aus der Ankündigung Johann Bernoullis [Bern] zum Brachistochronen-Problem. Rechts: Familie von Zykloiden (zum Kasten auf Seite 163)

wobei $q = (q_1, q_2)^\top$ (physikalisch interpretiert beschreibt das ein Teilchen in einer Rinne).

(a) Berechnen Sie die Extremalen $q$ mit $q(0) = (0,0)^\top$ und $q(T) = (c,0)^\top$ des Wirkungsfunktionals $I(q) = \int_0^T L\,\mathrm{d}t$. (Beachten Sie dabei den Unterschied zwischen Zeiten $T = n\pi$ und $T \neq n\pi$.)

(b) Zeigen Sie, dass für die Lösung $q(t) = (\frac{c}{T}\,t, 0)^\top$ und jede Variation $\delta q$ von $q$, also $\delta q \in C^\infty([0,T], \mathbb{R}^2)$ mit $\delta q(0) = (0,0)^\top$ und $\delta q(T) = (0,0)^\top$ gilt

$$X(\delta q) := I(q + \delta q) - I(q) = \tfrac{1}{2}\int_0^T \left(\|\delta\dot q(t)\|^2 - \delta q_2^2(t)\right)\,\mathrm{d}t\,.$$

(c) Werten Sie nun $X(\delta q)$ aus für eine Variation $\delta q = (\delta q_1, \delta q_2)^\top$ mit

$$\delta q_2(t) = \sum_{n=1}^{\infty} c_n\,\sin\left(\tfrac{\pi n t}{T}\right) \quad , \quad \delta q_1(t) = 0 \quad , \text{ wobei } \sum_{n=1}^{\infty} (n\,c_n)^2 < \infty\,.$$

(d) Begründen Sie mit dem Ergebnis aus (c), dass $I(q)$ minimal ist für Zeiten $0 < T < \pi$, und dass $X$ für $l\pi < T < (l+1)\pi$ auf einem $l$-dimensionalen Unterraum negativ definit ist. ◇

**Die Aufgabe Johann Bernoullis**

In den *Acta Eruditorum*, der ersten Wissenschaftszeitschrift Deutschlands, veröffentlichte im Jahr 1696 Johann Bernoulli aus Basel (damals in Groningen) die folgende Fragestellung:

> „Wenn in einer verticalen Ebene zwei Punkte $A$ und $B$ gegeben sind, soll man dem beweglichen Punkte $M$ eine Bahn $AMB$ anweisen, auf welcher er von $A$ ausgehend vermöge seiner eigenen Schwere in kürzester Zeit nach $B$ gelangt."

Diese Aufgabe lösten, neben Johann Bernoulli selbst, viele der bedeutendsten zeitgenössischen Mathematiker: sein älterer (und verhasster) Bruder Jakob, Leibniz, de l'Hospital, Tschirnhaus und Newton.

Das Problem selbst war schon von Galilei in [Gal2] erwähnt worden, der Kreissegmente als Lösungen angab. Mit den neu entwickelten Methoden der Differentialrechnung konnten nun Zykloiden–Segmente als die wahren Bahnen identifiziert werden.
Obwohl Variationsprobleme wie das der Dido schon in der Antike bekannt waren, ist dieses sogenannte *Brachistochronen*-Problem daher der Anfang der modernen Variationsrechnung.
Gesucht ist eine Funktion $Y : [0, x_B] \to \mathbb{R}$, deren Graph die Bahn minimaler Zeit $T(Y)$ ist. Die Bahn beginnt am Nullpunkt $A = 0 \in \mathbb{R}^2$ der Ebene, und ihr Endpunkt hat die Koordinaten $B = (x_B, y_B)$ mit $x_B > 0 > y_B$. Es ist also $Y(0) = 0$ und $Y(x_B) = y_B$.
Da $M$ bei $A$ mit Geschwindigkeit Null startet, besitzt $M$ bei der Höhe $y \leq 0$ unter dem Einfluß der Schwerkraft die Geschwindigkeit $\sqrt{-2gy}$, mit der Erdbeschleunigung $g$. Damit ist

$$T(Y) = \int_0^{x_B} \sqrt{\tfrac{1+Y'(x)^2}{-2gY(x)}}\, \mathrm{d}x\,. \qquad (8.3.6)$$

Statt die Euler–Lagrange–Gleichung für $L(y,v) := \sqrt{\frac{1+v^2}{-2gy}}$ zu bestimmen, schreiben wir mit Satz 8.6 die Hamilton–Funktion $H$ zur Lagrange–Funktion $L$ in Abhängigkeit von $y$ und $v$:

$$H(y,v) = \mathrm{D}_2 L(y,v)\, v - L(y,v) = \tfrac{v^2}{\sqrt{(1+v^2)(-2gy)}} - \sqrt{\tfrac{1+v^2}{-2gy}} = \tfrac{-1}{\sqrt{(1+v^2)(-2gy)}}\,.$$

Bezeichnen wir den konstanten Wert von $H < 0$ mit $-1/\sqrt{4gr}$, dann ist also

$$1 + Y'(x)^2 = \tfrac{2r}{-Y(x)} \quad \text{oder} \quad Y'(x) = \sqrt{-1 - \tfrac{2r}{Y(x)}}\,. \qquad (8.3.7)$$

Dies ist die Differentialgleichung der Zykloiden, also der Kurven, die die Parameterform

$$x(t) = r\,\bigl(t - \sin(t)\bigr) \quad , \quad y(t) = -r\,\bigl(1 - \cos(t)\bigr) \qquad (t \in \mathbb{R})$$

haben und damit $Y'(x) = \frac{y'(t)}{x'(t)} = \frac{-\sin(t)}{1-\cos(t)}$ erfüllen (siehe Abb., Seite 163).
Die angegebenen Lösungen $Y$ besitzen eine bei $x = 0$ divergierende Ableitung, gehören also eigentlich nicht zur Klasse zulässiger Funktionen. Andererseits wären auch noch weniger glatte Lösungen denkbar. Mit dem Maximumsprinzip (einer Technik aus der Theorie optimaler Steuerung) weist man Minimalität und Eindeutigkeit der Lösungen nach, siehe SUSSMANN und WILLEMS [SW].
Johann Bernoulli behauptete, dass seine Lösung „auch für andere Wissenszweige als die Mechanik sehr nützlich" sei. Nun: Die Halfpipes der Skater besitzen oft Zykloidenform.
Die am Kapitelanfang abgebildeten Rutschen sind zwar als Parabeln nicht zeitoptimal, aber bequemer als die Brachistochrone, da bei ihnen die Reise nicht mit dem freien Fall beginnt.

**8.21 Aufgabe (Tautochronen-Problem)**
Zeigen Sie, dass die Zykloide auch das *Tautochronen*-Problem löst, also alle an einem beliebigen Punkt der Kurve mit Geschwindigkeit Null startenden Massenpunkte zum gleichen Zeitpunkt an ihrem tiefsten Punkt ankommen. ◇

## 8.4 Die Geodätische Bewegung

Wir untersuchen die geodätische Bewegung auf Untermannigfaltigkeiten $M \subseteq \mathbb{R}^n$. Diese sind oft als Urbilder definiert, und werden nach ihrer Definition 2.34 lokal immer so beschrieben. Es sei also $W \subseteq \mathbb{R}^n$ offen, $F \in C^\infty(W, \mathbb{R}^m)$, $0 \in F(W) \subset \mathbb{R}^m$ regulärer Wert von $F$ und $M := F^{-1}(0)$ die Untermannigfaltigkeit. Wir interessieren uns für die durch die Lagrange–Funktion

$$\tilde{L} : W \times \mathbb{R}^n_v \to \mathbb{R} \quad , \quad \tilde{L}(q, v) := \tfrac{1}{2}\|v\|^2$$

gegebene freie Bewegung auf $W$ und ihre Einschränkung durch die holonome Zwangsbedingung $q \in M$.

Wie auf Seite 28 restringieren wir den Koordinaten-Diffeomorphismus $\varphi : U \to \mathbb{R}^n$ auf die Umgebung $V := U \cap M$ von $q$ in $M$, und schreiben diesen mit $d := n - m$ in der Form

$$\varphi\restriction_V(z) = \big(\psi(z), 0\big) \in \mathbb{R}^d \times \mathbb{R}^m .$$

Die Abbildung $\psi : V \to \mathbb{R}^d$ lässt sich auf ihrem Bild $V' := \psi(V) \subset \mathbb{R}^d \times \{0\} \cong \mathbb{R}^d$ glatt invertieren, und wir erhalten damit lokale Koordinaten

$$q := \psi^{-1} : V' \to V$$

in $V \subset M$, siehe Abbildung 8.4.1. Die durch

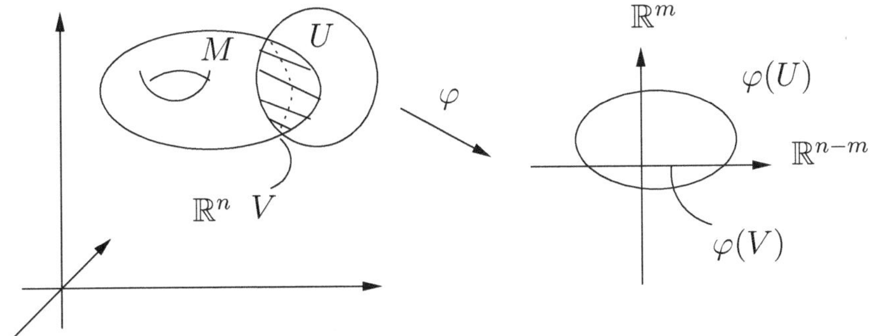


Abbildung 8.4.1: Konstruktion lokaler Koordinaten in $V \subset M$

$$L : V' \times \mathbb{R}^d \to \mathbb{R} \quad , \quad L(x, w) := \tilde{L}\big(q(x), \mathrm{D}q(x)\, w\big)$$

definierte Lagrange–Funktion $L$, also $L(x,w) = \frac{1}{2}\left\|\mathrm{D}q(x)\,w\right\|^2$, besitzt die Form

$$L(x,w) = \tfrac{1}{2}\sum_{i,j=1}^{d} g_{i,j}(x)\,w_i\,w_j \quad \text{mit} \quad g_{i,j}(x) := \sum_{k=1}^{n} \frac{\partial q_k}{\partial x_i}(x)\,\frac{\partial q_k}{\partial x_j}(x)\,. \tag{8.4.1}$$

**8.22 Lemma** *Die matrixwertige Funktion* $g : V' \to \mathrm{Mat}(d,\mathbb{R})$ *(die* ***erste Fundamentalform****) ist eine* **riemannsche Metrik** *auf* $V$*, das heißt es gilt*

$$g_{i,j} = g_{j,i} \quad (i,j = 1,\ldots,d) \quad \textit{und} \quad g(x) > 0 \qquad (x \in V').$$

**Beweis:**

- Die Symmetrie von $g$ folgt unmittelbar aus der Definition.
- Für alle $x \in V'$ ist

$$\sum_{i,j=1}^{d} g_{i,j}(x)\,w_i\,w_j = \|\mathrm{D}q(x)\,w\|^2 > 0 \qquad \left(w \in \mathbb{R}^d \setminus \{0\}\right),$$

$g$ also positiv definit, denn mit $\psi$ ist auch $q : V' \to V$ ein Diffeomorphismus, es gilt also $\mathrm{rang}\big(\mathrm{D}q(x)\big) = d$. □

Da wir $M$ durch offene Mengen der Form $V$ überdecken können, erhalten wir eine Metrik auf ganz $M$. Die riemannsche Metrik ermöglicht es, koordinateninvariant Längen von Kurven zu messen. Die Länge einer Kurve $c : [0,1] \to V$ ist dabei durch

$$\mathcal{L}(c) := \int_0^1 \sqrt{\textstyle\sum_{i,j} g_{i,j}\big(\tilde{c}(t)\big)\,\frac{\mathrm{d}\tilde{c}_i}{\mathrm{d}t}(t)\,\frac{\mathrm{d}\tilde{c}_j}{\mathrm{d}t}(t)}\,\mathrm{d}t = \int_0^1 \sqrt{2L\left(\tilde{c}(t), \tfrac{\mathrm{d}\tilde{c}}{\mathrm{d}t}(t)\right)}\,\mathrm{d}t$$

mit $\tilde{c} := \psi \circ c$ definiert.[5]

Die Extremale dieses gemäß (8.3.5) parametrisierungsinvarianten Funktionals stimmen bis auf Parametrisierung mit den Extremalen des Funktionals mit Lagrange–Funktion $L$ überein.

Wegen

$$\mathrm{D}_1 L(x,w) = \left(\tfrac{1}{2}\sum_{i,j=1}^{d} \frac{\partial g_{i,j}(x)}{\partial x_1} w_i w_j, \ldots, \tfrac{1}{2}\sum_{i,j=1}^{d} \frac{\partial g_{i,j}(x)}{\partial x_d} w_i w_j\right)$$

und

$$\mathrm{D}_2 L(x,w) = \left(\sum_{j=1}^{d} g_{1,j}(x) w_j, \ldots, \sum_{j=1}^{d} g_{d,j}(x) w_j\right)$$

lautet die Lagrange–Gleichung

$$\tfrac{1}{2}\sum_{i,j=1}^{d} \frac{\partial g_{i,j}(x)}{\partial x_k}\dot{x}_i\dot{x}_j = \sum_{j=1}^{d}\left(g_{k,j}(x)\ddot{x}_j + \sum_{i=1}^{d} \frac{\partial g_{k,j}}{\partial x_i}\dot{x}_j\dot{x}_i\right) \qquad (k = 1,\ldots,d).$$

[5] Das Längenfunktional $\mathcal{L}$ sollte nicht mit der Lagrange–Funktion $L$ verwechselt werden!

Wir definieren die *Christoffel–Symbole* durch

$$\Gamma_{i,j}^h(x) := \tfrac{1}{2} g^{h,k}(x) \left( \frac{\partial g_{k,j}}{\partial x_i}(x) + \frac{\partial g_{i,k}}{\partial x_j}(x) - \frac{\partial g_{i,j}}{\partial x_k}(x) \right) \qquad (i,j,h = 1,\ldots,d), \tag{8.4.2}$$

wobei $(g^{h,k})_{h,k=1}^d$ die zu $(g_{k,i})_{k,i=1}^d$ inverse Matrix ist, und die **Einsteinsche Summenkonvention** verwendet wurde, das heißt über doppelt vorkommende Indices summiert wurde.

Damit ergeben sich die Gleichungen

$$\boxed{\ddot{x}_h + \Gamma_{i,j}^h(x)\dot{x}_i\dot{x}_j = 0 \qquad (h = 1,\ldots,d).} \tag{8.4.3}$$

Diese heißen die *geodätischen Gleichungen*, ihre Lösungen $t \mapsto x(t)$ *Geodäten*.

Zunächst fällt auf, dass der metrische Tensor $g$, und damit auch die geodätische Gleichung, nur Informationen über die *intrinsische* Geometrie der $d$–dimensionalen Fläche $M$ unabhängig von ihrer (isometrischen) *Einbettung* enthält. Wir können also auch geodätische Bewegungen auf riemannschen Mannigfaltigkeiten (das heißt Mannigfaltigkeiten mit metrischem Tensor) unabhängig von jeder Einbettung studieren.

**8.23 Aufgabe (Euler-Lagrange-Gleichung in Polarkoordinaten)**
Betrachten Sie die Ebene $\mathbb{R}^2$ in Polarkoordinaten.

(a) Berechnen Sie die Christoffel–Symbole, welche durch die Lagrange–Funktion der freien Bewegung bestimmt sind.

(b) Schreiben Sie das Längenfunktional für Kurven im $\mathbb{R}^2$ und die Euler-Lagrange-Gleichungen für Geraden in der Ebene in Polarkoordinaten. ◇

Die Form der Matrixelemente $g_{i,h}$ ist zwar von der Wahl des Koordinatensystems abhängig. Koordinatenfrei definieren lassen sich aber die folgenden Größen.

- In der riemannschen Geometrie existieren Invarianten, welche die *(innere)* Krümmung des Raumes $M$ charakterisieren.
- Daneben gibt es auch Krümmungsinvarianten, die die Form der *Einbettung* einer Untermannigfaltigkeit $M \subset \mathbb{R}^n$ charakterisieren.

Es ist wichtig, diese beiden Aspekte zu unterscheiden.

**8.24 Beispiel (Gauss–Krümmung)** Eine zweidimensionale Fläche $M \subset \mathbb{R}^3$ besitzt an jedem Punkt $q \in M$ die innere Krümmung $K(q) := k_1(q)\; k_2(q)$, die das Produkt der inversen Krümmungsradien $k_i$ zweier Kurven ist. Diese Kurven entstehen durch Schnitt von $M$ mit je einem zweidimensionalen affinen Raum durch $q$, der die Flächennormale an diesem Punkt enthält. Die Wahl der beiden affinen Räume erfolgt dabei so, dass die Krümmungsradien extremal werden.

Das Vorzeichen der *Hauptkrümmung* $k_i$ ist positiv, wenn sich die Kurve in Richtung der Flächennormale krümmt, sonst negativ. Während dadurch $k_1$

und $k_2$ von der Wahl der Normale abhängen, ist ihr Produkt $K$, die *gausssche Krümmung*, unabhängig davon[6] (also auch für eine nicht orientierbare Fläche definiert).

- Ein Blatt Papier im $\mathbb{R}^3$ besitzt innere Krümmung $K = 0$, obwohl wir es biegen können. Denn auch beim gebogenen Blatt verschwindet überall eine der beiden Hauptkrümmungen $k_i$ (siehe Abbildung 8.4.2).
- Sphäre $\{x \in \mathbb{R}^3 \mid \|x\| = R\}$ vom Radius $R$: Krümmung $K = k_1\, k_2 = R^{-2} > 0$. Auch die gausssche Krümmung etwa einer weichen Kontaktlinse verändert sich nicht, wenn man sie in einer Richtung zusammendrückt.
- Sattel: Hier sind die Vorzeichen von $k_1$ und $k_2$ verschieden, also $K < 0$. ◇

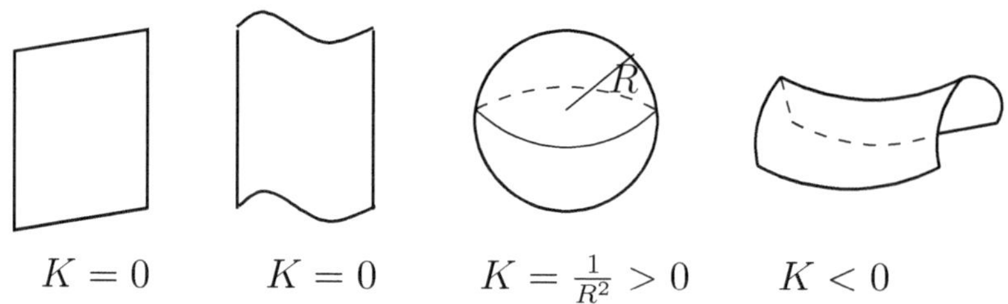


Abbildung 8.4.2: Gausssche Krümmung $K$ von Flächen

Aus der Herleitung der Lagrange–Funktion $L$ ergibt sich, dass wir

$$\sqrt{2L(x,\dot{x})} = \sqrt{\textstyle\sum_{i,j=1}^{d} g_{i,j}(x)\,\dot{x}_i\dot{x}_j}$$

als Betrag der Geschwindigkeit des Teilchens interpretieren können.

Wie sich durch Einsetzen der geodätischen Gleichungen in die zeitliche Ableitung $\frac{\mathrm{d}}{\mathrm{d}t}L = \frac{\partial L}{\partial x}\dot{x} + \frac{\partial L}{\partial \dot{x}}\ddot{x}$ der Lagrange–Funktion ergibt, ist diese Null, $L$ also eine Konstante der Bewegung. Daraus folgt, dass der Betrag der Geschwindigkeit des Teilchens auf $M$ ebenfalls konstant ist.

Eine besonders einfache Klasse eingebetteter riemannscher Mannigfaltigkeiten bilden die Rotationsflächen.

**8.25 Definition** *Sei $I$ ein Intervall und $R \in C^\infty(I, \mathbb{R}^+)$. Dann heißt*

$$M := \left\{x \in \mathbb{R}^3 \mid x_3 \in I, x_1^2 + x_2^2 = (R(x_3))^2\right\}$$

**Rotationsfläche** *mit* **Profil** $R$.

Die einfachste Rotationsfläche ist der Zylinder (mit konstantem $R$), siehe Abbildung 8.4.3.

[6]Nach dem *Theorema Egregium* von Gauß kann sie als Funktion der Metrik $g$ und ihrer ersten und zweiten Ableitungen dargestellt werden. Daher ist sie eine intrinsische Größe.

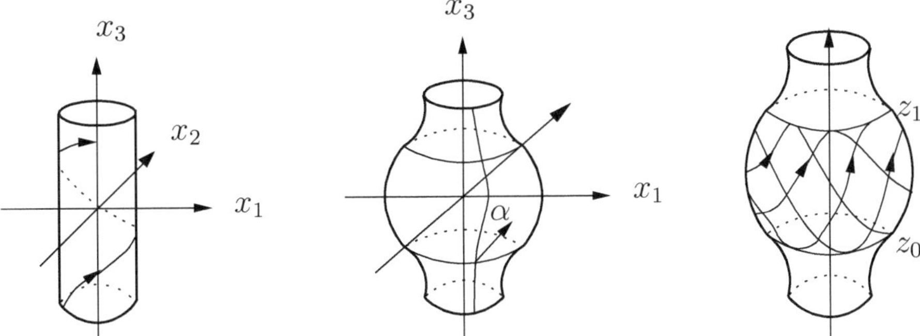


Abbildung 8.4.3: Links: Geodäte auf einem Zylinder. Mitte: Definition des Winkels $\alpha$. Rechts: Geodäte auf einer Rotationsfläche.

Wir parametrisieren eine Rotationsfläche durch $z \in I$ und $\varphi$ mit

$$x_1 = R(z)\cos(\varphi) \quad , \quad x_2 = R(z)\sin(\varphi) \quad , \quad x_3 = z\,.$$

Damit ergibt sich aus (8.4.1) der metrische Tensor $g(z,\varphi) = \begin{pmatrix} 1+(R'(z))^2 & 0 \\ 0 & R^2(z) \end{pmatrix}$ und, mit den Geschwindigkeitskomponenten $w_z$ und $w_\varphi$ in $z$– bzw. in $\varphi$–Richtung, die Lagrange–Funktion

$$L(z,\varphi,w_z,w_\varphi) = \tfrac{1}{2}\left[\left(1+(R'(z))^2\right)w_z^2 + R^2(z)w_\varphi^2\right]\,.$$

**8.26 Aufgabe (Rotationsflächen-Geodäten)**

(a) Zeigen Sie durch Berechnung der Christoffel–Symbole, dass die geodätischen Gleichungen auf $M$

$$\ddot\varphi + \tfrac{2R'(z)}{R(z)}\dot\varphi\dot z = 0 \quad , \quad \ddot z - \tfrac{R(z)R'(z)}{R'(z)^2+1}\dot\varphi^2 + \tfrac{R'(z)R''(z)}{R'(z)^2+1}\dot z^2 = 0$$

lauten.

(b) Zeigen Sie, dass die nach Bogenlänge parametrisierten *Meridiane*, das sind Kurven im $M$ mit konstantem Winkel $\varphi \equiv c \in \mathbb{R}$, Geodätische in $M$ sind.

(c) Welche *Breitenkreise*, also Kurven mit $z \equiv c \in \mathbb{R}$, sind Geodätische? ◇

Der zu $\varphi$ konjugierte Impuls $p_\varphi$ ist durch $p_\varphi = \frac{\partial L}{\partial w_\varphi} = R^2(z)\,w_\varphi$ gegeben, $p_z = \frac{\partial L}{\partial w_z} = \left(1+(R'(z))^2\right)w_z$. Damit ist die über die Legendre–Transformation mit $L$ verknüpfte Hamilton–Funktion

$$\begin{aligned} H(p_z,p_\varphi,z,\varphi) &= p_z w_z + p_\varphi w_\varphi - L(z,\varphi,w_z,w_\varphi) \\ &= L\big(z,\varphi,w_z(p_z,z),w_\varphi(p_\varphi,z)\big) = \tfrac{1}{2}\left(\frac{p_z^2}{1+(R'(z))^2} + \frac{p_\varphi^2}{R^2(z)}\right). \end{aligned}$$

Die Bewegungsgleichungen lauten

$$\dot p_z = -\frac{\partial H}{\partial z} = \frac{R'(z)R''(z)p_z^2}{(1+(R'(z))^2)^2} - R^{-3}(z)p_\varphi^2 \quad , \quad \dot p_\varphi = -\frac{\partial H}{\partial \varphi} = 0\,,$$

$$\dot z = \frac{\partial H}{\partial p_z} = \frac{p_z}{1+(R'(z))^2} \quad \text{und} \quad \dot\varphi = \frac{\partial H}{\partial p_\varphi} = \frac{p_\varphi}{R^2(z)}\,.$$

Es ergibt sich unmittelbar, dass $p_\varphi$ eine Konstante der Bewegung ist.[7]

Bezeichnen wir mit $\alpha$ den Winkel der Geodäten-Richtung mit dem lokalen Meridian (siehe Abbildung 8.4.3), so ergibt sich der

**8.27 Satz (Clairaut)**
$R(z)\,\sin\alpha$ *ist für eine Geodäte auf einer Rotationsfläche zeitlich konstant.*

**Beweis:** Es gilt $R(z)\,\dot\varphi = \|v\|\sin\alpha$ mit Geschwindigkeitsbetrag $\|v\| = \sqrt{2L}$. Also ist $p_\varphi = R^2\,\dot\varphi = R\,\|v\|\,\sin\alpha$, und wegen der Konstanz von $\|v\|$ und $p_\varphi$ ist $R\sin\alpha = \text{const.}$ □

Da $|\sin\alpha| \le 1$, kann für einen vorgegebenen Wert der Clairaut–Konstante der Radius $R$ nicht zu klein werden.

Das kann bedeuten, dass die Bewegung nur in einem Ring $z_0 \le z \le z_1$ mit $R(z_0) = R(z_1) = |\text{const}|$ verläuft, siehe die rechte Abbildung in 8.4.3 .

**8.28 Weiterführende Literatur**
Eine Einführung in die Differentialgeometrie findet man in KLINGENBERG [Kli1].

Einen tieferen Einstieg in die riemannsche Geometrie bieten das Buch [GHL] von GALLOT, HULIN und LAFONTAINE, [Kli2] von KLINGENBERG und [Pat] von G. PATERNAIN, die letzteren mit Schwerpunkt auf dem geodätischen Fluss.

[Berg] von BERGER gibt einen Gesamtüberblick ohne Beweise. [JLJ] von JOST und LI-JOST ist eine Monographie zur Variationsrechnung. ◇

## 8.5 Die Jacobi–Metrik

Eine direkte mechanische Anwendung erfährt die riemannsche Geometrie in der geodätischen Bewegung in Metriken der Allgemeinen Relativitätstheorie, etwa der eines Schwarzen Loches. Ihre Bedeutung in der Mechanik beschränkt sich aber nicht darauf.

Viele mechanische Probleme werden durch die Bewegung in einem Potential beschrieben. Es wäre daher von Vorteil, wenn wir die reichhaltige und vergleichsweise gut ausgearbeitete Theorie geodätischer Bewegung auf solche Potential-Probleme mit Hamilton–Funktion $H(p,q) = \frac{\|p\|^2}{2m} + V(q)$ übertragen könnten.

[7] Das System ist also integrabel im Sinn der Definition auf Seite 317.
Wir können die Konstanz von $p_\varphi$ auch verstehen, indem wir feststellen, dass $p_\varphi$ die 3–Komponente des Drehimpulses ist. Diese ist wegen der Drehinvarianz der Rotationsfläche um die 3–Richtung erhalten, siehe den Satz von Noether auf Seite 338.

Das ist, wie von Jacobi und anderen im 19. Jahrhundert erkannt wurde, bis zu einem gewissen Grad möglich.

Der Grund für diese Beziehung liegt im folgenden Satz.

**8.29 Satz** *Seien $H_1, H_2 \in C^\infty(M,\mathbb{R})$ auf dem Phasenraum $M := \mathbb{R}^n_p \times U$ ($U \subseteq \mathbb{R}^n_q$ offen), und es gelte für die regulären Werte $h_i \in H_i(M)$, $i = 1,2$*

$$\Sigma := H_1^{-1}(h_1) = H_2^{-1}(h_2)\,.$$

*Dann besitzen die von $H_1$ und $H_2$ erzeugten maximalen hamiltonschen Flüsse auf der Hyperfläche $\Sigma$ die gleiche Familie von Orbits.*

**Beweis:** $\Sigma \subset M$ ist eine $(2n-1)$–dimensionale Untermannigfaltigkeit, da die $h_i \in H_i(M)$ regulär sind. Die von $H_i$ erzeugten hamiltonschen Vektorfelder haben in $(p,q)$–Koordinaten die Form

$$X_{H_i} = J\,\nabla H_i \quad \text{, wobei} \quad \mathbb{J} = \begin{pmatrix} 0 & -1\!\!1 \\ 1\!\!1 & 0 \end{pmatrix}.$$

Sowohl $\nabla H_1$ als auch $\nabla H_2$ stehen an jedem Punkt der Energieschale $\Sigma$ senkrecht auf der $(2n-1)$–dimensionalen Tangentialebene, denn $\Sigma$ ist Äquipotentialfläche beider Funktionen. Damit sind $\nabla H_1$ und $\nabla H_2$ parallel. Da $h_1$ und $h_2$ reguläre Werte von $H_1$ beziehungsweise $H_2$ sind, gilt für alle $x \in \Sigma : \nabla H_i(x) \neq 0$. Also ist

$$\nabla H_1(x) = f(x)\,\nabla H_2(x) \qquad (x \in \Sigma),$$

und $f : \Sigma \to \mathbb{R}$ ist glatt und ungleich Null. Damit wird auf der Niveaufläche

$$X_{H_1}(x) = f(x)\,X_{H_2}(x) \qquad (x \in \Sigma),$$

das heißt die hamiltonschen Vektorfelder sind (anti-) parallel und nicht verschwindend. Daraus ergibt sich die Aussage. □

Schon die Form der Energieschale bestimmt also die Orbits des hamiltonschen

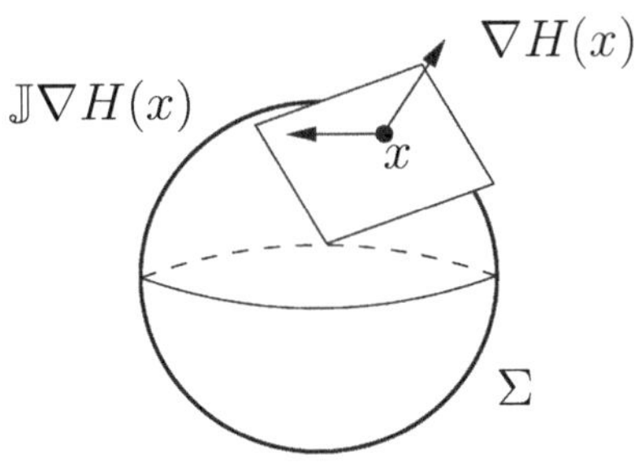


Abbildung 8.5.1: Gradient und hamiltonsches Vektorfeld

Flusses. Andererseits ist die Zeitparametrisierung dadurch noch nicht festgelegt; im Fall des Satzes ergibt sich die Umparametrisierung durch Integration von $f$ entlang der Orbits.

Wir wenden Satz 8.29 nun auf Bewegungen im Potential an.

**8.30 Definition** *Es sei $V \in C^\infty(\mathbb{R}^n_q, \mathbb{R})$, $h \in \mathbb{R}$ und $U \subseteq \mathbb{R}^n_q$ offen. Gilt $V\restriction_U < h$, so heißt die Metrik $g_h$ auf $U$ mit Komponenten*

$$\big(g_h(q)\big)_{i,j} := \big(h - V(q)\big) \cdot \delta_{i,j} \qquad (i,j = 1,\ldots,n)$$

**Jacobi–Metrik** *auf $U$ für Energie $h$.*

Die Lagrange–Funktion für die geodätische Bewegung in dieser Metrik ist

$$L(q,v) = \tfrac{1}{2}\textstyle\sum_{i,j=1}^n \big(g_h(q)\big)_{i,j}\, v_i\, v_j\,.$$

Der kanonisch konjugierte Impuls ist $p = \frac{\partial L}{\partial v}$, also $p(q,v) = g_h(q)\,v$. Damit ist die Hamilton–Funktion der geodätischen Bewegung gleich

$$H_2 : \mathbb{R}^n_p \times U \to \mathbb{R} \quad , \quad H_2(p,q) := \frac{1}{2(h - V(q))}\,\|p\|^2\,.$$

Wir vergleichen mit der Hamilton–Funktion

$$H : \mathbb{R}^n_p \times \mathbb{R}^n_q \to \mathbb{R} \quad , \quad H(p,q) := \tfrac{1}{2}\|p\|^2 + V(q)\,. \tag{8.5.1}$$

**8.31 Satz**
*Für eine Lösung $(p,q) : I \to \mathbb{R}^n_p \times U$ der hamiltonschen Gleichungen von (8.5.1) mit Energie $h := H(p,q)$ gibt es einen Diffeomorphismus $\varphi : J \to I$, sodass $q \circ \varphi : J \to U$ die Geodätengleichung (8.4.3) für die Jacobi–Metrik auf $U$ löst.*

**Beweis:**
• Es gilt, restringiert auf dem Phasenraum über $U$, $H^{-1}(h) = H_2^{-1}(1)$.
• Durch Überführung der hamiltonschen Gleichungen von $H_2$ in ein Differentialgleichungssystem zweiter Ordnung in den Koordinaten $(q_1,\ldots,q_n)$ ergeben sich die geodätischen Gleichungen für die Jacobi–Metrik.
• Der obige Satz 8.29 (mit $H_1 := H$) ergibt dann die Aussage. □

**8.32 Beispiel (Doppelpendel)**
Eine typische Anwendung der Jacobi–Metrik bildet das Doppelpendel. Wir untersuchen den Fall, bei dem der am Nullpunkt befestigte Stab der Länge $R_1$ in der $q_1 - q_3$-Ebene schwingt, und der an seinem Ende befestigte Stab der Länge $R_2$ in der durch den ersten Stab und die $q_2$-Achse gegebenen Ebene schwingt. Die Schwingungsebenen stehen also senkrecht aufeinander.[8]

Unter der Annahme $R_1 > R_2 > 0$ ist die Menge der Orte $q : S^1 \times S^1 \to \mathbb{R}^3$,

$$\begin{aligned} q(\varphi_1,\varphi_2) &= \begin{pmatrix} \cos\varphi_1 & 0 & -\sin\varphi_1 \\ 0 & 1 & 0 \\ \sin\varphi_1 & 0 & \cos\varphi_1 \end{pmatrix} \left( R_1 \begin{pmatrix} 0 \\ 0 \\ -1 \end{pmatrix} + R_2 \begin{pmatrix} 0 \\ \sin\varphi_2 \\ -\cos\varphi_2 \end{pmatrix} \right) \\ &= R_1 \begin{pmatrix} \sin\varphi_1 \\ 0 \\ -\cos\varphi_1 \end{pmatrix} + R_2 \begin{pmatrix} \sin\varphi_1\cos\varphi_2 \\ \sin\varphi_2 \\ -\cos\varphi_1\cos\varphi_2 \end{pmatrix} \end{aligned}$$

[8]Die Diskussion in [Ar2], §45 des *planaren* Doppelpendels ist problematisch, da hier die Metrik auf dem Konfigurationsraum degeneriert.

des Massenpunktes eine zweidimensionale Untermannigfaltigkeit des $\mathbb{R}^3$. Genauer ist sie diffeomorph zum 2–Torus $\mathbb{T}^2$, wobei für $n \in \mathbb{N}$ der $n$–*Torus* durch

$$\mathbb{T}^n := \times_{k=1}^n S^1 \quad \text{mit} \quad S^1 = \{x \in \mathbb{C} \mid |x| = 1\}$$

definiert ist (siehe nebenstehende Abbildung). Die Lagrange–Funktion

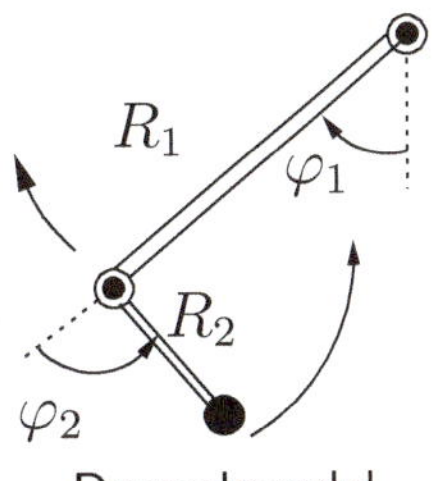

Doppelpendel

$$\tilde{L}(q,v) := \tfrac{1}{2}\|v\|^2 - \tilde{V}(q) \quad \text{mit} \quad \tilde{V}(q) := gq_3$$

($g > 0$ Erdbeschleunigung) nimmt nach Einsetzen der holonomen Zwangsbedingungen die Form

$$L(\varphi, w) = \tfrac{1}{2}\left((R_1 + R_2\cos\varphi_2)^2 w_1^2 + R_2^2 w_2^2\right) - V(\varphi)$$

mit Potential

$$V(\varphi) = -g\cos(\varphi_1)(R_1 + R_2\cos\varphi_2) \tag{8.5.2}$$

an. Für beliebige glatte Potentiale $V$ erhalten wir damit $H : \mathbb{R}_p^2 \times \mathbb{T}^2 \to \mathbb{R}$ von der Form

$$H(p,q) = \tfrac{1}{2}\left((R_1 + R_2\cos\varphi_2)^{-2} p_1^2 + R_2^{-2} p_2^2\right) + V(q)\,.$$

Wie man an der numerischen Lösung der hamiltonschen Differentialgleichung für

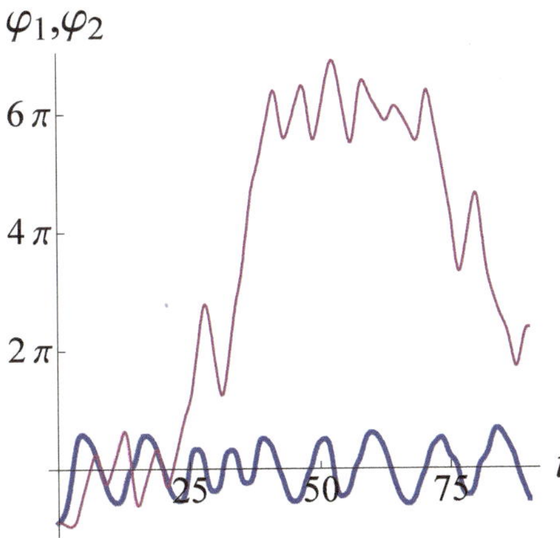


Abbildung 8.5.2: Numerische Lösung der Differentialgleichung des Doppelpendels (fett gezeichnet ist der Winkel $\varphi_1$)

das Potential (8.5.2) in Abbildung 8.5.2 sieht, ist die Dynamik des Doppelpendels kompliziert. Trotzdem kann man mithilfe der Jacobi–Metrik die Existenz gewisser periodischer Lösungen nachweisen.

Für Gesamtenergie $h > \max_{\mathbb{T}^2} V$ (was im Fall des Gravitationspotentials (8.5.2) bedeutet: $h > g \cdot (R_1 + R_2)$) besitzt die Jacobi–Metrik die Darstellung durch die folgende auf ganz $\mathbb{T}^2$ definierte positiv definite symmetrische Matrix

$$g_h(\varphi) = (h - V(\varphi)) \begin{pmatrix} (R_1 + R_2 \cos\varphi_2)^2 & 0 \\ 0 & R_2^2 \end{pmatrix} \qquad (\varphi \in \mathbb{T}^2).$$

Wir können ähnlich wie oben die geodätische Bewegung auf $\mathbb{T}^2$ in der Jacobi–Metrik untersuchen. ◇

**8.33 Satz** *Für Energie $h > \max_{q \in \mathbb{T}^2} V(q)$ und $(m,n) \in \mathbb{Z}^2 \setminus \{(0,0)\}$ existiert eine periodische Bewegung mit dieser Gesamtenergie, bei der das erste Segment des Doppelpendels $m$–mal, das zweite $n$–mal rotiert.*

**Beweis:** Wir suchen auf $\mathbb{T}^2$ eine geschlossene Geodäte der Jacobi–Metrik $g_h$ etwa von der in nebenstehender Abbildung skizzierten Form. Eine solche Geodäte existiert nach allgemeinen Prinzipien des Variationskalküls (beziehungsweise Morse-Theorie) für jede nichttriviale Wegeklasse der Homotopiegruppe $\pi_1(\mathbb{T}^2) \cong \mathbb{Z}^2$ (siehe Satz G.24).

Geschlossene Geodäte auf einem Torus

Die Idee dabei ist, eine geschlossene Kurve mit den gegebenen Umlaufzahlen soweit möglich zu verkürzen. Resultat ist eine geschlossene Geodäte mit gleichen Umlaufzahlen, denn diese ändern sich bei der Verkürzung nicht. Zur geschlossenen Geodäte gibt es analog zu Satz 8.31 eine periodische Lösung des Doppelpendels, das sich von dieser nur durch die Zeitparametrisierung unterscheidet. □

Eng verwandt mit der Jacobi–Metrik ist das sogenannte *Maupertuis–Prinzip*. Es besagt, dass das Wirkungsintegral $\int p \cdot dq$ auf der Energiefläche für die Trajektorien extremal ist (siehe zum Beispiel §45D in [Ar2]). Maupertuis sah sein Prinzip als Gottesbeweis an, seine Nachfolger als mathematischen Satz.

## 8.6 Das fermatsche Prinzip

Der *Brechungsindex* $n$ eines transparenten Mediums ist das Verhältnis zwischen der Phasengeschwindigkeit des Lichtes im Vakuum (das heißt der Lichtgeschwindigkeit) und der Phasengeschwindigkeit im Medium. Beispielsweise findet man für Luft die Angabe $1.000\,292$ und für Wasser $n = 1.33$.

Tatsächlich variiert aber $n$ im Allgemeinen mit der Dichte (zum Beispiel fällt der Brechungsindex der Atmosphäre für große Höhen gegen $1$) und mit der Frequenz des Lichtes (Letzteres macht man sich im Prisma zunutze).

Wir schauen uns zunächst monochromatisches (einfarbiges) Licht an. Dann ist $n$ eine reelle Funktion des Ortes. Wir nehmen $n \in C^2(U, \mathbb{R})$ an, für eine offene Teilmenge $U \subseteq \mathbb{R}^d$. Nach dem *fermatschen Prinzip* wird die Bewegung eines durch ein Zeitintervall $I$ parametrisierten Lichtstrahls $c : I \to U$ im Medium durch die Lagrange–Funktion des *optischen Wegs*

$$\tilde{L} : U \times \mathbb{R}^d_v \to \mathbb{R} \quad , \quad (q,v) \mapsto n(q)\|v\|$$

beschrieben, also durch das Längenelement einer Metrik, die sich durch einen ortsabhängigen Faktor von der euklidischen Metrik unterscheidet.

Wie schon im Kapitel 8.4 gehen wir zur Formulierung mittels der Lagrange–Funktion

$$L : U \times \mathbb{R}^d_v \to \mathbb{R} \quad , \quad (q,v) \mapsto \tfrac{1}{2}\big(n(q)\|v\|\big)^2$$

der geodätischen Bewegung über. Die Lagrange–Gleichungen lauten dann

$$n(q)\ddot{q} = \|\dot{q}\|^2 \, \nabla n(q) - 2\langle \nabla n(q), \dot{q}\rangle \, \dot{q} \,, \tag{8.6.1}$$

und man kann durch direkte Rechnung feststellen, dass $L$ entlang der Lösungskurven konstant ist.

**8.34 Beispiel (Fata Morgana)**

Wir nehmen an, dass die Dichte der Luft eine Funktion der Höhe über dem Erdboden ist. Dann ist die Horizontalrichtung des Strahls zeitlich konstant, und wir rechnen in der durch $(x, y)$ parametrisierten Ebene $U := \mathbb{R}^2 \subset \mathbb{R}^3$, die von dieser Horizontalrichtung und der Vertikale aufgespannt ist. Dabei misst $y$ die Höhe und wir schreiben den Brechungsindex als Funktion $y \mapsto n(y)$ dieser Höhe.

Es ist günstig, soweit möglich, den Strahl statt durch die Zeit durch die Horizontalkomponente $x \in \mathbb{R}$ des Ortes zu parametrisieren. Die Vertikalkomponente $x \mapsto y(x)$ erfüllt dann die aus (8.6.1) folgende Differentialgleichung

$$n(y)y'' = n'(y)\big(1 + (y')^2\big) \,. \tag{8.6.2}$$

Nehmen wir nun an, dass $n$ affin, also von der Form

$$n(y) = n_0 + ky \tag{8.6.3}$$

ist, dann ergeben sich für $k \neq 0$ die von den Parametern $c$ und $x_0$ abhängenden Lösungen

$$y(x) = \frac{\cosh\big(c(x - x_0)\big)}{c} - \frac{n_0}{k}. \tag{8.6.4}$$

Wählen wir nun $x_0 := \operatorname{arcosh}(cn_0/k)/c$, dann erhalten wir eine einparametrige Schar von Lösungen $y_c$, mit $y_c(0) = 0$. Die Strahlen gehen also alle vom Nullpunkt aus, kreuzen sich aber ein zweites Mal (siehe Abbildung 8.6.1).

Das bedeutet, dass für große Abstände $x$ der Gegenstand gespiegelt wird, also scheinbar auf dem Kopf steht. Ist die Luft am Boden heißer, also $k > 0$, dann sieht man entfernte bodennahe Objekte nicht mehr.

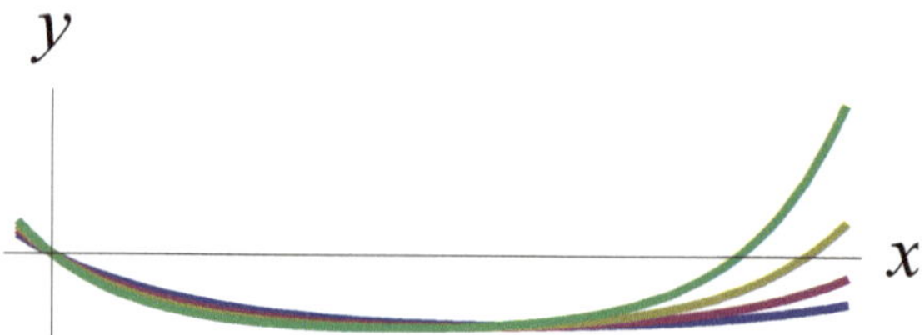


Abbildung 8.6.1: Fata Morgana: von einem Punkt ausgehende Strahlen

Abbildung 8.6.2: Fata Morgana über der Mojavewüste. [9]

Der Ansatz (8.6.3) ist in Wirklichkeit nicht realistisch. Tatsächlich wird für größere $y$ der Brechungsindex wieder näherungsweise konstant, und wir sehen Objekte doppelt (einmal direkt, einmal gespiegelt), siehe Abbildung 8.6.2. $\diamond$

**8.35 Aufgaben (Lichtbrechung)**

1. Leiten Sie die Lagrange–Gleichungen (8.6.1) und aus diesen die Differentialgleichung (8.6.2) ab.

2. Wie findet man die Lösung (8.6.4) unter Benutzung der Konstanz der Lagrange–Funktion?

3. Die $x$–Achse stelle die Grenze zwischen zwei Medien mit unterschiedlicher Lichtgeschwindigkeit dar. Oberhalb der $x$–Achse habe diese den Wert $c_1 > 0$, und unterhalb den Wert $c_2 > 0$. Es wird nun der Weg eines Lichtstrahls betrachtet, der vom Punkt $a_1 = (0, y_1)$ mit $y_1 > 0$ ausgeht und nach Brechung an der $x$-Achse auf den Punkt $a_2 = (x_2, y_2)$ mit $y_2 < 0$ trifft. Nach dem fermatschen Prinzip liegt der Brechungspunkt $a_0 = (x_0, 0)$ so, dass die Laufzeit

$$T(a_0) := \frac{\|a_1 - a_0\|}{c_1} + \frac{\|a_2 - a_0\|}{c_2}$$

[9] Foto: Wikipedia, `https://es.wikipedia.org/wiki/Archivo:Desert_mirage_62907.JPG`, Mai 2007. Foto mit freundlicher Genehmigung von Mila Zinkova.

des Lichtstrahls minimal ist. Zeigen Sie, dass für diesen Punkt $a_0$ das *snelliussche Brechungsgesetz* [10]

$$c_2 \sin \alpha_1 = c_1 \sin \alpha_2$$

(mit den Winkeln $\alpha_1, \alpha_2$ der Teilstrecken gegen die Normale) erfüllt ist.
**Tipp:** Es ist nicht notwendig, $x_0$ explizit zu berechnen. ◇

## 8.7 Die geometrische Optik

Linsen besitzen zwei lichtbrechende Flächen. Besitzt die Linse den Radius $r > 0$ und bezeichnet $D_r := \{(y,z) \in \mathbb{R}^2 \mid y^2 + z^2 \leq r^2\}$ die Kreisscheibe von Radius $r$, dann beschreiben wir die lichtbrechenden Flächen als Graphen von glatten Funktionen

$$O : D_r \to \mathbb{R}_x .$$

Wir setzen voraus, dass $O(-y,-z) = O(y,z)$ gilt, das heißt die Fläche *symmetrisch* um die *optische Achse* $\{(x,y,z) \in \mathbb{R}^3 \mid y = z = 0\}$ ist.

**8.36 Beispiele (Lichtbrechende Flächen)**

1. Ist die Fläche *planar*, dann ist $O$ eine konstante Funktion, deren Wert die Lage auf der optischen Achse beschreibt.

2. Ist sie *sphärisch*, dann ist bei Krümmungsradius $R \in \mathbb{R}$, $|R| > r$

$$O(y,z) = O(0,0) + R\left(\sqrt{1 - \tfrac{y^2+z^2}{R^2}} - 1\right). \qquad ◇$$

Indiziert man die beiden Grenzflächen der Linse so, dass $O^+ > O^-$ ist, dann heißt die entsprechende Oberfläche genau dann *konvex* beziehungsweise *konkav*, wenn $O^-$ respektive $-O^+$ konvex bzw. konkav ist. Linsen mit konvexen Oberflächen sammeln also das Licht (wir nehmen an, dass das Medium zwischen den Flächen den größeren Brechungsindex $n$ hat).

Ein die Linseneigenschaft bestimmender Parameter ist ihre Brennweite. Um diese zu definieren, stellen wir zunächst fest, dass wegen der Symmetrieannahme ein auf der optischen Achse verlaufender Strahl von der Linse nicht abgelenkt wird.

Die Brennweite wird üblicherweise als Abstand auf der optischen Achse zwischen Linse und Brennpunkt beschrieben. Das ist aber nicht nur deswegen unexakt, weil Linsen endliche Dicke besitzen, sondern auch, weil sphärische Sammellinsen achsenparallele Strahlen nicht in einem Brennpunkt zusammenführen:

[10] Benannt nach dem niederländischen Mathematiker *Willebrord van Roijen Snell* (1580–1626). Das Gesetz wurde zuerst vom arabischen Mathematiker *Abu Sa'd Ibn Sahl* (ca. 940–1000) gefunden (in der Form $n_1 \sin \alpha_1 = n_2 \sin \alpha_2$, mit den Brechungsindices $n_1, n_2$ in den beiden Medien).

**8.37 Beispiel (Plankonvexe Linse)** Wir betrachten eine *plankonvexe* sphärische Linse, d.h. wir setzen $O^- := 0$ und $O^+(y,z) := d + R\Big(\sqrt{1-\frac{y^2+z^2}{R^2}}-1\Big)$, mit $d > 0$ und $R > 0$. Von links kommende achsenparallele Strahlen werden von der planen Grenzfläche nicht abgelenkt. Bezeichnen wir mit $\ell := \sqrt{y^2+z^2}$ den Abstand des achsenparallelen Strahls von der optischen Achse, dann trifft er auf die rechte Grenzfläche unter dem Winkel $\theta_1 := \arcsin(\ell/R)$ gegen die Flächennormale. Nach dem snelliusschen Brechungsgesetz gilt (bei Brechungsindex $n > 1$ der Linse und Brechungsindex 1 außerhalb der Linse)

$$\sin\theta_2 = n\sin\theta_1 = n\ell/R\,.$$

Damit trifft der Strahl die optische Achse am Punkt

$$X(\ell) = \tilde{O}(\ell) + y\cot(\theta_2 - \theta_1)$$

mit $\tilde{O}(\ell) := d + R(\sqrt{1-\ell^2/R^2}-1)$. Taylor-Entwicklung nach $\ell$ ergibt

$$X(\ell) = d + \frac{R}{n-1}\Big(1 - \frac{1}{2}\Big(\frac{n\ell}{R}\Big)^2 + \mathcal{O}(\ell^4)\Big)\,.$$

Der Brennpunkt wird als der $\ell$–unabhängige Term $X(0) = d + \frac{R}{n-1}$ definiert. ◇

Dass sphärische Linsen und Spiegel achsenparallele Strahlen also nur näherungsweise in einem Punkt vereinigen, wird als *sphärische Aberration* bezeichnet. Statt einem Brennpunkt sieht man helle Kurven an der Einhüllenden des Strahlenbündels, sogenannte Kaustiken (siehe die linke der Abbildungen 8.7.1 auf Seite 179).

In der technischen Praxis wird versucht, diese durch Verwendung von kombinierten oder asphärischen Linsen soweit möglich zu vermeiden. Andererseits sind Kaustiken ein in der Natur häufig auftauchendes und interessantes Phänomen siehe etwa Abbildung 8.7.1, rechts.

**8.38 Definition (Kaustik)**
*Es sei* $\imath : L \to P$ *die Einbettung einer* $n$*-dimensionalen Untermannigfaltigkeit in den Phasenraum* $P := \mathbb{R}^n_p \times \mathbb{R}^n_q$, *und* $\pi : P \to \mathbb{R}^n_q$, $(p,q) \mapsto q$ *die Projektion auf den Konfigurationsraum* $\mathbb{R}^n_q$. *Dann heißt die Menge der singulären Werte von* $\pi \circ \imath : L \to \mathbb{R}^n_q$ **Kaustik**.

**8.39 Beispiel (Faltungssingularität)** Für $n = 1$ und die Einbettung $\imath : \mathbb{R} \to P$, $\imath(x) = \big(x, (x-a)^2 + b\big)$ besteht die Kaustik nur aus dem Punkt $b \in \mathbb{R}_q$. ◇

**8.40 Weiterführende Literatur**
An dem Beispiel kann man ablesen, dass kleine Änderungen der Einbettung $\imath$ von $L$ nur die Lage der Kaustik verändern, sie aber nicht zum Verschwinden bringen können. Dies ist ein allgemeines Phänomen, und es ist möglich, typische lokale Formen von Kaustiken zu klassifizieren. Die entsprechende Theorie wird

im Buch [AGV] von ARNOL'D, GUSEIN-ZADE und VARCHENKO entwickelt. In den Les-Houches-Lectures [Berr] von M. BERRY findet man viele physikalische Anwendungen.

In mechanischen oder optischen Anwendungen treten als Untermannigfaltigkeiten $L$ oft Lagrange–Mannigfaltigkeiten auf (siehe Kapitel 10.4). ◇

**8.41 Aufgabe (Reflektion von Licht an einer Tasse)**
Wir betrachten die Kreislinie $S^1 \subset \mathbb{R}^2$ und ein Büschel von zur 1-Achse parallelen Strahlen, die an der Stelle $A(\varphi) := \binom{\sin\varphi}{\cos\varphi}$ mit $\varphi \in [0, \pi]$ den Kreis zum ersten Mal treffen.
Dort werden sie nach dem Gesetz ,Ausfallwinkel = – Einfallwinkel' reflektiert.

(a) Zeigen Sie, dass die nächste Reflektion am Punkt $A(3\varphi) \in S^1$ stattfindet.

(b) Es sei $B_t(\varphi) := tA(\varphi) + (1-t)A(3\varphi) \quad (t \in [0,1])$ ein Punkt des Strahls zwischen erster und zweiter Reflektion. Für welchen Wert $t_0$ von $t$ gilt (mit $\mathbb{J} = \begin{pmatrix} 0 & -1 \\ 1 & 0 \end{pmatrix}$)
$$\left\langle \frac{\mathrm{d}}{\mathrm{d}\varphi} B_t(\varphi),\, \mathbb{J}\left(A(3\varphi) - A(\varphi)\right)\right\rangle = 0\ ?$$

(c) Berechnen Sie die *Kaustik* $B_{t_0} : [0, \pi] \to \mathbb{R}^2$, also die blaue Kurve in der Abbildung 8.7.1, links. Welches ist der hellste Punkt der Kaustik? ◇

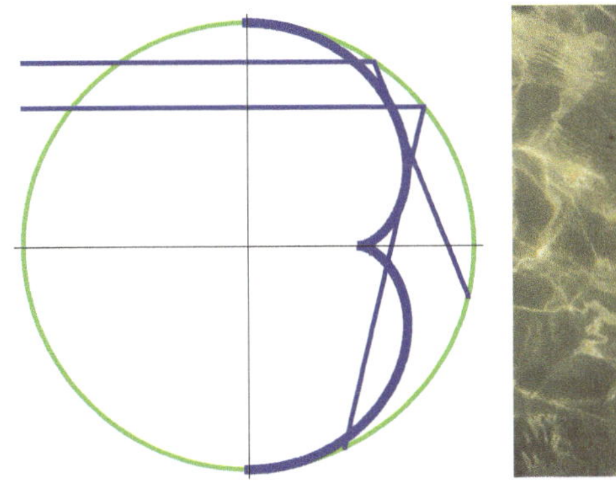

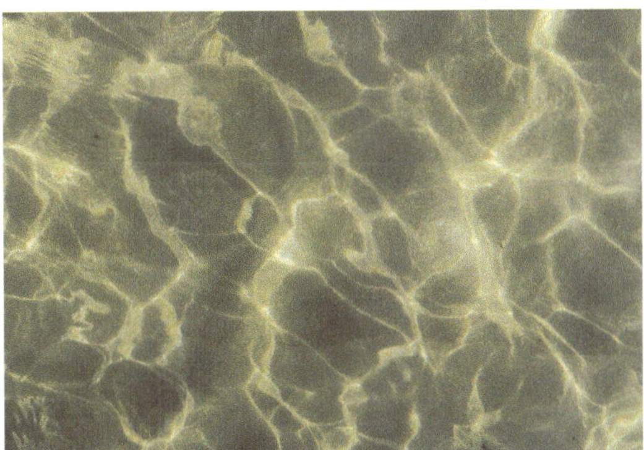

Abbildung 8.7.1: Kaustik in einer von links beleuchteten Tasse (links), Kaustiken auf dem Meeresboden (rechts)

Im Folgenden betreiben wir aber *lineare Optik*, bei der die Strahlausbreitung in der Nähe der optischen Achse durch Multiplikation von Matrizen beschrieben wird. Wir beschreiben dabei die Strahlen als Graphen von Kurven $q : \mathbb{R} \to \mathbb{R}^2$.

Solange diese in einem Medium mit konstantem Brechungsindex $n$ bleiben, gilt für einen geeigneten Vektor $p \in \mathbb{R}^2$

$$q(x) = q(x_0) + \frac{x - x_0}{n} p .$$

$p$ parametrisiert dabei die Strahlrichtung und bleibt hier $z$-unabhängig, also

$$\begin{pmatrix} p(x) \\ q(x) \end{pmatrix} = M \begin{pmatrix} p(x_0) \\ q(x_0) \end{pmatrix} \quad \text{mit} \quad M := \begin{pmatrix} \mathbb{1} & 0 \\ \frac{x-x_0}{n}\mathbb{1} & \mathbb{1} \end{pmatrix} \in \mathrm{Sp}(4, \mathbb{R}) . \tag{8.7.1}$$

An einer Grenzfläche spielt in der linearen Approximation nur deren Taylor-Polynom zweiten Grades eine Rolle. Wegen der Symmetrieannahme $O(-q) = O(q)$ ist der Graph der Grenzfläche

$$O(q) = O(0) + \tfrac{1}{2} \langle q, Aq \rangle + \mathcal{O}(\|q\|^4) \tag{8.7.2}$$

mit einer Matrix $A \in \mathrm{Mat}(2, \mathbb{R})$, die wir symmetrisch wählen können.

**8.42 Aufgabe (Lineare Optik)**
Zeigen Sie, dass in linearer Approximation die Brechung an einer durch (8.7.2) beschriebenen Grenzfläche durch die lineare Abbildung

$$\begin{pmatrix} p \\ q \end{pmatrix} \mapsto N \begin{pmatrix} p \\ q \end{pmatrix} \quad \text{mit} \quad N := \begin{pmatrix} \mathbb{1} & \Delta n\, A \\ 0 & \mathbb{1} \end{pmatrix} \in \mathrm{Sp}(4, \mathbb{R}) \tag{8.7.3}$$

gegeben ist, wobei $\Delta n$ die Differenz der beiden Brechungsindices bezeichnet. ◇

Die Berechnung des linearisierten Strahlengangs wird also durch Multiplikation von Matrizen aus $\mathrm{Sp}(4, \mathbb{R})$ bewerkstelligt.

**8.43 Beispiel (Sphärische Linse)** Der Brechungsindex des Glases sei $n > 1$, und wir nähern den Brechungsindex von Luft mit 1. Die beiden Krümmungsradien seien $R^-$ und $R^+$, die Dicke der Linse $d > 0$. Damit wird sie durch die Matrix

$$L := \begin{pmatrix} \mathbb{1} & \frac{(1-n)}{R^+}\mathbb{1} \\ 0 & \mathbb{1} \end{pmatrix} \begin{pmatrix} \mathbb{1} & 0 \\ \frac{d}{n}\mathbb{1} & \mathbb{1} \end{pmatrix} \begin{pmatrix} \mathbb{1} & \frac{n-1}{R^-}\mathbb{1} \\ 0 & \mathbb{1} \end{pmatrix} = \begin{pmatrix} \left(1 + \frac{d(1-n)}{R^+ n}\right)\mathbb{1} & \frac{(1-n)(d(n-1)+n(R^- - R^+))}{nR^- R^+}\mathbb{1} \\ \frac{d}{n}\mathbb{1} & \left(1 + \frac{d(n-1)}{nR^-}\right)\mathbb{1} \end{pmatrix}$$

beschrieben. Setzen wir

$$\frac{1}{\Delta x} := (n-1)\left(\frac{1}{R^+} - \frac{1}{R^- + d\frac{n-1}{n}}\right),$$

dann besitzt die $4 \times 4$-Matrix $ML$ für $M := \begin{pmatrix} \mathbb{1} & 0 \\ \Delta x \mathbb{1} & \mathbb{1} \end{pmatrix} \in \mathrm{Sp}(4, \mathbb{R})$ die Form $ML = \begin{pmatrix} c_{11}\mathbb{1} & c_{12}\mathbb{1} \\ c_{21}\mathbb{1} & c_{22}\mathbb{1} \end{pmatrix}$ mit $c_{22} = 0$ und $c_{21} = 1/c_{12}$. $\Delta x$ ist also der Abstand des Brennpunktes von der rechten Linsenfläche, und für eine dünne Linse gilt für die Brennweite $f$ damit näherungsweise

$$\frac{1}{f} \approx (n-1)\left(\frac{1}{R^+} - \frac{1}{R^-}\right). \tag{8.7.4}$$

Definitionsgemäß wird eine *Dünne Linse* durch die Matrix $N := \begin{pmatrix} \mathbb{1} & \frac{\Delta n}{R}\mathbb{1} \\ 0 & \mathbb{1} \end{pmatrix}$ mit effektivem Krümmungsradius $R$ und $\frac{1}{R} = \frac{1}{R^+} - \frac{1}{R^-}$ beschrieben.

Wir verifizieren ebenfalls durch Matrixmultiplikation die bekannte *Linsengleichung* oder *Abbildungsgleichung*

$$\boxed{\frac{1}{f} = \frac{1}{b} + \frac{1}{g}},$$

wobei $b$ die Bild- und $g$ die Gegenstandsweite bezeichnet, siehe Abb. 8.7.2. ◇

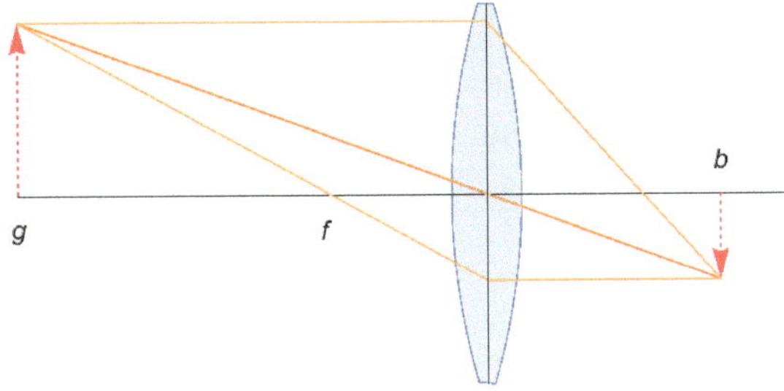


Abbildung 8.7.2: Abbildungsgleichung für eine Dünne Linse

Es ist nun leicht, im Rahmen dieser linearen Approximation optische Instrumente zu entwickeln.

**8.44 Beispiel (Kepler–Teleskop)**
Wir stellen zwei Dünne Linsen mit Brennweiten $f_1, f_2 > 0$ so hintereinander, dass ihr Abstand gleich $d$ ist. Das Gesamtsystem wird damit durch die Matrix

$$L_d := \begin{pmatrix} \mathbb{1} & -\mathbb{1}/f_2 \\ 0 & \mathbb{1} \end{pmatrix} \begin{pmatrix} \mathbb{1} & 0 \\ d\mathbb{1} & \mathbb{1} \end{pmatrix} \begin{pmatrix} \mathbb{1} & -\mathbb{1}/f_1 \\ 0 & \mathbb{1} \end{pmatrix} = \begin{pmatrix} (1-\frac{d}{f_2})\mathbb{1} & \frac{f_1+f_2-d}{f_1 f_2}\mathbb{1} \\ d\mathbb{1} & (1-\frac{d}{f_1})\mathbb{1} \end{pmatrix} \tag{8.7.5}$$

beschrieben. Zum entspannten Sehen sollen die parallelen Strahlen eines Sterns aus dem Okular wieder parallel austreten. Für $d = f_1 + f_2$ ist dies erfüllt, weil dann der rechte obere Eintrag von $L_d$ verschwindet: $L_d = \begin{pmatrix} -\frac{f_1}{f_2}\mathbb{1} & 0 \\ (f_1+f_2)\mathbb{1} & -\frac{f_2}{f_1}\mathbb{1} \end{pmatrix}$. Winkel werden dann um den Faktor $-\frac{f_1}{f_2}$ vergrößert. Wie man am negativen Vorzeichen abliest, steht das Bild auf dem Kopf.

Typische Zahlenwerte für ein Amateurfernrohr sind etwa $f_1 = 1$ m für das Objektiv und $f_2 = 20$ mm für das Okular, also fünfzigfache Vergrößerung. ◇

**8.45 Aufgaben (Optische Geräte)**

1. Entwerfen Sie ein aus zwei Dünnen Linsen bestehendes Mikroskop.
2. Berechnen Sie die Matrix $N$ eines Brillenglases, das in linearer Näherung die Fehlsichtigkeit eines kurzsichtigen Auges mit Astigmatismus korrigiert. ◇

Als letzte praktische Anwendung soll die sogenannte *chromatische Aberration* von Linsen korrigiert werden. Diese beruht auf der Frequenzabhängigkeit des Brechungsindex von Glas. $n(\omega)$ wächst mit der Frequenz $\omega$, was dazu führt, dass die Brennweite einer Sammellinse für blaues Licht kleiner ist als für rotes.

Zur Korrektur benutzt man aus verschiedenen Glassorten bestehende Linsensysteme.

**8.46 Beispiel (Achromat)** Ein *Achromat* ist ein System zweier Linsen, oft bestehend aus einer Sammellinse aus Kronglas und einer Zerstreuungslinse aus Flintglas, die miteinander verkittet sind. Soll der aus zwei solchen Dünnen Linsen bestehende Achromat bei der Frequenz $\omega_0$ eine Brennweite $f(\omega_0)$ besitzen, dann muss

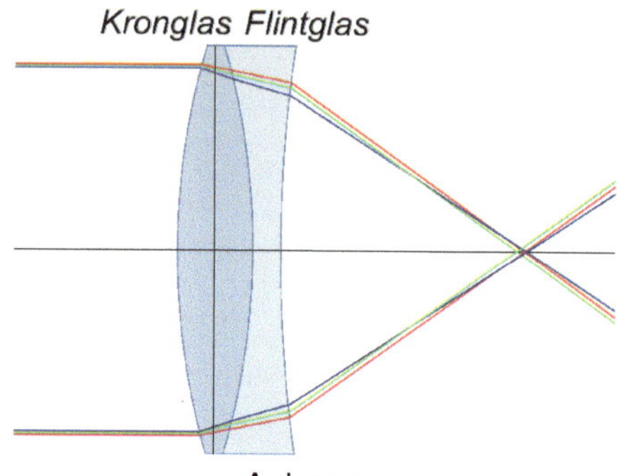

Achromat

$$\frac{1}{f(\omega_0)} = \frac{1}{f_F(\omega_0)} + \frac{1}{f_K(\omega_0)} \tag{8.7.6}$$

gelten. Soll außerdem $f'(\omega_0) = 0$ sein, dann muss wegen (8.7.4) gelten:

$$\frac{r_F(\omega_0)}{f_F(\omega_0)} + \frac{r_K(\omega_0)}{f_K(\omega_0)} = 0 \quad \text{mit} \quad r_F = \frac{n'_F(\omega_0)}{n_F(\omega_0) - 1}, \text{ und } r_K := \frac{n'_K(\omega_0)}{n_K(\omega_0) - 1} \tag{8.7.7}$$

Die Gleichungen (8.7.6) und (8.7.7) sind linear in den Kehrwerten der gesuchten Brennweiten $f_F(\omega_0)$ und $f_K(\omega_0)$. Sie besitzen eine Lösung, denn die Koeffizienten $\frac{n(\omega_0)-1}{n'(\omega_0)}$ sind für Flint- und Kronglas voneinander verschieden.[11] ◇

**8.47 Bemerkung (Lineare Optik und symplektische Gruppe)**
Wir haben in diesem Kapitel festgestellt, dass die geometrische Optik in ihrer linearen Approximation auf Rechnungen in der Gruppe $\mathrm{Sp}(4, \mathbb{R})$ führt. Tatsächlich kann man zeigen (siehe GUILLEMIN und STERNBERG [GS1], Kapitel 4), dass die lineare Optik in dem Sinn äquivalent zur Theorie dieser symplektischen Gruppe ist, dass jedes Gruppenelement als endliches Produkt von Matrizen der Form (8.7.1) beziehungsweise (8.7.3) dargestellt werden kann. ◇

[11] In der Praxis korrigiert man oft auf die Farben Blau und Rot (siehe Abbildung) und verwendet daher statt dieser Koeffizienten die sogenannte *Abbe-Zahlen* der Glassorten.

# Kapitel 9

# Ergodentheorie

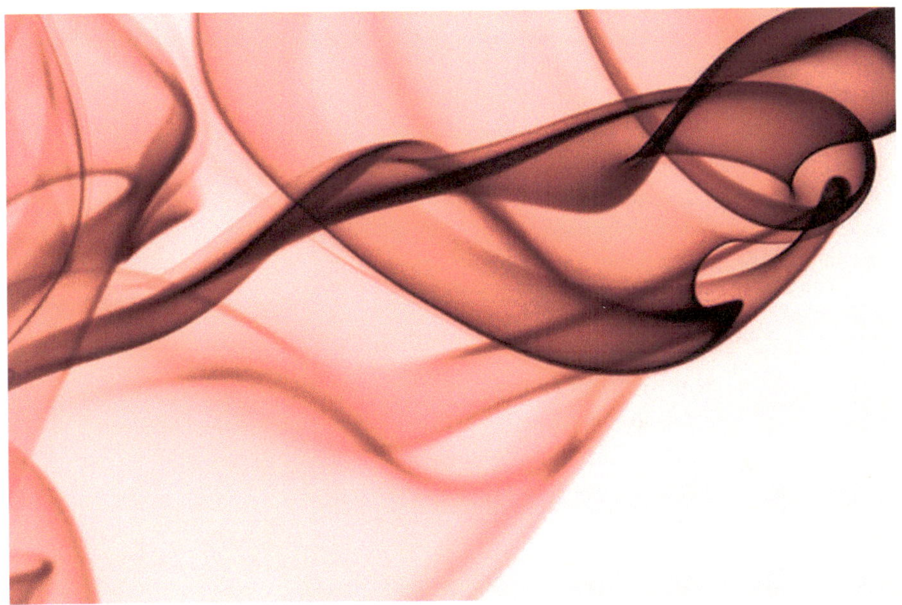

Rauch. Abbildung: Rick Hanley



In der Ergodentheorie werden statistische Eigenschaften dynamischer Systeme untersucht. Das ist oft auch und gerade dann möglich und sinnvoll, wenn die Dynamik sehr schlecht berechenbar ist, also bei chaotischer Bewegung.

## 9.1 Maßerhaltende dynamische Systeme

*„Durch die Untersuchungen über die Grundlagen der Geometrie wird uns die Aufgabe nahegelegt, nach diesem Vorbilde diejenigen physikalischen Disciplinen axiomatisch zu behandeln, in denen schon heute die Mathematik eine hervorragende Rolle spielt; dies sind in erster Linie die Wahrscheinlichkeitsrechnung und die Mechanik."*
David Hilbert, 6. Problem

Nach den topologischen und geometrischen Eigenschaften dynamischer Systeme werden wir uns jetzt mit den maß– und wahrscheinlichkeitstheoretischen Aspekten befassen. Dieser Gesichtspunkt ist besonders wichtig, wenn wir das Langzeitverhalten instabiler (‚chaotischer') Systeme beschreiben wollen.

Im einfachsten Fall wird das betrachtete Maß das Lebesgue–Maß $\lambda^d$ auf dem Phasenraum $\mathbb{R}^d$ sein. Da wir aber auch andere Maße betrachten wollen, beginnen wir mit einigen maß- und wahrscheinlichkeitstheoretischen Grundbegriffen.

Das oben zitierte sechste der 23 hilbertschen Probleme, die dieser in seiner Rede dem internationalen Mathematiker-Kongreß zu Paris im Jahr 1900 vorstellte, zeigt, dass zu dieser Zeit die Mathematisierung der Wahrscheinlichkeitstheorie noch nicht abgeschlossen war (und wegen der u.A. durch Boltzmann vorangetriebenen statistischen Mechanik teils der Physik als Anwendungsfach zugerechnet wurde). Diese Axiomatisierung geschah im wesentlichen durch Andrei Kolmogorovs 1933 erschienenes Lehrbuch *Grundbegriffe der Wahrscheinlichkeitsrechnung*.

**9.1 Definition**
*Ein* **messbarer Raum** *(kurz* **Messraum***) $(M, \mathcal{M})$ ist eine nichtleere Menge $M$ mit einer Familie $\mathcal{M}$ von Teilmengen von $M$ (den* **messbaren Mengen***), für die gilt:*

- $M \in \mathcal{M}$.
- *Falls $A_n \in \mathcal{M}$ $(n \in \mathbb{N})$, dann ist auch $\bigcup_{n\in\mathbb{N}} A_n \in \mathcal{M}$.*
- *Falls $A \in \mathcal{M}$, dann ist auch $A^c := M \setminus A \in \mathcal{M}$.*

*$\mathcal{M}$ heißt dann $\sigma$–***Algebra** *auf $M$.*

Man vergleiche mit der Definition A.1 der topologischen Räume.

**9.2 Beispiele (Messräume)**

1. $\{\emptyset, M\}$ ist die kleinste $\sigma$–Algebra auf $M$.
2. Die Potenzmenge $2^M = \mathcal{P}(M)$ von $M$ ist die größte $\sigma$–Algebra auf $M$.
3. Ist $M \neq \emptyset$ und $\mathcal{N}$ eine Teilmenge der Potenzmenge $2^M$, dann ist das Mengensystem

$$\sigma(\mathcal{N}) := \bigcap_{\sigma-\text{Algebra } \mathcal{A}\subseteq 2^M:\ \mathcal{N}\subseteq\mathcal{A}} \mathcal{A} \tag{9.1.1}$$

eine $\sigma$–Algebra auf $M$ mit $\mathcal{N} \subseteq \sigma(\mathcal{N})$. Sie ist die kleinste solche $\sigma$–Algebra und heißt die *von $\mathcal{N}$ erzeugte $\sigma$–Algebra*.

4. Ist $(M, \mathcal{O})$ ein topologischer Raum, dann heißt $\sigma(\mathcal{O})$ die $\sigma$–Algebra der *Borel–Mengen*. Sie enthält insbesondere alle offenen und alle abgeschlossenen Teilmengen von $M$.

   Dies ist die in der Klassischen Mechanik hauptsächlich benutzte $\sigma$–Algebra auf dem Phasenraum $M$ (der als Mannigfaltigkeit insbesondere ein topologischer Raum ist). ◇

**9.3 Definition**

- *Ein* **Maß** *auf einem messbaren Raum $(M, \mathcal{M})$ ist eine Abbildung*[1] $\mu : \mathcal{M} \to [0, \infty]$ *(die nicht nur den Wert $\infty$ annimmt), welche $\sigma$–***additiv** *(auch* **abzählbar additiv** *genannt) ist, das heißt*

$$\mu\left(\bigcup_{n\in\mathbb{N}} A_n\right) = \sum_{n\in\mathbb{N}} \mu(A_n), \tag{9.1.2}$$

  *für disjunkte ($A_m \cap A_n = \emptyset$ für $m \neq n \in \mathbb{N}$) $A_n \in \mathcal{M}$.*

- *$\mu$ heißt* **Wahrscheinlichkeitsmaß**, *wenn zusätzlich $\mu(M) = 1$ gilt.*
- *Ein* **Maßraum** *$(M, \mathcal{M}, \mu)$ ist ein messbarer Raum $(M, \mathcal{M})$ mit einem Maß $\mu : \mathcal{M} \to [0, \infty]$.*
- *Ist $\mu$ ein Wahrscheinlichkeitsmaß, dann heißt $(M, \mathcal{M}, \mu)$* **Wahrscheinlichkeitsraum** *(kurz* **W-Raum***).*

**9.4 Beispiele (Maße)**

1. $(\mathbb{R}^d, +)$ und $(\mathbb{Z}^d, +)$ sind Beispiele (lokalkompakter) abelscher topologischer Gruppen $(M, +)$. Für diese existiert ein translationsinvariantes[2] (reguläres) Maß $\mu$ auf einer die Borel–Mengen von $M$ umfassenden $\sigma$–Algebra $\mathcal{M}$, das auf nichtleeren offenen Teilmengen positiv ist.

   Dieses Maß ist bis auf Multiplikation mit einer positiven Konstante eindeutig und wird *Haar-Maß* genannt. Seine Konstruktion findet man in ELSTRODT [El], Kapitel VIII, §3.

   Etwa im Fall der Gruppe $(\mathbb{R}^d, +)$ erhalten wir $\mu = c\lambda^d$ für das Lebesgue–Maß $\lambda^d$ und die Normierungskonstante $c := \mu([0,1]^d) > 0$.

2. Ist $h$ ein regulärer Wert einer glatten Funktion $H : \mathbb{R}^d \to \mathbb{R}$, und ist die Niveaumenge $M := \{x \in \mathbb{R}^d \mid H(x) = h\}$ kompakt (und $M \neq \emptyset$), dann wird durch

$$\lambda_h(B) := \lim_{\varepsilon \searrow 0} \frac{\lambda^d\left(\hat{B} \cap H^{-1}((h-\varepsilon, h+\varepsilon))\right)}{2\varepsilon}$$

---

[1] Mit $[0, \infty]$ ist die Menge $[0, +\infty) \cup \{+\infty\}$ gemeint.

[2] **Definition:** *Translationsinvarianz* von $\mu$ bedeutet $\mu(A + m) = \mu(A)$ für alle $A \in \mathcal{M}$ und $m \in M$.

ein Maß auf $M$ definiert. Dabei werden den Borel–Mengen $B \in \mathcal{M}$ die Mengen $\hat{B} \subseteq \mathbb{R}^d$ zugeordnet, die entstehen, wenn man alle um $b \in B$ zentrierten auf $M$ senkrecht stehenden Strecken der (kleinen) Länge $2\delta > 0$ vereinigt, also anschaulich $B$ ‚verdickt'. Das Maß $\lambda_h$ auf $M$ heißt *Liouville–Maß*[3].

Man kann zeigen, dass dieser Grenzwert existiert. Aber entgegen der Notation hängt er von der Funktion $H$ und nicht nur von ihrem Wert $h$ ab.

Beispielsweise erhalten wir so für $H : \mathbb{R}^{d+1} \to \mathbb{R}$, $H(x) := \|x\|^2$ ein rotationssymmetrisches Maß auf der Kugeloberfläche $S^d = H^{-1}(1)$. ◇

**9.5 Definition**

- *Eine Abbildung $T : M_1 \to M_2$ zwischen Maßräumen $(M_i, \mathcal{M}_i, \mu_i)$ heißt* **messbar**, *wenn*

$$T^{-1}(A_2) \in \mathcal{M}_1 \qquad (A_2 \in \mathcal{M}_2).$$

- *Eine messbare Abbildung $T : M_1 \to M_2$ heißt* **maßerhaltend**, *wenn*

$$\mu_1\left(T^{-1}(A_2)\right) = \mu_2(A_2) \qquad (A_2 \in \mathcal{M}_2).$$

- *Ist $\Phi : G \times M \to M$ ein dynamisches System (mit Gruppe $G = \mathbb{R}$ oder $\mathbb{Z}$), und ist $\mu$ ein Maß auf der Borel–$\sigma$–Algebra $\mathcal{M}$ von $M$, dann heißt $(M, \mathcal{M}, \mu, \Phi)$ ein* **maßerhaltendes dynamisches System**, *wenn $\Phi$ messbar und die Abbildungen $\Phi_t : M \to M$ $(t \in G)$ maßerhaltend sind.*[4]

**9.6 Aufgabe (Invariantes Maß)**
Zeigen Sie, dass die stückweise stetige **Gauss–Abbildung**[5]

$$h : [0,1) \to [0,1) \quad , \quad h(0) := 0 \quad , \quad h(x) := 1/x - \lfloor 1/x \rfloor \text{ für } x > 0$$

das durch $\mu(A) := \frac{1}{\log 2} \int_A \frac{1}{1+x}\, dx$ definierte Wahrscheinlichkeitsmaß $\mu$ auf $[0,1]$ erhält. ◇

**9.7 Bemerkung (Existenz invarianter Maße)**
Meistens weiß man, dass es für ein dynamisches System ein invariantes Maß gibt. Beispielsweise garantiert der Satz von Bogoliubov und Krylov für stetige Abbildungen $T : M \to M$ eines kompakten metrischen Raumes $M$ sogar die Existenz eines $T$–invarianten Wahrscheinlichkeitsmaßes[6]. ◇

In der Klassischen Mechanik existiert immer ein ausgezeichnetes invariantes Maß:

**9.8 Satz** *Es sei $H \in C^2(M, \mathbb{R})$ auf dem Phasenraum $M := \mathbb{R}^n_p \times \mathbb{R}^n_q$ eine Funktion, die (im Sinn von Definition 6.6) einen hamiltonschen Fluss $\Phi$ auf $M$ erzeugt. Dann erhalten die $\Phi_t : M \to M$ $(t \in \mathbb{R})$ das Lebesgue–Maß $\lambda^{2d}$.*

---

[3] In [AM, Theorem 3.4.12] wird eine diesem Maß entsprechende Volumenform konstruiert.

[4] Dabei besitzt $G \times M$ die Produkt–$\sigma$–Algebra der Borel–$\sigma$–Algebra von $G$ und $\mathcal{M}$.

[5] Siehe auch Seite 417.

[6] Man konstruiert es als Häufungspunkt einer Folge immer invarianterer Maße, siehe WALTERS [Wa2], *Corollary* 6.9.1.

**Beweis:** Für den Fall eines linearen Flusses wurde die Aussage schon im Korollar zu Satz 6.11 bewiesen. Analog folgt die Behauptung mit Satz 4.18 (Wronski–Determinante) aus der Form $X_H = \mathbb{J}\,DH$ des hamiltonschen Vektorfeldes von $H$. Denn die Spur des linearisierten Vektorfeldes ist Null:

$$\mathrm{tr}(DX_H) = \mathrm{tr}\big(\mathbb{J}\,D^2H\big) = \mathrm{tr}\big((\mathbb{J}\,D^2H)^\top\big) = \mathrm{tr}\big(-\mathbb{J}\,D^2H\big) = -\mathrm{tr}(DX_H)\,. \qquad \square$$

**9.9 Bemerkung** Man vergleiche mit Bemerkung 10.14 über Hamiltonsche Flüsse auf symplektischen Manigfaltigkeiten.
Analog erhält auch für reguläre Werte $E$ von $H$ der auf die Energiefläche $H^{-1}(E)$ eingeschränkte Fluss das Liouville–Maß $\lambda_E$. ◇

**9.10 Aufgabe (Phasenraumvolumen)** Gegeben sei die Hamilton–Funktion

$$H : M \to \mathbb{R}\,,\ H(p,q) := \tfrac{1}{2}\|p\|^2 + W(\|q\|) \quad \text{mit dem Potential } W(r) := -r^{-\alpha}$$

auf dem Phasenraum $M := \mathbb{R}^n \times (\mathbb{R}^n \setminus \{0\})$. Für welche Parameterwerte $\alpha \in \mathbb{R}$ ist für alle $E < 0$ das Volumen $V(E) := \lambda^{2n}\big(\{(p,q) \in M \mid H(p,q) \leq E\}\big)$ des Phasenraumbereichs mit Energie kleiner als $E$ endlich, für welche unendlich? ◇

## 9.2 Ergodische dynamische Systeme

Viele dynamische Systeme besitzen die Eigenschaft, dass anfänglich benachbarte Trajektorien schnell auseinanderstreben, sodass eine langfristige Voraussage bei endlich genauer Kenntnis der Anfangsbedingungen unmöglich ist.

Trotzdem sind auch in diesen Fällen Aussagen über das Langzeitverhalten möglich, die dann allerdings statistischer Natur sind.

Diese Anwendung wahrscheinlichkeitstheoretischer Begriffe auf dynamische Systeme wird *Ergodentheorie* genannt. Wir untersuchen also die Eigenschaften eines maßerhaltenden dynamischen Systems $(M, \mathcal{M}, \mu, \Phi)$, wobei wir annehmen, dass $\mu$ ein Wahrscheinlichkeitsmaß ist[7].

Eine wichtige Frage ist dabei, wie viele $\Phi$–invariante messbare Mengen es gibt, also wie groß

$$\mathcal{I} := \{A \in \mathcal{M} \mid \forall t \in G : \Phi_t(A) = A\} \qquad (9.2.1)$$

ist. Offensichtlich gilt immer $\{\emptyset, M\} \subset \mathcal{I}$, und $\mathcal{I} \subset \mathcal{M}$ ist eine $\sigma$–Algebra von $M$. Grob gesagt, ist $\mathcal{I}$ umso kleiner, je mehr $\Phi$ den Phasenraum $M$ durcheinander mischt.

**9.11 Definition** *Das maßerhaltende dynamische System heißt* **ergodisch**[8], *wenn*

$$\mu(A) \in \{0,1\} \qquad (A \in \mathcal{I}).$$

[7] Es gibt aber auch eine Ergodentheorie für nicht endliche Maße, siehe Aaronson [Aa].

[8] Zur Vermeidung von Mißverständnissen: Die Ergodentheorie betrachtet auch nicht ergodische Systeme.

**9.12 Beispiel (Kreisrotationen)**
Es sei $M$ die Kreislinie $S^1 \subset \mathbb{C}$. Da dieser Phasenraum gleichzeitig eine kompakte abelsche Gruppe ist, ist das geeignet normierte haarsche Maß[9] $\mu$ auf $M$ ein Wahrscheinlichkeitsmaß.

1. Die $\mathbb{R}$–Gruppenwirkung $\Phi : \mathbb{R} \times M \to M$, $\Phi(t,m) := \exp(2\pi\imath\alpha t)\, m$ ist maßerhaltend und für $\alpha \in \mathbb{R} \setminus \{0\}$ ergodisch, denn falls $m \in S^1$ zu einer $\Phi$–invarianten Menge $A \subseteq S^1$ gehört, dann ist $A = S^1$.

2. Für $\alpha \in \mathbb{Q}$ ist die $\mathbb{Z}$–Gruppenwirkung

$$\Phi : \mathbb{Z} \times M \to M \ , \ \Phi(t,m) := \exp(2\pi\imath\alpha t)\, m$$

nicht ergodisch, denn wenn $\alpha = p/q$ mit $q \in \mathbb{N}$ und $p \in \mathbb{Z}$ ist, ist die Menge

$$A := \bigcup_{k=0}^{q-1} \exp\left(2\pi\imath \left[\tfrac{k}{q}, \tfrac{k+\frac{1}{2}}{q}\right]\right) \subset M$$

$\Phi$–invariant, aber $\mu(A) = \frac{1}{2}$, siehe nebenstehende Abbildung. ◇

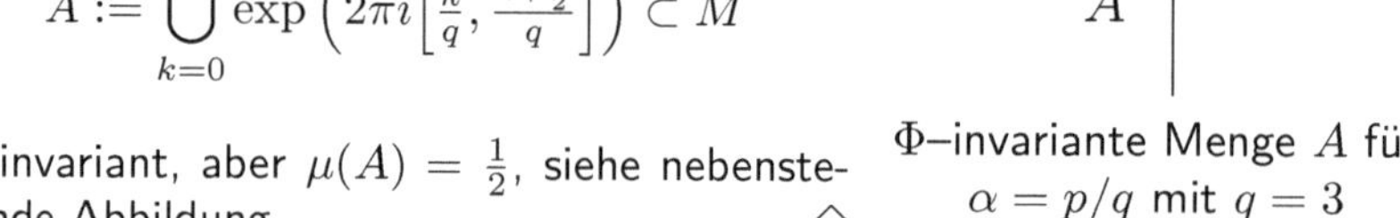


$\Phi$–invariante Menge $A$ für $\alpha = p/q$ mit $q = 3$

Im letzten Beispiel sind für $\alpha \in \mathbb{Q}$ alle Orbits periodisch, während für $\alpha \in \mathbb{R} \setminus \mathbb{Q}$ kein Orbit periodisch ist. Ist dann dieses diskrete dynamische System auch ergodisch?

Dies ist nicht so einfach zu beantworten, denn jedenfalls gibt es mehr invariante Mengen als $M$ und $\emptyset$ (zum Beispiel der Orbit $\{\exp(2\pi\imath\alpha t)x \mid t \in \mathbb{Z}\}$ eines Punktes $x \in M$; dieser ist abzählbar, kann also nicht mit $M$ übereinstimmen).

Hier ist es nützlich zu betrachten, wie das dynamische System auf Phasenraumfunktionen, genauer den quadratintegrablen Funktionen auf $M$, wirkt.

**9.13 Lemma** *Ist $(M, \mathcal{M}, \mu, \Phi)$ ein maßerhaltendes dynamisches System, dann sind die linearen Endomorphismen*

$$\hat{\Phi}_t : L^2(M,\mu) \to L^2(M,\mu) \quad , \quad \hat{\Phi}_t f := f \circ \Phi_t \qquad (t \in G)$$

*unitär, das heißt $\hat{\Phi}_t$ ist surjektiv und* $\left\langle \hat{\Phi}_t f, \hat{\Phi}_t g \right\rangle = \langle f, g \rangle \quad \big(f, g \in L^2(M,\mu)\big)$.

**Beweis:**
- Wegen der $\Phi_t$–Invarianz des Maßes $\mu$ ist für $y = \Phi_t(x)$

$$\begin{aligned} \left\langle \hat{\Phi}_t f, \hat{\Phi}_t g \right\rangle &= \int_M f \circ \Phi_t(x)\, \overline{g} \circ \Phi_t(x)\, \mathrm{d}\mu(x) = \int_M f(y)\, \overline{g}(y)\, \mathrm{d}\mu(\Phi_{-t}(y)) \\ &= \int_M f(y)\, \overline{g}(y)\, \mathrm{d}\mu(y) = \langle f, g \rangle . \end{aligned}$$

[9] siehe Beispiel 9.4 auf Seite 185.

- $\hat{\Phi}_t$ ist surjektiv, da die Umkehrabbildung existiert: $(\hat{\Phi}_t)^{-1} = \hat{\Phi}_{-t}$. □

**9.14 Satz (Koopman)**
*Die Gruppenwirkung $\Phi$ ist genau dann ergodisch, wenn alle $\hat{\Phi}$–invarianten Funktionen*

$$f \in L^2(M,\mu) \quad , \quad \hat{\Phi}_t f = f \quad (t \in G)$$

*$\mu$–fast überall konstant sind.*

**Beweis:** Wir identifizieren die quadratintegrablen Funktionen $f : M \to \mathbb{C}$ mit ihren Äquivalenzklassen $[f] \in L^2(M,\mu)$.

- Für eine $\hat{\Phi}$–invariante Funktion $f \in L^2(M,\mu)$ sind auch $\mathrm{Re}(f)$ und $\mathrm{Im}(f)$ $\hat{\Phi}$–invariant, und umgekehrt. Wir können also annehmen, dass $f$ reell ist.

  Für alle $n \in \mathbb{N}$ und $k \in \mathbb{Z}$ sind die messbaren Teilmengen des Phasenraums

  $$A_{n,k} := f^{-1}\Big(\big[k2^{-n}, (k+1)2^{-n}\big)\Big)$$

  $\Phi$–invariant ($A_{n,k} \in \mathcal{I}$). Für alle $n \in \mathbb{N}$ bilden sie außerdem eine Partition von $M$, das heißt

  $$A_{n,k_1} \cap A_{n,k_2} = \emptyset \text{ für } k_1 \neq k_2 \quad \text{, und} \quad \bigcup_{k \in \mathbb{Z}} A_{n,k} = M\,. \tag{9.2.2}$$

  Ist $\Phi$ ergodisch, dann ist $\mu(A_{n,k}) \in \{0,1\}$, sodass wegen (9.2.2) ein eindeutiger Index $k_n$ mit $\mu(A_{n,k_n}) = 1$ existiert. Nun gilt

  $$A_{n,k} = A_{n+1,2k} \,\dot{\cup}\, A_{n+1,2k+1}\,,$$

  weshalb die Folge $(k_n 2^{-n})_{n \in \mathbb{N}}$ gegen eine reelle Zahl $z$ konvergiert, die von $f$ $\mu$–fast überall angenommen wird (das heißt $\mu(\{x \in M \mid f(x) \neq z\}) = 0$).

- Sind umgekehrt alle $\hat{\Phi}$–invarianten Funktionen $f \in L^2(M,\mu)$ $\mu$–fast überall konstant, dann gilt dies insbesondere für die charakteristischen Funktionen $1\!\!1_A$ der invarianten Mengen $A \in \mathcal{I}$. Da diese nur die Werte $0$ und $1$ annehmen können, folgt

  $$\mu(A) = \int_M 1\!\!1_A \,\mathrm{d}\mu \in \{0,1\} \qquad (A \in \mathcal{I}),$$

  also die Ergodizität. □

**9.15 Beispiel (Diskrete Kreisrotation)** Wir kehren zu Beispiel 9.12.2 zurück und nehmen an, dass der Kreis $S^1$ um die ganzzahligen Vielfachen des Winkels $2\pi\alpha$, $\alpha \in \mathbb{R} \setminus \mathbb{Q}$ gedreht wird. Ist nun $f \in L^2(M,\mu)$ invariant unter $\hat{\Phi}$ und ist

$$f = \sum_{k \in \mathbb{Z}} c_k e_k \quad \text{mit} \quad c_k := \langle f, e_k \rangle$$

die Fourier–Entwicklung von $f$ mit der Orthonormalbasis der Charaktere

$$e_k : S^1 \to S^1 \quad , \quad e_k(m) := m^k \qquad (k \in \mathbb{Z}),$$

dann ist

$$\hat{\Phi}_t(f) = \sum_{k\in\mathbb{Z}} c_k \hat{\Phi}_t(e_k) = \sum_{k\in\mathbb{Z}} c_k \exp(2\pi\imath t k\alpha)\, e_k\,,$$

sodass für Zeit $t = 1$ folgt: $\sum_{k\in\mathbb{Z}} c_k\big(1 - \exp(2\pi\imath k\alpha)\big)\, e_k = f - \hat{\Phi}_1(f) = 0$.

Wegen der Irrationalität von $\alpha$ verschwindet die Klammer aber nur für $k = 0$, sodass aus der Basiseigenschaft der Funktionen $e_k$ folgt: $c_k = 0 \quad (k \in \mathbb{Z}\setminus\{0\})$.

$f$ ist also $\mu$–fast überall konstant. Damit ist $\Phi$ ergodisch. ◇

## 9.3 Mischende dynamische Systeme

*„Ich bin eigentlich nur Physiker aus Ordnungsliebe geworden (er stellt die Stehlampe auf). Um die scheinbare Unordnung in der Natur auf eine höhere Ordnung zurückzuführen."*
NEWTON, in *Die Physiker* von Friedrich Dürrenmatt

Wie das letzte Beispiel zeigte, können sehr reguläre und gut voraussagbare dynamische Systeme ergodisch sein. Dagegen ist die Dynamik mischender Systeme komplizierter.

Wir gehen wieder von einem messbaren dynamischen System $(M, \mathcal{M}, \mu, \Phi)$ mit Wahrscheinlichkeitsmaß $\mu$ aus.

**9.16 Definition** *Das dynamische System heißt* **mischend**, *wenn gilt*

$$\lim_{|t|\to\infty} \mu\big(\Phi_t(A) \cap B\big) = \mu(A)\,\mu(B) \qquad (A, B \in \mathcal{M}). \tag{9.3.1}$$

In einem maßtheoretischen Sinn wird also für große Zeiten $t$ die Menge $\Phi_t(A)$ in $M$ gleichverteilt, etwa so wie sich durch Rühren die Milch im Kaffee verteilt.

**9.17 Lemma** *Mischende dynamische Systeme sind ergodisch.*

**Beweis:** Ist $A \in \mathcal{I}$ (siehe (9.2.1)), dann ist $\Phi_t(A) = A$ für alle Zeiten $t$, also wegen der Mischungseigenschaft $\mu(A\cap B) = \lim_{|t|\to\infty} \mu(\Phi_t(A)\cap B) = \mu(A)\,\mu(B)$. Für $B := A$ ergibt das die Gleichung $\mu(A) = \mu(A)^2$, also $\mu(A) \in \{0, 1\}$. □

**9.18 Beispiel** Der Fall der Kreisrotationen (Beispiel 9.12.1 und 9.15) zeigt, dass umgekehrt nicht alle ergodischen dynamischen Systeme mischend sind, denn der Limes aus (9.3.1) existiert hier nicht, siehe Abbildung 9.3.1. ◇

Allerdings gilt für ergodische Systeme, dass das Cesàro-Mittel [10] der auf der linken Seite von (9.3.1) auftretenden Funktion gegen die rechte Seite konvergiert.

[10] **Definition:** Das *Cesàro-Mittel* einer Zahlenfolge $(a_k)_{k\in\mathbb{N}}$ ist die Folge $(c_k)_{k\in\mathbb{N}}$, $c_k := \frac{1}{k}\sum_{\ell=1}^{k} a_\ell$. Das *Cesàro-Mittel* einer integrablen Funktion $a : \mathbb{R}^+ \to \mathbb{C}$ ist die Funktion $c : \mathbb{R}^+ \to \mathbb{C}$ mit $c(x) := \frac{1}{x}\int_0^x a(y)\,\mathrm{d}y$.

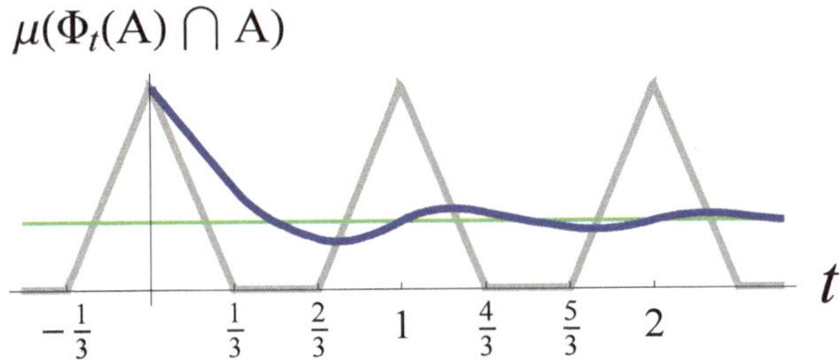


Abbildung 9.3.1: Die Funktion $t \mapsto \mu(\Phi_t(A) \cap A)$, ihr Mittelwert und Cesàro–Mittel, für die Kreisrotation $\Phi_t(x) = \exp(2\pi\imath t)\,x$ und das Kreissegment $A := \{\exp(2\pi\imath z) \mid 0 \le z \le 1/3\}$.

**9.19 Definition**

- *Für ein maßerhaltendes dynamisches System $(M, \mathcal{M}, \mu, \Phi)$ mit $W$-Maß $\mu$, der Gruppe von Zeiten $G = \mathbb{R}$ oder $G = \mathbb{Z}$ und $f, g \in L^2(M, \mu)$ heißt die Funktion*

$$C_{f,g} : G \to \mathbb{C} \quad , \quad C_{f,g}(t) := \left\langle \hat{\Phi}_t f, g \right\rangle - \langle f, 1\!\!1_M \rangle \langle 1\!\!1_M, g \rangle$$

*die* **Korrelationsfunktion** *von $f$ und $g$.*

- *$C_f := C_{f,f}$ heißt die* **Autokorrelationsfunktion** *von $f$.*

Insbesondere hat die Korrelationsfunktion von charakteristischen Funktionen die Gestalt

$$C_{1\!\!1_A, 1\!\!1_B}(t) = \mu(\Phi_t(A) \cap B) - \mu(A)\,\mu(B) \qquad (A, B \in \mathcal{M}). \tag{9.3.2}$$

In der Funktion $f$ ist $C_{f,g}$ linear, in $g$ konjugiert linear.
Außerdem gilt $C_{\tilde{f},\tilde{g}} = C_{f,g}$, falls $\tilde{f} - f$ und $\tilde{g} - g$ konstante Funktionen sind.

In Analogie zu Satz 9.14 gilt:

**9.20 Satz** *Für ein maßerhaltendes dynamisches System $(M, \mathcal{M}, \mu, \Phi)$ mit $W$-Maß $\mu$ sind die folgenden Aussagen äquivalent.*

1. *Das System ist mischend.*
2. *Für die Korrelationsfunktion von $f, g \in L^2(M, \mu)$ gilt $\lim_{|t|\to\infty} C_{f,g}(t) = 0$.*
3. *Für die Autokorrelationsfunktion von $f \in L^2(M, \mu)$ gilt $\lim_{|t|\to\infty} C_f(t) = 0$.*

**Beweis:** • Für $f := 1\!\!1_A$ und $g := 1\!\!1_B$ folgt aus (9.3.2) die Implikation 2. $\Rightarrow$ 1.

• 1. $\Rightarrow$ 3. folgt durch Approximation von $f \in L^2(M, \mu)$ durch *einfache Funktionen*, das heißt solche der Form $f_n := \sum_{k=1}^{n} c_{n,k} 1\!\!1_{A_{n,k}}$, mit Koeffizienten $c_{n,k} \in \mathbb{C}$ und messbaren $A_{n,k} \subseteq M$. Für $\varepsilon > 0$ sei $N(\varepsilon)$ so gewählt, dass gilt:

$$\|f - f_n\|_2 < \varepsilon \qquad (n \ge N(\varepsilon)).$$

Es genügt, Aussage 3. für Funktionen $f$ mit Mittelwert $\langle f, \mathbb{1}_M\rangle = 0$ zu zeigen, und wir können diese durch einfache Funktionen $f_n$ mit Mittelwert $\langle f_n, \mathbb{1}_M\rangle = 0$ approximieren. Aus der Cauchy-Schwarz–Ungleichung und der Unitarität von $\hat{\Phi}_t$ (Lemma 9.13) folgt

$$\begin{aligned} |C_f(t) - C_{f_n}(t)| &= \left|\left\langle \hat{\Phi}_t(f-f_n), f\right\rangle + \left\langle \hat{\Phi}_t f_n, f-f_n\right\rangle\right| \\ &\le \|\hat{\Phi}_t(f-f_n)\|_2\|f\|_2 + \|\hat{\Phi}_t f_n\|_2\|f-f_n\|_2 \\ &= \|f-f_n\|_2(\|f\|_2 + \|f_n\|_2) \le \varepsilon(\|f\|_2 + \|f\|_2 + \varepsilon)\,, \end{aligned} \tag{9.3.3}$$

also uniform in der Zeit $\lim_{n\to\infty} C_{f_n} = C_f$. Andererseits konvergiert

$$C_{f_n}(t) = \sum_{k,\ell=1}^{n} c_{n,k}\overline{c_{n,\ell}}\,\Big(\mu\big(\Phi_t(A_{n,k}) \cap A_{n,\ell}\big) - \mu(A_{n,k})\,\mu(A_{n,\ell})\Big)$$

nach der Voraussetzung 1. für alle $n \in \mathbb{N}$ im Limes $|t| \to \infty$ gegen Null. Insgesamt folgt daraus $\lim_{|t|\to\infty} C_f(t) = 0$.

• 3. $\Rightarrow$ 2. folgt aus einer Polarisationsidentität. Setzen wir nämlich wieder ohne Beschränkung der Allgemeinheit voraus, dass $f, g \in L^2(M,\mu)$ Mittelwert Null haben, gilt gleiches für $h_k := \frac{1}{2}(f + i^k g)$, und

$$\begin{aligned} \sum_{k=1}^{4} i^k C_{h_k}(t) &= \tfrac{1}{4}\sum_{k=1}^{4}\Big[\left\langle \hat{\Phi}_t f, g\right\rangle + (-1)^k\left\langle \hat{\Phi}_t g, f\right\rangle + i^k\left\langle \hat{\Phi}_t f, f\right\rangle + i^k\left\langle \hat{\Phi}_t g, g\right\rangle\Big] \\ &= \left\langle \hat{\Phi}_t f, g\right\rangle = C_{f,g}(t)\,. \end{aligned} \tag{9.3.4}$$

Da nach Voraussetzung die linke Seite von (9.3.4) im Limes $|t| \to \infty$ gegen Null geht, ist auch $\lim_{|t|\to\infty} C_{f,g}(t) = 0$. □

**9.21 Beispiel (Torusautomorphismen)** Die Menge der invertierbaren $2 \times 2$–Matrizen mit ganzzahligen Einträgen bildet eine multiplikative Gruppe

$$\mathrm{GL}(2,\mathbb{Z}) := \{T \in \mathrm{Mat}(2,\mathbb{Z}) \mid |\det(T)| = 1\}\,,$$

die *Allgemeine Lineare Gruppe* vom Grad 2 über $\mathbb{Z}$.

Für jedes $T \in \mathrm{GL}(2,\mathbb{Z})$ erhalten wir damit ein dynamisches System

$$\tilde{\Phi} : \mathbb{Z} \times \mathbb{R}^2 \to \mathbb{R}^2 \quad , \quad \tilde{\Phi}(n,x) := T^n x\,,$$

welches das Gitter $\mathbb{Z}^2 \subset \mathbb{R}^2$ auf sich abbildet.

Nun ist $\mathbb{Z}$ eine Untergruppe der abelschen Gruppe $\mathbb{R}$, die Menge $\mathbb{R}/\mathbb{Z}$ der Nebenklassen also (nach Satz E.7) ebenfalls eine abelsche Gruppe, und wir können die Zahlen aus $[0,1)$ als die Repräsentanten dieser Gruppe wählen. Dabei geht die Addition reeller Zahlen in die Addition modulo 1 über.

Die Abbildung $x \mapsto \exp(2\pi\imath x)$ bildet $\mathbb{R}/\mathbb{Z}$ isomorph auf die multiplikative Gruppe $S^1 = \{c \in \mathbb{C} \mid |c| = 1\}$, die Kreislinie, ab. Komponentenweise Addition modulo 1 ergibt die Isomorphie des in Beispiel 8.32 (Doppelpendel) eingeführten 2–Torus $\mathbb{T}^2 = S^1 \times S^1$ mit der Faktorgruppe

$$\hat{\mathbb{T}}^2 := \mathbb{R}^2/\mathbb{Z}^2 \cong (\mathbb{R}/\mathbb{Z})^2 \quad \text{mit Projektion } \pi : \mathbb{R}^2 \to \hat{\mathbb{T}}^2 \ , \ \binom{x_1}{x_2} \mapsto \begin{pmatrix} x_1 \ (\bmod 1) \\ x_2 \ (\bmod 1) \end{pmatrix}.$$

Da die Abbildungen $\tilde{\Phi}_t$ linear sind und $\tilde{\Phi}_t(\mathbb{Z}^2) = \mathbb{Z}^2$ gilt, ergibt sich für alle Zeiten $t \in \mathbb{Z}$

$$\tilde{\Phi}_t(x + \ell) \equiv \tilde{\Phi}_t(x) \pmod 1 \qquad \big(x \in \mathbb{R}^2,\, \ell \in \mathbb{Z}^2\big).$$

Damit erhalten wir durch Projektion auf die Faktorgruppe das dynamisches System

$$\Phi_t : \hat{\mathbb{T}}^2 \to \hat{\mathbb{T}}^2 \quad , \quad \Phi_t\big(\pi(x)\big) = \pi\big(\tilde{\Phi}_t(x)\big) \qquad \big(x \in \mathbb{R}^2\big).$$

$\Phi_1$ ist ein Automorphismus der Gruppe $\hat{\mathbb{T}}^2$ und heißt daher *Torusautomorphismus*[11]. Ist sogar $\det(T) = 1$, dann nennt man $T$ und den Torusautomorphismus

- *hyperbolisch*, wenn $|\mathrm{tr}(T)| > 2$ gilt, also wenn $T$ reelle Eigenwerte $\lambda_i$ mit $|\lambda_1| > 1 > |\lambda_2|$ besitzt. Die Abbildung $T$ streckt dann in Richtung des ersten Eigenraums um den Faktor $\lambda_1$ und kontrahiert um $\lambda_2 = 1/\lambda_1$ in Richtung des zweiten Eigenraums.
- *parabolisch*, wenn $|\mathrm{tr}(T)| = 2$ gilt, also der Eigenwert gleich 1 oder $-1$ ist
- *elliptisch*, wenn $|\mathrm{tr}(T)| < 2$ gilt, die durch $T$ gegebene lineare Abbildung also konjugiert zu einer Drehung der Ebene um den Winkel $\pm\pi/3$, $\pm\pi/2$ oder $\pm 2\pi/3$ ist.

Wir sehen in den Abbildungen 9.3.2 und 9.3.3 für eine hyperbolische bzw. parabolische Matrix $T$ die Wirkung von $\Phi_t$ auf eine Teilmenge des 2-Torus $\hat{\mathbb{T}}^2$. ◇

Abbildung 9.3.2: Wirkung des hyperbolischen Torusautomorphismus für die Matrix $T := \binom{2\,1}{1\,1}$. Links: Teilmenge $A \subset \mathbb{T}^2$. Mitte: $\Phi_1(A)$, Rechts: $\Phi_3(A)$.

[11] Tatsächlich ist jeder stetige Automorphismus der Gruppe $\hat{\mathbb{T}}^2$ von dieser Form ([Wa2], §0.8).

Abbildung 9.3.3: Wirkung des parabolischen Torusautomorphismus für die Matrix $T := \binom{1\,1}{0\,1}$. Links: Teilmenge $A \subset \mathbb{T}^2$. Mitte: $\Phi_2(A)$, Rechts: $\Phi_5(A)$.

**9.22 Satz** *Hyperbolische Torusautomorphismen sind mischend.*

**Beweis:** Der Hilbert–Raum $L^2(\hat{\mathbb{T}}^2)$ der (Äquivalenzklassen von) quadratintegrablen Funktionen $f, g : \hat{\mathbb{T}}^2 \to \mathbb{C}$ mit Skalarprodukt $\langle f, g\rangle := \int_{\hat{\mathbb{T}}^2} f(x)\overline{g}(x)\,\mathrm{d}x$ besitzt die Orthonormalbasis der Charaktere $(e_k)_{k\in\mathbb{Z}^2}$ mit

$$e_k(x) := \exp(2\pi\imath\,\langle k, x\rangle) \qquad \bigl(x \in \hat{\mathbb{T}}^2\bigr). \tag{9.3.5}$$

Es ist

$$e_k\bigl(\Phi_n(x)\bigr) = \exp\bigl(2\pi\imath\,\langle k, \Phi_n(x)\rangle\bigr) = \exp\Bigl(2\pi\imath\Bigl\langle \tilde{\Phi}_n^\top(k), x\Bigr\rangle\Bigr) = e_{\tilde{\Phi}_n^\top(k)}(x)\,,$$

denn mit $T$ ist auch die transponierte Matrix $T^\top$ in $\mathrm{GL}(2,\mathbb{Z})$.

Wegen der Hyperbolizität von $T$ existiert kein Gittervektor $k \in \mathbb{Z}^2 \setminus \{0\}$, der für irgendeine Zeit $t \in \mathbb{Z} \setminus \{0\}$ auf sich abgebildet würde, das heißt $\tilde{\Phi}_t^\top(k) \neq k$.

Betrachten wir daher für ein noch so großes $r > 0$ die endliche Menge $\mathbb{Z}_r^2 := \{k \in \mathbb{Z}^2 \mid |k| \leq r\}$, dann existiert eine Zeit $t_0(r)$, nach der alle $k \in \mathbb{Z}_r^2 \setminus \{0\}$ diese Menge verlassen haben, das heißt

$$\tilde{\Phi}_t^\top(k) \notin \mathbb{Z}_r^2 \qquad \bigl(|t| > t_0(r)\bigr).$$

Die linearen Abbildungen

$$\hat{\Phi}_t : L^2(\hat{\mathbb{T}}^2) \to L^2(\hat{\mathbb{T}}^2) \quad , \quad \hat{\Phi}_t f = f \circ \Phi_t$$

sind nach Lemma 9.13 unitär. Gemäß Satz 9.20 zeigen wir, dass gilt:

$$\lim_{|t|\to\infty} C_f(t) = 0 \qquad \bigl(f \in L^2(\hat{\mathbb{T}}^2)\bigr). \tag{9.3.6}$$

Ohne Beschränkung der Allgemeinheit können wir wieder annehmen, dass $f$ Mittelwert Null hat, also in der Fourier–Reihe

$$f = \sum_{k\in\mathbb{Z}^2} c_k\, e_k \quad \text{mit} \quad c_k := \langle f, e_k\rangle \in \mathbb{C}$$

(und $\sum_{k\in\mathbb{Z}^2}|c_k|^2<\infty$) der Koeffizient $c_0=0$ ist. Wir schneiden wir diese Reihe ab, indem wir

$$f_r := \sum_{n\in\mathbb{Z}_r^2} c_n\, e_n$$

setzen. Nun folgt für Zeiten $t\in\mathbb{Z}$ mit $|t|>t_0(r)$

$$\left\langle \hat{\Phi}_t f_r, f_r\right\rangle = \sum_{k,\ell\in\mathbb{Z}_r^2} c_k\,\overline{c}_\ell\cdot\left\langle \hat{\Phi}_t e_k, e_\ell\right\rangle = |c_0|^2 = 0\,,$$

denn $\hat{\Phi}_t e_k = e_{\tilde{\Phi}_t^\top(k)}$ ist dann für Gitterpunkte $k\in\mathbb{Z}_r^2\setminus\{0\}$ orthonormal auf den $e_\ell$, $\ell\in\mathbb{Z}_r^2$. Andererseits sind die Abbildungen $\hat{\Phi}_t$ unitär, sodass unter Verwendung der Dreiecksungleichung und der schwarzschen Ungleichung analog zu (9.3.3) folgt:

$$\left|\left\langle \hat{\Phi}_t f, f\right\rangle - \left\langle \hat{\Phi}_t f_r, f_r\right\rangle\right| \;\le\; \varepsilon(2\|f\|_2+\varepsilon)\,,$$

falls $r\equiv r(\varepsilon)$ so groß gewählt wird, dass $\|f-f_r\|_2<\varepsilon$ gilt. Das impliziert für $|t|>t_0(r(\varepsilon))$ die Ungleichung $|C_f(t)|\le\varepsilon(2\|f\|_2+\varepsilon)$, also (9.3.6). □

**9.23 Aufgabe (Korrelationsabfall)** Ein hyperbolischer Torusautomorphismus $T:\mathbb{T}^2\to\mathbb{T}^2$, $Tx=\hat{T}x \pmod 1$ mit $\hat{T}\in\mathrm{GL}(2,\mathbb{Z})$ und $\left|\mathrm{tr}(\hat{T})\right|>2$ ist nach Satz 9.22 mischend, das heißt, mit $U:L^2(\mathbb{T}^2)\to L^2(\mathbb{T}^2)$, $Ug:=g\circ T$ ist

$$\lim_{n\to\infty}\langle f, U^n g\rangle = \langle f,\mathbb{1}\rangle\langle\mathbb{1},g\rangle \qquad \left(f,g\in L^2(\mathbb{T}^2)\right).$$

In dieser Aufgabe soll für $f,g\in C^1(\mathbb{T}^2)$ die Konvergenzgeschwindigkeit abgeschätzt werden.

Dazu wird verwendet, dass die Fourier–Koeffizienten $f_k=\langle f,e_k\rangle\in\mathbb{C}$, $k\in\mathbb{Z}^2$ nicht nur die aus der Orthonormalität der Charaktere $e_k:\mathbb{T}^2\to S^1$, $e_k(x)=\exp(2\pi\imath\langle k,x\rangle)$ folgende Parseval–Gleichung $\sum_{k\in\mathbb{Z}^2}|f_k|^2=\langle f,f\rangle$ erfüllen, wenn $f\in C^1(\mathbb{T}^2)$ ist. Dann gilt sogar

$$\sum_{k\in\mathbb{Z}^2}\|k\|^2\,|f_k|^2 \;=\; \frac{\|\nabla f\|_2^2}{4\pi^2} \;<\;\infty\,. \tag{9.3.7}$$

Die Fourier–Koeffizienten fallen also wegen der stetigen Differenzierbarkeit von $f$ relativ schnell ab (siehe auch Lemma 15.14 auf Seite 391).

(a) Zeigen Sie für zwei Funktionen $f,g\in C^1(\mathbb{T}^2)$ und mit $\tilde{T}:=(\hat{T}^\top)^{-1}$

$$\langle f, U^n g\rangle = \langle f,\mathbb{1}\rangle\langle\mathbb{1},g\rangle \;+\; \sum_{k\in\mathbb{Z}^2\setminus\{(0,0)\}} f_k\,\overline{g_{\tilde{T}^n k}}\,.$$

(b) Leiten Sie die Existenz einer ($(f,g)$–abhängigen) Konstanten $L\in(0,\infty)$ her, mit

$$\left|\,\langle f,U^n g\rangle - \langle f,\mathbb{1}\rangle\langle\mathbb{1},g\rangle\,\right| \;\le\; L\left(\sum_{k\in\mathbb{Z}^2\setminus\{0\}}\left(\|k\|_2+\|\tilde{T}^n k\|_2\right)^{-4}\right)^{\frac14}.$$

**Tipp:** Verwenden Sie (9.3.7), die Hölder–Ungleichung und $xy \geq \frac{x+y}{2}$ für $x \geq y \geq 1$.

(c) Die Matrix $\tilde{T}$ ist hyperbolisch und zerlegt den Raum $\mathbb{R}^2$ in zwei Eigenräume: $\mathbb{R}^2 = E^s \oplus E^u$. Wir führen auf $\mathbb{R}^2$ die Norm $\|k\|_E := \|k_s\|_2 + \|k_u\|_2$ ein. Natürlich ist $\|\cdot\|_E$ äquivalent zu $\|\cdot\|_2$, das heißt, $\exists C \geq 1 : C^{-1}\|k\|_E \leq \|k\|_2 \leq C\|k\|_E$. Mit ihr kann man aber einfacher rechnen, denn $\|\tilde{T}k\|_E = \lambda^{-1}\|k_s\|_2 + \lambda\|k_u\|_2$ für $k = k_s + k_u \in E^s \oplus E^u$, mit dem größten Betrag $\lambda > 1$ eines Eigenwertes von $\tilde{T}$. Zeigen Sie exponentiellen Korrelationsabfall[12]:

$$\left| \langle f, U^n g\rangle - \langle f, \mathbb{1}\rangle \langle \mathbb{1}, g\rangle \right| \leq C^2 L\Big( \sum_{h\in\mathbb{Z}^2\setminus\{0\}} \|h\|_2^{-4}\Big)^{\frac{1}{4}} \lambda^{-\lfloor \frac{n}{2} \rfloor} \qquad (n \in \mathbb{N}). \quad \diamond$$

**9.24 Weiterführende Literatur** Im Beispiel der hyperbolischen Torusautomorphismen haben wir uns zunutze gemacht, dass der Torus $\mathbb{R}^2/\mathbb{Z}^2$ eine abelsche Gruppe ist, und die untersuchten Abbildungen Gruppenautomorphismen sind.

In physikalischen Anwendungen kann man dies natürlich nicht erwarten, und andere Techniken müssen benutzt werden. Eine wichtige Beispielklasse mischender hamiltonscher Systeme ist die der geodätischen Flüsse auf kompakten Mannigfaltigkeiten negativer Schnittkrümmung.

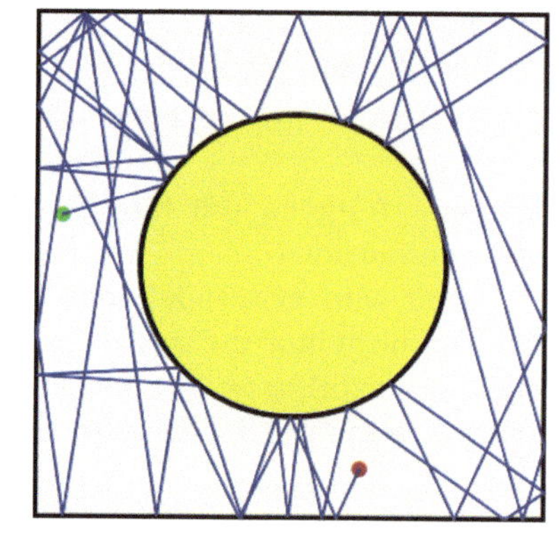

Den Beweis der Ergodizität dieser Flüsse findet man im von M. Brin geschriebenen Anhang des Buches [Ball] von Ballmann. Eine weitere Beispielklasse bilden sogenannte *Billards* (englisch: bil*l*iard). Unter diesen ist der bekannteste der sogenannte *Sinai–Billard*. Bei diesem bewegt sich die Billardkugel auf einem zweidimensionalen Torus (oder äquivalent in einem Quadrat, siehe Abbildung) und wird an einem kreisförmigen Hindernis reflektiert. Er wurde zuerst von Yakow Sinai in [Sin] untersucht. Siehe Cornfeld, Fomin und Sinai [CFS], Kozlov und Treshchev [KT], Liverani und Wojtkowski [LW] und Tabachnikov [Ta]. $\diamond$

**9.25 Aufgabe (Produktmaß auf dem Shiftraum)** Wir definieren Teilmengen des Shiftraums $M := \mathcal{A}^{\mathbb{Z}}$ über dem Alphabet $\mathcal{A}$ (siehe Beispiel 2.18), sogenannte *Zylindermengen*, für $k \in \mathbb{Z}$, $j \in \mathbb{N}_0$ und $\tau = (\tau_1, \ldots, \tau_j) \in \mathcal{A}^j$ durch

$$[\tau_1, \ldots, \tau_j]_k^{k+j-1} := \Big\{ a : \mathbb{Z} \to \mathcal{A} \;\Big|\; \forall \ell \in \{1, \ldots, j\} : a_{k+\ell-1} = \tau_\ell \Big\}.$$

Der untere Index gibt also die Position des ersten, der obere die des letzten festgelegten Symbols an. Die Zylindermengen erzeugen die $\sigma$–Algebra (siehe Definition

[12]Der exponentielle Korrelationsabfall ist Thema des Buches [Bala] von Viviane Baladi.

9.1.1)

$$\mathcal{M} := \sigma\left(\left\{ [\tau_1, \ldots, \tau_j]_k^{k+j-1} \;\middle|\; k \in \mathbb{Z},\, j \in \mathbb{N}_0,\, \tau_1, \ldots, \tau_j \in \mathcal{A} \right\}\right).$$

Für eine Wahrscheinlichkeitsfunktion $p : \mathcal{A} \to [0,1]$, $\sum_{a\in\mathcal{A}} p(a) = 1$ auf dem Alphabet $\mathcal{A}$ wird (nach dem Erweiterungssatz von Kolmogorov, siehe z. B. KLENKE [Kle]) auf $\mathcal{M}$ durch

$$\mu_p\left([\tau_1, \ldots, \tau_j]_k^{k+j-1}\right) := \prod_{\ell=1}^{j} p(\tau_\ell)$$

ein Wahrscheinlichkeitsmaß $\mu_p$ festgelegt, das sogenannte *Produktmaß*.[13] Dieses ist invariant unter dem Shift $\Phi : \mathbb{Z} \times M \to M$.
Zeigen Sie, dass für alle Wahrscheinlichkeitsfunktionen $p$ das maßerhaltende dynamische System $(M, \mathcal{M}, \mu_p, \Phi)$ mischend ist. ◇

## 9.4 Der birkhoffsche Ergodensatz

Dieser Satz von George David Birkhoff untersucht die Existenz des *Zeitmittels*

$$\overline{f}(m) := \lim_{n\to\infty} \frac{1}{n} \sum_{t=0}^{n-1} f \circ \Phi_t(m) \qquad (m \in M) \tag{9.4.1}$$

von Funktionen $f : M \to \mathbb{C}$ auf einem Phasenraum $M$ eines maßerhaltenden dynamischen Systems $(M, \mathcal{M}, \mu, \Phi)$. Wir nehmen hier vereinfachend an, dass $\mu$ ein Wahrscheinlichkeitsmaß ist und $\Phi$ ein diskretes dynamisches System ist. Dieses wird von $\Phi_1 : M \to M$ erzeugt. Abkürzend setzen wir $f_t := f \circ \Phi_t$. Die Cesàro-Mittel der Funktionenfolge $(f_t)_{t\in\mathbb{N}_0}$ bezeichnen wir mit[14]

$$A_n = A_n f : M \to \mathbb{C} \quad , \quad A_0 := 0 \quad \text{und} \quad A_n := \frac{1}{n} \sum_{t=0}^{n-1} f_t \quad (n \in \mathbb{N}). \tag{9.4.2}$$

Wir fragen also in (9.4.1) nach der Existenz des punktweisen Limes der Funktionenfolge $(A_n)_{n\in\mathbb{N}}$. Der Satz von Birkhoff (Satz 9.32) gibt hierauf eine Antwort und wird daher auch als *punktweiser Ergodensatz* bezeichnet.

(9.4.1) definiert das Zeitmittel $\overline{f}^+(m) := \overline{f}(m)$ der Zukunft. Analog ist

$$\overline{f}^-(m) := \lim_{n\to\infty} \frac{1}{n} \sum_{t=0}^{n-1} f_{-t}(m) \qquad (m \in M)$$

[13] Für $\mathcal{A} = \{-1, 1\}$ und $p(1) = t \in [0,1]$, also $p(-1) = 1 - t$ heißt dies auch *Bernoulli–Maß zum Parameter t*.

[14] Das in der Ergodentheorie übliche Symbol $A_n$ steht für *average*, $S_n f := \sum_{t=0}^{n-1} f_t$ für *sum*.

das Zeitmittel der Vergangenheit.

Auch wenn $f$ stetig ist, existiert $\overline{f}(m)$ im Allgemeinen nicht, und wenn die Mittel $\overline{f}^{\pm}(m)$ existieren brauchen sie nicht gleich zu sein:

**9.26 Beispiel (Shiftraum)**
Der Folgenraum $M := \mathcal{A}^{\mathbb{Z}}$ des Alphabets $\mathcal{A} := \{-1, 1\}$ bildet mit dem Shift

$$\Phi_t : M \to M \quad , \quad \left(\Phi_t(a)\right)_k := a_{k+t} \qquad (t \in \mathbb{Z})$$

ein bezüglich der Produkttopologie auf $M$ stetiges dynamisches System (siehe Beispiel 2.18.3). Die Funktion

$$f : M \to \mathbb{R} \quad , \quad f(a) := a_0$$

ist ebenfalls stetig bezüglich der Produkttopologie auf $M$. Etwa an der Stelle

$$m \in M \quad , \quad m_k := \begin{cases} 1 & , \quad k = 0 \\ (-1)^{\lfloor \log_2 |k| \rfloor} & , \quad k \in \mathbb{Z} \setminus \{0\} \end{cases}$$

mit der *floor*–Funktion $\lfloor \cdot \rfloor$, also

$$m = (\ldots, -1, 1, \overset{k=0}{1}, 1, -1, -1, 1, 1, 1, 1, -1, -1, -1, -1, -1, -1, -1, -1, \ldots),$$

existiert der Limes 9.4.1 aber nicht. Denn für $n := 2^l$ besitzt die durch $l$ indizierte Teilfolge

$$A_n(m) = 2^{-l}\left(1 + \sum_{k=0}^{l-1}(-2)^k\right) = \tfrac{1}{3}\left(2^{2-l} - (-1)^l\right) \qquad (l \in \mathbb{N})$$

von Cesàro-Mitteln $A_n = A_n f$ die zwei Häufungspunkte $\pm\frac{1}{3}$.

Man kann sich überlegen, dass das Zeitmittel $\overline{f}$ sogar auf einer in $M$ dichten Teilmenge nicht existiert. Sei nämlich $\tilde{m} \in M$. Dann konvergiert die Folge von Punkten $x^{(s)} \in M$ mit

$$x_k^{(s)} := \begin{cases} \tilde{m}_k & , \quad |k| \le s \\ m_k & , \quad |k| > s \end{cases} \qquad (s \in \mathbb{N},\ k \in \mathbb{Z}) \tag{9.4.3}$$

gegen $\tilde{m}$. Aber für keinen dieser Punkte existiert $\overline{f}(x^{(s)})$.

Etwa für den Punkt

$$m \in M \quad , \quad m_k := \begin{cases} 1 & , \quad k = 0 \\ \operatorname{sign}(k) & , \quad k \in \mathbb{Z} \setminus \{0\} \end{cases}$$

ist $\overline{f}^{+}(m) = 1$, aber $\overline{f}^{-}(m) = -1$. Auch hier kann man mit einer zu (9.4.3) analogen Konstruktion eine dichte Teilmenge des Phasenraums $M$ finden, auf der die Zeitmittel $\overline{f}^{\pm}(x)$ zwar existieren, aber voneinander verschieden sind. $\diamond$

**9.27 Aufgabe (Shiftraum)**
Finden Sie für die Funktion $f : M \to \mathbb{R}$, $m \mapsto m_0$ aus Beispiel 9.26 eine dichte Teilmenge $U \subset M = \{-1,1\}^{\mathbb{Z}}$, sodass für alle $m \in U$ die Menge der Häufungspunkte der Zahlenfolge $\big(A_n f(m)\big)_{n\in\mathbb{N}}$ gleich dem Intervall $[-1,1]$ ist. ◇

Aus den vorangegangenen Beispielen könnte man den falschen Schluss ziehen, dass Zeitmittel typischerweise nicht existieren. Immerhin ist $\overline{f}$, soweit existent, $\Phi$-invariant:

**9.28 Lemma (Zeitmittel)** *Falls für den Phasenraumpunkt $m \in M$ das Zeitmittel $\overline{f}(m)$ von $f : M \to \mathbb{C}$ existiert, gilt das auch für alle Punkte des Orbits durch $m$, und*

$$\overline{f}\big(\Phi_t(m)\big) = \overline{f}(m) \qquad (t \in \mathbb{Z}).$$

**Beweis:** Aus dem Fall $t = 1$ folgt durch Induktion die Aussage für beliebige $t \in \mathbb{Z}$. Nun ist für $t = 1$ die Differenz der Cesàro-Mittel der beiden Anfangspunkte gleich

$$A_n\big(\Phi_1(m)\big) - A_n(m) = \frac{1}{n}\big(f\left(\Phi_n(m)\right) - f(m)\big) \qquad (n \in \mathbb{N}). \tag{9.4.4}$$

Im Limes $n \to \infty$ konvergiert der zweite Term $f(m)/n$ der rechten Seite gegen Null. Zwar ist der Zähler $f_n(m)$ des ersten Terms $f\big(\Phi_n(m)\big)/n$ im Allgemeinen in $n$ unbeschränkt, aber wegen der vorausgesetzten Konvergenz der Zahlenfolge $\big(A_n(m)\big)_{n\in\mathbb{N}}$ und

$$\frac{f_n(m)}{n} = \left(1 + \frac{1}{n}\right) A_{n+1}(m) - A_n(m)$$

konvergiert auch der erste Term der rechten Seite von (9.4.4) gegen Null. □

**9.29 Bemerkungen (Zeitmittel)**

1. Die *Existenz* des Zeitmittels $\overline{f}(m)$ ist unabhängig von der Wahl des $\Phi$–invarianten Wahrscheinlichkeitsmaßes $\mu$ auf $M$. Man kann aber mithilfe von $\mu$ definieren, was es bedeutet, dass $\overline{f}(m)$ *typischerweise* existiert, nämlich $\mu$-fast überall.

2. Ist dabei das dynamische System ergodisch, dann gilt als Folgerung des birkhoffschen Ergodensatzes für integrable Funktionen $f : M \to \mathbb{C}$ mit dem Erwartungswert $\mathbb{E}(f) = \int_M f \, d\mu$ von $f$

$$\overline{f}(m) = \mathbb{E}(f) \qquad \text{für } \mu\text{-fast alle } m \in M, \tag{9.4.5}$$

also Gleichheit von Zeitmittel und Raummittel. Glaubt man schon einmal, dass der Limes $\overline{f}(m)$ $\mu$-fast überall *existiert*, ist die Formel (9.4.5) leicht zu verstehen.

Ist nämlich etwa $f$ reellwertig und wäre $\overline{f}$ nicht $\mu$-fast überall konstant, dann würde es eine $\Phi$–invariante Menge der Form $U := \overline{f}^{-1}\big([a,\infty)\big)$ in $M$ geben mit mit $\mu(U) \in (0,1)$, im Widerspruch zur Ergodizität. Der konstante Wert muss aber gleich $\mathbb{E}(f)$ sein, denn $\mathbb{E}(\overline{f}) = \mathbb{E}(A_n f) = \mathbb{E}(f)$. ◇

Da der birkhoffscher Ergodensatz nicht voraussetzt, dass das maßerhaltende dynamische System ergodisch ist, muss in ihm die rechte Seite von (9.4.5) wie folgt verallgemeinert werden.

$\mathcal{M}$ bezeichnet die $\sigma$–Algebra der messbaren Mengen im Phasenraum $M$, und in (9.2.1) haben wir die Unter–$\sigma$–Algebra $\mathcal{I} \subset \mathcal{M}$ der $\Phi$–invarianten messbaren Mengen eingeführt.

**9.30 Definition** *Für die Zufallsvariable $f \in L^1(M, \mu)$ auf dem Wahrscheinlichkeitsraum $(M, \mathcal{M}, \mu)$ und die Unter–$\sigma$–Algebra $\mathcal{N} \subset \mathcal{M}$ heißt $g \in L^1(M, \mu)$ eine* **bedingte Erwartung von $f$ gegeben $\mathcal{N}$**, *wenn gilt:*

1. *$g$ ist $\mathcal{N}$-messbar (also $g^{-1}(B) \in \mathcal{N}$ für alle Borel-Mengen $B \subseteq \mathbb{C}$)*
2. *für alle $A \in \mathcal{N}$ ist $\mathbb{E}(g\mathbb{1}_A) = \mathbb{E}(f\mathbb{1}_A)$.*

Tatsächlich existiert immer eine bedingte Erwartung von $f$ gegeben $\mathcal{N}$, und zwei solche bedingten Erwartungen unterscheiden sich nur auf einer $\mu$–Nullmenge, siehe zum Beispiel KLENKE [Kle], §8.2. Diese werden auch *Versionen* der bedingten Erwartung genannt, und man schreibt

$$\mathbb{E}(f \mid \mathcal{I}).$$

**9.31 Beispiel (Bedingte Erwartung)**
Für den durch die Matrix $T := \begin{pmatrix} 1 & 1 \\ 0 & 1 \end{pmatrix}$ gegebenen parabolischen Torusautomorphismus (siehe Beispiel 9.21 und Abb. 9.3.3) sind die ‚horizontalen Kreise' (siehe Abbildung 9.4.1)

$$K_r := \left\{ \begin{pmatrix} x \\ r \end{pmatrix} \in \hat{\mathbb{T}}^2 \;\middle|\; x \in [0,1) \right\} \qquad (r \in [0,1))$$

$\Phi$–invariant, und zwar wirkt $\Phi$ auf $K_r$ durch Rotation mit dem Parameter $r$. Ist $r$ eine Irrationalzahl, dann ist jeder Orbit auf $K_r$ dicht, ist $r \in \mathbb{Q}$, dann ist jeder Orbit auf $K_r$ periodisch (vergleiche mit Beispiel 9.15).

Sei $f : \hat{\mathbb{T}}^2 \to \mathbb{C}$ eine (zum Beispiel stetige) Funktion mit Fourier–Darstellung $f = \sum_{k \in \mathbb{Z}^2} c_k \, e_k$ bezüglich der in (9.3.5) definierten Orthonormalbasis $(e_k)_{k \in \mathbb{Z}^2}$, mit Koeffizienten $c_k \in \mathbb{C}$.

Für die Unter–$\sigma$–Algebra $\mathcal{I} \subset \mathcal{M}$ der $\Phi$–invarianten messbaren Mengen ist die über die Kreise $K_r$ gemittelte Funktion

$$\sum_{k = \binom{0}{k_2} \in \mathbb{Z}^2} c_k e_k : \hat{\mathbb{T}} \to \mathbb{C} \tag{9.4.6}$$

eine Version der bedingten Erwartung von $f$ gegeben $\mathcal{I}$ (siehe Abbildung 9.4.1).

Eine andere Version von $\mathbb{E}(f \mid \mathcal{I})$ (die an *allen* Punkten gleich dem Zeitmittel $\overline{f}$ von $f$ ist) wird durch Mittelung von $f$ über die Kreise $K_r$ mit irrationalem $r$, aber Mittelung nur bezüglich der endlichen Periode $q$ für Kreise mit rationalem $r = p/q$ gegeben. Im Gegensatz zur Version (9.4.6) ist diese Version im Allgemeinen unstetig. ◇

Abbildung 9.4.1: Invarianter Kreis $K_{1/3}$ (links); Graustufenbilder der charakteristischen Funktion $1\!\!1_D : \hat{\mathbb{T}}^2 \to \mathbb{R}$ einer Kreisscheibe $D$ (Mitte) und ihrer bedingten Erwartung $\mathbb{E}(1\!\!1_D \mid \mathcal{I})$, gegeben die Invarianz-Algebra $\mathcal{I}$ des Torusautomorphismus für $\binom{1\,1}{0\,1}$ (rechts).

**9.32 Satz (Birkhoffscher Ergodensatz, [Bi1])**
*Ist $f \in L^1(M,\mu)$, dann existiert für $\mu$–fast alle Anfangswerte $m \in M$ das Zeitmittel $\overline{f}(m)$ aus* (9.4.1), *es ist $\overline{f} \in L^1(M,\mu)$ und*

$$\overline{f} = \mathbb{E}(f \mid \mathcal{I}) \qquad (\mu\text{–}\textit{fast überall}). \tag{9.4.7}$$

**9.33 Bemerkungen (Birkhoffscher Ergodensatz)**

1. Aus Lemma 9.28 und $\mathbb{E}(A_n) = \mathbb{E}(f)$ folgt

   $$\textstyle\int_M \overline{f}\,d\mu = \int_M f\,d\mu \quad \text{und} \quad \overline{f} \circ \Phi_t = \overline{f} \qquad (\mu\text{–fast überall}).$$

   Weiter gilt eine zu (9.4.7) analoge Aussage auch für $\overline{f}^{\,-}$, sodass Zukunft und Vergangenheit sich gleichen:

   $$\overline{f}^{\,+} = \overline{f}^{\,-} \qquad (\mu\text{–fast überall}).$$

2. Durch getrennte Betrachtung von Real-und Imaginärteil können wir ohne Einschränkung voraussetzen, dass $f \in L^1_{\mathbb{R}}(M,\mu)$, also reell ist. Dann ist (mit den Cesàro-Mitteln $A_n f$ aus (9.4.2)) die Konvergenzaussage des Ergodensatzes:

   $$\limsup_{n\to\infty} A_n f = \liminf_{n\to\infty} A_n f \qquad (\mu\text{–fast überall}).$$

   Der Vorteil dieser Formulierung besteht darin, dass $\limsup$ und $\liminf$ im Gegensatz zum Limes immer existieren. Den $\limsup$ kontrolliert man mit dem Maximum, unter Verwendung des folgenden Lemmas (siehe zum Beispiel Klenke [Kle], Kapitel 20.2, und Krengel [Kre], Kapitel 1.2 für eine Verallgemeinerung auf positive Kontraktionen). ◇

**9.34 Lemma (Maximal-Ergodenlemma)**
*Für die Funktion $g \in L^1_{\mathbb{R}}(M,\mu)$ auf dem Phasenraum $M$ des maßerhaltenden dynamischen Systems $(M,\mathcal{M},\mu,\Phi)$ und $S_n := \sum_{t=0}^{n-1} g_t$, $S_0 := 0$ sei*

$$F_n := \bigl\{m \in M \,|\, \max\bigl(S_1(m),\ldots,S_n(m)\bigr) > 0\bigr\}.$$

*Dann ist*

$$\mathbb{E}(g\,\mathbb{1}_{F_n}) \geq 0 \qquad (n \in \mathbb{N}).$$

**Beweis:**
Für alle $k \in \mathbb{N}_0$ ist $g = S_{k+1} - S_k \circ T$. Mit $M_n := \max(S_0, \ldots, S_n)$ folgt für $T := \Phi_1$

$$g \geq S_{k+1} - M_n \circ T \qquad (k = 0, \ldots, n),$$

also

$$\begin{aligned} \mathbb{E}(g\,\mathbb{1}_{F_n}) &\geq \mathbb{E}\big((\max(S_1, \ldots, S_n) - M_n \circ T)\,\mathbb{1}_{F_n}\big) = \mathbb{E}\big((M_n - M_n \circ T)\,\mathbb{1}_{F_n}\big) \\ &\geq \mathbb{E}\big(M_n - M_n \circ T\big) = \mathbb{E}\big(M_n\big) - \mathbb{E}\big(M_n\big) = 0\,. \end{aligned}$$

Die erste Gleichung folgt dabei aus $F_n = \{m \in M \mid M_n(m) > 0\}$, die vorletzte aus der $T$-Invarianz des Maßes $\mu$. Die zweite *Un*gleichung folgt aus $M_n \circ T \geq 0$ und $M_n(m) = 0$ für $m \in M \setminus F_n$ (denn $S_0 = 0$). □

**Beweis von Satz 9.32:** (Zur Beweisstrategie siehe Bemerkung 9.33.2)

- Es genügt, für alle $\varepsilon > 0$ und

$$\begin{aligned} F_\varepsilon^+ := F_\varepsilon^+(f) &:= \left\{ m \in M \;\middle|\; \limsup_{n\to\infty} A_n f(m) > \mathbb{E}(f \mid \mathcal{I})(m) + \varepsilon \right\}, \\ F_\varepsilon^- := F_\varepsilon^-(f) &:= \left\{ m \in M \;\middle|\; \liminf_{n\to\infty} A_n f(m) < \mathbb{E}(f \mid \mathcal{I})(m) - \varepsilon \right\} \end{aligned}$$

  zu zeigen, dass $\mu(F_\varepsilon^\pm) = 0$ gilt. Dies folgt schon aus $\mu(F_\varepsilon^+) = 0$, denn

$$F_\varepsilon^-(f) = F_\varepsilon^+(-f)\,.$$

- Für $\tilde{f} := f - \mathbb{E}(f\,|\,\mathcal{I}) - \varepsilon$ ist $\mathbb{E}(\tilde{f}\,|\,\mathcal{I}) = -\varepsilon$, denn die bedingte Erwartung ist idempotent: $\mathbb{E}\big(\mathbb{E}(f\,|\,\mathcal{I})\,\big|\,\mathcal{I}\big) = \mathbb{E}(f\,|\,\mathcal{I})$. Also ist

$$F_\varepsilon^+(f) = F_\varepsilon^+(\tilde{f}) = \left\{ m \in M \;\middle|\; \limsup_{n\to\infty} A_n \tilde{f}(m) > 0 \right\}. \qquad (9.4.8)$$

- Wir setzen nun $g := \tilde{f}\,\mathbb{1}_{F_\varepsilon^+}$ Wegen der $\Phi$-Invarianz von $\limsup_{n\to\infty} A_n g$ ist $F_\varepsilon^+ \in \mathcal{I}$, also die Iterierten $g_k = g \circ \Phi_k$ von der Form $g_k = \tilde{f}_k\,\mathbb{1}_{F_\varepsilon^+}$.
  Wie im Beweis von Lemma 9.34 benutzen wir

$$M_n\,g := \max(S_0 g, \ldots, S_n g) \quad \text{und} \quad F_n := \{m \in M \mid M_n g(m) > 0\}\,.$$

  Da $n \mapsto M_n$ monoton wächst, ist $F_n \subseteq F_{n+1}$, und mit (9.4.8)

$$\begin{aligned} \bigcup_{n\in\mathbb{N}} F_n &= \{m \in M \mid \lim_{n\to\infty} M_n g(m) > 0\} \\ &= \left\{ m \in M \;\middle|\; \sup_{n\in\mathbb{N}} S_n g(m) > 0 \right\} = \left\{ m \in M \;\middle|\; \sup_{n\in\mathbb{N}} A_n g(m) > 0 \right\} \\ &= \left\{ m \in M \;\middle|\; \sup_{n\to\infty} A_n \tilde{f}(m) > 0 \text{ und } \limsup_{n\to\infty} A_n \tilde{f}(m) > 0 \right\} = F_\varepsilon^+(\tilde{f}). \end{aligned}$$

- Die punktweise Konvergenz der Funktionen $g\,1\!\!1_{F_n}$ gegen $g\,1\!\!1_{F_\varepsilon^+} = g$ und ihre Dominierung durch $|g|$ ergibt nach dem Satz über die dominierte Konvergenz

$$\lim_{n\to\infty} \mathbb{E}(g\,1\!\!1_{F_n}) = \mathbb{E}(g)\,.$$

Nach dem Maximal–Ergodenlemma 9.34 ist $\mathbb{E}(g\,1\!\!1_{F_n}) \geq 0$, also auch $\mathbb{E}(g) \geq 0$.

- Andererseits ist (mit $F_\varepsilon^+ \in \mathcal{I}$ und $\mathbb{E}(\tilde f\,|\,\mathcal{I}) = -\varepsilon$)

$$\mathbb{E}(g) = \mathbb{E}(\tilde f\,1\!\!1_{F_\varepsilon^+}) = \mathbb{E}\left(\mathbb{E}(\tilde f\,|\,\mathcal{I})\,1\!\!1_{F_\varepsilon^+}\right) = -\varepsilon\,\mathbb{E}(1\!\!1_{F_\varepsilon^+}) = -\varepsilon\,\mu(F_\varepsilon^+)\,,$$

was nur für $\mu(F_\varepsilon^+) = 0$ mit $\mathbb{E}(g) \geq 0$ vereinbar ist. □

**9.35 Aufgabe (Birkhoffscher Ergodensatz für Flüsse)**
Sei $(M, \mathcal{M}, \mu, \Phi)$ ein maßerhaltendes dynamisches System mit kompaktem metrischen Raum $M$, Borel–$\sigma$–Algebra $\mathcal{M}$, Wahrscheinlichkeitsmaß $\mu$ und stetigem Fluss $\Phi : \mathbb{R} \times M \to M$. Weiter sei $f \in L^1(M, \mu)$. Zeigen Sie, dass das Zeitmittel

$$\overline{f}(m) := \lim_{t\to\infty} \frac{1}{t} \int_0^t f \circ \Phi(s, m)\,\mathrm{d}s$$

für $\mu$–fast alle $m \in M$ existiert, und außerdem $\overline{f} \in L^1(M, \mu)$, $\int_M \overline{f}\,\mathrm{d}\mu = \int_M f\,\mathrm{d}\mu$ und $\overline{f}(m) = \overline{f} \circ \Phi(t, m)$ für $\mu$–fast alle $m \in M$ und alle $t \in \mathbb{R}$.
**Tipp:** Zeigen Sie zunächst $\int_0^n f \circ \Phi(s, m)\,\mathrm{d}s = \sum_{k=0}^{n-1} F \circ T^k(m)$ für $n \in \mathbb{N}$, $T := \Phi(1, \cdot)$ und $F(m) := \int_0^1 f \circ \Phi(s, m)\,\mathrm{d}s$. ◇

**9.36 Aufgabe (Normale reelle Zahlen)**
Beweisen Sie: Für Lebesgue–fast alle $x \in [0, 1)$ ist die Frequenz, mit der in der Binärdarstellung von $x$ die 1 auftritt, gleich $\frac{1}{2}$.
**Tipp:** Verwenden Sie die Abbildung $T(x) := 2x \pmod 1$ auf $[0, 1)$ und den birkhoffschen Ergodensatz 9.32 mit einer geeigneten Observablen. ◇

**9.37 Bemerkung (maßtheoretisch typische Dynamik)**
Für ein vorgegebenes dynamisches System $\Phi : \mathbb{Z} \times M \to M$ gibt es auf dem Phasenraum $M$ im Allgemeinen viele $\Phi$–invariante Wahrscheinlichkeitsmaße.

Zum Beispiel ist für einen periodischen Punkt $m \in M$ der Periode $T$ das Wahrscheinlichkeitsmaß $\frac{1}{T} \sum_{t=0}^{T-1} \delta_{\Phi_t(m)}$ invariant und ergodisch, und ebenso die Produktmaße aus Aufgabe 9.25. Entsprechend wird das vom Ergodensatz vorausgesagte typische Verhalten stark von der Wahl des Maßes abhängen. ◇

## 9.5 Der poincarésche Wiederkehrsatz

Stellen wir uns einen Container $C = C_L \,\dot\cup\, C_R \subset \mathbb{R}^3$ mit einer Trennwand vor, die diesen in zwei Kammern teilt. Die linke Seite $C_L$ sei evakuiert, während die rechte Seite $C_R$ mit Luft gefüllt ist. Wir entfernen die Trennwand. Ohne die genauen

Orte und Geschwindigkeiten der Gasmoleküle zum Zeitpunkt der Trennung zu kennen, erwarten wir, dass sie nicht auf der rechten Seite bleiben, sondern sich auf beiden Seiten etwa gleich verteilen.

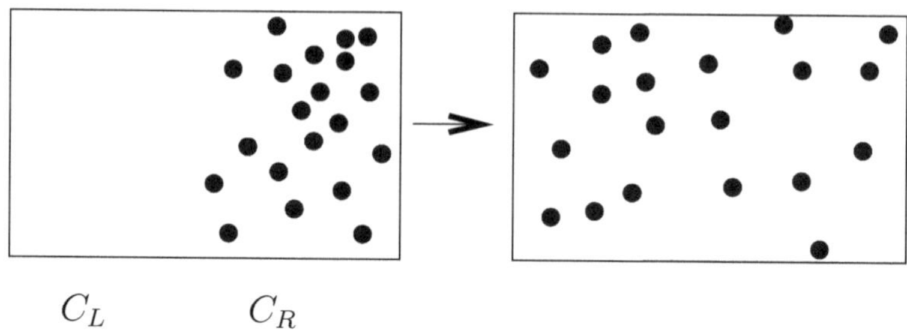

$C_L$ $C_R$

Niemand würde intuitiv erwarten, dass sich die Luft zu einem späteren Zeitpunkt wieder in der rechten Containerhälfte versammelt. Genau das ist aber Konsequenz des folgenden Satzes:

**9.38 Satz (Poincaréscher Wiederkehrsatz, [Poi2])** *Es sei $\Phi : \mathbb{Z} \times M \to M$ ein das Maß $\mu$ auf $M$ erhaltendes dynamisches System (siehe Definition 9.5). Weiter seien $B \subseteq \tilde{M} \subseteq M$ messbar, und $\tilde{M}$ sei $\Phi$–invariant mit $\mu(\tilde{M}) < \infty$.*

*Dann kehren $\mu$–fast alle Punkte aus $B$ unendlich oft nach $B$ zurück.*

**9.39 Bemerkungen (Poincaréscher Wiederkehrsatz)**

1. Ist $\mu(M) < \infty$, dann setzt man einfach $\tilde{M} := M$. Ohne die Einschränkung $\mu(\tilde{M}) < \infty$ ist der Satz aber falsch, wie man schon am Beispiel der Translation $\Phi_t(x) := x + t$ auf $M := \mathbb{R}$ mit Lebesgue–Maß $\mu$ sieht.
2. Wenn wir einen Fluss $\Phi : \mathbb{R} \times M \to M$ zu diskreten Zeiten $t \in \mathbb{Z}$ betrachten, können wir den Satz auf das restringierte System anwenden.
   Im zeitdiskreten Fall ist es auch natürlicher, die umgangssprachliche Aussage „$x$ kehrt unendlich oft nach $B$ zurück" im Sinn von
   $$\left|\{n \in \mathbb{N} \mid \Phi_n(x) \in B\}\right| = \infty$$
   zu formalisieren. ◇

**Beweis von Satz 9.38:**
• Ist $\mu(B) = 0$, so ist die Aussage offensichtlich, wenn man bedenkt, dass in der Maßtheorie ‚fast alle' alle bis auf eine Menge vom Maß Null bedeutet.
• Es sei also $\mu(B) > 0$ und $K_n := \bigcup_{j=n}^{\infty} \Phi_{-j}(B) \quad (n \in \mathbb{N}_0)$.

$K_n$ ist als abzählbare Vereinigung messbarer Mengen messbar, und aus $\tilde{M} \supseteq K_n$ folgt $\mu(K_n) \leq \mu(\tilde{M}) < \infty$. Es gilt

$$K_{n+1} = \Phi_{-1}(K_n) \quad \text{und} \quad \tilde{M} \supset K_0 \supseteq K_1 \supseteq \ldots \supseteq K_n \supseteq K_{n+1} \supseteq \ldots .$$

$B \cap K_n$ ist die Menge der Punkte aus $B$ die nach der Zeit $n$ noch einmal nach $B$ zurückkommen.

• $B \cap (\cap_{n\in\mathbb{N}_0} K_n)$ ist die Menge der Punkte aus $B$, die nach beliebig langer Zeit noch einmal nach $B$ wiederkehren, das heißt unendlich oft wiederkommen. Diese Menge ist als abzählbarer Schnitt messbarer Mengen messbar. Wir wollen nun zeigen, dass

$$\mu(B \cap (\cap_{n\in\mathbb{N}_0} K_n)) = \mu(B) \tag{9.5.1}$$

gilt. Wegen der Schachtelung der $K_n$ ist

$$\bigcap_{n\in\mathbb{N}_0} K_n = K_0 \Big\backslash \left( \dot{\bigcup}_{n\in\mathbb{N}_0} K_n \setminus K_{n+1} \right),$$

also wegen der $\sigma$–Additivität (9.1.2) von $\mu$

$$\mu\Big(B \cap \Big( \bigcap_{n\in\mathbb{N}_0} K_n \Big)\Big) = \mu(B \cap K_0) - \sum_{n=0}^{\infty} \mu(B \cap (K_n \setminus K_{n+1}))\,. \tag{9.5.2}$$

Nun ist $B \cap K_0 = B$, und aus $K_n \supseteq K_{n+1}$ und $\mu(K_{n+1}) = \mu(\Phi_{-1}(K_n)) = \mu(K_n)$ folgt $\mu(K_n \setminus K_{n+1}) = 0$. Also impliziert (9.5.2) die Formel (9.5.1). □

**9.40 Beispiel (Statistische Mechanik und Reversibilität)**
Im Fall des Containers ist $(\mathbb{R}^3 \times C)^n$ der Phasenraum der $n$ Gasatome. Wir modellieren mit einer glatten Funktion $V \in C^\infty(\mathbb{R}^3, \mathbb{R})$ die Wechselwirkung zwischen den Atomen. Dann ist die Hamilton–Funktion von der Form

$$H : (\mathbb{R}^3 \times C)^n \to \mathbb{R} \quad , \quad H(p_1, q_1, \ldots, p_n, q_n) = \sum_{k=1}^{n} \tfrac{1}{2}\|p_k\|^2 + \sum_{1\le k<l\le n} V(q_l - q_k)\,.$$

Bei Stößen mit den Containerwänden setzen wir fest, dass die Teilchen reflektiert werden (Ausfallwinkel = – Einfallswinkel). Damit erhalten wir ein das Lebesgue–Maß erhaltendes dynamisches System [15].

Wir betrachten nun eine Energiefläche $\tilde{M} := M := H^{-1}(E)$ mit dem (endlichen) Liouville–Maß $\mu$ und setzen in Satz 9.38: $B := M \cap (\mathbb{R}^3 \times C_R)^n$. Dies ist der Teil von $M$, in dem sich alle $n$ Teilchen auf der rechten Seite befinden.

Natürlich ist ein wichtiger Punkt beim Poincaréschen Wiederkehrsatz, dass er keine Aussage über die Wiederkehrzeiten macht. Im Fall des Containers ist die Wiederkehrzeit nach $B$ (für realistische Container $C$, Teilchenzahlen $n$ und Energien $E$) größer als das bisherige Alter des Universums. Dies ist für die praktische Gültigkeit der Statistischen Mechanik mit ihren Irreversibilitätsaussagen entscheidend. ◇

**9.41 Weiterführende Literatur** Der eben bewiesene Satz gehört wie auch der Satz 12.16 zur Ergodentheorie (also der Verknüpfung der Theorie dynamischer Systeme mit der Maß– und Wahrscheinlichkeitstheorie). Ein gutes Buch über Ergodentheorie ist WALTERS [Wa2]; Anwendungen auf Probleme der Klassischen Mechanik findet man in ARNOL'D und AVEZ [AA] und in BUNIMOVICH [Bu]. ◇

[15] Dieses ist nicht stetig, es ist aber ein dynamisches System im maßtheoretischen Sinn.

# Kapitel 10

# Symplektische Geometrie

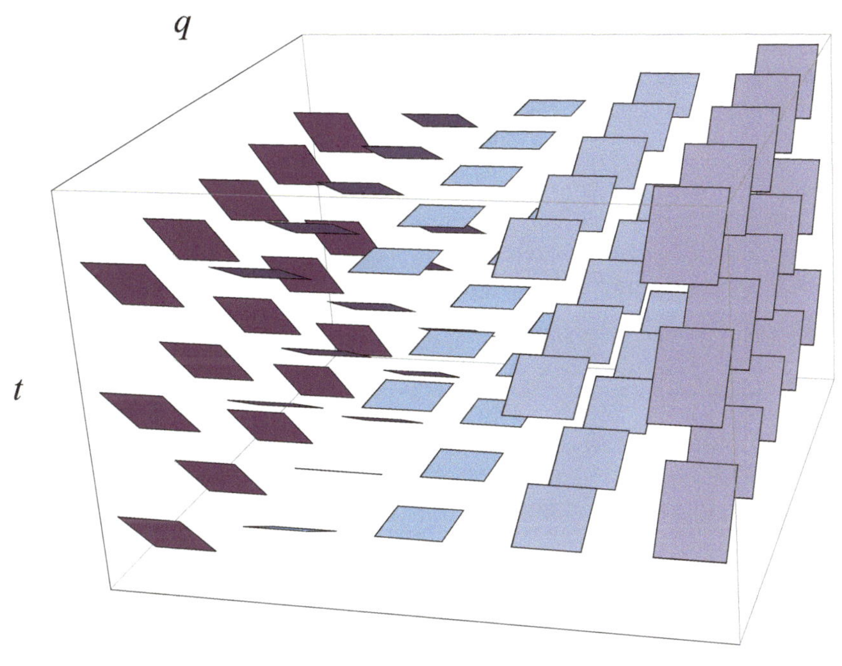


Kontaktstruktur der Kontaktform $dt - p\,dq$ auf dem Erweiterten Phasenraum $\mathbb{R}^3$

Wenn man den Spezialfall linearer hamiltonscher Differentialgleichungen verlässt, wird die im Kapitel 6 untersuchte symplektische Bilinearform zur symplektischen Form, und Lagrange-Unterräume werden zu Lagrange-Untermannigfaltigkeiten. Symplektische Mannigfaltigkeiten, also Mannigfaltigkeiten mit einer solchen Differentialform, besitzen eine besondere Geometrie. Ihre strukturerhaltenden Abbildungen heißen kanonisch.

## 10.1 Symplektische Mannigfaltigkeiten

Die bisher untersuchten dynamischen Systeme besaßen oft offene Teilmengen des $\mathbb{R}^n$ als Phasenräume. Beginnend mit diesem Kapitel werden jetzt systematisch Phasenräume untersucht, die allgemeiner differenzierbare Mannigfaltigkeiten (siehe Anhänge A.2 und A.3) sind. Dies geschieht aus drei Gründen:

- Zum Ersten werden wir in der Mechanik wegen der Existenz von *Konstanten der Bewegung* in natürlicher Weise auf (Unter-)Mannigfaltigkeiten geführt.
- Zum Zweiten tritt der *geometrische Gehalt* von Aussagen klarer hervor, wenn man sie (soweit möglich) für Mannigfaltigkeiten formuliert und nicht im $\mathbb{R}^n$. Denn in letzterem Fall rechnet man meistens doch in arithmetischen Koordinaten, und außerdem besitzt der $\mathbb{R}^n$ Zusatzstrukturen (er ist ein Vektorraum, besitzt eine kanonische Metrik etc.), von denen wir besser abstrahieren sollten.
- Außerdem ist der Aufwand bei dieser Verallgemeinerung gering, und er wurde teils schon geleistet (etwa in Lemma 8.18 für die Euler-Lagrange–Gleichung auf Tangentialbündeln von Mannigfaltigkeiten).

Der hamiltonsche Formalismus verwendet als Phasenraum statt dem Tangentialbündel $TM$ einer Mannigfaltigkeit $M$ ihr Kotangentialbündel $T^*M$.
Diese stehen in einem Verhältnis wie ein Vektorraum und sein Dualraum:

**10.1 Definition** *Sei $M$ eine differenzierbare Mannigfaltigkeit.*

- *Eine Eins–Form auf dem Tangentialraum $T_xM$ von $M$ bei $x$ (also eine lineare Abbildung $T_xM \to \mathbb{R}$) heißt auch* **Kotangentialvektor von $M$ bei $x$**.
- *Der Dualraum von $T_xM$, also der lineare Raum $T_x^*M$ dieser Eins–Formen heißt auch* **Kotangentialraum von $M$ bei $x$**.
- *Die Vereinigung $T^*M := \bigcup_{x\in M} T_x^*M$ heißt* **Kotangentialbündel von $M$**.

**Koordinaten**. Wenn mit $n := \dim(M)$ auf einer Umgebung $U \subseteq M$ von $x$ lokale Koordinaten $q = (q_1, \ldots, q_n) : U \to \mathbb{R}^n$ gegeben sind, wird eine Eins–Form $p$ auf $T_xM$ durch die $n$ Zahlen $p_\ell := p\left(\frac{\partial}{\partial q_\ell}(x)\right)$ festgelegt. Wir identifizieren dann in diesen Koordinaten $p$ mit dem Vektor $(p_1, \ldots, p_n)$ und verwenden die Bündelkoordinaten $(p, q)$ auf $T^*U$.

Offensichtlich gilt auch $\dim(T^*M) = 2\,\dim(M)$. $T^*M$ ist sogar diffeomorph zu $TM$ (allerdings nicht kanonisch diffeomorph, siehe Seite 484).

**10.2 Bemerkung (Kotangentialbündel als Phasenräume)** Wir haben schon einige Beispiele von Kotangentialbündeln $T^*M$ kennengelernt, etwa

1. $T^*\mathbb{R}^n \cong \mathbb{R}^n \times \mathbb{R}^n$ (freie Bewegung)
2. $T^*S^1 \cong \mathbb{R} \times S^1$ (planares Pendel)
3. $T^*\mathbb{T}^2 \cong \mathbb{R}^2 \times \mathbb{T}^2$ (Doppelpendel).

Die Hamilton–Funktionen waren dabei glatte Abbildungen $H : T^*M \to \mathbb{R}$. Die rechte Seite der hamiltonschen Differentialgleichung war durch das von $H$ induzierte hamiltonsche Vektorfeld $X_H$ gegeben. Bezeichnet man mit $P := T^*M$ den Phasenraum, so ist $X_H$ insbesondere eine glatte Abbildung $X_H : P \to TP$ in das Tangentialbündel von $P$ mit der Eigenschaft, dass $\pi_P \circ X_H : P \to P$ die identische Abbildung ist, also ein Tangentialvektorfeld.

Bezüglich der lokalen $(p, q)$–Bündelkoordinaten besitzt $X_H$ die Komponenten

$$X_H = \left(-\frac{\partial H}{\partial q_1}, \dots, -\frac{\partial H}{\partial q_n}; \frac{\partial H}{\partial p_1}, \dots, \frac{\partial H}{\partial p_n}\right)^\top . \qquad \diamond$$

Die folgende koordinatenfreie Definition des hamiltonschen Vektorfelds ermöglicht ein besseres geometrisches Verständnis.

**10.3 Definition**

- *Eine* **symplektische Form** *auf einer Mannigfaltigkeit $P$ ist eine geschlossene ($d\omega = 0$) Zwei–Form $\omega$ auf $P$, die* **nicht degeneriert** *ist, das heißt für alle $x \in P$ und $\xi \in T_xP \setminus \{0\}$*

$$\exists \eta \in T_xP: \quad \omega(\xi, \eta) \neq 0 .$$

- $(P, \omega)$ *heißt* **symplektische Mannigfaltigkeit**.

**10.4 Bemerkungen**

1. Aus der Linearen Algebra ergibt sich, dass für $x \in P$ $\dim(T_xP)$ gerade sein muss, damit die Zwei–Form nicht degeneriert ist. Das ist natürlich für Phasenräume $P$ der Form $P = T^*M$ der Fall.
2. Nicht jede geschlossene $k$–Form $\alpha$ (das heißt $d\alpha = 0$) ist *exakt* (d.h. $\alpha = d\beta$ für eine $(k-1)$–Form $\beta$). Falls $\omega$ exakt ist, heißt $(P, \omega)$ *exakt symplektisch*.
3. Im Fall $P = T^*\mathbb{R}^n$ haben wir die Zwei–Form $\omega_0 := \sum_{i=1}^n dq_i \wedge dp_i$ zur Verfügung. Es gilt $\omega_0 = -d\theta_0$ mit $\theta_0 := \sum_{i=1}^n p_i dq_i$. $\diamond$

Wir wissen, dass eine beliebige (nicht notwendig antisymmetrische) nicht degenerierte Bilinearform einen Übergang von Vektorfeldern zu Eins–Formen und umgekehrt ermöglicht. Angewandt auf die symplektische Zwei–Form ist der Zusammenhang durch die Gleichung

$$\omega(X, \cdot) = \alpha \qquad X \text{ Vektorfeld} \quad , \quad \alpha \text{ Eins–Form auf } P ,$$

gegeben. Wahlweise kann $X$ aus $\alpha$ oder umgekehrt $\alpha$ aus $X$ bestimmt werden.

**10.5 Definition**
*Ein Vektorfeld $X : P \to TP$ auf der symplektischen Mannigfaltigkeit $(P, \omega)$ heißt*

- **hamiltonsch**, *wenn $\omega(X, \cdot)$ eine exakte Eins–Form ist,*
- **lokal hamiltonsch**, *wenn die Eins–Form $\omega(X, \cdot)$ geschlossen ist.*
- *Für eine stetig differenzierbare Funktion $H : P \to \mathbb{R}$ heißt das Vektorfeld $X_H$ mit $\omega(X_H, \cdot) = dH$ das* **von $H$ erzeugte hamiltonsche Vektorfeld**, *und* $(P, \omega, H)$ **hamiltonsches System**.

**10.6 Beispiel**
Betrachten wir den Fall $(P, \omega) = (T^*\mathbb{R}^n, \omega_0)$, so ergibt sich in $(p, q)$–Koordinaten mit

$$X_H = \sum_{i=1}^{n} \left( (X_H)_i \frac{\partial}{\partial p_i} + (X_H)_{n+i} \frac{\partial}{\partial q_i} \right)$$

$$\sum_{i=1}^{n} dq_i \wedge dp_i(X_H, \cdot) = \sum_{i=1}^{n} \Big( (X_H)_{i+n} dp_i - (X_H)_i dq_i \Big)$$

und

$$dH = \sum_{i=1}^{n} \left( \frac{\partial H}{\partial q_i} dq_i + \frac{\partial H}{\partial p_i} dp_i \right),$$

durch Koeffizientenvergleich also

$$(X_H)_i = -\frac{\partial H}{\partial q_i} \quad , \quad (X_H)_{i+n} = \frac{\partial H}{\partial p_i} \qquad (i = 1, \ldots, n), \tag{10.1.1}$$

das heißt die rechte Seite der hamiltonschen Gleichungen. ◇

Warum, so kann man fragen, haben wir gerade $\omega_0$ benutzt? Tatsächlich werden wir in Aufgabe 10.8 eine Formulierung der Bewegung eines Teilchens in einem Magnetfeld $B$ kennenlernen, in der eine abgeänderte symplektische Form $\omega_B \neq \omega_0$ verwendet wird.

Trotzdem besitzt $\omega_0$ eine besondere Bedeutung, es lässt sich nämlich koordinatenfrei geometrisch definieren. Diese Definition lässt sich auf alle Phasenräume $P$, die Kotangentialbündel sind $(P = T^*M)$, übertragen. Wir bezeichnen mit

$$\pi_M^* : P \to M \quad , \quad \pi_M^*(T_q^*M) = \{q\} \tag{10.1.2}$$

die *Fußpunktprojektion* des Kotangentialbündels $P := T^*M$ von $M$.

Wir wollen eine Eins–Form auf dem Phasenraum $P$ definieren, deren äußere Ableitung uns dann die kanonische symplektische Form liefert. Eine solche Eins–Form $\theta_0$ ist durch ihre Anwendung auf ein beliebiges Tangentialvektorfeld $Y : P \to TP$ definiert. $\theta_0(Y) : P \to \mathbb{R}$ ist dann eine Funktion auf dem Phasenraum. Betrachten wir einen Punkt $x \in P$ des Phasenraums, so lässt sich dieser als ein Kotangentialvektor der Konfigurationsmannigfaltigkeit $M$ am Fußpunkt $q := \pi_M^*(x)$ auffassen. Ein solcher Kotangentialvektor wiederum lässt sich auf einen Tangentialvektor an $M$ am gleichen Punkt anwenden. Verknüpfen wir diese Beobachtungen, so lässt sich eine Eins–Form $\theta_0$ auf $P$ durch

$$\langle\theta_0(x), Y(x)\rangle := \big\langle x, T\pi_M^*\big(Y(x)\big)\big\rangle \qquad (x \in P) \tag{10.1.3}$$

definieren (Abbildung 10.1.1), denn die Tangentialabbildung $T\pi_M^*$ bildet Tan-

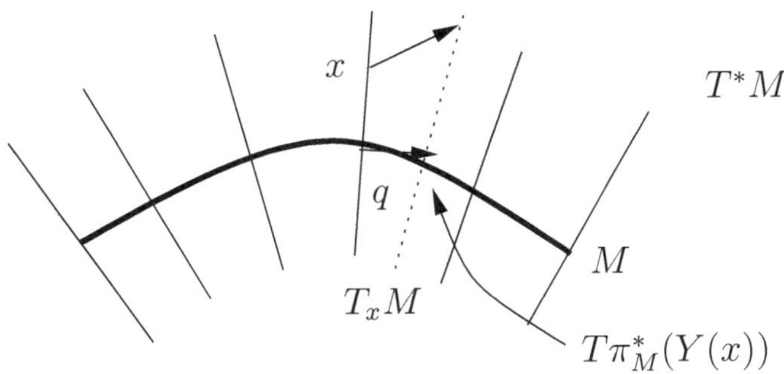


Abbildung 10.1.1: Zur Definition der kanonischen symplektischen Form $\theta_0$

gentialvektoren des Phasenraums $P$ in solche des Konfigurationsraumes $M$ ab, die wiederum durch Paarung mit der Eins–Form $x$ auf $M$ in eine Zahl umgewandelt werden. Das folgende Diagramm von Mannigfaltigkeiten und Abbildungen *kommutiert*,

$$\begin{array}{ccc} TP & \xrightarrow[T\pi_M^*]{} & TM \\ \pi_P\big\downarrow & & \big\downarrow \pi_M \\ P & \xrightarrow{\pi_M^*} & M\,. \end{array}$$

d.h. die beiden verketteten Abbildungen von $TP$ nach $M$ sind einander gleich.

**10.7 Definition**

- *Die durch (10.1.3) definierte Differentialform $\theta_0$ auf dem Phasenraum $P = T^*M$ heißt die* **kanonische Eins–Form, Liouville–Form** *oder* **tautologische Form**.
- *$\omega_0 := -d\theta_0$ heißt die* **kanonische symplektische Form**.

In einer kanonischen Bündelkarte $(p,q) : T^*U \to \mathbb{R}_p^n \times U$ von $T^*M$ ist

$$Y = \sum_{i=1}^n \left(Y_i \frac{\partial}{\partial p_i} + Y_{i+n}\frac{\partial}{\partial q_i}\right) \quad \text{und} \quad (T\pi_M^*)Y = \sum_{i=1}^n Y_{i+n}\frac{\partial}{\partial q_i}\,.$$

Der Vektor $p$ lässt sich in der Form $p = \sum_{i=1}^n p_i\,dq_i$ schreiben, sodass wir $\theta_0 = \sum_{i=1}^n p_i\,dq_i$ erhalten. $p$ ist aber eine Eins–Form auf $M$, $\theta_0$ hingegen eine Eins–Form auf $P = T^*M$!

Es genügt also die Angabe einer (Hamilton–) Funktion $H : T^*M \to \mathbb{R}$ auf dem Kotangentialbündel einer Konfigurationsmannigfaltigkeit $M$, um auf diesem Phasenraum durch die Relation

$$\omega_0(X_H, \cdot) = dH$$

ein hamiltonsches Vektorfeld $X_H$, und damit eine Differentialgleichung, zu definieren.

**10.8 Aufgabe (Teilchen im Magnetfeld)**
Es sei $B = (B_1, B_2, B_3)^\top \in C^\infty(\mathbb{R}^3_q, \mathbb{R}^3)$ ein ortsabhängiges *Magnetfeld*, das heisst ein divergenzfreies Vektorfeld, $\operatorname{div}(B) = 0$. Die Zwei–Form $\omega_B \in \Omega^2(P)$ auf dem Phasenraum $P := \mathbb{R}^3_q \times \mathbb{R}^3_v$ sei gegeben durch

$$\omega_B := \omega_0 + B_1\, dq_2 \wedge dq_3 + B_2\, dq_3 \wedge dq_1 + B_3\, dq_1 \wedge dq_2 \text{ mit } \omega_0 = \sum_{i=1}^{3} dq_i \wedge dv_i.$$

(a) Zeigen Sie, dass $\omega_B$ eine symplektische Form auf $P$ ist.

(b) Berechnen Sie für Vektorfelder $X, Y : P \to \mathbb{R}^6$ die Funktion $\omega_B(X, Y) : P \to \mathbb{R}$.

(c) Berechnen Sie für $H : P \to \mathbb{R}$, $H(q, v) := \frac{1}{2}\|v\|^2$ die Eins–Form $dH$ und $dH(Y)$. Finden Sie die eindeutige Lösung $X_H$ der Gleichung $\omega_B(X_H, Y) = dH(Y)$, wobei $Y : P \to \mathbb{R}^6$ beliebige Vektorfelder sind.

(d) Schreiben Sie die hamiltonsche Differentialgleichung $\dot{x} = X_H(x)$ in Orts- und Geschwindigkeitskoordinaten $x = (q, v) \in P$. ◇

Auf Kotangentialbündeln kann man also auch von der kanonischen symplektischen Zwei–Form $\omega_0$ verschiedene symplektische Formen benutzen. Darüber hinaus ist nicht jede symplektische Mannigfaltigkeit $(P, \omega)$ ein Kotangentialbündel, und es ist noch nicht einmal jede symplektische Mannigfaltigkeit exakt symplektisch:

**10.9 Beispiel (Zwei–Torus)**
In lokalen (!) Winkelkoordinaten $\varphi_1, \varphi_2$ ist die Flächenform $\omega := d\varphi_1 \wedge d\varphi_2$ eine symplektische Form auf dem zwei–Torus $P := \mathbb{T}^2$. Es gilt $\int_P \omega = 4\pi^2 \neq 0$. Daher ist die symplektische Mannigfaltigkeit $(P, \omega)$ nicht exakt symplektisch, denn für $\omega = -d\Theta$ wäre nach der Formel von Stokes (siehe Satz B.39)

$$\int_P \omega = -\int_P d\Theta = -\int_{\partial P} \Theta = 0\,,$$

da die kompakte Mannigfaltigkeit $P = \mathbb{T}^2$ ja keinen Rand besitzt ($\partial P = \emptyset$).

Allgemeiner besitzen alle orientierbaren und geschlossenen (das heißt kompakten und randlosen) Flächen eine Flächenform, also eine symplektische Form, aber diese ist aus dem gleichen Grund nicht exakt symplektisch. ◇

Es ist auch nicht jedes lokal hamiltonsche Vektorfeld hamiltonsch.

**10.10 Beispiel (Bedingt-periodische Bewegung auf $\mathbb{T}^2$)**
Auf dem Phasenraum $P = \mathbb{T}^2$ sei für $a = (a_1, a_2) \in \mathbb{R}^2$ das Vektorfeld $X : P \to TP$ in lokalen Winkelkoordinaten $\varphi = (\varphi_1, \varphi_2)$ gegeben durch $\varphi \mapsto (\varphi; a)$.

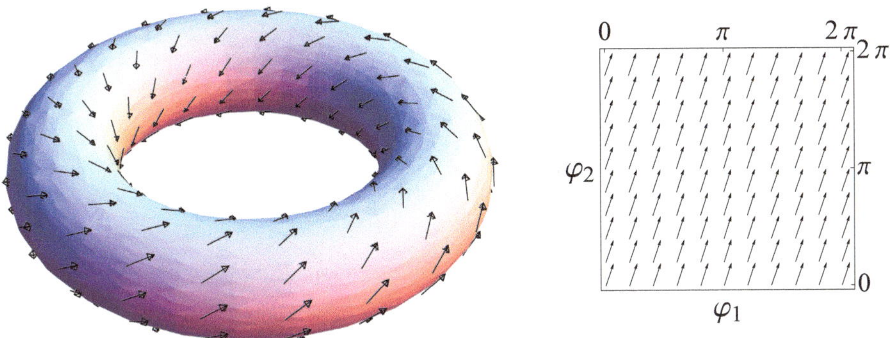


Abbildung 10.1.2: Lokal aber nicht global hamiltonsches Vektorfeld auf dem Torus $\mathbb{T}^2$. Linke Darstellung: $\mathbb{T}^2 \subset \mathbb{R}^3$, rechte Darstellung: $\mathbb{T}^2 = \mathbb{R}^2/(2\pi\mathbb{Z})^2$

$X$ ist lokal hamiltonsch, denn die Eins–Form $\beta := \omega(X, \cdot)$ ist geschlossen:

$$\beta = d\varphi_1 \wedge d\varphi_2 \left( a_1 \frac{\partial}{\partial \varphi_1} + a_2 \frac{\partial}{\partial \varphi_2} \right) = a_1\, d\varphi_2 - a_2\, d\varphi_1 \quad \text{, sodass} \quad d\beta = 0\,.$$

Aber es existiert für $a \neq 0$ keine Funktion $H : \mathbb{T}^2 \to \mathbb{R}$ mit $\beta = dH$, denn die Eins–Form $\beta$ verschwindet nirgends, während eine Funktion $H \in C^1(\mathbb{T}^2)$ auf dem (kompakten!) Torus eine Maximalstelle $x \in \mathbb{T}^2$ hat und dort $dH(x) = 0$ gilt.

Der Zeit-Eins-Fluss von $X$, die Translation $\varphi \mapsto \varphi + a$, wird auch nicht durch *zeitabhängige* hamiltonsche Vektorfelder erzeugt, siehe Beispiel 10.29.3. ◇

**10.11 Bemerkung (Kontaktmannigfaltigkeiten)** Symplektische Mannigfaltigkeiten haben eine gerade Dimension. Es gibt aber eine ähnlich wichtige geometrische Struktur auf gewissen ungerad–dimensionalen Mannigfaltigkeiten.

Nach Definition ist eine *Kontaktform* auf einer Mannigfaltigkeit $M$ der Dimension $2n+1$ eine Eins–Form $\theta \in \Omega^1(M)$, für die die $(2n+1)$–Form $\theta \wedge (d\theta)^{\wedge n}$ nirgends verschwindet. $(M, \theta)$ heißt dann *Kontaktmannigfaltigkeit*.

1. Ein Beispiel bietet der erweiterte Phasenraum $M := T^*N \times \mathbb{R}_t$ eines Kotangentenbündels $(T^*N, \theta_0)$, mit der Liouville–Form $\theta_0$ aus (10.1.3). Bezeichnen wir die Projektionen mit $\pi_1 : M \to T^*N$ und $\pi_2 : M \to \mathbb{R}_t$, dann ist $\theta := \pi_2^* dt - \pi_1^* \theta_0$ eine Kontaktform. Im Fall von $N = \mathbb{R}^n_q$ ist also $\theta = dt - \sum_{k=1}^n p_k\, dq_k$.

2. Ist $g$ eine riemannsche Metrik auf $N$ und $H : T^*N \to \mathbb{R}$ von der Form $H(p,q) = \frac{1}{2}g_q(p,p) + V(q)$ mit einer Niveaufläche $M := H^{-1}(h)$ für $h > \sup_{q\in N} V(q)$, dann ist die Restriktion von $\theta_0$ auf $M$ eine Kontaktform. Denn für $n := \dim(N)$ ist $dH \wedge \theta_0 \wedge (d\theta_0)^{\wedge n-1}$ proportional zu $(H - V)\,(d\theta_0)^{\wedge n}$, und damit bei $M \subset T^*N$ nicht degeneriert.

3. Gleiches gilt nicht für Energien $h$, die kleiner als das Supremum des Potentials $V$ sind. Beispielsweise ist die Restriktion von $\theta_0 = \sum_{k=1}^n p_k\, dq_k$ keine Kontaktform für die Energieflächen $M = H^{-1}(h)$ des harmonischen Oszillators
$$H : \mathbb{R}^{2n} \to \mathbb{R} \quad , \quad H(p,q) = \tfrac{1}{2}(\|p\|^2 + \|q\|^2)\,.$$
Allerdings kann man hier $\theta := \frac{1}{2}\sum_{k=1}^n (p_k\, dq_k - q_k\, dp_k)$ benutzen, eine Eins–Form, deren Differenz zur Liouville–Form $\theta_0$ exakt ist. Dass $\theta$ auf $M$ eine Kontaktform ist, wird analog zum obigen Fall 2 bewiesen.

Durch den Kern von $\theta$ werden Hyperebenen in den Tangentialräumen $T_xM$ fixiert, die zusammengenommen eine geometrische Distribution auf $M$ bilden (die sogenannte *Kontaktdistribution*). Das Besondere an $\theta$ ist, dass es maximal nicht-integrabel im Sinn von Frobenius (siehe Anhang F.3) ist. Das bedeutet insbesondere, dass die Kontaktdistribution nicht tangential an eine $(2n)$–dimensionale Untermannigfaltigkeit von $M$ sein kann. Dies sieht man anschaulich am Beispiel der auf Seite 207 abgebildeten Kontaktdistribution des $\mathbb{R}^3$. ◇

**10.12 Weiterführende Literatur** Eine Einführung in die Kontaktgeometrie geben H. GEIGES in [Ge] sowie V.I. ARNOL'D und A. GIVENTAL in [AG]. ◇

## 10.2 Lie–Ableitung und Poisson–Klammer

*„La vie n'est bonne qu'à deux choses: à faire des mathématiques et à les professer."* SIMÉON POISSON, nach François Arago[1]

Im letzten Kapitel war der Begriff der symplektischen Mannigfaltigkeit $(P,\omega)$ eingeführt worden. Dabei war $P$ eine Mannigfaltigkeit und $\omega$ eine symplektische Zwei–Form, das heißt eine nicht degenerierte geschlossene Differentialform zweiter Stufe. Standardbeispiel ist
$$(P,\omega) = \left(T^*\mathbb{R}^n_q\, ,\ \textstyle\sum_{i=1}^n dq_i \wedge dp_i\right)\,.$$
Eine Hamilton–Funktion $H : P \to \mathbb{R}$ induziert dann das hamiltonsche Vektorfeld $X_H$, das durch die Relation $\omega(X_H,\cdot) = dH$ definiert ist. Im Standardbeispiel gilt in $(p,q)$–Koordinaten
$$X_H = \left(-\frac{\partial H}{\partial q_1},\cdots,-\frac{\partial H}{\partial q_n}\ ;\ \frac{\partial H}{\partial p_1},\cdots,\frac{\partial H}{\partial p_n}\right)^\top.$$

[1] Übersetzung: 'Das Leben ist nur für zwei Dinge gut: Mathematik zu betreiben und zu lehren'. Zitiert nach François Arago: Notices biographiques, Band 2, Seite 662 (1854)

Ein Vektorfeld, also insbesondere $X_H$, erzeugt einen Fluss $\Phi_t$, der zumindest für kleine Zeiten lokal existiert.

In der Mechanik hat der in Satz B.34 bewiesene Zusammenhang $\frac{\mathrm{d}}{\mathrm{d}t}(\Phi_t^*\omega) = \Phi_t^* L_X\omega$ zwischen Fluss und Lie–Ableitung nun folgende Konsequenz:

**10.13 Satz** *Sei $(M,\omega,H)$ ein hamiltonsches System, und das hamiltonsche Vektorfeld $X_H$ erzeuge einen Fluss $\Phi : \mathbb{R}\times M \to M$. Dann gilt für alle Zeiten $t \in \mathbb{R}$*

$$\Phi_t^*\,\omega^{\wedge k} = \omega^{\wedge k} \qquad \left(k \in \{1,\ldots,\tfrac{1}{2}\dim M\}\right).$$

**Beweis:** • $\Phi_0 = \mathrm{Id}_M$, also (mit Satz B.15.3) $\Phi_0^*\,\omega^{\wedge k} = \omega^{\wedge k}$.

• $\frac{\mathrm{d}}{\mathrm{d}t}\Phi_t^*\omega = \Phi_t^* L_{X_H}\omega = \Phi_t^*(\mathbf{i}_{X_H}d + d\mathbf{i}_{X_H})\omega = \Phi_t^*\Big(\mathbf{i}_{X_H}\underbrace{d\omega}_{0} + \underbrace{ddH}_{0}\Big) = 0,$ also nach der Leibniz–Regel auch $\frac{\mathrm{d}}{\mathrm{d}t}\Phi_t^*\,\omega^{\wedge k} = \frac{\mathrm{d}}{\mathrm{d}t}(\underbrace{\Phi_t^*\omega\wedge\ldots\wedge\Phi_t^*\omega}_{k\text{-mal}}) = 0.$ □

**10.14 Bemerkungen (Symplektische Formen und Hamiltonsche Flüsse)**

1. Hamiltonsche Flüsse lassen also die symplektische Zwei–Form $\omega$ invariant. Da das den Fluss erzeugende Vektorfeld $X_H$ selbst mithilfe von $\omega$ definiert wurde, ist dies eine wichtige Konsistenz-Eigenschaft. Wie wir gesehen haben, folgt sie aus der zunächst unmotiviert erscheinenden Forderung der Geschlossenheit einer symplektischen Form.

   Dagegen wird für exakte symplektische Zwei–Formen, also solche der Gestalt $\omega = -d\Theta$, die Eins–Form $\Theta$ im Allgemeinen nicht invariant gelassen.

2. Insbesondere ist die Volumenform $\omega^{\wedge n}$ mit $n = \frac{1}{2}\dim M$ Fluss-invariant. Hamiltonsche Flüsse sind also volumenerhaltend.

   Umgekehrt ist jeder volumenerhaltende Fluss auf $\mathbb{R}^2$ hamiltonsch. Denn für das erzeugende Vektorfeld $X$ ist dann $\omega(X,\cdot)$ geschlossen, also nach dem Poincaré–Lemma (siehe Anhang B.7) exakt.

   Andererseits ist für $n > 1$ nicht jeder volumenerhaltende Fluss auf $\mathbb{R}^{2n}$ hamiltonsch. ◇

Die Poisson–Klammer spielt eine wichtige Rolle in der Mechanik.

**10.15 Definition** *Sei $(M,\omega)$ eine symplektische Mannigfaltigkeit und $f,g \in C^\infty(M,\mathbb{R})$. Die* **Poisson–Klammer** *von $f$ und $g$ ist die Funktion*

$$\{f,g\} := \omega(X_f, X_g) \in C^\infty(M,\mathbb{R})\,. \tag{10.2.1}$$

**10.16 Satz** *Es gilt* $\{f,g\} = -L_{X_f}g = +L_{X_g}f.$

**Beweis:** $-L_{X_f}g = -\mathbf{i}_{X_f}dg = -\mathbf{i}_{X_f}\mathbf{i}_{X_g}\omega = -\omega(X_g,X_f) = \omega(X_f,X_g).$ □

Diese Beziehung zur Lie–Ableitung bedeutet, dass die Poisson–Klammer $g \mapsto$

$\{f, g\}$ mit einer vorgegebenen Funktion $f$ eine Ableitung (auch Derivation genannt) ist, das heißt die Leibniz–Regel

$$\{f, gh\} = \{f, g\}h + g\{f, h\} \quad \text{und damit auch} \quad \{f, G \circ h\} = G'\{f, h\}$$

für stetig differenzierbare $G : \mathbb{R} \to \mathbb{R}$ gilt.

**10.17 Satz** *$f \in C^\infty(M, \mathbb{R})$ erzeuge einen hamiltonschen Fluss $\Phi$ auf $M$. Dann sind für $g \in C^\infty(M, \mathbb{R})$ äquivalent:*

1. $\{f, g\} = 0$
2. *$g$ ist konstant auf den Orbits von $\Phi$.*

**Beweis:** Nach den Sätzen B.34 und 10.16 gilt

$$\tfrac{\mathrm{d}}{\mathrm{d}t} g \circ \Phi_t = \tfrac{\mathrm{d}}{\mathrm{d}t} \Phi_t^* g = \Phi_t^* L_{X_f} g = -\Phi_t^*\big(\{f, g\}\big)\,. \qquad \square$$

**10.18 Bemerkung (Poisson–Klammer)**
In **kanonischen Koordinaten** $(p_1, \ldots, p_n, q_1, \ldots, q_n)$, das heißt Koordinaten, in denen die symplektische Form $\omega$ gleich $\sum_{i=1}^n dq_i \wedge dp_i$ ist, hat wegen (10.1.1) die Poisson–Klammer die Gestalt

$$\boxed{\{f, g\} = \sum_{i=1}^n \left(\frac{\partial f}{\partial q_i}\frac{\partial g}{\partial p_i} - \frac{\partial f}{\partial p_i}\frac{\partial g}{\partial q_i}\right)}\,,$$

insbesondere $\{p_i, p_k\} = \{q_i, q_k\} = 0$ und $\{q_i, p_k\} = \delta_{i,k}$, für $i, k = 1, \ldots, n$. $\diamond$

Da die Poisson–Klammer $\{f, g\}$ selbst ein hamiltonsches Vektorfeld $X_{\{f,g\}}$ definiert, liegt da Frage nach dessen Verhältnis zu $X_f$ und $X_g$ nahe. Dazu benötigen wir den Begriff der Lie–Klammer.

Wenn wir mit (A.3.3) ein Vektorfeld $X$ in lokalen Koordinaten $(z_1, \ldots, z_n)$ in der Form

$$X(z) = \sum_{i=1}^n X_i(z) \frac{\partial}{\partial z_i}$$

geschrieben haben, machten wir Gebrauch von der durch die Lie–Ableitung von Funktionen gegebenen Isomorphie zwischen Vektorfeldern und Differentialoperatoren erster Ordnung.

Natürlich ist dann ein Produkt von Lie–Ableitungen $L_X L_Y$ ein Differentialoperator zweiter Ordnung. Interessanterweise gilt aber:

**10.19 Lemma**
*Der Operator $L_X L_Y - L_Y L_X$ ist ein Differentialoperator erster Ordnung.*

**Beweis:** In lokalen Koordinaten $(z_1, \ldots, z_n)$ ist

$$L_X L_Y \varphi = \sum_{i=1}^n X_i \frac{\partial}{\partial z_i}\left(\sum_{j=1}^n Y_j \frac{\partial \varphi}{\partial z_j}\right) = \sum_{i=1}^n \sum_{j=1}^n \left(X_i \frac{\partial Y_j}{\partial z_i}\frac{\partial \varphi}{\partial z_j} + X_i Y_j \frac{\partial^2 \varphi}{\partial z_i \partial z_j}\right),$$

also

$$(L_X L_Y - L_Y L_X)\varphi = \sum_{i=1}^n \sum_{j=1}^n \left(X_i \frac{\partial Y_j}{\partial z_i} - Y_i \frac{\partial X_j}{\partial z_i}\right)\frac{\partial \varphi}{\partial z_j}. \qquad \square$$

Wir können somit wegen der obigen Isomorphie definieren:

**10.20 Definition**
*Die* **Lie–Klammer** *oder der* **Kommutator** *zweier Vektorfelder $X, Y : M \to TM$ ist das mit $[X, Y]$ bezeichnete Vektorfeld auf $M$, für das gilt:*

$$L_{[X,Y]} = L_X L_Y - L_Y L_X .$$

*In lokalen Koordinaten $(z_1, \ldots, z_n)$ gilt nach unserem Lemma:*

$$[X, Y] = \sum_{j=1}^n \sum_{i=1}^n \left(X_i \frac{\partial Y_j}{\partial z_i} - Y_i \frac{\partial X_j}{\partial z_i}\right)\frac{\partial}{\partial z_j}.$$

**10.21 Satz** *Die von vollständigen Vektorfeldern $X$ und $Y$ erzeugten Flüsse $\Phi_t$ und $\Psi_s$ vertauschen genau dann, wenn $[X, Y] = 0$, siehe Abbildung.*

**Beweis:**
- Wenn für alle $s, t \in \mathbb{R}$

$$\Phi_t \circ \Psi_s(z) = \Psi_s \circ \Phi_t(z)$$

ist, so gilt für alle Funktionen $f \in C^\infty(M, \mathbb{R})$

$$L_{[X,Y]} f = L_X L_Y f - L_Y L_X f = \left(\frac{\mathrm{d}}{\mathrm{d}t}\Phi_t^* \frac{\mathrm{d}}{\mathrm{d}s}\Psi_s^* f - \frac{\mathrm{d}}{\mathrm{d}s}\Psi_s^* \frac{\mathrm{d}}{\mathrm{d}t}\Phi_t^* f\right)\Big|_{t=s=0} = 0$$

- Die Rückrichtung ist zum Beispiel in Giaquinta und Hildebrandt [GiHi], §9.1.4 nachzulesen. $\square$

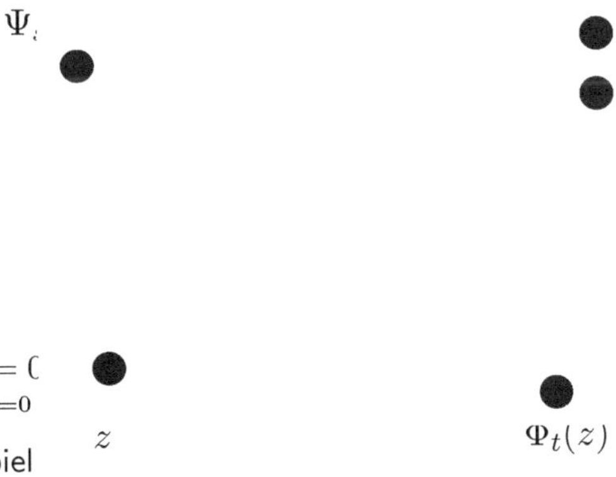

Nicht kommutierende Flüsse $\Phi$ und $\Psi$

**10.22 Satz** *Für Funktionen $f, g \in C^\infty(M, \mathbb{R})$ auf einer symplektischen Mannigfaltigkeit $(M, \omega)$ gilt*

$$d\{f, g\} = -\mathbf{i}_{[X_f, X_g]}\omega .$$

**10.23 Bemerkung** Der Kommutator der hamiltonschen Vektorfelder von $f$ und $g$ ist also selbst ein hamiltonsches Vektorfeld mit Hamilton–Funktion $-\{f,g\}$:

$$X_{\{f,g\}} = -[X_f, X_g]\,. \qquad \diamond$$

**10.24 Lemma** *Für Vektorfelder $X, Y : M \to TM$ und $k$–Formen $\alpha$ auf $M$ gilt*

$$\mathbf{i}_{[X,Y]}\alpha = L_X \mathbf{i}_Y \alpha - \mathbf{i}_Y L_X \alpha\,.$$

**Beweis:**
• Für Null–Formen ist die Relation trivial, denn das innere Produkt zwischen einer Funktion und einem Vektorfeld verschwindet.
• Für ein lokales Koordinatensystem $(z_1, \ldots, z_n)$ auf $M$ gilt bezüglich der Eins–Formen $\alpha := dz_k$

$$\begin{aligned} L_X \mathbf{i}_Y dz_k - \mathbf{i}_Y L_X dz_k &= (L_X L_Y z_k - L_X d \underbrace{\mathbf{i}_Y z_k}_{0}) - \mathbf{i}_Y dL_X z_k \\ &= L_X L_Y z_k - L_Y L_X z_k + d \underbrace{\mathbf{i}_Y L_X z_k}_{0} = L_{[X,Y]} z_k = \underbrace{d\mathbf{i}_{[X,Y]} z_k}_{0} + \mathbf{i}_{[X,Y]} dz_k\,. \end{aligned}$$

• Allgemeine Formen setzt man durch äußere Produkte aus Funktionen und Eins–Formen $dz_k$ zusammen und benutzt (B.5.2). □

**Beweis von Satz 10.22:** Wegen $d\omega = 0$ ist

$$\begin{aligned} d\{f,g\} &= d\mathbf{i}_{X_g}\mathbf{i}_{X_f}\omega = L_{X_g}\mathbf{i}_{X_f}\omega - \mathbf{i}_{X_g} d\mathbf{i}_{X_f}\omega \\ &= L_{X_g}\mathbf{i}_{X_f}\omega - \mathbf{i}_{X_g} L_{X_f}\omega + \mathbf{i}_{X_g}\mathbf{i}_{X_f} d\omega = L_{X_g}\mathbf{i}_{X_f}\omega - \mathbf{i}_{X_f} L_{X_g}\omega = -\mathbf{i}_{[X_f,X_g]}\omega, \end{aligned}$$

denn $L_{X_f}\omega = L_{X_g}\omega = 0$. □

Es ist also wesentlich die Geschlossenheit von $\omega$ in den Beweis des Satzes eingegangen.

**10.25 Satz (Poisson–Klammer als Lie–Algebra)**
*Für $f, g, h \in C^\infty(M, \mathbb{R})$ gilt*

$$\{f,g\} = -\{g,f\} \quad \textit{(Antisymmetrie)}$$

*und*

$$\{\{f,g\},h\} + \{\{g,h\},f\} + \{\{h,f\},g\} = 0 \quad \textit{(Jacobi–Identität)}. \tag{10.2.2}$$

**Beweis:**
• Die Antisymmetrie der Poisson–Klammer folgt aus der Antisymmetrie von $\omega$.
• Es gilt $\{\{f,g\},h\} = -L_{X_{\{f,g\}}} h$,

$$\{\{g,h\},f\} = -L_{X_f} L_{X_g} h \quad \text{und} \quad \{\{h,f\},g\} = +L_{X_g} L_{X_f} h,$$

also ist die linke Seite der Jacobi–Identität gleich
$(L_{X_g} L_{X_f} - L_{X_f} L_{X_g})h - L_{X_{\{f,g\}}} h = (L_{[X_g,X_f]} + L_{X_{\{g,f\}}})h = 0.$ □

**10.26 Bemerkung**
Damit ist für eine symplektische Mannigfaltigkeit $(M,\omega)$ der $\mathbb{R}$–Vektorraum $C^\infty(M,\mathbb{R})$ mit der Poisson–Klammer eine Lie–Algebra (siehe Seite 528). ◇

## 10.3 Kanonische Transformationen

**10.27 Definition**

- *Es seien* $(P,\omega)$ *und* $(Q,\rho)$ *symplektische Mannigfaltigkeiten mit* $\dim(P) = \dim(Q)$. *Eine Abbildung*
$$F \in C^1(P,Q) \quad \textit{mit} \quad F^*\rho = \omega$$
*heißt* **symplektisch** *oder* **kanonische Transformation**.
- *Ein symplektischer Diffeomorphismus* $F \in C^1(P,Q)$ *heißt* **Symplektomorphismus**.
- *Läßt sich ein Symplektomorphismus* $F$ *als Lösung* $F = F_1$ *der explizit zeitabhängigen Differentialgleichung* $\frac{\mathrm{d}}{\mathrm{d}t}F_t = X_{H_t} \circ F_t$, $F_0 = \mathrm{Id}_P$ *mit dem hamiltonschen Vektorfeld* $X_{H_t}$ *einer zeitabhängigen Hamilton–Funktion* $H_t$ *darstellen, heißt er* **hamiltonsch**.

**10.28 Bemerkungen** 1. Die kanonischen Transformationen sind die strukturerhaltenden Abbildungen symplektischer Mannigfaltigkeiten, ähnlich wie etwa die linearen Abbildungen die Struktur der Vektorräume erhalten.

2. Die Symplektomorphismen von $(P,\omega)$ bilden eine Untergruppe der Diffeomorphismengruppe von $P$, die hamiltonschen wiederum eine Untergruppe der Symplektomorphismengruppe.

3. Die Bücher [LiMa] von Libermann und Marle, McDuff und Salamon [MS], und von Hofer und Zehnder [HZ, Zeh] behandeln weitergehende geometrische und topologische Aspekte. ◇

**10.29 Beispiele** 1. Für die symplektischen Mannigfaltigkeiten
$$(P,\omega) := \big((0,\infty)\times\mathbb{R}, r\,dr\wedge d\varphi\big) \quad \text{und} \quad (Q,\rho) := \big(\mathbb{R}^2, dx_1\wedge dx_2\big)$$
ist die Transformation auf Polarkoordinaten $F(r,\varphi) := (r\cos\varphi, r\sin\varphi)$ eine kanonische Transformation (aber weder injektiv noch surjektiv).

2. Ist $\Phi : \mathbb{R}\times P \to P$ ein hamiltonscher Fluss auf der symplektischen Mannigfaltigkeit $(P,\omega)$, dann sind nach Satz 10.13 die $\Phi_t$ Symplektomorphismen.

3. Die Translationen $\Phi_a : \mathbb{T}^2 \to \mathbb{T}^2$, $x \mapsto x + a \quad (a \in \mathbb{T}^2)$ des Zwei-Torus $\mathbb{T}^2$ mit Flächenform $\omega$ sind symplektisch, aber nur für $\Phi_0 = \mathrm{Id}_{\mathbb{T}^2}$ hamiltonsch:

Für $F_1 = \Phi_a$, $F_0 = \mathrm{Id}_{\mathbb{T}^2}$, $\frac{\mathrm{d}}{\mathrm{d}t}F_t = X_{H_t} \circ F_t$ mit einem zeitabhängigen hamiltonschen Vektorfeld $t \mapsto X_{H_t}$ (und der Identifikation $T\mathbb{T}^2 \cong \mathbb{R}^2 \times \mathbb{T}^2$) ist

$$\begin{aligned} a &= \int_{\mathbb{T}^2} a\,\omega = \int_{\mathbb{T}^2} (F_1(x) - x)\,\omega(x) = \int_{\mathbb{T}^2}\int_0^1 \frac{\mathrm{d}}{\mathrm{d}t}F_t(x)\,\mathrm{d}t\,\omega(x) \\ &= \int_{\mathbb{T}^2}\int_0^1 X_{H_t} \circ F_t(x)\,\mathrm{d}t\,\omega(x) = \int_0^1\int_{\mathbb{T}^2} X_{H_t} \circ F_t(x)\,\omega(x)\,\mathrm{d}t \\ &= \int_0^1\int_{\mathbb{T}^2} X_{H_t}(x)\,\omega(x)\,\mathrm{d}t = \mathbb{J}\int_0^1\int_{\mathbb{T}^2} \nabla H_t(x)\,\omega(x)\,\mathrm{d}t = 0\,. \end{aligned}$$

Denn nach dem Satz von Stokes (Satz B.39) ist das innere Integral Null. ◇

**10.30 Aufgabe (Kugel und Zylinder)** [2] Zeigen Sie, dass für den Zylinder

$$\mathcal{Z} := \{x \in \mathbb{R}^3 \mid x_1^2 + x_2^2 = 1,\ |x_3| < 1\}$$

die radiale Projektion auf die Sphäre, also die Abbildung $F : \mathcal{Z} \to S^2$,

$$x \mapsto \left(x_1\sqrt{1 - x_3^2},\ x_2\sqrt{1 - x_3^2},\ x_3\right)^\top$$

ein Symplektomorphismus auf ihr Bild (also die Sphäre außer den Polen) ist. Dabei werden die jeweiligen Flächenformen der in den $\mathbb{R}^3$ eingebetteten Flächen als symplektische Formen zugrunde gelegt. Zum Beispiel ist dies für die Sphäre

$$\omega_x(Y, Z) := \det(x, Y, Z) \qquad (Y, Z \in T_x S^2).\ \diamond$$

Lokal kann man in symplektischen Mannigfaltigkeiten immer die kanonischen Koordinaten aus Bemerkung 10.18 verwenden. Mit anderen Worten: lokal sehen alle symplektischen Mannigfaltigkeiten gegebener Dimension gleich aus:

**10.31 Satz (Darboux)** *Für jeden Punkt $x \in P$ einer $2n$–dimensionalen symplektischen Mannigfaltigkeit $(P, \omega)$ gibt es eine Karte $(U, \varphi)$ bei $x$ mit Koordinaten $\varphi = (p_1, \ldots, p_n, q_1, \ldots, q_n)$, sodass $\omega\restriction_U = \sum_{i=1}^n dq_i \wedge dp_i$.*

**Beweis:** • Wir arbeiten in den Bildern lokalen Karten bei $x$. Wir zeigen also, dass zu zwei offenen Umgebungen $U_0$, $U_1$ von $0 \in \mathbb{R}^{2n}$ und symplektischen Formen $\omega_k$ auf $U_k$ Umgebungen $V_k \subseteq U_k$ der Null und einen Diffeomorphismus $F : V_0 \to V_1$ gibt mit $\omega_0\restriction_{V_0} = F^*\left(\omega_1\restriction_{V_1}\right)$.

[2] So hieß ein 225 v. Chr. veröffentlichtes Werk von Archimedes, in dem er unter anderem zeigte, dass Kugel und umschreibender Zylinder flächengleich sind.
Cicero suchte als Quästor auf Sizilien das Grab des ermordeten Archimedes und glaubte es gefunden zu haben. „Über dem Gestrüpp aber, bemerkte ich, erhob sich eine kleine Säule, auf der sich die Figur einer Kugel und eines Zylinders befand." (45 v. Chr., *Tusculanae disputationes*)

In den Beweisschritten verkleinern wir bei Bedarf die Umgebungen $U_k$, ohne die Umgebungen jeweils zu benennen.
• Wir setzen voraus, dass durch eine lineare Abbildung schon bewirkt wurde, dass $\omega_0(0) = \omega_1(0)$ ist. Der Lineare Satz von Darboux (Satz 6.13) sagt uns, dass das möglich ist.
• Der Diffeomorphismus wird angesetzt als Lösung $F = F_1$ einer zeitabhängigen Differentialgleichung $\frac{\mathrm{d}}{\mathrm{d}t}F_t = X_t \circ F_t$ mit Anfangswert $F_0 = \mathbf{Id}$. Dieser wird sogar die Eigenschaft $F_t(0) = 0$ und $\mathrm{D}F_t(0) = \mathbb{1}$ haben. Das Vektorfeld $X_t$ wird so definiert werden, dass es die Eigenschaft

$$L_{X_t}\,\omega_t = \omega_0 - \omega_1 \quad \text{mit} \quad \omega_t := (1-t)\omega_0 + t\omega_1 \tag{10.3.1}$$

besitzt (der letzte Aufzählungspunkt wird zeigen, warum das möglich ist). Dies bedeutet $F_t^*\omega_t = \omega_0$, denn $F_0^*\omega_0 = \omega_0$ und

$$\tfrac{\mathrm{d}}{\mathrm{d}t}F_t^*\omega_t = F_t^*\left(L_{X_t}\,\omega_t + \tfrac{\mathrm{d}}{\mathrm{d}t}\omega_t\right) = F_t^*(0) = 0\,.$$

$F_t$ deformiert also die symplektische Form.
• Auf einer kleinen Umgebung der Null ist $\omega_t$ für alle $t \in [0,1]$ eine symplektische Form. Denn $\omega_t(0)$ ist konstant und nichtdegeneriert, und Nichtdegeneriertheit ist eine offene Bedingung.
• Nach dem Poincaré–Lemma (siehe Anhang B.7) ist in einer Kugel um die Null die geschlossene Form $\omega_1 - \omega_0$ exakt, also gleich $\mathrm{d}\theta$ für eine geeignete Eins–Form $\theta$. Da $\omega_t$ in (10.3.1) geschlossen ist, ist die Lie–Ableitung $L_{X_t}\omega_t = d\mathbf{i}_{X_t}\omega_t$, die Forderung ist also $\mathbf{i}_{X_t}\omega_t = \theta$ (eventuell plus ein $df$). Wegen der Nichtdegeneriert von $\omega_t$ lässt sich diese erfüllen. Durch Addition eines geeigneten $df$ zu $\theta$ normieren wir auf $\theta(0) = 0$, also $X_t(0) = 0$, das heißt $F_t(0) = 0$. □

Im Rest dieses Kapitels beschränken wir uns der Einfachheit halber auf symplektische Mannigfaltigkeiten, die Kotangentialbündel $(P, \omega) = (T^*M, \omega_0)$ einer Mannigfaltigkeit $M$ sind (mit der kanonischen symplektischen Form $\omega_0 = -d\theta_0$ aus Definition 10.7). Diese besitzen eine besondere Klasse kanonischer Transformationen:

**10.32 Definition** *Für einen Diffeomorphismus $f \in C^1(M, N)$ heißt die Abbildung*

$$T^*f : T^*N \to T^*M\ ,\ \langle T^*f(\beta_n), v\rangle := \langle \beta_n, Tf(v)\rangle \quad \left(\beta_n \in T_n^*N\,,\, v \in T_mM\right),$$

*mit $n := f(m)$, die* **Kotangentialabbildung** *oder der* **Kotangentiallift** *von $f$.*

**10.33 Bemerkungen** 1. Da die Ableitungen von $f$ bei $m \in M$, also die linearen Abbildungen $T_mf : T_mM \to T_nN$ surjektiv sind, sind die Abbildungen

$$T_n^*f := T^*f{\restriction}_{T_n^*N} : T_n^*N \to T_m^*M \qquad (n \in f(M) \subseteq N)$$

Isomorphismen der Kotangentialräume. Da $f$ selbst surjektiv ist, ist $T_n^*f$ für alle $n \in N$ definiert.

2. Das ist also der duale Begriff zur in Definition A.41 eingeführten Tangentialabbildung $Tf : TM \to TN$. Das nebenstehende Diagramm (mit der in (10.1.2) definierten Fußpunktprojektion $\pi^*_M$) kommutiert.
Man beachte aber, dass die Tangentialabbildung (anders als die Kotangentialabbildung) auch für Abbildungen $f \in C^1(M,N)$ definiert ist, die keine Diffeomorphismen sind.

$$\begin{array}{ccc} T^*N & \xrightarrow{T^*f} & T^*M \\ {\scriptstyle \pi^*_M}\downarrow & & \downarrow{\scriptstyle \pi^*_M} \\ N & \xrightarrow{f^{-1}} & M \end{array}$$

Außerdem gilt für Diffeomorphismen $g : L \to M$ und $f : M \to N$

$$T(f \circ g) = Tf \circ Tg \quad , \text{aber} \quad T^*(f \circ g) = T^*g \circ T^*f \,. \tag{10.3.2}$$

3. In der Klassischen Mechanik heißen diese Abbildungen auch *Punkttransformationen*. ◇

**10.34 Beispiel (Kotangentiallift eines Gradientenflusses)** Auf der Kreislinie $S^1 = \left\{ \binom{\sin\varphi}{\cos\varphi} \mid \varphi \in [-\pi,\pi] \right\}$ erzeugt die Höhenfunktion
$h : S^1 \to \mathbb{R}$, $\binom{\sin\varphi}{\cos\varphi} \mapsto \cos\varphi$
das an $S^1$ tangentiale Gradientenvektorfeld (siehe Seite 94)

$$\nabla h\left(\binom{\sin\varphi}{\cos\varphi}\right) = \sin\varphi \binom{-\cos\varphi}{\sin\varphi} \,.$$

Der (anschaulich der Schwerkraft entgegengerichtete!) Gradientenfluss $\dot{x} = \nabla h(x)$ entspricht damit der Differentialgleichung $\dot{\varphi} = -\sin\varphi$. Diese besitzt die Lösung (siehe Abbildung)

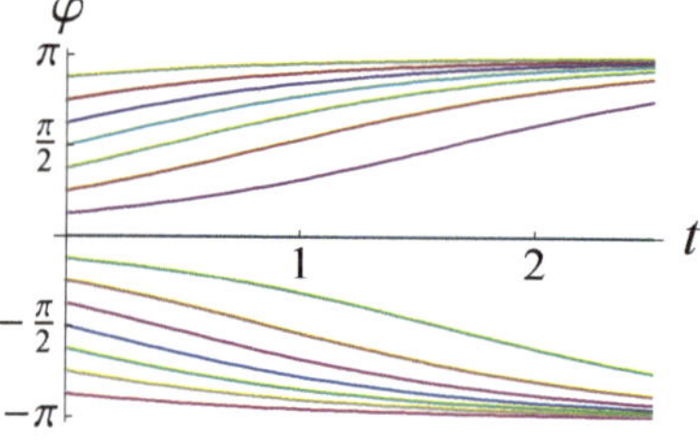


$$f_t(\varphi) = 2\,\mathrm{arccot}\big(e^t \cot(\varphi/2)\big) \quad (t \in \mathbb{R}).$$

Der Kotangentiallift $T^*f_t(p,\varphi) = \big((\cosh(t) + \sinh(t)\cos(\varphi))\,p\,,\, f_{-t}(\varphi)\big)$ des Diffeomorphismus $f_t$ ist eine flächenerhaltende Abbildung des Zylinders $\mathbb{R} \times S^1 \cong T^*S^1$.
In der nebenstehenden Abbildung sieht man den (durchsichtigen) Zylinder $[-1,1] \times S^1$ und sein Bild unter dem Kotangentiallift $T^*f_1$. ◇

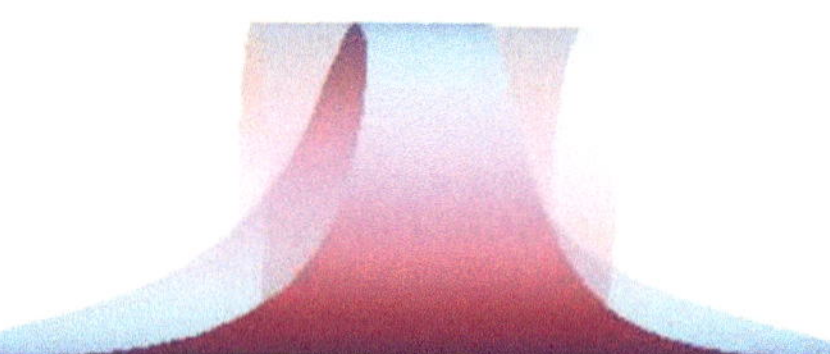

**10.35 Satz (Kotangentiallift)** *Der Kotangentiallift $T^*f$ eines Diffeomorphismus $f \in C^1(M,M)$ lässt die tautologische Eins–Form $\theta_0$ auf $T^*M$ invariant, das heißt*

$$(T^*f)^*\,\theta_0 = \theta_0 \,.$$

**Beweis:** In lokalen Vektorbündelkoordinaten $(p,q)$ und $(P,Q)$ mit $Q := f(q)$ ist $p = \mathrm{D}f(q)^\top P$, also $P = \big(\mathrm{D}f(q)^\top\big)^{-1} p$ und

$$\theta_0 = \langle P, dQ\rangle = \Big\langle \big(\mathrm{D}f(q)^\top\big)^{-1} p, \mathrm{D}f(q)\,dq \Big\rangle = \langle p, dq\rangle = (T^*f)^*\theta_0 \,.$$

Dabei wurde die Kurzschreibweise $\langle P, dQ\rangle := \sum_{i=1}^{\dim M} P_i\, dQ_i$ benutzt. □

Damit sind Kotangentiallifte insbesondere symplektisch.

Eine weitere Klasse symplektischer Abbildungen bilden gewisse Fasertranslationen:

**10.36 Definition**
*Eine* **Fasertranslation** *eines Kotangentialbündels $T^*M$ ist eine Abbildung*

$$\mathrm{trans}_A : T^*M \to T^*M \quad , \quad \mathrm{trans}_A(p) = p + A(q) \quad \big(q \in M,\, p \in T_q^*M\big),$$

*mit einer Eins–Form $A \in \Omega^1(M)$.*

**10.37 Satz** *Eine Fasertranslation $\mathrm{trans}_A$ ist genau dann symplektisch, wenn $A$ geschlossen ist ($dA = 0$) und hamiltonsch, wenn $A$ exakt ist ($A = dh$).*

**Beweis:**
• In lokalen kanonischen Koordinaten $(p, q)$ wird die symplektische Form $\sum_k dq_k \wedge dp_k$ durch pull-back mit der Fasertranslation von $A(q) = \sum_k A_k(q) dq_k$ in $\sum_k dq_k \wedge d\big(p_k - A_k(q)\big)$ transformiert. Sie ändert sich also um $dA$.
• Ist $A = dh$, dann erzeugt der Lift $H = h \circ \pi_M^* : T^*M \to \mathbb{R}$ von $h : M \to \mathbb{R}$ einen hamiltonschen Fluss $\Phi : \mathbb{R} \times T^*M \to T^*M$ mit $\Phi_{-1} = \mathrm{trans}_A$. Denn das hamiltonsche Vektorfeld $X_H$ ist in den lokalen Koordinaten gleich $-\sum_k \frac{\partial h}{\partial q_k}(q) \frac{\partial}{\partial p_k} = -\sum_k A_k(q) \frac{\partial}{\partial p_k}$, also $\Phi_t(p, q) = \big(p - tA(q), q\big)$. □

Wie bei allen Transformationen können wir auch bei den kanonischen den aktiven oder den passiven Standpunkt einnehmen. Im ersten Fall interessieren wir uns dafür, wie Phasenraumpunkte durch $F$ aufeinander abgebildet werden, im zweiten, wie ein Koordinatensystem (etwa die Koordinaten $(p_1, \ldots, p_n, q_1, \ldots, q_n)$ auf dem Vektorraum $\mathbb{R}_p^n \times \mathbb{R}_q^n$) durch $F^*$ zu einem neuen Koordinatensystem wird.

Eine wichtige Motivation für die Anwendung kanonischer Transformationen besteht in der Lösung der hamiltonschen Differentialgleichung

$$\dot{p}_i = -\frac{\partial H}{\partial q_i} \quad , \quad \dot{q}_i = \frac{\partial H}{\partial p_i} \qquad (i = 1, \ldots, n).$$

Es kann nämlich sein, dass in einem neuen Koordinatensystem $(P, Q)$ die Differentialgleichungen eine einfachere Form besitzen, sodass wir sie lösen können. Dabei stellt sich heraus, dass es sich lohnt, nicht irgendwelche neue Koordinaten $X_1, \ldots, X_{2n}$ zu benutzen, sondern solche, in denen die Form der hamiltonschen Gleichung erhalten bleibt. Daher empfehlen sich zum Koordinatenwechsel *kanonische* Transformationen.

Für eine gegebene Hamilton–Funktion $H : P := T^*M \to \mathbb{R}$ betrachten wir unter Verwendung der in Definition 10.7 eingeführten kanonischen Eins–Form $\theta_0$ auf $P$ die Eins–Form

$$\Theta_H := \pi_1^* \theta_0 - H\, dt$$

auf dem *erweiterten Phasenraum* $P \times \mathbb{R}_t$. $\mathbb{R}_t$ repräsentiert dabei die Zeitachse, und $\pi_1 : P \times \mathbb{R}_t \to P$ die Projektion auf den ersten Faktor $P$.

Es gilt wegen $d\theta_0 = -\omega_0$

$$d\Theta_H = -\pi_1^* \omega_0 - dH \wedge dt$$

Diese Zwei–Form muss degeneriert sein, denn sie ist ja eine antisymmetrische Bilinearform auf dem ungerad-dimensionalen Raum $P \times \mathbb{R}_t$. Insbesondere ist für das Vektorfeld $\tilde{X}_H$ auf $P \times \mathbb{R}_t$

$$\tilde{X}_H(x,t) := X_H(x) + \frac{\partial}{\partial t} \tag{10.3.3}$$

$\mathbf{i}_{\tilde{X}_H} d\Theta_H = -dH + dH = 0$. Andererseits gilt:

**10.38 Lemma** *Gilt für ein Vektorfeld $W$ auf $P \times \mathbb{R}_t$*

$$d\Theta_H(W, \cdot) \equiv 0\,,$$

*so ist für eine geeignete Funktion $f$ auf $P \times \mathbb{R}_t$ und das Vektorfeld $\tilde{X}_H$ aus* (10.3.3)

$$W = f\,\tilde{X}_H\,.$$

**Beweis:** Die lokale Form eines Vektorfeldes auf $P \times \mathbb{R}_t$ ist

$$W = \sum_{i=1}^n \left( a_i \frac{\partial}{\partial q_i} + b_i \frac{\partial}{\partial p_i} \right) + c \frac{\partial}{\partial t}\,.$$

Damit ist die Eins–Form $d\Theta_H(W, \cdot)$ gleich

$$\textstyle\sum_{i=1}^n \left[ -a_i dp_i + b_i dq_i - \left( \frac{\partial H}{\partial p_i} b_i + \frac{\partial H}{\partial q_i} a_i \right) dt + c \left( \frac{\partial H}{\partial q_i} dq_i + \frac{\partial H}{\partial p_i} dp_i \right) \right].$$

Ist diese Null, so ergibt sich durch Koeffizientenvergleich $a_i = +c\,\frac{\partial H}{\partial p_i}$ und $b_i = -c\,\frac{\partial H}{\partial q_i}$ $(i = 1, \ldots, n)$, also $W = f\,\tilde{X}_H$ mit $f = c$. □

An jedem Punkt $x$ von $P \times \mathbb{R}_t$ existiert im lokalen Tangentialraum $T_x(P \times \mathbb{R}_t)$ also ein genau eindimensionaler Unterraum von Vektoren, die, in $d\Theta_H$ eingesetzt, eine verschwindende Eins–Form ergeben.

Folgen wir diesen Richtungen, so erhalten wir Kurven $c : I \to P \times \mathbb{R}_t$, die wir sogar so wählen können, dass sie durch $t$ parametrisiert sind; diese Linien heißen *charakteristische* oder *Vortexlinien*

$$c(t) = \big(p_1(t), \ldots, p_n(t),\, q_1(t), \ldots, q_n(t),\, t\big) \qquad (t \in I).$$

Es gilt dann nach Lemma 10.38: $\dot{p}_i = -\frac{\partial H}{\partial q_i}$ und $\dot{q}_i = \frac{\partial H}{\partial p_i}$, also die hamiltonschen Differentialgleichungen.

**10.39 Satz** *Wenn der Koordinatenwechsel* $(p,q) \mapsto \big(P(p,q), Q(p,q)\big)$ *auf dem Phasenraum* $M \subseteq \mathbb{R}^n_p \times \mathbb{R}^n_q$ *eine kanonische Transformation* $g: M \to \mathbb{R}^n_P \times \mathbb{R}^n_Q$ *vermittelt, so transformieren sich die hamiltonschen Differentialgleichungen* $\dot p_i = -\frac{\partial H}{\partial q_i}$, $\dot q_i = \frac{\partial H}{\partial p_i}$ *von* $H: M \to \mathbb{R}$ *in*

$$\dot P_i = -\frac{\partial K}{\partial Q_i} \quad , \quad \dot Q_i = \frac{\partial K}{\partial P_i} \quad , \text{ mit } \quad K\big(P(p,q), Q(p,q)\big) = H(p,q)\,.$$

**Beweis:** Betrachten wir die Eins–Form $\alpha := \sum_{i=1}^n (p_i dq_i - P_i dQ_i)$ auf dem Kartengebiet in $M$. Es ist $d\alpha = 0$, da $g$ kanonisch ist. Damit gilt auf dem erweiterten Phasenraum

$$\pi_1^* \sum_{i=1}^n p_i dq_i - H dt = \pi_1^* \sum_{i=1}^n P_i dQ_i - H dt + \pi_1^* \alpha\,.$$

Wenn man von der rechten Seite $\pi_1^* \alpha$ abzieht, so bleiben die Vortexlinien die gleichen, denn diese hängen ja nur von der äußeren Ableitung ab, und $d\pi_1^*\alpha = \pi_1^* d\alpha = 0$. Da die Vortexlinien sich gleichen, ist auch die Gestalt der hamiltonschen Gleichung dieselbe. □

Nicht nur die Hamilton–Funktion, die die Bewegungsgleichungen erzeugt, transformiert sich unter einer kanonischen Transformation in einfacher Weise, sondern auch die Poisson–Klammern:

**10.40 Satz** *Der Diffeomorphismus* $F: P \to Q$ *sei eine kanonische Transformation der symplektischen Mannigfaltigkeiten* $(P,\omega)$ *und* $(Q,\rho)$. *Dann gilt (unter Benutzung des pull-back*[3] $F^*$*) für* $f, g \in C^\infty(Q,\mathbb{R})$

$$F^* X_f = X_{F^* f} \quad \text{und} \quad F^*\big(\{f,g\}_Q\big) = \{F^* f, F^* g\}_P\,.$$

**Beweis:**
- Die erste Identität folgt wegen der Nichtdegeneriertheit von $\omega$ aus
$$\mathbf{i}_{F^* X_f}\omega = \mathbf{i}_{F^* X_f} F^* \rho = F^*(\mathbf{i}_{X_f}\rho) = F^*(df) = d(F^* f) = \mathbf{i}_{X_{F^* f}}\omega\,.$$
- Die zweite Identität folgt aus der ersten: $F^*\big(\{f,g\}_Q\big) = F^*\big(\mathbf{i}_{X_g}\mathbf{i}_{X_f}\rho\big) =$
$= \mathbf{i}_{F^* X_g}\mathbf{i}_{F^* X_f} F^* \rho = \mathbf{i}_{X_{F^* g}}\mathbf{i}_{X_{F^* f}}\omega = \{F^* f, F^* g\}_P$. □

## 10.4 Lagrange–Mannigfaltigkeiten

*„Symplectic Creed: Everything is a Lagrange manifold."*
ALAN WEINSTEIN, in [Wein]

Die hamiltonschen Bewegungsgleichungen unterscheiden sich von anderen Systemen gewöhnlicher Differentialgleichungen durch die Tatsache, dass die in ihnen steckende Information in einer einzigen Funktion, der Hamilton–Funktion, codiert ist. Ähnlich (wenn auch mit gewissen Einschränkungen) lassen sich kanonische

[3] **Definition:** Der *pull-back* $F^* X$ eines Vektorfeldes $X: Q \to TQ$ auf einer Mannigfaltigkeit $Q$ bezüglich eines Diffeomorphismus $F: P \to Q$ ist das durch $F^* X := T(F^{-1}) \circ X \circ F$ definierte Vektorfeld auf $P$.

Transformationen mithilfe einer einzigen, der sogenannten *erzeugenden*, Funktion darstellen. Um diese Darstellungsweise zu verstehen, führen wir den Begriff der Lagrange–Mannigfaltigkeit ein.

Erinnern wir uns zunächst an die Definition der Lagrange–Unterräume $L \subset E$ eines symplektischen Vektorraums $(E, \omega)$ in Kapitel 6.4: Diese sind isotrop (d.h. $\omega$ verschwindet auf $L$) und von maximaler Dimension ($\dim(L) = \frac{1}{2}\dim(E)$). Dieser Begriff läßt sich ohne Schwierigkeiten von symplektischen Vektorräumen auf symplektische Mannigfaltigkeiten übertragen:

**10.41 Definition** *Sei $(P, \omega)$ eine symplektische Mannigfaltigkeit und $I : L \to P$ die Einbettung einer Untermannigfaltigkeit $L$.*[4]

*$L$ heißt* **isotrop**, *wenn $I^*\omega = 0$ und* **lagrangesch**, *wenn außerdem $\dim L = \frac{1}{2}\dim P$.*

**10.42 Beispiele** 1. Für $\dim P = 2$ ist jede eindimensionale Untermannigfaltigkeit $L$ lagrangesch, da $I^*\omega$ eine Zwei–Form auf $L$ und damit $I^*\omega = 0$.

2. Es sei $\dim P = 2n$ und $F_1, \ldots, F_n \in C^\infty(P, \mathbb{R})$. $f \in F(P)$ sei ein regulärer Wert von

$$F := \begin{pmatrix} F_1 \\ \vdots \\ F_n \end{pmatrix} : P \to \mathbb{R}^n .$$

Dann ist $L := F^{-1}(f)$ eine $n$–dimensionale Untermannigfaltigkeit von $P$.

Gilt $\{F_i, F_k\} = 0$ für $i, k \in \{1, \ldots, n\}$, so ist $L$ lagrangesch.
Beweis: Wegen der Regularität von $f$ ist für $x \in L$ die $n$–Form $dF_1 \wedge \ldots \wedge dF_n(x) \neq 0$, und wegen der Relation $\mathbf{i}_{X_{F_i}}\omega = dF_i$ sind für $x \in L$ die hamiltonschen Vektorfelder $X_{F_1}, \ldots, X_{F_n}$ bei $x \in L$ linear unabhängig. Außerdem sind sie tangential an $L$, denn $dF_i(X_{F_k}) = \mathbf{i}_{X_{F_k}} dF_i = \mathbf{i}_{X_{F_k}}\mathbf{i}_{X_{F_i}}\omega = \{F_i, F_k\} = 0$.

Da $\dim(T_x L) = n$ ist, spannen die Vektoren $X_{F_1}(x), \ldots, X_{F_n}(x)$ den Tangentialraum $T_x L$ von $L$ bei $x$ auf. Tangentialvektorfelder $Y, Z$ an $L$ können also als Linearkombinationen $Y = \sum_{i=1}^n Y_i \cdot X_{F_i}$ mit Funktionen $Y_i : L \to \mathbb{R}$ und entsprechend für $Z$ geschrieben werden.

Daher gilt $\omega(Y, Z) = 0$, also $I^*\omega = 0$, das heißt $L$ ist isotrop und wegen $\dim(L) = n$ lagrangesch.

3. Sei $M$ eine $n$–dimensionale Mannigfaltigkeit und $P := T^*M$ ihr Kotangentialbündel. Dann existieren auf $P$ die in Definition 10.7 eingeführte kanonische Eins–Form $\theta_0$ und die kanonische symplektische Form $\omega_0 = -d\theta_0$.
Für das Beispiel $M = \mathbb{R}^n_q$ ist $\theta_0 = \sum_{i=1}^n p_i\, dq_i$ und $\omega_0 = \sum_{i=1}^n dq_i \wedge dp_i$.

Wir betrachten eine Eins–Form $\alpha$ auf $M$.

Der Graph $L$ von $\alpha$ ist eine $n$–dimensionale Untermannigfaltigkeit $L \subset P$.

Wir können also mittels der als Abbildung $\hat{\alpha} : M \to L \subset P$ aufgefassten Eins–Form $\alpha$ die kanonische Eins–Form $\theta_0$ zurückholen, und es ist

[4]Untermannigfaltigkeiten von Mannigfaltigkeiten $P$ definiert man analog zum Fall $P = \mathbb{R}^n$ (Definition 2.34).

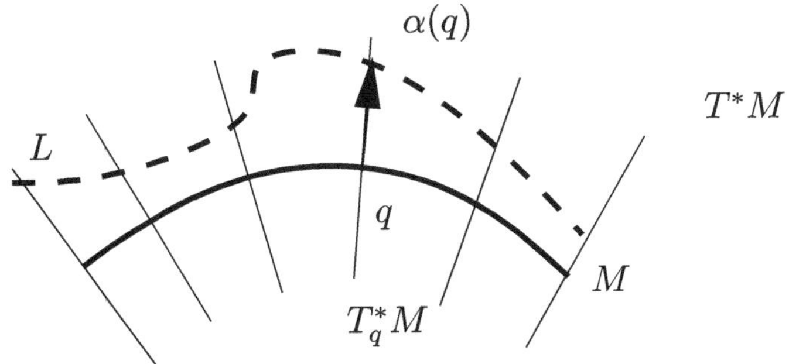


Abbildung 10.4.1: Lagrange-Untermannigfaltigkeit als Graph einer geschlossenen Eins–Form

$$\hat{\alpha}^*\theta_0 = \alpha\,. \tag{10.4.1}$$

Denn wegen der Definition (10.1.3) von $\theta_0$ gilt (unter Verwendung der Fußpunktprojektion $\pi^*_M : T^*M \to M$)

$$\big\langle \theta_0(\hat{\alpha}(q))\,,\,\zeta\big\rangle \;=\; \big\langle \alpha(q)\,,\,T\pi^*_M(\zeta)\big\rangle \qquad \big(\zeta \in T_{\hat{\alpha}(q)}P\big),$$

woraus mit $\pi^*_M \circ \hat{\alpha} = \mathrm{Id}_M$ für $v_q \in T_qM$ folgt:

$$\begin{aligned}\big\langle \hat{\alpha}^*\theta_0(q)\,,\,v_q\big\rangle &= \big\langle \theta_0(\hat{\alpha}(q))\,,\,T(\hat{\alpha})(v_q)\big\rangle = \big\langle \alpha(q)\,,\,T(\pi^*_M)\circ T(\hat{\alpha})(v_q)\big\rangle \\ &= \langle \alpha(q), T(\pi^*_M \circ \hat{\alpha})(v_q)\rangle = \langle \alpha(q), T\mathrm{Id}_M(v_q)\rangle = \langle \alpha(q), v_q\rangle.\end{aligned}$$

Die äußere Ableitung von (10.4.1) ist

$$d\alpha = d\hat{\alpha}^*\theta_0 = \hat{\alpha}^* d\theta_0 = -\hat{\alpha}^*\omega_0\,,$$

$L = \mathrm{graph}(\alpha)$ ist also genau dann lagrangesch, wenn $\alpha$ geschlossen ist.[5] ◇

Ganz analog zum linearen Fall (Satz 6.49) ergibt sich folgende Aussage:

**10.43 Satz** *Sei $F : M_1 \to M_2$ ein Diffeomorphismus der symplektischen Mannigfaltigkeiten $(M_i, \omega_i)$. Dann ist $F$ genau dann symplektisch, wenn der Graph*

$$\Gamma_F := \big\{\big(x, F(x)\big) \mid x \in M_1\big\} \subset M_1 \times M_2$$

*von $F$ lagrangesch ist bezüglich der symplektischen Form $\omega_1 \ominus \omega_2$ auf $M_1 \times M_2$.*

**Beweis:** Der Tangentialraum $T_{(x,F(x))}\Gamma_F$ von $\Gamma_F$ am Punkt $\big(x, F(x)\big)$ ist von der Form

$$T_{(x,F(x))}\Gamma_F = \big\{\big(v, TF(v)\big) \mid v \in T_xM_1\big\}\,.$$

Daher gilt für die Einbettung $I : \Gamma_F \to M_1 \times M_2$ und $\omega := \omega_1 \ominus \omega_2$ (siehe (6.48))

$$\begin{aligned}&(I^*\omega)\,\big((v_1, TF(v_1))\,,\,(v_2, TF(v_2))\big) \\ &= \omega_1(v_1, v_2) - \omega_2\big(TF(v_1), TF(v_2)\big) = \big(\omega_1 - F^*\omega_2\big)(v_1, v_2)\,.\end{aligned}$$ □

[5] Vergleiche mit dem Satz 10.37 über Fasertranslationen.

## 10.5 Erzeugende kanonischer Transformationen

Wir werden nun zeigen, dass sich kanonische Transformationen zumindest lokal mithilfe einer einzigen Funktion, der sogenannten *Erzeugenden* der kanonischen Transformation darstellen lassen.

Wir wissen aus Satz 10.43, dass die Graphen kanonischer Transformationen Lagrange–Untermannigfaltigkeiten sind.

Sei daher $(M, \omega)$ eine symplektische Mannigfaltigkeit und $I : L \to M$ eine Lagrange–Untermannigfaltigkeit. Nach dem Poincaré-Lemma (siehe Anhang B.7) gibt es für alle $x \in P$ eine Umgebung $U \subset P$ von $x$ und eine Eins–Form $\theta$ auf $U$ mit $\omega\restriction_U = -d\theta$. Ist nun $x \in L$, dann ist wegen

$$0 = I^*\omega\restriction_U = -I^*d\theta = -dI^*\theta$$

$I^*\theta$ geschlossen. Damit existiert auf einer geeigneten Umgebung $V \subset L$ von $x$ eine Funktion $S : V \to \mathbb{R}$ mit

$$-I^*\theta\restriction_V = dS\,.$$

Eine solche Funktion wird eine *erzeugende Funktion für $L$* genannt.

Betrachten wir nun speziell den Fall einer kanonischen Transformation $F$ von $(M_1, \omega_1)$ nach $(M_2, \omega_2)$, wobei diese symplektischen Mannigfaltigkeiten exakt symplektisch seien, das heißt $\omega_i = -d\theta_i$. Dann ist die symplektische Mannigfaltigkeit $(M, \omega)$,

$$M := M_1 \times M_2 \quad \text{und} \quad \omega := \omega_1 \ominus \omega_2$$

ebenfalls exakt symplektisch:

$$\omega = -d\theta \quad \text{mit} \quad \theta := \theta_1 \ominus \theta_2 = \pi_1^*\theta_1 - \pi_2^*\theta_2 \quad \text{auf } M\,.$$

Nach Satz 10.43 ist der Graph $\Gamma_F \subset M$ eine Lagrange–Untermannigfaltigkeit. Zumindest lokal (also durch Restriktion von $F$ auf eine geeignete Umgebung $U_1 \subset M_1$ von $m_1 \in M_1$) können wir also eine erzeugende Funktion $S$ finden mit

$$I^*\theta = -dS\,.$$

Wir benutzen lokale kanonische Koordinaten $(P, Q) = (P_1, \ldots, P_n, Q_1, \ldots, Q_n)$ auf $U_1$ und $(p, q) = (p_1, \ldots, p_n, q_1, \ldots, q_n)$ auf $U_2 := F(U_1) \subseteq M_2$, wobei

$$F(P, Q) = (p, q)$$

gelte. Nach dem Satz von Darboux (Satz 6.13) können wir annehmen, dass auf $U_1$ beziehungsweise $U_2$ gilt: $\theta_2 = \sum_{i=1}^n p_i\,dq_i$ und $\theta_1 = \sum_{i=1}^n P_i\,dQ_i$, sodass

$$\theta = \sum_i \bigl(P_i\,dQ_i - p_i\,dq_i\bigr)\,.$$

Für $n = 1$ läßt sich die kanonische Transformation in mindestens zwei der folgenden vier angegebenen Formen schreiben, denn mindestens zwei Einträge in $\mathrm{D}F(P, Q) \in \mathrm{Mat}(2, \mathbb{R})$ verschwinden nicht:

1. Wir schreiben $S$ als Funktion $S_1(q,Q)$ von $(q_1,\ldots,q_n,Q_1,\ldots,Q_n)$.
   Aus $dS_1 = -I^*\theta_1$ folgt $dS_1 = \sum_i(\frac{\partial S_1}{\partial q_i}dq_i + \frac{\partial S_1}{\partial Q_i}dQ_i) = \sum_i(p_i dq_i - P_i dQ_i)$, also
$$p_i = \frac{\partial S_1}{\partial q_i} \quad , \quad P_i = -\frac{\partial S_1}{\partial Q_i} \qquad (i=1,\ldots,n).$$

2. Wenn $S$ als Funktion $S_2(q,P)$ angesetzt wird, empfiehlt es sich, zu $\theta_1$ eine exakte Form zu addieren:
$$dS_2 = -I^*\theta_2 \quad \text{mit} \quad \theta_2 := \theta_1 - d\left(\textstyle\sum_i Q_i P_i\right) = \textstyle\sum_i(-Q_i dP_i - p_i dq_i) \quad \text{, also}$$
$$Q_i = \frac{\partial S_2}{\partial P_i} \quad , \quad p_i = \frac{\partial S_2}{\partial q_i} \qquad (i=1,\ldots,n).$$

3. Setzen wir $S$ als $S_3(p,Q)$ an, so ergibt sich mit $\theta_3 := \theta_1 + \sum_i d(p_i q_i) = \sum_i P_i dQ_i + q_i dp_i$
$$P_i = -\frac{\partial S_3}{\partial Q_i} \quad , \quad q_i = -\frac{\partial S_3}{\partial p_i} \qquad (i=1,\ldots,n).$$

4. Für $\theta_4 := \theta_1 + d\left(\sum -Q_i P_i + q_i p_i\right) = \sum_i -Q_i dP_i + q_i dp_i$ erfüllt $S$, ausgedrückt durch $S_4(p,P)$, $-dS_4 = I^*\theta_4$, also
$$q_i = -\frac{\partial S_4}{\partial p_i} \quad , \quad Q_i = \frac{\partial S_4}{\partial P_i} \qquad (i=1,\ldots,n)$$

Für alle vier Fälle gilt gleichermaßen $\omega = -d\theta_k \qquad (k=1,2,3,4)$.

Allgemein ist $\dim(M_1 \times M_2) = 4n$. Mindestens eines der Koordinaten–$2n$–Tupel läßt sich in diesem Fall zur lokalen Darstellung der kanonischen Transformation verwenden. Das Argument findet sich in Lemma 1 auf Seite 276 von Hofer und Zehnder, [HZ].

**10.44 Beispiel (Polarkoordinaten und harmonischer Oszillator)** Für $\omega > 0$ und $F : \mathbb{R}^+ \times \mathbb{R} \to \mathbb{R}^2$, $(p,q) \mapsto (P,Q) = \left(\sqrt{\frac{p\omega}{\pi}}\cos(2\pi q), \sqrt{\frac{p}{\pi\omega}}\sin(2\pi q)\right)$ ist
$$\begin{aligned} dQ \wedge dP &= \left(\tfrac{1}{2}\sqrt{\frac{1}{\pi\omega p}}\sin(2\pi q)dp + 2\sqrt{\frac{\pi p}{\omega}}\cos(2\pi q)dq\right) \wedge \\ &\quad \left(\tfrac{1}{2}\sqrt{\frac{\omega}{p\pi}}\cos(2\pi q)dp - 2\sqrt{p\omega\pi}\sin(2\pi q)dq\right) \\ &= dq \wedge dp\,, \end{aligned}$$

also der (lokale) Diffeomorphismus flächenerhaltend.
Für $S_1(q,Q) := -\frac{\omega}{2}Q^2\cot(2\pi q)$ ist
$$\frac{\partial S_1}{\partial q} = \frac{\pi\omega Q^2}{\sin^2(2\pi q)} \quad \text{und} \quad \frac{\partial S_1}{\partial Q} = -Q\omega\cot(2\pi q)\,.$$

Damit erzeugt $S_1$ die kanonische Transformation $F$:

$$\frac{P}{Q} = \omega \cot(2\pi q) \quad , \text{also} \quad P = -\frac{\partial S_1}{\partial Q} ,$$
$$\frac{Q^2}{\sin^2(2\pi q)} = \frac{p}{\pi\omega} \quad , \text{also} \quad p = \frac{\partial S_1}{\partial q} .$$

Betrachten wir $H(P,Q) := \frac{1}{2}(P^2+\omega^2 Q^2)$, so transformiert sich diese Hamilton–Funktion in

$$K(p,q) := \frac{\omega}{2\pi} p .$$

Die linearen Bewegungsgleichungen von $H$ ergeben ein konstantes Vektorfeld von $K$:

$$\dot{q} = \frac{\omega}{2\pi} \quad , \quad \dot{p} = 0 .$$ ◇

**10.45 Aufgabe (Darstellung des Flusses mit erzeugenden Funktionen)**

(a) Zeigen Sie, dass für die Hamilton–Funktion des harmonischen Oszillators

$$H_0 : \mathbb{R}^2 \to \mathbb{R} \quad , \quad H_0(p,q) = \tfrac{1}{2}(p^2+q^2)$$

und Zeiten $t \in (-\pi/2, \pi/2)$ die Lösung $(p_t, q_t)$ in der Form

$$p_t = p_0 - t\,\mathrm{D}_2 H_t(p_0,q_t) \quad , \quad q_t = q_0 + t\,\mathrm{D}_1 H_t(p_0,q_t) \tag{10.5.1}$$

dargestellt werden kann, mit der $H_0$ ergänzenden erzeugenden Funktion

$$H_t(p,q) := \left[\frac{\sin(t)}{2t}(p^2+q^2) + \frac{\cos(t)-1}{t} pq\right] \Big/ \cos(t) \qquad (0 < |t| < \pi/2).$$

(b) Verallgemeinern Sie dieses Ergebnis in dem Sinn, dass für jede quadratische Hamilton–Funktion $H_0 : \mathbb{R}^{2n} \to \mathbb{R}$ eine Zeit $T > 0$ und erzeugende Funktionen $H_t$, $|t| < T$ existieren, so dass die zu (10.5.1) analoge Beziehung gilt. Berechnen Sie $H_t$ aus der Lösung (mit $H_t(0) := 0$). Schließen Sie, dass $(t,p,q) \mapsto H_t(p,q)$ auch bei $t=0$ glatt ist.

(c) Zeigen Sie, dass der anharmonische Oszillator mit Hamilton–Funktion

$$H_0 : \mathbb{R}^2 \to \mathbb{R} \quad , \quad H_0(p,q) = \tfrac{1}{2}(p^2+q^2+q^4)$$

zwar ein dynamisches System definiert, eine zu (10.5.1) analoge Beziehung aber für kein $t \neq 0$ auf dem ganzen Phasenraum gilt. ◇

# Kapitel 11

# Bewegung im Potential

Foucault–Pendel. Bild: Miami University (Oxford, Ohio). Fotograf: Scott Kissell



Diese Klasse hamiltonscher Bewegungen ist die wichtigste. Sie umfasst sowohl elektrostatische wie gravitative Kraftfelder.
Mit dem Spezialfall der geodätischen Bewegung teilt sie die Eigenschaft der Reversibilität, und sie lässt sich oft gut mit dieser vergleichen. Entsprechend wurden viele geometrische Techniken zur Analyse der Potential-Dynamik entwickelt.

## 11.1 Allgemein gültige Eigenschaften

In diesem Kapitel betrachten wir hamiltonsche Systeme auf dem Phasenraum[1] $P := \mathbb{R}_p^d \times \mathbb{R}_q^d$, deren Hamilton–Funktion von der physikalisch häufig auftretenden Form

$$H : P \to \mathbb{R} \quad , \quad H(p,q) = \tfrac{1}{2}\langle p, Ap\rangle + V(q) \tag{11.1.1}$$

ist, mit $A = A^\top \in \mathrm{Mat}(d,\mathbb{R})$ positiv definit und einem *Potential* $V \in C^2(\mathbb{R}^d,\mathbb{R})$. Die hamiltonsche Differentialgleichung ist damit

$$\dot{p} = -\nabla V(q) \quad , \quad \dot{q} = Ap\,. \tag{11.1.2}$$

Die *kinetische Energie*, das heißt die quadratische Form $K(p) := \frac{1}{2}\langle p, Ap\rangle$ wird durch eine lineare symplektische Transformation $P \to P$, $(p,q) \mapsto (Op, Oq)$, mit einer Drehung $O \in \mathrm{SO}(d)$, diagonalisiert. Bezeichnet man die Kehrwerte der Eigenwerte von $A$ mit $m_1, \ldots, m_d > 0$, dann ergibt sich $K(p) = \sum_{k=1}^d \frac{p_k^2}{2m_k}$. Physikalisch werden die $m_k$ als Massen interpretiert.

### 11.1.1 Existenz des Flusses

Nur dann kann für Anfangsbedingungen $x_0 \in P$ die Norm $\|\Phi_t(x)\|$ der Lösung groß werden, wenn mit $\big(p(t), q(t)\big) := \Phi_t(x)$ der Ort $q(t)$ nach Unendlich geht. Dies führt zu der folgenden hinreichenden Bedingung für die Existenz des Flusses.

**11.1 Satz** *Falls für eine Konstante $c > 0$ gilt*

$$V(q) \geq -c\left(1 + \|q\|^2\right) \qquad \left(q \in \mathbb{R}^d\right), \tag{11.1.3}$$

*dann erzeugt die Differentialgleichung (11.1.2) einen Fluss $\Phi \in C^1(\mathbb{R} \times P, P)$.*

**Beweis:**

• Für $m_{\min} := \min(m_1, \ldots, m_d)$ ist $\|\dot{q}\| \leq \|p\|/m_{\min}$.

• Wir setzen $E := H(x_0)$. Dann ist für alle Zeiten $t \in (t_{\min}, t_{\max})$ aus dem maximalen Lösungsintervall

$$\|\dot{q}(t)\| \leq \frac{\|p(t)\|}{m_{\min}} \leq c_1\sqrt{\textstyle\sum_{k=1}^d \frac{1}{2}p_k^2(t)/m_k} = c_1\sqrt{E - V(q(t))} \tag{11.1.4}$$

mit $c_1 := \frac{\sqrt{2m_{\max}}}{m_{\min}}$. Aus (11.1.3) ergibt sich mit $c_2 := c_1\sqrt{2\max(E,c)}$

$$\|\dot{q}(t)\| \;\leq\; c_1\sqrt{E + c(1 + \|q(t)\|^2)} \leq c_2\sqrt{1 + \|q(t)\|^2}\,.$$

[1]Allgemeiner ist der Konfigurationsraum eine offene Teilmenge $M \subseteq \mathbb{R}^d$ und der Phasenraum $P$ das Kotangentialbündel $T^*M \cong \mathbb{R}_p^d \times M$, siehe Kapitel 10.1.

• Mit $f(t) := 1 + \|q(t)\|^2$ und $A := f(0)$ ist daher für alle $t \in [0, t_{\max})$

$$\begin{aligned} f(t) &= A + 2\int_0^t \langle q(s), \dot{q}(s)\rangle \, \mathrm{d}s \le A + 2\int_0^t \|q(s)\| \, \|\dot{q}(s)\| \, \mathrm{d}s \\ &\le A + 2c_2 \int_0^t (1 + \|q(s)\|^2) \, \mathrm{d}s = A + 2c_2 \int_0^t f(s) \, \mathrm{d}s \,. \end{aligned}$$

Eine analoge Aussage gilt für $t \in (t_{\min}, 0]$. Damit ist nach dem Gronwall-Lemma 3.42

$$f(t) \le A \exp(2c_2|t|) \,,$$

also insbesondere beschränkt. Für die Lösung $\Phi_t(x_0) = \big(p(t), q(t)\big)$ gilt also wegen (11.1.4) und (11.1.3) für eine geeignete Konstante $c_3$

$$\|\Phi_t(x_0)\|^2 = \|p(t)\|^2 + \|q(t)\|^2 \le c_3\big(1 + \|q(t)\|^2\big) \le c_3 A \exp(2c_2|t|) \,.$$

Wegen dieser Abschätzung und der lokalen Lipschitz–Stetigkeit der rechten Seite von (11.1.2) lässt sich die Lösung für alle Zeiten fortsetzen.

• Die stetige Differenzierbarkeit des Flusses ergibt sich aus der stetigen Differenzierbarkeit der rechten Seite von (11.1.2) und Satz 3.45. □

**11.2 Aufgabe (in endlicher Zeit nach Unendlich)**
Zeigen Sie, dass für $\varepsilon > 0$ und Potential $V(q) := c\,(1 + \|q\|^2)^{1+\varepsilon}$ die Differentialgleichung (11.1.2) genau für $c \ge 0$ einen vollständigen Fluss erzeugt. ◇

Da die kinetische Energie $K$ nichtnegativ ist, verbleibt für Gesamtenergie $E := H(p_0, q_0)$ die Trajektorie mit Anfangsbedingung $(p_0, q_0)$ in der Zusammenhangskomponente von $q_0$ des *Hillschen Gebietes* $\{q \in \mathbb{R}^d \mid V(q) \le E\}$.

### 11.1.2 Reversibilität des Flusses

Der Konfigurationsraum ist jetzt eine Mannigfaltigkeit $M$. Auf dem symplektischen Kotangentialbündel $(P := T^*M, \omega_0)$ betrachten wir Hamilton–Funktionen $H \in C^2(P, \mathbb{R})$ der Form [2]

$$H(p,q) = \tfrac{1}{2} g_q^*(p,p) + V(q) \,. \tag{11.1.5}$$

Hier bezeichnet $g$ eine riemannsche Metrik auf $M$. $g_q$ ist also eine positiv definite Bilinearform auf dem Tangentialraum $T_qM$ bei $q$, und $g_q^*$ ihre Duale auf $T_q^*M$, siehe auch Beispiel 8.4. Für $V = 0$ erzeugt $H$ die geodätische Bewegung (in Kotangentialschreibweise).

Die von $H$ erzeugte Bewegung ist reversibel:

[2] Als Spezialfall kann $M$ eine offene Teilmenge $M \subseteq \mathbb{R}^d$ und $H(p,q) = \frac{\|p\|^2}{2m} + V(q)$ sein.

**11.3 Definition**

- *Die Abbildung* $\mathcal{T}: P \to P,\ (p,q) \mapsto (-p,q)$ *auf dem Phasenraum* $P := \mathbb{R}^d \times M$ *wird* **Zeitumkehr** *genannt.*
- *Eine Hamilton–Funktion* $H: P \to \mathbb{R}$ *(und der von ihr erzeugte Fluss) heißt* **reversibel**, *wenn sie zeitumkehrinvariant ist, das heißt* $H \circ \mathcal{T} = H$.

$\mathcal{T}$ ist ein Diffeomorphismus und eine *Involution*, das heißt $\mathcal{T} \circ \mathcal{T} = \mathrm{Id}_P$.

**11.4 Beispiele (Reversibilität)**

1. Die Hamilton–Funktion (11.1.1) der Bewegung im Potential ist reversibel.
2. Für $B \in \mathbb{R}\setminus\{0\}$ und $\mathbb{J} = \begin{pmatrix} 0 & -1 \\ 1 & 0 \end{pmatrix}$ ist die Hamilton–Funktion (siehe Abschnitt 6.3.3)
$$H: \mathbb{R}^2 \times \mathbb{R}^2 \to \mathbb{R} \quad , \quad H(p,q) := \tfrac{1}{2}\|p - B\mathbb{J}q\|^2$$
nicht reversibel. Sie beschreibt die Bewegung eines geladenen Teilchens in der Ebene unter dem Einfluss eines konstanten Magnetfelds der Stärke $B$. ◇

**11.5 Satz** *Der von einer reversiblen Hamilton–Funktion* $H: P \to \mathbb{R}$ *erzeugte Fluss* $\Phi: \mathbb{R} \times P \to P$ *besitzt die Eigenschaft*

$$\Phi_{-t} = \mathcal{T} \circ \Phi_t \circ \mathcal{T} \qquad (t \in \mathbb{R}). \tag{11.1.6}$$

**Beweis:**
• Wir schreiben die Zeitumkehr in der Form $\mathcal{T}(x) = Tx$ mit der Matrix $T = T^{-1} := \begin{pmatrix} -\mathbb{1} & 0 \\ 0 & \mathbb{1} \end{pmatrix} \in \mathrm{Mat}(2d,\mathbb{R})$. Damit ist $\mathrm{D}\mathcal{T} = T$ und $T\mathbb{J}T^{-1} = -\mathbb{J}$.

• Unter Benutzung des Zusammenhangs $\frac{\mathrm{d}}{\mathrm{d}t}\Phi_t = X_H \circ \Phi_t$ zwischen dem hamiltonschen Vektorfeld und dem von ihm erzeugten Fluss ist für $t = 0$ die Zeitableitung der rechten Seite der behaupteten Identität (11.1.6) gleich

$$\begin{aligned} \mathrm{D}_1(\mathcal{T} \circ \Phi)\big(0, \mathcal{T}(x)\big) &= T\mathrm{D}_1\Phi\big(0, \mathcal{T}(x)\big) = TX_H\big(0, \mathcal{T}(x)\big) = T\mathbb{J}\nabla H\big(\mathcal{T}(x)\big) \\ &= T\mathbb{J}T^{-1}\nabla(H \circ \mathcal{T})(x) = -\mathbb{J}\nabla H(x) = -X_H(x)\,. \end{aligned}$$

Auch die Zeitableitung der linken Seite ergibt $\mathrm{D}_1\Phi(-t,x)|_{t=0} = -X_H(x)$.

• Wegen der Gruppeneigenschaft (2.1.1) des Flusses beweist dies (11.1.6). □

### 11.1.3 Erreichbarkeit

Durch die richtige Wahl der Anfangsrichtung kann man im Raum von einem Ort zu jedem anderen kommen.[3]

[3]Dabei ist sogar unwesentlich, ob der Fluss vollständig ist, also etwa, ob das Potential $V$ die Bedingung (11.1.3) erfüllt. Wesentlich ist aber, dass die Energie $E$ genügend groß ist, vergleiche mit Aufgabe 6.34.2.

**11.6 Satz (Erreichbarkeit)**
*Wenn die zusammenhängende riemannsche Mannigfaltigkeit* $(M, g)$ *geodätisch vollständig ist, dann gilt für die von* (11.1.5) *erzeugte hamiltonsche Dynamik: Für alle Energien* $E > \sup_q V(q)$ *und Orte* $q_0,\ q_1 \in M$ *gibt es einen Anfangswert* $x_0 = (p_0, q_0) \in \Sigma_E$ *und eine Zeit* $t \geq 0$ *mit* $q(t, x_0) = q_1$.

**Beweis:** Die Lösungskurven der hamiltonschen Gleichungen stimmen nach Satz 8.31 bis auf die zeitliche Parametrisierung mit den Geodäten der Jacobi–Metrik

$$g_E(q) = \big(E - V(q)\big)\, g(q) \qquad (q \in M)$$

überein, analog zu Definition 8.30. Man zeigt also, dass ein $q_0$ und $q_1$ verbindendes Geodätenstück bezüglich dieser Metrik existiert. Dies wird aber durch den Satz von Hopf und Rinow (Satz G.15 auf Seite 562) garantiert, denn die riemannsche Mannigfaltigkeit $\big(M, g_E\big)$ ist wegen der Schranke $g_E \geq \big(E - \sup_q V(q)\big) g$ geodätisch vollständig. □

Auch diese Eigenschaft unterscheidet die Bewegung im Potential von der im Magnetfeld. Denn die ebene Bewegung in einem konstanten Magnetfeld ist kreisförmig (siehe Abschnitt 6.3.3), verbindet also keine Punkte mit großem Abstand.

## 11.2 Bewegung im periodischen Potential

Wir betrachten im Weiteren die Bewegung *eines* Teilchens. In der kinetischen Energie kommt also nur eine Masse $m$ vor. Durch Multiplikation der Hamilton–Funktion mit $m$ wird nur die Zeitskala geändert. Wir können also die von

$$H : P \to \mathbb{R} \quad , \quad H(p,q) = \tfrac{1}{2}\|p\|^2 + V(q) \tag{11.2.1}$$

auf dem Phasenraum $P := \mathbb{R}^d_p \times \mathbb{R}^d_q$ erzeugte hamiltonsche Differentialgleichung

$$\dot{p} = -\nabla V(q) \quad , \quad \dot{q} = p\,. \tag{11.2.2}$$

untersuchen. Dabei soll das Potential $V \in C^2\big(\mathbb{R}^d_q, \mathbb{R}\big)$ bezüglich eines von Basisvektoren $\ell_1, \ldots, \ell_d$ des $\mathbb{R}^d$ aufgespannten *Gitters*

$$\mathcal{L} := \mathrm{span}_{\mathbb{Z}}(\ell_1, \ldots, \ell_d) = \Big\{ \textstyle\sum_{i=1}^d n_i \ell_i \ \Big|\ n_i \in \mathbb{Z} \Big\}$$

*$\mathcal{L}$–periodisch* sein, das heißt es soll gelten

$$V(q + \ell) = V(q) \qquad \big(q \in \mathbb{R}^d,\ \ell \in \mathcal{L}\big).$$

Die Differentialgleichung modelliert zum Beispiel die Bewegung eines klassischen Elektrons in einem $d$–dimensionalen Kristall.

### 11.2.1 Existenz der asymptotischen Geschwindigkeiten

Als eine Anwendung des birkhoffschen Ergodensatzes 9.32 vergleichen wir die Asymptotiken der Bewegung in Zukunft und Vergangenheit. $\lambda^{2d}$ bezeichnet dabei das Lebesgue–Maß auf dem $2d$–dimensionalen Phasenraum $P = \mathbb{R}^d_p \times \mathbb{R}^d_q$.

**11.7 Satz**

- *Die DGL (11.2.2) erzeugt einen Fluss* $\Phi = (p, q) \in C^1(\mathbb{R} \times P, P)$.
- *Für* $\lambda^{2d}$*–fast alle Anfangsbedingungen* $x \in P$ *existieren die* **asymptotischen Geschwindigkeiten** $\overline{v}^{\,\pm}(x) := \lim_{T\to\infty} \frac{1}{T}\int_0^T p(\pm t, x)\, \mathrm{d}t$. *Setzt man andernfalls* $\overline{v}^{\,\pm}(x) := 0$, *erhält man messbare Abbildungen*
$$\overline{v}^{\,\pm} : P \to \mathbb{R}^d .$$
*Für* $\lambda^{2d}$*–fast alle* $x$ *ist* $\overline{v}^{\,+}(x) = \overline{v}^{\,-}(x)$.
- *Es gilt* $\|\overline{v}^{\,\pm}(x)\| \leq \sqrt{2(H(x) - V_{\min})}$, *mit* $V_{\min} := \inf_{q\in\mathbb{R}^d} V(q) > -\infty$.

**11.8 Bemerkung** Die Aussage, dass sich die asymptotischen Geschwindigkeiten von Vergangenheit und Zukunft fast immer gleichen, ist eigentlich verblüffend, denn zumindest für chaotische Dynamiken kann man die ferne Zukunft nicht voraussagen, wenn man die Vergangenheit mit endlicher Genauigkeit kennt. $\diamond$

Der im Existenzbeweis von $\overline{v}^{\,\pm}$ benutzte birkhoffsche Ergodensatz erfordert aber ein endliches Maß, und $\lambda^{2d}$ erfüllt diese Bedingung nicht. Daher konstruieren wir vorbereitend eine Vergleichsdynamik auf einem kompakten Raum.

Wegen der $\mathcal{L}$–Periodizität können wir $V$ auch als Funktion auf dem $d$–dimensionalen Torus
$$\mathbb{T} := \mathbb{R}^d/\mathcal{L} = \{q + \mathcal{L} \mid q \in \mathbb{R}^d\}$$
auffassen. Diese Mannigfaltigkeit lässt sich mit dem kompakten Parallelotop
$$D := \left\{ \textstyle\sum_{i=1}^d x_i \ell_i \;\middle|\; x_i \in [0,1] \right\} \subset \mathbb{R}^d ,$$
dem sogenannten *Elementargebiet*, identifizieren, wenn man mittels der Äquivalenzrelation $q \sim r$, falls $q - r \in \mathcal{L}$ deren gegenüberliegende Ränder identifiziert. Insbesondere ist $\mathbb{T}$ kompakt. Die glatte Abbildung
$$\pi : \mathbb{R}^d_q \to \mathbb{T} \quad , \quad q \mapsto q + \mathcal{L}$$
wickelt sozusagen den Konfigurationsraum auf dem Torus auf, und gestattet uns die Definition des Potentials
$$\widehat{V} : \mathbb{T} \to \mathbb{R} \quad , \quad \widehat{V} = V \circ \pi^{-1}$$
auf $\mathbb{T}$. Der Phasenraum des Torus ist die $2d$–dimensionale Mannigfaltigkeit
$$\widehat{P} := \mathbb{R}^d_p \times \mathbb{T} .$$

Die Abbildung $\widehat{\pi} : P \to \widehat{P}$ , $(p,q) \mapsto \big(p, \pi(q)\big)$ der Phasenräume ist ein lokaler Diffeomorphismus. Die auf $\widehat{P}$ projizierte Funktion (11.2.1), das heißt

$$\widehat{H} : \widehat{P} \to \mathbb{R} \quad , \quad \widehat{H}(p,q) = \tfrac{1}{2}\|p\|^2 + \widehat{V}(q) \tag{11.2.3}$$

besitzt die hamiltonsche Differentialgleichung $\dot{p} = -\nabla V(q)$, $\dot{q} = p$; diese wird durch einen hamiltonschen Fluss $\widehat{\Phi} = (\widehat{p}, \widehat{q}) : \mathbb{R} \times \widehat{P} \to \widehat{P}$ gelöst.

**Beweis von Satz 11.7:**

- Zunächst ist $V_{\min} > -\infty$ und analog $V_{\max} := \sup_{q \in \mathbb{R}^d} V(q) < +\infty$, denn $\inf_{q\in\mathbb{R}^d} V(q) = \inf_{q\in D} V(q)$, $D$ ist kompakt und $V$ stetig.

  Damit ist die Voraussetzung des Satzes 11.1 erfüllt, und die Differentialgleichung (11.2.2) erzeugt einen vollständigen Fluss $\Phi \in C^1(\mathbb{R} \times P, P)$.

- Es gilt $\hat{\pi} \circ \Phi_t = \widehat{\Phi}_t \circ \hat{\pi}$, also (mit $\overline{v}^{\,\pm}(\hat{x}) := 0$ bei nichtexistentem Limes)

$$\overline{v}^{\,\pm}(x) = \overline{v}^{\,\pm}(\hat{x}) := \lim_{T\to\infty} \frac{1}{T} \int_0^T \widehat{p}(\pm t, \hat{x})\,dt \quad \text{für} \quad \hat{x} := \hat{\pi}(x)\,. \tag{11.2.4}$$

- Mit dem Maß $\hat{\lambda} := \lambda^d \times \mu$ auf $\widehat{P} = \mathbb{R}^d_p \times \mathbb{T}$ und dem durch $\mu(\mathbb{T}) = \lambda^d(D)$ normierten haarschen Maß $\mu$ auf dem Torus ist $\hat{\lambda}$ invariant bezüglich $\widehat{\Phi}$, und für alle messbaren Teilmengen $A \subseteq P$ ist (da die verschobenen Elementargebiete $D + \ell \quad (\ell \in \mathcal{L})$ zusammen den $\mathbb{R}^d$ ergeben und ihr Schnitt Maß Null besitzt)

$$\lambda^{2d}(A) = \sum_{\ell\in\mathcal{L}} \lambda^{2d}\big(A \cap \mathbb{R}^d_p{\times}(D{+}\ell)\big) = \sum_{\ell\in\mathcal{L}} \hat{\lambda}\Big(\hat{\pi}\big(A \cap \mathbb{R}^d_p{\times}(D{+}\ell)\big)\Big) \tag{11.2.5}$$

Es genügt also zu zeigen, dass für $\hat{\lambda}$–fast alle $\hat{x} \in \widehat{P}$ gilt: der Limes $\overline{v}^{\,\pm}(\hat{x})$ existiert und $\overline{v}^{\,+}(\hat{x}) = \overline{v}^{\,-}(\hat{x})$.

- Nun ist auch $\hat{\lambda}$ kein endliches Maß, aber für alle $E \in \mathbb{R}$ ist die Restriktion von $\hat{\lambda}$ auf die $\widehat{\Phi}$–invariante Teilmenge

$$\widehat{P}_E := \big\{\hat{x} \in \widehat{P} \mid \widehat{H}(\hat{x}) \le E\big\}$$

des Phasenraums ein endliches Maß, mit $\hat{\lambda}(\widehat{P}_E) \le \lambda^d(B^d_r)\,\mu(\mathbb{T}) < \infty$ für die $d$–dimensionale Kugel $B^d_r$ vom Radius $r := \sqrt{2(E - V_{\min})}$.

Andererseits ist $\hat{\lambda}(\widehat{P}_E) > 0$ für $E > V_{\max}$, mit $V_{\max} = \sup_q V(q) < \infty$. Wir können damit $\hat{\lambda}\restriction_{\widehat{P}_E}$ zu einem Wahrscheinlichkeitsmaß normieren und darauf den birkhoffschen Ergodensatz 9.32 anwenden. Da aber Nullmengen Nullmengen bleiben, wenn wir das Maß mit einer positiven Konstante multiplizieren, schließen wir

$$\overline{v}^{\,+}(\hat{x}) = \overline{v}^{\,-}(\hat{x}) \quad \text{für} \quad \hat{\lambda} - \text{fast alle } \hat{x} \in \widehat{P}_E\,.$$

Mit $\widehat{P} = \bigcup_{E\in\mathbb{N}} \widehat{P}_E$ folgt dies sogar für $\hat{\lambda}$–fast alle $\hat{x} \in \widehat{P}$. Die Menge der Urbilder von $\hat{x} \in \widehat{P}$ unter $\hat{\pi} : P \to \widehat{P}$ ist wie das Gitter $\mathcal{L}$ abzählbar. Wegen (11.2.4) und

(11.2.5) folgt auch $\overline{v}^+(x) = \overline{v}^-(x)$ für $\lambda^{2d}$–fast alle $x \in P$, und die Messbarkeit der Abbildungen $\overline{v}^{\pm}$.

- Da für alle $(p,q) \in \Sigma_E = H^{-1}(E)$ gilt: $\|p\| \leq \sqrt{2(E - V_{\min})}$, besitzen die Cesàro-Mittel (11.2.3) die gleiche Majorante. □

**11.9 Bemerkung (Zufällige Potentiale)**
In der Theorie metallischer Legierungen wird vorausgesetzt, dass an den Punkten eines Gitters $\mathcal{L} \subset \mathbb{R}^d$ zufällig Atome von zwei oder mehr chemischen Elementen anzutreffen sind. Man spricht dann von einem *Substitutionsmischkristall*. Ordnet man der Atomsorte $i \in \mathcal{I}$ etwa ein kompakt getragenes *Einzelplatzpotential* $W_i \in C_c^2(\mathbb{R}^d, \mathbb{R})$ zu, dann ergibt sich bei Wahl $\omega \in \Omega := \mathcal{I}^{\mathcal{L}}$ der Atomsorten für jeden Gitterplatz das Gesamtpotential

$$V : \Omega \times \mathbb{R}^d \to \mathbb{R} \quad , \quad V(\omega, q) := \textstyle\sum_{\ell \in \mathcal{L}} W_{\omega(\ell)}(q - \ell)\,.$$

Zur Beschreibung der konkreten Legierung wird dann ein unter Verschiebungen mit $\mathcal{L}$ invariantes Wahrscheinlichkeitsmaß $\beta$ auf $\Omega$ gewählt. Im einfachsten Fall ist dies das Produktmaß desjenigen Wahrscheinlichkeitsmaßes auf $\mathcal{I}$, welches das Mischungsverhältnis der Legierung quantifiziert.

Die Hamilton–Funktion $H : \Omega \times T^*\mathbb{R}^d \to \mathbb{R},\ H(\omega; p, q) = \frac{1}{2}\|p\|^2 + V(\omega, q)$ auf dem erweiterten Phasenraum definiert dann eine durch $\Omega$ parametrisierte Zeitentwicklung auf $T^*\mathbb{R}^d$. Die asymptotische Geschwindigkeit existiert für $\beta \times \lambda^{2d}$–fast alle Anfangsbedingungen auf $\Omega \times T^*\mathbb{R}^d$, und deren *Verteilung* ist für $\beta$–fast alle Hamilton–Funktionen $H(\omega; \cdot)$ $(\omega \in \Omega)$ einander gleich.[4]

Die Bewegung in einem solchen zufälligen Potential ist auf der Seite 31 dargestellt, unterlegt mit einem Graustufenbild der Realisierung $V(\omega, \cdot)$. ◇

### 11.2.2 Verteilung der asymptotischen Geschwindigkeiten

Welche asymptotischen Geschwindigkeiten kommen nun typischerweise vor? Da ohnehin fast überall die Grenzwerte $\overline{v}^+$ und $\overline{v}^-$ übereinstimmen, betrachten wir dazu gleich die messbare Abbildung

$$\overline{v} : \widehat{P} \to \mathbb{R}^d\ ,\ \ \overline{v}(\hat{x}) := \begin{cases} \overline{v}^+(\hat{x}) & , \text{ falls } \overline{v}^+(\hat{x}) = \overline{v}^-(\hat{x}) \\ 0 & , \text{ sonst}\,. \end{cases}$$

Mit der Hamilton–Funktion $\widehat{H}$ aus (11.2.3) erhalten wir die *Energie-Impuls-Abbildung*

$$I := \left(\widehat{H}, \overline{v}\right) : \widehat{P} \longrightarrow \mathbb{R} \times \mathbb{R}^d\,.$$

Das Bildmaß $\nu := I(\hat{\lambda})$ auf $\mathbb{R} \times \mathbb{R}^d$ beschreibt die gemeinsame Verteilung von Energie und asymptotischer Geschwindigkeit.

[4]falls $\beta$ wie zum Beispiel das Produktmaß ergodisch unter Verschiebungen mit $\mathcal{L}$ ist.

**11.10 Beispiele (Energie-Impuls-Abbildung)**

1. Für das Potential $V = 0$ und $\hat{x} = (\hat{p}, \hat{q})$ ist $\overline{v}(\hat{x}) = \hat{p}$ und $\widehat{H}(\hat{x}) = \frac{1}{2}\|\hat{p}\|^2$. Daher ist der Träger von $\nu$ das Paraboloid
$$\mathrm{supp}(\nu) = \left\{(E, \overline{v}) \in \mathbb{R} \times \mathbb{R}^d \mid E = \tfrac{1}{2}\|\overline{v}\|^2\right\}.$$
Für fixierte Energie $E > 0$ ist die asymptotische Geschwindigkeit damit auf der Sphäre vom Radius $\sqrt{2E}$ in $\mathbb{R}^d$ gleichverteilt.
2. Für $d = 1$ verzweigt bei der Energie $V_{\max}$ der Träger von $\nu$, siehe Satz 11.11. In nebenstehender Abbildung ist der Träger von $\nu$ für das Potential $V = \cos$ dargestellt. ◇

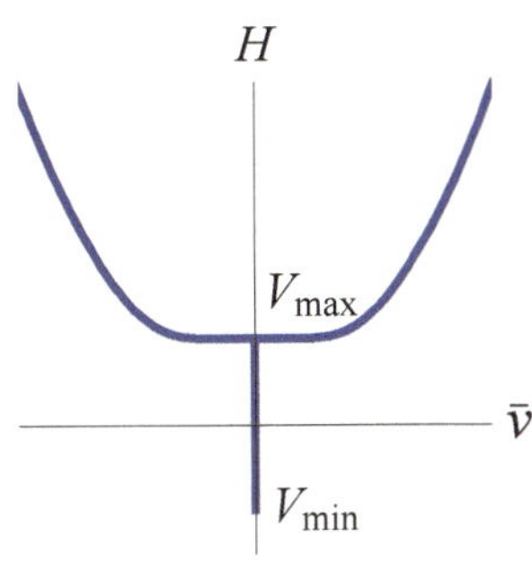


In einer Raumdimension existiert die asymptotische Geschwindigkeit immer und läßt sich auch berechnen:

**11.11 Satz** *Ist $d = 1$ und $\ell$ eine Periode des Gitters, so gilt:*

1. *Für $E \leq V_{\max}$ und Anfangsbedingung $x_0 = (p_0, q_0) \in H^{-1}(E)$ ist*
$$\left|q(t; x_0) - q_0\right| \leq \ell \qquad (t \in \mathbb{R}).$$
2. *Für $E > V_{\max}$ und Anfangsbedingung $x_0 = (p_0, q_0) \in H^{-1}(E)$ ist*
$$\left|q(t; x_0) - (q_0 + \overline{v}(x_0)t)\right| \leq \ell \qquad (t \in \mathbb{R}),$$
*mit* **asymptotischer Geschwindigkeit**
$$\overline{v}(x_0) := \lim_{T \to \infty} \frac{1}{T} \int_0^T p(t; x_0)\,\mathrm{d}t = \frac{\mathrm{sign}(p_0)}{\ell^{-1} \int_0^\ell \left(2(E - V(q))\right)^{-\frac{1}{2}} \mathrm{d}q}$$

**Beweis:**

• Zunächst einmal ist es nützlich, das Phasenportrait das heißt die Zerlegung des Phasenraums in Orbits, zu finden.

Da der Orbit durch $x_0 \in \Sigma_E := H^{-1}(E)$ in $\Sigma_E$ enthalten ist, ist für reguläre Werte $E$ von $H$ jede Zusammenhangskomponente dieser Niveaulinie von $H$ ein Orbit. Da der Summand $\frac{1}{2}p^2$ von $H(p, q)$ als einzigen nicht regulären Wert die Null besitzt stimmen die regulären Werte von $H$ und von $V$ überein. Insbesondere sind alle Werte $E > V_{\max}$ regulär.

• Für $E < V_{\max}$ kann sich das Teilchen an den Orten $q$ mit $V(q) > E$ nicht aufhalten. Diese verbotenen Zonen sind gitterperiodisch angeordnete, nicht leere Intervalle. Ihr Komplement, also $\{q \in \mathbb{R} \mid V(q) \leq E\}$ ist disjunkte Vereinigung abgeschlossener Intervalle von der Länge $< \ell$. Damit ergibt sich der erste Teil des Satzes für $E < V_{\max}$.

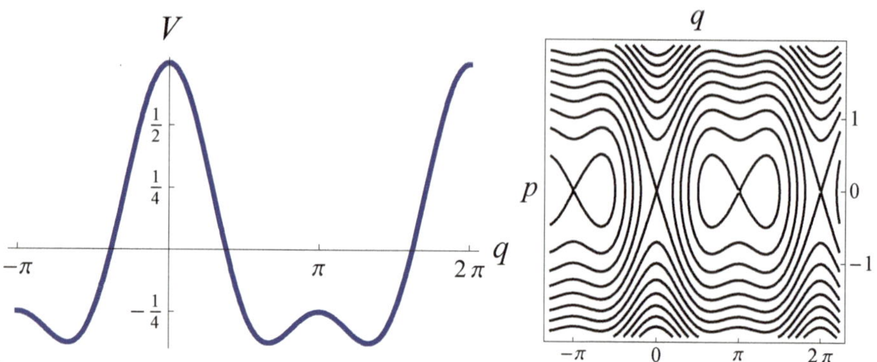


Abbildung 11.2.1: Potential $V(q) = \frac{1}{2}\cos(q) + \frac{1}{4}\cos(2q)$ (links) und Phasenportrait von $H(p,q) = \frac{1}{2}p^2 + V(q)$ (rechts)

Ist $E = V_{\max}$, dann finden wir in beiden Richtungen im Abstand $\leq \ell$ von $q_0$ Punkte $q_1, q_2$ mit $V(q_1) = V(q_2) = V_{\max}$. Die Punkte $(0,q_1),(0,q_2) \in \Sigma_E$ sind Ruhelagen, zwischen denen der Orbit durch $x_0$ liegt. Das bedeutet, dass auch für $E = V_{\max}$ die Bewegung gebunden ist.

• Im zweiten Fall $E > V_{\max}$ besteht $\Sigma_E$ aus nur zwei regulären Zusammenhangskomponenten, also Orbits, die wir als Graphen von

$$p_E^{\pm} : \mathbb{R} \to \mathbb{R} \quad , \quad p_E^{\pm}(q) := \pm\sqrt{2(E - V(q))}$$

darstellen. Dabei entspricht $p_E^+ > 0$ einer Bewegung nach rechts und $p_E^- < 0$ einer Bewegung nach links. Es ist

$$T := \int_0^\ell \left|\frac{\mathrm{d}t}{\mathrm{d}q}\right| \mathrm{d}q = \int_0^\ell \frac{1}{p_E^+(q)}\,\mathrm{d}q = \int_0^\ell \frac{1}{\sqrt{2(E - V(q))}}\,\mathrm{d}q$$

die Zeit, die das Teilchen der Energie $E$ benötigt, um die Gitterperiode $\ell$ zu durchlaufen. Daraus ergab sich der Ansatz für die mittlere Geschwindigkeit $\overline{v} = \frac{\ell}{T}$. Das Teilchen durchläuft in der Zeit $t > 0$ mindestens $n := \lfloor t/T \rfloor \in \mathbb{N}_0$, höchstens $n + 1$ Gitterperioden. Das beweist die Behauptung. □

Nun ist die eindimensionale Bewegung physikalisch nicht besonders interessant. Wir können zwar die Bewegung in einem periodischen Potential im $\mathbb{R}^d$ dann auf die Bewegung in eindimensionalen Potentialen zurückführen, wenn $V$ sich (nach Wahl einer geeigneten orthogonalen Basis) in der Form

$$V : \mathbb{R}^d \to \mathbb{R} \quad , \quad V(q) = \sum_{i=1}^{d} V_i(q_i) \tag{11.2.6}$$

schreiben lässt, siehe Abbildung 11.2.2, links. Solche Potentiale heißen *separabel*. Im Allgemeinen ist dies aber nicht der Fall, zum Beispiel nicht für das Potential $V(q_1,q_2) = \cos(q_1) + \cos(q_1 + q_2)$. Dessen Verteilung der asymptotischen Geschwindigkeit ist in Abbildung 11.2.2, rechts zu sehen.

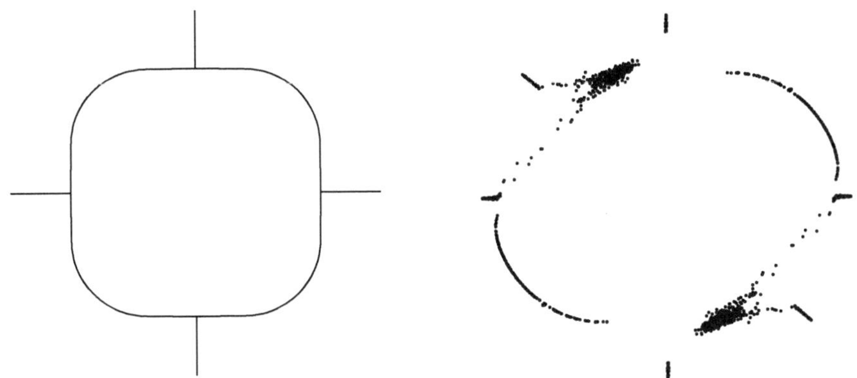

Abbildung 11.2.2: Verteilung der asymptotischen Geschwindigkeiten für Energie $E = 3$ und Potential $V(q_1, q_2) = \cos(q_1) + \cos(q_2)$ (links) beziehungsweise $V(q_1, q_2) = \cos(q_1) + \cos(q_1 + q_2)$ (rechts).

In diesen Bildern fällt auf, dass die vorkommenden asymptotischen Geschwindigkeiten, also der Träger des Maßes $\nu$, symmetrisch bezüglich der Spiegelung

$$S : \mathbb{R} \times \mathbb{R}^d \to \mathbb{R} \times \mathbb{R}^d \quad , \quad (E, \overline{v}) \mapsto (E, -\overline{v})$$

sind. Das gilt für beliebige Potentiale, sogar:

### 11.12 Lemma

*Die Verteilung $\nu$ von Energie und asymptotischer Geschwindigkeit ist $S$–invariant.*

**Beweis:**

• Bei Existenz des Limes $\overline{v}^+(x)$ der asymptotischen Geschwindigkeit von $x \in P$ gilt wegen der Reversibilität des Flusses $\Phi$ nach Satz 11.5 für die zeitumgekehrte Anfangsbedingung $\mathcal{T}(x)$:

$$\overline{v}^-(\mathcal{T}(x)) = \lim_{T \to +\infty} \frac{1}{T} \int_0^T p(-t, \mathcal{T}(x))\, \mathrm{d}t = \lim_{T \to +\infty} \frac{-1}{T} \int_0^T p(+t, x)\, \mathrm{d}t = -\overline{v}^+(x).$$

Sonst sind beide Seiten nach Definition von $\overline{v}^\pm$ gleich Null.

Wegen der Semikonjugations-Eigenschaft $\hat{\pi} \circ \Phi_t = \hat{\Phi}_t \circ \hat{\pi}$ der Flüsse gilt diese Beziehung auch auf dem Phasenraum $\widehat{P}$, denn $\overline{v}^-\big(\pi(\mathcal{T}(x))\big) = -\overline{v}^+\big(\pi(x)\big)$.

• Nach Satz 11.7 stimmen $\overline{v}^+$ und $\overline{v}^-$ $\hat{\lambda}$–fast überall mit $\overline{v}$ überein. Für die Energie-Impuls-Abbildung $I = \big(\widehat{H}, \overline{v}\big)$ und Zeitspiegelung $\widehat{\mathcal{T}}$ auf $\widehat{P}$ ist daher

$$S \circ I(\hat{x}) = I \circ \widehat{\mathcal{T}}(\hat{x}) \qquad (\hat{\lambda} - \text{fast überall}). \tag{11.2.7}$$

• Das Maß $\hat{\lambda}$ ist $\widehat{\mathcal{T}}$–invariant. Wegen der Definition von $\nu$ als Bildmaß von $\hat{\lambda}$ bezüglich der Energie-Impuls-Abbildung beweist das zusammen mit (11.2.7) die Behauptung. □

### 11.2.3 Ballistische und diffusive Bewegung

**11.13 Definition**
*Der Phasenraumpunkt*[5] $x_0 \in P$ *heißt* **ballistisch**, *wenn seine asymptotische Geschwindigkeit* $\overline{v}(x_0)$ *ungleich Null ist.*

Ist $\overline{v}(x_0)$ dagegen gleich Null, dann heißt das noch nicht automatisch, dass die Bewegung gebunden ist, also $q(t,x_0)$ für alle Zeiten $t$ in einem beschränkten Gebiet des Konfigurationsraumes $\mathbb{R}^d$ bleibt. Wie wir sehen werden, gibt es beispielsweise auch Fälle, in denen $\|q(t,x_0)-q_0\|$ typischerweise wie $\sqrt{|t|}$ statt mit $|t|$ divergiert. Solche Bewegungen nennt man *diffusiv*.

Wir benutzen als einfache Referenzdynamik die von der rein kinetischen Hamilton–Funktion $H(p,q)=\frac{1}{2}\|p\|^2$ erzeugte freie Bewegung

$$\big(p(t,x_0),\, q(t,x_0)\big) = (p_0,\, q_0 + p_0\, t) \qquad \big(x_0 = (p_0,q_0) \in P,\, t \in \mathbb{R}\big).$$

Für diese können wir ein beliebiges Gitter $\mathcal{L} \subset \mathbb{R}^d_q$ wählen. Es gilt dann Folgendes:

1. Die Bewegung ist für positive Energien *ballistisch*. Für alle $x_0 \equiv (p_0,q_0) \in P$ ist $\overline{v}(x_0) = p_0$, also für $p_0 \neq 0$
$$\lim_{|t|\to\infty} \frac{\|q(t,x_0)-q_0\|}{|t|} = \|p_0\| > 0\,.$$ 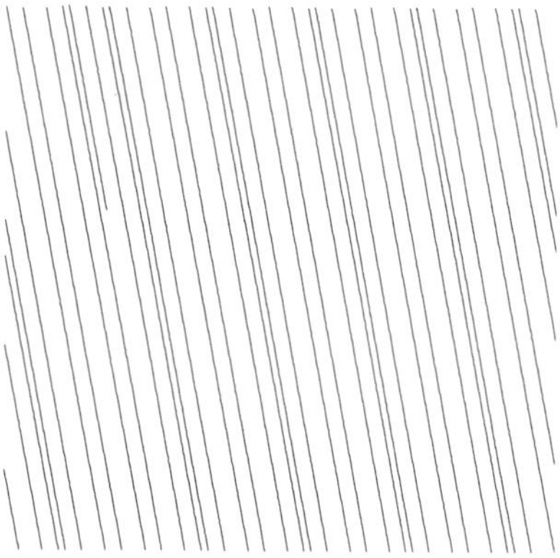
2. *Integrabilität:* Für $E > 0$ wird die Energiefläche $\widehat{H}^{-1}(E) \subset \widehat{P}$ von flussinvarianten $d$–dimensionalen Tori gefasert. Diese Phasenraum-Tori sind in diesem Fall von der Form $\mathbb{T}_p := \{p\} \times \mathbb{T}$ mit $\|p\| = \sqrt{2E}$ und dem Konfigurationsraumtorus $\mathbb{T} = \mathbb{R}^d/\mathcal{L}$.
Das System ist also total integrabel.

Wir untersuchen nun, welche dieser Eigenschaften bei Bewegung im periodischen Potential bewahrt bleiben.

**11.14 Beispiel** ($d=1$)
Im Fall eines periodischen Potentials $V \in C^2(\mathbb{R},\mathbb{R})$ (Satz 11.11) bleiben beide Charakteristika der freien Bewegung für alle Energien $E > V_{\max}$ erhalten: Der Limes $\overline{v}(x_0)$ existiert und ist ungleich Null, und die Energieschale $\widehat{H}^{-1}(E)$ ist die disjunkte Vereinigung zweier invarianter Tori. ◇

Der ballistische Charakter der Bewegung ist in höheren Dimensionen subtil:

[5] Auch der Orbit $\mathcal{O}(x_0)$ wird dann *ballistisch* genannt, denn die asymptotische Geschwindigkeit ist ja für alle Punkte von $\mathcal{O}(x_0)$ gleich.

**11.15 Aufgabe (Ballistische und gebundene Bewegung)** Zeigen Sie:

(a) Sei die Dimension $d \in \mathbb{N}$ und $E > V_{\max}$. Dann existieren für jeden Gittervektor $\ell \in \mathcal{L} \setminus \{0\}$ Anfangsbedingungen $x_0 \in \Sigma_E$ mit asymptotischer Geschwindigkeit

$$\overline{v}(x_0) \neq 0 \quad \text{und Richtung} \quad \frac{\overline{v}(x_0)}{\|\overline{v}(x_0)\|} = \frac{\ell}{\|\ell\|}.$$

Es *gibt* also Anfangsbedingungen, deren Lösungskurven ballistisch sind.

(b) In $d > 1$ Raumdimensionen existieren periodische Potentiale, für die auch geeignete Energien $E > V_{\max}$ und gewisse Anfangsbedingungen $x_0 \in \Sigma_E$ zu *gebundenen* Bahnen führen:

$$\sup_{t \in \mathbb{R}} \|q(t, x_0)\| < \infty.$$

Der Abstand vom Ausgangspunkt skaliert in diesem Fall also nicht wie $t^1$, sondern wie $t^0$. ◇

Physikalisch realistischere periodische Potentiale enthalten Coulomb-artige Singularitäten an den Kernorten $s$. Dort ist das Potential $V(q)$ asymptotisch zu $\frac{-z}{\|q-s\|}$, wobei $z > 0$ die Kernladungszahl ist. Als Beispiel betrachten wir das periodische Potential

$$V(q) := \sum_{s \in \mathbb{Z}^2} \frac{-e^{-\|q-s\|}}{\|q-s\|} \qquad (q \in \mathbb{R}^2 \setminus \mathbb{Z}^2)$$

in der Ebene, das sich additiv aus an den Kernorten $s \in \mathbb{Z}^2$ der Ebene lokalisierten Yukawa–Potentialen zusammensetzt. Für die Hamilton–Funktion $H$ zu diesem Potential gilt dann folgender Satz:

**11.16 Satz (Deterministische Diffusion [Kn1])**
*Es gibt eine Schwellenenergie $E_0 > 0$, sodass für alle $E > E_0$ und alle Wahrscheinlichkeitsmaße $\mu_E$ mit Träger in der Energieschale $\Sigma_E$, die absolut stetig zum Liouville–Maß (siehe Seite 186) sind (und räumlich so abfallen, dass $\langle \|q_0\|^2 \rangle_{\mu_E} < \infty$), der folgende Limes existiert:*

$$D(E) := \lim_{t \to \infty} \frac{1}{t} \langle \|q(t) - q_0\|^2 \rangle_{\mu_E} > 0$$

*Dabei bedeutet die Klammer $\langle\ \rangle_{\mu_E}$ Bildung des Erwartungswertes bezüglich $\mu_E$.*

Tatsächlich hängt die Konstante $D$ nur von $E$, nicht aber von der Wahl von $\mu_E$ ab. $D$ kann als Diffusionskonstante interpretiert werden.

Der Erwartungswert wird gebildet, um Ausnahmebahnen wie ballistische oder gebundene Bahnen nicht explizit berücksichtigen zu müssen. (Beide Typen von Ausnahmebahnen existieren, haben aber Maß Null.)

Typische Bahnen verhalten sich im Limes großer Zeiten wie Pfade der Brownschen Bewegung, siehe Abbildung 11.2.3.

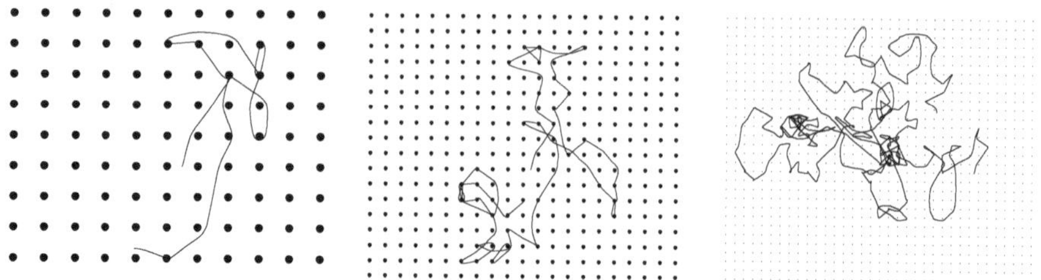

Abbildung 11.2.3: Bahn in einem periodischen Coulomb-artigen Potential für Gesamtzeit $T = 1$ (links), $T = 4$ (Mitte) und $T = 16$ (rechts). Der Maßstab skaliert wie $1/\sqrt{T}$.

### 11.17 Bemerkung (Anomale Diffusion)

Man spricht von *anomaler Diffusion*, wenn für ein $\alpha \in (0,2)$ der Limes

$$\lim_{t\to\infty} \frac{1}{t^\alpha} \|q(t,x_0) - q_0\|^2$$

existiert und positiv ist, und zwar von *Subdiffusion* für $\alpha \in (0,1)$ und von *Superdiffusion* für $\alpha \in (1,2)$. Für die gewöhnliche Diffusion ist $\alpha = 1$. In GEISEL, ZACHERL und RADONS [GZR] wird für periodische glatte Potentiale numerisch das Auftreten anomaler Diffusion gezeigt und mit der Koexistenz von KAM-Tori und ergodischen Phasenraumgebieten erklärt. ◇

Abschließend soll bemerkt werden, dass für *glatte* periodische Potentiale die klassische Bewegung für *hohe* Energien typischerweise ballistisch ist.

Genauer gesagt, existiert eine Teilmenge der Energieschale $\widehat{H}^{-1}(E)$ (mit der Hamilton–Funktion $\widehat{H}$ aus 11.2.3), für die die Bewegung mit den entsprechenden Anfangsbedingungen ballistisch ist. Deren (Liouville-) Maß ist für hohe Energien $E$ asymptotisch zum Maß der Energieschale. Das liegt nun daran, dass für hohe Energien das glatte periodische Potential als kleine Störung des Falls $V = 0$, also der freien Bewegung, aufgefasst werden kann.

Der Satz von KAM (Kolmogorov, Arnol'd und Moser), siehe Satz 15.33 garantiert dann, dass viele invariante Phasenraumtori der freien Bewegung nur deformiert, aber nicht zerstört werden (hier wird die Bewegung in der Energieschale $\widehat{H}^{-1}(E) \subset \widehat{P}$ betrachtet). Dies wird in Beispiel 15.35 gezeigt.

Haben wir aber über dem Konfigurationstorus $\mathbb{T} = \mathbb{R}^d/\mathcal{L}$ eine Bewegung auf solchen Tori (siehe Abbildung), so ist die Bewegung im Raum $\mathbb{R}^d$ ballistisch.

Dies führt uns zur Frage, ob die Energieschale $\widehat{H}^{-1}(E)$ für Energien $E > V_{\max}$ aus lauter invarianten Tori besteht, die Bewegung also *total integrabel* ist.

Für einen Freiheitsgrad ist dies ja der Fall (Beispiel 11.14). Im Gegensatz dazu steht folgende Aussage [Kn2]:

**11.18 Satz (Totale Integrabilität)** *Das Potential $V \in C^2(\mathbb{R}^d, \mathbb{R})$ sei $\mathcal{L}$–periodisch, und $d \geq 2$. Wenn eine Energiefläche $\widehat{H}^{-1}(E)$ mit $E > V_{\max}$ existiert, für die die Bewegung total integrabel ist, dann ist das Potential konstant.*

**11.19 Aufgabe (Totale Integrabilität)**
Zeigen Sie Satz 11.18 für separable Potentiale, also solche der Form (11.2.6). ◇

**11.20 Bemerkung (Quantenmechanik)** Im Fall des Schrödinger-Operators

$$-\tfrac{\hbar^2}{2}\Delta + V \qquad \text{auf dem Hilbert-Raum } L^2(\mathbb{R}^d)$$

ist die Bewegung im periodischen Potential $V$ *immer* ballistisch, auch für kleine Energien. In diesem Zusammenhang stellt sich die mathematische Frage, warum und in welcher Weise das sogenannte *Korrespondenzprinzip* verletzt ist. Dieses heuristische Gesetz besagt, dass die quantenmechanische Bewegung für kleine Werte des Planckschen Wirkungsquantums $\hbar$ der klassischen ‚ähnlich' werden sollte. Hier werden aber zwei Limiten, nämlich der semiklassische Limes $\hbar \searrow 0$ und der Zeitlimes $t \to \infty$, vertauscht, was im Allgemeinen nicht statthaft ist.

Physikalisch ist die Frage nach dem Typ der Bewegung im Zusammenhang mit Transportphänomenen im Festkörper interessant. ◇

## 11.3 Himmelsmechanik

*„Mathematical physics, as we are well aware, is an offspring of celestial mechanics."* HENRI POINCARÉ, in [Poi3]

Das himmelsmechanische $n$-Körper-Problem besitzt unter den hamiltonschen Potentialdynamiken eine Sonderstellung. Es ist die am längsten und intensivsten Untersuchte dieser Differentialgleichungen.

Die Bewegungsgleichungen (1.8) des $n$–Körper-Problems in $d$ Raumdimensionen sind (in zweiter Ordnungs-Schreibweise) die hamiltonschen Differentialgleichungen zur Hamilton–Funktion

$$H : \widehat{P} \to \mathbb{R}\ ,\ H(p,q) = \sum_{k=1}^{n} \frac{\|p_k\|^2}{2m_k} + V(q) \quad \text{mit} \quad V(q) := -\sum_{1\leq k<\ell\leq n} \frac{m_k m_\ell}{\|q_k - q_\ell\|} \tag{11.3.1}$$

auf dem Phasenraum $\widehat{P} := T^*\widehat{M} \cong \mathbb{R}^{dn} \times \widehat{M}$ über dem Konfigurationsraum

$$\widehat{M} := \{q = (q_1, \ldots, q_n) \in \mathbb{R}^{dn} \mid q_k \neq q_\ell \text{ für } k \neq \ell\}\,. \tag{11.3.2}$$

Die Massen $m_k > 0$ sind die Parameter der Differentialgleichung. $m_N := \sum_{k=1}^{n} m_k$ ist die *Gesamtmasse*.

**11.21 Aufgabe (Konstanten der Bewegung)**
Zeigen Sie, dass in $d$ Raumdimensionen zusammen mit $H$ die folgenden Phasenraumfunktionen Konstanten der von (11.3.1) erzeugten Bewegung im (bedarfsweise um die Zeitachse $\mathbb{R}_t$ erweiterten) Phasenraum $\widehat{P}$ sind:

- der **Gesamtimpuls** $p_N : \widehat{P} \to \mathbb{R}^d \quad , \quad (p,q) \mapsto \sum_{k=1}^n p_k$ ,
- der **Schwerpunkt zur Zeit Null** (siehe auch Satz 12.38):
$$q_N : \widehat{P} \times \mathbb{R}_t \to \mathbb{R}^d \quad , \quad (p,q;t) \mapsto \frac{1}{m_N} \sum_{k=1}^n (m_k\, q_k - p_k\, t) \ ,$$
- Der **Gesamtdrehimpuls** mit den $\binom{d}{2}$ Komponenten
$$L_{i,j} : \widehat{P} \to \mathbb{R} \ , \ (p,q) \mapsto \sum_{k=1}^n (q_{k,i}\, p_{k,j} - q_{k,j}\, p_{k,i}) \qquad (1 \leq i < j \leq d) \, .$$

Wie viele von diesen $\binom{d+2}{2}$ Konstanten der Bewegung sind in $d = 2$ beziehungsweise $d = 3$ Dimensionen algebraisch unabhängig? ◇

## 11.3.1 Geometrie des Kepler–Problems

In der Einleitung wurde bewiesen, dass die Bahnen des Kepler–Problems Kegelschnitte sind. Bei negativer Gesamtenergie $E$ bewegt sich also der Massenkörper auf Ellipsenbahnen um den Nullpunkt, während er bei positivem $E$ von diesem Gravitationszentrum auf einer Hyperbel geführt wird. Der Fall $E = 0$ entspricht Parabeln.

Es scheint zunächst, dass damit das Kepler–Problem (also auch die Dynamik zweier Körper) bis auf die Zeitparametrisierung vollständig verstanden wurde. Und: bei Kenntnis der Bahnform lässt sich letztere auf eine Integration zurückführen.

Bei genauerem Hinsehen bietet die Kepler–Dynamik aber doch einige Überraschungen und Besonderheiten. Will man das $n$–Körper-Problem oder die Störungstheorie des Kepler–Problems besser verstehen, muss man diese kennen.

Beginnen wir mit der hamiltonschen Formulierung: Auf dem Konfigurationsraum[6] $\widehat{M} := \mathbb{R}^d \backslash \{0\}$ ist das Kepler– oder Coulomb–Potential $V : \widehat{M} \to \mathbb{R}$, $V(q) = \frac{-Z}{\|q\|}$ definiert. Im Fall der Gravitationsanziehung ist $Z > 0$ die (reduzierte) Masse der Zentralkraft. Im elektrostatischen Fall ist $-Z$ Produkt der beiden Ladungen. Also tritt bei gleichnamigen Ladungen Abstoßung auf.

Jedenfalls ist der Phasenraum von der Form
$$\widehat{P} := T^*\widehat{M} \cong \mathbb{R}^d \times \widehat{M} \, ,$$
und da $\widehat{P} \subset T^*\mathbb{R}^d$ offen ist, ist auch die Restriktion $\hat{\omega} := \omega_0 \restriction_{\widehat{P}}$ der kanonischen symplektischen Form $\omega_0 := \sum_{i=1}^d dq_i \wedge dp_i$ auf $T^*\mathbb{R}^d$ symplektisch (siehe Definition 10.3 auf Seite 209). Die von der Hamilton–Funktion
$$\hat{H} : \widehat{P} \to \mathbb{R} \quad , \quad \hat{H}(p,q) = \tfrac{1}{2}\|p\|^2 + V(q) \qquad (11.3.3)$$

[6] Zwar ist der physikalische Konfigurationsraum dreidimensional, aber wegen der Planarität der Zentralkraftbewegung auch $d = 2$ relevant.

erzeugte Bewegung ist für $Z < 0$ vollständig, denn es kommen nur Energien $E > 0$ vor, und für diese ist der Minimalabstand gleich $-Z/E > 0$.

Für den jetzt weiter untersuchten Fall $Z > 0$ ist der maximale Fluss

$$\hat{\Phi} : D \to \widehat{P} \quad \text{mit Definitionsbereich} \quad D \subset \mathbb{R}_t \times \widehat{P} \tag{11.3.4}$$

(siehe Satz 3.39) genau für diejenigen Anfangswerte $x_0 = (p_0, q_0) \in \widehat{P}$ unvollständig, bei denen der Anfangsimpuls $p_0$ in $\mathrm{span}(q_0)$ liegt. Die entsprechenden Kollisionsbahnen werden wir gleich regularisieren.

Da die Trajektorie $t \mapsto q(t, x_0) \in \widehat{M}$ im von $q_0$ und $p_0$ aufgespannten Unterraum verbleibt, können wir ohne Einschränkung annehmen, dass die Dimension $d$ des Konfigurationsraumes $\widehat{M}$ gleich Zwei ist, und wir setzen $\ell := \hat{L}(x_0)$ mit Drehimpuls

$$\hat{L} : \widehat{P} \to \mathbb{R} \quad , \quad \hat{L}(p, q) = q_1 p_2 - q_2 p_1 \,. \tag{11.3.5}$$

Dieser ist (wie schon in (1.4) gezeigt) konstant in der Zeit.

Die einfachste Bahnform ist der *Kreis*, der (als Spezialfall einer Ellipse) nur für Energien $E := H(x_0) < 0$ auftritt, und zwar für $E = \frac{-Z}{2\|q_0\|}$. Dies sieht man ein, wenn man beachtet, dass das effektive Potential $V_\ell(r) = \frac{\ell^2}{2r^2} - \frac{Z}{r}$ für $r := \|q_0\|$ seine Minimalstelle haben muss, also $\ell^2 = rZ$ gilt, und der Minimalwert gleich $E$ ist. Für alle anderen Anfangsbedingungen $(p_0, q_0)$ und zugehörige Konstanten der Bewegung $(E, \ell)$ ist der Abstand des *Perizentrums*, also des zentrumsnächsten Punktes der Bahn $r_{\min} : \widehat{P} \to [0, \infty)$,

$$r_{\min}(p_0, q_0) = \inf\{r > 0 \mid V_\ell(r) \le E\} = \begin{cases} \frac{-Z + \sqrt{Z^2 + 2E\ell^2}}{2E} & , E \neq 0 \\ \frac{\ell^2}{2Z} & , E = 0 \end{cases}$$

keine Minimalstelle von $V_\ell$. Er ist Null genau dann, wenn der Drehimpuls ebenfalls verschwindet. Jede Bahn nimmt mindestens zu einem Zeitpunkt ihren Perizentrumsabstand an (wobei für $\ell = 0$ dieser einer Kollision entspricht). Ist die Bahn keine Kreisbahn, dann kann man sie lokal durch die Zeit $\hat{T} : \widehat{P} \to \mathbb{R}$, die bis zum nächsten Perizentrumspunkt vergeht, parametrisieren. Da die Radialgeschwindigkeit betragsmäßig gleich $\sqrt{2E + 2\frac{Z}{R} - \frac{\ell^2}{R^2}}$ ist (siehe (1.6)), folgt

$$\hat{T}(p, q) = \int_{r_{\min}}^{r} \frac{1}{\mathrm{d}R/\mathrm{d}t} \, \mathrm{d}R = \mathrm{sign}(\langle p, q \rangle) \int_{r_{\min}}^{r} \frac{R}{\sqrt{2R^2E + 2ZR - \ell^2}} \, \mathrm{d}R \,. \tag{11.3.6}$$

Für positive $E$ wird dieses Integral in Aufgabe 12.10 ausgewertet.

In den bis jetzt angesprochenen Eigenschaften unterscheidet sich das Kepler-Potential wenig von homogenen singulären Potentialen $q \mapsto -Z/\|q\|^a$ mit $a > 0$. Die Besonderheit des Exponenten $a = 1$ liegt in der Existenz einer zusätzlichen Erhaltungsgröße:

### 11.22 Aufgabe (Laplace–Runge–Lenz–Vektor)

(a) Zeigen Sie, dass der (für $d = 2$ notierte) *Laplace–Runge–Lenz–Vektor*

$$\hat{A} : \widehat{P} \to \mathbb{R}^2 \quad , \quad \hat{A}(p, q) := \hat{L}(p, q) \begin{pmatrix} p_2 \\ -p_1 \end{pmatrix} - Z \frac{q}{\|q\|} \,. \tag{11.3.7}$$

zeitlich konstant ist und in Richtung des Perizentrums zeigt.

(b) Zeigen sie, dass $\|\hat{A}\|/Z = e$ mit der Exzentrizität $e$ aus (1.7) gilt. Beweisen Sie die Kegelschnittgleichung (1.7) unter Verwendung von $\hat{A}$. ◇

Diese 1710 von Jakob Hermann entdeckte Erhaltungsgröße erlaubt die Regularisierung der Kollisionsbahnen. Letztere werden durch die Energie $E \in \mathbb{R}$ und die Perizentrumsrichtung $\theta \in S^{d-1}$ des kollidierenden Massenpunktes parametrisiert. Dass diese Richtung als Limes von Fastkollisionsbahnen überhaupt existiert, folgt aus der Existenz von $A$.

Die Regularisierung der Kollisionsbahnen bedeutet geometrisch ihre Spiegelung am Ursprung des Konfigurationsraums. Sie kann mathematisch als Erweiterung des hamiltonschen Systems (Definition 10.5) beschrieben werden.

**11.23 Satz (Regularisierung des Kepler-Problems)**
*Das hamiltonsche System $(\widehat{P}, \hat{\omega}, \hat{H})$ läßt sich im folgenden Sinn zu einem hamiltonschen System $(P, \omega, H)$ erweitern:*

- *Die $2d$–dimensionale differenzierbare Mannigfaltigkeit $P$ ist als Menge von der Form*
$$P = \widehat{P} \,\dot{\cup}\, \left(\mathbb{R} \times S^{d-1}\right). \tag{11.3.8}$$
- *Die Restriktion der glatten symplektischen Form $\omega \in \Omega^2(P)$ auf $\widehat{P}$ ist gleich $\hat{\omega}$.*
- *Die Restriktion der glatten Funktion $H : P \to \mathbb{R}$ auf $\widehat{P}$ ist gleich $\hat{H}$.*
- *Der hamiltonsche Fluss $\Phi$ von $(P, H, \omega)$ ist glatt und vollständig, das heißt $\Phi \in C^\infty(\mathbb{R} \times P, P)$.*

**Beweis:**
• Wir schauen die Kepler-Dynamik in der Phasenraumumgebung

$$\hat{U} := \left\{ (p, q) \in \widehat{P} \;\middle|\; \|p\|^2 > \frac{cZ}{\|q\|} \right\} \tag{11.3.9}$$

der Singularität an, mit $c := \frac{3}{2}$. Innerhalb $\hat{U}$ ist für einen Orbit $(p, q) : I \to \widehat{P}$ die Ableitung

$$\frac{\mathrm{d}}{\mathrm{d}t} \langle q \,, p \rangle = \|p\|^2 - \frac{Z}{\|q\|} > \frac{c-1}{2} \frac{Z}{\|q\|} \tag{11.3.10}$$

positiv, so dass dort der Fluss $\hat{\Phi}$ transversal zur *perizentrischen Hyperfläche*

$$\hat{S}_0 := \left\{ (p, q) \in \widehat{P} \mid \langle q \,, p \rangle = 0 \right\} \tag{11.3.11}$$

ist. Wegen $\frac{\mathrm{d}^2}{\mathrm{d}t^2} \|q\|^2 = 2 \frac{\mathrm{d}}{\mathrm{d}t} \langle q \,, p \rangle$

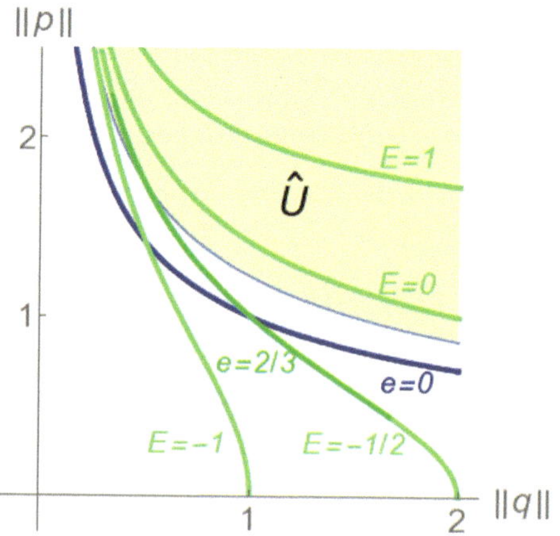


Phasenraumumgebung $\hat{U}$ der Singularität. Kreisbahnen (Exzentrizität $e = 0$) sind disjunkt zu $\hat{U}$. (Fast-)Kollisionsorbits ($e \sim 1$) schneiden $\hat{U}$ (Beispiel: $e = 2/3$, $E = -1/2$).

zeigt diese Ungleichung auch, dass der Schnittpunkt des Orbits mit $\hat{S}_0$ tatsächlich perizentrisch ist, das heißt minimalen Abstand zum Ursprung hat.
Jeder Kollisionsorbit befindet sich unmittelbar vor und nach der Kollision in $\hat{U}$, denn für einen Orbit der Energie $\hat{H}(p,q) = E$ ist

$$\|p\|^2 - \frac{cZ}{\|q\|} = \frac{(2-c)Z}{\|q\|} + 2E \overset{q\to 0}{\longrightarrow} +\infty .$$

• Nach Satz 3.39 ist der Definitionsbereich $D \subset \mathbb{R}_t \times \widehat{P}$ des maximalen Flusses aus (11.3.4) mit den ober– beziehungsweise unterhalbstetigen Fluchtzeiten $T^+ : \widehat{P} \to (0,\infty]$ bzw. $T^- : \widehat{P} \to [-\infty, 0) := \{-\infty\} \cup (-\infty, 0)$ von der Form

$$D = \big\{(t,x) \in \mathbb{R} \times \widehat{P} \mid t \in \big(T^-(x), T^+(x)\big)\big\} .$$

Für Anfangswerte $x$ mit $T^+(x) < \infty$ findet zum Zeitpunkt $T^+(x)$ eine Kollision statt, das heißt

$$\lim_{t \nearrow T^+(x)} q(t,x) = 0 .$$

• Wie schon angemerkt, verbleiben die Lösungskurven $t \mapsto q(t,x_0)$ in $M$ mit Anfangswerten $x_0 = (p_0,q_0) \in \widehat{P}$ in der von $p_0$ und $q_0$ aufgespannten Ebene (oder Geraden) durch den Ursprung. Nehmen wir also zunächst $d = 2$ an.
Der Drehimpuls (11.3.5) ist unter dem Fluss $\hat{\Phi} : D \to \widehat{P}$ invariant.
• Die in komplexen Koordinaten geschriebene Richtung des Laplace-Runge-Lenz-Vektors

$$\hat{\varphi} : \hat{U} \to S^1 \ , \ \ \hat{\varphi}(p,q) := \arg\big(\hat{A}(p,q)\big) = \arg\left(-\imath p \hat{L}(p,q) - Z\frac{q}{|q|}\right) \qquad (11.3.12)$$

ist definiert und damit glatt, denn das Argument von arg in (11.3.12) ist nicht Null:

$$\left|\imath\, \hat{L}(x)p + Z\frac{q}{|q|}\right|^2 = 2\hat{L}(x)^2 \hat{H}(x) + Z^2 > 0 \qquad \big(x = (p,q) \in \hat{U}\big). \quad (11.3.13)$$

Für $\hat{H}(x) < 0$ ist nämlich wegen $|\hat{L}(x)| \le |p|\,|q|$ und der Definition (11.3.9) von $\hat{U}$

$$2\hat{L}(x)^2 \hat{H}(x) \ge |p|^2|q|\big(|p|^2|q| - 2Z\big) = \big(|p|^2|q| - Z\big)^2 - Z^2 > -Z^2 \qquad \big(x \in \hat{U}\big).$$

Einfachheitshalber bezeichnen wir die Restriktionen $\hat{f}{\restriction}_{\hat{U}}$ von Funktionen $\hat{f} : \widehat{P} \to \mathbb{R}$ ebenfalls mit $\hat{f}$. Wir haben damit die lokalen Koordinaten[7]

$$\big(\hat{H}, \hat{T}, \hat{L}, \hat{\varphi}\big) : \hat{U} \to \mathbb{R}^3 \times S^1. \qquad (11.3.14)$$

[7] Diese Sprechweise ist nicht exakt, da $\hat{\varphi}$ nicht reell- sondern $S^1$–wertig ist. Genauer versehen wir die Kreislinie $S^1$ selbst mit Karten, auf denen der Winkel als reellwertige Koordinate definiert ist.

• Diese Koordinaten sind kanonisch im Sinn von Definition 10.18, das heißt, die Poisson–Klammern haben folgende Form:

$$\{\hat{T},\hat{H}\} = \{\hat{\varphi},\hat{L}\} = 1 \quad \text{und} \quad \{\hat{L},\hat{H}\} = \{\hat{\varphi},\hat{H}\} = \{\hat{L},\hat{T}\} = \{\hat{\varphi},\hat{T}\} = 0\,. \tag{11.3.15}$$

Denn die Poisson–Klammern mit $\hat{H}$ sind die Ableitungen $\{\hat{f},\hat{H}\} = \frac{\mathrm{d}}{\mathrm{d}t}\hat{f}\circ\hat{\Phi}_t|_{t=0}$. Während $\hat{L}$ wegen der Zentralsymmetrie des Potentials $V$ eine Erhaltungsgröße ist und für $\hat{\varphi}$ nach Aufgabe 11.22 das Gleiche gilt, ist $\hat{T}$ als Zeitparameter definiert, hat also Zeitableitung Eins. Der Definition von $\hat{T}$ in (11.3.6) sieht man an, dass diese Größe invariant unter Drehung von Orts- und Impulsraum um den gleichen Winkel ist. Da $\hat{L}$ Hamilton–Funktion dieser Drehung ist (siehe auch Beispiel 13.15), folgt $\{\hat{L},\hat{T}\} = 0$. *Mutatis mutandis* verändert sich der Winkel unter dem von $\hat{L}$ erzeugten Fluss mit Geschwindigkeit $\{\hat{\varphi},\hat{L}\} = 1$.

• Eine verhältnismäßig einfache Möglichkeit, die verbleibende Relation $\{\hat{\varphi},\hat{T}\} = 0$ nachzuweisen, besteht in der Beobachtung, dass das hamiltonsche Vektorfeld $X_{\hat{\varphi}}$ von $\hat{\varphi}$ tangential zur Hyperfläche $\hat{T}\equiv 0$ ist. Dazu zeigen wir, dass auf der Fläche $\hat{T}\equiv 0$ gilt:

$$\{\hat{\varphi},\ \langle q,p\rangle\} = 0. \tag{11.3.16}$$

Diese Fläche im Phasenraum ist gleich $\hat{S}_0\cap\hat{U}$ mit $\hat{S}_0$ aus (11.3.11). Auf dieser Fläche haben beide komplexen Zahlen, die in der Definition (11.3.12) von $\hat{\varphi}$ auftauchen, *modulo* $\pi$ das gleiche Argument, und dieses ist invariant unter der von $\langle q,p\rangle$ erzeugten Dilatation $(p,q)\mapsto(e^{-t}p,e^{t}q)$, was (11.3.16) zeigt. Andererseits ist $\{\hat{\varphi},\hat{T}\}$ invariant unter dem Fluss $\hat{\Phi}_t$ von $\hat{H}$:

$$\frac{\mathrm{d}}{\mathrm{d}t}\hat{\Phi}_t^*(\{\hat{\varphi},\hat{T}\}) = -\hat{\Phi}_t^*(\{\hat{H},\{\hat{\varphi},\hat{T}\}\}) = \hat{\Phi}_t^*\Big(\{\hat{\varphi},\{\hat{T},\hat{H}\}\}+\{\hat{T},\{\hat{H},\hat{\varphi}\}\}\Big) = 0,$$

wobei die Jacobi–Identität (E.21) benutzt wurde. Bis auf die Kollisionsorbits schneiden alle Orbits in $\hat{U}$ die Hyperfläche $\hat{S}_0$. Da die durch verschwindenden Drehimpuls gekennzeichneten Kollisionsorbits eine in $\hat{U}$ nirgends dichte Teilmenge bilden, gilt überall $\{\hat{\varphi},\hat{T}\} = 0$.

• In der Karte (11.3.14) ist also der von $\hat{H}$ erzeugte unvollständige Fluss $\hat{\Phi}$ auf $\hat{U}$ linearisiert.

Die Punkte $(p,q)\in\hat{U}$ auf Kollisionsbahnen besitzen den Wert $\ell = 0$ des Drehimpulses, aber $\hat{T}(p,q)\neq 0$. Der Zylinder $\mathbb{R}\times S^{d-1}$ in der Menge $P = \widehat{P}\,\dot{\cup}\,(\mathbb{R}\times S^{d-1})$ aus (11.3.8) wird dann mit der Menge der fehlenden, durch $(\ell,t) = (0,0)$ charakterisierten Phasenraumpunkte identifiziert. Die Struktur einer differenzierbaren Mannigfaltigkeit erhält $P$ durch Einführung einer Karte auf

$$U := \hat{U}\,\dot{\cup}\,\big(\mathbb{R}\times S^{d-1}\big) \subset P\,,$$

zunächst für den Fall $d = 2$. Wir erweitern nämlich (11.3.14) zu einer Abbildung

$$\big(H,T,L,\varphi\big) : U \to \mathbb{R}^3\times S^1, \tag{11.3.17}$$

indem wir für $(E,\theta)\in\mathbb{R}\times S^1$ setzen:

$$\big(H,T,L,\varphi\big)(E,\theta) := (E,0,0,\theta)\,.$$

• Aus (11.3.15) folgt die Identität

$$\hat{\omega}\restriction_{\hat{U}} = d\hat{T} \wedge d\hat{H} + d\hat{\varphi} \wedge d\hat{L}$$

für die Restriktion $\hat{\omega} \in \Omega^2(\widehat{P})$ der kanonischen symplektischen Form $\omega_0$. Wir definieren daher umgekehrt die Erweiterung $\omega \in \Omega^2(P)$ von $\hat{\omega}$ durch

$$\omega\restriction_U := dT \wedge dH + d\varphi \wedge dL\,.$$

• Da $\omega$ symplektisch ist, und $H$, aufgefasst als mithilfe von (11.3.17) auf ganz $P$ definierte Erweiterung von $\hat{H} : \widehat{P} \to \mathbb{R}$, glatt ist, dient $H$ als Hamilton–Funktion. Deren Fluss $\Phi$ ist vollständig, und in den lokalen Koordinaten (11.3.17) linear.
• Während in $d = 2$ Freiheitsgraden die Werte $(\ell, \theta)$ von Drehimpuls und Perizentrumswinkel Punkte auf dem Zylinder $T^*S^1$ sind, sind analog für beliebige $d$ und $(p, q) \in \hat{S}_0$ die Werte des 'Drehimpulsvektors' $\|q\|\,p$ und der Perizentrumsrichtung $q/\|q\|$ Elemente von $T^*S^{d-1}$. Damit läßt sich die obige Konstruktion auf $d$ Freiheitsgrade verallgemeinern. □

### 11.24 Bemerkungen (Kepler–Problem)

1. Die Bewegung zweier sich gravitativ anziehender Massenpunkte ist also zwar in $(p, q)$–Koordinaten singulär, in angepassten Koordinaten aber glatt.

2. Das Kepler–Problem ist wie jedes Zentralkraftproblem integrabel, siehe Abschnitt 13.1. Ähnlich wie der in Satz 6.35 analysierte harmonische Oszillator mit $d$ Freiheitsgraden und gleichen Frequenzen besitzt es aber mehr als $d$ (nämlich $2d - 1$) unabhängige Konstanten der Bewegung. Solche hamiltonschen Systeme werden *superintegrabel* genannt. Sie besitzen besondere Eigenschaften. In den genannten Fällen folgt etwa die Periodizität aller Orbits auf kompakten Energieflächen.

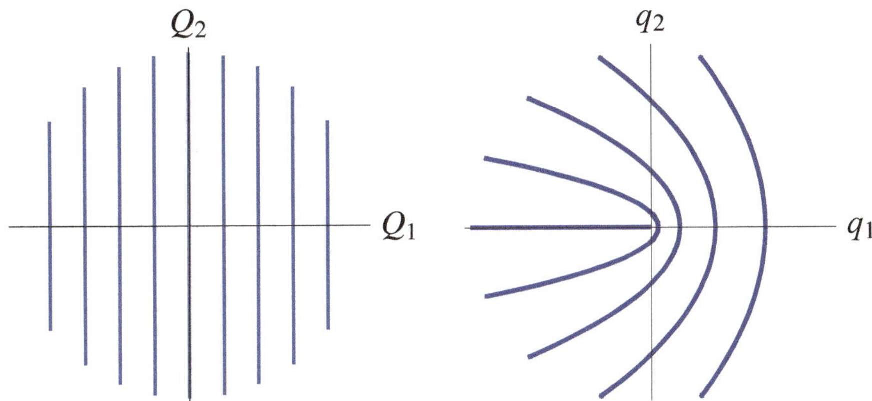


Abbildung 11.3.1: Die Wirkung der Levi-Civita–Transformation $\mathbb{C} \to \mathbb{C}$, $Q \mapsto Q^2$, also $(q_1, q_2) = (Q_1^2 - Q_2^2,\, 2Q_1\,Q_2)$ auf Geraden in der $Q$–Ebene

3. Die vorgestellte Regularisierungsmethode hat gegenüber anderen Varianten den Vorteil, dass der Phasenraum nur ergänzt statt gewechselt wird, die Zeitparametrisierung ebenfalls gleich bleibt und sie gleichzeitig den Fluss auf allen Energieflächen vervollständigt.

   Allerdings ist ihr geometrischer Gehalt weniger übersichtlich als etwa bei der *Levi-Civita–Transformation* genannten Regularisierungsmethode. Diese basiert auf der Feststellung, dass die holomorphe Abbildung

$$\mathbb{C} \longrightarrow \mathbb{C} \quad , \quad Q \longmapsto q := Q^2$$

   Geraden auf Parabeln abbildet (siehe Abbildung 11.3.1), und allgemeiner die Kegelschnitte der Kepler–Bahnen Bilder im Ursprung regulärer Kegelschnitte sind. Die entsprechende lokale Punkttransformation (siehe (10.32)) der Phasenräume transformiert die Impulse gemäß $p = \frac{P}{2\overline{Q}}$ und führt nach Änderung der Zeitparametrisierung zu einer Bewegung im Potential eines harmonischen Oszillators.

   Das Analog der Levi-Civita–Transformation für drei Freiheitsgrade heißt *Kustaanheimo-Stiefel–Transformation* oder *Cayley-Klein-Parametrisierung* (und basiert auf der Hopf–Abbildung (6.36)), siehe STIEFEL und SCHEIFELE [StSc].

4. Eine andere Regularisierungsmethode wird im Artikel [Mos3] von MOSER beschrieben. Diese zeigt für Energien $E < 0$, dass der auf die Energiefläche $\Sigma_E := H^{-1}(E) \subset P$ restringierte Fluss $\Phi_t$ $(t \in \mathbb{R})$ im Sinn von Definition 2.28 konjugiert zum geodätischen Fluss

$$\Psi_t : T_1 S^d \to T_1 S^d \quad , \quad \Psi_t(x, y) = \big(\cos(t)x + \sin(t)y, -\sin(t)x + \cos(t)y\big)$$

   $(t \in \mathbb{R})$ auf dem Einheitstangentenbündel

$$T_1 S^d = \big\{(x, y) \in \mathbb{R}^{d+1} \times \mathbb{R}^{d+1} \mid \|x\| = \|y\| = 1\,,\, \langle x, y\rangle = 0\big\} \qquad (11.3.18)$$

   der $d$-dimensionalen Sphäre ist. Insbesondere ist $\Sigma_E$ diffeomorph zu $T_1 S^d$.

   Konkret wird die Sphäre außer ihrem Nordpol $n$ stereographisch auf die Impuls-Ebene $\mathbb{R}^d_p$ des Phasenraums $\widehat{P} \cong \mathbb{R}^d_p \times \widehat{M}$ des unregularisierten Kepler–Problems projiziert, und das Einheitstangentenbündel unter der linearisierten Abbildung auf $\hat{H}^{-1}(E) \subset \widehat{P}$. Die Kollisionssphäre $S^{d-1}$ des Kepler–Problems entspricht damit $\{(x, y) \in T_1 S^d \mid x = n\}$.

   Diese Transformation zeigt auch, dass das Kepler-Problem spezielle Symmetrien besitzt. Denn während allgemein Zentralpotentiale (wie in Beispiel 13.15 ausführlicher untersucht) invariant unter der Wirkung der Rotationsgruppe $\mathrm{SO}(d)$ sind, wirkt auf dem Einheitstangentenbündel (11.3.18) die Gruppe $\mathrm{SO}(d+1)$. ◇

**11.25 Aufgaben (Regularisierbare singuläre Potentiale)**

1. Für welche homogene singuläre Potentiale der Form $q \mapsto -Z/\|q\|^a$ mit $a \in (0,2)$ kann die hamiltonsche Dynamik analog zum Kepler-Fall $a = 1$ regularisiert werden?

**Tipp:** Betrachten Sie den totalen Ablenkwinkel $\Delta\varphi$ für Energie $E > 0$

$$\Delta\varphi(E,\ell) = 2\int_{r_{\min}}^{\infty} \frac{\dot{\varphi}}{\dot{r}}\,\mathrm{d}r = 2\int_{r_{\min}}^{\infty} \frac{\ell/r^2}{\sqrt{2(E - V_\ell(r))}}\,\mathrm{d}r$$

mit effektivem Potential $V_\ell(r) := \frac{\ell^2}{2r^2} - \frac{Z}{r^a}$ im Limes verschwindenden Drehimpulses $\ell$. Zeigen Sie, dass dieser Limes $\lim_{\pm\ell\searrow 0}\Delta\varphi(E,\ell)$ Energie-unabhängig ist und zwar gleich

$$= \pm 2\int_1^{\infty} \frac{\mathrm{d}u}{u\sqrt{u^{2-a} - 1}} = \pm\frac{2\pi}{2-a}.$$

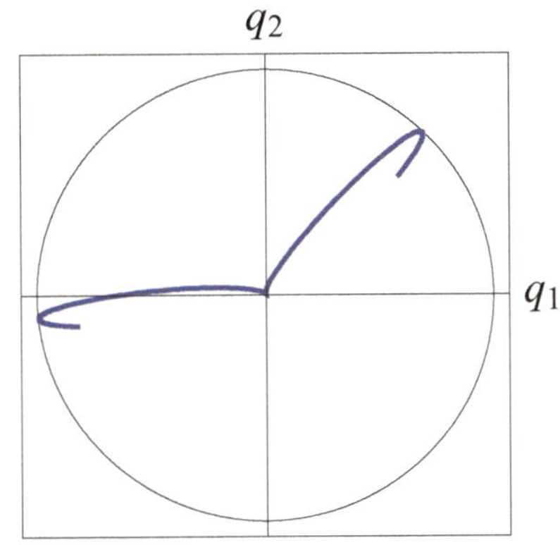

Fastkollisionsbahn negativer Energie in einem nicht regularisierbaren Potential ($V(q) = -1/\|q\|^{1.3}$)

2. Folgern Sie aus Bemerkung 11.24.4, dass für negative Energien $E$, $d$ Freiheitsgrade und die Energieschale $\Sigma_E$ des Kepler–Problems der Raum $\Sigma_E/S^1$ der Orbits
   (a) für $d = 2$ diffeomorph zu $S^2$,
   (b) für $d = 3$ diffeomorph zu $S^2 \times S^2$ ist.
   (c) Zeigen Sie für das Kepler–Problem mit $d = 2$ Freiheitsgraden direkt, dass $\Sigma_E/S^1 \cong S^2$ gilt, falls $E < 0$.
   Was ist die Form dieses Orbitraumes für $E > 0$?

**Tipps:**

- Betrachten Sie für $d = 2$ und $(x,y) \in T_1S^2$ den Vektor $x \times y \in \mathbb{R}^3$.
- Identifizieren Sie für $d = 3$ den Vektorraum $\mathbb{R}^4 \times \mathbb{R}^4$ aus der Definition (11.3.18) von $T_1S^3$ mit dem kartesischen Produkt $\mathbb{H}\times\mathbb{H}$ der Quaternionen-Schiefkörper $\mathbb{H}$ aus E.27, und zeigen Sie, dass die Abbildung

$$T_1S^3/S^1 \to S^2 \times S^2 \subset \mathrm{Im}\mathbb{H} \times \mathrm{Im}\mathbb{H} \quad , \quad [(x,y)] \mapsto (xy^*, y^*x)$$

(mit dem Orbit $[(x,y)]$ durch $(x,y)$) wohldefiniert und ein Diffeomorphismus ist.

- Verwenden Sie den Laplace-Runge-Lenz–Vektor $A : P \to \mathbb{R}^2$, der aus $\hat{A}$ in (11.3.7) durch Regularisierung gewonnen wird. Zeigen Sie, dass

$\|A\|^2 = 2\|L\|^2 H + Z^2$ gilt, $A$ also für Energie $E < 0$ und $x \in \Sigma_E$ die Werte in der Kreisscheibe $\|A(x)\| \le Z$ annimmt. Wie viele Orbits in $\Sigma_E$ entsprechen einem Wert $a$ von $A$, für $\|a\| = Z$ bzw. $\|a\| < Z$? ◇

Die in Aufgabe 11.25.2 abgeleitete Form des Orbitraumes ist wesentlich für die Störungstheorie. Sie wird in [Mos3] von MOSER benutzt, um zu zeigen, dass bei kleinen Potentialstörungen von $\hat{H}$ für $d = 2$ mindestens 3, für $d = 3$ mindestens 6 periodische Orbits gegebener Energie $E < 0$ übrigbleiben.

### 11.3.2 Zwei Gravitationszentren

Das sogenannte *$n$–Zentren-Problem* lässt sich nur im eben behandelten Fall $n = 1$ als Spezialfall eines $n$–Körper-Problems auffassen. Wie wir aber sehen werden, hat zumindest das Zweizentren-Problem dennoch Anwendungen in der Himmelsmechanik.

Im $n$–Zentren-Problem wird die Bewegung eines Massenpunktes im Gravitationsfeld von $n$ an voneinander verschiedenen Stellen $s_1, \dots, s_n \in \mathbb{R}^d$ fixierten Gravitationszentren untersucht. Damit ist es einfacher als das $(n+1)$–Körper-Problem.

Für den jetzt behandelten Fall $d = 3$ und $n = 2$ ist der Konfigurationsraum also $\widehat{M} := \mathbb{R}^3 \setminus \{s_1, s_2\}$, und für Massen bzw. Ladungen $Z_1, Z_2 \in \mathbb{R} \setminus \{0\}$ ist

$$V : \widehat{M} \to \mathbb{R} \quad , \quad V(q) = \frac{-Z_1}{\|q - s_1\|} + \frac{-Z_2}{\|q - s_2\|}$$

ein glattes Potential. Die Hamilton–Funktion $\hat{H} : \widehat{P} \to \mathbb{R}$, $\hat{H}(p,q) = \frac{1}{2}\|p\|^2 + V(q)$ auf dem Phasenraum $\widehat{P} := T^*\widehat{M} \cong \mathbb{R}^d \times \widehat{M}$ erzeugt zwar für positive $Z_k$ eine unvollständige Dynamik, aber die Regularisierung bei $s_k$ geht genauso vonstatten wie im Ein-Zentren-Problem des Abschnitts 11.3.1.

Erstaunlicherweise ist das System integrabel. Dies wurde von JACOBI gezeigt, siehe [Jac]. Die Dynamik wurde in der Folge vielfach genauer untersucht. [WDR] enthält eine umfangreiche Literaturliste zum Zwei-Zentrenproblem.

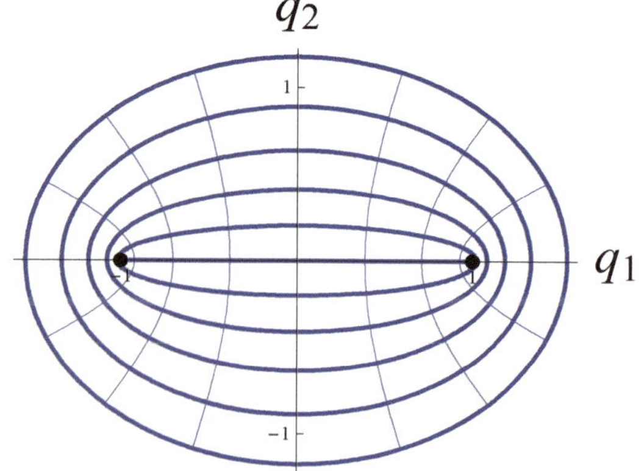


Durch eine euklidische Bewegung und Maßstabsskalierung können wir uns auf den Spezialfall

$$s_1 := \begin{pmatrix} 1 \\ 0 \\ 0 \end{pmatrix} \text{ und } s_2 := \begin{pmatrix} -1 \\ 0 \\ 0 \end{pmatrix}$$

beschränken. Konkret wird die Integration durch Benutzung spheroid-prolater Koordinaten $(\xi, \eta, \varphi) \in (0,\infty) \times (0,\pi) \times S^1$ für $\widehat{M}$ gezeigt (siehe auch Kapitel 4.3 von THIRRING [Th1]), mit

$$q \equiv \begin{pmatrix} q_1 \\ q_2 \\ q_3 \end{pmatrix} = F(\xi,\eta,\varphi) := \begin{pmatrix} \cosh(\xi)\cos(\eta) \\ \sinh(\xi)\sin(\eta)\cos(\varphi) \\ \sinh(\xi)\sin(\eta)\sin(\varphi) \end{pmatrix}.$$

Niveaulinien von $\xi$ und $\eta$ sind nebenstehend dargestellt. Die Funktionaldeterminante ist auf dem genannten Definitionsbereich $(0,\infty)\times(0,\pi)\times S^1$ positiv:

$$\det\left(\mathrm{D}F(\xi,\eta,\varphi)\right) = \left(\cosh^2(\xi)-\cos^2(\eta)\right)\sinh(\xi)\sin(\eta), \qquad (11.3.19)$$

verschwindet aber auf der Achse durch $s_1$ und $s_2$ (denn diese $q_1$–Achse ist punktweise invariant unter der Rotation mit Winkel $\varphi \in S^1$).
Die spheroid-prolaten Koordinaten sind dem Zwei-Zentrenproblem angepasst, denn die Abstände zu den Zentren haben die einfache Form [8]

$$\|q - s_1\| = \cosh(\xi) - \cos(\eta) \quad , \quad \|q - s_2\| = \cosh(\xi) + \cos(\eta).$$

Also ist mit $Z_\pm := Z_2 \pm Z_1$ und $f(\xi,\eta) := \cosh^2(\xi) - \cos^2(\eta)$ das Potential

$$V \circ F(\xi,\eta,\varphi) = \frac{-Z_+\cosh(\xi) + Z_-\cos(\eta)}{f(\xi,\eta)}.$$

Für die hamiltonschen Gleichungen benötigen wir noch dem Koordinatensystem $(\xi,\eta,\varphi)$ angepasste Impulse $(p_\xi,p_\eta,p_\varphi)$. Da sich die Geschwindigkeiten mit der Jacobi–Matrix $\mathrm{D}F$ transformieren, sind die zu diesen dualen Impulse durch die Beziehung

$$p = \begin{pmatrix} p_1 \\ p_2 \\ p_3 \end{pmatrix} = \left(\mathrm{D}F(\xi,\eta,\varphi)^{-1}\right)^\top \begin{pmatrix} p_\xi \\ p_\eta \\ p_\varphi \end{pmatrix}$$

festgelegt. Damit ist

$$p_\varphi = \frac{\partial F_1}{\partial\varphi}p_1 + \frac{\partial F_2}{\partial\varphi}p_2 + \frac{\partial F_3}{\partial\varphi}p_3 = q_2p_3 - q_3p_2$$

eine Konstante der Bewegung: Mit $W(q_1,r) := \frac{-Z_1}{\sqrt{(q_1-1)^2+r^2}} + \frac{-Z_2}{\sqrt{(q_1+1)^2+r^2}}$ und $r := \sqrt{q_2^2+q_3^2}$ ist $V(q) = W(q_1,r)$ und daher

$$\frac{\mathrm{d}p_\varphi}{\mathrm{d}t} = \dot q_2p_3 - \dot q_3p_2 + q_2\dot p_3 - q_3\dot p_2 = p_2p_3 - p_3p_2 + \frac{\partial W}{\partial r}(q_1,r)\left(q_2\frac{q_3}{r} - q_3\frac{q_2}{r}\right) = 0.$$

$p_\varphi$ ist gleich der ersten Komponente des Drehimpulsvektors. Mit dem Satz von Noether (Satz 13.22) folgt die Konstanz von $p_\varphi$ geometrisch aus der Invarianz von $V$ unter Rotationen um die $q_1$–Achse.

Die kinetische Energie ist von der Form

$$\tfrac12\|p\|^2 = \tfrac12(p_\xi,p_\eta,p_\varphi)\left(\mathrm{D}F(\xi,\eta,\varphi)^{-1}\right)\left(\mathrm{D}F(\xi,\eta,\varphi)^{-1}\right)^\top \begin{pmatrix} p_\xi \\ p_\eta \\ p_\varphi \end{pmatrix}.$$

Für die Anfangswerte $x_0 \in \widehat{P}$ sei $\ell := p_\varphi(x_0)$ und $E := \hat H(x_0)$. Damit ist die Form von $\hat H - E$ in den neuen Koordinaten wegen $\left(\mathrm{D}F^{-1}\right)\left(\mathrm{D}F^{-1}\right)^\top =$

[8] Da aus diesen Beziehungen $\cosh(\xi) = \frac12(\|q-s_1\| + \|q+s_1\|)$ folgt, sind die Niveauflächen von $\xi$ tatsächlich die Rotationsellipsoide mit den Brennpunkten $s_i$.

$\left(\mathrm{D}F^\top \mathrm{D}F\right)^{-1}$ und $\mathrm{D}F^\top \mathrm{D}F\,(\xi,\eta,\varphi) = \frac{\mathrm{diag}(1,1,\sinh(\xi)^{-2}+\sin(\eta)^{-2})}{f(\xi,\eta)}$ gleich

$$f(\xi,\eta)^{-1}\Big(H_\xi(p_\xi,\xi) + H_\eta(p_\eta,\eta)\Big),$$

für $H_\xi(p_\xi,\xi) := \frac{1}{2}p_\xi^2 + V_\xi(\xi)$ mit

$$V_\xi(\xi) := \frac{\ell^2}{2\sinh^2(\xi)} - Z_+\cosh(\xi) - E\cosh^2(\xi)$$

und $H_\eta(p_\eta,\eta) := \frac{1}{2}p_\eta^2 + V_\eta(\eta)$ mit

$$V_\eta(\eta) := \frac{\ell^2}{2\sin^2(\eta)} + Z_-\cos(\eta) + E\cos^2(\eta)\,.$$

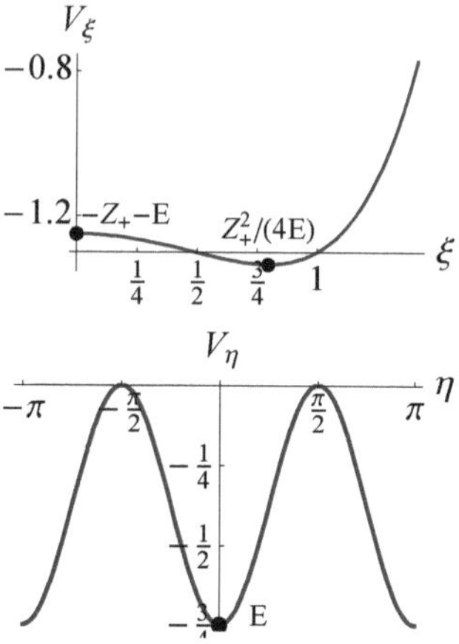

Die Potentiale $V_\xi$ und $V_\eta$ für $\ell = 0$, $Z_1 = Z_2 = 1$ und $E = -3/4$

Durch Übergang zum erweiterten Phasenraum $\widehat{P} \times T^*\mathbb{R} \cong \widehat{P} \times \mathbb{R}_E \times \mathbb{R}_s$ und Benutzung des neuen Zeitparameters $s$ mit

$$\frac{\mathrm{d}t}{\mathrm{d}s} = f(\xi,\eta)$$

separiert die neue Hamilton–Funktion [9] $\mathcal{H} : \widehat{P} \times T^*\mathbb{R} \to \mathbb{R}$:

$$\mathcal{H}(p_\xi,\xi,p_\eta,\eta;E,s) = f(\xi,\eta)(\hat{H} - E) = H_\xi(p_\xi,\xi) + H_\eta(p_\eta,\eta)\,.$$

Die Bewegung auf $\mathcal{H}^{-1}(0)$ stimmt – bis auf Zeitparametrisierung – mit der auf $\hat{H}^{-1}(E)$ überein. Für

$$K := H_\xi(x_0) = -H_\eta(x_0)$$

haben wir drei im allgemeinen unabhängige Konstanten der Bewegung, nämlich $\hat{H}$, $H_\xi$ und $p_\phi$, mit Werten $E, K$ und $\ell$.

In Abbildung 11.3.2 sehen wir drei in der $q_1 - q_2$–Ebene liegende Trajektorien (für die also der Drehimpulswert $\ell = 0$ ist). Sie liegen ganz im durch $V(q) \leq E$ definierten Hillschen Gebiet. Letzteres ist symmetrisch unter der Spiegelung an der $q_1$–Achse (und hier auch an der $q_2$–Achse, denn es wurde $Z_1 = Z_2 = 1$ gewählt). Außerdem ist es zusammenhängend, denn der Wert $E = -3/4$ der Gesamtenergie ist größer als der Wert $V(0) = -Z_+ = -Z_1 - Z_2$ des Sattelpunktes. Wir bemerken folgendes:

- Im linken Bild enthält der projizierte 2–Torus keine der Singularitäten $s_1, s_2$, sondern die Trajektorien bewegen sich z.B. im Gegenuhrzeigersinn um diese herum. Wegen der Zeitumkehr-Symmetrie $(p_1,p_2,q_1,q_2) \mapsto (-p_1,-p_2,q_1,q_2)$ gibt es noch einen zweiten invarianten Torus mit den gleichen Konstanten $K$ und $E$, entsprechend einer Bewegung im Uhrzeigersinn.

[9] Diese Definition von $\mathcal{H}$ ist schlampig geschrieben, denn $\hat{H}$ ist Funktion der *kartesischen* Koordinaten.

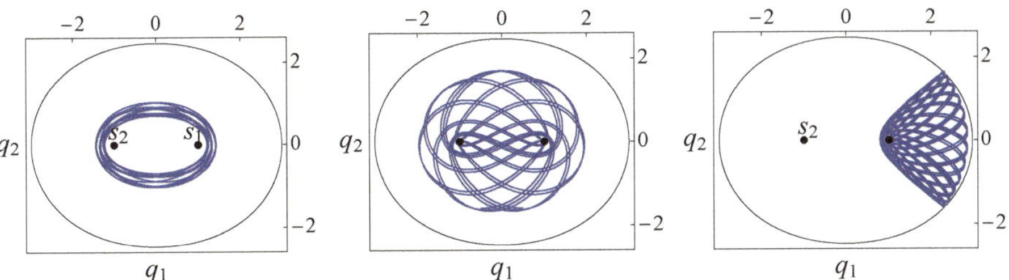


Abbildung 11.3.2: Drei Trajektorien im Zweizentren-Potential für Energie $E = -3/4$, Drehimpuls $\ell = 0$ und unterschiedliche Werte $K_i$ der Konstanten der Bewegung $H_\xi$

- Im mittleren Bild enthält die Projektion des invarianten 2–Torus auf den Konfigurationsraum beide Singularitäten $s_1, s_2$.
- Im rechten Bild verbleibt die Trajektorie in der Nähe von $s_1$. Zu dem Wert $K$ der Konstanten der Bewegung existiert (wegen der Symmetrie $(p_1, p_2, q_1, q_2) \mapsto (-p_1, p_2, -q_1, q_2)$) neben dem invarianten 2–Torus dieser Trajektorie noch ein zweiter, dessen Projektion auf das Hillsche Gebiet nur $s_2$ enthält.

Die *Verzweigungsmenge* ist durch die Menge der Werte gegeben, für die die Abbildung vom Phasenraum in den Raum der Konstanten der Bewegung nicht *lokal trivial* ist (siehe Definition 7.23). Für den Fall $\ell = 0$ erhalten wir eine Bewegung in einer Ebene.

Durch Untersuchung der Extrema von $V_\xi$ und $V_\eta$ stellen wir fest, dass für den einfachsten (zweidimensionalen) Fall $\ell = 0$ das Bild von $(\hat{H}, H_\xi)$ der Abschluss eines Gebietes im $\mathbb{R}^2$ ist, welches durch die Graphen folgender Kurven begrenzt wird: Aus $K = H_\xi \geq V_\xi$ ergibt sich $K \geq K_+(E)$ mit

$$K_+(E) := \begin{cases} \frac{Z_+^2}{4E} & , 0 > E > -Z_+/2 \\ -(Z_+ + E) & , E \leq -Z_+/2 \end{cases},$$

aus $-K = H_\eta \geq V_\eta$ ergibt sich $K \leq K_-(E)$ mit

$$K_-(E) := \begin{cases} \frac{Z_-^2}{4E} & , E > |Z_-|/2 \\ |Z_-| - E & , E \leq |Z_-|/2 \end{cases}.$$

Für die symmetrische Situation $Z_1 = Z_2$ ist das Verzweigungsdiagramm (siehe Abbildung) die Vereinigung der beiden Randkurven $K_\pm$ und der drei Geraden im Bild von $(\hat{H}, H_\xi)$

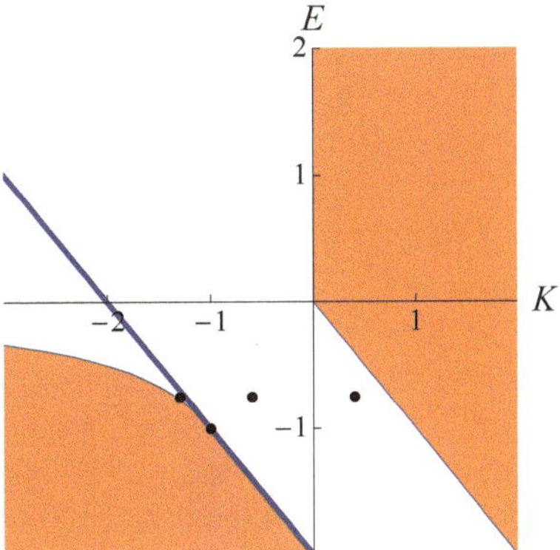


Verzweigungsdiagramm für das Zweizentren-Problem mit $\ell = 0$ und $Z_1 = Z_2 = 1$

- $E = 0$, entsprechend dem Übergang von kompakten zu nicht kompakten

Energieflächen,

- $K = 0$, entsprechend dem kritischen Wert von $V_\eta$ bei $\eta = \pm\pi/2$
- und $K_0(E) := -(Z_+ + E)$. Diese Gerade $K_0$ entspricht den $(\hat{H}\,, H_\xi)$–Werten des periodischen Orbits, der zwischen $s_1$ und $s_2$ oszilliert, der also den konstanten Koordinatenwert $\xi = 0$ hat.

Im Verzweigungsdiagramm entsprechen die drei Punkte bei Energie $E = -3/4$ in ihrer Position (links, Mitte, rechts) den drei Trajektorien aus Abbildung 11.3.2. In WAALKENS, DULLIN und RICHTER [WDR] wird die Verzweigung auch für ungleiche Massen/Ladungen und für $d = 3$ Freiheitsgrade analysiert.

Nicht alle Trajektorien positiver Energie $E$ sind Streubahnen. Der gebundene Orbit, der zwischen den beiden Zentren hin und her läuft, ist hyperbolisch und besitzt damit instabile und stabile Mannigfaltigkeiten. Diese sind $d$–dimensional und besitzen den Parameterwert $K(E)$.

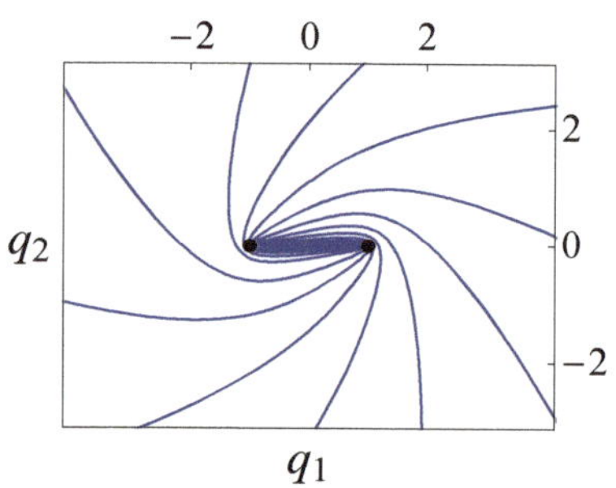


In der nebenstehenden Abbildung sieht man für $d = 2$ die Konfigurationsraum-Projektion einer Familie von Trajektorien, die eine solche Mannigfaltigkeit bilden. Wegen der Reversibilität der Bewegung sehen diese Bahnen für die in der Vergangenheit gebundenen *Entweichorbits* und in der Zukunft gebundenen *Einfangorbits* gleich aus, nur die Durchlaufrichtung unterscheidet sich.

**11.26 Bemerkung (Das Gravitationsfeld der Erde)**
Newton bemerkte 1687, dass die rotierende Erde an ihren Polen abgeplattet sein müsse. In *Proposition XIX, Problem III* des Band III seiner *Principia* [Ne] folgerte er aus einer Berechnung, die die Erde wie einen Flüssigkeitstropfen behandelte:

...and therefore the diameter of the earth at the equator is to its diameter from pole to pole as 230 to 229.'

Dies wurde durch Messungen im Wesentlichen bestätigt.[10] Obwohl die Erdoberfläche mit den Bergen Höhenunterschiede im Kilometerbereich aufweist, unterscheidet sich das *Geoid*, also die idealisierte Äquipotentialfläche des Gravitationsfeldes auf Meereshöhe, von einem Rotationsellipsoid um kaum 100 Meter.

Dieses Rotationsellipsoid ist fast raumfest. Satellitenbahnen sind damit in guter Näherung integrabel. Zwar modelliert das Zweizentren-Modell ein prolates (zigarrenförmiges) Rotationsellipsoid. Es kann aber durch analytische Fortsetzung auf die oblate (abgeplattete) Form der Erde angewandt werden.

---

[10]Die tatsächliche Abplattung beträgt nur etwa 1/298. Da die Dichte der Erde gegen den Mittelpunkt zunimmt, ist Newtons Berechnung eine obere Schranke für die Abplattung.
Umgekehrt ging HUYGENS in [Huy] bei seiner Berechnung der Abplattung von einer im Erdmittelpunkt konzentrierten Masse aus. Aus der Forderung, dass die Summe aus Schwerkraft und Fliehkraft senkrecht auf der Erdoberfläche wirke, berechnete er eine Abplattung von $1/578$ — und damit eine untere Schranke.

Heute sind durch GPS- und andere Techniken die Satellitenbahnen bis Zentimetergenauigkeit messbar. Dadurch wird es möglich, Abweichungen des (harmonischen) Gravitationsfeldes von dem des Zweizentren-Modells sehr genau zu bestimmen. Daraus ergibt sich zwar noch nicht direkt die Dichteverteilung der Erde (siehe dazu Aufgabe 12.37). Trotzdem sind auf diese wichtige Rückschlüsse möglich. ◇

### 11.3.3 Das $n$–Körper-Problem

*„D'ailleurs, ce qui nous rend ces solutions périodiques si précieuses, c'est qu'elles sont, pour ainsi dire, la seule bréche par où nous puissions essayer de pénétrer dans une place jusqu'ici réputée inabordable."* HENRI POINCARÉ, in: Les Méthodes nouvelles de la mécanique céleste, Band 1, §36.[11]

Im Gegensatz zum Zwei-Körper-Problem ist die Bewegung von drei oder mehr Massenpunkten nicht integrabel. Zwar versuchten sich die besten Mathematiker seit Newtons Zeiten an der expliziten Lösung der Bewegungsgleichungen. Dass aber Eigenschaften des Systems selbst und nicht mangelnde menschliche Fähigkeiten am Scheitern dieser Anstrengungen schuld sein könnten, drang erst allmählich ins Bewußtsein.

1887 zeigte HEINRICH BRUNS in [Br], dass neben den bekannten 10 Integralen der Bewegung (Aufgabe 11.21) das $n$–Körper-Problem keine von diesen unabhängige Integrale aufweist, die algebraische Phasenraumfunktionen sind. Dies bedeutet für sich genommen noch nicht, dass das System nicht integrabel ist, zeigte aber, dass gewisse Lösungsansätze erfolglos bleiben mussten (siehe auch [Whi] von WHITTAKER, §164).

Schon im 18ten Jahrhundert wurden jedoch spezielle, besonders symmetrische Lösungen des $n$–Körper-Problems gefunden. Dafür genügt eine Betrachtung im Schwerpunktsystem, das heißt auf der Mannigfaltigkeit

$$\widehat{M}_0 := \left\{ q \in \widehat{M} \mid \textstyle\sum_{k=1}^n m_k q_k = 0 \right\}.$$

Die Diagonalmatrix $\mathcal{M} := \bigoplus_{k=1}^n m_k \mathbb{1}_d \in \mathrm{Mat}(nd, \mathbb{R})$ wird als *Massenmatrix* bezeichnet[12]. Mit ihr besitzen die hamiltonschen Gleichungen von (11.3.1) die Form

$$\mathcal{M}\dot{q} = p \quad , \quad \dot{p} = -\nabla V(q) \qquad , \text{ oder } \qquad \mathcal{M}\ddot{q} = -\nabla V(q) .$$

[11] Übersetzung: Was die periodischen Lösungen für uns so wertvoll macht, ist, dass sie sozusagen die einzige Bresche bilden, durch die wir versuchen können, an einen für uns bisher unzugänglichen Ort zu gelangen.
Tatsächlich baut die semiklassische Theorie chaotischer Systeme erfolgreich auf der Basis periodischer Orbits auf. Stichworte sind hier die Spurformeln von Selberg und von Gutzwiller. Dies wird im netzbasierten *Chaos Book* [Cv] von CVITANOVIĆ und anderen ausführlich dargestellt.

[12] In (12.6.2) wird das $\mathcal{M}$ entsprechende Skalarprodukt definiert.

**11.27 Beispiel (Zentralkollisionen)**
Beginnen wir mit der Ableitung spezieller Lösungen der Form $q(t) = r(t)q_0$ mit $q_0 \in \widehat{M}_0$ und $r(t) > 0$, $r(0) = 1$. Da $\nabla V$ homogen vom Grad -2 ist, folgt

$$\ddot{r}\,\mathcal{M}q_0 = -r^{-2}\,\nabla V(q_0) \qquad \text{, also} \qquad c\,\mathcal{M}q_0 = \nabla V(q_0) \quad \text{und} \quad \ddot{r} = -cr^{-2},$$

mit $c > 0$. Von der hamiltonschen Differentialgleichung $\ddot{r} = -cr^{-2}$ ist schon aus Aufgabe 3.41 bekannt, dass sie nur Lösungen besitzt, die in mindestens einer Zeitrichtung Kollisionen aufweisen. Da alle Teilchen gleichzeitig am Nullpunkt kollidieren, spricht man von einer *Zentralkollision.*

Für jede Lösung von $c\,\mathcal{M}q_0 = \nabla V(q_0)$ ist die Proportionalitätskonstante $c = \frac{-V(q_0)}{\langle q_0, \mathcal{M}q_0\rangle}$. Dies ergibt sich durch Skalarmultiplikation beider Seiten mit $q_0$, denn $\langle q_0, \nabla V(q_0)\rangle = -V(q_0)$.

Die Gleichung $c\,\mathcal{M}q_0 = \nabla V(q_0)$ ist

- für $n = 2$ Teilchen für jedes $q_0 \in \widehat{M}_0$ erfüllbar, weil im Schwerpunktsystem die beiden mit den Massen multiplizierten Orte einander negativ gleich sind.
- Auch für $n \geq 3$ Teilchen kann man aus einer Lösung $q_0$ durch Drehung oder Drehspiegelung mit $O \in \mathrm{O}(d)$ und Streckung um $\lambda > 0$ eine neue Lösung $\lambda(O \oplus \ldots \oplus O)q_0$ konstruieren. $\diamond$

Der obige Ansatz liefert nach Verallgemeinerung auch Lösungen des $n$–Körper-Problems, die kollisionsfrei sind. Die folgenden Begriffe haben sich eingebürgert:

**11.28 Definition**

- *Eine Konfiguration $q \in \widehat{M}_0$ heißt* **zentral**, *wenn die Vektoren $\nabla V(q)$ und $\mathcal{M}q$ linear abhängig sind.*
- *Zwei zentrale Konfigurationen $q, q' \in \widehat{M}_0$ heißen* **äquivalent**, *wenn sie auseinander durch orthogonale Transformation aus $\mathrm{O}(d)$ und Streckung hervorgehen.*
- *Eine Lösung $I \ni t \mapsto q(t) \in \widehat{M}_0$ des $n$–Körper-Problems heißt* **homographisch**, *wenn für alle Zeiten $s, t \in I$ die Konfigurationen $q(s)$ und $q(t)$ zueinander äquivalent sind.*
- *Eine Konfiguration $q = (q_1, \ldots, q_n) \in \widehat{M}_0$ heißt* **kollinear** *(bzw.* **planar***), wenn $\mathrm{span}(q_1, \ldots, q_n) \subset \mathbb{R}^d$ eindimensional (bzw. höchstens zweidimensional) ist.*

**11.29 Satz** *Es sei $\hat{q} = (q_1, \ldots, q_n) \in \widehat{M}_0$ eine planare Zentralkonfiguration, also ohne Beschränkung $d = 2$. $t \mapsto \big(r(t), \varphi(t)\big)$ sei eine Lösung des Kepler–Problems (11.3.3) mit Parameter $Z := \frac{V(\hat{q})}{\langle \hat{q}, \mathcal{M}\hat{q}\rangle}$, in Polarkoordinaten mit $r(0) = 1$. Dann ist für die Matrixfunktion $t \mapsto A(t) := r(t)R(t)$ mit $R(t) := \begin{pmatrix} \cos(\varphi(t)) & -\sin(\varphi(t)) \\ \sin(\varphi(t)) & \cos(\varphi(t)) \end{pmatrix}$*

$$t \mapsto q(t) := \big(A(t)q_1, \ldots, A(t)q_n\big) \in \widehat{M}_0$$

*eine homographische Lösung des $n$–Körper-Problems.*

**Beweis:** Es ist mit $\mathbb{J} = \begin{pmatrix} 0 & -1 \\ 1 & 0 \end{pmatrix}$

$$\begin{aligned} \ddot{q}(t) &= \big(\ddot{r}(t) - r(t)\dot{\varphi}^2(t)\big)\,\big(R(t)q_1, \ldots, R(t)q_n\big) \\ &\quad + \big(r(t)\ddot{\varphi}(t) + 2\dot{r}(t)\dot{\varphi}(t)\big)\big(R(t)\mathbb{J}q_1, \ldots, R(t)\mathbb{J}q_n\big)\,. \end{aligned}$$

Wegen der Form (1.5) der Kepler-DGL in Polarkoordinaten fällt der zweite Summand weg. Nach der Newton–Gleichung und da $\hat{q}$ Zentralkonfiguration ist, gilt $\ddot{q} = -\mathcal{M}^{-1}\nabla V(q) = \frac{V(q)}{\langle q, \mathcal{M}q\rangle} q = \frac{V(\hat{q})}{\langle \hat{q}, \mathcal{M}\hat{q}\rangle}\frac{q}{r^3}$. Mit der obigen Konstante $Z$ ist dies auch mit der Radialkomponente der Kepler–Gleichung (1.5) vereinbar. □

Wir suchen also nach nicht zueinander äquivalenten zentralen Konfigurationen des $n$–Körperproblems, $n \geq 2$.

### 11.30 Satz (Moulton [Mou])

*Es gibt genau $n!/2$ Äquivalenzklassen kollinearer Zentralkonfigurationen.*

**Beweis:** [Teilweise nach [13]]

• Ohne Beschränkung der Allgemeinheit nehmen wir für die Repräsentanten $q \in \widehat{M}_0$ der Äquivalenzklassen an, dass

$$\mathrm{span}(q_1, \ldots, q_n) = \mathrm{span}(e_1) \qquad \big(\text{mit } e_1 = (1, 0, \ldots, 0)^\top \in \mathbb{R}^d\big).$$

Wir schreiben entsprechend $q_k = r_k e_1$. Damit gibt es genau eine Permutation $\pi \in S_n$ mit $r_{\pi(1)} < r_{\pi(2)} < \ldots < r_{\pi(n)}$. Wir zeigen umgekehrt, dass es für jedes $\pi \in S_n$ genau eine Folge $r = (r_1, \ldots, r_n)$ mit $r_{\pi(1)} < r_{\pi(2)} < \ldots < r_{\pi(n)}$, $\sum_{k=1}^n m_k r_k = 0$ und der Normierung $\sum_{k=1}^n m_k r_k^2 = 1$ gibt, die das skalare Analogon (mit $\tilde{\mathcal{M}} := \mathrm{diag}(m_1, \ldots, m_n)$)

$$F(r) := \tilde{\mathcal{M}}^{-1}\nabla U(r) + U(r)r = 0 \quad \text{mit} \quad U(r) := -\sum_{1 \leq k < \ell \leq n} \frac{m_k m_\ell}{|r_k - r_\ell|} \tag{11.3.20}$$

der Bedingungsgleichung $c\,\mathcal{M}q = \nabla V(q)$ erfüllt (in der Normierung $\sum_{k=1}^n m_k r_k^2 = 1$ ist ja $c = -U(r)$).

• Diesem $r = (r_1, \ldots, r_n)$ entspricht dann ein Repräsentant $(q_1, \ldots, q_n)$ einer Äquivalenzklasse kollinearer Zentralkonfigurationen.

Lösungen zu $\pi \neq \sigma \in S_n$ entsprechen genau dann der gleichen Äquivalenzklasse, wenn $\pi(k) = \sigma(n-k)$ $\quad (k = 1, \ldots, n)$ gilt, also die Reihenfolge auf der Achse durch Spiegelung umgekehrt wird. Daraus ergibt sich dann die behauptete Anzahl $n!/2$.

• Die Kraft $F$ aus (11.3.20) ist tangential zur Sphäre

$$S_{\tilde{\mathcal{M}}} := \big\{r \in \mathbb{R}^n \mid \textstyle\sum_{k=1}^n m_k r_k = 0,\ \langle r, \tilde{\mathcal{M}}r\rangle = 1\big\}\,,$$

denn der auf dieser bei $r$ senkrechte Vektor $\tilde{\mathcal{M}}r$ besitzt das Skalarprodukt

$$\langle \tilde{\mathcal{M}}r, F(r)\rangle = \langle r, \nabla U(r)\rangle + \langle r, \tilde{\mathcal{M}}r\rangle U(r) = \langle r, \nabla U(r)\rangle + U(r) = 0\,.$$

[13] R. Moeckel, Celestial Mechanics (Especially Central Configurations), Course at CIME, Trieste (1994)

• Wir betrachten ohne Beschränkung der Allgemeinheit das der identischen Permutation entsprechende Gebiet $G := \{r \in S_{\tilde{\mathcal{M}}} \mid r_1 < \ldots < r_n\}$ der Sphäre. Dieses ist als Schnitt von $S_{\tilde{\mathcal{M}}}$ mit den $n-1$ Halbräumen $r_k < r_{k+1}$ für $n > 2$ diffeomorph zu einem offenen $(n-2)$–Simplex. Die Restriktion $U_G : G \to \mathbb{R}$ des Potentials $U$ auf $G$ ist glatt. Da die Tangentialvektoren $v \in T_r G$ nach Definition bezüglich des Skalarproduktes $\langle \cdot, \cdot \rangle_{\tilde{\mathcal{M}}} := \left\langle \cdot, \tilde{\mathcal{M}} \cdot \right\rangle$ auf dem Vektor $r$ senkrecht stehen, gilt

$$\langle F(r), v \rangle_{\tilde{\mathcal{M}}} = \left\langle \tilde{\mathcal{M}}^{-1} \nabla U(r) + U(r) r, v \right\rangle_{\tilde{\mathcal{M}}} = \langle \nabla U(r), v \rangle = \mathrm{D}U(r)\, v\,.$$

$F$ ist damit das Gradientenvektorfeld von $U_G$ bezüglich des Skalarproduktes $\langle \cdot, \cdot \rangle_{\tilde{\mathcal{M}}}$. Insbesondere ist eine Maximalstelle $r \in G$ von $U_G$ Lösung der Bedingungsgleichung $F(r) = 0$.
• Eine solche Maximalstelle existiert, denn $\lim_{r \to \partial G} U_G(r) = -\infty$.
• Sie ist in $G$ eindeutig, denn $U_G$ ist eine strikt konkave Funktion (Aufgabe!). □

Für das drei-Körper-Problem ergeben sich drei Familien kollinearer Zentralkonfigurationen. Diese wurden von EULER 1767 in [Eu] gefunden.

LAGRANGE fand 1772 in [Lag] eine weitere Familie planarer Zentralkonfigurationen des drei-Körper-Problems. In der astronomischen Literatur wird diese in zwei Familien aufgeteilt. Gegeben die Positionen der ersten beiden Massenpunkte in der Ebene bilden die als *Lagrange–Punkte* $L_4$ und $L_5$ bezeichneten Orte des dritten Massenpunktes mit diesen ein gleichseitiges Dreieck. Die entsprechenden Orte des dritten Massenpunktes in den kollinearen Euler-Lösungen werden mit $L_1$, $L_2$ und $L_3$ bezeichnet.

**11.31 Satz (Lagrange)**
*Die nicht kollinearen Zentralkonfigurationen des drei-Körper-Problems haben die Form eines gleichseitigen Dreiecks.*

**Beweis:** Die Zentralkonfiguration $q = (q_1, q_2, q_3) \in \widehat{M_0}$ erfüllt die Gleichungen

$$c\, q_k = \sum_{\ell \neq k} m_\ell \frac{q_k - q_\ell}{\|q_k - q_\ell\|^3} \qquad (k = 1, 2, 3).$$

Durch Summation unter Benutzung der Schwerpunktbedingung $-\sum_{\ell \neq k} m_\ell q_\ell = m_k q_k$ ergibt sich

$$\sum_{\ell \neq k} m_\ell \left( \frac{1}{\|q_k - q_\ell\|^3} - \frac{c}{m_1 + m_2 + m_3} \right) (q_k - q_\ell) = 0 \qquad (k = 1, 2, 3).$$

Nach Voraussetzung sind die beiden Vektoren $q_k - q_\ell$ dieser Summe linear unabhängig, also ihre Faktoren $\|q_k - q_\ell\|^{-3} - c/(m_1 + m_2 + m_3)$ gleich Null. Damit sind alle Seitenlängen $\|q_k - q_\ell\|$ einander gleich. □

**11.32 Bemerkungen (Zentralkonfigurationen)**

1. Erstaunlich ist, dass sich auch für ungleiche Massen ein gleichseitiges Dreieck ergibt.
2. Über die von ihm gefundenen periodischen Lösungen des drei-Körper-Problems schrieb Lagrange in [Lag], Seite 230: „Cette recherche n'est à la vérité que de pure curiosité" [14]. Tatsächlich wurden erst 1906 Himmelskörper bekannt, die sich in der Nähe eines Lagrange–Punktes aufhalten. Diese sogenannten Trojaner bevölkern die Nachbarschaft von $L_4$ und $L_5$ des durch die Sonne und ihren schwersten Planeten Jupiter gebildeten Paars. Heute geht man von der Existenz von einer Million Trojanern mit Durchmessern über einem Kilometer aus.

   Für das Paar Erde-Sonne werden die (instabilen) Lagrange–Punkte $L_1$ und $L_2$ als Satellitenstandorte genutzt.
3. Für $n > 3$ Teilchen wird die Struktur der Zentralkonfigurationen schnell kompliziert. Immerhin ist für $n = 4$ Massenpunkte seit dem Artikel [HaMo] von Hampton und Moeckel bekannt, dass es nur endlich viele Äquivalenzklassen planarer Zentralkonfigurationen gibt (vermutlich masseabhängig zwischen 32 und 50). In [AlK] beweisen Albouy und Kaloshin ähnliche Resultate für $n = 5$.
4. Die fünf Lagrange–Punkte führen zu Verzweigungen für die durch die Konstanten der Bewegung gegebene Abbildung und zu Veränderungen der Topologie der Urbilder.

   Steven Smale hat in [Sm2] das $n$–Körper-Problem auf solche Verzweigungen hin untersucht. ◇

Die Lagrange–Punkte dienen als Ausgangsbasis für ein besseres Verständnis des drei-Körper-Problems. Vielleicht am einfachsten sieht man dies im Zusammenhang des *restringierten drei-Körper-Problems.* Bei diesem bewegt sich eine Masse im Feld zweier um ihren Schwerpunkt kreisender Sterne. Es unterscheidet sich vom integrablen Zwei-Zentren-Problem also durch die Rotation mit konstanter Winkelgeschwindigkeit.

Das nicht restringierte planare drei-Körper-Problem läßt sich durch Betrachtung des Raums seiner äquivalenten Konfigurationen besser verstehen. Es werden dabei die Konfigurationen $q = (q_1, q_2, q_3) \in \widehat{M_0}$ in Äquivalenzklassen durch Drehung und Streckung auseinander hervorgehender Dreiecke eingeteilt. Die entstehende Mannigfaltigkeit besitzt die Topologie einer punktierten Sphäre $S^2 \setminus \{p_1, p_2, p_3\}$, siehe Abbildung 11.3.4.

Dies sieht man, indem man die Differenzvektoren $q_2 - q_1$ und $q_3 - q_1$ als von Null verschiedene komplexe Zahlen interpretiert. Der Quotient $\frac{q_3 - q_1}{q_2 - q_1}$ charakterisiert die Äquivalenzklasse. Alle Punkte in $\mathbb{C} \setminus \{0, 1\}$ kommen als Quotienten vor. Via stereographischer Projektion entspricht $\mathbb{C} \setminus \{0, 1\}$ der dreifach gelochten

[14]Übersetzung: Diese Untersuchung geschieht in Wirklichkeit aus reiner Neugier.

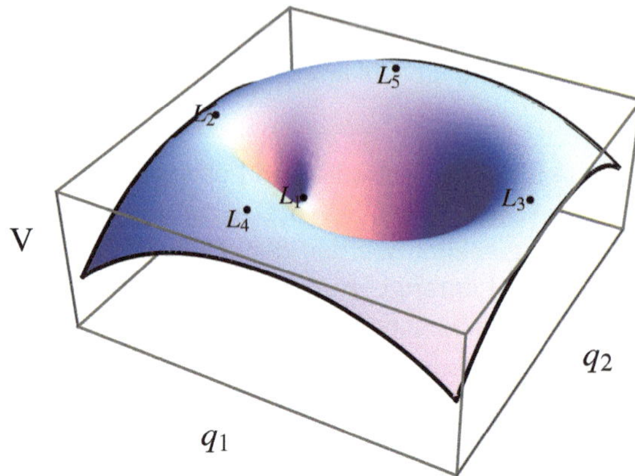


Abbildung 11.3.3: Potential des restringierten drei-Körper-Problems, mit den fünf Lagrange–Punkten

Zwei–Sphäre. Die drei Punkte auf der sogenannten *Formsphäre* entsprechen den drei zwei-Körper-Kollisionen.

**11.33 Definition** *Eine planare $T$–periodische Lösung*

$$t \mapsto q(t) = \big(q_1(t), \dots, q_n(t)\big) \in \widehat{M_0}$$

*des $n$–Körper-Problems heißt* **Choreographie**, *wenn für die Bahnen der $n$ Massenpunkte gilt:*

$$q_{k+1}(t) = q_1(t - Tk/n) \qquad (t \in \mathbb{R},\ k = 1, \dots, n-1),$$

*sie also in gleichem zeitlichen Abstand die gleiche Bahn in der Ebene durchlaufen.*

In den letzten Jahren wurden zahlreiche Choreographien gefunden, insbesondere eine, bei der drei gleiche Massen eine ‚Acht' durchlaufen (siehe Abbildung 11.3.5). Diese ist stabil, sodass die Möglichkeit besteht, dass irgendwo im Weltraum drei Sterne diesen merkwürdigen Tanz aufführen.

Wichtiger ist, dass diese und andere Choreographien eventuell einen geometrischeren Zugang zum drei-Körper-Problem eröffnen: Aufgefasst als Kurve auf der Formsphäre, wickelt sich die ‚Acht' entlang des Äquators um die drei Kollisionssingularitäten. Die allgemeine Frage ist, welche Homotopieklassen kollisionsfreier geschlossenen Kurven auf der Formsphäre Lösungen als Repräsentanten besitzen.

**11.34 Weiterführende Literatur**
Die Literatur zum himmelsmechanischen $n$–Körper-Problem ist kaum überschaubar. Die Lehrbücher [AM, DH, HaMe, Mos4, SM] bieten Einstiege in seine verschiedenen Facetten, [Sa] hat eine ungewöhnliche Themenauswahl. ◇

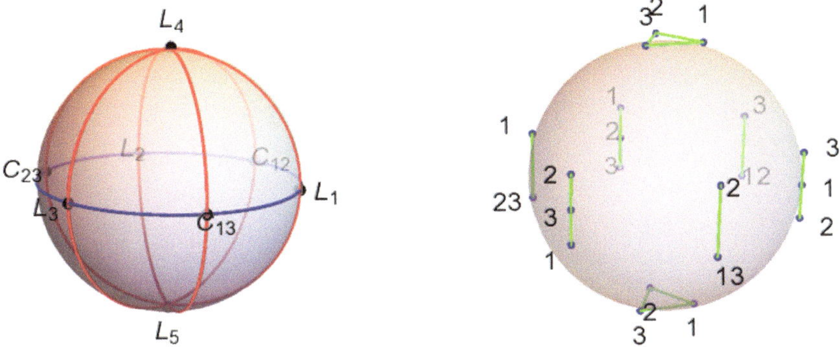


Abbildung 11.3.4: Die Formsphäre, mit den fünf Lagrange–Punkten $L_1, \ldots, L_5$ und den drei Kollisionspunkten $C_{kl}$. Der Äquator parametrisiert die kollinearen Konfigurationen, die anderen drei Großkreise die gleichschenkligen.

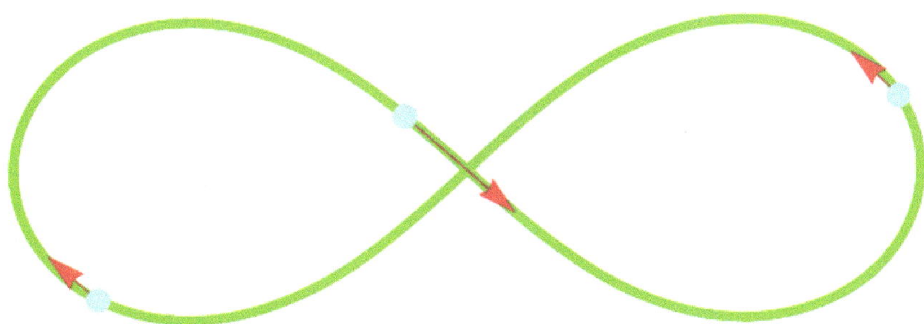

Abbildung 11.3.5: Eine stabile Lösung des drei-Körper-Problem, nach CHENCINER und MONTGOMERY [CM, Mon2]

# Kapitel 12

# Streutheorie

Billard. [1]



Ein Großteil unseres Wissens über Moleküle, Atome und Elementarteilchen stammt aus Streuexperimenten, in denen Teilchen definierter Anfangsgeschwindigkeit

[1]Foto: `https://commons.wikimedia.org/wiki/File:Billard.JPG`, August 2006, Foto: Noé Lecocq in Zusammenarbeit mit H. Caps. Mit freundlicher Genehmigung von Noé Lecocq

miteinander oder mit einem feststehenden Target kollidieren. Nach dem Streuprozess wird registriert, welche Teilchen mit welcher Geschwindigkeit auftreten. Auch wenn die richtige Sprache zur Beschreibung dieser Prozesse die Quantenmechanik ist, stimmen deren Voraussagen in manchen Situationen in guter Näherung mit denen der Klassischen Mechanik überein.

Beispiele von klassischen Streuprozessen ist der von Billardkugeln oder von einem Kometen im Schwerefeld unseres Sonnensystems.

## 12.1 Potentialstreuung

*„Die geradlinige Bewegung tritt also nur ein, wenn die Dinge sich nicht richtig verhalten und nicht vollkommen ihrer Natur gemäß sind, indem sie sich vom Ganzen trennen und seine Einheit verlassen."* NIKOLAUS KOPERNIKUS, in *De Revolutionibus Orbium Coelestium* (1543) [Kop]

Wir untersuchen zunächst den Fall der Streuung eines (klassischen) Teilchens in einem langreichweitigen Potential. Dieses wird durch die Hamilton–Funktion

$$H(p,q) := \tfrac{1}{2}\|p\|^2 + V(q) \quad \text{auf dem Phasenraum } P := \mathbb{R}^d_p \times \mathbb{R}^d_q \tag{12.1.1}$$

beschrieben, wobei das Potential $V \in C^2(\mathbb{R}^d_q, \mathbb{R})$ bei Unendlich gegen Null geht. In der Streutheorie unterscheidet man kurz- und langreichweitige Potentiale, die mit der geglätteten Betragsfunktion

$$\langle \cdot \rangle : \mathbb{R}^d \to [1,\infty) \quad , \quad \langle q \rangle := \sqrt{\|q\|^2 + 1}$$

und Multiindices $\alpha = (\alpha_1, \ldots, \alpha_d) \in \mathbb{N}_0^d$, $|\alpha| := \alpha_1 + \ldots + \alpha_d$ und die durch sie indizierten partiellen Ableitungen $\partial^\alpha := \frac{\partial^{\alpha_1}}{\partial^{\alpha_1}_{q_1}} \cdots \frac{\partial^{\alpha_d}}{\partial^{\alpha_d}_{q_d}}$ wie folgt definiert werden:

**12.1 Definition (Klassen von Potentialen)** $V \in C^2(\mathbb{R}^d, \mathbb{R})$ *heißt*

- **langreichweitig**, *wenn für geeignete* $\varepsilon > 0,\ c > 0$ *gilt*

$$|\partial^\alpha V(q)| \le c\,\langle q \rangle^{-|\alpha|-\varepsilon} \qquad (q \in \mathbb{R}^d, |\alpha| \le 2),$$

- **kurzreichweitig**, *wenn für geeignete* $\varepsilon > 0,\ c > 0$ *gilt*

$$|\partial^\alpha V(q)| \le c\,\langle q \rangle^{-|\alpha|-1-\varepsilon} \qquad (q \in \mathbb{R}^d, |\alpha| \le 2).$$

**12.2 Bemerkungen (Reichweite und Asymptotik)**

1. Ist $V$ kurzreichweitig, dann ist $V$ auch langreichweitig, mit denselben Konstanten $\varepsilon$ und $c$.

2. Wie in Satz 12.11 gezeigt wird, besitzen kurzreichweitige Potentiale die Eigenschaft, dass in ihnen die Streutrajektorien asymptotisch zu Bahnkurven

$$\Phi_t^{(0)}(x_0) = (p^{(0)}(t,x_0), q^{(0)}(t,x_0)) = (p_0, q_0 + p_0\,t) \qquad (t \in \mathbb{R}) \tag{12.1.2}$$

der durch
$$H^{(0)}: P \to \mathbb{R} \quad , \quad H^{(0)}(p,q) := \tfrac{1}{2}\|p\|^2$$
definierten *freien Bewegung* mit Anfangswert $x_0 = (p_0, q_0) \in P$ sind.

Gewisse langreichweitige Potentiale besitzen diese Eigenschaft nicht, etwa das physikalisch wichtige *Coulomb*-Potential $q \mapsto -Z/\|q\|$ (für $Z > 0$ auch *Kepler*-Potential genannt). Die Kepler-Hyperbel ist zwar asymptotisch zu einer unparametrisierten Geraden, wird aber mit der von der freien Geschwindigkeit $\sqrt{2E}$ zu stark abweichenden Geschwindigkeit $\sqrt{2(E + Z/\|q\|)}$ durchlaufen.

3. Langreichweitige Potentiale erzeugen eine Kraft $F(q) := -\nabla V(q)$, die von der Ordnung $F(q) = \mathcal{O}\left(\langle q\rangle^{-1-\varepsilon}\right)$, also radial integrierbar ist. Das sichert, wie wir sehen werden, immerhin eine Asymptotik der Geschwindigkeit. ◇

Es sei nun $V$ langreichweitig. Da aus der Stetigkeit und $\lim_{\|q\|\to\infty} V(q) = 0$ folgt, dass das Infimum $V_{\min} := \inf_{q\in\mathbb{R}^d_q} V(q) > -\infty$ ist, erhalten wir mit dem Satz 11.1 einen vollständigen Fluss
$$\Phi \in C^1(\mathbb{R}\times P, P) \quad , \quad \big(p(t,x), q(t,x)\big) := \Phi_t(x) := \Phi(t,x) \tag{12.1.3}$$
von (12.1.1). Wir wollen nun genauere Informationen über diese Dynamik erhalten und unterscheiden zunächst zwischen gestreuten und gebundenen Orbits.

**12.3 Definition** *Wir unterscheiden die folgenden Teilmengen des Phasenraums:*
**Bindungszustände** $b := b^+ \cap b^-$ *mit* $b^\pm := \left\{x \in P \;\middle|\; \limsup_{t\to\pm\infty} \|q(t,x)\| < \infty\right\}$,
**Streuzustände** $s := s^+ \cap s^-$ *mit* $s^\pm := \left\{x \in P \;\middle|\; \lim_{t\to\pm\infty} \|q(t,x)\| = \infty\right\}$
*und*
**Einfangzustände**[2] $t := t^+ \cup t^-$ *mit* $t^\pm := b^\pm \cap s^\mp$.

*Für Energieflächen* $\Sigma_E = H^{-1}(E)$ $(E \in \mathbb{R})$ *setzen wir* $b_E^\pm := b^\pm \cap \Sigma_E$ *etc.*

**12.4 Bemerkungen**

1. Die so definierten Mengen sind $\Phi$–invariant.
2. Da für $E < 0$ wegen $\lim_{\|q\|\to\infty} V(q) = 0$ und $H(p,q) \geq V(q)$ die Energiefläche $\Sigma_E$ kompakt ist, gilt für diese Energien $\Sigma_E = b_E$.
Die Energie $E = 0$ wollen wir aus unserer weiteren Analyse aussparen und uns Energien $E > 0$ zuwenden. ◇

**12.5 Satz (Streuasymptotik)** *Es sei $V$ ein langreichweitiges Potential.*

1. *Dann besitzt für ein geeignetes $c_1 > 0$ der* **Virialradius** $R_{\mathrm{vir}}(E) := c_1 E^{-1/\varepsilon}$ $(E > 0)$ *die Eigenschaft, dass aus $x_0 = (p_0, q_0) \in \Sigma_E$ mit $\langle q_0\rangle \geq R_{\mathrm{vir}}(E)$ und $\langle q_0, p_0\rangle \geq 0$ folgt: $x_0 \in s^+$.*

[2]Englisch: *bounded*, *scattering*, *trapped*

2. *Für alle Anfangsbedingungen* $x_0 \in s_E^\pm$ *existieren die* **asymptotischen Impulse**

$$p^\pm(x_0) := \lim_{t\to\pm\infty} p(t,x_0) \in \mathbb{R}^d \quad , \textit{ und } \quad \|p^\pm(x_0)\| = \sqrt{2E}\,.$$

*Mit* $\hat{p}^\pm(x_0) := \frac{p^\pm(x_0)}{\|p^\pm(x_0)\|} \in S^{d-1}$ *bezeichnen wir die* **asymptotische Richtung**.

3. *Ist* $V$ *kurzreichweitig, dann existieren die* **asymptotischen Impaktparameter**

$$q_\perp^\pm : s_E^\pm \to \mathbb{R}^d \quad , \quad q_\perp^\pm(x_0) = \lim_{t\to\pm\infty} \left(q(t,x_0) - \left\langle q(t,x_0), \hat{p}^\pm(x_0)\right\rangle \hat{p}^\pm(x_0)\right) .$$

**Beweis:**
• Wir betrachten ohne Einschränkung der Allgemeinheit nur den Limes $t \to +\infty$ und schreiben die Lösung mit Anfangswert $x_0$ in der Form $t \mapsto \big(p(t), q(t)\big)$. Für

$$F(t) := \tfrac{1}{2}\|q(t)\|^2 \quad \text{gilt dann } F'(t) = \langle q(t), p(t)\rangle$$

und, mit Konstanz der Energie $E = H(x_0) = H\big(p(t), q(t)\big)$,

$$F''(t) = \|p(t)\|^2 - \langle q(t), \nabla V(q(t))\rangle = 2E - 2V\big(q(t)\big) - \big\langle q(t), \nabla V\big(q(t)\big)\big\rangle\,. \tag{12.1.4}$$

Damit ist wegen der Langreichweitigkeit von $V$

$$F''(t) \geq 2E - 2\big|V\big(q(t)\big)\big| - \langle q(t)\rangle \; \big\|\nabla V\big(q(t)\big)\big\| \geq 2E - c(2+d)\,\langle q(t)\rangle^{-\varepsilon}, \tag{12.1.5}$$

mit den Konstanten $\varepsilon$ und $c$ aus Definition 12.1. Falls nun gilt: $\langle q(s)\rangle \geq R_{\rm vir}(E)$ mit

$$R_{\rm vir}(E) = c_1\, E^{-1/\varepsilon} \quad \text{und} \quad c_1 := \big(c\,(2+d)\big)^{1/\varepsilon}, \tag{12.1.6}$$

dann ist die ‚Radialbeschleunigung' $F''(s) \geq E > 0$. Dies impliziert $F'(t) \geq F'(0) + Et$, solange für alle $s \in [0,t]$ die Bedingung $\langle q(s)\rangle \geq R_{\rm vir}(E)$ erfüllt ist. Da $F'(0) = \langle q_0, p_0\rangle \geq 0$ und $\langle q(0)\rangle \geq R_{\rm vir}(E)$ gilt, ist unter dieser Voraussetzung

$$F'(s) \geq Es \qquad \big(s \in [0,t]\big),$$

also

$$F(t) \geq F(0) + \int_0^t F'(s)\,\mathrm{d}s \geq \tfrac{1}{2}\left[\big(R_{\rm vir}(E)\big)^2 + Et^2\right]. \tag{12.1.7}$$

Sei nun $T := \inf\{s > 0 \mid F'(s) = 0\}$. Aus der Taylor-Entwicklung $F'(s) = F'(0) + F''(0)s + o(s) \geq Es + o(s)$ folgt $T > 0$. Wäre $T \in (0,\infty)$, dann würde $\langle q(T)\rangle = \langle q(0)\rangle + \int_0^T \frac{F'(s)}{\langle q(s)\rangle}\,\mathrm{d}s \geq R_{\rm vir}(E)$ und $F'(T) = F'(0) + \int_0^T F''(s)\,\mathrm{d}s \geq E\,T > 0$ gelten, im Widerspruch zur Definition von $T$.
Es folgt $\lim_{t\to\infty}\|q(t)\| = \infty$, das heißt $x_0 \in s^+$.

• Für jedes $x_0 = (p_0, q_0) \in s_E^+$ existiert eine Zeit $t_0$ mit $\langle q(t_0), p(t_0)\rangle \geq 0$ und

$\langle q(t_0)\rangle \geq R_{\text{vir}}(E)$. Wir nehmen ohne Einschränkung $t_0 = 0$ an. Nach (12.1.7) gilt dann $\langle q(t)\rangle \geq \sqrt{(R_{\text{vir}}(E))^2 + Et^2}$ für alle $t \geq 0$, also für alle $t_2 \geq t_1 > 0$

$$\begin{aligned} \|p(t_2) - p(t_1)\| &= \left\| \int_{t_1}^{t_2} \nabla V\big(q(s)\big)\, \mathrm{d}s \right\| \leq dc \int_{t_1}^{t_2} \langle q(s)\rangle^{-1-\varepsilon}\, \mathrm{d}s \\ &\leq dc \int_{t_1}^{\infty} \left[\big(R_{\text{vir}}(E)\big)^2 + Es^2\right]^{-\frac{1+\varepsilon}{2}} \mathrm{d}s \\ &\leq dc E^{-\frac{1+\varepsilon}{2}} \int_{t_1}^{\infty} s^{-(1+\varepsilon)}\, \mathrm{d}s = c_2\, t_1^{-\varepsilon} \text{ mit } c_2 := \frac{dc E^{-\frac{1+\varepsilon}{2}}}{\varepsilon}. \end{aligned} \tag{12.1.8}$$

Damit ist das Cauchy–Kriterium für die Existenz von $p^+(x_0) = \lim_{t\to+\infty} p(t)$ erfüllt.

- Gleichzeitig folgt wegen $\big(p(t), q(t)\big) \in \Sigma_E$, also $\|p(t)\| = \sqrt{2\big(E - V(q(t))\big)}$ und

$$\lim_{t\to\infty} V\big(q(t)\big) = 0 \quad \text{auch} \quad \|p^+(x_0)\| = \lim_{t\to\infty} \|p(t)\| = \sqrt{2E} > 0\,.$$

- Für $q_\perp(t) := q(t) - \langle q(t), \hat{p}^+\rangle\, \hat{p}^+$ (mit $\hat{p}^+ := \hat{p}^+(x_0)$) gilt

$$\begin{aligned} q_\perp(t_2) - q_\perp(t_1) &= \int_{t_1}^{t_2} \left[p(s) - \big\langle p(s), \hat{p}^+\big\rangle\, \hat{p}^+\right] \mathrm{d}s \\ &= \int_{t_1}^{t_2} \left[\big(p(s) - p^+\big) - \big\langle p(s) - p^+, \hat{p}^+\big\rangle\, \hat{p}^+\right] \mathrm{d}s\,, \end{aligned}$$

also für $t_2 \geq t_1 > 0$ im kurzreichweitigen Fall analog zu (12.1.8)

$$\|q_\perp(t_2) - q_\perp(t_1)\| \leq \int_{t_1}^{\infty} \|p(s) - p^+\|\, \mathrm{d}s \leq c_3 \int_{t_1}^{\infty} s^{-1-\varepsilon}\, \mathrm{d}s = \frac{c_3}{\varepsilon}\, t_1^{-\varepsilon}$$

mit $c_3 := \frac{dc E^{-\left(1+\frac{\varepsilon}{2}\right)}}{1+\varepsilon}$, denn

$$\|p(t) - p^+\| \leq dc \int_t^{\infty} \langle q(s)\rangle^{-2-\varepsilon}\, \mathrm{d}s \leq dc \int_t^{\infty} (Es^2)^{-(1+\frac{\varepsilon}{2})}\, \mathrm{d}s = c_3\, t^{-(1+\varepsilon)}\,.$$

Also ist auch für den asymptotischen Impaktparameter $q_\perp^+(x_0) = \lim_{t\to+\infty} q_\perp(t)$ das Cauchy–Kriterium erfüllt. □

### 12.6 Bemerkungen (Asymptotische Impulse und Drehimpulse)

1. Ähnlich wie die asymptotischen Geschwindigkeiten im periodischen Potential (siehe Satz 11.7) können die asymptotischen Impulse als Cesàro–Limes geschrieben werden. Bei Konvergenz von $p^\pm(x_0) = \lim_{t\to\pm\infty} p(t, x_0)$ ist also

$$p^\pm(x_0) = \lim_{T\to\infty} \frac{1}{T} \int_0^T p(\pm t, x_0)\, \mathrm{d}t = \lim_{t\to\pm\infty} \frac{q(t, x_0)}{t} \tag{12.1.9}$$

Letzterer existiert für *alle* Anfangswerte $x_0 \in P$. Anders als in Satz 11.7 ist aber (für $d \geq 2$ und positive Energie $H(x_0)$) typischerweise $p^+(x_0) \neq p^-(x_0)$.

2. Aus Satz 12.5 folgt für kurzreichweitige Potentiale die Existenz von

$$L^{\pm}(x_0) := \lim_{t\to\pm\infty} q(t,x_0) \wedge p(t,x_0) \qquad (x_0 \in s_E^{\pm}), \tag{12.1.10}$$

also der *asymptotischen Drehimpulse* (die Zwei–Form $q \wedge p$ kann dabei für $d = 2$ Dimensionen mit der Zahl $q_1p_2 - q_2p_1$, für $d = 3$ mit dem Vektor $q \times p$ identifiziert werden). $\diamond$

**12.7 Aufgaben (Asymptotik der Potentialstreuung)**

1. Zeigen Sie, die Existenz der Cesàro-Limiten in (12.1.9) für *alle* Anfangswerte $x_0 \in P$ (während es für $x_0 \in b^{\pm}$ im Allgemeinen die Limiten $\lim_{t\to\pm\infty} p(t,x_0)$ nicht existieren, und bei der Bewegung in periodischen Potentialen es noch nicht einmal immer die Cesàro-Limiten gibt). Diese Eigenschaft nennt man *Asymptotische Vollständigkeit*, siehe Satz 12.53.

2. Zeigen Sie, dass die asymptotischen Drehimpulse (12.1.10) und damit auch die asymptotischen Impaktparameter auch dann existieren, wenn die Differenz zwischen dem Potential $V$ und einem langreichweitigen aber zentralsymmetrischen Potential $W$ kurzreichweitig ist.

   Eine analoge Aussage gilt für die singulären $n$-atomigen Molekülpotentiale

$$V(q) := -\sum_{k=1}^{n} \frac{Z_k}{\|q - s_k\|} \quad \text{und} \quad W(q) := -\frac{Z}{\|q\|} \tag{12.1.11}$$

   mit den Atompositionen $s_k \in \mathbb{R}^3$ und der Gesamtladung $Z := \sum_{k=1}^{n} Z_k$. $\diamond$

**12.8 Korollar** *Es sei $V$ ein langreichweitiges Potential.*
• *Für alle $E > 0$ ist dann die Energieschale die disjunkte Vereinigung*

$$\Sigma_E = b_E \,\dot\cup\, s_E \,\dot\cup\, t_E \tag{12.1.12}$$

*von Bindungs- Streu- und Einfangzuständen. Dabei ist $b_E$ kompakt und $s_E$ offen.*
• *Es gibt eine Energieschranke $E_0 > 0$, so dass es für alle $E \geq E_0$ nur Streuzustände gibt, das heißt*

$$\Sigma_E = s_E\,. \tag{12.1.13}$$

**Beweis:**
• Wir zeigen zunächst $\Sigma_E = s_E^+ \dot\cup b_E^+$. Dass die beiden Mengen $s_E^+$ und $b_E^+$ disjunkt sind, folgt direkt aus ihrer Definition.
• Falls $x_0 \in \Sigma_E$ nicht in $b^+$ liegt, gibt es eine aufsteigende Folge von Zeiten $(t_n)_{n\in\mathbb{N}}$ mit $\|q(t_{n+1})\| \geq \|q(t_n)\|$ und $\lim_{n\to\infty} \|q(t_n)\| = \infty$. Es gibt also ein $n$ mit $\|q(t_n)\| \geq R_{\text{vir}}(E)$ und, wegen $F(t_{n+1}) > F(t_n)$ für $F(t) := \frac{1}{2}\|q(t)\|^2$, eine Zeit $t \in [t_n, t_{n+1}]$ mit $F'(t) = \langle q(t), p(t)\rangle \geq 0$ und $\|q(t)\| \geq R_{\text{vir}}(E)$. Für den Phasenraumpunkt $x(t) = (p(t), q(t)) \in \Sigma_E$ besagt Satz 12.5, dass $x(t) \in s^+$ ist. Da die Menge $s^+$ unter $\Phi$ invariant ist, ist auch der Anfangspunkt $x_0 \in s^+$.
• Die durch die Dynamik in der Vergangenheit bestimmte analoge Zerlegung

$\Sigma_E = s_E^- \dot\cup b_E^-$ der Energiefläche folgt aus dem Satz 11.5 über reversible Flüsse.
• Zusammen ergeben die beiden Zerlegungen

$$\Sigma_E = (s_E^+ \cap s_E^-) \dot\cup (s_E^+ \cap b_E^-) \dot\cup (b_E^+ \cap s_E^-) \dot\cup (b_E^+ \cap b_E^-) = s_E \dot\cup t_E^- \dot\cup t_E^+ \dot\cup b_E \,,$$

also wegen $t_E = t_E^- \dot\cup t_E^+$ die Aussage (12.1.12).
• Wir setzen $E_0 := c_1^\varepsilon$ mit der Konstanten $c_1$ aus (12.1.6), sodass $R_{\text{vir}}(E_0) = 1$ gilt, und betrachten für $E \geq E_0$ und Anfangswert $x_0 = (p_0, q_0) \in \Sigma_E$ die Zeitabhängigkeit von $F(t) = \frac{1}{2}\|q(t)\|^2$.

Wegen der nun für alle $x_0 \in \Sigma_E$ geltenden Ungleichung $F''(t) \geq 2E - E_0 \langle q(t)\rangle^{-\varepsilon} \geq E > 0$ (siehe (12.1.5)) folgt

$$F(t) \geq F(0) + F'(0)t + \frac{E}{2}t^2 \,,$$

also $\lim_{t\to\pm\infty} \|q(t)\| = \infty$, das heißt $x_0 \in s_E$ und damit (12.1.13).
• $b_E$ ist in der beschränkten Teilmenge $\{(p,q) \in \Sigma_E \mid \|q\| \leq R_{\text{vir}}(E)\}$ enthalten. Ist $x_\infty$ Limes einer Cauchy–Folge $(x_n)_{n\in\mathbb{N}}$ in $b_E$, dann folgt aus der Stetigkeit des Flusses

$$\Phi_t(x_\infty) = \lim_{n\to\infty} \Phi_t(x_n) \qquad (t \in \mathbb{R}). \tag{12.1.14}$$

Wäre $x_\infty \in s_E^+$, dann würde für ein geeignetes $t$ gelten:

$$\langle q(t, x_\infty)\rangle > R_{\text{vir}}(E) \quad , \quad \langle q(t, x_\infty), p(t, x_\infty)\rangle > 0 \,.$$

Dies würde wegen (12.1.14) auch für $\Phi_t(x_n)$ mit $n$ groß gelten. Dann wäre aber auch $x_n \in s_E^+$. Also ist $x_\infty \in b_E^+$ und auch $x_\infty \in b_E^-$, $b_E$ also abgeschlossen, und damit kompakt.
• Daraus folgt im Umkehrschluss, dass $s_E^\pm$ offen ist, also auch $s_E = s_E^+ \cap s_E^-$. □

Wir haben mit dem Korollar die Existenz von Bahnen ausgeschlossen, für die

$$\limsup_{t\to\infty} \|q(t)\| = \infty \quad , \text{ aber } \quad \liminf_{t\to\infty} \|q(t)\| < \infty \tag{12.1.15}$$

oder das Analogon für $t \to -\infty$ gilt.

Wir fassen die in Satz 12.5 gewonnenen Informationen über die Asymptotik von Streubahnen folgendermaßen zusammen. Bezeichnen wir mit

$$TS^{d-1} := \{(u,v) \in \mathbb{R}^d \times \mathbb{R}^d \mid \|u\| = 1, \langle u, v\rangle = 0\} \tag{12.1.16}$$

das *Tangentialbündel* der $(d-1)$–Sphäre $S^{d-1}$ (siehe Seite 481), dann haben wir Abbildungen

$$s_E^\pm \to TS^{d-1} \quad , \quad x \mapsto \left(\hat{p}^\pm(x), q_\perp^\pm(x)\right)$$

gefunden. Die Mannigfaltigkeit $TS^{d-1}$ parametrisiert die orientierten Geraden im $\mathbb{R}^d$, denn diese können wir eindeutig in der Form

$$t \mapsto v + ut \quad \text{mit} \quad (u,v) \in TS^{d-1}$$

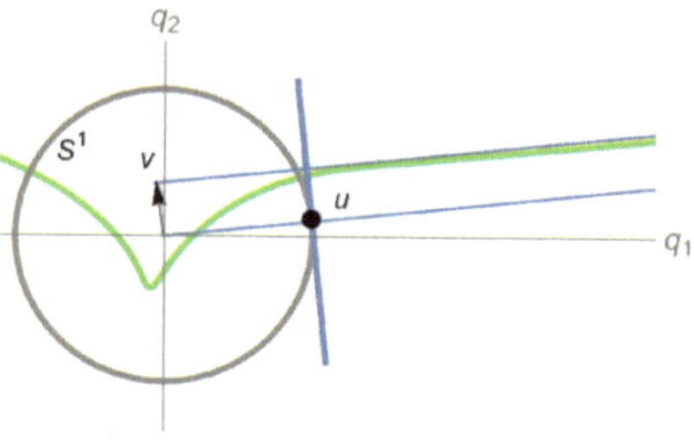


darstellen. Die Ortsraumtrajektorie $t \mapsto q(t)$ ist nun gegen die Geraden $s \mapsto q_\perp^\pm + s\,p^\pm$ in dem Sinn asymptotisch, dass im Limes $t \to \pm\infty$ die Minimalabstände

$$d^\pm(q(t)) := \min_{s\in\mathbb{R}} \|q(t) - (q_\perp^\pm + s\,p^\pm)\|$$

gegen Null gehen. Denn

$$d^\pm(q(t)) = \|q_\perp^\pm(t) - q_\perp^\pm\|$$

mit der im Satz 12.5 untersuchten Größe $q_\perp^\pm(t) := q(t) - \langle q(t), \hat{p}^\pm\rangle\, \hat{p}^\pm$.

**12.9 Bemerkung (Langreichweitige Potentiale)**
Eine solche Asymptotik der Streutrajektorie gegen Geraden kann auch bei langreichweitigen Potentialen vorkommen, siehe Aufgabe 12.7.2. Man denke nur an die Kepler–Hyperbeln.

Allerdings werden gemäß Bemerkung 12.2 diese Kepler–Hyperbeln mit der Geschwindigkeit $t \mapsto \sqrt{2\left(E + \frac{Z}{\|q(t)\|}\right)}$ durchlaufen. Das weicht von der Geschwindigkeit $\sqrt{2E}$ der von $H^{(0)}(p,q) = \frac{1}{2}\|p\|^2$ erzeugten freien Bewegung so weit ab, dass eine *asymptotische Synchronisierung* im Sinne der Existenz eines $t_0$ mit $\lim_{t\to\infty} \|q(t) - (q_\perp^+ + (t-t_0)p^+)\| = 0$ nicht erreicht werden kann: ◇

**12.10 Aufgaben (Streuorbits)**

1. Zeigen Sie, dass für die Kepler–Hyperbeln der Energie $E > 0$ und mit Drehimpuls $\ell \in \mathbb{R}$ im Potential $q \mapsto -Z/\|q\|$ die zwischen zwei Radien verstrichene Zeit durch das entsprechende bestimmte Integral zu

$$\int \frac{r}{\sqrt{2r^2E + 2Zr - \ell^2}}\, dr = \frac{r}{\sqrt{2E}}\sqrt{1 + \frac{Z}{rE} - \frac{\ell^2}{2r^2E}} - \frac{Z}{(2E)^{3/2}} \ln\left(Er + \tfrac{1}{2}Z + \sqrt{E(r^2E + Zr - \tfrac{1}{2}\ell^2)}\right) + c \tag{12.1.17}$$

gegeben ist. Der logarithmische Term in (12.1.17) verunmöglicht eine asymptotische Synchronisierung (siehe auch THIRRING [Th1], Kapitel 4.2).

2. Wir betrachten für $E > 0$ die Energiefläche $\Sigma_E \subseteq P := \mathbb{R}_p^2 \times \mathbb{R}_q^2$ der Hamilton–Funktion[3] $H : P \to \mathbb{R}$, $H(p,q) = \frac{1}{2}\|p\|^2 + V(q)$ mit Potential $V(q) := \frac{1}{2}q_1^2 q_2^2$.

[3]Diese Hamilton–Funktion tritt im Beweis der Nichtintegrabilität der klassischen Yang-Mills-Gleichung mit Eichgruppe $\mathrm{SU}(2)$ auf.

**Painlevés Stockholmer Vorlesungen**

Auf Einladung König Oskars II. von Schweden hielt im Jahr 1895 der 31-jährige Mathematiker (und spätere französische Premierminister) Paul Painlevé in Stockholm eine Vorlesungsreihe über Differentialgleichungen.
Als Höhepunkt und Ende des zwei Jahre später veröffentlichten, fast 600 Seiten umfassenden Manuskripts [Pai] stellte er fest, dass in der Himmelsmechanik neben Kollisionen auch andere Formen von Singularitäten denkbar seien (siehe die Handschrift[4], und [DH]).

588

points du système tendent vers des positions limites à distance finie, ou bien il existe au moins quatre points du système, soit $M_1, \ldots M_\mu$ $(\mu \geq 4)$ qui ne tendent vers aucune position limite à distance finie, et qui de plus sont tels que le minimum $\rho(t)$ de leurs distances mutuelles tende vers zéro avec $t-t_1$, sans qu'aucune de ces distances tende constamment vers zéro.

Diese Vermutung wurde fast hundert Jahre später durch Jeff Xia in [Xi] bewiesen. Wie dieser 1992 zeigte, können im himmelsmechanischen $n$–Körper-Problem (1.8) Massenpunkte in endlicher Zeit nach Unendlich entweichen. In der von ihm gefundenen Konfiguration saust ein Botenstern wie ein Weberschiffchen immer schneller zwischen zwei Doppelsternsystemen hin und her und treibt sie in endlicher Zeit in die Unendlichkeit.
Das hat offensichtlich nichts mehr mit astronomischer Realität zu tun, zeigt aber, auf was man bei der mathematischen Behandlung des $n$–Körperproblems gefaßt sein muss.
Analoge Lösungen, bei denen aber die Divergenz erst im Limes unendlicher Zeiten auftritt, existieren ebenfalls. Für den Ort des Botensterns gilt dann (12.1.15), und die Geschwindigkeiten besitzen keinen Limes (die Bewegung ist also nicht asymptotisch vollständig im Sinn von Definition 12.40).
Manchmal lässt in der Mathematik ein Beweis auf sich warten.

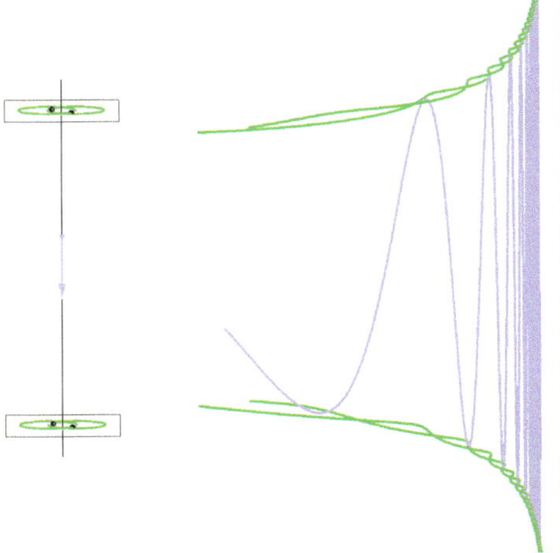

Xias Lösung des 5–Körper-Problems der Himmelsmechanik

[4] '... points du systéme tendent vers des positions limites à distance finie, ou bien il existe au moins quatre points du systéme, soit $M_1, \ldots, M_\mu$ $(\mu \geq 4)$ qui ne tendent vers aucune position limite à distance finie, et qui de plus sont tels que le minimum $\rho(t)$ de leurs distances

Zeigen Sie: Außer den vier Orbits in der abgeschlossenen Menge

$$s_E := \{(p,q) \in \Sigma_E \mid q_1 q_2 = p_1 p_2 = 0,\ q \parallel p\}$$

gibt es keine Anfangsbedingungen $x_0 \in \Sigma_E$ mit $\lim_{t\to\infty} \|q(t,x_0)\| = \infty$. Insbesondere ist also die Menge $s_E$ der Streuorbits nicht offen. **Tipp:** Betrachten Sie unter der Annahme $\lim_{t\to\infty} q_1(t,x_0) = +\infty$ die Größe $J(p,q) := \frac{1}{2}\left(q_1 q_2^2 + \frac{p_2^2}{q_1}\right)$ und beweisen Sie, dass diese näherungsweise konstant ist (siehe Abschnitt 15.2). Folgern Sie durch Vergleich mit $H$, dass sie gleich Null ist. ◇

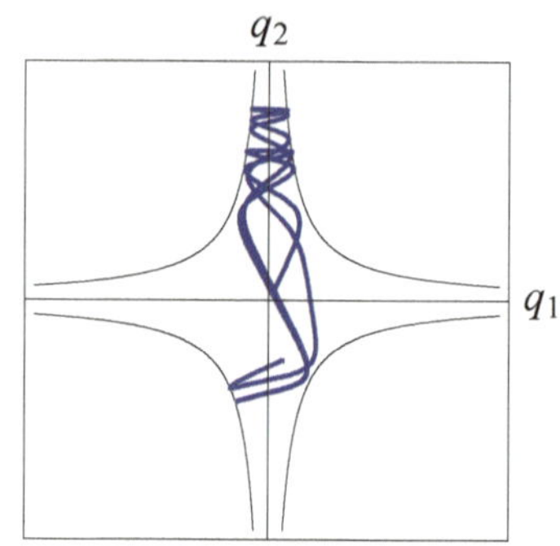


## 12.2 Die Møller-Transformationen

Wit vergleichen nun den von $H$ aus (12.1.1) erzeugten Fluss (12.1.3) mit der von $H^{(0)}$ erzeugten freien Dynamik (12.1.2).

**12.11 Satz**

• *Für kurzreichweitige Potentiale $V \in C^2(\mathbb{R}^d, \mathbb{R})$ sind die* **Møller-Transformationen** [5] *(vergleiche mit Bemerkung 12.2.2 und Abbildung 12.2.1)*

$$\Omega^\pm : P_+^{(0)} \to s^\pm \quad , \quad \Omega^\pm := \lim_{t\to\pm\infty} \Phi_{-t} \circ \Phi_t^{(0)} \tag{12.2.1}$$

*auf dem Phasenraumbereich $P_+^{(0)} := \left(\mathbb{R}_p^d \setminus \{0\}\right) \times \mathbb{R}_q^d$ Homöomorphismen, die energieerhaltend sind:*

$$H \circ \Omega^\pm(x) = H^{(0)}(x) \qquad \left(x \in P_+^{(0)}\right). \tag{12.2.2}$$

• *Bezüglich der Zeitumkehr $\mathcal{T}$ (Definition 11.3) gilt $\Omega^- = \mathcal{T} \circ \Omega^+ \circ \mathcal{T}$.*

• *Die Møller-Transformationen konjugieren die beiden Flüsse:*

$$\Omega^\pm \circ \Phi_t^{(0)} = \Phi_t \circ \Omega^\pm \qquad (t \in \mathbb{R}). \tag{12.2.3}$$

• *Ist sogar das Potential $V \in C^\infty(\mathbb{R}^d, \mathbb{R})$ und besitzt kompakten Träger, dann sind $\Omega^\pm$ glatte symplektische, also volumenerhaltende Abbildungen.*

mutuelles tende vers zéro avec $t - t_1$, sans qu'aucune de ces distances tende constamment vers zéro.'

Übersetzung: '... Massenpunkte streben zu Positionen mit endlichem Abstand, oder es gibt mindestens vier Massenpunkte $M_1, \ldots, M_\mu$, $(\mu \geq 4)$, die nicht gegen eine Limesposition endlichen Abstandes konvergieren, und für die das Minimum $\rho(t)$ ihres Abstandes mit $t - t_1$ gegen Null strebt, ohne dass einer der Abstände gegen Null konvergiert'.

[In Xias Beispiel konvergieren manche, aber nicht alle Abstände.]

[5] *Christian Møller*, dänischer Physiker (1904–1980). Artikel: General properties of the characteristic matrix in the theory of elementary particles. Danske Vid. Selsk. Mat.-Fys. Medd. **23**, (1945) 1–48

**12.12 Bemerkungen (Varianten)**

1. Mit mehr Arbeit als im nachfolgenden Beweis kann man unter den Voraussetzungen von Satz 12.11 die Differenzierbarkeit der Møller-Transformationen für kurzreichweitige Potentiale ableiten.

2. Falls die Definition 12.1 kurzreichweitiger Potentiale $V$ in dem Sinn verschärft würde, dass für $V \in C^\infty(\mathbb{R}^d, \mathbb{R})$ mit geeigneten $c_\alpha > 0$ gilt:
$$|\partial^\alpha V(q)| \leq c_\alpha \langle q \rangle^{-|\alpha|-1-\varepsilon} \qquad (q \in \mathbb{R}^d,\ \alpha \in \mathbb{N}_0^d),$$
dann wären die Møller-Transformationen ebenfalls $C^\infty$–Diffeomorphismen.

3. Falls man Definition 12.1 aber abschwächt, indem man keine Abfallbedingung für die *zweite* Ableitung stellt, kann man Potentiale finden, bei denen verschiedene Orbits die gleichen asymptotischen Daten besitzen (siehe SIMON [Sim]). Das Phänomen ist vergleichbar mit der Existenz mehrerer Lösungen des Anfangswertproblems nicht lipschitz–stetiger Differentialgleichungen, siehe Beispiel 3.11.2. ◇

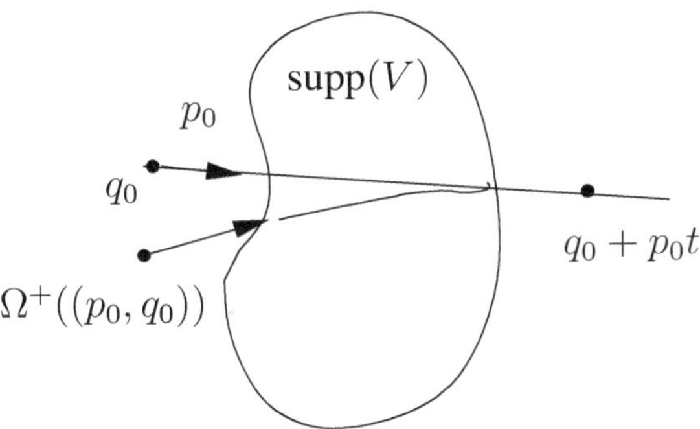


Abbildung 12.2.1: Definition der Møller-Transformation $\Omega^+$ für ein Potential $V$ mit kompaktem Träger

**Beweis:**

• Wir beginnen mit der einfacher zu beweisenden letzten Aussage. Außerhalb des Phasenraumbereichs über dem kompakten Träger $\operatorname{supp}(V) = \overline{\{q \in \mathbb{R}^d \mid V(q) \neq 0\}}$ von $V$ stimmen die beiden Flüsse überein. Daher gibt es für alle $x_0 = (p_0, q_0) \in P_+^{(0)}$, eine Zeit $T \geq 0$, sodass für alle Anfangsbedingungen $x = (p, q)$ in $U(x_0) := \{x \in P_+^{(0)} \mid \|x - x_0\| < 1/2\, \|p_0\|\}$ gilt:
$$q + tp \notin \operatorname{supp}(V) \qquad (t \geq T).$$
Damit wird für $x \in U(x_0)$ der Grenzwert (12.2.1) schon zur Zeit $T$ erreicht. Da beide Flüsse symplektisch sind, ist die Behauptung bewiesen.

Für alle $x = (p, q) \in U(x_0)$ ist die Geschwindigkeit $\|p\| > \frac{1}{2}\|p_0\| > 0$. Andererseits liegt $\operatorname{supp}(V)$ im Inneren einer Kugel $B_R^d = \{q \in \mathbb{R}^d \mid \|q\| \leq R\}$

von großem Radius $R > 0$, während der Abstand des Anfangspunktes $q$ zu deren Mittelpunkt $0$ kleiner als $\|q_0\| + \frac{1}{2}\|p_0\|$ ist. Daher hat der freie Fluss die Menge $U(x_0)$ nach einer Minimalzeit

$$T \equiv T(x_0) := \sup\left\{ \tfrac{R+\|q\|}{\|p\|} \;\middle|\; x \in U(x_0)\right\} < \tfrac{R+\|q_0\|+\frac{1}{2}\|p_0\|}{\frac{1}{2}\|p_0\|}$$

endgültig aus dem über $\mathrm{supp}(V)$ liegenden Phasenraumbereich herausgeführt. Damit gilt für alle $x \in U(x_0)$: $\Omega^+(x) =$

$$\lim_{t\to+\infty} \Phi_{-T-t} \circ \Phi^{(0)}_{t+T}(x) = \lim_{t\to+\infty} \Phi_{-T} \circ \big(\Phi_{-t} \circ \Phi^{(0)}_t\big) \circ \Phi^{(0)}_T(x) = \Phi_{-T} \circ \Phi^{(0)}_T(x)\,,$$

was mit Satz 3.45 Existenz und Glattheit der Møller-Transformation impliziert. Dass die Abbildung $\Omega^+$ symplektisch, also volumenerhaltend ist, folgt aus der entsprechenden Eigenschaft von $\Phi_t$ und $\Phi^{(0)}_t$, also aus Satz 10.13.

• Wegen der Energieerhaltung ($H \circ \Phi_{-t} = H$ und $H^{(0)} \circ \Phi^{(0)}_t = H^{(0)}$) gilt für $x = (p, q) \in P^{(0)}_+$: $H \circ \Omega^\pm(x) =$

$$\lim_{t\to\pm\infty} H \circ \Phi^{(0)}_t(x) = \lim_{t\to\pm\infty} H^{(0)} \circ \Phi^{(0)}_t(x) + \lim_{t\to\pm\infty} V(q + tp) = H^{(0)}(x)\,.$$

• Mit Satz 11.5 ist unter Verwendung von $\mathcal{T} \circ \mathcal{T} = \mathrm{Id}_P$

$$\begin{aligned}\Omega^- &= \lim_{t\to+\infty} \Phi_t \circ \Phi^{(0)}_{-t} = \lim_{t\to+\infty} (\mathcal{T} \circ \Phi_{-t} \circ \mathcal{T}) \circ (\mathcal{T} \circ \Phi^{(0)}_t \circ \mathcal{T})\\ &= \mathcal{T} \circ \left(\lim_{t\to+\infty} \Phi_{-t} \circ \Phi^{(0)}_t\right) \circ \mathcal{T} = \mathcal{T} \circ \Omega^+ \circ \mathcal{T}.\end{aligned}$$

Diese Beziehung gilt immer dann, wenn (wie wir insbesondere für kurzreichweitige Potentiale zeigen werden) der Limes $\Omega^+$ existiert. Es ist $\Omega^\pm \circ \Phi^{(0)}_t = (\lim_{s\to\pm\infty} \Phi_{-s} \circ \Phi^{(0)}_s) \circ \Phi^{(0)}_t = \lim_{s\to\pm\infty} \Phi_{-s} \circ \Phi^{(0)}_{s+t} = \lim_{u\to\pm\infty} \Phi_{t-u} \circ \Phi^{(0)}_u = \Phi_t \circ (\lim_{u\to\pm\infty} \Phi_{-u} \circ \Phi^{(0)}_u) = \Phi_t \circ \Omega^\pm$.

• Ähnlich wie im Fall der zeitlokalen Lösung des Anfangswertproblems (Satz 3.17 von Picard-Lindelöf) werden wir jetzt die Møller-Transformationen als Fixpunkte kontrahierender Abbildungen darstellen. Die Bedingung der Kurzreichweitigkeit aus Definition 12.1 entspricht dann einer Lipschitz–Bedingung bei Unendlich.

Wir nehmen an, dass für $x_0 = (p_0, q_0) \in P^{(0)}_+$ eine Anfangsbedingung $x_0' \in P$ existiert mit $\lim_{t\to\infty}[q(t, x_0') - q^{(0)}(t, x_0)] = 0$ (wobei $(p^{(0)}, q^{(0)}) = \Phi^{(0)}$ die freie Bewegung bezeichnet, also $q^{(0)}(t) \equiv q^{(0)}(t, x_0) = q_0 + p_0 t$).

Dann würde auch gelten $\lim_{t\to\infty} p(t, x_0') = p_0$. Der Differenzvektor $Q(t) \equiv Q_{x_0}(t) := q(t, x_0') - q^{(0)}(t, x_0)$ würde die Differentialgleichung

$$Q''(t) = -\nabla V\big(q(t, x_0')\big)$$

erfüllen, die wir auch in der Form

$$Q''(t) = -\nabla V\big(q^{(0)}(t) + Q(t)\big) \tag{12.2.4}$$

schreiben können. Wir suchen wegen der Randbedingung $\lim_{t\to\infty} Q(t) = 0$ also nach Lösungen der Integralgleichung

$$Q(t) = -\int_t^\infty \int_s^\infty \nabla V\big(q^{(0)}(\tau) + Q(\tau)\big)\,\mathrm{d}\tau\,\mathrm{d}s\,. \tag{12.2.5}$$

Für alle Zeiten $T \in \mathbb{R}$ ist $Q\restriction_{[T,\infty)}$ damit Fixpunkt der Abbildung $A_{x_0} \equiv A_{x_0}^{(T)}$

$$(A_{x_0} w)(t) := -\int_t^\infty \int_s^\infty \nabla V\left(q^{(0)}(\tau) + w(\tau)\right)\mathrm{d}\tau\,\mathrm{d}s \qquad (t \in [T,\infty)) \tag{12.2.6}$$

auf dem normierten Raum

$$C \equiv C^{(T)} := \left\{ w \in C\big([T,\infty),\mathbb{R}^d\big) \;\middle|\; \|w\|^{(T)} := \sup_{t\in[T,\infty)} \|w(t)\| < \infty \right\}.$$

Nach Satz D.1 aus Anhang D ist $(C^{(T)}, \|\cdot\|^{(T)})$ ein vollständiger metrischer Raum.

• Tatsächlich bildet $A_{x_0}$ den Raum $C$ in sich ab, denn mit $c_1 := \|q_0\| + \|w\|^{(T)}$ ist für $T \geq c_1/\|p_0\|$

$$\begin{aligned} \|A_{x_0}^{(T)}(w)\|^{(T)} &\leq \int_T^\infty \int_s^\infty \big\|\nabla V\big(q^{(0)}(\tau) + w(\tau)\big)\big\|\,\mathrm{d}\tau\,\mathrm{d}s \\ &\leq d\,c \int_T^\infty \int_s^\infty \langle q^{(0)}(\tau) + w(\tau)\rangle^{-2-\varepsilon}\,\mathrm{d}\tau\,\mathrm{d}s \\ &\leq d\,c \int_T^\infty \int_s^\infty \langle \|p_0\|\tau - c_1\rangle^{-2-\varepsilon}\,\mathrm{d}\tau\,\mathrm{d}s < \infty\,. \end{aligned}$$

Die Konstante $c > 0$ stammt dabei aus der Definition 12.1 kurzreichweitiger Potentiale. In der letzten Ungleichung wurde benutzt, dass für $x_0 = (p_0, q_0) \in P_+^{(0)}$ der Anfangsimpuls $p_0 \neq 0$ ist.

• Für große Anfangszeiten $T$ ist außerdem die Abbildung $A_{x_0}^{(T)} : C^{(T)} \to C^{(T)}$ eine Kontraktion. Denn für $w_0, w_1 \in C^{(T)}$ gilt

$$\begin{aligned} &\big\|A_{x_0}^{(T)}(w_1) - A_{x_0}^{(T)}(w_0)\big\|^{(T)} \\ &\leq \int_T^\infty \int_s^\infty \big\|\nabla V\big(q^{(0)}(\tau) + w_1(\tau)\big) - \nabla V\big(q^{(0)}(\tau) + w_0(\tau)\big)\big\|\,\mathrm{d}\tau\,\mathrm{d}s \\ &= \int_T^\infty \int_s^\infty \left\| \int_0^1 \mathrm{D}\nabla V\big(q^{(0)}(\tau) + w_r(\tau)\big)\cdot\big(w_1(\tau) - w_0(\tau)\big)\,\mathrm{d}r \right\| \mathrm{d}\tau\,\mathrm{d}s \\ &\leq c_3 \int_T^\infty \int_s^\infty \langle \|p_0\|\tau - c_2\rangle^{-3-\varepsilon}\,\mathrm{d}\tau\,\mathrm{d}s \;\; \|w_1 - w_0\|^{(T)}\,. \end{aligned} \tag{12.2.7}$$

Hierbei wurde der Hauptsatz der Differential– und Integralrechnung benutzt, aus dem die *Lemma von Hadamard* genannte Identität folgt: Für $F(x) := \nabla V\left(q^{(0)}(\tau) + x\right)$, $x_i := w_i(\tau) \quad (i = 0, 1)$ und $x_r := (1-r)x_0 + r x_1$ gilt:

$$F(x_1) - F(x_0) = \int_0^1 \frac{\mathrm{d}F}{\mathrm{d}r}(x_r)\,\mathrm{d}r = \int_0^1 \mathrm{D}F(x_r)\frac{\mathrm{d}x_r}{\mathrm{d}r}\,\mathrm{d}r = \int_0^1 \mathrm{D}F(x_r)\cdot(x_1 - x_0)\,\mathrm{d}r\,.$$

In (12.2.7) kann $c_2 := \|q_0\| + \|w_0\|^{(T)} + \|w_1\|^{(T)}$ gewählt werden. Für $T \to +\infty$ geht die Lipschitz–Konstante $c_3 \int_T^\infty \int_s^\infty \langle \|p_0\|\tau - c_2\rangle^{-3\varepsilon} \,\mathrm{d}\tau\,\mathrm{d}s$ von $A_{x_0}^{(T)}$ gegen Null, die Abbildung ist also für große $T$ eine Kontraktion.

Damit sind alle Voraussetzungen des banachschen Fixpunktsatzes (Satz D.3) erfüllt, und wir erhalten einen eindeutigen Fixpunkt $Q$, zunächst als Kurve auf dem Intervall $[T, \infty)$, dann durch Lösung der Differentialgleichung (12.2.4) als Kurve $Q : \mathbb{R} \to \mathbb{R}^d$.

• $Q_{x_0}$ hängt stetig von den Anfangsbedingungen $x_0 \in P_+^{(0)}$ ab. Denn für gegebenes $w \in C$ ist die in (12.2.6) definierte Abbildung $x_0 \mapsto (A_{x_0} w)(t)$ für alle $t \in [T, \infty)$ stetig differenzierbar. Für die Richtungsableitung $\frac{\partial}{\partial v}$ in die Phasenraumrichtung $v = \binom{v_p}{v_q} \in \mathbb{R}_p^d \times \mathbb{R}_q^d$ ist nämlich mit $\tilde{v}(t) := v_q + t v_p$

$$\partial_v (A_{x_0} w)(t) = -\int_t^\infty \int_s^\infty \mathrm{D}\nabla V\big(q^{(0)}(\tau) + w(\tau)\big) \cdot \tilde{v}(\tau)\,\mathrm{d}\tau\,\mathrm{d}s\,,$$

wobei die Vertauschbarkeit von Differentiation und Integration durch die (in $x_0$ lokal gleichmäßigen) Abschätzungen

$$\mathrm{D}\nabla V\big(q^{(0)}(\tau) + w(\tau)\big) = \mathcal{O}\left(\langle\tau\rangle^{-3-\varepsilon}\right) \quad , \quad \tilde{v}(\tau) = \mathcal{O}(\langle\tau\rangle)$$

und den Satz von Lebesgue gerechtfertigt ist.
Damit ist $\partial_v (A_{x_0} w)(t) = \mathcal{O}(\langle t\rangle^{-\varepsilon})$, also $\|\partial_v A_{x_0} w\|^{(T)} < \infty$. Anwendung des parametrisierten Fixpunktsatzes (Satz D.4) ergibt die Stetigkeit von $x_0 \mapsto Q_{x_0}$.

• Die Møller-Transformation ist also durch

$$\Omega^+(x_0) = \big(p_0 + Q'_{x_0}(0)\,,\, q_0 + Q_{x_0}(0)\big) \qquad \big(x_0 = (p_0, q_0) \in P_+^{(0)}\big)$$

gegeben und stetig. Die Existenz und Stetigkeit der Umkehrabbildung

$$(\Omega^\pm)^{-1} : s^\pm \to P_+^{(0)} \quad , \quad x \mapsto \lim_{t \to \pm\infty} \Phi_{-t}^{(0)} \circ \Phi_t(x)$$

folgt analog, durch Vertauschung der Rollen der beiden Dynamiken. □

**12.13 Aufgabe (Møller-Transformationen in 1D)**
Zeigen Sie, dass in $d = 1$ Dimension für ein kurzreichweitiges Potential $V$ die *Streutransformation* $\mathcal{S} := (\Omega^+)^{-1} \circ \Omega^-$ (siehe (12.2.8)) für Energien größer als $V_{\max} := \sup_{q \in \mathbb{R}} V(q) \geq 0$ durch

$$\mathcal{S}(p, q) = \big(p, q - p\,\tau(p)\big) \qquad \big((p, q) \in \mathbb{R}^2\,,\, E := \tfrac{1}{2}p^2 > V_{\max}\big)$$

gegeben ist, mit der *Zeitverzögerung* (siehe auch THIRRING [Th1], Kapitel 3.4, und Abschnitt 12.4)

$$\tau(p) := \int_{\mathbb{R}} \left[\big(2(E - V(q))\big)^{-1/2} - (2E)^{-1/2}\right] \mathrm{d}q\,. \qquad \diamond$$

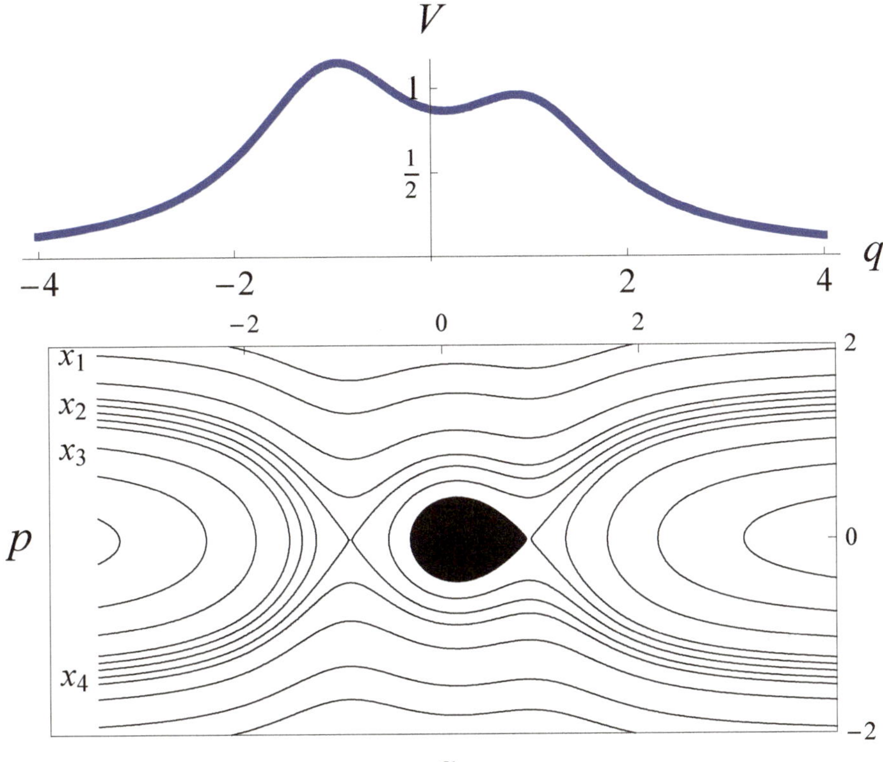


Abbildung 12.2.2: Bindungs-, Streu- und Einfangzustände (erstere schwarz)

**12.14 Beispiel (Zerlegung des Phasenraums)**
Phasenraum $P = \mathbb{R}_p \times \mathbb{R}_q$, Potential $V$ wie in Abbildung 12.2.2 (oben). Die Phasenraumpunkte $x_1, x_3 \in s$ sind Streuzustände, während $x_2 \in t^+$ und $x_4 \in t^-$ Einfangzustände sind. Die Bindungszustände sind in schwarzer Farbe markiert. ◇

Anschaulich besteht das Bild $s^\pm$ von $P_+^{(0)}$ unter $\Omega^\pm$ aus den Phasenraumpunkten, die in der Zukunft beziehungsweise der Vergangenheit nach Unendlich entweichen, und im Allgemeinen ist $s^+ \neq s^-$. Ein in der Vergangenheit gebundenes Teilchen kann also durchaus in Zukunft frei werden und umgekehrt. Zum Beispiel kann ein Meteorit vom System Erde-Mond eingefangen werden. Ist ein solcher Vorgang zu erwarten?

Um eine Antwort auf die Frage zu geben, wollen wir das Maß[6] $\lambda^{2d}(s^+ \triangle s^-)$ der Menge von Zuständen, die nur in einer Zeitrichtung streuen, betrachten. Dabei ist $\lambda^{2d}$ das Lebesgue–Maß auf $P = \mathbb{R}_p^d \times \mathbb{R}_q^d$.

**12.15 Satz (Maß der Einfangzustände)**
*Für die Streuung an Potentialen $V \in C_c^2(\mathbb{R}_q^d, \mathbb{R})$ ist das Lebesgue–Maß $\lambda^{2d}(t)$ der Einfangzustände $t = s^+ \triangle s^-$ gleich Null.*

[6]Die *symmetrische Differenz* zweier Teilmengen $A, B \subset M$ ist $A \triangle B := (A \setminus B) \cup (B \setminus A)$.

Der anschauliche Grund für die Richtigkeit des Satzes ist, dass sich das aus dem Unendlichen kommende Phasenraumvolumen wegen der maßerhaltenden Eigenschaft des Flusses $\Phi_t$ nicht im Endlichen stauen kann. Dies formuliert der schwarzschildsche Einfangsatz:

**12.16 Satz (Schwarzschildscher Einfangsatz)**
*Es sei $\Phi : \mathbb{Z} \times P \to P$ ein das Maß $\mu$ auf $P$ erhaltendes dynamisches System und $A \subseteq P$ messbar mit $\mu(A) < \infty$. Dann gilt für die Teilmengen $A^\pm := \cap_{t\in\mathbb{N}_0} \Phi_{\pm t}(A)$ von $A$:*

$$\mu(A^+) = \mu(A^+ \cap A^-) = \mu(A^-) \quad , \textit{also} \quad \mu(A^+ \triangle A^-) = 0\,.$$

**Beweis:** Für alle $T \in \mathbb{Z}$ folgt aus der $\Phi$-Invarianz von $\mu$

$$\mu(A^\pm) = \mu\big(\cap_{t\in\mathbb{N}_0} \Phi_{\pm t}(A)\big) = \mu\big(\Phi_T(\cap_{t\in\mathbb{N}_0} \Phi_{\pm t}(A))\big) = \mu\big(\cap_{t\in\mathbb{N}_0} \Phi_{T\pm t}(A)\big)\,,$$

also (wegen der Stetigkeit des Maßes $\mu$ von oben, siehe Bauer [Bau], Satz 3.2) $\mu(A^\pm) = \mu\big(\cap_{t\in\mathbb{Z}} \Phi_t(A)\big) = \mu(A^+ \cap A^-)$. □

**Beweis des Satzes 12.15:** Die Menge $t = s^+ \triangle s^-$ der Einfangzustände ist messbar, denn $s^+$ und $s^-$ sind offen. $t$ ist im Phasenraumgebiet $H^{-1}([0, E_0])$ enthalten, mit der Energieschranke $E_0$ aus Korollar 12.8.
Für $k \in \mathbb{N}$ definieren wir die Mengen $A_k := \{(p,q) \in H^{-1}([0, E_0]) \mid \|q\| \leq k\}$. Als kompakte Teilmengen des Phasenraums besitzen diese endliches Lebesgue–Maß. Wir können auf sie daher den schwarzschildschen Einfangsatz anwenden und erhalten $\lambda^{2d}\left(A_k^+ \triangle A_k^-\right) = 0$, also auch $\lambda^{2d}\left(\cup_{k\in\mathbb{N}} A_k^+ \triangle A_k^-\right) = 0$.
Andererseits ist die Menge $t$ der Einfangzustände in $\cup_{k\in\mathbb{N}} A_k^+ \triangle A_k^-$ enthalten, woraus die Behauptung folgt. □

Unter der Voraussetzung der Existenz der Møller-Transformationen und der asymptotischen Vollständigkeit können wir die von Narnhofer und Thirring in [NT] eingeführte *Streutransformation*

$$\mathcal{S} : D \to D \qquad x \mapsto (\Omega^+)^{-1} \circ \Omega^-(x) \quad \text{mit} \quad D := (\Omega^-)^{-1}(s) \tag{12.2.8}$$

definieren, siehe nebenstehende Abbildung. Damit wird für $x \in D$

$$\mathcal{S}(x) = \lim_{t\to\infty} \Phi_{-t}^{(0)} \circ \Phi_{2t} \circ \Phi_{-t}^{(0)}(x)\,.$$

Aus (12.2.3) folgt, dass die Streutransformation mit der freien Bewegung vertauscht, also gilt:

$$\mathcal{S} \circ \Phi_t^{(0)} = \Phi_t^{(0)} \circ \mathcal{S} \qquad (t \in \mathbb{R}). \tag{12.2.9}$$

In der Streutransformation sind alle relevanten Informationen über das *Resultat* des Streuprozesses codiert.

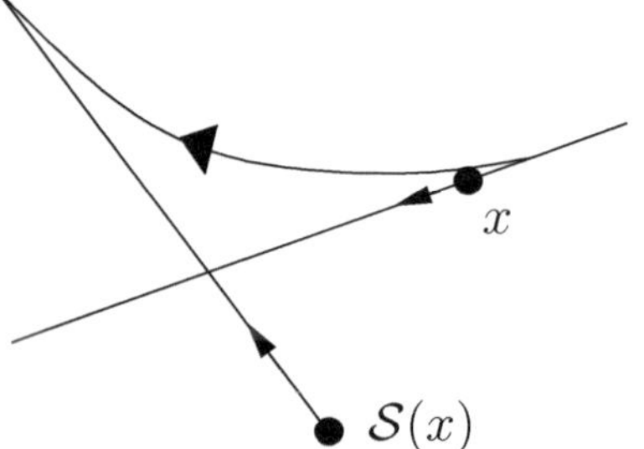

Definition der Streutransformation $\mathcal{S}$

Im Gegensatz zu den Møller-Transformationen ist sie im Prinzip durch Streuexperimente messbar, also in der mathematischen Modellierung durch Zeitlimiten von Observablen.

**12.17 Bemerkung (Quantenmechanische Streuung)**
Um Kontakt mit (mikroskopischen) Streuexperimenten herzustellen, muss typischerweise aus $\mathcal{S}$ der Wirkungsquerschnitt berechnet werden (siehe Abschnitt 12.3). Denn bei diesen ist im Allgemeinen der Impaktparameter nicht messbar.

Ironischerweise besitzt die Nullmenge $t$ der klassischen Einfangzustände eine zentrale Bedeutung besonders für den quantenmechanischen Streuprozess. Dessen sogenannten *Resonanzen* lassen sich in vielen Fällen auf diese Nullmenge beziehen. Der Grund ist folgender: Streubahnen in $s$ mit kleinem Abstand zu $t$ verweilen lange in der Nähe gebundener Bahnen und besitzen damit eine große Zeitverzögerung. Da in der Quantenmechanik wegen des Interferenzeffektes solche Laufzeitunterschiede zu Phasenverschiebungen und Amplitudenverstärkung beziehungsweise -verminderung der auslaufenden Welle führen, können Resonanzen auftreten.

Die Struktur von $t$ kann sehr verwickelt sein. Beispielsweise besitzt im für die Molekülstreuung relevanten $n$–Zentren-Problem diese Menge für $n \geq 3$ Zentren lokal die Struktur einer Cantor–Menge [Kn3]. Ähnliches geschieht bei der Streuung an Kreisscheiben, siehe UZY SMILANSKY [Smi], und [KS]. ◇

## 12.3 Der differentielle Wirkungsquerschnitt

In Streuexperimenten mit Elektronen, Atomen oder anderen Teilchen wird oft ein Target mit einem Teilchenstrahl beschossen und danach die richtungsabhängige Intensität der gestreuten Teilchen gemessen. Dabei sind die Abmessungen des Strahls groß gegenüber dem Abstand benachbarter Teilchen im Target, sodass der Impaktparameter nicht direkt gemessen werden kann.

**12.18 Beispiel (Rutherford–Experiment)**
Thomson, der 1897 in Kathodenstrahlexperimenten das *Elektron* entdeckt hatte, entwarf das sogenannte *Plumpuddingmodell* der Atome, bei dem die negativ geladenen Elektronen (wie Rosinen im Pudding) in einem homogenen positiven Ladungshintergrund steckten.

1909 überprüften Geiger und Marsden unter Anleitung von Rutherford dieses Modell, indem sie Alphateilchen auf eine sehr dünne Goldfolie lenkten. Aus der Winkelabhängigkeit der gestreuten Alphateilchen (die dem Wirkungsquerschnitt des Coulomb–Potentials entsprach, siehe Satz 12.21) leitete Rutherford 1911 sein Atommodell ab, das die Existenz eines *Atomkerns* postuliert. ◇

Der differentielle Wirkungsquerschnitt ist nun eine experimentell messbare Größe, die besagt, wie in Abhängigkeit von Teilchenenergie und Einfallswinkel die Winkelverteilung der Intensität der gestreuten Teilchen aussieht. Dabei wird Gleichverteilung der Impaktparameter der einfallenden Teilchen vorausgesetzt.

Wie lässt sich diese sprachliche Definition formalisieren? Es sei zunächst für Energie $E > 0$

$$A_E^{\pm} := \left\{\left(\hat{p}^{\pm}(x), q_{\perp}^{\pm}(x)\right) \in TS^{d-1} \mid x \in s_E\right\} \qquad (12.3.1)$$

die Menge der Streudaten für diese Energie.[7] Da zu jedem Punkt von $A_E^{\pm}$ genau ein Streuorbit gehört, können wir eine stetige Abbildung durch

$$\varphi_E : A_E^- \to S^{d-1} \quad , \quad \left(\hat{p}^-(x), q_{\perp}^-(x)\right) \mapsto \hat{p}^+(x)$$

definieren. Hierbei ist $x$ ein beliebiger Punkt auf dem Streuorbit. Nach Korollar 12.8 sind für langreichweitige Potentiale und Energien $E > E_0$ die $A_E^{\pm} = TS^{d-1}$.

### 12.19 Definition

- *Für $\theta^- \in S^{d-1}$ bezeichne $\lambda_{\theta^-}$ das $(d-1)$–dimensionale Lebesgue–Maß auf dem Vektorraum $T_{\theta^-}S^{d-1} := \{q \in \mathbb{R}^d \mid \langle q, \theta^- \rangle = 0\}$. Das Bildmaß von $\lambda_{\theta^-}$ unter der Abbildung*

$$\varphi_{E,\theta^-} := \varphi_E\restriction_{T_{\theta^-}S^{d-1}} : T_{\theta^-}S^{d-1} \to S^{d-1}$$

*bezeichnen wir mit $\sigma(E, \theta^-)$.*

- *Der* **Differentielle Wirkungsquerschnitt** $\frac{d\sigma}{d\theta}(E, \theta^-, \theta^+)$ *ist die Dichte dieses Bildmaßes am Punkt $\theta^+ \in S^{d-1}$.*

### 12.20 Bemerkung

Genau gesagt, ist der differentielle Wirkungsquerschnitt die Radon–Nikodym–Ableitung des Maßes $\sigma(E, \theta^-)$ auf der Sphäre, bezüglich des rotationsinvarianten Wahrscheinlichkeitsmaßes $\mu$ auf $S^{d-1}$. Als Bildmaß des Lebesgue–Maßes ist $\sigma(E, \theta^-)$ kein endliches Maß. Ob es absolut stetig zu $\mu$ ist, wie im Satz von Radon–Nikodym gefordert, ist jeweils im konkreten Streuproblem zu überprüfen. ◇

### 12.21 Satz (Rutherford–Streuquerschnitt)

*Wir betrachten die Streuung durch das Coulomb–Potential*

$$V \in C^{\infty}(\widehat{M}, \mathbb{R}) \quad , \quad V(q) = -\frac{Z}{\|q\|}$$

*auf dem Konfigurationsraum $\widehat{M} := \mathbb{R}^d \backslash \{0\}$ für $d \geq 2$ und eine Ladung*

[7] Ist $E$ regulärer Wert von $H$, so lässt sich (analog zu Satz 12.15) zeigen, dass (bezüglich des natürlichen Maßes auf $TS^{d-1}$) die Komplementmengen $TS^{d-1} \setminus A_E^{\pm}$ Maß Null besitzen. Diese gehören zu den Einfangorbits.

*$Z \in \mathbb{R} \setminus \{0\}$. Dann ist für $E > 0$ der differentielle Wirkungsquerschnitt gleich*

$$\frac{\mathrm{d}\sigma}{\mathrm{d}\theta^+}(E,\theta^-,\theta^+) = \left(\frac{|Z|}{4E\sin^2\left(\frac{1}{2}\Delta\theta\right)}\right)^{d-1},$$

*wobei $\Delta\theta \in (0,\pi]$ den Winkel zwischen $\theta^-$ und $\theta^+$ bezeichnet.*

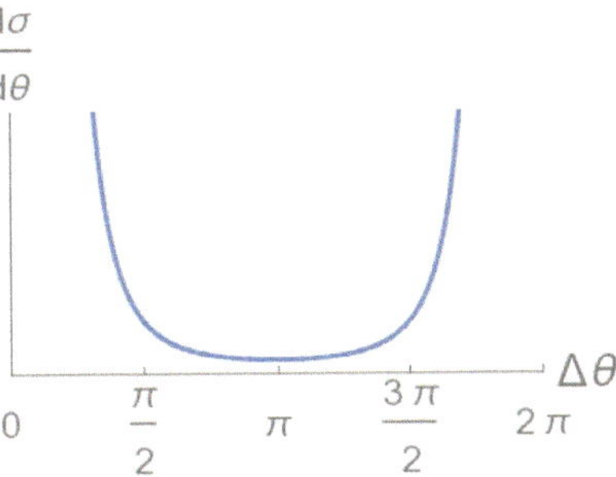


**Beweis:**

- Wir betrachten zunächst den Fall der Dimension $d = 2$.

Für den Wert $\ell$ des Drehimpulses $L$ ist der Impaktparameter bei Energie $E$ gleich $q_\perp^- = \frac{\ell}{\|p^-\|} = \frac{\ell}{\sqrt{2E}}$. Wir berechnen zunächst in Polarkoordinaten $(r,\varphi)$ die Drehimpulsabhängigkeit des Streuwinkels

$$\Delta\theta(E,\ell) = 2\int_{r_{\min}}^{\infty} \frac{\mathrm{d}\varphi}{\mathrm{d}r}\,\mathrm{d}r + \pi\,, \tag{12.3.2}$$

mit dem Perizentrumsradius $r_{\min}$, also dem Radius des Punktes der Hyperbel, der dem Ursprung am nächsten kommt. Dort ist die Radialgeschwindigkeit Null, also

$$E - W_\ell(r) = E + \frac{Z}{r} - \frac{\ell^2}{2r^2} = 0\,,$$

was $r_{\min} \geq 0$ bestimmt. Unter Benutzung von

$$\frac{\mathrm{d}\varphi}{\mathrm{d}t} = \frac{\ell}{r^2} \quad \text{und} \quad \frac{\mathrm{d}r}{\mathrm{d}t} = \sqrt{2(E - W_\ell(r))}\,,$$

siehe die Formel (1.6) in der Einleitung, ergibt sich modulo $2\pi$

$$\Delta\theta(E,\ell) = 2\int_{r_{\min}}^{\infty} \frac{\ell^2}{r^2\sqrt{2\left(E + \frac{Z}{r} - \frac{\ell^2}{2r^2}\right)}}\,\mathrm{d}r = 2\tan^{-1}\left(\frac{Z}{\ell\sqrt{2E}}\right),$$

oder

$$q_\perp^- = \frac{\ell}{\sqrt{2E}} = \frac{Z}{2E}\cot\left(\frac{\Delta\theta}{2}\right). \tag{12.3.3}$$

Der Betrag der Ableitung nach $\Delta\theta$ ist damit

$$\left|\frac{\mathrm{d}q_\perp^-}{\mathrm{d}\Delta\theta}\right| = \frac{|Z|}{4E}\frac{1}{\sin^2\left(\frac{1}{2}\Delta\theta\right)},$$

also die Behauptung für $d = 2$.

- Für $d \geq 3$ bemerkt man, dass im Vektorraum $T_{\theta^-}S^{d-1} \cong \mathbb{R}^{d-1}$ der Impaktparameter (siehe Definition 12.19) die Vollkugel vom Radius $r$ das Volumen $v_{d-1}\int_0^r \tilde{r}^{d-2}\,\mathrm{d}\tilde{r}$ besitzt, während dem durch die Bedingung $\Delta\tilde{\theta} \in [0,\Delta\theta]$

definierten Kugelsegment in $S^{d-1}$ das Volumen $v_{d-1}\int_0^{\Delta\theta}(\sin(\Delta\tilde{\theta}))^{d-2}\,\mathrm{d}\Delta\tilde{\theta}$ zukommt (dabei bezeichnet $v_d$ das Volumen der $d$–dimensionalen Einheitskugel).

Der Quotient beider Integranden ist der differentielle Wirkungsquerschnitt. Für $\tilde{r}(\Delta\tilde{\theta}) := \|q_\perp^-(\Delta\tilde{\theta})\|$ stehen die beiden Integrationsvariablen nach (12.3.3) in der Beziehung $\tilde{r}(\Delta\tilde{\theta}) = \frac{|Z|}{2E}\cot\left(\frac{\Delta\tilde{\theta}}{2}\right)$. Es gilt also unter Verwendung des trigonometrischen Additionstheorems $\sin(\Delta\tilde{\theta}) = 2\sin\left(\frac{\Delta\tilde{\theta}}{2}\right)\cos\left(\frac{\Delta\tilde{\theta}}{2}\right)$

$$\frac{v_{d-1}\tilde{r}^{d-2}\frac{\mathrm{d}\tilde{r}}{\mathrm{d}\tilde{\theta}}}{v_{d-1}\big(\sin(\Delta\tilde{\theta})\big)^{d-2}} = \left(\frac{|Z|\cot\left(\frac{\Delta\tilde{\theta}}{2}\right)}{2E\sin\Delta\tilde{\theta}}\right)^{d-2}\frac{|Z|}{4E\sin^2\left(\frac{\Delta\tilde{\theta}}{2}\right)} = \left(\frac{|Z|}{4E\sin^2\left(\frac{\Delta\tilde{\theta}}{2}\right)}\right)^{d-1},$$

was die Formel auch für Dimension $d \geq 3$ beweist. □

### 12.22 Bemerkungen (Rutherford–Streuung)

1. Während also der differentielle Wirkungsquerschnitt in Vorwärtsrichtung divergiert (denn weit entfernte Teilchen werden nur wenig abgelenkt), ist er auch für die Rückwärtsrichtung (entsprechend einer Kollisionsbahn[8]) von Null verschieden. Dies schloss das Plumpudding–Modell aus.

2. Man beachte, dass der Rutherford–Streuquerschnitt unabhängig von dem Vorzeichen der Ladung $Z$ ist.

3. Der analoge Wirkungsquerschnitt in der Quantenmechanik hat die gleiche Form. Dies war hilfreich, denn 1911, als Rutherford seinen Streuquerschnitt aus der Klassischen Mechanik ableitete, stand die Schrödinger–Gleichung der Quantenmechanik noch nicht zur Verfügung. ◇

### 12.23 Beispiel (Regenbogensingularität)

$V \in C^2(\mathbb{R}^2,\mathbb{R})$ sei ein zentralsymmetrisches Potential mit kompaktem Träger, also $V(q) = W(\|q\|)$ für eine Funktion $W$ mit $W(r) = 0$ für alle genügend großen $r$, etwa $r \geq R > 0$.

Da $V$ beschränkt ist, gibt es Energien $E > \sup_q V(q)$, und für diese wollen wir den Wirkungsquerschnitt analysieren. Für Impaktparameter, die betragsmäßig größer als $R$ sind, trifft die Bahn nicht den Träger von $V$, wird also auch nicht abgelenkt. Ebenso ist aus Symmetriegründen jede Bahn mit Impaktparameter Null geradlinig.

Andererseits gibt es für $V \neq 0$ Bahnen, die abgelenkt werden (warum?). Wegen der stetig differenzierbaren Abhängigkeit der Richtungsänderung $\Delta\theta$ vom Impaktparameter und der Symmetrie $\Delta\theta(-q_\perp) = -\Delta\theta(q_\perp)$ muss es also ein von Null verschiedenes Maximum von $\Delta\theta$ geben. Dort ist $\frac{\mathrm{d}\Delta\theta}{\mathrm{d}q_\perp} = 0$, und für diesen

[8] Genau genommen müsste die Kepler–Bewegung für diese Kollisionsbahn regularisiert werden. Das führt dann auch für $\Delta\theta = \pi$ zu dem Ausdruck für den Rutherford-Streuquerschnitt.

Winkel divergiert der differentielle Streuquerschnitt (im Gegensatz zum Streuquerschnitt des singulären Coulomb-Potentials!).

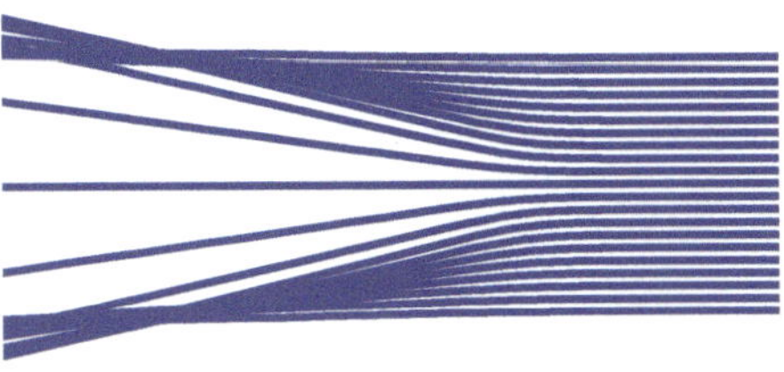

Dieses Phänomen tritt beispielsweise bei der Streuung von Licht an Wassertropfen auf und heißt daher *Regenbogensingularität*. Diese ist eine Faltungssingularität im Sinn von Beispiel 8.39. ◇

**12.24 Aufgabe (Streuung bei hohen Energien)**
Der Träger des Potentials $V \in C^2(\mathbb{R}^d, \mathbb{R})$, $V \neq 0$ sei in einer Kugel vom Radius $R$ enthalten, und

$$\|V\|_\infty := \sup_{q\in\mathbb{R}^d} |V(q)| \quad , \quad \|\nabla V\|_\infty := \sup_{q\in\mathbb{R}^d} \|\nabla V(q)\| .$$

(a) Zeigen Sie, dass mit der Maximal– beziehungsweise Minimalgeschwindigkeit

$$v_{\max} := \sqrt{2(E + \|V\|_\infty)} \quad , \quad v_{\min} := \sqrt{2(E - \|V\|_\infty)}$$

für alle $E > \|V\|_\infty$ die Geschwindigkeit der Richtungsänderung des Teilchens der Energie $E$ im Potential durch

$$\left\| \frac{\mathrm{d}\theta}{\mathrm{d}t} \right\| \leq \frac{\|\nabla V\|_\infty}{v_{\min}}$$

abschätzen lässt.

(b) Zeigen Sie, dass sich für Zeiten $t \in \left[0, \frac{2v_{\min}}{\|\nabla V\|_\infty}\right]$ der vom Teilchen zurückgelegte Abstand durch

$$0 \leq t\left(v_{\min} - \tfrac{1}{2}\|\nabla V\|_\infty \, t\right) \leq \|q(t) - q(0)\| \leq v_{\max}\, t$$

beidseitig abschätzen lässt.

(c) Zeigen Sie, dass für Teilchenenergien $E \geq \|V\|_\infty + 2R\,\|\nabla V\|_\infty$ das Teilchen gestreut wird und dabei höchstens eine Winkeländerung

$$\|\Delta\theta\| \leq \frac{2R\,\|\nabla V\|_\infty}{E - \|V\|_\infty} \leq 1$$

erfährt (allgemein führen glatte langreichweitige Potentiale für hohe Energien $E$ zu einer Streuung mit kleinen Richtungsänderungen $\mathcal{O}(1/E)$). ◇

## 12.4 Zeitverzögerung, Radon–Transformation, Inverse Streutheorie

Woher wissen wir eigentlich, wie die Wechselwirkungen zwischen mikroskopischen Teilchen aussehen? Das Beispiel des rutherfordschen Atommodells aus dem Abschnitt 12.3 deutet darauf hin, dass diese Kenntnis mit Streuexperimenten erlangt werden kann. Allerdings stellen sich die folgenden Fragen:

1. Könnte auch ein anderes Potential als das Coulomb–Potential zum rutherfordschen Streuquerschnitt (Satz 12.21) führen?
2. Hätte Rutherford, wenn er nicht den richtigen Ansatz für das Potential gehabt hätte, dieses im Prinzip aus seinen Streudaten berechnen können?
3. Welche experimentell messbaren Größen erlauben gegebenenfalls die Rekonstruktion des Potentials?

Eine positive Antwort auf die erste Frage würde natürlich die Existenz der in den folgenden Fragen angesprochenen Inversen Streumethode unmöglich machen.

**12.25 Beispiele**

1. **Nichtexistenz einer 1D inversen Streutheorie**
   Dies ist in der Tat die Situation für $d = 1$ Dimensionen: Es sei $V : \mathbb{R} \to \mathbb{R}$ ein kurzreichweitiges Potential und $\Phi$ der zugehörige Fluss. Dann gilt für das um $\ell \in \mathbb{R}$ verschobene Potential $V^{(\ell)}$ (das heißt $V^{(\ell)}(q) := V(q-\ell)$) mit der Transformation des Phasenraums

$$W^{(\ell)} : P \to P \quad , \quad (p,q) \mapsto (p, q+\ell)\,,$$

   dass der zu $V^{(\ell)}$ gehörende Fluss $\Psi^{(\ell)}$ die Form

$$\Psi_t^{(\ell)} = W^{(\ell)} \circ \Phi_t \circ W^{(-\ell)} \qquad (t \in \mathbb{R})$$

   besitzt. Wir betrachten nun den Phasenraumbereich $P^+ := H^{-1}\big((V_{\max}, \infty)\big)$ mit $V_{\max} := \sup_{q \in \mathbb{R}} V(q)$. Dort kehren die Lösungen $\big(p(t,x_0), q(t,x_0)\big) := \Phi_t(x_0)$ ihre Richtung nicht um, das heißt $\operatorname{sign}(p(t,x_0))$ ist $t$–unabhängig.
   Sei $\mathcal{S}^{(\ell)}$ die Streutransformation zu $\Psi^{(\ell)}$ und $\mathcal{S}$ die zu $\Phi$. Dann gilt

$$\mathcal{S}^{(\ell)}(x) = \mathcal{S}(x) \qquad (x \in P^+), \tag{12.4.1}$$

   man kann also den Streudaten nicht ansehen, dass das Potential verschoben wurde.

   Gleichung (12.4.1) folgt für $x = (p,q)$ aus der Relation

$$W^{(\ell)}(x) = (p, q+\ell) = \Phi^{(0)}_{\ell/p}(x) :$$

$$\begin{aligned}
\mathcal{S}^{(\ell)}(x) &= \lim_{t\to\infty} \Phi^{(0)}_{-t} \circ \Psi^{(\ell)}_{2t} \circ \Phi^{(0)}_{-t}(x) \\
&= \lim_{t\to\infty} \Phi^{(0)}_{-t} \circ W^{(\ell)} \circ \Phi_{2t} \circ W^{(-\ell)} \circ \Phi^{(0)}_{-t}(x) \\
&= W^{(\ell)} \circ \Big(\lim_{t\to\infty} \Phi^{(0)}_{-t} \circ \Phi_{2t} \circ \Phi^{(0)}_{-t}\Big) \circ W^{(-\ell)}(x) \\
&= W^{(\ell)} \circ \mathcal{S} \circ W^{(-\ell)}(x) = \Phi_{\ell/p} \circ \mathcal{S} \circ \Phi_{-\ell/p}(x) = \mathcal{S}(x)\,.
\end{aligned}$$

   Im letzten Schritt wurde die Vertauschbarkeit von $\mathcal{S}$ mit $\Phi^{(0)}$, also (12.2.9) benutzt. (12.4.1) folgt auch durch explizite Berechnung (Aufgabe 12.13).

2. **Differentieller Wirkungsquerschnitt** In keiner Raumdimension $d$ kann man aus dem differentiellen Wirkungsquerschnitt (Definition 12.19) das Potential $V$ rekonstruieren, denn dieser ist invariant unter Translation von $V$. ◇

Erfreulicherweise ist die Situation in $d \geq 2$ Dimensionen und für andere Streudaten günstiger. Verschiedene Potentiale führen zu verschiedenen Streutransformationen, und es gibt auch Verfahren, erstere aus Streudaten wie etwa der Zeitverzögerung zurückzugewinnen.

Diese Methoden sind verwandt mit denen der *Radon–* beziehungsweise *Röntgen–Transformation*, die in der Computertomographie Anwendung findet.

**12.26 Definition**
*In Dimension $d \geq 2$ ist die* **Röntgen–Transformierte** *einer Funktion $f \in C^2(\mathbb{R}^d, \mathbb{R})$ mit kompaktem Träger die Funktion (siehe Definition 12.1.16)*

$$\mathcal{R}f : TS^{d-1} \to \mathbb{R} \qquad (u,v) \mapsto \int_{\mathbb{R}} f(v+tu)\,\mathrm{d}t\,.$$

**12.27 Bemerkungen (Röntgen– und Radon–Transformation)**

1. $f$ wird also über diejenige Gerade mit der Richtung $u \in S^{d-1}$ integriert, die dem Ursprung $0 \in \mathbb{R}^d$ am Punkt $v \in T_u S^{d-1} = \{q \in \mathbb{R}^d \mid \langle q,u\rangle = 0\}$ am nächsten kommt.
2. Bei der Radon–Transformation[9] wird statt über Geraden über Hyperflächen integriert. Für $d = 2$ stimmt diese daher im Wesentlichen mit der Röntgen–Transformation überein.
3. Die Computertomographie wurde vom Physiker Allan Cormack (1924–1998) und dem Ingenieur Godfrey Hounsfield (1919–2004) theoretisch und praktisch entwickelt. In den 1970er Jahren, also zu einem Zeitpunkt, als die effektive Berechnung der inversen Radon–Transformation mit Computern möglich wurde, entstanden die ersten Prototypen.
4. Ein Standard-Lehrbuch zur Computertomographie ist [Nat] von NATTERER.

   Das Buch [Hel] von HELGASON über die (verallgemeinernd gruppentheoretisch definierten, und damit auch die Röntgen–Transformation beinhaltenden) Radon–Transformationen ist auch auf seiner Homepage erhältlich.
5. Die genaue Bestimmung der Klassen von Funktionen $f$, auf die man die Röntgen– bzw. Radon–Transformation anwenden kann, ist eine subtile, aber praktisch wichtige Frage. Man denke etwa bei $f : \mathbb{R}^3 \to \mathbb{R}^+$ an die optische Dichte des durchleuchteten Gewebes im Röntgenbereich (sog. *Röntgen-Abschwächungsfaktor*). Dann wird an Grenzflächen zwischen Knochen und Muskelgewebe der Wert von $f$ springen (siehe Kapitel IV.2 in [Nat]). ◇

[9] Der österreichische Mathematiker *Johann Radon* (1887–1956) untersuchte in einer Arbeit von 1917 diese nach ihm benannte Integral–Transformation.

In der Computertomographie misst man nun die Intensitäten der das Objekt durchleuchtenden Röntgenstrahlen und damit $\mathcal{R}f$. Die mathematische Aufgabe besteht darin, aus $\mathcal{R}f$ auf $f$ zurückzuschließen. Dazu ist zunächst wichtig:

- $\mathcal{R}$ ist eine lineare Abbildung. Die Frage ist also, ob deren Kern nur aus der Nullfunktion besteht.
- Für die Definitionsbereiche von $\mathcal{R}f$ und von $f$ gilt: $\dim(TS^{d-1}) = 2d-2$, was für $d \geq 2$ größer oder gleich $\dim(\mathbb{R}^d)$ ist. Wir haben also – im Gegensatz zu einer Dimension – in höheren Dimensionen eine Chance, das Problem zu lösen.

Der Schlüssel zur Invertierung des Operators $\mathcal{R}$ ist die folgende im Englischen *Fourier–slice–theorem* genannte Aussage.

- Darin bezeichnet
$$\mathcal{F}_d : \mathcal{S}(\mathbb{R}^d) \to \mathcal{S}(\mathbb{R}^d) \quad , \quad (\mathcal{F}_d f)(k) = (2\pi)^{-d/2} \int_{\mathbb{R}^d} f(x) e^{-\imath k\cdot x}\, \mathrm{d}x$$
die Fourier–Transformation auf dem Raum der *Schwartz–Funktionen*[10] des $\mathbb{R}^d$.
- Weiter sei für die Richtung $u \in S^{d-1}$
$$\mathcal{R}^u : \mathcal{S}(\mathbb{R}^d) \to \mathcal{S}(T_u S^{d-1}) \quad , \quad (\mathcal{R}^u f)(v) = (\mathcal{R}f)(u,v)$$
die Restriktion der Röntgen–Transformation (also das, was der Computer–Tomograph sieht, wenn die Röntgen–Strahlung in Richtung $u$ weist).
- Die Fourier–Transformation einer Funktion auf dem $(d-1)$–dimensionalen Unterraum $T_u S^{d-1} = \{v \in \mathbb{R}^d \mid \langle u, v\rangle = 0\}$ wird mit $\mathcal{F}^u_{d-1}$ bezeichnet.

**12.28 Satz (Fourier–slice–Theorem)** *Es gilt für* $d \geq 2$

$$\left(\mathcal{F}^u_{d-1}\mathcal{R}^u f\right)(k) = \sqrt{2\pi}\,(\mathcal{F}_d f)(k) \qquad \left(u \in S^{d-1}, k \in T_u S^{d-1}\right).$$

**Beweis:** Wir können für $u \in S^{d-1}$ alle $x \in \mathbb{R}^d$ eindeutig in der Form $x = tu + v$ mit $v \in T_u S^{d-1}$ und $t \in \mathbb{R}$ schreiben. Damit erhalten wir

$$\begin{aligned}
(2\pi)^{\frac{d-1}{2}} \left(\mathcal{F}^u_{d-1}\mathcal{R}^u f\right)(k) &= \int_{T_u S^{d-1}} (\mathcal{R}^u f)(u,v) e^{-\imath v\cdot k}\, \mathrm{d}v \\
&= \int_{T_u S^{d-1}} \left(\int_{\mathbb{R}} f(v+tu)\, \mathrm{d}t\right) e^{-\imath v\cdot k}\, \mathrm{d}v = \int_{T_u S^{d-1}} \int_{\mathbb{R}} f(v+tu) e^{-\imath (v+tu)\cdot k}\, \mathrm{d}t\, \mathrm{d}v \\
&= \int_{\mathbb{R}^d} f(x) e^{-\imath x\cdot k}\, \mathrm{d}x = (2\pi)^{d/2} (\mathcal{F}_d f)(k),
\end{aligned}$$

[10]Der *Schwartz–Raum* $\mathcal{S}(\mathbb{R}^d)$ ist der Funktionenraum
$$\mathcal{S}(\mathbb{R}^d) := \left\{ f \in C^\infty(\mathbb{R}^d, \mathbb{C}) \mid \forall\, \alpha, \beta \in \mathbb{N}_0^d : t \mapsto t^\alpha \partial^\beta f(t) \text{ ist beschränkt} \right\}.$$

Abbildung 12.4.1: Von links: Der Buchstabe R; seine Radon-Transformierte (Abszisse: Winkelvariable); numerische inverse Radon-Transformation; gefilterte inverse Radon-Transformation

denn $u \cdot k = 0$. □

Es folgt, dass der Operator $\mathcal{R}$ der Röntgen–Transformation invertiert werden kann, denn die Fourier–Transformation $\mathcal{F}_d : \mathcal{S}(\mathbb{R}^d) \to \mathcal{S}(\mathbb{R}^d)$ ist invertierbar.

**12.29 Bemerkung (Schlecht gestellte Probleme)** Die Integration mittelt hochfrequente Oszillationen, während ihre Umkehroperation, die Differentiation, diese verstärkt. Dies führt dazu, dass die Röntgen–Transformation, auf geeigneten Funktionenräumen definiert, ein kompakter Operator, ihre Umkehrabbildung aber unbeschränkt ist. Praktisch führt dies zu einer starken Verstärkung des Rauschens der Bilddaten. Hier werden zur Regularisierung Methoden aus der *Theorie schlecht gestellter Probleme* benutzt, siehe etwa das Buch [Lou] von LOUIS. ◇

Wir kommen zur Streutheorie zurück. Aus der in (12.2.8) definierten Streutransformation $\mathcal{S} : D \to D$ für kurzreichweitige Potentiale kann man die Transformation der in Satz 12.5 eingeführten asymptotischen Impulse und Impaktparameter berechnen, denn mit

$$(p^+, q^+) := \mathcal{S}\big((p^-, q^-)\big) \qquad \big((p^-, q^-) \in s\big)$$

sind die $p^\pm$ schon die asymptotischen Impulse, und die asymptotischen Impaktparameter ergeben sich mit

$$q_\perp^\pm = q^\pm - \frac{\langle q^\pm, p^\pm \rangle}{\|p^\pm\|^2}\, p^\pm .$$

In $\mathcal{S}$ steckt neben diesen $2d-1$ Koordinaten noch eine weitere Information, nämlich die von H. NARNHOFER in [Nar] eingeführte[11] *Zeitverzögerung*

$$\tau : D \to \mathbb{R} \quad , \quad \tau\big((p^-, q^-)\big) = \frac{\langle p^-, q^- \rangle - \langle p^+, q^+ \rangle}{\|p^\pm\|^2} . \tag{12.4.2}$$

[11] Siehe auch den Überblicksartikel [CN] über klassische und quantenmechanische Zeitverzögerung.

**12.30 Bemerkung (Zeitverzögerung)** Diese beschreibt, um wieviel länger sich (im Limes $R \to \infty$) die Bahnkurve mit Anfangswert

$$x = (p,q) = \Omega^+\big((p^+,q^+)\big) = \Omega^-\big((p^-,q^-)\big)$$

in einer Kugel $B_R^d$ mit großem Radius $R$ aufhält, als das die Bahnkurven der freien Bewegung tun. Dies liest man von der folgenden Zeichnung ab.

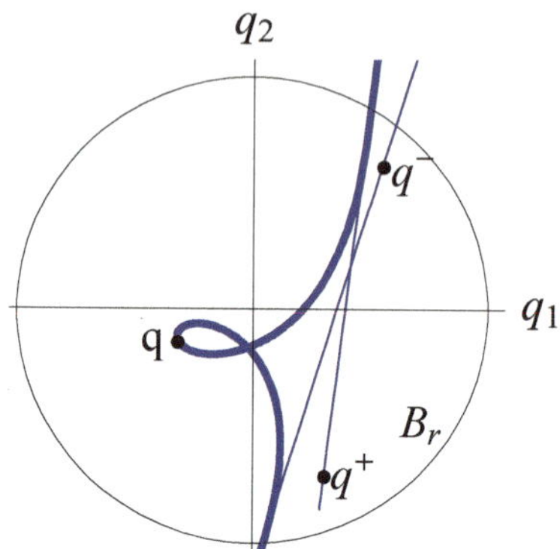


- Da die beiden Bahnkurven der freien Bewegung Geraden sind, sind deren Schnitte mit der Kugel Strecken der Längen

$$L^\pm(R) = 2\sqrt{R^2 - \|q_\perp^\pm\|^2} = 2R\sqrt{1-\big(\|q_\perp^\pm\|/R\big)^2} = 2R+\mathcal{O}(1/R). \quad (12.4.3)$$

  Im Limes $R \to \infty$ geht deren Längendifferenz also gegen Null.

- Für den Weg von $q^\pm$ zum zentrumsnächsten Punkt $q_\perp^\pm$ (mit $\langle p^\pm, q_\perp^\pm\rangle = 0$) braucht die freie Bewegung die Zeit

$$t^\pm := -\frac{\langle p^\pm, q^\pm\rangle}{\|p^\pm\|^2}, \quad (12.4.4)$$

  denn $\langle p^\pm, q^\pm + t^\pm p^\pm\rangle = 0$. Von diesem Punkt aus wird betragsmäßig noch die Zeit $\frac{L^\pm(R)}{2\|p^\pm\|}$ benötigt, um $B_R$ zu verlassen.

- Stimmen die wirklichen Orbits und ihre freien Asymptoten außerhalb $B_R$ schon überein, hält sich der Orbit in $B_R$ exakt die Zeit $T_R$ mit

$$T_R = \left(\frac{L^+(R)}{2\|p^+\|} + t^+\right) - \left(-\frac{L^-(R)}{2\|p^-\|} + t^-\right) \quad (12.4.5)$$

  auf, sonst geht die Differenz beider Seiten im Limes $R \to \infty$ gegen Null.

- Setzt man (12.4.3) und (12.4.4) in (12.4.5) ein, dann ergibt sich mit $\tau$ aus Formel (12.4.2):

$$\lim_{R\to\infty}\Big(T_R - L^\pm(R)/\|p^\pm\|\Big) = \tau\big((p^-,q^-)\big)\,. \qquad \diamond$$

**12.31 Satz (Zeitverzögerung)** *Für die Bahnkurve $t \mapsto q(t) \equiv q(t,x)$ mit Anfangswert $x = \Omega^\pm\big((p^\pm, q^\pm)\big) \in s$ und Energie $E := H(x)$ ist*

$$\tau\big((p^-, q^-)\big) = (2E)^{-1} \int_{\mathbb{R}} \Big[2V\big(q(t)\big) + \big\langle q(t), \nabla V\big(q(t)\big)\big\rangle\Big]\,\mathrm{d}t\,. \qquad (12.4.6)$$

**Beweis:**
• Nach Definition (12.4.2) ist $\tau\big((p^-, q^-)\big) = \frac{\langle p^-, q^-\rangle - \langle p^+, q^+\rangle}{2E}$, denn $\|p^\pm\|^2 = 2E$.
• Andererseits ist nach Definition (12.2.1) der Møller-Transformationen $\Omega^\pm$

$$\lim_{t\to\pm\infty} \left[\langle p(t), q(t)\rangle - \langle p^\pm, q^\pm + tp^\pm\rangle\right] = 0$$

für $p = \frac{\mathrm{d}q}{\mathrm{d}t}$, also nach dem Hauptsatz der Differential- und Integralrechnung (wie in (12.1.4))

$$\begin{aligned}\langle p^-, q^-\rangle - \langle p^+, q^+\rangle &= \int_{\mathbb{R}} \left(2E - \frac{\mathrm{d}}{\mathrm{d}t}\langle p(t), q(t)\rangle\right)\mathrm{d}t \\ &= \int_{\mathbb{R}} \Big[2E - 2\big(E - V(q(t))\big) + \big\langle q(t), \nabla V\big(q(t)\big)\big\rangle\Big]\,\mathrm{d}t.\end{aligned}$$

Damit ergibt sich die Formel. □

Statt auf dem Definitionsbereich $D \subset P^{(0)}$ wie in (12.4.2) können wir durch Fixierung der Energie $E$ die Zeitverzögerung auch als Funktion auf $TS^{d-1}$ auffassen.

Mit der zu Streudaten der Energie $E > 0$ gehörenden Teilmenge $A_E^- \subseteq TS^{d-1}$ aus (12.3.1) bekommen wir eine wohldefinierte Abbildung

$$\tilde{\tau}_E : A_E^- \to \mathbb{R} \quad , \quad \tilde{\tau}_E\big(\hat{p}^-, q_\perp^-\big) := \tau\big((p^-, q_\perp^-)\big)\,.$$

Für alle Energien $E > E_0$ besteht nach Korollar 12.8 die Energieschale nur aus Streuzuständen, sodass dann $\tilde{\tau}_E$ auf ganz $TS^{d-1}$ definiert ist.

Wir betrachten nun ein Potential $V \in C^\infty(\mathbb{R}^d, \mathbb{R})$ mit kompaktem Träger und die Funktion

$$f_E : \mathbb{R}^d \to \mathbb{R} \quad , \quad f_E(q) := \frac{2V(q) + \langle q, \nabla V(q)\rangle}{2E\,\sqrt{2(E - V(q))}}\,.$$

Aus einer Taylor–Abschätzung von $f_E(q)$ folgt, gleichmäßig in $q \in \mathbb{R}^d$

$$f_E(q) = \frac{2V(q) + \langle q, \nabla V(q)\rangle}{(2E)^{3/2}} + \mathcal{O}\big(E^{-5/2}\big)\,. \qquad (12.4.7)$$

Für große Energien wird $f_E$ in (12.4.6) näherungsweise entlang der freien Bahnkurve integriert, um die Zeitverzögerung zu erhalten:

**12.32 Satz (Inverse Streutheorie)**
*Bei Energie* $E > E_0$ *ist die Differenz zwischen der Zeitverzögerung* $\tilde{\tau}_E$ *und der Röntgen–Transformierten von* $f_E$

$$\Delta_E := \tilde{\tau}_E - \mathcal{R} f_E : \; TS^{d-1} \to \mathbb{R}$$

*von der Ordnung* $\sup_x |\Delta_E(x)| = \mathcal{O}\left(E^{-5/2}\right)$.

**12.33 Bemerkung (Inverse Streutheorie)**
Wir können also durch Messung von $\tilde{\tau}_E$ die Röntgen–Transformierte von $f_E$ mit einem für große Energie $E$ kleinen Fehler der relativen Ordnung $\mathcal{O}(1/E)$ rekonstruieren. Nach dem Fourier–slice–Theorem (Satz 12.28) ist damit $f_E$ selbst experimentell messbar[12].

Das gleiche gilt aber auch für das kurzreichweitige Potential $V$: Wie man nämlich durch Einsetzen überprüft, läßt sich $V$ für beliebige Dimension $d$ aus dem Zähler $F(q) := 2V(q) + \langle q, \nabla V(q)\rangle$ in (12.4.7) mit der Formel

$$V(0) = \tfrac{1}{2} F(0) \quad , \quad V(q) = -\int_1^\infty F(tq)\, t \, \mathrm{d}t \qquad \left(q \in \mathbb{R}^d \setminus \{0\}\right)$$

zurückgewinnen. Man findet diese Lösung der quasilinearen partiellen Differentialgleichung $2V(q) + \langle q, \nabla V(q)\rangle = F(q)$ durch Integration entlang des charakteristischen Vektorfeldes. Siehe ARNOL'D [Ar3], Kap. 2.7 und SCHMITZ [Schm]. ◇

**Beweis:**
• Statt durch die Zeit $t$ parametrisieren wir die Bahnkurve $t \mapsto q(t,x)$ durch ihre Projektion

$$s(t) := \left\langle \tilde{p}^-(x), q(t,x)\right\rangle \qquad (t \in \mathbb{R}),$$

siehe nebenstehende Zeichnung. Dies ist möglich, falls $E$ groß genug ist, denn dann ist nach Aufgabe 12.24.c) die Winkeländerung $\sphericalangle\left(\hat{p}^-(x), \frac{\mathrm{d}}{\mathrm{d}t} q(t,x)\right)$ kleiner als $\pi/2$, also $s'(t) > 0$.

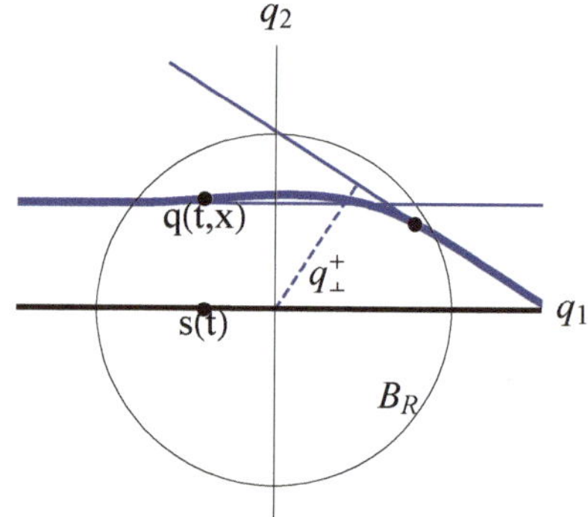


• Unter Verwendung von

$$s'(t) = \left\langle \hat{p}^-(x), p(t,x)\right\rangle = \left\langle \hat{p}^-(x), \tfrac{p(t,x)}{\|p(t,x)\|}\right\rangle \sqrt{2\big(E - V(q(t,x))\big)}$$

und $\Delta\theta(t) := \sphericalangle\big(\hat{p}^-(x), p(t,x)\big) = \mathcal{O}(1/E)$ (Aufgabe 12.24), also

$$\left\langle \hat{p}^-(x), \tfrac{p(t,x)}{\|p(t,x)\|}\right\rangle = \cos\left(\Delta\theta(t)\right) = \sqrt{1 - \sin^2(\Delta\theta(t))} = 1 + \mathcal{O}\big(E^{-2}\big) \tag{12.4.8}$$

erhalten wir mit $\tilde{q}(s) := q\big(t(s)\big)$

$$\tau(x) = \int_{\mathbb{R}} f_E\big(\tilde{q}(s)\big)\, \mathrm{d}s \; + \mathcal{O}\big(E^{-5/2}\big).$$

[12] mit einem $E$–abhängigen Fehler, der sich aus den Sätzen in [Nat], Kapitel IV.2 ergibt.

Wählen wir $R > 0$ so groß, dass $\mathrm{supp}(V) \subseteq B_R^d$, also auch $\mathrm{supp}(f_E) \subseteq B_R^d$, dann ist

$$\int_{\mathbb{R}} f_E(\tilde{q}(s))\, \mathrm{d}s = \int_{-R}^{R} f_E(\tilde{q}(s))\, \mathrm{d}s = \int_{-R}^{R} f_E(q_\perp^- + s\,\hat{p}^-)\, \mathrm{d}s + \mathcal{O}(E^{-5/2}).$$

Die letzte Abschätzung folgt aus $\|\tilde{q}(s) - (q_\perp^- + s\hat{p}^-)\| = \mathcal{O}(1/E) \quad (|s| \leq R)$ und der Taylor–Formel für die Differenz der Integranden. Also ist

$$\tilde{\tau}_E\left(\hat{p}^-, q_\perp^-\right) = \tau\left(p^-, q^-\right) = \mathcal{R} f_E\left(\hat{p}^-, q_\perp^-\right) + \mathcal{O}\left(E^{-5/2}\right), \tag{12.4.9}$$

wie behauptet. □

## 12.5 Kinematik der Streuung von $n$ Teilchen

Wir betrachten die Bewegung von endlich vielen Teilchen, die aufeinander Kräfte ausüben können, aber die keinen äußeren, also auch von der Position ihres Schwerpunktes abhängigen, Kräften unterworfen sind.

Eine Frage ist die nach ihrer Dynamik für große Zeiten: Formen die Teilchen letztendlich feste Gruppen, *Cluster*, die untereinander stark wechselwirken können, bei denen aber die Wechselwirkung zwischen Teilchen unterschiedlicher Gruppen mit der Zeit abklingt?

**12.34 Beispiel (Billardkugeln im Raum)**
Wenn wir $n$ Kugeln im $\mathbb{R}^d$ vom Radius $R > 0$ und mit Massen $m_1, \ldots, m_n > 0$ betrachten, dann ist ihr gemeinsamer Konfigurationsraum von der Form

$$M := \mathbb{R}^{nd} \backslash \Delta \quad \text{mit} \quad \Delta := \bigcup_{1 \leq i < j \leq n} \Delta_{i,j}$$

und $\Delta_{i,j} := \{q = (q_1, \ldots, q_n) \in (\mathbb{R}^d)^n \mid \|q_i - q_j\| < 2R\}$, denn die Mittelpunkte der $i$–ten und der $j$–ten Kugel haben einen Mindestabstand $2R$.

Gemäß der Hamilton–Funktion [13]

$$H : P \to \mathbb{R} \quad , \quad H(p,q) := \sum_{i=1}^{n} \frac{\|p_i\|^2}{2m_i}$$

auf dem Phasenraum $P := \mathbb{R}^{nd} \times M$ der $n$ Teilchen bewegen sich die Teilchen mit konstanter Geschwindigkeit $\dot{q}_i(t) = p_i(0)/m_i$, bis sie auf den Rand $\partial M$ ihres Konfigurationsraumes stoßen.

Hier begegnen uns zum ersten Mal Cluster, denn für $q \in \partial M$ können wir auf der Menge $N := \{1, \ldots, n\}$ diejenigen Elemente $i < j$ durch eine Kante $\{i, j\}$ verbinden, für die $\|q_i - q_j\| = 2R$ gilt, bei denen sich die Kugeln mit den Nummern $i$ und $j$ also berühren. Wir erhalten so einen Graphen auf der Menge $N$ von Knoten, und $N$ wird in Cluster untereinander durch Kanten verbundener Knoten zerlegt, siehe Abbildung 12.5.1.

[13] Eine realistischere Betrachtung der Mechanik des Billardspiels findet man in §27 von SOMMERFELD [Som]. Dort werden auch hohe und tiefe Stöße, Nachläufer etc. untersucht.

Abbildung 12.5.1: Konfiguration von Billardkugeln (links) mit zugehörigem Graphen (rechts) und Clusterzerlegung $\{\{1,3,4,5\},\{2\}\}$

- Wir sprechen von einer Konfiguration $q \in \partial M$ von *Zweierstößen*, wenn die Cluster höchstens die Größe zwei besitzen. Für das Cluster $\{i,j\}$ wird dann die Bewegung nach der Kollision gemäß den folgenden Regeln des *elastischen Stoßes* fortgesetzt.

  Die Impulse der Kugeln unmittelbar vor dem Stoß seien $p_i^-, p_j^-$, die nach dem Stoß $p_i^+, p_j^+$. Dann gilt:

  (a) Der *Gesamtimpuls* bleibt erhalten, das heißt $p_i^+ + p_j^+ = p_i^- + p_j^-$.

  (b) Die *Gesamtenergie* bleibt erhalten, d.h. $\frac{\|p_i^+\|^2}{2m_i} + \frac{\|p_j^+\|^2}{2m_j} = \frac{\|p_i^-\|^2}{2m_i} + \frac{\|p_j^-\|^2}{2m_j}$.

  (c) Zerlegen wir die Impulse in Komponenten parallel beziehungsweise senkrecht zur Verbindungslinie durch die Mittelpunkte der Kugeln, dann bleiben die senkrechten Komponenten erhalten, das heißt für

  $$p_k^\pm = p_k^{\|,\pm} + p^{\perp,\pm} \quad \text{gilt} \quad p_k^{\perp,+} = p_k^{\perp,-} \qquad (k = i,j).$$

  Aus diesen Regeln ergibt sich eine quadratische Gleichung für die zu $q_i - q_j$ parallele Komponente der Impulse. Diese besitzt (neben der unphysikalischen Lösung $p_k^{\|,+} = p_k^{\|,-}$) die Lösung

  $$p_i^{\|,+} = \tfrac{m_i - m_j}{m_i + m_j}\, p_i^{\|,-} + \tfrac{2m_i}{m_i + m_j}\, p_j^{\|,-} \quad , \quad p_j^{\|,+} = \tfrac{m_j - m_i}{m_i + m_j}\, p_j^{\|,-} + \tfrac{2m_j}{m_i + m_j}\, p_i^{\|,-} . \tag{12.5.1}$$

  Mit diesen Daten lässt sich die Lösung fortsetzen.

- Falls dagegen wie in Abbildung 12.5.1 drei oder mehr Kugeln gleichzeitig in einem Cluster zusammenkommen, gibt es im Allgemeinen keine in den Anfangsbedingungen stetige Regel, die Bewegung fortzusetzen, und man nimmt an, dass die gewählten Anfangsbedingungen nicht zu solchen Stößen führen (das ist bis auf eine Ausnahmemenge vom Maß Null der Fall).

Im Jahr 1998 bewiesen BURAGO, FERLEGER und KONONENKO in [BFK], dass es unter diesen Bedingungen nur zu endlich vielen Stößen kommt und gaben auch eine obere Schranke für die Zahl der Kollisionen an.

Da sich die Impulse nach dem letzten Stoß nicht mehr ändern, erhalten wir eine Zerlegung in Gruppen von sich mit der gleichen Geschwindigkeit bewegenden Kugeln (wobei typischerweise verschiedene Kugeln auch verschiedene Endgeschwindigkeiten besitzen). ◇

**12.35 Aufgabe (Billardkugeln)**

(a) Geben Sie für $n$ Kugeln gleicher Masse in einer Dimension ($d = 1$) eine obere Schranke für die Zahl der Stöße an.
Vergleichen Sie mit der Dynamik des Kugelstoßpendels, siehe nebenstehende Abbildung.

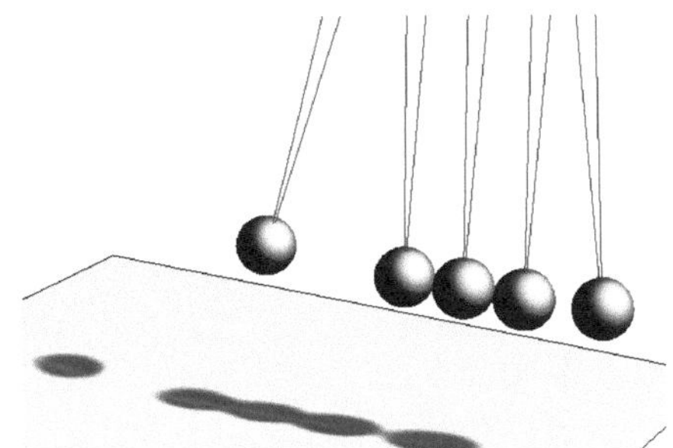

(b) Dasselbe für drei Kugeln verschiedener Massen. ◇

Im Weiteren untersuchen wir die nichtrelativistische Bewegung von $n$ Teilchen im $\mathbb{R}^d$, die sich gegenseitig mit Potentialkräften anziehen oder abstoßen können. Bezeichnen wir die Massen dieser Teilchen wieder mit $m_1, \ldots, m_n > 0$, dann führt die Hamilton–Funktion

$$H(p, q) := \sum_{k=1}^{n} \frac{\|p_k\|^2}{2m_k} + V(q) \tag{12.5.2}$$

zu den Bewegungsgleichungen

$$\dot{p}_k = -\nabla_{q_k} V(q) \quad , \quad \dot{q}_k = \frac{p_k}{m_k} \qquad (k = 1, \ldots, n). \tag{12.5.3}$$

Das Potential $V$ soll sich dabei aus Zwei–Körperpotentialen zusammensetzen, das heißt

$$V(q) = \sum_{1 \le i < j \le n} V_{i,j}(q_i - q_j) \,.$$

**12.36 Beispiel**

Ein prominentes Beispiel ist das *$n$–Körper-Problem der Himmelsmechanik* aus Kapitel 11.3.3. Bei diesem ist $V_{i,j}(Q) := -\frac{m_i m_j}{\|Q\|}$, und die newtonschen Differentialgleichungen sind (1.8). In der *Elektrostatik* dagegen besitzen die Teilchen Ladungen $Z_i \in \mathbb{R}$ und $V_{i,j}(Q) := \frac{Z_i Z_j}{\|Q\|}$. Während also die Gravitation anziehend wirkt, stoßen sich gleichnamige Ladungen ab. ◇

Die folgende Aufgabe klärt, warum das von einer zentralsymmetrischen Massenverteilung, zum Beispiel (näherungsweise) einem Stern, im Außenraum erzeugte Gravitationspotential von der angegebenen Form ist.

**12.37 Aufgabe (Potential einer zentralsymmetrischen Massenverteilung)** Wir studieren das von einer Massen- oder Ladungsverteilung erzeugte (gravitative oder elektrostatische) Potential. Die stetige Dichte $\rho : \mathbb{R}^3 \to [0, \infty)$ habe ihren Träger in der Kugel $B_R^3 = \{x \in \mathbb{R}^3 \mid \|x\| \le R\}$. Wir nehmen an, dass sie zentralsymmetrisch ist, das heißt $\rho(x) = \tilde{\rho}(\|x\|)$. Das Potential ist gegeben durch:

$$V : \mathbb{R}^3 \to \mathbb{R} \quad , \quad V(q) := \int_{B_R^3} \frac{\rho(x)}{\|q - x\|} \, \mathrm{d}x \,,$$

und wir nennen $M := \displaystyle\int_{B_R^3} \rho(x) \, \mathrm{d}x$ die *Masse* oder *Ladung*.

(a) Erklären Sie, warum das Potential $V$ zentralsymmetrisch ist, dass also gilt: $V(q) = V\big(0, 0, \|q\|\big)$.

(b) Wir nehmen $q = (0, 0, a)$ an, wobei $a > 0$. Geben Sie $\|q - x\|$ in Kugelkoordinaten an.

(c) Zeigen Sie mithilfe von Kugelkoordinaten, dass gilt:

$$V(q) = \frac{2\pi}{a} \int_0^R r\tilde{\rho}(r)\big(r + a - |a - r|\big) \, \mathrm{d}r \,.$$

(d) Zeigen Sie, dass für $a > R$ gilt: $V(q) = \dfrac{M}{a}$.

(e) Zeigen Sie, dass für $0 < a \le R$ gilt: $V(q) = \tilde{V}(a)$ mit

$$\tilde{V}(a) := 4\pi \left( \int_0^a \frac{r^2}{a} \, \tilde{\rho}(r) \, \mathrm{d}r + \int_a^R r\tilde{\rho}(r) \, \mathrm{d}r \right) .$$

Leiten Sie her, dass $\big(\partial_a^2 \tilde{V}\big)(a) + \frac{2}{a}\big(\partial_a \tilde{V}\big)(a) = -4\pi\tilde{\rho}(a)$ (d.h. in Euklidischen Koordinaten: $-\Delta V = 4\pi\rho$). Das ist die *Formel von Poisson*.

(f) Erdnahe Satelliten haben Umlaufzeiten von etwa anderthalb Stunden. Wie lange benötigt ein sonnennaher Satellit ungefähr für einen Umlauf? ◇

Die in Beispiel 12.36 auftretenden Singularitäten erschweren die Behandlung der Dynamik sehr. Wir betrachten daher nur Zwei–Körperpotentiale $V_{i,j} \in C^2(\mathbb{R}^d, \mathbb{R})$ und nehmen an, dass diese im Sinn der Definition 12.1 langreichweitig sind. Wir fordern also, dass für geeignete Konstanten $C, \varepsilon > 0$ gilt:

$$|\partial^\alpha V_{i,j}(Q)| \le C \, \langle Q \rangle^{-|\alpha| - \varepsilon} \qquad \big(1 \le i < j \le n, \; Q \in \mathbb{R}^d, \; \alpha \in \mathbb{N}_0^d, \; |\alpha| \le 2\big) \,.$$

Bequem ist es, $V_{j,i}(q) := V_{i,j}(-q)$ zu setzen, falls $1 \le i < j \le n$. Dann ist die Hamilton–Funktion (12.5.2) auf dem Phasenraum $P := \mathbb{R}_p^{nd} \times \mathbb{R}_q^{nd}$ zweimal stetig differenzierbar, und nach Satz 11.1 ist der Fluss $\Phi \in C^1(\mathbb{R} \times P, P)$. Wir schreiben die Lösungen in der Form $\big(p(t, x_0), q(t, x_0)\big) = \Phi(t, x_0)$ oder kurz $\big(p(t), q(t)\big)$.

**12.38 Satz (Schwerpunktbewegung)**
*Es bezeichne*

- $m_N := \sum_{k=1}^n m_k$ *die* **Gesamtmasse**,
- $p_N : P \to \mathbb{R}^d$, $(p,q) \mapsto \sum_{k=1}^n p_k$ *den* **Gesamtimpuls** *und*
- $q_N : P \to \mathbb{R}^d$, $(p,q) \mapsto \frac{1}{m_N}\sum_{k=1}^n m_k q_k$ *den* **Schwerpunkt**.

*Dann gilt für* $\big(p_N(t), q_N(t)\big) := (p_N, q_N) \circ \Phi_t(p,q)$:

$$p_N(t) = p_N(0) \quad , \quad q_N(t) = q_N(0) + \frac{p_N(0)}{m_N}\, t \qquad (t \in \mathbb{R}).$$

**Beweis:** Aus den Bewegungsgleichungen (12.5.3) folgt

$$\begin{aligned} \frac{\mathrm{d}}{\mathrm{d}t} p_N(t) &= \sum_{k=1}^n \frac{\mathrm{d}}{\mathrm{d}t} p_k(t) = -\sum_{k=1}^n \nabla_{q_k} V(q) = -\sum_{k=1}^n \sum_{1 \le i < j \le n} \nabla_{q_k} V_{i,j}(q_i - q_j) \\ &= \sum_{1 \le i < j \le n} \big(\nabla_{q_i} V_{i,j}(q_i - q_j) + \nabla_{q_j} V_{i,j}(q_i - q_j)\big) = 0\,. \end{aligned}$$

Andererseits ist $\frac{\mathrm{d}}{\mathrm{d}t} q_N(t) = \frac{1}{m_N}\sum_{k=1}^n m_k \frac{\mathrm{d}}{\mathrm{d}t} q_k(t) = \frac{1}{m_N}\sum_{k=1}^n p_k(t) = \frac{p_N(0)}{m_N}$. □

Der Gesamtimpuls ist damit eine Erhaltungsgröße, und wir kennen auch die Zeitentwicklung des Schwerpunktes. Da $V$ nicht von $q_N$, sondern nur von den Abständen $q_i - q_j$ abhängt, können wir die Phasenraumdimensionen um $2d$ erniedrigen und die Bewegung im Schwerpunktsystem untersuchen.

**12.39 Beispiel (Reduktion des Zweikörperproblems)**
Am leichtesten gelingt dies für die Bewegung zweier Körper. Mit der Gesamtmasse $m_N = m_1 + m_2$ und der *reduzierten Masse* $m_r := \frac{m_1 m_2}{m_1 + m_2}$ führt die lineare Transformation $\Psi : P \to P$ mit Phasenraum $P = T^*\mathbb{R}^{2d}$,
$(p_1, p_2, q_1, q_2) \mapsto (p_N, p_r, q_N, q_r) := \Big(p_1 + p_2, \frac{m_2 p_1 - m_1 p_2}{m_N}, \frac{m_1 q_1 + m_2 q_2}{m_N}, q_1 - q_2\Big)$
zur Hamilton–Funktion $H \circ \Psi = H_N + H_r$ mit[14]

$$H_N(p_N, q_N) := \frac{\|p_N\|^2}{2m_N} \quad \text{und} \quad H_r(p_r, q_r) := \frac{\|p_r\|^2}{2m_r} + V_{1,2}(q_r)\,.$$

Die lineare Abbildung ist symplektisch auf dem Phasenraum $P$: $\Psi \in \mathrm{Sp}(P, \omega_0)$, denn $\Psi(p,q) = \tilde{\Psi}\left(\begin{smallmatrix} p \\ q \end{smallmatrix}\right)$ mit der Matrix

$$\tilde{\Psi} := \left(\begin{smallmatrix} A & 0 \\ 0 & D \end{smallmatrix}\right) \in \mathrm{Mat}(4d, \mathbb{R}) \quad , \quad A := \begin{pmatrix} \mathbb{1} & \mathbb{1} \\ \frac{m_2}{m_N}\mathbb{1} & -\frac{m_1}{m_N}\mathbb{1} \end{pmatrix} \text{ und } D := \begin{pmatrix} \frac{m_1}{m_N}\mathbb{1} & \frac{m_2}{m_N}\mathbb{1} \\ \mathbb{1} & -\mathbb{1} \end{pmatrix},$$

also $A^\top D = \mathbb{1}$ und damit $\tilde{\Psi}^\top \mathbb{J} \tilde{\Psi} = \mathbb{J}$, siehe Bemerkung 6.15.2 und Aufgabe 6.26.b). Die Bewegungsgleichung bleibt also unter $\Psi$ hamiltonsch, und die Untersuchung von $H$ läuft auf die von $H_r : \mathbb{R}^{2d} \to \mathbb{R}$ hinaus. ◇

[14] Genauer: $H \circ \Psi = H_N \circ \pi_1 + H_r \circ \pi_2$ mit $(\pi_1, \pi_2) : T^*\mathbb{R}^{2d} \to T^*\mathbb{R}^d_{q_N} \times T^*\mathbb{R}^d_{q_r}$.

## 12.6 * Asymptotische Vollständigkeit

*„Könnte man nicht fragen, ob die einzelnen Körper immer in bestimmten Himmelsrichtungen verbleiben oder, wenn nicht, ebenso gut immer weiter fort fliegen mochten: ob sich die Distanz zwischen den Körpern in der unendlichen Zukunft vergrößern oder verkleinern oder ob sie sich immer in bestimmten Grenzen halten wird? Könnte man nicht Tausende von Fragen dieser Art stellen, die alle lösbar wären, sobald wir wüßten, wie man die Bahnen der drei Körper qualitativ konstruieren muß?"* HENRI POINCARÉ, in [Poi1] [15]

**12.40 Definition**
*Das $n$–Körperproblem (12.5.2) heißt* **asymptotisch vollständig**, *wenn die asymptotischen Geschwindigkeiten*

$$\overline{v}^{\pm}(x_0) := \lim_{t \to \pm\infty} \frac{q(t, x_0)}{t} \tag{12.6.1}$$

*für alle Anfangsbedingungen $x_0 \in P$ existieren.*

**12.41 Bemerkungen (Asymptotische Vollständigkeit)**

1. Für den Fall $n = 2$ wurde die asymptotische Vollständigkeit schon gezeigt. Denn sie folgt mit Beispiel 12.39 aus Aufgabe 12.7.1.

2. Die Definition asymptotischer Vollständigkeit ist in der Literatur nicht einheitlich. Wir haben einen eher schwachen Begriff gewählt.

3. In der quantenmechanischen Streutheorie ist der Nachweis einer analogen Eigenschaft asymptotischer Vollständigkeit zuerst gelungen, unter Mitwirkung von V. Enss, Ch. Gérard, G.–M. Graf, I.M. Sigal, A. Soffer, D. Yafaev und anderen. Im klassischen Fall haben unter anderem J. Dereziński und W. HUNZIKER [Hun] entscheidende Beiträge zum Beweis geliefert.

4. Der folgende Beweis ist eine Version der Darstellung in der Standardreferenz [DG] von DEREZIŃSKI und GÉRARD. Er ist kompliziert und man kann ihn problemlos übergehen, da er in späteren Kapiteln nicht mehr aufgegriffen wird. Andererseits beruht auf der Annahme der asymptotischen Vollständigkeit die gesamte praktische Streutheorie.

   Der Beweis gehört er zu den *Highlights* der Mathematischen Physik, und man kann seine analytischen Fähigkeiten bei dem Versuch erproben, ihn zu vereinfachen. ◇

In Beispiel 12.39 wurden für zwei Körper die interne und die externe Dynamik (mit den Hamilton–Funktionen $H_r$ bzw. $H_N$) getrennt untersucht. Dieser Ansatz soll jetzt auf die Dynamik innerhalb bzw. zwischen Clustern von Teilchen verallgemeinert werden. Wir stellen also kinematische Überlegungen an.

---
[15] Übersetzung nach GALISON [Gali], Seite 62.

**12.42 Definition**

- *Eine* **Mengenpartition** *oder* **Clusterzerlegung** *der Indexmenge* $N := \{1, \ldots, n\}$ *ist eine Menge* $\mathcal{C} := \{C_1, \ldots, C_k\}$ *von* **Atomen (Clustern)** $\emptyset \neq C_\ell \subseteq N$ *mit*

$$\bigcup_{\ell=1}^{k} C_\ell = N \quad \textit{und} \quad C_\ell \cap C_m = \emptyset \quad \textit{für} \quad \ell \neq m\,.$$

- *Der* **Partitionsverband** $\mathcal{P}(N)$ *ist die Menge der Clusterzerlegungen* $\mathcal{C}$ *von* $N$*, teilweise geordnet durch* **Verfeinerung**, *das heißt*

$$\mathcal{C} = \{C_1, \ldots, C_k\} \preccurlyeq \{D_1, \ldots, D_\ell\} = \mathcal{D}\,,$$

*falls* $C_m \subseteq D_{\pi(m)}$ *für eine geeignete Abbildung* $\pi : \{1, \ldots, k\} \to \{1, \ldots, \ell\}$. $\mathcal{C}$ *heißt dann* **feiner** *als* $\mathcal{D}$ *und* $\mathcal{D}$ **gröber** *als* $\mathcal{C}$.

- *Der* **Rang** *von* $\mathcal{C} \in \mathcal{P}(N)$ *ist die Zahl* $|\mathcal{C}|$ *seiner Atome.*

- *Die* **Vereinigung** *(englisch:* **join***) von* $\mathcal{C}$ *und* $\mathcal{D} \in \mathcal{P}(N)$ *ist die mit* $\mathcal{C} \vee \mathcal{D}$ *bezeichnete feinste Clusterzerlegung, die gröber als* $\mathcal{C}$ *und gröber als* $\mathcal{D}$ *ist.*

Die eindeutigen feinsten beziehungsweise gröbsten Elemente von $\mathcal{P}(N)$ sind

$$\mathcal{C}_{\min} := \big\{\{1\}, \ldots, \{n\}\big\} \quad \text{und} \quad \mathcal{C}_{\max} := \big\{\{1, \ldots, n\}\big\}\,.$$

**12.43 Beispiel (Partitionsverband)**
Für $n = 3$ besteht $\mathcal{P}(N)$ aus fünf Elementen, die wie in nebenstehender Graphik geordnet sind (bei vertikaler Ordnung nach dem Rang).
Dabei bezeichnet z.B. $12|3$ die Mengenpartition $\{\{1,2\},\{3\}\}$, mit Rang $\big|\{\{1,2\},\{3\}\}\big| = 2$.
Die Vereinigung von $12|3$ und $1|23 = 23|1$ ist $123$. ◇

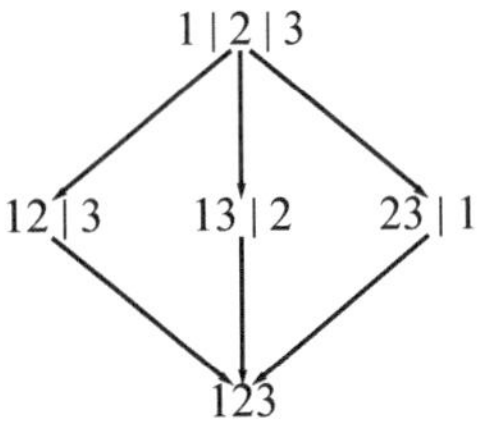


Auf dem Konfigurationsraum $M := \bigoplus_{k=1}^{n} M_k = \mathbb{R}^{nd}$ aller Teilchen, mit dem Konfigurationsraum $M_k := \mathbb{R}^d$ des $k$–ten Teilchens, soll jetzt eine der Clusterzerlegung $\mathcal{C} \in \mathcal{P}(N)$ angepasste Wahl von Koordinaten getroffen werden, analog zu Beispiel 12.39. Wir schreiben Konfigurationen $q \in M$ in der Form $q = (q_1, \ldots, q_n)$ mit $q_k \in M_k$. Die Verwendung des Massen-gewichteten Skalarproduktes

$$\langle q, q' \rangle_{\mathcal{M}} := \sum_{k=1}^{n} m_k \langle q_k, q'_k \rangle \qquad (q, q' \in M) \tag{12.6.2}$$

und der Norm $\|q\|_{\mathcal{M}} := \sqrt{\langle q, q \rangle_{\mathcal{M}}}$ erleichtern die Notation.

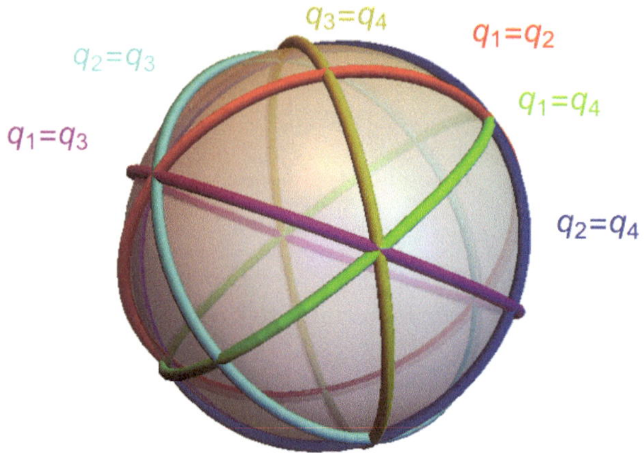


Abbildung 12.6.1: Kollisionsunterräume für $n = 4$ Teilchen in $d = 1$ Dimension, mit Schwerpunkt bei Null

**12.44 Definition** *In der Clusterzerlegung $\mathcal{C} = \{C_1, \ldots, C_k\} \in \mathcal{P}(N)$ sind*

- *die* **Masse** *des $i$–ten* **Clusters** *$C_i$ gleich $m_{C_i} := \sum_{j\in C_i} m_j$.*
- *der* **Schwerpunkt** *von $C_i$ gleich $q^E_{C_i} := \frac{1}{m_{C_i}} \sum_{j\in C_i} m_j q_j$,*
- *und die* **Schwerpunktprojektion** *ist die lineare Abbildung*

$$\Pi^E_{\mathcal{C}} : M \to M \quad , \quad \Pi^E_{\mathcal{C}}(q)_\ell := q^E_{C_i} \quad , \textit{ mit } \quad \ell \in C_i \, .$$

Damit ist $\Pi^E_{\mathcal{C}}$ eine bezüglich des Skalarproduktes orthogonale Projektion, ebenso wie $\Pi^I_{\mathcal{C}} := \mathbb{1}_M - \Pi^E_{\mathcal{C}}$. Für letztere ist $\Pi^I_{\mathcal{C}}(q)_\ell = q_\ell - q^E_{C_i}$ (mit $\ell \in C_i$) der Abstand des $\ell$–ten Teilchens vom Schwerpunkt seines Clusters.

Die Symbole $I$ und $E$ stehen für die cluster*i*nterne bzw. -*e*xterne Dynamik.

**12.45 Aufgabe (Clusterprojektionen)** Beweisen Sie, dass für alle $\mathcal{C} \in \mathcal{P}(N)$ die linearen Abbildungen $\Pi^I_{\mathcal{C}}$ und $\Pi^E_{\mathcal{C}}$ orthogonale Projektionen sind. ◇

Wir bezeichnen die Bilder dieser Projektionen mit $\Delta^{(0)}_{\mathcal{C}} := \Pi^E_{\mathcal{C}}(M)$ und nennen diese *Kollisionsunterräume*. Da diese durch Angabe der Schwerpunkte der $|\mathcal{C}|$ Cluster parametrisiert werden, ist $\dim\left(\Delta^{(0)}_{\mathcal{C}}\right) = d|\mathcal{C}|$, und

$$\Delta^{(0)}_{\mathcal{C}} \cap \Delta^{(0)}_{\mathcal{D}} = \Delta^{(0)}_{\mathcal{C}\vee\mathcal{D}} \qquad (\mathcal{C}, \mathcal{D} \in \mathcal{P}(N)). \tag{12.6.3}$$

Letztere Identität ist die Ursache für die Bedeutung der $\vee$–Operation, siehe Abbildung 12.6.1.

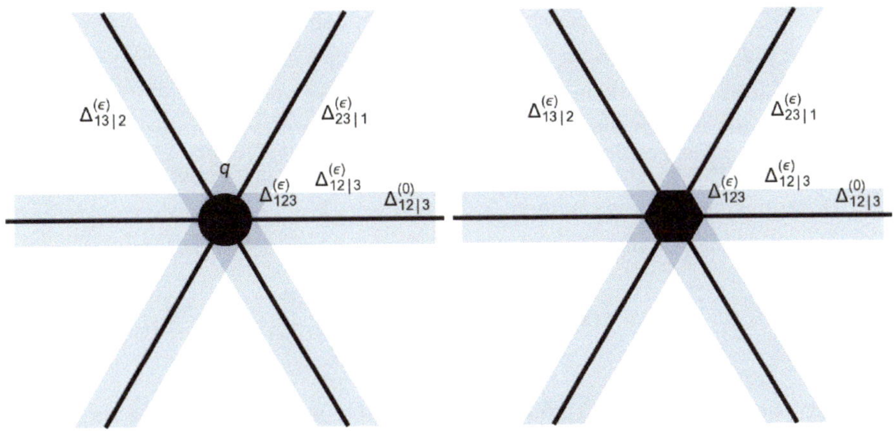


Abbildung 12.6.2: Ungünstige Clustereinteilungen des Konfigurationsraums (mit Schwerpunkt bei Null) für $n = 3$ Teilchen in $d = 1$ Dimension.

**12.46 Bemerkungen**

1. Die Unterräume $\Delta^{(0)}_{\mathcal{C}}$ von $M$ erzeugen wegen (12.6.3) eine Mengenpartition von $M$ mit den Atomen

$$\Xi^{(0)}_{\mathcal{C}} := \Delta^{(0)}_{\mathcal{C}} \Big\backslash \bigcup_{\mathcal{D} \supsetneq \mathcal{C}} \Delta^{(0)}_{\mathcal{D}} \qquad (\mathcal{C} \in \mathcal{P}(N)). \tag{12.6.4}$$

   Falls die asymptotischen Geschwindigkeiten in (12.6.1) existieren, können wir also durch

$$\mathcal{C}^{\pm} : P \to \mathcal{P}(N) \quad , \quad \overline{v}^{\pm}(x_0) \in \Xi^{(0)}_{\mathcal{C}^{\pm}(x_0)}$$

   die Teilchen in der fernen Zukunft beziehungsweise Vergangenheit eindeutig in Cluster einteilen. In dieser Asymptotik gibt es zwischen Teilchen verschiedener Cluster keine Wechselwirkungen mehr.

2. Für *endliche Zeiten* ist die Partition (12.6.4) beweistechnisch nicht sehr nützlich. Entsprechend betrachten wir zunächst für ein vorgegebenes $\varepsilon > 0$ die $\varepsilon$–Umgebungen

$$\Delta^{(\varepsilon)}_{\mathcal{C}} := \{q \in M \mid \|\Pi^{I}_{\mathcal{C}}(q)\|_{\mathcal{M}} \leq \varepsilon\} \qquad (\mathcal{C} \in \mathcal{P}(N)) \tag{12.6.5}$$

   Für $q \in \Delta^{(\varepsilon)}_{\mathcal{C}}$ ist also der Ort $q_i$ des $i$–ten Teilchens nicht zu weit von dem Schwerpunkt seines $\mathcal{C}$–Clusters entfernt; siehe Abbildung 12.6.2 (links).

   Bei der Suche nach einer Clusterpartition von $M$ könnten wir versucht sein, analog zu (12.6.4) die Teilmengen

$$\Xi^{(\varepsilon)}_{\mathcal{C}} \overset{?}{:=} \Delta^{(\varepsilon)}_{\mathcal{C}} \Big\backslash \bigcup_{\mathcal{D} \supsetneq \mathcal{C}} \Delta^{(\varepsilon)}_{\mathcal{D}} \qquad (\mathcal{C} \in \mathcal{P}(N)) \tag{12.6.6}$$

zu verwenden. Diese sind aber nicht disjunkt, denn das Analogon von (12.6.3) gilt für die $\Delta_{\mathcal{C}}^{(\varepsilon)}$ nicht. So sieht man in Abbildung 12.6.2 (links), dass es Punkte $q \in M$ gibt, für die keine eindeutige Zuordnung zu einem $\Xi_{\mathcal{C}}^{(\varepsilon)}$ möglich ist, und dass die Menge dieser Punkte sogar positives Volumen besitzt.

Aus dem gleichen Grund ist es auch nicht hilfreich, zunächst ausgehend von der Familie der $\varepsilon$–Umgebungen $\Delta_{\mathcal{D}}^{(\varepsilon)}$ der *Zwei*–Teilchen–Kollisionsunterräume $\Delta_{\mathcal{D}}^{(0)}$, $|\mathcal{D}| = n-1$ die Definition (12.6.5) zu modifizieren, indem man

$$\Delta_{\mathcal{C}_{\min}}^{(\varepsilon)} \overset{?}{:=} M \quad \text{und} \quad \Delta_{\mathcal{C}}^{(\varepsilon)} \overset{?}{:=} \bigcap_{\mathcal{D} \preccurlyeq \mathcal{C},\, |\mathcal{D}|=n-1} \Delta_{\mathcal{D}}^{(\varepsilon)} \quad (\mathcal{C} \in \mathcal{P}(N), |\mathcal{C}| < n-1)$$

setzt, siehe Abbildung 12.6.2 (rechts). Auch auf diese Familie angewandt ergibt nämlich (12.6.6) keine Mengenpartition von $M$. ◇

Wir gehen daher anders vor und benutzen die sogenannte *Graf–Partition* von $M$. Diese basiert auf dem *(mittleren) Trägheitsmoment*

$$J : M \to \mathbb{R} \quad , \quad J(q) = \|q\|_{\mathcal{M}}^2 = \sum_{k=1}^{n} m_k \|q_k\|^2 .$$

In der Clusterzerlegung $\mathcal{C}$ erhält dieses wegen der Orthogonalität der Projektion $\Pi_{\mathcal{C}}^{E}$ die Form

$$J = J_{\mathcal{C}}^{E} + J_{\mathcal{C}}^{I} \quad \text{mit} \quad J_{\mathcal{C}}^{E} := J \circ \Pi_{\mathcal{C}}^{E} \quad \text{und} \quad J_{\mathcal{C}}^{I} := J \circ \Pi_{\mathcal{C}}^{I} , \tag{12.6.7}$$

denn $J(q) = \langle (\Pi_{\mathcal{C}}^{E} + \Pi_{\mathcal{C}}^{I})q \,, (\Pi_{\mathcal{C}}^{E} + \Pi_{\mathcal{C}}^{I})q \rangle_{\mathcal{M}}$, und

$$\langle \Pi_{\mathcal{C}}^{E} q \,, \Pi_{\mathcal{C}}^{I} q \rangle_{\mathcal{M}} = \langle \Pi_{\mathcal{C}}^{E} q \,, (\mathbb{1}_{\mathcal{M}} - \Pi_{\mathcal{C}}^{E}) q \rangle_{\mathcal{M}} = \langle q \,, \Pi_{\mathcal{C}}^{E} (\mathbb{1}_{\mathcal{M}} - \Pi_{\mathcal{C}}^{E}) q \rangle_{\mathcal{M}} = 0 .$$

Dabei sind anschaulich

- $J_{\mathcal{C}}^{E}(q)$ das Trägheitsmoment der Konfiguration, bei der alle Massen jedes Clusters in dessen Schwerpunkt vereinigt sind.
- $J_{\mathcal{C}}^{I}(q)$ die Summe der Cluster-Trägheitsmomente, bezogen auf deren jeweiligen Schwerpunkt statt auf den Nullpunkt.

**12.47 Aufgabe (Trägheitsmomente)** Zeigen Sie, dass für Mengenpartitionen $\mathcal{C}, \mathcal{D} \in \mathcal{P}(N)$ mit $D \succcurlyeq \mathcal{C}$ gilt: $J_{\mathcal{D}}^{E} \le J_{\mathcal{C}}^{E}$ (und wegen (12.6.7) $J_{\mathcal{D}}^{I} \ge J_{\mathcal{C}}^{I}$). ◇

**12.48 Lemma** *Es gibt ein $\delta' \in (0, \frac{1}{2}]$ mit*

$$\delta'(J_{\mathcal{C}}^{I} + J_{\mathcal{D}}^{I}) \;\le\; J_{\mathcal{C} \vee \mathcal{D}}^{I} \;\le\; \frac{J_{\mathcal{C}}^{I} + J_{\mathcal{D}}^{I}}{\delta'} \qquad (\mathcal{C}, \mathcal{D} \in \mathcal{P}(N)).$$

**Beweis:**

• Für die linke Ungleichung können wir nach Aufgabe 12.47 jede Konstante $\delta' \in (0, \frac{1}{2}]$ verwenden.

• Für die rechte Ungleichung benutzen wir die Identitäten $J^I_{\mathcal{C}\vee\mathcal{D}} = J \circ \Pi^I_{\mathcal{C}\vee\mathcal{D}}$ und $(J^I_{\mathcal{C}} + J^I_{\mathcal{D}}) \circ \Pi^I_{\mathcal{C}\vee\mathcal{D}} = J^I_{\mathcal{C}} + J^I_{\mathcal{D}}$. Sowohl $J^I_{\mathcal{C}\vee\mathcal{D}}$ als auch $J^I_{\mathcal{C}} + J^I_{\mathcal{D}}$ sind auf dem Raum $\mathrm{Im}(\Pi^I_{\mathcal{C}\vee\mathcal{D}}) = \ker(\Pi^E_{\mathcal{C}\vee\mathcal{D}})$ positiv definit.
Solche quadratische Formen auf endlich–dimensionalen Vektorräumen sind immer vergleichbar. Es gibt also für alle Paare $(\mathcal{C}, \mathcal{D})$ eine die rechte Ungleichung realisierende Konstante $\delta'(\mathcal{C}, \mathcal{D}) \in (0, \frac{1}{2}]$. Es gibt aber nur endlich viele Paare, also ein kleinstes von Null verschiedenes $\delta'$. □

**12.49 Definition** *Für $\delta \in (0, 1)$ sei*

$$J^{(\delta)} : M \to \mathbb{R} \quad , \quad J^{(\delta)}(q) := \max\{J^E_{\mathcal{C}}(q) + \delta^{|\mathcal{C}|} \mid \mathcal{C} \in \mathcal{P}(N)\}.$$

*Die* **Graf–Partition** *des Konfigurationsraums $M$ ist die Familie von Teilmengen*

$$\Xi^{(\delta)}_{\mathcal{C}} := \left\{ q \in M \;\middle|\; J^E_{\mathcal{C}}(q) + \delta^{|\mathcal{C}|} = J^{(\delta)}(q) \right\} \qquad (\mathcal{C} \in \mathcal{P}(N)). \qquad (12.6.8)$$

Dies ist zwar keine Partition im mengentheoretischen, aber im maßtheoretischen Sinn, denn $\bigcup_{\mathcal{C}\in\mathcal{P}(N)} \Xi^{(\delta)}_{\mathcal{C}} = M$, und für $\mathcal{C} \neq \mathcal{D}$ ist das Lebesgue–Maß von $\Xi^{(\delta)}_{\mathcal{C}} \cap \Xi^{(\delta)}_{\mathcal{D}}$ gleich Null, weil die Funktionen $J^E_{\mathcal{C}} + \delta^{|\mathcal{C}|}$ und $J^E_{\mathcal{D}} + \delta^{|\mathcal{D}|}$ nur auf Quadriken in $M$ die gleichen Werte annehmen.
Von einer Clusterzerlegung von $M$ erwarten wir, dass die Teilchen eines Clusters auch nahe beieinander liegen, während Teilchen verschiedener Cluster zueinander einen Mindestabstand halten.
Beides ist hier der Fall, siehe nebenstehende Abbildung und das folgende Lemma.

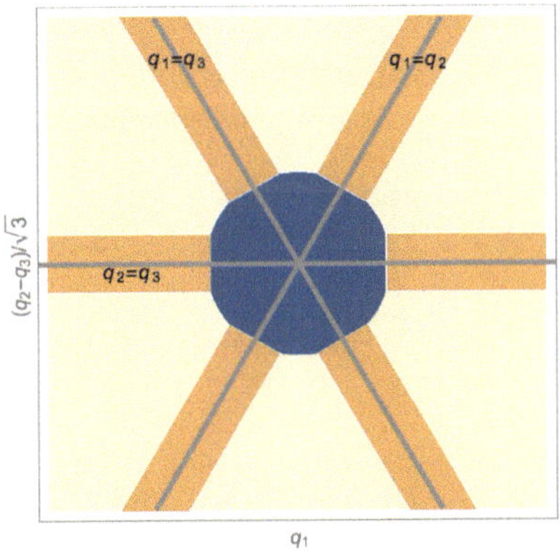


Graf–Partition des Konfigurationsraums (Schwerpunkt bei Null) für $n = 3$ Teilchen in $d = 1$ Dimension. Weiß: $\Xi^{(\delta)}_{\mathcal{C}_{\min}}$, Schwarz: $\Xi^{(\delta)}_{\mathcal{C}_{\max}}$

**12.50 Lemma**
*Für jedes $\delta \in \left(0, \frac{\delta'}{4}\right)$ gibt es $0 < \rho_1 < \rho_2$ mit (für die in (12.6.5) definierten $\varepsilon$–Umgebungen $\Delta^{(\varepsilon)}_{\mathcal{C}}$ der Kollisionsunterräume $\Delta^{(0)}_{\mathcal{C}}$)*

$$\Delta^{(\rho_1)}_{\mathcal{C}} \subseteq \bigcup_{\mathcal{D}\succcurlyeq\mathcal{C}} \Xi^{(\delta)}_{\mathcal{D}} \subseteq \Delta^{(\rho_2)}_{\mathcal{C}} \qquad (\mathcal{C} \in \mathcal{P}(N)).$$

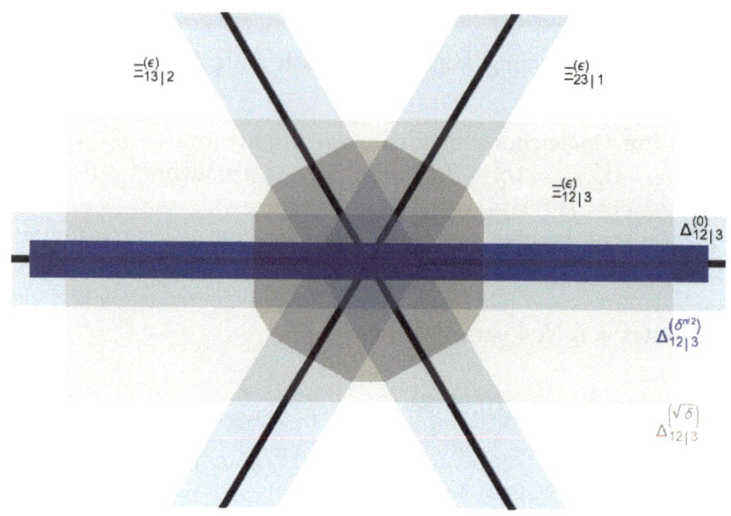


Abbildung 12.6.3: Die Inklusionen des Lemma 12.50 für $n = 3$, $d = 1$ und $\mathcal{C} = \{\{1,2\},\{3\}\}$

**12.51 Bemerkung** Überlegen Sie sich, dass das Lemma zeigt, dass die Graf–Partition die obigen Anforderungen an eine Clusterzerlegung erfüllt. $\diamond$

**Beweis von Lemma 12.50:**

• Wir beginnen mit der rechten Inklusion und setzen $\rho_2 := \sqrt{\delta}$. Dann ist $\Delta_{\mathcal{C}}^{(\rho_2)} = \{q \in M \mid J_{\mathcal{C}}^I(q) \le \delta\}$. Ist $\mathcal{D} \succcurlyeq \mathcal{C}$, dann ist nach Aufgabe 12.47 $J_{\mathcal{D}}^I(q) \ge J_{\mathcal{C}}^I(q)$. Für $q \in \Xi_{\mathcal{D}}^{(\delta)}$ ist aber (nach Definition der Graf–Partition und im Vergleich von $\mathcal{D}$ und $\mathcal{C}_{\min}$) $J_{\mathcal{D}}^I(q) \le \delta^{|\mathcal{D}|} - \delta^n \le \delta$. Zusammengefasst erhalten wir $J_{\mathcal{C}}^I(q) \le \delta$, also $q \in \Delta_{\mathcal{C}}^{(\rho_2)}$.

• Statt der linken Inklusion zeigen wir die (wegen mangelnder Disjunktheit der Partition ein wenig stärkere) Aussage: Für ein geeignetes $\rho_1 \in (0, \rho_2)$ ist

$$\Delta_{\mathcal{C}}^{(\rho_1)} \cap \Xi_{\mathcal{E}}^{(\delta)} = \emptyset \quad , \quad \text{falls } \mathcal{E} \not\succcurlyeq \mathcal{C} \quad (\mathcal{E} \text{ nicht gröber als } \mathcal{C}). \tag{12.6.9}$$

Unter dieser Bedingung ist immer $|\mathcal{E} \vee \mathcal{C}| < |\mathcal{E}|$ und $|\mathcal{E} \vee \mathcal{C}| \le |\mathcal{C}|$, wobei Gleichheit genau dann gilt, wenn $\mathcal{E} \precneqq \mathcal{C}$ ($\mathcal{E}$ echt feiner als $\mathcal{C}$).

Für $q \in \Delta_{\mathcal{C}}^{(\rho_1)} \cap \Xi_{\mathcal{E}}^{(\delta)}$ ist $J_{\mathcal{C}}^I(q) \le \rho_1^2$ und nach Definition von $\Xi_{\mathcal{E}}^{(\delta)}$

$$J_{\mathcal{E}}^I(q) \le J_{\mathcal{E}\vee\mathcal{C}}^I(q) - \delta^{|\mathcal{E}\vee\mathcal{C}|}\left(1 - \delta^{|\mathcal{E}| - |\mathcal{E}\vee\mathcal{C}|}\right). \tag{12.6.10}$$

• Ist nun $\mathcal{E} \precneqq \mathcal{C}$, dann gilt die Bedingung in (12.6.9), $\mathcal{E} \vee \mathcal{C} = \mathcal{C}$ und die Ungleichung impliziert

$$J_E^I(q) \le J_{\mathcal{C}}^I(q) - \delta^{|\mathcal{C}|}(1-\delta) \le \rho_1^2 - \delta^{|\mathcal{C}|}(1-\delta) \le \rho_1^2 - \delta^{n-1}(1-\delta) < 0$$

für kleine Werte von $\rho_1$. Das kann nicht sein, denn $J_E^I \geq 0$.

• Auch der andere mit der Bedingung in (12.6.9) kompatible Fall, dass $\mathcal{C}$ und $\mathcal{E}$ nicht vergleichbar sind, also zusätzlich zu $\mathcal{E} \not\succcurlyeq \mathcal{C}$ noch $\mathcal{E} \not\preccurlyeq \mathcal{C}$ gilt, führt für kleine Werte von $\rho_1$ zum Widerspruch, denn mit Lemma 12.48 folgt aus (12.6.10) für $\delta < \frac{1}{4}\delta' \leq \frac{1}{8}$

$$\begin{aligned} J_{\mathcal{E}}(q) &\leq \frac{1}{\delta'}\left(J_{\mathcal{E}}^I(q) + J_{\mathcal{C}}^I(q)\right) - \delta^{|\mathcal{E}\vee\mathcal{C}|}(1-\delta) \\ &\leq \frac{1}{\delta'}\left(2J_{\mathcal{C}}^I(q) + \delta^{|\mathcal{E}|} - \delta^{|\mathcal{C}|}\right) - \delta^{|\mathcal{E}\vee\mathcal{C}|}(1-\delta) \leq \frac{2}{\delta'}\rho_1^2 + \frac{\delta^{|\mathcal{E}|}}{\delta'} - \tfrac{1}{2}\delta^{|\mathcal{E}\vee\mathcal{C}|} \\ &\leq \frac{2}{\delta'}\rho_1^2 - \tfrac{1}{4}\delta^{|\mathcal{E}\vee\mathcal{C}|} \leq \frac{2}{\delta'}\rho_1^2 - \tfrac{1}{4}\delta^{n-1}. \end{aligned}$$

In der vorletzten Ungleichung haben wir $|\mathcal{E}| \geq |\mathcal{E} \vee \mathcal{C}|$ verwendet. Auch dieser Ausdruck wird kleiner Null, wenn wir $\rho_1 < \sqrt{\delta^n\delta'}$ wählen. Wir haben damit die Annahme $q \in \Delta_{\mathcal{C}}^{(\rho_1)} \cap \Xi_{\mathcal{E}}^{(\delta)}$ zum Widerspruch geführt. □

Eine weitere im Bild auf Seite 305 illustrierte Eigenschaft gilt allgemein für Graf–Partitionen:

**12.52 Lemma**
*Für kleine Werte von $\delta \in (0,1)$ besitzt die Graf–Partition (12.6.8) die Eigenschaft, dass für $\Xi_{\mathcal{C}}^{(\delta)} \cap \Xi_{\mathcal{D}}^{(\delta)} \neq \emptyset$ die Clusterzerlegungen $\mathcal{C}$ und $\mathcal{D}$* **vergleichbar** *sind, das heißt $\mathcal{C} \preccurlyeq \mathcal{D}$ oder $\mathcal{C} \succcurlyeq \mathcal{D}$ gilt.*

**Beweis:**
Nach Lemma 12.48 ist für $q \in \Xi_{\mathcal{C}}^{(\delta)} \cap \Xi_{\mathcal{D}}^{(\delta)}$

$$J_{\mathcal{C}\vee\mathcal{D}}^I(q) \leq \frac{J_{\mathcal{C}}^I(q) + J_{\mathcal{D}}^I(q)}{\delta'} \quad \text{und} \quad J_{\mathcal{D}}^I(q) - \delta^{|\mathcal{D}|} = J_{\mathcal{C}}^I(q) - \delta^{|\mathcal{C}|}.$$

Wäre nun $\mathcal{C}$ und $\mathcal{D}$ nicht vergleichbar, also $|\mathcal{C} \vee \mathcal{D}| < \min(|\mathcal{C}|, |\mathcal{D}|)$ und ohne Einschränkung $|\mathcal{C}| \leq |\mathcal{D}|$, dann würde folgen:

$$\begin{aligned} &\left(J_{\mathcal{C}\vee\mathcal{D}}^I(q) - \delta^{|\mathcal{C}\vee\mathcal{D}|}\right) - \left(J_{\mathcal{C}}^I(q) - \delta^{|\mathcal{C}|}\right) \\ &\leq \frac{1}{\delta'}\left(J_{\mathcal{C}}^I(q) + \left(J_{\mathcal{C}}^I(q) - \delta^{|\mathcal{C}|} + \delta^{|\mathcal{D}|}\right)\right) - \left(J_{\mathcal{C}}^I(q) - \delta^{|\mathcal{C}|}\right) - \delta^{|\mathcal{C}\vee\mathcal{D}|} \\ &\leq \left(\frac{2}{\delta'} - 1\right) J_{\mathcal{C}}^I(q) + \delta^{|\mathcal{C}|} - \delta^{|\mathcal{C}\vee\mathcal{D}|} \leq \left(\frac{2}{\delta'} - 1\right)\delta^{|\mathcal{C}|} + \delta^{|\mathcal{C}|} - \delta^{|\mathcal{C}\vee\mathcal{D}|} \\ &\leq \left(\frac{2\delta}{\delta'} - 1\right)\delta^{|\mathcal{C}\vee\mathcal{D}|} < 0, \end{aligned}$$

falls $\delta \in (0, \delta'/2)$. Das bedeutet aber, dass $q$ doch nicht in $\Xi_{\mathcal{C}}^{(\delta)}$ liegen kann, denn in Def. 12.49 ist $J_{\mathcal{C}}^E(q) + \delta^{|\mathcal{C}|} = J(q) - \left(J_{\mathcal{C}}^I(q) - \delta^{|\mathcal{C}|}\right)$ nicht maximal. □

Wegen dieses Lemmas steht die Graf–Partition des Konfigurationsraums $M$ in enger Beziehung zum Partitionsverband $\mathcal{P}(N)$. Wir setzen sie beim Beweis der folgenden Hauptaussage ein:

**12.53 Satz (Asymptotische Vollständigkeit)**
*Für alle Hamilton–Funktionen (12.5.2) mit langreichweitigen Potentialen* $V_{i,j} \in C^2(\mathbb{R}^d, \mathbb{R}) \quad (1 \le i < j \le n)$ *und für alle Anfangsbedingungen* $x_0 \in P$ *existieren die asymptotischen Geschwindigkeiten* $\overline{v}^{\pm}(x_0) = \lim_{t\to\pm\infty} \frac{q(t,x_0)}{t}$.

**Beweis:**
• Wegen der Reversibilität des hamiltonschen Flusses $\Phi \in C^2(\mathbb{R} \times P, P)$ genügt es, die Existenz von $\overline{v}^{+}(x_0)$ zu zeigen.

• In einem ersten Schritt wird gezeigt, dass die *Norm* von $t \mapsto \frac{q(t,x_0)}{t}$ einen Limes besitzt. Mit $\big(p(t), q(t)\big) := \Phi(t, x_0)$ sei

$$j(t) := J\left(\frac{q(t)}{t}\right) \qquad \big(t \in [1, \infty)\big).$$

Es soll also die Existenz von $j^+ := \lim_{t\to\infty} j(t)$ gezeigt werden.

• Der entscheidende Schritt dabei ist eine zeitabhängige, der Bewegung angepasste Clusterzerlegung. Wir finden messbare Abbildungen

$$\mathcal{A} : [1, \infty) \to \mathcal{P}(N) \quad \text{mit} \quad \frac{q(t)}{t^{1-\varepsilon/2}} \in \Xi^{(\delta)}_{\mathcal{A}(t)} \,. \tag{12.6.11}$$

$\mathcal{A}$ ist durch diese Bedingung genau auf den Grenzflächen zwischen den $\Xi^{(\delta)}_{\mathcal{C}}$ nicht eindeutig festgelegt. Da die Ortsraumtrajektorie $q$ aber zweifach stetig differenzierbar ist (und als Folge von Lemma 12.52 für $\mathcal{C} \neq \mathcal{D}$ und $\Xi^{(\delta)}_{\mathcal{C}} \cap \Xi^{(\delta)}_{\mathcal{D}} \neq \emptyset$ in (12.6.8) gilt: $\delta^{|\mathcal{C}|} \neq \delta^{|\mathcal{D}|}$), können wir aus dem Satz von Sard[16] schließen, dass für fast alle $\delta \in (0,1)$ in der Definition 12.49 der Graf–Zerlegung $\mathcal{A}$ sogar stückweise konstant gewählt werden kann.

• Die Skalierung mit $t^{1-\varepsilon/2}$ in (12.6.11) hat nun zur Folge, dass in der Zerlegung des Trägheitsmoments

$$j(t) = j^E(t) + j^I(t) \quad \text{mit} \quad j^E(t) := J^E_{\mathcal{A}(t)}\left(\tfrac{q(t)}{t}\right) \text{ und } j^I(t) := J^I_{\mathcal{A}(t)}\left(\tfrac{q(t)}{t}\right) \tag{12.6.12}$$

der zweite Term asymptotisch nichts beiträgt:

$$j^I(t) = t^{-\varepsilon} J^I_{\mathcal{A}(t)}\left(\tfrac{q(t)}{t^{1-\varepsilon/2}}\right) \le t^{-\varepsilon} , \tag{12.6.13}$$

denn für alle $\mathcal{C} \in \mathcal{P}(N)$ und $\tilde{q} \in \Xi^{(\delta)}_{\mathcal{C}}$ ist nach (12.6.7) und Definition der Graf–Partition

$$J^I_{\mathcal{C}}(\tilde{q}) = J(\tilde{q}) - J^E_{\mathcal{C}}(\tilde{q}) = J^E_{\mathcal{C}_{\min}}(\tilde{q}) - J^E_{\mathcal{C}}(\tilde{q}) \le \delta^{|\mathcal{C}|} - \delta^n \le 1 \,. \tag{12.6.14}$$

[16]**Satz (Sard)**, siehe Hirsch [Hirs]. *Für* $f \in C^k(U, \mathbb{R}^m)$ *mit* $k \ge \max(n - m + 1, 1)$ *und* $U \subseteq \mathbb{R}^n$ *offen bezeichne* $\mathrm{Crit}(f) := \{x \in U \mid \mathrm{rang}(\mathrm{D}f(x)) < m\}$ *die* **kritische Menge** *von* $f$. *Dann hat die Menge* $f(\mathrm{Crit}(f)) \subseteq \mathbb{R}^m$ *der* **kritischen Werte** *das Lebesgue–Maß* $0$.

Um die Existenz des Limes $j^+ = \lim_{t\to\infty} j(t)$ zu zeigen, reicht es also nach (12.6.12) aus zu zeigen, dass $j^E(t)$ einen Limes besitzt. Eine Schwierigkeit dabei besteht darin, dass $j^E$ dort unstetig ist, wo $t \mapsto \mathcal{A}(t)$ nicht konstant ist.

Daher zerlegen wir $j^I$ in

$$j^I = \tilde{j}^I + h \tag{12.6.15}$$

mit $\tilde{j}^I$ stetig und $h$ stückweise konstant. Die Zerlegung ist eindeutig bis auf eine noch zu wählende additive Konstante. Entsprechend ist wegen $j^E = j - j^I$ auch die Funktion $\tilde{j}^E := j^E - h$ stetig.

Es gilt mit $q^I(t) := \Pi^I_{\mathcal{A}(t)} q(t)$ und $v^I(t) := \frac{\mathrm{d}}{\mathrm{d}t} q^I(t)$ stückweise

$$\frac{\mathrm{d}}{\mathrm{d}t}\tilde{j}^I(t) = \frac{2}{t}\left\langle \frac{q^I(t)}{t}, v^I(t) - \frac{q^I(t)}{t}\right\rangle_{\mathcal{M}} = \mathcal{O}\left(t^{-1-\varepsilon/2}\right) \tag{12.6.16}$$

wegen $q^I(t) = \mathcal{O}(t^{1-\varepsilon/2})$ und

$$\|v^I(t)\|_{\mathcal{M}} \le \|v(t)\|_{\mathcal{M}} = \sqrt{2(E - V(q(t)))} \le \sqrt{2(E - V_{\min})}\,.$$

Damit existiert auch $\lim_{t\to\infty} \tilde{j}^I(t)$, und wir wählen die additive Konstante in (12.6.15) so, dass dieser Limes Null ist. Gleichzeitig ist dann auch

$$h(t) = j^I(t) - \tilde{j}^I(t) = \mathcal{O}(t^{-\varepsilon}) + \mathcal{O}(t^{-\varepsilon/2}) = \mathcal{O}(t^{-\varepsilon/2}). \tag{12.6.17}$$

• Um die Existenz des Limes von $j^E$ nachzuweisen, genügt es daher zu zeigen, dass die stetige Funktion $t \mapsto \tilde{j}^E(t) = \tilde{j}^E(1) + \int_1^t f(s)\,\mathrm{d}s$ mit

$$f(s) := \frac{2}{s}\left\langle \frac{q^E(s)}{s}, v^E(s) - \frac{q^E(s)}{s}\right\rangle_{\mathcal{M}} = \mathcal{O}(1/s) \tag{12.6.18}$$

(und $q^E := q - q^I$, $v^E := \frac{\mathrm{d}}{\mathrm{d}t} q^E$) konvergiert. Den Integranden zerlegen wir wieder in $f = \tilde{f} + g$ mit $\tilde{f}$ stetig und $g$ stückweise konstant. Damit ist

$$f(t) = f(1) + g(t) - g(1) + \int_1^t I(s)\,\mathrm{d}s \tag{12.6.19}$$

mit dem Integranden $I(s) := I_1(s) + I_2(s) + I_3(s) = \mathcal{O}(1/s^2)$, $I_1(s) := -\frac{2}{s} f(s)$,

$$I_2(s) := \frac{2}{s^2}\left\| v^E(s) - \frac{q^E(s)}{s}\right\|^2_{\mathcal{M}}, \quad I_3(s) := -\frac{2}{s}\left\langle \frac{q^E(s)}{s}, \nabla V^E(q(s))\right\rangle,$$

und mit dem *Inter–Cluster–Potential*

$$V^E(q(s)) := \sum\nolimits'_{1\le i<j\le n} V_{i,j}\,\left(q_i(s) - q_j(s)\right).$$

Das Zeichen $\sum'$ soll bedeuten, dass nur über solche Paare $(i,j)$ von Indices summiert wird, die in der Clusterzerlegung $\mathcal{A}(s)$ zu verschiedenen Atomen gehören. Damit ist für diese Paare nach (12.6.11) und Lemma 12.50

$$\|q_i(s) - q_j(s)\| \ge c\, s^{1-\varepsilon/2} \qquad (s \in [1,\infty)),$$

also wegen der Langreichweitigkeit (Definition 12.1) der Paarpotentiale

$$\nabla V^E\big(q(s)\big) = \mathcal{O}\big((s^{1-\varepsilon/2})^{-1-\varepsilon}\big) = \mathcal{O}\big(s^{-1-\frac{\varepsilon}{4}}\big), \qquad (12.6.20)$$

falls wir $\varepsilon \in (0, \frac{1}{2})$ wählen.

• Der Integrand $I$ in (12.6.19) ist stückweise gleich der Zeitableitung von $f$. Wie man durch Einsetzen überprüft, besitzt die Integralgleichung (12.6.19) die Lösung

$$f(t) = g(t) + t^{-2}\left(f(1) - g(1) + \int_1^t \left(s^2\left(I_2(s) + I_3(s)\right) - 2s\, g(s)\right) \mathrm{d}s\right). \qquad (12.6.21)$$

Von dieser würden wir gerne zeigen, dass $f \in L^1\big([1,\infty)\big)$, denn dann konvergiert $t \mapsto \tilde{\jmath}^E(t)$.

Für $g \equiv 0$ argumentieren wir wie folgt:

- Der Beitrag von $I_3$ führt wegen seiner Integrabilität, siehe (12.6.20), zu einem integrablen Beitrag der Ordnung $\mathcal{O}(t^{-1-\frac{\varepsilon}{4}})$ in (12.6.21).
- $I_2$ ist nichtnegativ. Würde der Beitrag von $I_2$ dazu führen, dass $f$ nicht integrabel ist, würde daher $\tilde{\jmath}^E$ gegen $+\infty$ divergieren. Wir wissen aber, dass $\tilde{\jmath}^E$ beschränkt ist. Also konvergiert $\tilde{\jmath}^E$.

• Wäre der die Langreichweitigkeit quantifizierende Parameter $\varepsilon$ gleich Null, dann würde an einer Unstetigkeitsstelle $t_0$ für die Sprunghöhe von $g$ gelten:

$$g(t_0^+) - g(t_0^-) = g_A(t_0^+) - g_A(t_0^-) \qquad \text{mit } g(t_0^\pm) := \lim_{\gamma \searrow 0} g(t_0 \pm \gamma) \text{ etc.}$$

und $g_A(t_0^\pm) := t_0^{-\varepsilon} \frac{\mathrm{d}}{\mathrm{d}t} J^E_{\mathcal{A}(t_0^\pm)}\left(\frac{q(t)}{t}\right)\Big|_{t=t_0}$.

Tatsächlich ist aber $\varepsilon > 0$ und damit wegen (12.6.18)

$$g(t_0^+) - g(t_0^-) = g_A(t_0^+) - g_A(t_0^-) + g_B(t_0^+) - g_B(t_0^-) \qquad (12.6.22)$$

für die stückweise konstante Funktion $g_B$ mit den Sprunghöhen

$$g_B(t_0^+) - g_B(t_0^-) = -\frac{\varepsilon}{t_0}\left[\left\langle \frac{q^E(t_0^+)}{t_0}, v^E(t_0^+)\right\rangle_{\mathcal{M}} - \left\langle \frac{q^E(t_0^-)}{t_0}, v^E(t_0^-)\right\rangle_{\mathcal{M}}\right].$$

- Mit $h$ aus (12.6.15) ist

$$g_B(t_2) - g_B(t_1) = -2\varepsilon\left[\frac{h(t_2)}{t_2} - \frac{h(t_1)}{t_1} + \int_{t_1}^{t_2} \frac{h(s)}{s^2}\,\mathrm{d}s\right] \qquad (1 \le t_1 < t_2),$$

also nach (12.6.17)

$$g_B(t_2) - g_B(t_1) = \mathcal{O}\big(t_1^{-1-\varepsilon/2}\big) \qquad (1 \le t_1 < t_2).$$

Wir nehmen ohne Einschränkung der Allgemeinheit an: $\lim_{t\to\infty} g_B(t) = 0$, also $g_B(t) = \mathcal{O}\big(t^{-1-\varepsilon/2}\big)$. $g_B$ führt damit zu einem integrablen Beitrag der Ordnung $\mathcal{O}(t^{-1-\frac{\varepsilon}{2}})$ in (12.6.21).

- Die stückweise konstante Funktion $g_A$ in (12.6.22) ist monoton steigend, denn nach Definition (12.6.8) der Graf–Partition und (12.6.11) gilt für

$$\frac{q(t_0)}{t_0^{1-\varepsilon/2}} \in \Xi^{(\delta)}_{\mathcal{A}^-} \cap \Xi^{(\delta)}_{\mathcal{A}^+} \qquad \text{mit } \mathcal{A}^\pm := \lim_{\gamma \searrow 0} \mathcal{A}(t_0 \pm \gamma) \text{ und } \mathcal{A}^+ \neq \mathcal{A}^-$$

die Ungleichung

$$\frac{\mathrm{d}}{\mathrm{d}t}\left[ J^E_{\mathcal{A}^+}\left(\frac{q(t)}{t^{1-\varepsilon/2}}\right) - J^E_{\mathcal{A}^-}\left(\frac{q(t)}{t^{1-\varepsilon/2}}\right)\right]\Bigg|_{t=t_0} \geq 0\,.$$

Insgesamt können wir also den Fall $g \neq 0$ ganz analog zum Fall $g = 0$ behandeln. Wir schließen, dass $\tilde{j}^E$ (und damit auch $j^E = \tilde{j}^E + h$ und $j = j^I + j^E$) konvergiert.

• Ist nun der Limes $j^+ = 0$, dann existiert die asymptotische Geschwindigkeit: $\overline{v}^+(x_0) = 0$. Wir nehmen also $j^+ > 0$ an.

Für $Q(t) := q(t)/t$ ist $Q \in C^2([1,\infty), M)$. Wir betrachten nun die Menge

$$\Omega := \left\{ v \in M \;\middle|\; \exists (t_n)_{n\in\mathbb{N}} \text{ mit } \lim_{n\to\infty} t_n = +\infty \text{ und } \lim_{n\to\infty} Q(t_n) = v \right\}$$

von Häufungspunkten dieser Kurve. Diese liegt in der Sphäre

$$S_{\mathcal{M}} := \{ v \in M \mid \|v\|^2_{\mathcal{M}} = j^+ \}\,.$$

Wegen der Kompaktheit von $S_{\mathcal{M}}$ ist $\Omega$ nicht leer. Wir wollen zeigen, dass $\Omega$ aus nur einem Punkt besteht (nämlich der asymptotischen Geschwindigkeit $\overline{v}^+(x_0)$).

Wir erinnern uns an die Mengenpartition (12.6.4) von $M$ und betrachten zunächst einen Häufungspunkt $v \in \Omega \cap \Xi^{(0)}_C$, für den die Anzahl $|C|$ der Cluster maximal ist. Da das Atom $\Xi^{(0)}_C$ der Mengenpartition relativ offen im Kollisionsunterraum $\Delta^{(0)}_C$ ist, liegt für kleine $\gamma > 0$ und $U_\gamma(v) := \{v' \in M \mid \|v' - v\|_{\mathcal{M}} < \gamma\}$ die $2\gamma$–Umgebung $U_{2\gamma}(v) \cap \Omega$ von $v$ in $\Xi^{(0)}_C$.

Für alle $n \geq N(\gamma)$ ist $Q(t_n) \in U_{\gamma/2}(v)$, da $v$ Häufungspunkt von $\big(Q(t_n)\big)_n$ ist. Wir wollen zeigen, dass für alle $t \geq T(\gamma)$ gilt: $Q(t) \in U_\gamma(v)$. Da $\gamma$ beliebig klein gewählt werden kann, folgt dann $\Omega = \{v\}$.

• Es sei $\chi \in C^\infty_c(M, [0,1])$ eine Funktion mit Träger in der Umgebung $U_{2\gamma}(v)$, deren Restriktion auf $U_\gamma(v)$ gleich 1 ist.

$$\Psi : [1,\infty) \to [0,\infty) \quad , \quad \Psi(t) = \chi\big(Q(t)\big) \left\| v^E_C(t) - \frac{q^E_C(t)}{t} \right\|_{\mathcal{M}}$$

ist beschränkt und besitzt die Ableitung

$$\begin{aligned} \Psi'(t) &= \chi\big(Q(t)\big) \left\langle \left(\tfrac{q^E_C(t)}{t} - v^E_C(t)\right) \Big/ \left\| \tfrac{q^E_C(t)}{t} - v^E_C(t) \right\|_{\mathcal{M}}, \nabla V^E(q(t)) \right\rangle \\ &\quad + \tfrac{1}{t} \left\langle v(t) - \tfrac{q(t)}{t}, \nabla \chi\big(Q(t)\big) \right\rangle \left\| \tfrac{q^E_C(t)}{t} - v^E_C(t) \right\|_{\mathcal{M}} - \tfrac{1}{t}\Psi(t). \qquad (12.6.23) \end{aligned}$$

- Wegen (12.6.20) ist der erste Summand in $L^1([1,\infty))$.
- Es gibt eine solche Abschneidefunktion $\chi$ der Produktform

$$\chi(v) = \chi^I(\Pi_\mathcal{C}^I(v))\ \chi^E(\Pi_\mathcal{C}^E(v)) \qquad (v \in M).$$

Für große Zeiten $t$ und $Q(t) \in U_{2\gamma}(v)$ ist $Q(t) \in \Delta_\mathcal{C}^{(\gamma/2)}$ (weil sonst $v$ nicht Häufungspunkt mit maximaler Clusterzahl $|\mathcal{C}|$ wäre).

Daher ist $\chi^I(\Pi_\mathcal{C}^I(Q(t))) = 1$, also im zweiten Term von (12.6.23)

$$\nabla\chi(Q(t)) = \nabla\chi^E\left(\Pi_\mathcal{C}^E(Q(t))\right) \in \Delta_\mathcal{C}^{(0)}.$$

Also ist der Betrag des zweiten Terms kleiner als

$$\frac{C}{t}\left\|\frac{q_\mathcal{C}^E(t)}{t} - v_\mathcal{C}^E(t)\right\|_\mathcal{M}^2 \quad \text{, mit} \quad C := \sup_x \|\nabla\chi(x)\|_\mathcal{M}.$$

Aus der Integrabilität des Terms $t \mapsto t^{-2}\int_1^t s^2 I_2(s)\,\mathrm{d}s$ in (12.6.21) folgert man mittels partieller Integration, dass $t \mapsto \frac{C}{t}\left\|\frac{q_\mathcal{C}^E(t)}{t} - v_\mathcal{C}^E(t)\right\|_\mathcal{M}^2$ ebenfalls in $L^1([1,\infty))$ liegt, also auch der zweite Term von (12.6.23).
- Den dritten Term von (12.6.23) können wir in der Form

$$\frac{1}{t}\Psi(t) = \chi(Q(t))\left\|\frac{\mathrm{d}}{\mathrm{d}t}\frac{q_\mathcal{C}^E(t)}{t}\right\|_\mathcal{M}$$

schreiben. Da er nichtnegativ ist, die beiden anderen Terme auf der rechten Seite von (12.6.23) integrabel sind, und die linke Seite von (12.6.23) beschränkt ist, gilt $t \mapsto \frac{1}{t}\Psi(t) \in L^1([1,\infty))$.

- Da also $\int_1^\infty \chi(Q(t))\left\|\frac{\mathrm{d}}{\mathrm{d}t}\frac{q_\mathcal{C}^E(t)}{t}\right\|_\mathcal{M}\mathrm{d}t < \infty$, und für alle genügend große $n$ gilt: $Q(t_n) \in U_{\gamma/2}(v)$, bleibt $Q(t)$ für große $t$ in $U_\gamma(v)$. □

Wie auf Seite 275 erwähnt, gilt die für beschränkte Potentiale gerade bewiesene asymptotische Vollständigkeit im Fall der Kepler–Potentiale der Himmelsmechanik nicht mehr für alle Anfangsbedingungen.

# Kapitel 13

# Integrable Systeme und Symmetrien

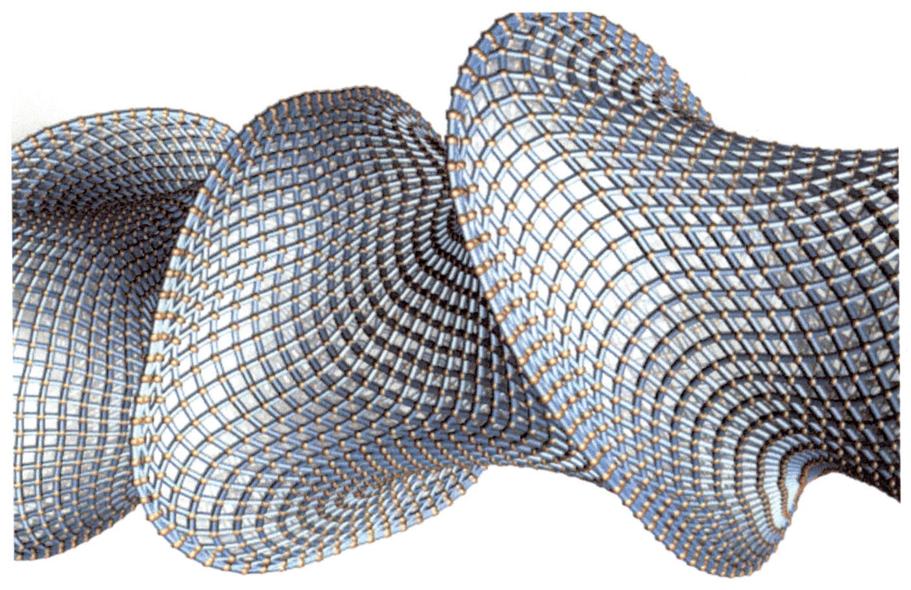

K-Fläche (diskrete Fläche konstanter negativer Gaussscher Krümmung). Bild: Ulrich Pinkall

## 13.1 Was bedeutet Integrabilität? Ein Beispiel

*„When, however, one attempts to formulate a precise definition of integrability, many possibilities appear, each with a certain intrinsic theoretic interest."*
D. Birkhoff, in: Dynamical Systems [Bi3]

In einem heuristischen Sinn ist eine Differentialgleichung integrabel, wenn wir in der Lage sind, ihre Lösungen ‚hinzuschreiben'.

Aus zwei Gründen lässt uns diese „Definition" natürlich unbefriedigt. Zum einen hätten wir gerne einen Integrabilitätsbegriff, der etwas über die Differentialgleichung statt über unsere mathematischen Fähigkeiten aussagt. Zum anderen ist nicht ganz klar, was ‚hinschreiben' bedeutet. Soll die Lösung durch ‚bekannte Funktionen', durch konvergente Reihen oder etwa durch einen Limesprozess angegeben werden?

Wir wollen so vorgehen, dass wir zunächst ein Beispiel eines hamiltonschen Systems diskutieren, das wir als integrabel ansehen und danach einen Integrabilitätsbegriff abstrahieren.

**13.1 Beispiel (Planare Bewegung im zentralsymmetrischen Potential)** Wir betrachten die Bewegung in der Konfigurations-Ebene, also auf dem Phasenraum $P := T^*\mathbb{R}^2_q \cong \mathbb{R}^4$ mit symplektischer Form $\omega_0 = dq_1 \wedge dp_1 + dq_2 \wedge dp_2$ und der Hamilton–Funktion $H(p,q) := \frac{1}{2}\|p\|^2 + V(q)$ mit zentralsymmetrischem Potential

$$V \in C^\infty(\mathbb{R}^2_q, \mathbb{R}) \quad , \quad V(q) = W(\|q\|)\,.$$

Der Drehimpuls $L : P \to \mathbb{R}$, $L(p,q) := -q_1p_2 + q_2p_1$ Poisson–kommutiert mit $H$, das heißt $\{H, L\} = 0$, und wir benutzen abkürzend die *Energie-Drehimpuls-Abbildung*

$$F := (H, L) \in C^\infty(P, \mathbb{R}^2)\,.$$

Wir wissen also, dass die Bahn durch $x_0 \in P$ in der Menge $F^{-1}(f) \subset P$ mit $f := F(x_0)$ bleibt. Für reguläre Werte $f$ in der Bildmenge $F(P) \subset \mathbb{R}^2$ des Phasenraums ist dies eine zweidimensionale Mannigfaltigkeit.

Ein Wert $f = (h, \ell)$ ist genau dann regulär, wenn für alle $x = (p,q) \in F^{-1}(f)$ die Kovektoren $dH(x)$ und $dL(x)$ linear unabhängig sind.

- Ist dagegen $dH(x) = 0$, dann folgt mit

$$dH(x) = p_1\,dp_1 + p_2\,dp_2 + \partial_{q_1}V(q)\,dq_1 + \partial_{q_2}V(q)\,dq_2 \tag{13.1.1}$$

$W'(\|q\|) = 0$ und $p = 0$, also auch $L(x) = 0$ und $H(x) = W(\|q\|)$. Die entsprechenden singulären Werte sind daher von der Form $(h, \ell) = \big(W(\|q\|), 0\big)$, liegen also auf der Ordinate der $(h, \ell)$–Ebene (in Abbildung 13.1.1).

- Ist stattdessen $dH(x) \neq 0$, aber für ein $c \in \mathbb{R}$

$$dL(x) = c\,dH(x)\,, \tag{13.1.2}$$

dann folgt mit

$$dL(x) = q_2\,dp_1 - q_1\,dp_2 - p_2\,dq_1 + p_1\,dq_2$$

durch Koeffizientenvergleich von (13.1.1) und (13.1.2) mit $\mathbb{J} = \begin{pmatrix} 0 & -1 \\ 1 & 0 \end{pmatrix}$

$$q = c\mathbb{J}p \quad \text{und} \quad p = -c\mathbb{J}\nabla V(q)\,.$$

Die Menge solcher singulären Punkte ist eine Nullmenge im Phasenraum $P$, und sie entspricht wegen $L(x) = \langle q, \mathbb{J}p\rangle = c\|p\|^2$ den Kreisbahnen. In Abbildung 13.1.1 sind die entsprechenden singulären Werte als die Grenzkurven von $F(P) \subset \mathbb{R}^2$ erkennbar.

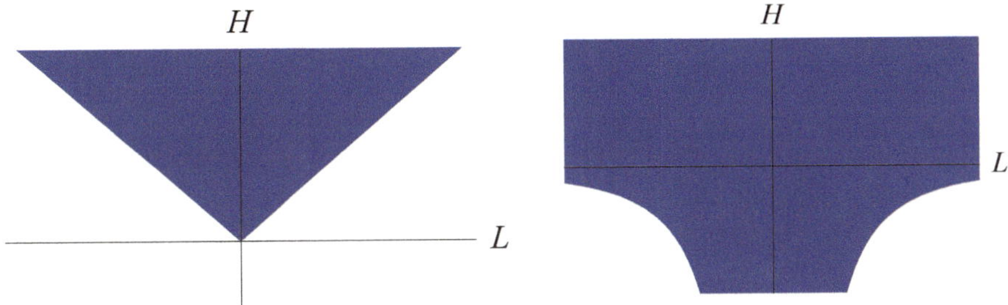


Abbildung 13.1.1: Energie-Drehimpuls-Abbildung für zentralsymmetrische Potentiale. Links: Harmonischer Oszillator, Rechts: Kepler–Potential

Wegen der Drehinvarianz der Hamilton–Funktion empfehlen sich Polarkoordinaten $(r, \varphi)$ mit

$$q_1 = r\sin\varphi \quad , \quad q_2 = r\cos\varphi\,, \tag{13.1.3}$$

die wir zu kanonischen Koordinaten ausbauen können. Dazu setzen wir die erzeugende Funktion wie in Fall 2. des Kapitels 10.5 an:

$$(p_r, p_\varphi, q_1, q_2) = \left(\frac{\partial S}{\partial r}, \frac{\partial S}{\partial \varphi}, \frac{\partial S}{\partial p_1}, \frac{\partial S}{\partial p_2}\right)\,.$$

Für $S(r, \varphi, p_1, p_2) := p_1 r\sin\varphi + p_2 r\cos\varphi$ ist (13.1.3) erfüllt. Weiter gilt dann

$$p_r = p_1\sin\varphi + p_2\cos\varphi = \frac{\langle p, q\rangle}{\|q\|} \quad , \quad p_\varphi = p_1 r\cos\varphi - p_2 r\sin\varphi = L\,.$$

Physikalisch kann $p_r$ also einfach als Radialkomponente des Impulses $p = (p_1, p_2)$ angesehen werden, während $p_\varphi$ gleich dem Drehimpuls ist.

Insgesamt erhalten wir eine kanonische Transformation

$$\Psi : T^*\left(\mathbb{R}^+ \times S^1\right) \to T^*\left(\mathbb{R}^2 \setminus \{0\}\right) \quad , \quad (p_r, p_\varphi, r, \varphi) \mapsto (p_1, p_2, q_1, q_2)\,.$$

Wegen der aus den trigonometrischen Additionstheoremen folgenden Identität

$$p_1^2 + p_2^2 = p_r^2 + \frac{L^2}{r^2} \quad \text{ist} \quad H \circ \Psi\,(p_r, p_\varphi, r, \varphi) = \frac{p_r^2}{2} + \frac{p_\varphi^2}{2r^2} + W(r)\,.$$

Da $H \circ \Psi$ nicht von der Koordinate $\varphi$ abhängt, wird $\dot{p}_\varphi = \dot{L} = 0$, also $\ell := p_\varphi(0) = p_\varphi(t)$ eine Konstante der Bewegung von $H \circ \Psi$.

$$K_\ell : T^*(\mathbb{R}^+) \to \mathbb{R} \quad , \quad K_\ell(p_r, r) = \tfrac{1}{2}p_r^2 + W_\ell(r) \quad \text{mit} \quad W_\ell(r) := W(r) + \frac{\ell^2}{2r^2}$$

ist eine Hamilton–Funktion mit einem Freiheitsgrad. $W_\ell$ ist das sogenannte *effektive Potential*.

Da die Energie $h := K_\ell\big(p_r(0), r(0)\big)$ zeitlich konstant ist, kennen wir schon die Orbits des von $K_\ell$ erzeugten Flusses.

Die Zeitparametrisierung ergibt sich mit $\dot{r} = p_r = \sqrt{2(h - W_\ell(r))}$ durch Invertierung des Integrals

$$\pm \int_{r_0}^{r(t)} \frac{\mathrm{d}r}{\sqrt{2(h - W_\ell(r))}} = t - t_0 \,.$$

Für $\ell \neq 0$ ist wegen unserer Annahme der Stetigkeit von $V$ der Grenzwert $\lim_{r \searrow 0} W_\ell(r) = +\infty$, sodass für diese Energie $h$ das Masseteilchen vom Zentrifugalpotential $\frac{\ell^2}{2r^2}$ am Besuch des Ursprungs gehindert ist. Nehmen wir stattdessen zum Beispiel $V(q) = -\frac{c}{\|q\|^\alpha}$ mit $\alpha \in (0,2)$ an, also $W(r) = -\frac{c}{r^\alpha}$, dann gilt immer noch das Gleiche.

Unter der Voraussetzung $V(q) \geq -c(1+\|q\|^2)$, siehe Satz 11.1 ist die Existenz der Lösung der hamiltonschen Differentialgleichung für alle Zeiten gesichert, und der Radialanteil der Bahnform lässt sich durch Kurvendiskussion beschreiben. Es kommen nämlich nur $r$–Werte mit $W_\ell(r) \leq h$ in Frage, eine Bedingung, die in

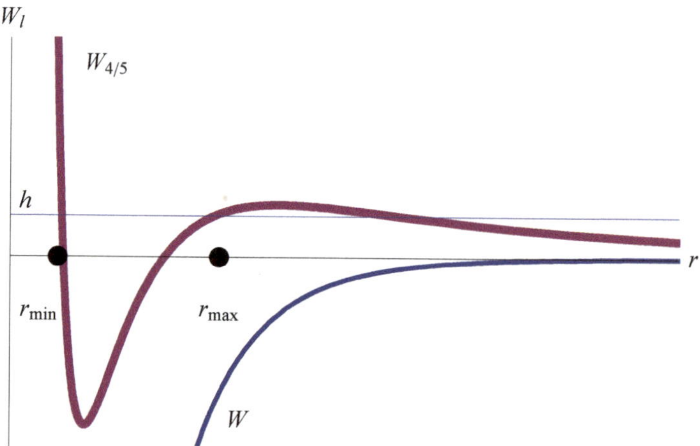


Intervallen in $\mathbb{R}^+$ erfüllt ist. Wir betrachten nur das zu dem Anfangswert gehörende Intervall.

Dies ist entweder von der Form $[r_{\min}, r_{\max}]$ oder $[r_{\min}, \infty)$, entsprechend der gebundenen beziehungsweise ungebundenen Bewegung. Die Energieschale im Phasenraum sieht für das Beispiel des *Yukawa*–Potentials $W(r) := -\exp(-r)/r$ entsprechend folgendermaßen aus:

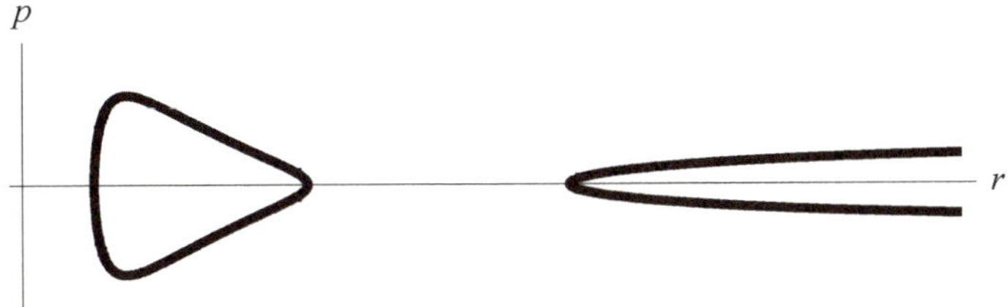


Der Radius des Teilchenortes verändert sich also im gebundenen Fall zeitperiodisch zwischen $r_{\min}$ und $r_{\max}$, während er im ungebundenen Fall für $t \to \pm\infty$ gegen unendlich geht.
Setzt man die Lösung $t \mapsto r(t)$ in die Differentialgleichung

$$\dot{\varphi} = \frac{\partial \tilde{H}}{\partial p_\varphi} = \frac{p_\varphi}{r^2} = \frac{\ell}{r^2(t)}$$

ein, so ergibt sich

$$\varphi(t) = \varphi(t_0) + \ell \textstyle\int_{t_0}^t r^{-2}(s)\,\mathrm{d}s\,.$$

Insbesondere ist die Winkelgeschwindigkeit in der Nähe von $r_{\max}$ am kleinsten.

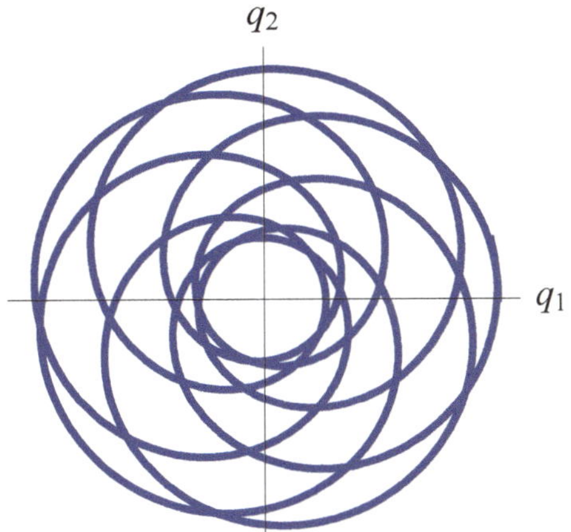


In der Konfigurationsebene ergibt sich (für das Yukawa–Potential) die abgebildete Bewegungsform. Im Phasenraum entsprechen die Zusammenhangskomponenten

$$M_{h,\ell} \subseteq F^{-1}(f) = \left\{(p,q) \in \mathbb{R}^4 \mid H(p,q) = h\,,\ L(p,q) = \ell\right\}$$

für reguläre Werte $f = (h, \ell)$ im Fall der gebundenen Bewegung einem durch $\varphi$ und den zeitlichen Abstand vom letzten Perizentrum parametrisierten Torus $\mathbb{T}^2 := S^1 \times S^1$, im Fall der ungebundenen Bewegung einem Zylinder $S^1 \times \mathbb{R}$.

Wir werden in Satz 13.3 sehen, dass diese Formen der Untermannigfaltigkeiten für integrable hamiltonsche Systeme typisch sind. ◇

## 13.2 Der Satz von Liouville-Arnol'd

Wir abstrahieren die wesentlichen Bestandteile des vorausgegangenen Beispiels in einer Definition:

**13.2 Definition** *Es sei $H \in C^\infty(P, \mathbb{R})$ eine (Hamilton-)Funktion auf der symplektischen Mannigfaltigkeit $(P, \omega)$ der Dimension $2n$.*

- *Dann heißt $F \in C^\infty(P, \mathbb{R})$* **Konstante der Bewegung**, *wenn $\{F, H\} = 0$.*

- *Eine Menge* $\{F_1, \ldots, F_k\}$ *von Funktionen* $F_i \in C^\infty(P, \mathbb{R})$ *ist* **in Involution**, *wenn die Poisson–Klammern verschwinden:*

$$\{F_i, F_j\} = 0 \qquad (i, j \in \{1, \ldots, k\}) .$$

- *Sie heißt* **unabhängig**, *wenn die Menge*

$$\{x \in P \mid dF_1(x) \wedge \ldots \wedge dF_k(x) = 0\}$$

*das Liouville–Maß*[1] *Null besitzt.*

- $\{F_1, \ldots, F_k\}$ *heißt* **(Liouville-) integrabel**, *wenn die* $F_i$ *in Involution und unabhängig sind und* $k = n$ *ist.*

- *Die Funktion* $H$ *heißt dann* **integrabel**, *wenn zusätzlich zu* $F_1 := H$ *weitere* $n-1$ *Konstanten der Bewegung* $F_2, \ldots, F_n$ *existieren, sodass* $\{F_1, \ldots, F_n\}$ *integrabel ist.*

Die obige Definition von Integrabilität wirkt zunächst etwas abstrakt, ermöglicht es aber, durch Einführung geeigneter (halblokaler) kanonischer Koordinaten

$$(I_1, \ldots, I_n \,,\, \varphi_1, \ldots, \varphi_n)$$

die Bewegung zu linearisieren. Die hamiltonschen Gleichungen werden in diesen Koordinaten die Form

$$\dot{I}_k = 0 \quad , \quad \dot{\varphi}_k = \omega_k(I) \qquad (k \in \{1, \ldots, n\})$$

annehmen, womit sie durch

$$I_k(t) = I_k(0) \quad , \quad \varphi_k(t) = \varphi_k(0) + \omega_k(I)\, t$$

gelöst werden. Wir beginnen mit einer Aussage, die sich im Lauf von über hundert Jahren zur nachfolgenden Form entwickelt hat (dazu gehört auch die Arbeit [Min] von Henri Mineur aus dem Jahr 1936).

**13.3 Satz (Liouville und Arnol'd)**
*Es sei* $(P, \omega)$ *eine* $2n$*–dimensionale symplektische Mannigfaltigkeit und* $\{F_1, \ldots, F_n\}$ *integrabel.* $f \in F(P) \subset \mathbb{R}^n$ *sei regulärer Wert*[2] *der Abbildung*

$$F := \begin{pmatrix} F_1 \\ \vdots \\ F_n \end{pmatrix} : P \to \mathbb{R}^n ,$$

[1]**Definition:** Ist $(P, \omega)$ eine symplektische Mannigfaltigkeit, dann heißt für $n := \frac{1}{2} \dim P$ das von der Volumenform $\frac{(-1)^{\lfloor n/2 \rfloor}}{n!} \omega^{\wedge n}$ induzierte Maß auf $P$ *Liouville–Maß*.
Für $(P, \omega) = (T^*\mathbb{R}^n, \omega_0)$ stimmt es mit dem Lebesgue–Maß überein.

[2]Gleichbedeutend sind die Funktionen $F_1, \ldots, F_n$ auf der Niveaumenge $F^{-1}(f)$ unabhängig, das heißt $dF_1 \wedge \ldots \wedge dF_n(x) \neq 0$ falls $F(x) = f$.

*Dann ist jede kompakte Zusammenhangskomponente $M_f$ von $F^{-1}(f)$ diffeomorph zu einem $n$–dimensionalen Torus $\mathbb{T}^n = (S^1)^n$.*
*Genauer gesagt existieren Winkelkoordinaten $\varphi_1, \ldots, \varphi_n$ auf $M_f$ und Frequenzen $\omega_1, \ldots, \omega_n \in \mathbb{R}$, in denen der von $H$ erzeugte Fluss auf $M_f$ die Form*

$$\varphi_k(t) = \varphi_k(0) + \omega_k\, t \pmod{2\pi} \quad , \quad \big(t \in \mathbb{R},\ k \in \{1, \ldots, n\}\big) \qquad (13.2.1)$$

*besitzt.*

**Beweis:**
• Wir wissen schon (Beispiel 10.42.2), dass $M_f$ eine $n$–dimensionale Lagrange–Untermannigfaltigkeit ist.
• Wegen der vorausgesetzten Kompaktheit von $M_f$ und Regularität von $f$ ist für kleine Radien $\varepsilon > 0$ der Kugel $B_\varepsilon(f) := \{f' \in \mathbb{R}^n \mid \|f' - f\| \leq \varepsilon\}$ auch die Zusammenhangskomponente $K$ von $M_f$ in $F^{-1}\big(B_\varepsilon(f)\big) \subset P$ kompakt.
• Außerdem sind wegen $dF_k(X_{F_l}) = \{F_k, F_l\} = 0$ (Satz 10.16) die Vektorfelder $X_{F_l}$ tangential zu den Niveaumengen von $F$. Auf $K$ existiert nach Satz 3.27 der von dem hamiltonschen Vektorfeld $X_{F_k}$ der $k$–ten Konstanten der Bewegung $F_k$ erzeugte Fluss $\Phi_t^k : K \to K$ für alle Zeiten $t \in \mathbb{R}$.
• Wir wissen, dass für alle Zeiten $t_i \in \mathbb{R}$ gilt

$$\Phi_{t_k}^k \circ \Phi_{t_l}^l = \Phi_{t_l}^l \circ \Phi_{t_k}^k \qquad \big(k, l \in \{1, \ldots, n\}\big),$$

denn nach Satz 10.21 kommutieren die von Vektorfeldern $X, Y$ erzeugten Flüsse genau dann, wenn $[X, Y] = 0$, und nach Bemerkung 10.23 ist der Kommutator $[X_{F_k}, X_{F_l}] = -X_{\{F_k, F_l\}} = 0$, denn $\{F_k, F_l\} = 0$. Nun wollen wir die Abbildung

$$\Psi : \mathbb{R}^n \times M_f \to M_f \quad , \quad \big((t_1, \ldots, t_n), x\big) \mapsto \Phi_{t_1}^1 \circ \ldots \circ \Phi_{t_n}^n(x) \qquad (13.2.2)$$

zur Parametrisierung von $M_f$ verwenden. Tatsächlich ist dies eine Abbildung in $M_f$, denn die Flüsse $\Phi_t^k$ lassen $M_f$ invariant (die Vektorfelder $X_{F_k}$ sind ja tangential an $M_f$).

Außerdem gilt für $\Psi_t : M_f \to M_f \quad , \quad \Psi_t(x) := \Psi(t, x)$

$$\Psi_0 = \mathrm{Id}_{M_f} \quad , \quad \Psi_s \circ \Psi_t = \Psi_{s+t} \qquad \big(s, t \in \mathbb{R}^n\big).$$

Damit ist $\Psi$ eine Gruppenwirkung der Lie–Gruppe $\mathbb{R}^n$ auf $M_f$ (siehe Bemerkung 2.17.7 und Definition E.4).
• Wegen der Unabhängigkeit der $dF_k$ sind auch die $n$ Vektorfelder $X_{F_k}$ auf $M_f$ unabhängig. Damit (und wegen Kompaktheit von $M_f$) existiert eine Umgebung $U \subset \mathbb{R}^n$ der Null, sodass für alle $x \in M_f$ die Abbildung $U \to M_f$, $t \mapsto \Psi(t, x)$ ein Diffeomorphismus aufs Bild $\Psi\big(U, \{x\}\big)$ ist (siehe Abbildung 13.2.1).

Die Gruppenwirkung ist also *lokal frei*. Das Bild $\Psi\big(\mathbb{R}^n, \{x\}\big)$ der Abbildung $\mathbb{R}^n \to M_f$, $t \mapsto \Psi(t, x)$ ist damit offen in $M_f$ (und nicht leer!). Aber auch sein Komplement $M_f \setminus \Psi\big(\mathbb{R}^n, \{x\}\big)$ ist offen. Denn wenn $y$ im Komplement des Bildes liegt, dann muss auch die Umgebung $\Psi\big(U, \{y\}\big)$ von $y$ im Komplement liegen, da sonst ein $z \in \Psi\big(\mathbb{R}^n, \{x\}\big) \cap \Psi\big(U, \{y\}\big)$ existierte, also $z = \Psi_t(x) = \Psi_s(y)$ mit $s, t \in \mathbb{R}^n$ geeignet, woraus $y = \Psi_{t-s}(x)$ folgte.

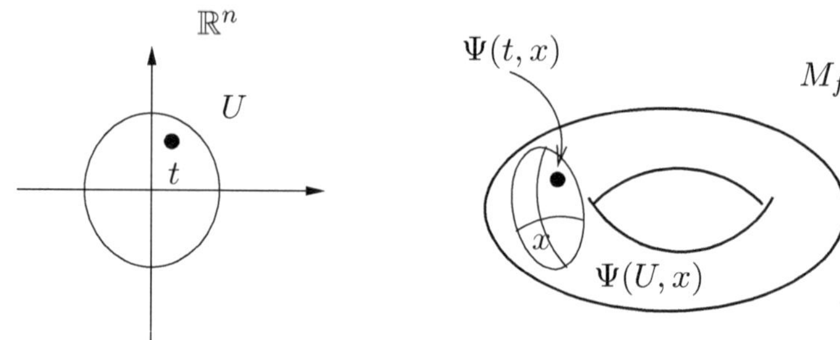


Abbildung 13.2.1: Gruppenwirkung $\Psi$

Weil also $\Psi(\mathbb{R}^n, \{x\})$ offen und abgeschlossen und außerdem nicht leer ist, muss es eine Zusammenhangskomponente von $M_f$ sein. Da aber nach Voraussetzung $M_f$ zusammenhängend ist, ist $\Psi(\mathbb{R}^n, \{x\}) = M_f$, die Gruppenwirkung also, wie man sagt, *transitiv*.

• Die *Isotropiegruppe* $\Gamma$ eines Punktes $x \in M_f$ (siehe untenstehende Abbildung) ist durch

$$\Gamma \equiv \Gamma_x := \{t \in \mathbb{R}^n \mid \Psi_t(x) = x\} \tag{13.2.3}$$

definiert. $\Gamma$ ist von der Wahl von $x$ unabhängig, denn wegen der Transitivität von $\Psi$ existiert für $y \in M_f$ ein $s \in \mathbb{R}^n$ mit $y = \Psi_s(x)$. Da $\Psi$ eine Gruppenwirkung der abelschen Gruppe $\mathbb{R}^n$ ist, gilt $\Gamma_y = \{t \in \mathbb{R}^n \mid \Psi_{t+s}(x) = \Psi_s(x)\} = \Gamma_x$.

Da die Gruppenwirkung lokal frei ist, existiert eine Umgebung $U \subset \mathbb{R}^n$ von $0 \in \Gamma$ mit $U \cap \Gamma = \{0\}$. Für $t \in \Gamma$ ist daher $t$ der einzige Punkt in der Umgebung $U + t$, der zur Isotropiegruppe gehört. Damit ist $\Gamma$ eine (als Teilmenge des topologischen Raumes $\mathbb{R}^n$, siehe Def. A.20) *diskrete* Untergruppe des $\mathbb{R}^n$. Wir unterbrechen den Beweis von Satz 13.3, um diese Untergruppen zu untersuchen.

**13.4 Lemma** *Sei* $\Gamma \subset \mathbb{R}^n$ *eine diskrete Untergruppe und* $k := \dim\left(\operatorname{span}_{\mathbb{R}}(\Gamma)\right)$. *Dann existieren linear unabhängige Vektoren* $\ell_1, \ldots, \ell_k \in \Gamma$ *mit*

$$\Gamma = \operatorname{span}_{\mathbb{Z}}(\ell_1, \ldots, \ell_k) := \left\{ \sum_{i=1}^k z_i \ell_i \,\middle|\, z_i \in \mathbb{Z} \right\}.$$

**Beweis:** Wir bezeichnen einen Unterraum $U \subset \mathbb{R}^n$ als $\Gamma$*–Teilraum*, wenn

$$\operatorname{span}_{\mathbb{R}}(U \cap \Gamma) = U,$$

und wir konstruieren induktiv Basen $\ell_1, \ldots, \ell_m \in \Gamma$ für geeignete $\Gamma$–Teilräume $U_m \subset \mathbb{R}^n$ der Dimensionen $m \le k$, die gleichzeitig $\mathbb{Z}$*–Basen* von $U_m \cap \Gamma$ sind, das heißt

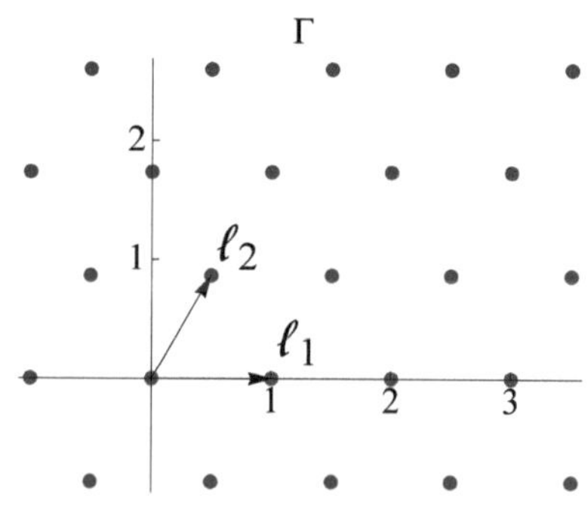


$$U_m \cap \Gamma = \operatorname{span}_{\mathbb{Z}}(\ell_1, \ldots, \ell_m).$$

- $\{0\} \subset \Gamma$ ist ein 0-dimensionaler $\Gamma$–Teilraum.
- Haben wir für $m < k$ einen $\Gamma$–Teilraum $U_m$ mit Basis $\ell_1, \ldots, \ell_m$ konstruiert, dann existiert ein von diesen linear unabhängiger Vektor $\ell_{m+1} \in \Gamma$, der minimalen Abstand $a > 0$ zum Unterraum $\mathrm{span}_{\mathbb{R}}(\ell_1, \ldots, \ell_m)$ besitzt.[3]

Denn $\Gamma \setminus \mathrm{span}_{\mathbb{Z}}(\ell_1, \ldots, \ell_m) \neq \emptyset$, und wir können aus $\ell_{m+1}$ durch Translation mit einem Vektor $\ell \in \mathrm{span}_{\mathbb{Z}}(\ell_1, \ldots, \ell_m)$ einen Vektor der Länge $\|\ell_{m+1} - \ell\| \leq a + \sum_{i=1}^m \|\ell_i\|$ gewinnen. Wäre das Infimum der Abstände zum Unterraum gleich Null, dann würde dies der Diskretheit von $\Gamma$ widersprechen. Ein Kompaktheitsargument garantiert, dass dieses Infimum ein Minimum ist.
- $U_{m+1} = \mathrm{span}_{\mathbb{R}}(\ell_1, \ldots, \ell_{m+1})$ ist nach Konstruktion ein $\Gamma$–Teilraum.
- $\ell_1, \ldots, \ell_{m+1}$ ist eine $\mathbb{Z}$–Basis von $U_{m+1}$, denn jedes $\ell \in U_{m+1} \cap \Gamma$ läßt sich eindeutig in der Form

$$\ell = z\ell_{m+1} + u \quad \text{mit} \quad u \in U_m \quad \text{und} \quad z \in \mathbb{R}$$

zerlegen. Der Vektor $\ell - \lfloor z \rfloor \ell_{m+1} \in U_{m+1} \cap \Gamma$ hat den Abstand $(z - \lfloor z \rfloor) \cdot a$ vom Unterraum $U_m$. Da dieser nicht echt zwischen $0$ und $a$ liegen kann, ist $z \in \mathbb{Z}$. Damit ist $u \in \mathrm{span}_{\mathbb{Z}}(\ell_1, \ldots, \ell_m)$, und letztlich $\ell \in \mathrm{span}_{\mathbb{Z}}(\ell_1, \ldots, \ell_{m+1})$. □

**Ende des Beweises von Satz 13.3:**
- Ergänzen wir die $\mathbb{Z}$–Basis $\ell_1, \ldots, \ell_k$ aus Lemma 13.4 zu einer $\mathbb{R}$–Basis $\ell_1, \ldots, \ell_n$ von $\mathbb{R}^n$, so ergibt sich durch Basiswechsel der Gruppenisomorphismus und Diffeomorphismus

$$\mathbb{R}^n/\Gamma \cong \mathbb{R}^n/\mathbb{Z}^k \cong \mathbb{R}^{n-k} \times (\mathbb{R}/\mathbb{Z})^k \cong \mathbb{R}^{n-k} \times \mathbb{T}^k .$$

Da nach Voraussetzung $M_f$ kompakt ist, und $M_f \cong \mathbb{R}^n/\Gamma$, gilt $k = n$ und $M_f \cong \mathbb{T}^n$.
- Da $M_f$ also diffeomorph zum $n$–Torus ist, folgt, dass man die Punkte auf $M_f$ durch $n$ Winkel $\varphi_1, \ldots, \varphi_n$ parametrisieren kann. Dies ist sogar in einer Weise möglich, in der der von $H = F_1$ erzeugte Fluss eine besonders einfache Form besitzt: Es sei $\ell_1, \ldots, \ell_n$ wieder eine Basis der Isotropiegruppe $\Gamma \subset \mathbb{R}^n$ aus (13.2.3). Dann ist für jeden Punkt $x \in M_f$ die durch Restriktion der $\mathbb{R}^n$-Wirkung (13.2.2) definierte Abbildung

$$[0, 2\pi[^n \longrightarrow M_f \quad , \quad (\varphi_1, \ldots, \varphi_n) \longmapsto \Psi\left(\sum_{i=1}^n \frac{\varphi_i \ell_i}{2\pi}, x\right) \tag{13.2.4}$$

bijektiv. Der Vektor $e_1 = \begin{pmatrix} 1 \\ 0 \\ \vdots \\ 0 \end{pmatrix} \in \mathbb{R}^n$ habe die Darstellung $e_1 = \sum_{i=1}^n \frac{\omega_i}{2\pi} \ell_i$. Der von $H$ erzeugte Fluss besitzt dann die Form

$$\Phi_{t_1}^1(y) = \Psi((t_1, 0, \ldots, 0), y) = \Psi\left(\sum_{i=1}^n t_1 \frac{\omega_i \ell_i}{2\pi}, y\right) .$$

[3]Statt dessen einen von $\ell_1, \ldots, \ell_m$ linear unabhängigen *kürzesten* Vektor $\ell_{m+1} \in \Gamma$ zu wählen, führt in hohen Dimensionen im Allgemeinen nicht zum Ziel, siehe zum Beispiel Quaisser [Qu], §5.1.

Also gilt für die Koordinaten $\varphi_1(t), \ldots, \varphi_n(t)$ von $\Phi_t^1(y)$ Gleichung (13.2.1). □

**13.5 Bemerkung**
Eine Bewegung auf einem $n$–Torus von der Form (13.2.1) in Satz (13.3) heißt *bedingt-periodische Bewegung*; siehe auch Seite 213 und Seite 381. ◇

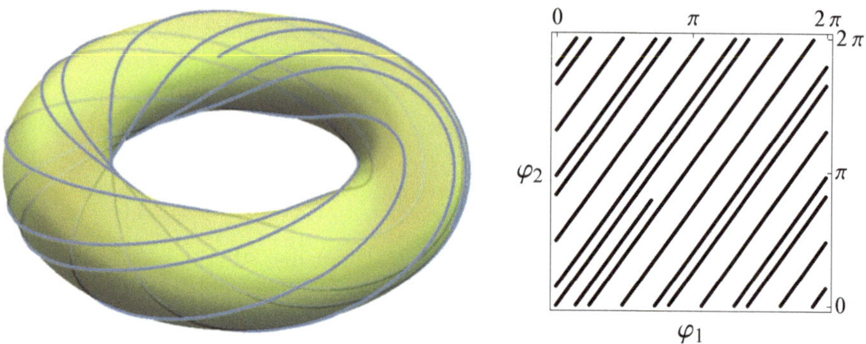


Abbildung 13.2.2: Bedingt-periodische Bewegung mit Frequenzverhältnis $\sqrt{2}$ auf dem Torus $\mathbb{T}^2$

**13.6 Bemerkung (Symplektische Integratoren)**
Die meisten hamiltonschen Systeme sind nicht integrabel. Für die Berechnung ihrer Dynamik ist man also auf Numerik angewiesen.

Ironischerweise sind bei der Entwicklung einer dem Problem angepassten Numerik die integrablen Systeme hilfreich.

Bei der numerischen Approximation hamiltonscher Dynamik ist es nämlich vorteilhaft, wenn diese selbst eine symplektische Zeitevolution liefert. Beispielsweise besagt Satz 7.3 über starke Stabilität, dass im linearen Fall kleine *symplektische* Störungen eines nicht resonanten hamiltonschen Systems dessen Liapunov-Stabilität nicht verletzen, während dies für allgemeine Störungen der Fall ist.

Entsprechende numerische Verfahren heißen symplektische Integratoren.

Die Grundidee kann am Beispiel der Bewegung im Potential, mit Hamilton–Funktion $H(p,q) = T(p) + V(q)$ auf dem Phasenraum $P := \mathbb{R}_p^d \times \mathbb{R}_q^d$ erläutert werden. Als Hamilton-Funktionen sind die Summanden $T$ und $V$ integrabel, mit den vollständigen Flüssen

$$\Phi_t(p,q) = \big(p, q{+}t\nabla T(p)\big) \text{ und } \Psi_t(p,q) = \big(p{-}t\nabla V(q), q\big) \quad \big(t \in \mathbb{R},\ (p,q) \in P\big).$$

Wir nehmen an, dass auch der von $H$ selbst erzeugte Fluss vollständig ist, wir ihn also in der Form $\Xi_t : P \to P$ mit $t \in \mathbb{R}$ notieren können. Eine beliebige Verkettung $\Phi_{c_1 t} \circ \Psi_{d_1 t} \circ \ldots \circ \Phi_{c_k t} \circ \Psi_{d_k t}$ der Flüsse ist symplektisch. Wir nennen sie symplektischen Integrator *$n$–ter Ordnung*, wenn gilt:

$$\Phi_{c_1 t} \circ \Psi_{d_1 t} \circ \ldots \circ \Phi_{c_k t} \circ \Psi_{d_k t} = \Xi_t + \mathcal{O}(t^{n+1}),$$

eventuell in einer Problem-angepassten Metrik auf dem Phasenraum. Beispielsweise ergibt die Kombination $c_1 = d_1 = 1$ einen symplektischen Integrator erster Ordnung,

$$\Phi_{t/2} \circ \Psi_t \circ \Phi_{t/2} = \Xi_t + \mathcal{O}(t^3)\,,$$

etc. siehe YOSHIDA [Yo]. Man iteriert dann die verketteten Abbildungen numerisch $\mathcal{O}(T/t)$ mal, um nach der Gesamtzeit $T$ zu einem Fehler der Ordnung $\mathcal{O}(t^n)$ zu kommen. ◇

**13.7 Weiterführende Literatur**
Wie mit dem Zitat von Birkhoff auf Seite 314 angedeutet, gibt viele Integrabilitätsbegriffe, die zwar aufeinander bezogen werden können, sich aber auf unterschiedliche Anwendungsbereiche beziehen.

Insbesondere können auch nichtlineare *partielle* Differentialgleichungen integrabel sein. Ein in [AM] behandeltes Beispiel ist die Korteweg-de Vries–Gleichung $u_t = 6uu_x - u_{xxx}$. Ihre hamiltonsche Störungstheorie wird unter anderem im Buch [KP] von KAPPELER und PÖSCHEL behandelt. OLSHANETSKY und PERELOMOV stellen Beziehungen zur Lie-Theorie in [OP] dar.

Ein Überblick über das Thema 'Integrabilität' findet man in BABELON, BERNARD und TALON [BBT], algebraische Aspekte von Integrabilität etwa in ARNOL'D und NOVIKOV [AN], und in MOSER [Mos2].

Differentialgeometrie ermöglicht ein tieferes Verständnis von Integrabilität. Aber auch differentialgeometrische Objekte wie Flächen können Lösungen integrabler partieller Differentialgleichungen sein. Eine diskretisierte solche Fläche ist auf Seite 313 abgebildet, und die diskrete Differentialgeometrie integrabler Strukturen wird in [BoSu] von BOBENKO und SURIS untersucht. ◇

## 13.3 Winkel-Wirkungskoordinaten

Als nächsten Schritt werden wir nicht nur auf einem einzelnen Torus $M_f$ Winkelkoordinaten einführen, sondern diese auf eine offene Phasenraumumgebung von $M_f$ ausdehnen und durch $n$ sogenannte Wirkungskoordinaten zu kanonischen Koordinaten im Sinn von Bemerkung 10.18 ergänzen.

**13.8 Satz (Winkel-Wirkungskoordinaten)**
*Unter den Voraussetzungen des Satzes von Liouville und Arnol'd (Satz 13.3) existieren für jede kompakte Zusammenhangskomponente $M_f$ von $F^{-1}(f)$ eine Umgebung $M_f \subseteq U \subseteq P$, Wirkungskoordinaten $I_k : U \to \mathbb{R}$ und Winkelkoordinaten $\varphi_k : U \to \mathbb{R}/(2\pi\mathbb{Z})$ $(k = 1, \ldots, n)$, sodass*

- *die symplektische Form die kanonische Gestalt $\omega = \sum_{k=1}^n d\varphi_k \wedge dI_k$ hat und*
- *die hamiltonschen Differentialgleichungen die folgende Form annehmen:*

$$\dot{I}_k = 0 \quad , \quad \dot{\varphi}_k = \omega_k(I) \qquad (k = 1, \ldots, n).$$

**Beweis:**

- Dass $f$ regulärer Wert von $F$ ist, bedeutet zwar noch nicht, dass eine offene Umgebung $\tilde{U} \subseteq \mathbb{R}^n$ von $f$ existiert, die ebenfalls aus regulären Werten von $F$ besteht.[4] Wählt man aber $U$ als diejenige Zusammenhangskomponente von $F^{-1}(\tilde{U}) \subseteq P$, in der $M_f$ liegt, dann kann man wegen der Kompaktheit von $M_f$ durch Verkleinerung von $\tilde{U}$ sicherstellen, dass alle $x \in U$ reguläre Punkte von $F$ sind.

- Die gemeinsamen Nullstellen der $n$ Winkelkoordinaten sollen auf einer noch genauer zu bestimmenden $n$–dimensionalen und zu den Tori $M_{\tilde{f}}$ ($\tilde{f} \in \tilde{U}$) transversalen eingebetteten Fläche

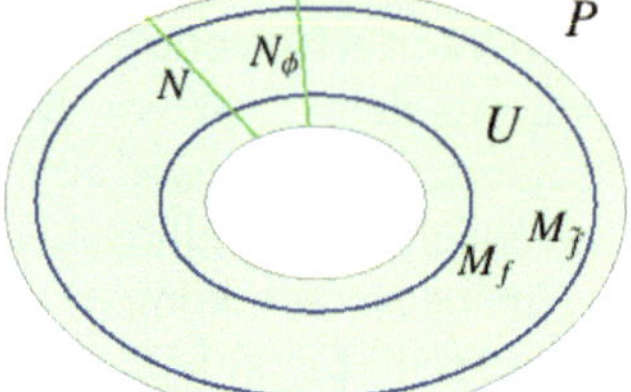


$$N : \tilde{U} \to U \quad \text{mit} \quad F \circ N = \mathrm{Id}_{\tilde{U}} \qquad (13.3.1)$$

liegen. Wegen der Regularität von $F$ auf $U$ ist die (13.2.2) von $M_f$ auf $U$ erweiternde Abbildung

$$\Psi : \mathbb{R}^n \times U \to U \quad , \quad ((t_1, \ldots, t_n), x) \mapsto \Phi^1_{t_1} \circ \ldots \circ \Phi^n_{t_n}(x) \qquad (13.3.2)$$

eine lokal freie Gruppenwirkung von $\mathbb{R}^n$. Analog zu (13.2.3) hängt die Isotropiegruppe

$$\Gamma_x := \{t \in \mathbb{R}^n \mid \Psi_t(x) = x\} \qquad (13.3.3)$$

eines Punktes $x \in U$ nur von $F(x)$ ab. Da nach dem Satz über die implizite Funktion die Punkte des Gitters $\Gamma_x$ glatt von $x$ abhängen, und da angenommen werden kann, dass $\tilde{U}$ einfach zusammenhängend ist, kann eine $\mathbb{Z}$–Basis $\ell_1(x), \ldots, \ell_n(x) \in \mathbb{R}^n$ von $\Gamma_x$ gewählt werden, deren Vektoren glatt von $x \in U$ abhängen. Damit existiert auch ein Schnitt (13.3.1) im $\mathbb{T}^n$–Bündel $F : U \to \tilde{U}$.

In Verallgemeinerung von (13.2.4) kann jeder Punkt $y \in U$ eindeutig in der Form

$$y = \Psi\left(\sum_{i=1}^{n} \frac{\varphi_i \ell_i(x)}{2\pi}, x\right) \quad \text{mit } \varphi_i \in [0, 2\pi),\ x := N \circ F(y) \text{ und } \ell_i(x) = \ell_i(y) \qquad (13.3.4)$$

dargestellt werden. Damit haben wir Winkelkoordinaten $\varphi_1, \ldots, \varphi_n$ auf $U$ definiert. Diese sind unstetig, ihre äußeren Ableitungen $d\varphi_k$ sind aber glatt.

- Wenn die symplektische Form auf $U$ die kanonische Gestalt $\omega = \sum_{k=1}^n dI_k \wedge d\varphi_k$ besitzen soll, müssen (nach Bemerkung 10.18) insbesondere die Poisson–Klammern $\{\varphi_i, \varphi_k\}$ gleich Null sein. Wegen der Beziehung $\{\varphi_i, \varphi_k\} = L_{X_{\varphi_k}} \varphi_i$ ist das auf $N$ genau dann der Fall, wenn die lokal hamiltonschen Vektorfelder

[4] **Beispiel:** Der Wert $f = 0$ von $F : (0, \infty) \to \mathbb{R}$, $x \mapsto x \sin(1/x)$ ist regulär, aber in jeder Umgebung von $f$ liegen Extremalwerte von $F$.

$X_{\varphi_k}$ tangential zur Untermannigfaltigkeit $N$ sind, diese also wegen $\{\varphi_i, \varphi_k\} = \omega(X_{\varphi_i}, X_{\varphi_k})$ eine Lagrange–Mannigfaltigkeit ist.

Sonst benennen wir den Schnitt (13.3.1) in $\hat{N}$ um. Die Abweichung von der Eigenschaft, eine Lagrange–Mannigfaltigkeit zu sein, wird durch die geschlossene Zwei–Form $\hat{N}^*\omega$ auf $\tilde{U}$ gemessen. Wir nehmen etwa an, dass $\tilde{U}$ sternförmig ist (zum Beispiel eine Vollkugel) und schreiben mithilfe des Poincaré-Lemmas B.45 $\hat{N}^*\omega$ als äußere Ableitung $d\hat{\alpha}$ einer Eins–Form $\hat{\alpha}$ auf $\tilde{U}$. Die auf $U$ geliftete Eins–Form $\alpha := F^*(\hat{\alpha})$ erzeugt ein zu den Tori tangentiales Vektorfeld $X : U \to TU$ mit $\mathbf{i}_X\omega = \alpha$. Die Lie–Ableitung der symplektischen Form nach $X$ ist $L_X\omega = d\mathbf{i}_X\omega = d\alpha$. Also bildet der Zeit-Eins-Fluss $\Phi : U \to U$ von $-X$ die Untermannigfaltigkeit $\hat{N}$ auf die Langrange-Mannigfaltigkeit $N := \Phi(\hat{N})$ ab. Auch diese kann als Schnitt (13.3.1) aufgefasst werden, denn $F \circ \Phi = F$.

Während also die Untermannigfaltigkeit $N = N_0$ dem Wert $\varphi = 0$ entspricht, werden die Niveauflächen $N_{\tilde{\varphi}}$ der Winkelvariablen aus dieser durch Anwendung des von den Wirkungsvariablen $I = \tilde{I} \circ F$ erzeugten hamiltonschen Flusses mit Zeit $\tilde{\varphi}$ gegeben. Es ist noch nicht klar, ob wir $\tilde{I}$ finden können, so dass $\{\varphi_i, I_k\} = \delta_{i,k}$ gilt. Immerhin sind für *jede* Wahl von $\tilde{I}$ die $N_{\tilde{\varphi}}$ Langrange-Mannigfaltigkeiten, die Poisson–Klammern $\{\varphi_i, \varphi_k\}$ verschwinden also auf $U$.

- Um den Winkeln $\varphi_k$ zugeordnete Wirkungskoordinaten $I_k : U \to \mathbb{R}$ zu finden, suchen wir nach einer diese bestimmenden Eigenschaft der Abbildung

$$I = (I_1, \ldots, I_n) : U \to \mathbb{R}^n .$$

$I$ hängt nur von den Werten von $F$ ab: $I = \tilde{I} \circ F$, mit $\tilde{I} : \tilde{U} \to \mathbb{R}^n$. Da $\{F_i, F_k\} = 0$ ist, Poisson–kommutieren also auch die $I_k$ miteinander.

Die Ableitung $\mathrm{D}\tilde{I}$ wird durch die angestrebte Form $\{\varphi_i, I_k\} = \delta_{i,k}$ der Poisson–Klammern festgelegt. In (13.3.4) ist das erste Argument von $\Psi$ gleich $t(\varphi) := \sum_{i=1}^n \frac{\varphi_i \ell_i}{2\pi}$. Mit den dualen Basisvektoren $\ell_i^* : U \to \mathbb{R}^n$, $\langle \ell_i^*, \ell_j \rangle := 2\pi\delta_{i,j}$ ist also $\langle \ell_i^*, t(\varphi) \rangle = \varphi_i$. Aus

$$\{\varphi_i, F_j\} = L_{X_{F_j}} \varphi_i = L_{X_{F_j}} \langle \ell_i^*, t(\varphi) \rangle = \left\langle \ell_i^*, L_{X_{F_j}} t(\varphi) \right\rangle = \langle \ell_i^*, e_j \rangle = \ell_{i,j}^* \tag{13.3.5}$$

folgt schließlich

$$\delta_{i,k} = \{\varphi_i, I_k\} = \{\varphi_i, \tilde{I}_k \circ F\} = \sum_{j=1}^n \{\varphi_i, F_j\}\, \mathrm{D}_j \tilde{I}_k \circ F = \left\langle \ell_i^*, \mathrm{D}\tilde{I}_k \circ F \right\rangle$$

oder $\mathrm{D}\tilde{I}_k \circ F = \frac{\ell_k}{2\pi}$. Da die Basisvektoren $\ell_k$ auf den Tori konstant sind, also in der Form $\tilde{\ell}_k \circ F$ geschrieben werden können, ist die Bestimmungsgleichung mit $\tilde{L} := (\tilde{\ell}_1, \ldots, \tilde{\ell}_n)$ einfach

$$\mathrm{D}\tilde{I} = \frac{\tilde{L}}{2\pi} . \tag{13.3.6}$$

- Für $n > 1$ Dimensionen muß die Abbildung $\tilde{L} : \tilde{U} \to \mathrm{Mat}(n, \mathbb{R})$ eine Integrabilitätsbedingung erfüllen, damit (13.3.6) eine Lösung besitzt. Denn da die partiellen Ableitungen von $\tilde{I}$ vertauschen, gilt dann

$$\mathrm{D}_i \tilde{\ell}_{j,k} = \mathrm{D}_k \tilde{\ell}_{j,i} \qquad (i, j, k = 1, \ldots, n). \tag{13.3.7}$$

Andererseits ist wegen des Poincaré-Lemmas (Satz B.48) Gleichung (13.3.6) auf einfach zusammenhängenden Gebieten $\tilde{U} \subseteq \mathbb{R}^n$ lösbar, wenn (13.3.7) gilt. Aus der Poisson-Identität

$$\{\varphi_i, \{\varphi_j, F_k\}\} + \{F_k, \{\varphi_i, \varphi_j\}\} + \{\varphi_j, \{F_k, \varphi_i\}\} = 0 \tag{13.3.8}$$

folgern wir wegen $\{\varphi_i, \varphi_j\} = 0$ mit (13.3.5): $\{\varphi_i, \ell^*_{j,k}\} = \{\varphi_j, \ell^*_{i,k}\}$. Nennen wir die zu $\tilde{L}$ inverse Matrix $\tilde{M} : \tilde{U} \to \mathrm{Mat}(n, \mathbb{R})$, dann erfüllen deren Einträge $\tilde{m}_{j,k}$ in Einsteinscher Summenkonvention die Relation $\tilde{\ell}_{i,j} \tilde{m}_{j,k} = \delta_{i,k}$, und $\{\varphi_i, \tilde{m}_{k,j} \circ F\} = \{\varphi_j, \tilde{m}_{k,i} \circ F\}$.
Es ergibt sich daher bei nochmaliger Verwendung von (13.3.5) aus (13.3.8) die Beziehung

$$\tilde{m}_{r,i} \, \mathrm{D}_r \tilde{m}_{k,j} = \tilde{m}_{r,j} \, \mathrm{D}_r \tilde{m}_{k,i} \quad \text{oder} \quad \mathrm{D}_i \tilde{m}_{a,b} = \tilde{\ell}_{s,i} \, \tilde{m}_{r,b} \, \mathrm{D}_r \tilde{m}_{a,s} \, . \tag{13.3.9}$$

Wegen $\mathrm{D}_i(\tilde{M}\tilde{L}) = 0$ ist $\mathrm{D}_i \, \tilde{\ell}_{j,k} = -\, \tilde{\ell}_{j,a} \, \tilde{\ell}_{b,k} \, \mathrm{D}_i \tilde{m}_{a,b}$. Einsetzen von (13.3.9) auf der rechten Seite bestätigt die Integrabilitätsbedingung (13.3.7):

$$\mathrm{D}_i \, \tilde{\ell}_{j,k} = -\, \tilde{\ell}_{j,a} \, \tilde{\ell}_{b,k} \, \tilde{\ell}_{s,i} \, \tilde{m}_{r,b} \, \mathrm{D}_r \tilde{m}_{a,s} = -\, \tilde{\ell}_{j,a} \, \tilde{\ell}_{s,i} \, \mathrm{D}_k \tilde{m}_{a,s} = \mathrm{D}_k \, \tilde{\ell}_{j,i} \, . \qquad \diamond$$

Nebenbei: Auf dem Gebiet $U$ ist die vektorwertige Funktion $I : U \to \mathbb{R}^n$ der Wirkungsvariablen durch die Ableitung (13.3.6) bis auf Addition eines beliebigen Vektors aus $\mathbb{R}^n$ festgelegt.

**13.9 Bemerkung (Bedeutung der Winkel-Wirkungskoordinaten)**
Warum interessiert man sich überhaupt für die Wirkungsvariablen $I$ und gibt sich nicht mit den Konstanten der Bewegung $F$ zufrieden?
Weil sie so einfach sind, dass die zugrundeliegende Phasenraumgeometrie klar hervortritt:

1. Zum einen verändert der von $I_k$ erzeugte hamiltonsche Fluss auf $M_f$ ja nur den $k$–ten Winkel $\varphi_k$. Dagegen variiert der von $F_k$ erzeugte Fluss im Allgemeinen alle Winkel gleichzeitig.

2. Selbst wenn für alle $i \neq k$ gilt: $\{\varphi_i, F_k\} = 0$ (insbesondere also für $n = 1$ Freiheitsgrad), bilden die $F_k$, zusammen mit ‚geeigneten' Winkelvariablen $\varphi_k$ im Allgemeinen keine kanonischen Koordinaten, das heißt die Poisson–Klammern $\{\varphi_k, F_i\}$ sind, im Gegensatz zu $\{\varphi_k, I_i\}$, ungleich $\delta_{i,k}$.

Wegen ihrer Einfachheit sind die Winkel-Wirkungskoordinaten ein idealer Ausgangspunkt für die Untersuchung (meist nicht integrabler) hamiltonscher Störungen, siehe Kapitel 15. $\diamond$

Im folgenden Abschnitt wird eine Methode vorgestellt, mit der sich die Wirkungskoordinaten durch Integration[5] finden lassen. In diesem Sinn ermöglicht uns die Integrabilität eines hamiltonschen System auch, seine Lösungen zu berechnen.

Wie konstruieren wir nun die Wirkungsvariablen aus den Konstanten der Bewegung $F_k$? Wir benutzen eine Eins–Form $\theta$ mit symplektischer Zwei–Form $\omega = -d\theta$. Auf Kotangentialräumen $(P, \omega) = (T^*N, \omega_0)$ bietet sich die tautologische Eins–Form $\theta_0$ an. Aber auch auf der Phasenraumumgebung $U \subset P$ von Satz 13.8 gibt es nach Konstruktion der Winkel-Wirkungskoordinaten immer ein solches $\theta$, zum Beispiel $\sum_{k=1}^n I_k \wedge d\varphi_k$.

Versuchen wir für einen fest gewählten Punkt $x_0 \in M_f$ zunächst eine Funktion auf $M_f$ durch

$$S(x) := \int_{x_0}^{x} \theta{\restriction}_{M_f}$$

zu definieren. Unter diesem Ausdruck soll das Wegintegral der symplektischen Eins–Form $\theta$ entlang eines $x$ mit $x_0$ verbindenden Weges $\gamma : [0,1] \to M_f$, $\gamma(0) = x_0$, $\gamma(1) = x$ verstanden werden. Hängt nun $S$, wie die Schreibweise suggeriert, nur von $x$, nicht aber von der Wahl von $\gamma$ ab?

Betrachten wir dazu zwei Wege $\gamma_0$ und $\gamma_1 : [0,1] \to M_f$ mit den gegebenen Endpunkten. Wir setzen zunächst einmal voraus, dass $\gamma_0$ unter Beibehaltung der Endpunkte in $\gamma_1$ deformiert werden kann, das heißt wir setzen die Existenz einer stetigen *Homotopie* $H : I \times I \to M_f$, $I := [0,1]$ mit

$$H(t,0) = \gamma_0(t) \quad , \quad H(t,1) = \gamma_1(t) \quad , \quad H(0,y) \equiv x_0 \quad , \quad H(1,y) \equiv x$$

voraus, siehe Anhang A.22. Dann ist aber $\int_{\gamma_0} \theta{\restriction}_{M_f} = \int_{\gamma_1} \theta{\restriction}_{M_f}$, denn

$$\int_{\gamma_0} \theta{\restriction}_{M_f} - \int_{\gamma_1} \theta{\restriction}_{M_f} = \int_{\partial(I\times I)} H^*(\theta) = \int_{I\times I} dH^*(\theta) = \int_{I\times I} H^*(d\theta) = 0$$

nach dem Satz von Stokes (Satz B.39), und weil die symplektische Zwei–Form $\omega = -d\theta$ auf der Lagrange-Untermannigfaltigkeit $M_f$ identisch verschwindet.

Es sieht so aus, als ob wir bewiesen hätten, dass $S(x)$ nicht von der Wahl des Weges abhängt. Aber Vorsicht! Wir haben vorausgesetzt, dass die Wege zueinander homotop sind. Nun sind aber nicht alle Wege auf dem Torus zueinander homotop. Insbesondere finden wir ja $n$ nur bei $x_0$ kreuzende Wege $\gamma_1, \ldots, \gamma_n$ mit $\gamma_i(0) = \gamma_i(1) = x_0$, wobei $\gamma_i$ gerade die $i$–te Winkelrichtung einmal im positiven Sinn durchläuft. Wir können also das Integral ‚$S(x_0)$' auf viele verschiedene Weisen berechnen beziehungsweise interpretieren, indem wir es z.B. als Schreibweise für $\int_{\gamma_k} \theta$ auffassen. Bezeichnen wir versuchsweise diese Integrale mit

$$I_k := \frac{1}{2\pi} \int_{\gamma_k} \theta \qquad (k = 1, \ldots, n). \tag{13.3.10}$$

Sind die $I_k$ Null? Im Allgemeinen nicht.

---

[5] manchmal auch *Quadratur* genannt, da der Flächeninhalt eines von einer Kurve begrenzten Gebietes gesucht wird.

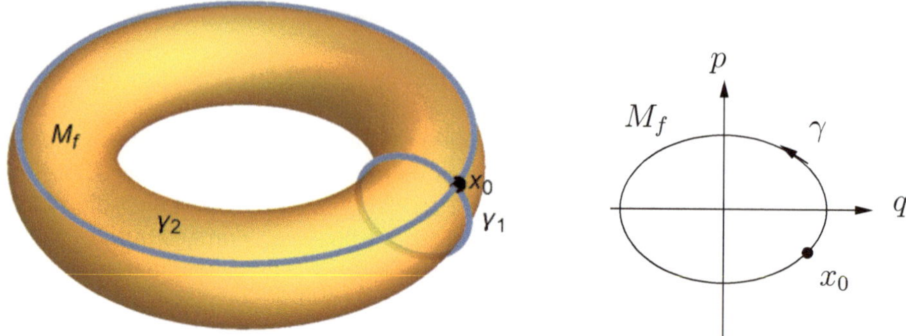


Abbildung 13.3.1: Links: Basis $\gamma_1, \ldots, \gamma_n$ der Fundamentalgruppe des $n$–Torus $M_f$. Rechts: Invarianter Eins-Torus $M_f = \gamma([0,1])$

**13.10 Beispiel** Im besonders einfachen Fall des symplektischen Phasenraums $P := \mathbb{R}_p \times \mathbb{R}_q$ mit $\omega_0 = dq \wedge dp$ ist $M_f$ das Bild einer geschlossene Kurve $\gamma : [0,1] \to P$ (siehe Abbildung 13.3.1, rechts). Das Integral aus (13.3.10) ist

$$I = \frac{1}{2\pi} \int_\gamma p\, dq = \frac{-1}{2\pi} \int_F \omega_0 \,,$$

wobei $F \subset \mathbb{R}^2$ nach dem Satz von Stokes (Satz B.39) das von der orientierten Kreislinie $M_f = \partial F$ eingeschlossene kompakte Flächenstück ist. $I$ ist also proportional zum eingeschlossenen Flächeninhalt. ◇

Wir können nicht nur auf $M_f$, sondern auch auf benachbarten Tori $M_{\tilde{f}}$ mit $\|\tilde{f} - f\|$ klein, Wege $\gamma_1, \ldots, \gamma_n$ einführen und die Ausdrücke $I_k$ werden nach dem, was wir gerade bewiesen haben, nur Funktionen $I_k = \tilde{I}_k(F_1, \ldots, F_n)$ der Konstanten der Bewegung sein.

Die $I_k$ sind unsere Kandidaten für die Wirkungsvariablen.

Um die Winkelvariablen einzuführen, betrachten wir in der Nähe eines typischen Punktes $x_0 = (p_0, q_0) \in M_f$ die Darstellung von $M_f$ als Graph der Funktion $p = p(I, q)$ mit $I = \tilde{I}(f)$, siehe Abbildung 13.3.2. Diese wird natürlich nicht für **alle** $x_0 \in M_f$ möglich sein.

Wir setzen

$$\varphi_k(q) := \sum_{l=1}^{n} \int_{q_0}^{q} \frac{\partial p_l(I,q)}{\partial I_k} dq_l = \frac{\partial \tilde{S}}{\partial I_k} \tag{13.3.11}$$

mit der (für ein einfach zusammenhängendes Gebiet des Torus definierten) Funktion

$$\tilde{S}(I,q) := \int_{q_0}^{q} p(I,q) \cdot dq \,.$$

Es ist also $p = \frac{\partial \tilde{S}}{\partial q}$ und $\varphi = \frac{\partial \tilde{S}}{\partial I}$, sodass die Transformation $(p,q) \mapsto (I, \varphi)$ lokal kanonisch ist.

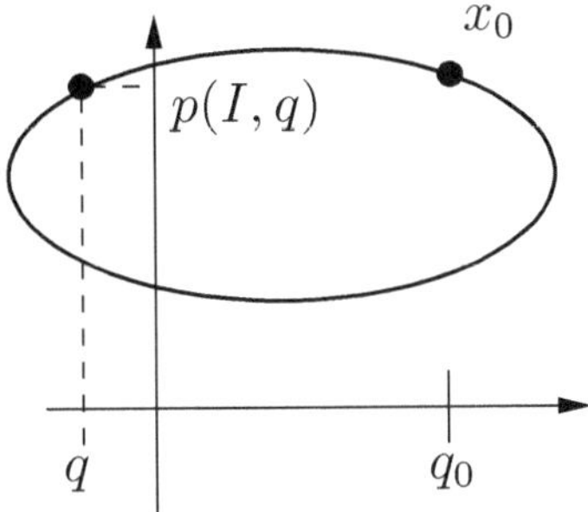


Abbildung 13.3.2: Lokale Darstellung von $M_f$ als Graph einer Funktion

Die lokalen Koordinaten $\varphi_k$ lassen sich nun tatsächlich als Winkel interpretieren, das heißt wir können $\exp(\imath\varphi_k)$ als Funktion $M_f \to S^1 \subset \mathbb{C}$ auffassen. Denn in einer Umgebung von $x_0 \in M_f$ stimmt

$$\exp\left(\imath\,\varphi_k(x)\right) = \exp\left(\imath \frac{\partial}{\partial I_k} \int_{x_0}^{x} \theta\restriction_{M_f}\right) \qquad (x \in M_f) \tag{13.3.12}$$

mit der Definition (13.3.11) überein, und wegen (13.3.10) ist modulo $2\pi\imath$ das Argument der Exponentialfunktion in (13.3.12) unabhängig von der Wahl des Weges $\gamma : I \to M_f$ zwischen $\gamma(0) = x_0$ und $\gamma(1) = x$.

**13.11 Beispiel (Planares Pendel)**
Die Hamilton–Funktion des ebenen Pendels ist (wie im Beispiel 8.11 der Perle am sich *nicht* drehenden Draht) nach Normalisierung von Pendellänge und Erdbeschleunigung gleich

$$H(p_\psi, \psi) = \tfrac{1}{2}p_\psi^2 - \cos(\psi)\,.$$

Dabei ist $\psi$ der Winkel gegen die untere Ruhelage. Wie man aus der Taylor–Entwicklung $-\cos(\psi) = -1 + \frac{1}{2}\psi^2 + \mathcal{O}(\psi^4)$ abliest, ist die an der unteren Ruhelage linearisierte Entwicklung die des harmonischen Oszillators mit Frequenz Eins.

Wie sich die Frequenz bei Vergrößerung der Gesamtenergie $h \geq -1$ verändert, ergibt die Formel für die Zeitableitung des Winkels: $\frac{\mathrm{d}\psi}{\mathrm{d}t} = p_\psi = \sqrt{2(h+\cos(\psi))}$. Also braucht das Pendel die Zeit

$$t_h(\psi) = \frac{1}{\sqrt{2}} \int_0^{\psi} \left(h + \cos(x)\right)^{-1/2} \mathrm{d}x\,, \tag{13.3.13}$$

um den Winkel $\psi$ zu erreichen. Entsprechend dem Wert $h = 1$ der potentiellen Energie an der oberen Ruhelage $(p_\psi, \psi) = (0, \pi)$ sind drei Fälle zu unterscheiden:

- $\boldsymbol{h = 1}$: Die Energiefläche $H^{-1}(h)$ besteht aus der instabilen oberen Ruhelage und zwei weiteren Orbits, die *homoklin* genannt werden, da sie diesen

Sattelpunkt mit sich selbst verbinden. Man nennt $H^{-1}(h)$ manchmal auch *Separatrix*, da sie Phasenraumgebiete mit qualitativ unterschiedlichem Verhalten berandet.

Auf den homoklinen Orbits ist der Zeitparameter $\pm 1$ mal

$$t_1(\psi) = \tfrac{1}{2}\int_0^{\psi} \big(\cos(x/2)\big)^{-1}\,\mathrm{d}x = \int_0^{z} (1-y^2)^{-1}\,\mathrm{d}y\,,$$

mit Substitution $z = \sin(\psi/2)$. Damit ist $t_1(\psi) = \frac{1}{2}\log(\frac{1+z}{1-z})$, das heißt die Annäherung an die instabile obere Ruhelage $\psi = \pm\pi$ geschieht in mit der Winkeldifferenz logarithmisch divergierender Zeit.

- $\boldsymbol{h \in (-1,1)}$: Hier besteht die Energiefläche aus einem Orbit. Die Gesamtenergie reicht nicht aus, um die obere Ruhelage zu erreichen, und der Maximalwinkel ist betragsmäßig gleich $\psi_h := \arccos(-h)$. Eingesetzt in (13.3.13) ist $t_h(\psi)$ gleich

$$\frac{1}{\sqrt{2}}\int_0^{\psi} \big(\cos(x)-\cos(\psi_h)\big)^{-1/2}\,\mathrm{d}x = \tfrac{1}{2}\int_0^{\psi} \big(\sin^2(\psi_h/2)-\sin^2(x/2)\big)^{-1/2}\,\mathrm{d}x\,.$$

Nachschauen in der Integraltabelle oder Eingeben in ein Computeralgebrasystem ergibt, nach dem Winkel aufgelöst,

$$\sin(\psi/2) = \sin(\psi_h/2)\ \mathrm{sn}\big(t\,;\,\sin(\psi_h/2)\big)\,,$$

wobei $\mathrm{sn}$ eine jacobische elliptische Funktion (den *sinus amplitudinis*) bezeichnet. Die Periode des Pendels ist damit $T(h) := 4K(\sin(\psi_h/2))$, wobei das *vollständige elliptische Integral erster Art*

$$K(k) := \int_0^{\pi/2} \big(1-k^2\sin(\varphi)^2\big)^{-1/2}\,\mathrm{d}\varphi$$

ist. Man sieht diesem an, dass bei Vergrößerung der Energie die Periode monoton von $2\pi$ nach Unendlich anwächst.

Der Winkel $\varphi$ (im Sinn von Winkel-Wirkungsvariablen auf dem invarianten Torus) ist proportional zur Zeit $t$, mit Proportionalitätskonstante $2\pi/T(h)$.

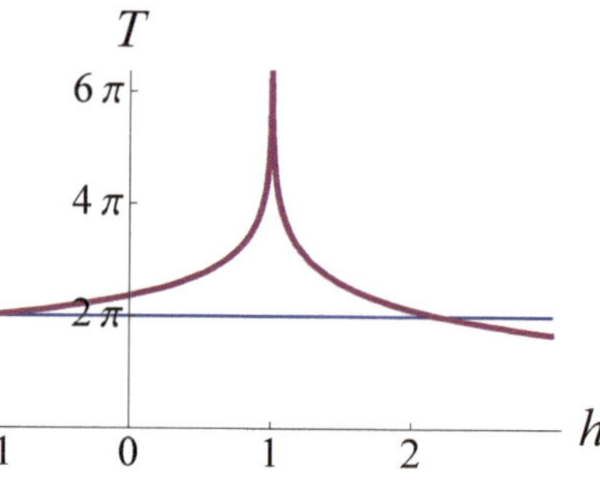

Periode des planaren Pendels

- $\boldsymbol{h \in (1,\infty)}$: Hier reicht die Energie aus, um in konstanter Richtung zu rotieren, und entsprechend besitzt die Energiefläche zwei Zusammenhangskomponenten. Es ergibt sich analog

$$\sin(\psi/2) = \mathrm{sn}\big(\sqrt{(1+h)/2}\ t\,;\,\sqrt{2/(1+h)}\big)\,,$$

und die Periode $T(h) = 2\sqrt{2/(1+h)}\ K\big(\sqrt{2/(1+h)}\big)$ fällt wieder monoton in $h$. Die Winkelvariable $\varphi$ wird wie eben definiert. ◇

**13.12 Aufgabe (Wirkung des planaren Pendels)** Bestimmen Sie die Wirkung $I$ als Funktion der Energie $h$ durch Flächenberechnung des Gebiets $\{(p_\psi, \psi) \in \mathbb{R} \times S^1 \mid H(p_\psi, \psi) \le h\}$, in Termen vollständiger elliptischer Integrale. ◇

## 13.4 Die Impulsabbildung

Unter günstigen Umständen kann man bei Vorhandensein von Symmetrien der Hamilton–Funktion aus diesen Konstanten der Bewegung berechnen, im Idealfall sogar die Bewegungsgleichungen lösen.

Klassisch wird ein solcher Zusammenhang zwischen Symmetrien und Erhaltungsgrößen durch das *Noether-Theorem* hergestellt. Heute bedient man sich oft der ebenfalls in diesem Kapitel vorgestellten *Impulsabbildung*.

### Am Beispiel der Bewegung im zentralsymmetrischen Potential

Der in Definition 13.2 dargestellte Integrabilitätsbegriff ist aber dafür oft noch zu eng. Dies sehen wir am Beispiel 13.1 der planaren Bewegung im zentralsymmetrischen Potential.

- Zum Einen wurde dort die mit der Hamilton–Funktion $H$ Poisson-kommutierende Drehimpulsfunktion $L$ aus dem Hut gezaubert. Wichtig ist hier zu erfahren, wie man dergleichen Phasenraumfunktionen bei Kenntnis der Symmetrie von $H$ *berechnen* kann.
- Zum Anderen wurde schon vorausgesetzt, dass sich das Teilchen in einer Ebene des Konfigurationsraumes $\mathbb{R}^3_q$ bewegt, obwohl man dies *beweisen* kann. Dazu muss man aber auch untereinander nicht kommutierende Konstanten der Bewegung zulassen.

Wir setzen an der letzten Feststellung an, betrachten also die Bewegung eines Massenpunktes mit Masse $m$ im $\mathbb{R}^3_q$ unter dem Einfluss einer *Zentralkraft* mit Potential $V : \mathbb{R}^3_q \to \mathbb{R}$, (das heißt $V(O\,q) = V(q)$ für $O \in \mathrm{O}(3)$) und Hamilton–Funktion auf dem Phasenraum $P := \mathbb{R}^3_p \times \mathbb{R}^3_q$,

$$H : P \to \mathbb{R} \quad , \quad H(p,q) := \frac{\|p\|^2}{2m} + V(q)\,.$$

Die Komponenten des sogenannten Drehimpulsvektors sind Phasenraumfunktionen:

$$L = \begin{pmatrix} L_1 \\ L_2 \\ L_3 \end{pmatrix} : P \to \mathbb{R}^3 \quad , \quad L(p,q) = q \times p = \begin{pmatrix} q_1 \\ q_2 \\ q_3 \end{pmatrix} \times \begin{pmatrix} p_1 \\ p_2 \\ p_3 \end{pmatrix} = \begin{pmatrix} q_2p_3 - q_3p_2 \\ q_3p_1 - q_1p_3 \\ q_1p_2 - q_2p_1 \end{pmatrix}. \tag{13.4.1}$$

Es ist

$$\{L_1, L_2\} = \sum_{i=1}^{3} \left( -\frac{\partial L_1}{\partial p_i}\frac{\partial L_2}{\partial q_i} + \frac{\partial L_2}{\partial p_i}\frac{\partial L_1}{\partial q_i} \right) = -q_2p_1 + (-p_2)(-q_1) = L_3\,,$$

$$\{L_2, L_3\} = L_1 \quad \text{und} \quad \{L_3, L_1\} = L_2 .$$

Andererseits gibt es wegen der Radialsymmetrie von $V : \mathbb{R}^3 \to \mathbb{R}$ ein $W : [0, \infty) \to \mathbb{R}$ mit $V(q) \equiv W(\|q\|)$. Daraus folgt

$$\{L_1, H\} = \frac{1}{2m}\{L_1, p_1^2 + p_2^2 + p_3^2\} + \{L_1, W(\|q\|)\}$$
$$= \frac{1}{2m}\left(\sum_{i=1}^{3} \frac{\partial(q_2p_3 - q_3p_2)}{\partial q_i}\frac{\partial(p_1^2 + p_2^2 + p_3^2)}{\partial p_i} - \frac{\partial(q_2p_3 - q_3p_2)}{\partial p_i}\frac{\partial\|q\|}{\partial q_i}\mathrm{D}W(\|q\|)\right)$$

$= 0$. Analog ist auch $\{L_2, H\} = \{L_3, H\} = 0$.

Wir können durch eine Drehung $(p, q) \mapsto (Op, Oq)$ mit Matrix $O \in \mathrm{SO}(3)$ immer erreichen, dass $L_1(p, q) = L_2(p, q) = 0$ ist. $p$ und $q$ müssen dann in der $1-2$–Ebene liegen, und wir können zum neuen Phasenraum $\mathbb{R}_p^2 \times \mathbb{R}_q^2 \subset \mathbb{R}_p^3 \times \mathbb{R}_q^3$ und der darauf restringierten Hamilton–Funktion

$$H\restriction_{\mathbb{R}_p^2 \times \mathbb{R}_q^2} : \mathbb{R}_p^2 \times \mathbb{R}_q^2 \to \mathbb{R} \quad , \quad (p, q) \mapsto \frac{p_1^2 + p_2^2}{2m} + W\left(\sqrt{q_1^2 + q_2^2}\right)$$

übergehen. Die umbenannte dritte Drehimpulskomponente

$$L : \mathbb{R}_p^2 \times \mathbb{R}_q^2 \to \mathbb{R} \quad , \quad L(p, q) = q_1p_2 - q_2p_1$$

bleibt dabei Konstante der Bewegung. In diesem Beispiel haben wir mit den Drehimpulskomponenten sogar drei Konstanten der durch $H$ definierten Bewegung und sie bilden zusammen mit $H$ ein System von vier unabhängigen Funktionen. Aber die Drehimpulskomponenten sind untereinander nicht in Involution, die Integrationsmethode des letzten Kapitels ist also nicht anwendbar. Welcher *Systematik* folgt also die eben benutzte Reduktion auf die $1-2$–Ebene?

### Symplektische Gruppenwirkungen

Beginnen wir damit, den Begriff der Symmetrie genauer zu fassen.

Zunächst nehmen wir an, dass eine Symmetriegruppe $G$ auf der symplektischen Mannigfaltigkeit $(P, \omega)$ wirkt, die die Hamilton–Funktion $H : P \to \mathbb{R}$ invariant lässt. Es soll also für die glatte Gruppenwirkung einer Lie–Gruppe $G$ mit Lie–Algebra $\mathfrak{g}$ (siehe Anhang E)

$$\Phi : G \times P \to P \quad \text{und} \quad \Phi_g(p) := \Phi(g, p) \tag{13.4.2}$$

gelten:

$$H \circ \Phi_g = H \qquad (g \in G). \tag{13.4.3}$$

Nur solche Gruppenwirkungen sind nützlich, die mit der symplektischen Struktur des Phasenraums verträglich sind. Was Verträglichkeit aber genau heißt, ist noch nicht klar. Es bieten sich drei Alternativen an:

**13.13 Definition**

- *Die Gruppenwirkung (13.4.2) heißt* **symplektisch**, *wenn die Diffeomorphismen $\Phi_g : P \to P$ Symplektomorphismen sind, d.h. gilt:*

$$\Phi_g^* \omega = \omega \qquad (g \in G).$$

- *Eine symplektische Gruppenwirkung heißt* **schwach hamiltonsch**, *wenn die Vektorfelder $X_\xi : P \to TP \quad (\xi \in \mathfrak{g})$ hamiltonsch sind (d.h die Eins–Form $\mathbf{i}_{X_\xi}\omega$ ist exakt).*

- *Sie heißt* **hamiltonsch**, *wenn eine lineare Abbildung*

$$F : \mathfrak{g} \to C^\infty(P) \tag{13.4.4}$$

*existiert, die ein Homomorphismus der Lie–Algebren $\mathfrak{g}$ und $(C^\infty(P), \{\cdot,\cdot\})$ (also des $\mathbb{R}$–Vektorraum der Phasenraumfunktionen mit Poisson–Klammer (10.2.1)) ist, und für die gilt:*[6]

$$X_\xi = X_{F(\xi)} \qquad (\xi \in \mathfrak{g}). \tag{13.4.5}$$

Unsere Ziele sind, soweit möglich

1. ein einfaches Kriterium zu finden, wann eine symplektische Gruppenwirkung hamiltonsch ist, und dann eine (13.4.4) erfüllende Funktion $F$ zu berechnen,
2. zu zeigen, dass diese für eine Symmetrie (13.4.3) von $H$ Konstante der Bewegung der Hamilton–Funktion $H$ ist (d.h. $dF(\xi)(X_H) = 0 \quad (\xi \in \mathfrak{g})$),
3. und mit ihrer Hilfe die Dimension des Phasenraums $P$ zu reduzieren.

Für eine Gruppenwirkung $\Phi$ gelten die Implikationen

$$\Phi \text{ hamiltonsch} \quad \Longrightarrow \quad \Phi \text{ schwach hamiltonsch} \quad \Longrightarrow \quad \Phi \text{ symplektisch.}$$

Umkehren können wir die Pfeile aber nicht:[7]

**13.14 Beispiele (Symplektische Gruppenwirkungen)**

1. **(symplektisch, aber nicht schwach hamiltonsch)** Wir wissen schon aus Beispiel 10.10, dass auf dem Zwei-Torus $P := \mathbb{T}^2$ mit der Volumenform $\omega$ als symplektischer Form die konstanten Vektorfelder lokal hamiltonsch sind. Hier ist die $\mathbb{R}$–Gruppenwirkung die bedingt-periodische Bewegung in Richtung des Vektorfeldes, und diese ist symplektisch.

   Unter ihnen ist aber nur das Null-Vektorfeld hamiltonsch, denn nur dann ist die Kohomologieklasse $[\mathbf{i}_v\omega] \in H^1(\mathbb{T}^2) \cong \mathbb{R}^2$ gleich Null, siehe Beispiel B.54.

---

[6] Dabei ist das Vektorfeld $X_\xi$ der in Definition E.32 eingeführte infinitesimale Erzeuger von $\xi$, während $X_{F(\xi)}$ das hamiltonsche Vektorfeld der Funktion $F(\xi) : P \to \mathbb{R}$ ist.

[7] Es gibt dafür Obstruktionen, die in der Kohomologiegruppe $H^1(P, \mathbb{R})$ beziehungsweise der sogenannten Lie–Algebren-Kohomologie $H^2(\mathfrak{g}, \mathbb{R})$ liegen, siehe McDuff und Salamon [MS].

2. **(schwach hamiltonsch, aber nicht hamiltonsch)** Auf dem Phasenraum $P := \mathbb{R}^2_x$ mit kanonischer symplektischer Form $\omega_0 = dx_1 \wedge dx_2$ ist die Gruppenwirkung der Gruppe $G := \mathbb{R}^2$, gegeben durch die Translationen $\Phi_g(x) := x + g \quad (x \in P,\ g \in G)$, schwach hamiltonsch, mit Hamilton–Funktion
$$F : \mathfrak{g} \to C^\infty(P) \quad , \quad F(\xi)(x) := \langle x, \mathbb{J}\xi\rangle = x_2\xi_1 - x_1\xi_2 \quad (\xi \in \mathfrak{g} = \mathbb{R}^2, x \in P)$$
für die Matrix $\mathbb{J} = \left(\begin{smallmatrix} 0 & -1 \\ 1 & 0 \end{smallmatrix}\right)$. Aber die Poisson–Klammer
$$\{F(\xi), F(\eta)\} = \frac{\partial F(\xi)}{\partial x_1}\frac{\partial F(\eta)}{\partial x_2} - \frac{\partial F(\xi)}{\partial x_2}\frac{\partial F(\eta)}{\partial x_1} = \langle \eta, \mathbb{J}\xi\rangle$$
ist für linear unabhängige $\xi, \eta$ ungleich Null.
Die lineare Abbildung $F : \mathfrak{g} \to C^\infty(P)$ ist wegen der Kommutativität der Lie–Algebra $\mathfrak{g}$ (also $[\xi, \eta] = 0$) kein Homomorphismus von Lie–Algebren.

   Zwar können wir zu den Hamilton–Funktionen $F(\xi)$ noch Konstanten hinzuaddieren ohne die Vektorfelder $X_{F(\xi)}$ zu ändern, aber das ändert auch nichts an den Poisson–Klammern.

3. **(hamiltonsch)** Die $\mathbb{R}^k$–Gruppenwirkung, die von $k$ Poisson-kommutierenden Funktionen $F_1, \ldots, F_k \in C^\infty(P, \mathbb{R})$ auf einer symplektischen Mannigfaltigkeit $(P, \omega)$ erzeugt wird, ist hamiltonsch (Voraussetzung ist natürlich die Existenz der von den $F_i$ erzeugten Flüsse). Man setzt $F : \mathbb{R}^k \to \mathbb{R}$, $F(\xi) := \sum_{i=1}^k \xi_i F_i$. Insbesondere erzeugt ein integrables System (Definition 13.2) eine hamiltonsche Gruppenwirkung. ◇

Wir werden im Folgenden nur hamiltonsche Gruppenwirkungen betrachten.

Wenn wir annehmen, dass der Phasenraum $P$ zusammenhängend ist, dann unterscheiden sich zwei Abbildungen $F^{(1)}, F^{(2)} : \mathfrak{g} \to C^\infty(P)$ in (13.4.4), die die gleichen Vektorfelder erzeugen, nur durch eine lineare Abbildung $F^{(1)} - F^{(2)} : \mathfrak{g} \to \mathbb{R}$, also ein Element der dualen Lie–Algebra $\mathfrak{g}^*$.

### Impulsabbildungen für geliftete Konfigurationsraum–Symmetrien

**13.15 Beispiel (Drehgruppe)**
$G := \mathrm{SO}(3)$ wirkt auf dem Phasenraum $P := T^*\mathbb{R}^3 \cong \mathbb{R}^3_p \times \mathbb{R}^3_q$ durch
$$\Phi_g(p, q) := \big(g(p), g(q)\big) \qquad \big(g \in \mathrm{SO}(3),\ (p, q) \in P\big), \tag{13.4.6}$$
und wir werden gleich sehen, dass das eine hamiltonsche Wirkung ist. Zunächst berechnen wir eine durch die Lie–Algebra $\mathfrak{g} = \mathfrak{so}(3)$ von $G$ parametrisierte Hamilton–Funktion $F : \mathfrak{g} \to C^\infty(P)$. $\mathfrak{so}(3)$ ist der dreidimensionale reelle Vektorraum der antisymmetrischen $3 \times 3$-Matrizen $\xi \in \mathfrak{so}(3)$ und wirkt durch die Vektorfelder
$$X_\xi : P \to TP \quad , \quad X_\xi(p, q) = (\xi\, p, \xi\, q) \qquad \big(\xi \in \mathfrak{so}(3)\big).$$

Diese sind hamiltonsche Vektorfelder für die Hamilton–Funktionen

$$F(\xi): P \to \mathbb{R} \quad , \quad F(\xi)(p,q) = \langle p, \xi\, q\rangle \qquad (\xi \in \mathfrak{so}(3)). \tag{13.4.7}$$

Der schon im Zusammenhang (6.3.15) der Magnetfelder nützliche Isomorphismus

$$i: \mathbb{R}^3 \to \mathfrak{so}(3) \quad , \quad \begin{pmatrix} a_1 \\ a_2 \\ a_3 \end{pmatrix} \mapsto \begin{pmatrix} 0 & -a_3 & a_2 \\ a_3 & 0 & -a_1 \\ -a_2 & a_1 & 0 \end{pmatrix} \tag{13.4.8}$$

mit der Eigenschaft $i(a)b = a \times b \quad (a, b \in \mathbb{R}^3)$ führt zu

$$F \circ i(a) = \langle a, L\rangle \tag{13.4.9}$$

mit dem Drehimpulsvektor $L = \begin{pmatrix} L_1 \\ L_2 \\ L_3 \end{pmatrix} : P \to \mathbb{R}^3$ aus dem Beispiel auf Seite 331.

Insbesondere ist also für $a \in S^2$ die Funktion $F \circ i(a)$ der Drehimpuls in Richtung $a$, und diese Hamilton–Funktion erzeugt eine Rechtsdrehung mit der Periode $2\pi$ um die in Richtung von $a$ orientierte Achse $\mathrm{span}(a)$. ◇

Im Beispiel kam die Gruppenwirkung $\Phi$ auf dem Phasenraum $T^*M$ von einer Gruppenwirkung auf dem Konfigurationsraum $M$. $\Phi_g$ war dabei der Kotangentiallift $T_g^* : T^*M \to T^*M$ eines Diffeomorphismus $g^{-1} : M \to M$ (siehe Definition 10.32). Solche Fälle kommen öfter vor, führen zu hamiltonschen $\Phi$ und erlauben eine einfache Berechnung von $F$ (und damit eine Teilantwort auf die erste Frage auf Seite 333):

### 13.16 Satz (Kotangentiallift)

1. *Für eine Gruppenwirkung $\Psi : G \times M \to M$ ist der sogenannte* **Linkslift**

$$\Psi^L : G \times P \to P \quad , \quad \Psi_g^L = T^*\Psi_{g^{-1}}$$

*auf $P := T^*M$ auch eine Gruppenwirkung.*[8]

2. *Diese ist eine symplektische Gruppenwirkung und lässt sogar die tautologische Form $\theta_0$ auf $P$ (siehe Definition 10.7) invariant.*

3. *Lässt eine symplektische Gruppenwirkung $\Phi : G \times P \to P$ auf $P$ die tautologische Form $\theta_0$ auf $P = T^*M$ invariant, dann ist sie hamiltonsch, und (13.4.4) besitzt die Form*

$$F : \mathfrak{g} \to C^\infty(P) \quad , \quad F(\xi) := \mathbf{i}_{X_\xi}\theta_0 \,.$$

**Beweis:** Wir benutzen die Beziehung $\omega_0 = -d\theta_0$.

- $\Psi_g^L$ bildet den Kotangentialraum $T_q^*M$ auf $T_{\Psi_g(q)}^*M$ ab, und Aussage 1. folgt aus (10.3.2): $\Psi_{g\circ h}^L = T^*\Psi_{(g\circ h)^{-1}}$ ist gleich

$$T^*\Psi_{h^{-1}\circ g^{-1}} = T^*(\Psi_{h^{-1}} \circ \Psi_{g^{-1}}) = T^*(\Psi_{g^{-1}}) \circ T^*(\Psi_{h^{-1}}) = \Psi_g^L \circ \Psi_h^L \,.$$

[8]Genauer gesagt, eine Linkswirkung. Bei Benutzung von $\Psi_g$ statt $\Psi_{g^{-1}}$ erhält man eine Rechtswirkung.

- Nach Satz 10.35 ist der Kotangentiallift exakt symplektisch. Also gilt Aussage 2.
- Für alle $\xi \in \mathfrak{g}$ ist $F(\xi)$ Hamilton–Funktion von $X_\xi$, denn die Invarianz impliziert $L_{X_\xi}\theta_0 = 0$, also
$$dF(\xi) = d\mathbf{i}_{X_\xi}\theta_0 = L_{X_\xi}\theta_0 - \mathbf{i}_{X_\xi}d\theta_0 = 0 + \mathbf{i}_{X_\xi}\omega\,.$$
- Um die Poisson–Klammer von $F(\xi)$ und $F(\eta)$ für $\xi, \eta \in \mathfrak{g}$ zu berechnen, schreiben wir
$$\begin{aligned}\{F(\xi), F(\eta)\} &= L_{X_\xi}F(\eta) = L_{X_\xi}\mathbf{i}_{X_\eta}\theta_0\\ &= (L_{X_\xi}\mathbf{i}_{X_\eta} - \mathbf{i}_{X_\eta}L_{X_\xi})\theta_0 = \mathbf{i}_{[X_\xi, X_\eta]}\theta_0 = \mathbf{i}_{X_{[\xi,\eta]}}\theta_0 = F([\xi,\eta]).\end{aligned}$$
Dabei wurde in der vierten Identität Lemma 10.24 benutzt. Also ist $\xi \mapsto F(\xi)$ ein Homomorphismus der Lie–Algebren. □

**13.17 Beispiel (Drehgruppe)**
Die Gruppenwirkungen $\Phi_g$ aus Beispiel 13.15 sind Kotangentiallifte der *Rück*drehungen $g^{-1} : \mathbb{R}^3 \to \mathbb{R}^3$, mit $g \in \mathrm{SO}(3)$. Denn es gilt $\left(g^{-1}\right)^\top = g$.

Ebenso ist die durch (13.4.7) definierte Abbildung $F : \mathfrak{so}(3) \to C^\infty(P)$ so definiert, wie in Satz 13.16 gefordert. ◇

Immer, wenn eine Lie–Gruppe $G$ durch Diffeomorphismen auf einer Mannigfaltigkeit $M$ wirkt, erhalten wir also eine hamiltonsche Gruppenwirkung $\Phi$ auf dem Kotangentialbündel $T^*M$.

Die üblichere Formulierung der hamiltonschen Symmetrien ist zu der angegebenen dual und benutzt entsprechend das Dual $\mathfrak{g}^*$ der Lie–Algebra $\mathfrak{g}$:

**13.18 Definition**

- *Eine Abbildung $J : P \to \mathfrak{g}^*$ heißt* **Impulsabbildung** *für die symplektische Gruppenwirkung $\Phi$, wenn die durch sie induzierte lineare Abbildung*
$$\hat{J} : \mathfrak{g} \to C^\infty(P) \quad , \quad \big(\hat{J}(\xi)\big)(x) := J(x)(\xi) \qquad (\xi \in \mathfrak{g},\, x \in P)$$
*das Analog von (13.4.5) erfüllt, das heißt $X_\xi = X_{\hat{J}(\xi)}$.*
- *Es seien $G$ eine Gruppe und $M$, $N$ Mengen mit den Gruppenwirkungen $\Phi : G \times M \to M$ und $\Psi : G \times N \to N$. Eine Abbildung $f : M \to N$ heißt $G$–***äquivariant***, wenn gilt: $\Psi_g \circ f = f \circ \Phi_g \quad (g \in G)$, das nebenstehende Diagramm also kommutiert.*

$$\begin{array}{ccc} M & \xrightarrow{\Phi_g} & M \\ {\scriptstyle f}\downarrow & & \downarrow{\scriptstyle f} \\ N & \xrightarrow{\Psi_g} & N \end{array}$$

Äquivariant bedeutet: in gleicher Weise variierend.
Angewandt auf die Impulsabbildung wirkt auf dem Phasenraum $P$ die Gruppenwirkung $\Phi$ der Lie–Gruppe $G$, während $G$ auf der dualen Lie–Algebra $\mathfrak{g}^*$ durch die in (E.4.2) definierte koadjungierte Darstellung wirkt.
Im Fall einer dann $\mathrm{Ad}^*$–*äquivariant* genannten Impulsabbildung kommutiert also das rechtsstehende Diagramm.

$$\begin{array}{ccc} P & \xrightarrow{\Phi_g} & P \\ {\scriptstyle J}\downarrow & & \downarrow{\scriptstyle J} \\ \mathfrak{g}^* & \xrightarrow{\mathrm{Ad}^*_{g^{-1}}} & \mathfrak{g}^* \end{array}$$

**13.19 Beispiel (Drehgruppe)**
Der Drehimpuls $L : P \to \mathbb{R}^3$ in (13.4.1) ist eine Impulsabbildung und damit eigentlich eine Abbildung mit Werten in $\mathfrak{so}(3)^*$. Entsprechend ist das $\mathbb{R}^3$–Skalarprodukt in (13.4.9) eigentlich die Paarung von $\mathfrak{so}(3)$ und $\mathfrak{so}(3)^*$.

Da für alle Drehmatrizen[9] $O \in \mathrm{SO}(3)$ und $a, b \in \mathbb{R}^3$ gilt: $(O\,a) \times (O\,b) = O\,(a \times b)$, folgt die $\mathrm{Ad}^*$–Äquivarianz. ◇

Von den zwei äquivalenten Bedingungen im folgenden Lemma ist die zweite lokaler Natur (denn sie betrifft nur die Lie–Algebra $\mathfrak{g}$), die erste global (denn sie betrifft die Lie–Gruppe $G$). Um von der lokalen zur globalen Eigenschaft zu kommen, muss die Lie–Gruppe zusammenhängend sein.

**13.20 Lemma** *Eine symplektische Gruppenwirkung $\Phi : G \times P \to P$ einer zusammenhängenden Lie–Gruppe $G$ ist genau dann hamiltonsch, wenn es eine $\mathrm{Ad}^*$–äquivariante Impulsabbildung $J : P \to \mathfrak{g}^*$ für $\Phi$ gibt.*

**Beweis:**
• Es sei $J : P \to \mathfrak{g}^*$ für $\Phi$ eine $\mathrm{Ad}^*$–äquivariante Impulsabbildung. Zu zeigen ist, dass $\hat{J}$ aus Definition 13.18 hamiltonsch ist.

Die erste Bedingung $X_\xi = X_{\hat{J}(\xi)}$ wird nach Definition erfüllt. Zu zeigen ist also noch, dass die Poisson–Klammer die Gleichung

$$\{\hat{J}(\xi), \hat{J}(\eta)\} = \hat{J}([\xi, \eta]) \qquad (\xi, \eta \in \mathfrak{g})$$

erfüllt. Dafür benutzen wir die Beziehung

$$\{\hat{J}(\xi), \hat{J}(\eta)\} = -L_{X_{\hat{J}(\xi)}} \hat{J}(\eta) = -L_{X_\xi} \hat{J}(\eta)$$

zwischen Poisson–Klammer und Lie–Ableitung (Satz 10.16). Nach Satz B.34 ist für alle $x \in P$

$$\begin{aligned}
(L_{X_\xi} \hat{J}(\eta))(x) &= \frac{\mathrm{d}}{\mathrm{d}t} \hat{J}(\eta)\big(\Phi(\exp(t\xi), x)\big)\Big|_{t=0} = \left\langle \frac{\mathrm{d}}{\mathrm{d}t} J\big(\Phi(\exp(t\xi), x)\big)\Big|_{t=0}, \eta \right\rangle \\
&= \left\langle \frac{\mathrm{d}}{\mathrm{d}t} \mathrm{Ad}^*_{\exp(-t\xi)}\Big|_{t=0} J(x), \eta \right\rangle = \left\langle J(x), \frac{\mathrm{d}}{\mathrm{d}t} \mathrm{Ad}_{\exp(-t\xi)}\Big|_{t=0} \eta \right\rangle \\
&= \big\langle J(x), [-\xi, \eta] \big\rangle = -\hat{J}\big([\xi, \eta]\big)(x)\,,
\end{aligned}$$

wobei wir die $\mathrm{Ad}^*$–Äquivarianz von $J$ und (E.4.3) benutzt haben.

• Sei umgekehrt $\Phi$ hamiltonsch für $F : \mathfrak{g} \to C^\infty(P)$. Wir behaupten, dass $J : P \to \mathfrak{g}^*$, $J(x)(\xi) := F(\xi)(x)$ eine $\mathrm{Ad}^*$–äquivariante Impulsabbildung ist. Dafür ist nur noch die $\mathrm{Ad}^*$–Äquivarianz zu zeigen, das heißt

$$J\big(\Phi_g(x)\big) = \mathrm{Ad}^*_{g^{-1}}\big(J(x)\big) \qquad (g \in G). \tag{13.4.10}$$

[9] Aber *nicht* für die orthogonalen Matrizen $O \in \mathrm{O}(3) \setminus \mathrm{SO}(3)$ von Drehspiegelungen!

Da dies für die Identität $g = e$ erfüllt ist, und $G$ zusammenhängend ist, genügt es zu zeigen, dass die Ableitungen beider Seiten von (13.4.10) nach $g$ einander gleich sind.

Wegen der definierenden Eigenschaft $\Phi_g \circ \Phi_h = \Phi_{gh}$ von Gruppenwirkungen genügt es, dies bei $g = e$ zu zeigen. Da das Bild $\exp(\mathfrak{g}) \subseteq G$ der Exponentialabbildung (E.2.1) eine Umgebung von $e \in G$ ist, ist dies äquivalent damit, für alle $\xi \in \mathfrak{g}$ zu zeigen, dass

$$\frac{\mathrm{d}}{\mathrm{d}t}\left[J\big(\Phi_{\exp(t\xi)}(x)\big) - \mathrm{Ad}^*_{\exp(-t\xi)}\big(J(x)\big)\right]\Big|_{t=0} = 0$$

ist. Das wiederum ist äquivalent zur Behauptung

$$L_{X_\xi} F(\eta) = -F\big([\xi, \eta]\big) \qquad (\eta \in \mathfrak{g}),$$

die aus $L_{X_\xi} F(\eta) = -\{F(\xi), F(\eta)\}$ und der Homomorphismus–Eigenschaft von $F$ folgt. □

Das zweite unserer auf Seite 333 formulierten Ziele ist nun einfach zu erreichen:

**13.21 Lemma** *Für eine hamiltonsche Gruppenwirkung $\Phi$ und $F$ aus (13.4.4) folgt aus der $\Phi$–Invarianz (13.4.3) einer Hamilton–Funktion $H : P \to \mathbb{R}$, dass $F$ Konstante der Bewegung von $H$ ist.*

**Beweis:** Zu zeigen ist für alle $\xi \in \mathfrak{g}$, dass $\{H, F(\xi)\} = 0$ ist. Dies folgt aber, mit (13.4.3), aus $\{H, F(\xi)\} = L_{X_{F(\xi)}} H = \frac{\mathrm{d}}{\mathrm{d}t} H \circ \Phi_{\exp(t\xi)}|_{t=0} = 0$. □

Damit haben wir den Satz von Emmy Noether [No] bewiesen, dem zufolge kontinuierliche Symmetrien Konstanten der Bewegung erzeugen:

**13.22 Satz (Noether)**
*Falls die Hamilton–Funktion $H : P \to \mathbb{R}$ auf dem symplektischen Phasenraum $(P, \omega)$ den Fluss $\Psi$ erzeugt und invariant unter einer hamiltonschen Gruppenwirkung $\Phi : G \times P \to P$ ist, dann existiert eine Impulsabbildung $J : P \to \mathfrak{g}^*$ von $\Phi$ mit*

$$J \circ \Psi_t = J \qquad (t \in \mathbb{R}).$$

# 13.5 * Reduktion des Phasenraums

*„The more I have learned about physics, the more convinced I am that physics provides, in a sense, the deepest applications of mathematics. The mathematical problems that have been solved, or techniques that have arisen out of physics in the past, have been the lifeblood of mathematics... The really deep questions are still in the physical sciences. For the health of mathematics at its research level, I think it is very important to maintain that link as much as possible."* Michael Atiyah, in: Mathematical Intelligencer, **6**, 9–19 (1984)

## Symplektische Reduktion

Zwar besagt der Satz von Noether, dass bei Vorhandensein kontinuierlicher Symmetrien Konstanten der Bewegung existieren, die (für einen regulären Wert $j \in \mathfrak{g}^*$ der Impulsabbildung) erlauben, die Bewegung auf der Untermannigfaltigkeit $M_j := J^{-1}(j)$ von $P$ zu betrachten.

Aber diese wird im Allgemeinen keine symplektische Mannigfaltigkeit mehr sein (etwa in Beispiel 13.15 ist der Drehimpuls die Impulsabbildung, und $M_j$ ist dreidimensional, kann also gar keine symplektische Form besitzen).

Tatsächlich kann man aber oft durch eine weitere Reduktion der Phasenraumdimension, die sogenannte *symplektische* oder *Marsden–Weinstein–Reduktion* [MW], wieder zu einem hamiltonschen System kommen. Auch dies haben wir für den Fall des zentralsymmetrischen Potentials schon gesehen (Beispiel 13.1).

Zwar geht dieser neue Phasenraum $P_j$ aus $M_j$ durch Quotientenbildung hervor, statt wieder eine Untermannigfaltigkeit zu sein; die Punkte in $P_j$ sind die Orbits der Wirkung einer Untergruppe $G_j$ von $G$. Trotzdem besitzt $P_j$ die Struktur einer Mannigfaltigkeit, und die Quotientenabbildung $M_j \to P_j$ ist ein Hauptfaserbündel (siehe Definition F.4).

Wir untersuchen jetzt diese Reduktionstechnik. Alle in diesem Kapitel vorkommenden Abbildungen sind glatt.

### 13.23 Satz (Marsden und Weinstein)

*Es sei für die $\mathrm{Ad}^*$–äquivariante Impulsabbildung $J : P \to \mathfrak{g}^*$ der symplektischen Gruppenwirkung $\Phi : G \times P \to P$ der Bildpunkt $j$ regulärer Wert von $J$ (also $M_j := J^{-1}(j)$ eine Untermannigfaltigkeit, mit Inklusion $i_j : M_j \to P$).*

*Die Isotropiegruppe $G_j := \{g \in G \mid \mathrm{Ad}^*_g(j) = j\}$ wirke frei und eigentlich auf $M_j$. Dann ist*

$$\pi_j : M_j \to P_j := M_j / G_j \tag{13.5.1}$$

*eine Submersion auf eine Mannigfaltigkeit $P_j$, und $P_j$ besitzt eine eindeutige symplektische Struktur $\omega_j$ mit der Eigenschaft*

$$\boxed{i_j^* \omega = \pi_j^* \omega_j \,.} \tag{13.5.2}$$

### 13.24 Bemerkungen (Verallgemeinerungen)

1. Dass die Isotropiegruppe $G_j$ frei und eigentlich auf $M_j$ wirkt, wird nur benutzt, um die Regularität von (13.5.1) sicherzustellen.

2. Interessant kann auch der Fall sein, dass $G_j$ lokal frei wirkt[10]. Dann ist $P_j$ zwar eventuell keine Mannigfaltigkeit, aber ein sogenanntes *Orbifold* (siehe Audin, Cannas da Silva und Lerman [ACL]). $G_j$ wirkt aber immer dann lokal frei, wenn $j$ regulärer Wert von $J$ ist. ◇

[10] **Definition**: Eine topologische Gruppenwirkung $\Phi : G \times M \to M$ ist *lokal frei*, wenn es eine Umgebung $U \subseteq G$ von $e$ gibt, für die aus $\Phi_g(x) = x$ für ein $x \in M$ und ein $g \in U$ schon folgt: $g = e$.

**Beweis von Satz 13.23:**
$M_j$ ist nach dem Satz vom regulären Wert (Satz A.46) eine Untermannigfaltigkeit von $P$.

- Auf dieser wirkt wegen der $\mathrm{Ad}^*$–Äquivarianz von $J$ die Isotropiegruppe $G_j$.
- Nach Satz E.36 ist $P_j$ eine Mannigfaltigkeit, und $\pi_j : M_j \to P_j$ ist eine surjektive Submersion.
- Daher unterscheiden sich die pull-backs voneinander verschiedener Differentialformen mittels $\pi_j^*$ ebenfalls voneinander. Es kann also höchstens eine symplektische Form $\omega_j$ auf $P_j$ geben, die (13.5.2) erfüllt.
- Da $\pi_j$ eine surjektive Submersion ist, können wir die Zwei–Form $\omega_j$ auf $P_j$ repräsentantenunabhängig durch
$$\omega_j\big(T_m\pi_j(v)\,,\,T_m\pi_j(w)\big) := \omega(v,w) \qquad (v,w \in T_mM_j)$$
definieren, wenn für alle Punkte $m' := \Phi_g(m) \in M_j$ des $G_j$–Orbits und alle Tangentialvektoren $v', w' \in T_{m'}M_j$ gilt:
$$\omega(v',w') = \omega(v,w),\text{ falls } T_{m'}\pi_j(v') = T_m\pi_j(v) \text{ und } T_{m'}\pi_j(w') = T_m\pi_j(w)\,.$$
- Ist $m' = \Phi_g(m)$, dann ist $\Phi_g^*\omega = \omega$, wir können also ohne Beschränkung der Allgemeinheit $m = m'$ annehmen.
- Dafür genügt es zu zeigen, dass für alle Tangentialvektoren $h \in \ker(T_m\pi_j)$ gilt:
$$\omega(h,k) = 0 \qquad (k \in T_mM_j). \tag{13.5.3}$$
Es gibt aber einen Vektor $\xi \in \mathfrak{g}$, für den der infinitesimale Erzeuger $X_\xi = \frac{\mathrm{d}}{\mathrm{d}t}\Phi_{\exp(t\xi)}|_{t=0}$ an der Stelle $m$ gleich $h$ ist ($X_\xi(m) = h$).
Nun ist $\mathbf{i}_{X_\xi}\omega = dJ(\xi)$ eine auf $M_j$ verschwindende Eins–Form, denn $J(\xi) : P \to \mathbb{R}$ ist auf $M_j = J^{-1}(j)$ konstant. Gleichung (13.5.3) ist damit bewiesen.
- Die eben definierte Zwei–Form $\omega_j$ auf $P_j$ ist geschlossen. Denn einerseits ist wegen (B.25) und (13.5.2)
$$\pi_j^* d\omega_j = d\pi_j^*\omega_j = di_j^*\omega = i_j^* d\omega = 0\,.$$
Andererseits folgt für jede Differentialform $\varphi$ auf $P_j$ aus $\pi_j^*\varphi = 0$ schon $\varphi = 0$, denn $\pi_j$ ist eine surjektive Submersion.
- $\omega_j$ ist auch nicht degeneriert, und damit eine symplektische Form auf $P_j$. Denn für $m \in M_j$, $v \in T_mP$ und $\xi \in \mathfrak{g}$ ist
$$\omega\big(X_\xi(m), v\big) = d\hat{J}(\xi)(v) = \langle T_mJ(v), \xi\rangle\,.$$
Dieser Ausdruck verschwindet genau dann für alle $\xi \in \mathfrak{g}$, wenn $T_mJ(v) = 0$ ist, also $v$ im Unterraum $T_mM_j$ von $T_mP$ liegt.
Anders gesagt ist das $\omega$–orthogonale Komplement von $T_mM_j$ gleich dem Unterraum $U := \{X_\xi(m) \mid \xi \in \mathfrak{g}\}$ von $T_mP$.

- Es genügt zu zeigen, dass für die Lie–Algebra $\mathrm{Lie}(G_j)$ der Isotropiegruppe $G_j$

$$U \cap T_m M_j = \{X_\xi(m) \mid \xi \in \mathrm{Lie}(G_j)\}$$

ist. Denn dies ist der Kern von $T_m \pi_j : T_m M_j \to T_{\pi_j(m)} P_j$. $X_\xi(m)$ liegt aber genau dann in $T_m M_j$, wenn $dJ(X_\xi)(m) = 0$ ist, also wegen der $\mathrm{Ad}^*$–Äquivarianz von $J$, wenn $j \in \mathfrak{g}^*$ Fixpunkt des ad–Operators $\mathrm{ad}_\xi^*$ (siehe (E.4.4)) ist. Dies ist genau dann der Fall, wenn $\xi \in \mathrm{Lie}(G_j)$. □

Wie sich bald in Beispielen zeigen wird, besitzt diese symplektische oder Marsden–Weinstein–Reduktion Anwendungen außerhalb des Gebietes der dynamischen Systeme. Insbesondere ist sie eine Methode, neue symplektische Mannigfaltigkeiten zu finden.

Wir schauen uns dennoch vorher den Fall an, bei dem die Wirkung $\Phi$ benutzt wird, um hamiltonsche Differentialgleichungen zu vereinfachen.

**13.25 Satz** *Unter den Voraussetzungen des Satzes 13.23 sei die Hamilton–Funktion $H : P \to \mathbb{R}$ invariant unter der Gruppenwirkung $\Phi$ und erzeuge einen Fluss $\Psi : \mathbb{R} \times P \to P$.*

1. *Die durch die Relation*
$$i_j^* H = \pi_j^* H_j \qquad (13.5.4)$$
*definierte Funktion $H_j : P_j \to \mathbb{R}$ erzeugt einen hamiltonschen Fluss $\Psi_j$ auf der symplektischen Mannigfaltigkeit $(P_j, \omega_j)$, der ein Faktor des auf $M_j$ restringierten Flusses $\Psi$ ist.*

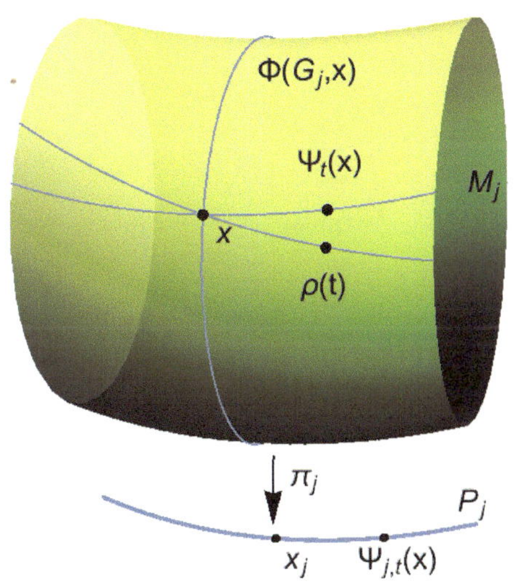


2. *Ist für den Anfangswert $x \in M_j$ und $x_j := \pi_j(x) \in P_j$ die Kurve $t \mapsto \rho(t) \in M_j$ ein Lift der Lösung $t \mapsto \Psi_{j,t}(x_j) \in P_j$ mit $\rho(0) = x$, dann kann die Lösung $t \mapsto \Psi_t(x) \in M_j$ in der Form $\Psi_t(x) = \Phi_{g(t)}\big(\rho(t)\big)$ dargestellt werden (siehe Abbildung).*

   *Dabei erfüllt die Kurve $t \mapsto g(t) \in G_j$ in der Isotropiegruppe (unter Verwendung der Linkswirkung $L_g$ aus (E.1.3)) das Anfangswertproblem*

$$g(0) = e \quad , \quad g'(t) = T_e L_{g(t)} \xi(t) \quad \textit{mit} \quad X_{\xi(t)}\big(\rho(t)\big) := X_H\big(\rho(t)\big) - \rho'(t)\,. \qquad (13.5.5)$$

**Beweis:**

1. • Zunächst ist die Hamilton–Funktion $H$ invariant unter der Symmetrie $\Phi$, die Gleichung (13.5.4) besitzt also überhaupt eine Lösung $H_j : P_j \to \mathbb{R}$. Diese

ist auch eindeutig, da $\pi_j$ eine surjektive Submersion ist.

• Der Fluss $\Psi$ lässt wegen des Satzes von Noether (Satz 13.22) auf die Untermannigfaltigkeit $M_j = J^{-1}(j)$ restringieren. Aus (13.5.2) und (13.5.4) folgt, dass das hamiltonsche Vektorfeld $X_H$ auf $M_j$ unter der linearisierten Bündelprojektion $T\pi_j$ auf das hamiltonsche Vektorfeld $X_{H_j}$ auf $P_j$ projiziert. Also gilt für die Flüsse die Faktoreigenschaft

$$\pi_j \circ \Psi_t(x) = \Psi_{j,t} \circ \pi_j(x) \qquad (x \in M_j,\ t \in \mathbb{R}).$$

2. • Zunächst einmal ist wieder die Lösbarkeit einer Gleichung zu überprüfen, diesmal

$$\xi(t) \in \mathrm{Lie}(G_j) \quad \text{mit} \quad X_{\xi(t)}\big(\rho(t)\big) = X_H\big(\rho(t)\big) - \rho'(t) \in T_{\rho(t)}M_j\,.$$

Dass so ein $\xi(t) \in \mathrm{Lie}(G_j)$ existiert, liegt daran, dass (wegen der Lift–Eigenschaft von $\rho$) der Vektor $X_H\big(\rho(t)\big) - \rho'(t) \in T_{\rho(t)}M_j$ im Kern der linearisierten Projektion $T_{\rho(t)}\pi_j : T_{\rho(t)}M_j \to T_{\psi_{j,t}(x)}P_j$ liegt.

Damit ist $\xi(t) \in \mathrm{Lie}(G_j)$ auch eindeutig bestimmt, denn die Isotropiegruppe $G_j$ wirkt nach Annahme frei auf $M_j$.

• Um (13.5.5) zu verifizieren, leiten wir als Nächstes die Gleichung $\Psi_t(x) = \Phi\big(g(t), \rho(t)\big)$ nach der Zeit ab. Ihre linke Seite ergibt $\frac{\mathrm{d}}{\mathrm{d}t}\Psi_t(x) = X_H\big(\Psi_t(x)\big)$, also

$$\Big(T_{\rho(t)}\Phi_{g(t)}\Big)^{-1} X_H\big(\Psi_t(x)\big) = X_H\big(\rho(t)\big)\,. \tag{13.5.6}$$

• Die Zeitableitung ihrer rechte Seite ist

$$\frac{\mathrm{d}}{\mathrm{d}t}\Phi\big(g(t), \rho(t)\big) = T_{\rho(t)}\Phi_{g(t)}\rho'(t) + T_{g(t)}\tilde{\Phi}_{\rho(t)}g'(t)\,, \tag{13.5.7}$$

mit $\tilde{\Phi}_x : G \to P$, $\tilde{\Phi}_x(g) := \Phi(g, x)$. Wir formen den zweiten Term in (13.5.7) wie folgt um. Aus der Definition von Gruppenwirkungen schließen wir die Beziehung

$$\tilde{\Phi}_x = \Phi_g \circ \tilde{\Phi}_x \circ L_{g^{-1}} \qquad (g \in G,\ x \in P).$$

Also ist

$$T_{g(t)}\tilde{\Phi}_{\rho(t)} = \big(T_{\rho(t)}\Phi_{g(t)}\big) \circ \big(T_e\tilde{\Phi}_{\rho(t)}\big) \circ \big(T_{g(t)}L_{g^{-1}(t)}\big)\,. \tag{13.5.8}$$

Eingesetzt in (13.5.8) erhält (13.5.7) mit $g'(t) = T_eL_{g(t)}\xi(t)$ und $T_e\tilde{\Phi}_{\rho(t)}\xi = X_\xi\big(\rho(t)\big) \quad (\xi \in \mathfrak{g})$ die Form

$$\Big(T_{\rho(t)}\Phi_{g(t)}\Big)^{-1}\frac{\mathrm{d}}{\mathrm{d}t}\Phi\big(g(t), \rho(t)\big) = \rho'(t) + X_{\xi(t)}\big(\rho(t)\big)\,. \tag{13.5.9}$$

(13.5.6) und (13.5.9) zeigen die $\xi(t)$ definierende Relation in (13.5.5). □

### Anwendungen der symplektischen Reduktion

*„manche meinen lechts und rinks kann man nicht velwechsern werch ein illtum!"* lichtung, von ERNST JANDL

Die Integration der Differentialgleichung auf $P$ ist mit Satz 13.25 zurückgeführt auf die Integration einer Differentialgleichung auf dem reduzierten Phasenraum $P_j$ und – nachfolgend – einer Differentialgleichung auf der Isotropiegruppe $G_j$.

**13.26 Beispiele (Reduktion)**

1. Als kompakte Lie–Gruppe wirkt der $k$–dimen-sionale Torus $G = \mathbb{T}^k$ immer eigentlich, und die Isotropiegruppe $G_j$ stimmt mit $G$ überein. Daher ist für reguläre Werte $j \in \mathfrak{g} \cong \mathbb{R}^k$ der Impulsabbildung

$$\dim(P_j) = \dim(P) - 2k\,.$$

   Im Extremfall eines integrablen Systems mit $k = n := \frac{1}{2}\dim(P)$ ist die Dimension des reduzierten Phasenraums $P_j$ gleich Null. Dabei sind die kompakten Zusammenhangskomponenten $\tilde{M}_j$ von $M_j$ selbst diffeomorph zum Torus $\mathbb{T}^n$. Die Aufgabe, das $\Phi$–invariante Vektorfeld $X_H\restriction_{\tilde{M}_j}$ auf den Fasern $\tilde{M}_j$ des Bündels $M_j \to P_j$ zu integrieren, wurde in Kapitel 13.2 gelöst.

   Allerdings muß festgestellt werden, dass zunächst einmal die Gruppe $\mathbb{R}^n$ auf $P$ wirkt. Die Identifizierung von deren Perioden (und damit der Toruswirkung) ist hier ein der Marsden-Weinstein-Reduktion vorgeschalteter Schritt.

2. Wir schauen uns zum letzten Mal das schon etwas strapazierte Beispiel der Wirkung (13.4.6) der Drehgruppe $\mathrm{SO}(3)$ auf dem Phasenraum $P := T^*\mathbb{R}^3$ an. Die Impulsabbildung (13.4.1) des Drehimpulses $L : P \to \mathfrak{so}(3)$ hat den einzigen singulären Wert $0 \in \mathfrak{so}(3)$. Für Werte $\ell \neq 0$ des Drehimpulses sind die Urbildmengen $M_\ell := L^{-1}(\ell)$ also Mannigfaltigkeiten. Diese sind dann mit dem zweidimensionalen Unterraum $\ell^\perp := \{q \in \mathbb{R}^3 \mid \langle q, \ell\rangle = 0\}$ von der Form

$$M_\ell = \left\{\left(\tfrac{\ell\times q}{\|q\|^2} + cq\,,\, q\right) \,\middle|\, c \in \mathbb{R},\ q \in \ell^\perp\backslash\{0\}\right\} \subset P \qquad (13.5.10)$$

   Dies überprüft man durch Einsetzen in die Definition $L(p,q) = q \times p$ des Drehimpulses.

   Durch die Parametrisierung mit $(c, q)$ ergibt sich der Diffeomorphismus

$$M_\ell \cong \mathbb{R} \times \left(\mathbb{R}^2\backslash\{0\}\right). \qquad (13.5.11)$$

   Die Isotropiegruppe $\mathrm{SO}(3)_\ell$ besteht aus den gelifteten Drehungen (13.4.6) um die Achse $\mathrm{span}(\ell)$. Da diese zu $\mathrm{SO}(2)$ isomorphe Drehgruppe kompakt ist, wirkt sie immer eigentlich. Sie wirkt auch frei, und zwar nur auf den zweiten Faktor in (13.5.11), in der Form $(\mathbb{R}^2\backslash\{0\})/\mathrm{SO}(2) \cong \mathbb{R}^+$. Letzteres sieht man bei Verwendung von Polarkoordinaten in $\mathbb{R}^2\backslash\{0\}$. Die Voraussetzungen von Satz 13.23 sind also erfüllt.

   Es ergibt sich der reduzierte Phasenraum $P_\ell = M_\ell/\mathrm{SO}(3)_\ell \cong \mathbb{R} \times \mathbb{R}^+$, der schon in Beispiel 13.1 zur Analyse der radialen Bewegung benutzt wurde.

3. Die Hamilton–Funktion $H : P \to \mathbb{R}$, $H(p,q) = \frac{1}{2}\|p\|^2$ erzeugt die *freie Bewegung* $\Phi_t(p,q) = (p, q+tp)$ auf $P := T^*\mathbb{R}^d$. Diese hamiltonsche Gruppenwirkung von $\mathbb{R}$ ist bei Restriktion auf eine Energiefläche $\Sigma_E = H^{-1}(E)$ für Energie $E > 0$ frei und eigentlich.

   Etwa für $E := \frac{1}{2}$ ist $\Sigma_E \cong S_p^{d-1} \times \mathbb{R}_q^d$, und der reduzierte Phasenraum ist diffeomorph zu
$$P_E := \Sigma_E/\mathbb{R} \cong T^*S^{d-1}, \tag{13.5.12}$$
   denn für jeden Punkt $(p,q) \in \Sigma_E$ gibt es genau eine Zeit $t \in \mathbb{R}$ mit $\langle p, q+tp\rangle = 0$.

   Dieses Kotangentialbündel $P_E$ (beziehungsweise das Tangentialbündel $TS^{d-1}$) haben wir schon im Kontext der Potentialstreuung benutzt, siehe (12.1.16). Nach Korollar 12.8 ist für hohe Energien $E$ die Wirkung des hamiltonschen Flusses mit Potential ebenfalls eigentlich und frei. Wir können zwar den reduzierten Phasenraum (13.5.12) nicht unbedingt wie im potentialfreien Fall parametrisieren, wohl aber durch die asymptotischen Streudaten. ◇

Eine mathematisch wichtige Beispielklasse wird durch die koadjungierte Wirkung einer Lie–Gruppe $G$ auf ihrer dualen Lie–Algebra $\mathfrak{g}^*$ gebildet, siehe (E.4.2).

**13.27 Beispiel (koadjungierte Wirkung)** Für die Lie–Gruppe $\mathrm{SO}(3)$ ist $\mathfrak{g} = \mathrm{Alt}(3,\mathbb{R})$. Wir identifizieren $\mathfrak{g}^*$ ebenfalls mit $\mathrm{Alt}(3,\mathbb{R})$, indem wir die Paarung von Lie–Algebra und dualer Lie–Algebra in der Form einer Spur schreiben:
$$\langle \xi^*, \eta\rangle = \mathrm{tr}(\xi^*\eta) \qquad \big(\xi^*, \eta \in \mathrm{Alt}(3,\mathbb{R})\big).$$
Damit folgt aus $\mathrm{Ad}_g(\eta) = g\eta g^{-1}$ die Form $\mathrm{Ad}^*_{g^{-1}}(\xi^*) = g\xi^* g^{-1}$ der koadjungierten Darstellung. Nach Aufgabe E.31 besitzt bei der Identifikation $i : \mathbb{R}^3 \to \mathfrak{so}(3)$ aus (13.4.8) die adjungierte Darstellung die Form $\mathrm{Ad}_g(\eta) = g\,\eta$, also dual
$$\mathrm{Ad}^*_{g^{-1}}(\xi^*) = g\,\xi^* \qquad \big(g \in \mathrm{SO}(3),\ \xi^* \in \mathbb{R}^3\big).$$
In diesem Sinn ist der $\mathrm{SO}(3)$–Orbit von $\xi^* \in \mathbb{R}^3 \setminus \{0\}$ gleich der Zwei-Sphäre
$$\{g\,\xi^* \mid g \in \mathrm{SO}(3)\} = \{x \in \mathbb{R}^3 \mid \|x\| = \|\xi^*\|\}$$
vom Radius $\|\xi^*\|$, und der Nullpunkt ist ebenfalls ein Orbit. ◇

In diesem Beispiel besitzen damit die Orbits mit den Flächenformen unter der koadjungierten Wirkung invariante symplektische Formen. Es ist aber noch nicht sichtbar, wie diese durch symplektische Reduktion zustandegekommen sein könnte. Es ist das Verdienst von Kirillov, Kostant und Souriau, diesen Zusammenhang ganz allgemein hergestellt zu haben.

**13.28 Satz** *Die Orbits der koadjungierten Wirkung einer Lie–Gruppe besitzen eine natürliche, unter dieser Wirkung invariante symplektische Form.*

**Beweis:** Die Beweisidee besteht darin, diese Orbits durch Marsden–Weinstein-Reduktion zu gewinnen.
• Wir beginnen mit der Feststellung, dass das Kotangentialbündel $P := T^*G$ der Lie–Gruppe $G$ wie jedes Kotangentialbündel eine symplektische Mannigfaltigkeit $(P, \omega_0)$ mit $\omega_0 = -d\theta_0$ und der tautologischen Form $\theta_0$ aus Definition 10.7 ist.
• Nach Satz 10.35 lässt sich also die Linkswirkung

$$L_g : G \to G \quad , \quad h \mapsto g \circ h \qquad (g \in G)$$

von $G$ liften zu einer symplektischen Wirkung

$$\Phi_g := T^* L_g : P \to P \qquad (g \in G).$$

Nach Satz 13.16 besitzt diese die Impulsabbildung

$$J : P \to \mathfrak{g}^* \quad , \quad J(\alpha_g)(\xi) = \alpha_g\big(X_\xi(g)\big) \qquad \big(\xi \in \mathfrak{g},\, g \in G\big), \qquad (13.5.13)$$

wobei $X_\xi : G \to TG$ der infinitesimale Erzeuger zu $\xi$, also das *rechts*invariante Vektorfeld mit $X_\xi(e) = \xi$ ist. Wir können damit $X_\xi(g) \in T_g G$ in der Form $X_\xi(g) = T_e R_g(\xi)$ schreiben, oder dual $J(\alpha_g)(\xi) = (T_e R_g)^* \alpha_g(\xi)$.
• Daher ist für $j \in \mathfrak{g}^*$ die Niveaumenge der (Ad$^*$–äquivarianten) Impulsabbildung

$$M_j = J^{-1}(j) = \mathrm{graph}(\alpha_j) \subset T^*G$$

mit der rechtsinvarianten Eins–Form $\alpha_j \in \Omega^1(G)$, die an der Identität $e \in G$ den Wert $\alpha_j(e) = j$ besitzt. Damit ist $M_j$ zu $G$ diffeomorph. Da die Gruppenwirkung $\Phi : G \times P \to P$ eine Linkswirkung ist, ist die Isotropiegruppe

$$G_j = \{g \in G \mid \mathrm{Ad}_g^*(j) = j\}$$

der Ad$^*$–Wirkung von $G$ gleich der Untergruppe $\{g \in G \mid L_g^*(\alpha_j) = \alpha_j\}$ der die *rechts*invariante Eins–Form nicht verändernden *Links*translationen. Der Orbit $\{\mathrm{Ad}_g^*(j) \mid g \in G\} \subseteq \mathfrak{g}^*$ von $j$ besitzt damit die Form $G/G_j \cong P_j$ mit dem reduzierten symplektischen Phasenraum $(P_j, \omega_j)$ aus Satz 13.23. □

Im Allgemeinen sind die koadjungierten Orbits nur immersierte, nicht eingebettete Untermannigfaltigkeiten von $\mathfrak{g}^*$, siehe Beispiel 14.1.6 von MARSDEN und RATIU [MR]. Jedenfalls sind sie als symplektische Mannigfaltigkeiten von gerader Dimension.

**13.29 Aufgabe (koadjungierte Orbits)** Zeigen Sie für den Fall einer Untergruppe $G \leq \mathrm{GL}(n, \mathbb{R})$, dass für den Orbit $\mathcal{O}(\xi) \subset \mathfrak{g}^*$ der koadjungierten Wirkung einer Lie–Gruppe $G$ auf ihrer dualen Lie–Algebra $\mathfrak{g}^*$

(a) der Tangentialraum $T_\xi \mathcal{O}(\xi)$ aus den Vektoren der Form $\mathrm{ad}_u^* \xi \quad (u \in \mathfrak{g})$ besteht (mit dem zu $\mathrm{ad}_u$ in (E.4.4) adjungierten Operator $\mathrm{ad}_u^*$ auf $\mathfrak{g}^*$),

(b) die symplektische Struktur auf $\mathcal{O}(\xi)$ die folgende Form besitzt:

$$\omega_\xi\big(\mathrm{ad}_u^* \xi,\, \mathrm{ad}_u^* \xi\big) = -\langle \xi, [u, v] \rangle \qquad (u, v \in \mathfrak{g}), \qquad (13.5.14)$$

(c) die Impulsabbildung $J : \mathcal{O}(\xi) \to \mathfrak{g}^*$ die Inklusion des Orbits ist. ◇

**13.30 Beispiel (spezielle lineare Gruppe)**
Die für die Klassische Mechanik besonders wichtige Lie–Gruppe $\mathrm{Sp}(2n,\mathbb{R})$ stimmt für $n = 1$ mit der speziell–linearen Gruppe $\mathrm{SL}(2,\mathbb{R}) = \{M \in \mathrm{Mat}(2,\mathbb{R}) \mid \det(M) = 1\}$ überein (Aufgabe 6.26). Als Matrixgruppe ist ihre Lie–Algebra gleich

$$\mathfrak{sl}(2,\mathbb{R}) = \{\xi \in \mathrm{Mat}(2,\mathbb{R}) \mid \mathrm{tr}(\xi) = 0\}\,.$$

Wir identifizieren wieder über die Spur die duale Lie–Algebra $\mathfrak{sl}(2,\mathbb{R})^*$ mit $\mathfrak{sl}(2,\mathbb{R})$, und parametrisieren durch

$$i : \mathbb{R}^3 \to \mathfrak{sl}(2,\mathbb{R})^* \quad , \quad x \mapsto \left(\begin{smallmatrix} x_1 & x_2+x_3 \\ x_2-x_3 & -x_1 \end{smallmatrix}\right)\,.$$

Damit ist

$$\det\big(i(x)\big) = x_3^2 - x_1^2 - x_2^2\,,$$

und diese Größe bleibt unter der koadjungierten Wirkung invariant. Die Niveauflächen sind daher Quadriken im $\mathbb{R}^3$, und zwar je nach Vorzeichen der Determinante einschalige oder zweischalige Rotationshyperboloide beziehungsweise für verschwindende Determinante ein Doppelkegel (siehe Abbildung).
Jede Zusammenhangskomponente einer Quadrik bildet einen Orbit, bis auf den Doppelkegel. Dieser setzt sich aus dem Nullpunkt und den beiden einfachen Kegeln ohne Spitzen (entsprechend den Orbits der infinitesimal symplektischen Matrizen $\left(\begin{smallmatrix} 0 & 1 \\ 0 & 0 \end{smallmatrix}\right)$ und $\left(\begin{smallmatrix} 0 & -1 \\ 0 & 0 \end{smallmatrix}\right)$) als Orbits zusammen.

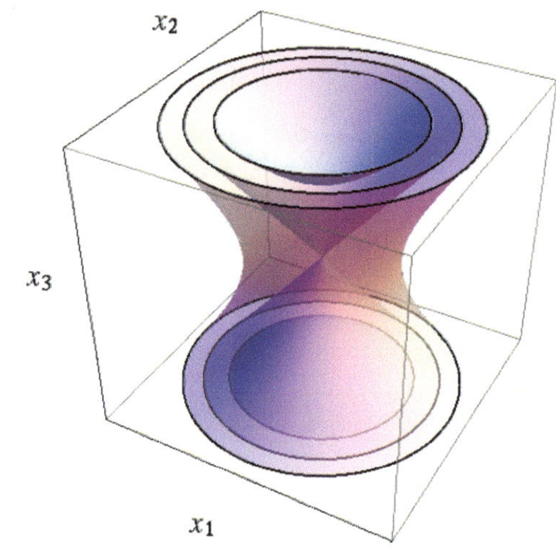

Orbits in $\mathfrak{sl}(2,\mathbb{R})^*$

Die Exponentialabbildung ordnet diesen Orbits Bahnen symplektischer Matrizen mit gleichen Eigenwerten zu. Man vergleiche also die Familie von Quadriken mit einer Umgebung der Identität in der Darstellung der symplektischen Gruppe $\mathrm{Sp}(2,\mathbb{R})$ auf Seite 93. ◇

**13.31 Bemerkungen (koadjungierte Wirkungen)**

1. Der Satz 13.28 ist kein isoliertes Resultat, sondern Ausgangspunkt der sogenannten *Orbit–Methode* von KIRILLOV (die dieser im Überblicksartikel [Ki] darstellt). Dabei wird die symplektische Geometrie als Zugang zur Darstellungstheorie von Lie–Gruppen gewählt. Die entsprechende physikalische Theorie ist die sogenannte *geometrische Quantisierung*.

2. Zwar kann man die in Satz 13.28 untersuchten dualen Lie–Algebren nicht in natürlicher Weise als symplektische Vektorräume auffassen (oft sind sie, wie

zum Beispiel $\mathfrak{so}(3)$, sogar von ungerader Dimension). Aber sie besitzen eine Poisson–Struktur.

Eine *Poisson–Struktur* auf einer Mannigfaltigkeit $P$ ist dabei eine bilineare Abbildung $\{\cdot,\cdot\} : C^\infty(P) \times C^\infty(P) \to C^\infty(P)$, die $C^\infty(P)$ zu einer Lie–Algebra macht und für die die Derivationseigenschaft gilt:

$$\{fg, h\} = f\{g, h\} + \{f, h\}g \qquad (f, g, h \in C^\infty(P)).$$

Das verallgemeinert den Begriff der Poisson–Klammer einer symplektischen Mannigfaltigkeit aus Definition 10.15. Im Fall der dualen Lie–Algebren treten die Orbits als sogenannte *symplektische Blätter* einer Poisson–Struktur auf (siehe Marsden und Ratiu [MR]). ◇

## Reduktion symplektischer Toruswirkungen

Wir betrachten jetzt speziell Toruswirkungen.

**13.32 Aufgabe (Hamiltonsche $S^1$-Wirkung)**
Zeigen Sie, dass die Höhenfunktion

$$H : S^2 \to \mathbb{R} \quad , \quad H(x) = x_3$$

auf der Zwei-Sphäre $S^2 = \{x \in \mathbb{R}^3 \mid \|x\| = 1\}$ (mit der Flächenform als symplektischer Form) eine $S^1$–Wirkung erzeugt, nämlich die Drehung um die 3–Achse, siehe Abbildung.
Vergleichen Sie auch mit Aufgabe 10.30. ◇

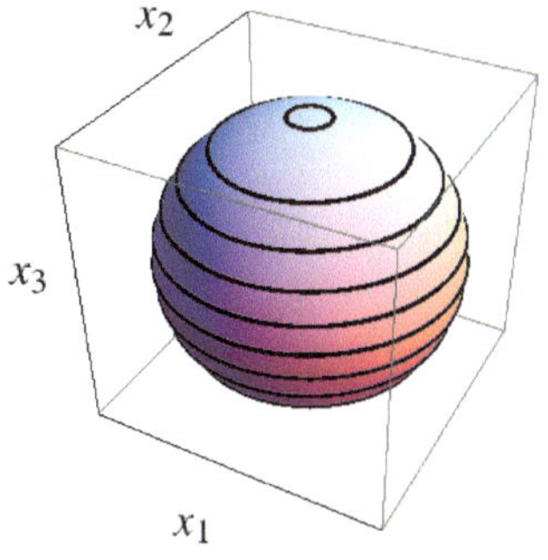


In diesem Fall ist das Bild der symplektischen Mannigfaltigkeit unter der Impulsabbildung gleich $H(S^2)$, also ein Intervall.
Wir verallgemeinern dieses Beispiel einer Toruswirkung, indem wir $S^2$ als $\mathbb{CP}(1)$ auffassen und analoge Wirkungen auf dem projektiven Raum $\mathbb{CP}(d)$ suchen.

**13.33 Beispiel (hamiltonsche $\mathbb{T}^d$-Wirkung auf $\mathbb{CP}(d)$)** In Dimension $n \in \mathbb{N}$ wirkt die abelsche Gruppe $\mathbb{T}^n := \{t = (t_1, \ldots, t_n) \in \mathbb{C}^n \mid |t_k| = 1\}$ durch punktweise Multiplikation

$$\tilde{\Phi} : \mathbb{T}^n \times \mathbb{C}^n \to \mathbb{C} \quad , \quad \Phi(t, x) = \big(t_1 x_1, \ldots, t_n x_n\big)$$

auf dem symplektischen Vektorraum $(\mathbb{C}^n, \omega)$ mit $\omega(u, v) = \mathrm{Im}(\langle u, v\rangle)$ (siehe Bemerkung 6.15.1). Diese Wirkung ist hamiltonsch, mit Ad*–äquivarianter (also invarianter) Impulsabbildung

$$\tilde{J} : \mathbb{C}^n \to \mathbb{R}^n \cong \mathrm{Lie}(\mathbb{T}^n)^* \quad , \quad x \mapsto -\tfrac{1}{2}\big(|x_1|^2, \ldots, |x_n|^2\big)\,.$$

Andererseits wirkt auch $S^1 \subset \mathbb{C}$ in der Form

$$\Psi : S^1 \times \mathbb{C}^n \to \mathbb{C}^n \quad , \quad \Psi(s, x) = sx$$

hamiltonsch auf $\mathbb{C}^n$, mit Hamilton–Funktion $H(x) = -\frac{1}{2}\|x\|^2$. Diese ist von der Form der im Satz 6.35 behandelten harmonischen Oszillatoren mit gleichen Frequenzen. Also ist der reduzierte Phasenraum $M_h/S^1$ (für $h = -\frac{1}{2}$, mithin $M_h = H^{-1}(h) \cong S^{2n-1}$) der komplexe projektive Raum $\mathbb{C}\mathrm{P}(n-1)$.

Die Gruppenwirkungen $\Psi$ und $\Phi$ vertauschen miteinander, sodass für alle $t \in \mathbb{T}^n$ und $x \in \mathbb{C}^n$ Orbits auf Orbits abgebildet werden: $\tilde{\Phi}_t(\mathcal{O}_\Psi(x)) = \mathcal{O}_\Psi(\tilde{\Phi}_t(x))$. Wir erhalten damit eine Wirkung von $\mathbb{T}^n$ auf dem symplektischen Phasenraum $(P, \omega)$, mit dem projektiven Raum $P := \mathbb{C}\mathrm{P}(d)$ der reellen Dimension $2d$ (für $d := n-1$).

Allerdings ist diese Wirkung nicht mehr frei, denn für $s \in S^1$ und $\tilde{s} := (s, \ldots, s) \in \mathbb{T}^n$ ist $\tilde{\Phi}_{\tilde{s}} = \Psi_s$. Betrachten wir aber die Untergruppe

$$G := \{(t_1, \ldots, t_n) \in \mathbb{T}^n \mid t_n = 1\} \cong \mathbb{T}^d$$

von $\mathbb{T}^n$, dann ist $\mathbb{T}^n \cong G \oplus S^1$, und wir erhalten eine freie hamiltonsche Wirkung $\Phi : G \times P \to P$. Ihre Impulsabbildung ist von der Form

$$J : P \to \mathbb{R}^d \cong \mathrm{Lie}(G) \quad , \quad J([x]) = -\frac{1}{2}\left(\frac{|x_1|^2}{\|x\|^2}, \ldots, \frac{|x_d|^2}{\|x\|^2}\right).$$

Die Notation ist hier so zu verstehen, dass wir die Punkte $[x] \in \mathbb{C}P(d)$ durch ihre Repräsentanten, also $x \in \mathbb{C}^{d+1}\backslash\{0\}$ darstellen, mit $[x] = [y]$, falls ein $\lambda \in \mathbb{C}\backslash\{0\}$ existiert mit $x = \lambda y$.
Damit ist das Bild der Impulsabbildung der Simplex $\Delta_d := J(P) \subset \mathbb{R}^d$ mit den Ecken $0$ und $-\frac{1}{2}e_k$, $k = 1, \ldots, d$. ◇

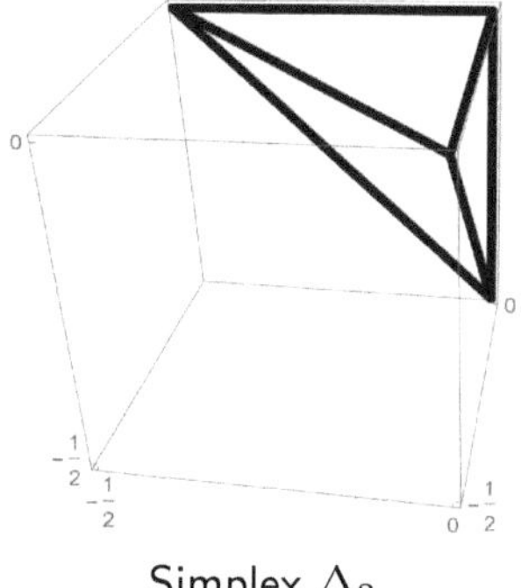

Simplex $\Delta_3$

Wie auch in Beispiel 13.1 (siehe Abbildung 13.1.1 links) erhalten wir als Bild einer Impulsabbildung einer Toruswirkung ein Polyeder (also die Schnittmenge endlich vieler Halbräume).

Dies ist kein Zufall. Unabhängig voneinander haben M. Atiyah in [At] und V. Guillemin und S. Sternberg in [GS2] folgenden Satz bewiesen:

**13.34 Satz** *Ist $\Phi : \mathbb{T}^m \times P \to P$ eine hamiltonsche Toruswirkung auf der kompakten zusammenhängenden symplektischen Mannigfaltigkeit $(P, \omega)$ mit Impulsabbildung $J : P \to \mathbb{R}^m$, dann gilt:*

1. *Die Niveaumengen $M_j = J^{-1}(j) \subset P$ sind zusammenhängend.*

2. *Das Bild $J(P) \subset \mathbb{R}^m$ ist ein Polytop, und zwar die konvexe Hülle der Bilder $J(p) \in \mathbb{R}^m$ der Fixpunkte $p \in P$ der $\Phi$–Wirkung.*

**13.35 Weiterführende Literatur** Einen Beweis dieses Satzes findet man auch in Kapitel 5.4 von McDuff und Salamon [MS].

Es ist genau bekannt, welche Polytope als Bilder der Impulsabbildung auftreten können. Diese sogenannten *Delzant–Polytope* werden zum Beispiel im Artikel von Ana Cannas da Silva in [ACL] beschrieben, und sie sind wichtig in der algebraischen Topologie und der String–Theorie. ◇

### Der Satz von Schur und Horn

Kennen wir die Eigenwerte $\lambda_k$ einer hermiteschen Matrix $A = A^* \in \mathrm{Herm}(d, \mathbb{C})$, dann wissen wir, dass die Spur der Matrix $A$ gleich der Summe dieser Eigenwerte ist. Um einer solchen Matrix $A$ einen eindeutigen Vektor $\lambda = (\lambda_1, \ldots, \lambda_d) \in \mathbb{R}^d$ zuzuordnen, nehmen wir $\lambda_1 \geq \lambda_2 \geq \ldots \geq \lambda_d$ an, erhalten damit also eine Abbildung

$$\Lambda : \mathrm{Herm}(d, \mathbb{C}) \to \mathbb{R}^d . \qquad (13.5.15)$$

Wir interessieren uns nun für die Diagonalen der isospektralen Matrizen aus $\Lambda^{-1}(\lambda)$, betrachten also die Projektion

$$\Pi : \mathrm{Herm}(d, \mathbb{C}) \to \mathbb{R}^d,\ (a_{i,k})_{i,k=1}^d \mapsto (a_{k,k})_{k=1}^d .$$

Da Diagonalmatrizen die Diagonalelemente als Eigenwerte besitzen, ist klar, dass für jede Permutation $\sigma \in S_d$ die Menge

$$\Pi(\Lambda^{-1}(\lambda)) \subset \mathbb{R}^d \qquad (13.5.16)$$

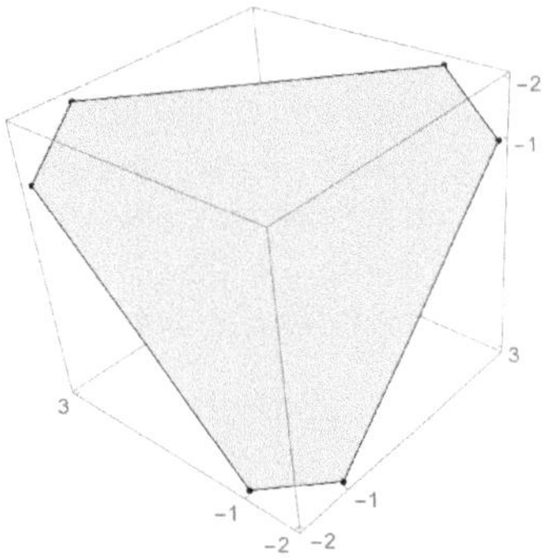

den Punkt $\lambda_\sigma := (\lambda_{\sigma(1)}, \ldots, \lambda_{\sigma(d)})$ enthält.

Das Polytop $\Pi(\Lambda^{-1}(\lambda))$ für die Eigenwerte $3, -1, -2$

Der Satz von Schur und Horn besagt, dass diese Menge durch Konvexkombination aus diesen Diagonalmatrizen entsteht:

**13.36 Satz (Schur und Horn)**
*Für die hermiteschen Matrizen mit Eigenwerten $\lambda$ gilt*

$$\Pi(\Lambda^{-1}(\lambda)) = \mathrm{conv}(\{\lambda_\sigma \mid \sigma \in S_d\}) \qquad (13.5.17)$$

**Beweis:** Der Beweis kann heute[11] durch Anwendung von Satz 13.34 geführt werden (siehe Atiyah [At]). Man kann ihn selbst finden, wenn man sich fragt, welche Toruswirkung benutzt werden kann:

- Zunächst ist $\mathrm{Herm}(d, \mathbb{C})$ eine Lie–Algebra, mit Lie–Klammer $[A, B] := \imath(AB - BA)$. Da wir aber zu der Lie–Algebra eine kompakte Lie–Gruppe suchen, ist es besser, zu den antisymmetrischen Matrizen überzugehen. Diese bilden die zu $\mathrm{Herm}(d, \mathbb{C})$ (unter Multiplikation mit $i$) isomorphe Lie–Algebra $\mathfrak{u}(d)$ der unitären Gruppe $\mathrm{U}(d)$.

[11] Die Inklusion ‚$\subseteq$' der Identität (13.5.17) wurde 1924 von I. Schur bewiesen, die umgekehrte Inklusion 1954 von A. Horn, also lange bevor die symplektische Reduktion in Form von Satz 13.23 bekannt war.

- Identifizieren wir wieder die Lie–Algebra mit ihrem Dual (durch $A \mapsto \mathrm{tr}(A\ \cdot)$), dann wirkt $\mathrm{U}(d)$ mit der koadjungierten Abbildung auf $\mathfrak{u}(d)^*$, und damit auch auf $\mathrm{Herm}(d, \mathbb{C})$.
- Da die Multiplikation mit unitären Matrizen gerade den das Skalarprodukt erhaltenden Basiswechseln entspricht, besteht der $\mathrm{U}(d)$–Orbit
$$\mathcal{O}_{\mathrm{U}(d)}(A) = \{UAU^{-1} \mid U \in \mathrm{U}(d)\} \qquad (A \in \mathrm{Herm}(d, \mathbb{C}))$$
gerade aus allen hermiteschen Matrizen, die die gleichen Eigenwerte $\lambda \in \mathbb{R}^d$ wie $A$ besitzen. Es ist also $\mathcal{O}_{\mathrm{U}(d)}(A) = \Lambda^{-1}(\lambda)$, und diese Mannigfaltigkeit besitzt nach Satz 13.28 eine unter der $\mathrm{U}(d)$–Wirkung invariante symplektische Struktur.
- Wir betrachten zunächst den generischen (das heißt typischen) Fall, dass die Eigenwerte voneinander verschieden sind ($\lambda_{k+1} < \lambda_k,\ k = 1, \ldots, d-1$). Dann ist die Isotropie–Untergruppe der Diagonalmatrizen $A$ aus $\Lambda^{-1}(\lambda)$ von der Form $\mathbb{T}^d \subset \mathrm{U}(d)$, besteht also aus allen Diagonalmatrizen, auf deren Diagonale komplexe Zahlen vom Betrag 1 stehen. Einerseits gilt damit[12]
$$\Lambda^{-1}(\lambda) \cong \mathrm{U}(d)/\mathbb{T}^d$$
Andererseits wirkt die Untergruppe $\mathbb{T}^d$ auf $\Lambda^{-1}(\lambda)$ (für $d \geq 2$ nicht trivial) durch
$$\Phi : \mathbb{T}^d \times \Lambda^{-1}(\lambda) \to \Lambda^{-1}(\lambda) \quad , \quad \Phi_U(A) = UAU^{-1},$$
und die einzigen Fixpunkte dieser Wirkung sind die den Permutationen $\lambda_\sigma$ entsprechenden Diagonalmatrizen $\mathrm{diag}(\lambda_\sigma) \in \Lambda^{-1}(\lambda)$.
- Nach Aufgabe 13.29.c) ist die Impulsabbildung von $\Phi$ von der Form
$$J : \Lambda^{-1}(\lambda) \to \mathfrak{t}^* \quad , \quad A \mapsto \mathrm{tr}(A\ \cdot) = \mathrm{tr}\big(\Pi(A)\ \cdot\big),$$
mit der Projektion (13.5.16) und der abelschen Lie–Algebra $\mathfrak{t} = \mathrm{Lie}(\mathbb{T}^d)$ der reellen Diagonalmatrizen. Diese ist isomorph zu $\mathbb{R}^d$.
- Damit folgt die Behauptung im generischen Fall aus Satz 13.34. Der Fall degenerierter Eigenwerte folgt daraus durch Grenzwertbildung. □

**13.37 Aufgabe (Ky-Fan-Maximumsprinzip für hermitesche Matrizen)**
Folgern Sie aus dem Satz von Schur und Horn, dass für die Eigenwerte $(\lambda_1, \ldots, \lambda_d) = \Lambda(A)$ von $A \in \mathrm{Herm}(d, \mathbb{C})$ die linearen Relationen
$$\sum_{i=1}^k \lambda_i = \max_{(x_1,\ldots,x_k) \in V_k(\mathbb{C}^d)} \sum_{i=1}^k \langle x_i, Ax_i \rangle \qquad (k = 1, \ldots, d)$$

[12] also zum Beispiel $\Lambda^{-1}(\lambda) \cong S^2$ für $d = 2$, denn $\mathrm{U}(2)/S^1 \cong \mathrm{SU}(2) \cong S^3$ und $\mathrm{SU}(2)/S^1 \cong S^2$, siehe die Hopf-Abbildung auf Seite 113.

gelten. Hier bezeichnet $V_k(\mathbb{C}^d)$ die kompakte, reell $(2dk - k^2)$–dimensionale *Stiefel–Mannigfaltigkeit* der orthonormalen $k$–Tupel $(x_1, \ldots, x_k)$ von Vektoren $x_i \in \mathbb{C}^d$. ◇

**13.38 Weiterführende Literatur** Eine Modifikation des Satzes von Schur und Horn beschreibt die Eigenwertstruktur der Matrix $A+B$ unter der Voraussetzung, dass nur die Eigenwerte von $A$ und $B \in \mathrm{Herm}(d, \mathbb{C})$ bekannt sind. Dieser Satz lässt sich durch eine auf Frances Kirwan zurückgehende Verallgemeinerung von Satz 13.34 beweisen, siehe z.B. den Artikel [Li] von P. LITTELMANN. ◇

# Kapitel 14

# Starre und bewegliche Körper

Der Asteroid Ida[1] rotiert alle 4.6 Stunden um die Achse maximalen Trägheitsmoments. Die Sonne lässt diese Achse mit einer Periode von 77 000 Jahren präzedieren. Bild: NASA/JPL-Caltech.



[1] Ida besitzt einen mittleren Durchmesser von ca. 30 km und einen Mond, der Ida im Schritttempo umrundet. Aufnahme 1993 durch den Satellit Galileo.

Bisher haben wir meistens die Bewegung von Punktmassen betrachtet. Diese stellen zwar, wie etwa in der Himmelsmechanik, eine gute Idealisierung mancher Naturvorgänge dar. Häufig haben wir es aber mit ausgedehnten Körpern zu tun. Manchmal, wie etwa bei Flüssigkeiten, sind diese nur mit den Mitteln der Kontinuumsmechanik, also mit partiellen statt gewöhnlichen Differentialgleichungen zu beschreiben. Bei *starren Körpern* allerdings bleiben die Abstände zwischen den punktförmig gedachten Atomen zeitlich konstant, was uns eine Beschreibung durch gewöhnliche Differentialgleichungen ermöglicht.

## 14.1 Bewegungen des Raumes

Wir beginnen mit dem euklidischen Raum $(\mathbb{R}^d, \langle\cdot,\cdot\rangle)$ mit kanonischem Skalarprodukt $\langle a,b\rangle = \sum_{k=1}^d a_k b_k$, Norm $\|a\| = \sqrt{\langle a,a\rangle}$ und Metrik $d(a,b) = \|a-b\|$, sowie seinen *Isometrien* oder *Bewegungen*, das heißt den abstandserhaltenden Abbildungen $I : \mathbb{R}^d \to \mathbb{R}^d$.

Wir erinnern an eine aus der Linearen Algebra bekannte Tatsache. Offensichtlich ist jede Abbildung $I : \mathbb{R}^d \to \mathbb{R}^d$, $I(q) = Oq + v$ mit $O \in \mathrm{O}(d)$ (orthogonale Gruppe der Drehungen und Drehspiegelungen des $\mathbb{R}^d$, siehe Anhang E) und $v \in \mathbb{R}^d$ eine Isometrie, denn $\|I(a) - I(b)\| = \|O(a-b)\| = \|a-b\|$. Umgekehrt gilt:

**14.1 Satz (Euklidische Bewegungen)**
*Jede Isometrie $I : \mathbb{R}^d \to \mathbb{R}^d$ kann eindeutig in der folgenden Form dargestellt werden:*

$$I(q) = Oq + v \quad (q \in \mathbb{R}^d) \qquad \text{, mit } O \in \mathrm{O}(d) \text{ und } v \in \mathbb{R}^d .$$

**Beweis:** Es sei $I : \mathbb{R}^d \to \mathbb{R}^d$ eine Isometrie.

- Setzen wir $v := I(0)$, dann lässt $\tilde{I}(q) := I(q) - v$ den Ursprung invariant.
- Aus der Polarisationsidentität für das Skalarprodukt

  $$\langle a,b\rangle = \tfrac{1}{4}\big(\|a+b\|^2 - \|a-b\|^2\big) \qquad \big(a,b \in \mathbb{R}^d\big)$$

  und

  $$\|\tilde{I}(c)\| = d\big(\tilde{I}(0), \tilde{I}(c)\big) = d(0,c) = \|c\| \qquad \big(c \in \mathbb{R}^d\big)$$

  folgt, dass $\left\langle \tilde{I}(a), \tilde{I}(b) \right\rangle = \langle a,b\rangle$ gilt. Falls $\tilde{I}$ linear ist, ist $\tilde{I}$ orthogonal.
- Die Linearität von $\tilde{I}$ folgt aus der Beziehung

  $$\left\|\tilde{I}(\alpha a + \beta b) - \alpha \tilde{I}(a) - \beta \tilde{I}(b)\right\|^2 = 0 \qquad \big(\alpha, \beta \in \mathbb{R},\ a,b \in \mathbb{R}^d\big) .$$

  Die linke Seite ist aber eine Summe von Skalarprodukten und daher wegen der Invarianz des Skalarproduktes unter $\tilde{I}$ gleich $\|(\alpha a + \beta b) - \alpha a - \beta b\|^2 = 0$. Also ist $\tilde{I}$ linear. □

Isometrien metrischer Räume sind immer injektiv, aber nicht notwendig surjektiv (finden Sie ein Gegenbeispiel!). Im Fall des $\mathbb{R}^d$ ist dies aber so, und wir erhalten also die Gruppe der Isometrien des $\mathbb{R}^d$, die sogenannte *Euklidische Gruppe* $\mathbb{E}(d)$.

- Dies ist eine Lie–Gruppe (siehe Anhang E) und als Mannigfaltigkeit nach Satz 14.1 gleich
$$\mathbb{E}(d) = \mathbb{R}^d \times \mathrm{O}(d)\,. \tag{14.1.1}$$

- Die Gruppenstruktur von $\mathbb{E}(d)$ entspricht aber nicht dem direkten Produkt dieser beiden Gruppen, sondern ihrem sogenannten *semidirekten Produkt*, siehe Anhang E.1. Bei Komposition zweier Isometrien erhalten wir also
$$(v_2, O_2) \circ (v_1, O_1) = \big(O_2 v_1 + v_2,\, O_2 O_1\big) \qquad \big(v_i \in \mathbb{R}^d,\, O_i \in \mathrm{O}(d)\big).$$

**14.2 Aufgabe** Welche Form hat das zu $(v, O) \in \mathbb{E}(d)$ inverse Element? ◇

Die Untergruppe der *orientierungserhaltenden* Isometrien des $\mathbb{R}^d$ bezeichnen wir mit
$$\mathbb{SE}(d) := \{(v, O) \in \mathbb{E}(d) \mid O \in \mathrm{SO}(d)\}\,. \tag{14.1.2}$$

## 14.2 Kinematik starrer Körper

Bei einem aus $n$ Massenpunkten zusammengesetzten starren Körper bleiben die Abstände $d_{k,\ell}$ zwischen dem $k$–ten und $\ell$–ten Massenpunkt zeitlich konstant.

Andererseits können wir nicht so einfach durch Vorgabe von $\binom{n}{2}$ positiven Zahlen $d_{k,\ell} = d_{\ell,k}$, $1 \le k < \ell \le n$ einen starren Körper im $\mathbb{R}^d$ definieren. Denn

- zwischen den $d_{k,\ell}$ müssen Relationen wie zum Beispiel[2] die Dreiecksungleichung erfüllt sein, damit überhaupt Punkte $q_1, \ldots, q_n \in \mathbb{R}^d$ mit diesen Abständen existieren.

- Wenn auch die Abstände $d_{k,\ell}$ bei beliebigen Isometrien gleich bleiben, sind *physikalische* Bewegungen orientierungserhaltend.

Wir gehen anders vor und definieren

**14.3 Definition** • *Für $d, n \in \mathbb{N}$ sei die* **Diagonalwirkung** *von $\mathbb{E}(d)$ auf dem $\mathbb{R}^{nd}$ gegeben durch*
$$\Phi^{n,d} : \mathbb{E}(d) \times \mathbb{R}^{nd} \to \mathbb{R}^{nd} \quad , \quad \Phi^{n,d}\big(I, (q_1, \ldots, q_n)\big) = \big(I(q_1), \ldots, I(q_n)\big)\,.$$

- *Die $\Phi^{n,d}$–Orbits $\mathcal{O} \subseteq \mathbb{R}^{nd}$ der Gruppe $\mathbb{SE}(d)$ heißen* **starre Körper** *aus $n$ Punkten im $\mathbb{R}^d$.*

---

[2] Eine weitere Bedingung ist, dass die sogenannten *Cayley-Menger–Determinanten* von jeweils $d+1$ Punkten nicht negativ sind. Beispiel für $d = 2$: $-16 \det \begin{pmatrix} 0 & 1 & 1 & 1 \\ 1 & 0 & d_{1,2}^2 & d_{1,3}^2 \\ 1 & d_{2,1}^2 & 0 & d_{2,3}^2 \\ 1 & d_{3,1}^2 & d_{3,2}^2 & 0 \end{pmatrix}$.

Das sieht zunächst abstrakt aus, beschreibt aber, was wir haben wollen, denn genau dann gehören $q, q' \in \mathbb{R}^{nd}$ zum gleichen Orbit, wenn gilt

$$\|q'_k - q'_\ell\| = \|q_k - q_\ell\| \qquad (1 \le k < \ell \le n)$$

und zusätzlich die Orientierung erhalten bleibt. Der Orbit $\mathcal{O}_q$ der Diagonalwirkung von $\mathbb{SE}(d)$ durch $q \in \mathbb{R}^{nd}$ besitzt die Form des Quotientenraums

$$\mathcal{O}_q \cong \mathbb{SE}(d)/\mathbb{SE}(d)_q\,,$$

wobei $\mathbb{SE}(d)_q = \{I \in \mathbb{SE}(d) \mid \Phi^{n,d}(I,q) = q\}$ die Stabilisatorgruppe von $q$ bezeichnet, siehe Anhang E.1.

**14.4 Beispiele** 1. $\boldsymbol{n = 1}$ **Teilchen**. Hier ist die Isotropiegruppe

$$\mathbb{SE}(d)_q = \big\{(v,O) \in \mathbb{SE}(d) \mid v = (\mathbb{1} - O)q\big\} \cong \mathrm{SO}(d) \subset \mathbb{SE}(d)\,,$$

und es gibt nur einen Orbit: $\mathcal{O} \cong \mathbb{R}^d = \mathbb{SE}(d)/\mathrm{SO}(d)$.

2. $\boldsymbol{n = 2}$ **Teilchen**. Falls der Abstand $d_{1,2} = 0$ ist, ist der Orbit $\mathcal{O}_q$ durch $q \in \mathbb{R}^{2d}$ wieder von der Form $\mathcal{O}_q = \mathbb{R}^d$. Sonst ist die Isotropiegruppe $\mathbb{SE}(d)_q \cong \mathrm{SO}(d-1)$ (mit $\mathrm{SO}(0) := \{e\}$), denn wir können im $(d-1)$–dimensionalen Unterraum des $\mathbb{R}^d$, der senkrecht zur Verbindungslinie $\mathrm{span}(q_1 - q_2) \subseteq \mathbb{R}^d$ liegt, beliebige Drehungen vornehmen. Damit ist der Orbit durch $q$ gleich

$$\mathcal{O}_q \cong \mathbb{SE}(d)/\mathbb{SE}(d)_q = \mathbb{R}^d \times \mathrm{SO}(d)/\mathrm{SO}(d-1) = \mathbb{R}^d \times S^{d-1}\,,$$

falls $d \ge 2$ (und $\mathcal{O}_q \cong \mathbb{R}$ für $d = 1$).

Das kann man direkt verstehen, denn für das erste Teilchen kann der Ort $q_1$ frei gewählt werden, während bei vorgegebenem Abstand $d_{1,2} > 0$ das zweite Teilchen auf der Sphäre $\{q_2 \in \mathbb{R}^d \mid \|q_2 - q_1\| = d_{1,2}\}$ liegen muss.

3. $\boldsymbol{n \ge d}$ **Teilchen**. Wir können in einem Orbit $\mathcal{O} \subset \mathbb{R}^{nd}$ zum Beispiel den Ort $q_1 \in \mathbb{R}^d$ des ersten Teilchens frei wählen.

Falls die Vektoren $q_2 - q_1, q_3 - q_1, \ldots, q_n - q_1 \in \mathbb{R}^d$ den $\mathbb{R}^d$ aufspannen, ist die Isotropiegruppe $\mathbb{SE}(d)_q$ einelementig, also $\mathcal{O}_q \cong \mathbb{SE}(d)$.

Dies ist aber schon der Fall, wenn ein $(d-1)$–dimensionaler Unterraum des $\mathbb{R}^d$ aufgespannt wird, denn keine echte Drehung des $\mathbb{R}^d$ lässt die Punkte dieses Unterraums invariant. Für $n \ge d$ Teilchen[3] ist daher $\mathcal{O}_q \cong \mathbb{SE}(d)$ typisch. ◇

Wir werden nur diesen letzten Fall weiter betrachten, erhalten also als starre Körper im $\mathbb{R}^d$ zu $\mathbb{SE}(d)$ isomorphe Mannigfaltigkeiten.

[3] Sind die $q_k$ etwa Atomorte, dann ist $d = 3$ und für einen makroskopischen starren Körper zum Beispiel $n = 10^{23}$.

Die Bewegung auf diesem Konfigurationsraum wird mit dem Formalismus der holonomen Zwangsbedingungen aus Kapitel 8.2 beschrieben. Ist etwa die Hamilton–Funktion von der Form

$$\tilde{H} : \mathbb{R}^{nd}_p \times \mathbb{R}^{nd}_q \to \mathbb{R} \quad , \quad \tilde{H}(p,q) = \sum_{k=1}^{n} \frac{\|p_k\|^2}{2m_k} + \tilde{V}(q)\,,$$

also die Lagrange–Funktion gleich

$$\tilde{\mathcal{L}} : \mathbb{R}^{nd}_q \times \mathbb{R}^{nd}_v \to \mathbb{R} \quad , \quad \tilde{\mathcal{L}}(q,v) = \sum_{k=1}^{n} \frac{m_k}{2} \|v_k\|^2 - \tilde{V}(q)\,,$$

dann parametrisieren wir den die *Referenzkonfiguration* $q \in \mathbb{R}^{nd}$ enthaltenden Orbit $\mathcal{O}_q$ mit der Euklidischen Gruppe, benutzen also den Diffeomorphismus

$$Q : \mathbb{SE}(d) \to \mathcal{O}_q \subset \mathbb{R}^{nd} \quad , \quad Q(a,O)_k := Oq_k + a \quad (k = 1, \ldots, n).$$

Wie bei jeder Lie–Gruppe ist das Tangentialbündel von $\mathbb{SE}(d)$ parallelisierbar (siehe Definition A.43), und mit dem Vektorraum

$$\mathrm{Alt}(d,\mathbb{R}) = \{A \in \mathrm{Mat}(d,\mathbb{R}) \mid A^\top = -A\}$$

der antisymmetrischen Matrizen ist es nach (E.3.2) von der Form

$$T\,\mathbb{SE}(d) \cong \mathbb{SE}(d) \times \big(\mathbb{R}^d \times \mathrm{Alt}(d,\mathbb{R})\big)\,.$$

Damit lässt sich die Ableitung von $Q$ an der Stelle $(a,O)$ schreiben als

$$\mathrm{D}Q(a,O)(v,A) = (AOq_1 + v, \ldots, AOq_n + v) \qquad \big(v \in \mathbb{R}^d,\ A \in \mathrm{Alt}(d,\mathbb{R})\big).$$

Nach Definition ergibt sich für die Lagrange–Funktion auf dem Tangentialbündel des Orbits

$$\mathcal{L} : T\mathcal{O}_q \to \mathbb{R} \quad , \quad \mathcal{L}(x,w) = \tilde{\mathcal{L}}\big(Q(x),\ \mathrm{D}Q(x)\,w\big)$$

mit $x = (a,O),\ w = (v,A)$ und $V(x) := \tilde{V}\big(Q(x)\big)$

$$\mathcal{L}(x,w) = \sum_{k=1}^{n} \frac{m_k}{2} \langle AOq_k + v, AOq_k + v\rangle - V(a,O)\,. \tag{14.2.1}$$

Wir können jetzt annehmen, dass (mit der *Gesamtmasse* $m_N := \sum_{k=1}^n m_k$) der Schwerpunkt

$$q_N : \mathbb{R}^{nd} \to \mathbb{R}^d \quad , \quad q_N(q) = \sum_{k=1}^{n} \frac{m_k}{m_N}\, q_k \in \mathbb{R}^d \tag{14.2.2}$$

der Referenzkonfiguration $q$ bei der Null liegt, denn durch Translation von $q$ mittels $\Phi^{n,d}$ findet man in $\mathcal{O}_q$ einen Punkt mit dieser Eigenschaft.

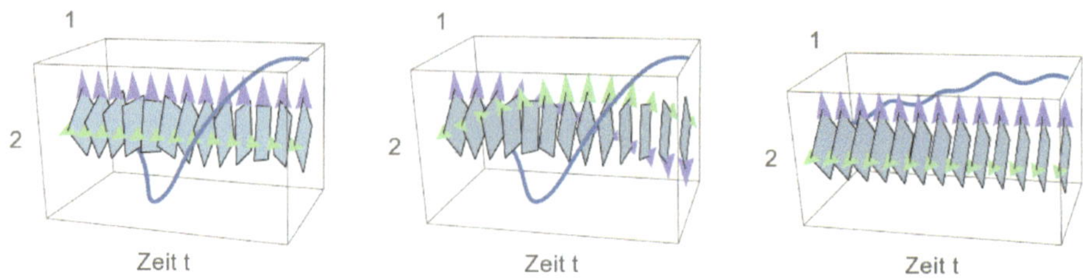


Abbildung 14.2.1: Bewegtes Viereck im erweiterten Konfigurationsraum $\mathbb{R}^2 \times I$. Links: Raumfeste Basis $(e_1, e_2)$, mit Graph der Kurve $c$ aus Lemma 14.6, Mitte: Körpereigene Basis $(E_1, E_2)$ in raumfesten Koordinaten, Rechts: Graph der Kurve $C$ in körpereigener Basis $(E_1, E_2)$.

Wir multiplizieren das Skalarprodukt in (14.2.1) aus. Mit den Orthogonalprojektionen $P_k : \mathbb{R}^d \to \mathbb{R}^d$ auf $\mathrm{span}(q_k - Q)$ und dem *Trägheitstensor*[4]

$$\tilde{I} = \tilde{I}_{q_N(q)}(q) \quad \text{für} \quad \tilde{I}_Q(q) := \sum_{k=1}^{n} m_k \|q_k - Q\|^2 P_k \;\in\; \mathrm{Sym}(d, \mathbb{R}) \qquad (14.2.3)$$

bezüglich $Q \in \mathbb{R}^d$ ist dann

$$\mathcal{L}(x, w) = \frac{m_N}{2}\|v\|^2 + \tfrac{1}{2}\mathrm{tr}\big(\tilde{I} O^{-1} A^\top A O\big) - V(a, O)\,. \qquad (14.2.4)$$

Wir werden im nächsten Abschnitt die Lagrange–Gleichungen von (14.2.4) in einfachen Fällen lösen. Dabei werden verschiedene Koordinatensysteme benutzt.

**14.5 Definition**

- *Die kanonische Basis* $(e_1, \ldots, e_d)$ *des* $\mathbb{R}^d$ *heißt auch* **raumfeste Basis**.
- *Für ein Intervall* $I \subseteq \mathbb{R}$ *und eine glatte Kurve* $O : I \to \mathrm{SO}(d)$ *heißt die durch die Zeit* $t \in I$ *parametrisierte Orthonormalbasis*

  $$\big(E_1(t), \ldots, E_d(t)\big) \quad \textit{mit} \quad E_k(t) := O(t)\, e_k$$

  **körpereigene Basis** *des* $\mathbb{R}^d$.

Bei diesen Namen haben wir eine Bewegung des starren Körpers im Blick, bei der sich die Punkte des Körpers zum Zeitpunkt $t$ an den Orten

$$q_\ell(t) := O(t)\, q_\ell(t_0) + a(t) \qquad (\ell = 1, \ldots, n)$$

befinden, mit $O(t_0) = \mathbb{1}$ und $a(t_0) = 0$. Wird in Definition 14.5 dieselbe Kurve $O : I \to \mathrm{SO}(d)$ benutzt, dann ist $\langle E_k(t), q_\ell(t)\rangle = \big\langle e_k\,,\, q_\ell(t_0) + O(t)^{-1} a(t)\big\rangle$.

[4]Die Tilde symbolisiert, dass diese Definition in drei Dimensionen nicht mit der üblichen (siehe (14.3.4)) übereinstimmt.

Falls also die Bewegung keinen Translationsanteil hat ($a(t)=0$ $(t\in I)$), ändern sich die Orte in der körpereigenen Basis nicht: mit

$$Q_\ell(t):=\sum_{k=1}^d \langle E_k(t),q_\ell(t)\rangle\, E_k(t) \quad \text{ist} \quad Q_\ell(t)=\sum_{k=1}^d \langle e_k,q_\ell(t_0)\rangle\, E_k(t)\,.$$

Eine sinnvolle Darstellung dieser Basen ist im *erweiterten Konfigurationsraum*

$$E:=\mathbb{R}^d\times I \quad \text{, mit Bündelprojektion } \pi: E\to I\ ,\ (q,t)\mapsto t$$

möglich. Die raumfeste Basis in der Faser $\pi^{-1}(t)$ des Vektorbündels $E$ über dem Punkt $t$ der Basismannigfaltigkeit $I$ (also dem Zeitintervall) wird jetzt mit $\big(e_1(t),\ldots,e_d(t)\big)$ bezeichnet. Dagegen verdreht liegt die körpereigene Basis $\big(E_1(t),\ldots,E_d(t)\big)$ in der gleichen Faser (siehe Abbildung 14.2.1).

**14.6 Lemma (Kinematik in körpereigenen Koordinaten)** *Für eine glatte Kurve $c: I\to\mathbb{R}^d$ in raumfesten Koordinaten und die zeitabhängige Drehung $O: I\to \mathrm{SO}(d)$ aus Definition 14.5 bezeichne $C:=O^{-1}c: I\to\mathbb{R}^d$ ihre Darstellung in körpereigenen Koordinaten. Dann gilt*

- *für die Geschwindigkeit:*

$$C'=O^{-1}c'-BC \quad \textit{mit} \quad B(t):=O^{-1}(t)\,O'(t)\in \mathrm{Alt}(d,\mathbb{R}) \quad (t\in I)$$

- *und für die Beschleunigung:*

$$C''=O^{-1}c''-2BC'-B^2C-B'C\,. \tag{14.2.5}$$

**Beweis:** • Aus der Produktregel $O(O^{-1})'+O'O^{-1}=(OO^{-1})'=\mathbb{1}'=0$ für die Ableitung von $O: I\to\mathrm{SO}(d)$ folgt $(O^{-1})'=-O^{-1}O'O^{-1}$. Die Formel für die Geschwindigkeit $C'$ ergibt sich mit der Produktregel aus $C=O^{-1}c$.
• $B(t)$ ist in $\mathrm{Alt}(d,\mathbb{R})$, denn wegen $(O^{-1})'=(O^\top)'=(O')^\top$ ist

$$B^\top=(O')^\top(O^{-1})^\top=(O^{-1})'O=-(O^{-1}O'O^{-1})O=-O^{-1}O'=-B\,.$$

• Einsetzen der gerade abgeleiteten Relation $O^{-1}c'=C'+BC$ in

$$\begin{aligned} C'' &= (O^{-1}c'-BC)'=O^{-1}c''+(O^{-1})'c'-BC'-B'C\\ &= O^{-1}c''-O^{-1}O'O^{-1}c'-BC'-B'C \end{aligned}$$

ergibt die Beziehung $C''=O^{-1}c''-O^{-1}O'C'-O^{-1}O'BC-BC'-B'C$ zwischen den Beschleunigungen in den beiden Koordinatensystemen. □

**14.7 Bemerkung (Retrograde Planetenbewegung)** Allgemeiner können wir zeitabhängige Koordinatentransformationen $(a,O): I\to\mathbb{SE}(d)$ betrachten, die zur Zeit $t\in I$ von der Form $q\mapsto O(t)q+a(t)$ sind, also außer der Rotation $O(t)\in\mathrm{SO}(3)$ noch eine Translation um $a(t)\in\mathbb{R}^3$ beinhaltet.

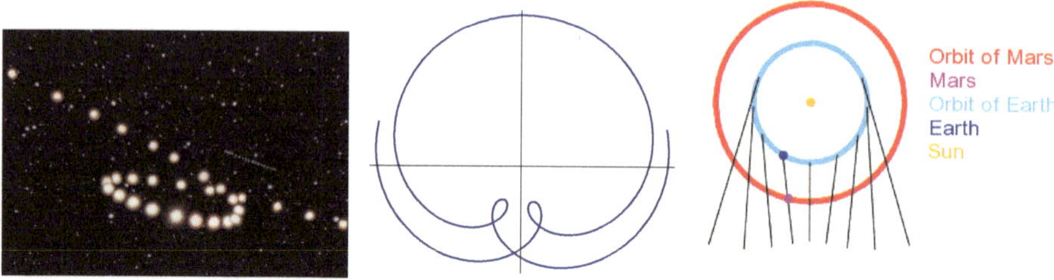


Abbildung 14.2.2: Links und Mitte: Form der von der Erde aus beobachteten Marsbahn. Foto: Tunç Tezel. Rechts: Erklärung der retrograden Bewegung.

Sei etwa $a(t)$ die Position der Erde (beziehungsweise eines Beobachters auf ihr) zur Zeit $t$ in einem Koordinatensystem, dessen Mittelpunkt die Sonne einnimmt. Wir nehmen vereinfachend an, dass der Beobachter im Lauf des Jahrs immer auf den gleichen Punkt des Fixsternhimmels schaut, setzen also $O(t) = \mathbb{1}$.

Wegen der geringen Exzentrizität sind die Ellipse $a$ und die entsprechende Ellipse der Marsbahn in guter Näherung mit konstanter Geschwindigkeit durchlaufene Kreise. Die Transformation der Kreislinie in das Koordinatensystem des Mars–Beobachters führt aber zu einer komplizierten Bewegung von Mars am Firmament, siehe Abbildung 14.2.2 (links und Mitte). Insbesondere scheint er entgegen seiner üblichen Bewegung am Firmament von West nach Ost zurückzulaufen, wenn die Erde ihn überholt. Diese Scheinbewegung wird *retrograd* genannt, siehe Abbildung 14.2.2 (rechts).

In der griechischen Antike wurde sie durch die Epizykeltheorie erklärt, bei der die Planeten sich auf einem kleinen Kreis (dem *Epizykel*) bewegen, dessen Mittelpunkt wiederum auf einem um die ruhende Erde zentrierten Kreis, dem *Deferenten*, abläuft.

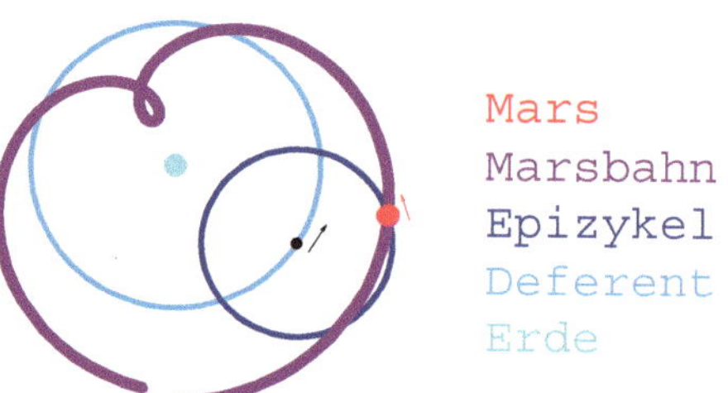


Epizykelmodell des Apollonius
(ca. 200 vor Chr.)

Obwohl diese geozentrische Theorie wegen der Kommutativität der Vektoraddition zu einer heliozentrischen Kreisbewegung kinematisch äquivalent ist, ist sie nicht dynamisch äquivalent. Insbesondere wird im geozentrischen Modell die Erde nicht beschleunigt. ◇

**14.8 Aufgaben (Scheinkräfte)** 1. Zeigen Sie, dass in $d = 2$ Dimensionen für $\mathbb{J} = \begin{pmatrix} 0 & -1 \\ 1 & 0 \end{pmatrix}$ und zeitabhängiger Drehmatrix $O(t) = \begin{pmatrix} \cos(\varphi(t)) & -\sin(\varphi(t)) \\ \sin(\varphi(t)) & \cos(\varphi(t)) \end{pmatrix}$ gilt:

$$C''(t) = \begin{pmatrix} \cos(\varphi(t)) & \sin(\varphi(t)) \\ -\sin(\varphi(t)) & \cos(\varphi(t)) \end{pmatrix} c''(t) - 2\varphi'(t)\mathbb{J}C'(t) + \varphi'(t)^2 C(t) - \varphi''(t)\mathbb{J}C(t)\,.$$

2. Zeigen Sie, dass in $d = 3$ Dimensionen mit $\omega(t) := i^{-1}(B(t)) \in \mathbb{R}^3$ (siehe (13.4.8)) gilt:

$$C''(t) = O^{-1}(t)\, c''(t) - 2\omega(t) \times C'(t) - \omega(t) \times (\omega(t) \times C(t)) - \omega'(t) \times C(t)\,.$$

3. Berechnen Sie die Coriolis–Kraft (siehe unten), die auf einen Radfahrer der Masse $m = 100$kg (einschließlich Fahrrad!) wirkt, der in Berlin mit 20 km/h Geschwindigkeit nach Westen fährt. Was ist der Betrag der Horizontalkomponente, und in welcher Himmelsrichtung wirkt sie? ◇

Ist $c(t) \in \mathbb{R}^d$ der Ort eines Teilchens der Masse $m > 0$ im $\mathbb{R}^d$, dann sind nach der Newton–Gleichung die mit $m$ multiplizierten Terme von (14.2.5) als Kräfte anzusehen, die — von dem körpereigenen Koordinatensystem aus gesehen — auf das Masseteilchen wirken:

1. $-2mBC'$ (in 3D: $-2m\,\omega \times C'$) heißt *Coriolis–Kraft*,
2. $-mB^2C$ (in 3D: $-m\,\omega \times (\omega \times C)$) heißt *Fliehkraft*, und
3. $-mB'C$ (in 3D: $-m\,\omega' \times C$) heißt *Euler–Kraft*.

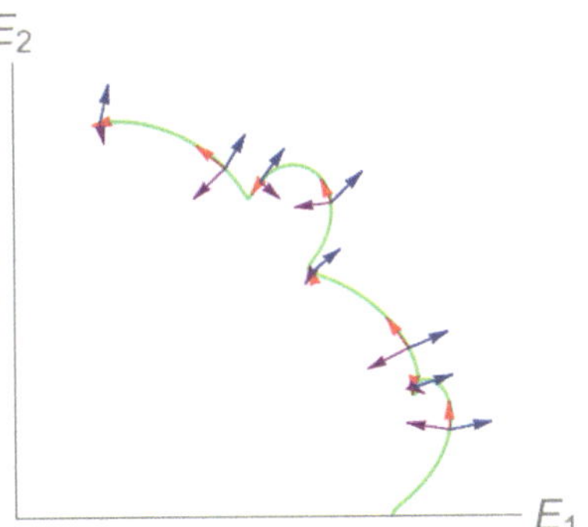

Geschwindigkeit (rot), Coriolis–Kraft (purpur, senkrecht auf $C$) und Fliehkraft (blau, radial) für die Kurve $C$ aus Abbildung 14.2.1

Substitution von $B$ in die Lagrange–Funktion $\mathcal{L}$ ergibt für verschwindendes Potential mit $A = O'(t) = O(t)B(t)O(t)^{-1}$: $\mathcal{L} = \frac{1}{2}\mathrm{tr}(B\tilde{I}B^\top)$.

## 14.3 Lösung der Bewegungsgleichungen

Falls das Potential $V$ translationsinvariant, d.h. unabhängig von seinem ersten Argument $a \in \mathbb{R}^d$ ist, kommt $a$ in der Lagrange–Funktion (14.2.4) nicht vor.

Der Schwerpunkt des starren Körpers bewegt sich folglich geradlinig und gleichförmig:

$$v(t) = v(0) \quad , \quad a(t) = a(0) + v(0)t \qquad (t \in \mathbb{R}),$$

und die Bewegung im Schwerpunktsystem wird von der Lagrange–Funktion

$$\mathcal{L} : TSO(d) \to \mathbb{R} \quad , \quad \mathcal{L}(O, A) = \tfrac{1}{2}\mathrm{tr}\big(\tilde{I}O^{-1}A^\top AO\big) - V(0, O) \qquad (14.3.1)$$

bestimmt.[5] Diese Situation wird jetzt genauer untersucht.

[5] Hier und in den weiteren dynamischen Betrachtungen nehmen wir an, dass die Massenverteilung nicht degeneriert ist.

**14.9 Beispiel (Schwerer Kreisel in zwei Dimensionen)**
Für $d = 2$ Dimensionen ist

$$\mathrm{SO}(2) = \left\{ O = \begin{pmatrix} \cos\varphi & -\sin\varphi \\ \sin\varphi & \cos\varphi \end{pmatrix} \;\middle|\; \varphi \in [0, 2\pi) \right\} \cong S^1 \quad \text{und} \quad T\mathrm{SO}(2) \cong S^1 \times \mathbb{R},$$

denn $\mathrm{Alt}(2, \mathbb{R}) = \left\{ A = \begin{pmatrix} 0 & -v \\ v & 0 \end{pmatrix} \mid v \in \mathbb{R} \right\} \cong \mathbb{R}$, siehe auch Beispiel A.44.
In dieser Parametrisierung des Tangentialraums von $\mathrm{SO}(2)$ ist $A^\top A = v^2 \begin{pmatrix} 1 & 0 \\ 0 & 1 \end{pmatrix}$, also

$$\mathcal{L}(O, A) = \tfrac{1}{2}\mathrm{tr}\left(\tilde{I} O^{-1} A^\top A O\right) = \tfrac{1}{2}\mathrm{tr}(\tilde{I})\, v^2 = \tfrac{1}{2} J\, v^2 \text{ mit } J := \sum_{k=1}^{n} m_k \|q_k\|^2 > 0. \tag{14.3.2}$$

Damit ist die Bewegungsgleichung äquivalent zu der der Hamilton–Funktion

$$H : T^* S^1 \to \mathbb{R}\,, \quad H(p, \varphi) = \frac{p^2}{2J} - W(\varphi) \qquad \text{mit } W(\varphi) := V\left(0, \begin{pmatrix} \cos\varphi & -\sin\varphi \\ \sin\varphi & \cos\varphi \end{pmatrix}\right).$$

Deren hamiltonsche Gleichung lässt sich explizit lösen (siehe Satz 11.11). Auch der Fall eines um eine *ortsfeste Achse* rotierenden starren Körper im $\mathbb{R}^3$ kann auf dieses zweidimensionale Problem zurückgeführt werden.

Falls sogar $W = 0$ ist, dreht sich der starre Körper mit der durch die Energie $E = H(p_0, \varphi_0)$ bestimmten Winkelgeschwindigkeit: $\varphi(t) = \varphi_0 + \frac{p_0}{J} t = \varphi_0 \pm \frac{\sqrt{E}}{J} t$ um seinen Schwerpunkt. ◇

Der physikalisch wichtige Fall des frei rotierenden starren Körpers in $d = 3$ Dimensionen scheint schon deshalb schwieriger zu sein, weil sein Konfigurationsraum $\mathrm{SO}(3)$ sich nicht mehr so einfach wie $\mathrm{SO}(2)$ koordinatisieren lässt. Dafür gibt es zwar die sogenannten Euler–Winkel.

Allerdings können wir nicht darauf hoffen, dass sich der Ausdruck der kinetischen Energie in gleicher Weise vereinfachen lässt wie in (14.3.1). Denn die Matrix $A^\top A \in \mathrm{Sym}(3, \mathbb{R})$ kommutiert nun nicht mehr immer mit der Drehmatrix $O \in \mathrm{SO}(3)$. Stattdessen betrachten wir zwei Spezialfälle:

- Den *kräftefreien Kreisel*, bei dem das Potential $V = 0$ ist.
- Den *schweren symmetrischen Kreisel*. Der Trägheitstensor (14.2.3) eines *symmetrischen* Kreisels besitzt zwei gleiche Eigenwerte. Man spricht von einem *schweren* Kreisel, wenn $V$ ein konstantes Gravitationsfeld beschreibt.

## 14.3.1 Kräftefreie Kreisel

Im Fall des kräftefreien Kreisels nehmen wir eine Koordinatentransformation auf körpereigene Koordinaten vor.

In $d = 3$ Dimensionen verwenden wir statt der antisymmetrischen Matrizen $B \in \mathrm{Alt}(3, \mathbb{R})$ aus Lemma 14.6 die vertrauteren Vektoren

$$\omega = \begin{pmatrix} \omega_1 \\ \omega_2 \\ \omega_3 \end{pmatrix} \in \mathbb{R}^3 \quad \text{mit} \quad i(\omega) = \begin{pmatrix} 0 & -\omega_3 & \omega_2 \\ \omega_3 & 0 & -\omega_1 \\ \omega_1 & -\omega_2 & 0 \end{pmatrix} = B\,,$$

siehe (13.4.8) zur Parametrisierung des Tangentialraums an $\mathrm{SO}(3)$. Mit der Eigenschaft $i(a)c = a \times c \quad (a, c \in \mathbb{R}^3)$ aus (13.4.8) und der Identität des Kreuzproduktes

$$\langle a \times c, b \times c\rangle = \langle a, b\rangle \, \|c\|^2 - \langle a, c\rangle \, \langle b, c\rangle \qquad (a, b, c \in \mathbb{R}^3)$$

ergibt sich (für $a = b = \omega$ und $c = q_k$) die Form der Lagrange–Funktion

$$\mathcal{L}(\omega) = \tfrac{1}{2}\mathrm{tr}\left(i(\omega)\tilde{I}i(\omega)^\top\right) = \tfrac{1}{2}\,\langle \omega, I\omega\rangle\,. \tag{14.3.3}$$

Dabei ist die symmetrische Matrix $I \in \mathrm{Sym}(3, \mathbb{R})$ gleich $I = J\mathbb{1} - \tilde{I}$ mit $\tilde{I}$ aus (14.2.3) und

$$J := \sum_{k=1}^n m_k \|q_k\|^2\,, \text{ also } I = \sum_{k=1}^n m_k \begin{pmatrix} q_{k,2}^2+q_{k,3}^2 & -q_{k,1}q_{k,2} & -q_{k,1}q_{k,3} \\ -q_{k,1}q_{k,2} & q_{k,1}^2+q_{k,3}^2 & -q_{k,2}q_{k,3} \\ -q_{k,1}q_{k,3} & -q_{k,2}q_{k,3} & q_{k,1}^2+q_{k,2}^2 \end{pmatrix}. \tag{14.3.4}$$

$I$ wird *Trägheitstensor* genannt. Da die Summanden von $I$ in (14.3.4) positiv semidefinit mit Kern $\mathrm{span}(q_k)$ (und einem Eigenwert $\|q_k\|^2$ der Multiplizität 2) sind, ist $I$ selbst positiv semidefinit und sogar positiv definit, außer, wenn alle Massenpunkte $q_k$ auf einer Linie liegen.

**14.10 Aufgabe (Satz von Steiner)** Zeigen Sie, dass der Trägheitstensor aus (14.3.4), aufgefasst als Funktion $I : \mathbb{R}^{3d} \to \mathrm{Sym}(3, \mathbb{R})$ der $n$ Massenpunkte $q = (q_1, \ldots, q_n)$, bezüglich der Translationen

$$T_a(q) := (q_1 - a, \ldots, q_n - a) \qquad (a \in \mathbb{R}^3)$$

minimal[6] wird, wenn $a$ der Schwerpunkt $q_N$ aus (14.2.2) ist, und dass für die Gesamtmasse $m_N$, $q_N \in \mathbb{R}^3 \setminus \{0\}$ und die Projektion $P_N$ auf $\mathrm{span}(q_N)$ gilt:

$$I(q) \;=\; I\big(T_{q_N}(q)\big) \;+\; m_N \|q_N\|^2 (\mathbb{1}_3 - P_N)\,.$$

Das Trägheitsmoment bei Drehung um die Achse $\mathrm{span}(q_N)$ ist also die Summe der Trägheitsmomente eines um seinen Schwerpunkt verschobenen und eines in seinem Schwerpunkt konzentrierten Körpers gleicher Masse. ◇

Man gibt also üblicherweise den Trägheitstensor $I$ eines Körpers bezüglich seines Schwerpunkts an. Die Eigenwerte $0 \le I_1 \le I_2 \le I_3$ von $I$ heißen auch *Hauptträgheitsmomente*, die eindimensionalen Eigenräume *Hauptträgheitsachsen*. Letztere sind also paarweise orthogonal, beziehungsweise können bei Gleichheit von Hauptträgheitsmomenten orthogonal gewählt werden.

[6]Für symmetrische Matrizen gilt $A \le B$, wenn $B - A$ positiv semidefinit ist.

**14.11 Aufgabe (Hauptträgheitsmomente)** Zeigen Sie, dass für $n \geq 3$ Massenpunkte $q_k \in \mathbb{R}^3$ der Kegel

$$\left\{(I_1, I_2, I_3) \in \mathbb{R}^3 \mid I_1 \leq I_2 \leq I_3 \leq I_1 + I_2\right\}$$

der Wertebereich der Hauptträgheitsmomente ist. Welcher Wertebereich wird für $n = 3$ abgedeckt, falls sich der Schwerpunkt $q_N$ am Nullpunkt befindet?
Bestätigen Sie (durch Übergang von der Summe zum Integral in (14.3.4)) die Beispielangaben der Eckpunkte für das nebenstehende Bild der Hauptträgheitsmomente. Dabei wurde $I_1 + I_2 + I_3 = 1$ angenommen.
Daten bezogen auf den Schwerpunkt eines aufrecht stehenden Durchschnittserwachsenen (große Variation!). ◇

Interessant an (14.3.3) ist, dass nur noch drei der sechs Phasenraumkoordinaten, nämlich die Einträge der Winkelgeschwindigkeit $\omega$, vorkommen.

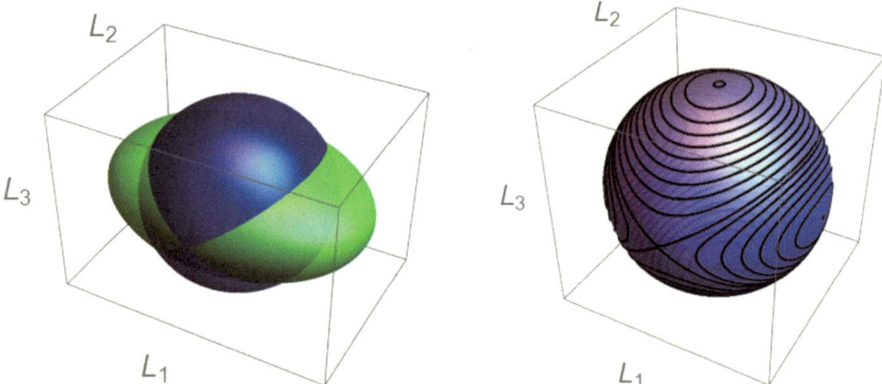


Abbildung 14.3.1: Links: Schnitt der Ellipsoide $M^{-1}(m)$ und $\mathcal{L}^{-1}(e)$. Rechts: Äquipotentialkurven auf $M^{-1}(m)$. Die Achsen sind die Drehimpulskomponenten.

**14.12 Satz** • *$\mathcal{L} : T\mathrm{SO}(3) \to \mathbb{R}$ aus (14.3.3) ist eine Konstante der Bewegung.*
• *Der Gesamtdrehimpuls des kräftefreien starren Körpers in raumfesten Koordinaten, also die Restriktion $L : T\mathrm{SO}(3) \to \mathbb{R}^3$ der Abbildung*

$$\tilde{L} : \mathbb{R}^{3n}_q \times \mathbb{R}^{3n}_v \to \mathbb{R}^3 \quad , \quad \tilde{L}(q, v) = \sum_{k=1}^{n} m_k q_k \times v_k \,,$$

*ist zeitlich konstant. Er besitzt in körpereigenen Koordinaten die Form $\mathbf{L} = \mathbf{I}\,\omega$, und $\|\mathbf{L}\|$ ist eine Konstante der Bewegung des kräftefreien Kreisels.*

**Beweis:** • Die Lagrange–Funktion $\mathcal{L}$ ist Konstante der Bewegung, da sie nach der Beziehung $H(p,q) = \langle p, v\rangle - \mathcal{L}(q,v)$ aus Satz 8.6 hier gleich dem pull-back der Hamilton–Funktion $H: T^*\mathrm{SO}(d) \to \mathbb{R}$ auf $T\mathrm{SO}(d)$ ist.[7]
• Mit (14.3.4) ist

$$\tilde{L}(q,v) = \sum_{k=1}^{n} m_k q_k \times (\omega \times q_k) = \sum_{k=1}^{n} m_k \big(\|q_k\|^2 \omega - \langle \omega, q_k\rangle\, q_k\big) = I\omega\,.$$

• Die Konstanz des Drehimpulses folgt aus dem Satz von Noether (Satz 13.22): Die diagonale Wirkung der Drehgruppe im Konfigurationsraum, also

$$\tilde{\Phi} : \mathrm{SO}(3) \times \mathbb{R}^{3n}_q \to \mathbb{R}^{3n}_q \quad , \quad \tilde{\Phi}_O(q_1, \ldots, q_n) = (Oq_1, \ldots, Oq_n)$$

wird durch Restriktion auf den zu $\mathrm{SO}(3)$ isomorphen Orbit zur Linkswirkung auf $\mathrm{SO}(3)$. Die Lagrange–Funktion ist invariant unter dem Lift dieser Linkswirkung auf $T\mathrm{SO}(3)$, denn

$$\big\langle O\omega,\, OIO^{-1}\, O\omega\big\rangle = \langle \omega,\, I\omega\rangle \qquad \big(O \in \mathrm{SO}(3)\big).$$

Analog ist die Hamilton–Funktion $H : T^*\mathrm{SO}(d) \to \mathbb{R}$ invariant unter dem Kotangentiallift $\Phi$ der Linkswirkung. Der auf $T^*\mathrm{SO}(3)$ zurückgezogene Drehimpuls $L : T\mathrm{SO}(3) \to \mathbb{R}^3$ ist (analog zu Beispiel 13.19) eine Impulsabbildung von $\Phi$, und die Hamilton–Funktion $H$ ist $\Phi$-invariant.
• Wegen $\mathbf{L}(t) = O^{-1}(t)L$ ist $\|\mathbf{L}\|$ zeitlich konstant. □

Neben $\mathcal{L}$ ist das Quadrat $M := \langle L, L\rangle$ des Drehimpulsvektors eine positiv definite quadratische Form auf dem $\mathbb{R}^3_\omega$. Sind die Eigenwerte von $I$ voneinander verschieden, dann definieren typische Werte von $\mathcal{L}$ und $M$ beschränkte Kurven im Raum. Bis auf Zeitparametrisierung haben wir damit die Differentialgleichung für die Winkelgeschwindigkeit $\omega$ gelöst, siehe Abbildung 14.3.1.

Wir bestimmen die Evolution des Drehimpulses $\mathbf{L}(t) = O(t)^{-1}L(t) \in \mathbb{R}^3$ in der körpereigenen Basis. Nach Lemma 14.6 und Satz 14.12 ergibt sich für den kräftefreien Kreisel die Euler–Gleichung

$$\dot{\mathbf{L}}(t) = \mathbf{L}(t) \times \boldsymbol{\Omega}(t)\,.$$

Wegen $\mathbf{L}(t) = \mathbf{I}\,\boldsymbol{\Omega}(t)$ ist das eine Differentialgleichung für den Vektor $\Omega$

$$\mathbf{I}\dot{\boldsymbol{\Omega}}(t) = \big(\mathbf{I}\,\boldsymbol{\Omega}(t)\big) \times \boldsymbol{\Omega}(t)\,.$$

Ist die symmetrische Matrix $\mathbf{I}$ diagonal, $\mathbf{I} = \mathrm{diag}(\mathbf{I}_1, \mathbf{I}_2, \mathbf{I}_3)$, dann ist die Koordinatenform der Euler–Gleichung für $\boldsymbol{\Omega} = \begin{pmatrix} \boldsymbol{\Omega}_1 \\ \boldsymbol{\Omega}_2 \\ \boldsymbol{\Omega}_3 \end{pmatrix}$

$$\begin{aligned} \mathbf{I}_1\,\dot{\boldsymbol{\Omega}}_1 &= (\mathbf{I}_2 - \mathbf{I}_3)\,\boldsymbol{\Omega}_2\,\boldsymbol{\Omega}_3 \\ \mathbf{I}_2\,\dot{\boldsymbol{\Omega}}_2 &= (\mathbf{I}_3 - \mathbf{I}_1)\,\boldsymbol{\Omega}_3\,\boldsymbol{\Omega}_1 \\ \mathbf{I}_3\,\dot{\boldsymbol{\Omega}}_3 &= (\mathbf{I}_1 - \mathbf{I}_2)\,\boldsymbol{\Omega}_1\,\boldsymbol{\Omega}_2\,. \end{aligned}$$

[7] Zwar ist Satz 8.6 nicht für Konfigurationsmannigfaltigkeiten $M$, sondern für offene Teilmengen $U$ des $\mathbb{R}^n$ formuliert, kann aber als Aussage über Kartenbilder von $M$ gelesen werden.

Äquivalent dazu ergeben sich für die Koordinaten $\begin{pmatrix} \mathbf{L}_1 \\ \mathbf{L}_2 \\ \mathbf{L}_3 \end{pmatrix} := \mathbf{L}$ des Drehimpulses in der körpereigenen Basis $\mathbf{L}_k = \mathbf{I}_k \boldsymbol{\Omega}_k$, also

$$\begin{aligned} \dot{\mathbf{L}}_1 &= \left(\tfrac{1}{\mathbf{I}_3} - \tfrac{1}{\mathbf{I}_2}\right) \mathbf{L}_2\, \mathbf{L}_3 \\ \dot{\mathbf{L}}_2 &= \left(\tfrac{1}{\mathbf{I}_1} - \tfrac{1}{\mathbf{I}_3}\right) \mathbf{L}_3\, \mathbf{L}_1 \\ \dot{\mathbf{L}}_3 &= \left(\tfrac{1}{\mathbf{I}_2} - \tfrac{1}{\mathbf{I}_1}\right) \mathbf{L}_1\, \mathbf{L}_2\,, \end{aligned}$$

mit den Erhaltungsgrößen $E := \sum_{k=1}^{3} \frac{\mathbf{L}_k^2}{\mathbf{I}_k}$ und $\|\mathbf{L}\|^2 = \mathbf{L}_1^2 + \mathbf{L}_2^2 + \mathbf{L}_3^2$.

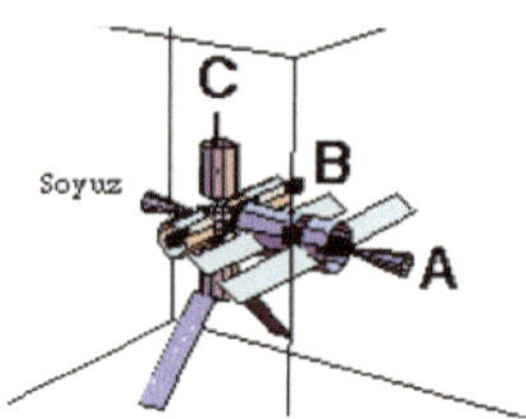

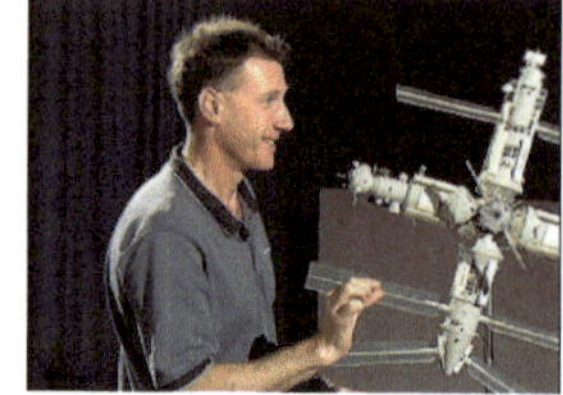

Abbildung 14.3.2: Links: Modell der *Mir*-Station. Mitte: beschädigte Station. Rechts: der Astronaut Michael Foale.[8]

**The Right Spin**
So lautet der Titel einer vom Mathematiker Robert Osserman herausgegebenen DVD über einen folgenreichen Unfall der Raumstation *Mir* (Abbildung 14.3.2, links und Mitte).
Am 25. Mai 1997 kollidierte diese mit dem unbemannten Versorgungsmodul *Progress*, als die Astronauten versuchten, das Andockmanöver ohne Benutzung des automatischen Leitsystems von Hand zu steuern (nach dem Zerfall der Sowjetunion verlangte die Ukraine Geld für die Benutzung dieses Systems, während das russische Raumprogramm auf Sparkurs gesetzt worden war).
Um dem der Kollision folgenden Druckabfall zu entgehen, musste sich die Crew in ein Modul der Station retten. Das nächste Problem war ein Stromausfall, denn die Kosmonauten waren gezwungen, Stromkabel zu zerschneiden, um die Luke ihres Moduls zu schließen. Die noch verfügbaren Solarzellen lieferten keinen Strom mehr, denn die Kollision hatte die Station zum Rotieren gebracht.
Im Film berichtet der US–Astronaut Michael Foale (Abbildung 14.3.2 rechts), wie er und seine russischen Kollegen versuchten, die *Mir* zu stabilisieren. Dazu musste (anhand eines zerbrochenen Modells der *Mir*) geschätzt werden, welche der Hauptachsen stabil waren.
Die Vermutung stellte sich als falsch heraus, und Foale versuchte auf einem Laptop mit sich leerenden Batterien die Euler–Gleichungen der Station zu lösen. Die Stabilisierungsversuche waren so erfolgreich, dass die Mannschaft überlebte und nach dreieinhalb Monaten von einem Space Shuttle zur Erde zurückgebracht werden konnte.

[8]The Mathematica Journal (links), NASA/JPL/Space Science Institute (Mitte) und The Mathematical Sciences Research Institute (MSRI, Berkeley, California), DVD 'The Right Spin' (rechts).

**14.13 Definition** *Das* **körpereigene Trägheitsellipsoid** *eines starren Körpers mit kinetischer Energie $h > 0$ ist*

$$\mathbf{E}_h := \{\omega \in \mathbb{R}^3 \mid \tfrac{1}{2}\langle \omega, \mathbf{I}\,\omega\rangle = h\}.$$

Auf diesem Ellipsoid muss sich also der körpereigene Vektor $t \mapsto \mathbf{\Omega}(t)$ bewegen, wenn die Energie gleich $h$ ist. Analog gilt für die Winkelgeschwindigkeit $\Omega$ im raumfesten System:

$$\Omega(t) \in \mathrm{E}_h(t) := O(t)\,\mathbf{E}_h \qquad (t \in \mathbb{R}).$$

**14.14 Satz (Poinsot)** *Das zeitabhängige Trägheitsellipsoid $t \mapsto E_h(t)$ des raumfesten Koordinatensystems rollt ohne Schlupf auf den zum Drehimpulsvektor $\ell \in \mathbb{R}^3$ senkrechten Ebenen*

$$U_\pm := \{\omega \in \mathbb{R}^3 \mid \langle \omega, \ell\rangle = \pm 2h\}.$$

**Beweis:** • $E_h(t)$ schneidet die Ebenen bei $\pm\Omega(t)$. Denn wegen $\ell = I(t)\Omega(t)$ ist: $\langle \Omega(t), \ell\rangle = 2h$.
• $E_h(t)$ berührt diese Ebenen. Denn der Gradient der kinetischen Energie ist bei $\Omega(t) \in E_h(t)$ gleich $\ell$.
• Das Trägheitsellipsoid besitzt in seiner Bewegung auf $U_\pm$ keinen Schlupf. Denn die Geschwindigkeit eines mit dem Trägheitsellipsoid mitbewegten Punktes $\omega(t) = O(t)\omega(0) \in E_h(t)$ ist

$$\frac{\mathrm{d}O}{\mathrm{d}t}(t)\,\omega(0) = i\big(\Omega(t)\big)\,\omega(t)$$

(mit $i$ aus (13.4.8)). Für $\omega(t) = \Omega(t)$ ist dieser Ausdruck Null. □

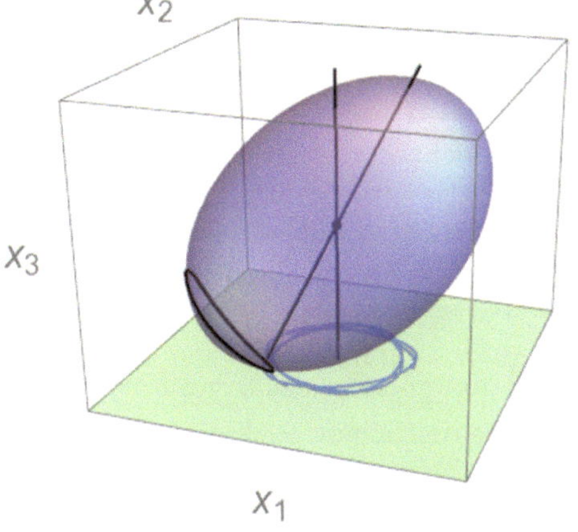

Das Trägheitsellipsoid rollt ohne Schlupf auf der Ebene $U_-$

Wie wir aus dieser Beschreibung, aber auch schon aus dem in Abbildung 14.3.1 gezeigten Schnitt der Ellipsoide ersehen können, ist die Bewegung um die mittlere Achse instabil.

**14.15 Bemerkung (Tennisschlägersatz)** Dies führt unter anderem zu folgendem Befund (Siehe Cushman und Bates [CB], Kapitel III.8): Hält man einen Tennisschläger horizontal und versucht, ihn um seine vertikale Achse zu drehen, dann bewegt sich der Griff näherungsweise in der Horizontalen. Fängt man den Schläger nach einer Rotation des Griffes wieder auf, haben sich aber Ober- und Unterseite vertauscht, siehe Abbildung 14.3.3.b) auf Seite 369. ◇

### 14.3.2 Schwere (symmetrische) Kreisel

Wie schon bei dem kräftefreien Kreisel wird beim schweren Kreisel nicht vorausgesetzt, dass dieser um seinen Schwerpunkt rotiert. Im Gegenteil wird sich ein homogenes Schwerefeld nur dann bemerkbar machen, wenn Aufhängepunkt und Schwerpunkt *nicht* übereinstimmen.

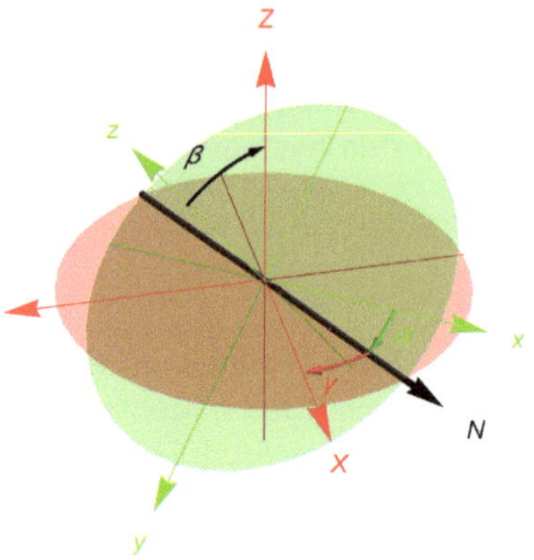

Die *Euler–Winkel* sind eine Parametrisierung der Drehgruppe $\mathrm{SO}(3)$. Eine Drehmatrix $R \in \mathrm{SO}(3)$ wird als Produkt $D_3(\gamma)D_1(\beta)D_3(\alpha)$ geschrieben, mit den Drehungen

$$
\begin{aligned}
D_1(\delta) &:= \begin{pmatrix} 1 & 0 & 0 \\ 0 & \cos(\delta) & \sin(\delta) \\ 0 & -\sin(\delta) & \cos(\delta) \end{pmatrix} \\
D_3(\delta) &:= \begin{pmatrix} \cos(\delta) & \sin(\delta) & 0 \\ -\sin(\delta) & \cos(\delta) & 0 \\ 0 & 0 & 1 \end{pmatrix}
\end{aligned}
$$

um die $x$– beziehungsweise $z$–Achse. Bezeichnet man die Schnittgerade der $xy$–Ebene und ihres Bildes unter $R$ als *Knotenlinie* $N$, dann ist $\alpha \in [0, 2\pi)$ (beziehungsweise $\gamma \in [0, 2\pi)$) der Winkel zwischen der $x$–Achse (bzw. deren Bild, der $X$–Achse) und $N$. $\beta \in [0, \pi)$ parametrisiert den Winkel zwischen den beiden Ebenen. $\alpha$ und $\beta$ sind also die geographische Länge und Breite der $Z$-Achse. Offensichtlich degeneriert die Darstellung insbesondere für $\beta = 0$.

In der Anwendung auf den schweren Kreisel wirkt die Schwerkraft in negativer $z$–Richtung, die $xy$–Ebene ist also waagerecht. Die im Kreisel ortsfesten $XYZ$–Achsen sollen die Hauptträgheitsachsen mit den Trägheitsmomenten $I_1$, $I_2$ und $I_3$ bezüglich des als Nullpunkt benutzten Aufhängepunkts sein.

Die Lagrange–Funktion $L : T\mathrm{SO}(3) \to \mathbb{R}$ besitzt $\mathcal{L}(\omega) = \frac{1}{2} \langle \omega, I\omega \rangle$ aus (14.3.3) als kinetischen Term. Die potentielle Energie im homogenen Schwerefeld ist die des Schwerpunktes. Wir setzen voraus, dass der Aufhängepunkt des Kreisels[9] sich auf der in $Z$–Richtung zeigenden Achse durch den Schwerpunkt befindet, im Abstand $a$. Dann besitzt dieser die $z$–Komponente $a\cos(\beta)$, und mit der Schwerebeschleunigung $g > 0$ ist die potentielle Energie $V \equiv V(\beta) = ag\cos(\beta)$. Wir verwenden Maßeinheiten, in denen $ag = 1$ ist.

In Euler–Winkeln $(\alpha, \beta, \gamma)$ besitzt die Lagrange–Funktion $L$ die Gestalt

$$
L(\alpha, \beta, \gamma, \dot\alpha, \dot\beta, \dot\gamma) = T(\alpha, \beta, \gamma, \dot\alpha, \dot\beta, \dot\gamma) - \cos(\beta) \tag{14.3.5}
$$

mit kinetischer Energie

$$
\begin{aligned}
T(\alpha, \beta, \gamma, \dot\alpha, \dot\beta, \dot\gamma) &= \tfrac{1}{2}\Big(I_1\big(\dot\alpha \sin(\beta)\sin(\gamma) + \dot\beta\cos(\gamma)\big)^2 \\
&+ I_2\big(\dot\alpha\sin(\beta)\cos(\gamma) - \dot\beta\sin(\gamma)\big)^2 + I_3\big(\dot\gamma + \dot\alpha\cos(\beta)\big)^2\Big).
\end{aligned}
$$

Wie man der numerischen Lösung anzusehen glaubt, ist die Bewegung für den Fall

[9] also der Nullpunkt des bewegten wie des ortsfesten kartesischen Koordinatensystems.

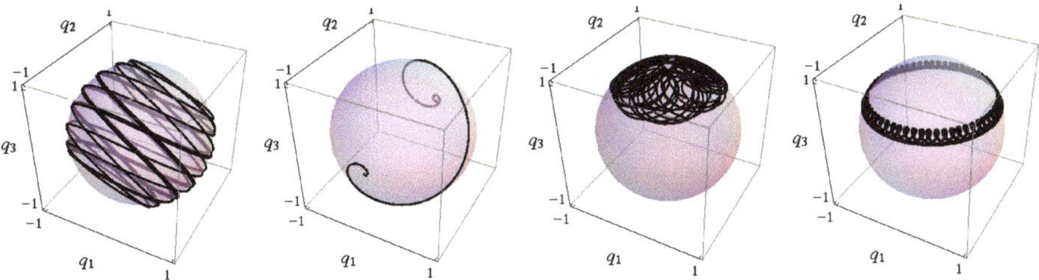


Abbildung 14.3.3: Bewegung des Locus der $I_3$-Achse auf der Einheitskugel. Von links nach rechts: a) keine Symmetrie, keine Schwerkraft, b) Tennisschlägersatz, c) keine Symmetrie, Schwerkraft, d) Symmetrie, Schwerkraft.

generischer Hauptträgheitsmomente nicht integrabel[10] (siehe Abb. 14.3.3 c)). Im achsensymmetrischen Fall $I_1 = I_2$ vereinfacht sich die Gestalt der Lagrange–Funktion (14.3.5) aber auf[11]

$$L(\alpha, \beta, \gamma, \dot{\alpha}, \dot{\beta}, \dot{\gamma}) = \tfrac{1}{2}\Big[I_1\big((\dot{\alpha}\,\sin(\beta))^2 + \dot{\beta}^2\big) + I_3\big(\dot{\gamma} + \dot{\alpha}\cos(\beta)\big)^2\Big] - \cos(\beta)\,. \tag{14.3.6}$$

In dieser tauchen die Koordinaten $\alpha$ und $\gamma$ nicht mehr auf. Damit sind deren konjugierte Impulse

$$p_\alpha = \frac{\partial L}{\partial \dot{\alpha}} = \dot{\alpha}\big(I_1 \sin^2(\beta) + I_3\cos^2(\beta)\big) + \dot{\gamma} I_3 \cos(\beta)\ ,\ p_\gamma = \frac{\partial L}{\partial \dot{\gamma}} = \big(\dot{\gamma} + \dot{\alpha}\cos(\beta)\big) I_3 \tag{14.3.7}$$

Erhaltungsgrößen. Deren Werte $\ell_z$ und $\ell_Z$ entsprechen den Drehimpulsen um die Vertikale und die körperfeste Symmetrieachse. Zusammen mit dem Wert $E$ der Gesamtenergie $T + V$ erhalten wir drei unabhängige Konstanten der Bewegung, und die Bewegung wird integrabel im Sinn von Definition 13.2. Wegen der Relation $\ell_z - \ell_Z\cos(\beta) = \dot{\alpha} I_1 \sin^2(\beta)$ schließen wir auf die implizite Differentialgleichung erster Ordnung $E = \frac{1}{2} I_1 \dot{\beta}^2 + V_{\text{eff}}(\beta)$ mit effektivem Potential

$$V_{\text{eff}}(\beta) := \frac{\big(\ell_z - \ell_Z\cos(\beta)\big)^2}{2I_1\sin^2(\beta)} + \frac{\ell_Z^2}{2I_3} + \cos(\beta)\,.$$

Diese wird bei Transformation auf die Variable $u := \cos(\beta)$ mit $\dot{\beta} = -\dot{u}/\sin(\beta)$ noch übersichtlicher. Denn dann ist

$$\dot{u}^2 = U_{\text{eff}}(u) \quad \text{mit} \quad U_{\text{eff}}(u) := \frac{2EI_3 - \ell_Z^2}{I_1 I_3}(1-u^2) - \frac{(\ell_z - \ell_Z u)^2}{I_1^2} - \frac{2u(1-u^2)}{I_1}\,,$$

das effektive Potential also ein Polynom dritten Grades.

[10] Das wurde auch bewiesen, siehe Maciejewski und Przybylska [MP], und die Literaturverweise in diesem Artikel.

[11] Diese Form setzt nicht voraus, dass $I_3$ das größte Hauptträgheitsmoment ist.

Aus $\lim_{u\to\pm\infty} U_{\text{eff}}(u) = \pm\infty$ und $U_{\text{eff}}(\pm 1) = -(\ell_z \mp \ell_Z)^2/I_1^2 \leq 0$ folgern wir, dass für $\ell_z \neq \pm\ell_Z$ und physikalisch realisierbare Energiewerte $E$ das Polynom zwei Nullstellen in $(-1,1)$ besitzt. Diese dem Winkel $\beta$ zugeordnete sogenannte *Nutationsbewegung* des Kreisels findet dann also zwischen zwei Grenzwinkeln $0 < \beta_1 \leq \beta_2 < \pi$ statt, siehe Abbildung 14.3.3 d).

Sie überlagert die *Präzession* von $\alpha$ und die *Rotation* von $\gamma$. Deren Differentialgleichungen erhält man durch Einsetzen der Nutationsbewegung $t \mapsto \beta(t)$ in (14.3.7).

**14.16 Weiterführende Literatur** In [Whi], Kapitel 6 von Whittaker (zu Anfang des 20. Jahrhunderts *die* Monographie zur analytischen Mechanik) findet man die expliziten Lösungen (elliptische Funktionen).
Globale Aspekte werden in [CB] von Cushman und Bates angesprochen. ◇

**14.17 Aufgabe (Schneller Kreisel)** Analysieren Sie, ab welcher Rotationsfrequenz die obere Ruhelage $\beta = 0$ des schweren symmetrischen Kreisels liapunov–stabil wird. ◇

**14.18 Bemerkung (Hyperion)** Hyperion ist ein Mond des Saturn. Die Sonde Voyager 2 fotografierte ihn (siehe Abbildung), und die Hauptträgheitsmomente $I_1 < I_2 < I_3$ konnten bestimmt werden. Sie weichen mit dem Wert des Trägheitsparameters $(I_2 - I_1)/I_3 \approx 0.24$ stark von einer axialsymmetrischen Gestalt ab. Kombiniert mit einer recht exzentrischen Bahn um Saturn führt dies zu einer chaotischen Rotation von Hyperion, siehe [WPM] von Wisdom, Peale und Mignard. Er ist der einzige bekannte Mond im Sonnensystem mit dieser Eigenschaft. [12]

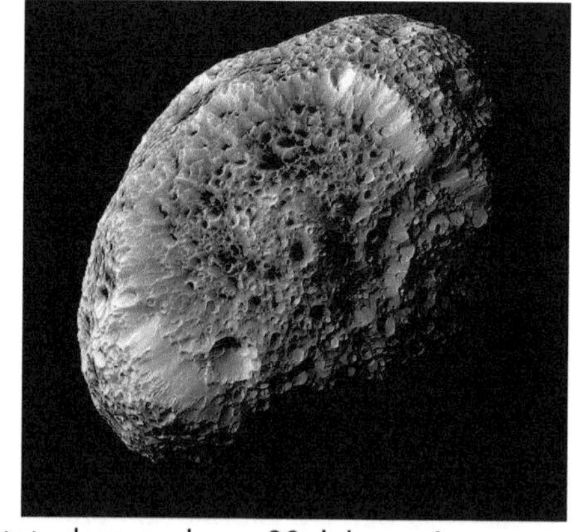

In [ZP] haben Zurek und Paz abgeschätzt, dass nach ca. 20 Jahren eine quantenmechanische Berechnung der Rotation merklich von den klassischen Daten abweichen würde. Hyperion sollte sich in einem makroskopischen Quantenzustand befinden. Wie die Tatsache zu erklären ist, dass wir dies nicht beobachten können, war Inhalt des sogenannten *Hyperion-Disputs*. ◇

[12]Foto: NASA/JPL-Caltech.

## 14.4 Bewegliche Körper, anholonome Systeme

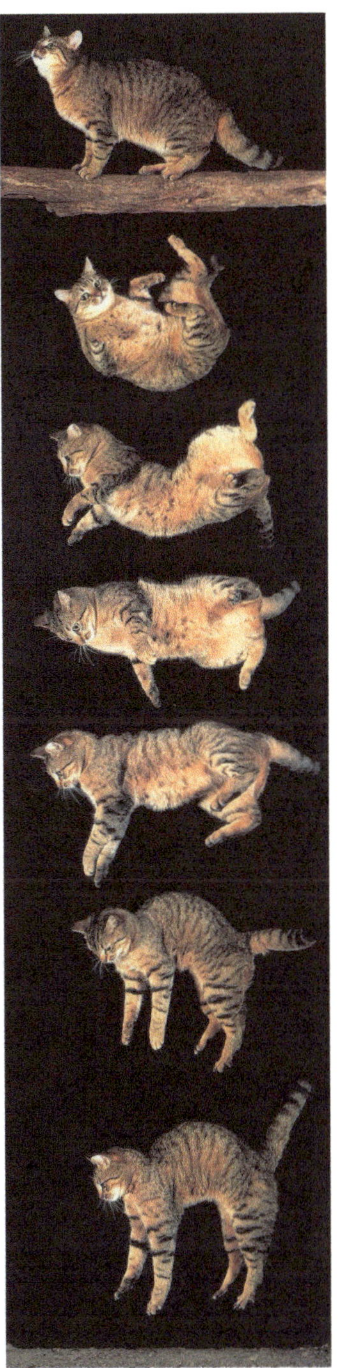

Die starren Körper aus Definition 14.3 bestehen aus $n$ Teilchen im $\mathbb{R}^d$ mit festen Abständen. Ihr Konfigurationsraum ist also eine Untermannigfaltigkeit des $\mathbb{R}^{nd}$, deren Dimension die der Gruppe $\mathbb{SE}(d)$ nicht übersteigt. Wir werden nun dieses Schema holonomer Zwangsbedingungen in zwei Richtungen verallgemeinern:

1. Wie in Bem. 8.10 angesprochen, können holonome Zwangsbedingungen als integrable *Distributionen* aufgefasst werden. Verallgemeinernd spricht man von (*anholonomen*) Zwangsbedingungen, wenn eine nicht notwendig integrable Distribution vorliegt. Besonders wichtig sind dabei die in den Geschwindigkeiten linearen Zwangsbedingungen. Ein erstes Beispiel ist die ohne Schlupf rollende Kugel.

2. Wir werden auch statt starren in sich bewegliche Körper untersuchen. Selbst wenn keinerlei Teilchenabstände fixiert werden, erhalten wir eine in einem reinen $n$–Körperproblem noch nicht vorhandene geometrische Struktur. Wir setzen nämlich voraus, dass gewisse Abstände *gesteuert* werden können, wie z.B. die Stellung eines Gelenks in Biologie und Technik. Dann wird der Konfigurationsraum zum Totalraum eines Bündels über dieser gesteuerten Basismannigfaltigkeit.

### 14.4.1 Geometrie beweglicher Körper

Beginnen wir mit Punkt 2. Diese Geometrie wurde seit den 1980er Jahren ausgearbeitet und ist z.B. in [MMR] von MARSDEN, MONTGOMERY und RATIU sowie in [Mon1] von MONTGOMERY beschrieben.
Das Paradigma ist der nebenstehend abgebildete freie Fall einer Katze.[13]

[13]Abbildung: Gérard Lacz

Diese kann zwar nicht ihren Drehimpuls ändern, schafft es aber trotzdem, mit den Füßen aufzukommen, wenn sie Zeit hat, wie abgebildet zu manövrieren. Die von ihr benutzte Technik ist die Benutzung einer geometrisch definierten Holonomie.

Katzen können damit auch den Sturz aus den oberen Stockwerken eines Hochhauses überleben. Wir Menschen können uns mit einer vergleichbaren Technik immerhin auf einem Bürostuhl ohne Bodenkontakt drehen.

Wir diskutieren allgemein den Fall einer freien eigentlichen Wirkung einer Lie–Gruppe $G$ auf einer (Konfigurations–) Mannigfaltigkeit $Q$. Der Quotient $B := Q/G$ ist damit nach Satz E.36 eine Mannigfaltigkeit[14] der Dimension $\dim(Q) - \dim(G)$ und kann als Basis des Prinzipalbündels $\pi : Q \to B$, $\pi(q) = [q]$ mit typischer Faser $G$ angesehen werden (siehe Bemerkung F.5).

**14.19 Beispiel**
Bei der Herleitung der Kinematik starrer Körper in Abschnitt 14.2 gingen wir von der Diagonalwirkung der Lie–Gruppe $G = \mathbb{SE}(d)$ auf $\mathbb{R}^{nd}$ aus. Diese wirkt auf dem $\mathbb{R}^{nd}$ zwar nicht frei. Aber wie aus Beispiel 14.4.3 folgt, ist für $n \geq d$ Teilchen die Einschränkung der Diagonalwirkung auf die dichte, $G$–invariante Teilmenge

$$Q := \big\{q = (q_1, \ldots, q_n) \in \mathbb{R}^{nd} \mid \operatorname{span}\big(\{q_i - q_k\}\big) = \mathbb{R}^d\big\}$$

frei. Da die $Q$ definierende Bedingung offen ist, ist $Q \subset \mathbb{R}^{nd}$ eine $nd$–dimensionale Untermannigfaltigkeit. ◇

**14.20 Aufgaben (Euklidische Symmetrien)**

1. Zeigen Sie, dass die Wirkungen von $\mathbb{SE}(d)$ auf $\mathbb{R}^{nd}$ und $Q$ eigentlich sind.
2. Zeigen Sie, dass die auf Seite 264 definierte Formsphäre des Dreikörperproblems als Quotient des Konfigurationsraums dreier Teilchen nach einer Gruppenwirkung verstanden werden kann. **Tipp:** Kombinieren Sie die Dilatationen $\mathbb{R}^2 \to \mathbb{R}^2$, $x \mapsto \lambda x$ $\big(\lambda \in (0, \infty)\big)$ mit $\mathbb{SE}(2)$, und lassen Sie die entstehende Gruppe auf dem Konfigurationsraum (11.3.2) wirken. ◇

Im Beispielfall parametrisiert $B$ die Formen des beweglichen ‚Körpers'. In vielen Anwendungen werden die möglichen Formen durch Wahl einer geeigneten $G$–invarianten Untermannigfaltigkeit von $Q$ eingeschränkt. Jedenfalls stellen wir uns vor, dass die Körperform als Funktion der Zeit gesteuert werden kann, durch Vorgabe einer Kurve $c : [0, 1] \to B$. Geben wir einen Zusammenhang auf dem Hauptfaserbündel $\pi : Q \to B$ vor, dann entspricht einer geschlossenen Kurve $c$ eine Holonomie, das heißt eine durch ein Element der Gruppe $G$ beschriebene Körperbewegung.

Ist der Totalraum eine riemannsche Mannigfaltigkeit $(Q, g)$ (im Beispielfall ist $g$ die euklidische Metrik), dann lässt sich ein solcher Zusammenhang wie folgt

[14] Falls schon $\{q_2 - q_1, \ldots, q_d - q_1\}$ linear unabhängig ist, gibt es einen eindeutigen Repräsentanten $r = (r_1, \ldots, r_n) \in [q]$, für den bezüglich der Einbettungen $\mathbb{R}^\ell \subset \mathbb{R}^n = \mathbb{R}^\ell \times \mathbb{R}^{n-\ell}$ gilt: $r_\ell \in \mathbb{R}^{\ell-1}$ $(\ell = 1, \ldots, d)$. In diesem Fall definieren diese Repräsentanten $r$ eine lokale Karte von $Q$. Sonst werden die Indices der $q_i$ entsprechend permutiert.

definieren. Als bei $q \in Q$ zur (vertikalen) Faserrichtung $V_q := \ker(D\pi_q) \subset T_qQ$ komplementärer horizontaler Unterraum wird

$$H_q := \{h \in T_qQ \mid g_q(h,v) = 0 \text{ für alle } v \in V_q\}$$

gewählt. Wirkt $G$ wie im Beispiel durch Isometrien, dann ist das ein $G$–invarianter Zusammenhang (im Sinn von Definition F.17).

Diese geometrischen Strukturen korrespondieren mit der hamiltonschen Mechanik eines *natürlichen mechanischen Systems*, das heißt einer Funktion auf dem Phasenraum $P := TQ$, die von der Form

$$H(q,v) = \tfrac{1}{2} g_q(v,v) + V(q)$$

ist. Dieses definiert über die mit dem musikalischer Isomorphismus $\flat : TQ \to T^*Q$ (siehe Seite 484) zurückgeholte kanonische symplektische Form $\omega_0$ ein hamiltonsches Vektorfeld auf $P$.

Mit Satz 13.16 erhalten wir eine symplektische, faserweise lineare Gruppenwirkung von $G$ auf $P$. Diese ist eine Symmetrie der Dynamik, wenn $G$ nicht nur isometrisch auf $Q$ wirkt, sondern auch das Potential $V$ invariant lässt. Die Konstanten dieser Bewegung sind durch die Impulsabbildung $J : P \to \mathfrak{g}^*$ gegeben (Definition 13.18). Mithilfe des Vektorfeldes $X_\xi : Q \to TQ$ von $\xi \in \mathfrak{g}$ kann man diese als

$$J(q,v) = X_q^\top(v) \qquad \big((q,v) \in TQ\big)$$

schreiben (mit der Transponierten $X_q^\top : T_qQ \to \mathfrak{g}^*$ von $\xi \mapsto X_\xi$ mittels $g$, siehe MONTGOMERY [Mon1], Kapitel 14.1). Die Wirkung ist also faserweise linear.

Nun können wir $J : TQ \to \mathfrak{g}^*$ damit *beinahe* als eine Zusammenhangsform $A : TQ \to \mathfrak{g}$ auf dem Bündel $\pi : Q \to B$ deuten. Nur beinahe, denn $J$ besitzt Werte in der dualen Lie–Algebra $\mathfrak{g}^*$ statt in $\mathfrak{g}$.

Diesen Fehler kann man aber beheben, wenn man das *Trägheitsmoment* bei $q \in Q$ als die symmetrische Bilinearform $\mathfrak{g} \times \mathfrak{g} \to \mathbb{R}$, $(\xi,\eta) \mapsto g_q\big(X_\xi(q), X_\eta(q)\big)$ definiert, oder äquivalent als lineare Abbildung

$$\mathbb{I}(q) : \mathfrak{g} \to \mathfrak{g}^* \quad , \quad \xi \mapsto g_q\big(X_\xi(q), \cdot\big) .$$

**14.21 Satz** *Die Lie–Algebra–wertige Eins–Form*

$$A : TQ \to \mathfrak{g} \quad , \quad A(q) := \mathbb{I}(q)^{-1} J(q, \cdot)$$

*ist die Zusammenhangsform des Ehresmann–Zusammenhangs $H$ auf dem Hauptfaserbündel $\pi : Q \to B$, das heißt $\ker\big(A(q)\big) = H_q$. Insbesondere verschwindet $J(q,v)$ für horizontale Richtungen $v$.*

**Beweis:** Siehe MONTGOMERY [Mon1], *Proposition 14.1.* □

Mechanische Systeme mit verschwindendem $J$ bewegen sich also unter einer gesteuerten Dynamik so, wie das durch den Ehresmann–Zusammenhang $H$ definiert ist.

In der physikalischen Literatur wird die zugehörige Holonomie oft mit den Namen Berry–Phase (in quantenmechanischen Phänomenen) oder Hannay–Winkel bezeichnet. Es lässt sich zeigen, dass diese Größen in vielen gesteuerten Systemen im Limes langsamer Parameteränderung aus der Bewegung abgelesen werden können.

Die Anwendungen sind vielfältig: Die in Beispiel F.29 vorgestellte Dreiachsenstabilisierung lässt sich damit ebenso erklären wie das Foucault–Pendel und die zyklische Fortbewegung von Mikroorganismen, ja, es wurde sogar eine Schwimmtechnik im gekrümmten Weltraum gefunden (die aber zu ineffektiv ist um einem schwarzen Loch zu entkommen, siehe AVRON und KENNETH [AvK]).

## 14.4.2 Anholonome Zwangsbedingungen

Reifen, Kugeln etc. rollen auf einer Oberfläche *ohne Schlupf*, wenn sich deren Oberfläche am Berührpunkt mit der Unterlage nicht bewegt. Dies führt zu in den Geschwindigkeiten linearen anholonomen Zwangsbedingungen. Beispielsweise können wir mit einem Auto oder einem Fahrrad nicht seitwärts fahren, aber dennoch einparken.

**14.22 Beispiel (Rollendes Rad)** Wir betrachten ein senkrecht rollendes Rad (siehe den Artikel [BKMM] von BLOCH, KRISHNAPRASAD, MARSDEN und MURRAY). Besitzt dies den Radius $r > 0$, dann befindet sich die Radnabe am Punkt $(x_1, x_2, r)$ über dem Berührpunkt $(x_1, x_2, 0) \in \mathbb{R}^3$. Seine aktuelle Orientierung im Raum wird durch einen Winkel $\theta$ beschrieben. Ein zweiter Winkel $\varphi$ misst die Lage eines markierten Punktes, etwa des Ventils, relativ zum Berührpunkt mit dem Boden. Damit bewegt sich die Radnabe mit dem Geschwindigkeitsvektor $\dot{x} = \big(r\cos(\theta)\,\dot{\varphi}\,,\, r\sin(\theta)\,\dot{\varphi}\big)$ parallel zur Unterlage[15]. Die durch das Abrollen definierte Distribution $\mathcal{D} \subset TQ$ im Ortsraum $Q := \mathbb{R}^2_x \times S^1_\theta \times S^1_\varphi$ ist also durch

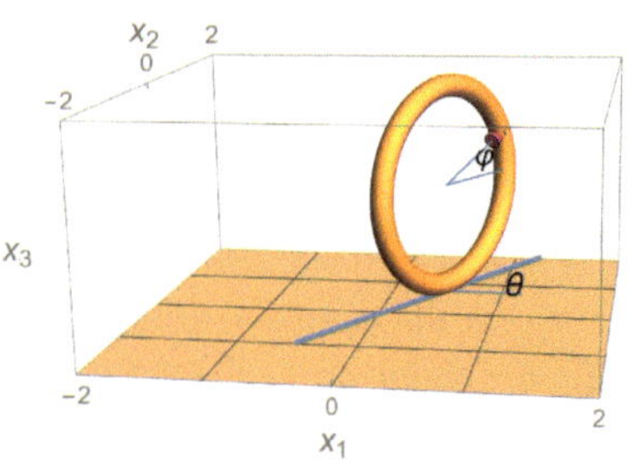


$$\mathcal{D}(x, \theta, \varphi) = \big\{(\dot{x}, \dot{\theta}, \dot{\varphi}) \in \mathbb{R}^4 \mid \dot{x} = \big(r\cos(\theta)\dot{\varphi},\, r\sin(\theta)\dot{\varphi}\big)\big\} \tag{14.4.1}$$

gegeben und offensichtlich in den Geschwindigkeiten linear. Sie ist zweidimensional und glatt. Sie wird (mit der Abkürzung $q := (x_1, x_2, \theta, \varphi)$) durch die Vektorfelder

$$X_i : Q \to TQ \quad , \quad X_1(q) := \big(r\cos(\theta), r\sin(\theta), 0, 1\big) \text{ und } X_2(q) := (0, 0, 1, 0)$$

aufgespannt: Deren Kommutator ist $[X_1, X_2](q) = \big(r\sin(\theta), -r\cos(\theta), 0, 0\big)$, liegt also nicht in $\mathcal{D}(q)$. Nach dem Satz F.25 von Frobenius ist sie damit nicht integrabel.

[15] Wir unterschlagen ab jetzt die vertikale $x_3$–Komponente.

Wegen $[X_2,[X_1,X_2]](q) = \big(r\cos(\theta), r\sin(\theta),0,0\big) = X_1(q) - (0,0,0,1)$ spannen die $X_i$ und diese beiden Kommutatoren sogar ganz $TQ$ auf.
Nach dem Satz von Chow[16] kann man also je zwei Punkte des Konfigurationsraumes $Q$ durch einen glatten Weg $c:[0,1]\to Q$ verbinden, der horizontal ist, dessen Geschwindigkeitsvektor $\dot c(t)$ also in $\mathcal{D}\big(c(t)\big)$ liegt. Beispielsweise kann das Rad so vom Punkt $A$ zum Punkt $B$ der Ebene manövriert werden, dass sein Ventil bei $A$ und $B$ in die gleiche Richtung zeigt. $\diamond$

Solche kinematischen Betrachtungen werden durch die der nichtholonomen Dynamik ergänzt. Dabei wird eine Lagrange–Funktion $L: TQ\to\mathbb{R}$ auf die Distribution $\mathcal{D}\subset TQ$ restringiert, also $L_{\mathcal{D}} := L\restriction_{\mathcal{D}}$ gesetzt. Ist $n:=\dim(Q)$ und die Distribution vom Rang $n-p$, dann kann sie lokal als Nullstellenmenge von $p$ unabhängigen Eins–Formen $\omega_1,\ldots,\omega_p$ geschrieben werden. In lokalen Koordinaten $q=(r,s)$ von $Q$ mit $s=(s_1,\ldots,s_p)$, $r=(r_1,\ldots,r_{n-p})$ ist

$$\omega_a(r,s) = ds_a + \sum_{\alpha=1}^{n-p} A_{a,\alpha}(r,s)\,dr_\alpha \qquad (a=1,\ldots,p). \tag{14.4.2}$$

Einsetzen ergibt (mit Summierung über $\alpha$) die Koordinatengestalt der restringierten Lagrange–Funktion:

$$L_{\mathcal{D}}(r,s,\dot r) = L\big(r,s,\dot r, -A_{\cdot,\alpha}(r,s)\,\dot r_\alpha\big)\,.$$

Die *Lagrange-d'Alembert–Bewegungsgleichungen* entstehen durch Variation von zur Distribution tangentialen Kurven $t\mapsto q(t)$, wobei auch die Variation $\delta q(t)$ in $\mathcal{D}\big(q(t)\big)$ liegt. In lokalen Koordinaten besitzen diese Gleichungen die Gestalt

$$\frac{\mathrm{d}}{\mathrm{d}t}\frac{\partial L_{\mathcal{D}}}{\partial \dot r_\alpha} - \frac{\partial L_{\mathcal{D}}}{\partial r_\alpha} + A_{a,\alpha}\frac{\partial L_{\mathcal{D}}}{\partial s_a} = -\frac{\partial L}{\partial \dot s_a} B_{a,\alpha,\beta}\,\dot r_\beta \qquad (\alpha = 1,\ldots,n-p),$$

wobei $B$ die Krümmung des durch $A$ definierten Zusammenhangs ist, und daher oft magnetischer Term genannt wird. In Koordinaten ist

$$B_{\cdot,\alpha,\beta} = \frac{\partial A_{\cdot,\alpha}}{\partial r_\beta} - \frac{\partial A_{\cdot,\beta}}{\partial r_\alpha} + A_{a,\alpha}\frac{\partial A_{\cdot,\beta}}{\partial s_a} - A_{a,\beta}\frac{\partial A_{\cdot,\alpha}}{\partial s_a}\,.$$

**14.23 Beispiel (Rollendes Rad)** Das Rad aus Beispiel 14.22 besitze eine achsensymmetrische Massenverteilung mit Gesamtmasse $m>0$. Eine Hauptachse seines Trägheitstensors (14.2.3) stimmt dann mit der Radachse überein, und $\tilde I$ ist senkrecht dazu rotationssymmetrisch. Bezeichnen wir das zugehörige Hauptträgheitsmoment mit $I$, und die beiden anderen mit $J$, dann hat die Lagrange–Funktion die Gestalt

$$L: TQ\to\mathbb{R}\quad,\quad L(x,\theta,\varphi,\dot x,\dot\theta,\dot\varphi) = \tfrac12\big(m\|\dot x\|^2 + I\dot\varphi^2 + J\dot\theta^2\big)\,.$$

[16]**Satz (Chow):** Wenn auf der zusammenhängenden Mannigfaltigkeit $Q$ eine Distribution durch Vektorfelder $X_1,\ldots,X_n$ aufgespannt wird, deren iterierte Kommutatoren (einschließlich der $X_i$) ihrerseits ganz $TQ$ aufspannen, dann gibt es für alle $q_0,q_1\in Q$ einen horizontalen Weg $c\in C^1\big([0,1],Q\big)$ mit $c(i)=q_i$. Siehe MONTGOMERY, [Mon1], Kapitel 2.

Die Form der Distribution (14.4.1) legt es nahe, als die $r$–Koordinaten in (14.4.2) die Winkel zu benutzen. Die restringierte Lagrange–Funktion ist dann

$$L_{\mathcal{D}}(x,\theta,\varphi,\dot{x},\dot{\theta},\dot{\varphi}) = \tfrac{1}{2}\big((mr^2+I)\dot{\varphi}^2 + J\dot{\theta}^2\big)\,.$$

Werden als Indices von $A$ die Variablennamen verwendet, dann ist $A_{x_1,\theta} = A_{x_2,\theta} = 0$ und $A_{x_1,\varphi}(x,\theta,\varphi) = -r\cos(\theta)$, $A_{x_2,\varphi}(x,\theta,\varphi) = -r\sin(\theta)$. Es folgt

$$B_{x_1,\theta,\varphi}(x,\theta,\varphi) = r\sin(\theta) \quad , \quad B_{x_2,\theta,\varphi}(x,\theta,\varphi) = -r\cos(\theta)\,.$$

Die Bewegungsgleichungen sind damit

$$(mr^2+I)\ddot{\varphi} = 0\ ,\ J\ddot{\theta} = 0\ , \text{ mit Lösung } \varphi(t) = \varphi(0)+\dot{\varphi}(0)t\ ,\ \theta(t) = \theta(0)+\dot{\theta}(0)t\,.$$

Das Rad durchläuft also gleichförmig je nach Anfangsbedingung $\dot{\theta}(0)$ einen Kreis oder eine Gerade in der Ebene. ◇

Während die Bewegungsform des Rades auch erraten werden könnte und nicht aus dem Rahmen der hamiltonschen Mechanik herausfällt, zeigen sich schon bei wenig komplizierteren anholonomen Systemen ungewohnte Phänomene:

- Das Phasenraumvolumen muss nicht mehr erhalten sein, obwohl keine Reibung vorliegt. Dieses Phänomen kann zu asymptotischer Stabilität führen. Sie ist etwa von Einkaufswagen bekannt, die sich in freier Fahrt so orientieren, dass die Griffe nach vorn zeigen.
- Eine Poisson–Klammer erfüllt im Gegensatz zum symplektischen Fall nicht immer die Jacobi–Identität.
- Kontinuierliche Symmetrien müssen im Gegensatz zum Satz von Noether nicht zu Erhaltungsgrößen führen.

**14.24 Weiterführende Literatur** Bloch, Marsden und Zenkov stellen in [BMZ] solche Fälle vor und geben einen Literaturüberblick. ◇

# Kapitel 15

# Störungstheorie

Die Saturn-Ringe, 2005 von der Raumsonde Cassini aufgenommen.
Bild: NASA/JPL-Caltech



In der Störungstheorie betrachtet man dynamische Systeme, deren Lösung zwar nicht explizit bekannt ist, die aber durch Vergleich mit der bekannten Lösung eines anderen dynamischen Systems auf dem gleichen Phasenraums kontrolliert werden kann. Im hamiltonschen Fall ist diese Näherung besonders präzis. Im Extremfall sehr irrationaler Frequenzverhältnisse ist sie für alle Zeiten gültig.

## 15.1 Bedingt-periodische Bewegung des Torus

„*Je n'avais pas besoin de cette hypothèse-là.*" (Pierre-Simon Laplace)[1]

Nicht alle hamiltonschen Systeme sind integrabel. Für $n \geq 2$ Freiheitsgrade ist Nichtintegrabilität sogar in einem präzisen Sinn typisch (*generisch* im Sinn von Bemerkung 2.44.2), siehe MARKUS und MEYER [MaMe].

In nicht integrablen Systemen findet die Bewegung in der $(2n-1)$–dimensionalen Energieschale für ein positives Liouville–Maß von Anfangsbedingungen nicht auf $n$–dimensionalen Lagrange–Tori statt und kann sehr verwickelt (,chaotisch') aussehen. Um das Langzeitverhalten der Orbits zu beschreiben, mussten ganz neue Begriffe entwickelt werden, wie zum Beispiel die der in Kapitel 9 besprochenen Ergodentheorie.

Wir wenden wir jetzt stattdessen Systemen zu, die *beinahe* integrabel sind, in denen die Hamilton–Funktion also die Form

$$H_\varepsilon(I,\varphi) = H_0(I) + \varepsilon H_1(I,\varphi)\,,$$

$|\varepsilon|$ klein, besitzt. Ziel ist zunächst die Beschreibung der Orbits für nicht allzu lange Zeiten.

Wir schauen uns also Differentialgleichungssysteme der Form

$$\begin{array}{rclcll} \dot I_k &=& 0 &+& \varepsilon f_k(I,\varphi) & (k\in\{1,\ldots,m\}) \\ \dot\varphi_l &=& \omega_l(I) &+& \varepsilon g_l(I,\varphi) & (l\in\{1,\ldots,n\}) \end{array} \qquad (15.1.1)$$

auf einem Phasenraum der Form $G\times\mathbb{T}^n$ an, mit $G\subseteq\mathbb{R}^m$ offen. Verallgemeinernd setzen wir also nicht voraus, dass das System hamiltonsch ist. Es braucht auch nicht gleich viele Winkel- wie Wirkungsvariablen zu geben.

Es ist in diesem Zusammenhang besser, von **langsamen** $(I)$–Variablen und **schnellen** $(\varphi)$–Variablen zu sprechen, denn offensichtlich gilt allgemein für jedes $\varepsilon$–unabhängige $T>0$ :

$$\|I(t)-I(0)\| = \mathcal{O}(\varepsilon) \quad \text{und} \quad \|\varphi(t)-\varphi(0)\| = \mathcal{O}(1) \qquad (|t|\leq T).$$

Es ist sinnvoll, sich den Phasenraum als Bündel $G\times\mathbb{T}^n$ über der Basis $G$ mit dem Torus $\mathbb{T}^n$ als Faser vorzustellen. In $G$ findet dann nur die langsame Drift der $I$–Variablen statt, siehe nebenstehende Zeichnung.

In vielen Fällen interessiert uns hauptsächlich die zeitliche Entwicklung der langsamen Variablen $I$.

Um diese zu untersuchen, wenden wir aus der Ergodentheorie (Kapitel 9.4) bekannte Begriffe auf (15.1.1) an:

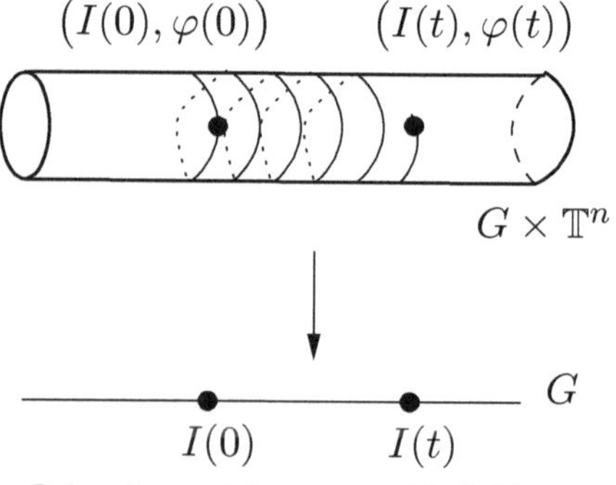

Schnelle und langsame Variablen

[1](Diese Hypothese benötigte ich nicht). Als Antwort auf die Frage Napoleons, warum in seinem (u.A. die Störungstheorie mitbegründenden) Buch *Mécanique Céleste* Gott nicht vorkam. Nach W. Rouse Ball: A short account of the history of mathematics, 4. Auflage (1908), S. 418

### 15.1 Definition

- *Das* **Raummittel** *einer integrablen Funktion* $h : G \times \mathbb{T}^n \to \mathbb{R}$ *ist die Funktion*

$$\langle h \rangle : G \to \mathbb{R} \quad , \quad \langle h \rangle(I) = \int_{\mathbb{T}^n} h(I,\varphi)\, \frac{\mathrm{d}\varphi}{(2\pi)^n}\,.$$

- *Das* **Zeitmittel** *von* $h$ *bezüglich* $\omega : G \to \mathbb{R}^n$ *ist die Funktion*

$$h^* : G \times \mathbb{T}^n \to \mathbb{R} \quad , \quad h^*(I,\varphi) = \lim_{T\to\infty} \frac{1}{T} \int_0^T h\big(I, \varphi + \omega(I)t\big)\,\mathrm{d}t\,.$$

Wir bezeichnen die Lösung von (15.1.1) zu vorgegebenen Anfangsbedingungen $x_0 = (I_0, \varphi_0)$ mit $t \mapsto I_\varepsilon(t, x_0)$. Das *Mittelungsprinzip* besteht nun darin, diese mit der Lösung $t \mapsto J_\varepsilon(t, x_0)$ einer einfacheren Differentialgleichung, des sogenannten gemittelten Systems

$$\dot{J}_k \;=\; \varepsilon\,\langle f_k \rangle(J) \qquad (k = 1, \ldots, m)$$

mit Anfangswert $J_\varepsilon(0, x_0) := I_0$ zu vergleichen. Die $\varepsilon$–Abhängigkeit des gemittelten Systems ist simpel: $J_\varepsilon(t, x_0) = J_1(\varepsilon\, t, x_0)$.

Unter bestimmten Umständen ist die Differenz $\|I_\varepsilon(t,x_0) - J_\varepsilon(t,x_0)\|$ für eine lange Zeitspanne klein.

### 15.2 Beispiel (Mittelungsprinzip)

Für $f : \mathbb{R} \times S^1 \to \mathbb{R}$, $f(I,\varphi) := 1 + \cos\varphi$ und $\omega \in \mathbb{R} \setminus \{0\}$ sei

$$\dot{I} = \varepsilon f(I,\varphi) \quad , \quad \dot{\varphi} = \omega$$

(also $g \equiv 0$ in (15.1.1)). Die Lösung des Anfangswertproblems ist

$$I_\varepsilon(t,x_0) = I_0 + \varepsilon t + \frac{\varepsilon}{\omega}\sin(\omega t + \varphi_0)$$
$$\varphi_\varepsilon(t,x_0) = \varphi_0 + \omega t.$$

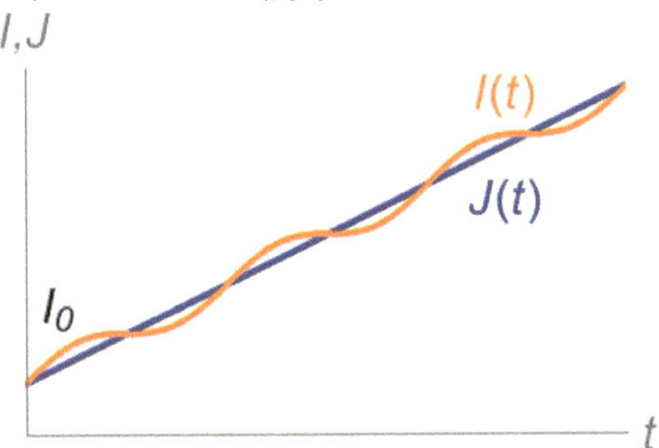


Das gemittelte ‚System' (in Wahrheit haben wir nur noch eine Variable) ist

$$\dot{J} = \varepsilon \langle f \rangle(J) = \varepsilon \quad , \text{ also } \quad J_\varepsilon(t,x_0) = I_0 + \varepsilon t\,.$$

In diesem Fall gilt also gleichmäßig in den Zeiten $t \in \mathbb{R}$ und den Anfangswerten $x_0$

$$|I_\varepsilon(t,x_0) - J_\varepsilon(t,x_0)| \le \frac{\varepsilon}{\omega} = \mathcal{O}(\varepsilon)\,,$$

siehe Abbildung 15.2. Allerdings, und das ist typisch, divergiert der Abstand für $\omega \to 0$. ◇

Natürlich können wir in diesem einfachen Beispiel das Differentialgleichungssystem durch Quadraturen lösen, sodass wir auf eine Näherungslösung nicht angewiesen sind. Trotzdem zeigt uns das Beispiel, worauf es ankommt. Zwar oszilliert die langsame Variable $I$ wegen der $\varphi$–Abhängigkeit von $f$ ‚schnell', mit der Schwankungsbreite $\mathcal{O}(\varepsilon)$. Zur einer langfristigen Veränderung von $f$ trägt aber nur das Raummittel $\langle f\rangle = 1$ von $f$ bei. Dieses entspricht hier exakt dem Zeitmittel

$$\begin{aligned}\lim_{T\to\infty}\frac{1}{T}\int_0^T f\big(I_\varepsilon(t,x_0),\varphi_\varepsilon(t,x_0)\big)\,\mathrm{d}t &= \lim_{T\to\infty}\frac{1}{T}\int_0^T \big(1+\cos(\varphi_0+\omega t)\big)\,\mathrm{d}t\\ &= \lim_{T\to\infty}\frac{1}{T}\left(T+\frac{\sin(\varphi_0+\omega T)-\sin(\varphi_0)}{\omega}\right)=1\,.\end{aligned}$$

Wenn im allgemeinen Fall Raummittel und Zeitmittel von $f$ übereinstimmen würden, wären wir sicher, dass das Mittelungsprinzip uns eine gute Näherung für die Evolution der langsamen Variablen liefern würde (vorausgesetzt genügend schnelle Konvergenz des Zeitmittels). Dies ist aber leider nicht immer der Fall:

**15.3 Beispiel (Scheitern des Mittelungsprinzips)**
Auf dem Phasenraum $\mathbb{R}^2\times\mathbb{T}^2$ betrachten wir die Differentialgleichung

$$\dot I_1 = -\varepsilon\,\sin(\varphi_1-2\varphi_2),\ \dot I_2 = \varepsilon\,\big(\cos(\varphi_1-2\varphi_2)+\sin\varphi_2\big),\ \dot\varphi_1 = 2,\ \dot\varphi_2 = 1+I_1\,.$$

Das gemittelte System ist also

$$\dot J_1 = \dot J_2 = 0\,.$$

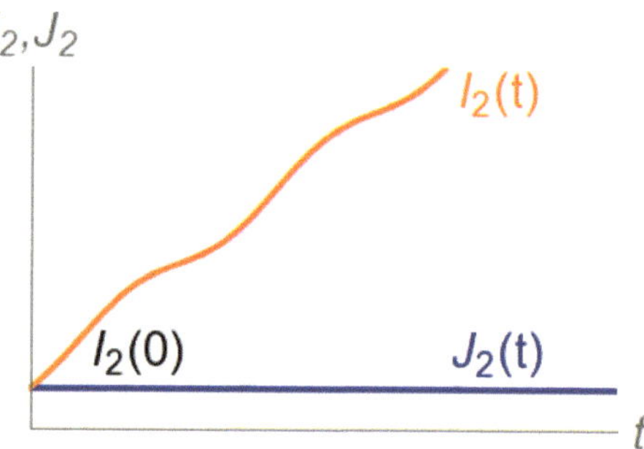


Für die Anfangswerte mit

$$\varphi_1(0)=\varphi_2(0)=0 \text{ und } I_1(0)=0$$

bezeichnen wir die Lösung einfach mit $(I,\varphi)$:

$$\varphi_1(t)=2t\ ,\ \varphi_2(t)=t$$
$$I_1(t)=0\ ,\ I_2(t)=I_2(0)+\varepsilon\,\big(t-\cos(t)+1\big).$$

Im Gegensatz zu den langsamen Variablen bleiben die gemittelten Variablen konstant:

$$J_1(t)=I_1(0)=0 \quad\text{und}\quad J_2(t)=I_2(0)\,.$$

Im Limes großer Zeiten $|t|$ ist damit $\|I(t)-J(t)\| = \varepsilon|t-\cos(t)+1| \sim \varepsilon|t|$, siehe Abbildung.

Hier führt also die Anwendung des Mittelungsprinzips nicht zu einer guten Annäherung der Wirkungen $I_k$ durch die gemittelten Wirkungen $J_k$, zumindest nicht für die angegebenen Anfangsbedingungen. ◇

Wenn wir nach Kriterien suchen, unter denen wir das Mittelungsprinzip erfolgreich anwenden können, müssen wir analysieren, warum im zweiten Beispiel die

Differenz zwischen $I_2$ und $J_2$ schon für $t = \mathcal{O}(1/\varepsilon)$ nur von der Ordnung $1$, also groß ist. Wir betrachten dazu die in Beispiel 15.3 auftretende Bewegung

$$\varphi_1(t) = 2t \quad , \quad \varphi_2(t) = t$$

auf dem Torus $\mathbb{T}^2$. Diese Bewegung ist $2\pi$–periodisch, siehe Abbildung 15.1.1.

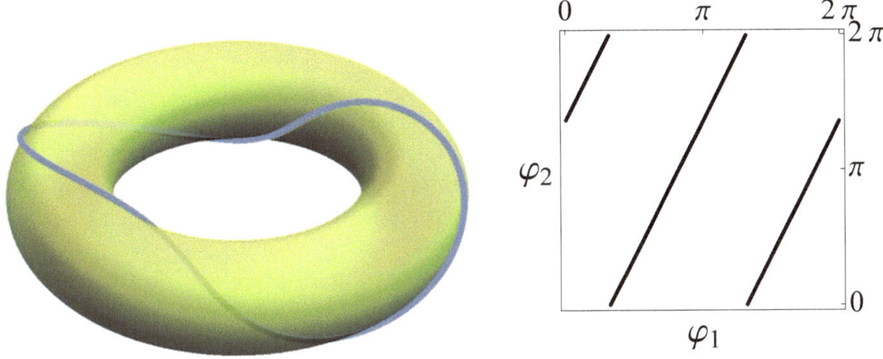


Abbildung 15.1.1: $2\pi$–periodische Bewegung auf $\mathbb{T}^2$

Wir können also nicht erwarten, dass Raummittel und Zeitmittel einer Funktion $f$ auf $\mathbb{T}^2$ gleich sind.

Insbesondere ist für den Koeffizienten $f := f_2$ des Differentialgleichungssystems (mit $f_2(I,\varphi) = \cos(\varphi_1 - 2\varphi_2) + \sin\varphi_2$)

$$\langle f_2 \rangle (I) \equiv 0\,,$$

aber

$$\lim_{t\to\infty} \frac{1}{T} \int_0^T f_2\big(I, \varphi(t)\big)\,\mathrm{d}t = 1\,.$$

Wir müssen also zunächst nach Kriterien suchen, die Gleichheit von Raum- und Zeitmittel einer Bewegung auf dem Torus erzwingen.

**15.4 Definition**

- *Es seien $\varphi = (\varphi_1, \ldots, \varphi_n)$ Winkelkoordinaten auf dem Torus $\mathbb{T}^n$. Dann heißt für $\omega = (\omega_1, \ldots, \omega_n) \in \mathbb{R}^n$ der vom verschiebungsinvarianten Vektorfeld $\varphi \mapsto \omega$ erzeugte Fluss $\Phi : \mathbb{R} \times \mathbb{T}^n \to \mathbb{T}^n$* **bedingt-periodische Bewegung***.*
- *Die $\omega_l \in \mathbb{R}$ heißen die* **Frequenzen** *der bedingt-periodischen Bewegung.*
- *Sie heißen (rational)* **unabhängig***, falls für $k \in \mathbb{Z}^n$ nur dann $\langle k, \omega \rangle = 0$ gilt, wenn $k = 0$.*

**15.5 Aufgabe (Bedingt-periodische Bewegung)**
Wie oft treffen sich Stunden- und Minutenzeiger innerhalb eines Tages? ◇

Der Begriff der rationalen Unabhängigkeit spielte schon beim harmonischen Oszillator eine Rolle, siehe Definition 6.31. Offensichtlich ist der Fluss auf $\mathbb{T}^n \pmod{2\pi}$ gleich

$$\Phi_t(\varphi(0)) \equiv \varphi(t) = (\varphi_1(t), \dots, \varphi_n(t)) = (\varphi_1(0) + \omega_1 t, \dots, \varphi_n(0) + \omega_n t) . \tag{15.1.2}$$

In Satz 5 von [Wey] stellte HERMANN WEYL 1916 sinngemäß folgendes fest:

**15.6 Satz (Weyl)**

- *Für stetige Funktionen $f : \mathbb{T}^n \to \mathbb{C}$ existieren Raum- und Zeitmittel des bedingt-periodischen Flusses.*
- *Falls die Frequenzen $\omega_l$ rational unabhängig sind, sind sogar Raum- und Zeitmittel (nicht notwendig stetiger) Riemann-integrabler[2] Funktionen gleich, es gilt also*
$$f^*(\varphi) = \langle f \rangle \qquad (\varphi \in \mathbb{T}^n).$$

Der Beweis dieses Satzes wird am Ende dieses Kapitels nachgeliefert.

**15.7 Bemerkung (Unabhängigkeit)**
Ist $n = 1$ wie in unserem ersten Beispiel 15.2, so ist die Unabhängigkeit von $\omega$ gleichbedeutend mit $\omega \neq 0$. Diese Bedingung ist in Beispiel 15.2 erfüllt.

Ist dagegen $n = 2$ wie in Beispiel (15.3), dann ist die Unabhängigkeit von $\omega_1$ und $\omega_2$ gleichbedeutend damit, dass $\omega_2 \neq 0$ und $\omega_1/\omega_2 \notin \mathbb{Q}$. Diese Bedingung ist in Beispiel 15.3 für $I_1(0) = 0$ verletzt, denn dann ist $\omega_1/\omega_2 = 2$. ◇

**15.8 Korollar (Unabhängigkeit)** *Falls die Frequenzen unabhängig sind,*

- *ist jede Lösung $t \mapsto \varphi(t, \varphi_0)$ auf $\mathbb{T}^n$* **gleichverteilt**. *Das heißt:*
*Für jede jordan–messbare[3] Menge $U \subseteq \mathbb{T}^n$ ist deren mittlere Aufenthaltszeit in $U$, also $\lim_{T\to\infty} T^{-1} \int_0^T 1\!\!1_U(\varphi(t, \varphi_0))\,\mathrm{d}t$ gleich dem Haar–Maß von $U$.*
- *Insbesondere ist jeder Orbit auf $\mathbb{T}^n$ dicht.*

**Beweis:**
- Für die Riemann-integrable charakteristische Funktion $1\!\!1_U$ gilt nach Satz 15.6
$$\lim_{T\to\infty} T^{-1} \int_0^T 1\!\!1_U(\varphi(t, \varphi_0))\,\mathrm{d}t = 1\!\!1_U^*(\varphi_0) = \langle 1\!\!1_U \rangle = \frac{\lambda^n(U)}{\lambda^n(\mathbb{T}^n)} = \frac{\lambda^n(U)}{(2\pi)^n} .$$
- Sonst existierte eine $\varepsilon$–Umgebung $U \subset \mathbb{T}^n$ eines Punktes mit $\varphi(\mathbb{R}) \cap U = \emptyset$, also $\langle 1\!\!1_U \rangle > 1\!\!1_U^*(\varphi(0)) = 0$. □

[2] Eine entsprechende Aussage gilt nicht für jede *Lebesgue*-integrable Funktion. Insbesondere ist für $n \geq 2$ jeder Orbit $O := \Phi(\mathbb{R}, \varphi) \subset \mathbb{T}^n$ eine Lebesgue-messbare Teilmenge mit Maß 0, aber $1\!\!1_O^*(\varphi) = 1$.

[3] Das heißt, es wird angenommen, dass die Lebesgue–Maße des Inneren und des Abschlusses von $U$ gleich sind.

**15.9 Bemerkung (Eindeutige Ergodizität)**
Aus dem Satz 9.14 von Koopman folgt (mit einem Approximationsargument) für unabhängige Frequenzen, dass die bedingt-periodische Bewegung für das Haar–Maß ergodisch ist. Aus der Ergodizität allein könnte man mit dem birkhoffschen Ergodensatz 9.32 folgern, dass für $\lambda^n$–fast alle Anfangswerte $\varphi_0 \in \mathbb{T}^n$ das Zeitmittel gleich dem Raummittel ist.

Der Satz von Weyl ist aber stärker, denn er gilt für *alle* Anfangsbedingungen. Der Unterschied ist wichtig, denn Ausnahmemengen von Anfangsbedingungen würden eine in $\varphi_0$ gleichmäßige Konvergenz des Cesàro–Mittels in der Zeit, also von $T \mapsto T^{-1} \int_0^T 1\!\!1_U(\varphi(t,\varphi_0))\, \mathrm{d}t$, gegen das Raummittel verhindern.

Die zugrundeliegende starke Eigenschaft der Dynamik, nur *ein* invariantes Borel–Wahrscheinlichkeitsmaß zu besitzen, nennt man *eindeutige Ergodizität*. Solche Maße sind dann insbesondere ergodisch (warum?). ◇

In Umkehrung des Satzes 15.6 ist rationale Unabhängigkeit eine notwendige Voraussetzung für die Ergodizität des bedingt-periodischen Flusses:

**15.10 Lemma** *Wenn es einen Gittervektor $k \in \mathbb{Z}^n \setminus \{0\}$ mit $\langle k, \omega\rangle = 0$ gibt, dann existiert ein stetiges $f : \mathbb{T}^n \to \mathbb{C}$ mit nicht konstantem Zeitmittel $f^*$.*

**Beweis:** Setze $f(\varphi) := \exp(\imath\, \langle k, \varphi\rangle)$. Dann existiert das Zeitmittel $f^*(\varphi)$, denn

$$\begin{aligned}\lim_{T\to\infty} \tfrac{1}{T} \int_0^T f(\varphi+\omega t)\, \mathrm{d}t &= \lim_{T\to\infty} \tfrac{1}{T} \int_0^T \exp(\imath\, \langle k, \varphi+\omega t\rangle)\, \mathrm{d}t \\ &= \tfrac{1}{T} \int_0^T \exp(\imath\, \langle k, \varphi\rangle)\, \mathrm{d}t = f(\varphi)\,.\end{aligned}$$

Die nicht konstante Funktion $f$ ist also gleich ihrem Zeitmittel $f^*$. □

**Beweis des Satzes 15.6 (Satz von Weyl):**
- Das Raummittel existiert wegen der Integrabilität von $f$.
- Um die Existenz des Zeitmittels nachzuweisen und im Fall rationaler Unabhängigkeit zu zeigen, dass es gleich dem Raummittel ist, beginnen wir mit einfachen Funktionen $f$:

1. Ist $f$ konstant, dann sind Raum- und Zeitmittel gleich der Konstante.
   Ist $f(\varphi) := \exp(\imath\, \langle k, \varphi\rangle)$ für ein $k \in \mathbb{Z}^n \setminus \{0\}$, und $\langle k, \omega\rangle = 0$, dann existiert nach dem Beweis von Lemma 15.10 das Zeitmittel.
   Auch für $\langle k, \omega\rangle \neq 0$ existiert das Zeitmittel von $f$ und ist dann gleich dem Raummittel:

$$\begin{aligned}f^*(\varphi) &= \lim_{T\to\infty} \frac{1}{T} \int_0^T \exp(\imath\, \langle k, \varphi+\omega t\rangle)\, \mathrm{d}t \\ &= \exp(\imath\, \langle k, \varphi\rangle) \lim_{T\to\infty} \frac{1}{T} \frac{e^{\imath \langle k,\varphi\rangle T} - 1}{i\, \langle k, \varphi\rangle} = 0\,.\end{aligned}$$

   Wegen der Linearität des Integrals folgt damit die Aussage des Satzes für die endlichen Linearkombinationen, also die trigonometrischen Polynome.

2. Wir betrachten nun stetige Funktionen $f : \mathbb{T}^n \to \mathbb{C}$. Wegen der Linearität des Integrals ist ohne Einschränkung $f$ reellwertig. Nach dem Weierstraßschen Approximationssatz gibt es für alle $\varepsilon > 0$ ein trigonometrisches Polynom $p : \mathbb{T}^n \to \mathbb{C}$ mit $|f - p| < \frac{1}{2}\varepsilon$. Durch Übergang von $p$ zu $\frac{1}{2}(p + \bar{p})$ erreichen wir, dass auch $p$ reellwertig ist. Damit ist
$$\begin{aligned}
&\limsup_{T\to\infty} \frac{1}{T}\int_0^T f(t)\,\mathrm{d}t - \liminf_{T\to\infty}\frac{1}{T}\int_0^T f(t)\,\mathrm{d}t \\
= &\left(\limsup_{T\to\infty}\frac{1}{T}\int_0^T f(t)\,\mathrm{d}t - p^*(\varphi)\right) - \left(\liminf_{T\to\infty}\frac{1}{T}\int_0^T f(t)\,\mathrm{d}t - p^*(\varphi)\right) \\
\le &\ \frac{\varepsilon}{2} + \frac{\varepsilon}{2} = \varepsilon\,.
\end{aligned}$$
Der Zeitlimes existiert also. Auch die Gleichheit der beiden Mittel für unabhängige $\omega \in \mathbb{R}^n$ überträgt sich von den trigonometrischen Polynomen auf die stetigen Funktionen.

3. Endlich sind wir bei den beschränkten Riemann-integrablen Funktionen $f : \mathbb{T}^n \to \mathbb{R}$ angelangt. Diese können wir zwar nicht punktweise, aber in der Integralnorm durch stetige Funktionen approximieren.

   Nach Definition des Riemann–Integrals von $f$ gibt es für jedes $\varepsilon > 0$ Treppenfunktionen $g_1 \le f \le g_2$ mit $(2\pi)^{-n}\int (g_2 - g_1)\,\mathrm{d}\varphi < \frac{1}{4}\varepsilon$.

   Weiter gibt es stetige Funktionen $f_1 \le g_1$ und $f_2 \ge g_2$ mit $(2\pi)^{-n}\int |f_k - g_k|\,\mathrm{d}\varphi < \frac{1}{4}\varepsilon$. Dies folgt aus der entsprechenden Aussage für die charakteristische Funktion $g = 1\!\!1_Q$ eines Quaders $Q$: Man setze für $\varphi \in \mathbb{T}^n$
$$f_1(\varphi) := \min\bigl(c\,\mathrm{dist}(\varphi, \mathbb{T}^n - Q), 1\bigr) \quad , \quad f_2(\varphi) := \max\bigl(1 - c\,\mathrm{dist}(\varphi, Q), 0\bigr)$$
   mit $c > 0$. Dann ist $f_1 \le g \le f_2$. Wähle nun $c$ genügend groß.

   Für stetige $f_k$ haben wir die Existenz der Zeitmittel $f_k^*$ gezeigt. Wir nehmen an, dass der Frequenzvektor $\omega \in \mathbb{R}^n$ rational unabhängig ist. Also gilt $f_k^* = \langle f_k\rangle$. Wegen $f_1 < f < f_2$ ist $|\langle f\rangle - \langle f_k\rangle| < \varepsilon$. Also existiert auch das Zeitmittel von $f$ und ist gleich $\langle f\rangle$. □

## Exkurs: Der Virialsatz

Raummittel und Zeitmittel spezieller Phasenraumfunktionen kann man in viel allgemeineren Situationen berechnen. Wir betrachten dazu zunächst ganz allgemein eine glatte Hamilton–Funktion $H : \mathbb{R}^{2n} \to \mathbb{R}$, für die die Energieschale
$$\Sigma_E := \{x \in \mathbb{R}^{2n} \mid H(x) = E\}$$
für den Wert $E$ der Energie kompakt ist.
Für eine beliebige Funktion $f \in C^\infty(\mathbb{R}^{2n}, \mathbb{R})$ ist dann das Zeitmittel von
$$\{f, H\} \in C^\infty\bigl(\mathbb{R}^{2n}, \mathbb{R}\bigr)$$

auf $\Sigma_E$ Null. Denn wenn $\Phi$ den von $H$ erzeugten Fluss bezeichnet, dann ist $\{f,H\} = \frac{\mathrm{d}}{\mathrm{d}t} f \circ \Phi_t|_{t=0}$, und damit das Zeitmittel für $x \in \Sigma_E$ wegen der Beschränktheit von $f|_{\Sigma_E}$ gleich

$$\{f,H\}^*(x) \quad = \quad \lim_{T\to\infty} \frac{1}{T} \int_0^T \{f,H\} \circ \Phi_t(x)\, \mathrm{d}t = \lim_{T\to\infty} \frac{f \circ \Phi_T(x) - f(x)}{T} = 0.$$

## 15.11 Beispiele (Virialsatz)

Wir schauen uns den Fall der Hamilton–Funktion

$$H(p,q) := T(p) + V(q) \quad \text{mit kinetischer Energie} \quad T(p) := \tfrac{1}{2}\|p\|^2$$

an (und setzen immer voraus, dass die Energieschale $\Sigma_E$ kompakt ist).

1. Für die Impulskomponenten $f(p,q) := p_i, \quad i = 1,\ldots,n$ ergibt sich: Das Zeitmittel der auf den Massenpunkt wirkenden Kraft $-\nabla V(q)$ verschwindet.
2. Die analoge Aussage für die Ortskomponenten $q_i, \quad i = 1,\ldots,n$ ist:
   Das Zeitmittel des Impulses (der hier gleich der Geschwindigkeit ist) ist Null.
   Für die relativistische Bewegung mit kinetischer Energie $T(p) := \sqrt{1+\|p\|^2}$ verschwindet dagegen nur das Zeitmittel der Geschwindigkeit, nicht des Impulses.
3. Wieder im nichtrelativistischen Fall $(T(p) = \frac{1}{2}\|p\|^2)$ ist für die Hamilton–Funktion der Dilatation $f(p,q) := \langle p,q\rangle$

   $$\{f,H\}(p,q) \;=\; 2\,T(p) - \langle q, \nabla V(q)\rangle \;.$$

   Der zweite Term hat nun zunächst keine anschauliche Interpretation. Setzen wir aber das Potential als homogenes Polynom $k$–ten Grades in den $q_i$ (mit geradem $k$) an, so erhalten wir in Multiindex-Notation

   $$V(q) = \sum_{\alpha\in\mathbb{N}_0^n, |\alpha|=k} c_\alpha q^\alpha \quad , \quad q_l \frac{\partial}{\partial q_l} V(q) = \sum_{\alpha\in\mathbb{N}_0^n, |\alpha|=k} \alpha_l c_\alpha q^\alpha$$

   also $\langle q, \nabla V(q)\rangle = k\,V(q)$. Damit ergibt sich also für die Zeitmittel von potentieller und kinetischer Energie (die nach dem birkhoffschen Ergodensatz Satz 9.32 fast überall auf $\Sigma_E$ existieren):

   $$k\,V^*(x) = 2\,T^*(x)\,,$$

   oder auch

   $$T^*(x) = \frac{k}{k+2} H(x) \quad , \quad V^*(x) = \frac{2}{k+2} H(x)\,.$$

   Ganz analog argumentiert man auch für den Fall eines homogenen Zentralpotentials $V(q) = \|q\|^C$, insbesondere für $C = -1$, das heißt die Kepler–Bewegung. Dort ist also $T^*(x) = -H(x)$ und $V^*(x) = 2H(x) < 0$. (Man beachte, dass $T^*$ und $V^*$ von allen Phasenraumvariablen abhängen!) ◇

Der Virialsatz hat in der statistischen Mechanik Bedeutung. Dort stellt sich nämlich die Frage, wie sich die Gesamtenergie auf die verschiedenen Freiheitsgrade verteilt.

**15.12 Aufgabe (Virialsatz für Raummittel)** Es sei $E$ regulärer Wert der Hamilton–Funktion $H \in C^2(\mathbb{R}^n_p \times \mathbb{R}^n_q, \mathbb{R})$. $\lambda_E$ bezeichne das Liouville-Maß auf der als kompakt angenommenen Energieschale $\Sigma_E$, mit Normierung $\lambda_E(\Sigma_E) = 1$ eines Wahrscheinlichkeitsmaßes. Wir setzen $\langle g \rangle_E := \int_{\Sigma_E} g \, \mathrm{d}\lambda_E$.

(a) Beweisen Sie den Virialsatz für Raummittel: Für beliebige Phasenraumfunktionen $f \in C^2\big(\mathbb{R}^n_p \times \mathbb{R}^n_q, \mathbb{R}\big)$ gilt $\langle \{f, H\} \rangle_E = 0$.

(b) Übertragen Sie die Beispiele 15.11 in ihre Varianten für Raummittel.

(c) Im Zusammenhang mit der Zustandsgleichung des realen Gases bezeichnen wir für $N \in \mathbb{N}$ Teilchen mit Konfigurationsraum $\mathbb{R}^n_q = \mathbb{R}^{3N}$ deren Orte mit $q = (q_1, \ldots, q_N)$. Die Hamilton–Funktion sei

$$H(p,q) := \sum_{j=1}^{N} \Big( \tfrac{1}{2}\|p_j\|^2 + U_j(q_j) + \sum_{k=j+1}^{N} W_{j,k}(q_j - q_k) \Big)$$

$\big((p,q) \in \mathbb{R}^n_p \times \mathbb{R}^n_q\big)$, mit Potentialen $U_j, W_{j,k} : \mathbb{R}^n \to \mathbb{R}$.
Was besagt der Virialsatz für $f(p,q) := \langle p, q \rangle$?

(d) Der Container, in dem sich die Teilchen aufhalten, sei nun ein glatt berandeter kompakter Abschluss $G \subset \mathbb{R}^3$ eines Gebiets. Die Hamilton–Funktion sei jetzt vereinfacht:

$$H_\lambda(p,q) := \textstyle\sum_{j=1}^{N} \big(\tfrac{1}{2}\|p_j\|^2 + \lambda U(q_j)\big) \qquad \big((p,q) \in \mathbb{R}^n_p \times \mathbb{R}^n_q,\ \lambda > 0\big),$$

mit Container-Potential

$$U(q) := \operatorname{dist}(q,G)^2 \quad , \text{ für } \quad \operatorname{dist}(q,G) = \min\{\|q - Q\| \mid Q \in G\}.$$

Wie erhalten wir im Limes $\lambda \to \infty$ die Zustandsgleichung des idealen Gases $PV = \frac{2}{3}\langle T \rangle_E$ mit Druck $P$, Volumen $V$ von $G$ und kinetischer Energie $T$? **Tipps:** Untersuchen Sie zunächst die Differenzierbarkeitseigenschaften von $U$, insbesondere in der Nähe von $\partial G$. Erinnern Sie sich an die physikalische Definition des Drucks, und benutzen Sie den Satz B.39 von Stokes. ◇

## 15.2 Störungstheorie für eine Winkelvariable

Bevor wir hamiltonsche Systeme betrachten, untersuchen wir die Störungstheorie in einem Fall, in dem das Mittelungsprinzip besonders gut anwendbar ist. Die gestörte Differentialgleichung auf dem Phasenraum $G \times S^1$, $G \subseteq \mathbb{R}^m$ offen, sei

$$\dot{I} = \varepsilon g(I,\varphi) \quad , \quad \dot{\varphi} = \omega(I) + \varepsilon f(I,\varphi), \tag{15.2.1}$$

mit $\omega, f \in C^1(G \times S^1, \mathbb{R})$ und $g \in C^1(G \times S^1, \mathbb{R}^m)$. Das gemittelte System ist also

$$\dot{J} = \varepsilon\langle g\rangle(J). \tag{15.2.2}$$

Wir bezeichnen mit $t \mapsto \big(I_\varepsilon(t), \varphi_\varepsilon(t)\big)$ die eindeutige Lösung des gestörten und mit $t \mapsto J_\varepsilon(t)$ die des gemittelten Systems mit Anfangsbedingung $I(0) = J(0) = I_0$, $\varphi(0) = \varphi_0$. Da die Variation

$$\tilde{g}(I, \varphi) := g(I, \varphi) - \langle g\rangle\,(I) \tag{15.2.3}$$

von $g$ im Allgemeinen nicht verschwindet, würde man vielleicht erwarten, dass sich nur für Zeiten $t$ der Ordnung $\mathcal{O}(\varepsilon^0) = \mathcal{O}(1)$ gemitteltes und ungemitteltes System nur um $\mathcal{O}(\varepsilon)$ unterscheiden. Dies ist aber nicht der Fall.

**15.13 Satz (Störungstheorie für eine Winkelvariable, erste Ordnung)**

1. *Die Frequenzfunktion $\omega$ in (15.2.1) nehme den Wert Null nicht an.*
2. *Für den Anfangswert $(I_0, \varphi_0) \in G \times S^1$ und eine kompakte Teilmenge $G_k \subset G$ habe das Anfangswertproblem des gemittelten Systems (15.2.2) Lösungen*

$$J_\varepsilon : [0, 1/\varepsilon] \to G_k \qquad \big(0 < \varepsilon \le \varepsilon_0\big).$$

*Dann liegen für kleine $\varepsilon$ die wahre und die gemittelte Lösung lange nahe beieinander:*

$$\sup_{0 \le t \le 1/\varepsilon} \|I_\varepsilon(t) - J_\varepsilon(t)\| = \mathcal{O}(\varepsilon) \qquad \big(0 < \varepsilon \le \varepsilon_0\big).$$

**Beweis:** Wir lassen im Beweis die Indices $\varepsilon$ wieder weg.

• Der Ansatz des Beweises besteht darin, neue langsam veränderliche Koordinaten

$$\tilde{I}(I, \varphi) := I + \varepsilon K(I, \varphi) \tag{15.2.4}$$

einzuführen, in denen die winkelabhängige Störung nur noch von der Ordnung $\varepsilon^2$ ist. Eine Störung dieser Größe können wir dann über die Zeitspanne $1/\varepsilon$ integrieren und erhalten eine Maximalabweichung vom ungestörten System von der Ordnung $\varepsilon$. Zur Bestimmung des Koordinatenwechsels setzen wir den Ansatz (15.2.4) in die Differentialgleichung (15.2.1) ein und erhalten

$$\dot{\tilde{I}} = \dot{I} + \varepsilon\left[\mathrm{D}_1 K(I, \varphi)\dot{I} + \mathrm{D}_2 K(I, \varphi)\dot{\varphi}\right] = \varepsilon\left[g(I, \varphi) + \mathrm{D}_2 K(I, \varphi)\omega(I)\right] + \varepsilon^2 R(I, \varphi) \tag{15.2.5}$$

mit dem Restterm

$$R(I, \varphi) \;:=\; \mathrm{D}_1 K(I, \varphi) g(I, \varphi) \;+\; \mathrm{D}_2 K(I, \varphi) f(I, \varphi).$$

• Wir wählen nun, um die Klammer in (15.2.5) $\varphi$–unabhängig zu machen,

$$K(I, \varphi) := -\frac{1}{\omega(I)} \int_0^{\varphi} \tilde{g}(I, \psi)\,\mathrm{d}\psi \qquad \big((I, \varphi) \in G_k \times S^1\big), \tag{15.2.6}$$

mit $\tilde{g}$ aus (15.2.3). Dies ist wegen der Voraussetzung $\omega(I) \neq 0$ möglich. Wegen $\langle\tilde{g}\rangle(I) = 0$ ist $K$ tatsächlich $2\pi$–periodisch in $\varphi$.

• Da $G_k$ positiven Abstand zu $\mathbb{R}^m \setminus G$ besitzt, liegt sogar eine abgeschlossene $\delta$–Umgebung von $G_k$ in $G$. Diese ebenfalls kompakte Umgebung benennen wir wieder mit $G_k$. Wegen der Kompaktheit von $G_k$ ist $K \in C^1(G_k \times S^1, \mathbb{R}^m)$ zusammen mit seiner Ableitung beschränkt. Entsprechend ist $R \in C^0(G_k \times S^1, \mathbb{R}^m)$ beschränkt. Die Klammer in (15.2.5) ist mit (15.2.6) gleich $\langle g\rangle(I)$.

• Weiter folgern wir, dass wir für kleine $\varepsilon$ (15.2.4) nach $I$ auflösen können, und dass die ursprüngliche Wirkung $I(\tilde{I},\varphi)$ ebenfalls zusammen mit ihrer Ableitung beschränkt ist. Ihr Definitionsbereich $\{(\tilde{I}(I,\varphi),\varphi) \mid (I,\varphi) \in G_k \times S^1\}$ ist für kleine $\varepsilon > 0$ in $G \times S^1$ enthalten. Die Differentialgleichung

$$\dot{\tilde{I}} = \varepsilon\langle g\rangle(I) + \varepsilon^2 R(I,\varphi) = \varepsilon\langle g\rangle(\tilde{I}) + \varepsilon^2 R(I,\varphi) + \varepsilon\Big(\langle g\rangle(I) - \langle g\rangle(\tilde{I})\Big)$$

von $\tilde{I}$ vergleichen wir mit der für die gemittelte Variable. Für $\Delta I := \tilde{I} - J$ ist mit (15.2.4) der Anfangswert $\Delta I(0) = \tilde{I}(0) - I(0) = \mathcal{O}(\varepsilon)$ und

$$\begin{aligned}\frac{\mathrm{d}}{\mathrm{d}t}\Delta I &= \varepsilon\Big(\langle g\rangle(\tilde{I}) - \langle g\rangle(J)\Big) + \varepsilon^2 R(I,\varphi) + \varepsilon\Big(\langle g\rangle(I) - \langle g\rangle(\tilde{I})\Big)\\ &= \varepsilon\,\mathrm{D}\langle g\rangle(J)\cdot\Delta I + \varepsilon^2 R(I,\varphi) + \varepsilon\Big(\langle g\rangle(I) - \langle g\rangle(\tilde{I})\Big) +\\ &\quad\ \varepsilon\Big(\langle g\rangle(\tilde{I}) - \langle g\rangle(J) - \mathrm{D}\langle g\rangle(J)\cdot\Delta I\Big).\end{aligned}$$

Da $g \in C^1(G \times S^1, \mathbb{R}^m)$, ist nach der Taylor–Formel der letzte Term von der Ordnung $o(\varepsilon^2)$, falls $\Delta I = \mathcal{O}(\varepsilon)$. Dies setzen wir nun für das Zeitintervall $[0, 1/\varepsilon]$ voraus und überprüfen die Konsistenz dieser Annahme.

• $\Delta I$ erfüllt die Integralgleichung

$$\Delta I(t) = \Delta I(0) + \int_0^t \Big[\varepsilon\mathrm{D}\langle\tilde{g}\rangle(J(s))\cdot\Delta I(s) + \tilde{R}(s,\varepsilon)\Big]\,\mathrm{d}s\,, \qquad (15.2.7)$$

wobei nach Voraussetzung

$$\begin{aligned}\tilde{R}(s,\varepsilon) :=\ & \varepsilon^2 R\Big(I(\tilde{I}(s),\varphi(s)),\varphi(s)\Big) + \varepsilon\Big(\langle g\rangle\Big(I(\tilde{I}(s),\varphi(s)),\varphi(s)\Big) - \langle g\rangle(\tilde{I}(s))\Big)\\ &+\varepsilon\Big(\langle g\rangle(\tilde{I}(s)) - \langle g\rangle(J(s)) - \mathrm{D}\langle g\rangle(J(s))\cdot\Delta I(s)\Big)\end{aligned}$$

von der Ordnung $\mathcal{O}(\varepsilon^2)$ ist. Wir schätzen $\Delta I$ mithilfe von (15.2.7) ab und setzen dazu in der Voraussetzung (3.6.2) des Gronwall–Lemmas (Satz 3.42)

$$F := \|\Delta I\| \quad , \quad a := \|\Delta I(0)\| + \int_0^{1/\varepsilon} \Big\|\tilde{R}(s,\varepsilon)\Big\|\,\mathrm{d}s \quad \text{und} \quad G := \varepsilon\,\|\mathrm{D}\langle g\rangle\|\,.$$

Falls die Lösung $t \mapsto I(t)$ in $G_k$ bleibt (was für $F(t) \leq \delta$ sichergestellt ist), nimmt die Gronwall–Ungleichung (3.6.3) die Form

$$F(t) \;\leq\; c_1\varepsilon\,\exp(c_2\varepsilon\,t) \qquad (0 \leq t \leq 1/\varepsilon)$$

an. Das wäre konsistent mit unserer Annahme $\Delta I = \mathcal{O}(\varepsilon)$.

Wir können die Maximalgröße $\varepsilon_0$ der Störung so klein wählen, dass

$$c_1\varepsilon_0 \exp(c_2) < \tfrac{1}{2}\delta \quad \text{und} \quad \varepsilon_0 \sup_{(I,\varphi)\in G_k\times S^1} \|K(I,\varphi)\| < \tfrac{1}{2}\delta\,,$$

also $\|I(t) - J(t)\| < \delta$ ist und somit für $0 \le t \le 1/\varepsilon$ wirklich $I(t) \in G_k$ gilt. □

Das Verfahren läßt sich bei höherer Differenzierbarkeit von $\omega, f$ und $g$ iterieren, und liefert unter günstigen Umständen in $n$-ter Ordnung eine Kontrolle der Lösung im Zeitintervall $[0, 1/\varepsilon^n]$.

## 15.3 Hamiltonsche Störungstheorie erster Ordnung

*„Ob ich die Mathematik auf ein Paar Dreckklumpen anwende, die wir Planeten nennen, oder auf rein arithmetische Probleme, es bleibt sich gleich, die letztern haben nur noch einen höhern Reiz für mich."* (Carl Friedrich Gauss)[4]

Wir betrachten ein hamiltonsches System mit Hamilton–Funktion

$$H_\varepsilon(I,\varphi) := H_0(I) + \varepsilon H_1(I,\varphi) \tag{15.3.1}$$

auf dem Phasenraum $G \times \mathbb{T}^n$, $G \subset \mathbb{R}^n$ offen und beschränkt, und mit Störparameter $|\varepsilon| < \varepsilon_0$. Die Differentialgleichungen sind also

$$\dot I = -\varepsilon\, \mathrm{D}_2 H_1(I,\varphi) \quad , \quad \dot\varphi = \omega(I) + \varepsilon\, \mathrm{D}_1 H_1(I,\varphi)$$

mit Frequenzvektor

$$\omega := \mathrm{D}H_0 : G \to \mathbb{R}^n\,. \tag{15.3.2}$$

Das gemittelte System ist trivial: $\dot J = 0$. Für $n = 1$ Freiheitsgrad können wir daher Satz 15.13 des letzten Abschnitts anwenden, falls die Rotationsfrequenz nicht verschwindet. Wir erhalten dann die Aussage

$$I(t) = I(0) + \mathcal{O}(\varepsilon) \qquad (0 \le t \le 1/\varepsilon)\,.$$

Für $n > 1$ Freiheitsgrade suchen wir eine kanonische Transformation

$$T_\varepsilon : (I,\varphi) \longmapsto (\tilde I, \tilde\varphi)\,,$$

die die Winkelabhängigkeit der Differentialgleichung bis auf einen Term der Ordnung $\varepsilon^2$ eliminiert. Dazu benutzen wir die Methode der erzeugenden Funktion, setzen also an

$$I = \tilde I + \varepsilon\, \mathrm{D}_2 S(\tilde I, \varphi) \quad , \quad \tilde\varphi = \varphi + \varepsilon\, \mathrm{D}_1 S(\tilde I, \varphi)\,. \tag{15.3.3}$$

---

[4]nach W. Sartorius v. Waltershausen: Gauss zum Gedächtniss. 1856, Neudruck 1965, S. 101/102.

Einsetzen in die Hamilton–Funktion ergibt mit $K_\varepsilon \circ T_\varepsilon = H_\varepsilon$ formal

$$\begin{aligned} K_\varepsilon(\tilde I,\tilde\varphi) &= H_\varepsilon\Big(\tilde I+\varepsilon\,\mathrm{D}_2S(\tilde I,\varphi(\tilde I,\tilde\varphi))\ ,\ \tilde\varphi-\varepsilon\,\mathrm{D}_1S(\tilde I,\varphi(\tilde I,\tilde\varphi))\Big) \qquad (15.3.4)\\ &= H_0(\tilde I)+\varepsilon\Big[\big\langle \mathrm{D}H_0(\tilde I),\mathrm{D}_2S(\tilde I,\tilde\varphi)\big\rangle + H_1(\tilde I,\tilde\varphi)\Big]+\mathcal{O}(\varepsilon^2)\,. \end{aligned}$$

Es müsste also $S$ so gewählt werden, dass

$$\big\langle \omega(\tilde I),\mathrm{D}_2S(\tilde I,\tilde\varphi)\big\rangle + H_1(\tilde I,\tilde\varphi)$$

nur eine Funktion von $\tilde I$, nicht den Winkeln wird. Dazu benutzt man die Fourier–Transformation, schreibt also (zunächst nur im Sinn formaler Reihen)

$$H_1(\tilde I,\tilde\varphi)=\sum_{\ell\in\mathbb{Z}^n} h_\ell(\tilde I)e^{\imath\langle\ell,\tilde\varphi\rangle}\quad,\quad S(\tilde I,\tilde\varphi)=\sum_{\ell\in\mathbb{Z}^n} S_\ell(\tilde I)e^{\imath\langle\ell,\tilde\varphi\rangle}\,. \qquad (15.3.5)$$

Wegen $\big\langle \mathrm{D}_2S(\tilde I,\tilde\varphi),\omega(\tilde I)\big\rangle = i\sum_{\ell\in\mathbb{Z}^n} S_\ell(\tilde I)\,\langle\ell,\omega(\tilde I)\rangle\,\exp(\imath\,\langle\ell,\tilde\varphi\rangle)$ ergeben sich die Bedingungsgleichungen

$$iS_\ell(\tilde I)\,\langle\ell,\omega(\tilde I)\rangle + h_\ell(\tilde I)=0. \qquad (\ell\in\mathbb{Z}^n\setminus\{0\}). \qquad (15.3.6)$$

Diese sind im Allgemeinen nicht lösbar, denn

- wir können für $n>1$ Freiheitsgrade durch eine beliebig kleine Veränderung eines Frequenzvektors $\omega\in\mathbb{R}^n$ immer erreichen, dass für ein geeignetes $\ell\in\mathbb{Z}^n\setminus\{0\}$ das Skalarprodukt $\langle\ell,\omega\rangle=0$ wird, und
- falls die Abbildung $\mathrm{D}\omega: G\to \mathrm{Mat}(n,\mathbb{R})$ den maximalen Rang $n$ besitzt, können wir eine solche Veränderung von $\omega$ durch Variation von $\tilde I$ bewirken.

Setzen wir aber voraus, dass für ein *festes* $\hat I\in G$ die Komponenten des Frequenzvektors $\omega(\hat I)\in\mathbb{R}^n$ *rational unabhängig* sind, das heißt

$$\langle\ell,\omega(\hat I)\rangle\neq 0 \qquad (\ell\in\mathbb{Z}^n\setminus\{0\}),$$

dann können wir durch die ($\tilde I$–unabhängigen!) Fourier–Koeffizienten

$$S_\ell(\tilde I):=-i\frac{h_\ell(\hat I)}{\langle\ell,\omega(\hat I)\rangle}\qquad (\ell\in\mathbb{Z}^n\setminus\{0\})\quad\text{und}\quad S_0(\tilde I):=0 \qquad (15.3.7)$$

der erzeugenden Funktion $S$ die Gleichungen (15.3.6) immerhin an der Stelle $\tilde I=\hat I$ lösen. Es taucht aber *das Problem der kleinen Nenner* in (15.3.7) auf. Zwar sind die Fourier–Koeffizienten $S_\ell$ definiert, aber es ist nicht klar, ob die Fourier–Reihe (15.3.5) konvergiert.

Dazu verschärfen wir die Unabhängigkeitsbedingung zur Forderung dass $\omega(\hat I)\in\mathbb{R}^n$ *diophantisch* ist, d.h. für geeignete $\gamma>0$ und $\tau>0$ in der Menge

$$\boxed{\Omega_{\gamma,\tau}:=\big\{\hat\omega\in\mathbb{R}^n\mid \forall\ell\in\mathbb{Z}^n\setminus\{0\}:|\langle\ell,\hat\omega\rangle|\geq\gamma|\ell|^{-\tau}\big\}} \qquad (15.3.8)$$

liegt. Ob eine solche Bedingung überhaupt für einen Frequenzvektor $\hat{\omega} \in \mathbb{R}^n$ erfüllt ist, soll uns erst später interessieren (Lemma 15.18).

Außerdem fordern wir, um die Konvergenzchancen in (15.3.5) zu vergrößern, dass die Fourier–Koeffizienten $h_\ell$ schnell abfallen. Dies ist bei genügender Differenzierbarkeit von $H_1$ der Fall:

**15.14 Lemma (Differenzierbarkeit und Fourier–Koeffizienten)**
*Für eine Funktion $g \in C^k(\mathbb{T}^n, \mathbb{R})$ auf dem Torus $\mathbb{T}^n$ mit Fourier–Darstellung*

$$g(\varphi) = \sum_{\ell \in \mathbb{Z}^n} g_\ell \exp(\imath \langle \ell, \varphi \rangle)$$

*sind die Fourier–Koeffizienten $g_\ell \in \mathbb{C}$ von der Ordnung*

$$|g_\ell| = \mathcal{O}\big(|\ell|^{-k}\big) . \tag{15.3.9}$$

**Beweis:** Es ist für Multiindex $\alpha \in \mathbb{N}_0^n$ mit Eins-Norm $|\alpha| = \sum_{j=1}^n \alpha_j \leq k$

$$\mathrm{D}^\alpha g(\varphi) = i^{|\alpha|} \sum_{\ell \in \mathbb{Z}^n} g_\ell \, \ell^\alpha \exp(\imath \langle \ell, \varphi \rangle) \tag{15.3.10}$$

(Beweis durch partielle Integration). Es sei $\ell \in \mathbb{Z}^n \backslash \{0\}$ und $\ell_j$ eine betragsmäßig größte Komponente von $\ell$, das heißt insbesondere $|\ell_j| \geq |\ell|/n$. Durch inverse Fourier–Transformation der $k$-ten Ableitung nach $\varphi_j$, also

$$g_\ell = \frac{1}{(i\ell_j)^k} \int_{\mathbb{T}^n} \exp(-i \langle \ell, \varphi \rangle) \, \partial_{\varphi_j}^k g(\varphi) \, \frac{\mathrm{d}\varphi}{(2\pi)^n} ,$$

zeigen wir (15.3.9), denn $\max_j \sup_\varphi |\partial_{\varphi_j}^k g(\varphi)| < \infty$. □

Solche Aussagen heißen *Paley-Wiener–Abschätzungen*. Wie hängt umgekehrt die Differenzierbarkeitsstufe einer Funktion von den Abfallseigenschaften ihrer Fourier–Koeffizienten ab?

**15.15 Lemma (Differenzierbarkeit von Fourier-Reihen)**
*Falls $c : \mathbb{Z}^n \to \mathbb{C}$ für eine reelle Zahl $k > n + r$, $r \in \mathbb{N}_0$ von der Ordnung $c(\ell) = \mathcal{O}(|\ell|^{-k})$ ist, dann ist die durch*

$$f(\varphi) := \sum_{\ell \in \mathbb{Z}^n} c(\ell) \exp(\imath \langle \ell, \varphi \rangle) \qquad (\varphi \in \mathbb{T}^n) \tag{15.3.11}$$

*definierte Funktion $f$ in $C^r(\mathbb{T}^n, \mathbb{C})$.*

**Beweis:** Es genügt wegen (15.3.10), die Behauptung für $r = 0$ zu zeigen, also die Stetigkeit von $f$. Es existiert also ein $C > 0$ mit $|c(\ell)| \leq C|\ell|^{-k}$. Die Reihe (15.3.11) konvergiert gleichmäßig, denn

$$\sum_{\ell \in \mathbb{Z}^n} |c(\ell)| \leq |c(0)| + C \sum_{\ell \in \mathbb{Z}^n \backslash \{0\}} |\ell|^{-k} < \infty . \tag{15.3.12}$$

Das sieht man durch Vergleich mit dem Integral $\int_R \|x\|^{-k}\,\mathrm{d}x = c_n \int_1^\infty r^{n-1-k}\,\mathrm{d}r$ für das Integrationsgebiet $R := \{x \in \mathbb{R}^n \mid \|x\| \geq 1\}$. Für $\varepsilon > 0$ sei $N$ so gewählt, dass

$$\sum_{\ell \in \mathbb{Z}^n,\, |\ell| > N} |c(\ell)| \leq \varepsilon/3\,, \qquad (15.3.13)$$

und $f_N$ die Partialsumme

$$f_N(\varphi) := \sum_{\ell \in \mathbb{Z}^n,\, |\ell| \leq N} c(\ell) \exp\left(\imath \langle \ell, \varphi \rangle\right).$$

Dann überträgt sich deren Stetigkeit mit einem $\varepsilon/3$–Argument auf $f$: Für alle $\varphi, \psi \in \mathbb{T}^n$ ist

$$\begin{aligned} |f(\varphi) - f(\psi)| &\leq |f(\varphi) - f_N(\varphi)| + |f_N(\varphi)| - f_N(\psi)| + |f_N(\psi) - f(\psi)| \\ &\leq \frac{\varepsilon}{3} + |f_N(\varphi)| - f_N(\psi)| + \frac{\varepsilon}{3}. \end{aligned}$$

Andererseits ist für $|\varphi - \psi| < \delta := \frac{\varepsilon}{3CM}$ mit $M := \sum_{\ell \in \mathbb{Z}^n \setminus \{0\},\, |\ell| \leq N} |\ell|^{1-k}$

$$\begin{aligned} |f_N(\varphi) - f_N(\psi)| &= \left| \sum_{\ell \in \mathbb{Z}^n,\, |\ell| \leq N} c(\ell) \left( \exp(\imath \langle \ell, \varphi \rangle) - \exp(\imath \langle \ell, \psi \rangle) \right) \right| \\ &\leq C \sum_{\ell \in \mathbb{Z}^n \setminus \{0\},\, |\ell| \leq N} |\ell|^{-k} \big| 1 - \exp(\imath \langle \ell, \psi - \varphi \rangle) \big| \\ &\leq C \sum_{\ell \in \mathbb{Z}^n \setminus \{0\},\, |\ell| \leq N} |\ell|^{-k} \, |\langle \ell, \psi - \varphi \rangle| < C \sum_{\ell \in \mathbb{Z}^n \setminus \{0\},\, |\ell| \leq N} |\ell|^{-k} |\ell| \delta \leq \frac{\varepsilon}{3}\,, \end{aligned}$$

sodass[5] dann $|f(\varphi) - f(\psi)| < \varepsilon$. □

**15.16 Korollar** *Für*[6] $H_1 \in C^k_{\mathrm{b}}(G \times \mathbb{T}^n, \mathbb{R})$ *mit* $k > n + \tau$, $\tau \notin \mathbb{N}$ *und eine Wirkung* $\hat{I} \in G$, *die die diophantische Bedingung (15.3.8) erfüllt, ist die erzeugende Funktion mit Fourier–Koeffizienten (15.3.7)*[7]

$$S \in C^{k - \lceil \tau \rceil - n}_{\mathrm{b}}(G \times \mathbb{T}^n, \mathbb{R})\,.$$

*Weiter gibt es ein* $C > 0$ *mit*

$$\sup\left\{ |\partial^\alpha S| \mid \hat{I} \in G,\, \omega(\hat{I}) \in \Omega_{\gamma,\tau} \right\} \leq \tfrac{C}{\gamma} \qquad \left(|\alpha| \leq k - n - \tau\right). \qquad (15.3.14)$$

[5] Man stellt aber auch fest, dass sich Differenzierbarkeit für $k \leq n + 1$ nicht von $f_N$ auf $f$ überträgt, denn dann divergiert $M$ für $N \to \infty$.

[6] $C^k_{\mathrm{b}}(U, \mathbb{R})$ bezeichnet den Vektorraum der $k$–fach stetig differenzierbaren Funktionen auf $U \subseteq \mathbb{R}^m$, deren partielle Ableitungen beschränkt sind. Wir verwenden hier die Winkelkoordinaten auf dem Torus $\mathbb{T}^n$.

[7] mit der *ceil*-Funktion $\lceil \cdot \rceil : \mathbb{R} \to \mathbb{Z}\,,\ x \mapsto \min\{z \in \mathbb{Z} \mid z \geq x\}$, siehe Seite 51.

**Beweis:**
Anwendung von Lemma 15.14 auf $H_1$ ergibt für die Fourier–Koeffizienten (15.3.7)

$$|S_\ell| = \left|\frac{h_\ell(\hat{I})}{\langle \ell, \omega(\hat{I})\rangle}\right| \le \frac{C|\ell|^{\tau-k}}{\gamma} \qquad (\ell \in \mathbb{Z}^n \setminus \{0\}). \tag{15.3.15}$$

Nach Lemma 15.15 ist daher $S \in C_{\mathrm{b}}^{k-\lceil\tau\rceil-n}(G \times \mathbb{T}^n, \mathbb{C})$. $S$ ist reellwertig, denn die Fourier–Koeffizienten in (15.3.7) besitzen die Symmetrie $\overline{S_\ell} = S_{-\ell}$.

Die Konstanten in (15.3.15) übertragen sich wegen der Linearität von Fourier–Transformation und Ableitung auf (15.3.14).

**15.17 Bemerkung (Kohomologische Gleichung)**
Nachdem die analytische Arbeit getan ist, überdenken wir ihren konzeptionellen Gehalt. We betrachteten nur eine Wirkung, $\hat{I} \in G$, für die $\hat{\omega} := \omega(\hat{I}) \in \mathbb{R}^n$ (mit in (15.3.2) definiertem $\omega$) diophantisch ist ($\hat{\omega} \in \Omega_{\gamma,\tau}$). Entsprechend war die erzeugende Funktion $S : G \times \mathbb{T}^n \to \mathbb{C}$ unabhängig von $\tilde{I} \in G$. Wir interpretieren sie daher einfach als eine Funktion $S : \mathbb{T}^n \to \mathbb{C}$. Diese Funktion wird durch ihre Fourier-Koeffizienten (15.3.7) festgelegt, die wiederum von der Störung $H_1(\hat{I}, \cdot) : \mathbb{T}^n \to \mathbb{C}$ abhängen. Wir unterdrücken wieder die Abhängigkeit von der Wirkung und schreiben $H_1 : \mathbb{T}^n \to \mathbb{C}$. Dann erfüllt $S$ die *kohomologische Gleichung*

$$\boxed{L_{\hat{\omega}} S = H_1 - \langle H_1 \rangle\,.}$$

Dabei wird $\hat{\omega}$ als konstantes Vektorfeld auf dem Torus $\mathbb{T}^n$ interpretiert, und $L_{\hat{\omega}}$ ist die Lie-Ableitung (oder Richtungsableitung). Die Gültigkeit der kohomologischen Gleichung kann wie folgt überprüft werden, unter Benutzung von (15.3.7):

$$L_{\hat{\omega}} S(\varphi) = \sum_{\ell \in \mathcal{L}\setminus\{0\}} \frac{-\imath h_\ell}{\langle \ell, \hat{\omega}\rangle} L_{\hat{\omega}} \exp(\imath \langle \ell, \varphi\rangle) = \sum_{\ell \in \mathcal{L}\setminus\{0\}} h_\ell \exp(\imath \langle \ell, \varphi\rangle) = H_1(\varphi) - \langle H_1 \rangle\,.$$

Auflösung der kohomologischen Gleichung nach $S$ bedeutet die Inversion des linearen Operators $L_{\hat{\omega}}$. Da $L_{\hat{\omega}}$ eine Derivation ist, sollte die Inverse eine Art Integraloperator sein.
Tatsächlich ist für $n = 1$ und $\hat{\omega} \in \mathbb{R} \setminus \{0\}$ (und für $S(0) := 0$, da $\ker(L_{\hat{\omega}})$ aus den konstanten Funktionen besteht),

$$(L_{\hat{\omega}})^{-1}(H_1 - \langle H_1 \rangle)(\varphi) = \hat{\omega}^{-1} \int_0^{\varphi} (H_1(\psi) - \langle H_1 \rangle)\, \mathrm{d}\psi \qquad (\varphi \in \mathbb{R})$$

eine $2\pi$-periodische Funktion.
Für $n > 1$ haben wir aber gesehen, dass die Lösbarkeit entscheidend von zahlentheoretischen Eigenschaften des Frequenzvektors $\hat{\omega} \in \mathbb{R}^n$ abhängt.
Wir werden der kohomologischen Gleichung wieder im Zusammenhang der KAM–Theorie begegnen. ◇

Die diophantische Bedingung (15.3.8) ist, falls $\tau > n - 1$, für Lebesgue-fast-alle $\omega \in \mathbb{R}^n$ erfüllt (allerdings mit einer $\omega$-abhängigen Konstante $\gamma$):

Abbildung 15.3.1: Die in (15.3.16) definierte diophantische Menge $B_{\gamma,\tau}$ (Weiß).

**15.18 Lemma** *Für $\tau > n-1$ ist das Lebesgue–Maß der diophantischen Menge*

$$B_{\gamma,\tau} := \Omega_{\gamma,\tau} \cap B \tag{15.3.16}$$

*in der Vollkugel $B := \{\omega \in \mathbb{R}^n \mid \|\omega\| \leq 1\}$ für kleine Werte von $\gamma$ groß: Es gibt ein $\alpha(\tau) < \infty$ mit*

$$\lambda^n(B_{\gamma,\tau}) \geq \big(1 - \gamma\,\alpha(\tau)\big)\,\lambda^n(B)\,.$$

**Beweis:**
Für die Umgebungen $G_\ell := \{\omega \in B \mid |\langle \ell, \omega(\tilde{I})\rangle| < \gamma |\ell|^{-\tau}\}$ rationaler Hyperflächen ist

$$\lambda^n(B_{\gamma,\tau}) \geq \lambda^n(B) - \sum_{\ell \in \mathbb{Z}^n \setminus \{0\}} \lambda^n(G_\ell)\,.$$

Es ist $\lambda^n(G_\ell) \leq 2 v_{n-1} \gamma |\ell|^{-\tau-1}$, wobei $v_k$ das Volumen der $k$–dimensionalen Vollkugel vom Radius 1 bezeichnet (siehe Abbildung). Damit folgt (mit einer Summenabschätzung wie im Beweis von (15.3.12))

$$\sum_{\ell \in \mathbb{Z}^n \setminus \{0\}} \lambda^n(G_\ell) \leq v_n\,\gamma\,\alpha(\tau) \quad \text{für} \quad \alpha(\tau) := 2\frac{v_{n-1}}{v_n} \sum_{\ell \in \mathbb{Z}^n \setminus \{0\}} |\ell|^{-\tau-1} < \infty\,. \qquad \square$$

**15.19 Bemerkung (Diophantische Menge als Cantor–Menge)**
$\Omega_{\gamma,\tau}$ ist die Vereinigung von abgeschlossenen Strahlen

$$\{s\,\omega \mid \omega \in \Omega_{\gamma,\tau},\ s \geq 1\}\,.$$

Daher liegt es nahe (und ist für die Störungstheorie bei konstanter Energie nützlich, siehe Beispiel 15.35), Schnitte der Form $\Omega_{\gamma,\tau} \cap S_R^{n-1}$ mit Sphären vom Radius $R > 0$ zu betrachten.

Diese sind kompakt und total unzusammenhängend. Sie sind die Vereinigung einer topologischen Cantor–Menge (siehe Seite 470) und einer abzählbaren Menge (wobei diese Bestandteile auch wegfallen können). Dies folgt aus dem Satz von Cantor–Bendixson, nach dem eine abgeschlossene überabzählbare Menge in eine abzählbare und eine perfekte Menge[8] aufgeteilt werden kann. Siehe BROER und SEVRYUK [BrSe], Kapitel 4.1.2.

Wie wir sehen, ist das Lebesgue–Maß einer topologischen Cantor–Menge im $\mathbb{R}^d$ nicht immer gleich Null (wie das für die Cantorsche $1/3$–Menge aus Beispiel 2.5 der Fall ist). ◇

Wir sammeln jetzt unsere Teilergebnisse:

**15.20 Satz (Hamiltonsche Störungstheorie erster Ordnung)**
*Falls in (15.3.1) $H_0, H_1 \in C_{\mathrm{b}}^{2n+3}(G \times \mathbb{T}^n, \mathbb{R})$ ist, und die Frequenzen $\omega = \mathrm{D}H_0 : G \to \mathbb{R}^n$ unabhängig variieren, das heißt*

$$\inf_{I \in G} |\det(\mathrm{D}\omega)(I)| \neq 0\,, \tag{15.3.17}$$

*gibt es Teilmengen $G_\gamma \subset G$ mit asymptotisch vollem Maß ($\lim_{\gamma \searrow 0} \lambda^n(G_\gamma) = \lambda^n(G)$), für die das Mittelungsprinzip im folgenden Sinn anwendbar ist:*

$$\sup_{x_0 \in G_\gamma \times \mathbb{T}^n} \ \sup_{0 \le t \le 1/\varepsilon} \|I_\varepsilon(t, x_0) - I_\varepsilon(0, x_0)\| \; = \; \mathcal{O}_\gamma(\varepsilon) \qquad (0 < \varepsilon \le \varepsilon_0).$$

**Beweis:**

- Für $\tau := n - 1/2$ ist die Menge

$$G_\gamma := \{I \in G \mid \mathrm{dist}(I, \mathbb{R}^n \setminus G) > \gamma\,,\ \omega(I) \in \Omega_{\gamma,\tau}\}$$

der randfernen nichtresonanten Wirkungen im Limes $\gamma \searrow 0$ von vollem Maß. Dies folgt mit (15.3.17) aus Lemma 15.18.

- Es sei jetzt $\hat{I} \in G_\gamma$. Wir betrachten die Lösungen zu den Anfangsbedingungen $x_0 \in \{\hat{I}\} \times \mathbb{T}^n$. Unter den genannten Voraussetzungen ist nach Korollar 15.16 die erzeugende Funktion $S \in C^3(G \times \mathbb{T}^n, \mathbb{R})$, sodass die Abschätzung (15.3.4) mit dem konstanten zu $\varepsilon$ proportionalen Term $\varepsilon h_1(\hat{I})$ in einer $\varepsilon$-Umgebung von $\hat{I}$ gilt, das heißt durch Einführung der neuen Koordinaten $(\tilde{I}, \tilde{\varphi})$ (siehe (15.3.3)) die Hamilton–Funktion bis auf Fehlerterme $R_i$ der Ordnung $\varepsilon^2$ integrabel ist:

$$K_\varepsilon(\tilde{I}, \tilde{\varphi}) = H_0(\tilde{I}) + \varepsilon h_1(\hat{I}) + R_1(\tilde{I}, \tilde{\varphi}) + R_2(\tilde{I}, \tilde{\varphi})$$

mit

$$\begin{aligned} R_1(\tilde{I}, \tilde{\varphi}) \;&:=\; \Big(H_0(\tilde{I} + \varepsilon \mathrm{D}_2 S(\tilde{I}, \tilde{\varphi})) - H_0(\tilde{I}) - \varepsilon \mathrm{D}H_0(\tilde{I}) \cdot \mathrm{D}_2 S(\tilde{I}, \tilde{\varphi})\Big) \\ &\quad + \varepsilon \Big(H_1(\tilde{I} + \varepsilon \mathrm{D}_2 S(\tilde{I}, \tilde{\varphi}), \tilde{\varphi}) - H_1(\tilde{I}, \tilde{\varphi})\Big) = \mathcal{O}_\gamma(\varepsilon^2)\,, \end{aligned}$$

[8] Also eine Menge, die gleich der Menge ihrer Häufungspunkte ist.

und die gleiche Abschätzung gilt für das Vektorfeld $X_{R_1}$. Analoges gilt für

$$R_2(\tilde{I},\tilde{\varphi}) := \varepsilon\left(\omega(\tilde{I})\cdot \mathrm{D}_2 S(\tilde{I},\tilde{\varphi}) - \omega(\hat{I})\mathrm{D}_2 S(\hat{I},\tilde{\varphi})\right) + \varepsilon\left(H_1(\tilde{I},\tilde{\varphi}) - H_1(\hat{I},\tilde{\varphi})\right) .$$

• Integration der hamiltonschen Differentialgleichungen von $K_\varepsilon$ mithilfe des Gronwall–Lemmas (Satz 3.42) analog zum Beweis von Satz 15.13 liefert das Resultat, sofern die Trajektorien $t \mapsto I_\varepsilon(t, x_0)$ mit Anfangswerten $x_0 \in G_\gamma \times \mathbb{T}^n$ im Zeitraum $t \in [0, 1/\varepsilon]$ in $G$ verbleiben. Das können wir durch Verkleinerung von $\varepsilon$ erreichen. □

**15.21 Bemerkung (Anwendung auf die Erdbahn)**
Die Massen der Großplaneten Jupiter und Saturn betragen in der Größenordnung $\varepsilon := 1/1000$ der Sonnenmasse. Durch deren Störungen könnten sich also nach etwa $1/\varepsilon = 1000$ Jahren die Längen der Ellipsen-Halbachsen der Erdbahn bedeutend verändern.

Wären die Voraussetzungen von Satz 15.20 gegeben, dann würde er immerhin voraussagen, dass solche Veränderungen nach 1000 Jahren noch $\mathcal{O}(\varepsilon)$ sind, und sich — überschlägig — erst nach einer Million Jahren deutlich bemerkbar machen.

Der Satz ist zwar nicht direkt anwendbar, denn $\det(\mathrm{D}\omega) = 0$ (im Kepler–Problem sind die Bahnen negativer Energie immer periodisch). Es gibt aber Varianten des Satzes, die für das himmelsmechanische Problem greifen (in FÉJOZ [Fej1] wird die weitergehende Frage nach Anwendbarkeit der KAM–Theorie, also dauerhafte Stabilität gelöst).

Tatsächlich ändert sich aufgrund der Einflüsse von Jupiter und Saturn die Exzentrizität der Erdbahn in sich überlagernden sogenannten *Milanković-Zyklen* von ca. 413 000 beziehungsweise 100 000 Jahren. In einer noch nicht gut verstandenen Weise beeinflussen diese vermutlich die Abfolge der Eiszeiten.

Eine frühe Diskussion der Stabilität des Sonnensystems findet man in [Mos1] von MOSER. Numerisch hat LASKAR mit höchster Präzision diese Frage untersucht, unter Einbeziehung der Relativitätstheorie, des Quadrupolmoments der Sonne etc. (siehe [Las1]). Auf einer Zeitskala von Milliarden Jahren wurde die Möglichkeit von Kollisionen zwischen den Planeten Merkur, Venus, Erde und Mars gezeigt (siehe [Las2]). ◇

**15.22 Aufgabe (Relativistische Periheldrehung)**
Zeigen Sie für das gestörte Kepler–Problem mit Hamilton–Funktion

$$H_\varepsilon : \widehat{P} \to \mathbb{R} \quad , \quad H_\varepsilon(p,q) = \tfrac{1}{2}\|p\|^2 - \frac{Z}{\|q\|} - \frac{\varepsilon}{\|q\|^3} \tag{15.3.18}$$

auf dem Phasenraum $\widehat{P} := T^*(\mathbb{R}^2 \setminus \{0\})$, dass sich das Argument des Laplace-

Runge-Lenz–Vektors $\hat{A} : \widehat{P} \to \mathbb{R}^2$,

$$\hat{A}(p,q) = \hat{L}(p,q) \left( \begin{smallmatrix} p_2 \\ -p_1 \end{smallmatrix} \right) - Z \frac{q}{\|q\|}$$

aus Aufgabe 11.22 für Energie $H_0 = E < 0$ innerhalb einer Periode der Kepler–Ellipse um

$$\varepsilon \, \frac{6\pi Z}{\ell^4} + \mathcal{O}(\varepsilon^2) \qquad (15.3.19)$$

ändert, während $\|\hat{A}\|$ (und damit die Exzentrizität $e$) bis auf $\mathcal{O}(\varepsilon^2)$ konstant bleibt. Dabei bezeichnet $\ell \neq 0$ den Wert des Drehimpulses. ◇

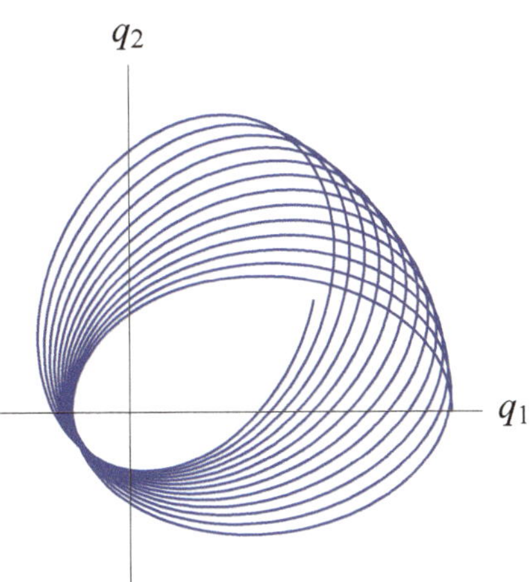


**15.23 Bemerkung (Periheldrehung des Merkur)**
Da allgemein-relativistische Störungen sich in der Form des Potentials $\frac{Z\ell^2}{c^2\|q\|^3}$ äußern, ist in (15.3.18) der Störparameter $\varepsilon = \frac{Z\ell^2}{c^2}$. Daraus folgt nach (15.3.19) eine Periheldrehung etwa um den Winkel

$$\frac{6\pi Z^2}{c^2\ell^2} = \frac{6\pi Z}{c^2 a\,(1-e^2)} = 3\pi \frac{r_s}{a\,(1-e^2)},$$

wobei $r_s = 2Z/c^2$ den sog. Schwarzschild-Radius der Zentralmasse bezeichnet.

Für die Sonne ist $r_s \approx 2.95\,\mathrm{km}$. Die Große Halbachse $a$ von Merkur mißt etwa $57\,900\,000\,\mathrm{km}$, und seine Exzentrizität ist $e \approx 0.206$. Also bewirkt der Effekt eine Periheldrehung um $2\pi$ nach etwa 12 500 000 Umläufen. Dies ist weniger als ein Prozent der durch die anderen Planeten verursachten Periheldrehung. Trotzdem bemerkte Le Verrier 1859 diesen nicht durch bekannte Ursachen erklärbaren Effekt.

Le Verrier war 1845 durch Beobachtungen von Störungen der Uranusbahn die Bahnberechnung des Planeten Neptun gelungen, der daraufhin auch entdeckt wurde. Die Erklärung der Merkur-Periheldrehung durch einen hypothetischen, von Le Verrier *Vulkan* genannten Planeten erwies sich als nicht erfolgreich. Dagegen wurde der Effekt zu einer wichtigen Bestätigung der Allgemeinen Relativitätstheorie Einsteins. ◇

**15.24 Weiterführende Literatur**
Eine Referenz zur Mittelungstheorie ist [SV] von Sanders und Verhulst.

Eine schöne Textsammlung zu verschiedensten Aspekten der hamiltonschen Dynamik bietet [MM] von MacKay und Meiss. ◇

## 15.4 KAM-Theorie

*„On sera frappé de la complexité de cette figure, que je ne cherche même pas à tracer. Rien n'est plus propre à nous donner une idée de la complication du problème des trois corps et en général de tous les problèmes de Dynamique où il n'y a pas d'intégrale uniforme et où les séries de Bohlin sont divergentes."*
(HENRI POINCARÉ in einem Brief an Gösta Mittag-Leffler)[9]

Im Beweis des Satzes 15.20 über die Störungstheorie erster Ordnung konnten wir für diophantische Frequenzvektoren $\omega = \omega(I)$ neue Koordinaten einführen, in denen die Störterme von der Ordnung $\varepsilon^2$ statt $\varepsilon$ sind.

Es stellt sich die Frage, ob man diese Transformation iterieren kann, um die Störung in geeigneten Koordinaten vollständig zu eliminieren. Damit wäre dann die Existenz eines flussinvarianten Torus gezeigt, auf dem die Bewegung bedingt-periodisch mit Frequenz $\omega$ ist.

Dieses Ziel verfolgt die Theorie, die um 1960 von Kolmogorov, Arnol'd und Moser aufgestellt wurde und die daher kurz **KAM-Theorie** genannt wird.

Sie ist dem klassischen Newton–Verfahren zum Auffinden von Nullstellen reeller Funktionen verwandt, siehe Anhang D.

**15.25 Bemerkung (Banachscher Fixpunktsatz und Newton–Verfahren)**
Das banachsche Fixpunktverfahren besitzt eine in der Zahl $m$ der Iterationen exponentielle Konvergenzgeschwindigkeit, das heißt eine Fehlerschranke $\mathcal{O}(\theta^m)$ (siehe Satz D.3). Das Newton–Verfahren konvergiert noch wesentlich schneller, mit einem Fehler der Ordnung $\theta^{(2^m)}$ (*quadratische Konvergenz*). Allerdings wird auch mehr von $f$ verlangt, nämlich insbesondere zweifache Differenzierbarkeit.

Der jetzt folgende Beweis des KAM-Satzes (Satz 15.26 auf Seite 401) stammt von J. FÉJOZ [Fej2] und benutzt die Fixpunktiteration. Allerdings ist die Konvergenz formal quadratisch, ähnlich wie bei der Newton-Methode.

Wie Féjoz in [Fej2] zeigt, kann alternativ eine variierte Newton–Methode für den Beweis des KAM-Theorems benutzt werden. ◇

Jeder Beweis dieses fundamentalen Satzes ist kompliziert, so auch dieser. Immerhin zählt die KAM-Theorie „zu den großen mathematischen Leistungen" des 20. Jahrhunderts, wie Winfried Scharlau 1992 bei der Vergabe der Cantor-Medaille an Jürgen Moser anmerkte.

Allerdings ist die Beweismethode von Féjoz vergleichsweise übersichtlich.

Danach wird in Satz 15.33 auf Seite 411 ein weiteres Resultat dargestellt. Dieses zeigt, dass eine *gleichzeitige* Transformation auf alle diophantischen Tori möglich ist. Den Beweis findet man im Artikel [Poe] von J. PÖSCHEL.

---

[9] Übersetzung: Man wird verblüfft von der Komplexität dieses Bildes sein, das ich nicht einmal zu zeichnen versuche. Nichts ist geeigneter, uns eine Idee von der Komplexität des Dreikörperproblems und im Allgemeinen von all den Problemen der Dynamik zu geben, bei denen es keine Integrale der Bewegung gibt und wo die [Störungs-] Reihen von Bohlin divergieren. Nach: Gesammelte Werke, Kapitel XXXIII, Paragraph 397, Band II.
Poincaré hatte vermutlich etwas wie Abbildung 15.4.3 auf Seite 413 im Sinn.

### 15.4.1 * Ein Beweis des KAM–Satzes

Der folgende Beweis basiert auf dem von J. FÉJOZ in [Fej2].

**1. Die Phasenräume:**

- Der reelle Phasenraum $P$ ist von der Form $P := \mathbb{R}^n \times \mathbb{T}^n$, mit dem Torus $\mathbb{T}^n = (\mathbb{R}/2\pi\mathbb{Z})^n$. Dieser ist mit Winkel-Wirkungs-Koordinaten $(I,\varphi)$ versehen. Das Iterationsschema ist so angelegt, dass am Ende der invariante Torus Wirkungskoordinaten $I = 0$ besitzt, also der Nullschnitt $P_0 := \{0\} \times \mathbb{T}^n \subset P$ ist (statt $I = 0$ kann auch jeder andere Wert der Wirkungen gewählt werden).
- Der komplexifizierte Phasenraum $P_\mathbb{C} \supset P$ besitzt die Gestalt $P_\mathbb{C} := \mathbb{C}^n \times \mathbb{T}^n_\mathbb{C}$, mit dem komplexifizierten Torus $\mathbb{T}^n_\mathbb{C} := (\mathbb{C}/2\pi\mathbb{Z})^n$.
- Während der Iteration werden schrumpfende Umgebungen des Nullschnittes $P_0 \subset P_\mathbb{C}$ benutzt. Für

  $$\mathbb{T}^n_s := \{\varphi \in \mathbb{T}^n_\mathbb{C} \mid \max_{1\le k\le n} |\mathrm{Im}(\varphi_k)| \le s\} \qquad (s > 0)$$

  sind diese von der Form $P_s := \{(I,\varphi) \in P_\mathbb{C} \mid \|(I,\varphi)\| \le s\}$ mit

  $$\|(I,\varphi)\| := \max_{1\le k\le n} \max\left(|I_k|, |\mathrm{Im}(\varphi_k)|\right). \tag{15.4.1}$$

**2. Die Hamilton–Funktionen:**
Für geeignete Teilmengen $U, V$ von Vektorräumen $\mathbb{C}^k$ ist

$$\mathcal{A}(U,V) := \{g \in C(U,V) \mid g \text{ ist reell-analytisch in } \mathring{U}\} \quad , \quad \mathcal{A}(U) := \mathcal{A}(U,\mathbb{C}).$$

*Reell-analytisch* bedeutet: $g$ ist analytisch, und ihre Restriktion auf $U \cap \mathbb{R}^k$ ist reellwertig.

- Die während der Iteration vorkommenden Hamilton–Funktionen sind Elemente der $\mathbb{R}$–Vektorräume[10]

  $$\mathcal{H}_s := \mathcal{A}(P_s) \qquad (s > 0).$$

  Da $P_s$ kompakt ist, wird $\mathcal{A}(P_s)$ mit Norm $|H|_s := \sup_{(I,\varphi)\in P_s} |H(I,\varphi)|$ zum Banach–Raum.
- Der induktive Limes dieser Banach–Räume ist

  $$\mathcal{H} := \varinjlim \mathcal{H}_s = \left(\cup_{s>0}\mathcal{H}_s\right)/\sim,$$

  mit Identifikation $\sim$ von $H_1 \in \mathcal{H}_{s_1}$ und $H_2 \in \mathcal{H}_{s_2}$, falls für $s := \min\{s_1, s_2\}$ gilt: $H_1{\restriction}_{P_s} = H_2{\restriction}_{P_s}$. Die Restriktion induziert hier eine *injektive* lineare Abbildung, da die betrachteten Funktionen analytisch sind. In diesem Sinn ist $\mathcal{H}_t \subset \mathcal{H}_s$ und $|H|_t \ge |H|_s$ für $s \le t$ und $H \in \mathcal{H}_t$.

[10] Da der komplexifizierte Phasenraum $P_\mathbb{C}$ aus Äquivalenzklassen nach dem Gitter $(2\pi\mathbb{Z})^n$ besteht, können wir $H$ als $(2\pi\mathbb{Z})^n$–periodische Funktion auf $\mathbb{C}^{2n}$ auffassen.

- Das hamiltonsche Vektorfeld dieser Funktionen ist im Allgemeinen nicht tangential an den Torus $P_0$. Für die durch die Frequenzvektoren $\omega \in \mathbb{R}^n$ indizierten affinen Unterräume

$$\mathcal{K}_{s,\omega} := \{H \in \mathcal{H}_s \mid \mathrm{D}H|_{P_0} = (\omega, 0)\} \tag{15.4.2}$$

erzeugt $H$ aber auf $P_0$ den bedingt-periodischen Fluss (15.1.2).

Da in (15.4.2) nur verlangt wird, dass $H$ in führender $I$–Ordnung $\varphi$–unabhängig ist, haben wir uns nicht die Chance vergeben, die im Allgemeinen nicht integrable Hamilton–Funktion $H \in \mathcal{H}_s$ kanonisch in eine Funktion aus $\mathcal{K}_{s,\omega}$ zu transformieren.

**3. Die kanonischen Transformationen:**
In der hamiltonschen Störungstheorie erster Ordnung (Satz 15.20) waren kleine Störungen einer integrablen (das heißt nur von den Wirkungen $I$ abhängigen) Hamilton–Funktion $H_0$ betrachtet worden. Voraussetzung war schon dort die Nichtdegeneriertheit seines Frequenzvektors $\omega = \mathrm{D}H_0$ gewesen, das heißt die Regularität der Matrix $\mathrm{D}\omega = \mathrm{D}^2 H_0$.

KAM–Theorie besteht in der kontrollierten unendlichen Iteration dieses Satzes. Um dabei in jedem Schritt die diophantische Bedingung zu bewahren, ist diese Nichtdegeneriertheit von zentraler Bedeutung, erlaubt sie doch, durch eine (symplektische) Verschiebung der Wirkung den Frequenzvektor anzupassen.

Grob gesprochen besteht die Beweisstrategie darin, für nichtdegenerierte, auf dem Nullschnitt integrable $K \in \mathcal{K}_{s,\omega}$ und benachbarte $H \in \mathcal{H}$ die Abbildung

$$(K\,,\,H-K) \longmapsto \big(K+\delta K\,,\,H\circ\exp(-\mathbf{Z})-(K+\delta K)\big) \tag{15.4.3}$$

zu iterieren, um ihren Fixpunkt $(K_\infty, 0)$ zu finden. Dabei sind $\delta K$ und $Z$ Lösung der Kohomologie-Gleichung

$$L_Z\, K + \delta K = H - K. \tag{15.4.4}$$

Dadurch wird nicht nur gezeigt, dass $H$ einen invarianten Torus mit Frequenz $\omega$ besitzt, sondern dieser (durch Anwendung der Symplektomorphismen auf $P_0$) auch konstruiert.

$\exp(-\mathbf{Z})$ ist die Komposition $\Phi_1\circ\Phi_2\circ\Phi_3$ dreier symplektischen Abbildungen:

- Der Kotangentiallift $\Phi_1 := T^*g$ eines Diffeomorphismus $g : \mathbb{T}^n \to \mathbb{T}^n$ (siehe Seite 222) verändert die Winkelkoordinaten auf dem Torus $P_0$. Um die Eindeutigkeit von $Z$ in der Lösung von (15.4.4) zu erreichen, wird dabei gefordert, dass $g$ von einem Vektorfeld mit verschwindendem Torus-Mittel kommt.
- Die hamiltonsche Fasertranslation (siehe Definition 10.36) $\Phi_2 := \mathrm{trans}_{dH}$
- Die symplektische Fasertranslation $\Phi_3 := \mathrm{trans}_v$ um den konstanten Translationsvektor $v \in \mathfrak{t}^*$ (mit der dualen Lie–Algebra $\mathfrak{t}^* \cong \mathbb{R}^n$ von $\mathbb{T}^n$, siehe Seite 534). Diese ist für $v \neq 0$ nicht hamiltonsch.

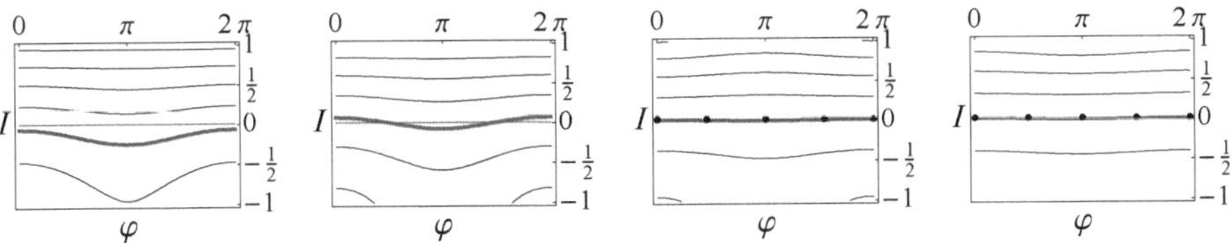


Abbildung 15.4.1: 1) Phasenportrait für eine Hamilton–Funktion mit einem Freiheitsgrad. Der 1-Torus mit Frequenz $\sqrt{2}$ ist hervorgehoben. 2) Nach konstanter Verschiebung der Wirkungen. 3) Nach Fasertranslation.4) Nach Kotangentiallift. In Bild 3) und 4) wurden auf dem Torus zeitlich äquidistante Punkte markiert. Diese haben in 4) auch exakt gleichen Winkelabstand.

In den Illustrationen sind die Wirkungen dieser Abbildungen für den Fall von $n = 1$ Freiheitsgrad dargestellt.
Ziel ist der Beweis des folgenden Satzes über die einzelnen diophantischen Tori.

**15.26 Satz (KAM)** *Es sei $\omega \in \Omega_{\gamma,\tau}$ (also diophantisch, siehe (15.3.8)).*

- *Die Hamilton–Funktion $H_0$ sei für den Frequenzvektor $\omega$ integrabel (das heißt, $H_0 \in \mathcal{K}_{t,\omega}$, siehe (15.4.2))*
- *und besitze eine nicht degenerierte gemittelte Variation der Frequenz (das heißt, die Matrix $\int_{\mathbb{T}^n} \mathrm{D}_1^2 H_0(0,\varphi)\,\mathrm{d}\varphi \in \mathrm{Mat}(n,\mathbb{R})$ ist regulär).*

*Dann besitzen alle Hamilton–Funktionen $H \in \mathcal{H}_t$ in einer kleinen Umgebung von $H_0$ ebenfalls einen invarianten Torus zur Frequenz $\omega$.*

## 4. Die Konvergenzbedingungen

Wir bezeichnen für $t > 0$ den $\mathbb{R}$–Vektorraum der reell-analytischen Funktionen $F : \mathbb{T}_t^n \to \mathbb{C}$ mit $\mathcal{A}(\mathbb{T}_t^n)$. Mit der Supremumsnorm $|\cdot|_t$ wird $\mathcal{A}(\mathbb{T}_t^n)$ zum Banach–Raum. Für $H \in \mathcal{A}(\mathbb{T}_t^n)$ mit Mittelwert $\langle H \rangle = 0$ suchen wir eine Lösung $S$ der sogenannten *kohomologischen Gleichung*, siehe Bemerkung 15.17

$$L_\omega S = H \quad , \quad \langle S \rangle = 0 , \tag{15.4.5}$$

mit der Lie–Ableitung nach dem konstanten Vektorfeld[11] $\omega \in \mathfrak{t} \cong \mathbb{R}^n$. Der Mittelwert von $S$ wird durch die Gleichung $L_\omega S = H$ nicht festgelegt. In Korollar 15.16 wurde die kohomologische Gleichung für endlich oft differenzierbare Funktionen statt für analytische Funktionen gelöst.

Aus der Cauchy–Formel $f(z) = (2\pi\imath)^{-1} \oint_{\mathcal{C}} \frac{f(w)}{w-z}\,\mathrm{d}w$ für den Wert einer analytischen Funktion im Inneren einer geschlossenen Kurve $\mathcal{C}$ in $\mathbb{C}$ folgt die Formel

$$f'(z) = \frac{1}{2\pi\imath} \oint_{\mathcal{C}} \frac{f(w)}{(w-z)^2}\,\mathrm{d}w$$

[11] $\mathfrak{t}$ bezeichnet die Lie–Algebra der Lie–Gruppe $\mathbb{T}^n$.

für deren Ableitung. Diese wiederum ermöglicht die Abschätzung

$$|f'|_s \le \sigma^{-1}|f|_{s+\sigma} \qquad (f \in \mathcal{A}(\mathbb{T}^n_{s+\sigma})). \tag{15.4.6}$$

**15.27 Lemma (skalare kohomologische Gleichung)**
*Ist der Frequenzvektor diophantisch mit $\omega \in \Omega_{\gamma,\tau}$ und hat $H \in \mathcal{A}(\mathbb{T}^n_{s+\sigma_0})$ Mittelwert $\langle H\rangle = 0$, dann besitzt (15.4.5) in $\mathcal{A}(\mathbb{T}^n_s)$ eine eindeutige Lösung $S$, und diese erfüllt für eine Konstante $C = C(n,\tau) > 1$ die Normungleichungen*

$$|S|_s \le \tfrac{C}{\gamma}\sigma^{-\tau-n}|H|_{s+\sigma} \qquad (\sigma \in (0,\sigma_0]).$$

**Beweis:**
• Wie im Beweis von Korollar 15.16 benutzen wir die Darstellungen

$$H = \sum_{\ell\in\mathbb{Z}^n} H_\ell\, e_\ell \quad , \quad S = \sum_{\ell\in\mathbb{Z}^n} S_\ell\, e_\ell\,, \tag{15.4.7}$$

mit den Charakteren $e_\ell(\varphi) := e^{\imath\langle\ell,\varphi\rangle}$ und den Fourier–Koeffizienten $H_\ell, S_\ell \in \mathbb{C}$. Diese gilt für $H$ auf dem Definitionsbereich $\mathbb{T}^n_{s+\sigma}$. Aus $L_\omega S = i\sum_{\ell\in\mathbb{Z}^n} S_\ell\,\langle\ell,\omega\rangle\, e_\ell$ und $\langle S\rangle = S_0$ ergibt sich die Lösung

$$S_\ell := -i\frac{H_\ell}{\langle\ell,\omega\rangle} \qquad (\ell\in\mathbb{Z}^n\setminus\{0\}) \quad \text{und} \quad S_0 := 0\,. \tag{15.4.8}$$

• Da $H$ und $e_\ell$ analytisch sind, hängen die Mittelwerte $\langle H\,e_\ell\rangle_\theta$ mit

$$\langle F\rangle_\theta := (2\pi)^{-n}\int_{\mathbb{T}^n+i\theta} F(\psi)\,\mathrm{d}\psi \qquad \left(\theta\in\mathbb{R}^n,\ \max_k|\theta_k| \le s+\sigma\right)$$

nicht von der Wahl des Vektors $i\theta$ ab, um den der reelle Torus $\mathbb{T}^n \subset \mathbb{T}^n_{s+\sigma}$ verschoben wird. Mit der optimalen Wahl $\theta_k := -\mathrm{sign}(\ell_k)\,(s+\sigma) \quad (k=1,\ldots,n)$ ergibt sich (analog zu Lemma 15.14) eine Paley-Wiener–Abschätzung mit dem Abfall der Fourier–Koeffizienten

$$|H_\ell| = |\,\langle H\,e_{-\ell}\rangle_\theta\,| \le \exp\big(-(s+\sigma)|\ell|\big)\,|H|_{s+\sigma} \qquad (\ell\in\mathbb{Z}^n).$$

• Mit $\omega\in\Omega_{\gamma,\tau}$, also $|\langle\ell,\omega\rangle| \ge \gamma|\ell|^{-\tau}$, folgt daher aus (15.4.8)

$$|S_\ell| \le \frac{|\ell|^\tau}{\gamma}\exp\big(-(s+\sigma)|\ell|\big)\,|H|_{s+\sigma} \qquad (\ell\in\mathbb{Z}^n\setminus\{0\}).$$

Wir schätzen damit (analog zu Lemma 15.15) die Supremumsnorm $|S|_s$ in $\mathbb{T}^n_s \subset \mathbb{T}^n_{s+\sigma}$ ab. Wegen $|\{\ell\in\mathbb{Z}^n \mid |\ell| = k\}| \le 2^n|\{\ell\in\mathbb{N}_0^n \mid |\ell| = k\}| = 2^n\binom{k+n-1}{n-1} \le$

$\frac{2^n}{(n-1)!}(k+n-1)^{n-1}$ ist

$$\begin{aligned}
|S|_s &\le \sum_{\ell\in\mathbb{Z}^n} |S_\ell| \exp(s|\ell|) \le \frac{|H|_{s+\sigma}}{\gamma} \sum_{\ell\in\mathbb{Z}^n\setminus\{0\}} |\ell|^\tau \exp(-\sigma|\ell|) \\
&\le \tfrac{2^n |H|_{s+\sigma}}{\gamma\,(n-1)!} \textstyle\sum_{k\in\mathbb{N}} (k+n-1)^{n-1}\, k^\tau\, e^{-\sigma k} \\
&\le \tfrac{2^n |H|_{s+\sigma}}{\gamma\,(n-1)!} \textstyle\sum_{k\in\mathbb{N}} (k+n-1)^{n+\tau-1}\, e^{-\sigma k} \\
&\le |H|_{s+\sigma} \frac{2^n e^{\sigma_0\, n}}{\gamma\,(n-1)!} \sum_{m=n+1}^{\infty} (m-1)^{n+\tau-1} e^{-\sigma m} \\
&\le |H|_{s+\sigma} \frac{2^n e^{\sigma_0\, n}}{\gamma\,(n-1)!} \int_0^\infty x^{n+\tau-1} e^{-\sigma x}\, \mathrm{d}x\,.
\end{aligned}$$

Das Integral hat den Wert $\sigma^{-n-\tau}\Gamma(n+\tau)$. Wir setzen $C := \frac{2^n e^{\sigma_0\, n}}{(n-1)!}\Gamma(n+\tau)$. □

## 5. Die symplektischen Vektorfelder:

Die oben angesprochenen Symplektomorphismen werden als Lösungen von (lokal) hamiltonschen Differentialgleichungen dargestellt.
Daher werden jetzt durch $s > 0$ parametrisierte $\mathbb{R}$–Vektorräume angegeben, deren Elemente ihrerseits die symplektischen Vektorfelder festlegen.

- Der Raum der im Torusmittel verschwindenden reell-analytischen Vektorfelder:

  $$\mathcal{X}_s := \left\{X \in \mathcal{A}(\mathbb{T}^n_s, \mathbb{C}^n) \mid \textstyle\int_{\mathbb{T}^n} X\, \mathrm{d}\varphi = 0\right\}.$$

  $\mathcal{X}_s$ wirkt auf dem Phasenraum $\mathbb{C}^n \times \mathbb{T}^n_s$ durch die hamiltonschen Vektorfelder

  $$(I,\varphi) \longmapsto \left(-\mathrm{D}X_\varphi I, X(\varphi)\right).$$

- Der Raum der geschlossenen reell-analytischen Eins–Formen auf dem Torus:

  $$\mathcal{Y}_s := \left\{Y \in \mathcal{A}(\mathbb{T}^n_s, \mathbb{C}^n) \mid dY = 0\right\}.$$

  $\mathcal{Y}_s$ wirkt auf $\mathbb{C}^n \times \mathbb{T}^n_s$ durch die symplektischen Vektorfelder $(I,\varphi) \mapsto \big(Y(\varphi), 0\big)$.

- Die direkte Summe $\mathcal{Z}_s := \mathcal{X}_s \oplus \mathcal{Y}_s$ dieser Räume, mit ihrer infinitesimal symplektischen Wirkung auf $\mathbb{C}^n \times \mathbb{T}^n_s$: Die gesuchte Abbildung $Z = (X,Y) \in \mathcal{Z}_s \subset \mathcal{A}(\mathbb{T}^n_s, \mathbb{C}^{2n})$ wirkt als Vektorfeld auf dem Phasenraum $\mathbb{C}^n \times \mathbb{T}^n_s$ in der Form

  $$\mathbf{Z} : \mathbb{C}^n \times \mathbb{T}^n_s \to \mathbb{C}^{2n} \quad , \quad (I,\varphi) \mapsto \big(Y(\varphi) - \mathrm{D}X_\varphi I,\; X(\varphi)\big). \qquad (15.4.9)$$

$\mathcal{X}_s$, $\mathcal{Y}_s$ und $\mathcal{Z}_s$ sind als abgeschlossene Unterräume von $\mathcal{A}(\mathbb{T}^n_s, \mathbb{C}^m)$ mit Norm

$$\|V\|_s := \max\{|V_k|_s \mid k = 1, \ldots, m\}$$

Banach–Räume.

**15.28 Lemma (Exponentialabbildung)** *Für alle* $Z = (X,Y) \in \mathcal{Z}_{s+\sigma}$ *mit Norm* $\|Z\|_{s+\sigma} \leq \frac{1}{3}(\frac{\sigma}{4n})^2$ *ist die symplektische Transformation* $\exp(\mathbf{Z})$ *reell–analytisch auf* $P_s$ *und verschiebt diesen Phasenraumbereich höchstens um*[12]

$$\|\exp(\mathbf{Z}) - 1\!\!1_{P_s}\|_s \leq \tfrac{6n}{\sigma}\|Z\|_{s+\sigma}. \qquad (15.4.10)$$

**Beweis:**

• Der Picard–Operator des Anfangswertproblems $\dot{x} = \mathbf{Z}(x)$, $x(0) = x_0$ mit $x = (I,\varphi) \in P_s$, dem komplexen kompakten Phasenraum, ist für $0 < \delta < \sigma$

$$A : F(\delta) \to \mathcal{A}(I_s \times P_s, \mathbb{C}^{2n}) \quad , \quad A\psi\,(t,x) = x + \int_0^t \mathbf{Z}(\psi(\tilde{t},x))\,\mathrm{d}\tilde{t}. \qquad (15.4.11)$$

Dabei ist $F(\delta) := \{\psi \in \mathcal{A}(I_s \times P_s, \mathbb{C}^{2n}) \mid \text{für alle } t \in I_s \text{ ist } \|\psi(t,\cdot) - \mathrm{Id}_{P_\mathbb{C}}\|_s \leq \delta\}$, mit dem komplexifizierten Zeitintervall $I_s := \{t \in \mathbb{C} \mid |\mathrm{Re}(t)| \leq 1,\ |\mathrm{Im}(t)| \leq s\}$.

• Mit diesen Definitions– und Wertebereichen lassen sich $\mathbf{Z}$ und $\psi(\tilde{t},\cdot)$ verknüpfen. Wegen der Analytizität des Integranden ist das Wegintegral wohldefiniert.

• Das faserweise affine Vektorfeld $\mathbf{Z}$ ist auf $P_{s+\delta}$ beschränkt durch

$$\|\mathbf{Z}\|_{s+\delta} = \sup\left\{\left\|\left(Y(\varphi) - \mathrm{D}X_\varphi I,\ X(\varphi)\right)\right\| \mid (I,\varphi) \in P_{s+\delta}\right\} \leq \frac{2n}{\sigma - \delta}\|Z\|_{s+\sigma},$$

denn $\sigma - \delta < 1$. Setzt man nun $\delta := \frac{1}{3}\sigma$, dann ist

$$\|\mathbf{Z}\|_{s+2\delta} \leq \frac{6n}{\sigma}\|Z\|_{s+\sigma} \leq \frac{\sigma}{8n}. \qquad (15.4.12)$$

Damit gilt für $(t,x) \in I_s \times P_s$: $\|A\psi\,(t,x) - x\| \leq \|\mathbf{Z}\|_{s+2\delta} < \delta$, also $A\psi \in F(\delta)$. $A$ läßt sich daher iterieren.

• Die Lipschitz–Konstante $\|\mathrm{D}\mathbf{Z}\|_{s+\delta}$ des Picard–Operators ergibt sich aus

$$\begin{aligned}
\|A\psi_1 - A\psi_0\|_s &\leq \sup_{t\in I_s}\left\|\textstyle\int_0^t [\mathbf{Z}(\psi_1(\tilde{t},x)) - \mathbf{Z}(\psi_0(\tilde{t},x))]\,\mathrm{d}\tilde{t}\right\|_s \\
&= \sup_{t\in I_s}\left\|\textstyle\int_0^t \int_0^1 \mathrm{D}\mathbf{Z}(\psi_u(\tilde{t},x)) \cdot (\psi_1(\tilde{t},x) - \psi_0(\tilde{t},x))\,\mathrm{d}u\,\mathrm{d}\tilde{t}\right\|_s \\
&\leq \|\mathrm{D}\mathbf{Z}\|_{s+\delta}\|\psi_1 - \psi_0\|_s,
\end{aligned}$$

mit $\psi_u := u\psi_1 + (1-u)\psi_0$ (wie im Beweis von Lemma 3.14).

• Die Lipschitz–Konstante wird für dieses $\delta$ durch eine Cauchy–Abschätzung der Zeilensummennorm mit (15.4.6) dominiert:

$$\|\mathrm{D}\mathbf{Z}\|_{s+\delta} \leq \tfrac{2n}{\delta}\|\mathbf{Z}\|_{s+2\delta} \leq \tfrac{3}{4} < 1.$$

• Als Kontraktion auf dem vollständigen metrischen Raum $F(\delta)$ hat $A$ nach dem Satz von Banach einen Fixpunkt $\Psi$, mit $\Psi(t,\cdot) = \exp(t\mathbf{Z}) \quad (t \in [0,1])$.

• Ungleichung (15.4.12) zeigt dann auch (15.4.10). □

[12] Mit der Schreibweise $t \mapsto \exp(t\mathbf{Z})$ für den Fluss des Vektorfelds $\mathbf{Z}$

**Notation:** Zur Vermeidung von Verwechslungen mit dem Skalarprodukt bezeichnen wir hier das Mittel $\langle f\rangle$ von $f$ über $\mathbb{T}^n$ mit $\overline{f}$ und schreiben $f=\overline{f}+\tilde{f}$. ◇

Wir greifen jetzt die Bedingung der regulären Variation der Frequenzen, also

$$\mathrm{D}_1^2\overline{H}_0\restriction_{P_0} \;=\; \int_{\mathbb{T}^n}\mathrm{D}_1^2 H_0(0,\varphi)\,\mathrm{d}\varphi \;\in\; \mathrm{GL}(n,\mathbb{R})$$

des KAM–Satzes 15.26 auf. Auf einer kleinen Kugel

$$\mathcal{B}_{t,\omega}=\mathcal{B}_{t,\omega}(H_0,\varepsilon_0):=\{K\in\mathcal{K}_{t,\omega}\mid |K-H_0|_t\leq\varepsilon_0\} \tag{15.4.13}$$

um $H_0$ ist die Variation der Frequenzen von $K$ ebenfalls nicht degeneriert. Wir setzen (mit der Zeilensummennorm $\|\cdot\|_s$)

$$\begin{aligned} K_{\max} &:= 1+\max\{|K|_{s_{\max}}\mid K\in\mathcal{B}_{t,\omega}(H_0)\}\,,\\ C_K &:= K_{\max}\Bigl(1+\max\bigl\{\bigl\|\mathrm{D}_1^2\overline{K}^{-1}\bigr\|_{s_{\max}}\mid K\in\mathcal{B}_{t,\omega}(H_0)\bigr\}\Bigr)\,. \end{aligned}\tag{15.4.14}$$

Wie $C_K$ findet man auch im folgenden Lemma eine Konstante $\tilde{C}_K$, die nur von der Wahl der Kugel $\mathcal{B}_{t,\omega}$ abhängt.
Die Wirkung des lokal hamiltonsche Vektorfelder parametrisierenden Raums $\mathcal{Z}_t$ auf $\mathcal{H}_t$ ist bei $H_0$ transversal zum integrablem Unterraum $\mathcal{K}_{t,\omega}$:

**15.29 Lemma (Lösung der Kohomologiegleichung)**
*Die Kohomologiegleichung $L_{\mathbf{Z}}\,K+\delta K=\delta H$ für $(K,\delta H)\in\mathcal{B}_{s+\sigma,\omega}\times\mathcal{H}_{s+\sigma}$ besitzt eine eindeutige Lösung $(\delta K,Z)\in\mathcal{K}_{s,0}\times\mathcal{Z}_s$, mit der Norm*

$$\max\bigl(\|\delta K\|_s\,,\,\|Z\|_s\bigr)\;\leq\;\tilde{C}_K\,\sigma^{-2(\tau+n+1)}\,|\delta H|_{s+\sigma}\,. \tag{15.4.15}$$

**Beweis:**
• Die Taylor–Entwicklungen von $K\in\mathcal{K}_{s+\sigma,\omega}$ und der Variation $\delta K\in\mathcal{K}_{s+\sigma,0}$ von $K$ in den Wirkungen $I$ sind

$$\begin{aligned} K(I,\varphi) &= K^{(0)}+\langle\omega,I\rangle+\Bigl\langle I,\,K^{(2)}(\varphi)\,I\Bigr\rangle+K^{(3)}(I,\varphi)\,,\\ \delta K(I,\varphi) &= \delta K^{(0)}\qquad\qquad\;\;+\;\delta K^{(2)}(I,\varphi)\,, \end{aligned}$$

mit $\langle a,b\rangle=\sum_{k=1}^n a_kb_k$ für $a,b\in\mathbb{C}^n$, $K^{(2)}(\varphi)\in\mathrm{Sym}(n,\mathbb{C})$, $K^{(3)}(I,\varphi)=\mathcal{O}(\|I\|^3)$ und $\delta K^{(2)}(I,\varphi)=\mathcal{O}(\|I\|^2)$. Also ist

$$\mathrm{D}K(I,\varphi)=\bigl(\omega+2K^{(2)}(\varphi)\,I,\;0\bigr)+\mathcal{O}(\|I\|^2)\,. \tag{15.4.16}$$

• Der erste Term $L_{\mathbf{Z}}\,K=\mathrm{D}K(\mathbf{Z})$ der Kohomologiegleichung hat mit (15.4.9) und (15.4.16) die Taylor–Entwicklung

$$L_{\mathbf{Z}}\,K(I,\varphi)=\Bigl\langle\omega+2K^{(2)}(\varphi)\,I,Y(\varphi)-\mathrm{D}X_\varphi I\Bigr\rangle+\mathcal{O}(\|I\|^2)\,.$$

• Dagegen kann auch der führende Term der $\delta H$–Entwicklung von $\varphi$ abhängen:

$$\delta H(I,\varphi) = \delta H^{(0)}(\varphi) + \Big\langle \delta H^{(1)}(\varphi), I\Big\rangle + \delta H^{(2)}(I,\varphi)$$

mit $\delta H^{(2)}(I,\varphi) = \mathcal{O}(\|I\|^2)$.
• Koeffizientenvergleich der nach $I$ entwickelten Kohomologiegleichung:

$$\langle \omega, Y(\varphi)\rangle + \delta K^{(0)} = \delta H^{(0)}(\varphi) \quad , \quad 2K^{(2)}(\varphi)Y(\varphi) - \mathrm{D}X_\varphi^\top \omega = \delta H^{(1)}(\varphi)$$

und $\delta K^{(2)}(I,\varphi) = \delta H^{(2)}(I,\varphi) + \langle 2K^{(2)}(\varphi)\, I, \mathrm{D}X_\varphi I\rangle - \mathrm{D}K^{(3)}(\mathbf{Z})(I,\varphi)$.
• Dieses lineare Gleichungssystem besitzt die eindeutige Lösung

$$\tilde{Y} := \mathrm{D}\, L_\omega^{-1}\big(\delta\tilde{H}^{(0)}\big) \quad , \quad \overline{Y} := \tfrac{1}{2}\Big(\overline{K}^{(2)}\Big)^{-1}\Big(\delta\overline{H}^{(1)} - 2\overline{K^{(2)}\tilde{Y}}\Big), \tag{15.4.17}$$

$$X := L_\omega^{-1}\big(2K^{(2)}Y - \delta H^{(1)}\big) \quad , \quad \delta K^{(0)} := \delta\overline{H}^{(0)} - \big\langle \omega, \overline{Y}\big\rangle \tag{15.4.18}$$

und (mit diesen Größen) das schon angegebene $\delta K^{(2)}$.
• Um die Normen dieser Größen zu kontrollieren, werden sie auf in der Reihenfolge ihres Auftretens schrumpfenden Gebieten abgeschätzt. Mit $\omega \in \Omega_{\gamma,\tau}$ und der Konstante $C > 1$ aus Lemma 15.27 ist also

$$\|\tilde{Y}\|_{s+\frac{2}{3}\sigma} \le \tfrac{C}{\gamma}(\sigma/3)^{-\tau-n-1}|\delta\tilde{H}|_{s+\sigma} \qquad (\sigma \in (0,\sigma_0]).$$

Eingesetzt in die Formel (15.4.17) für $\overline{Y}$ ist (mit $C_K \ge 1$ aus (15.4.14))

$$\|\overline{Y}\|_{s+\frac{2}{3}\sigma} \le C_K\big(1 + \tfrac{C}{\gamma}(\sigma/3)^{-\tau-n-1}\big)\,|\delta H|_{s+\sigma} \qquad (\sigma \in (0,\sigma_0]).$$

Also ist

$$\|Y\|_{s+\frac{2}{3}\sigma} \le \|\overline{Y}\|_{s+\frac{2}{3}\sigma} + \|\tilde{Y}\|_{s+\frac{2}{3}\sigma} \le 2C_K\big(1 + \tfrac{C}{\gamma}(\sigma/3)^{-\tau-n-1}\big)|\delta H|_{s+\sigma}. \tag{15.4.19}$$

Als nächstes schätzen wir mit Lemma 15.27 komponentenweise das Vektorfeld $X$ aus (15.4.18) ab, und erhalten mit $K_{\max}$ aus (15.4.14), (15.4.19) und $\sigma \le 1$

$$\begin{aligned}\|X\|_{s+\frac{1}{3}\sigma} &\le 2\tfrac{C}{\gamma}(\sigma/3)^{-\tau-n}\left(K_{\max}\|Y\|_{s+\frac{2}{3}\sigma} + \|\delta H\|_{s+\sigma}\right)\\ &\le 2\tfrac{C}{\gamma}\,(\sigma/3)^{-\tau-n}\big(2C_K K_{\max}\big(1+\tfrac{C}{\gamma}(\sigma/3)^{-\tau-n-1}\big)+1\big)\,\|\delta H\|_{s+\sigma}\\ &\le 8\Big[C_K\big(1+\tfrac{C}{\gamma}(\sigma/3)^{-\tau-n-1/2}\big)\Big]^2|\delta H|_{s+\sigma}\,. \end{aligned} \tag{15.4.20}$$

Zusammengenommen beweisen (15.4.19) und (15.4.20) den $\|Z\|_s \le \|Z\|_{s+\sigma/3}$ betreffenden Teil der Ungleichung (15.4.15).Es folgt der Teil für $\|\delta K\|_s$:
• Die konstante Funktion $\delta K^{(0)}$ aus (15.4.18) wird durch

$$|\delta K^{(0)}|_s \le |\delta H|_s + \|\omega\|\|Y\|_s \le \Big[1 + 2\|\omega\|C_K\big(1+\tfrac{C}{\gamma}(\sigma/3)^{-\tau-n-1}\big)\Big]|\delta H|_{s+\sigma}$$

beschränkt. Schließlich ist auf dem kompakten Phasenraumgebiet $P_s$

$$\begin{aligned} |\delta K^{(2)}|_s &\le |\delta H^{(2)}|_s + |K|_s\, \|\mathrm{D}X\|_s + \|\mathrm{D}K\|_s \|\mathbf{Z}\|_s \\ &\le |\delta H|_s + \tfrac{3n}{\sigma}|K|_s\, \|X\|_{s+\frac{1}{3}\sigma} + \tfrac{n}{\sigma}\|K\|_{s+\sigma}\|\mathbf{Z}\|_s \,. \end{aligned} \quad (15.4.21)$$

Neben der Abschätzung (15.4.20) für $X$ setzen wir die zu (15.4.12) analoge Ungleichung $\|\mathbf{Z}\|_s \le \frac{6n}{\sigma}\|Z\|_{s+\sigma/3}$ in (15.4.21) ein. □

Als nächstes wird abgeschätzt, wie sehr die Hamilton–Funktion $K + \delta H$ nach Transformation mit dem Symplektomorphismus $\exp(-\mathbf{Z})$ von der Integrabilität abweicht.

**15.30 Lemma (quadratische Konvergenz)**
*Die Lösungen $(\delta K, Z) \in \mathcal{K}_{s,0} \times \mathcal{Z}_s$ der Kohomologiegleichung $L_{\mathbf{Z}}\, K + \delta K = \delta H$ für $(K, \delta H) \in \mathcal{B}_{s+\sigma,\omega} \times \mathcal{H}_{s+\sigma}$ mit $|\delta H|_{s+\sigma} \le g\sigma^{2\tilde{\tau}}$, $\tilde{\tau} := 2(\tau + n + 2)$ erfüllen für ein geeignetes $g$:*

$$\exp(\mathbf{Z}) \text{ ist reell-analytisch auf } P_s \quad , \quad \|\exp(\mathbf{Z}) - \mathrm{Id}_{P_{\mathbb{C}}}\|_s \le \sigma \,. \quad (15.4.22)$$

*Dann ist der Iterationsfehler*

$$|(K + \delta H) \circ \exp(-\mathbf{Z}) - (K + \delta K)|_s \le c\, (\sigma^{-\tilde{\tau}})^2\, |\delta H|^2_{s+\sigma} \,. \quad (15.4.23)$$

**Beweis:**
• Die Lemmas 15.28 und 15.29 zeigen die Richtigkeit von (15.4.22). Mit der angegebenen Schranke an $|\delta H|_{s+\sigma}$ besagt nämlich Lemma 15.29, dass

$$\max\left(\|\delta K\|_{s+\sigma/2}\,,\, \|Z\|_{s+\sigma/2}\right) \le \tilde{C}_K\, (\sigma/2)^{-2(\tau+n+1)}\, |\delta H|_{s+\sigma} \le \tfrac{1}{3}\left(\tfrac{\sigma/2}{4n}\right)^2,$$

für $g := \frac{2^{-2(\tau+n+2)}}{3\tilde{C}_K (4n)^2}$. Mit (15.4.10) folgert man

$$\|\exp(\mathbf{Z}) - \mathbb{1}_{P_s}\|_s \le \tfrac{6n}{\sigma/2}\|Z\|_{s+\sigma/2} \le \tfrac{\sigma}{16n} \,.$$

• Für $H := K + \delta H$ ergibt der Hauptsatz der Differential- und Integralrechnung

$$\begin{aligned} H \circ \exp(-\mathbf{Z}) &= H + \int_0^1 \tfrac{\mathrm{d}}{\mathrm{d}t} H \circ \exp(-t\mathbf{Z})\, \mathrm{d}t \\ &= H - \int_0^1 \mathrm{D}H_{\exp(-t\mathbf{Z})}(\mathbf{Z})\, \mathrm{d}t = H - \mathrm{D}H(\mathbf{Z}) + R\,, \end{aligned}$$

mit dem Restterm $R = \int_0^1 \int_0^t \frac{\mathrm{d}}{\mathrm{d}s} \mathrm{D}H \circ \exp(-s\mathbf{Z})(\mathbf{Z})\, \mathrm{d}s\, \mathrm{d}t =$

$$\int_0^1 \int_0^t \mathrm{D}^2 H_{\exp(-s\mathbf{Z})}(\mathbf{Z}, \mathbf{Z})\, \mathrm{d}s\, \mathrm{d}t = \int_0^1 (1-t) \mathrm{D}^2 H_{\exp(-t\mathbf{Z})}(\mathbf{Z}, \mathbf{Z})\, \mathrm{d}t \,. \quad (15.4.24)$$

Die linke Seite $\left|H \circ \exp(-\mathbf{Z}) - (K + \delta K)\right|_s$ von (15.4.23) ist also gleich

$$\left|\delta H - \mathrm{D}H(\mathbf{Z}) + R - \delta K\right|_s = \left|R - L_{\mathbf{Z}}\, \delta H\right|_s \,; \quad (15.4.25)$$

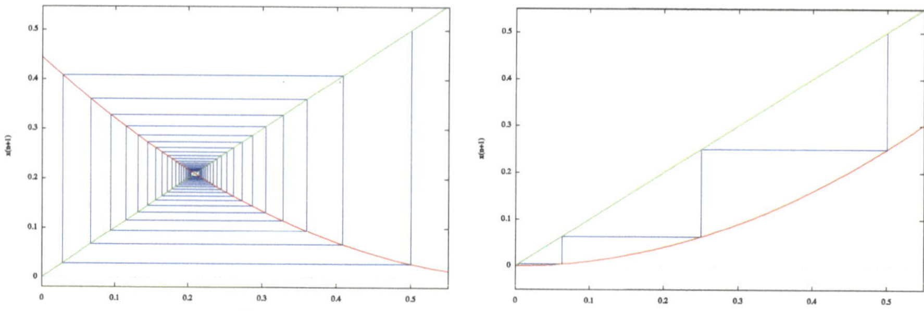

Abbildung 15.4.2: Iteration der quadratischen Abbildung $F_c$ für $c = 2/3$ (links) und $c = 0$ (rechts). Darstellung der Iteration als *Cobweb–Diagramm*, das heißt als Streckenzug mit Eckpunkten auf dem Graph und der Diagonale.

letztere Identität folgt aus der Kohomologiegleichung $L_{\mathbf{Z}}\, K + \delta K = \delta H$.

• Zum Beweis von (15.4.23) schätzen wir die rechte Seite von (15.4.25) ab. Mit (15.4.12) und (15.4.15) ist

$$\|\mathbf{Z}\|_s \le \tfrac{2n}{\sigma/2}\|Z\|_{s+\sigma/2} \le 2n\tilde{C}_K\,(\sigma/2)^{-2(\tau+n)-3}\,|\delta H|_{s+\sigma}\,. \tag{15.4.26}$$

Der Term $\mathrm{D}^2 H$ in (15.4.24) wird für $H \in \mathcal{B}_{t,\omega}$ (die in (15.4.13) definierte Kugel um $H_0$) durch $2n\sigma^{-2}K_{\max}$ mit der Konstanten $K_{\max}$ aus (15.4.14) abgeschätzt. Der Beitrag von $R$ zu (15.4.25) ist also von der in (15.4.23) angegebenen Form.

Der Term $|L_{\mathbf{Z}}\,\delta H|_s$ in (15.4.25) wird mit (15.4.26) durch eine Konstante mal $\sigma^{-\tilde{\tau}}\,|\delta H|^2_{s+\sigma}$ dominiert, also durch eine kleinere Potenz von $1/\sigma$. □

Féjoz findet die integrable Hamilton–Funktion des KAM-Torus als Fixpunkt $(K_\infty, 0)$ der Abbildung (15.4.3). Daher liegt es nahe zu glauben, dass der Satz von Banach (siehe D.3) die Existenz des Fixpunkts sicherstellt.

Dies ist aber nicht möglich, denn Lemma 15.29 kann nicht sicherstellen, dass die Abbildung eine Kontraktion ist. Denn die Summe $\sum_{j=1}^{\infty}\sigma_j$ der Analytizitätsverluste $\sigma_j$ im $j$–ten Iterationsschritt muss endlich sein, die $\sigma_j$ konvergieren also gegen Null. Andererseits divergiert dann der Faktor $\sigma_j^{-2(\tau+n+1)}$ der oberen Schranke in (15.4.15).

Eine besondere Eigenschaft der iterierten Abbildung rettet die Situation. Sie kontrahiert nämlich um so mehr, je mehr man sich ihrem Fixpunkt nähert. Das sieht man an der in $\delta H$ quadratischen oberen Schranke in (15.4.23).

### 15.31 Bemerkung (quadratische Konvergenz zum Fixpunkt)

Ein stark vereinfachtes Modell bietet die Iteration der quadratischen Abbildungen

$$F_c : \mathbb{R} \to \mathbb{R} \quad , \quad x \mapsto (x-c)^2 \qquad (c \in [-1/4, \infty)).$$

Hier ist der Fixpunkt $x_c := c + 1/2 - \sqrt{c + 1/4} \ge 0$ von $F_c$ für Werte des Parameters $c \in (-1/4, 3/4)$ stabil, $F_c$ also in einer Umgebung von $x_c$ kontrahierend.

Für $c = x_c = 0$ aber ist die Ableitung $F'_c(x_c) = 0$, und die Konvergenz gegen $x_c$ ist wie beim Newton–Verfahren quadratisch (Abbildung 15.4.2, rechts). ◇

- Allerdings ist (im Gegensatz zu $F_0$ aus der Bemerkung) die Ableitung der Abbildung (15.4.3) an den Fixpunkten nicht Null, denn *alle* integrablen Hamilton–Funktionen $K$ liefern Fixpunkte $(K, 0)$.
- Ebenso verkleinert sich mit jeder Iteration der Definitionsbereich der verwendeten Abbildung.

Im folgenden Fixpunktsatz wird die auftretende Situation formalisiert.

Die beiden der Abbildung (15.4.3) zugrundeliegenden Funktionenräume werden hier allgemein mit $\mathcal{H}$ und $\mathcal{K}$ bezeichnet. Genauer wird die sich bei der Iteration verringernde Gütestufe der Analytizität abstrakt durch eine Familie $(\mathcal{H}_s)_{s\in(0,1]}$ von Banach–Räumen $\left(\mathcal{H}_s, |\cdot|_s^{(\mathcal{H})}\right)$ codiert, mit $\mathcal{H}_t \subseteq \mathcal{H}_s$ und $|H|_s^{(\mathcal{H})} \leq |H|_t^{(\mathcal{H})}$ für $s < t$ und $H \in \mathcal{H}_t$. Analog für $\left(\mathcal{K}_s, |\cdot|_s^{(\mathcal{H})}\right)_{s\in(0,1]}$ und die kartesischen Produkte $\mathcal{M}_s := \mathcal{K}_s \times \mathcal{H}_s$, mit den Normen $|(K,H)|_s := \max(|K|_s^{(\mathcal{K})}, |H|_s^{(\mathcal{H})})$ (wir schreiben hier also abkürzend $H$ statt $\delta H$).
$0 < s < s + \sigma \leq 1$ und $h, k, \tau > 0$ seien die Parameter der Kugeln

$$B_{s,\sigma}(h,k,\tau) := \{(K,H) \in \mathcal{M}_{s+\sigma} \mid |K|_{s+\sigma}^{(\mathcal{K})} \leq k,\ |H|_{s+\sigma}^{(\mathcal{H})} \leq h\sigma^\tau\}. \quad (15.4.27)$$

Gegeben sei eine Familie von Abbildungen

$$F_{s,\sigma} : B_{s,\sigma}(h,k,\tau) \longrightarrow \mathcal{M}_s ,$$

die mit Restriktion auf Unterräume verträglich sind, das heißt

$$F_{s_1,\sigma_1}\restriction_{\mathcal{M}_{s_2+\sigma_2}} = F_{s_2,\sigma_2} \quad \text{für} \quad 0 < s_1 < s_2 \quad \text{und} \quad 0 < \sigma_1 < \sigma_2 .$$

Der Güteverlust (in der Anwendung die Verkleinerung des Analytizitätsgebietes) unter $F_{s,\sigma}$ werde durch $\sigma \in (0, 1-s]$ gemessen.

**15.32 Satz (Féjoz [Fej2]; Existenz eines Fixpunkts)**
*Für geeignete $c, h_0, k_0, \hat\tau > 0$ und ein $\tau \geq \hat\tau$ gelte für die Bilder $(\hat K, \hat H) := F_{s,\sigma}(K,H)$ von $(K,H) \in B_{s,\sigma}(h_0,k_0,\tau)$ für alle $0 < s < s+\sigma \leq 1$*

$$|\hat K - K|_s^{(\mathcal{K})} \leq c\,\sigma^{-\hat\tau/2}\,|H|_{s+\sigma}^{(\mathcal{H})} \quad \text{und} \quad |\hat H|_s^{(\mathcal{H})}) \leq c\,\sigma^{-\hat\tau}\left(|H|_{s+\sigma}^{(\mathcal{H})}\right)^2. \quad (15.4.28)$$

*Dann gibt es für $\sigma_j := 2^{-j}\sigma$, $s_0 := s + \sigma$, die gegen $s$ fallende Folge $(s_j)_{j\in\mathbb{N}_0}$ mit $s_j := s_{j-1} - \sigma_j$ und für $k := k_0/2$ ein $h \in (0, h_0)$, sodass gilt:*

- *Die Abbildungen $\tilde F^{(j)} : B_{s_1,\sigma_1}(h,k,\tau) \to B_{s_{j+1},\sigma_{j+1}}(h,k_0,\tau)$ mit*

$$\tilde F^{(1)} := F_{s_1,\sigma_1} \quad \textit{und} \quad \tilde F^{(j)} = F_{s_j,\sigma_j} \circ \tilde F^{(j-1)}$$

*haben die angegebenen Wertebereiche (sind also für alle $j \in \mathbb{N}$ definiert).*

- *Für alle $(K,H) \in B_{s,\sigma}(h,k,\tau)$ existiert der Grenzwert*

$$(K_\infty, 0) := \lim_{j\to\infty} \tilde F^{(j)}(K,H) \in B_{s,0}(h,k_0,\tau) .$$

**Beweis:**

• Es ist $s_j = s + \sigma - \sum_{l=1}^{j} \sigma_l = s + 2^{-j}\sigma$. Sei

$$h := \min\left(2^{\hat{\tau}-2\tau}/c,\ k\,(1 - 2^{-\tau/2})\right).$$

Soweit die Abbildungen $\tilde{F}^{(j)}$ mit den angegebenen Wertebereichen definiert sind, schreiben wir $(K_j, H_j)$ für $\tilde{F}^{(j-1)}(K, H)$.
Für $(K, H) \in B_{s_j,\sigma_j}(h, k, \tau)$, also $|H_j|_{s_{j-1}}^{(\mathcal{H})} \leq h\sigma_j^{\tau}$ ist nach (15.4.28)

$$|H_{j+1}|_{s_j}^{(\mathcal{H})} \leq c\sigma_j^{-\hat{\tau}} h^2 \sigma_j^{2\tau} = c\, 2^{2\tau-\hat{\tau}} h^2 \sigma_{j+1}^{2\tau-\hat{\tau}} \leq h\sigma_{j+1}^{\tau}. \qquad (15.4.29)$$

Für diese Wahl von $h$ besitzen also alle $\tilde{F}^{(j)}$, was die Normen der $H_j$ angeht, die angegebenen Wertebereiche. Falls dies auch für die $K_j$ gilt, ist außerdem $\lim_{j\to\infty} |H_j|_s^{(\mathcal{H})} = 0$.

• Tatsächlich ist $(K_j)_{j\in\mathbb{N}}$ eine Cauchy–Folge in $\mathcal{K}_s$ mit $|K_j|_s^{(\mathcal{K})} \leq k_0$, denn $\mathcal{K}_{s_j} \subset \mathcal{K}_s$ und für alle $j \geq i \in \mathbb{N}$ ist wegen (15.4.29) $|K_j - K_i|_s^{(\mathcal{K})} \leq$

$$\sum_{\ell=i}^{\infty} |K_{\ell+1} - K_\ell|_s^{(\mathcal{K})} \leq \sum_{\ell=i}^{\infty} |K_{\ell+1} - K_\ell|_{s_{\ell+1}}^{(\mathcal{K})} \leq h\sigma^{\tau} \tfrac{2^{-i\tau/2}}{1-2^{-\tau/2}} \leq k. \qquad \square$$

**Beweis des Satzes 15.26 (KAM) auf Seite 401:**
Wegen Lemma 15.29 und (15.4.22) besitzt die Familie von Abbildungen

$$\begin{array}{rcll} F_{s,\sigma} : \mathcal{B}_{s+\sigma,\omega} \times \mathcal{H}_{s+\sigma} & \longrightarrow & \mathcal{K}_{s,\omega} \times \mathcal{H}_s & (0 < s < s+\sigma \leq 1) \\ (K\,,\, H - K) & \longmapsto & \big(K + \delta K\ ,\ H \circ \exp(-\mathbf{Z}) - (K + \delta K)\big) & \end{array}$$

aus (15.4.3) den angegebenen Wertebereich. Es ist zu zeigen, dass sie (nach Verschiebung um $H_0$) die Bedingung des Fixpunktsatzes 15.32 erfüllt.
Wenn man sie dann mit Startpunkt $(H_0, H - H_0)$ und für $s := \sigma := \frac{1}{2}\min(t, 1)$ iteriert, findet man einen Fixpunkt $(K_\infty, 0) \in \mathcal{B}_{s,\omega} \times \mathcal{H}_s$.

Bedingung (15.4.28) ist wegen Lemma 15.29 und (15.4.23) in Lemma 15.30 für $\hat{\tau} := 2\tilde{\tau}$ und kleine Radien $\varepsilon_0$ der Kugel $\mathcal{B}_{s+\sigma,\omega}$ in (15.4.13) erfüllt. $\square$

Analog ergeben, wie von J. FÉJOZ in [Fej2] gezeigt, die verketteten Symplektomorphismen der KAM-Iteration einen Limes-Symplektomorphismus.

## 15.4.2 Maß der KAM–Tori

Eben wurde die KAM–Theorie für die *einzelnen* Tori mit diophantischem Frequenzvektor entwickelt. Dagegen hat PÖSCHEL in [Poe] eine globale kanonische Transformation konstruiert, die *gleichzeitig* für viele KAM–Tori Winkel–Koordinaten liefert. Außerdem erlaubt sie eine gewisse Kontrolle der eventuell chaotischen Dynamik außerhalb der KAM–Tori. Es sei wieder

$$H_\varepsilon(I, \varphi) := H_0(I) + \varepsilon H_1(I, \varphi) \qquad (15.4.30)$$

auf dem Phasenraum $G \times \mathbb{T}^n$, mit einem Gebiet $G \subset \mathbb{R}^n$ und mit Störparameter $|\varepsilon| < \varepsilon_0$. Wir setzen voraus, dass die integrable Hamilton–Funktion $H_0$

reell-analytisch ist. Weiter fordern wir wieder die unabhängige Variation der Frequenzen $\omega := \mathrm{D}H_0 : G \to \mathbb{R}^n$:

$$\det(\mathrm{D}\omega)(I) \neq 0 \qquad (I \in G), \tag{15.4.31}$$

und $\omega$ sei ein Diffeomorphismus auf das Bild

$$\Omega := \omega(G)\,.$$

Wegen dieser Eigenschaft können wir mittels der Abbildung

$$\Psi : \Omega \times \mathbb{T}^n \to G \times \mathbb{T}^n \quad , \quad (\hat{\omega}, \varphi) \mapsto \left(\omega^{-1}(\hat{\omega}), \varphi\right)$$

die Hamilton–Funktion $H_\varepsilon$ als Funktion

$$\mathcal{H}_\varepsilon := H_\varepsilon \circ \Psi : \; \Omega \times \mathbb{T}^n \longrightarrow \mathbb{R}$$

auffassen, und die symplektische Zwei–Form mit dem pull-back $\Psi^*$ auf diesen neuen Phasenraum zurückziehen.

Der Vorteil dieses Koordinatenwechsels ist, dass bei der Iteration der kanonischen Transformationen direkt an den neuen Wirkungen $\hat{\omega}$ abgelesen werden kann, ob sie zur diophantischen Menge $\Omega_{\gamma,\tau}$ (siehe (15.3.8)) gehören.

Wir setzen $\tau := n$ und nennen die diophantische Teilmenge der Menge $\Omega$ unserer Frequenzen einfachheitshalber

$$\Omega_\gamma := \Omega_{\gamma,\tau} \cap \Omega\,.$$

Der Störterm $H_1$ sei glatt[13] auf $G \times \mathbb{T}^n$, also $\mathcal{H}_1 = H_1 \circ \Psi \in C^\infty(\Omega \times \mathbb{T}^n)$.

**15.33 Satz (Kolmogorov, Arnol'd und Moser; KAM)**
*Unter den obigen Bedingungen existiert ein $\varepsilon_0 > 0$, sodass für $|\varepsilon| < \varepsilon_0$ ein Diffeomorphismus $\mathcal{T}_\varepsilon$ auf dem Phasenraum $\Omega \times \mathbb{T}^n$ existiert, der auf der Teilmenge*

$$\Omega_{\sqrt{\varepsilon}} \times \mathbb{T}^n \subset \Omega \times \mathbb{T}^n$$

*die hamiltonschen Differentialgleichungen in die Form*

$$\frac{\mathrm{d}}{\mathrm{d}t}\hat{\omega}(t) = 0 \quad , \quad \frac{\mathrm{d}}{\mathrm{d}t}\varphi(t) = \hat{\omega}(t) \tag{15.4.32}$$

*transformiert. Das Lebesgue–Maß dieser Teilmenge ist für kleine Störungen groß:*

$$\lambda^n\left(\Omega_{\sqrt{\varepsilon}}\right) = \lambda^n(\Omega) \cdot \left(1 - \mathcal{O}(\sqrt{\varepsilon})\right)$$

*(falls $\overline{\Omega}$ eine berandete Mannigfaltigkeit ist).*

[13] Pöschel benötigt sogar nur $3n$–fache stetige Differenzierbarkeit.

**15.34 Bemerkungen**

1. Die Gleichungen (15.4.32) sind integrabel und haben die Lösungen

$$\hat{\omega}(t) = \hat{\omega}(0) \quad , \quad \varphi(t) = \varphi(0) + \hat{\omega}(0)t \pmod{2\pi} \qquad (t \in \mathbb{R}).$$

2. Über die ‚resonanten Tori', das heißt das Komplement von $\Omega_{\sqrt{\varepsilon}} \times \mathbb{T}^n$, wird in dieser Formulierung des Satzes nichts ausgesagt. Dort können die Tori überleben (wenn $H_\varepsilon$ integrabel ist) oder sich durch die Störung auflösen, siehe Abbildung 15.4.3 und das Titelbild des Buches. ◇

**15.35 Beispiel (Bewegung im periodischen Potential)**
Als Anwendungsbeispiel greifen wir die in Kapitel 11.2 behandelte Bewegung eines Teilchens im $\mathcal{L}$–periodischen Potential $V$ auf, wobei das reguläre Gitter $\mathcal{L} = \mathrm{span}_{\mathbb{Z}}(\ell_1, \ldots, \ell_d)$ von einer Basis $\ell_1, \ldots, \ell_d$ des $\mathbb{R}^d$ aufgespannt wird. Wir nehmen zusätzlich Glattheit des Potentials an, das heißt $V \in C^\infty(\mathbb{R}^d, \mathbb{R})$.

Die Hamilton–Funktion $H : P \to \mathbb{R}$, $H(p,q) = \frac{1}{2}\|p\|^2 + V(q)$ auf dem Phasenraum $P = \mathbb{R}^d_p \times \mathbb{R}^d_q$ erzeugt die hamiltonsche Differentialgleichung

$$\dot{p} = -\nabla V(q) \quad , \quad \dot{q} = p \, .$$

Um die obige Formulierung des KAM-Satzes zu treffen, benutzen wir anders als in Kapitel 11.2 nicht den Periodentorus $\mathbb{R}^d/\mathcal{L}$, sondern den Standardtorus $\mathbb{T} = \mathbb{R}^d/(2\pi\mathbb{Z})^d$, mit Kotangentialraum $\hat{\mathcal{P}} := T^*\mathbb{T}^d \cong \mathbb{R}^d \times \mathbb{T}^d$ als Phasenraum. Mit der Matrix $L := (\ell_1, \ldots, \ell_d)/(2\pi) \in \mathrm{Mat}(d, \mathbb{R})$ der Basisvektoren wird $V$ durch Koordinatenwechsel $2\pi$–periodisch, läßt sich also als Funktion

$$\hat{V} \in C^\infty(\mathbb{T}^d, \mathbb{R}) \quad , \quad \hat{V}(\varphi) := V(L\varphi)$$

auffassen. Um die KAM-Theorie auf $H$ mit den Energien im Intervall $[(1-\delta)E, (1+\delta)E]$ um $E > 0$ anzuwenden, betrachten wir die Hamilton–Funktion

$$\hat{H}_\varepsilon : \hat{\mathcal{P}} \to \mathbb{R} \quad , \quad \hat{H}_\varepsilon(I, \varphi) := \tfrac{1}{2}\langle I, MI\rangle + \varepsilon\hat{V}(\varphi) \, ,$$

mit $M := (L^\top L)^{-1}$. Diese ist von der Form (15.4.30). Für den Diffeomorphismus

$$\mathcal{M}_E : \mathcal{P} \to \hat{\mathcal{P}} \quad , \quad (p,q) \mapsto (I, \varphi) := \left(L^\top p/\sqrt{E} \, , \, L^{-1}q\right)$$

folgt

$$E \cdot \hat{H}_{1/E} \circ \mathcal{M}_E = H \, ,$$

und der von $\hat{H}_\varepsilon$ erzeugte hamiltonsche Fluss $\hat{\Phi}_\varepsilon$ (bezüglich der kanonischen symplektischen Struktur $\omega_0$ auf $\hat{\mathcal{P}}$) ist konjugiert zum ursprünglichen Fluss, bis auf einen Wechsel der Zeitskala:

$$\hat{\Phi}^{\sqrt{E}t}_{1/E} \circ \mathcal{M}_E = \mathcal{M}_E \circ \Phi^t \qquad (t \in \mathbb{R}).$$

Für den Störparameter $\varepsilon = 0$ wird $\hat{\Phi}^t_\varepsilon$ integrabel. Es gilt dann

$$\hat{\Phi}^t_0(I_0, \varphi_0) = \big(I_0, \varphi_0 + \omega(I_0)t\big) \qquad \big(t \in \mathbb{R}, (I_0, \varphi_0) \in \hat{\mathcal{P}}\big)$$

mit dem Frequenzvektor $\omega(I) := \mathrm{D}\hat{H}_0(I) = MI$. Der Frequenzvektor $\omega$ erfüllt die Bedingung (15.4.31) unabhängiger Variation, denn die Matrix $\mathrm{D}\omega(I) = M$ besitzt Rang $d$. ◇

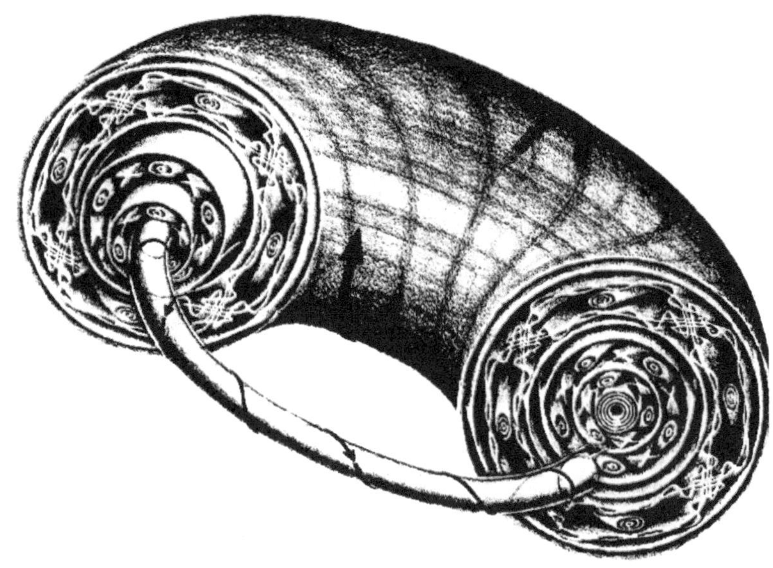

Abbildung 15.4.3: Phasenraumportrait eines hamiltonschen Systems mit zwei Freiheitsgraden, mit ineinander geschachtelten KAM-Tori. [14]

### 15.36 Bemerkung (Resonanzen)

Wie im Kapitel 17.2 über den Satz von Poincaré-Birkhoff ausgeführt, zeigen sich zwischen den KAM-Tori oft neue stabile und instabile periodische Orbits (siehe Abbildung 15.4.3). Diese entsprechen Resonanzen zwischen Frequenzen des gestörten integrablen Systems.

So findet man die Rotationsperioden mancher Planeten und Monde in Resonanz mit ihren Umlaufsdauern. Während etwa der Erdmond eine gebundene Rotation besitzt, uns also immer in etwa die gleiche Seite zeigt, rotiert Merkur bei zwei Umläufen um die Sonne exakt dreimal um seine Achse. [15] ◇

Ist man an dem Anteil der KAM–Tori in einer Energiefläche interessiert, dann müssen die Bedingungen des Satzes angepasst werden. Scheinbar ist das nicht möglich, dann nun können auf der $(n-1)$–dimensionalen Energiefläche nicht alle $n$ Frequenzen unabhängig variiert werden. Wie man aus der diophantischen

[14] Bild: Ralph Abraham und Jerrold E. Marsden, aus: Foundations of Mechanics. Addison-Wesley Publishing Company. Inc. 1982, second edition, fourth printing, Figure 8.3-3 [AM], c American Mathematical Society 2008.

[15] Correia und Laskar untersuchen in [CL] den Einfang in eine solche Resonanz durch Tidenkräfte.

Bedingung (15.3.8) abliest, kommt es aber hauptsächlich darauf an, dass deren *Verhältnisse* unabhängig variiert werden können. Man geht also vom Raum $\mathbb{R}^n$ der Frequenzen zum projektiven Raum $\mathbb{RP}(n-1)$ über.

**15.37 Satz (Isoenergetische Nichtdegeneriertheit)**
*Für die integrable Hamilton–Funktion $H_0$ sei $E := H_0(I_0)$ ein regulärer Wert von $H_0$. Genau dann, wenn für $\omega := \nabla H_0 : G \to \mathbb{R}^n$ gilt:*

$$\det\begin{pmatrix} \mathrm{D}\omega(I_0) & \omega(I_0) \\ \omega(I_0)^\top & 0 \end{pmatrix} \neq 0\,, \tag{15.4.33}$$

*ist für eine geeignete Umgebung $U \subseteq H_0^{-1}(E)$ von $I_0$ die Abbildung*

$$U \to \mathbb{RP}(n-1) \quad , \quad I \mapsto \mathrm{span}\big(\omega(I)\big) \tag{15.4.34}$$

*ein Diffeomorphismus aufs Bild.*

**Beweis:**
• Da $E$ nach Voraussetzung ein regulärer Wert von $H_0$ ist, nimmt der Frequenzvektor $\omega : G \to \mathbb{R}^n$ auf der $(n-1)$–dimensionalen Mannigfaltigkeit $M_E := H_0^{-1}(E) \subset G$ nicht den Wert $0$ an. Damit ist $\mathrm{span}\big(\omega(I)\big) \subseteq \mathbb{R}^n$ für alle $I \in M_E$ ein eindimensionaler Unterraum, und

$$\Phi : M_E \to \mathbb{RP}(n-1) \quad , \quad I \mapsto \mathrm{span}\big(\omega(I)\big)$$

bildet tatsächlich in den projektiven Raum $\mathbb{RP}(n-1)$ ab.
• Die zu $\omega(I_0)$ senkrechten Vektoren $v \in \mathbb{R}^n$ bilden den Tangentialraum $T_{I_0}M_E$ von $M_E$. Genau dann, wenn es einen solchen Vektor $v_0 \neq 0$ gibt, dessen Bild unter $\mathrm{D}\omega(I_0)$ in $\mathrm{span}\big(\omega(I_0)\big)$ liegt, ist die lineare Abbildung

$$T_{I_0}M_E \to T_{\Phi(I_0)}\mathbb{RP}(n-1) \quad , \quad v \mapsto \mathrm{D}\Phi(I_0)\,v$$

nicht surjektiv.
• Dann aber ist die Bedingung (15.4.33) verletzt. Denn für $\mathrm{D}\omega(I_0)\,v_0 = \lambda\,\omega(I_0)$ liegt der Vektor $\binom{v_0}{-\lambda}$ dann im Kern der Matrix $\begin{pmatrix} \mathrm{D}\omega(I_0) & \omega(I_0) \\ \omega(I_0)^\top & 0 \end{pmatrix}$. Andererseits kann ein Vektor $\binom{v}{\mu}$ nur dann im Kern dieser Matrix liegen, wenn $\langle v, \omega(I_0)\rangle = 0$ und $\mathrm{D}\omega(I_0)\,v = -\mu\,\omega(I_0)$ gilt.
• Die Existenzaussage über (15.4.34) folgt dann aus dem Umkehrsatz der mehrdimensionalen Differentialrechnung (siehe etwa HILDEBRANDT [Hil], Analysis 2, Kapitel I.9). □

In BROER und HUITEMA [BH] wird gezeigt, dass unter Voraussetzung der Bedingung (15.4.33) eine zu Satz 15.33 analoge Aussage für die invarianten Tori in den Energieflächen $H_\varepsilon^{-1}(E)$ des gestörten Systems folgt.

**15.38 Aufgabe (Nichtdegeneriertheitsbedingungen)**
Zeigen Sie, dass für die Hamilton–Funktionen $H_i : \mathbb{R}^2 \times \mathbb{T}^2 \to \mathbb{R}$,

$$H_1(I,\varphi) = I_1 + I_2 + I_1^2 \quad \text{und} \quad H_2(I,\varphi) = I_1 + I_2 + I_1^2 - I_2^2$$

gilt: Der invariante Torus $\{0\} \times \mathbb{T}^2$ ist für $H_1$ (15.4.31)–degeneriert aber nicht-degeneriert im Sinn von Bedingung (15.4.33). Für $H_2$ gilt das Gegenteil.[16] ◇

**15.39 Weiterführende Literatur** Das Buch 'The KAM Story' von DUMAS [Dum] gibt einen Überblick zu Geschichte und Entwicklung der KAM–Theorie.◇

## 15.5 Diophantische Bedingung und Kettenbrüche

Wir stellen uns nun die Frage nach der diophantischen Bedingung (15.3.8) für den einfachsten Fall der Dimension $n = 2$. In diesem Fall ist die Menge der unabhängigen Frequenzvektoren

$$\Omega_{\gamma,\tau}=\left\{(\omega_1,\omega_2)\in\mathbb{R}^2 \;\middle|\; \forall(\ell_1,\ell_2)\in\mathbb{Z}^2\setminus\{0\}: |\ell_1\omega_1+\ell_2\omega_2|\geq\gamma\,(\ell_1^2+\ell_2^2)^{-\tau/2}\right\}. \tag{15.5.1}$$

Die definierende Bedingung ist sicher nicht erfüllt, falls $\omega_1 = 0$ gilt oder $\omega_2 = 0$. Wir dividieren also in (15.5.1) durch $\omega_2$ und setzen $\omega := \omega_1/\omega_2$. Für $(\omega_1, \omega_2) \in \Omega_{\gamma,\tau}$ ist $\omega$ irrational, und erfüllt (nach Umbenennung $(q,p) := (\ell_1, -\ell_2)$ und Redefinition der Konstante $\gamma$) die Ungleichungen

$$|q\omega - p| \geq \frac{\gamma}{(p^2+q^2)^{\tau/2}} \quad \text{bzw.} \quad \left|\omega - \frac{p}{q}\right| \geq \frac{\gamma}{|q|(p^2+q^2)^{\tau/2}}. \tag{15.5.2}$$

Diese sind am schwersten zu erfüllen, wenn wir $p$ und $q$ durch ihren größten gemeinsamen Teiler kürzen. Wir nehmen auch ohne Beschränkung der Allgemeinheit an, dass $q \in \mathbb{N}$. Die diophantische Bedingung an $\omega$ bedeutet also schlechte rationale Approximierbarkeit von $\omega$ durch rationale Zahlen $p/q$.

Die beiden Ungleichungen in (15.5.2) führen auf unterschiedliche Approximationsmaße:

**15.40 Definition** *Für $\omega \in \mathbb{R}$ heißt die (gekürzt dargestellte) rationale Zahl $p/q$*

1. **Bestapproximierende 1. Art an** $\omega$, *falls für alle $p'/q' \in \mathbb{Q} \setminus \{p/q\}$ mit Nenner $1 \leq q' \leq q$ gilt:*

$$\left|\omega - \frac{p}{q}\right| < \left|\omega - \frac{p'}{q'}\right|.$$

2. **Bestapproximierende 2. Art an** $\omega$, *falls für alle $p'/q' \in \mathbb{Q} \setminus \{p/q\}$ mit Nenner $1 \leq q' \leq q$ gilt:*

$$|q\omega - p| < |q'\omega - p'|.$$

Die zweite Eigenschaft impliziert die erste, aber nicht umgekehrt:

[16] Die Beispiele entstammen dem Artikel [Do] von R. DOUADY.

**15.41 Beispiel (Bestapproximierende)** Für $\omega := 1/5$ ist $p/q := 1/3$ Bestapproximierende 1. aber nicht 2. Art, denn in beiden Fällen kommt nur der Bruch $p'/q' := 0/1$ in Frage, und für diesen gilt $\left|\omega - \frac{p}{q}\right| = 2/15 < 1/5 = \left|\omega - \frac{p'}{q'}\right|$, aber $|q\omega - p| = |3/5 - 1| = 2/5 > 1/5 = |q'\omega - p'|$. ◇

Es stellt sich nun heraus, dass die Bestapproximierenden 2. Art durch die Kettenbruchentwicklung von $\omega$ gefunden werden können. Dazu setzen wir $\omega > 0$ voraus und betrachten wir im Quadranten $[0, \infty)^2 \subset \mathbb{R}^2$ den Strahl durch den Nullpunkt mit Steigung $\omega$. Dieser teilt den Quadranten, und auch die Gitterpunkt-Menge $\mathbb{N}_0^2 \subset [0, \infty)^2$ in

$$M_\pm := \left\{(k_1, k_2) \in \mathbb{N}_0^2 \mid \pm(k_2 - k_1\omega) \geq 0\right\} \setminus \{(0,0)\}.$$

Nur im Fall einer rationalen Steigung $\omega \in \mathbb{Q}$ sind diese beiden Mengen nicht disjunkt. Die konvexen Hüllen von $M_\pm$ haben Gitterpunkte $(q_n, p_n)$ als Extremalpunkte, beginnend mit $(q_0, p_0) := (1, \lfloor\omega\rfloor)$ für $M_-$ und $(q_{-1}, p_{-1}) := (0, 1)$ für $M_+$.

Diese sind Bestapproximierende 2. Art, denn ihr vertikale Abstand von der Geraden unterbietet die Abstände aller Gitterpunkte $(q', p')$ mit kleinerer 1. Koordinate $q'$ .

**15.42 Beispiel (Goldener Schnitt $g$)**
Seit der Antike ist die folgende Konstruktion bekannt:

Teile eine Strecke der Länge $L$ in zwei Teile der Längen $L_1 = g \cdot L$, $L_2 = L - L_1$, mit gleichen Verhältnissen $\frac{L_1}{L} = \frac{L_2}{L_1}$.

$L_1$ $L_2$

$L$

Es ergibt sich $g = (1-g)/g$ oder $g^2 + g - 1 = 0$, also[17] $g = \frac{\sqrt{5}-1}{2} \approx 0.618$.
Die Extremalpunkte sind hier $(q_n, p_n) = (F_n, F_{n-1})$, siehe Abbildung 15.5.1, mit der durch

$$F_{-1} := 1\,,\; F_0 := 0 \quad \text{und} \quad F_n := F_{n-2} + F_{n-1} \quad (n \in \mathbb{N})$$

definierten Folge der *Fibonacci–Zahlen* (also $F_1 = F_2 = 1$, $F_3 = 2$, $F_4 = 3$, $F_5 = 5$, $F_6 = 8$, $F_7 = 13$, $F_8 = 21\ldots$; normalerweise beginnt man mit $F_1$).
In diesem Fall konvergieren die Steigungen $g_n := p_n/q_n$ der durch die Extremalpunkte gehenden Ursprungsgeraden gegen den Goldenen Schnitt $g$, weil die Iteration

$$g_{n+1} = \frac{F_n}{F_{n+1}} = \frac{F_n}{F_n + F_{n-1}} = \frac{1}{1+g_n}$$

den stabilen Fixpunkt $g = \frac{1}{1+g} = \frac{1}{1+\frac{1}{1+\frac{1}{1+\ldots}}}$ besitzt:

$$g_1 = 0\,,\; g_2 = 1\,,\; g_3 = \tfrac{1}{2}\,,\; g_4 = \tfrac{2}{3} \approx 0.667\,,\; g_5 = \tfrac{3}{5} = 0.6\,,\; g_6 = \tfrac{5}{8} = 0.625\,,\ldots$$

Man berechnet die Gitterpunkte $(q_n, p_n)$ allgemein durch Kettenbruchentwicklung von $\omega \in \mathbb{R}^+$. ◇

[17] Oft wird stattdessen $1/g = g + 1$ als Goldener Schnitt bezeichnet.

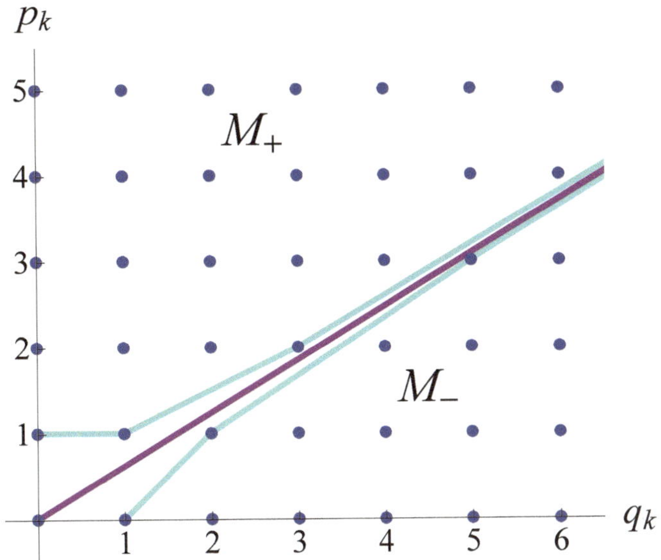


Abbildung 15.5.1: Gerade mit Steigung $g$ und Extremalpunkte $(q_n, p_n)$

**15.43 Weiterführende Literatur** Eine gute Referenz ist KHINCHIN [Kh]. ◇

**15.44 Definition**

- *Die* **Gauss–Abbildung**[18] *ist die stückweise stetige Funktion (siehe Bild)*

$$h : [0,\infty) \to [0,1) \quad , \quad h(0) := 0,\ h(x) := 1/x - \lfloor 1/x \rfloor \text{ für } x > 0 .$$

- *Es sei (der Einfachheit halber) $\omega$ irrational. Für die Menge*

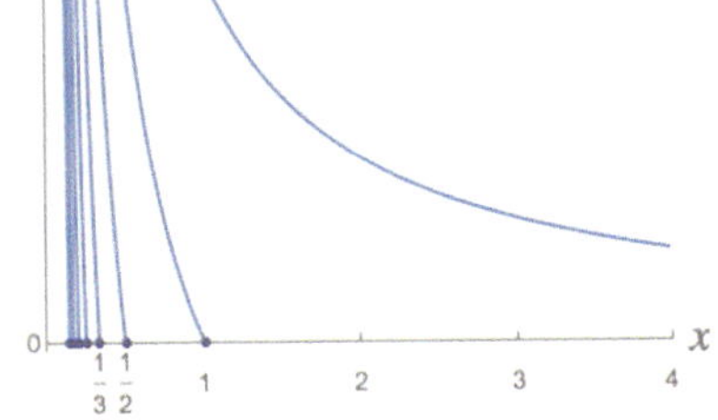


$$\mathcal{F} := \{a : \mathbb{N}_0 \to \mathbb{Z} \mid \forall n \in \mathbb{N} : a_n \in \mathbb{N}\}$$

*ganzzahliger Folgen und $\Phi : [0,\infty) \to \mathcal{F}$,*

$$\begin{aligned} \Phi(\omega)_0 &:= \lfloor \omega \rfloor \\ \Phi(\omega)_n &:= \lfloor 1/h^{(n-1)}(\{\omega\}) \rfloor \quad (n \in \mathbb{N}) \end{aligned}$$

*heißt dann $a := \Phi(\omega)$ die Folge der* **Teilnenner** *von $\omega$.*

- *Für die Startwerte $\binom{q_{-2}}{p_{-2}} := \binom{1}{0}$, $\binom{q_{-1}}{p_{-1}} := \binom{0}{1}$ und die Folgen $p, q : \mathbb{N}_0 \to \mathbb{N}_0$ mit*

$$\binom{q_n}{p_n} := a_n \binom{q_{n-1}}{p_{n-1}} + \binom{q_{n-2}}{p_{n-2}} \tag{15.5.3}$$

[18] In Aufgabe 9.6 wurde der Definitionsbereich $[0,1)$ benutzt. Die gleichnamige Abbildung in der Differentialgeometrie wurde auf Seite 113 definiert.

*(also* $\left(\begin{smallmatrix} q_0 \\ p_0 \end{smallmatrix}\right) = \left(\begin{smallmatrix} 1 \\ \lfloor\omega\rfloor \end{smallmatrix}\right)$*) heißt* $\omega_n := \frac{p_n}{q_n}$ *die* $n$*–***te Kettenbruchnäherung** *an* $\omega$.

**15.45 Beispiel (Kettenbruchnäherung von $\sqrt{5}$)**
Für $\omega := \sqrt{5} \approx 2.23607$ ist $\{\omega\} = \sqrt{5} - 2 = 1/(\sqrt{5}+2) \approx 0.23607$, also $h^{(k)}(\{\omega\}) = \{\omega\} \quad (k \geq 1)$.
Damit ist $a_0 = 2$ und $a_\ell = 4$ $(\ell \geq 1)$, also $\omega_0 = 2$, $\omega_1 = 2 + \frac{1}{4} = \frac{9}{4} = 2.25$,

$$\omega_2 = 2 + \frac{1}{4+\frac{1}{4}} = \frac{38}{17} \approx 2.2353 \quad \text{und} \quad \omega_3 + \frac{1}{4+\frac{1}{4+\frac{1}{4}}} = \frac{161}{72} \approx 2.23611\,. \quad \diamond$$

**15.46 Satz (Kettenbrüche)**
*Für die Kettenbruchnäherungen* $\omega_n = p_n/q_n$ *der Irrationalzahl* $\omega$ *gilt:*

1. $\det\left(\begin{smallmatrix} q_{n-2} & q_{n-1} \\ p_{n-2} & p_{n-1} \end{smallmatrix}\right) = (-1)^n \quad (n \in \mathbb{N}_0)$, *also* $\omega_{n-1} - \omega_n = \frac{(-1)^n}{q_{n-1}q_n}$.
2. *Zähler und Nenner in der Darstellung* $\frac{p_n}{q_n}$ *von* $\omega_n$ *sind teilerfremd.*
3. *Die Folge* $(\omega_{2m})_{m\in\mathbb{N}_0}$ *ist monoton steigend, die Folge* $(\omega_{2m+1})_{m\in\mathbb{N}_0}$ *ist monoton fallend.*
4. *Für die Nenner der Kettenbruchnäherungen gilt* $q_n \geq 2^{(n-1)/2} \quad (n \geq 2)$.

**Beweis:**

1. Mit dem Induktionsanfang $\det\left(\begin{smallmatrix} q_{-2} & q_{-1} \\ p_{-2} & p_{-1} \end{smallmatrix}\right) = \det\left(\begin{smallmatrix} 1 & 0 \\ 0 & 1 \end{smallmatrix}\right) = (-1)^0$ und (15.5.3) folgt die Behauptung, denn der Induktionsschritt ist
$$\det\left(\begin{smallmatrix} q_{n-1} & q_n \\ p_{n-1} & p_n \end{smallmatrix}\right) = \det\begin{pmatrix} q_{n-1} & a_n q_{n-1}+q_{n-2} \\ p_{n-1} & a_n p_{n-1}+p_{n-2} \end{pmatrix} = \det\left(\begin{smallmatrix} q_{n-1} & q_{n-2} \\ p_{n-1} & p_{n-2} \end{smallmatrix}\right) = (-1)^{n+1}\,.$$
2. folgt aus Teil 1) des Satzes, denn ein gemeinsamer Teiler von $p_n$ und $q_n$ muss wegen $p_{n-1}q_n - q_{n-1}p_n = (-1)^n$ auch $(-1)^n$ teilen.
3. Dies folgt aus (15.5.3) und Teil 1) des Satzes, denn
$$\frac{p_n}{q_n} - \frac{p_{n-2}}{q_{n-2}} = \frac{\det\left(\begin{smallmatrix} q_{n-2} & q_n \\ p_{n-2} & p_n \end{smallmatrix}\right)}{q_{n-2}\,q_n} = a_n\frac{\det\left(\begin{smallmatrix} q_{n-2} & q_{n-1} \\ p_{n-2} & p_{n-1} \end{smallmatrix}\right)}{q_{n-2}\,q_n} = (-1)^n\frac{a_n}{q_{n-2}\,q_n}\,.$$
4. Dies folgt aus dem Induktionsanfang $q_3 \geq q_2 = a_2 + 1 \geq 2$ und Induktionsschritt $q_n = a_n q_{n-1} + q_{n-2} \geq q_{n-1} + q_{n-2} \geq \frac{1}{2}\left(2^{n/2} + 2^{(n-1)/2}\right)$. □

**15.47 Aufgabe (Kettenbruchentwicklung)** Zeigen Sie, dass für Irrationalzahlen $\omega$ die Kettenbruchentwicklung konvergiert, d.h. gilt: $\lim_{n\to\infty}\omega_n = \omega$. ◇

Daraus folgt mit Satz 15.46 die Abschätzung der Konvergenzgeschwindigkeit:

**15.48 Korollar** *Alle irrationalen Zahlen* $\omega$ *lassen sich im folgenden Sinn durch rationale Zahlen approximieren:*

$$\left|\omega - \frac{p_{n-1}}{q_{n-1}}\right| < \frac{1}{2q_{n-1}^2} \quad \text{oder} \quad \left|\omega - \frac{p_n}{q_n}\right| < \frac{1}{2q_n^2} \qquad (n \in \mathbb{N}).$$

**Beweis:** Nach Teil 3 und 1 von Satz 15.46 und wegen $q_{n-1} < q_n$ ist

$$\left|\frac{p_{n-1}}{q_{n-1}} - \omega\right| + \left|\omega - \frac{p_n}{q_n}\right| = \left|\frac{p_{n-1}}{q_{n-1}} - \frac{p_n}{q_n}\right| = \frac{1}{q_{n-1}\, q_n} < \tfrac{1}{2}\left(\frac{1}{q_{n-1}^2} + \frac{1}{q_n^2}\right). \qquad \square$$

**15.49 Bemerkung (Parameter der diophantischen Bedingung)**
Wir ersehen hieraus, dass in der diophantischen Bedingung (15.5.1) der Exponent $\tau$ tatsächlich größer oder gleich 1 sein muß, weil sie sonst für kein $\omega$ erfüllt wäre.

Für $\tau = 1$ muß nach Korollar 15.48 die Konstante $\gamma \leq \frac{1}{2}$ sein, damit die Menge $\Omega_{\gamma,\tau}$ nicht leer ist. Das Beispiel des goldenen Schnittes $\omega = g$ zeigt, dass diese Abschätzung realistisch ist (siehe KHINCHIN [Kh], Kapitel 7).
$g$ ist die im diophantischen Sinn am schlechtesten approximierbare Zahl, weil die Teilnenner seiner Kettenbruchentwicklung gleich 1, also minimal sind. ◇

**Der Antikythera–Mechanismus**
Dieses astronomische Berechnungsgerät wurde im Jahr 1900 in einem vor der Küste der griechischen Insel Antikythera untergegangenen Schiff gefunden. Es stammt etwa aus dem 2. Jahrhundert vor Christus und besteht aus über 30 Zahnrädern. Es ist das einzige bekannte Instrument seiner Art aus dieser Zeit.[19] Tony Phillips spekuliert auf der *Feature Column*-Seite der American Mathematical Society darüber, wie etwa die exzellente mechanische Näherung $254/19 = 13.368\,421..$ (der *Meton–Zyklus*) an das astronomische Verhältnis $13.\,368\,267..$ von Jahr und (tropischem) Monat gefunden wurde. Aus der Kettenbruchentwicklung $13.\,368\,267.. = [13, 2, 1, 2, 1, 1, 17, ...]$ ergibt sich in der Tat $[13, 2, 1, 2, 1, 1] = 254/19$, während die nächstbessere Approximation $[13, 2, 1, 2, 1, 1, 17] = 4465/334 = 13.\,368\,263..$ sich wohl mechanisch nicht hätte realisieren lassen.

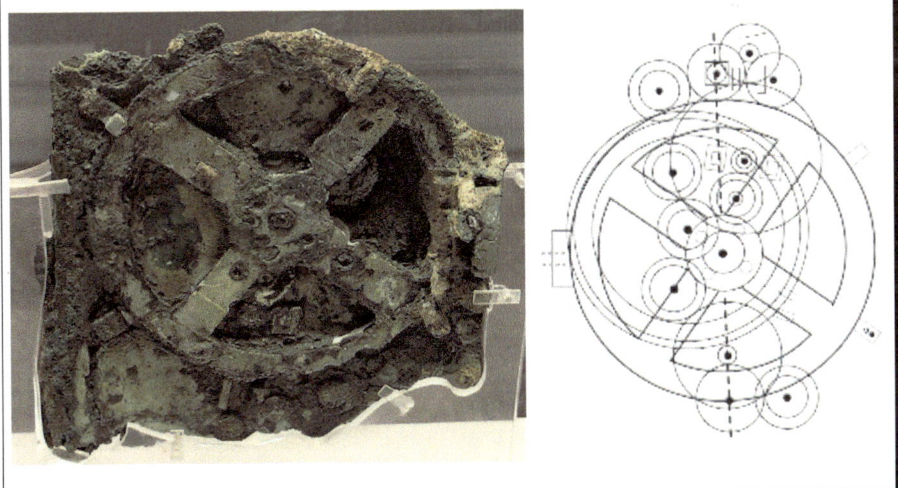

[19]Foto links: National Archaeological Museum, Athens (Greece) (NAM inv. No. X 15087);

## 15.6 Cantori: Am Beispiel der Standardabbildung

Die **Standardabbildung** oder **Chirikov–Taylor–Abbildung** ist eine Familie von Abbildungen $F_\varepsilon = (F_{\varepsilon,1}, F_{\varepsilon,2}) \in C^\infty(\mathbb{R}^2, \mathbb{R}^2)$ der Ebene auf sich, gegeben durch

$$F_\varepsilon(x,y) = \big(x + y + \varepsilon \sin(2\pi x)\,,\, y + \varepsilon \sin(2\pi x)\big). \tag{15.6.1}$$

Diese besitzen folgende elementare aber wichtige Eigenschaften:

1. $F_\varepsilon$ ist *flächenerhaltend*, denn $\mathrm{D}F_\varepsilon(x,y) = \begin{pmatrix} 1+2\pi\varepsilon\cos(2\pi x) & 1 \\ 2\pi\varepsilon\cos(2\pi x) & 1 \end{pmatrix}$.

2. $F_\varepsilon$ ist *doppeltperiodisch*, d.h. es gilt $F_\varepsilon(x+\ell_x, y+\ell_y) = F_\varepsilon(x,y) + (\ell_x, \ell_y)$ für alle $(x,y) \in \mathbb{R}^2$ und $(\ell_x, \ell_y) \in \mathbb{Z}^2$. Damit definiert sie eine Familie flächenerhaltender Abbildungen $f_\varepsilon : \mathbb{T}^2 \to \mathbb{T}^2$ des Zwei-Torus $\mathbb{T}^2 = \mathbb{R}^2/\mathbb{Z}^2$.

   Als Koordinaten verwenden wir $x, y \in [0,1)$.

3. Die Abbildungen $f_\varepsilon = (f_{\varepsilon,1}, f_{\varepsilon,2})$ besitzen die *Twisteigenschaft*

$$\frac{\partial f_{\varepsilon,1}}{\partial y}(x,y) > 0 \qquad \big((x,y) \in \mathbb{T}^2\big)\,.$$

   Die Abbildung $f_0$ ist sehr einfach, nämlich im folgenden Sinn *integrabel*:

   - der Torus $\mathbb{T}^2$ wird in die $f_0$–invarianten, durch die Rotationszahl $r \in [0,1)$ parametrisierten Kreislinien $S_r := \{(x,y) \in \mathbb{T}^2 \mid y = r\}$ gefasert.
   - Auf diesen eindimensionalen Tori $S_r$ wirkt $f_0$ durch Translation um $r$.

Für $\varepsilon > 0$ sind die $S_r$ nicht mehr $f_\varepsilon$–invariant. Andererseits ist für $f_0$ die Twisteigenschaft analog zur Bedingung (15.4.31) der unabhängigen Variation der Frequenzen. Tatsächlich gilt eine dem KAM-Theorem (Satz 15.33) analoge Aussage, nach der für kleine $\varepsilon$ eine große[20] Teilmenge $M_\varepsilon$ des Phasenraums $\mathbb{T}^2$ immer noch durch $f_\varepsilon$–invariante Kreislinien gefasert wird.

Bei Vergrößerung von $\varepsilon$ werden mehr und mehr dieser durch ihre Rotationszahl definierten $f_\varepsilon$–invarianten Tori nicht nur deformiert, sondern zerstört, siehe Abbildung 15.6.1. Für große Werte von $\varepsilon$ gibt es keine solchen Tori mehr, wie in [Mac] von MacKay und Percival bewiesen.

Die Abbildungen $f_\varepsilon$ besitzen die *Spiegelsymmetrie* $f_\varepsilon \circ I = I \circ f_\varepsilon$ mit

$$I : \mathbb{T}^2 \to \mathbb{T}^2 \quad , \quad (x,y) \mapsto (1-x, 1-y) \pmod 1\,.$$

$I$ bildet damit Orbits auf Orbits ab, ist also eine Symmetrie der Phasenraumportraits, siehe Abbildung 15.6.1.



[20]Das Haar–Maß von $\mathbb{T}^2 \setminus M_\varepsilon$ ist von der Ordnung $\mathcal{O}(\sqrt{\varepsilon})$.

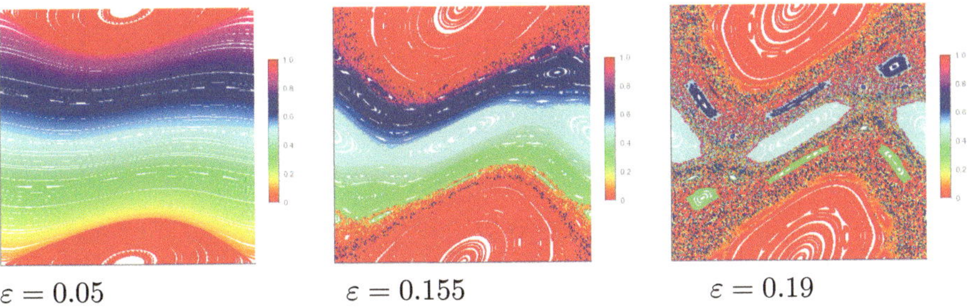


Abbildung 15.6.1: Numerische Iterationen der Standardabbildung. Farbcodierung nach Rotationszahl $R_\varepsilon(z)$ des Startwertes $z \in \mathbb{T}^2$

Auch für $\varepsilon \neq 0$ können wir Phasenraumpunkten $z := (x, y) \in \mathbb{T}^2$ analog zu (2.2.4) eine Rotationszahl

$$R_\varepsilon(z) := \lim_{n\to\infty} \frac{1}{n} F^{(n)}_{\varepsilon,1}(z)$$

zuordnen, mit der $n$–ten Iterierten $F^{(n)}_\varepsilon$ von $F_\varepsilon$. Nach dem Ergodensatz von Birkhoff (Satz 9.32) existiert dieser Limes für fast alle Phasenraumpunkte $z$ bezüglich des invarianten Haar–Maßes auf $\mathbb{T}^2$. Die Färbung von Abbildung 15.6.1 an der Stelle $z$ zeigt den Wert von $R_\varepsilon(z)$.

Je zwei $f_\varepsilon$–invariante Tori $S, S' \subset \mathbb{T}^2$ teilen den Phasenraum in die beiden ihrerseits $f_\varepsilon$–invarianten Zusammenhangskomponenten von $\mathbb{T}^2 \setminus (S \cup S')$ auf. Diese sind Kreisringe, also homöomorph zum kartesischen Produkt eines offenen Intervalls mit $S^1$.

Die beiden letzten etwa bis $\varepsilon = 0.155$ überlebenden invarianten Tori besitzen die Rotationszahl des Goldenen Schnitts $g = \frac{1}{2}(\sqrt{5} - 1)$ beziehungsweise $1 - g$ (siehe mittleres Bild in Abbildung 15.6.2). In Abbildung 15.6.3 sieht man anschaulich den Grund für die Robustheit dieser beiden invarianten Tori. Für die Rotationszahl $g$ verteilen sich die Iterierten nämlich besonders gleichmäßig, und der Orbit wird daher durch die sinusförmige Störung in (15.6.1) weniger stark beeinflußt.

In den in Abbildung 15.6.2 gezeigten Orbits zeigt die Farbwahl die Anzahl der mit dem Goldenen Schnitt $g$ oder $1 - g$ übereinstimmenden Folgenglieder in der Kettenbruchentwicklung der (numerisch bestimmten) Rotationszahlen. Rot eingefärbt sind die Orbits, deren Rotationszahlen mit dem Goldenen Schnitt am besten übereinstimmen. Dies visualisiert die obige Aussage über die beiden letzten überlebenden invarianten Tori.

Die Abbildungen $f_\varepsilon$ haben offensichtlich die Fixpunkte $(0, 0)$ und $(1/2, 0)$, während die Punkte $(0, 1/2)$ und $(1/2, 1/2)$ einen Orbit der Periode 2 bilden.

- Da die Linearisierung von $f_\varepsilon$ bei $(0, 0)$ die Form $\begin{pmatrix} 1+2\pi\varepsilon & 1 \\ 2\pi\varepsilon & 1 \end{pmatrix}$ besitzt, ist dieser Fixpunkt für $\varepsilon > 0$ hyperbolisch.

Abbildung 15.6.2: Numerische Iterationen der Standardabbildung. Farbcodierung nach Ähnlichkeit der Kettenbruchentwicklungen von $R_\varepsilon(z)$ und Goldenem Schnitt.

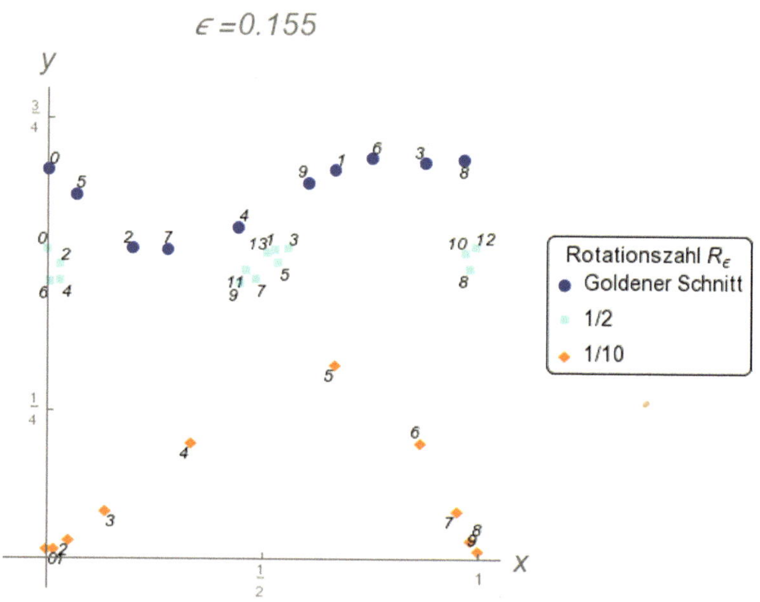


Abbildung 15.6.3: Iterationen der Standardabbildung $f_\varepsilon$ für $\varepsilon = 0.155$ für drei Rotationszahlen.

- Umgekehrt ist der Fixpunkt $(1/2, 0)$ (für nicht zu große Störungen $\varepsilon > 0$) elliptisch, denn seine Linearisierung ist $\begin{pmatrix} 1-2\pi\varepsilon & 1 \\ -2\pi\varepsilon & 1 \end{pmatrix}$.
- Am Punkt $(0, 1/2)$ des periodischen Orbits ist die Linearisierung von $f_\varepsilon^{(2)}$ gleich $\begin{pmatrix} 1+2\pi\varepsilon & 1 \\ 2\pi\varepsilon & 1 \end{pmatrix} \begin{pmatrix} 1-2\pi\varepsilon & 1 \\ -2\pi\varepsilon & 1 \end{pmatrix}$. Die Spur ist gleich $2 - (2\pi\varepsilon)^2$, der Orbit also ebenfalls elliptisch.

Wie man an den 'Inseln' mit einheitlicher Farbe in Abbildung 15.6.1 (rechts) sehen kann, sind die Rotationszahlen in der Nähe eines elliptischen periodischen Punktes lokal konstant. [21]

Es ist keineswegs selbstverständlich, dass es für eine vorgegebene Zahl $r$ einen $f_\varepsilon$–Orbit mit dieser Rotationszahl $r$ gibt. Dies wurde aber von Mather in [Mat] gezeigt, unter Benutzung der Twisteigenschaft und von niedrig-dimensionalen Eigenschaften, nämlich der Ordnungsstruktur von $\mathbb{R}$.

Ist $r$ rational, dann existiert ein periodischer Orbit mit dieser Rotationszahl.

Für irrationale $r$ und große $\varepsilon$ bilden Orbits mit dieser Rotationszahl einen sog. *Cantorus* statt einem KAM-Torus, eine $f_\varepsilon$–invariante Cantor–Menge.

**15.50 Weiterführende Literatur** Überblicke über diese sogenannte *Aubry-Mather-Theorie* findet man in Moser, [Mos5] und Siburg, [Sib]. ◇

[21] im Bild für Punkte nahe $(0, 1/2)$ gleich $0 \pmod 1$, für Punkte nahe $(1/2, 1/2)$ gleich $1/2 \pmod 1$.

# Kapitel 16

# Relativistische Mechanik

Tübingen zu Fuß (links) und bei vier Fünftel der Lichtgeschwindigkeit (rechts).
Abbildung: Ute Kraus und Marc Borchers, [KB]



Das Relativitätsprinzip besagt, dass in den Gesetzen der Physik nur *Relativgeschwindigkeiten* vorkommen, es also insbesondere sinnlos ist, einen Zustand absoluter Ruhe zu postulieren.

Die erste *Relativitätstheorie* (also eine auf dem Relativitätsprinzip aufbauende kinematische Theorie) stammt von Galileo Galilei. Ähnlich wie die Spezielle Relativitätstheorie Albert Einsteins setzt sie Isotropie des Raumes $\mathbb{R}^3$ und Homogenität der Raumzeit $\mathbb{R}^3 \times \mathbb{R}$ voraus und besagt, dass die physikalischen Gesetze in allen Inertialsystemen (nicht beschleunigten Koordinatensystemen) die gleiche Form besitzen. Galilei begründet seine Relativitätstheorie im 1632 erschienenen *Dialog über die beiden hauptsächlichen Weltsysteme*[1] [Gal1] mit der Unmöglich-

[1] in dem er das ‚kopernikanische Weltsystem' vorstellte und dessentwegen er von der Kirche verfolgt wurde.

keit, in einem abgeschlossenen Raum eines Schiffes dessen Geschwindigkeit experimentell festzustellen.

Wird die Relativgeschwindigkeit eines Bezugssystems $a$ zum Bezugssystem $b$ mit $v_{a,b} \in \mathbb{R}^3$ bezeichnet, dann folgt nach Galilei die vektorielle Additionsregel

$$v_{1,3} = v_{1,2} + v_{2,3} \,. \tag{16.0.1}$$

Der Unterschied zur Speziellen Relativitätstheorie Einsteins besteht in Galileis Annahme, dass die Lichtgeschwindigkeit unendlich sei.

Es hat sich aber eingebürgert, dynamische Systeme, bei denen die auftretenden Geschwindigkeiten klein gegen die Lichtgeschwindigkeit sind, *nichtrelativistisch* zu nennen, während *relativistisch* für die einsteinsche Relativitätstheorie steht.

## 16.1 Die Lichtgeschwindigkeit

*„Die spezielle Relativitätstheorie weicht also von der klassischen Mechanik nicht durch das Relativitätspostulat ab, sondern allein durch das Postulat von der Konstanz der Vakuum-Lichtgeschwindigkeit."* ALBERT EINSTEIN, in [Ei2]

Die Frage, ob das Licht sich mit endlicher Geschwindigkeit oder instantan (das heißt: augenblicklich) ausbreitet, war seit der Zeit der antiken griechischen Naturforscher umstritten.

**Eine Messung der Lichtgeschwindigkeit**

*Salviati*: „Und der Versuch, den ich ersann, war folgender: Von zwei Personen hält eine jede ein Licht in einer Laterne oder etwas dem ähnlichen, und zwar so, daß ein jeder mit der Hand das Licht zu- und aufdecken könne; dann stellen sie sich einander gegenüber auf in einer kurzen Entfernung und üben sich, ein jeder dem anderen sein Licht zu verdecken und aufzudecken: in der Weise, dass, wenn der eine das andere Licht erblickt, er sofort das seine aufdeckt...

Eingeübt in kleiner Distanz, entfernen sich die beiden Personen mit ihren Laternen bis auf 2 oder 3 Meilen; und indem sie nachts ihre Versuche anstellen, beachten sie aufmerksam, ob die Beantwortung ihrer Zeichen in demselben Tempo wie zuvor erfolge, woraus man wird schließen können, ob das Licht sich instantan fortpflanzt;..."

*Sagredo*: „Ein schöner und sinnreicher Versuch, aber, sagt uns, was hat sich bei der Ausführung desselben ergeben?"

*Salviati*: „Ich habe den Versuch nur in geringer Entfernung angestellt, in weniger als einer Meile, woraus noch kein Schluß über die Instantaneität des Lichts zu ziehen war; aber wenn es nicht momentan ist, so ist es doch sehr schnell, fast momentan..." GALILEO GALILEI: Über zwei neue Wissenszweige (1638), zitiert nach [Gal2], Seite 363–364.

Wie im Kasten dargestellt, schlug Galileo eine Klärung der Frage durch Messung vor. Galileos Methode lieferte nur eine untere Schranke an die Lichtgeschwindigkeit, aber ein anderer Vorschlag führte wenig später zum Erfolg.

Ein entscheidendes Problem der Schifffahrt dieser Zeit war die Bestimmung des Längengrades. Der Breitengrad ist einfach zu bestimmen, etwa durch Messung der Höhe des Polarsternes über dem Horizont. Dagegen erfordert die Bestimmung des Längengrades durch Messung der Höhe eines Sternes bzw. der Sonne über dem westlichen oder östlichen Horizont die Kenntnis der Uhrzeit. Die damaligen Schiffsuhren waren dafür aber nicht genau genug, besonders bei langen Reisen. Galileo schlug nun vor, die vorausberechneten Verfinsterungen der Jupitermonde als universale Uhr zu benutzen. Tatsächlich war die Methode auf See nicht praktikabel (siehe das spannende Buch *Längengrad* von DAVA SOBEL [Sob1]), wurde aber an Land benutzt.

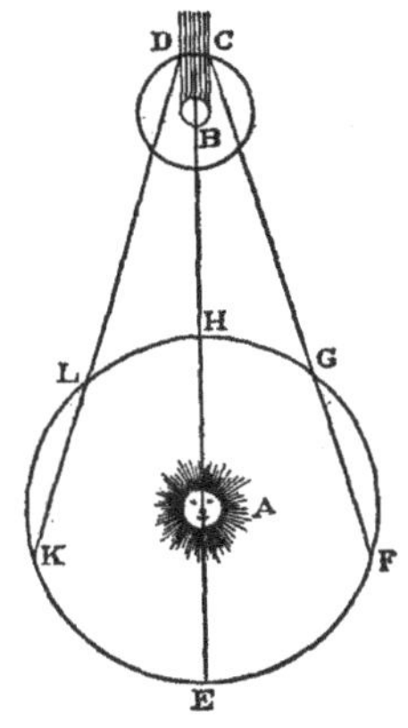

Rømers Skizze mit Erde, Sonne, Jupiter und Io

Im Jahr 1671 besuchte der dänische Astronom Ole Rømer die Insel Hven, um den Breitengrad des alten Observatoriums von Tycho Brahe festzustellen und damit dessen Daten an die der Pariser Sternwarte anzuschließen.

In einer Beobachtungsreihe von etwa acht Monaten und 140 Verfinsterungen des Jupitermondes Io stellte er eine mit dem Abstand von Jupiter und Erde variierende Abweichung von den Berechnungen fest. 1676 veröffentlichte er seine Theorie, nach der diese auf die Endlichkeit der Lichtgeschwindigkeit zurückzuführen sei (siehe die Skizze von Ole Rømer, aus [Roe]) und schätzte die Zeit, die das Sonnenlicht benötigt, um die Erde zu erreichen, auf etwa 11 Minuten ab, siehe MACKAY and OLDFORD in [MKO].

Damit war Galileis Relativitäts*theorie* widerlegt, nicht aber sein Relativitäts*prinzip*. Huygens und andere argumentierten nun, dass keine materiellen Teilchen derart schnell sein könnten. Statt dessen solle man sich die Lichtausbreitung als eine Dichteschwankung in einer den Raum füllenden Substanz vorstellen, ähnlich der Ausbreitung von Schall in Luft.

Diese *Äthertheorie* stand nun auch in Widerspruch zum Invarianzprinzip von Galilei und später Newton, nach dem nur Relativgeschwindigkeiten, keine Absolutgeschwindigkeiten definierbar seien.

Tatsächlich stellte sich aber 1887 bei einer verfeinerten Messung der Lichtgeschwindigkeit durch Michelson und Morley heraus, dass diese nicht durch die Bewegung der Erde um die Sonne beeinflußt wurde. Da also sowohl Galileis Relativitätstheorie als auch die Äthertheorie widerlegt waren, mußte eine neue Relativitätstheorie formuliert werden. Dies gelang EINSTEIN 1905 in seinem Artikel *Zur Elektrodynamik bewegter Körper* [Ei1].

Seit 1983 ist ein Meter als diejenige Strecke definiert, die Licht im Vakuum binnen des 299 792 458sten Teils einer Sekunde zurücklegt. Die Lichtgeschwindigkeit in m/s kann also nicht mehr gemessen werden (statt dessen aber etwa die Länge des in Paris befindlichen Urmeters in Einheiten des so definierten Meters).

Wir benutzen im Weiteren Einheiten, in denen die Lichtgeschwindigkeit gleich Eins ist. Will man die Formeln in einem anderen Einheitensystem interpretieren, muß man alle in diesem System vorkommenden Geschwindigkeiten durch die Lichtgeschwindigkeit $c$ dividieren.

## 16.2 Die Lorentz– und die Poincaré–Gruppe

*„Es ist eine Mannigfaltigkeit und in derselben eine Transformationsgruppe gegeben; man soll die der Mannigfaltigkeit angehörigen Gebilde hinsichtlich solcher Eigenschaften untersuchen, die durch die Transformationen der Gruppe nicht geändert werden."* FELIX KLEIN (1872), in [Kl]

Mathematisch gesehen besteht die einsteinsche Spezielle Relativitätstheorie im Kern aus der Theorie der *Poincaré–Gruppe* und einer Untergruppe, der *Lorentz–Gruppe.*

Wir untersuchen zunächst die Lorentz–Gruppe (als Spezialfall der sogenannten indefinit orthogonalen Gruppen), bevor wir ihre physikalische Bedeutung erkunden. Dies entspricht dem Ansatz des *Erlanger Programms* von Felix Klein, nach dem eine Geometrie durch Untersuchung ihrer Transformationsgruppe analysiert wird.

Die Geometrie selbst ist durch eine Bilinearform auf der Raumzeit definiert:

**16.1 Definition**

- *Für $m, n \in \mathbb{N}_0$ und $k := m + n$ sei eine symmetrische Bilinearform mit* **Signatur** $(m,n)$ *definiert durch*

$$\langle\cdot,\cdot\rangle_{m,n} : \mathbb{R}^k \times \mathbb{R}^k \to \mathbb{R}, \quad , \quad \langle v, w\rangle_{m,n} = \sum_{\ell=1}^{m} v_\ell w_\ell - \sum_{\ell=m+1}^{k} v_\ell w_\ell \,. \tag{16.2.1}$$

- *Die* **indefinite orthogonale Gruppe** *ist deren Transformationsgruppe:*

$$\mathrm{O}(m,n) := \left\{ A \in \mathrm{GL}(k,\mathbb{R}) \mid \forall v, w \in \mathbb{R}^k : \langle Av, Aw\rangle_{m,n} = \langle v, w\rangle_{m,n} \right\}.$$

- $(\mathbb{R}^4, \langle\cdot,\cdot\rangle_{3,1})$ *heißt* **Minkowski–Raum**. $\mathrm{L} := \mathrm{O}(3,1)$ *heißt auch* **Lorentz–Gruppe**, *ihre Elemente* **Lorentz–Transformationen**.

- *Die* **Poincaré–Gruppe** *ist das semidirekte Produkt $P := \mathbb{R}^4 \rtimes \mathrm{L}$ mit Verknüpfung*

$$(a, A) \circ (b, B) := (a + Ab, AB)\,.$$

**16.2 Bemerkungen**

1. Nach dem Trägheitssatz von Sylvester (Satz 6.13.1) ist jede nicht degenerierte symmetrische Bilinearform auf einem $k$–dimensionalen reellen Vektorraum in einer geeigneten Basis von der Gestalt (16.2.1) (und die Zahlen $m$ und $n$ hängen nicht von der Wahl der Basis ab).
2. Wegen der Beziehung $\langle\cdot,\cdot\rangle_{n,m} = -\langle M\cdot, M\cdot\rangle_{m,n}$ mit der Permutationsmatrix $M := \left(\begin{smallmatrix} 0 & 1\!\!1_m \\ 1\!\!1_n & 0\end{smallmatrix}\right) \in \mathrm{Mat}(k,\mathbb{R})$ ist $\mathrm{O}(n,m)$ isomorph zu $\mathrm{O}(m,n)$.
3. $\langle\cdot,\cdot\rangle := \langle\cdot,\cdot\rangle_{k,0}$ ist das euklidische Skalarprodukt, und $\mathrm{O}(k,0) = \mathrm{O}(k)$ ist die orthogonale Gruppe.
4. Mit der Diagonalmatrix $I := \left(\begin{smallmatrix} 1\!\!1_m & 0 \\ 0 & -1\!\!1_n\end{smallmatrix}\right) = 1\!\!1_m \oplus (-1\!\!1_n) \in \mathrm{Mat}(k,\mathbb{R})$ ist $\langle\cdot,\cdot\rangle_{m,n} = \langle\cdot, I\cdot\rangle$. Also ist eine Matrix $A \in \mathrm{Mat}(k,\mathbb{R})$ genau dann in $\mathrm{O}(m,n)$ wenn $A^\top I A = I$.
5. Üblich ist die Nummerierung der Komponenten eines Vektors im Minkowski–Raum in der Form $\begin{pmatrix} v_1 \\ v_2 \\ v_3 \\ v_4\end{pmatrix} \in \mathbb{R}^4$. Man nennt dann $v_4$ seine Zeitkomponente und $\begin{pmatrix} v_1 \\ v_2 \\ v_3\end{pmatrix} \in \mathbb{R}^3$ seine Raumkomponente. Ebenso kommt aber auch die Schreibweise $\begin{pmatrix} v_0 \\ v_1 \\ v_2 \\ v_3\end{pmatrix} \in \mathbb{R}^4$ mit Bilinearform $\langle v,w\rangle_{1,3} = v_0w_0 - v_1w_1 - v_2w_2 - v_3w_3$ vor, wobei die nullte Komponente als Zeit interpretiert wird.

   In der physikalischen Literatur wird statt $\langle v,w\rangle_{3,1}$ kurz $v_\alpha w^\alpha$ geschrieben, mit einsteinscher Summenkonvention. Lateinische statt griechische Summationsindices stehen dann für die räumlichen Komponenten, also etwa

$$v_a w^a = v_1w_1 + v_2w_2 + v_3w_3 \,. \qquad \diamond$$

**16.3 Satz (Lorentz–Gruppe)**

- *Die indefiniten orthogonalen Gruppen* $\mathrm{O}(m,n)$ *sind Lie–Gruppen der Dimension* $\frac{1}{2}k(k-1)$, *mit* $k = m+n$. *Insbesondere ist* $\dim(\mathrm{L}) = 6$.
- *Die Polarzerlegung einer Matrix* $A \in \mathrm{O}(m,n)$ *ist von der Form* $A = OP$ *mit*

$$O = \left(\begin{smallmatrix} O_m & 0 \\ 0 & O_n\end{smallmatrix}\right) \in \mathrm{O}(m)\times\mathrm{O}(n) \subset \mathrm{O}(m,n)\,,$$

  *und* $P = \exp\left(\begin{smallmatrix} 0 & \theta \\ \theta^\top & 0\end{smallmatrix}\right)$ *für* $\theta \in \mathrm{Mat}(n\times m,\mathbb{R})$.
- *Für* $0 < m < k$ *ist* $\mathrm{O}(m,n)$ *nicht kompakt und besteht aus vier Zusammenhangskomponenten. Die Zusammenhangskomponente der Eins besitzt dabei eine Polarzerlegung mit* $O_m \in \mathrm{SO}(m)$ *und* $O_n \in \mathrm{SO}(n)$. *Die Determinanten der Matrizen zweier dieser Komponenten sind gleich* $1$, *für die anderen beiden Komponenten gleich* $-1$.

**Beweis:**

• $\mathrm{O}(m,n)$ ist eine Gruppe und Urbild des regulären Wertes $I = \left(\begin{smallmatrix} 1\!\!1_m & 0 \\ 0 & -1\!\!1_n\end{smallmatrix}\right)$ der Abbildung

$$\mathrm{GL}(k,\mathbb{R}) \longrightarrow \mathrm{Sym}(k,\mathbb{R}) \quad , \quad A \longmapsto A^\top I A$$

(vergleiche mit dem Spezialfall der orthogonalen Gruppe $\mathrm{O}(k)$ in Beispiel E.19.2). Damit ist $\mathrm{O}(m,n)$ eine Lie–Gruppe, und

$$\dim\big(\mathrm{O}(m,n)\big) = \dim\big(\mathrm{GL}(k,\mathbb{R})\big) - \dim\big(\mathrm{Sym}(k,\mathbb{R})\big) = \binom{k}{2}\,.$$

• Zunächst ist mit $A$ auch $A^\top = IA^{-1}I$ in $\mathrm{O}(m,n)$, denn $A^{-1} \in \mathrm{O}(m,n)$, und die Involution $B \mapsto IBI$ bildet $\mathrm{O}(m,n)$ auf sich ab. Damit ist mit $A$ auch die positive Matrix $A^\top A \in \mathrm{O}(m,n)$, und gleiches gilt für die Wurzel

$$P = \big(A^\top A\big)^{1/2} = \exp(\tilde{\theta}) \quad \text{mit} \quad \tilde{\theta} := \tfrac{1}{2}\log\big(A^\top A\big) \;\in\; \mathrm{Sym}(k,\mathbb{R}) \cap \mathfrak{o}(m,n)$$

in der Polarzerlegung $A = OP$. Da die Elemente $a$ der Lie–Algebra $\mathfrak{o}(m,n) \subset \mathrm{Mat}(k,\mathbb{R})$ von $\mathrm{O}(m,n)$ durch die Relation $a^\top I + Ia = 0$ charakterisiert sind, ist $\tilde{\theta}$ von der angegebenen Form $\left(\begin{smallmatrix} 0 & \theta \\ \theta^\top & 0 \end{smallmatrix}\right)$.
• Zahl und Form der Zusammenhangskomponenten ergibt sich aus der Gestalt der Polarzerlegung und der (in Beispiel E.19.2 bewiesenen) Tatsache, dass die orthogonale Gruppe $\mathrm{O}(\ell)$ die Drehgruppe $\mathrm{SO}(\ell)$ und deren Komposition mit den Spiegelungen des $\mathbb{R}^\ell$ an Hyperebenen als ihre beiden Zusammenhangskomponenten haben.
Die Werte von $\det(A)$ ergeben sich mit Satz 4.12 aus der Polarzerlegung $A = O\exp(\tilde{\theta})$: $\det(A) = \det(O)\exp\big(\mathrm{tr}(\tilde{\theta})\big) = \det(O) = \det(O_m)\,\det(O_n)$. □

### 16.4 Bemerkungen (Untergruppen der Lorentz–Gruppe)

1. Die *indefinite spezielle orthogonale Gruppe* $\mathrm{SO}(m,n)$ besteht aus den Elementen von $\mathrm{O}(m,n)$ mit Determinante $+1$, und besitzt damit für $m,n>0$ genau zwei Zusammenhangskomponenten.

2. Im Fall der Lorentz–Gruppe $\mathrm{L} = \mathrm{O}(3,1)$ werden die durch $I = \mathrm{diag}(1,1,1,-1)$ beziehungsweise $-I = \mathrm{diag}(-1,-1,-1,1)$ definierten linearen Abbildungen auch *Zeitspiegelung* bzw. *Raumspiegelung* genannt, und die Zusammenhangskomponente der Eins auch als *echt orthochrone* oder *restringierte Lorentz–Gruppe* $\mathrm{L}_+^\uparrow = \mathrm{SO}^+(3,1)$ bezeichnet.

   Zusammen mit der Komponente $\mathrm{L}_-^\uparrow := -I\mathrm{L}_+^\uparrow$ bildet sie die *orthochrone Lorentz–Gruppe* $\mathrm{L}^\uparrow := \mathrm{L}_+^\uparrow \,\dot{\cup}\, \mathrm{L}_-^\uparrow$.

   Die anderen Zusammenhangskomponenten sind $\mathrm{L}_+^\downarrow := -\mathrm{L}_+^\uparrow$ und $\mathrm{L}_-^\downarrow := I\mathrm{L}_+^\uparrow$. Der Subindex bezeichnet also das Vorzeichen der Determinante.

3. Für alle $0 \le m' \le m$ und $0 \le n' \le n$ gibt es in $\mathrm{O}(m,n)$ zu $\mathrm{O}(m',n')$ isomorphe Untergruppen, denn mit $A' \in \mathrm{O}(m',n')$ ist zum Beispiel $A := \mathbb{1}_{m-m'} \oplus A' \oplus \mathbb{1}_{n-n'} \in \mathrm{O}(m,n)$.

   Damit ist auch die Gruppe $\mathrm{O}(m) \times \mathrm{O}(n)$ eine Untergruppe von $\mathrm{O}(m,n)$. Im Fall der restringierten Lorentz–Gruppe besteht $\mathrm{SO}^+(3,1) \cap \big(\mathrm{O}(3)\times\mathrm{O}(1)\big)$ aus den Raumdrehungen, ist also eine zu $\mathrm{SO}(3)$ isomorphe Gruppe. Diese Symmetrie entspricht der sogenannten *Isotropie* der Raumzeit.

4. Dagegen bilden die positiven Matrizen in der Polarzerlegung (die sogenannten *speziellen Lorentz–Transformationen* oder *Lorentz–boosts*) keine Untergruppe der Lorentz–Gruppe, denn diese Teilmenge ist unter Produktbildung nicht abgeschlossen (siehe (16.2.6)). ◇

**16.5 Beispiel (Zweidimensionale Raumzeit)**
Im Sinn der vorletzten Bemerkung können wir $\mathrm{O}(1,1)$ als Untergruppe der Lorentz–Gruppe $\mathrm{O}(3,1)$ auffassen. Deren Zusammenhangskomponente der Eins ist [2]

$$\mathrm{SO}^+(1,1) := \left\{ \exp\left(\begin{smallmatrix} 0 & \theta \\ \theta & 0 \end{smallmatrix}\right) = \left(\begin{smallmatrix} \cosh(\theta) & \sinh(\theta) \\ \sinh(\theta) & \cosh(\theta) \end{smallmatrix}\right) \,\middle|\, \theta \in \mathbb{R} \right\}, \tag{16.2.2}$$

entspricht also einer Untergruppe der restringierten Lorentz–Gruppe $\mathrm{SO}^+(3,1)$.

Der Parameter $\theta$ wird *Rapidität* genannt. Er hat gegenüber der Parametrisierung

$$\begin{pmatrix} \cosh(\theta) & \sinh(\theta) \\ \sinh(\theta) & \cosh(\theta) \end{pmatrix} = \begin{pmatrix} \frac{1}{\sqrt{1-v^2}} & \frac{v}{\sqrt{1-v^2}} \\ \frac{v}{\sqrt{1-v^2}} & \frac{1}{\sqrt{1-v^2}} \end{pmatrix} \tag{16.2.3}$$

mit der Geschwindigkeit $v = \tanh(\theta) \in (-1,1)$ den Vorteil der Additivität, denn

$$\left(\begin{smallmatrix} \cosh(\theta_1) & \sinh(\theta_1) \\ \sinh(\theta_1) & \cosh(\theta_1) \end{smallmatrix}\right) \left(\begin{smallmatrix} \cosh(\theta_2) & \sinh(\theta_2) \\ \sinh(\theta_2) & \cosh(\theta_2) \end{smallmatrix}\right) = \left(\begin{smallmatrix} \cosh(\theta_1+\theta_2) & \sinh(\theta_1+\theta_2) \\ \sinh(\theta_1+\theta_2) & \cosh(\theta_1+\theta_2) \end{smallmatrix}\right).$$

Dagegen ist die relativistische Summe der (parallelen) Geschwindigkeiten $v_i := \tanh(\theta_i)$ gleich

$$v := \tanh\left(\operatorname{artanh}(v_1) + \operatorname{artanh}(v_2)\right) = \frac{v_1 + v_2}{1 + v_1 v_2} \in (-1,1). \tag{16.2.4}$$

Durch relativistische Addition dieser Geschwindigkeiten wird also die Lichtgeschwindigkeit nicht überschritten. Diese Komposition von parallelen Geschwindigkeiten ist kommutativ und assoziativ (mit der relativistischen Summe

$$\frac{v_1 + v_2 + v_3 + v_1 v_2 v_3}{1 + v_1 v_2 + v_1 v_3 + v_2 v_3}$$

dreier Geschwindigkeiten).

Für nichtrelativistischen Geschwindigkeiten $|v_i| \ll 1$ gilt wie bei Galilei (siehe (16.0.1)) in guter Näherung

$$v \approx v_1 + v_2 .$$

Die Orbits von $\mathrm{SO}^+(1,1)$ in $\mathbb{R}^2$ sind (abgesehen vom Nullpunkt) Hyperbeln und die Halb-Diagonalen, siehe die nebenstehende Abbildung. ◇

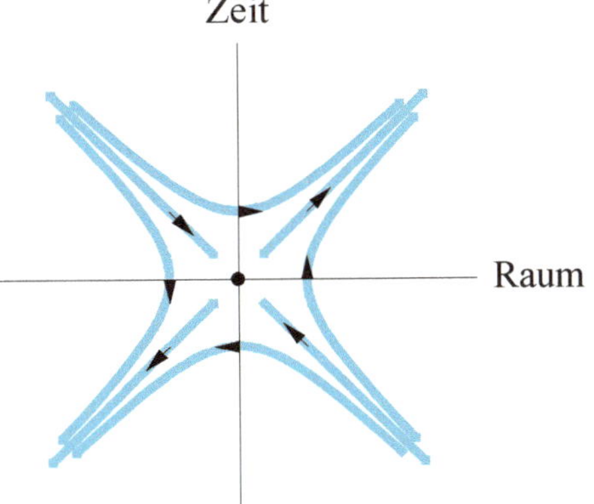


Wir übertragen jetzt die Parametrisierung (16.2.3) der zu $(\mathbb{R},+)$ isomorphen Gruppe $\mathrm{SO}^+(1,1)$ auf die sechsdimensionale Lie–Gruppe $\mathrm{SO}^+(3,1)$.

[2] mit dem Matrixexponential aus (4.1.5).

**16.6 Aufgaben (Lorentz–boosts)**

1. Zeigen Sie, dass die von der Identität $L(0) := \mathbb{1}_4$ verschiedenen Lorentz–*boosts* in der restringierten Lorentz–Gruppe $\mathrm{SO}^+(3,1)$ die folgenden symmetrischen Matrizen sind:

$$L(v) := \gamma(v) \begin{pmatrix} (\mathbb{1}_3 - P_v)/\gamma(v) + P_v & v \\ v^\top & 1 \end{pmatrix} \qquad (v \in \mathbb{R}^3,\ 0 < \|v\| < 1), \tag{16.2.5}$$

mit $\gamma(v) := (1 - \|v\|^2)^{-1/2}$ und der Orthogonalprojektion $P_v = \frac{v \otimes v^\top}{\|v\|^2}$ auf $\mathrm{span}(v) \subset \mathbb{R}^3$. (16.2.5) ist das Analog zu (16.2.3).

2. Folgern Sie, dass in der Polarzerlegung $A = \tilde{O}P$ einer Matrix $A = \left(\begin{smallmatrix} a & b \\ c^\top & d \end{smallmatrix}\right) \in \mathrm{SO}^+(3,1)$ (mit $a \in \mathrm{Mat}(3,\mathbb{R})$, $b, c \in \mathbb{R}^3$ und $d \in \mathbb{R}$) die positive Matrix von der Form $P = L(c/d)$ ist, also die orthogonale Matrix die Gestalt $\tilde{O} = O \oplus 1 = AL(-c/d)$ besitzt. Folgern Sie weiter, dass $d = \sqrt{1 + \|b\|^2}$ und $b = Oc$ gilt.

   Man kann also die Polarzerlegung von $A$ relativ leicht aus den Komponenten von $A$ ablesen.

3. Zeigen Sie unter Verwendung von (16.2.5) und 2., dass für die ‚relativistische Summe' der Geschwindigkeiten $v_1, v_2 \in \mathbb{R}^3$, $\|v_i\| < 1$ die Formel

$$L(v_1)L(v_2) = \tilde{D}\, L(u) \quad \text{mit} \quad u = \frac{v_1 + v_2 + \frac{v_1 \times (v_1 \times v_2)}{1 + \sqrt{1 - \|v_1\|^2}}}{1 + \langle v_1, v_2 \rangle} \tag{16.2.6}$$

   und $\tilde{D} := D \oplus 1,\ D \in \mathrm{SO}(3)$ gilt. Diese Komposition von Geschwindigkeiten ist weder kommutativ noch assoziativ, wenn $v_1$, $v_2$ linear unabhängig sind. Überprüfen Sie, dass immerhin die *Norm* von $u$ ein in den Geschwindigkeiten $v_1$ und $v_2$ symmetrischer Term ist:

$$\|u\|^2 = \frac{\|v_1 + v_2\|^2 - \|v_1 \times v_2\|^2}{(1 + \langle v_1, v_2 \rangle)^2} = 1 - \frac{(1 - \|v_1\|^2)(1 - \|v_2\|^2)}{(1 + \langle v_1, v_2 \rangle)^2} < 1\,.$$

4. Wir schreiben die Komposition (16.2.6) von Lorentz–*boosts* in der Form

$$L(v_1)L(v_2) = \tilde{D}_{12}\, L(u_{12}) \quad \text{, und analog } L(v_2)L(v_1) = \tilde{D}_{21}\, L(u_{21})\,. \tag{16.2.7}$$

   Schließen Sie aus

   - dem Transformationsgesetz der Geschwindigkeiten $v \in \mathbb{R}^3$, $\|v\| < 1$

$$\tilde{D}L(v)\tilde{D}^\top = L(Dv) \qquad \text{mit } \tilde{D} := D \oplus 1 \tag{16.2.8}$$

     von Lorentz–*boosts* (16.2.5) unter Raumdrehungen $D \in \mathrm{SO}(3)$,
   - der Invarianz des Vektors $(v_1 \times v_2) \oplus 0 \in \mathbb{R}^4$ unter $L(v_1)$ und $L(v_2)$,

- und der Relation $L(v_2)L(v_1) = L(u_{12})\,\tilde{D}_{12}^{\top}$ (also der Transposition von (16.2.7)),

dass $D_{12} = D_{21}^{\top} \in \mathrm{SO}(3)$ die Drehmatrix ist, die eine Drehung um die von $v_1 \times v_2$ aufgespannte Achse bewirkt und dabei $u_{12}$ in $u_{21}$ überführt.

Diese Drehmatrix heißt auch *Thomas–Matrix*[3]. In UNGAR [Un] findet man eine Diskussion der Thomas–Rotation. ◇

## 16.3 Geometrie des Minkowski–Raumes

*„Time flies like an arrow; fruit flies like a banana." Groucho Marx zugeschrieben*

Wir wissen jetzt genug über die Transformationsgruppe des Minkowski–Raums, um dessen Geometrie genauer zu untersuchen.

**16.7 Definition**

1. *Ein Vektor $u$ im Minkowski–Raum $\left(\mathbb{R}^4, \langle\cdot,\cdot\rangle_{3,1}\right)$ heißt* **zeitartig**, **lichtartig**[4] *bzw.* **raumartig**, *falls $\langle u,u\rangle_{3,1} < 0$, $= 0$ bzw. $> 0$ gilt.*
2. *Die Menge $\mathcal{C} \subset \mathbb{R}^4$ der lichtartigen Vektoren heißt* **Lichtkegel**, *mit dem* **Vorwärts-** *beziehungsweise* **Rückwärtslichtkegel** $\mathcal{C}^{\pm} := \{u \in \mathcal{C} \mid \pm u_4 > 0\}$.

**16.8 Aufgabe (Minkowski–Produkt)**
Zeigen Sie, dass ein Paar $v, w$ zeitartiger Vektoren immer ein Minkowski–Produkt $\langle v,w\rangle_{3,1} \neq 0$ besitzt, dies aber für Paare raumartiger Vektoren nicht gilt. ◇

**16.9 Bemerkungen (Lichtgeschwindigkeit)**

1. Einem Vektor $u = (u_1, u_2, u_3, u_4)^{\top} \in \mathbb{R}^4$ mit nichtverschwindender Zeitkomponente $u_4 \neq 0$ weisen wir wie in der nichtrelativistischen Theorie den Geschwindigkeitsvektor
$$V(u) := \begin{pmatrix} u_1 \\ u_2 \\ u_3 \end{pmatrix} \Big/ u_4 \in \mathbb{R}^3$$
zu. Die lichtartigen $u$ besitzen die Geschwindigkeit $\|V(u)\| = 1$, die Lichtgeschwindigkeit. Für zeitartige $u$ ist $\|V(u)\| < 1$.
2. Lorentz–Transformationen ändern den Charakter eines Vektors im Sinn von Definition 16.7.1 nicht und bilden den Lichtkegel $\mathcal{C}$ auf sich ab. Die (in Bemerkung 16.4.2 definierten) orthochronen Lorentz–Transformationen bilden dabei $\mathcal{C}^+$ und $\mathcal{C}^-$ jeweils auf sich ab. ◇

[3]nach dem britischen Mathematiker und Physiker *Llewellyn Hilleth Thomas* (1903–1992), der 1926 die nach ihm benannte relativistische Präzession der Elektronen im Atom voraussagte.

[4]Die Zuordnung der Nullpunktes ist in der Literatur nicht einheitlich.

Jede Basis des Minkowski–Raums $\mathbb{R}^4$ definiert ein Koordinatensystem in der Raumzeit. Aber nicht jede Basis ist physikalisch angemessen. Jedenfalls ist die kanonische Basis $e_1, e_2, e_3, e_4$ vernünftig, denn es gilt $\langle e_i, e_k \rangle_{3,1} = \delta_{i,k} s_k$ mit

$$s_1 = s_2 = s_3 = 1 \quad \text{und} \quad s_4 = -1\,.$$

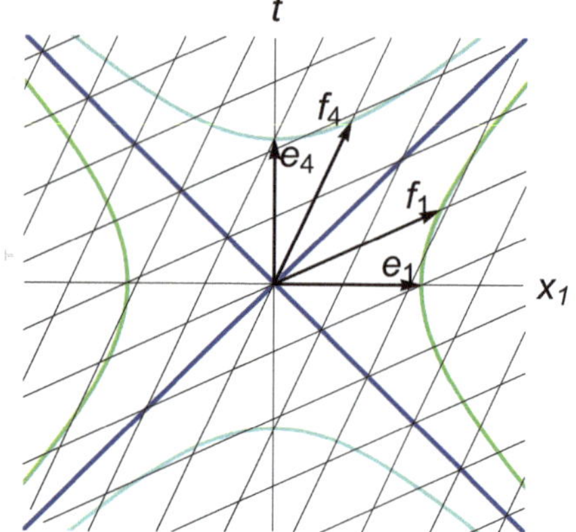


Die Maßstäbe in den Raum- und der Zeitrichtung sind also normiert. Gleiches gilt für eine Basis $f_1, f_2, f_3, f_4$ genau dann, wenn es eine Lorentz–Transformation $M$ gibt mit $f_k = M e_k$. Nach Bemerkung 16.9.2 sind dann $f_1, f_2, f_3$ raumartig und $f_4$ zeitartig, siehe nebenstehende Abbildung. Dort sind die Hyperboloide der Punkte $u$ mit $\langle u, u \rangle_{3,1} = \pm 1$ eingezeichnet, sowie auch ein von der $f$-Basis erzeugtes Koordinatennetz.

Zwar erhalten wir umgekehrt allein durch Angabe eines Geschwindigkeitsvektors $v \in \mathbb{R}^3$, $\|v\| < 1$ noch keine eindeutige Lorentz-Transformation (und damit ein Koordinatensystem), aber immerhin den Lorentz-boost $L(v)$. Damit werden *zwei Äquivalenzrelationen* auf der Raumzeit definiert:
Für alle Inertialsysteme, die sich mit dieser Geschwindigkeit gegen das durch die kanonische Basis $e_1, e_2, e_3, e_4$ gegebene Inertialsystem bewegen, beschreiben diese die gleichzeitigen beziehungsweise am gleichen Ort stattfindenden Ereignisse.

Bezeichnen wir nämlich für einen beliebigen zeitartigen Vektor $f \in G^{-1}(v)$ den Lorentz–orthogonalen Unterraum

$$f^\perp := \{e \in \mathbb{R}^4 \mid \langle e, f \rangle_{3,1} = 0\}\,,$$

dann hängen dieser und $\mathrm{span}(f)$ nur von $v$ ab. In jedem um $a \in \mathbb{R}^4$ verschobenen affinen Unterraum $\mathrm{span}(f) + a$ sind die Ereignisse zueinander gleichortig.

$f^\perp$ ist dreidimensional, und eine kleine Erweiterung der ersten Aussage aus Aufgabe 16.8 zeigt, dass alle Vektoren aus $f^\perp \setminus \{0\}$ raumartig sind. Für einen Beobachter mit dieser Geschwindigkeit $v$ sind in jedem um $a \in \mathbb{R}^4$ verschobenen affinen Unterraum $f^\perp + a$ die Ereignisse zueinander gleichzeitig.

**16.10 Bemerkung (konstante Lichtgeschwindigkeit und Lorentz–Gruppe)**
Bemerkung 16.9.2 rechtfertigt teilweise die Lorentz–Transformationen als angemessene Transformationen der Raumzeit, denn unter ihnen bleibt die Lichtgeschwindigkeit konstant. Zwar bilden auch die *Dilatationen*

$$\mathbb{R}^4 \longrightarrow \mathbb{R}^4 \quad , \quad x \longmapsto \lambda x \qquad (\lambda \in (0, \infty)) \tag{16.3.1}$$

den Lichtkegel auf sich ab, verändern aber die Minkowski–Bilinearform $\langle \cdot, \cdot \rangle_{3,1}$ durch Multiplikation mit $\lambda^2$.

Für drei Raumdimensionen (nicht aber für eine Raumdimension!) ist die um die Dilatationen (16.3.1) erweiterte orthochrone (siehe Bemerkung 16.4) Poincaré–Gruppe die größte die Kausalität erhaltende Symmetriegruppe, siehe ZEEMAN [Zee].

In diesem Sinn ist das Zitat von Einstein auf Seite 426 zu verstehen. ◇

Die Bedeutung der Minkowski–Bilinearform geht also darüber hinaus, dass man mit ihr den Lichtkegel (sowie Zukunft und Vergangenheit) definieren kann. Wir definieren die sogenannte *Minkowski–Norm*[5]

$$D(u) := \sqrt{|\langle u,u\rangle_{3,1}|} \qquad (u \in \mathbb{R}^4). \tag{16.3.2}$$

Für einen Vektor $u \in \mathbb{R}^3 \subset \mathbb{R}^4$ (also mit $u_4 = 0$) stimmt damit $D(u)$ mit der euklidischen Länge überein. Ebenso mißt für $u \in \mathbb{R}^1 \subset \mathbb{R}^4$ (also $u = (0,0,0,u_4)^\top \in \mathbb{R}^4$) $D(u)$ den zeitlichen Abstand. Mit der Minkowski–Norm können wir also Strecken und Zeitspannen messen.

Wie gewohnt ändert sich die Länge von $u \in \mathbb{R}^3 \subset \mathbb{R}^4$ unter Drehungen nicht ($D(Ou) = D(u)$ für $O \in \mathrm{SO}(3)$). Das Besondere ist aber, dass sich diese Größen auch unter Lorentz–*boosts* nicht ändern, das heißt $D\big(L(v)u\big) = D(u)$.

Dagegen verändert sich die Norm $\sqrt{u_1^2+u_2^2+u_3^2}$ der Raumkomponente von $u$ unter Lorentz–*boosts*:

**16.11 Beispiel (Lorentz–Kontraktion)**
Wie man der Form (16.2.5) des Lorentz-*boosts* mit Geschwindigkeit $v \in \mathbb{R}^3$, $0 < \|v\| < 1$ ersehen kann, findet in Bewegungsrichtung eine (*Lorentz–Kontraktion* genannte) Längenverkürzung um den Faktor

$$\big\|\big((\mathbb{1}_3 - P_v) + \gamma(v)P_v\big)\, P_v\big\| = \gamma(v) = (1-\|v\|^2)^{-1/2} < 1$$

statt (mit der Minkowski–orthogonalen Projektion $P_v$ in Geschwindigkeitsrichtung).

Senkrecht dazu werden dagegen in beiden Bezugssystemen die gleichen Längen gemessen, denn $\big((\mathbb{1}_3 - P_v) + \gamma(v)P_v\big)\,(\mathbb{1}_3 - P_v) = \mathbb{1}_3 - P_v$.

Der Grund für die Lorentz–Kontraktion ist die Abhängigkeit der Definition gleichzeitiger Ereignisse vom Bezugssystem.

Um etwa die Länge eines von links nach rechts am räumlichen Nullpunkt unseres Bezugssystems vorbeifliegenden Stabes festzustellen, messen wir in unserem Bezugssystem die Orte der Stabenden gleichzeitig und bilden die Differenz.

Im Bezugssystem des Stabes findet aber die Messung des linken Stabendes später als die des (in beiden Bezugssystemen) zuerst vorbeikommenden rechten Stabendes statt, was eine entsprechende scheinbare Verkürzung mit sich bringt (siehe Abbildung 16.3.1). ◇

Ähnlich führt ein Lorentz–*boost* auch zu einer Zeitkontraktion.

[5]Dies ist *keine* Norm auf dem $\mathbb{R}^4$!

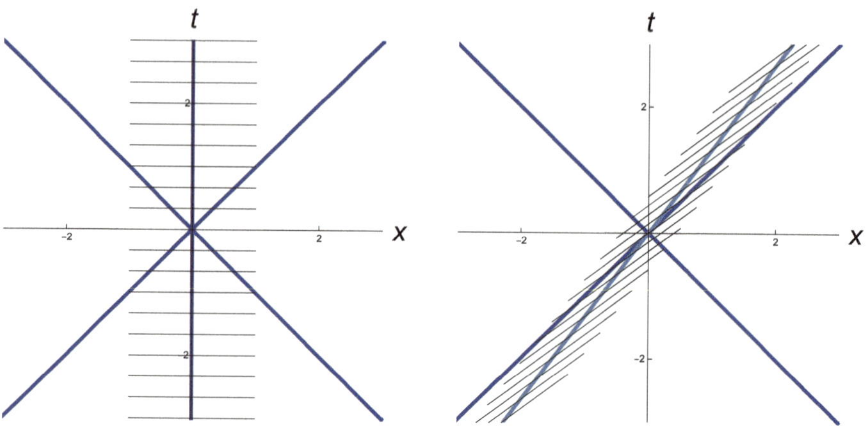


Abbildung 16.3.1: Lorentz–Kontraktion eines Stabes der Länge 2, mit Weltlinie seines Mittelpunkts. Links: Geschwindigkeit 0, rechts: Geschwindigkeit $0.75\,c$

Wir nennen eine Kurve $c: I \to \mathbb{R}^4$ im Minkowski–Raum *Weltlinie*, und *zeitartig*[6], wenn sie regulär ist mit zeitartigen Tangentialvektoren $c'(t)$ $(t \in I)$.

Unter der *Eigenzeit* einer Weltlinie $c$ verstehen wir die Zeit, die in dem System gemessen wird, das durch $c$ parametrisiert ist.

**16.12 Satz**
*Die entlang der zeitartigen Weltlinie $c \in C^1([t_0, t_1], \mathbb{R}^4)$ vergangene Eigenzeit ist*

$$\tau(c) := \int_{t_0}^{t_1} D\bigl(c'(s)\bigr)\,\mathrm{d}s\,,$$

*(mit $D$ aus (16.3.2)) Diese Eigenzeit ist unabhängig von der Parametrisierung der Weltlinie.*

**Beweis:** Die Funktion $\varphi : [t_0, t_1] \to \mathbb{R}$, $\varphi(t) := \int_{t_0}^{t} D\bigl(c'(s)\bigr)\,\mathrm{d}s$ ist stetig differenzierbar mit Ableitung $\varphi'(t) = D\bigl(c'(t)\bigr) > 0$. Damit ist $\varphi$ auf dem Intervall $[0,\tau] := \varphi\bigl([t_0, t_1]\bigr)$ invertierbar. Die reparametrisierte Weltlinie $\tilde{c} := c \circ \varphi^{-1} \in C^1\bigl([0,\tau], \mathbb{R}^4\bigr)$ ist nicht nur zeitartig, sondern erfüllt $D\bigl(\tilde{c}'\bigr) = 1$. Damit ist die Eigenzeit $\tau = \tau(\tilde{c}) = \tau(c)$. □

Ist die Weltlinie $c$ durch den Zeitparameter $t$ eines Inertialsystems parametrisiert, das heißt

$$c(t) = \binom{\hat{c}(t)}{t} \quad \text{mit} \quad \hat{c}(t) = \hat{c}(t_0) + \int_{t_0}^{t} v(s)\,\mathrm{d}s$$

[6] Oft wird schon in der Definition von Weltlinien ihre Zeitartigkeit vorausgesetzt.

und der Geschwindigkeit $v(s)$ zum Zeitpunkt $s$ des Inertialsystems, entspricht ihr also die Eigenzeit

$$\tau(c) = \int_{t_0}^{t_1} \sqrt{1 - \|v(s)\|^2}\, \mathrm{d}s\,. \tag{16.3.3}$$

## 16.13 Beispiel (Hafele–Keating–Experiment)

Im Experiment von HAFELE und KEATING [HK] wurden 1971 vier Cäsium-Atomuhren auf Flügen um die Erde mitgenommen, in westlicher und in östlicher Richtung. Beim Flug nach Westen gingen die Uhren im Vergleich zu Atomuhren in Washington um durchschnittlich $273 \pm 7$ Nanosekunden vor, beim Flug nach Osten um $59 \pm 10$ Nanosekunden nach. Die aus den Flugdaten abgeleitete Voraussage der Relativitätstheorie war ein Gangunterschied von $+275 \pm 21$ beziehungsweise $-40 \pm 23$ Nanosekunden. Diese setzte sich additiv aus einem Anteil der Speziellen und der Allgemeinen Relativitätstheorie zusammen.

2005 wurde das Experiment modifiziert wiederholt, wobei Voraussage und Messung mit einer relativen Genauigkeit von ca. 2 % übereinstimmten. Der allgemein-relativistische Effekt wurde inzwischen sogar mit einer relativen Genauigkeit von $10^{-8}$ bestätigt (siehe MÜLLER, PETERS und CHU [MPC]), allerdings mit Atomen und einer Flughöhe von 0.1 mm.

Wir berechnen den speziell-relativistischen Effekt in einer idealisierten Version des Experiments, bei der das Flugzeug entlang des Äquators mit einer konstanten Relativgeschwindigkeit $v_F \in (0, c)$ bodennah fliegt. Die Flugzeit ist damit $T := u_E/v_F$, mit dem Äquatorumfang $u_E$.

Am Äquator bewegt sich die Erdoberfläche mit der Geschwindigkeit $v_E \in (0, c)$ gegenüber einem im Erdmittelpunkt ruhenden Inertialsystem nach Osten.

Damit sind nach (16.2.4) die Geschwindigkeiten des west- beziehungsweise ostwärts fliegenden Jets im Inertialsystem gleich (mit $v_{\max} := \max(v_E, v_F)$)

$$v_W = \frac{v_F - v_E}{1 - v_F v_E/c^2} \quad , \quad v_O = \frac{v_F + v_E}{1 + v_F v_E/c^2}\,,$$

also

$$v_W = v_F - v_E + \mathcal{O}\left(\tfrac{v_{\max}^3}{c^2}\right) \quad , \quad v_O = v_F + v_E + \mathcal{O}\left(\tfrac{v_{\max}^3}{c^2}\right).$$

Die Zeitdilatationen gegenüber dem Inertialsystem sind durch (16.3.3) gegeben. Die Differenz zwischen der Zeitdilatation von Flugzeug und Erde ist also beim Ostflug

$$t_O := T\Big(\sqrt{1 - v_O^2/c^2} - \sqrt{1 - v_E^2/c^2}\Big) = -u_E \frac{v_E + v_F/2}{c^2} + \mathcal{O}\left(\tfrac{v_{\max}^3}{c^4}\right)$$

und beim Westflug

$$t_W := T\Big(\sqrt{1 - v_W^2/c^2} - \sqrt{1 - v_E^2/c^2}\Big) = u_E \frac{v_E - v_F/2}{c^2} + \mathcal{O}\left(\tfrac{v_{\max}^3}{c^4}\right).$$

Numerisch ist $v_E = u_E/t_E \approx 465.1\,\mathrm{m/s}$ wobei $u_E \approx 40\,075\,017\,\mathrm{m}$ der Äquatorumfang ist und $t_E \approx 86\,164\,\mathrm{s}$ die mittlere siderische Tageslänge. Setzt man für die Relativgeschwindigkeit des Flugzeugs $v_F := 900\,\mathrm{km/h} = 250\,\mathrm{m/s}$ an, ergeben sich im Inertialsystem die Geschwindigkeiten von $v_W \approx 215.1\,\mathrm{m/s}$ und $v_O \approx 715.1\,\mathrm{m/s}$. Die Differenzen der Zeitdilatationen betragen dann $t_W \approx 152 \times 10^{-9}\mathrm{s}$ und $t_O \approx -263 \times 10^{-9}\mathrm{s}$. ◇

**16.14 Aufgabe (Modifiziertes Zwillingsparadox)**
Zwei (zähe) Schnecken begeben sich entlang des Äquators auf Wanderschaft, eine nach Osten und eine nach Westen. Um wieviel weniger ist die nach Osten kriechende Schnecke gealtert, wenn sie sich beim Ausgangsort wieder treffen? Man betrachte also in Beispiel 16.13 die Zeitdifferenz $t_O - t_W$ im Limes $t_S \to 0$ verschwindender Kriechgeschwindigkeit $t_S$! ◇

Es sind solche nicht intuitive Phänomene, die bis heute Widerspruch gegen die einsteinsche Relativitätstheorie hervorrufen, und auch immer neue Widerlegungsversuche provozieren (siehe das nebenstehende Facsimile eines entsprechenden Briefes).

An den
Lehrstuhlinhaber der
Fakultät Mathematik
Technische Universität
1000 Berlin

Sehr geehrter Herr Professor!

Beiliegend möchte ich Ihnen einen Widerspruchsbeweis zur Relativitätstheorie übersenden mit der Bitte um eine Stellungnahme. Ich wende mich an Sie, weil Physiker mit ~~dieser Problematik sich ERFAHRUNGSGEMÄß schwer tun.~~

**16.15 Bemerkung**
Der Minkowski–Raum $\left(\mathbb{R}^4, \langle\cdot,\cdot\rangle_{3,1}\right)$ wird in zwei Bedeutungen verwendet:

- Als *Raumzeit*. Die Punkte $x \in \mathbb{R}^4$ heißen dann *Ereignisse* (denn Ereignisse finden an einem Ort und zu einem Zeitpunkt statt). Die (*chronologische*) *Zukunft* beziehungsweise *Vergangenheit* eines Ereignisses $x$ sind dann definitionsgemäß die offenen Kegel

$$I^{\pm}(x) := \left\{ y \in \mathbb{R}^4 \mid \langle y - x, y - x\rangle_{3,1} < 0,\ \pm(y_4 - x_4) > 0 \right\}.$$

  Wir haben schon gesehen, dass Zukunft und Vergangenheit von $0 \in \mathbb{R}^4$ invariant unter orthochronen Lorentz–Transformationen aus $\mathrm{L}^{\uparrow}$ ist. Allgemeiner gilt für Poincaré–Transformationen $\Phi_{(a,A)}$:

$$\Phi_{(a,A)}\left(I^{\pm}(x)\right) = I^{\pm}\left(\Phi_{(a,A)}(x)\right) \qquad \left(x \in \mathbb{R}^4,\ (a,A) \in \mathbb{R}^4 \times \mathrm{L}^{\uparrow}\right).$$

- Als *Tangentialraum* $T_x\mathbb{R}^4 \cong \mathbb{R}^4$ der Raumzeit an einem Punkt $x \in \mathbb{R}^4$.

  Eine stetig differenzierbare Kurve $c : I \to \mathbb{R}^4$ heißt *zeitartig*, wenn ihre Tangentialvektoren $c'(s) \in T_{c(s)}\mathbb{R}^4$ für alle Parameter $s \in I$ zeitartig sind, und zwar *zukunftsorientiert*, wenn $c'_4(s) > 0$ gilt. Offensichtlich besteht die Zukunft

$I^+(x)$ von $x$ aus den von $x$ aus mit zukunftsorientierten Kurven erreichbaren Ereignissen.

Einer mit ‚der Zeit' $t$ parametrisierten Kurve $C : I \to \mathbb{R}^3$ im Raum wird durch $c : I \to \mathbb{R}^4$, $t \mapsto \binom{C(t)}{t}$ eine zukunftsorientierte Kurve zugeordnet, falls für ihre Geschwindigkeit $\|C'(t)\| < 1$ $(t \in I)$ gilt.

In der *Allgemeinen Relativitätstheorie* wird dann der Minkowski–Raum in seiner ersten Bedeutung als Raumzeit zu einer vierdimensionalen Mannigfaltigkeit mit einer Lorentz–Metrik verallgemeinert.

Die als Untergruppe in der Poincaré–Gruppe enthaltenen Translationen

$$T_a : \mathbb{R}^4 \to \mathbb{R}^4 \quad , \quad T_a(x) = x + a \qquad (a \in \mathbb{R}^4)$$

der Raumzeit $\mathbb{R}^4$ lassen die Lorentz–Metrik unverändert. Man spricht in diesem Zusammenhang von der *Homogenität* der Raumzeit. ◇

## 16.4 Die Welt in relativistischer Sichtweise

*„Or high Mathesis, with her charm severe,*
*Of line and number, was our theme; and we*
*Sought to behold her unborn progeny,*
*And thrones reserved in Truth's celestial sphere:*
*While views, before attained, became more clear;*
*And how the One of Time, of Space the Three,*
*Might, in the Chain of Symbols, girdled be"*
Aus dem Gedicht *The Tetractys* W.R. HAMILTONS
über die von ihm gefundenen Quaternionen, 1846

Hamilton hat in diesem Gedicht eine fruchtbare Anwendung seiner Theorie vorweggenommen. Ausgangspunkt ist die folgende Feststellung. Betten wir wie in E.27 den $\mathbb{R}^4$ als Vektorraum der Quaternionen ein:

$$\mathcal{I} : \mathbb{R}^4 \to \mathrm{Mat}(2, \mathbb{C}) \quad , \quad \begin{pmatrix} x_1 \\ x_2 \\ x_3 \\ x_4 \end{pmatrix} \mapsto \begin{pmatrix} x_4 + \imath x_3 & x_2 + \imath x_1 \\ -x_2 + \imath x_1 & x_4 - \imath x_3 \end{pmatrix} ,$$

dann ist die Lorentz–Metrik des Minkowski–Raums von der Form $\langle x, y \rangle_{3,1} = -\frac{1}{2}\mathrm{tr}\big(\mathcal{I}(x)\mathcal{I}(y)\big)$. Auch die Lorentz–Transformationen der Himmelssphäre können so beschrieben werden.

Damit wird z.B. die relativistische Verzerrung des Bildes am Kapitelanfang erklärt. Man könnte aus der Diskussion der Lorentz–Kontraktion (in Bsp. 16.11) schließen, dass diese einfach zu einer optischen Stauchung der Objekte in ihrer Bewegungsrichtung führt. Entsprechende Abbildungen findet man in älteren Popularisierungen der Relativitätstheorie. Wie wir sehen werden, ist dies nicht der Fall. Insbesondere sehen Kugeln auch für bewegte Beobachter kugelförmig aus. Ein Beobachter im Nullpunkt des Minkowski–Raumes sieht das Licht[7]

[7]und allgemeiner die elektromagnetische Strahlung, soweit sie sich nicht in einem Medium mit geringerer Geschwindigkeit als Lichtgeschwindigkeit 1 ausbreitet.

seines Rückwärtslichtkegels $\mathcal{C}^-$, und zwar unabhängig davon, ob seine Geschwindigkeit Null ist oder nicht. Dieser ist die disjunkte Vereinigung der durch die Raumrichtung $x$ definierten Strahlen

$$R(x) := \left\{\lambda \left(\begin{smallmatrix} x \\ -1 \end{smallmatrix}\right) \mid \lambda > 0\right\} \quad (x \in S^2).$$

Die Sphäre $S^2$ nennen wir *Himmelskugel*.

In nebenstehender Abbildung ist die Geometrie für zwei Raumdimensionen (das heißt in $(\mathbb{R}^3, \langle\cdot,\cdot\rangle_{2,1})$) dargestellt, mit der Himmelskugel $S^1$.

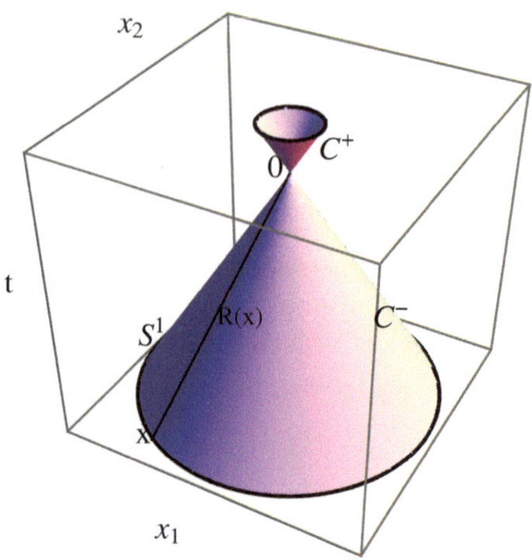


Wir untersuchen nun, wie sich die Richtungen und deren Winkelabstände bei Lorentz–Transformationen verändern. Dazu sind die *Projektivitäten* genannten Abbildungen die geeignete Sprache.

### 16.16 Definition

*Die* **projektive lineare Gruppe** $\mathrm{PGL}(V)$ *eines* $\mathbb{K}$*–Vektorraums* $V$ *ist die Faktorgruppe*

$$\mathrm{PGL}(V) := \mathrm{GL}(V)\,/\,\mathrm{Z}(V)$$

*der allgemeinen linearen Gruppe* $\mathrm{GL}(V)$*, mit der normalen Untergruppe*[8] *der Streckungen*

$$\mathrm{Z}(V) := \{\lambda\,\mathrm{Id}_V \mid \lambda \in \mathbb{K}^*\} \;\lhd\; \mathrm{GL}(V)\,.$$

Diese Gruppe wirkt auf dem projektiven Raum $\mathrm{P}(V)$, denn $\mathrm{GL}(V)$ wirkt auf diesem (siehe Beispiel E.18), und $\mathrm{Z}(V)$ lässt die eindimensionalen Unterräume von $V$ invariant.

### 16.17 Beispiel (projektiver Raum $\mathbb{KP}(1)$ und Möbius–Transformationen)

Wie in Beispiel 6.52 gezeigt, ist der reell-projektive Raum $\mathbb{RP}(1) \equiv \mathrm{P}(\mathbb{R}^2)$ diffeomorph zur Kreislinie $S^1$. Analog ist der komplex-projektive Raum $\mathbb{CP}(1) \equiv \mathrm{P}(\mathbb{C}^2)$ diffeomorph zur Sphäre $S^2$ (Bemerkung 6.36).

Eine andere Möglichkeit, dies zu sehen, besteht in der Identifikation von Sphäre und projektivem Raum mit $\mathbb{K} \cup \{\infty\}$, für $\mathbb{K} = \mathbb{R}$ beziehungsweise $\mathbb{C}$.

- Im Fall von $S^1$ beziehungsweise $S^2$ geschieht dies über die stereographische Projektion (Beispiel A.29.3).

[8] $\mathrm{Z}(V)$ wird auch das *Zentrum* von $\mathrm{GL}(V)$ genannt, weil es aus den mit allen Gruppenelementen kommutierenden Abbildungen besteht.

- Im Fall von $\mathbb{KP}(1)$ identifiziert man die Äquivalenzklasse $[v] = \text{span}(u) \setminus \{0\} \in \mathbb{KP}(1)$ von $u \in \mathbb{K}^2 \setminus \{0\}$ mit $\infty$, falls $u_2 = 0$ und sonst mit $u_1/u_2 \in \mathbb{K}$, für $\mathbb{K} = \mathbb{R}$ bzw. $\mathbb{K} = \mathbb{C}$. Geometrisch entspricht letzteres dem Schnittpunkt $\{(u_1/u_2, 1)\} = [u] \cap (\mathbb{K} \times \{1\})$, siehe Abbildung.

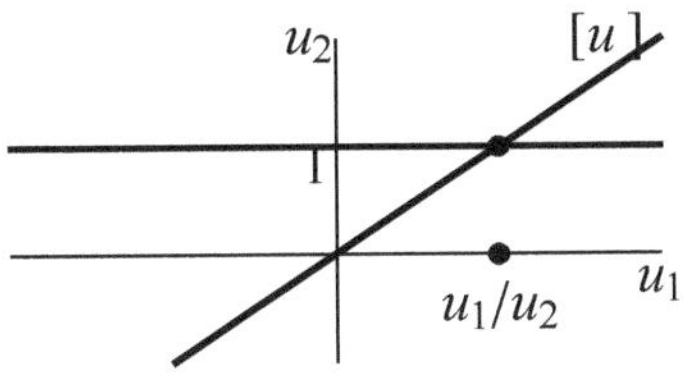


Die *Projektivitäten* oder *Möbius–Transformationen* zu $\left(\begin{smallmatrix} a & b \\ c & d \end{smallmatrix}\right) \in \text{GL}(2, \mathbb{K})$ sind in dieser Notation von der Form

$$z \mapsto \frac{az+b}{cz+d} \quad \text{für } z = \frac{u_1}{u_2} \quad \text{beziehungsweise} \quad z \mapsto \frac{a}{c} \quad \text{für } z = \infty ,$$

siehe auch Aufgabe 6.42. Sie hängen nur von drei Parametern aus $\mathbb{K}$ ab, da Zähler und Nenner mit der gleichen Zahl aus $\mathbb{K}^*$ multipliziert werden kann, ohne das Ergebnis zu ändern.

$\text{PGL}(\mathbb{R}^2)$ ist damit eine dreidimensionale, $\text{PGL}(\mathbb{C}^2)$ eine sechsdimensionale Lie–Gruppe.

Im Artikel [AR] von ARNOLD und ROGNESS wird bewiesen und visualisiert, dass die Möbius–Transformationen aus $\text{PGL}(\mathbb{R}^2)$ durch Verknüpfung von (inverser) stereographischer Abbildung und starrer Bewegung der Sphäre $S^2$ im $\mathbb{R}^3$ entstehen. ◇

Der folgende Satz wurde 1959 unabhängig voneinander von PENROSE in [Pen] und TERRELL in [Te] bewiesen.

**16.18 Satz**
*Die restringierte Lorentz–Gruppe* $\text{SO}^+(3,1)$ *wirkt auf der Himmelskugel* $S^2$ *als die Gruppe* $\text{PSL}(2,\mathbb{C}) := \text{SL}(2,\mathbb{C})/\{\pm 1\!\!1\}$ *orientierungserhaltender Möbius–Transformationen.*

**Beweis:**
- Betrachten wir zunächst für den linearen Isomorphismus

$$A : \mathbb{R}^4 \to \text{Sym}(2,\mathbb{C}) , \quad A(v) := \left(\begin{smallmatrix} v_4+v_3 & v_1+iv_2 \\ v_1-iv_2 & v_4-v_3 \end{smallmatrix}\right) \quad \text{mit } \det\big(A(v)\big) = -\langle v, v\rangle_{3,1}$$

die Gruppenwirkung

$$\Phi : \text{SL}(2,\mathbb{C}) \times \mathbb{R}^4 \to \mathbb{R}^4 \quad , \quad \Phi_g(v) := A^{-1}\big(gA(v)g^*\big) . \tag{16.4.1}$$

Für die Lorentz–Metrik und $w := \Phi_g(v)$ gilt

$$\langle w, w\rangle_{3,1} = -\det\big(gA(v)g^*\big) = -|\det(g)|^2 \det\big(A(v)\big) = -\det\big(A(v)\big) = \langle v, v\rangle_{3,1}.$$

Die Gruppe $\text{SL}(2,\mathbb{C})$ wirkt also durch Lorentz–Transformationen, und wir erhalten einen Gruppenhomomorphismus

$$\tilde{\Pi} : \text{SL}(2,\mathbb{C}) \to \text{O}(3,1) .$$

• Dieser erweitert den Gruppenhomomorphismus $\Pi : \mathrm{SU}(2) \to \mathrm{SO}(3)$ aus Satz E.29. Denn $\mathrm{SU}(2) \le \mathrm{SL}(2,\mathbb{C})$ und $\mathrm{SO}(3) \le \mathrm{O}(3,1)$ sind Untergruppen, und für $g \in \mathrm{SU}(2)$ ist $g^* = g^{-1}$. Weiter ist mit $\sigma : \mathbb{R}^3 \to \mathfrak{su}(2)$, $x \mapsto \frac{1}{2}\left(\begin{smallmatrix} -\imath x_3 & -\imath x_1 + x_2 \\ -\imath x_1 - x_2 & \imath x_3 \end{smallmatrix}\right)$

$$A\left(\left(\begin{smallmatrix} x \\ 0 \end{smallmatrix}\right)\right) = 2\imath\,\sigma(x) \quad \text{, also} \quad \Phi_U\left(\left(\begin{smallmatrix} x \\ 0 \end{smallmatrix}\right)\right) = \left(\begin{smallmatrix} \Pi_U(x) \\ 0 \end{smallmatrix}\right) \quad \left(x \in \mathbb{R}^3,\ U \in \mathrm{SU}(2)\right).$$

• Das Bild $\tilde{\Pi}\big(\mathrm{SL}(2,\mathbb{C})\big)$ ist in der *restringierten* Lorentz–Gruppe $\mathrm{SO}^+(3,1)$ enthalten:

- nach Bemerkung 16.4.2 ist die Untergruppe $\mathrm{SO}^+(3,1) \le \mathrm{O}(3,1)$ die Zusammenhangskomponente der Eins;

- die Matrizen $g \in \mathrm{SL}(2,\mathbb{C})$ besitzen die Polarzerlegung $g = u\exp(w)$ mit $u \in \mathrm{SU}(2)$ und $w \in \mathrm{Mat}(2,\mathbb{C})$ hermitesch und spurlos. Umgekehrt ist jedes solche Produkt $u\exp(w)$ in $\mathrm{SL}(2,\mathbb{C})$. Da $\mathrm{SU}(2) \cong S^3$, ist $\mathrm{SL}(2,\mathbb{C}) \cong S^3 \times \mathbb{R}^3$ zusammenhängend.

• Andererseits ist das Bild von $\mathrm{SL}(2,\mathbb{C})$ *gleich* $\mathrm{SO}^+(3,1)$, wie man aus $\tilde{\Pi}\big(\mathrm{SU}(2)\big) = \mathrm{SO}(3)$ und der Transformation des positiven Faktors in der Polarzerlegung von $g \in \mathrm{SL}(2,\mathbb{C})$ sieht.

• Wir bemerken nun, dass wir die Abbildung

$$\mathbb{C}^2 \to \mathrm{Sym}(2,\mathbb{C}) \quad , \quad z = \left(\begin{smallmatrix} z_1 \\ z_2 \end{smallmatrix}\right) \mapsto z \otimes \overline{z}^\top = \begin{pmatrix} |z_1|^2 & z_1\overline{z_2} \\ z_2\overline{z_1} & |z_2|^2 \end{pmatrix}$$

mit $A^{-1} : \mathrm{Sym}(2,\mathbb{C}) \to \mathbb{R}^4$ zur sogenannten *Hopf–Abbildung*

$$\mathrm{Hopf} : \mathbb{C}^2 \to \mathbb{R}^4 \quad , \quad z = \left(\begin{smallmatrix} z_1 \\ z_2 \end{smallmatrix}\right) \mapsto \begin{pmatrix} 2\mathrm{Re}(z_1\overline{z_2}) \\ 2\mathrm{Im}(z_1\overline{z_2}) \\ |z_1|^2 - |z_2|^2 \\ |z_1|^2 + |z_2|^2 \end{pmatrix}$$

verknüpfen können. Die ersten drei (also die ,räumlichen') Komponenten wurden schon im Zusammenhang des zweidimensionalen harmonischen Oszillators zur Parametrisierung von dessen Orbitraum $S^2$ genutzt, siehe Bemerkung 6.36.

Das Bild $\mathrm{Hopf}\left(\mathbb{C}^2 \setminus \{0\}\right) \subset \mathbb{R}^4$ ist der Vorwärtslichtkegel $\mathcal{C}^+$ aus Definition 16.7, und für

$v := \mathrm{Hopf}(z) \in \mathcal{C}^+$ ist die Faser die Kreislinie $\mathrm{Hopf}^{-1}(v) = \{\lambda z \mid \lambda \in S^1 \subset \mathbb{C}\}$.

Die lineare Wirkung $\left(\begin{smallmatrix} z_1 \\ z_2 \end{smallmatrix}\right) \mapsto \left(\begin{smallmatrix} g_{1,1}z_1 + g_{1,2}z_2 \\ g_{2,1}z_1 + g_{2,2}z_2 \end{smallmatrix}\right)$ der Matrix $g = \left(\begin{smallmatrix} g_{1,1} & g_{1,2} \\ g_{2,1} & g_{2,2} \end{smallmatrix}\right) \in \mathrm{SL}(2,\mathbb{C})$ auf $\mathbb{C}^2$ führt also bei Komposition mit der Hopf–Abbildung zu einer Lorentz–Transformation des Vorwärtslichtkegels, die die Himmelskugel konform transformiert. □

Einige Möbius–Transformationen der Himmelskugel sind in den Abbildungen 16.4.1 und 16.4.2 dargestellt, genauer gesagt, ihre erzeugenden Vektorfelder:

- Die tägliche scheinbare *Drehung* der Sterne um die Polachse der Erde ist uns vertraut.

Abbildung 16.4.1: Oben Links: Rotation, Oben Rechts: *boost*, Unten: Kombination von Rotation und *boost*

Abbildung 16.4.2: Links: Kombination von Rotation und *boost*, mit verschiedenen Achsen, Rechts: Orbits eines degenerierten Möbius–Vektorfelds

- Der *boost* konzentriert die Sterne in Geschwindigkeitsrichtung, während entgegen der Flugrichtung ihre Dichte abnimmt.
- *Kombinationen* von Drehung und *boost* sind der typischere Fall. Nur bei Drehung um die Geschwindigkeitsrichtung sind dabei die beiden Nullstellen des Möbius–Vektorfelds Antipoden.
- Die beiden Nullstellen können sich auch zu einer *degenerierten Nullstelle* vereinigen.

Da von den winkeltreuen Möbius–Transformationen Kreise auf Kreise abgebildet werden, ist keine relativistische Längenkontraktion sichtbar. Das steht nicht im Widerspruch zu den vorigen Bemerkungen. Denn in der in Beispiel 16.11 behandelten Lorentz–Kontraktion wurden die beiden Enden des vorbeifliegenden Stabes an verschiedenen Orten des Bezugssystems gemessen. In Penrose und Rindler [PR1] findet sich eine weiterführende Diskussion.

## 16.5 Von Einstein zu Galilei — und zurück

Die Relativitätstheorie Galileis entsteht durch Limesbildung aus der Speziellen Relativitätstheorie Einsteins, wenn die Lichtgeschwindigkeit $c$ gegen Unendlich geht. Um dies zu sehen, setzen wir $c > 0$ in das Minkowski–Produkt ein[9]:

$$\langle\cdot,\cdot\rangle_c : \mathbb{R}^4 \times \mathbb{R}^4 \to \mathbb{R}, \quad , \quad \langle v,w\rangle_c = v_1w_1 + v_2w_2 + v_3w_3 - c^2 v_4 w_4 \,, \tag{16.5.1}$$

und definieren die Lorentz–Gruppen als deren Invarianz–Gruppen, das heißt

$$\mathrm{L}_c := \left\{ A \in \mathrm{GL}(4,\mathbb{R}) \mid \forall v,w \in \mathbb{R}^4 : \langle Av, Aw\rangle_c = \langle v,w\rangle_c \right\}.$$

In der Polarzerlegung $A = \tilde{O}L_c(v)$ einer Matrix $A \in \mathrm{L}_c$ mit einer orthogonalen Matrix $\tilde{O}$ besitzt der Lorentz–*boost* durch Modifikation von (16.2.5) die explizite Form

$$L_c(v) = \gamma_c(v) \begin{pmatrix} (\mathbb{1}_3 - P_v)/\gamma_c(v) + P_v & v \\ v^\top/c^2 & 1 \end{pmatrix} \qquad \left(v \in \mathbb{R}^3,\ 0 < \|v\| < c\right), \tag{16.5.2}$$

mit $\gamma_c(v) := (1 - \|v\|^2/c^2)^{-1/2} = 1 + \mathcal{O}(c^{-2})$. Damit ist für jede Geschwindigkeit $v \in \mathbb{R}^3$

$$L_\infty(v) := \lim_{c\to\infty} L_c(v) = \begin{pmatrix} \mathbb{1}_3 & v \\ 0 & 1 \end{pmatrix}.$$

Gehört $A$ zur restringierten Lorentz–Gruppe, dann ist die orthogonale Matrix in der Polarzerlegung von der Form $\tilde{O} = \left(\begin{smallmatrix} O & 0 \\ 0 & 1 \end{smallmatrix}\right)$ mit Drehmatrix $O \in \mathrm{SO}(3)$. Noch einfacher als $\tilde{O}L_\infty(v) = \left(\begin{smallmatrix} O & Ov \\ 0 & 1 \end{smallmatrix}\right)$ wird die Gestalt der Matrix bei Vertauschen der Faktoren in der Polarzerlegung, denn $L_\infty(v)\tilde{O} = \left(\begin{smallmatrix} O & v \\ 0 & 1 \end{smallmatrix}\right)$.

Die Poincaré–Gruppe in ihrer explizit von der Lichtgeschwindigkeit abhängigen Form ist das semidirekte Produkt $P_c := \mathbb{R}^4 \rtimes \mathrm{L}_c$. Sie läßt sich als Matrixgruppe schreiben, indem man $a \in \mathbb{R}^4$ und $A \in \mathrm{L}_c$ in die $5 \times 5$-Matrix $\left(\begin{smallmatrix} A & a \\ 0 & 1 \end{smallmatrix}\right)$ zusammenfügt. Nach Bildung des Limes $c \to \infty$ erhalten wir mit dem Translationsvektor $a := \left(\begin{smallmatrix} q \\ t \end{smallmatrix}\right) \in \mathbb{R}^4 = \mathbb{R}^3 \times \mathbb{R}$ die Elemente $\left(\begin{smallmatrix} O & v & q \\ 0 & 1 & t \\ 0 & 0 & 1 \end{smallmatrix}\right)$ der (eigentlichen orthochronen) *Galilei–Gruppe*, mit Multiplikation

$$\begin{pmatrix} O_1 & v_1 & q_1 \\ 0 & 1 & t_1 \\ 0 & 0 & 1 \end{pmatrix} \begin{pmatrix} O_2 & v_2 & q_2 \\ 0 & 1 & t_2 \\ 0 & 0 & 1 \end{pmatrix} = \begin{pmatrix} O_1O_2 & v_1 + O_1v_2 & q_1 + v_1t_2 + O_1q_2 \\ 0 & 1 & t_1 + t_2 \\ 0 & 0 & 1 \end{pmatrix}. \tag{16.5.3}$$

Wie die Poincaré–Gruppe ist diese also eine zehndimensionale Lie–Gruppe.

### 16.19 Bemerkungen (Galilei–Gruppe)

1. Damit ist diese Gruppe isomorph zum semidirekten Produkt $\mathbb{R}^4 \rtimes \mathbb{E}(3)$ der euklidischen Gruppe $\mathbb{E}(3)$ mit dem $\mathbb{R}^4$: Auf den Raumzeitpunkt $(q,t) \in \mathbb{R}^4$ wirkt $g := (\Delta q, \Delta t\,;\, v, O) \in \mathbb{R}^4 \rtimes \mathbb{E}(3)$ durch

$$\Phi_g(q,t) := \left(Oq + vt + \Delta q,\ t + \Delta t\right). \tag{16.5.4}$$

[9] Wo die Faktoren $c$ als Umrechnungsfaktor zwischen Ort und Zeit eingefügt werden müssen, kann man leicht durch eine Dimensionsbetrachtung feststellen.

2. Die Minkowski–Bilinearform (16.5.1) selbst besitzt keinen Limes unendlicher Lichtgeschwindigkeit.

   Statt dessen existiert in Galileis Relativitätstheorie eine absolute, vom Bezugssystem unabhängige Zeit. Zwei Raumzeitpunkte $(q,t) \neq (q',t')$ werden dabei *gleichzeitig* genannt, wenn man nicht physikalisch von $(q,t)$ aus $(q',t')$ erreichen kann, es also kein $(v,s) \in \mathbb{R}^4$ mit $(q',t') = (q+vs, t+s)$ gibt. Das ist offensichtlich genau dann der Fall, wenn $t = t'$ ist. Galilei–Gleichzeitigkeit definiert damit[10] eine Äquivalenzrelation auf der Raumzeit.

   Die Raumzeit kann so als Bündel über der Zeitachse $\mathbb{R}$ aufgefasst werden, deren Fasern isomorph, aber nicht kanonisch isomorph zum dreidimensionalen affinen Raum ist. Dieser Aspekt wird zum Beispiel im Kapitel II.2 des Buches [Scho] von SCHOTTENLOHER diskutiert.

   Nur durch explizite Zeittranslation kann diese globale Uhrzeit geändert werden, nicht durch Änderung der Geschwindigkeit. Dies kann man dem Eintrag $t_1 + t_2$ des Multiplikationsgesetzes (16.5.3) entnehmen.

   Der Raumpunkt dagegen hängt auch in Galileis Theorie von der Geschwindigkeit ab, entsprechend dem Eintrag $q_1 + v_1 t_2 + O_1 q_2$ in (16.5.3). Es gibt in ihr keine absolute ‚Gleichortigkeit'. Auch das Konzept der absoluten Gleichzeitigkeit aufzugeben, stellte den entscheidenden Schritt auf dem Weg zur Speziellen Relativitätstheorie dar.

3. Erstaunlicher als die Tatsache, dass die Galilei–Gruppe so durch Limesbildung aus der Poincaré–Gruppe gewonnen werden kann, ist, dass auch der umgekehrte Weg möglich ist. Durch eine *Deformation* genannte Technik läßt sich die einsteinsche Spezielle Relativitätstheorie gruppentheoretisch und fast ohne physikalische Zusätze aus der Theorie Galileis ableiten.

   Die Lie–Algebra $\mathfrak{g}$ einer Lie–Gruppe bestimmt deren lokale Struktur (siehe Bemerkung E.23.2). In einer Basis $b_1,\ldots,b_n$ des $\mathbb{R}$–Vektorraums $\mathfrak{g}$ ist die Lie–Algebra–Struktur durch die Koeffizienten $c_{i,j}^k \in \mathbb{R}$ in deren Lie–Klammer $[b_i,b_j] = \sum_{k=1}^n c_{i,j}^k b_k$ festgelegt. Aus deren Antisymmetrie folgt $c_{j,i}^k = -c_{i,j}^k$, während die Jacobi–Identität die quadratischen Beziehungen $\sum_{\ell=1}^n \left( c_{i,j}^\ell c_{\ell,k}^m + c_{j,k}^\ell c_{\ell,i}^m + c_{k,i}^\ell c_{\ell,j}^m \right) = 0$ der Koeffizienten ergibt.

   Die Menge der Struktur–Tensoren $(c_{i,j}^k)$ von Lie-Algebren bildet damit eine Teilmenge $\mathcal{L}(n)$ eines $n^3$–dimensionalen $\mathbb{R}$–Vektorraums. Auf diesem operiert die Gruppe $\mathrm{GL}(n,\mathbb{R})$, und deren Orbits in $\mathcal{L}(n)$ bestehen aus zueinander isomorphen Lie–Algebren.

   Die *Kontraktionen* einer Lie–Algebra entsprechen den Randpunkten von deren Orbits. Wie wir gesehen haben, entsteht die Lie–Algebra der Galilei–Gruppe durch eine solche Kontraktion aus der Lie–Algebra der Poincaré–Gruppe.

   Die Grundidee der *Deformation* von $\mathfrak{g}$ besteht umgekehrt darin, die Koeffizienten von $\mathfrak{g}$ in $\mathcal{L}(n)$ zu stören, und zu schauen, ob die so entstehende

[10] im Gegensatz zum Fall der Speziellen Relativitätstheorie!

Lie–Algebra $\mathfrak{g}'$ zu $\mathfrak{g}$ isomorph ist (siehe Kapitel 7.2 des Buches [OV] von ONISHCHIK und VINBERG).

Für die Lie–Algebra der euklidischen Gruppe $\mathbb{E}(3)$ wird man so einerseits auf die Lie–Algebra $\mathfrak{so}(4)$ der Drehgruppe, andererseits auf die der Lorentz–Gruppe geführt. Die Drehgruppe scheidet als Kandidatin einer relativistischen Symmetrie der Raumzeit aus. Details kann man in [FOF] und den darin zitierten Arbeiten finden. ◇

Die grundlegenden Wechselwirkungen einer physikalischen Theorie sollten unter den relativistischen Symmetrietransformationen invariant sein. Dies schränkt die Form der physikalisch fundamentalen Hamilton–Funktion ein.

Um diese Invarianz überhaupt formal zu definieren, müssen wir statt Phasenräumen, die Kotangentialbündel über dem Ortsraum sind, solche über der Raumzeit betrachten.

Sehr allgemein gehen wir aus von einer eventuell zeitabhängigen Hamilton–Funktion $H : T^*M \times \mathbb{R}_t \to \mathbb{R}$ auf dem um die Zeitachse $\mathbb{R}_t$ erweiterten Phasenraum $T^*M$ mit Konfigurationsmannigfaltigkeit $M$. Das Produkt $T^*M \times T^*\mathbb{R}_t$ von Kotangentialräumen $(T^*M, \omega_1)$ und $(T^*\mathbb{R}_t, \omega_2)$ mit ihren kanonischen symplektischen Formen besitzt mit den Projektionen $\pi_i$ auf die Faktoren die nach Satz 6.48 symplektische Struktur

$$\omega := \omega_1 \ominus \omega_2 = \pi_1^*(\omega_1) - \pi_2^*(\omega_2)\,. \tag{16.5.5}$$

Dabei ist das Vorzeichen so gewählt, dass $\omega$ an den Minkowski–Raum $\langle\cdot,\cdot\rangle_{3,1}$ angepasst ist.

Die von $H$ erzeugte Dynamik vergleichen wir mit der von

$$\tilde{H} : T^*(M \times \mathbb{R}_t) \to \mathbb{R} \quad , \quad \tilde{H}(p, E; q, t) := H(p, q, t) - E\,. \tag{16.5.6}$$

Die hamiltonschen Bewegungsgleichungen sind (in lokalen kanonischen Koordinaten $p = (p_1, \ldots, p_d)$, $q = (q_1, \ldots, q_d)$ von $T^*M$)

$$\dot{p}_j = -\frac{\partial H}{\partial q_j} \quad , \quad \dot{q}_j = \frac{\partial H}{\partial p_j} \quad , \quad \dot{E} = \frac{\partial H}{\partial t} \quad \text{und} \quad \dot{t} = 1\,,$$

wobei der Punkt die Ableitung nach dem Zeitparameter $s$ bezeichnet. Also können wir $t = s$ setzen, und die Lösungen für $\tilde{H}$ korrespondieren mit denen für $H$.

Auf der Niveaumenge $\tilde{H}^{-1}(0)$ gilt außerdem $E = H(p, q, t)$, die Phasenraumvariable $E$ ist also dort als Gesamtenergie interpretierbar. Wir spezialisieren nun auf den Fall $M := \mathbb{R}^3_q$, und untersuchen unter der auf $T^*\mathbb{R}^4$ gelifteten Wirkung der Poincaré–Gruppe $P = \mathbb{R}^4 \rtimes \mathrm{L}$ die Form der invarianten Hamilton–Funktionen. $(a, A) \in P$ wirkt durch die affine Abbildung $\Phi_{(a,A)} : \mathbb{R}^4 \to \mathbb{R}^4$, $x \mapsto Ax + a$ auf der Raumzeit $\mathbb{R}^4$, also durch deren $\omega$–symplektischen Kotangentiallift (siehe Definition 10.32)

$$\Phi^{T^*}_{(a,A)} : T^*\mathbb{R}^4 \to T^*\mathbb{R}^4 \quad , \quad (p, x) \mapsto \Big(I\big(A^{-1}\big)^\top I\,p,\ Ax + a\Big) \tag{16.5.7}$$

auf deren Kotangentialraum. Wegen der (nach Bemerkung 16.2.4 aus der Definition der Lorentz-Gruppe folgenden) Relation $A^\top I A = I$, mit der Diagonalmatrix $I = \mathrm{diag}(1,1,1,-1)$, kann man statt der Matrix $I\big(A^{-1}\big)^\top I$ auch einfach $A$ schreiben.

**16.20 Lemma (Kotangentiallift der Galilei-Transformation)**
*Der nichtrelativistische Limes von (16.5.7) für die Poincaré–Transformation mit Polarzerlegung $A_c := L_c(v)\tilde{O}$, orthogonaler Matrix $\tilde{O} = \left(\begin{smallmatrix} O & 0 \\ 0 & 1 \end{smallmatrix}\right)$ und $a = \left(\begin{smallmatrix} \Delta q \\ \Delta t \end{smallmatrix}\right)$ ist*

$$(p, E\,;\, q, t) \longmapsto \Big(Op\,,\; E + \langle v, Op\rangle\;;\; Oq + vt + \Delta q\,,\; t + \Delta t\Big)\,. \tag{16.5.8}$$

*Dies ist der Kotangentiallift der Galilei-Transformation (16.5.4) auf $T^*\mathbb{R}^4 \cong T^*\mathbb{R}^3 \times T^*\mathbb{R}$.*

**Beweis:** Analog zur obigen Bemerkung ist $I\big(A_c^{-1}\big)^\top I = D_c A_c D_c^{-1}$, mit $D_c := \mathrm{diag}(1,1,1,c^2)$. Weiter ist

$$D_c A_c D_c^{-1} = D_c L_c(v) D_c^{-1}\; D_c \tilde{O} D_c^{-1} = D_c L_c(v) D_c^{-1}\; \tilde{O}\,.$$

Der Limes $c \to \infty$ ergibt sich nach Konjugation der Formel (16.5.2) für den Lorentz–*boost* $L_c(v)$. □

Bemerkenswert an (16.5.8) ist, dass in diesem Limes der Impuls $p \in \mathbb{R}^3$ durch den Übergang zum Bezugssystem mit Relativgeschwindigkeit $v$ nicht verändert wird. Wir erinnern uns aber daran, dass der Impuls erst durch Angabe der Hamilton–Funktion eines Teilchens eine Beziehung zu dessen Geschwindigkeit bekommt.

Da $a \in \mathbb{R}^4$ frei wählbar ist, kann eine Lorentz–invariante Hamilton–Funktion nur vom Vierer-Impuls $p$ abhängen. Für beliebige $f \in C^1(\mathbb{R},\mathbb{R})$ ist eine Hamilton–Funktion der Form

$$\tilde{H}_c : T^*\mathbb{R}^4 \to \mathbb{R} \quad , \quad \tilde{H}_c(p,q) := f\left(\langle p,p\rangle_{1/c}\right)$$

invariant. Im einfachsten Fall ist $f : \mathbb{R} \to \mathbb{R}$ linear, und zum Vergleich mit der nichtrelativistischen Theorie bezeichnen wir die Steigung von $f$ mit $1/(2m)$. Schreiben wir den Viererimpuls in der Form $(p, E) \in \mathbb{R}^3 \times \mathbb{R}$, dann ergibt sich für den Wert $-\frac{mc^2}{2}$ der Hamilton–Funktion

$$\tilde{H}_c(p, E; q, t) := \tfrac{\|p\|^2}{2m} - \tfrac{E^2}{2mc^2}$$

also die Formel $E = mc^2\sqrt{1 + \big(\frac{\|p\|}{mc}\big)^2} = mc^2 + \frac{\|p\|^2}{2m} + \mathcal{O}\big(\big(\frac{\|p\|}{mc}\big)^4\big)$ für die Energie des relativistischen freien Teilchens. Die Bewegungsgleichungen

$$\frac{\mathrm{d}p}{\mathrm{d}s} = 0 \quad , \quad \frac{\mathrm{d}E}{\mathrm{d}s} = 0 \quad , \quad \frac{\mathrm{d}q}{\mathrm{d}s} = \frac{p}{m} \quad , \quad \frac{\mathrm{d}t}{\mathrm{d}s} = \frac{E}{mc^2}$$

von $\tilde{H}$ führen auf der Niveaumenge von $\frac{mc^2}{2}$ zur relativistischen Beziehung

$$\boxed{\frac{\mathrm{d}q}{\mathrm{d}t} = \frac{p}{m\sqrt{1 + \big(\frac{\|p\|}{mc}\big)^2}}}$$

zwischen Geschwindigkeit und Impuls.

Während der punktweise Limes $\lim_{c\to\infty} \tilde{H}_c(p,E;q,t) = \frac{\|p\|^2}{2m}$ ist, wird für vorgegebene Werte von $p$ (sowie $q$ und $t$) auf der $c$–abhängigen Niveaufläche von $\frac{mc^2}{2}$ der nichtrelativistische Limes von $\tilde{H}_c(p,\tilde{E}+mc^2;q,t)$ gleich $\frac{\|p\|^2}{2m} - \tilde{E}$.

Die auf diese Weise oder durch den Übergang (16.5.6) auf den erweiterten Phasenraum gewonnene nichtrelativistische Hamilton–Funktion

$$\tilde{H} : T^*(\mathbb{R}^3_q \times \mathbb{R}_t) \to \mathbb{R} \quad , \quad \tilde{H}(p,E;q,t) := \frac{\|p\|^2}{2m} - E \tag{16.5.9}$$

ist allerdings unter der gelifteten Wirkung (16.5.8) der Galilei–Gruppe nicht invariant.

Daher benutzt man nichtrelativistisch statt (16.5.8) die folgenden Transformationen:

**16.21 Lemma (Phasenraumwirkung der Galilei–Gruppe)** *Die Abbildungen*

$$(p,E\,;\,q,t) \mapsto \Big(Op + mv\,,\; E + \langle v, Op\rangle + \tfrac{1}{2}m\|v\|^2\;;\; Oq + vt + \Delta q\,,\; t + \Delta t\Big) \tag{16.5.10}$$

*definieren eine (bezüglich $\omega$ aus 16.5.5) $\omega$–symplektische Gruppenwirkung der Galilei–Gruppe auf dem Phasenraum $T^*\mathbb{R}^4$ der Raumzeit, die die Wirkung $\Phi$ aus Bemerkung 16.19.1 überlagert.*

**Beweis:**

• Abbildung (16.5.10) ist die Komposition des ($\omega$–symplektischen) Kotangentiallifts (16.5.8) mit der Translation der Fasern von $T^*\mathbb{R}^4$ um die Konstante $\big(mv, \frac{1}{2}m\|v\|^2\,;\,0,0\big)$. Damit ist sie $\omega$–symplektisch.

• Außerdem gilt für die Komposition der Wirkungen der Bewegungen $(v_1,O_1)$, $(v_2,O_2) \in \mathbb{E}(3)$:

$$O_1(O_2p + mv_2) + mv_1 = O_1O_2p + m(O_1v_2 + v_1)$$

und

$$\begin{aligned}\Big(E + \langle v_2, O_2p\rangle + \tfrac{1}{2}m\|v_2\|^2\Big) + \langle v_1, O_1(O_2p + mv_2)\rangle + \tfrac{1}{2}m\|v_1\|^2 \\ = E + \langle O_1v_2 + v_1, O_1O_2p\rangle + \tfrac{1}{2}m\|O_1v_2 + v_1\|^2.\end{aligned}$$

Es liegt also wirklich eine Gruppenwirkung der Galilei–Gruppe vor.

• Die letzten beiden Einträge in (16.5.10) stimmen mit (16.5.4) überein. Die Wirkung $\Phi$ wird also überlagert. □

Diese Abbildungen unterscheiden sich zwar von (16.5.8) nur durch eine konstante Fasertranslation von $T^*\mathbb{R}^4$, lassen aber die Hamilton–Funktion (16.5.9) invariant.

Nichtrelativistische Teilchen können auf vielerlei Weise Galilei–invariant miteinander interagieren. Der erweiterte Phasenraum von $n$ Teilchen ist

$$P_n := T^*\big(\mathbb{R}^{3n}_q \times \mathbb{R}_t\big)\,.$$

Die Wirkung der Galilei–Gruppe ist diagonal bezüglich der Koordinaten der Teilchen, das heißt für die Teilchenmassen $m_k > 0$ und die Gesamtmasse $m := \sum_{k=1}^n m_k$ geht der Phasenraumpunkt $(p_1, \ldots, p_n, E; q_1, \ldots, q_n, t) \in P_n$ über in

$$\Big(O(p_1 + m_1 v), \ldots, O(p_n + m_n v)\,,\, E + \langle v, p_1 + \ldots + p_n\rangle + \tfrac{1}{2} m\|v\|^2\,;$$
$$O(q_1 + vt) + \Delta q, \ldots, O(q_n + vt) + \Delta q\,,\, t + \Delta t\Big).$$

**16.22 Aufgabe (Galilei–Gruppe)**

(a) Zeigen Sie analog zu Lemma 16.21, dass diese Abbildungen eine symplektische Gruppenwirkung der Galilei–Gruppe auf dem erweiterten Phasenraum $P_n$ von $n$ Teilchen definieren.

(b) Wir betrachten die Hamilton–Funktion $H : P_n \to \mathbb{R}$,

$$H(p_1, \ldots, p_n, E; q_1, \ldots, q_n, t) = \sum_{k=1}^n \frac{\|p_k\|^2}{2m_k} + \sum_{1 \le k < \ell \le n} V_{k,\ell}(q_k - q_\ell) - E\,.$$

Dabei sind die $V_{k,\ell} \in C^\infty(\mathbb{R}^3, \mathbb{R})$. Zeigen Sie, dass $H$ Galilei–invariant ist, falls die Wechselwirkungspotentiale $V_{k,\ell}$ rotationsinvariant sind. ◇

**16.23 Bemerkung (Struktur relativistischer Theorien)**

Dagegen kann eine endliche Anzahl *relativistischer* Teilchen nicht Poincaré–invariant miteinander wechselwirken. Dies wurde zunächst für zwei Teilchen gezeigt (siehe Currie, Jordan und Sudarshan in [CJS]) und darauf von Leutwyler in [Leu] verallgemeinert. Arens und Babbitt behandeln in [AB] nicht notwendigerweise hamiltonsche Wechselwirkungen.

Diese Ergebnisse deuten darauf hin, dass eine relativistische Theorie mit Wechselwirkungen unendlich viele Teilchen zulassen muss. ◇

## 16.6 Relativistische Dynamik

Zwei nicht zueinander parallele affine Hyperebenen des $\mathbb{R}^4$ besitzen einen Schnittpunkt. Bei beschleunigten Bezugssystemen existieren also Raumzeitpunkte, die gleichzeitig zu *verschiedenen* Punkten der Weltlinie sind, siehe Abbildung 16.6.1, links.

**16.24 Beispiel (konstante Kraft)**

Bei konstanter Kraft (also bei im mitbewegten Bezugssystem konstanter Beschleunigung $g > 0$) wird die Bahn durch die Hamilton–Funktion

$$H : \mathbb{R}^2 \to \mathbb{R} \quad , \quad H(p, q) = \sqrt{1 + p^2} - g\,q$$

beschrieben, vergleiche mit Beispiel 8.7. Damit ist $\dot p = g$ und $\dot q = p/\sqrt{1 + p^2}$.

Alle Lösungskurven ergeben sich durch Raumzeittranslation aus der mit Energie $H = 0$ und $p(0) = 0$, also $q(0) = 1/g$. Wir erhalten $\dot{q} = \sqrt{1 - g/q^2}$, also

$$q(t) = \sqrt{g^{-2} + t^2} \quad \text{und} \quad \dot{q}(t) = \frac{t}{\sqrt{g^{-2} + t^2}} \in (-1, 1)\,.$$

$t \mapsto \big(q(t), t\big) \in \mathbb{R}^2$ ist die parametrische Gleichung einer Hyperbel (siehe Abbildung 16.6.1, rechts).

Die Raumzeitgeraden der im mitbewegten Bezugssystem zum Punkt $\big(q(s), s\big)$ simultanen Ereignisse sind daher von der Form

$$\Big\{\big(q(s), s\big) + c\big(1, \dot{q}(s)\big) \mid c \in \mathbb{R}\Big\} = \operatorname{span}\big(\sqrt{g^{-2} + s^2}, s\big) \qquad (s \in \mathbb{R}),$$

schneiden sich also alle im Nullpunkt der Raumzeit.

Damit ist der Doppelkegel $\{(x, t) \in \mathbb{R}^2 \mid t^2 > x^2\}$ der bezüglich des Nullpunktes des Minkowski–Raumes $\mathbb{R}^2$ zeitartigen Ereignisse zu keinem Punkt der Weltlinie simultan. $\diamond$

Das beschriebene Phänomen deckt sich nicht mit der Alltagserfahrung, tritt aber auch im Alltag kaum auf (denn Beschleunigungen, die viel größer als die Erdbeschleunigung sind und Entfernungen, die größer als ein Lichtjahr sind, gehören nicht zu unserem Erfahrungsschatz):

**16.25 Aufgabe (konstante Beschleunigung)** Berechnen Sie die Entfernung des Kreuzungspunktes aus Beispiel 16.24 vom beschleunigten Beobachter, falls dieser eine konstante Beschleunigung von $10\,\mathrm{m/s^2}$ erfährt. $\diamond$

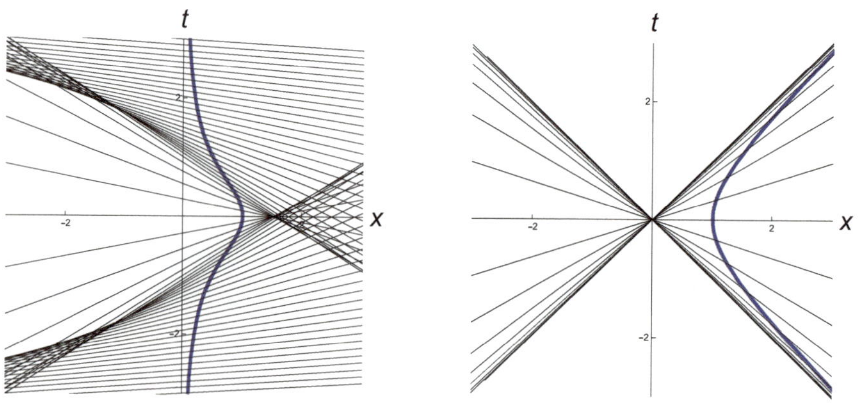


Abbildung 16.6.1: Weltlinien, das heißt Flugbahnen in Raumzeit-Darstellung. Die Geraden sind im beschleunigten Bezugssystem simultan. Links: Rückkehr zum Ausgangspunkt. Rechts: Konstante Beschleunigung.

# Kapitel 17

# Symplektische Topologie

Volumenerhaltendes, nicht symplektisches Kamel. Foto: Norbert Nacke



In der Theorie dynamischer Systeme werden topologische Methoden oft dann eingesetzt, wenn die Dynamik zu kompliziert ist, um direkt Fragen wie die nach der Existenz periodischer Orbits zu beantworten.

Da hamiltonsche Differentialgleichungen (wie auch Gradienten–Differentialgleichungen) durch die Ableitung einer Funktion $H : M \to \mathbb{R}$ definiert werden, werden topologische Aussagen über Werte einer reellen Funktion auf einer Mannigfaltigkeit zu dynamischen Aussagen. Beispielsweise besitzt eine solche Funktion auf einer kompakten Mannigfaltigkeit Minimum und Maximum.

Die Morse–Theorie sagt (abhängig von der Topologie der Mannigfaltigkeit) die Existenz weiterer kritischer Punkte der Hamilton–Funktion voraus. All diese sind Ruhelagen des dynamischen Systems.

Die meisten Phasenräume der Klassischen Mechanik sind nicht kompakt, weswegen die obigen Argumente verfeinert werden müssen. Die symplektische Topologie, ein in den letzten Jahrzehnten sehr aktives Forschungsgebiet, versucht, solche dynamische Eigenschaften hamiltonscher Systeme zu ergründen.

Darin erschöpft sie sich aber nicht. Beispielsweise sind (nach dem Satz von Darboux, siehe Seite 220) symplektische Mannigfaltigkeiten gleicher Dimension *lokal* nicht von einander zu unterscheiden, ganz im Gegensatz etwa zu riemannschen Mannigfaltigkeiten. Was sind aber die *globalen* Invarianten? Einige Antworten kommen direkt in den Sinn:

- Auf einer Mannigfaltigkeit kann es nicht isomorphe symplektische Strukturen geben, denn etwa das Volumen einer kompakten symplektischen Mannigfaltigkeit ist eine Invariante.
- Ebenso trägt nicht jede Mannigfaltigkeit eine symplektische Struktur. Abgesehen von der Bedingung gerader Dimension muss sie orientierbar sein.

In diesem Kapitel werden einige weiter gehende Antworten angesprochen.

## 17.1 Das symplektische Kamel und das Nadelöhr

*„Eher geht ein Kamel durch ein Nadelöhr, als dass ein Reicher in das Reich Gottes gelangt."* Evangelium nach Markus, 10,25

Unter diesem merkwürdigen Titel firmiert eine von M. Gromov in den 1980er Jahren begonnene Analyse der Invarianten symplektischer Abbildungen. Könnte sich das symplektische Kamel mit beliebigen volumenerhaltenden statt nur mit symplektischen Diffeomorphismen verformen, so die Idee, wäre die Überwindung des Nadelöhrs keine Schwierigkeit. So aber verwehren ihm seine symplektischen Rippen den Zutritt.

Das Kamel wird dabei durch eine Vollkugel $B_r$ vom Radius $r$ im symplektischen Vektorraum $(\mathbb{R}^{2n}, \omega_0)$ modelliert und das Nadelöhr durch ein Loch vom Radius $R$ in einer Hyperfläche $H \subset \mathbb{R}^{2n}$. Für $n = 1$ Freiheitsgrad kann sich das Kamel immer flächenerhaltend dünn machen und durch das Loch schlüpfen. Für $n \geq 2$ geht das symplektisch aber nur[1], falls $r < R$.

Im von Gromov 1985 bewiesenen *nonsqueezing*-Satz wird gefragt, wann die Vollkugel $B_r$ symplektisch in einen speziellen Zylinder $Z_R$ vom Radius $R$ abgebildet werden kann. Dies ist in beliebiger Dimension genau dann möglich, wenn

[1]technisch: Es existiert eine symplektische Isotopie $\Phi_t : \mathbb{R}^{2n} \to \mathbb{R}^{2n}$, $t \in [0, 1]$ mit $\Phi_0 = \mathrm{Id}$, die die gelochte Hyperfläche invariant läßt und für die $\Phi_1(B_r)$ in der anderen Komponente von $\mathbb{R}^{2n} \setminus H$ liegt als $B_r$.

$r \leq R$. Aus dem nonsqueezing-Satz folgt die obige Aussage über das symplektische Kamel, aber, wie wir sehen werden, noch viel mehr (siehe aber [AbMa]).

Wir schauen uns das Problem zunächst in einer stark vereinfachten Situation an, bei der nur *affin symplektische Abbildungen* des $2n$–dimensionalen Vektorraums $E$

$$f : E \to E \quad , \quad x \mapsto g(x) + a \quad \text{mit} \quad g \in \mathrm{Sp}(E, \omega) \quad \text{und} \quad a \in E \qquad (17.1.1)$$

betrachtet werden. Diese bilden als semidirektes Produkt $E \rtimes \mathrm{Sp}(E, \omega)$ eine Lie–Gruppe, genannt $\mathrm{ASp}(E)$.[2]

Um Objekte wie Kugeln und Zylinder zu definieren, benötigt man eigentlich eine euklidische Norm, also eine Zusatzstruktur. Außerdem werden Kugeln unter affinen symplektischen Abbildungen nicht auf Kugeln abgebildet (die Eigenschaft, eine Kugel zu sein, ist also keine affin symplektische Invariante).

Dagegen ist in einem endlich-dimensionalen reellen Vektorraum $E$ auch ohne Norm definierbar, wann eine Teilmenge $\mathcal{E} \subseteq E$ ein *Ellipsoid* ist, nämlich, wenn für eine geeignete positiv definite quadratische Form

$$Q : E \to \mathbb{R} \quad \text{gilt:} \quad \mathcal{E} = \{x \in E \mid Q(x) \leq 1\}.$$

Da sich die quadratische Form aus dem Ellipsoid durch

$$Q(0) := 0 \quad \text{und} \quad Q(x) := \inf\{q > 0 \mid x/q \in \mathcal{E}\} \text{ für } x \in E \setminus \{0\}$$

rekonstruieren läßt, sind Ellipsoide und positiv definite quadratische Formen zwei Seiten einer Medaille. Unsere erste Frage ist die nach den symplektischen Normalformen von Ellipsoiden (beziehungsweise positiv definiten quadratischen Formen). Wir vergleichen zunächst mit Normalformen für andere Gruppen:

- Auf dem Raum $\mathcal{P} = \mathcal{P}(E)$ dieser Formen wirkt die allgemeine lineare Gruppe $\mathrm{GL}(E)$ transitiv durch

  $$\mathrm{GL}(E) \times \mathcal{P} \to \mathcal{P} \quad , \quad (f, Q) \mapsto Q \circ f\,.$$

  Dies kann man für den Fall $E = \mathbb{R}^d$ und die Darstellung $Q(x) = x^\top \mathcal{Q} x$ mit $\mathcal{Q} \in \mathrm{Sym}(d, \mathbb{R})$ sehen, indem man $\mathcal{Q}_1$ mit der Kongruenzmatrix $\mathcal{Q}_1^{-1/2}\mathcal{Q}_2^{1/2} \in \mathrm{GL}(d, \mathbb{R})$ in $\mathcal{Q}_2$ transformiert.
  Jedes Ellipsoid lässt sich also linear in die Einheitskugel überführen.

- Für die spezielle lineare Gruppe $\mathrm{SL}(d, \mathbb{R}) \subset \mathrm{GL}(d, \mathbb{R})$ ist das Volumen des Ellipsoids die einzige Invariante, und dieses ist proportional zu $\det(\mathcal{Q})^{-1/2}$.

- Für die orthogonale Gruppe $\mathrm{O}(d) \subset \mathrm{GL}(d, \mathbb{R})$ sind dagegen die $d$ Längen der Hauptachsen des Ellipsoids die Invarianten.

Im Vergleich zum letzten Fall gibt es für $d = 2n$ und die symplektische Gruppe nur halb so viele Invarianten:

[2]Ihre Dimension ist $n(2n+3)$, denn nach Aufgabe 6.26 ist $\dim \mathrm{Sp}(E, \omega) = n(2n+1)$.

**17.1 Lemma (Symplektische Normalform von Ellipsoiden)**
*Für jedes Ellipsoid $\mathcal{E} \subset \mathbb{R}^{2n}$ im kanonischen symplektischen Vektorraum $(\mathbb{R}^{2n}, \omega_0)$ gibt es eindeutige reelle Zahlen $0 < r_1 \leq \ldots \leq r_n$ und eine symplektische Abbildung $f \in \mathrm{Sp}(2n, \mathbb{R})$ mit $\mathcal{E} = f(\mathcal{E}_{r_1,\ldots,r_n})$ für das Ellipsoid*

$$\mathcal{E}_{r_1,\ldots,r_n} := \left\{(p,q) \in \mathbb{R}^{2n} \;\middle|\; \textstyle\sum_{k=1}^{n} \frac{p_k^2+q_k^2}{r_k^2} \leq 1\right\}.$$

**Beweis:** Dies folgt aus Lemma 6.29 und der Normalform-Darstellung (6.3.3). □

Damit sind die linear symplektischen Bilder von $B_r^{2n} = \mathcal{E}_{r,\ldots,r}$ die bestmöglichen Analoga der euklidischen Kugel $B_r^{2n}$ vom Radius $r > 0$, und für $n \geq 2$ ist nicht jedes Ellipsoid für einen geeigneten Radius $r$ so darstellbar.

Wir betrachten *symplektische Zylinder* der Form

$$Z_R := \left\{(p,q) \in \mathbb{R}_p^n \times \mathbb{R}_q^n = \mathbb{R}^{2n} \mid p_1^2 + q_1^2 \leq R^2\right\}.$$

Die Frage ist nun, wann es ein $f \in \mathrm{ASp}(\mathbb{R}^{2n}, \omega_0)$ gibt mit $f(B_r) \subset Z_R$.

**17.2 Satz (Gromovs nonsqueezing-Resultat, linearer Fall)**
*Genau dann kann man eine Kugel vom Radius $r$ affin symplektisch in den Zylinder $Z_R$ abbilden, wenn $r \leq R$ ist.*

**Beweis:**
- Für $r \leq R$ bildet $f = \mathrm{Id}$ die Kugel in den Zylinder ab.
- Die Nichtexistenz-Aussage folgt durch Skalierung aus dem Spezialfall $r = 1$. Es sei $f(x) = g(x) + a$ mit $g \in \mathrm{Sp}(\mathbb{R}^{2n}, \omega_0)$ und $a = (a_1, \ldots, a_{2n})^\top \in \mathbb{R}^{2n}$. Die linke Seite der Bedingung

$$\max_{x \in S^{2n-1}} \left(f_1(x)^2 + f_{n+1}(x)^2\right) \leq R^2$$

ist minimal für $a_1 = a_{n+1} = 0$.

Auch die Transponierte $H = (h_1, \ldots, h_{2n})$ der darstellenden Matrix von $g$ ist symplektisch, und daher gilt $\|h_k\| \, \|h_{n+k}\| \geq \omega_0(h_k, h_{n+k}) = 1$. Wir folgern

$$\begin{aligned} \max_{x \in S^{2n-1}} \left(f_1(x)^2 + f_{n+1}(x)^2\right) &= \max_{x \in S^{2n-1}} \left(\langle h_1, x\rangle^2 + \langle h_{n+1}, x\rangle^2\right) \\ &\geq \max\{\|h_1\|^2, \|h_{n+1}\|^2\} \geq 1, \end{aligned}$$

durch Anwendung der Ungleichung $ab \leq \max\{a^2, b^2\}$ auf $a := \|h_1\|$ und $b := \|h_{n+1}\|$. □

**17.3 Bemerkung (Squeezing für volumenerhaltende Abbildungen)**
Stellt man die analoge Frage für *affine volumenerhaltende Abbildungen* (bei denen in (17.1.1) gefordert wird, dass $g \in \mathrm{SL}(2n, \mathbb{R})$ ist), dann ist für $n \geq 2$ Freiheitsgrade eine entsprechende Einbettung immer möglich. Denn dann besitzt der Zylinder $Z_R$ (der selbst als degenerierte Ellipse aufgefasst werden kann) unendliches Volumen. Die Aussage betrifft also eine spezifische, über die Volumenerhaltung hinausgehende, Eigenschaft symplektischer Abbildungen. ◇

**17.4 Korollar** *Genau dann kann man das Ellipsoid $\mathcal{E}_{r_1,\ldots,r_n}$ affin symplektisch in den Zylinder $Z_R$ abbilden, wenn $r_1 \leq R$ ist.*

Wesentlich ist also, dass die *symplektische Fläche* $\pi r_1^2$ des Ellipsoids kleiner als die symplektische Fläche $\pi R^2$ des Zylinders ist. Im nonsqueezing-Satz wird damit eine zweidimensionale Eigenschaft von Teilmengen des symplektischen Phasenraums gemessen. Grundlegende Invarianten der symplektischen Theorie sind zweidimensional, während etwa Kurvenlängen eindimensionale Invarianten der riemannschen Theorie sind.

Wir sehen dies auch am Beispiel der von Hofer eingeführten *displacement-Energie*

$$e(K) \;:=\; \inf_{\{H_t\}} \int_0^1 \big(\sup(H_t) - \inf(H_t)\big)\,\mathrm{d}t$$

einer (kompakten) Teilmenge $K \subset M$ einer symplektischen Mannigfaltigkeit $(M,\omega)$. Diese misst die Energie, die benötigt wird, um durch einen von $\{H_t\}_{t\in[0,1]}$ erzeugten hamiltonschen Fluss $\{\phi_t\}_{t\in[0,1]}$ die Menge $K$ von sich selbst zu trennen, das heißt $\phi_1(K) \cap K = \emptyset$.

**17.5 Beispiel (Displacement-Energie)**
Wir schauen uns den einfachsten Fall eines Flusses an, der von einer linearen zeitunabhängigen Hamilton–Funktion erzeugt wird und auf ein Ellipsoid $K$ wirkt. Das Ellipsoid sei achsenparallel, also $K = \left\{(p,q) \in \mathbb{R}^{2n} \;\middle|\; \sum_{k=1}^n \frac{p_k^2}{r_k^2} + \frac{q_k^2}{s_k^2} \leq 1\right\}$. Der von der Hamilton–Funktion

$$H_{\xi,\eta} : \mathbb{R}^{2n} \to \mathbb{R} \quad,\quad H_{\xi,\eta}(p,q) = \langle \xi, p\rangle - \langle \eta, q\rangle \qquad (\xi,\eta \in \mathbb{R}^n)$$

erzeugte Fluss ist die Verschiebung $\phi_t(p,q) = (p + t\eta, q + t\xi)$.

- Damit ist für alle Zeiten $|t| > T(\xi,\eta) := 2\left(\sum_{k=1}^n \left(\frac{\eta_k^2}{r_k^2} + \frac{\xi_k^2}{s_k^2}\right)\right)^{-1/2}$ die Trennung erfolgt ($\phi_t(K) \cap K = \emptyset$). Genau dann, wenn $(\eta,\xi)/2$ ein Punkt der Oberfläche von $K$ ist, gilt damit $T(\xi,\eta) = 1$.
- Andererseits ist die eingesetzte Energie gleich

$$\begin{aligned} \|H_{\xi,\eta}\| &:= \max\{H_{\xi,\eta}(x) \mid x \in K\} - \min\{H_{\xi,\eta}(x) \mid x \in K\} \\ &= 2\max\{H_{\xi,\eta}(x) \mid x \in K\}, \end{aligned}$$

wegen der Punktsymmetrie von $K$. Durch Maximierung mit der Nebenbedingung $x \in K$ ergibt sich

$$\|H_{\xi,\eta}\| = 2\big(\langle \xi, r\rangle^2 + \langle \eta, s\rangle^2\big)^{1/2}.$$

Schreiben wir die Komponenten des Verschiebungsvektors in der Polarform

$$\xi_k = \ell_k s_k \cos\varphi_k \quad,\quad \eta_k = \ell_k r_k \sin\varphi_k \quad \text{mit} \quad \ell_k := \sqrt{\frac{\eta_k^2}{r_k^2} + \frac{\xi_k^2}{s_k^2}}, \qquad (17.1.2)$$

dann ist $\|H_{\xi,\eta}\| = 2\big(\sum_{k=1}^n (\ell_k r_k s_k)^2\big)^{1/2}$.

- Wir nehmen jetzt $T(\xi,\eta) = 1$ an, also $\|\ell\|_2 = 2$. Falls $f_j = \min\{f_1,\ldots,f_n\}$ für $f_k := r_k s_k$, nimmt $\|H_{\xi,\eta}\|$ das Minimum $4f_j$ an, wann immer in (17.1.2) $\ell_j = 2$ und $\ell_k = 0$ für alle anderen $k$ gilt. Damit ist die Verschiebungsenergie proportional zur oben definierten symplektischen Fläche des Ellipsoids. ◇

Die Displacement-Energie ordnet zwar Mengen wie den Ellipsoiden eine nichtnegative Zahl zu, aber diese hängt von der Einbettung der Menge in die symplektische Mannigfaltigkeit (im Fall der Ellipsoide der $(\mathbb{R}^{2n}, \omega_0)$) ab, ist also keine intrinsische Größe.

Als Konsequenz haben Ekeland und Hofer in [EH] axiomatisch definiert, was unter einer (intrinsischen) symplektischen Kapazität zu verstehen sei.

**17.6 Definition**
*Eine Abbildung $c : (P, \omega) \mapsto [0, \infty]$, die den symplektischen Mannigfaltigkeiten nichtnegative Zahlen zuordnet, heißt eine* **symplektische Kapazität**, *wenn sie die folgenden Eigenschaften besitzt:*

**Monotonie:** *Falls es eine kanonische Transformation gibt, die $(P_1, \omega_1)$ in $(P_2, \omega_2)$ einbettet, ist $c(P_1, \omega_1) \leq c(P_2, \omega_2)$.*

**Skalierung:** *Für $k > 0$ gilt $c(P, k\,\omega) = k\,c(P, \omega)$.*

**Nichttrivialität:** *Für die Einheitskugeln $B_1^{2n}$ in $(\mathbb{R}^{2n}, \omega_0)$ gilt $c(B_1^{2n}, \omega_0) > 0$; für die symplektischen Zylinder $Z_1$ in $(\mathbb{R}^{2n}, \omega_0)$ gilt $c(Z_1, \omega_0) < \infty$.*

**17.7 Satz (Gromovs nonsqueezing-Resultat)**
*Wenn es eine symplektische Kapazität mit $c(B_1^{2n}, \omega_0) = c(Z_1, \omega_0)$ gibt, dann gilt:*
*Genau dann kann man eine Kugel vom Radius $r$ symplektisch in den Zylinder $Z_R$ abbilden, wenn $r \leq R$ ist.*

**Beweis:**
- Ist $r \leq R$, dann ist $B_r^{2n}$ schon eine Teilmenge von $Z_R$.
- Bei Existenz einer symplektischen Einbettung $I : B_r^{2n} \to Z_R$ gilt:

$$c(B_r^{2n}, \omega_0) \leq c(Z_R, \omega_0) = c(Z_1, R^{-2}\omega_0) = R^{-2}c(Z_1, \omega_0) = R^{-2}c(B_1^{2n}, \omega_0)\,,$$

was wegen $c(B_r^{2n}, \omega_0) = r^{-2}c(B_1^{2n}, \omega_0)$ für $r > R$ einen Widerspruch zur Positivität von $c(B_1^{2n}, \omega_0)$ darstellt. □

Tatsächlich haben Gromov und Hofer–Zehnder solche Kapazitäten definiert.

## 17.2 Der Satz von Poincaré–Birkhoff

Poincaré, der ja als Erster systematisch qualitative Methoden in die Mechanik einführte, formulierte in seinem ‚letzten geometrischen Theorem' eine Aussage über flächenerhaltende Abbildungen. Diese wurde 1925 von George David Birkhoff bewiesen.

Wir betrachten für die Radien $0 < r_- < r_+ < \infty$ und die Kreislinie $S^1 = \mathbb{R}/2\pi\mathbb{Z}$ einen Homöomorphismus

$$H = (R, \Phi) : A \longrightarrow A \quad \text{des Kreisrings } A := [r_-, r_+] \times S^1\,, \qquad (17.2.1)$$

der die beiden Randkomponenten $\{r_\pm\}\times S^1$ orientierungserhaltend auf sich abbildet. Die bezüglich der Überlagerung $\tilde{A} := [r_-, r_+]\times\mathbb{R} \to A$ zu $H$ semikonjugierte Abbildung

$$\tilde{H} = (\tilde{R}, \tilde{\Phi}) : \tilde{A} \to \tilde{A}$$

besitzt die Periodizitäten $\tilde{R}(r, \varphi + 2\pi) = \tilde{R}(r, \varphi)$ und

$$\tilde{\Phi}(r, \varphi + 2\pi) = \tilde{\Phi}(r, \varphi) + 2\pi\,. \tag{17.2.2}$$

Die Randkomponenten sollen gegenläufig verdreht werden, das heißt es gebe $\varphi_- < 0 < \varphi_+$ mit

$$\tilde{\Phi}(r_\pm, \varphi) = \varphi + \varphi_\pm \qquad (\varphi \in \mathbb{R}). \tag{17.2.3}$$

Letzteres ist hauptsächlich eine Forderung an $H$, aber auch an die Wahl von $\tilde{H}$.

**17.8 Satz (Poincaré–Birkhoff)** *Ist der Homöomorphismus $H$ flächenerhaltend*[3]*, dann besitzt er mindestens zwei Fixpunkte im Inneren des Kreisrings $A$.*

**17.9 Bemerkung** Die Voraussetzung, dass $H$ flächenerhaltend ist, kann nicht weggelassen werden. Gegenbeispiele sind die Diffeomorphismen des Kreisrings

$$\tilde{H}_\varepsilon(r, \varphi) := \big(r - \varepsilon(r - r_+)(r - r_-)\,,\ \varphi + r - \tfrac{1}{2}(r_+ + r_-)\big) \qquad \big(|\varepsilon| < \tfrac{1}{r_+ - r_-}\big).$$

Diese sind für $\varepsilon \neq 0$ fixpunktfrei und nur für $\varepsilon = 0$ flächenerhaltend. ◇

**Beweis:** Wir nehmen vereinfachend an, dass $H$ zweimal stetig differenzierbar ist. In der Arbeit [Bi2] von George David Birkhoff findet man einen Beweis, der ohne diese Annahme auskommt. Die Abbildung

$$\Psi : A \to \mathbb{R} \quad , \quad \Psi(r, [\varphi]) := \tilde{\Phi}(r, \varphi) - \varphi$$

ist wegen (17.2.2) wohldefiniert und misst die Winkeldifferenz zwischen Bild und Urbild von $H$. Insbesondere ist wegen (17.2.3) $\Psi(r_\pm, [\varphi]) = \varphi_\pm$, also $0 \in \Psi(A)$.

- Ist $0$ regulärer Wert von $\Psi$, dann ist die Urbildmenge $M := \Psi^{-1}(0) \subset A$ eine eindimensionale kompakte Untermannigfaltigkeit. Damit besteht sie aus endlich vielen Zusammenhangskomponenten $M_i$, die ihrerseits diffeomorph zur Kreislinie sind.

  Die Restriktionen $\Pi_i : M_i \to S^1$ der Projektion $\Pi : A \to S^1$, $(r, \varphi) \mapsto \varphi$ besitzen also Abbildungsgrade $\deg(\Pi_i)$ (siehe Seite 127), von denen wir durch Wahl der Orientierung von $M_i$ annehmen können, dass sie nichtnegativ sind.

  Ein Abbildungsgrad größer als Eins kann nicht vorkommen, weil sonst $M_i$ Selbstüberschneidungen aufweisen müsste. Die $M_i$ sind Jordan–Kurven. $A\backslash M_i$

[3]Wir nehmen das Lebesgue-Maß auf $A$ beziehungsweise die Flächenform $dr \wedge d\varphi$, aber etwa auch das vom Polarkoordinaten auf $\mathbb{R}^2$ herrührende Maß $r\, dr \wedge d\varphi$ kann verwendet werden.

besteht also nach dem jordanschen Kurvensatz[4] aus genau zwei Zusammenhangskomponenten. Es muß aber einen Index $j$ mit $\deg(\Pi_j) = 1$ geben, weil sonst $\{r_-\} \times S^1$ und $\{r_+\} \times S^1$ jeweils in der gleichen Komponente liegen würden. Schnittpunkte von $M_j$ mit $H(M_j)$ sind Fixpunkte von $A$, denn nur die erste Komponente eines Punktes $(r, \varphi) \in M$ kann sich bei Anwendung von $A$ ändern. Solche Schnittpunkte existieren, denn sonst würde eine Zusammenhangskomponente $U$ von $A \setminus M_j$ durch $H$ in eine echte Teilmenge $H(U)$ von sich abgebildet. Dies würde der Flächenerhaltung widersprechen, denn auch die Fläche dieser Teilmenge wäre echt kleiner.

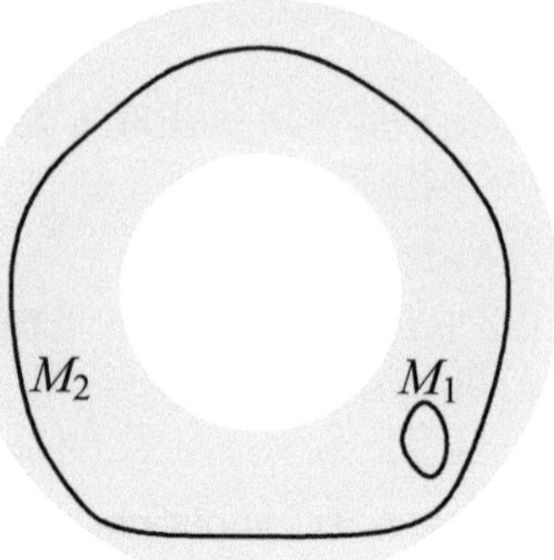


Wenn es aber einen Schnittpunkt von $M_j$ mit $H(M_j)$ gibt, existiert noch ein zweiter solcher Schnittpunkt.

- Ist aber $0$ kein regulärer Wert von $\Psi$, dann betrachten wir die Störungen

$$H_\varepsilon : A \to A \quad , \quad H_\varepsilon := R_\varepsilon \circ H \quad \text{mit} \quad R_\varepsilon(r, \varphi) := (r, \varphi - \varepsilon)$$

von $H$. Für alle $\varepsilon \in (\varphi_-, \varphi_+)$ erfüllt $H_\varepsilon$ die Voraussetzungen des Satzes. Wegen des Satzes von Sard (siehe Seite 308) gibt es eine gegen Null konvergente Folge $(\varepsilon_n)_{n\in\mathbb{N}}$, für die $H_{\varepsilon_n}$ auch die Regularitätsvoraussetzung des ersten Teils des Beweises erfüllt. Also existiert eine Folge von Fixpunkten $x_n$ von $H_{\varepsilon_n}$. Wegen der Kompaktheit des Kreisringes besitzt diese eine konvergente Teilfolge. Deren Limespunkt $x \in A$ ist Fixpunkt von $H$.

Eine Verfeinerung des Argumentes zeigt, dass es sogar zwei Fixpunkte gibt. □

Eine besonders einfache Klasse von Abbildungen (17.2.1) sind *monotone Twistabbildungen*. Diese sind stetig differenzierbar, mit partieller Ableitung $D_1\Phi > 0$. Daher ist nach dem Satz über implizite Funktionen die Nullstellenmenge $M = \Psi^{-1}(0) \subset A$ Graph einer Funktion des Winkels.

**17.10 Beispiele (Monotone Twistabbildungen)**

1. **(Standardabbildung)**
   Die in Abschnitt 15.6 behandelten flächenerhaltenden Standardabbildungen

$$F_\varepsilon(x, y) = \Big(x + y + \varepsilon \sin(2\pi x),\ y + \varepsilon \sin(2\pi x)\Big)$$

   haben die monotone Twist-Eigenschaft $\mathrm{D}_1\Phi > 0$. Dabei wird $x$ als die Winkelvariable $\varphi$ und $y \in \mathbb{R}$ als Radius $r$ aufgefasst, so dass $\Phi(r, \varphi) = \varphi + r + \varepsilon \sin(2\pi\varphi)$ ist.

[4]**Jordanscher Kurvensatz:** Das Komplement des Bildes $c(S^1) \subset \mathbb{R}^2$ einer einfachen geschlossenen Kurve $c : S^1 \to \mathbb{R}^2$ in der Ebene besteht aus genau zwei Zusammenhangskomponenten, von denen die eine beschränkt, die andere unbeschränkt ist. $c(S^1)$ ist der Rand beider Zusammenhangskomponenten.

Zwar ist die Bedingung der Invarianz und gegenläufigen Verdrehung (17.2.3) der Randkreise für $\varepsilon \neq 0$ in diesen Koordinaten nicht erfüllt. Man kann aber — und in dieser Idee liegt das eigentliche Anwendungspotential des Satzes von Poincaré–Birkhoff — das von zwei invarianten KAM-Tori eingeschlossene Gebiet betrachten, und auf die Existenz zweier Fixpunkte in diesem Gebiet schließen.

Dass die Punkte $(x, y) = (0, 0)$ und $(x, y) = (1/2, 0)$ Fixpunkte der Standardabbildungen $F_\varepsilon$ sind, sieht man allerdings auch direkt.

Ebenso rechnet man nach, dass die Linearisierung von $F_\varepsilon$ an diesen Fixpunkten von der Form $\left(\begin{smallmatrix} 1+2\pi\varepsilon & 1 \\ -2\pi\varepsilon & 1 \end{smallmatrix}\right)$ beziehungsweise $\left(\begin{smallmatrix} 1-2\pi\varepsilon & 1 \\ 2\pi\varepsilon & 1 \end{smallmatrix}\right)$ ist, für $\varepsilon \neq 0$ der eine also im Sinn der Klassifikation von $\mathrm{SL}(2, \mathbb{R})$–Matrizen (Aufgabe 6.26) hyperbolisch, der andere elliptisch ist.

Die Abbildungen 15.6.1 lassen vermuten und man kann beweisen, dass sich um den hyperbolischen Fixpunkt eine chaotische Zone bildet, während der elliptische Fixpunkt von invarianten Tori umschlossen wird.

All dies sind typische Eigenschaften von Twistabbildungen.

2. **(Konvexer Billard)** Eine einfache geschlossene Kurve $c : S^1 \to \mathbb{R}^2$ definiert nach dem gerade benutzten jordanschen Kurvensatz ein beschränktes Gebiet im $\mathbb{R}^2$. Dieses kann man als Billardtisch auffassen. Am einfachsten liegen die Verhältnisse, wenn die Kurve glatt, regulär und positiv gekrümmt ist[5]. Wir normieren die Länge der Kurve zu $2\pi$.

   Die Billardtrajektorie besteht dann aus einem Streckenzug, dessen Ecken auf dem Rand $\mathcal{C} := c(S^1)$ des Billardtischs liegen, und bei denen die Richtungen zur Kurvennormale $\left(\begin{smallmatrix} 0 & -1 \\ 1 & 0 \end{smallmatrix}\right) c'(t)$ sich nach der Regel ,Ausfallwinkel $= -$ Einfallwinkel' verändern. Neben der Bogenlänge $t$ des Kollisionspunktes parametrisiert der Ausfallwinkel, oder praktischerweise dessen Sinus $u$, die Strecke. Der Phasenraum der diskretisierten Dynamik ist damit ein Kreisring der Form $A := [-1, 1] \times S^1$.

   Wegen der positiven Krümmung des Randes sind die jeweils folgenden Kollisionen mit dem Rand transversal, die Abbildung $\Phi : A \to A$ also nach dem Satz über die implizite Funktion glatt.

   Die Transversalität wird nur verletzt für den Fall einer zu $\mathcal{C}$ tangentialen Richtung, also $u = \pm 1$. In diesem Fall ist $(u, t)$ Fixpunkt von $\Phi$, weshalb eine der Bedingungen des Satzes 17.8 erfüllt ist.

   Aus dem gleichen Grund ist aber die Bedingung (17.2.3) an die Verdrehung der Randkomponenten verletzt. Auch die Aussage des Satzes ist falsch, denn für einen von $\pm\pi$ verschiedenen Winkel ist der nächste Kollisionspunkt vom gegebenen verschieden, es liegt also kein Fixpunkt in $\mathring{A} = (-1, 1) \times S^1$ vor.

   Dennoch ist der Satz von Poincaré–Birkhoff auf das Billardproblem anwendbar. Da nämlich die Winkeldifferenz $\varphi_+ - \varphi_-$ (siehe (17.2.3)) gleich $2\pi$ ist,

[5] Ist $c$ nach der Bogenlänge parametrisiert (was für reguläre Kurven möglich ist und wir im weiteren annehmen), dann bedeutet positive Krümmung $\langle c''(t), \left(\begin{smallmatrix} 0 & -1 \\ 1 & 0 \end{smallmatrix}\right) c'(t) \rangle > 0$.

entspricht der $n$–ten Iterierten $\Phi^n$ eine Winkeldifferenz von $2\pi n$. Damit besitzt für alle $n \geq 2$ die Abbildung $\Phi^n$ Fixpunkte in $\mathring{A}$. Diese gehören zu $n$–periodischen Orbits von $\Phi$.

Da $\Phi^m$ und $\Phi^n$ für teilerfremde Potenzen $m$, $n$ keinen gemeinsamen Fixpunkt in $\mathring{A}$ haben können, besitzt $\Phi$ unendlich viele periodische Orbits. ◇

## 17.3 Die Arnol'd–Vermutung

Schon George David Birkhoff suchte nach einer Verallgemeinerung seines Satzes auf höhere Phasenraumdimensionen. Eine solche Verallgemeinerung ist in den letzten Jahren mit dem Beweis der Arnol'd–Vermutung gelungen.

**17.11 Bemerkung (Arnol'd-Diffusion)**
Zunächst ist nicht einmal klar, *wie* eine solche Aussage überhaupt aussehen könnte. Betrachten wir als Anwendungsbereich des Satzes von Poincaré–Birkhoff das Phasenraumportrait eines hamiltonschen Systems mit zwei Freiheitsgraden, wie in Abbildung 15.4.3. Da die Energiefläche dreidimensional ist, besitzen die zweidimensionalen KAM-Tori Kodimension Eins. Zwei solche KAM-Tori können also ein dreidimensionales Gebiet einschließen. Nach Diskretisierung der Dynamik durch eine Poincaré–Fläche gelangen wir zu einem Kreisring zwischen zwei invarianten Kreislinien. Da nun für $n$ Freiheitsgrade die $n$–dimensionalen KAM–Tori in der Energieschale die Kodimension $n-1$ besitzen, begrenzen endlich viele von ihnen für $n > 2$ kein Gebiet.

Statt dessen können in diesem Fall nicht auf einem invarianten Torus befindliche Anfangswerte zu Trajektorien gehören, deren Wirkungsvariablen sich zeitlich ähnlich wie eine Irrfahrt verhalten.
Dem entspricht ein auch auf den Sphären $\|\omega\| = \mathrm{const.}$ zusammenhängendes Komplement der diophantischen Menge, das für $n = 3$ und $\omega_3 = 1$ nebenstehend (in Schwarz) abgebildet ist. Dies ist zu vergleichen mit der Abbildung für $n = 2$ auf Seite 394.

Dieses *Arnol'd-Diffusion* genannte Phänomen konnte für einige hamiltonsche Systeme nachgewiesen werden, so im von Kaloshin und Levi [KL] ausgearbeiteten Fall der Bewegung in einem periodischen Potential. Siehe auch Kapitel 6 von Lichtenberg und Lieberman [LL]. ◇

In dieser Richtung ist also keine Verallgemeinerung zu erwarten. Der folgende alternative Beweis des Satzes von Poincaré–Birkhoff für das Billard-Problem ergibt aber eine erfolgversprechendere Perspektive.

### 17.12 Beispiel (Periodische Orbits konvexer Billardtische)

In Beispiel 17.10.2 wurden die Kollisionsdaten mit den Phasenraumkoordinaten $(u,t) \in A = [-1,1] \times S^1$ parametrisiert; die diskrete Dynamik $H = (R,\Phi) : A \to A$ führte entsprechend einen Punkt $(u_0,t_0)$ in $(u_1,t_1)$ über.

Die monotone Twistbedingung $\mathrm{D}_1\Phi > 0$ ermöglicht es, die Startrichtung $u_0$ aus dem Paar $(t_0,t_1)$ von Randpunkten zu berechnen. Setzen wir nämlich als erzeugende Funktion der kanonischen Transformation

$$S : S^1 \times S^1 \to \mathbb{R} \quad , \quad S(t_0,t_1) = -\|c(t_1) - c(t_0)\| ,$$

dann ist, abgesehen von der Diagonale $\Delta \subset S^1 \times S^1$ des Torus, $S$ eine glatte Funktion (und die Diagonalpunkte $(t,t) \in \Delta$ entsprechen uneigentlichen, zum Rand tangentialen Billard-Trajektorien). Die partiellen Ableitungen sind

$$\mathrm{D}_1S(t_0,t_1) = \langle c'(t_0), c(t_1) - c(t_0)\rangle \,/\|c(t_1) - c(t_0)\| = \sin\varphi_0 = u_0$$

und analog $\mathrm{D}_2S(t_0,t_1) = u_1$. Die kritischen Punkte $(t_0,t_1)$ von $S$ entsprechen daher $u_0 = u_1 = 0$, also einem beidseitig senkrecht auf dem Rand $\mathcal{C}$ auftretenden Segment der Billardtrajektorie. Iteration führt hier zu einem zwei-periodischen Orbit. Wir schließen auf die Existenz eines solchen Orbits, weil $S$ einen negativen Minimalwert besitzt, während $S$ auf $\Delta$ verschwindet. Wegen der Symmetrie $S(t_1,t_0) = S(t_0,t_1)$ wird dieser Minimalwert zweimal angenommen.

Ein weiterer periodischer Orbit entspricht einem (eventuell degenerierten) Sattelpunkt von $S$. Auf dessen Existenz kann man daraus schließen, dass $S$ auf der Diagonale gleich Null ist. Damit entspricht $S$ (durch Aufschneiden des Torus an der Diagonalen) einer Funktion auf einem Kreisring $A$, die auf dessen beiden Randkreisen $\partial_\pm A$ den Wert Null annimmt und in dessen Inneren negativ ist. Den Sattelpunkt findet man zum Beispiel durch Betrachtung des Minimaxproblems

$$\max\nolimits_{d\in\mathcal{D}} \min_{x\in[0,1]} S\big(d(x)\big) < 0 ,$$

mit

$$\mathcal{D} := \big\{d : [0,1] \to A \mid d \text{ stetig}, \ d(0) \in \partial_- A, \ d(1) \in \partial_+ A\big\} . \qquad \diamond$$

### 17.13 Aufgabe (elliptischer Billard)

Zeigen Sie für einen elliptischen Billardtisch mit Rand

$$\mathcal{C} := \{x \in \mathbb{R}^2 \mid (x_1/a_1)^2 + (x_2/a_2)^2 = 1\}$$

und Halbachsen $0 < a_1 < a_2$, dass die diskrete Dynamik genau zwei geometrisch verschiedene periodische Trajektorien der Minimalperiode Zwei besitzt. $\diamond$

Die Minimalzahl kritischer Punkte beträgt hier also Zwei. Im Zusammenhang solcher Beispiele stellte ARNOL'D in den 1960er Jahren die folgende Vermutung auf, siehe Anhang 9 in [Ar2].

**Arnol'd–Vermutung:**

Ein hamiltonscher Symplektomorphismus $\Phi : P \to P$ (siehe Definition 10.27) einer kompakten symplektischen Mannigfaltigkeit $P$

- besitzt mindestens so viele Fixpunkte, wie eine glatte Funktion $S : P \to \mathbb{R}$ kritische Punkte.

- Falls seine Fixpunkte nicht degeneriert sind, ist deren Anzahl mindestens so groß wie die der kritischen Punkte einer Morse–Funktion $S : P \to \mathbb{R}$.

Hier wurden die folgenden Begriffe benutzt (siehe auch Anhang G):

**17.14 Definition**
*Für eine differenzierbare Mannigfaltigkeit $P$ heißt*

- *ein Fixpunkt $x \in P$ einer Abbildung $\Phi \in C^1(P, P)$* **nicht degeneriert**, *wenn die lineare Abbildung $\mathrm{D}\Phi(x) - \mathrm{Id}_{T_xP} : T_xP \to T_xP$ bijektiv ist;*
- *eine Funktion $f \in C^2(P, \mathbb{R})$* **Morse–Funktion**, *wenn alle kritischen Punkte $x$ von $f$ nicht degeneriert sind, das heißt die Hessesche $\mathrm{D}^2 f(x)$ als Bilinearform nicht degeneriert im Sinn von Definition 6.12 ist.*

**17.15 Bemerkungen (Arnol'd–Vermutung)**

1. Da die Minimalzahlen der in der Vermutung angesprochenen kritischen Punkte berechenbar sind (siehe Anhang G), ergeben die behaupteten Ungleichungen einen Zugang zu den periodischen Orbits von $\Phi$.
2. Falls der hamiltonsche Symplektomorphismus $\Phi : P \to P$ Zeit-Eins-Fluss der hamiltonschen Differentialgleichung einer Hamilton–Funktion $H : P \to \mathbb{R}$ ist, ist die Arnol'd–Vermutung für $\Phi$ offensichtlich richtig, denn die Ruhelagen des Flusses entsprechen den kritischen Punkten von $H$. Dies zeigt auch, dass die behaupteten Ungleichungen schon optimal sind, wenn es auf $P$ eine perfekte Morse–Funktion gibt (siehe Seite 553).
3. Dass der Symplektomorphismus $\Phi$ hamiltonsch ist, ist eine im Allgemeinen notwendige Voraussetzung für die Existenz von Fixpunkten.

   Denn der Zwei-Torus $P := \mathbb{T}^2$ mit Flächenform $\omega$ ist eine kompakte symplektische Mannigfaltigkeit, und jede Verschiebung $\Phi_a : P \to P, x \mapsto x + a$ ist symplektisch. Aber diese ist fixpunktfrei außer für den hamiltonschen Fall $\Phi_0 = \mathrm{Id}_P$ (siehe Beispiel 10.29.3).
4. Eine Morse–Funktion $f \in C^2(P, \mathbb{R})$ heisst *Morse-Smale*, wenn (anders als in der Abbildung auf Seite 555) jeder Schnitt der stabilen Mannigfaltigkeit eines kritischen Punkts $p$ mit der instabilen Mannigfaltigkeit eines kritischen Punkts $q$ transversal ist. In diesem Fall kann die Morse-Theorie auf mittels der transversalen Schnitte definierten relativen Indices von $(p, q)$ aufgebaut werden, siehe M. Schwarz [Schw]. Dies ermöglicht für unendlich-dimensionale $P$ die nach Andreas Floer benannte *Floer–Theorie*, siehe [Bo2] von R. Bott, [McD] von D. McDuff und Kapitel 6 in [Jo] von J. Jost. ◇

**17.16 Weiterführende Literatur**
Für ein gründliches Studium eignen sich der das Gebiet definierende Artikel [Ar5] von Arnol'd, die Lehrbücher von McDuff und Salamon [MS], von Hofer und Zehnder [HZ, Zeh] und die darin zitierte Literatur. ◇

# Anhang A

# Topologische Räume und Mannigfaltigkeiten



## A.1 Topologie und Metrik

Eine Teilmenge von $\mathbb{R}$ nennen wir *offen*, wenn sie Vereinigung offener Intervalle $(a,b) \subseteq \mathbb{R}$ ist. Damit wird $\mathbb{R}$ zu einem topologischen Raum:

**A.1 Definition**

1. *Ein* **topologischer Raum** *ist ein Paar* $(M, \mathcal{O})$*, bestehend aus einer Menge* $M$ *und einer Menge* $\mathcal{O}$ *von Teilmengen (genannt* **offene Mengen***) von* $M$ *derart, dass gilt*

   1. $\emptyset$ *und* $M$ *sind offen,*
   2. *beliebige Vereinigungen offener Mengen sind offen,*
   3. *der Durchschnitt von je zwei offenen Mengen ist offen.*

2. $\mathcal{O}$ *heißt* **Topologie** *von* $M$.

3. *Sind* $\mathcal{O}_1$ *und* $\mathcal{O}_2$ *Topologien auf* $M$ *und* $\mathcal{O}_1 \subseteq \mathcal{O}_2$*, dann heißt* $\mathcal{O}_1$ **gröber** *als* $\mathcal{O}_2$ *und* $\mathcal{O}_2$ **feiner** *als* $\mathcal{O}_1$.

**A.2 Beispiele** 1. Die *diskrete Topologie* $2^M$ (Potenzmenge) beziehungsweise die *triviale Topologie* $\{M, \emptyset\}$ sind die feinste bzw. gröbste Topologie einer Menge $M$. Die topologischen Räume $(M, 2^M)$ heißen *diskret*.

2. Ist $N \subseteq M$ Teilmenge eines topologischen Raumes $(M, \mathcal{O})$, dann ist
$$\{U \cap N \mid U \in \mathcal{O}\} \subseteq 2^N \tag{A.1.1}$$
eine Topologie auf $N$, die sogenannte *Teilraumtopologie*, *Spurtopologie* oder *induzierte Topologie*. Etwa für die Teilmenge $N := [0, \infty)$ von $\mathbb{R}$ sind alle Teilintervalle der Form $[0, b) \subset N$ mit $b \in N$ in $N$ (nicht aber in $\mathbb{R}$) offen.

3. Sind $(M, \mathcal{O}_M)$ und $(N, \mathcal{O}_N)$ disjunkte (d.h. $M \cap N = \emptyset$) topologische Räume, dann ist die Vereinigung $M \cup N$ mit $\{U \cup V \mid U \in \mathcal{O}_M,\ V \in \mathcal{O}_N\} \subseteq 2^{M \cup N}$ ein topologischer Raum, genannt *Summenraum*.

4. Es sei $(M, \mathcal{O}_M)$ ein topologischer Raum und $f : M \to N$ surjektiv. Die durch $f$ auf $N$ induzierte *Quotiententopologie* ist die Topologie
$$\{V \subseteq N \mid f^{-1}(V) \in \mathcal{O}_M\} \subseteq 2^N. \qquad \diamond$$

**A.3 Satz** *Es sei $\mathcal{F}$ eine beliebige Familie von Teilmengen einer Menge $M$.*

- *Dann existiert eine eindeutige gröbste Topologie $\mathcal{O}(\mathcal{F})$ von $M$ mit $\mathcal{F} \subseteq \mathcal{O}(\mathcal{F})$.*
- *$\mathcal{O}(\mathcal{F})$ heißt die* von $\mathcal{F}$ **erzeugte** *Topologie.*

In vielen Fällen wird die Topologie *von einer Metrik erzeugt.*

**A.4 Definition**

- *Ein* **metrischer Raum** *ist ein Paar $(M, d)$, bestehend aus einer Menge $M$ und einer Funktion $d : M \times M \to [0, \infty)$, derart, dass für alle $x, y, z \in M$ gilt*

  (a) $d(x, y) = 0 \iff x = y$ *(Positivität)*

  (b) $d(x, y) = d(y, x)$ *(Symmetrie)*

  (c) $d(x, z) \le d(x, y) + d(y, z)$ *(Dreiecksungleichung).*

- *$d$ heißt* **Metrik**, *$d(x, y)$* **Abstand von $x$ und $y$**.
- *Für $x \in M$ und $\varepsilon > 0$ heißt*
$$U_\varepsilon(x) := \{y \in M \mid d(y, x) < \varepsilon\}$$
*(offene) $\varepsilon$–***Umgebung von** *$x$ in $M$.*

**A.5 Beispiele**

1. Die Menge $B := \{0, 1\}$ bezeichnet ein *Bit*. Wir betrachten Folgen von $n \in \mathbb{N}$ Bits, das heißt Elemente von $B^n$. Ihr sogenannter *Hamming–Abstand* ist durch die Metrik $d : B^n \times B^n \to \{0, 1, \ldots, n\}$,
$$d\big((b_1, \ldots, b_n), (c_1, \ldots, c_n)\big) := \big|\{i \in \{1, \ldots n\} \mid b_i \neq c_i\}\big|$$
gegeben [1], also durch die Zahl der Stellen, an denen sich die beiden Bitfolgen unterscheiden. Diese Metrik wird in der Informationstheorie benutzt.

[1] mit Schreibweise als Zeilenvektoren.

2. Ist $(M,d)$ ein metrischer Raum und $N$ eine Teilmenge von $M$, dann ist $(N,d_N)$ mit der ‚auf $N$ restringierten' Metrik[2]

$$d_N : N \times N \to \mathbb{R} \quad , \quad d_N(x,y) := d(x,y)$$

ebenfalls ein metrischer Raum.

Etwa für $M := \mathbb{C}$ mit der Metrik $d(x,y) := |x-y|$ ist $S^1 \subset \mathbb{C}$ geometrisch die *Kreislinie* vom Radius 1 um den Nullpunkt. Der Abstand $d_{S^1}(x,y)$ zwischen zwei Kreispunkten ist dann gleich der Länge der Sekante mit den Endpunkten $x$ und $y$. Eine andere sinnvolle Metrik auf $S^1$ ist durch die (minimale) Winkeldifferenz von $x$ und $y$ gegeben.

3. Auf dem Vektorraum $\mathbb{R}^n$ wird die Länge eines Vektors durch die *euklidische Norm*

$$\|v\| := \sqrt{\textstyle\sum_{i=1}^n v_i^2} \qquad \left(v = (v_1, \ldots, v_n)^\top \in \mathbb{R}^n\right)$$

von $v$ definiert. Mit $d(x,y) := \|y-x\|$ ergibt sich daraus eine Metrik auf dem $\mathbb{R}^n$, genannt die *euklidische Metrik*.

4. Auf dem Vektorraum $\mathbb{R}^n$ wird auch durch die *Maximumsnorm*

$$\|v\|_\infty := \max(|v_1|, \ldots, |v_n|) \qquad \left(v = (v_1, \ldots, v_n)^\top \in \mathbb{R}^n\right)$$

eine Metrik definiert: $d_\infty(x,y) := \|x-y\|_\infty$, und es gilt

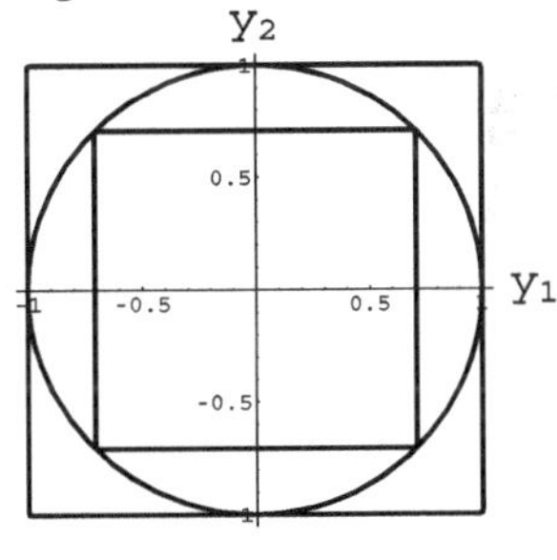


$$d_\infty(x,y) \le d(x,y) \le \sqrt{n}\, d_\infty(x,y) \quad (x,y \in \mathbb{R}^n),$$

siehe nebenstehende Abbildung für $n = 2$ und $x = 0$.
Die ‚Einheitskugel' $\{v \in \mathbb{R}^n \mid \|v\|_\infty \le 1\}$ bezüglich der Maximumsnorm ist ein achsenparalleler um den Nullpunkt zentrierter $n$-dimensionaler Würfel der Kantenlänge 2. ◇

**A.6 Definition** *Für einen metrischen Raum* $(M,d)$ *heißt*

$$\mathcal{O}(d) := \left\{V \subseteq M \mid \forall x \in V\ \exists \varepsilon > 0 : U_\varepsilon(x) \subseteq V\right\}. \qquad \text{(A.1.2)}$$

*die (metrische)* **Topologie von** $(M,d)$.

**A.7 Satz**
$(M, \mathcal{O}(d))$ *ist ein topologischer Raum, und die* $\varepsilon$*–Umgebungen* $U_\varepsilon(x)$ *sind offen.*

**A.8 Bemerkung (Topologische Vektorräume)**
Oft erzeugen verschiedene Metriken die gleiche Topologie. Insbesondere gilt dies

[2]Genau gesagt wird die Abbildung $d : M \times M \to \mathbb{R}$ auf $N \times N$ restringiert.

für Metriken auf Vektorräumen, die (wie in Beispiel A.5.3 und A.5.4) von äquivalenten Normen[3] abstammen. Denn in diesem Fall findet man zu jeder $\varepsilon$–Kugel um $x$ bezüglich der einen Norm eine in dieser enthaltene $\varepsilon/c$–Kugel um $x$ bezüglich der anderen Norm.

Da alle Normen auf einem endlich-dimensionalen Vektorraum äquivalent sind, sprechen wir von *der* Topologie des $\mathbb{R}^n$ oder $\mathbb{C}^n$ (es gibt aber auch Topologien auf diesen Räumen, die nicht von Normen herkommen, siehe Beispiel A.2.1). Auf einem unendlich-dimensionalen $\mathbb{K}$–Vektorraum $V$ gibt es dagegen viele von Normen erzeugte Topologien $\mathcal{O}$.

In jedem Fall sind Addition und Skalarmultiplikation stetig, weswegen $(V, \mathcal{O})$ ein sogenannter *topologischer Vektorraum* ist. $\diamond$

Wir erweitern unseren topologischen Sprachschatz, indem wir die uns vom Raum $\mathbb{R}$ bekannten Begriffsbildungen verallgemeinern:

**A.9 Definition** *Es sei $(M, \mathcal{O})$ ein topologischer Raum.*

- *$A \subseteq M$ heißt* **abgeschlossen**, *wenn $A$ Komplement einer offenen Menge ist: $M \setminus A \in \mathcal{O}$.*
- *$U \subseteq M$ heißt* **Umgebung** *von $x \in M$, wenn es eine offene Menge $V$ mit $x \in V \subseteq U$ gibt.*
- *Für $A \subseteq M$ und $x \in M$ heißt $x$* **innerer** *beziehungsweise* **äußerer** *bzw.* **Randpunkt von** *$A$, je nachdem, ob $A$ oder $M \setminus A$ oder keine von beiden Mengen Umgebung von $x$ ist.*
  - $\mathring{A} := \{x \in M \mid x$ *ist innerer Punkt von* $A\}$ *heißt das* **Innere von** $A$.
  - $\overline{A} := \{x \in M \mid x$ *nicht äußerer Punkt von* $A\}$ *heißt der* **Abschluss** *oder die* **abgeschlossene Hülle von** $A$.
  - $\partial A := \{x \in M \mid x$ *Randpunkt von* $A\}$ *heißt* **Rand von** $A$.
- *$x \in M$ heißt* **Häufungspunkt** *der Teilmenge $A \subseteq M$, wenn für keine Umgebung $U$ von $x$ die Menge $U \cap (A \setminus \{x\})$ leer ist.*
- *$N \subseteq M$ heißt* **dicht**, *wenn $\overline{N} = M$ ist.*
- *$N \subseteq M$ heißt* **nirgends dicht**, *wenn das Innere von $\overline{N}$ leer ist.*

**A.10 Beispiele**

1. Für $A := (0, 1] \subseteq \mathbb{R}$ ist $\mathring{A} = (0, 1)$, $\overline{A} = [0, 1]$ und $\partial A = \{0, 1\}$.
2. In $\mathbb{R}$ ist $\mathbb{Q}$ eine dichte, $\mathbb{Z}$ eine nirgends dichte Teilmenge. $\diamond$

---

[3]**Definition:** Zwei Normen $\|\cdot\|_I, \|\cdot\|_{II} : V \to \mathbb{R}$ heißen **äquivalent**, wenn eine Zahl $c \geq 1$ existiert mit

$$c^{-1}\|v\|_I \leq \|v\|_{II} \leq c\|v\|_I \qquad (v \in V).$$

**A.11 Definition** *Es sei $(M, \mathcal{O})$ ein topologischer Raum.*

- *Eine Familie $(U_i)_{i\in I}$ von $U_i \in \mathcal{O}$ heißt* **offene Überdeckung** *von $M$, wenn gilt:*
$$\bigcup_{i\in I} U_i = M\,.$$
- *$(M, \mathcal{O})$ heißt* **kompakt**, *wenn jede offene Überdeckung $(U_i)_{i\in I}$ eine* **endliche Teilüberdeckung**, *das heißt eine offene Überdeckung $(U_j)_{j\in J}$ mit endlicher Indexmenge $J \subseteq I$, besitzt.*
- *$(M, \mathcal{O})$ heißt* **lokalkompakt**, *wenn alle $m \in M$ eine kompakte Umgebung besitzen.*
- *$(M, \mathcal{O})$ heißt* **Hausdorff–Raum**, *wenn für alle $x \neq y \in M$ disjunkte Umgebungen $U_x$ von $x$ und $U_y$ von $y$ existieren.*
- *Ein Hausdorff–Raum $(M, \mathcal{O})$ heißt* **parakompakt**, *wenn für jede offene Überdeckung $\{U_i\}_{i\in I}$ eine offene Überdeckung $\{V_j\}_{j\in J}$ existiert, die*
  *(a) eine* **Verfeinerung von** *$\{U_i\}_{i\in I}$ ist, d.h. $\forall j \in J\ \exists i \in I : V_j \subseteq U_i$,*
  *(b) und die* **lokal endlich** *ist, das heißt für alle $x \in M$ existiert eine Umgebung $U$ von $x$ mit endlicher Indexmenge $\{j \in J \mid V_j \cap U \neq \emptyset\}$.*

**A.12 Beispiele (topologische Begriffe)**

1. Endlich-dimensionale reelle und komplexe Vektorräume $V$ sind lokalkompakt und parakompakt.
   Teilmengen von $V$ sind genau dann kompakt, wenn sie beschränkt und abgeschlossen sind (Überdeckungssatz, auch Satz von Heine-Borel genannt).
   $\mathbb{Q}$ mit der Spurtopologie von $\mathbb{R}$ ist aber nicht lokalkompakt.
2. Da in einem metrischen Raum $(M, d)$ alle Punkte $x \neq y \in M$ positiven Abstand besitzen, ist der topologische Raum $\big(M, \mathcal{O}(d)\big)$ hausdorffsch.
   Ein topologischer Raum $(M, \mathcal{O})$ heißt *metrisierbar* wenn es eine Metrik $d$ auf $M$ gibt mit $\mathcal{O} = \mathcal{O}(d)$. Wie man am Beispiel von nicht-Hausdorff–Räumen sieht, ist das nicht immer der Fall.
3. Unendlich-dimensionale Banach–Räume sind zwar nicht lokalkompakt, wohl aber (wie jeder metrische Raum) parakompakt.
4. Ein Beispiel eines nicht parakompakten Hausdorff–Raumes ist die sogenannte ‚Lange Gerade', siehe HIRSCH [Hirs], Kap. 1.1, Aufgabe 9. Nicht parakompakte Räume treten normalerweise in mechanischen Problemen nicht auf. ◇

**A.13 Definition**

- *Eine* **Zerlegung der Eins** *(englisch:* **partition of unity***) auf einem topologischen Hausdorff–Raum $(M, \mathcal{O})$ ist eine Familie $(f_i)_{i\in I}$ stetiger (siehe Def. A.17) Funktionen $f_i : M \to [0,1]$, so dass für jedes $x \in M$ gilt:*
*$x$ hat eine Umgebung $U$, sodass die Indexmenge $\{j \in I \mid f_j\restriction_U \neq 0\}$ endlich ist, und $\sum_{i\in I} f_i(x) = 1$.*

- *Eine Zerlegung der Eins $(f_i)_{i\in I}$ heißt* **angepasst an** *eine offene Überdeckung $(U_i)_{i\in I}$ von $M$, wenn für alle $i \in I$ gilt: $\mathrm{supp}(f_i) \subseteq U_i$.*

Zerlegungen der Eins sind nützlich, weil man mit ihnen *lokal*, das heißt auf geeigneten Umgebungen $U_i$ definierte Objekte zu einem *global*, d.h. auf ganz $M$ definierten Objekt konvex-kombinieren kann.
Daher klärt der folgende Satz die Bedeutung des Begriffes ‚parakompakt':

**A.14 Satz** *Ein topologischer Hausdorff–Raum ist genau dann parakompakt, wenn er für jede offene Überdeckung eine angepasste Zerlegung der Eins besitzt.*

**A.15 Definition**

- *Eine Folge $(x_n)_{n\in\mathbb{N}}$ in einem metrischen Raum $(M,d)$ heißt* **Cauchy–Folge***, wenn für alle $\varepsilon > 0$ eine Schranke $N_0 \equiv N_0(\varepsilon) \in \mathbb{N}$ existiert mit*

$$d(x_m, x_n) < \varepsilon \qquad \big(m, n \geq N_0(\varepsilon)\big).$$

- *$(M,d)$ heißt* **vollständig***, wenn jede Cauchy–Folge gegen ein $x \in M$* **konvergiert***, das heißt für alle $\varepsilon > 0$ eine Schranke $N(\varepsilon) \in \mathbb{N}$ existiert mit*

$$x_n \in U_\varepsilon(x) \qquad \big(n \geq N(\varepsilon)\big).$$

**A.16 Satz** *Jeder kompakte metrische Raum ist vollständig.*

**A.17 Definition**
*Eine Abbildung $f : M \to N$ der topologischen Räume $(M, \mathcal{O}_M)$ und $(N, \mathcal{O}_N)$*

- *heißt* **stetig***, wenn die Urbilder offener Mengen offen sind ($f^{-1}(V) \in \mathcal{O}_M$ falls $V \in \mathcal{O}_N$);*

- *heißt* **Homöomorphismus***, wenn $f$ bijektiv, stetig und $f^{-1} : N \to M$ stetig ist.*

- *Die topologischen Räume $(M, \mathcal{O}_M)$ und $(N, \mathcal{O}_N)$ heißen* **homöomorph***, wenn es einen Homöomorphismus $f : M \to N$ gibt.*

Homöomorphe topologische Räume sind vom Standpunkt der Topologie nicht zu unterscheiden, so zum Beispiel $\mathbb{R}$ und das Intervall $(-1,1)$ mit dem Homöomorphismus $\tanh : \mathbb{R} \to (-1,1)$.

Für das kartesische Produkt $M := \prod_{i\in I} M_i$ von Mengen $M_i$ wird, ausgehend von Topologien $\mathcal{O}_i$ der Faktoren $M_i$ mithilfe der *kanonischen Projektionen*

$$p_j : M \to M_j \quad , \quad (m_i)_{i\in I} \mapsto m_j \qquad (j \in I)$$

eine Topologie definiert:

**A.18 Definition**

- *Die* **Produkttopologie** $\mathcal{O}$ *auf* $M$ *ist die gröbste Topologie, bezüglich der noch alle kanonischen Projektionen* $p_i \quad (i \in I)$ *stetig sind.*
- *Der topologische Raum* $(M, \mathcal{O})$ *heißt der* **Produktraum** *der* $(M_i, \mathcal{O}_i)$.

**A.19 Satz (Tychonoff)** *Beliebige Produkte kompakter topologischer Räume sind in der Produkttopologie kompakt.*

**Beweis:** Siehe zum Beispiel Jänich [Jae], Kapitel X. □

$U \subseteq M$ ist offen genau dann, wenn $U$ die Vereinigung von (möglicherweise unendlich vielen) Durchschnitten je endlich vieler Mengen der Form $p_i^{-1}(O_i)$ mit $O_i \in \mathcal{O}_i$ ist.

Im Allgemeinen sind nicht alle kartesischen Produkte offener Teilmengen offen. Das aber der Fall, wenn die Indexmenge $I$ endlich ist.

**A.20 Definition** *Es sei* $(M, \mathcal{O})$ *ein topologischer Raum.*

- $(M, \mathcal{O})$ *heißt* **zusammenhängend**, *wenn die einzigen gleichzeitig offenen und abgeschlossenen Teilmengen von* $M$ *die leere Menge und* $M$ *selbst sind. Sonst heißt* $(M, \mathcal{O})$ **unzusammenhängend**.
- $N \subseteq M$ *heißt* **zusammenhängend**, *wenn* $N$ *in der Spurtopologie (A.1.1) von* $\mathcal{O}$ *zusammenhängend ist.*
- *Die maximalen zusammenhängenden Teilmengen* $N \subseteq M$ *heißen die* **Zusammenhangskomponenten** *von* $M$
- $(M, \mathcal{O})$ *heißt* **total unzusammenhängend**, *falls alle Zusammenhangskomponenten einpunktig sind.*
- $N \subseteq M$ *heißt* **diskret**, *wenn die Spurtopologie diskret (siehe Beispiel A.2.1) ist.*

**A.21 Bemerkungen**

1. Zusammenhangskomponenten $N \subseteq M$ sind in $(M, \mathcal{O})$ abgeschlossen, müssen aber nicht offen sein. Beispielsweise sind die rationalen Zahlen (als einelementige Mengen) die Zusammenhangskomponenten von $\mathbb{Q}$.
2. Die Zusammenhangskomponenten $N_i$ $(i \in I)$ von $(M, \mathcal{O})$ bilden eine Partition von $M$, das heißt $\cup_{i\in I} N_i = M$ und $N_i \cap N_j = \emptyset$ für $i \neq j \in I$.

3. Ein metrisierbarer (siehe Beispiel A.12.2) Raum $(M, \mathcal{O})$ heißt (topologische) **Cantor–Menge**, wenn der Raum nicht leer, kompakt und total unzusammenhängend ist und jeder Punkt von $M$ Häufungspunkt von $M$ ist.
   Alle Cantor–Mengen sind zueinander und auch zur Cantorschen 1/3–Menge (siehe Aufgabe 2.5) homöomorph.
   Das gilt zum Beispiel auch für das nebenstehend abgebildete kartesische Produkt der Cantorschen 1/3–Menge mit sich. ◇

**A.22 Definition**

- *Zwei stetige Abbildungen $f_0, f_1 : M \to N$ heißen* **homotop***, wenn es eine stetige Abbildung*

$$h : M \times [0,1] \to Y \quad \textit{mit} \quad h(m,i) = f_i(m) \quad (m \in M,\, i \in \{0,1\})$$

  *gibt. $h$ heißt dann eine* **Homotopie** *von $f_0$ nach $f_1$.*

- *Zwei topologische Räume $M, N$ heißen* **homotopieäquivalent***, wenn es stetige Abbildungen $f : M \to N$ und $g : N \to M$ gibt, für die $g \circ f$ homotop zu $\mathrm{Id}_M$ und $f \circ g$ homotop zu $\mathrm{Id}_N$ ist.*

- *Ein topologischer Raum $M$ heißt* **kontrahierbar***, wenn $M$ homotopieäquivalent zu einer einpunktigen Menge ist.*

- *Eine stetige Abbildung $c : I \to M$ eines Intervalls in einen topologischen Raum heißt* **Kurve** *oder* **Weg***.*
  *$t \in I$ heißt der* **Parameter** *von $c$, ihr Bild $c(I) \subseteq M$ auch die* **Spur von** *$c$.*

- *Zwei Kurven $c_0, c_1 : I \to M$ im topologischen Raum $(M, \mathcal{O})$ mit $I := [a,b]$ und gleichen Anfangs– und Endpunkten ($c_0(a) = c_1(a)$ und $c_0(b) = c_1(b)$) heißen* **homotop** *relativ zu diesen Punkten, wenn es eine Homotopie $h : I \times [0,1] \to M$ von $c_0$ nach $c_1$ gibt mit*

$$h\restriction_{\{a\}\times[0,1]} = c_0(a) \quad \textit{und} \quad h\restriction_{\{b\}\times[0,1]} = c_0(b)\,.$$

- *$M$ heißt* **einfach zusammenhängend***, wenn je zwei Kurven in $M$ mit gleichen Anfangs- und Endpunkten relativ zu diesen Punkten homotop sind.*

- *Für ein $m \in M$ ist die* **Fundamentalgruppe** *$\pi_1(M,m)$* **von** *$M$ (bei $m$) die Menge der Homotopieklassen der bei $m$ beginnenden und endenden Kurven.*

**A.23 Bemerkungen**

1. Anschaulich wird durch $h$ die Kurve $c_0$ stetig in $c_1$ deformiert, wobei Anfangs- und Endpunkte festgehalten werden. Setzt man nämlich für $s \in [0,1]$

$$c_s : I \to M \quad , \quad c_s(t) := h(t,s)\,,$$

dann stimmen die Kurven $c_s$ für $s = 0$ oder $s = 1$ mit den vorher definierten Kurven überein, und $c_s(a) = c_0(a)$, $c_s(b) = c_0(b)$.

2. Wie schon bei der Definition der Fundamentalgruppe benutzt, ist Homotopieäquivalenz eine Äquivalenzrelation.

3. Die Fundamentalgruppe besitzt bezüglich der Zusammensetzung von Kurven die Struktur einer Gruppe.

   Falls die Fußpunkte $m_1$ und $m_2$ in der gleichen Zusammenhangskomponente von $M$ liegen, sind die Gruppen $\pi_1(M, m_i)$ isomorph. Ein solcher Isomorphismus wird durch eine Kurve mit $m_1$ als Anfangs- und und $m_2$ als Endpunkt induziert. Ist $M$ zusammenhängend, spricht man daher kurz von *der* Fundamentalgruppe $\pi_1(M)$ von $M$. ◇

**A.24 Beispiele (Zusammenhang)**

1. Der gelochte Raum $M := \mathbb{R}^{n+1} \setminus \{0\}$ ist homotopieäquivalent zur Sphäre $N := S^n$. Zum Beweis benutzt man die radiale Projektion $f : M \to N$, $x \mapsto x/\|x\|$ und die Einbettung $g : N \to M$. Daher ist $\pi_1(M) = \pi_1(S^n)$.
   Alle Sphären $S^n$ außer $S^0 = \{-1, 1\}$ sind zusammenhängend.
   $S^n$ ist genau dann einfach zusammenhängend, wenn $n \geq 2$. Dann ist die Fundamentalgruppe von $S^n$ trivial. Weiter ist $\pi_1(S^1) \cong \mathbb{Z}$.

2. Konvexe Teilmengen $U \subseteq \mathbb{R}^n$ sind einfach zusammenhängend, denn für zwei Kurven $c_0, c_1 : [a,b] \to U$ mit gleichen Anfangs- und Endpunkten ist

$$h : [a,b] \times [0,1] \to U \quad , \quad h(t,s) := (1-s)\,c_0(t) + s\,c_1(t)$$

   eine Homotopie. ◇

## A.2 Mannigfaltigkeiten

In Definition 2.34 wurden Untermannigfaltigkeiten des $\mathbb{R}^n$ eingeführt. Hier werden Mannigfaltigkeiten ohne Bezugnahme auf eine solche Einbettung definiert.

Grob gesagt ist eine $n$–dimensionale Mannigfaltigkeit ein topologischer Raum, der lokal wie der $\mathbb{R}^n$ aussieht. Genauer ist die folgende Definition.

**A.25 Definition** *Es sei $(M, \mathcal{O})$ ein topologischer Raum.*

- *$M$ heißt* **lokal euklidisch**, *wenn es ein $n \in \mathbb{N}_0$ gibt, sodass jedes $m \in M$ eine Umgebung $U \in \mathcal{O}$ besitzt, die homöomorph zu $\mathbb{R}^n$ ist. Die (eindeutige) Zahl $n$ heißt dann die* **Dimension von** $M$.

- *Ist $(M, \mathcal{O})$ außerdem parakompakt (also insbesondere hausdorffsch), dann heißt $M$* **topologische Mannigfaltigkeit**.

- *Eine* **Karte** *$(U, \varphi)$ von $(M, \mathcal{O})$ (auch* **lokales Koordinatensystem** *genannt) besteht aus einer offenen Teilmenge $U \subseteq M$ und einem Homöomorphismus $\varphi : U \to V$ auf das offene Bild $V := \varphi(U) \subseteq \mathbb{R}^n$.*

- *Für $r \in \mathbb{N}$ bzw. $r = \infty$ haben zwei Karten $(U_i, \varphi_i)$, $(U_j, \varphi_j)$* **$C^r$–Überlapp** *(oder heißen* **$C^r$–verträglich***), wenn für $V_{i,j} := \varphi_i(U_i \cap U_j) \subseteq \mathbb{R}^n$ die* **Kartenwechsel**

$$\varphi_{i,j} := \varphi_j \circ \varphi_i^{-1}\restriction_{V_{i,j}} : V_{i,j} \to V_{j,i}$$

*$r$–fach stetig differenzierbare Diffeomorphismen sind (d.h. $\varphi_{i,j} \in C^r\big(V_{i,j}, V_{j,i}\big)$ und $\varphi_{j,i} \in C^r\big(V_{j,i}, V_{i,j}\big)$), siehe Abb.*

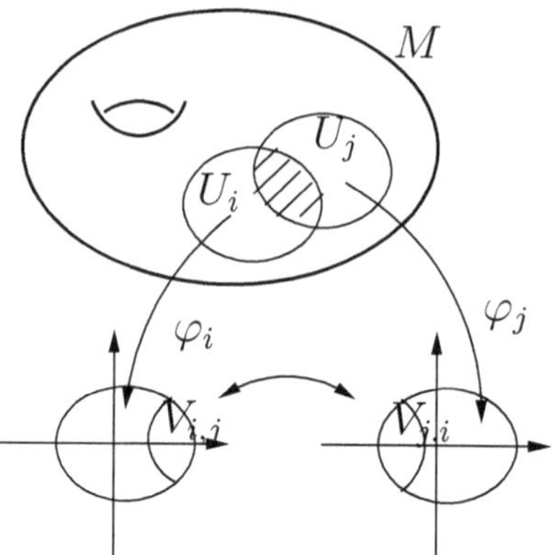


*Kartenwechsel zwischen $(U_i, \varphi_i)$ und $(U_j, \varphi_j)$*

- *Ein $C^r$–***Atlas** *von $M$ ist eine Menge $\{(U_i, \varphi_i) \mid i \in I\}$ $C^r$–verträglicher Karten, die $M$ überdecken, das heißt $M = \cup_{i \in I} U_i$.*

- *Zwei $C^r$–Atlanten heißen* **äquivalent**, *wenn je zwei ihrer Karten $C^r$–verträglich sind.*

**A.26 Bemerkungen**

1. Topologische Mannigfaltigkeiten $M$ (oder allgemeiner lokal euklidische Räume) besitzen eine eindeutige Dimension (Schreibweise: $\dim(M)$). Dies ist aber nicht ganz einfach zu beweisen (man denke an die raumfüllenden Peano–Kurven).

2. Äquivalenz von $C^r$–Atlanten ist offensichtlich eine Äquivalenzrelation. Für einen $C^r$–Atlas $\Phi$ existiert ein eindeutiger maximaler $C^r$–Atlas $\Psi$ von $M$, der $\Phi$ enthält. Ein solcher maximaler Atlas von $M$ heißt **$C^r$–differenzierbare Struktur**. ◇

**A.27 Definition** *Eine topologische Mannigfaltigkeit $(M, \mathcal{O})$ zusammen mit einer $C^r$–differenzierbaren Struktur heißt* **$C^r$–Mannigfaltigkeit**.

**A.28 Bemerkungen**

1. Man denke bei einem Atlas durchaus an einen Weltatlas. Er muss die ganze Erdoberfläche zeigen. Dazu reicht eine Karte bekanntlich nicht aus. Die Karten des Atlas können durch verschiedene Projektionsarten entstehen. Ein Objekt, das in der einen Karte rechteckig aussieht, kann in der anderen durch Kurven begrenzt sein. Knicke sind aber nicht erlaubt (siehe Abbildung).

   Von einer metrischen Struktur wird also abgesehen, nicht aber von der differenzierbaren Struktur.

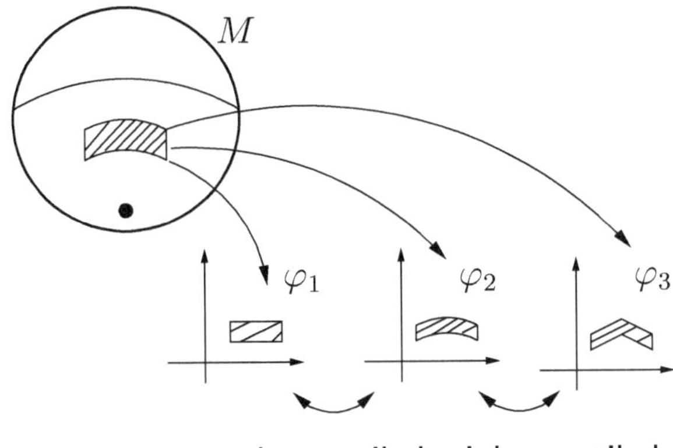


Verträgliche und nichtverträgliche Karten

2. Die Forderung der Parakompaktheit (siehe Definition A.11) bedeutet praktisch keine Einschränkung. Sie ist erfüllt, wenn die Topologie des lokal euklidischen Raumes von einer Metrik erzeugt wird, also etwa wenn $M$ als Teilmenge eines $\mathbb{R}^m$ definiert wird.

   Die sogenannte *Gerade mit zwei Ursprüngen* ist ein Beispiel eines eindimensionalen lokal euklidischen topologischen Raums, der nicht hausdorffsch (und damit nicht parakompakt) ist. Man setzt dabei $M := \tilde{M}/\sim$ mit $\tilde{M} := \mathbb{R} \times \{0\} \cup \mathbb{R} \times \{1\}$ und durch $(x,0) \sim (x,1)$ für $x \in \mathbb{R} \setminus \{0\}$ erzeugter Äquivalenzrelation, und versieht $M$ mit der Quotiententopologie.

3. Wir werden normalerweise *glatte* ($C^\infty$–) Mannigfaltigkeiten $M$ untersuchen. Auf $M$ gibt es dann zu jeder offenen Überdeckung $(U_i)_{i\in I}$ eine angepasste Zerlegung der Eins durch *glatte* Funktionen $(f_i)_{i\in I}$.

4. Oft wird die Schreibweise $M^n$ für eine $n$–dimensionale Mannigfaltigkeit $M$ benutzt. ◇

**A.29 Beispiele (Mannigfaltigkeiten)**

1. Jede offene Teilmenge $M \subset \mathbb{R}^n$ wird mit der Karte $(M, \mathrm{Id}_M)$ zu einer Mannigfaltigkeit.

2. Als Teilmenge des $\mathbb{R}^{n+1}$ ist die $n$–Sphäre $M = S^n = \{x \in \mathbb{R}^{n+1} \mid \|x\| = 1\}$ ein topologischer Raum. Die $2n+2$ Kartengebiete

$$U_{\pm j} := \{x \in S^n \mid \pm x_j > 0\} \qquad (j = 1, \ldots, n+1)$$

   und die Abbildungen

$$\varphi_{\pm j} : U_{\pm j} \longrightarrow \mathbb{R}^n \quad , \quad x = \begin{pmatrix} x_1 \\ \vdots \\ x_{n+1} \end{pmatrix} \longmapsto \varphi_{\pm j}(x) = \begin{pmatrix} x_1 \\ \vdots \\ \widehat{x_j} \\ \vdots \\ x_{n+1} \end{pmatrix}$$

bilden einen Atlas von $M$. Dabei zeigt der Hut über $x_j$ an, dass diese Koordinate weggelassen wird.

3. Ein damit verträglicher Atlas auf $S^n$ wird durch die beiden Karten $\varphi_k : U_k \to \mathbb{R}^n$ der *stereographischen Projektion* gegeben (siehe Abbildung), mit

$$U_{1/2} := S^n \backslash \{(0,\dots,0,\pm 1)^\top\},$$

$$\varphi_{1/2}(x) := \frac{2}{1 \mp x_{n+1}} \begin{pmatrix} x_1 \\ \vdots \\ x_n \end{pmatrix}.$$

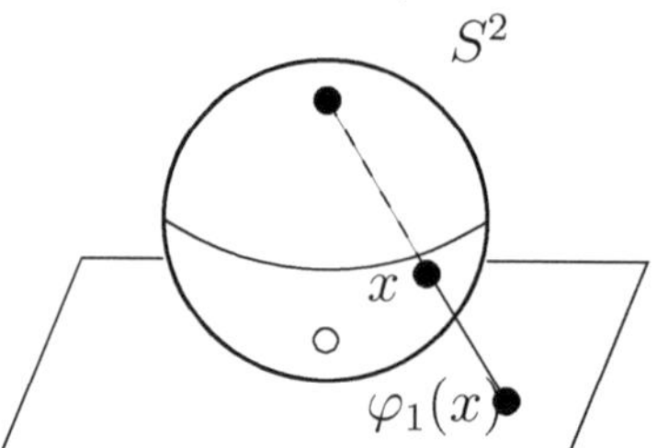

Stereographische Projektion

Da $\frac{1-x_{n+1}}{1+x_{n+1}} = (1-x_{n+1})^2 / \sum_{k=1}^n x_k^2 = 4/\|\varphi_1(x)\|^2$, ist der Kartenwechsel auf $U_1 \cap U_2$ geometrisch die Spiegelung an der Sphäre mit Radius 2:

$$\varphi_2 \circ \varphi_1^{-1}(y) = \frac{1-x_{n+1}}{1+x_{n+1}} \begin{pmatrix} y_1 \\ \vdots \\ y_n \end{pmatrix} = \frac{4y}{\|y\|^2} \qquad \big(y \in \varphi_1(U_1 \cap U_2) = \mathbb{R}^n \setminus \{0\}\big).$$

In der Mathematischen Physik taucht $S^2$ etwa als Konfigurationsraum des sphärischen Pendels auf, und $S^{2n-1}$ als Energieschale $H^{-1}(\frac{1}{2})$ des harmonischen Oszillators

$$H : \mathbb{R}_p^n \times \mathbb{R}_q^n \to \mathbb{R} \quad , \quad H(p,q) := \tfrac{1}{2}\big(\|p\|^2 + \|q\|^2\big).$$

4. In Definition A.27 haben wir von einer Einbettung der Mannigfaltigkeit völlig abgesehen.

   Wir können Mannigfaltigkeiten $M$ sogar allein dadurch definieren, indem wir Kartenbilder und verträgliche Übergangsfunktionen angeben. Die Menge $M$ wird dabei als Menge von Äquivalenzklassen unter Kartenwechsel äquivalenter Punkte aufgefasst, die Topologie ist die Quotiententopologie.
   Ein Beispiel: Während das *Möbius–Band* in Beispiel 2.35 als Untermannigfaltigkeit des $\mathbb{R}^3$ eingeführt wurde, können wir es statt dessen als abstrakte $C^\infty$–Mannigfaltigkeit $M$ wie folgt definieren. Die Kartenbilder der drei Karten $\varphi_i : M \to \mathbb{R}^2$, $i = 1,2,3$ seien die offenen Rechtecke $V_i := (0,3) \times (-1,1)$, die Definitions- und Wertebereiche der Kartenwechsel die Teilmengen

$$V_{i,i+1} := \{(x,y) \in V_i \mid x > 2\}, \; V_{i,i-1} := \{(x,y) \in V_i \mid x < 1\} \quad (i = 1,2,3)$$

   (mit Index–Addition modulo 3). Die Kartenwechsel selbst seien von der Form

$$\varphi_{i,i+1} : V_{i,i+1} \to V_{i+1,i} \quad , \quad (x,y) \mapsto (x-2,-y)$$

   (also $\varphi_{i+1,i} = \varphi_{i,i+1}^{-1} : V_{i+1,i} \to V_{i,i+1}$, $(x,y) \mapsto (x+2,-y)$).

5. Der Konfigurationsraum *zweier* ebener Pendel ist der Torus $\mathbb{T}^2 := S^1 \times S^1$. ◇

**A.30 Bemerkungen (Konstruktion von Mannigfaltigkeiten)**

1. Eine *offene Teilmenge* $N \subset M$ einer $C^r$–Mannigfaltigkeit $(M, \mathcal{O}_M)$ mit Atlas $\{(U_i, \varphi_i) \mid i \in I\}$ bildet in kanonischer Weise wieder eine $C^r$–Mannigfaltigkeit.

   Als Topologie nimmt man für $(N, \mathcal{O}_N)$ die Teilraumtopologie
   $$\mathcal{O}_N := \{U \cap N \mid U \in \mathcal{O}_M\},$$
   als *Atlas* die Menge
   $$\{(U_i \cap N, \varphi_i\restriction_N) \mid i \in I\}$$
   der auf $N$ eingeschränkten Karten $(U_i, \varphi_i)$ von $M$.
   In Beispiel A.29.1 wurde schon der Fall $M = \mathbb{R}^n$ besprochen.

2. Mit den differenzierbaren Mannigfaltigkeiten $M$ und $N$ und ihren Atlanten $\{(U_i, \varphi_i) \mid i \in I\}$ beziehungsweise $\{(V_j, \psi_j) \mid j \in J\}$ ist auch der topologische *Produktraum* $M \times N$ eine differenzierbare Mannigfaltigkeit, mit Atlas
   $$\{(U_i \times V_j, \varphi_i \times \psi_j) \mid (i,j) \in I \times J\}. \qquad \diamond$$

Die abgeschlossene Vollkugel $B^n = \{x \in \mathbb{R}^n \mid \|x\| \leq 1\}$ ist ein Beispiel für eine sogenannte berandete Mannigfaltigkeit. $B^n$ ist keine Mannigfaltigkeit, denn es gibt für die Randpunkte $x \in \partial B^n = S^{n-1}$ keine zu $\mathbb{R}^n$ homöomorphe Umgebung. Wohl aber gibt es eine Umgebung, die zu einem durch eine lineare Abbildung $\ell : \mathbb{R}^n \to \mathbb{R}$ definierten *Halbraum* homöomorph ist, mit
$$H_\ell^n := \{y \in \mathbb{R}^n \mid \ell(y) \geq 0\} \qquad \text{(also mit } H_0^n = \mathbb{R}^n\text{)}.$$

**A.31 Definition**

- *Ein parakompakter topologischer Raum* $(M, \mathcal{O})$*, für den es ein* $n \in \mathbb{N}_0$ *gibt, sodass jedes* $m \in M$ *eine zu einem Halbraum* $H_\ell^n$ *homöomorphe Umgebung* $U \in \mathcal{O}$ *besitzt, heißt* **topologische berandete Mannigfaltigkeit**.
- $n$ *heißt dann* **Dimension von** $M$.
- *Eine* **Karte** $(U, \varphi)$ *von* $(M, \mathcal{O})$ *besitzt als Definitionsbereich eine offene Teilmenge* $U \subseteq M$*, und* $\varphi : U \to \varphi(U)$ *ist ein Homöomorphismus auf das relativ offene Bild* $\varphi(U) \subseteq H_\ell^n$.

$C^r$–**Verträglichkeit** von Karten, $C^r$–**Atlanten** $\{(U_i, \varphi_i) \mid i \in I\}$ von $M$ und **berandete** $C^r$–**Mannigfaltigkeiten** werden analog zu den Definitionen A.25 und A.27 eingeführt.

**A.32 Definition** *Der* **Rand** *der berandeten Mannigfaltigkeit* $M$ *ist die Menge*
$$\partial M := \{m \in M \mid \exists\, i \in I : m \in U_i,\ \varphi_i(m) \in \partial(\varphi_i(U_i)) \subseteq \mathbb{R}^n\}.$$

Der Witz bei dieser Definition ist, dass der Rand der Teilmenge $\varphi_i(U_i)$ des $\mathbb{R}^n$ im *topologischen* Sinn (Definition A.9) definiert ist. Er besteht genau aus den Punkten von $\varphi_i(U_i)$, die auch in der Hyperebene $\partial H_{\ell_i}^n$ des $\mathbb{R}^n$ liegen.

**A.33 Satz** *Für die Indexmenge $J := \{j \in I \mid U_j \cap \partial M \neq \emptyset\}$ und Abbildungen*

$$\tilde{\varphi}_j := \varphi\restriction_{\tilde{U}_j} : \tilde{U}_j \to \partial H^n_{\ell_j} \quad \text{mit Definitionsbereich } \tilde{U}_j := U_j \cap \partial M$$

*ist $(\tilde{U}_j, \tilde{\varphi}_j)_{j\in J}$ ein $C^r$–Atlas des Randes der berandeten $C^r$–Mannigfaltigkeit $M$.*

Insbesondere ist der Rand $\partial M$ selbst eine unberandete Mannigfaltigkeit: $\partial\partial M = \emptyset$. Dies ist in der Integrationstheorie dual zu der Eigenschaft $dd = 0$ der äußeren Ableitung aus Satz B.20.

**A.34 Beispiel (berandete Mannigfaltigkeit)** Halb-unendlicher Zylinder

$$M := \{x \in \mathbb{R}^3 \mid x_1^2 + x_2^2 = R^2,\ x_3 \geq 0\}$$

mit Radius $R > 0$. Wir können z.B. die folgenden vier Karten $(U_i^\pm, \varphi_i^\pm)$, $i = 1, 2$ mit $U_i^\pm := \{x \in M \mid \pm x_i > 0\}$ und $\varphi_i^\pm : U_i^\pm \to \mathbb{R} \times [0, \infty)$ benutzen (siehe Abbildung):

$$\varphi_1^\pm(x_1, x_2, x_3) := (\pm x_2, x_3)\,,$$

$$\varphi_2^\pm(x_1, x_2, x_3) := (\pm x_1, x_3)\,.$$

Der Rand des Zylinders ist

$$\partial M = \{x \in M \mid x_3 = 0\}\,,$$

also ein Kreis mit Radius $R$ in der $(x_1, x_2)$–Ebene des $\mathbb{R}^3$. ◇

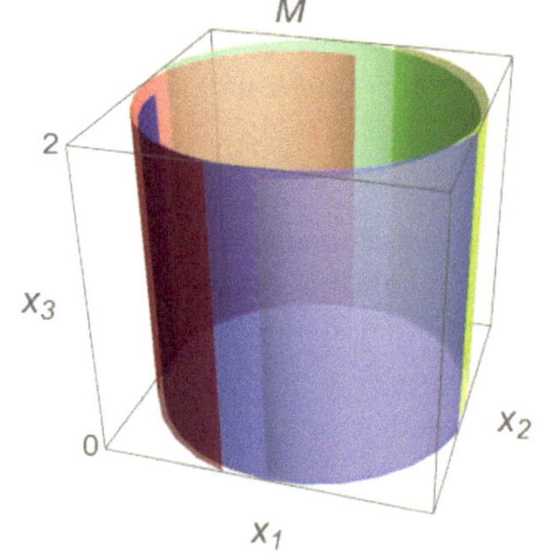


**A.35 Bemerkung** Das kartesische Produkt $M \times N$ zweier berandeter Mannigfaltigkeiten ist im Allgemeinen keine berandete Mannigfaltigkeit. ◇

Wie können wir eine stetige Abbildung $f : M \to N$ zwischen differenzierbaren Mannigfaltigkeiten angeben und beschreiben? Offenbar wieder unter Verwendung von Karten $(U, \varphi)$ von $M$ bei $x \in M$ und $(V, \psi)$ von $N$ bei $f(x) \in N$, die der Abbildung angepasst sind: Es muss $f(U) \subseteq V$ gelten. Dann ist die Abbildung

$$\psi \circ f \circ \varphi^{-1} : \varphi(U) \to \psi(V) \tag{A.2.1}$$

definiert. Sie heißt *lokale Darstellung* von $f$ bei $x$. Wegen der Stetigkeit von $f$ können wir eine solche immer finden, indem wir notfalls zu einer kleineren offenen Umgebung $U' \subseteq U$ von $x$ übergehen (die Karte $(U', \varphi\restriction_{U'})$ ist mit den anderen Karten verträglich).

**A.36 Definition**

- *$f : M \to N$ heißt $r$–**mal stetig differenzierbar** (Schreibweise: $f \in C^r(M, N)$), wenn für alle $x \in M$ die lokalen Darstellungen von $f$ bei $x$ $r$–mal stetig differenzierbar sind (siehe Abbildung A.2.1).*

- *Die Abbildungen $f \in C^\infty(M,N)$ heißen auch* **glatt**.
- *Ein Homöomorphismus $f \in C^r(M,N)$ heißt $C^r$–***Diffeomorphismus**, *wenn $f^{-1} \in C^r(M,N)$.*

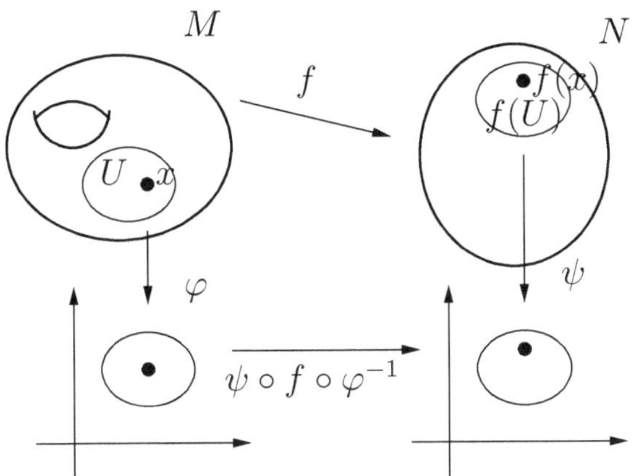


Abbildung A.2.1: Differenzierbarkeit von $f : M \to N$

**A.37 Weiterführende Literatur** Eine empfehlenswerte Referenz zum Thema ‚Mannigfaltigkeiten' ist Kapitel 1 von Abraham und Marsden [AM]; Globale topologische Fragen werden in Hirsch [Hirs] behandelt. ◇

## A.3 Das Tangentialbündel

Welche geometrische Struktur bilden die Zustände, also Orte und Geschwindigkeiten, eines mechanischen Systems, wenn sein Konfigurationsraum eine Mannigfaltigkeit $M$ ist? Sie bilden das sogenannte Tangentialbündel $TM$ von $M$. Ist $M$ eine in den $\mathbb{R}^n$ eingebettete Untermannigfaltigkeit, so ist klar, was wir unter dem Tangentialraum von $M$ an einem Punkt $x \in M$ verstehen. Das ist dann der Unterraum $T_xM$ der Vektoren des Tangentialraums $T_x\mathbb{R}^n \cong \mathbb{R}^n$ des $\mathbb{R}^n$ bei $x$, die an $M$ tangential sind. Ist insbesondere $M \subset \mathbb{R}^n$ offen, dann ist

$$TM \cong M \times \mathbb{R}^n. \qquad \text{(A.3.1)}$$

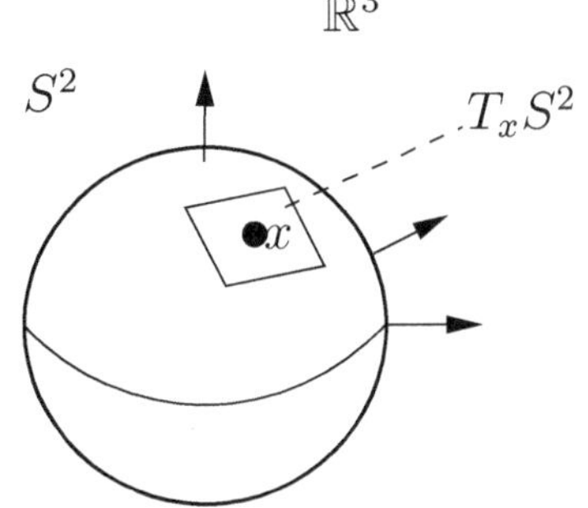


Tangentialraum $T_xS^2$

**A.38 Beispiel** Der Tangentialraum der Sphäre $S^d \subset \mathbb{R}^{d+1}$ bei $x \in S^d$ ist $T_xS^d = \{y \in \mathbb{R}^{d+1} \mid \langle y,x\rangle = 0\}$, siehe nebenstehende Abbildung[4]. ◇

[4]Beispiel A.38 zeigt, dass schon aus Dimensionsgründen das Tangentialbündel $TM$ einer

Da nicht alle Mannigfaltigkeiten als Teilmengen eines $\mathbb{R}^n$ definiert sind, müssen wir bei der allgemeinen Definition des Tangentialbündels anders vorgehen:

**A.39 Definition**

- *Ein* **Tangentialvektor** *einer Mannigfaltigkeit $M$ am Punkt $x \in M$ ist eine Äquivalenzklasse von Kurven $c \in C^1(]-\varepsilon,\varepsilon[, M)$ mit $c(0) = x$, wobei zwei solche Kurven $c_1, c_2$* **äquivalent** *heißen, wenn in einer Karte $(U, \varphi)$, $x \in U$, gilt*
$$\frac{\mathrm{d}}{\mathrm{d}t}\varphi \circ c_1(t)\Big|_{t=0} = \frac{\mathrm{d}}{\mathrm{d}t}\varphi \circ c_2(t)\Big|_{t=0}.$$
- *Die Menge $T_xM$ von Tangentialvektoren von $M$ an $x$ heißt* **Tangentialraum von** *$M$ an $x$.*
- *Das* **Tangentialbündel** *$TM$ von $M$ ist die Vereinigung $\bigcup_{x\in M} T_xM$.*
- *Wir bezeichnen die Projektion der Tangentialvektoren in $T_xM$ auf ihren* **Fußpunkt** *$x$ mit $\pi_M : TM \to M$; $\pi_M^{-1}(x) = T_xM$ heißt* **Faser** *über $x \in M$.*
- *Eine stetige Abbildung $v : M \to TM$ mit $\pi_M \circ v = \mathrm{Id}_M$ heißt* **Vektorfeld** *auf $M$, siehe Abbildung A.3.2.*

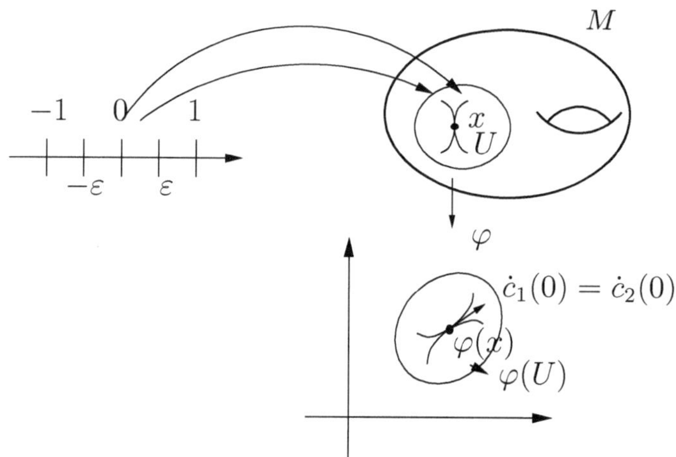


Abbildung A.3.1: Tangentialvektor als Äquivalenzklasse von Kurven

Der Tangentialvektor wird also durch die Menge aller Kurven definiert, die aneinander tangential im Sinn von

$$\varphi(c_1(t)) - \varphi(c_2(t)) = o(t) \tag{A.3.2}$$

sind, siehe Abbildung A.3.1. Die Tangentialitätseigenschaft (A.3.2) zweier Kurven ist zwar in einer Karte definiert, bleibt aber bei Kartenwechsel erhalten.

Untermannigfaltigkeit $M \subset \mathbb{R}^d$ im Allgemeinen *nicht* in den $\mathbb{R}^d$ eingebettet werden kann, wohl aber die Tangentialräume $T_xM$.

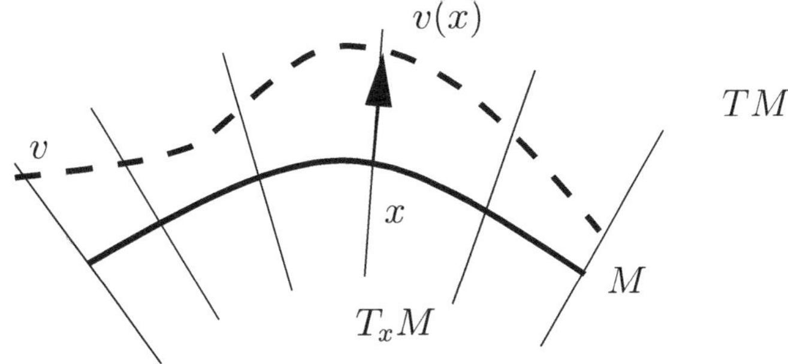


Abbildung A.3.2: Ein Tangentialvektorfeld $v : M \to TM$; der Nullschnitt von $TM$ wird mit $M$ identifiziert

**A.40 Bemerkung (Definitionen des Tangentialbündels)**
Sei $M \subseteq \mathbb{R}^n$ offen, und als Karte werde $(U, \varphi) := (M, \mathrm{Id})$ benutzt. Dann ergibt Definition A.39 in Übereinstimmung mit (A.3.1) $TM \cong M \times \mathbb{R}^n$, sodass das Tangentialbündel von $M$ eine differenzierbare Mannigfaltigkeit der doppelten Dimension ist.

Allgemein wird die am Anfang des Abschnitts ausgesprochene Definition des Tangentialbündels $TM$ einer Untermannigfaltigkeit $M \subseteq \mathbb{R}^n$ in Definition A.39 von $TM$ übergeführt, wenn man einem Tangentialvektor $v \in T_m\mathbb{R}^n$ an $m \in M$ die Äquivalenzklasse der auf $M$ projizierten Kurve $t \mapsto m + t\, v$ zugeordnet. ◇

Allgemein sind für einen Punkt $x$ einer Mannigfaltigkeit $M$, eine Karte $(U, \varphi)$ bei $x$ und eine $C^1$–Kurve $c : (-\varepsilon, \varepsilon) \to U$ mit $c(0) = x$ die Zeitableitungen

$$\frac{\mathrm{d}}{\mathrm{d}t} \varphi \circ c(t) \Big|_{t=0}$$

Vektoren in $T_{\varphi(x)}\mathbb{R}^n \cong \mathbb{R}^n$, und im Kartenbild können wir diese Tangentialvektoren mit einer reellen Zahl multiplizieren und miteinander addieren. Diese Vektorraumstruktur überträgt sich kartenunabhängig auf die Menge $T_xM$ der Tangentialvektoren von $M$ an $x$.

**A.41 Definition** *Für $f \in C^1(M, N)$ heißt $Tf : TM \to TN$ mit*

$$Tf\big([c]_x\big) := [f \circ c]_{f(x)} \qquad (x \in M,\ c \text{ Kurve bei } x)$$

*die* **Tangentialabbildung** *von $f$ (dabei bezeichnet $[\cdot]$ die Äquivalenzklasse).*

**A.42 Satz**
- *Für eine $C^{r+1}$–Mannigfaltigkeit $M$ gilt: Der Tangentialraum $T_xM$ von $M$ an $x$ ist ein reeller Vektorraum der Dimension $\dim(T_xM) = \dim(M)$.*
- *Das Tangentialbündel $TM$ ist eine $C^r$–Mannigfaltigkeit, und*

$$\dim(TM) = 2 \dim(M)\,.$$

**Beweis:** Sei $\mathcal{A} := \{(U_i, \varphi_i) \mid i \in I\}$ ein Atlas von $M$. Dann ist

$$T\mathcal{A} := \{(TU_i, T\varphi_i) \mid i \in I\}$$

ein Atlas von $TM$, genannt der *natürliche Atlas*. Seine Karten heißen *natürliche Karten*. □

Zwar können wir im Prinzip in der Mannigfaltigkeit $TM$ beliebige Koordinaten benutzen. Es ist aber sinnvoll, in den Tangentialvektoren lineare Koordinaten zu verwenden, um in den Karten Tangentialvektoren an einem Punkt wie üblich zu addieren. Eine Karte $(U, \varphi)$ von $M$ induziert auf $U$ die $n = \dim(M)$ Vektorfelder

$$\frac{\partial}{\partial \varphi_1}, \ldots, \frac{\partial}{\partial \varphi_n} : U \to TU,$$

die unter der Tangentialabbildung die Bilder

$$T\varphi\left(\frac{\partial}{\partial \varphi_l}\right)(u) = (\varphi(u), e_l) \qquad (u \in U,\, l = 1, \ldots, n) \tag{A.3.3}$$

haben ($e_l$ bezeichnet den $l$-ten kanonischen Basisvektor des $\mathbb{R}^n$). Für $x \in U$ bilden die Tangentialvektoren $\frac{\partial}{\partial \varphi_1}(x), \ldots, \frac{\partial}{\partial \varphi_n}(x)$ eine Basis von $T_x M$.

Die Menge $\mathcal{X}(M)$ der Vektorfelder einer Mannigfaltigkeit $M$ bildet einen $\mathbb{R}$–Vektorraum. Im Kartengebiet $U$ besitzt $X \in \mathcal{X}(M)$ die eindeutige Darstellung $X(x) = \sum_{k=1}^n X_k(x) \frac{\partial}{\partial \varphi_k}(x)$ mit stetigen Funktionen $X_k : U \to \mathbb{R}$.

### A.43 Definition

- *Das Tangentialbündel $TM$ einer $n$–dimensionalen Mannigfaltigkeit $M$ heißt* **parallelisierbar**, *wenn es einen Diffeomorphismus*

  $$I : TM \to M \times \mathbb{R}^n$$

  *gibt, der faserweise (das heißt restringiert auf die Fasern $T_m M$, für alle $m \in M$) linear und bezüglich $M$ die Identität ist ($I \circ \pi_M^{-1}(m) = \{m\} \times \mathbb{R}^n$).*

- *Dann heißt $I$ eine* **Parallelisierung** *von $TM$.*

Alle parallelisierbaren Mannigfaltigkeiten sind insbesondere orientierbar, siehe Definition F.12.

### A.44 Beispiele (Parallelisierbarkeit)

1. Lie–Gruppen $G$ sind parallelisierbar, denn mit der Linkswirkung $L_g$ aus (E.1.3) und der Lie–Algebra $\mathfrak{g} \cong T_e G \cong \mathbb{R}^{\dim(G)}$ von $G$ ist

   $$G \times \mathfrak{g} \to TG \quad , \quad (g, \xi) \mapsto (T_e L_g)(\xi)$$

   ein faserweise linearer Diffeomorphismus mit $(T_e L_g)(\xi) \in T_g G$.

2. Das Tangentialbündel der Sphäre $S^n = \{x \in \mathbb{R}^{n+1} \mid \|x\| = 1\}$ ist

$$TS^n = \big\{(x,y) \in \mathbb{R}^{n+1} \times \mathbb{R}^{n+1} \mid \|x\| = 1\ ,\ \langle x,y\rangle = 0\big\}.$$

• $\boldsymbol{TS^1}$: Wegen $S^1 = \{x \in \mathbb{C} \mid |x| = 1\}$ können wir das Tangentialbündel mit

$$TS^1 = \Big\{(x,y) \in \mathbb{C} \times \mathbb{C} \mid |x| = 1\ ,\ \frac{y}{x} \in \imath\,\mathbb{R}\Big\}$$

identifizieren. Wir finden eine Parallelisierung

$$I : TS^1 \to S^1 \times \mathbb{R} \quad , \quad (x,y) \mapsto \big(x, y/(\imath x)\big)$$

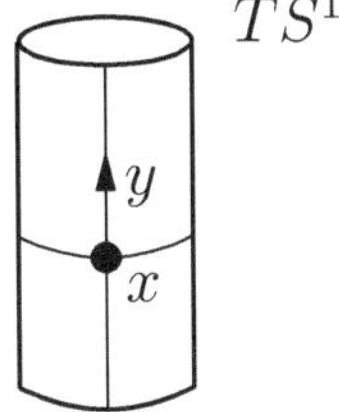

Tangentialraum der Kreislinie $S^1$

von $TS^1$, mit Inverser $I^{-1}(x,z) = (x, ixz)$, siehe nebenstehende Abbildung. Wir machen von dieser Tatsache bei der Betrachtung des ebenen Pendels Gebrauch.

• $\boldsymbol{TS^2}$. **Behauptung:** $TS^2$ ist *nicht* parallelisierbar.[5]

**Beweis:** Durch Widerspruch. Betrachte dazu $I^{-1}\left(\left\{x \times \binom{1}{0}\right\}\right)$. Das ist ein Tangentialvektor an $x \in S^2$. Dieser Tangentialvektor verschwindet nach Voraussetzung nicht (Linearität). Betrachten wir für alle $x \in S^2$ diese Tangentialvektoren, so erhalten wir ein nicht verschwindendes Vektorfeld auf $S^2$.
Ein solches Vektorfeld $Y : S^2 \to TS^2$ existiert aber nicht (siehe Abbildung). Denn sei $Y(x)$ (notfalls durch Normierung) für alle $x \in S^2$ von der Länge 1, also $Y_\varepsilon := \varepsilon Y$ von der Länge $|\varepsilon|$. Dann bildet

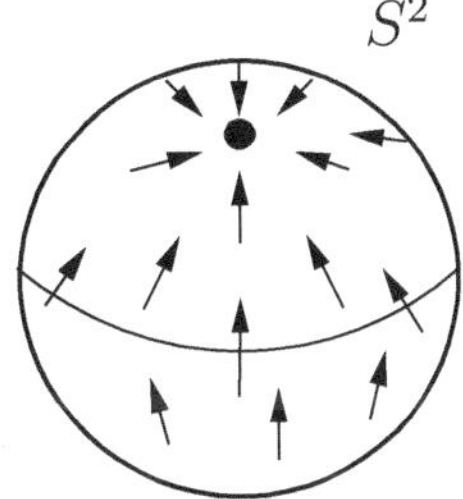

Tangentialvektorfeld auf $S^2$

$$f_\varepsilon : S^2 \to \mathbb{R}^3 \quad , \quad x \mapsto x + Y_\varepsilon(x)$$

auf die Sphäre $S^2(r)$ vom Radius $r := \sqrt{1+\varepsilon^2}$ ab, und $f_\varepsilon$ ist für betragsmäßig kleine $\varepsilon$ ein Diffeomorphismus der Sphären.

Wir betrachten auf $\mathbb{R}^3$ die Zwei–Form (siehe Anhang B.2)

$$\omega := x_1\, dx_2 \wedge dx_3 + x_2\, dx_3 \wedge dx_1 + x_3\, dx_1 \wedge dx_2 = r^3 \cos(\theta)\, d\varphi \wedge d\theta$$

in Kugelkoordinaten

$$x_1 = r\cos(\theta)\cos(\varphi) \quad , \quad x_2 = r\cos(\theta)\sin(\varphi) \quad , \quad x_3 = r\sin(\theta)\,.$$

---

[5] **Satz vom Igel**: Jeder stetig gekämmte Igel hat mindestens eine kahle Stelle, englisch: *hairy ball theorem*.

Der folgende Beweis von Milnor lässt sich auf alle Sphären $S^{2n}$ verallgemeinern, siehe Gallot, Hulin und Lafontaine [GHL], Kapitel I.C.
Von den ungerad-dimensionalen Sphären ist außer $S^1$ nur noch $S^3$ und $S^7$ parallelisierbar, siehe Hirzebruch [Hirz]. Dass $S^3$ parallelisierbar ist, sieht man daran, dass $S^3$ diffeomorph zur Lie–Gruppe $\mathrm{SU}(2)$ ist (siehe (E.2.1)).

Nun können wir die Fläche $F(r)$ der Sphäre $S^2(r)$ einerseits durch

$$F(r) = \frac{1}{r}\int_{S^2(r)} \omega = 4\pi r^2 = 4\pi\,(1+\varepsilon^2)$$

berechnen, andererseits aber nach unserer Widerspruchsannahme durch

$$F(r) = \frac{1}{r}\int_{f_\varepsilon(S^2(1))} \omega = \frac{1}{r}\int_{S^2(1)} f_\varepsilon^*(\omega)\,.$$

Letzterer Ausdruck ist aber ein Polynom in $\varepsilon$, dividiert durch $r = \sqrt{1+\varepsilon^2}$, wie man durch explizite Betrachtung von $f_\varepsilon^*(\omega)$ sieht. Widerspruch! □

Das Tangentialbündel $TM$ einer Konfigurationsmannigfaltigkeit $M$ ist der Raum der Orte und Geschwindigkeiten. Die Lagrange–Funktion eines mechanischen Systems mit Konfigurationsraum $M$ ist eine Funktion $L : TM \to \mathbb{R}$.

**A.45 Definition** *Für die $C^1$–Mannigfaltigkeiten $M$ und $N$ sei $f \in C^1(M,N)$.*

- *$f$ heißt* **immersiv bei** *$m \in M$, wenn $T_m f : T_m M \to T_{f(m)}N$ injektiv,* **submersiv bei** *$m \in M$ und $m$* **regulärer Punkt** *von $f$, wenn $T_m f$ surjektiv ist. Sonst heißt $m$* **singulärer Punkt** *von $f$.*
- *$f$ heißt* **Immersion**, *wenn für alle $m \in M$ $f$ immersiv bei $m$ ist. $f$ heißt* **Submersion**, *wenn für alle $m \in M$ $f$ submersiv bei $m$ ist.*
- *$f$ heißt* **Einbettung**, *wenn $f$ eine Immersion ist, die $M$ homöomorph auf $f(M)$ abbildet. (In Zeichen: $f : M \hookrightarrow N$)*
- *$n \in N$ heißt* **regulärer Wert** *von $f$, wenn alle $m \in f^{-1}(n)$ reguläre Punkte sind, sonst* **singulärer Wert**.

Immersionen müssen nicht injektiv sein, reguläre Werte $n \in N$ nicht im Bild $f(M)$ liegen. Aus dem Satz über die inverse Abbildung folgt:

**A.46 Satz (Satz vom regulären Wert)** *Für $r \geq 1$ und die $C^r$–Mannigfaltigkeiten $M$ und $N$ sei $n \in N$ regulärer Wert von $f \in C^r(M,N)$. Dann ist $U := f^{-1}(n) \subseteq M$ eine $C^r$–Untermannigfaltigkeit, und $\dim U = \dim M - \dim N$.*

Viele Phänomene kann man schon bei Kurven $c : I \to N$ in einer Mannigfaltigkeit $N$ sehen. Eine solche $C^1$–Kurve heißt *regulär*, wenn sie eine Immersion ist, also der Geschwindigkeitsvektor $c'(t) \in T_{c(t)}M$ nie verschwindet.

**A.47 Aufgaben (Differentialtopologie)** Man zeige:

1. $f : \mathbb{R} \to \mathbb{R}\ ,\ t \mapsto t^3$ ist injektiv, aber bei $t = 0$ nicht immersiv. Das Bild ist $f(\mathbb{R}) = \mathbb{R}$, also eine Mannigfaltigkeit.
2. $f : \mathbb{R} \to \mathbb{R}^2\ ,\ t \mapsto \binom{t^3}{t^2}$ (siehe Abbildung A.3.3, links) ist zwar eine glatte Abbildung, aber bei $t = 0$ nicht immersiv, und das Bild ist keine Untermannigfaltigkeit (vergleiche mit dem implizit definierten Fall aus Beispiel 2.42).

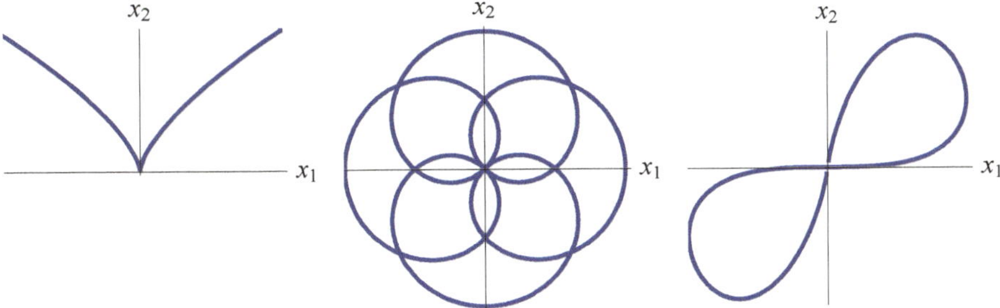


Abbildung A.3.3: Links: Bild einer glatten, nicht immersiven Abbildung. Mitte: Rosenkurve mit $k = 2/3$, Bild einer nicht injektiven Immersion. Rechts: Bild einer injektiven Immersion, die keine Einbettung ist.

3. Die Kurven $f_k : \mathbb{R} \to \mathbb{R}^2$ , $t \mapsto \cos(kt) \binom{\sin t}{\cos t}$ heißen *Rosenkurven* (siehe Abbildung A.3.3, Mitte). Die $f_k$ sind für alle $k \in \mathbb{R}$ Immersionen, aber im Allgemeinen sind die Bilder $f_k(\mathbb{R}) \subset \mathbb{R}^2$ keine Untermannigfaltigkeiten.

4. $f : \mathbb{R} \to \mathbb{R}^2$ , $t \mapsto \binom{\sin t}{\cos t}$ ist eine nicht injektive Immersion, also keine Einbettung. Dennoch ist das Bild $S^1 \subset \mathbb{R}^2$ eine Untermannigfaltigkeit.

   Dagegen ist $\tilde{f} : \mathbb{R}/(2\pi\mathbb{Z}) \to \mathbb{R}^2$ , $t + 2\pi\mathbb{Z} \mapsto \binom{\sin t}{\cos t}$ wohldefiniert und bettet die eindimensionale Mannigfaltigkeit $\mathbb{R}/(2\pi\mathbb{Z})$ ein.

5. $f : \mathbb{R} \to \mathbb{R}^2$ , $t \mapsto \exp(-t^2) \binom{t}{t^3}$ (siehe Abbildung A.3.3, rechts) ist eine injektive Immersion, aber keine Einbettung.

6. $f \in C^1(M, N)$ kann für $\dim(M) > \dim(N)$ keine Immersion, für $\dim(M) < \dim(N)$ keine Submersion sein.

7. Die in Anhang F.1 besprochenen Projektionen $\pi : E \to B$ differenzierbarer Faserbündel sind Submersionen. ◇

In der Differentialtopologie gibt es eine untrennbare Verbindung zwischen Aussagen über Mannigfaltigkeiten und Aussagen über Abbildungen. Ein Beispiel dafür ist der folgende Satz:

**A.48 Satz** *Sei $N$ eine $C^r$–Mannigfaltigkeit, $r \geq 1$. Eine Teilmenge $A \subset N$ ist genau dann eine $C^r$–Untermannigfaltigkeit, wenn $A$ das Bild einer $C^r$–Einbettung einer Mannigfaltigkeit ist.*

Andererseits lassen sich nach dem folgenden Satz alle abstrakt definierten Mannigfaltigkeiten als Untermannigfaltigkeit eines $\mathbb{R}^d$ auffassen:

**A.49 Satz (Einbettungssatz von Whitney)** *Jede kompakte $n$-dimensionale differenzierbare Mannigfaltigkeit besitzt eine Einbettung in $\mathbb{R}^{2n}$.*

**A.50 Bemerkung** Diese in der Dimension lineare Schranke ist optimal, wie man etwa am Beispiel A.47.4 von $S^1$ oder dem reell-projektiven Raum $\mathbb{RP}(2)$ sieht, der sich als kompakte nicht orientierbare Fläche nicht in den $\mathbb{R}^3$ einbetten läßt. Wohl aber existieren Immersionen $\mathbb{RP}(2) \to \mathbb{R}^3$, z.B. die *Boysche Fläche*, das Wahrzeichen des Mathematischen Forschungsinstituts Oberwolfach. [6] ◇

## Riemannsche Mannigfaltigkeiten

**A.51 Definition** *Es sei $M$ eine differenzierbare Mannigfaltigkeit.*

- *Eine* **riemannsche Metrik** *auf $M$ ist eine differenzierbar von $m$ abhängende Familie $g = (g_m)_{m\in M}$ positiv definiter symmetrischer Bilinearformen*

$$g_m : T_mM \times T_mM \to \mathbb{R} \qquad (m \in M).$$

- *Für eine riemannsche Metrik $g$ auf $M$ heißt $(M, g)$* **riemannsche Mannigfaltigkeit**.

Die Funktion $g$ heißt auch *metrischer Tensor* [7]. Aus dem Beispiel $(\mathbb{R}^n, g)$ mit translationsinvarianter riemannscher Metrik $g_m(v, w) := \langle v, w\rangle$ ergeben sich durch Restriktion von $g$ auf Untermannigfaltigkeiten $M \subseteq \mathbb{R}^d$ wieder riemannsche Mannigfaltigkeiten, siehe Seite 497.

Als nicht degenerierte Bilinearform definiert die riemannsche Metrik einen Isomorphismus zwischen Tangential– und Kotangentialräumen, nämlich

$$T_mM \to T_m^*M \quad , \quad v \mapsto g_m(v, \cdot) \qquad (m \in M).$$

Das ergibt einen Vektorbündel-Isomorphismus $\flat : TM \to T^*M$. Diese Legendre–Transformation heißt *musikalischer Isomorphismus*, und sein Inverses wird mit $\natural : T^*M \to TM$ bezeichnet.

Der *Gradient* $\nabla f : M \to TM$ einer Funktion $f \in C^1(M, \mathbb{R})$ ist das Vektorfeld, das durch $\flat$ aus der äußeren Ableitung $df : M \to T^*M$ entsteht. Im Gegensatz zu $df$ hängt also $\nabla f$ vom metrischen Tensor $g$ ab.

**A.52 Weiterführende Literatur** Bekannte Bücher zur Differentialtopologie sind [Hirs] von HIRSCH und [BJ] von BRÖCKER und JÄNICH.
CHOQUET-BRUHAT, DEWITT-MORETTE und DILLARD-BLEICK geben in ihrem zweibändigen Werk [CDD] eine umfassende Übersicht über die Theorie differenzierbarer Mannigfaltigkeiten, einschließlich Differentialformen, Bündeltheorie und Differentialgeometrie. ◇

---

[6] Quelle: Mathematisches Forschungsinstitut Oberwolfach

[7] Sie ist keine Metrik im Sinne metrischer Räume, erlaubt aber die Definition einer solchen, siehe (G.3.3).

# Anhang B

# Differentialformen



In zahlreichen physikalischen Anwendungen der Analysis wird *über Untermannigfaltigkeiten* des $\mathbb{R}^n$ *integriert*, zum Beispiel zur Bestimmung

- des durch eine von einer Leiterschleife berandete Fläche dringenden magnetischen Flusses
- der entlang eines Weges geleisteten Arbeit, etc.

Um solche Integrationen durchzuführen, ist von Élie Cartan und anderen der Kalkül der Differentialformen auf Mannigfaltigkeiten entwickelt worden.

Dieser Kalkül lässt aber auch den *geometrischen Gehalt* physikalischer Theorien wie Klassische Mechanik, Elektrodynamik oder Allgemeine Relativitätstheorie klar hervortreten (die Maxwellschen Gleichungen beispielsweise lassen sich mit Differentialformen als $dF = 0$, $\delta F = j$ schreiben, siehe Beispiel B.21).

**B.1 Weiterführende Literatur**
Eine gute Einführung gibt das Buch [AF] von AGRICOLA und FRIEDRICH. ◇

Der erste Schritt ist die algebraische Theorie der *äußeren Formen*, denn diese beschreiben das lokale Verhalten der Differentialformen an einem Punkt der Mannigfaltigkeit.

# B.1 Äußere Formen

**B.2 Definition** *Es sei $E$ ein $n$–dimensionaler reeller Vektorraum. Eine Abbildung $\varphi : E \times \ldots \times E \to \mathbb{R}$ heißt* **multilinear**, *wenn sie in jedem Argument linear ist, d.h. für $\lambda \in \mathbb{R}$, $j = 1, \ldots, k$ und $x_j$, $x_j^I$, $x_j^{II} \in E$*

$$\varphi(x_1, \ldots, x_{j-1}, \lambda x_j, x_{j+1}, \ldots, x_k) = \lambda\varphi(x_1, \ldots, x_k)$$

*und*

$$\begin{aligned}&\varphi(x_1, \ldots, x_{j-1}, x_j^I + x_j^{II}, x_{j+1}, \ldots, x_k)\\ = \;&\varphi(x_1, \ldots, x_j^I, \ldots, x_k) + \varphi(x_1, \ldots, x_j^{II}, \ldots, x_k).\end{aligned}$$

*Genauer spricht man von einer $k$–***linearen** *Abbildung.*

Auf $E := \mathbb{R}^n$ mit Standardbasis $e_1, \ldots, e_n \in E$ bezeichne $\alpha_1, \ldots, \alpha_n \in E^*$ die *Dualbasis* (das heißt $\alpha_i(e_j) = \delta_{ij}$).

**B.3 Beispiele (Äußere Formen)** 1. $k = 1$. Dann ist $\varphi$ eine *Linearform* auf $E$, und für $\varphi \neq 0$ ist $\varphi^{-1}(0) \subset E$ ein Unterraum der Dimension $n - 1$.

2. $k = 2$, $E = \mathbb{R}^n$ mit innerem Produkt $\langle \cdot, \cdot \rangle$.
   Für $A \in \mathrm{Mat}(n, \mathbb{R})$ ist $\varphi : E \times E \to \mathbb{R}$, $\varphi(x, y) := \langle x, Ay \rangle$ eine *Bilinearform*. Sie heißt *(anti)symmetrisch*, wenn $\varphi(x, y) = \pm\varphi(y, x) \quad (x, y \in E)$.

3. $k = n$, $E = \mathbb{R}^n$. $\varphi(x_1, \ldots, x_n) := \det(x_1, \ldots, x_n) \quad (x_1, \ldots, x_n \in E)$ definiert die *Determinantenform*. Diese gibt das orientierte Volumen des von den Vektoren $x_1, \ldots, x_n$ aufgespannten Parallelotops an. ◇

Offensichtlich können wir zwei $k$–lineare Abbildungen $\varphi_1, \varphi_2$ *addieren*, indem wir

$$(\varphi_1 + \varphi_2)(x_1, \ldots, x_k) := \varphi_1(x_1, \ldots, x_k) + \varphi_2(x_1, \ldots, x_k) \qquad (x_1, \ldots, x_k \in E) \tag{B.1.1}$$

setzen und eine $k$–lineare Abbildung $\varphi$ mit einer reellen Zahl *multiplizieren*

$$(\lambda\varphi)(x_1, \ldots, x_k) := \lambda\big(\varphi(x_1, \ldots, x_k)\big) \qquad (\lambda \in \mathbb{R},\ x_1, \ldots, x_k \in E). \tag{B.1.2}$$

Damit wird die Menge $L^k(E, \mathbb{R})$ der $k$–linearen Abbildungen in $\mathbb{R}$ zu einem $\mathbb{R}$–*Vektorraum*.

**B.4 Definition** *Es sei $E$ ein $n$–dimensionaler $\mathbb{R}$–Vektorraum.*
*Dann heißt $\varphi \in L^k(E, \mathbb{R})$* **äußere $k$–Form**, *wenn sie* **antisymmetrisch** *ist, d.h.*

$$\varphi(x_1, \ldots, x_i, \ldots, x_j, \ldots, x_k) = -\varphi(x_1, \ldots, x_j, \ldots, x_i, \ldots, x_k) \qquad (x_\ell \in E).$$

*Der Unterraum der äußeren $k$–Formen wird mit $\boldsymbol{\Omega}^k(E) \subset L^k(E, \mathbb{R})$ bezeichnet.*

**B.5 Beispiele (Räume äußerer Formen)** 1. $\boldsymbol{\Omega}^1(E) = L^1(E) \cong E^*$.

2. Die bilineare Abbildung $\mathbb{R}^n \times \mathbb{R}^n \to \mathbb{R}$, $(x,y) \mapsto \langle x, Ay\rangle$ definiert eine äußere Zwei–Form auf $\mathbb{R}^n$ genau dann, wenn die Matrix $A \in \mathrm{Mat}(n,\mathbb{R})$ antisymmetrisch ist, also $A^\top = -A$ gilt. Also ist $\dim(\mathbf{\Omega}^2(\mathbb{R}^n)) = \binom{n}{2}$.
3. Die $n$–Formen auf dem $\mathbb{R}^n$ sind Vielfache der Determinantenform. ◇

**B.6 Definition** *Das* **äußere Produkt** *von* $\omega_1, \ldots, \omega_k \in \mathbf{\Omega}^1(E)$ *wird durch*

$$\omega_1 \wedge \ldots \wedge \omega_k(x_1, \ldots, x_k) := \det \begin{pmatrix} \omega_1(x_1) & \ldots & \omega_k(x_1) \\ \vdots & & \vdots \\ \omega_1(x_k) & \ldots & \omega_k(x_k) \end{pmatrix} \qquad (x_1, \ldots, x_k \in E)$$

*definiert.*

Offensichtlich ist $\omega_1 \wedge \ldots \wedge \omega_k$ eine $k$–Form, also in $\mathbf{\Omega}^k(E)$. Insbesondere ist damit

$$\alpha_{i_1} \wedge \ldots \wedge \alpha_{i_k} \in \mathbf{\Omega}^k(E).$$

Diese äußere Form stimmt bis auf Vorzeichen mit derjenigen überein, bei der $i_1, \ldots, i_k$ aufsteigend geordnet sind und ist genau dann $\neq 0$, wenn alle Indices voneinander verschieden sind.

Wir können nun jede $k$–Form $\omega \in \mathbf{\Omega}^k(\mathbb{R}^n)$ eindeutig als Linearkombination

$$\omega = \sum_{1 \leq i_1 < \ldots < i_k \leq n} \omega_{i_1 \ldots i_k}\, \alpha_{i_1} \wedge \ldots \wedge \alpha_{i_k}$$

mit den Koeffizienten $\omega_{i_1 \ldots i_k} := \omega(e_{i_1}, \ldots, e_{i_k}) \in \mathbb{R}$ darstellen. Für $\dim(E) = n$ ist daher

$$\dim\left(\mathbf{\Omega}^k(E)\right) = \binom{n}{k}.$$

Das *äußere Produkt* oder *Dachprodukt* der $k$–Form $\omega$ mit einer $l$–Form

$$\psi = \sum_{1 \leq j_1 < \ldots < j_l \leq n} \psi_{j_1 \ldots j_l}\, \alpha_{j_1} \wedge \ldots \wedge \alpha_{j_l} \;\in\; \mathbf{\Omega}^l(E)$$

wird nun (kompatibel mit dem Distributivgesetz) als

$$\omega \wedge \psi := \sum_{1 \leq i_1 < \ldots < i_k \leq n}\; \sum_{1 \leq j_1 < \ldots < j_l \leq n} \omega_{i_1 \ldots i_k} \psi_{j_1 \ldots j_l}\, \alpha_{i_1} \wedge \ldots \wedge \alpha_{i_k} \wedge \alpha_{j_1} \wedge \ldots \wedge \alpha_{j_l}$$

definiert. All diejenigen Summanden, bei denen ein $i_r = j_s$ ist, sind gleich Null, denn $\alpha_l \wedge \alpha_l = -\alpha_l \wedge \alpha_l = 0$. Die anderen Summanden tragen zu der äußeren Form $\omega \wedge \psi \in \mathbf{\Omega}^{k+l}(\mathbb{R}^n)$ bei.

Offensichtlich ist das äußere Produkt *assoziativ*, das heißt

$$(\omega \wedge \psi) \wedge \rho = \omega \wedge (\psi \wedge \rho).$$

Weiter gilt für eine $k$–Form $\omega$ und eine $l$–Form $\psi$

$$\omega \wedge \psi = (-1)^{k\,l}\, \psi \wedge \omega,$$

denn wir müssen $(k\,l)$–mal Eins–Formen kommutieren, um von der einen zur anderen Form zu gelangen.

**B.7 Definition**

- *Eine $k$–Form $\omega \in \mathbf{\Omega}^k(E)$ heißt* **zerlegbar**, *wenn es Eins–Formen $\omega_1, \ldots, \omega_k \in \mathbf{\Omega}^1(E)$ gibt mit $\omega = \omega_1 \wedge \ldots \wedge \omega_k$.*
- *Der* **Rang** *einer $k$–Form $\omega \in \mathbf{\Omega}^k(E)$ ist die kleinste Zahl $n \in \mathbb{N}$ mit $\omega = \sum_{\ell=1}^n \omega^{(\ell)}$ und $\omega^{(\ell)} \in \mathbf{\Omega}^k(E)$ zerlegbar.*

**B.8 Beispiel (Symplektische Form auf dem $\mathbb{R}^{2n}$)**

$$\omega := \sum_{i=1}^n \alpha_i \wedge \alpha_{i+n} \in \mathbf{\Omega}^2(\mathbb{R}^{2n}).$$

Die symplektische Form $\omega$ besitzt eine Schlüsselrolle in der Klassischen Mechanik, siehe Kapitel 6.2. Dort bezeichnen wir die Koordinaten $x_1, \ldots, x_n$ als Impulskoordinaten, die Koordinaten $x_{n+1}, \ldots, x_{2n}$ als Ortskoordinaten.

Für $n = 2$ ergibt sich $\omega = \alpha_1 \wedge \alpha_3 + \alpha_2 \wedge \alpha_4$, also

$$\begin{aligned}\omega \wedge \omega &= (\alpha_1 \wedge \alpha_3 + \alpha_2 \wedge \alpha_4) \wedge (\alpha_1 \wedge \alpha_3 + \alpha_2 \wedge \alpha_4) \\ &= \underbrace{\alpha_1 \wedge \alpha_3 \wedge \alpha_1 \wedge \alpha_3}_{0} + \alpha_2 \wedge \alpha_4 \wedge \alpha_1 \wedge \alpha_3 + \alpha_1 \wedge \alpha_3 \wedge \alpha_2 \wedge \alpha_4 + \underbrace{\alpha_2 \wedge \alpha_4 \wedge \alpha_2 \wedge \alpha_4}_{0} \\ &= (-1)^3 \alpha_1 \wedge \alpha_2 \wedge \alpha_3 \wedge \alpha_4 + (-1)^1 \alpha_1 \wedge \alpha_2 \wedge \alpha_3 \wedge \alpha_4 = -2\alpha_1 \wedge \alpha_2 \wedge \alpha_3 \wedge \alpha_4.\end{aligned} \tag{B.1.3}$$

**B.9 Aufgabe (Volumenform)** Zeigen Sie in Verallgemeinerung von (B.1.3), dass das $n$–fache äußere Produkt $\omega^{\wedge n}$ von $\omega$ eine Volumenform ergibt, genauer, dass gilt:

$$\bigwedge_{k=1}^{2n} \alpha_k = \frac{(-1)^{\binom{n}{2}}}{n!} \omega^{\wedge n}$$

(Daraus ergibt sich, dass der Rang von $\omega$ gleich $n$ ist). ◇

**B.10 Beispiel (Kreuzprodukt)** Wir betrachten einen Vektor

$$v = \begin{pmatrix} v_1 \\ v_2 \\ v_3 \end{pmatrix} = v_1 e_1 + v_2 e_2 + v_3 e_3 \in \mathbb{R}^3.$$

- Jetzt benutzen wir erstmals das kanonische innere Produkt $\langle \cdot, \cdot \rangle$ des $\mathbb{R}^3$. Durch

$$v^*(w) := \langle v, w \rangle = v_1 w_1 + v_2 w_2 + v_3 w_3 \qquad (w \in \mathbb{R}^3)$$

wird dem Vektor $v$ die Eins–Form $v^* \in \mathbf{\Omega}^1(\mathbb{R}^3)$ zugeordnet.
- Ähnlich wird $v$ die Zwei–Form $\omega_v \in \mathbf{\Omega}^2(\mathbb{R}^3)$,

$$\omega_v(x, y) := \det(v, x, y) \qquad (x, y \in \mathbb{R}^3)$$

zugeordnet. Wir finden

$$v^* = v_1 \alpha_1 + v_2 \alpha_2 + v_3 \alpha_3 \quad \text{und} \quad \omega_v = v_1 \alpha_2 \wedge \alpha_3 + v_2 \alpha_3 \wedge \alpha_1 + v_3 \alpha_1 \wedge \alpha_2 .$$

- Das äußere Produkt zweier so gewonnener Eins–Formen ergibt

$$\begin{aligned} v^* \wedge w^* &= (v_1\alpha_1 + v_2\alpha_2 + v_3\alpha_3) \wedge (w_1\alpha_1 + w_2\alpha_2 + w_3\alpha_3) \\ &= (v_1w_2 - v_2w_1)\alpha_1 \wedge \alpha_2 + (v_2w_3 - v_3w_2)\alpha_2 \wedge \alpha_3 \\ &\quad + (v_3w_1 - v_1w_3)\alpha_3 \wedge \alpha_1 \;=\; \omega_{v\times w}\,. \end{aligned}$$

Wir haben damit das *Kreuzprodukt* zweier Vektoren im $\mathbb{R}^3$ durch Eins-Formen dargestellt. ◇

**B.11 Satz** *Die Vektoren* $\omega_1, \ldots, \omega_k \in E^*$ *sind genau dann linear abhängig, wenn gilt:*

$$\omega_1 \wedge \ldots \wedge \omega_k = 0\,.$$

**Beweis:** Es seien $\omega_1, \ldots, \omega_k \in E^*$.

- Wenn sie linear abhängig sind, können wir einen Index $i \in \{1, \ldots, k\}$ und $c_l \in \mathbb{R}$ mit $\omega_i = \sum_{l=1, l\neq i}^k c_l\, \omega_l$ finden. Damit gilt aber (mit $\omega_l$ an der $i$-ten Stelle)

  $$\omega_1 \wedge \ldots \wedge \omega_k = \sum_{\substack{l=1\\ l\neq i}}^k c_l\, \omega_1 \wedge \ldots \wedge \omega_l \wedge \ldots \wedge \omega_k = 0\,,$$

  denn in jedem Summanden kommt $\omega_l$ doppelt vor.

- Andernfalls können wir die Vektoren $\omega_1, \ldots, \omega_k$ zu einer Basis

  $$\omega_1, \ldots, \omega_n \quad \text{mit} \quad n := \dim(E^*)$$

  ergänzen, sodass $\omega_1 \wedge \ldots \wedge \omega_n \neq 0$ ist, also auch $\omega_1 \wedge \ldots \wedge \omega_k \neq 0$. □

**B.12 Definition** *Der reelle Vektorraum*

$$\mathbf{\Omega}^*(E) \;:=\; \bigoplus_{k=0}^{\infty} \mathbf{\Omega}^k(E) \;\cong\; \bigoplus_{k=0}^{\dim(E)} \mathbf{\Omega}^k(E)$$

*(mit* $\mathbf{\Omega}^0(E) := \mathbb{R}$*) mit der durch das Dachprodukt gegebenen Multiplikation heißt die* **äußere** *oder* **Grassmann–Algebra** *über* $E$.

**B.13 Bemerkungen**

1. $\dim\big(\mathbf{\Omega}^*(E)\big) = 2^{\dim(E)}$, denn $\sum_{k=0}^n \binom{n}{k} = 2^n$.
2. Für beliebige $k, l \in \mathbb{N}_0$ und $\omega \in \mathbf{\Omega}^k(E), \varphi \in \mathbf{\Omega}^l(E)$ ist $\omega \wedge \varphi \in \mathbf{\Omega}^{k+l}(E)$,
3. aber für $m > \dim(E)$ ist $\dim\big(\mathbf{\Omega}^m(E)\big) = 0$.
4. In den meisten Anwendungen kommen keine ‚gemischten' äußere Formen $\omega = \oplus_k \omega_k \in \mathbf{\Omega}^*(E) = \oplus_{k=0}^{\dim(E)} \mathbf{\Omega}^k(E)$ vor, bei denen mehr als ein Summand $\omega_k$ ungleich Null ist. Jedenfalls reicht es im Weiteren aus, den Fall von Formen in $\mathbf{\Omega}^k$ zu behandeln, und dann linear auf $\mathbf{\Omega}^*$ fortzusetzen. ◇

**B.14 Definition** *Für eine lineare Abbildung $f : E \to F$ endlichdimensionaler $\mathbb{R}$–Vektorräume, $k \in \mathbb{N}_0$ und $\omega \in \mathbf{\Omega}^k(F)$ heißt die durch*

$$f^*(\omega)(v_1, \ldots, v_k) := \omega\big(f(v_1), \ldots, f(v_k)\big) \qquad (v_1, \ldots, v_k \in E)$$

*definierte $k$–Form $f^*(\omega)$ die* **Zurückziehung** *(engl.* **pull-back***) von $\omega$ mit $f$.*

Es gilt $f^*(\omega) \in \mathbf{\Omega}^k(E)$, denn $f^*(\omega)$ ist $k$–linear und antisymmetrisch.

**B.15 Satz (pull-back)** *Es sei $f \in \mathrm{Lin}(E, F)$.*

1. *Die Abbildungen $f^* : \mathbf{\Omega}^k(F) \to \mathbf{\Omega}^k(E) \quad (k \in \mathbb{N}_0)$ sind linear.*
2. *Für $g \in \mathrm{Lin}(F, G)$, also $g \circ f \in \mathrm{Lin}(E, G)$, ist $(g \circ f)^* = f^* \circ g^*$.*
3. *Für $f = \mathrm{Id}_E$ ist $f^* = \mathrm{Id}_{\mathbf{\Omega}^*(E)}$.*
4. *Für $f \in \mathrm{GL}(E, F)$ ist $(f^*)^{-1} = (f^{-1})^*$.*
5. *Für $\alpha, \beta \in \mathbf{\Omega}^*(F)$ ist $f^*(\alpha \wedge \beta) = f^*(\alpha) \wedge f^*(\beta)$.*

**Beweis:** Im Beweis ist $v_1, \ldots, v_k \in E$ und $\lambda \in \mathbb{R}$.

1. Mit der in (B.1.1) und (B.1.2) erklärten Vektorraumstruktur auf $\mathbf{\Omega}^k$ ist für $\alpha, \beta \in \mathbf{\Omega}^k(F)$

$$\begin{aligned} f^*(\alpha + \lambda\beta)(v_1, \ldots, v_k) &= (\alpha + \lambda\beta)\big(f(v_1), \ldots, f(v_k)\big) \\ &= \alpha\big(f(v_1), \ldots, f(v_k)\big) + \lambda\beta\big(f(v_1), \ldots, f(v_k)\big) \\ &= \big(f^*\alpha + \lambda f^*\beta\big)\big(v_1, \ldots, v_k\big). \end{aligned}$$

2. Für $\alpha \in \mathbf{\Omega}^k(G)$ ist

$$\begin{aligned} (g \circ f)^*\alpha(v_1, \ldots, v_k) &= \alpha\big(g \circ f(v_1), \ldots, g \circ f(v_k)\big) \\ &= g^*\alpha\big(f(v_1), \ldots, f(v_k)\big) = \big(f^* \circ g^*\big)\alpha(v_1, \ldots, v_k). \end{aligned}$$

3. $\mathrm{Id}_E^*(\alpha)(v_1, \ldots, v_k) = \alpha\big(\mathrm{Id}_E(v_1), \ldots, \mathrm{Id}_E(v_k)\big) = \alpha(v_1, \ldots, v_k)$.
4. folgt aus 2. und 3., denn $f^* \circ (f^{-1})^* = (f^{-1} \circ f)^* = \mathrm{Id}_E^* = \mathrm{Id}_{\mathbf{\Omega}^*(E)}$.
5. Aufgabe □

**B.16 Aufgabe (Invarianz der Volumenform)** Zeigen Sie, dass auf dem in Beispiel B.8 untersuchten symplektischen Vektorraum $(\mathbb{R}^{2n}, \omega)$ lineare Symplektomorphismen (das heißt lineare Abbildungen $f : \mathbb{R}^{2n} \to \mathbb{R}^{2n}$ mit $f^*\omega = \omega$) die Volumenform $\bigwedge_{k=1}^{2n} \alpha_k$ invariant lassen. ◇

## B.2 Differentialformen auf dem $\mathbb{R}^n$

Wir führen nun Differentialformen auf Mannigfaltigkeiten ein, und zwar zunächst auf offenen Teilmengen $U \subseteq \mathbb{R}^n$. Dieser Spezialfall beschreibt das Verhalten einer allgemeinen Differentialform auf einem Kartengebiet.

Eine *Differentialform* $\omega$ auf $U$ ist eine von Ort zu Ort variierende äußere Form, deren Variation wir hier als glatt voraussetzen.

Eine allgemeine $k$*–Form* $\omega$ besitzt die Gestalt

$$\omega = \sum_{1 \le i_1 < \ldots < i_k \le n} \omega_{i_1 \ldots i_k} \, dx_{i_1} \wedge \ldots \wedge dx_{i_k} \in \Omega^k(U), \tag{B.2.1}$$

wobei die $\omega_{i_1 \ldots i_k}$ Funktionen aus $C^\infty(U, \mathbb{R})$ sind, und die $dx_i$ den Koordinatenfunktionen $x_i : \mathbb{R}^n \to \mathbb{R}$ zugeordnete 1–Differentialformen ($dx_i \in \Omega^1(\mathbb{R}^n)$). Dabei schreiben wir diesen Raum im Gegensatz zum Raum $\mathbf{\Omega}^k(\mathbb{R}^n)$ der äußeren $k$–Formen mit einem nicht fetten $\Omega$.

Die $dx_i$ sind durch ihre Wirkung auf ein Vektorfeld $v : U \to \mathbb{R}^n$ definiert mit

$$dx_i(v)(y) := v_i(y) \qquad (y \in U,\, i = 1, \ldots, n).$$

1–Differentialformen machen also aus Vektorfeldern Funktionen, und für $k$ Vektorfelder $v^{(l)} : U \to \mathbb{R}$ und $\omega \in \Omega^k(U)$ ist

$$\omega\left(v^{(1)}, \ldots, v^{(k)}\right) := \sum_{1 \le i_1 < \ldots < i_k \le n} \omega_{i_1 \ldots i_k} \det \begin{pmatrix} dx_{i_1}(v^{(1)}) & \ldots & dx_{i_k}(v^{(1)}) \\ \vdots & & \vdots \\ dx_{i_1}(v^{(k)}) & \ldots & dx_{i_k}(v^{(k)}) \end{pmatrix}$$

definiert. Das Ergebnis ist eine reelle Funktion auf $U$. Die Rechenregeln des Abschnitts B.1 übertragen sich von den äußeren Formen auf die Differentialformen.

Auf $\Omega^*(U) := \bigoplus_{k=0}^n \Omega^k(U)$ betrachten wir jetzt den *Differentialoperator* $d$, der durch

- $df := \sum_{i=1}^n \frac{\partial f}{\partial x_i} dx_i$ für Funktionen $f \in C^\infty(U, \mathbb{R}) = \Omega^0(U)$
- und $d\omega := \sum_{1 \le i_1 < \ldots < i_k \le n} d\omega_{i_1 \ldots i_k} \wedge dx_{i_1} \wedge \ldots \wedge dx_{i_k}$ für die $k$–Formen $\omega$ aus (B.2.1).

definiert ist. $d$ verwandelt eine $k$–Form also in eine $(k+1)$–Form.

**B.17 Definition** $d : \Omega^*(U) \to \Omega^*(U)$ *heißt* **äußere Ableitung**.

**B.18 Beispiele (Äußere Ableitung)**

1. Für $\omega := x_2 \, dx_1 \in \Omega^1(\mathbb{R}^n)$ ist
$$d\omega = dx_2 \wedge dx_1 = -dx_1 \wedge dx_2 .$$

2. Für $\omega = \omega_1 dx_1 + \omega_2 dx_2 + \omega_3 dx_3 \in \Omega^1(\mathbb{R}^3)$ ist
$$\begin{aligned} d\omega &= (d\omega_1) \wedge dx_1 + (d\omega_2) \wedge dx_2 + (d\omega_3) \wedge dx_3 \\ &= \left(\tfrac{\partial \omega_2}{\partial x_1} - \tfrac{\partial \omega_1}{\partial x_2}\right) dx_1 \wedge dx_2 + \left(\tfrac{\partial \omega_3}{\partial x_2} - \tfrac{\partial \omega_2}{\partial x_3}\right) dx_2 \wedge dx_3 + \left(\tfrac{\partial \omega_1}{\partial x_3} - \tfrac{\partial \omega_3}{\partial x_1}\right) dx_3 \wedge dx_1 . \end{aligned}$$

3. Für $\omega = \omega_{12} dx_1 \wedge dx_2 + \omega_{23} dx_2 \wedge dx_3 + \omega_{31} dx_3 \wedge dx_1 \in \Omega^2(\mathbb{R}^3)$ ist

$$d\omega = \left( \tfrac{\partial \omega_{12}}{\partial x_3} + \tfrac{\partial \omega_{23}}{\partial x_1} + \tfrac{\partial \omega_{31}}{\partial x_2} \right) dx_1 \wedge dx_2 \wedge dx_3 .$$

4. Für $\omega \in \Omega^3(\mathbb{R}^3)$ ist $d\omega = 0$. ◇

**B.19 Satz** *$d$ ist eine* **Antiderivation**, *d.h. für $\alpha \in \Omega^k(U)$ und $\beta \in \Omega^l(U)$ ist*

$$d(\alpha \wedge \beta) = (d\alpha) \wedge \beta + (-1)^k \alpha \wedge d\beta .$$

**Beweis:** Es genügt, diese Gleichung für Monome $\alpha := f\,\tilde{\alpha}$, $\beta := g\,\tilde{\beta}$ mit $f, g \in C^\infty(\mathbb{R}^n, \mathbb{R})$, $\tilde{\alpha} := dx_{i_1} \wedge \ldots \wedge dx_{i_k}$ und $\tilde{\beta} := dx_{j_1} \wedge \ldots \wedge dx_{j_l}$ zu beweisen, denn $d$ ist linear. Es gilt

$$\begin{aligned} d(\alpha \wedge \beta) &= d(f \cdot g) \tilde{\alpha} \wedge \tilde{\beta} = ((df)g + f(dg)) \tilde{\alpha} \wedge \tilde{\beta} \\ &= (df) \tilde{\alpha} \wedge g \tilde{\beta} + (-1)^k f \tilde{\alpha} \wedge (dg) \tilde{\beta} = d\alpha \wedge \beta + (-1)^k \alpha \wedge d\beta . \end{aligned}$$ □

**B.20 Satz** $dd = 0$.

**Beweis:**

1. Für $f \in \Omega^0(U)$ ist $ddf = d\left( \sum_{i=1}^n \frac{\partial f}{\partial x_i} dx_i \right)$, also gleich

$$= \sum_{i,l=1}^n \frac{\partial^2 f}{\partial x_l \partial x_i} dx_l \wedge dx_i = \sum_{1 \le r < s \le n} \left( \frac{\partial^2 f}{\partial x_r \partial x_s} - \frac{\partial^2 f}{\partial x_s \partial x_r} \right) dx_r \wedge dx_s = 0 ,$$

denn wegen der Glattheit von $f$ vertauschen die partiellen Ableitungen.

2. Für $\omega = \sum \omega_{i_1 \ldots i_k} dx_{i_1} \wedge \ldots \wedge dx_{i_k} \in \Omega^k(U)$ ist wegen Teil 1.

$$dd\omega = \sum (dd\omega_{i_1 \ldots i_k}) \wedge dx_{i_1} \wedge \ldots \wedge dx_{i_k} = 0 .$$ □

### Differentialoperatoren, Koordinatenwechsel

Wir erinnern uns an Beispiel B.10, in dem wir Vektoren in 1–Formen beziehungsweise $(n-1)$–Formen umgewandelt haben. Gleiches wollen wir jetzt auch für Vektorfelder und Differentialformen tun. Wir ordnen also mithilfe des kanonischen Skalarproduktes $\langle \cdot, \cdot \rangle$ auf dem $\mathbb{R}^n$ dem Vektorfeld $v \in C^\infty(U, \mathbb{R}^n)$

1. die durch $v^* \in \Omega^1(U)$, $v^*(w) := \langle v, w \rangle$ $\big(w \in C^\infty(U, \mathbb{R}^n)\big)$ definierte 1–Form zu. In Koordinaten ist $v^* = \sum_{i=1}^n v_i \, dx_i$.
2. Die Zuordnung einer $(n-1)$–Form $\omega_v \in \Omega^{n-1}(U)$ zum Vektorfeld $v$ wird durch

$$\omega_v(w_1, \ldots, w_{n-1}) := \det(v, w_1, \ldots, w_{n-1}) \quad \big(w_i \in C^\infty(U, \mathbb{R}^n)\big) \qquad \text{(B.2.2)}$$

definiert, also durch ihre Anwendung auf $n-1$ Vektorfelder. In Koordinaten ergibt sich $\omega_v = dx_1 \wedge \ldots \wedge dx_n(v,\cdot,\ldots,\cdot)$, also

$$\omega_v = \sum_{i=1}^{n}(-1)^{i-1} v_i dx_1 \wedge \ldots \wedge \widehat{dx_i} \wedge dx_{i+1} \wedge \ldots \wedge dx_n. \tag{B.2.3}$$

Dabei bedeutet $\widehat{dx_i}$ Entfernung von $dx_i$.

Im ersten Fall sieht man die Rechenregel

$$\boxed{\operatorname{grad}(f)^* = df} \tag{B.2.4}$$

für den *Gradienten*

$$\operatorname{grad}(f) \equiv \nabla f = \begin{pmatrix} \frac{\partial f}{\partial x_1} \\ \vdots \\ \frac{\partial f}{\partial x_n} \end{pmatrix}$$

einer reellen Funktionen $f$, im zweiten gilt

$$\boxed{\operatorname{div}(v)\, dx_1 \wedge \ldots \wedge dx_n = d\omega_v} \tag{B.2.5}$$

für die *Divergenz*

$$\operatorname{div}(v) \equiv \nabla \cdot v := \sum_{k=1}^{n} \frac{\partial v_k}{\partial x_k}$$

eines Vektorfeldes $v$. Denn nach (B.2.3) ist

$$d\omega_v = \sum_{i,k=1}^{n} (-1)^i \frac{\partial v_i}{\partial x_k} dx_k \wedge dx_1 \wedge \ldots \wedge \widehat{dx_i} \wedge dx_{i+1} \wedge \ldots \wedge dx_n\,,$$

und die Summanden sind für $k \neq i$ gleich Null. Da $dx_1 \wedge \ldots \wedge dx_n$ die kanonische Volumenform auf dem $\mathbb{R}^n$ ist, ergibt dies eine Relation, die praktisch nützlich ist.

Speziell für $n = 3$ Dimensionen ist die *Rotation*

$$\operatorname{rot} v \equiv \nabla \times v := \begin{pmatrix} \frac{\partial v_3}{\partial x_2} - \frac{\partial v_2}{\partial x_3} \\ \frac{\partial v_1}{\partial x_3} - \frac{\partial v_3}{\partial x_1} \\ \frac{\partial v_2}{\partial x_1} - \frac{\partial v_1}{\partial x_2} \end{pmatrix}$$

des Vektorfeldes $v$ durch die Relation

$$\boxed{\omega_{\operatorname{rot} v} = d(v^*)} \tag{B.2.6}$$

mit der äußeren Ableitung verknüpft

- Es ergibt sich aus (B.2.5), (B.2.6) und Satz B.20

  $$\operatorname{div}(\operatorname{rot} v)\, dx_1 \wedge dx_2 \wedge dx_3 = d\omega_{\operatorname{rot} v} = ddv^* = 0\,,$$

  also mit $dx_1 \wedge dx_2 \wedge dx_3 \neq 0$

$$\boxed{\operatorname{div}\operatorname{rot} v = 0\,.}$$

Diese und ähnliche Relationen sind übrigens, da sie aus $dd = 0$ abgeleitet sind, auch bei einer anderen Wahl der riemannschen Metrik (siehe Seite 166) gültig.

- Auch die Relation

$$\boxed{\operatorname{rot}\ \operatorname{grad} f = 0\,,}$$

die für beliebige glatte Funktionen $f$ gilt, entpuppt sich als eine Manifestation des Gesetzes $dd = 0$: Wegen (B.2.6) und (B.2.4) gilt

$$\omega_{\operatorname{rot}(\operatorname{grad} f)} = d(\operatorname{grad} f)^* = ddf = 0\,.$$

- Als letztes Beispiel für die Nützlichkeit der Differentialformen in der Vektoranalysis soll die Identität

$$\boxed{\operatorname{div}(v \times w) = \langle \operatorname{rot} v, w\rangle - \langle v, \operatorname{rot} w\rangle}$$

abgeleitet werden: Wir haben schon im Beispiel B.10 gesehen, dass

$$\boxed{v^* \wedge w^* = \omega_{v\times w}} \tag{B.2.7}$$

gilt, denn die entsprechende Rechenregel für äußere Formen überträgt sich direkt auf Differentialformen im $\mathbb{R}^3$. Also gilt unter Benutzung von (B.2.5), (B.2.7) und (B.2.6)

$$\begin{aligned}\operatorname{div}(v \times w)\, dx_1 \wedge dx_2 \wedge dx_3 = d\omega_{v\times w} = d(v^* \wedge w^*) &= (dv^*) \wedge w^* - v^* \wedge dw^* \\ &= \omega_{\operatorname{rot} v} \wedge w^* - v^* \wedge \omega_{\operatorname{rot} w^*} \\ &= \big(\langle \operatorname{rot} v, w\rangle - \langle v, \operatorname{rot} w\rangle\big)\, dx_1 \wedge dx_2 \wedge dx_3\,,\end{aligned}$$

was zu beweisen war.

**B.21 Beispiel (Maxwellsche Gleichungen)** Die kartesischen Koordinaten $x_1, \ldots, x_4$ auf der Raumzeit $\mathbb{R}^4$ bezeichnen den Raumpunkt $x := (x_1, x_2, x_3)$ und den Zeitpunkt $t := x_4$. Die *Feldstärke* $F \in \Omega^2(\mathbb{R}^4)$ sei durch

$$F := B_1\, dx_2 \wedge dx_3 + B_2\, dx_3 \wedge dx_1 + B_3\, dx_1 \wedge dx_2 + \sum_{i=1}^{3} E_i\, dx_i \wedge dx_4$$

gegeben, wobei $E := (E_1, E_2, E_3) \in C^\infty(\mathbb{R}^4, \mathbb{R}^3)$ das elektrische und $B := (B_1, B_2, B_3) \in C^\infty(\mathbb{R}^4, \mathbb{R}^3)$ das magnetische Feld bezeichnet.

Die *homogene Maxwell–Gleichung* $dF = 0$ ist äquivalent zu

$$\operatorname{div}_x(B) = 0 \quad , \quad \frac{\partial B}{\partial t} = -\operatorname{rot}_x E\,.$$

Aus dem Poincaré-Lemma B.45 schließen wir auf die Existenz eines sogenannten *Eichfeldes* $A \in \Omega^1(\mathbb{R}^4)$ mit $F = dA$. ◇

Ein weiterer Aspekt von Differentialformen ist ihr Verhalten unter Abbildungen.

**B.22 Definition** *Es seien* $U \subseteq \mathbb{R}^m$, $V \subseteq \mathbb{R}^n$ *offen und* $\varphi = \begin{pmatrix} \varphi_1 \\ \vdots \\ \varphi_n \end{pmatrix} : U \to V$ *glatt. Die* **Zurückziehung (pull-back)** $\varphi^*\omega$ *einer* $k$*-Form*

$$\omega = \sum_{1 \le i_1 < \ldots < i_k \le n} \omega_{i_1 \ldots i_k} \, dx_{i_1} \wedge \ldots \wedge dx_{i_k} \in \Omega^k(V)$$

*auf* $V$ *ist durch*

$$\varphi^*\omega = \sum_{1 \le i_1 < \ldots < i_k \le n} \omega_{i_1 \ldots i_k} \circ \varphi \cdot d\varphi_{i_1} \wedge \ldots \wedge d\varphi_{i_k}$$

*definiert. Es gilt also* $\varphi^*\omega \in \Omega^k(U)$, *das heißt der* pull-back *ist eine* $k$*–Form auf* $U \subseteq \mathbb{R}^m$ .

Ähnlich wie die äußere Ableitung ist der *pull-back* $\varphi^* : \Omega^*(V) \to \Omega^*(U)$ eine lineare Abbildung.

**B.23 Beispiel (Flächenform in Polarkoordinaten)** Der Übergang von kartesischen zu Polarkoordinaten erfolgt durch $\varphi = \binom{\varphi_1}{\varphi_2} : \mathbb{R}^+ \times (0, 2\pi) \to \mathbb{R}^2$,

$$\varphi_1(r, \psi) = r \cos \psi \quad , \quad \varphi_2(r, \psi) = r \sin \psi \, .$$

Es soll die Zwei–Form $\omega = f \, dx_1 \wedge dx_2$ zurückgezogen werden. Mit $\tilde{f} := f \circ \varphi$, also der in Polarkoordinaten geschriebenen Funktion $f$, ergibt sich mit $\varphi^*\omega = \tilde{f} \, d\varphi_1 \wedge d\varphi_2$ wegen

$$d\varphi_1(r, \psi) = \cos(\psi) \, dr - r \sin(\psi) \, d\psi \quad , \quad d\varphi_2(r, \psi) = \sin(\psi) \, dr + r \cos(\psi) \, d\psi$$

$$\varphi^*\omega(r, \psi) = \tilde{f}(r, \psi) \, r \, (\cos^2 \psi + \sin^2 \psi) \, dr \wedge d\psi = \tilde{f}(r, \psi) \, r \, dr \wedge d\psi. \qquad \diamond$$

**B.24 Aufgabe (Pull-back von äußeren Formen)** Es seien $U \subseteq \mathbb{R}^m$ und $V \subseteq \mathbb{R}^n$ offen, $\varphi \in C^\infty(U, V)$ und $\omega \in \Omega^k(V)$, $\psi \in \Omega^l(V)$. Zeigen Sie, dass gilt

$$(\varphi^*\omega) \wedge (\varphi^*\psi) = \varphi^*(\omega \wedge \psi) \, . \qquad \diamond$$

**B.25 Satz** $\varphi^* d = d\varphi^*$, pull-back *mit* $\varphi \in C^\infty(U, V)$ *und äußere Ableitung vertauschen also.*

**Beweis:** Wegen der Linearität von $d$ und $\varphi^*$ genügt es, beide Seiten der behaupteten Identität auf $f \, dx_{i_1} \wedge \ldots \wedge dx_{i_k}$ anzuwenden. Die linke Seite ergibt

$$\begin{aligned} \varphi^* d(f \, dx_{i_1} \wedge \ldots \wedge dx_{i_k}) &= \varphi^* \textstyle\sum_{l=1}^n \mathrm{D}_l f \, dx_l \wedge dx_{i_1} \wedge \ldots \wedge dx_{i_k} \\ &= \underbrace{\textstyle\sum_{l=1}^n \mathrm{D}_l f \circ \varphi \, d\varphi_l}_{d(f \circ \varphi)} \wedge d\varphi_{i_1} \wedge \ldots \wedge d\varphi_{i_k} . \end{aligned}$$

Bei Anwendung der Kettenregel folgt gleichermaßen für die rechte Seite

$$d\varphi^*\big(f\,dx_{i_1}\wedge\ldots\wedge dx_{i_k}\big) = d\big(f\circ\varphi\;d\varphi_{i_1}\wedge\ldots\wedge d\varphi_{i_k}\big) = d(f\circ\varphi)\wedge d\varphi_{i_1}\wedge\ldots\wedge d\varphi_{i_k}.\Box$$

Durch Spezialisierung auf Diffeomorphismen $\varphi$ folgt aus Satz B.25 insbesondere, dass die äußere Ableitung unabhängig vom verwendeten Koordinatensystem definiert ist.

## B.3 Integration von Differentialformen

Wir integrieren zunächst $n$–Formen auf dem $\mathbb{R}^n$, und danach $k$–Formen auf $k$-dimensionalen Untermannigfaltigkeiten des $\mathbb{R}^n$.

**B.26 Definition** *Es sei $U\subseteq\mathbb{R}^n$ offen, und $\omega\in\Omega^n(U)$ habe kompakten Träger (das heißt für $\omega = f\,dx_1\wedge\ldots\wedge dx_n$ ist $f(x)=0$ außerhalb eines Kompaktums $K\subset U$). Das* **Integral** *von $\omega$ ist dann*

$$\int_U \omega := \int_U f(x)\,\mathrm{d}x_1\ldots\mathrm{d}x_n\,.$$

**B.27 Satz** *Es seien $U,V\subseteq\mathbb{R}^n$ offen und $\varphi : V\to U$ ein Diffeomorphismus mit konstantem Vorzeichen $\varepsilon$ von $\det\big(\mathrm{D}\varphi(x)\big)$. Dann gilt*

$$\int_V \varphi^*\omega = \varepsilon\int_U \omega\,.$$

**Beweis:** Nach Definition des pull–back ist unter Benutzung der symmetrischen Gruppe $S_n$

$$\begin{aligned}
\varphi^*\omega &= f\circ\varphi\,d\varphi_1\wedge\ldots\wedge d\varphi_n = f\circ\varphi\sum_{i_1,\ldots,i_n=1}^{n}\frac{\partial\varphi_1}{\partial x_{i_1}}\cdot\ldots\cdot\frac{\partial\varphi_n}{\partial x_{i_n}}\,dx_{i_1}\wedge\ldots\wedge dx_{i_n}\\
&= f\circ\varphi\sum_{\pi\in S_n}\frac{\partial\varphi_1}{\partial x_{\pi(1)}}\cdot\ldots\cdot\frac{\partial\varphi_n}{\partial x_{\pi(n)}}dx_{\pi(1)}\wedge\ldots\wedge dx_{\pi(n)}\\
&= f\circ\varphi\left(\sum_{\pi\in S_n}\operatorname{sign}(\pi)\frac{\partial\varphi_1}{\partial x_{\pi(1)}}\cdot\ldots\cdot\frac{\partial\varphi_n}{\partial x_{\pi(n)}}\right)dx_1\wedge\ldots\wedge dx_n\\
&= f\circ\varphi\,\det(\mathrm{D}\varphi)\,dx_1\wedge\ldots\wedge dx_n\,.
\end{aligned}$$

Nach dem Transformationssatz der Integrationstheorie ergibt die Integration dieser $n$–Form auf $V$ $\int_V f\circ\varphi\,\det(\mathrm{D}\varphi)\,\mathrm{d}x_1\ldots\mathrm{d}x_n = \varepsilon\int_V f\circ\varphi\,|\det\mathrm{D}\varphi|\,\mathrm{d}x = \varepsilon\int_U f\,\mathrm{d}x = \varepsilon\int_U\omega$. □

Wir sehen insbesondere, dass das Integral über die $n$–Form $\omega$ nicht von der Wahl des (orientierten) Koordinatensystems abhängt.

Betrachten wir $dx_1\wedge\ldots\wedge dx_n$ als die *Standardvolumenform* auf dem $\mathbb{R}^n$, dann können wir $\int_U\omega$ auch als Integral der *Funktion* $f$ über $U$ auffassen.

Wenn wir als nächstes Funktionen über $k$–dimensionale Mannigfaltigkeiten $V \subseteq \mathbb{R}^n$ (also $k \leq n$) integrieren wollen, müssen wir uns zunächst über die Standardvolumenform von $V$ klar werden. Wir benutzen dabei eine Parametrisierung von $V$: Es sei $U \subseteq \mathbb{R}^k$ offen

$$\varphi : U \to \mathbb{R}^n$$

eine injektive glatte Abbildung mit Bild $\varphi(U) = V \subseteq \mathbb{R}^n$. Es gelte

$$\operatorname{rang}\big(\mathrm{D}\varphi(x)\big) = k \qquad (x \in U),$$

der Rang sei also maximal. $\varphi$ parametrisiert damit die $k$–dimensionale Mannigfaltigkeit $V$. Gesucht ist nun eine Form $\omega^{(\varphi)} \in \Omega^k(U)$, für die für jedes in $V$ offene $V' \subseteq V$

$$\int_{\varphi^{-1}(V')} \omega^{(\varphi)}$$

das Volumen von $V'$ ist. Vernünftige Forderungen an die $\varphi$–abhängige Definition von $\omega^{(\varphi)}$ sind, dass

- das Quadrat $V' := (0,1)^k \times \{0\}^{n-k} \subset \mathbb{R}^n$ den Flächeninhalt 1 besitzt.
- sich unter einer Drehung $O \in \mathrm{SO}(n)$ der Flächeninhalt von $V'$ nicht ändert, und ebenso wenig unter Translationen.
- der Flächeninhalt von $V$ sich nicht ändert, wenn die Parametrisierung (orientierungserhaltend) geändert wird.

Diese Forderungen werden von der **Volumenform**

$$\omega^{(\varphi)} := \sqrt{\det(g)}\, dx_1 \wedge \ldots \wedge dx_k \tag{B.3.1}$$

der parametrisierten Fläche $V$ erfüllt, wobei die symmetrische $k \times k$–Matrix $g$ durch

$$\boxed{g := (\mathrm{D}\varphi)^\top \mathrm{D}\varphi}$$

definiert ist, und für reguläre Parametrisierung $(\operatorname{rang}(\mathrm{D}\varphi(x)) = k \quad (x \in U))$ wegen

$$\langle v, g(x)v \rangle = \langle \mathrm{D}\varphi(x)\, v,\, \mathrm{D}\varphi(x)\, v \rangle = \|\mathrm{D}\varphi(x)\, v\|_2^2 > 0 \qquad (v \in \mathbb{R}^k \setminus \{0\})$$

$g(x) > 0$ gilt, die Matrix also positiv definit ist. $g$ ist also ein metrischer Tensor im Sinne von Definition A.51. $|g|$ bezeichnet in der Literatur oft $\det(g)$.

Ist beispielsweise $\psi : V \to \mathbb{R}^n$ durch $\psi = O \circ \varphi$ mit $O \in \mathrm{SO}(n)$ gegeben, dann ist $g$ invariant unter der Drehung:

$$(\mathrm{D}\psi)^\top \mathrm{D}\psi = (O\mathrm{D}\varphi)^\top (O\mathrm{D}\varphi) = (\mathrm{D}\varphi)^\top O^\top O \mathrm{D}\varphi = (\mathrm{D}\varphi)^\top \mathrm{D}\varphi = g\,.$$

Wir können eine Funktion $f : V \to \mathbb{R}$ integrieren, indem wir das Integral

$$\boxed{\int_U f \circ \varphi \cdot \omega^{(\varphi)}}$$

bilden. Dieser Ausdruck ist invariant unter einer Veränderung der Parametrisierung. Der Spezialfall $f = 1\!\!1_V$ liefert wieder das $k$–dimensionale Volumen von $V$.

**B.28 Beispiel (Volumen)**
Wir berechnen den Flächeninhalt eines zweidimensionalen Torus $\mathbb{T}^2 \subset \mathbb{R}^3$. Dieser sei für die Radien $r_1 > r_2 > 0$ durch $\mathbb{T}^2 := \varphi(U)$ mit

$$\varphi : U \to \mathbb{R}^3 \ , \ U := [0, 2\pi) \times [0, 2\pi)$$

und

$$\varphi(\psi_1, \psi_2) := \begin{pmatrix} (r_1+r_2 \cos \psi_2) \cos \psi_1 \\ (r_1+r_2 \cos \psi_2) \sin \psi_1 \\ r_2 \sin \psi_2 \end{pmatrix}$$

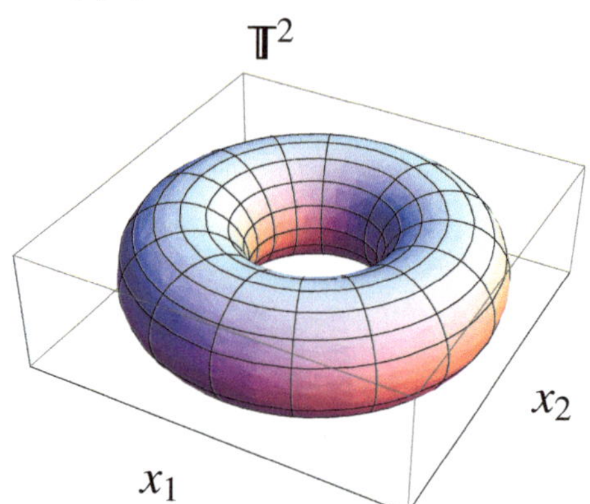


parametrisiert. Wir scheren uns nicht weiter um die Tatsache, dass $U \subset \mathbb{R}^2$ nicht offen ist, denn der Rand von $U$ ist eine Lebesgue-Nullmenge.

Die Koeffizienten der riemannschen Metrik $g = \left(\begin{smallmatrix} g_{11} & g_{12} \\ g_{21} & g_{22} \end{smallmatrix}\right)$ mit $g_{21} = g_{12}$ sind

$$\begin{aligned} g_{11}(\psi_1, \psi_2) &= \sum_{i=1}^{3} \left(\frac{\partial \varphi_i}{\partial \psi_1}\right)^2 = (r_1 + r_2 \cos \psi_2)^2 (\sin^2 \psi_1 + \cos^2 \psi_1) \\ &= (r_1 + r_2 \cos \psi_2)^2 \\ g_{12}(\psi_1, \psi_2) &= \sum_{i=1}^{3} \frac{\partial \varphi_i}{\partial \psi_1} \frac{\partial \varphi_i}{\partial \psi_2} = r_2 \sin \psi_2 (r_1 + r_2 \cos \psi_2) \sin \psi_1 \cos \psi_1 \\ &\qquad -r_2 \sin \psi_2 (r_1 + r_2 \cos \psi_2) \cos \psi_1 \sin \psi_1 = 0 \\ g_{22}(\psi_1, \psi_2) &= \sum_{i=1}^{3} \left(\frac{\partial \varphi_i}{\partial \psi_2}\right)^2 = r_2^2 [\sin^2 \psi_2 (\cos^2 \psi_1 + \sin^2 \psi_1) + \cos^2 \psi_1] = r_2^2, \end{aligned}$$

also $\sqrt{|g|} = \sqrt{\det g} = r_2(r_1 + r_2 \cos \psi_2) > 0$ und damit die Torus-Fläche

$$\int_U \omega^{(\varphi)} = \int_0^{2\pi} \int_0^{2\pi} \sqrt{\det g}\, \mathrm{d}\psi_1\, \mathrm{d}\psi_2 = (2\pi)^2 r_1 r_2 \,. \qquad \diamond$$

Betrachten wir den im Beispiel vorliegenden Spezialfall einer *Hyperfläche* $V$ des $\mathbb{R}^n$ genauer. $V = \varphi(U) \subset \mathbb{R}^n$ besitzt eine Parametrisierung

$$\varphi : U \to \mathbb{R}^n \quad \text{für} \quad U \subseteq \mathbb{R}^{n-1} \quad \text{offen.}$$

Auf $V$ existiert ein bis auf Vorzeichen eindeutiges stetiges *Normalenvektorfeld*

$$N : V \to \mathbb{R}^n \quad , \quad \|N(y)\| = 1 \qquad (y \in V),$$

das senkrecht auf $V$ steht, also

$$\langle N\circ\varphi(x), \mathrm{D}\varphi(x)\,w\rangle = 0 \qquad (x\in U,\ w\in\mathbb{R}^{n-1}).$$

Es gilt dann für die $n\times n$–Matrix $M(x) := \big(N\circ\varphi(x), \mathrm{D}\varphi(x)\big)$

$$M^\top(x)\,M(x) = \begin{pmatrix} 1 & 0 \quad \dots \quad 0 \\ 0 & \\ \vdots & g(x) \\ 0 & \end{pmatrix}, \qquad (x\in U)$$

also $\det g(x) = \det\big(M^\top(x)M(x)\big) = \big(\det(M(x))\big)^2$, oder, bei geeigneter Wahl der Orientierung des Normalenvektorfeldes

$$\sqrt{\det g} = \det M\,. \tag{B.3.2}$$

Damit ergibt sich für die in (B.2.2) definierte, zum Normalenvektorfeld $N$ duale $(n-1)$–Form $\omega_N$ auf $V$ (also $\omega_N(w_1,\ldots,w_{n-1}) = \det(N, w_1,\ldots,w_{n-1})$) die Gleichheit zur Volumenform der Hyperfläche $V$:

**B.29 Satz** *$\varphi^*\omega_N = \omega^{(\varphi)}$ für $\omega^{(\varphi)}$ aus (B.3.1).*

**Beweis:** Bezeichnen wir mit $\widehat{d\varphi_k}$ wieder das Entfernen von $d\varphi_k$, dann ist

$$\varphi^*\omega_N = \sum_{k=1}^n (-1)^{k-1} N_k\circ\varphi\, d\varphi_1\wedge\ldots\wedge\widehat{d\varphi_k}\wedge\ldots d\varphi_n = \det M\,dx_1\wedge\ldots\wedge dx_{n-1}.$$

Die Behauptung folgt also aus (B.3.2). Eigentlich müsste nach Definition des *pull-back* die $(n-1)$–Form $\omega_N$ auf einer im $\mathbb{R}^n$ offenen Umgebung von $V$ definiert sein. Dies kann aber durch glatte Fortsetzung des Normalenvektorfelds $N$ erreicht werden, und $\varphi^*\omega_N$ hängt dann nicht von der Wahl der Fortsetzung ab. □

Eine weitere wichtige Situation ist die, dass im die $k$–dimensionale Untermannigfaltigkeit $V\subseteq\mathbb{R}^n$ umgebenden Raum eine $k$–Form $\omega\in\Omega^k(\mathbb{R}^n)$ existiert. Deren Integral über die (mit einer offenen Teilmenge $U\subset\mathbb{R}^k$ und $\varphi: U\to\mathbb{R}^n$ parametrisierten) Untermannigfaltigkeit $V=\varphi(U)$ definieren wir durch

$$\int_V \omega := \int_U \varphi^*\omega. \tag{B.3.3}$$

Nach Satz B.27 ist dieses Integral bis auf das Vorzeichen unabhängig von der Wahl der Parametrisierung.

## B.4 Differentialformen auf Mannigfaltigkeiten

Setzen wir in Definition B.12 der Grassmann–Algebra $\boldsymbol{\Omega}^*(E)$ als $\mathbb{R}$–Vektorraum $E$ den Tangentialraum $T_mM$ der Mannigfaltigkeit $M$ bei $m\in M$ ein, dann sind die Elemente $\omega(m)\in\boldsymbol{\Omega}^*(T_mM)$ äußere Formen bei $m$.
Die Glattheit von $m\mapsto\omega(m)$ kann mittels des Atlas von $M$ definiert werden:

**B.30 Definition** *Auf der Mannigfaltigkeit $M$ mit Atlas $\{(U_i, \varphi_i) \mid i \in I\}$ ist eine* **Differentialform** *$\omega$ eine Familie von Differentialformen in den Kartenbildern*

$$\omega_i \in \Omega^*(V_i) \quad , \quad V_i := \varphi_i(U_i) \subseteq \mathbb{R}^n \qquad (i \in I),$$

*die in folgendem Sinn kompatibel sind: Für $i, j \in I$ und den Definitionsbereich $V_{i,j} := \varphi_i(U_i \cap U_j) \subset V_i$ des Kartenwechsels $\psi_{i,j} := \varphi_j \circ \varphi_i^{-1}\restriction_{V_{i,j}} : V_{i,j} \to V_{j,i}$ gilt*

$$\psi_{i,j}^*(\omega_j\restriction_{V_{j,i}}) = \omega_i\restriction_{V_{i,j}} \qquad (i, j \in I).$$

Kartenweise Addition ergibt den $\mathbb{R}$-Vektorraum

$$\Omega^*(M) = \bigoplus_{k=0}^{n} \Omega^k(M) \tag{B.4.1}$$

der Differentialformen auf der Mannigfaltigkeit $M$, mit ebenfalls kartenweise definiertem $\wedge$–Produkt.

Auch die in Definition B.22 eingeführte Zurückziehung von Differentialformen überträgt sich von offenen Teilmengen des $\mathbb{R}^n$ auf Mannigfaltigkeiten:
Sei also $f : M \to N$ eine glatte Abbildung der Mannigfaltigkeiten $M, N$, und $\omega \in \Omega^k(N)$ eine $k$–Form. Für $m \in M$, Tangentialvektoren $u_1, \ldots, u_k \in T_m M$ und deren Bilder $v_i := T_m f(u_i) \in T_{f(m)} N$ ist der *pull–back* $f^*\omega \in \Omega^k(M)$ durch

$$f^*\omega(m)(u_1, \ldots, u_k) := \omega\big(f(m)\big)(v_1, \ldots, v_k)$$

definiert. Wir können damit Definition B.22 in den lokalen Darstellungen (A.2.1) von $f$ benutzen. Wenden wir die Vertauschbarkeit von äußerer Ableitung und Diffeomorphismus (Satz B.25) auf Kartenwechsel an, so sehen wir, dass die *äußere Ableitung*

$$d : \Omega^k(M) \to \Omega^{k+1}(M) \qquad (k \in \mathbb{N}_0)$$

von Differentialformen auf Mannigfaltigkeiten $M$ kartenunabhängig definiert ist.

## B.5 Innere Ableitung und Lie–Ableitung

Die *Lie–Ableitung* einer differenzierbaren Funktion $f : M \to \mathbb{R}$ auf einer Mannigfaltigkeit $M$ in Richtung eines Vektorfeldes $X : M \to TM$ ist die durch

$$L_X f := df(X) \tag{B.5.1}$$

definierte reelle Funktion auf $M$. Wir werden verallgemeinert auch die Lie–Ableitung einer $k$–Form nach $X$ definieren. Dazu bietet sich eine Notation an, bei der die Paarung von Differentialformen und Vektorfeldern, anders als bei der rechten Seite von (B.5.1) geschrieben wird, ohne deren Reihenfolge umzukehren.

**B.31 Definition** *Es sei $X$ ein Vektorfeld auf einer Mannigfaltigkeit $M$ und $\omega$ eine $(k+1)$–Form auf $M$. Dann heißt die durch*

$$\mathbf{i}_X\omega(X_1,\ldots,X_k) := \omega(X,X_1,\ldots,X_k)$$

*definierte $k$–Form $\mathbf{i}_X\omega \in \Omega^k(M)$* **inneres Produkt** *von $X$ und $\omega$.*

Man kann statt $\mathbf{i}_X\omega$ natürlich auch $\omega(X,\cdot,\ldots,\cdot)$ schreiben.

**B.32 Aufgabe ($\wedge$–Antiderivation)** Zeigen Sie, dass für die Vektorfelder $X$ auf $M$ die Abbildung $\mathbf{i}_X$ eine $\wedge$–**Antiderivation** ist, d.h. sie ist linear und es gilt

$$\mathbf{i}_X(\varphi\wedge\omega) = (\mathbf{i}_X\varphi)\wedge\omega+(-1)^k\varphi\wedge\mathbf{i}_X(\omega) \quad (\varphi\in\Omega^k(M),\, \omega\in\Omega^l(M)). \quad \text{(B.5.2)}$$

**B.33 Definition** *Es sei $X$ ein Vektorfeld auf einer Mannigfaltigkeit $M$. Dann ist für ein $\omega\in\Omega^k(M)$ die* **Lie–Ableitung** *von $\omega$ nach $X$ die $k$–Form*

$$L_X\omega := (\mathbf{i}_X d + d\,\mathbf{i}_X)\,\omega\,.$$

Tatsächlich ist $L_X\omega \in \Omega^k(M)$, denn die äußere Ableitung erhöht den Formengrad um eins, während die innere Produktbildung den Formengrad um eins erniedrigt.

Definition B.33 verallgemeinert die Definition (B.5.1) der Lie–Ableitung einer Funktion $f: M\to\mathbb{R}$ in Richtung von $X$, denn

$$L_X f = \mathbf{i}_X df + d\,\mathbf{i}_X f = \mathbf{i}_X df = df(X)\,,$$

da das innere Produkt eines Vektorfeldes mit einer Funktion definitionsgemäß Null ergibt (es gibt ja keine Differentialformen vom Grad $-1$).

Die Lie–Ableitung $L_X\omega$ besitzt eine geometrische Interpretation. Sie beschreibt nämlich die Änderung der Differentialform $\omega$ in Richtung des vom Vektorfeld $X$ erzeugten Flusses.

**B.34 Satz** *Das Vektorfeld $X$ auf einer Mannigfaltigkeit $M$ erzeuge einen Fluss $\Phi_t: M\to M$ $(t\in\mathbb{R})$. Dann gilt für alle $\omega\in\Omega^*(M)$*

$$\boxed{\tfrac{\mathrm{d}}{\mathrm{d}t}\left(\Phi_t^*\omega\right) = \Phi_t^* L_X\omega \quad (t\in\mathbb{R}).}$$

**Beweis:**

- Allgemein müssen wir die Relation nur für $t=0$ nachweisen, denn
$$\frac{\mathrm{d}}{\mathrm{d}t}(\Phi_t^*\omega) = \frac{\mathrm{d}}{\mathrm{d}s}\Phi_{t+s}^*\omega\Big|_{s=0} = \frac{\mathrm{d}}{\mathrm{d}s}\Phi_t^*\Phi_s^*\omega\Big|_{s=0} = \Phi_t^*\left(\frac{\mathrm{d}}{\mathrm{d}s}\Phi_s^*\omega\right)\Big|_{s=0}.$$
- Wir beginnen mit der Lie–Ableitung von Funktionen $f: M\to\mathbb{R}$. In lokalen Koordinaten $y=(y_1,\ldots,y_n)$ ist $\frac{\mathrm{d}}{\mathrm{d}t}\Phi_t^* f(y)\big|_{t=0}$ gleich
$$\lim_{t\to0}\frac{f(\Phi_t(y))-f(y)}{t} = \sum_{i=1}^n \frac{\partial f}{\partial y_i}(y)\cdot X_i(y) = df(X)(y) = L_X f(y)\,.$$

- Wählen wir für $\omega$ die (speziellen) Eins–Formen $dy_i$, so ergibt sich
$$\frac{\mathrm{d}}{\mathrm{d}t}(\Phi_t^* dy_i)\big|_{t=0} = \frac{\mathrm{d}}{\mathrm{d}t} d(\Phi_t^* y_i)\big|_{t=0} = d\frac{\mathrm{d}}{\mathrm{d}t}(\Phi_t^* y_i)\big|_{t=0} = dX_i\,,$$
andererseits wegen $L_X d = \mathbf{i}_X dd + d\,\mathbf{i}_X d = d\,\mathbf{i}_X d = dL_X$
$$L_X dy_i = dL_X y_i = d\,\mathbf{i}_X dy_i = dX_i\,.$$
- Mit $\Phi_t^*(\varphi\wedge\omega) = (\Phi_t^*\varphi)\wedge(\Phi_t^*\omega)$ und dem folgenden Lemma ergibt sich der Satz, denn in lokalen Koordinaten $y = (y_1,\ldots,y_n)$ können wir jede $k$–Form $\omega$ in der Gestalt
$$\omega = \sum_{1\le l_1<\ldots<l_k\le n} f_{l_1\ldots l_k} dy_{l_1}\wedge\ldots\wedge dy_{l_k}$$
schreiben. □

Die Lie–Ableitung ist eine Derivation auf der Algebra $\Omega^*(M)$ der Differentialformen:

**B.35 Lemma** *Für $\varphi$, $\omega\in\Omega^*(M)$ gilt $L_X(\varphi\wedge\omega) = (L_X\varphi)\wedge\omega + \varphi\wedge L_X\omega$.*

**Beweis:** Für $k$–Formen $\varphi$ gilt nach Satz B.19 und (B.5.2)
$$d(\varphi\wedge\omega) = (d\varphi)\wedge\omega + (-1)^k\varphi\wedge d\omega \quad \text{und} \quad \mathbf{i}_X(\varphi\wedge\omega) = (\mathbf{i}_X\varphi)\wedge\omega + (-1)^k\varphi\wedge\mathbf{i}_X\omega\,.$$
Kombination dieser beiden Antiderivationen ergibt die Leibniz–Regel
$$\begin{aligned} L_X(\varphi\wedge\omega) &= \mathbf{i}_X d(\varphi\wedge\omega) + d\mathbf{i}_X(\varphi\wedge\omega)\\ &= \mathbf{i}_X\big((d\varphi)\wedge\omega + (-1)^k\varphi\wedge d\omega\big) + d\big((\mathbf{i}_X\varphi)\wedge\omega + (-1)^k\varphi\wedge\mathbf{i}_X\omega\big)\\ &= (L_X\varphi)\wedge\omega + \varphi\wedge L_X\omega. \end{aligned}$$
□

**B.36 Bemerkung (Koordinatenvektorfelder)** Bezüglich eines Koordinatensystems $\varphi_1,\ldots,\varphi_n : U\to\mathbb{R}$ haben wir die *Koordinatenvektorfelder*
$$\frac{\partial}{\partial\varphi_i} \equiv \partial_{\varphi_i} : U\to\mathbb{R}^n \qquad (i = 1,\ldots,n),$$
die durch
$$L_{\partial_{\varphi_i}}\varphi_k := \delta_{ik} \qquad (i,k = 1,\ldots,n) \tag{B.5.3}$$
fixiert sind, in deren Richtung also nur die $i$–te Koordinate variiert wird. Es gilt
$$L_{\partial_{\varphi_i}} g(\varphi_1,\ldots,\varphi_n) = \frac{\partial}{\partial\varphi_i} g(\varphi_1,\ldots,\varphi_n)\,,$$
die Lie–Ableitung der Funktion $g\in C^1(U,\mathbb{R})$ in Richtung des $i$–ten Vektorfeldes ist also gleich der $i$–ten partiellen Ableitung; daher die Notation $\frac{\partial}{\partial\varphi_i}$.
Man beachte, dass wegen (B.5.3) für $n>1$ die Kenntnis der $i$–ten Koordinate $\varphi_i$ allein nicht ausreicht, um $\frac{\partial}{\partial\varphi_i}$ zu berechnen. ◇

**B.37 Beispiel (Koordinatenvektorfelder für Polarkoordinaten)**
Auf der offenen Teilmenge $U := \mathbb{R}^2 \backslash \big((-\infty,0] \times \{0\}\big)$ des $\mathbb{R}^2$ (geschlitzte Ebene) werden Polarkoordinaten

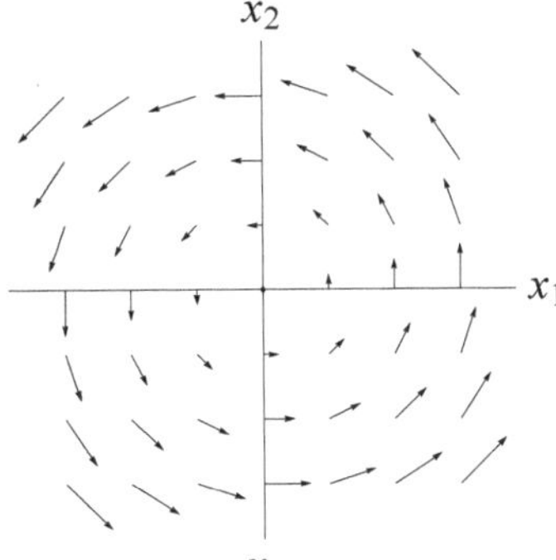


$$\varphi(x) := \arctan \frac{x_2}{x_1} \quad , \quad r(x) := \sqrt{x_1^2 + x_2^2}$$

definiert (wobei der Winkel $\varphi(x)$ für $x_2 \leq 0$ stetig fortgesetzt wird, also $\varphi(x) \in (-\pi,\pi)$ gilt). In kartesischen Koordinaten besitzt das Vektorfeld $\frac{\partial}{\partial \varphi}$ die Form $\frac{\partial}{\partial \varphi}(x) = \left(\begin{smallmatrix} -x_2 \\ x_1 \end{smallmatrix}\right)$ (siehe Abbildung rechts), denn

$$0 = L_{\frac{\partial}{\partial\varphi}} r \; = \; (x_1/r, x_2/r) \left(\begin{smallmatrix} -x_2 \\ x_1 \end{smallmatrix}\right) \quad \text{und}$$

$$1 = L_{\frac{\partial}{\partial\varphi}} \varphi \; = \left(\tfrac{-x_2/x_1^2}{1+(x_2/x_1)^2}, \tfrac{1/x_1}{1+(x_2/x_1)^2}\right) \left(\begin{smallmatrix} -x_2 \\ x_1 \end{smallmatrix}\right).$$

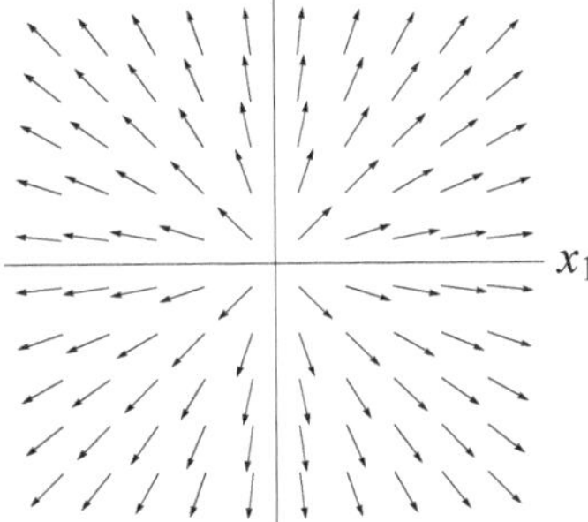


Analog ist das radiale Vektorfeld gleich

$$\frac{\partial}{\partial r}(x) = \left(\begin{smallmatrix} x_1/r(x) \\ x_2/r(x) \end{smallmatrix}\right)$$

(siehe die nebenstehende Abbildung). ◇

## B.6 Der Satz von Stokes

Nehmen wir an, dass im die $k$–dimensionale Untermannigfaltigkeit $V \subseteq \mathbb{R}^n$ umgebenden Raum eine $k$–Form $\omega \in \Omega^k(\mathbb{R}^n)$ existiert. Deren Integral über die (mit einer offenen Teilmenge $U \subseteq \mathbb{R}^k$ und $\varphi : U \to \mathbb{R}^n$ parametrisierte) Untermannigfaltigkeit $V = \varphi(U)$ haben wir in (B.3.3) durch

$$\int_V \omega := \int_U \varphi^* \omega$$

definiert. Nach Satz B.27 ist dieses Integral bis auf das Vorzeichen unabhängig von der Wahl der Parametrisierung.

**B.38 Beispiel (Wegintegral)** Wir integrieren die Eins–Form $\omega \in \Omega^1(\mathbb{R}^2)$, $\omega(x) := x_1 dx_2$ entlang des auf $U := [0,2\pi)$ definierten Weges

$$\varphi : U \to \mathbb{R}^2 \quad , \quad \varphi(\psi) := \left(\begin{smallmatrix} r\cos\psi \\ r\sin\psi \end{smallmatrix}\right).$$

Dessen Bild $V := \varphi(U)$ ist die Kreislinie vom Radius $r > 0$ um den Ursprung.

$$\int_V \omega = \int_U \varphi^* \omega = \int_U r\cos\psi \, d(r\sin\psi) = r^2 \int_U \cos^2\psi \, d\psi = \pi r^2. \tag{B.6.1}$$

In diesem Beispiel fällt auf, dass das Integral von $d\omega = dx_1 \wedge dx_2$, also dem kanonischen orientierten Flächenelement des $\mathbb{R}^2$, über die von $V$ eingeschlossene Kreisscheibe vom Radius $r$ gleich dem Integral (B.6.1) von $\omega$ über die Kreislinie ist.

Dies ist kein Zufall, sondern die Manifestation eines allgemeinen Satzes, des sogenannten Satzes von Stokes. Dieser stellt eine Beziehung zwischen Integralen über Mannigfaltigkeiten und Integralen über ihren Rand her.

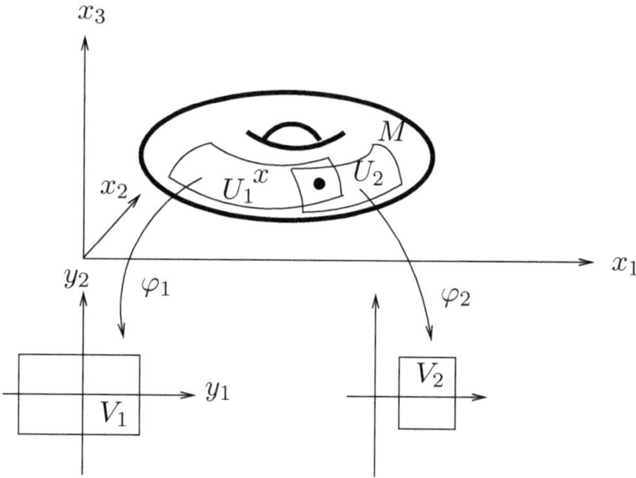


Der Hauptsatz der Differential- und Integralrechnung besitzt die folgende Verallgemeinerung:

**B.39 Satz (Stokes)** *Es sei $M$ eine (orientierte) $k$–dimensionale berandete Mannigfaltigkeit und $\omega$ eine $(k-1)$–Form mit kompaktem Träger*[1] *auf $M$. Dann gilt*

$$\boxed{\int_M d\omega = \int_{\partial M} \omega\,.}$$

**Beweis:**

• Wir beweisen den Satz hier nur für den Fall einer berandeten Untermannigfaltigkeit $M \subset \mathbb{R}^n$ der vollen Dimension $k = n$. Den Beweis für beliebige, nicht notwendig eingebettete berandete Mannigfaltigkeiten findet man etwa in Agricola und Friedrich [AF], Kapitel 3.6.

• Nach dem Satz über implizite Funktionen finden wir für jeden Punkt $x \in \partial M$ eine Umgebung $U_i \subseteq M$ von $x$ und eine Kartenabbildung $\varphi_i : U_i \to V_i \subseteq \mathbb{R}^n_+$ mit $\partial M \cap U_i = \varphi_i^{-1}(\mathbb{R}^{n-1} \times \{0\})$. Da $\omega$ nur auf einem Kompaktum von Null verschieden ist, genügen endlich viele Karten.

[1] Alternativ kann man Abfallbedingungen für $\omega$ und $d\omega$ fordern, die die Endlichkeit beider Seiten garantieren.

• Wir können nun mit einem Trick die scheinbar einschränkende Voraussetzung $\mathrm{supp}(\omega) \subseteq U_i$ benutzen. Es gibt nämlich eine glatte *Zerlegung der Eins* (siehe Def. A.13), eine Familie von Funktionen $\chi_i \in C^\infty(\mathbb{R}^n, \mathbb{R})$ mit $\chi_i \geq 0$, $\mathrm{supp}(\chi_i) \subset U_i$ und $\sum_{i \in I} \chi_i = 1$, siehe Abbildung.
Setzen wir $\omega_i := \chi_i \omega$, dann ist $\sum_{i \in I} \omega_i = \omega$ und $\mathrm{supp}(\omega_i) \subset U_i$.

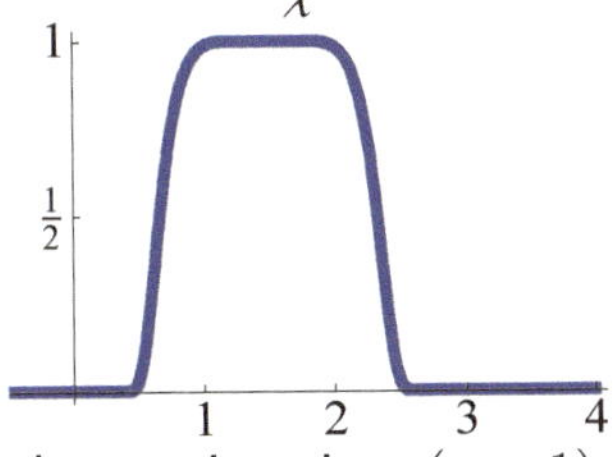


• Nach oben stehender Definition reicht es aus, die Integration einer $(n-1)$–Form $\omega$ mit im Halbraum $\mathbb{R}^n_+$ gelegenem Träger zu betrachten. Dann lässt sich (wenn wir wie in Kapitel 13 die Entfernung einer Eins–Form durch einen Hut indizieren) $\omega$ in der Form

$$\omega = \sum_{k=1}^{n} (-1)^{k-1} f_k \, dx_1 \wedge \ldots \wedge dx_{k-1} \wedge \widehat{dx_k} \wedge dx_{k+1} \wedge \ldots \wedge dx_n$$

schreiben, wobei die $f_k$ Funktionen mit kompaktem Träger in $\mathbb{R}^n_+$ sind.

• Nun ist $d\omega = \left( \sum_{k=1}^{n} \frac{\partial f_k}{\partial x_k} \right) dx_1 \wedge \ldots \wedge dx_n$, also

$$\int_{\mathbb{R}^n_+} d\omega = \sum_{k=1}^{n} \int_{\mathbb{R}^n_+} \frac{\partial f_k}{\partial x_k} \, dx_1 \wedge \ldots \wedge dx_n$$

$$= \sum_{k=1}^{n-1} (-1)^{k-1} \int_{\mathbb{R}^{n-1}_+} \left( \int_{\mathbb{R}} \frac{\partial f_k}{\partial x_k} \, dx_k \right) dx_1 \wedge \ldots \wedge dx_{k-1} \wedge \widehat{dx_k} \wedge dx_{k+1} \wedge \ldots \wedge dx_n$$

$$+ (-1)^{n-1} \int_{\mathbb{R}^{n-1}} \left( \int_0^\infty \frac{\partial f_n}{\partial x_n} \, dx_n \right) dx_1 \wedge \ldots \wedge dx_{n-1}.$$

Das innere Integral verschwindet nach dem Hauptsatz der Differential- und Integralrechnung für $k = 1, \ldots, n-1$.
Für den letzten Summanden ergibt partielle Integration aber

$$\int_0^\infty \frac{\partial f_n}{\partial x_n}(x_1, \ldots, x_n) \, dx_n = -f_n(x_1, \ldots, x_{n-1}, 0),$$

also insgesamt

$$\int_{\mathbb{R}^n_+} d\omega = (-1)^n \int_{\mathbb{R}^{n-1}} f_n(x_1, \ldots, x_{n-1}, 0) \, dx_1 \wedge \ldots \wedge dx_{n-1}.$$

• Andererseits ist $\omega\restriction_{\mathbb{R}^{n-1} \times \{0\}} = (-1)^{n-1} f_n \, dx_1 \wedge \ldots \wedge dx_{n-1}$, denn $x_n$ ist auf diesem Unterraum gleich Null, also auch $dx_n\restriction_{\mathbb{R}^{n-1} \times \{0\}} = 0$. Mit der richtigen Wahl der Orientierungen ergibt sich also $\int_{\mathbb{R}^n_+} d\omega = \int_{\mathbb{R}^{n-1} \times \{0\}} \omega$, und damit der Satz von Stokes. □

**B.40 Beispiele (Satz von Stokes)**

1. Es sei $M \subset \mathbb{R}^n$ das Bild einer (regulären, injektiven) Kurve

$$c : [0, 1] \to \mathbb{R}^n$$

und $F : M \to \mathbb{R}$ eine glatte Funktion.

Dann besteht $\partial M$ aus den Punkten $c(0)$ und $c(1)$. Diese bekommen als Anfangs– und Endpunkte aber unterschiedliche Orientierung, sodass die Formel

$$\int_0^1 \underbrace{\frac{\mathrm{d}}{\mathrm{d}t} F \circ c(t)\, \mathrm{d}t}_{dF\circ c} = F \circ c(1) - F \circ c(0) \tag{B.6.2}$$

entsteht. Ist $F = \tilde{F}\restriction_M$ mit einer glatten Funktion $\tilde{F} : \mathbb{R}^n \to \mathbb{R}$, dann ist das Integral in (B.6.2) gleich $\tilde{F}(c(1)) - \tilde{F}(c(0))$, unabhängig von der Wahl des Weges $c$ mit vorgegebenem Anfangs– und Endpunkt.

2. In Verallgemeinerung von Beispiel B.38 betrachten wir die symplektische Zwei–Form $\omega = -d\theta = \sum_{i=1}^n dq_i \wedge dp_i$ auf dem Phasenraum $P := \mathbb{R}_p^n \times \mathbb{R}_q^n$ mit Eins–Form $\theta := \sum_{i=1}^n p_i dq_i$.

   Es sei $c : S^1 \to P$ eine Schleife, deren Bild das Bild $M$ einer Kreisscheibe berandet, das heißt
   $$c(S^1) = \partial M\,.$$
   Dann ist das Integral $\int_{\partial M} \theta = -\int_M \omega$, unabhängig von der Wahl von $M$. Diese Größe spielt bei der Berechnung von Wirkungsvariablen integrabler hamiltonscher Systeme eine wichtige Rolle.

3. Wir bleiben bei dem Bild $M$ einer Kreisscheibe $\tilde{M} \subset \mathbb{R}^2$. Diese soll aber diesmal im $\mathbb{R}^3$ liegen, also durch $\imath : \tilde{M} \to M \subset \mathbb{R}^3$ eingebettet sein.

   Weiter sei $v : \mathbb{R}^3 \to \mathbb{R}^3$ ein Vektorfeld. Dann ist $v^*$ eine Eins–Form, $dv^*$ eine (auf $M$ integrierbare) Zwei–Form, und nach der Formel aus (B.2.6) gilt
   $$\omega_{\mathrm{rot}\, v} = dv^*\,.$$
   Also ist das Integral von $dv^*$ über $M$ gleich dem Integral des Skalarproduktes von $\mathrm{rot}\, v$ mit der Flächennormale $N$ (bezüglich des Flächenelementes $\sqrt{|g|}dx_1 \wedge dx_2$). Es folgt nach Satz B.29 der **Satz von Kelvin-Stokes**
   $$\begin{aligned}\int_{\tilde{M}} \langle \mathrm{rot}\, v, N\rangle \circ \imath(x)\, \sqrt{|g(x)|}\, dx_1 \wedge dx_2 &= \int_M \langle \mathrm{rot}\, v, N\rangle\, \omega_N \\ = \int_M \omega_{\mathrm{rot}\, v} = \int_M dv^* = \int_{\partial M} v^* &= \int_{t_0}^{t_1} \left\langle v(c(t)), \frac{\mathrm{d}c}{\mathrm{d}t}(t)\right\rangle \mathrm{d}t\end{aligned}$$
   für eine Parametrisierung $c : [t_0, t_1] \to \partial M$ des (orientierten) Randes der Kreisscheibe. Das Linienintegral nennt man auch *Zirkulation*.

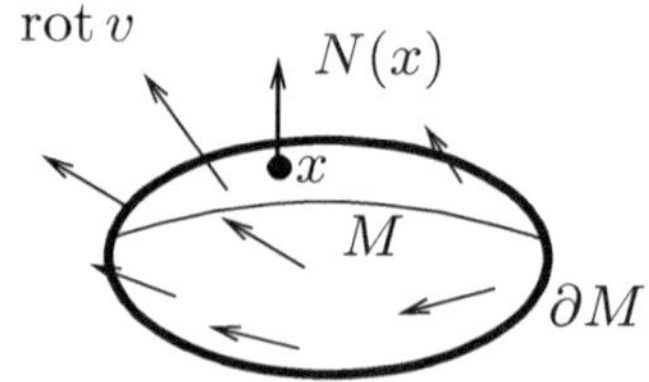

Beispielsweise könnte $v$ das Geschwindigkeitsfeld einer Flüssigkeit sein. Dann sieht man aus der obigen Formel, dass bei Rotationsfreiheit der Strömung die Tangentialkomponente der Geschwindigkeit bezüglich der Schleife $\partial M$ im Mittel verschwindet.

4. Die Divergenz $\mathrm{div}(v)$ eines Vektorfeldes $v$ auf dem $\mathbb{R}^n$ ist nach (B.2.5) mittels $\omega_v = \sum_{i=1}^n (-1)^{i-1} v_i\, dx_1 \wedge \ldots \wedge \widehat{dx_i} \wedge dx_{i+1} \wedge \ldots \wedge dx_n$ und

$$d\omega_v = \mathrm{div}(v)\, dx_1 \wedge \ldots \wedge dx_n$$

mit der äußeren Ableitung verbunden.

Ist $M \subset \mathbb{R}^n$ eine $n$–dimensionale berandete Untermannigfaltigkeit (etwa eine Vollkugel), dann gilt nach dem Satz von Stokes

$$\int_M d\omega_v = \int_{\partial M} \omega_v \,.$$

Für die Randpunkte $x \in \partial M$ bezeichne $N(x)$ den Normalenvektor. $v(x)$ lässt sich eindeutig in der Form

$$v(x) = \langle v(x), N(x) \rangle\, N(x) + w(x) \quad \text{(B.6.3)}$$

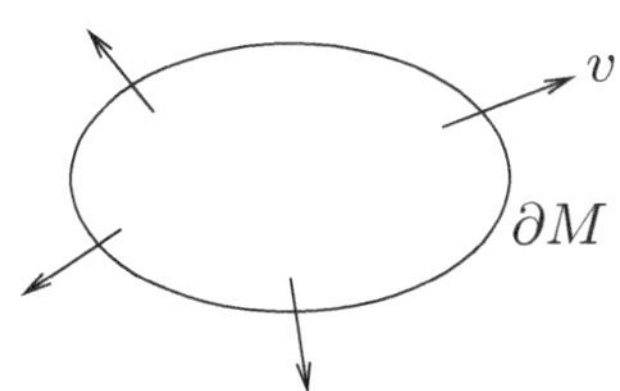


schreiben, wobei dann $w(x)$ tangential an $\partial M$ bei $x$ ist, also $\int_{\partial M} \omega_w = 0$ und mit (B.6.3) $\int_{\partial M} \omega_v = \int_{\partial M} \langle v, N \rangle\, \omega_N$. Es ergibt sich also der **Satz von Gauss**

$$\int_M \mathrm{div}(v)\, dx_1 \ldots dx_n = \int_M d\omega_v = \int_{\partial M} \omega_v = \int_{\partial M} \langle v, N \rangle\, \omega_N \,.$$

Ist das Vektorfeld divergenzfrei (wie beispielsweise das Geschwindigkeitsfeld einer inkompressiblen Flüssigkeit), dann fließt also durch die Randfläche $\partial M$ genauso viel aus $M$ heraus wie herein. ◇

## B.7 Das Poincaré–Lemma

**B.41 Definition** *Eine $k$–Form $\alpha \in \Omega^k(M)$ heißt* **geschlossen**, *wenn $d\alpha = 0$. Sie heißt* **exakt**, *wenn eine Differentialform $\beta \in \Omega^{k-1}(M)$ existiert mit $\alpha = d\beta$.*

Wegen der Eigenschaft $dd = 0$ (Satz B.20) ist jede exakte Differentialform geschlossen. Aber nicht jede geschlossene Differentialform ist exakt:

**B.42 Beispiel (Aharonov-Bohm Effekt)** Auf $U := \mathbb{R}^2 \backslash \{0\}$ ist die Eins–Form $\omega := \frac{x_1 dx_2 - x_2 dx_1}{x_1^2 + x_2^2}$ glatt, wobei $x_1, x_2$ die kartesischen Koordinaten des $\mathbb{R}^2$ sind.

- Die Eins–Form $\omega$ ist geschlossen, denn

$$d\omega = \left( \mathrm{D}_1 \left( \frac{x_1}{x_1^2 + x_2^2} \right) + \mathrm{D}_2 \left( \frac{x_2}{x_1^2 + x_2^2} \right) \right) dx_1 \wedge dx_2 = 0 \,.$$

• Aber $\omega$ ist nicht exakt. Denn gäbe es eine 0-Form $\varphi : U \to \mathbb{R}$ mit $d\varphi = \omega$, dann müsste nach dem Satz von Stokes bei Integration über die Kreislinie $S^1 \subset U$ gelten:

$$\int_{S^1} d\varphi = \int_{\partial S^1} \varphi = 0\,,$$

denn als Rand der Kreisscheibe ist die Kreislinie $S^1$ selbst randlos. Andererseits würde gelten:

$$\int_{S^1} d\varphi = \int_{S^1} \omega = \int_{S^1} (x_1\,dx_2 - x_2\,dx_1)$$
$$= \int_0^{2\pi} (\cos\varphi\, d(\sin\varphi) - \sin\varphi\, d(\cos\varphi)) = \int_0^{2\pi} (\cos^2\varphi + \sin^2\varphi)\, d\varphi = 2\pi.$$

• Die Eins–Form $\omega$ kann man als das Eichpotential einer abgeschirmten (unendlich dünnen) Spule entlang der $x_3$-Achse ansehen. Die äußere Ableitung $B := d\omega$ des Eichfeldes ist das Magnetfeld, und dieses verschwindet im Außengebiet.
• Obwohl also keine magnetischen Kräfte auf Teilchen im Außengebiet wirken, kann man wegen der quantenmechanischen Natur von Elektronen experimentell nachweisen, dass das Eichfeld $\omega$ selbst ungleich Null ist. In einer geeigneten Versuchsanordnung entstehen Interferenzmuster (*Aharonov-Bohm Effekt*). ◇

Ist aber der Definitionsbereich $U$ ein sogenanntes Sterngebiet (oder allgemeiner: kontrahierbar), dann ist jede geschlossene $k$–Form auf $U$ exakt ($k \geq 1$).

**B.43 Definition** *Eine offene Teilmenge $U \subseteq \mathbb{R}^n$ heißt* **Sterngebiet**, *wenn es ein $x \in U$ gibt, sodass für alle $y \in U$ die Strecke zwischen $x$ und $y$ in $U$ liegt.*

**B.44 Beispiel** Offene konvexe Teilmengen $\emptyset \neq U \subseteq \mathbb{R}^n$ sind Sterngebiete. ◇

**B.45 Satz (Poincaré-Lemma)** *Ist $U \subseteq \mathbb{R}^n$ ein Sterngebiet und $\omega \in \Omega^k(U)$, $k \geq 1$ geschlossen ($d\omega = 0$), dann ist $\omega$ exakt ($\omega = d\varphi$).*

**Beweis:**
Zwar ist $\varphi$ nicht eindeutig bestimmt. Der Beweis (nach ABRAHAM und MARSDEN [AM], *Theorem 2.4.17*) beinhaltet aber eine Formel für eine solche $(k-1)$–Form $\varphi$.
• Wir nehmen ohne Beschränkung der Allgemeinheit an, dass $U$ ein Sterngebiet bezüglich des Nullpunkts ist.

• Die Skalierungs-Abbildungen

$$F_t : U \to U \quad , \quad y \mapsto ty \qquad (t \in [0,1])$$

sind für $t \in (0,1]$ Diffeomorphismen auf das Bild $F_t(U)$. Die Abbildungen $t \mapsto F_t(u)$ für $u \in U$ können als Lösungen des Anfangswertproblems

$$\frac{\mathrm{d}y}{\mathrm{d}t} = X_t(y) \quad , \quad y(1) = u$$

mit dem zeitabhängigen Vektorfeld $X : (0,1] \times \mathbb{R}^n \to \mathbb{R}^n$, $X_t(y) := y/t$ aufgefasst werden. Für die Lie–Ableitung $L_{X_t}$ gilt daher analog zu Satz B.34

$$\frac{\mathrm{d}}{\mathrm{d}t} F_t^* = F_t^* L_{X_t} \, .$$

• Wegen der Geschlossenheit von $\omega$ ist $L_{X_t}\omega = (d\,\mathbf{i}_{X_t} + \mathbf{i}_{X_t} d)\omega = d\,\mathbf{i}_{X_t}\omega$, also insgesamt

$$\frac{\mathrm{d}}{\mathrm{d}t} F_t^* \omega = F_t^* d\,\mathbf{i}_{X_t}\omega = dF_t^*\,\mathbf{i}_{X_t}\omega \, .$$

Für $t_0 \in (0,1]$ folgt durch Integration

$$\omega - F_{t_0}^*\omega = F_1^*\omega - F_{t_0}^*\omega = \int_{t_0}^1 \frac{\mathrm{d}}{\mathrm{d}t} F_t^*\,\omega = d\int_{t_0}^1 F_t^*\,\mathbf{i}_{X_t}\,\omega\,\mathrm{d}t \, .$$

Im Limes $t_0 \searrow 0$ verschwindet $F_{t_0}^*\omega$ wegen $k \geq 1$. Es ergibt sich $\omega = d\varphi$ mit $\varphi := \int_0^1 F_t^* \mathbf{i}_{X_t}\omega\,\mathrm{d}t$. □

Wir wollen nun Eins–Formen $\omega \in \Omega^1(U)$ entlang Kurven integrieren, und sehen, ob das Ergebnis nur von Anfangs-und Endpunkt abhängt.

Ohne Beschränkung der Allgemeinheit nehmen wir an, dass die offene nichtleere Teilmenge $U \subseteq \mathbb{R}^n$ *zusammenhängend* ist, also nicht als disjunkte Vereinigung $U = U_1 \dot\cup U_2$ solcher Teilmengen dargestellt werden kann.

**B.46 Satz**
*Es sei $U \subseteq \mathbb{R}^n$ offen. Falls $\omega \in \Omega^1(U)$ geschlossen ist, gilt für homotope (Definition A.22) $C^1$–Kurven $c_0, c_1 : [a,b] \to U$ mit gleichen Anfangs- und Endpunkten*

$$\int_{c_0} \omega = \int_{c_1} \omega \, .$$

**Beweis:**
• Nach Definition existiert eine *stetige* Homotopie $h : [a,b] \times [0,1] \to U$ von $c_0$ nach $c_1$. Wegen der Offenheit von $U$ kann man diese glätten, zum Beispiel durch Faltung. Wir nehmen also an, dass $h$ schon glatt ist. Wir ziehen mit $h$ die Eins–Form $\omega$ zurück und erhalten eine Eins–Form $\tilde\omega := h^*\omega \in \Omega^1(\tilde U)$ mit[2] $\tilde U := [a,b] \times [0,1]$.

• $\omega$ ist geschlossen ($d\omega = 0$). Nach Satz B.25 ist damit auch $\tilde\omega$ geschlossen.

• Wir stellen nun den Rand des Rechtecks $\tilde U$ als Vereinigung der Bilder der vier Kurven

$$\begin{array}{lll} \tilde c_k : [a,b] \to \tilde U & , \quad \tilde c_k(t) := (t,k) & \quad (k = 1,2) \quad , \\ \tilde a, \tilde b : [0,1] \to \tilde U & , \quad \tilde a(s) := (a,s) & , \quad \tilde b(s) := (b,s) \end{array}$$

dar. Es gilt

$$\int_{\tilde c_k} \tilde\omega = \int_{c_k} \omega \quad , \quad \int_{\tilde a} \tilde\omega = \int_{\tilde b} \tilde\omega = 0 \, ,$$

[2] Dass $\tilde U$ selbst nicht offen ist, spielt keine Rolle, da wir $h$ glatt auf eine offene Obermenge von $\tilde U$ fortsetzen können.

denn $h \circ \tilde{c}_k = c_k$, $h \circ \tilde{a} \equiv a$, $h \circ \tilde{b} \equiv b$.

• $\tilde{U}$ ist konvex, also gilt für die geschlossene Eins–Form $\tilde{\omega}$ das Poincaré-Lemma. Wir wählen die zusammengesetzten Kurven

$$d_0 : [a, b+1] \to \tilde{U} \quad , \quad d_0(\tau) := \begin{cases} \tilde{c}_0(\tau) & , \ \tau \in [a,b] \\ \tilde{b}(\tilde{a}u - b) & , \ \tilde{a}u \in (b, b+1] \end{cases}$$
$$d_1 : [a, b+1] \to \tilde{U} \quad , \quad d_1(\tilde{a}u) := \begin{cases} \tilde{a}(\tilde{a}u) & , \ \tilde{a}u \in [0,1] \\ \tilde{c}_1(\tilde{a}u - 1) & , \ \tilde{a}u \in (1, b+1] \end{cases}$$

Diese sind stückweise glatt, mit Anfangspunkt $(a, 0)$ und Endpunkt $(b, 1)$, und

$$\int_{d_0} \tilde{\omega} = \int_{\tilde{c}_0} \tilde{\omega} + \int_{\tilde{b}} \tilde{\omega} = \int_{\tilde{c}_0} \tilde{\omega} \quad , \quad \int_{d_1} \tilde{\omega} = \int_{\tilde{a}} \tilde{\omega} + \int_{\tilde{c}_1} \tilde{\omega} = \int_{\tilde{c}_1} \tilde{\omega} .$$

Nach dem Poincaré-Lemma ist aber $\tilde{\omega} = d\tilde{\varphi}$, also

$$\int_{d_k} \tilde{\omega} = \int_{d_k} d\varphi = \varphi(b,1) - \varphi(a,0) \qquad (k = 0, 1),$$

wobei im letzten Schritt der Satz von Stokes verwendet wurde. Es folgt

$$\int_{c_0} \omega = \int_{\tilde{c}_0} \tilde{\omega} = \int_{d_0} \tilde{\omega} = \int_{d_1} \tilde{\omega} = \int_{\tilde{c}_1} \tilde{\omega} = \int_{c_1} \omega. \qquad \square$$

**B.47 Beispiel (rotationsfreie Vektorfelder)**
Ist $v : U \to \mathbb{R}^n$ ein glattes Vektorfeld mit der Eigenschaft

$$\frac{\partial v_i}{\partial x_k} = \frac{\partial v_k}{\partial x_i} \qquad (i, k = 1, \ldots, n),$$

dann ist die in Kapitel B.2 eingeführte Eins–Form $v^* \in \Omega^1(U)$ $(v^*(w) := \langle v, w \rangle$ für Vektorfelder $w)$ geschlossen, denn

$$v^* = \sum_{k=1}^{n} v_k dx_k \quad , \text{ also } \quad dv^* = \sum_{i,k=1}^{n} \frac{\partial v_k}{\partial x_i} dx_i \wedge dx_k = 0 .$$

Integrieren wir solche Vektorfelder entlang Kurven $c : [t_0, t_1] \to U$, indem wir

$$\int_c v^* = \int_{t_0}^{t_1} \left\langle v(c(t)), \frac{\mathrm{d}c}{\mathrm{d}t}(t) \right\rangle \mathrm{d}t$$

berechnen, dann ist dieses Integral für homotope Kurven wegunabhängig. $\diamond$

Für den Fall von Eins–Formen im $\mathbb{R}^n$ gilt das Poincaré-Lemma B.45 nicht nur auf Sterngebieten:

**B.48 Satz (Poincaré-Lemma)** *Ist die offene Menge $U \subseteq \mathbb{R}^n$ einfach zusammenhängend, dann sind geschlossene Eins–Formen $\omega \in \Omega^1(U)$ exakt.*

**Beweis:**
- Da die offene Menge $U \subseteq \mathbb{R}^n$ zusammenhängend ist, ist $U$ auch *wegweise zusammenhängend*, das heißt von einem willkürlich gewählten Ausgangspunkt $x_0 \in U$ können wir jedes $x \in U$ durch einen Weg $c_x : [0,1] \to U$ mit $c_x(0) = x_0$, $c_x(1) = x$ erreichen. Wir können sogar annehmen, dass $c_x$ glatt ist.
- Wir definieren eine Funktion $\varphi : U \to \mathbb{R}$ durch $\varphi(x) := \int_{c_x} \omega$. Nach Satz B.46 hängt $\varphi(x)$ nicht von der Wahl von $c$ ab.
- $\varphi$ ist stetig differenzierbar, mit $d\varphi = \omega$. □

**B.49 Bemerkung (Aharonov-Bohm)** Beispiel B.42 zeigt zusammen mit Satz B.48, dass die gelochte Ebene $\mathbb{R}^2 \backslash \{0\}$ nicht einfach zusammenhängend ist. ◇

## B.8 de-Rham–Kohomologie

Kohomologietheorien ordnen einem topologischen Raum Gruppen zu, die diesen teilweise charakterisieren. Darin sind sie den (in Anhang G.2 thematisierten) Homologietheorien ähnlich. Die de-Rham–Kohomologie verwendet Differentialformen und ist damit auf differenzierbare Mannigfaltigkeiten zugeschnitten.

**B.50 Definition** *Es sei $M$ eine differenzierbare Mannigfaltigkeit.*

- *Für $k \in \mathbb{N}_0$ und den $\mathbb{R}$–Vektorraum der geschlossenen $k$–Formen*

$$Z^k(M) := \ker\left(d{\restriction}_{\Omega^k(M)}\right)$$

*heißen zwei geschlossene Formen* **äquivalent** *oder* **kohomolog** *($\omega_1 \sim \omega_2$), wenn $\omega_1 - \omega_2 \in B^k(M)$, mit dem Unterraum der exakten Formen*

$$B^k(M) := \operatorname{im}\left(d{\restriction}_{\Omega^{k-1}(M)}\right) \subseteq Z^k(M)\,.$$

- *Die $k$–te de-Rham–***Kohomologiegruppe** *ist der Faktorraum*

$$H^k(M) := Z^k(M)/B^k(M) \quad \text{, und} \quad H^*(M) := \bigoplus_{k=0}^{\infty} H^k(M). \tag{B.8.1}$$

Für $k > \dim(M)$ sind diese Räume Null-dimensional.
Für $k \le \dim(M)$ sind im Gegensatz zu $Z^k(M)$ und $B^k(M)$ die $\mathbb{R}$–Vektorräume $H^k(M)$ für kompakte Mannigfaltigkeiten $M$ (und für nicht zu komplizierte, nicht kompakte Mannigfaltigkeiten) endlich-dimensional. In diesem Fall sind also die **Betti–Zahlen**

$$\mathrm{betti}_k(M) := \dim\left(H^k(M)\right) \qquad (k \in \mathbb{N}_0) \tag{B.8.2}$$

definiert. Diese Zahlen haben eine topologische Bedeutung. Beispielsweise gilt:

**B.51 Satz** *Ist die Mannigfaltigkeit $M$ kompakt, dann ist die Betti–Zahl* $\mathrm{betti}_0(M)$ *die Anzahl der Zusammenhangskomponenten von $M$.*

**Beweis:** Eine Null–Form $\omega$ auf $M$ ist eine reelle Funktion.
- Diese ist geschlossen, wenn ihre Ableitung $d\omega = 0$ ist, sie also (analog zu (B.6.2)) auf den Zusammenhangskomponenten von $M$ konstant ist.
- Ihre Werte auf den Zusammenhangskomponenten lassen sich frei wählen. □

**B.52 Beispiele (de-Rham–Kohomologie)**

1. $M = \mathbb{R}^n$: $\omega \in \Omega^0(\mathbb{R}^n)$ ist genau dann geschlossen, wenn $\omega$ konstant ist. $\omega$ ist genau dann exakt, wenn diese Konstante die Null ist (vergleiche mit Satz B.51).
   Nach dem Poincaré–Lemma (Satz B.45) ist dagegen $\omega \in \Omega^k(\mathbb{R}^n)$ für $k \geq 1$ geschlossen genau dann, wenn $\omega$ exakt ist.
   Daher ist $H^1(\mathbb{R}^n) = \ldots = H^n(\mathbb{R}^n) = \{0\}$ und $H^0(\mathbb{R}^n) = \mathbb{R}$.
2. **Kreislinie** $M = S^1 = \mathbb{R}/\mathbb{Z}$:
   Auf $\mathbb{R}$ ist für $\lambda \in \mathbb{R}$ die Eins–Form $\tilde{\omega}_\lambda := \lambda\, dx$ invariant unter den Decktransformationen $x \mapsto x + \ell$, $\ell \in \mathbb{Z}$, und definiert damit eine Eins–Form $\omega_\lambda$ auf $S^1$ mit $\pi^*\omega_\lambda = \tilde{\omega}_\lambda$ für die Projektion $\pi : \mathbb{R} \to S^1$, $x \mapsto x + \mathbb{Z}$.
   Diese ist geschlossen, denn es gibt keine nichttrivialen Formen höheren Grades als die Dimension der Mannigfaltigkeit, aber $\omega_\lambda$ ist für $\lambda \neq 0$ nicht exakt. Dies erkennt man daran, dass $\int_{S^1} \omega_\lambda = \lambda \neq 0$, sodass eine Funktion $\rho_\lambda$ mit $d\rho_\lambda = \omega_\lambda =$ nicht existieren kann (es müsste ja $\rho_\lambda(x) = \rho_\lambda(0) + \int_0^x \omega_\lambda$ gelten). Auf $\mathbb{R}$ hingegen ist $\tilde{\omega}_\lambda = d\tilde{\rho}_\lambda$ mit $\tilde{\rho}_\lambda(x) := \lambda x + c$, $c \in \mathbb{R}$ beliebig.
   Dagegen ist jede Eins–Form $\omega \in H^1(S^1)$ zu einer Eins–Form $\omega_\lambda$ *kohomolog*, und zwar mit $\lambda := \int_{S^1} \omega$:
   $$\omega = \omega_\lambda + d\rho \quad \text{mit} \quad \rho(x) := \int_0^x (\omega - \omega_\lambda) \qquad (x \in S^1).$$
   Also ist $H^0(S^1) = \mathbb{R}$ (wieder nach Satz B.51) und $H^1(S^1) = \mathbb{R}$. ◇

In vielen Fällen ist bei Berechnungen von de-Rham–Kohomologien hilfreich auszunutzen, dass die äußere Ableitung sich *natürlich* unter glatten Abbildungen $f : M \to N$ verhält, dass also $df = fd$ gilt.

**B.53 Beispiel (Kohomologie der Sphären)** Die Berechnung der de-Rham-Kohomologie $H^*(S^n)$ der $n$–Sphäre erfolgt durch Mittelung von Differentialformen.

- $S^n \subset \mathbb{R}^{n+1}$ ist invariant unter der Wirkung der Drehgruppe $\mathrm{SO}(n+1)$, und wir bezeichnen die Restriktion $g\restriction_{S^n}$ einer Drehung $g : \mathbb{R}^{n+1} \to \mathbb{R}^{n+1}$ wieder mit $g$.
- Wir können nun Formen $\omega \in \Omega^*(S^n)$ mitteln. Mit $\mu$ bezeichnen wir das *haarsche Maß* auf der Gruppe $\mathrm{SO}(n+1)$. Dies ist das (eindeutige) Wahrscheinlichkeitsmaß mit der Eigenschaft
  $$\mu\big(L_g(A)\big) = \mu(A) = \mu\big(R_g(A)\big)$$

für alle Borel–Mengen $A \subseteq \mathrm{SO}(n+1)$, wobei Links– und Rechtswirkung von $g \in \mathrm{SO}(n+1)$ durch

$$L_g(h) := g \circ h \quad , \quad R_g(h) := h \circ g \qquad (h \in \mathrm{SO}(n+1))$$

definiert sind (siehe auch E.1.3). Wir mitteln die Form $\omega$, setzen also

$$\overline{\omega} := \int_{\mathrm{SO}(n+1)} g^*\omega \; \mathrm{d}\mu(g)\,.$$

Es gilt $h^*\overline{\omega} = \overline{\omega}$ für alle $h \in \mathrm{SO}(n+1)$, die Form ist also invariant.

- Offensichtlich ist wegen $dg^* = g^*d$ die gemittelte Form $\overline{\omega}$ geschlossen beziehungsweise exakt, wenn $\omega$ geschlossen bzw. exakt ist.

  Aber auch die Umkehrung gilt. Wir können also zu invarianten Repräsentanten $\overline{\omega}$ von Kohomologieklassen übergehen, die durch ihren Wert an einem Punkt der Sphäre, z.B. dem Nordpol fixiert sind, und unter der Stabilisatorgruppe $\mathrm{SO}(n) \subset \mathrm{SO}(n+1)$ invariant sein müssen. Dies gilt für die konstanten 0– und $n$–Formen, aber für keine weiteren.
  Damit ist $H^0(S^n) = H^n(S^n) = \mathbb{R}$ und $H^i(S^n) = 0 \quad (0 < i < n)$. ◇

Es ist manchmal auch hilfreich, dass die äußere Ableitung für $\omega \in \Omega^k$ die Leibniz–Regel $d(\omega \wedge \rho) = (d\omega) \wedge \rho + (-1)^k \omega \wedge d\rho$ erfüllt. Daher ist mit $\omega$ und $\rho$ auch $\omega \wedge \rho$ geschlossen und für eine beliebige $(k-1)$–Form $\sigma$ zur geschlossenen Form $(\omega + d\sigma) \wedge \rho$ kohomolog.

$H^*(M)$ wird damit zu einem Ring, dem *Kohomologiering*, und es gilt die *Künneth–Formel*

$$H^k(M_1 \times M_2) = \bigoplus_{\ell_1+\ell_2=k} H^{\ell_1}(M_1) \otimes H^{\ell_2}(M_2) \qquad (k \geq 0)$$

oder kurz

$$\boxed{H^*(M_1 \times M_2) = H^*(M_1) \otimes H^*(M_2)\,.}$$

**B.54 Beispiel (Kohomologie der Tori)**
Damit folgt für den $n$–Torus $\mathbb{T}^n = S_1^1 \times \ldots \times S_n^1$

$$H^k(\mathbb{T}^n) = \bigoplus_{\ell_1+\ldots+\ell_n=k} \bigotimes_{i=1}^n H^{\ell_i}(S_i^1) \cong \bigoplus_{\ell_1+\ldots+\ell_n=k} \mathbb{R} = \mathbb{R}^{\binom{n}{k}} \qquad (k = 0, \ldots, n).$$

Entsprechend ist die $k$-te Betti–Zahl $\mathrm{betti}_k(\mathbb{T}^n) = \binom{n}{k}$, und $H^*(\mathbb{T}^n)$ ist die von den $\omega_i$ von $H^*(S_i^1)$ $(i = 1, \ldots, n)$ erzeugte äußere Algebra $\wedge(\omega_1, \ldots, \omega_n)$. ◇

# Anhang C

# Konvexität und Legendre–Transformation

## C.1 Konvexe Mengen und Funktionen

### C.1 Definition

- *Eine Teilmenge* $K \subseteq V$ *eines* $\mathbb{K}$*-Vektorraums* $V$ *heißt* **konvex**, *falls für alle* $x, y \in K$ *die* **Strecke zwischen** $x$ **und** $y$

$$[x, y] := \big\{(1-\lambda)x + \lambda y \mid \lambda \in [0,1]\big\} \subset V$$

*in* $K$ *liegt.*

- *Die auf einer konvexen Menge* $K \subseteq V$ *definierte Funktion* $f : K \to \mathbb{R} \cup \{+\infty\}$ *heißt* **konvex**, *wenn*

$$f\big((1-\lambda)x + \lambda y\big) \le (1-\lambda)f(x) + \lambda f(y) \qquad (\lambda \in [0,1]),$$

$f : K \to \mathbb{R} \cup \{-\infty\}$ *heißt* **konkav**, *wenn* $-f$ *konvex ist.*

### C.2 Bemerkung

Wir haben hier den Funktionswert $\infty$ zugelassen (mit den Rechenregeln $\infty + \infty := \infty$, $a < \infty$ und $a + \infty := \infty + a := \infty$ für $a \in \mathbb{R}$).

Dies ist manchmal praktisch, denn für eine konvexe Funktion $f : K \to \mathbb{R} \cup \{+\infty\}$ ist auch ihre Fortsetzung

$$\tilde{f} : V \to \mathbb{R} \cup \{+\infty\} \quad , \quad \tilde{f}(x) := \begin{cases} f(x) & , \quad x \in K \\ +\infty & , \quad x \in V \setminus K \end{cases}$$

konvex. Umgekehrt können wir Funktionen $f : V \to \mathbb{R} \cup \{+\infty\}$ auf ihren *effektiven Definitionsbereich*

$$\mathrm{dom}(f) := \{x \in V \mid f(x) \in \mathbb{R}\}$$

restringieren, der dann für konvexe $f$ wieder konvex ist. ◇

**C.3 Beispiele (Konvexität)**

1. Alle affinen Unterräume von $V$ sind konvex.

2. Jede Norm auf $V$ ist eine konvexe Funktion.

3. Für eine Funktion $f : \mathbb{R}^d \to \mathbb{R} \cup \{+\infty\}$ ist der *Epigraph von* $f$

$$\operatorname{epi}(f) := \big\{(x,t) \in \mathbb{R}^d \times \mathbb{R} \mid t \geq f(x)\big\}$$

genau dann eine konvexe Teilmenge von $\mathbb{R}^{d+1}$, wenn $f$ konvex ist.

4. Für eine konvexe Funktion $f : V \to \mathbb{R} \cup \{+\infty\}$ und $c \in \mathbb{R} \cup \{+\infty\}$ ist die Menge $\{x \in V \mid f(x) \leq c\}$ konvex. $\diamond$

Drei Fakten über konvexe Funktionen $f : K \to \mathbb{R}$ auf *offenen* konvexen Teilmengen $K \subseteq \mathbb{R}^d$ sollte man kennen:

- Sie sind stetig.

- Für alle $x \in K \subseteq \mathbb{R}^d$ existiert (mindestens) eine affine Hyperebene in $\mathbb{R}^{d+1}$, die Graph einer affinen Funktion

$$y \mapsto f(x) + \langle \mathcal{D}, y - x\rangle \qquad (y \in \mathbb{R}^d)$$

ist, mit

$$f(y) \geq f(x) + \langle \mathcal{D}, y - x\rangle \qquad (y \in K).$$

Solche Ebenen heißen *Stützebenen*, und *Tangentialebenen*, falls sie eindeutig sind.

- Ist $f \in C^2(K,\mathbb{R})$, dann ist $f$ genau dann konvex, wenn die Hesse–Matrix[1] $\mathrm{D}^2 f(x)$ an jedem Punkt $x \in K$ positiv semidefinit ist. Dann ist die Stützebene eindeutig, und $\mathcal{D} = \mathrm{D}f(x)$.

## C.2 Die Legendre-Fenchel–Transformation

**C.4 Definition** *Die* **Legendre-Fenchel-Transformierte** *einer Funktion* $f : \mathbb{R}^n \to \mathbb{R} \cup \{+\infty\}$ *(mit* $f(\mathbb{R}^n) \neq \{+\infty\}$*) ist*

$$f^* : \mathbb{R}^n \to \mathbb{R} \cup \{+\infty\} \quad , \quad f^*(p) := \sup_{x \in \mathbb{R}^n} \big(\langle p, x\rangle - f(x)\big)\,.$$

---

[1] Zur Erinnerung: 1) Die Hesse-Matrix besitzt die Form $\mathrm{D}^2 f = \begin{pmatrix} \frac{\partial^2 f}{\partial x_1^2} & \cdots & \frac{\partial^2 f}{\partial x_1 \partial x_n} \\ \vdots & & \vdots \\ \frac{\partial^2 f}{\partial x_n \partial x_1} & \cdots & \frac{\partial^2 f}{\partial x_n^2} \end{pmatrix}$

2) Eine symmetrische Matrix $A \in \mathrm{Mat}(n,\mathbb{R})$ heißt *positiv definit* $(A > 0)$ (beziehungsweise *positiv semidefinit*), wenn $\langle v, Av\rangle > 0$ (bzw. $\langle v, Av\rangle \geq 0$) für $v \in \mathbb{R}^n \setminus \{0\}$.

Insbesondere ist also $f^*(0) = -\inf_{x\in\mathbb{R}^n} f(x)$, und $f^*(p)$ ist der Vertikalabstand zwischen der durch den Graphen von $x \mapsto \langle p, x\rangle$ gegebenen Ebene und dem Graphen von $f$.

Offensichtlich gilt auch die *Young-Ungleichung*

$$\langle x, p\rangle \le f(x) + f^*(p) \qquad (x, p \in \mathbb{R}^n).$$

Durch Hinzunahme der Wertes $+\infty$ existiert $f^*$ immer.

**C.5 Beispiel (Legendre–Transformation von $\exp$)**
Die Exponentialfunktion $f(x) := e^x$ ist auf $\mathbb{R}$ definiert. Das Bild $f'(\mathbb{R})$ ist das Intervall $I := (0, \infty)$. Für $p \in I$ wird das Maximum von $f^*(p) = \max_x(px - e^x)$ bei $x = \ln(p)$ angenommen. Die Legendre–Transformierte von $f$ ist also gleich $f^* : I \to \mathbb{R},\ f^*(p) = p\big(\ln(p) - 1\big)$, siehe Abbildung.

Für den von $I$ auf $\mathbb{R}$ erweiterten Definitionsbereich von $f^*$ wird das Supremum $f^*(0) = 0$ nicht mehr angenommen, und $f^*(p) = +\infty$ für $p < 0$. ◇

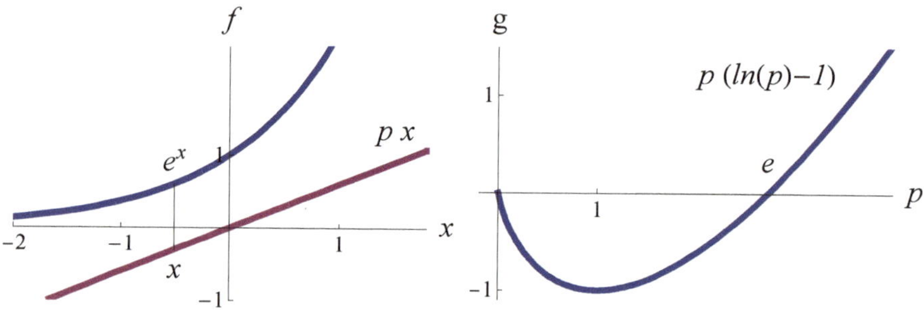


Abbildung C.2.1: Definition der Legendre–Transformation (links) und Legendre–Transformierte $f^*(p) = p(\ln p - 1)$ der Exponentialfunktion (rechts)

**C.6 Satz** *Die Legendre-Fenchel-Transformierte $f^*$ ist eine konvexe Funktion.*

**Beweis:** Für $p_0, p_1 \in \mathbb{R}^n$ und $p_t := (1-t)p_0 + tp_1 \quad (t \in [0,1])$ gilt

$$\begin{aligned} f^*(p_t) &= \sup_{x\in\mathbb{R}^n} \left(\langle p_t, x\rangle - f(x)\right) \\ &= \sup_{x\in\mathbb{R}^n} \Big((1-t)\big(\langle p_0, x\rangle - f(x)\big) + t\big(\langle p_1, x\rangle - f(x)\big)\Big) \\ &\le (1-t) \sup_{x\in\mathbb{R}^n} \big(\langle p_0, x\rangle - f(x)\big) + t \sup_{x\in\mathbb{R}^n} \big(\langle p_1, x\rangle - f(x)\big) \\ &= (1-t)f^*(p_0) + tf^*(p_1). \end{aligned}$$

□

Wir setzen jetzt voraus, dass $f^*$ nicht nur den Wert $+\infty$ annimmt. Damit ist auch $f^{**} := (f^*)^*$ konvex und für alle $y \in \mathbb{R}^n$

$$\begin{aligned} f^{**}(y) &= \sup_{p\in\mathbb{R}^n} \big( \langle y,p\rangle - f^*(p)\big) = \sup_{p\in\mathbb{R}^n} \inf_{x\in\mathbb{R}^n} \big( \langle y-x,p\rangle + f(x)\big) \\ &\le \sup_{p\in\mathbb{R}^n} \big( \langle y-y,p\rangle + f(y)\big) = f(y). \end{aligned}$$

$f^{**}$ ist also eine konvexe Funktion, die nicht größer als $f$ ist.

Wir betrachten ab jetzt Funktionen $f \in C^2(K,\mathbb{R})$ mit offenem konvexen Definitionsbereich $K \subseteq \mathbb{R}^n$ (mit $+\infty$ auf $\mathbb{R}^n$ fortgesetzt), für deren Hesse-Matrix gilt:

$$\mathrm{D}^2 f(x) > 0 \quad (x \in K).$$

Setzen wir $K^* := \Phi(K) \subseteq \mathbb{R}^n$ für $\Phi := \mathrm{D}f$, dann gilt

**C.7 Satz** *$\Phi$ ist ein $C^1$–Diffeomorphismus von $K$ auf $K^*$.*

**Beweis:**

- Nach Definition ist $\Phi : K \to \Phi(K)$ einmal stetig differenzierbar und surjektiv.
- $\Phi$ ist aber auch injektiv, denn für $x_0, x_1 \in K$ gilt, mit $x_t := (1-t)x_0 + tx_1$,

$$\begin{aligned} \langle \Phi(x_1) - \Phi(x_0), x_1 - x_0\rangle &= \int_0^1 \frac{\mathrm{d}}{\mathrm{d}t} \langle \Phi(x_t) - \Phi(x_0), x_1 - x_0\rangle \,\mathrm{d}t \\ &= \int_0^1 \langle \mathrm{D}\Phi(x_t)(x_1-x_0), x_1 - x_0\rangle \,\mathrm{d}t > 0 \end{aligned}$$

  für $x_1 \neq x_0$, denn $\mathrm{D}\Phi(x_t) = \mathrm{D}^2 f(x_t) > 0$.
- Da $\mathrm{D}\Phi(x) > 0$, ist nach Satz 2.39 auch $\Phi(K)$ offen, und die Inverse von $\Phi$ ist ebenfalls stetig differenzierbar. □

$\Phi(K)$ muss nicht konvex sein. Jedenfalls gilt

**C.8 Satz** $f^*(p) = \big\langle p, \Phi^{-1}(p)\big\rangle - f \circ \Phi^{-1}(p) \qquad \big(p \in \Phi(K)\big)$.

**Beweis:** Für $p \in \Phi(K)$ betrachten wir die Funktion

$$g \in C^2(K,\mathbb{R}) \quad , \quad g(x) := \langle p, x\rangle - f(x)\,.$$

Es gilt $\mathrm{D}^2 g(x) = -\mathrm{D}^2 f(x) < 0$ und für $x^* := \Phi^{-1}(p)$ ist

$$\mathrm{D}g(x^*) = p - \mathrm{D}f(x^*) = p - \Phi \circ \Phi^{-1}(p) = 0\,.$$

Nach der Taylor-Formel ist für $x \in K$ und ein $y$ auf der Strecke $[x^*, x]$

$$g(x) - g(x^*) = \tfrac{1}{2}\big\langle x - x^*, \mathrm{D}^2 g(y)(x-x^*)\big\rangle < 0$$

falls $x \neq x^*$. Also ist tatsächlich $x^*$ die eindeutige Maximalstelle von $g$. □

**C.9 Satz**

1. *Mit $f$ ist auch $f^*: K^* \to \mathbb{R}$ zweimal stetig differenzierbar.*

2. *Ist $K^*$ konvex, dann ist die Legendre–Transformation* **involutiv**, *d.h.* $f^{**} = f$.

**Beweis:**

1. Aus $f^*(p) = \langle p, \Phi^{-1}(p)\rangle - f \circ \Phi^{-1}(p)$ folgt mit $\Phi(x) = \mathrm{D}f(x)$

$$\mathrm{D}f^*(p) \quad = \quad \Phi^{-1}(p) + p^\top \mathrm{D}\Phi^{-1}(p) - \mathrm{D}f(\Phi^{-1}(p))\mathrm{D}\Phi^{-1}(p) = \Phi^{-1}(p).$$

   Nun ist $\Phi^{-1} \in C^1(K^*, K)$, also auch $\mathrm{D}f^* \in C^1(K^*, K)$ und $f^* \in C^2(K^*, \mathbb{R})$.

2. Für $f^*$ gelten jetzt die gleichen Voraussetzungen wie für $f$. Es ist damit $\mathrm{D}f^*: K^* \to K$ die inverse Abbildung zu $\mathrm{D}f: K \to K^*$, und mit Satz C.8 gilt $f^{**} = f$. □

Die Legendre–Transformation ist sogar für *beliebige* (nicht notwendig differenzierbare) konvexe $f: K \to \mathbb{R}$ involutiv, wenn $K, K^* \subseteq \mathbb{R}^n$ offen und konvex sind.

Ist etwa $K$ ein Intervall und $f \in C^1(K, \mathbb{R})$ konvex, dann ist der Graph von $f$ oberhalb jeder Tangente an $f$.
Denn aus $f(x_t) \le (1-t)f(x_0) + tf(x_1)$ für $x_t := (1-t)x_0 + tx_1$, $t \in (0,1)$ folgt $(f(x_t) - f(x_0))/t \le f(x_1) - f(x_0)$, also $(x_1 - x_0)f'(x_0) = \lim_{t\to 0}(f(x_t) - f(x_0))/t \le f(x_1) - f(x_0)$.

**C.10 Korollar**
*Ist $f \in C^1(K, \mathbb{R})$ konvex, dann ist $f$ die obere Einhüllende der Familie*

$$y_p(x) = px - f^*(p) \qquad (p \in f'(K), x \in K)$$

*von Geraden, siehe nebenstehende Abbildung.*

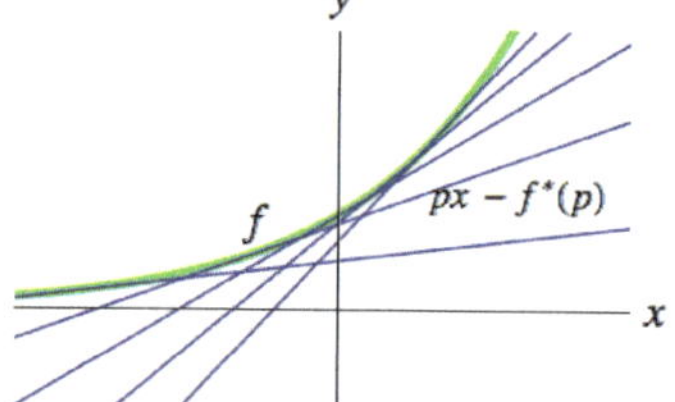


$f$ als Einhüllende des durch die Legendre–Transformierte $f^*$ definierten Geradenbüschels

Eine analoge Aussage gilt im Mehrdimensionalen für die Tangentialebenen.

# Anhang D

# Fixpunkt- und Urbildsätze

Im Zusammenhang des Satzes von Picard–Lindelöf (Satz 3.17) und auch der Møller–Transformationen (Satz 12.11) tauchen Räume von Kurven auf. Der folgende Satz stellt die Konvergenz der Cauchy–Folgen in diesen Räumen sicher.

**D.1 Satz** *Sei $V \subseteq \mathbb{R}^n$ abgeschlossen, $I \subseteq \mathbb{R}$ ein Intervall, und $X$ der Raum der Kurven*

$$X := \left\{ c \in C(I,V) \;\middle|\; \sup_{t\in I} \|c(t)\| < \infty \right\},$$

*mit* $\quad d(f,g) := \sup_{t\in I} \|f(t) - g(t)\| \quad (f,g \in X)$.
*Dann ist $(X,d)$ ein vollständiger metrischer Raum.*

**Beweis:** • $(X,d)$ ist ein metrischer Raum. Denn für $f,g,h \in X$ ist

- $d(g,f) = d(f,g)$,
- $d(f,g) \le \sup_{t\in I} \|f(t)\| + \sup_{t\in I} \|g(t)\| < \infty$, und
  $d(f,g) \ge 0$ mit Gleichheit genau, wenn $f = g$, und
- $d(f,h) = \sup_{t\in I} \|(f(t) - g(t)) + (g(t) - h(t))\|$
  $\le \sup_{t\in I} \|f(t) - g(t)\| + \sup_{t\in I} \|g(t) - h(t)\| = d(f,g) + d(g,h)$.

• Cauchy–Folgen $(f_m)_{m\in\mathbb{N}}$ in $X$ konvergieren punktweise gegen eine Abbildung $f : I \to V$, denn für alle $t \in I$ ist $\|f_m(t) - f_n(t)\| \le d(f_m, f_n)$, und $V$ ist als abgeschlossene Teilmenge des $\mathbb{R}^n$ vollständig.

• Nach dem folgenden $\varepsilon/3$–*Argument* ist $f$ stetig und sogar $f \in X$. Für $\varepsilon > 0$ sei $N \in \mathbb{N}$ so gewählt, dass $d(f_m, f_N) < \varepsilon/3 \quad (m \ge N)$, also auch für alle $t \in I : \|f(t) - f_N(t)\| \le \varepsilon/3$.
Aus der Stetigkeit von $f_N$ folgt für alle $s \in I$ die Existenz eines $\delta > 0$ mit

$$\|f_N(t) - f_N(s)\| < \tfrac{\varepsilon}{3} \qquad (t \in I : |t - s| < \delta/3).$$

Also ist

$$\|f(t) - f(s)\| \le \|f(t) - f_N(t)\| + \|f_N(t) - f_N(s)\| + \|f_N(s) - f(s)\| < \varepsilon\,.$$

- In $(X,d)$ gilt auch $f = \lim_{N\to\infty} f_N$, denn der Abstand

$$d(f, f_N) = \sup_{t\in I} \lim_{m\to\infty} \|f_m(t) - f_N(t)\| \leq \sup_{t\in I} \sup_{m\geq N} \|f_m(t) - f_N(t)\|$$

$= \sup_{m\geq N} d(f_m, f_N)$ geht für $N \to \infty$ gegen Null. □

**D.2 Definition**

- *$x \in X$ heißt* **Fixpunkt** *von $f : X \to X$, falls $f(x) = x$.*
- *Falls $(X,d)$ ein vollständiger metrischer Raum ist, dann heißt $f : X \to X$* **kontrahierend**, *wenn eine* **Kontraktionskonstante** *$\theta \in (0,1)$ existiert mit*

$$d\big(f(x), f(y)\big) \leq \theta\, d(x,y) \qquad (x, y \in X).$$

**D.3 Satz (Banachscher Fixpunktsatz)**
*Eine kontrahierende Abbildung $f : X \to X$ auf einem vollständigen metrischen Raum $(X,d)$ mit Lipschitz–Konstante $\theta < 1$ besitzt genau einen Fixpunkt $x^*$, und für die $m$-***te Iterierte** *$x_m := f(x_{m-1})$* **von** *$x_0 \in X$ gilt*

$$\boxed{d(x_m, x^*) \leq d(x_1, x_0)\tfrac{\theta^m}{1-\theta} \qquad (m \in \mathbb{N}).} \tag{D.1}$$

**Beweis:**
- Für $n \in \mathbb{N}_0$ gilt $d(x_{n+1}, x_n) \leq \theta\, d(x_n, x_{n-1}) \leq \ldots \leq \theta^n d(x_1, x_0)$, also für $n > m$

$$d(x_n, x_m) \leq \sum_{j=m}^{n-1} d(x_{j+1}, x_j) \leq \Big(\sum_{j=m}^{n-1} \theta^j\Big) d(x_1, x_0) \leq \frac{\theta^m}{1-\theta}\, d(x_1, x_0)\,.$$

Also ist $(x_n)_{n\in\mathbb{N}}$ eine Cauchy–Folge, und wegen Vollständigkeit von $(X,d)$ existiert

$$x^* := \lim_{n\to\infty} x_n\,.$$

- Damit ist $d(x^*, x_m) = \lim_{n\to\infty} \big(d(x^*, x_n) + d(x_n, x_m)\big) \leq \frac{\theta^m}{1-\theta}\, d(x_1, x_0)$.
- Wegen der Stetigkeit von $f$ gilt $f(x^*) = \lim_{n\to\infty} f(x_n) = \lim_{n\to\infty} x_{n+1} = x^*$.
- Gilt für $x \in X$ ebenfalls $f(x) = x$, dann ist $d(x, x^*) = d\big(f(x), f(x^*)\big) \leq \theta\, d(x, x^*)$, also $x = x^*$. Damit ist $x^*$ der einzige Fixpunkt. □

In vielen Fällen ist die kontrahierende Abbildung parameterabhängig und man interessiert sich für die Abhängigkeit des Fixpunktes vom Parameter. Eine entsprechende Aussage ist:

**D.4 Satz (Parametrisierter Fixpunktsatz)**
*Es sei $(X,d)$ ein vollständiger metrischer Raum, $P$ ein topologischer Raum (der* **Parameterraum***) und es gelte für $f : X \times P \to X$, $f_p(x) := f(x,p)$:*

1. *Es gibt eine gemeinsame Kontraktionskonstante $\theta \in (0,1)$ für die Abbildungen $f_p \quad (p \in P)$.*
2. *Für alle $x \in X$ sind die Abbildungen $P \to X$, $p \mapsto f_p(x)$ stetig.*

*Dann sind die Fixpunkte $x_p$ von $f_p$ stetig in $p \in P$.*

**Beweis:** Wegen 1. besitzt $f_p$ nach Satz D.3 einen eindeutigen Fixpunkt $x_p$.

- Für alle $p, q \in P$ ist, ebenfalls wegen der ersten Bedingung

$$\begin{aligned} d(x_p, x_q) &= d\big(f_p(x_p), f_q(x_q)\big) \le d\big(f_p(x_p), f_p(x_q)\big) + d\big(f_p(x_q), f_q(x_q)\big) \\ &\le \theta\, d\big(x_p, x_q\big) + d\big(f_p(x_q), f_q(x_q)\big), \end{aligned}$$

  also $d(x_p, x_q) \le d\big(f_p(x_q), f_q(x_q)\big)/(1-\theta)$.

- Wegen der zweiten Bedingung gibt es für alle $\varepsilon > 0$ eine Umgebung $U \subseteq P$ von $q$ mit $d\big(f_p(x_q), f_q(x_q)\big) < \varepsilon(1-\theta)$, falls $p \in U$. Für diese $p$ ist also $d(x_p, x_q) < \varepsilon$. □

**D.5 Bemerkung (Newton–Verfahren)**
Es sei $f \in C^2(I, \mathbb{R})$, also eine zweimal stetig differenzierbare Funktion auf dem Intervall $I := [a, b]$, mit $f'(x) \neq 0$ für alle $x \in I$.
Gesucht ist das (wegen dieser Annahme eindeutige) Urbild $X$ eines Punktes[1] $Y \in f(I)$. $X$ ist der einzige Fixpunkt von

$$g \equiv g_Y : I \to \mathbb{R} \quad , \quad g(x) = x - \tfrac{f(x)-Y}{f'(x)}.$$

Geometrisch ist $g(x)$ der Schnittpunkt der Tangente an den Graphen von $f$ bei $(x, f(x))$ mit der Geraden $y = Y$.
Im Newton–Verfahren wählt man einen Anfangswert $x_0 \in I$ und iteriert $g$, mit $x_{n+1} := g(x_n)$. ◇

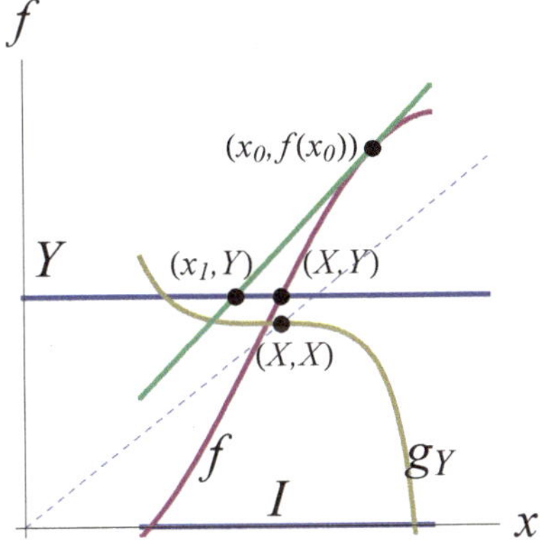


**D.6 Satz (Newton-Verfahren)** *Für alle $x \in I$ ist $|g(x) - X| \le M\, |x - X|^2$, mit $M := \frac{\max_{x\in I}|f''(x)|}{\min_{x\in I}|f'(x)|}$. Also konvergiert das Verfahren für Anfangswerte $x_0 \in I$ mit $M\,|x_0 - X| < 1$, das heißt: $\lim_{n\to\infty} x_n = X$.*

**Beweis:** Falls $x = X$ ist, sind wir fertig. Sonst gibt es nach dem Mittelwertsatz der Differentialrechnung ein $\xi$ im offenen Intervall zwischen $x$ und $X$ mit $\frac{f(x)-f(X)}{x-X} = f'(\xi)$, also

$$\begin{aligned} |g(x) - X| &= \left| x - \tfrac{f(x)-Y}{f'(x)} - X \right| = \left| (x - X)\left(1 - \tfrac{f'(\xi)}{f'(x)}\right) \right| \\ &= |x - X| \cdot \left| \tfrac{f'(x)-f'(\xi)}{f'(x)} \right| \le |x - X|^2 \cdot \left| \tfrac{f'(x)-f'(\xi)}{x-\xi}\, \tfrac{1}{f'(x)} \right| \\ &= |x - X|^2 \cdot \tfrac{|f''(\eta)|}{|f'(x)|}. \end{aligned}$$

Wieder wird nach dem Mittelwertsatz $\eta$ geeignet zwischen $x$ und $\xi$ gewählt. □

[1] Oft wird in Darstellungen des Newton–Verfahrens $Y = 0$ angenommen.

# Anhang E

# Gruppentheorie



## E.1 Gruppen

**E.1 Definition**

- *Eine* **Gruppe** *ist eine Menge $G$ mit einer Abbildung (,Verknüpfung' genannt)*

$$\circ : G \times G \to G\,,$$

*die assoziativ ist ($g \circ (h \circ k) = (g \circ h) \circ k$), und einem ausgezeichneten Element $e \in G$* **(Identität)** *mit $g \circ e = e \circ g = g$, ($g \in G$), für die zu jedem Element $g \in G$ ein* **inverses Element** *$h \in G$ mit $g \circ h = e$ existiert.*

- *$G$ heißt* **kommutativ** *oder* **abelsch**, *wenn $g \circ k = k \circ g \quad (g, k \in G)$ gilt.*
- *Die* **Ordnung** *$|G|$ einer Gruppe ist die Kardinalität der Menge.*
- *Eine nicht leere Teilmenge $H \subseteq G$ heißt* **Untergruppe**, *wenn sie unter Multiplikation und Inversenbildung abgeschlossen ist. Schreibweise: $H \leq G$.*
- *Für eine Untergruppe $H \leq G$ und $g \in G$ heißt $g \circ H := \{g \circ h \mid h \in H\} \subseteq G$ eine* **Linksnebenklasse**, *$H \circ g$ eine* **Rechtsnebenklasse** *von $H$.*

**E.2 Bemerkung** Sowohl die Identität $e$ als auch das zu $g$ inverse Element $g^{-1}$ ist eindeutig, und es gilt auch $g^{-1} \circ g = e$. ◇

**E.3 Satz (Lagrange)** *Die Ordnung $|H|$ einer Untergruppe $H \leq G$ einer endlichen Gruppe $G$ teilt die Ordnung $|G|$ von $G$.*

**E.4 Definition** *$g_1 \in G$ heißt* **konjugiert** *zu $g_2 \in G$, wenn ein $h \in G$ existiert mit $g_2 = h \circ g_1 \circ h^{-1}$. Eine Untergruppe $H_1 \leq G$ heißt* **konjugiert** *zu $H_2 \leq G$, wenn ein $h \in G$ existiert mit $H_2 = h \circ H_1 \circ h^{-1}$.*

**E.5 Satz** *Konjugation ist eine Äquivalenzrelation. Eine Gruppe $G$ zerfällt also in Konjugationsklassen, wobei die Identität $e \in G$ eine eigene Klasse bildet.*

**E.6 Definition** *Eine Untergruppe $H \leq G$ heißt* **normal**, *wenn gilt:*

$$kHk^{-1} = H \qquad (k \in G),$$

*also Links- und Rechtsnebenklassen übereinstimmen. Schreibweise: $H \lhd G$.*

**E.7 Satz** *Ist die Untergruppe $H \leq G$ normal, dann induziert die Verknüpfung auf $G$ eine Verknüpfung auf der Menge $G/H$ der Nebenklassen von $H$.*
*Diese Gruppe heißt* **Faktorgruppe** *$G/H$.*

**E.8 Beispiel (Restklassengruppe)**
Für $n \in \mathbb{N}$ ist die Teilmenge $n\mathbb{Z} \subseteq \mathbb{Z}$ der ganzzahligen Vielfachen von $n$ eine Untergruppe von $(\mathbb{Z}, +)$. Da $(\mathbb{Z}, +)$ abelsch ist, ist $n\mathbb{Z}$ normal, mit der *Restklassengruppe* $\mathbb{Z}_n := \mathbb{Z}/n\mathbb{Z} \cong \{0, 1, \ldots, n-1\}$ als Faktorgruppe (Addition mod $n$). ◇

**E.9 Definition** *Eine Abbildung $\phi : G_1 \to G_2$ von der Gruppe $G_1$ in die Gruppe $G_2$ heißt* **Homomorphismus**, *wenn*

$$\phi(g_1 \circ g_2) = \phi(g_1) \circ \phi(g_2) \qquad (g_1, g_2 \in G_1) \tag{E.1.1}$$

*gilt. Ein bijektiver Homomorphismus heißt* **Isomorphismus**.

**E.10 Bemerkung (Gruppenhomomorphismen)**
Aus (E.1.1) folgt für die Bilder des neutralen und der inversen Elemente

$$\phi(e) = e \quad \text{und} \quad \phi(g^{-1}) = \phi(g)^{-1} \quad (g \in G_1).$$ ◇

**E.11 Satz** *Der* **Kern** $\ker(\phi) := \{g \in G_1 \mid \phi(g) = e\}$ *eines Gruppenhomomorphismus $\phi : G_1 \to G_2$ ist eine normale Untergruppe.*

**E.12 Definition**

- *Eine* **(Links–)Wirkung** *oder* **Aktion** *einer Gruppe $G$ auf einer Menge $M$ ist eine Abbildung $\Phi : G \times M \to M$, für die in der Schreibweise*

$$\Phi_g : M \to M \quad , \quad \Phi_g(m) := \Phi(g, m) \qquad (g \in G)$$

  *gilt*

$$\Phi_e = \mathrm{Id}_M \quad \textit{und} \quad \Phi_g \circ \Phi_h = \Phi_{g \circ h} \qquad (g, h \in G). \tag{E.1.2}$$

- *Der* **Orbit** *eines Punktes $m \in M$ ist die Menge $\mathcal{O}(m) := \Phi(G,m) \subseteq M$.*
- *Die* **Isotropiegruppe** *(auch* **Stabilisator**, **Fixgruppe** *oder* **Standgruppe** *genannt) von $m \in M$ ist die Untergruppe $G_m := \{g \in G \mid \Phi(g,m) = m\}$.*
- *Die Wirkung heißt*
  **frei**, *wenn für alle $m \in M$ die Abbildung $G \to M$, $g \mapsto \Phi(g,m)$ injektiv ist,*
  **transitiv**, *wenn sie für ein (und damit für alle) $m \in M$ surjektiv ist.*
- *Eine Gruppenwirkung $\Phi : G \times V \to V$ auf einem Vektorraum $V$ heißt* **Darstellung** *von $G$, wenn die Abbildungen $\Phi_g : V \to V$ linear sind.*
  *$\Phi : G \times \mathbb{C} \to \mathbb{C}$, $(g,c) \mapsto \varphi(g)c$ (und auch $\varphi : G \to \mathbb{C}$) heißt* **Charakter**.

Wie im Spezialfall dynamischer Systeme (Satz 2.13) definiert die Zugehörigkeit zu einem Orbit eine Äquivalenzrelation auf $M$. Für $h \in G$ und den Punkt $m' := hm \in \mathcal{O}(m)$ des Orbits von $m$ ist in der Kurzschreibweise $gm := \Phi_g(m)$

$$G_{m'} = \{g \in G \mid g \circ hm = hm\} = \{g \in G \mid h^{-1} \circ g \circ hm = m\} = h\,G_m\,h^{-1}\,.$$

Die Isotropiegruppen der Punkte eines Orbits sind also zueinander konjugiert.

Gruppen $G$ wirken in verschiedener Weise auf sich selbst, zum Beispiel durch *Links–* beziehungsweise *Rechtswirkung* [1]

$$L : G \times G \to G \quad , \quad L_g(h) := g \circ h \quad , \quad R : G \times G \to G \quad , \quad R_g(h) := h \circ g. \tag{E.1.3}$$

Die Abbildungen $L_g$ und $R_{g'}$ vertauschen miteinander, und sowohl die Links– als auch die Rechtswirkung sind transitiv, denn für $h_1, h_2 \in G$ ist $L_g(h_1) = h_2$ für $g := h_2 \circ h_1^{-1}$ und $R_g(h_1) = h_2$ für $g := h_1^{-1} \circ h_2$. Auch die Abbildung

$$I : G \times G \to G \quad , \quad I_g(h) := g \circ h \circ g^{-1} \tag{E.1.4}$$

ist eine Gruppenwirkung von $G$ auf sich, aber im Gegensatz zu $L_g$ und $R_g$ ist $I_g : G \to G$ ein Gruppen–Automorphismus, denn es gilt

$$I_g(h_1) \circ I_g(h_2) = g \circ h_1 \circ g^{-1} \circ g \circ h_2 \circ g^{-1} = I_g(h_1 \circ h_2)\,,$$

also insbesondere $I_g(e) = e$ für alle $g \in G$. Diese Gruppenwirkung heißt (entsprechend Definition E.4) auch *Konjugation*.

**E.13 Satz** *Ist $|G| < \infty$ und $\Phi : G \times M \to M$ eine Gruppenwirkung, so gilt*

$$|\mathcal{O}(m)| \cdot |G_m| = |G| \qquad (m \in M).$$

**E.14 Definition**

- *Sind $G_1, G_2$ Gruppen, so heißt $G_1 \times G_2$ mit Gruppenmultiplikation*

  $$(g_1, g_2) \circ (g_1', g_2') := (g_1 \circ g_1', g_2 \circ g_2')$$

  **direktes Produkt** *von $G_1$ und $G_2$.*

[1] Für die Rechtswirkung gilt allerdings $R_{g_1} \circ R_{g_2} = R_{g_2 \circ g_1}$, im Gegensatz zu (E.1.2).

- *Die* **Automorphismengruppe** *einer Gruppe $G$ ist die Gruppe*

$$\mathrm{Aut}(G) := \{\phi : G \to G \mid \phi \text{ ist Isomorphismus } \}$$

*mit der Komposition als Gruppenverknüpfung.*

- *Ist $\phi : G_2 \to \mathrm{Aut}(G_1)$ ein Homomorphismus von $G_2$ in die Automorphismengruppe von $G_1$, so heißt $G_1 \times G_2$ (als Menge) mit Gruppenmultiplikation*

$$(g_1, g_2) \circ (g_1', g_2') = \Big(g_1 \circ (\phi(g_2)(g_1'))\, ,\, g_2 \circ g_2'\Big) \qquad (g_i, g_i' \in G_i)$$

**semidirektes Produkt** *von $G_1$ und $G_2$, und wird mit $G_1 \rtimes_\phi G_2$ (oder $G_1 \rtimes G_2$) bezeichnet.*

**E.15 Beispiel (Euklidische Gruppe)**
Wie in Satz 14.1 gezeigt wird, ist die Euklidische Gruppe $\mathbb{E}(d)$ des $\mathbb{R}^d$ semidirektes Produkt von $G_1 := (\mathbb{R}^d, +)$ und der orthogonalen Gruppe $G_2 := \mathrm{O}(d)$. Der Homomorphismus $\phi : \mathrm{O}(d) \to \mathrm{Aut}(\mathbb{R}^d)$ ist dabei einfach durch $\phi(O)(v) := Ov$ für $v \in \mathbb{R}^d$ gegeben, sodass

$$(v, O) \circ (v', O') = \big(v + Ov', O\,O'\big)$$

gilt. Insbesondere ergibt sich für $d = 1$ Dimensionen $\mathbb{E}(1) \cong \mathbb{R} \rtimes_\phi \{\pm 1\}$, wobei dieses semidirekte Produkt abelscher Gruppen nicht abelsch ist, denn z.B.

$$(v, -1) \circ (v', 1) = (v - v', -1) \quad \text{, aber} \quad (v', 1) \circ (v, -1) = (v + v', -1). \qquad \diamond$$

Zwar sind die beiden Faktoren eines semidirekten Produktes Untergruppen von $G_1 \rtimes G_2$, aber im Allgemeinen ist nur $G_1$ normal.
Etwa im Beispiel der Euklidischen Gruppe ist die Untergruppe $\{0\} \times \mathrm{O}(d)$ der Drehungen und Drehspiegelungen um den Ursprung konjugiert zu den Untergruppen der Drehungen und Drehspiegelungen um einen anderen Punkt des $\mathbb{R}^d$.

## E.2 Lie–Gruppen

Viele Gruppen sind in natürlicher Weise topologische Räume oder sogar Mannigfaltigkeiten.

**E.16 Definition**

- *Eine Gruppe $(G, \circ)$ heißt* **topologische Gruppe**, *wenn $G$ mit einer Topologie versehen ist, sodass gilt:*
*Die Gruppenverknüpfung $\circ : G \times G \to G$ und die Inversenbildung $G \to G$ sind stetig (dabei wird $G \times G$ mit der Produkttopologie versehen, siehe Seite 469).*

- *Eine Gruppe $(G, \circ)$ heißt* **Lie–Gruppe**, *wenn $G$ mit einer differenzierbaren Struktur (siehe Seite 472) versehen ist, sodass die Gruppenverknüpfung $G \times G \to G$ und die Inversenbildung $G \to G$ glatte Abbildungen sind.*

Ein einfaches Beispiel einer Lie–Gruppe ist die abelsche Gruppe $(\mathbb{R}^d, +)$, ebenso deren Untergruppe $\mathbb{Z}^d$ mit der durch die Inklusion $\mathbb{Z}^d \subset \mathbb{R}^d$ entstehenden (diskreten) Teilraumtopologie.

**E.17 Bemerkungen (Topologische Gruppen und Lie–Gruppen)**

1. Schon in Definition 2.16 eines stetigen dynamischen Systems und Definition 2.43 eines differenzierbaren dynamischen Systems haben wir von Definition E.16 Gebrauch gemacht.

2. Da Mannigfaltigkeiten topologische Räume und glatte Abbildungen stetig sind, ist jede Lie–Gruppe eine topologische Gruppe.

   Umgekehrt gilt das nicht. Beispielsweise kann man die Gruppe $\mathrm{Diff}(M)$ aller Diffeomorphismen einer Mannigfaltigkeit $M$ als topologische Gruppe auffassen. Für $\dim(M) \geq 1$ müsste sie als ‚Mannigfaltigkeit' unendliche Dimension besitzen, was mit unserem Mannigfaltigkeitsbegriff nicht kompatibel ist.

3. Um zu zeigen, dass $G$ eine Lie–Gruppe ist, reicht es aus zu zeigen, dass die Multiplikation glatt ist. Bezeichnen wir diese nämlich mit $M : G \times G \to G$, dann ist die Inversenbildung $I : G \to G,\ I(g) = g^{-1}$ Lösung der Gleichung $M\big(g, I(g)\big) = e$, und die partielle Ableitung $\mathrm{D}_2 M(g,h)$ nach dem zweiten Argument ist ein Isomorphismus. Die Glattheit von $I$ folgt damit aus dem Satz über die implizite Funktion. $\diamond$

**E.18 Beispiel (Allgemeine lineare Gruppe)**
Die *allgemeine lineare Gruppe* $\mathrm{GL}(V)$ eines Vektorraums $V$ ist die Gruppe der Automorphismen von $V$ (also der *invertierbaren* linearen Abbildungen aus $\mathrm{Lin}(V)$).

Damit wirkt sie auf $V$ und auch auf dem *projektiven Raum* $\mathrm{P}(V)$ von $V$, also der Menge der Äquivalenzklassen

$$\mathrm{P}(V) := \big\{[v] \mid v \in V \setminus \{0\}\big\} \quad \text{mit} \quad [v] = [w] \text{ falls } \mathrm{span}(v) = \mathrm{span}(w)\,.$$

Im Fall eines $\mathbb{K}$–Vektorraums $V$ endlicher Dimension $n$ ist die Gruppe isomorph zu der Gruppe der invertierbaren Matrizen aus $\mathrm{Mat}(n, \mathbb{K})$. Für $\mathbb{K} = \mathbb{R}$ und alle $n \in \mathbb{N}$ ist diese *reelle allgemeine lineare Gruppe*

$$\mathrm{GL}(n, \mathbb{R}) := \{M \in \mathrm{Mat}(n, \mathbb{R}) \mid \det(M) \neq 0\}$$

eine offene Teilmenge des $n^2$–dimensionalen Vektorraums $\mathrm{Mat}(n, \mathbb{R})$, und die Gruppenmultiplikation ist als Einschränkung der bilinearen Matrixmultiplikation glatt (siehe auch Beispiel 4.13). Es gilt also $\dim\big(\mathrm{GL}(n, \mathbb{R})\big) = n^2$, und die Lie–Gruppe $\mathrm{GL}(n, \mathbb{R})$ besitzt neben der Untergruppe

$$\mathrm{GL}^+(n, \mathbb{R}) := \{M \in \mathrm{GL}(n, \mathbb{R}) \mid \det(M) > 0\}$$

noch eine zweite Zusammenhangskomponente. Dabei ist die letztere von der Form $\mathrm{GL}^+(n, \mathbb{R})N$ mit einer beliebigen Matrix $N \in \mathrm{GL}(n, \mathbb{R})$ negativer Determinante. Sie sieht also als Mannigfaltigkeit genauso aus wie $\mathrm{GL}^+(n, \mathbb{R})$, ist aber keine Gruppe.

Eine Untergruppe von $\mathrm{GL}(n,\mathbb{R})$ ist die *orthogonale Gruppe*

$$\mathrm{O}(n) := \left\{M \in \mathrm{GL}(n,\mathbb{R}) \mid M^\top = M^{-1}\right\}$$

der Drehungen und Drehspiegelungen des $\mathbb{R}^n$. Die Topologie der Mannigfaltigkeit $\mathrm{GL}(n,\mathbb{R})$ kann man verstehen, indem man die Matrizen $M \in \mathrm{GL}(n,\mathbb{R})$ mittels *Polarzerlegung* eindeutig in der Form $M = OP$ schreibt mit $O \in \mathrm{O}(n)$ und $P$ positiv. Dass dabei $P = (M^\top M)^{1/2}$ sein muss, ergibt sich aus dem Ansatz $M = OP$: $M^\top M = P^\top O^\top OP = P^\top P = P^2$. Da die positiven Matrizen von der Form $P = \exp(S)$ mit $S \in \mathrm{Sym}(n,\mathbb{R})$ sind,[2] ist

$$\mathrm{GL}(n,\mathbb{R}) \longrightarrow \mathrm{O}(n) \quad , \quad OP \longmapsto O$$

ein Bündel mit typischer Faser $\mathrm{Sym}(n,\mathbb{R})$. Als $\mathbb{R}$–Vektorraum ist diese zusammenhängend. Also besitzt der Totalraum $\mathrm{GL}(n,\mathbb{R})$ des Bündels genauso viele Zusammenhangskomponenten wie die Basis $\mathrm{O}(n)$. $\mathrm{GL}^+(n,\mathbb{R})$ projiziert auf die Drehgruppe

$$\mathrm{SO}(n) := \left\{M \in \mathrm{GL}^+(n,\mathbb{R}) \mid M^\top = M^{-1}\right\} .$$

Letztere ist zusammenhängend, wie in Beispiel E.19 gezeigt wird.

Die Gruppe $\mathrm{GL}(n,\mathbb{R})$ ist andererseits *nicht kompakt*, denn sie enthält ja die Untergruppe $\{\lambda \mathbb{1} \mid \lambda > 0\}$.

Analog ist für alle $n \in \mathbb{N}$ die *komplexe allgemeine lineare Gruppe*

$$\mathrm{GL}(n,\mathbb{C}) := \{M \in \mathrm{Mat}(n,\mathbb{C}) \mid \det M \neq 0\}$$

als offene dichte Teilmenge von $\mathrm{Mat}(n,\mathbb{C})$ eine $2n^2$–dimensionale (reelle) Mannigfaltigkeit. Diese Lie–Gruppe ist aber zusammenhängend. ◇

Viele Lie–Gruppen sind Untergruppen von $\mathrm{GL}(n,\mathbb{R})$ oder $\mathrm{GL}(n,\mathbb{C})$.

### E.19 Beispiele (Lie–Gruppen)

1. Die *spezielle lineare Gruppe*

$$\mathrm{SL}(n,\mathbb{R}) := \{M \in \mathrm{GL}(n,\mathbb{R}) \mid \det(M) = 1\}$$

ist eine $(n^2 - 1)$–dimensionale Untermannigfaltigkeit von $\mathrm{GL}^+(n,\mathbb{R})$, da 1 regulärer Wert von $\det : \mathrm{Mat}(n,\mathbb{R}) \to \mathbb{R}$ ist. $\mathrm{SL}(n,\mathbb{R})$ ist zusammenhängend und für $n > 1$ nicht kompakt.

2. Die *Drehgruppe* $\mathrm{SO}(n) = \left\{M \in \mathrm{SL}(n,\mathbb{R}) \mid M^\top = M^{-1}\right\}$ ist diejenige Zusammenhangskomponente der orthogonalen Gruppe $\mathrm{O}(n)$ die die Identität enthält. Das kann mit Hilfe der Jordanschen Normalform gesehen werden. Denn als normale reelle Matrix ist $O \in \mathrm{SO}(n)$ in einer geeigneten Orthonormalbasis von $\mathbb{R}^n$ eine direkte Summe von Matrizen der Form $\left(\begin{smallmatrix} c & -s \\ s & c \end{smallmatrix}\right) \in \mathrm{Mat}(2,\mathbb{R})$ und Zahlen $u \in \mathrm{Mat}(1,\mathbb{R}) = \mathbb{R}$. Da $O$ orthogonal ist, sind die

[2] Mit $\mathrm{Sym}(n,\mathbb{K}) := \{P \in \mathrm{GL}(n,\mathbb{K}) \mid P^* = P\}$ für $\mathbb{K} = \mathbb{R}$ oder $\mathbb{K} = \mathbb{C}$.

$\begin{pmatrix} c & -s \\ s & c \end{pmatrix} \in \mathrm{SO}(2)$, und $|u| = 1$. Da sogar $O \in \mathrm{SO}(n)$, gibt es eine gerade Zahl von Summanden $u = -1$. Diese kann man wieder zu Paaren von Drehmatrizen aus $\mathrm{SO}(2)$ zusammenfassen. Da $\mathrm{SO}(2) = \left\{ \begin{pmatrix} \cos\varphi & -\sin\varphi \\ \sin\varphi & \cos\varphi \end{pmatrix} \mid \varphi \in [0, 2\pi) \right\}$ zusammenhängend ist, ist damit auch $\mathrm{SO}(n)$ zusammenhängend.

Da die Matrixnorm der Elemente von $\mathrm{O}(n)$ gleich Eins ist, ist $\mathrm{O}(n)$ und damit auch $\mathrm{SO}(n)$ *kompakt*.

$\mathbb{1} \in \mathrm{Sym}(n, \mathbb{R}) \subset \mathrm{Mat}(n, \mathbb{R})$ ist regulärer Wert der Abbildung

$$P : \mathrm{GL}(n, \mathbb{R}) \longrightarrow \mathrm{Sym}(n, \mathbb{R}) \quad , \quad M \longmapsto M^\top M ,$$

denn ihre Linearisierung ist durch $DP(M)N = M^\top N + N^\top M$ gegeben, und für $M \in P^{-1}(\mathbb{1}) = \mathrm{O}(n)$ und $L \in \mathrm{Sym}(n, \mathbb{R})$ ist $L$ Bild von $N := \frac{1}{2} ML$ unter der Abbildung $N \mapsto M^\top N + N^\top M$, diese also surjektiv. Damit ist $\mathrm{O}(n)$ eine *Lie–Gruppe*, und

$$\dim\left(\mathrm{O}(n)\right) = \dim\left(\mathrm{GL}(n, \mathbb{R})\right) - \dim\left(\mathrm{Sym}(n, \mathbb{R})\right) = n^2 - \binom{n+1}{2} = \binom{n}{2} .$$

3. Die *unitäre Gruppe*

$$\mathrm{U}(n) := \left\{ M \in \mathrm{GL}(n, \mathbb{C}) \mid M^* = M^{-1} \right\}$$

ist als Lie–Gruppe ebenfalls kompakt, besitzt die (reelle) Dimension $n^2$, und $U(1) \cong S^1$. Die Untergruppe

$$\mathrm{SU}(n) := \{ M \in \mathrm{U}(n) \mid \det(M) = 1 \}$$

der *speziell unitären* Matrizen ist eine $(n^2 - 1)$–dimensionale Lie–Gruppe. Die Darstellung

$$\mathrm{SU}(2) = \left\{ \begin{pmatrix} v & w \\ -\overline{w} & \overline{v} \end{pmatrix} \mid v, w \in \mathbb{C}, |v|^2 + |w|^2 = 1 \right\} \qquad \text{(E.2.1)}$$

zeigt, dass $\mathrm{SU}(2)$ diffeomorph zur Sphäre $S^3 \subset \mathbb{R}^4 \cong \mathbb{C}^2$ ist.

4. *Kartesische Produkte* von Lie–Gruppen sind, als Produktmannigfaltigkeiten aufgefasst, wieder Lie–Gruppen. Ein Beispiel ist die abelsche Gruppe $\mathbb{T}^n := S^1 \times \ldots \times S^1$, der *$n$–dimensionale Torus*. ◇

## E.3 Lie–Algebren

In der Mathematik ist das Konzept der *Linearisierung* oft erfolgreich, denn lineare Strukturen sind meist einfacher zu verstehen als nicht lineare. Da eine Lie–Gruppe auch eine Mannigfaltigkeit ist, kann man sie lokal (in der Nähe des neutralen Elements) betrachten, und kommt so zum Begriff ihrer Lie–Algebra.

Die in (E.1.3) definierten Links- und Rechtswirkungen $L_g,\ R_g : G \to G$ sind im Fall einer Lie–Gruppe $G$ Diffeomorphismen.

**E.20 Definition** *Ein Vektorfeld $X : G \to TG$ auf einer Lie–Gruppe $G$ heißt*

- **links–invariant**, *wenn gilt* $(L_g)_* X = X \qquad (g \in G)$,
- **rechts–invariant**, *wenn gilt* $(R_g)_* X = X \qquad (g \in G)$.

Wir werden weiter meistens die links–invarianten Vektorfelder $X$ betrachten; für die rechts–invarianten gelten dann analoge Aussagen.

Da die Linkswirkung transitiv ist, brauchen wir nur $X(e)$ zu kennen, um $X(g) = TL_g X(e)$ für alle $g \in G$ zu kennen. Die links–invarianten Vektorfelder auf $G$ bilden also einen zu $T_e G$ natürlich isomorphen Unterraum $\mathcal{X}_L(G)$ im $\mathbb{R}$–Vektorraum $\mathcal{X}(G)$ aller Vektorfelder.

**E.21 Definition**
*Eine* **Lie–Algebra** $(E, [\cdot,\cdot])$ *ist ein $K$–Vektorraum $E$ mit einer Abbildung $[\cdot,\cdot] : E \times E \to E$, genannt* **Lie–Klammer**, *die (mit $a, b \in K$ und $X, Y, Z \in E$)*

- **bilinear** *ist, das heißt*

$$[a\,X + b\,Y, Z] = a\,[X, Z] + b\,[Y, Z] \quad \textit{und} \quad [Z, a\,X + b\,Y] = a\,[Z, X] + b\,[Z, Y]$$

- **alternierend** *ist:* $[X, X] = 0$, *und damit* **antisymmetrisch**: $[X, Y] = -[Y, X]$,
- *und die die* **Jacobi–Identität** $[X, [Y, Z]] + [Y, [Z, X]] + [Z, [X, Y]] = 0$ *erfüllt.*

**E.22 Lemma** *Die Lie–Klammer $[X, Y] : G \to TG$ (siehe Definition 10.20) zweier links–invarianter Vektorfelder $X, Y : G \to TG$ ist selbst links–invariant.*

**Beweis:** Für $g \in G$ gilt $(L_g)_*[X, Y] = [(L_g)_* X, (L_g)_* Y] = [X, Y]$, also auch $[X, Y] \in \mathcal{X}_L(G)$. □

Damit bildet $(\mathcal{X}_L(G), [\cdot,\cdot])$ eine Lie–Algebra, die sogenannte *Lie–Algebra* $\mathrm{Lie}(G)$ *von* $G$.

**E.23 Bemerkungen (Lie–Algebren)**

1. Oft wird statt $\mathrm{Lie}(G)$ das Frakturzeichen $\mathfrak{g}$ benutzt, zum Beispiel
$$\mathrm{Lie}(\mathrm{SO}(n)) = \mathfrak{so}(n)\,.$$
2. Wie bemerkt, läßt sich die Lie–Algebra $\mathfrak{g}$ einer Lie–Gruppe $G$ als Tangentialraum von $G$ des neutralen Elements $e \in G$ auffassen [3]. Da sie damit deren lokale Struktur in der Nähe der Identität wiedergibt, kann es wie in Aufgabe E.27.2.b) oder im Beispiel $\mathfrak{so}(n) = \mathfrak{o}(n)$ vorkommen, dass nicht isomorphe Lie–Gruppen isomorphe Lie–Algebren besitzen. ◇

[3]Die sogenannte *Baker–Campbell–Hausdorff–Formel* stellt $\log\left(\exp(X)\exp(Y)\right)$ durch Kommutatoren von $X$ und $Y$ dar, mit exp aus (E.3.1), stellt also eine Beziehung zwischen Lie–Klammer und Gruppenverknüpfung her.

Nicht alle Lie–Gruppen sind Matrixgruppen:

**E.24 Beispiele (Lie–Gruppen vs Matrixgruppen)**

1. So besteht zwar $(\mathbb{R},+)$ aus reellen Zahlen, also eindimensionalen Matrizen, aber die Gruppenverknüpfung entspricht nicht der Matrixmultiplikation. In diesem Fall ist die Lie–Gruppe aber *isomorph zu einer Matrixgruppe*, nämlich der multiplikativen Gruppe $(\mathbb{R}^+,\cdot)$, mit dem Isomorphismus $\exp:\mathbb{R}\to\mathbb{R}^+$. Solche Lie–Gruppen heißen auch *linear*. Beispielsweise sind alle endlichen Gruppen linear.
2. Manche Gruppen sind ‚zu groß' um linear zu sein, zum Beispiel die Permutationsgruppe von $\mathbb{N}$.
3. Auch manche zusammenhängenden Lie–Gruppen wie die sogenannten *metaplektischen Gruppen*, die die symplektischen Gruppen zweifach überlagern und in der Quantenmechanik eine Rolle spielen, sind nicht linear (siehe etwa CARTER, SEGAL und MACDONALD [CSM], Seite 130). ◇

Im allgemeinen Fall der Lie–Algebra $\mathfrak{g}$ einer Lie–Gruppe $G$ wird die Exponentialabbildung wie folgt definiert. Die Elemente $\xi\in\mathfrak{g}$ werden als linksinvariante Vektorfelder auf $G$ aufgefasst. Diese erzeugen Flüsse

$$\Phi^{(\xi)}:\mathbb{R}\times G\to G \qquad (\xi\in\mathfrak{g}),$$

(denn wegen der Gruppenstruktur gibt es ein von der Anfangsbedingung $g\in G$ unabhängiges Zeitintervall, auf dem die Picard–Iteration konvergiert), und die Exponentialabbildung ist

$$\exp:\mathfrak{g}\to G \quad , \quad \xi\mapsto\Phi^{(\xi)}(1,e). \tag{E.3.1}$$

Die Exponentialabbildung bildet kleine Umgebungen von $0\in\mathfrak{g}$ diffeomorph auf Umgebungen von $e\in G$ ab (etwa für lineare Gruppen ist ja $\mathrm{D}\exp(0)=\mathbb{1}$). Sie bildet aber nicht immer $\mathfrak{g}$ auf die Zusammenhangskomponente von $e\in G$ ab.

Dies sieht man etwa für die in Aufgabe 6.26.d) diskutierte und auf Seite 93 illustrierte Gruppe $\mathrm{SL}(2,\mathbb{R})=\mathrm{Sp}(2,\mathbb{R})$. Unter den hyperbolischen Matrizen ist die Zusammenhangskomponente der Matrizen mit negativen Eigenwerten nicht im Bild $\exp\big(\mathfrak{sl}(2,\mathbb{R})\big)$ der Exponentialabbildung.

Siehe auch ABRAHAM und MARSDEN [AM], *Example* 4.1.9 für die Gruppe $\mathrm{GL}(2,\mathbb{R})$.

**E.25 Aufgabe (Exponentialabbildung für $\mathrm{GL}(n,\mathbb{R})$)**

Zeigen Sie, dass die links– beziehungsweise rechts–invarianten Vektorfelder auf der Matrixgruppe $\mathrm{GL}(n,\mathbb{R})$ von der Form

$$g\mapsto X^{(\xi)}(g)=g\,\xi \quad \text{bzw.} \quad g\mapsto\xi\,g \qquad \big(g\in\mathrm{GL}(n,\mathbb{R}),\ \xi\in\mathrm{Mat}(n,\mathbb{R})\big)$$

sind, dass der Kommutator von zwei links-invarianten Vektorfeldern durch

$$\left[X^{(\xi)},X^{(\eta)}\right]=X^{([\xi,\eta])} \quad \text{mit} \quad [\xi,\eta]=\xi\eta-\eta\xi \qquad (\xi,\eta\in\mathrm{Mat}(n,\mathbb{R}))$$

gegeben ist, und dass Definition (E.3.1) von $\exp(\xi)$ mit dem Matrixexponential (4.1) übereinstimmt. $\diamond$

**E.26 Beispiele**

1. Die links– und die rechts–invarianten Vektorfelder einer abelschen Lie–Gruppe sind einander gleich, und ihre Lie–Klammer verschwindet. Auf $\mathbb{R}^n$ etwa gehören genau die konstanten Vektorfelder zur Lie–Algebra $\mathcal{X}_L(\mathbb{R}^n) = \mathcal{X}_R(\mathbb{R}^n)$.
   Für die Lie–Gruppe $U(1) = \{c \in \mathbb{C} \mid |c| = 1\}$ mit Lie–Algebra $\imath\mathbb{R}$ ergibt sich das nebenstehende Bild.

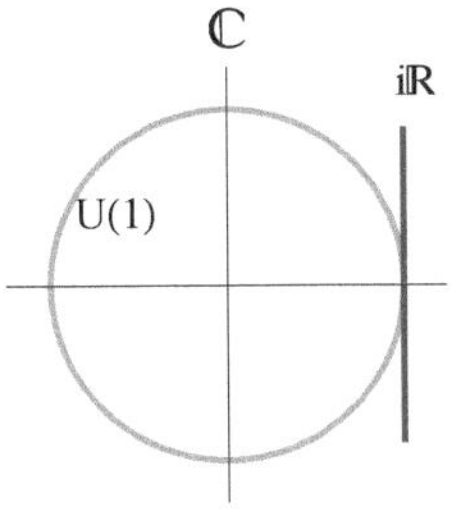

2. Die Matrixgruppe $\mathrm{GL}(n, \mathbb{K})$ ist offen in $\mathrm{Mat}(n, \mathbb{K})$, ihre Lie–Algebra ist also der Tangentialraum $\mathfrak{gl}(n) = \mathrm{Mat}(n, \mathbb{K})$.

   Der oben beschriebene Zusammenhang zwischen Lie–Algebra und Tangentialraum der Identität erlaubt damit eine einfache Berechnung der Matrix–Lie–Algebra einer Matrix–Lie–Gruppe, wie man am Beispiel der $\mathrm{SO}(n, \mathbb{R}) \subset \mathrm{GL}(n, \mathbb{R})$ sieht: Für eine $C^1$–Kurve $A : (-\epsilon, \epsilon) \to \mathrm{SO}(n, \mathbb{R})$ mit $A(0) = 1\!\mathrm{l}$ gilt $A(s)A(s)^\top = 1\!\mathrm{l}$ und $\det A(s) = 1$ für alle $s \in (-\epsilon, \epsilon)$, also

   $$0 = \frac{\mathrm{d}}{\mathrm{d}s}\Big|_{s=0} A(s)A(s)^\top = \dot{A}(0)A(0)^\top + A(0)\dot{A}(0)^\top = \dot{A}(0) + \dot{A}(0)^\top .$$

   Folglich ist mit dem Vektorraum $\mathrm{Alt}(n, \mathbb{R}) := \{X \in \mathrm{Mat}(n, \mathbb{R}) \mid X^\top = -X\}$ der antisymmetrischen Matrizen

   $$\mathfrak{so}(n) = \mathrm{Alt}(n, \mathbb{R}), \qquad \text{(E.3.2)}$$

   denn aus $X + X^\top = 0$ folgt bereits $\exp(X)\exp(X^\top) = 1\!\mathrm{l}$ und $\mathrm{tr}\,(X) = 0$, so dass $\det(\exp X) = 1$. $\diamond$

**E.27 Aufgaben (Lie–Gruppen und Lie–Algebren)**

1. Berechnen Sie analog zu den obigen Beispielen die Lie–Algebren $\mathfrak{u}(n)$, $\mathfrak{su}(n)$ und $\mathfrak{sp}(\mathbb{R}^{2n})$ von $\mathrm{U}(n)$, $\mathrm{SU}(n)$ beziehungsweise $\mathrm{Sp}(\mathbb{R}^{2n})$ (siehe Beispiel E.19.3 und (6.2.5)), und bestimmen Sie deren Dimensionen.

2. *(Isomorphien von Lie–Algebren)*

   (a) Zeigen Sie, dass die Lie–Algebra $\mathfrak{so}(3)$ mit (13.4.8) isomorph ist zur Lie–Algebra des $\mathbb{R}^3$, versehen mit dem Vektorprodukt als Klammeroperation.

   (b) Zeigen Sie die Isomorphie $\mathfrak{so}(3) \cong \mathfrak{su}(2)$ mit

   $$\mathfrak{su}(n) := \{X \in \mathrm{Mat}(n, \mathbb{C}) \mid X + X^* = 0,\ \mathrm{tr}(X) = 0\} .$$

   (c) Es bezeichne $\mathbb{H}$ den Schiefkörper der *Quaternionen* $q = a + bi + cj + dk$ mit $a, b, c, d \in \mathbb{R}$, wobei $i, j, k$ folgenden Relationen genügen:

   $$ij = k = -ji\ ,\ jk = i = -kj\ ,\ ki = j = -ik \text{ und } i^2 = j^2 = k^2 = -1\,,$$

und die Konjugation durch $q^* := a - bi - cj - dk$ erklärt ist (siehe auch KOECHER und REMMERT [KR]).
Zeigen Sie, dass $\mathfrak{su}(2)$ als Lie–Algebra isomorph ist zur Menge $\mathrm{Im}\mathbb{H} := \{q \in \mathbb{H} \mid a = 0\}$ der *imaginären Quaternionen* mit dem Kommutator als Klammeroperation. Verwenden Sie dazu die Einbettung

$$\mathbb{H} \to \mathrm{Mat}(2, \mathbb{C}) \quad , \quad q \mapsto \begin{pmatrix} a+b\imath & c+d\imath \\ -c+d\imath & a-b\imath \end{pmatrix}. \qquad \diamond$$

**E.28 Beispiel (Parametrisierung von $\mathrm{SO}(3)$)**
Eine Parametrisierung von $\mathrm{SO}(3)$ ist die folgende glatte Abbildung (mit der Vollkugel $B_r^d = \{x \in \mathbb{R}^d \mid \|x\| \le r\}$):

$$A : B_\pi^3 \to \mathrm{SO}(3),\ x \mapsto \exp\big(i(x)\big)\ , \text{ mit } i : \mathbb{R}^3 \to \mathfrak{so}(3),\ \begin{pmatrix} a_1 \\ a_2 \\ a_3 \end{pmatrix} \mapsto \begin{pmatrix} 0 & -a_3 & a_2 \\ a_3 & 0 & -a_1 \\ -a_2 & a_1 & 0 \end{pmatrix}$$

(siehe auch (13.4.8)). Da $x$ im Kern der Matrix $i(x)$ liegt, ist $A(x)$ eine Drehung um die Achse $\mathrm{span}(x)$. Wegen der Eigenwerte $\mathrm{spek}(i(x)) = \{0, \imath\|x\|, -\imath\|x\|\}$ ist der Drehwinkel gleich $\|x\|$.

Da jede Drehung im $\mathbb{R}^3$ als Rechtsdrehung um einen Winkel im Intervall $[0, \pi]$ dargestellt werden kann, ist $A$ surjektiv.
Abgesehen von der Identifikation der Antipoden auf der Kugeloberfläche, das heißt $i(x) = i(-x)$ für $\|x\| = \pi$, ist die Abbildung injektiv.

Diese Eigenschaften von $A$ folgen auch mit der *Formel von Rodrigues*

$$\exp\big(i(x)\big) = \mathbb{1}_3 + \frac{\sin(\|x\|)}{\|x\|}\, i(x) + \frac{1}{2}\left(\frac{\sin(\|x\|/2)}{\|x\|/2}\, i(x)\right)^2 \qquad (x \in \mathbb{R}^3 \setminus \{0\}). \tag{E.3.3}$$

Letztere beweist man durch Einsetzen der Formel $i(x)^2 = xx^\top - \|x\|^2 \mathbb{1}_3$, also $i(x)^3 = -\|x\|^2\, i(x)$ in die Potenzreihe von $\exp$ und Sortieren in gerade und ungerade Potenzen. $\diamond$

Aus dieser Parametrisierung folgt (siehe Aufgabe 6.53), dass $\mathrm{SO}(3)$ diffeomorph zum reell-projektiven Raum $\mathbb{RP}(3) \cong S^3/\{\pm\mathbb{1}\}$ ist. Andererseits ist nach Beispiel E.19.3 die Lie–Gruppe $\mathrm{SU}(2)$ diffeomorph zur Sphäre $S^3$. Wir erhalten damit eine zweifache Überlagerung von $\mathrm{SO}(3)$ durch die Gruppe $\mathrm{SU}(2)$.

**E.29 Satz ($\mathrm{SU}(2)$ und $\mathrm{SO}(3)$)** *Mit dem linearen Isomorphismus*

$$\sigma : \mathbb{R}^3 \to \mathfrak{su}(2) \quad , \quad \sigma(x) := \tfrac{1}{2}\begin{pmatrix} -\imath x_3 & -\imath x_1 - x_2 \\ -\imath x_1 + x_2 & \imath x_3 \end{pmatrix}$$

*ist die adjungierte Darstellung*

$$\Pi : \mathrm{SU}(2) \to \mathrm{SO}(3) \quad , \quad \Pi_U(x) = \sigma^{-1}\big(U\sigma(x)U^{-1}\big) \qquad (U \in \mathrm{SU}(2),\ x \in \mathbb{R}^3)$$

*ein surjektiver Gruppenhomomorphismus mit Kern* $\{\pm\mathbb{1}\}$.

**Beweis:**

- $\Pi$ ist ein Gruppenhomomorphismus mit $\{\pm\mathbb{1}\} \subseteq \ker(\Pi)$, denn $\Pi_{-\mathbb{1}}(x) = \Pi_{\mathbb{1}}(x) = x$ und für $U, V \in \mathrm{SU}(2)$ ist

$$\Pi_U \circ \Pi_V(x) = \Pi_U\Big(\sigma^{-1}\big(V\sigma(x)V^{-1}\big)\Big) = \sigma^{-1}\Big(UV\sigma(x)V^{-1}U^{-1}\Big) = \Pi_{UV}(x).$$

Andererseits ist $U \in \ker(\Pi)$ genau dann, wenn $U\,v\,U^{-1} = v$ für alle $v \in \mathfrak{su}(2)$. Das ist gleichbedeutend mit $Uv = vU$ für alle $v \in \mathfrak{su}(2)$, also damit, dass $U$ Vielfaches der Eins ist.

• $\Pi_U \in \mathrm{GL}^+(3,\mathbb{R})$ weil $\Pi_{\mathbb{1}} = \mathbb{1} \in \mathrm{GL}^+(3,\mathbb{R})$ und $\mathrm{SU}(2) \cong S^3$ zusammenhängend ist. Mit $\mathrm{tr}\big(\sigma(x)\sigma(y)\big) = -\frac{1}{2}\langle x,y\rangle$ folgt für $\Pi_U \in \mathrm{GL}(3,\mathbb{R})$ schon $\Pi_U \in \mathrm{SO}(3)$, denn für $x, y \in \mathbb{R}^3$ ist

$$\langle \Pi_U(x), \Pi_U(y)\rangle = -2\mathrm{tr}\big(U\sigma(x)U^{-1}U\sigma(y)U^{-1}\big) = -2\mathrm{tr}\big(\sigma(x)\sigma(y)\big) = \langle x,y\rangle\ .$$

• $i : \mathbb{R}^3 \to \mathfrak{so}(3)\ ,\ \begin{pmatrix} a_1\\ a_2\\ a_3\end{pmatrix} \mapsto \begin{pmatrix} 0 & -a_3 & a_2\\ a_3 & 0 & -a_1\\ -a_2 & a_1 & 0\end{pmatrix}$ ist nach (13.4.8) ein Isomorphismus der Lie–Algebren, ebenso wie $\sigma : \mathbb{R}^3 \to \mathfrak{su}(2)$, und daher, wie in Aufgabe E.27.2) gezeigt, auch $\psi := i \circ \sigma^{-1} : \mathfrak{su}(2) \to \mathfrak{so}(3)$.

Damit ist die Linearisierung $T_e\Pi : \mathfrak{su}(2) \to \mathfrak{so}(3)$ des Gruppenhomomorphismus $\Pi$ bei der Identität von der Form $T_e\Pi = \psi$, denn unter Verwendung von $v \times x = i(v)x$ folgt

$$T_e\Pi(u)(x) = \sigma^{-1}\big(u\sigma(x) - \sigma(x)u\big) = \sigma^{-1}(u)\times x = \psi(u)x \quad \big(u \in \mathfrak{su}(2),\ x \in \mathbb{R}^3\big)\,.$$

• $\Pi$ ist damit ein *lokaler Diffeomorphismus*[4]. Das Bild $\Pi\big(\mathrm{SU}(2)\big) \subseteq \mathrm{SO}(3)$ ist damit offen und abgeschlossen zugleich. Da nach Beispiel E.19.2 die Gruppen $\mathrm{SO}(n)$ zusammenhängend sind, ist $\Pi\big(\mathrm{SU}(2)\big) = \mathrm{SO}(3)$. □

## E.4 Lie–Gruppenwirkungen

Wie jede Gruppe auf einer Menge wirken kann (siehe Definition E.12), so kann auch eine topologische Gruppe auf einem topologischen Raum beziehungsweise eine Lie–Gruppe auf einer Mannigfaltigkeit wirken. Man wird aber dann Verträglichkeit der Strukturen erwarten. Im ersten Fall wird man also Stetigkeit der Gruppenwirkung, im zweiten Fall stetige Differenzierbarkeit voraussetzen.

**E.30 Beispiele (Lie–Gruppenwirkungen)**

1. Jede Lie–Gruppe $G$ wirkt auf sich selbst von links und von rechts (E.1.3), sowie durch die Konjugation $I : G \times G \to G$ (E.1.4), das heißt durch Gruppenautomorphismen.

2. Damit wirkt sie auch auf ihrer Lie–Algebra $\mathfrak{g}$. Identifizieren wir diese nämlich mit dem Tangentialraum $T_eG$ an der Identität $e \in G$, dann ist wegen $I_g(e) = e$ $(g \in G)$ die *adjungierte Darstellung*

$$\mathrm{Ad}_g : \mathfrak{g} \to \mathfrak{g} \quad , \quad \mathrm{Ad}_g(\xi) = \mathrm{D}I_g(e)\,\xi \qquad (g \in G,\ \xi \in T_eG \cong \mathfrak{g}) \qquad \text{(E.4.1)}$$

eine lineare Gruppenwirkung von $G$ auf $\mathfrak{g}$. Ist die Lie–Gruppe $G$ eine Matrixgruppe, dann ist

$$\mathrm{Ad}_g(\xi) = g\,\xi\,g^{-1} \qquad (g \in G,\ \xi \in T_eG).$$

[4] Also analog zu Definition 2.36 jeder Punkt $x \in \mathrm{SU}(2)$ eine Umgebung $U_x$ besitzt, so dass $\Pi\restriction_{U_x}$ ein Diffeomorphismus auf $\Pi(U_x)$ ist.

3. Damit wird auch auf der dualen Lie–Algebra $\mathfrak{g}^*$ eine Darstellung von $G$ definiert. Die zur linearen Abbildung $\mathrm{Ad}_g$ duale Abbildung $\mathrm{Ad}_g^*$ ist ja durch die Eigenschaft
$$\langle \mathrm{Ad}_g^*(\xi^*), \eta\rangle = \langle \xi^*, \mathrm{Ad}_g(\eta)\rangle \qquad (\eta \in \mathfrak{g},\ \xi^* \in \mathfrak{g}^*)$$
festgelegt. Die Abbildung $g \mapsto \mathrm{Ad}_g^*$ ist aber eine Rechtswirkung, während wir Linkswirkungen benutzen. Entsprechend ist die *koadjungierte Darstellung* von $G$ auf $\mathfrak{g}^*$, definiert durch
$$\mathrm{Ad}^* : G \to \mathrm{Lin}(\mathfrak{g}^*) \quad , \quad g \mapsto \mathrm{Ad}^*_{g^{-1}} \, , \tag{E.4.2}$$
eine Linkswirkung.
4. Auch die in diesem Buch behandelten differenzierbaren dynamischen Systeme sind Lie–Gruppenwirkungen (nämlich der Lie–Gruppen $\mathbb{Z}$ oder $\mathbb{R}$, siehe Definition 2.43). ◇

**E.31 Aufgabe (adjungierte Darstellung)**
Zeigen Sie, dass für $G = \mathrm{SO}(3)$ und mit der Identifikation (13.4.8) ihrer Lie–Algebra $\mathfrak{so}(3)$ mit $\mathbb{R}^3$ die adjungierte Darstellung der Drehmatrix $O \in \mathrm{SO}(3)$ die Form $\mathrm{Ad}_O(\xi) = O\,\xi$ besitzt. ◇

Das Besondere, mit der Differenzierbarkeit der Wirkung einhergehende Element der Lie–Gruppenwirkungen $\Phi : G \times M \to M$ im Vergleich zu anderen Gruppenwirkungen ist die folgende Beziehung zwischen der Lie–Algebra $\mathfrak{g}$ und Vektorfeldern auf der Mannigfaltigkeit $M$.

**E.32 Definition**
*Für eine Lie–Gruppenwirkung $\Phi : G \times M \to M$ und $\xi \in \mathfrak{g}$ heißt das Vektorfeld auf $M$*
$$X_\xi : M \to TM \quad , \quad X_\xi(m) := \frac{\mathrm{d}}{\mathrm{d}t}\Phi\big(\exp(t\xi), m\big)\Big|_{t=0}$$
*der* **infinitesimale Erzeuger** *der von $\xi$ erzeugten Gruppenwirkung.*

Für die Linkswirkung $\Phi : G \times G \to G$, $\Phi_g(h) = g \circ h$ erhalten wir damit die *rechts*–invarianten Vektorfelder auf $G$. In Abbildung E.4.1 sieht man als Beispiel Orbits der von $\xi = \begin{pmatrix} 0 & 0 & 0 \\ 0 & 0 & -1 \\ 0 & 1 & 0 \end{pmatrix} \in \mathfrak{so}(3)$ erzeugten Linkswirkung; das Vektorfeld $X_\xi : \mathrm{SO}(3) \to T\mathrm{SO}(3)$ ist zu diesen Orbits tangential.

Es ist nicht erstaunlich, dass die adjungierte Darstellung sich mit Lie–Klammer und Exponentialabbildung verträgt:

**E.33 Satz** *Für jede Lie–Gruppe $G$ mit Lie–Algebra $\mathfrak{g}$ und alle $\xi, \eta \in \mathfrak{g}$ gilt*
$$\mathrm{Ad}_g\big([\xi,\eta]\big) = \big[\mathrm{Ad}_g(\xi), \mathrm{Ad}_g(\xi)\big] \ , \ \exp\big(\mathrm{Ad}_g(\xi)\big) = g \circ \exp(\xi) \circ g^{-1} \qquad (g \in G)$$
*und*
$$\frac{\mathrm{d}}{\mathrm{d}t}\,\mathrm{Ad}_{\exp(t\xi)}(\eta)\big|_{t=0} = [\xi, \eta]\, . \tag{E.4.3}$$

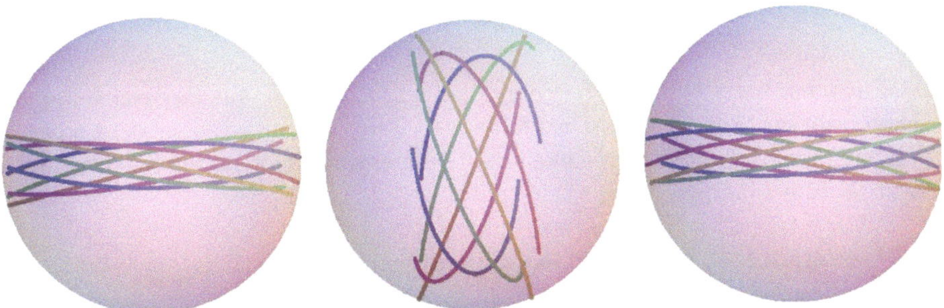

Abbildung E.4.1: Links und Mitte: Orbits der Linkswirkung einer einparametrigen Untergruppe in $\mathrm{SO}(3)$, Rechts: Rechtswirkung der gleichen Untergruppe (beachte die umgekehrte Torsion der Orbits). Darstellung in der Kugel-Parametrisierung von $\mathrm{SO}(3)$ aus Beispiel E.28, Seite 532.

**E.34 Aufgabe (adjungierte Wirkung)**
Überprüfen Sie diese Formeln für die Lie–Gruppe $\mathrm{GL}(n,\mathbb{R})$ und deren Lie–Algebra $\mathrm{Mat}(n,\mathbb{R})$ (und damit für alle Matrix–Lie–Gruppen $G \le \mathrm{GL}(n,\mathbb{R})$). ◇

Die Identität (E.4.3) führt zur Definition der linearen ad–*Operatoren*

$$\mathrm{ad}_\xi := \frac{\mathrm{d}}{\mathrm{d}t}\,\mathrm{Ad}_{\exp(t\xi)}\big|_{t=0} : \mathfrak{g} \to \mathfrak{g} \quad , \quad \eta \mapsto [\xi,\eta]. \tag{E.4.4}$$

Diese sind also die infinitesimalen Erzeugenden der adjungierten Darstellung.

**E.35 Definition**

- *Eine stetige Abbildung $f : M \to N$ zwischen topologischen Räumen heißt* **eigentlich** *(englisch:* **proper***), wenn die Urbilder kompakter Mengen kompakt sind.*
- *Eine stetige Gruppenwirkung $\Phi : G \times M \to M$ einer topologischen Gruppe $G$ heißt* **eigentlich***, wenn die Abbildung $G \times M \to M \times M$, $(g,m) \mapsto \big(m, \Phi(g,m)\big)$ eigentlich ist.*

Oft betrachtet man den Raum der Orbits einer Lie–Gruppenwirkung, und manchmal kann man diesen als Mannigfaltigkeit auffassen.

**E.36 Satz (Mannigfaltigkeit von Orbits)**
*Ist $\psi : G \times M \to M$ eine freie eigentliche Gruppenwirkung der Lie–Gruppe $G$ auf einer Mannigfaltigkeit $M$, dann besitzt der Quotientenraum $B := M/G = \{\mathcal{O}(m) \mid m \in M\}$ die differenzierbare Struktur einer Mannigfaltigkeit, und die Abbildung*

$$\pi : M \to B \quad , \quad x \mapsto \mathcal{O}(x)\,,$$

*die den Punkten von $M$ die sie enthaltenden Orbits zuordnet, ist eine surjektive Submersion (siehe Seite 482).*

**Beweis:** Dies ist *Proposition 4.1.23* in ABRAHAM und MARSDEN [AM]. □

Zunächst kann $B$ immer mit der Quotiententopologie aus Beispiel A.2.4 versehen werden. Man kann, wie die folgenden Beispiele zeigen, aber die Forderungen nach Freiheit und Eigentlichkeit der Gruppenwirkung nicht einfach weglassen, wenn $B$ eine Mannigfaltigkeit sein soll:

### E.37 Aufgaben (Lie–Gruppenwirkungen)

1. Zeigen Sie, dass für $n \in \mathbb{N} \setminus \{1\}$ die Abbildung

$$\Phi : \mathrm{SO}(n) \times \mathbb{R}^n \to \mathbb{R}^n \quad , \quad (O, m) \mapsto Om$$

   eine eigentliche, aber nicht freie Lie–Gruppenwirkung der Drehgruppe $\mathrm{SO}(n)$ ist, und dass $B = \mathbb{R}^n/\mathrm{SO}(n)$ keine (unberandete) Mannigfaltigkeit ist.

2. Zeigen Sie, dass die Abbildung $\Phi : \mathbb{R} \times M \to M$, $(t, m) \mapsto \begin{pmatrix} e^t & 0 \\ 0 & e^{-t} \end{pmatrix} x$ auf $M := \mathbb{R}^2 \backslash \{0\}$ eine freie, aber nicht eigentliche Lie–Gruppenwirkung von $(\mathbb{R}, +)$ ist, und dass $B$ kein Hausdorff–Raum ist. ◇

# Anhang F

# Bündel, Zusammenhang, Krümmung



## F.1 Faserbündel

Das kartesische Produkt $E := B \times F$ zweier Mannigfaltigkeiten ist selbst eine Mannigfaltigkeit. Bezeichnen wir mit $\pi : E \to B \quad (b,f) \mapsto b$ die Projektion auf den ersten Faktor, dann ist $(E, B, F, \pi)$ ein Beispiel für ein sogenanntes Faserbündel.

**F.1 Definition** • *Es seien $E, B$ und $F$ topo*

$$\pi : E \to B$$

*eine stetige surjektive Abbildung. Dann heißt $(E, B, F, \pi)$ (topologisches)* **Faserbündel** *mit* **Totalraum** *$E$,* **Basis** *$B$ und (***Standard-***)* **Faser** *$F$ (siehe nebenstehende Abbildung), wenn die* **Projektion** *$\pi$* **lokal trivial** *ist, d.h. für alle $b \in B$ eine offene Umgebung $U \subseteq B$ und ein Homöomorphismus $\Phi : \pi^{-1}(U) \to U \times F$ existiert mit*

$$\Phi(\pi^{-1}(b')) = \{b'\} \times F \qquad (b' \in U).$$

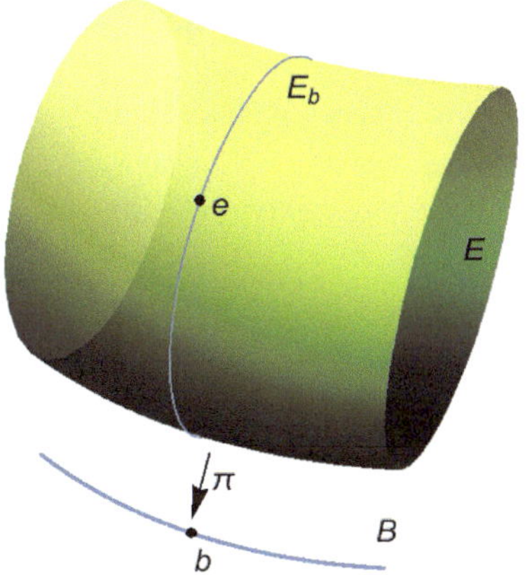

- *Für ein Faserbündel* $(E, B, F, \pi)$ *heißt eine Familie* $(U_i, \Phi_i)_{i\in I}$ *von solchen offenen Mengen* $U_i \subseteq B$ *und Homöomorphismen* $\Phi_i$ *mit* $\bigcup_{i\in I} U_i = B$ *eine* **lokale Trivialisierung** *des Faserbündels.*

- *Analog spricht man (für* $r \in \mathbb{N}$ *oder* $r = \infty$*) von einem* $C^r$–**Faserbündel**, *wenn Totalraum* $E$, *Basis* $B$ *und Faser* $F$ *jeweils* $C^r$*–Mannigfaltigkeiten und* $\pi$ *sowie die* $\Phi_i^{\pm 1}$ $C^r$*–Abbildungen sind.*

- *Eine stetige (bzw.* $C^r$*–) Abbildung* $S : B \to E$ *heißt* **Schnitt**, *wenn gilt:*

$$\pi \circ S = \mathrm{Id}_B .$$

**F.2 Bemerkungen**

1. Statt der etwas umständlichen Benennung $(E, B, F, \pi)$ findet man oft die Schreibweise $\pi : E \to B$ oder – *pars pro toto* – $E$. Die *Fasern* $\pi^{-1}(b) \cong F$ schreibt man auch $E_b$.

2. Im einleitenden Beispiel eines Produktbündels ist $(U, \Phi) := (B, \mathrm{Id}_E)$ eine lokale Trivialisierung. Solche Bündel nennt man *trivial*. Beispielsweise sind die parallelisierbaren Tangentialbündel (siehe Definition A.43) trivial. ◇

**F.3 Beispiele (Eindimensionale Bündel)**

1. Ein einfaches Beispiel für ein nicht triviales $C^\infty$–Faserbündel ist $E := S^1 \subset \mathbb{R}^2$, $B := \mathbb{RP}(1)$ (der eindimensionale reell–projektive Raum aller Ursprungsgeraden im $\mathbb{R}^2$, siehe Definition 6.50) und die Abbildung $\pi : E \to B$, die jedem Punkt $x \in S^1$ der Kreislinie die durch ihn gehende Ursprungsgerade zuordnet.

   Hier ist die Standardfaser $F := \{-1, +1\}$ zweielementig, aber der Totalraum $E$ ist zusammenhängend, also nicht homöomorph zu $B \times F$.

   Eine lokale Trivialisierung ist z.B. $(U_i, \Phi_i)_{i\in I}$ mit Indexmenge $I := \{1, 2\}$ und

$$U_i := \big\{\mathrm{span}(x) \mid x \in S^1 \subset \mathbb{R}^2,\ x_i > 0\big\} ,$$

$$\Phi_i : \pi^{-1}(U_i) \to B \times F \quad , \quad x \mapsto \big(\mathrm{span}(x), \mathrm{sign}(x_i)\big) .$$

   Verallgemeinert erhalten wir für $n \in \mathbb{N}$ ein nicht triviales Faserbündel mit Faser $F = \{-1, +1\}$

$$\pi : S^n \to \mathbb{RP}(n) .$$

2. Ein weiteres Beispiel für ein $C^\infty$–Faserbündel ist die Abwicklung der Gerade auf der Kreislinie, mit Totalraum $E := \mathbb{R}$, Basis $B := S^1 \subset \mathbb{C}$, Projektion $\pi : E \to B$, $x \mapsto \exp(2\pi\imath x)$ und Standardfaser $F := \mathbb{Z}$. ◇

Ist, wie in den vorigen Beispielen, die Standardfaser $F$ ein diskreter topologischer Raum, dann nennt man das Faserbündel eine *Überlagerung*.

## Hauptfaserbündel und Vektorbündel

Oft besitzen die Faserbündel Fasern mit Zusatzstrukturen.

### F.4 Definition

*Ist die Standardfaser $F$ des Faserbündels $(E, B, F, \pi)$ eine topologische Gruppe und gibt es eine stetige (Rechts–) Wirkung*

$$\Psi : E \times F \to E \quad , \quad \Psi_f(e) := \Psi(e, f) ,$$

*die die Fasern invariant lässt (das heißt für alle $f \in F$ : $\pi \circ \Psi_f = \pi$) und auf ihnen frei und transitiv wirkt, heißt $(E, B, F, \pi)$* **Hauptfaserbündel** *oder* **Prinzipalbündel** *mit* **Strukturgruppe** *$F$.*

### F.5 Bemerkung

Da nach Annahme für je zwei Punkte $e_1, e_2 \in E$, die in einer Faser liegen $(\pi(e_1) = \pi(e_2))$ genau ein Gruppenelement $f \in F$ existiert mit $\Psi(e_1, f) = e_2$, ist der Raum $E/F$ der Orbits der Gruppenwirkung tatsächlich homöomorph zur Basis $B$. Sind die topologischen Räume differenzierbare Mannigfaltigkeiten, nimmt man an, dass $F$ eine Lie–Gruppe ist.

Oft entstehen Hauptfaserbündel umgekehrt durch eine freie eigentliche Gruppenwirkung $\Psi$ einer Gruppe $G$ auf einem Raum $E$. Spezialisiert auf Mannigfaltigkeiten kann dann der Satz E.36 benutzt werden, um die Basismannigfaltigkeit $B := E/G$ zu definieren. ◇

Ein Beispiel für eine solche Gruppenwirkung ist die von $G = S^1$ auf die Energiefläche $E := S^{2d-1} \subset \mathbb{R}^{2d}$ des harmonischen Oszillators mit $d$ Freiheitsgraden, siehe Satz 6.35.

Obwohl die Fasern $E_b$ eines Hauptfaserbündels für alle Punkte $b \in B$ der Basis homöomorph zur topologischen Gruppe $F$ sind, gibt es im Allgemeinen keine faserweise Gruppenmultiplikation, die stetig in $E$ wäre.

### F.6 Beispiel (Einheitstangentialbündel)

Für die $n$–Sphäre $B := S^n$ bezeichnet

$$E := \{(x, y) \in S^n \times \mathbb{R}^{n+1} \mid \langle x, y \rangle = 0, \|y\| = 1\}$$

das *Einheitstangentialbündel*, mit Projektion $\pi : E \to B$, $(x, y) \mapsto x$ und Faser $F = S^{n-1}$. Etwa für $n = 2$ ist $F$ eine (Lie–) Gruppe, und diese wirkt durch Drehung des Einheitstangentialvektors $y$ um die $x$–Achse. Die Existenz einer stetig definierten Gruppenmultiplikation in den Fasern würde in jeder Faser ein Element auszeichnen (das neutrale Element), sodass wir einen Schnitt $B \to E$ erhalten würden. Dieser existiert aber nicht (siehe Beispiel A.44.2). ◇

### F.7 Aufgabe (Trivialität von Hauptfaserbündeln)

Beweisen Sie, dass ein Hauptfaserbündel $(E, B, F, \pi)$ genau dann trivial ist, wenn es einen Schnitt $B \to E$ besitzt. ◇

Die *Vektorbündel* sind ein anderer Typ von Bündeln. Bei ihnen ist die typische Faser $F$ ein Vektorraum. Zum Beispiel sind für das in Anhang A.3 behandelte Tangentialbündel $E := TB$ einer Mannigfaltigkeit $B$ die Fasern $E_b = T_b B$ reelle Vektorräume der Dimension $\dim(B)$.

**F.8 Bemerkung (Nullschnitt)**
Zwar sind bei einem Vektorbündel die Fasern als Vektorräume insbesondere (additive) Gruppen, aber es gibt im Allgemeinen keine Gruppenwirkung von $F$ auf $E$. Denn dann wären nach Aufgabe F.7 Vektorbündel immer trivial, wegen der Existenz des *Nullschnittes* $B \to E$, $b \mapsto 0 \in E_b$. Wie im Beispiel A.44.2 des Tangentialbündels $TS^2$ sind aber Vektorbündel im Allgemeinen nicht trivial. ◇

Daher ist die Definition von Vektorbündeln auch kein Spezialfall der Definition von Prinzipalbündeln.

**F.9 Definition**
*Ein Faserbündel $(E, B, F, \pi)$, bei dem die Standardfaser $F$ ein topologischer Vektorraum ist, wird* **Vektorbündel** *(oder* **Vektorraumbündel***) genannt, wenn die lokalen Trivialisierungen $(U_i, \Phi_i)_{i\in I}$ für je zwei überlappende Gebiete $U_i, U_j \subseteq B$ mit $U_{i,j} := U_i \cap U_j \neq \emptyset$ miteinander durch stetige* **Übergangsfunktionen** *$t_{i,j} : U_{i,j} \to \mathrm{GL}(F)$ in der Form*

$$\Phi_i \circ \Phi_j^{-1} : U_{i,j} \times F \longrightarrow U_{i,j} \times F \quad , \quad (b, f) \longmapsto \big(b,\, t_{i,j}(b) f\big)$$

*verknüpft sind.*
*Der* **Rang** *des Vektorbündels ist die Dimension der Standardfaser $F$.*

Wir betrachten in diesem Buch nur Vektorbündel, deren Standardfaser ein $\mathbb{K}$–Vektorraum mit $\mathbb{K} = \mathbb{R}$ oder $\mathbb{C}$ ist.

Dass der Übergang zwischen Bündelkarten durch invertierbare lineare Abbildungen erfolgt, stellt sicher, dass die Vektorraumstruktur der Fasern $E_b$ kartenunabhängig definiert ist.

Faserweise können mit Vektorbündeln die üblichen Operationen der linearen Algebra durchgeführt werden, etwa die Bildung des Faktorraums nach einem Unterraum.

**F.10 Beispiel (Normalenbündel)**
Eine andere Klasse von Vektorraumbündeln wird durch die *Normalenbündel*

$$T_M N / TM$$

von Untermannigfaltigkeiten $M \subseteq N$ gebildet (mit $T_M N := \bigcup_{m\in M} T_m N$). Besitzt $N$ eine riemannsche Metrik, ist dieses (*algebraische*) Normalenbündel kanonisch isomorph zum *geometrischen* Normalenbündel $TM^\perp$, das aus allen lokal auf $M$ senkrecht stehenden Tangentialvektoren von $N$ besteht.

Etwa für $M := S^n \subseteq \mathbb{R}^{n+1}$ ist

$$TM = \big\{(x, y) \in \mathbb{R}^{n+1} \times \mathbb{R}^{n+1} \mid \|x\| = 1,\ \langle y, x\rangle = 0\big\},$$

also $TM^\perp = \{(x,y) \in \mathbb{R}^{n+1} \times \mathbb{R}^{n+1} \mid \|x\| = 1,\ y = kx \text{ für ein } k \in \mathbb{R}\}$. ◇

**F.11 Bemerkung (Whitney–Summe)**
Wendet man auf zwei Vektorbündel $\pi^{(i)} : E^{(i)} \to B$ über der gleichen Basis $B$ faserweise die direkte Summe $(E^{(1)} \oplus E^{(2)})_b := E_b^{(1)} \oplus E_b^{(2)}$ an, erhält man die *direkte Summe*

$$\pi : E^{(1)} \oplus E^{(2)} \to B$$

der Vektorbündel. Dieses Vektorbündel wird auch *Whitney–Summe* genannt. So ist etwa $TM \oplus TM^\perp \cong T_M N$, mit dem Normalenbündel $TM^\perp$ einer Untermannigfaltigkeit $M \subseteq N$ aus Beispiel F.10. ◇

**Orientierung von Vektorbündeln**

Auch der Begriff der *Orientierung* eines $n \in \mathbb{N}$–dimensionalen $\mathbb{R}$–Vektorraums $V$ überträgt sich auf Vektorbündel:
Die Menge der Basen $(e_1, \ldots, e_n)$ von $V$ wird durch die allgemeine lineare Gruppe $\mathrm{GL}(V)$ (siehe Beispiel E.18) parametrisiert, denn für eine zweite Basis $(f_1, \ldots, f_n)$ gibt es genau ein $A \in \mathrm{GL}(V)$ mit $f_k = A(e_k)$ $(k = 1, \ldots, n)$, und umgekehrt ist das Bild einer Basis unter $A \in \mathrm{GL}(V)$ wieder eine Basis.

Sie zerfällt damit in genau zwei Äquivalenzklassen durch die Untergruppe $\mathrm{GL}^+(V)$ ineinander transformierter Basen. Diese heißen die *Orientierungen* von $V$.

Etwa für $\mathbb{R}^2$ sind die Basen $(e_1, e_2)$ beziehungsweise $(e_2, e_1)$ Repräsentanten, und für $\mathbb{R}^n$ heißt die Äquivalenzklasse von $(e_1, \ldots, e_n)$ die *Standardorientierung*.

Um auch den Vektorraum $\mathbb{R}^0 = \{0\}$ mit ins Boot zu nehmen, fügt man ihm die Zahl 1 (*Standardorientierung*) oder -1 als Orientierungen zu.

**F.12 Definition**
*Ein Vektorbündel $(E, B, F, \pi)$ mit endlich-dimensionalem $\mathbb{R}$–Vektorraum $F$ als Standardfaser heißt*

- **orientiert**, *wenn den Fasern $F_b$ $(b \in B)$ Orientierungen zugeordnet werden, die in den lokalen Trivialisierungen (siehe Definition F.1) konstant sind;*
- *es heißt* **orientierbar**, *wenn es in diesem Sinn orientiert werden kann.*
- *Eine Mannigfaltigkeit $M$ heißt* **orientierbar** *beziehungsweise* **orientiert**, *wenn ihr Tangentialbündel $TM$* **orientierbar** *bzw.* **orientiert** *ist.*

In diesem Sinn sind das Möbius–Band oder die reell-projektiven Räume $\mathbb{RP}(2k)$ gerader Dimension nicht orientierbar, die $\mathbb{RP}(2k+1)$ aber schon.

# F.2 Zusammenhänge auf Faserbündeln

Wir betrachten in diesem Abschnitt $C^r$–Faserbündel $\pi : E \to B$.

Die Linearisierung der Projektion $\pi$ ist die Abbildung

$$T\pi : TE \to TB$$

vom Tangentialbündel des Totalraums $E$ auf das Tangentialbündel der Basis $B$.
Für einen beliebigen Punkt $e \in E$ in der Faser $E_b$ über $b := \pi(e)$ ist die induzierte Abbildung $T_eE \to T_bB$ der Tangentialräume linear und surjektiv.
Ihr Kern $V_e \subset T_eE$ besitzt die Dimension $\dim(V_e) = \dim(F)$ der Standardfaser. In der Tat ist $V_e = T_eE_b$.
Die Bezeichnung $V_e$ steht für den *vertikalen* Unterraum $T_eE_b \subset T_eE$, und $V \to E$ heißt *vertikales Bündel*, siehe nebenstehende Abbildung.

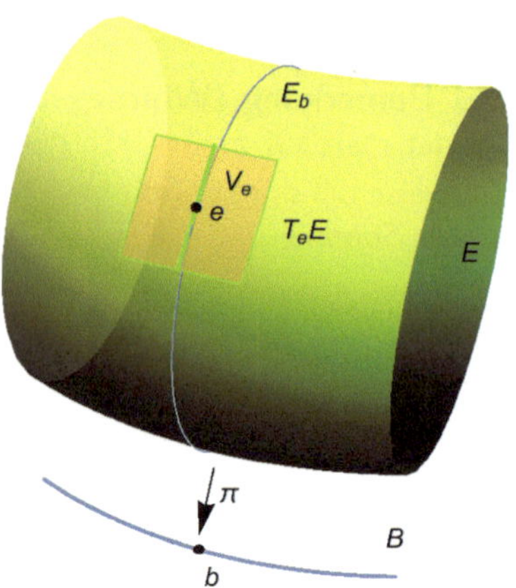


**F.13 Definition**

- *Ein* **(Ehresmann)–Zusammenhang** *auf dem Faserbündel* $(E, B, F, \pi)$ *ist ein glattes Unterbündel* $H$ *des Tangentialbündels* $TE \to E$ *mit Whitney–Summe*

$$H \oplus V = TE.$$

- $H$ *wird* **horizontales Bündel** *genannt.*

Für jeden Punkt $e \in E$ ergänzt also der horizontale Unterraum $H_e \subset T_eE$ den vertikalen Unterraum $V_e \subset T_eE$ so, dass $H_e \oplus V_e = T_eE$ gilt, und die Restriktion der linearen Abbildung $T_e\pi : T_eE \to T_bB$ auf $H_e$ ein Isomorphismus ist.

**F.14 Bemerkung**

Unterräume eines Vektorraums können wir als Kerne (oder als Bilder) linearer Abbildungen erhalten.

Angewandt auf ein Faserbündel $(E, B, F, \pi)$ wurden schon die vertikalen Unterräume so dargestellt. Für einen Ehresmann–Zusammenhang $H$ auf dem Faserbündel wird jeder Tangentialvektor $X_e \in T_eE$ am Punkt $e \in E$ des Totalraums eindeutig in seine *vertikale* beziehungsweise *horizontale Komponente* $\mathrm{ver}_e(X) \in V_e$, $\mathrm{hor}_e(X_e) \in H_e$ zerlegt:

$$X_e = \mathrm{ver}_e(X_e) \oplus \mathrm{hor}_e(X_e). \qquad \text{(F.2.1)}$$

Entsprechend besitzt ein Vektorfeld $X : E \to TE$ die Komponenten

$$\mathrm{ver}(X) : E \to V \quad \text{und} \quad \mathrm{hor}(X) : E \to H\,.$$

Umgekehrt definiert eine faserweise lineare Abbildung

$$\omega : TE \to V \quad , \quad T_eE \to V_e$$

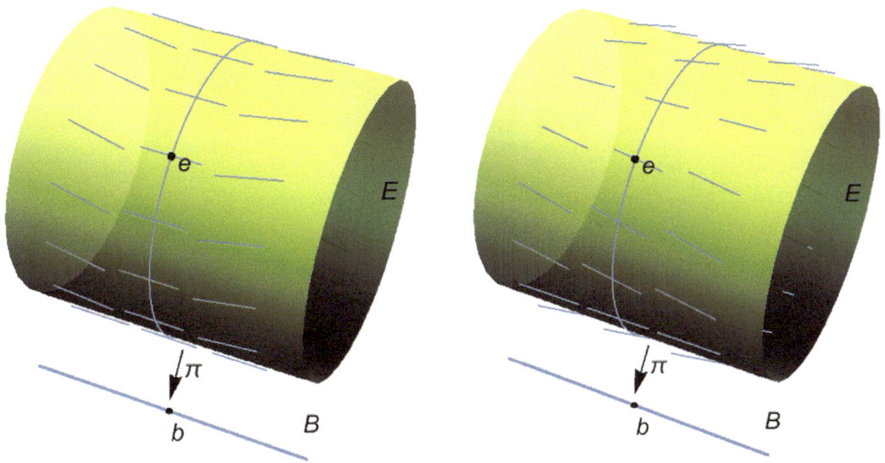


Abbildung F.2.1: Zwei verschiedene Zusammenhänge auf dem gleichen Bündel

genau dann einen Ehresmann–Zusammenhang, wenn die linearen Abbildungen $\omega_e : T_eE \to V_e$ Projektionen auf den Vertikalraum $V_e$ sind, das heißt $\omega_e \circ \omega_e = \omega_e$ und $\omega_e(T_eE) = V_e$ gilt. ◇

**F.15 Beispiel (Produkt–Zusammenhang)** Für ein triviales Bündel $\pi : E \to B$ mit $E = B \times F$ ist der *Produkt–Zusammenhang* durch den Kern von $T\pi_2$ gegeben, mit der Projektion

$$\pi_2 : E \to F \quad , \quad (b, f) \mapsto f$$

auf die Standardfaser, siehe nebenstehende Abbildung. ◇

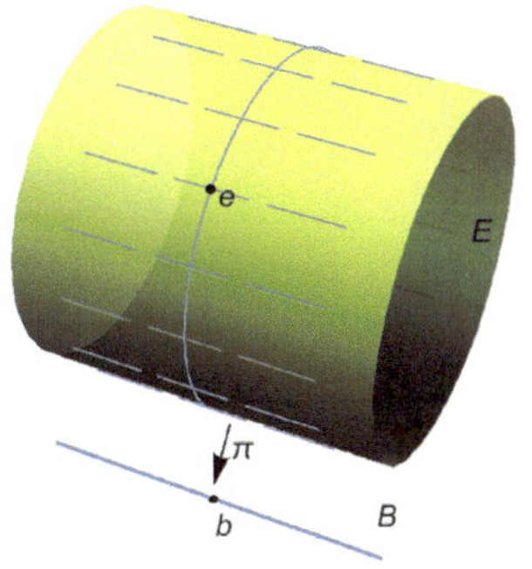


Im Gegensatz zu $V$ ist aber $H$ nicht durch das Bündel selbst definiert, und es gibt dementsprechend viele Zusammenhänge auf einem Faserbündel $\pi : E \to B$ (siehe Abbildung F.2.1).

**F.16 Definition**
*Es sei $I \subseteq \mathbb{R}$ ein Intervall und $c \in C^1(I, B)$ eine Kurve in der Basis $B$ eines $C^1$–Faserbündels $\pi : E \to B$.*

- *Eine Kurve $\tilde{c} \in C^1(I, E)$ wird* **Lift von** $c$ *genannt, wenn gilt: $c = \pi \circ \tilde{c}$.*

- *Für einen Zusammenhang $H$ auf dem Faserbündel wird ein Lift $\tilde{c}$ von $c$* **horizontal** *genannt, wenn die Geschwindigkeit $\tilde{c}'$ horizontal ist, das heißt*

$$\tilde{c}'(t) \in H_{\tilde{c}(t)} \subset T_{\tilde{c}(t)}E \qquad (t \in I).$$

Für jeden Zeitpunkt $t \in I$ und jeden Punkt $e \in E_{c(t)}$ gibt es einen eindeutigen Vektor $f_t(e) \in H_e$, der unter der linearisierten Projektion $T\pi$ auf $c'(t)$ projiziert. Der Satz von Picard–Lindelöf (Satz 3.17) garantiert nun, dass das Anfangswertproblem

$$\tilde{c}'(t) = f_t\big(\tilde{c}(t)\big) \quad , \quad \tilde{c}(t_0) = e_0 \tag{F.2.2}$$

für alle $t_0 \in I$ und $e_0 \in E_{b(t_0)}$ in einer in $I$ offenen Umgebung von $t_0$ eindeutig lösbar ist. Oft (zum Beispiel wenn die Standardfaser kompakt ist), gibt es sogar eine eindeutige Lösung von (F.2.2) auf $I$.

### Zusammenhänge auf Hauptfaserbündeln und Vektorbündeln

Für Prinzipal– beziehungsweise Vektorbündel gibt es besondere – der Gruppen– bzw. Vektorraumstruktur angepasste – Typen von Zusammenhängen.

Wir schauen uns zunächst den Fall der Hauptfaserbündel $(E, B, F, \pi)$ an, bei der die Lie–Gruppe $F$ auf dem Totalraum $E$ als Gruppe von fasererhaltenden Diffeomorphismen $\Psi_f$ wirkt.

#### F.17 Definition

*Ein Ehresmann–Zusammenhang $H$ auf dem Hauptfaserbündel heißt $F$-***Zusammenhang***, wenn für die linearisierte Gruppenwirkung*

$$T\Psi_f : TE \to TE \qquad (f \in F)$$

*gilt:*

$$T_e\Psi_f(H_e) = H_{\Psi_f(e)} \qquad (e \in E,\ f \in F),$$

*die Gruppenwirkung also den Zusammenhang $H$ invariant lässt.*

Beispielsweise lässt sich das Faserbündel $\pi : E \to B$ in Abbildung F.2.1 als Hauptfaserbündel mit Gruppe $F = S^1$ interpretieren. Dann ist nur der links dargestellte Zusammenhang ein $F$-Zusammenhang.

Da auf Hauptfaserbündeln fast nur solche $F$–Zusammenhänge benutzt werden, lässt man oft das ‚$F$' weg.

Bezeichnen wir die Lie–Algebra der Lie–Gruppe $F$ mit $\mathfrak{f}$, dann ist für alle Vektoren $f \in \mathfrak{f}$

$$X_f : E \to TE \quad , \quad X_f(e) = \frac{\mathrm{d}}{\mathrm{d}t}\Psi\big(e, \exp(tf)\big)\Big|_{t=0}$$

ein vertikales Vektorfeld, das heißt $X_f(e) \in V_e$. Da bei einem Hauptfaserbündel die Lie–Gruppe $F$ frei und transitiv wirkt, sind die linearen Abbildungen

$$\mathfrak{f} \to V_e \quad , \quad f \mapsto X_f(e) \qquad (e \in E)$$

sogar bijektiv. Die in Bemerkung F.14 eingeführte, den Ehresmann–Zusammenhang $H$ darstellende Abbildung $\omega : TE \to V$ können wir also als $\mathfrak{f}$–wertige Eins–Form $\omega \in \Omega^1(E, \mathfrak{f})$ auffassen, für die gilt:

$$\omega(X_f) = f \qquad (f \in \mathfrak{f}). \tag{F.2.3}$$

**F.18 Satz**
*Der durch ein $\omega \in \Omega^1(E, \mathfrak{f})$ mit (F.2.3) definierte Ehresmann–Zusammenhang ist genau dann ein $F$–Zusammenhang, wenn mit der adjungierten Darstellung* $\mathrm{ad}$ *von $F$ in $\mathfrak{f}$ gilt:*

$$\mathrm{ad}_f \Psi_f^* \omega = \omega \qquad (f \in F) \tag{F.2.4}$$

**Beweis:** Siehe Kobayashi und Nomizu [KN], Kapitel II, *Proposition 1.1.* □

**F.19 Bemerkung**
Im für unsere Anwendungen wichtigen Fall einer abelschen Lie–Gruppe $F$ (zum Beispiel eines Torus) ist $\mathrm{ad}_f = \mathrm{Id}_{\mathfrak{f}}$, also $\omega$ nach (F.2.4) einfach invariant unter der Gruppenwirkung. ◇

Um *lineare* Zusammenhänge auf Vektorbündeln $(E, B, F, \pi)$ einzuführen, benutzen wir die beiden folgenden glatten Abbildungen.

- Die faserweise Skalarmultiplikation mit $k \in \mathbb{K}$

$$M_k : E \to E \quad , \quad e \mapsto k\,e \qquad (k \in \mathbb{K}),$$

- die faserweise Vektoraddition auf der Whitney–Summe $E \oplus E$:

$$A : E \oplus E \to E \quad , \quad (e_1, e_2) \mapsto e_1 + e_2\,.$$

**F.20 Definition**
*Ein (Ehresmann–) Zusammenhang $H$ auf einem differenzierbaren Vektorbündel $(E, B, F, \pi)$ heißt* **linear**, *wenn sich die horizontalen Unterräume wie folgt transformieren:*

1. $T_e M_k(H_e) = H_{ke} \qquad (e \in E,\ k \in \mathbb{K})$
2. $T_{(e_1,e_2)} A\,(H_{e_1}, H_{e_2}) = H_{e_1+e_2} \qquad \big((e_1, e_2) \in E \oplus E\big).$

Ein linearer Zusammenhang ist in Abbildung F.2.2 (links) dargestellt, ein (translationsinvarianter) $F$–Zusammenhang rechts. Die meisten in Anwendungen vorkommenden Zusammenhänge auf Vektorbündeln sind linear.

**F.21 Bemerkung (Existenz von Zusammenhängen)**
Für ein differenzierbares Faserbündel $(E, B, F, \pi)$ *existieren* Zusammenhänge

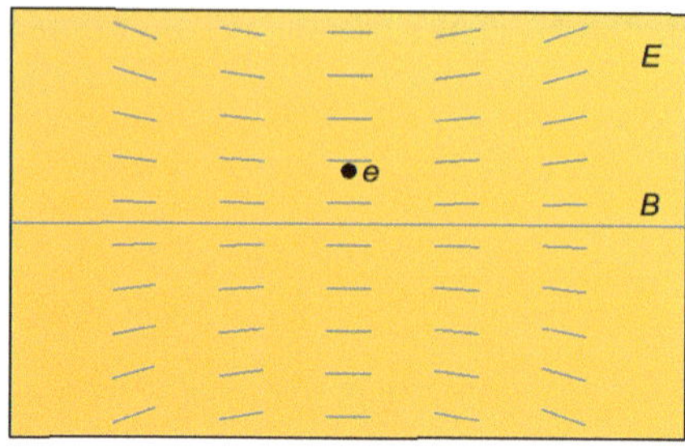


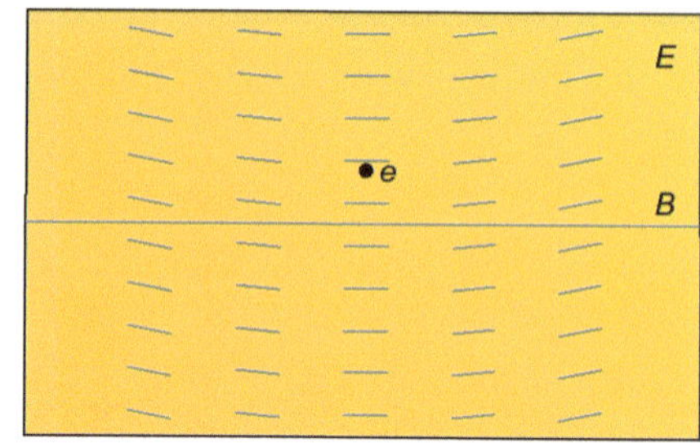


Abbildung F.2.2: Linearer (links) und nicht linearer (rechts) Zusammenhang auf einem Vektorbündel $\pi : E \to B$

(und auch $F$–Zusammenhänge beziehungsweise lineare Zusammenhänge). Denn für den Fall eines trivialen Bündels mit $E = B \times F$ und Projektion

$$\pi_2 : E \to F \quad , \quad (b, f) \mapsto f$$

auf die Standardfaser erfüllt der *triviale Zusammenhang* $H$ alle geforderten Eigenschaften.

Sonst besitzt $B$ eine der Überdeckung $(U_i)_{i \in I}$ angepasste Zerlegung der Eins (siehe Def. A.13), d.h. $\chi_i \in C(B, [0, 1])$ mit $\mathrm{supp}(\chi_i) \subset U_i$ und $\sum_{i \in I} \chi_i = 1$. Für einen beliebigen Punkt $e \in E$ des Totalraums mit Projektion $b := \pi(e)$ benutzen wir die linearisierte Projektion

$$T_e\pi : T_eE \to T_bB \, .$$

Ist $y \in T_bB$, dann hat für alle Indices $i \in I$ mit $b \in U_i$ der triviale Zusammenhang $H_i$ die Eigenschaft, dass der Horizontalraum $H_{i,e} \subset T_eE$ genau einen bezüglich $T_e\pi$ über $y$ liegenden Punkt $x_i \in H_{i,e}$ besitzt.

Ebenso gilt für die (endliche!) Konvexkombination $x := \sum_{i \in I} \chi_i(b) x_i$, dass $T_e\pi(x) = y$.

Damit können wir die gesamten Horizontalräume $H_{i,e}$ konvex kombinieren und erhalten den horizontalen Unterraum $H_e \subset T_eE$, siehe nebenstehende Abbildung. ◇

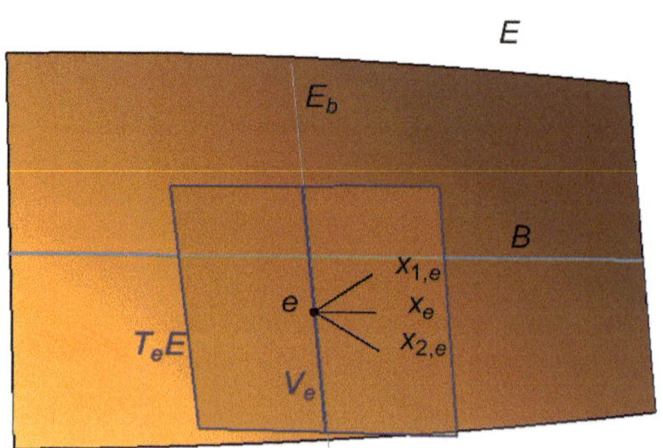


Konvexkombination von Zusammenhängen

Im Abschnitt 8.4 wurden die (mit $i, j, h = 1, \ldots, d$ indizierten) Christoffel–Symbole

$$\Gamma^h_{i,j}(x) = \tfrac{1}{2} g^{h,k}(x) \left( \frac{\partial g_{k,j}}{\partial x_i}(x) + \frac{\partial g_{i,k}}{\partial x_j}(x) - \frac{\partial g_{i,j}}{\partial x_k}(x) \right) \qquad (x \in U)$$

eingeführt. In einer Karte mit Definitionsbereich $U \subseteq M$ sind sie Koeffizienten der geodätischen Gleichung (8.4.3) auf der riemannschen Mannigfaltigkeit $(M, g)$. Dies bedeutet, dass sie einen Zusammenhang auf dem Tangentialbündel $\pi : TM \to M$ definieren, den Levi-Civita–Zusammenhang. Die geodätische Bewegung ergibt sich dann durch Parallelverschiebung des Geschwindigkeitsvektors.

Bezeichnet man mit $\partial_{\varphi_1}, \ldots, \partial_{\varphi_d}$ die (auf Seite 502 eingeführten) Koordinatenvektorfelder in einer Karte $(U, \varphi)$ von $M$, dann haben Vektorfelder $X \in \mathcal{X}(M)$ die lokale Gestalt $X = \sum_{k=1}^{d} X_k \partial_{\varphi_k}$ mit Koeffizientenfunktionen $X_k : U \to \mathbb{R}$.

Die *kovariante Ableitung*, das heißt die Änderung des Vektorfelds $Y$ in Richtung von $X$, nimmt dann (mit einsteinscher Summenkonvention) die folgende Form an:

$$\nabla_X Y = \left(X_i\, \partial_{\varphi_i} Y_k \;+\; \Gamma_{i,j}^k X_i\, Y_j\right) \partial_{\varphi_k}.$$

**F.22 Satz (Hauptsatz der riemannschen Geometrie)**
*Der lokal so definierte* **Levi-Civita–Zusammenhang** *zeichnet sich durch die folgenden Eigenschaften aus:*

- *Er ist verträglich mit der Metrik $g$, d.h.*
$$L_X\big(g(Y, Z)\big) = g(\nabla_X Y, Z) + g(Y, \nabla_X Z) \qquad (X, Y, Z \in \mathcal{X}(M));$$
- *Er ist torsionsfrei, das heißt $\nabla_X Y - \nabla_Y X = [X, Y] \quad (X, Y \in \mathcal{X}(M))$.*

# F.3 Distributionen und der Satz von Frobenius

Um die Krümmung eines Zusammenhangs einzuführen, schauen wir uns zunächst Eigenschaften von Unterbündeln des Tangentialbündels an.

**F.23 Definition**

- *Eine* **(geometrische) Distribution** *in einer Mannigfaltigkeit $M$ ist ein glattes Unterbündel $D \subseteq TM$ des Tangentialbündels.*
  $\mathrm{rang}(D)$ *ist der Rang von $D$ als Vektorbündel, also die (konstante) Dimension der Fasern $D_x \subseteq T_x M \quad (x \in M)$.*
- *Eine $\mathrm{rang}(D)$–dimensionale Untermannigfaltigkeit $N \subseteq M$ heißt* **Integralmannigfaltigkeit** *von $D$, wenn gilt: $T_x N = D_x \quad (x \in N)$.*
- *Eine Distribution $D \subseteq TM$ vom Rang $k$ heißt* **integrabel**, *wenn jeder Punkt $x \in M$ in einer Integralmannigfaltigkeit von $D$ liegt.*
- *Sie heißt* **involutiv**, *wenn der Kommutator $[X, Y]$ zweier zu $D$ tangentialer Vektorfelder $X, Y \in \mathcal{X}(M)$ ebenfalls zu $D$ tangential ist.*

Einen $k$–dimensionalen Unterraum eines $m$–dimensionalen Vektorraums kann man als gemeinsame Nullstellenmenge von $m - k$ linear unabhängigen Linearformen beschreiben. Ähnlich kann jede Distribution vom Rang $k$ lokal (also in

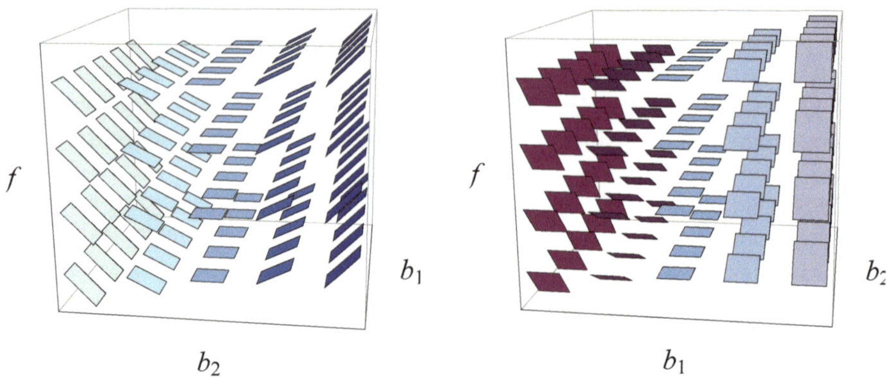


Abbildung F.3.1: Integrable (links) und nicht integrable (rechts) Distribution auf dem Bündel $\pi : \mathbb{R}^3 \to \mathbb{R}^2$

geeigneten Umgebungen $U \subset M$ der $x \in M$) durch den Schnitt der Kerne unabhängiger Eins–Formen $\omega_1, \ldots, \omega_{m-k} \in \Omega^1(U)$ beschrieben werden.

**F.24 Bemerkungen (Existenz von Distributionen)**

1. Auf einer Mannigfaltigkeit $M$ braucht es gar keine Distribution vom Rang $k$ zu geben. Ein Beispiel ist die Sphäre $M = S^2$ und $k = 1$. Dies beweist man ähnlich wie den Satz vom Igel (Beispiel A.44.2).

2. Auch wenn es auf $M$ eine Distribution vom Rang $k$ gibt, braucht sie nicht *global* als Schnitt der Kerne unabhängiger Eins–Formen darstellbar sein. Ein Beispiel ist $M = S^2$ und $k = 0$, also eine ziemlich triviale Distribution. Wie gerade bemerkt, gibt es keine Eins–Form auf $S^2$, die nirgendwo verschwindet. ◇

**F.25 Satz (Frobenius)**

*Es sei $E \subseteq TM$ eine geometrische Distribution vom Rang $k$ auf der $m$–dimensionalen Mannigfaltigkeit $M$. Dann sind die folgenden Bedingungen äquivalent:*

1. *$E$ ist integrabel;*

2. *$E$ ist involutiv;*

3. *Es gibt eine Überdeckung von $M$ mit Umgebungen $U \subseteq M$, so dass für eine lokale Darstellung $E \cap TU = \{v \in TU \mid \omega_1(v) = \ldots = \omega_{m-k}(v) = 0\}$ der Distribution durch $\omega_1, \ldots, \omega_{m-k} \in \Omega^1(U)$ weitere Eins–Formen $\theta_{i,j} \in \Omega^1(U)$ existieren mit*

$$d\omega_i = \sum_{j=1}^{m-k} \theta_{i,j} \wedge \omega_j \quad (i = 1, \ldots, m-k).$$

4. *Mit den Bezeichnungen von 3. ist $d\omega_i \wedge \omega_1 \wedge \ldots \wedge \omega_{m-k} = 0$ $(i = 1, \ldots, m-k)$.*

Den Beweis findet man in Kapitel 4.1 des Buches [AF] von Agricola und Friedrich. □

**F.26 Beispiele (Integrabilität geometrischer Distributionen)**

1. Distributionen $D \subseteq TM$ vom *Rang Eins* sind integrabel. Dies folgt aus dem Hauptsatz der Differentialgleichungstheorie (Satz 3.45), denn wir können in einer geeigneten Umgebung $U \subseteq M$ jedes Punktes ein nicht verschwindendes glattes Tangentialvektorfeld $X \in \mathcal{X}(U)$ finden, das tangential zur Distribution ist. Dessen Orbits sind Integralmannigfaltigkeiten von $D$.

2. Die *Kontaktdistributionen* aus Bemerkung 10.11 sind dagegen nicht integrabel. Denn eine Kontaktform $\omega \in \Omega^1(M)$ auf einer $(2n+1)$–dimensionalen Mannigfaltigkeit $M$ erzeugt nach Definition eine Volumenform $\omega \wedge (d\omega)^{\wedge n}$. Dies widerspricht aber der Bedingung 3 im Satz von Frobenius ($d\omega = \theta \wedge \omega$), aus der wegen Antisymmetrie $\omega \wedge d\omega = 0$ folgt.

3. Ein (*Ehresmann–*) *Zusammenhang* auf einem Faserbündel (Definition F.13) ist eine spezielle Distribution. Deren Mangel an Integrabilität führt zum Begriff der Krümmung, und damit zum Zentrum der Differentialgeometrie. ◇

## F.4 Holonomie und Krümmung

Wir nehmen einfachheitshalber an, dass im betrachteten Bündel $(E, B, F, \pi)$ mit Zusammenhang $H$ Kurven $c \in C^1(I, B)$ in der Basis $B$ beliebig horizontal geliftet werden können[1] (das Gleiche gilt dann auch für *stückweise* stetig differenzierbare Kurven).

Es sei $I$ das Intervall $[0,1]$ und $c$ geschlossen ($c(1) = c(0) = b$). Bezeichnet die Kurve $\tilde{c}_e : I \to E$ den horizontalen Lift von $c$ mit Anfangspunkt $\tilde{c}_e(0) = e \in E_b$, dann braucht $\tilde{c}_e(1) \in E_b$ nicht gleich $e$ zu sein (siehe nebenstehende Abbildung).

Immerhin wird die Faser $E_b$ über dem Anfangspunkt $b$ von $c$ durch die Abbildung

$$\hat{c} : E_b \to E_b \quad , \quad e \mapsto \tilde{c}_e(1)$$

homöomorph auf sich abgebildet.

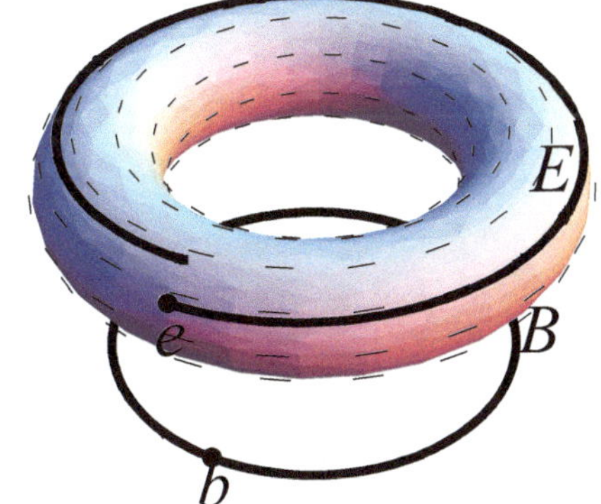


Holonomie eines Zusammenhangs

**F.27 Definition** *Für $b \in B$ heißt*

$$\mathrm{Hol}(b) := \left\{ \hat{c} : E_b \to E_b \mid c \in C^1(I, B), c(0) = c(1) = b \right\}$$

[1] Manchmal wird diese – für kompakte $F$ immer erfüllte – Eigenschaft gleich zur Definition des Zusammenhangs hinzugefügt. Siehe zum Beispiel Kapitel 9.9 von Kolář, Michor, und Slovák [KMS].

*die* **Holonomiegruppe** *von* $b$.

### F.28 Bemerkungen

1. Tatsächlich ist $\mathrm{Hol}(b)$ eine Gruppe, denn für zwei solche Wege $c_1, c_2 : I \to B$ können wir den zusammengesetzten Weg $c_1 * c_2 : I \to B$ mit

$$c_1 * c_2(t) := \begin{cases} c_2(2t) & , \quad t \in \left[0, \frac{1}{2}\right] \\ c_1(2t-1) & , \quad t \in \left[\frac{1}{2}, 1\right] \end{cases} \tag{F.4.1}$$

horizontal liften, was der Komposition von $\hat{c}_1$ und $\hat{c}_2$ entspricht.[2] Ebenso ist die Existenz der Inversen von $\hat{c}$ durch $(\hat{c})^{-1} = \widehat{c^{-1}}$ mit $c^{-1}(t) := c(1-t)$ sichergestellt.

2. Ist die Basismannigfaltigkeit $B$ zusammenhängend, dann sind alle Gruppen $\mathrm{Hol}(b)$ $(b \in B)$ zueinander isomorph, denn für $b_0, b_1 \in B$ gibt es eine Kurve $d \in C^1(I, B)$ mit $d(0) = b_0$, $d(1) = b_1$. Besitzt $c_1 \in C^1(I, B)$ Anfangs- und Endpunkt $b_1$, dann ist die (analog zu (F.4.1) definierte) Kurve $c_0 := d^{-1} * c_1 * d$ eine bei $b_0$ basierte Schleife. Die Abbildung $\mathrm{Hol}(b_1) \to \mathrm{Hol}(b_0)$, $\hat{c}_1 \mapsto \hat{c}_0$ ist dann ein Gruppenisomorphismus. ◇

### F.29 Beispiel (Dreiachsenstabilisierung)

Ohne Verwendung von Steuerdüsen können Raumflugkörper ihren Drehimpuls nicht verändern. Dieser ist im Normalfall sehr klein, so dass die Lage im Raum näherungsweise konstant bleibt. Um diese Lage zu verändern, werden Reaktionsräder eingesetzt, bei der sogenannten Dreiachsenstabilisation mit drei aufeinander orthogonalen Achsen (siehe auch den Kasten auf Seite 366).

Beschreibt der Winkel $\theta \in B := S^1$ die aktuelle Lage eines solchen Rades relativ zum Satelliten, dann bilden die Lagen von Satellit und Rad im Raum einen Punkt $(\varphi_S, \varphi_R) \in E := \mathbb{T}^2$ des Torus. Wir fassen $E$ als Totalraum des Bündels $\pi : E \to B$ auf, mit Projektion $\theta = \pi(\varphi_S, \varphi_R) := \varphi_R - \varphi_S$.

Sind die Trägheitsmomente von Satellit beziehungsweise Rad um die Radachse $I_S, I_R > 0$ (siehe Seite 304), dann ist der Gesamtdrehimpuls um diese Achse gleich $I_S\dot{\varphi}_S + I_R\dot{\varphi}_R$. Drehimpulserhaltung bedeutet also geometrisch den durch die Eins–Form $I_S\, d\varphi_S + I_R\, d\varphi_R = (I_S + I_R)\, d\varphi_S + I_R\, d\theta$ definierten, auf Seite 549 abgebildeten Zusammenhang auf $E$.

Die Holonomie für die Drehung des Rades um $\Delta\theta = 2\pi$ beträgt also, gemessen in der Lageänderung des Satelliten, $\Delta\varphi_S = -2\pi I_R/(I_S + I_R)$. ◇

Wie dieses Beispiel zeigt, kann ein integrabler Zusammenhang eine nichttriviale Holonomiegruppe besitzen, wenn die Basis-Mannigfaltigkeit nicht einfach zusammenhängend ist.

---

[2] $c_1 * c_2$ ist zwar im Allgemeinen nur stückweise stetig differenzierbar. Wir können aber durch Umparametrisierung erreichen, dass $c_2'(1) = c_1'(0) = 0$ ist. Diese Umparametrisierung ändert weder $\hat{c}_1$ noch $\hat{c}_2$.

Es gibt aber auch die Möglichkeit, dass die Holonomiegruppe nichttrivial ist, weil der Zusammenhang nicht integrabel ist (siehe Abbildung). Die Krümmung des Zusammenhangs ist dann ein quantitatives Maß für dessen Mangel an Integrabilität.

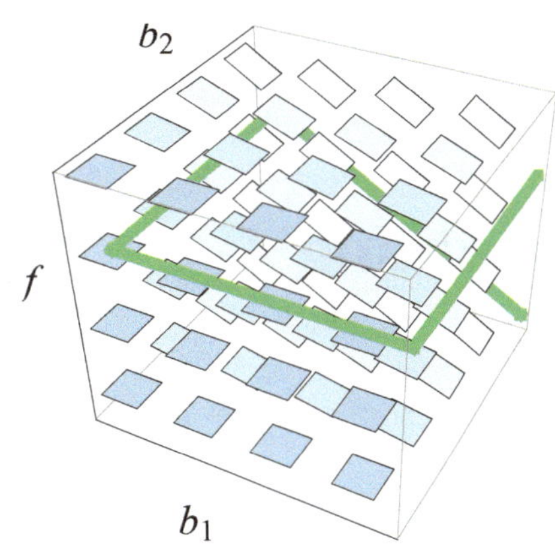


Das Bild suggeriert, dass die Holonomie im Limes kleiner Kurvenlänge proportional zu der Fläche ist, die von der auf die Basis projizierten Kurve eingeschlossen wird. Die folgende Definition präzisiert diese Beobachtung und bezeichnet den Proportionalitätsfaktor als Krümmung.

**F.30 Definition (Krümmung eines Zusammenhangs)**
*Die Krümmung des Ehresmann–Zusammenhangs $H$ ist (bezüglich der Zerlegung (F.2.1) eines Vektorfeldes) die Zwei–Form*

$$K \in \Omega^2(E, TE) \quad , \quad K(X,Y) = \mathrm{ver}\big([\mathrm{hor}(X), \mathrm{hor}(Y)]\big) \qquad (X, Y \in \mathcal{X}(E)).$$

**F.31 Bemerkungen (Krümmung als vektorwertige Zwei–Form)**

1. Der so definierte Tangentialvektor $K(X,Y)(e) \in T_eE$ hängt für einen Punkt $e \in E$ nur von $X(e)$ und $Y(e)$ ab, $K$ ist also tatsächlich eine vektorwertige Zwei–Form.

   Das liegt daran, dass ganz allgemein auf einer Mannigfaltigkeit $E$ Lie–Klammern von Vektorfeldern $U, V \in \mathcal{X}(E)$ bei Multiplikation mit einer Funktion $f \in C^\infty(E, \mathbb{R})$ die Relation

   $$[U, fV] = f[U,V] + df(U)\, V \qquad \text{(F.4.2)}$$

   erfüllen. Das ergibt sich direkt aus Definition 10.20.

   Der erste Summand in (F.4.2) enthält gar keine Ableitung von $f$. Der zweite hängt zwar von $df$ ab. Ist aber $V$ horizontal, dann auch sein Produkt mit der Funktion $df(U)$. Der zweite Term verschwindet also in der Projektion auf den vertikalen Teilraum.

   Analoges gilt für die Multiplikation von $U$ mit einer Funktion.

2. Die Krümmung eines $F$–Zusammenhangs auf einem Prinzipalbündel mit abelscher Lie–Gruppe ist invariant unter Fasertranslationen (siehe Bemerkung F.19). Sie kann damit auch als eine vektorwertige Zwei–Form auf der *Basis*mannigfaltigkeit aufgefasst werden.

   Das ist beispielsweise in der Elektrodynamik der Fall. Bei dieser bildet die Raumzeit $\mathbb{R}^4$ die Basis, und die Faser ist die abelsche Gruppe $\mathrm{U}(1)$. Die Krümmung setzt sich aus elektrischer und magnetischer Feldstärke zusammen (siehe Beispiel B.21 und THIRRING [Th2]). ◇

# Anhang G

# Morse–Theorie

Morse–Theorie stellt eine Beziehung her zwischen der Topologie einer $n$–dimensionalen Mannigfaltigkeit $M$ und den kritischen Punkten einer Funktion $f \in C^2(M, \mathbb{R})$.

**G.1 Definition**

- *Ein kritischer Punkt* $x \in M$ *von* $f \in C^2(M, \mathbb{R})$ *heißt* **nicht degeneriert**, *wenn in einer beliebigen Karte bei* $x$ *die Hesse–Matrix* $\mathrm{D}^2 f(x) \in \mathrm{Mat}(n, \mathbb{R})$ *regulär ist.*
- *Der* **Index** $\mathrm{Ind}(x)$ *des kritischen Punktes* $x \in M$ *von* $f$ *ist als der Index*[1] *von* $\mathrm{D}^2 f(x)$ *definiert.*
- $f \in C^2(M, \mathbb{R})$ *heißt* **Morse–Funktion**, *wenn alle kritischen Punkte von* $f$ *nicht degeneriert sind.*

Die Menge $\mathrm{Crit}(f) \subseteq M$ der kritischen Punkte von $f$ ist abgeschlossen. Ist $f$ eine Morse–Funktion, dann ist diese *kritische Menge* diskret. Wir betrachten zunächst nur kompakte Mannigfaltigkeiten $M$. Auf diesen hat dann eine Morse–Funktion nur endlich viele kritische Punkte.

Da die Teilmenge der nicht degenerierten symmetrischen Matrizen offen und dicht im Vektorraum $\mathrm{Sym}(n, \mathbb{R})$ ist, ist die Eigenschaft, Morse–Funktion zu sein, generisch (siehe Bemerkung 2.44.2, und Satz 1.2 in Kapitel 6 von [Hirs]).

Ist beispielsweise $M \subset \mathbb{R}^n$ eine Untermannigfaltigkeit, dann ist für Lebesgue–fast alle $a \in \mathbb{R}^n$ die Restriktion der Linearform $f_a : \mathbb{R}^n \to \mathbb{R}$, $x \mapsto \langle x, a \rangle$ auf $M$ eine Morse–Funktion (siehe *Proposition 17.18* in Bott und Tu [BT]).

## G.1 Morse–Ungleichungen

Die *Morse–Ungleichungen* für eine Morse–Funktion $f : M \to \mathbb{R}$ stellen eine Beziehung her zwischen der in den Betti–Zahlen $\mathrm{betti}_\ell(M)$ (siehe Definition

[1] Der Index einer $n \times n$–Matrix wurde in Definition 5.2 als Summe der algebraischen Vielfachheiten der Eigenwerte $\lambda$ mit $\mathrm{Re}(\lambda) < 0$ eingeführt.

B.8.2) codierten Topologie von $M$ und den Kardinalitäten $\mathrm{crit}_\ell(f) := |\mathrm{Crit}_\ell(f)|$ der Mengen $\mathrm{Crit}_\ell(f)$ kritischer Punkte mit Index $\ell$. In ihrer einfachsten Form besagen sie für eine kompakte Mannigfaltigkeit $M^n$

$$\boxed{\mathrm{crit}_\ell(f) \geq \mathrm{betti}_\ell(M) \qquad (\ell = 0, \ldots, n).} \tag{G.1.1}$$

Eine Morse–Funktion $f : M \to \mathbb{R}$, für die Gleichheit gilt, heißt *perfekt*.[2]

Es ist allerdings wichtig, dass wir zwar (für Dimensionen $n \geq 1$) die linke Seite der Ungleichungen durch Veränderung von $f$ beliebig groß machen können, aber trotzdem nicht in beliebiger Weise. Insbesondere gilt immer die Gleichung

$$\boxed{\textstyle\sum_{\ell=0}^{n} (-1)^\ell \, \mathrm{crit}_\ell(f) = \sum_{\ell=0}^{n} (-1)^\ell \, \mathrm{betti}_\ell(M) =: \chi(M)\,.} \tag{G.1.2}$$

wobei wir die alternierende Summe der Betti–Zahlen als Definition der *Euler–Charakteristik* $\chi(M)$ der Mannigfaltigkeit gewählt haben.

### G.2 Beispiel (Sphären)

$M = S^n$. Die Höhenfunktion $f(x) := x_{n+1}$ von $S^n$ bezüglich der üblichen Einbettung in den $\mathbb{R}^{n+1}$ hat ein Minimum und ein Maximum und keine weiteren kritischen Punkte. Es ist also $\mathrm{crit}_0(f) = \mathrm{crit}_n(f) = 1$, $\mathrm{crit}_1(f) = \ldots = \mathrm{crit}_{n-1}(f) = 0$ und damit

$$\chi(S^n) = 1 + (-1)^n \qquad (n \in \mathbb{N}_0).$$

Wenn wir die runde Sphäre eindellen, erscheint für die Höhenfunktion eine weitere Maximalstelle, aber eben unweigerlich noch mindestens ein weiterer kritischer Punkt.

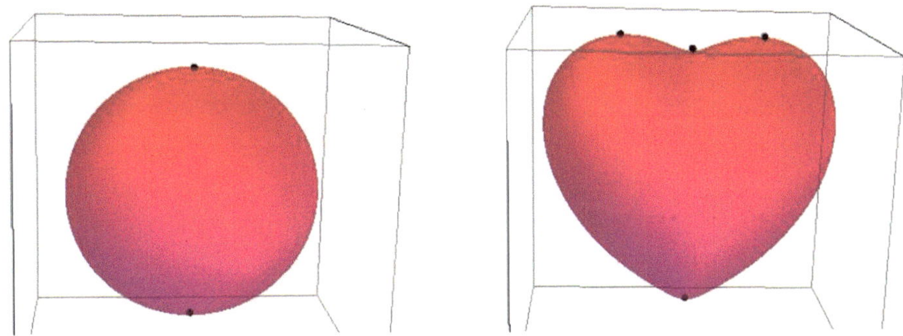

Die rechte Abbildung zeigt für $n = 2$ den Fall $\mathrm{crit}_0(f) = \mathrm{crit}_{n-1}(f) = 1$, $\mathrm{crit}_n(f) = 2$. Die alternierende Summe ändert sich dann nicht. ◇

[2] Eine solche Funktion braucht für $M$ nicht zu existieren. Ein Beispiel ist die (im Zusammenhang der Poincaré–Vermutung wichtige) sogenannte Poincaré–Sphäre, siehe *Remark* 5.15 im Buch [Ni] von Nicolaescu.

**G.3 Bemerkungen**

1. Die Morse–Ungleichungen werden verwendet, um von kritischen Punkten geeigneter Morse–Funktionen auf die Topologie der Mannigfaltigkeit zu schließen. Beispielsweise kann man durch die Euler–Charakteristik sowohl die orientierbaren als auch die nicht orientierbaren kompakten Flächen topologisch klassifizieren.

   Mindestens ebenso wichtig ist es, umgekehrt zu zeigen, dass Morse–Funktionen viele kritische Punkte besitzen müssen. Ein Beispiel ist die Frage nach der Minimalzahl periodischer Orbits für hamiltonsche Systeme, siehe die Arnol'd–Vermutung (Seite 462).

2. Es ist aber nicht zwingend notwendig, dass die Mannigfaltigkeit $M$ endliche Dimension besitzt. Beispielsweise ist für das Intervall $I$ der Raum $H^1(I,N)$ der $H^1$–Kurven[3] $c : I \to N$ auf einer riemannschen Mannigfaltigkeit $(N,g)$ nicht kompakt. Sie besitzt aber immerhin die Struktur einer unendlich-dimensionalen Mannigfaltigkeit (siehe [Kli2], Kapitel 2.3), mit riemannscher Metrik. Für glatte Vektorfelder $v, w$ entlang $c$ (also $v(t), w(t) \in T_{c(t)}N$) setzt man

$$\langle v, w\rangle := \int_I \Big[ g_{c(t)}\big(v(t),\, w(t)\big) + g_{c(t)}\big(\nabla v(t),\, \nabla w(t)\big)\Big]\, \mathrm{d}t. \qquad \text{(G.1.3)}$$

   Damit wird $H^1(I,N)$ zu einer sogenannten Hilbert–Mannigfaltigkeit. Das *Energiefunktional*

$$\mathcal{E} : H^1(I,N) \to [0,\infty) \quad , \quad c \mapsto \tfrac{1}{2} \int_I g_{c(t)}\big(\dot c(t),\, \dot c(t)\big)\, \mathrm{d}t \qquad \text{(G.1.4)}$$

   ist glatt. Seine kritischen Punkte sind die konstanten Kurven, denn die Ableitung

$$\mathrm{D}\mathcal{E}(c)(v) = \int_I g_{c(t)}\big(\dot c(t), \nabla v(t)\big)\, \mathrm{d}t \qquad \big(v \in T_c H^1(I,M)\big) \qquad \text{(G.1.5)}$$

   in Richtung $v := \dot c$ ist sonst positiv. Die kritische Menge ist also homöomorph zu $N$. ◇

Es gibt verschiedenartige Beweise der Morse–Ungleichungen (siehe auch Bemerkung 17.15.4).

**G.4 Bemerkung (Wittens Beweis der Morse–Ungleichungen)**
Der Physiker Edward Witten veröffentlichte 1982 in [Wit] einen Beweis der Morse–Ungleichungen für geschlossene orientierbare Mannigfaltigkeiten, der auf einer Deformation des sogenannten *Laplace–Beltrami–Operators* auf dem in (B.4.1) eingeführten Vektorraum $\Omega^*(M)$ mithilfe der Morse–Funktion beruht, siehe auch [CFKS], Kapitel 11. Dieser Beweis ist Ausgangspunkt interessanter Entwicklungen in der Mathematik und der Quantenfeldtheorie. ◇

[3] Also solche mit quadratintegrabler erster Ableitung.

Wir stellen kurz die Hauptschritte des klassischen Beweises zusammen. Die Mannigfaltigkeit $M$ wird dabei durch Vergrößerung des Parameters $b$ aus den *Subniveaumengen*

$$M_b := f^{-1}\big((-\infty, b]\big) \qquad (b \in \mathbb{R})$$

der Morse–Funktion aufgebaut.

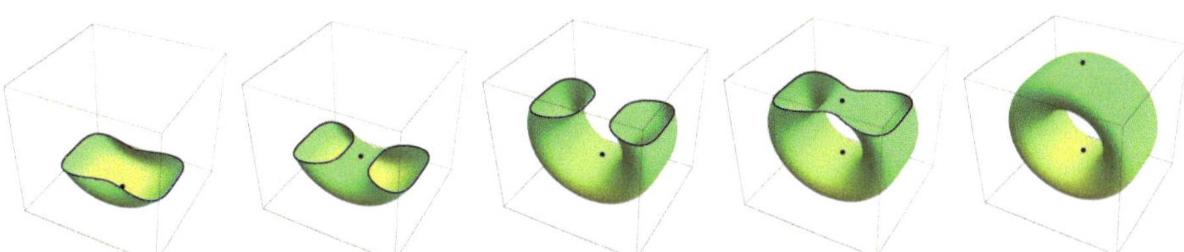

Subniveaumengen $\mathbb{T}^2_b$ einer perfekten Morse–Funktion $f : \mathbb{T}^2 \to \mathbb{R}$ des Torus.

Man unterscheidet dabei Parameterintervalle danach, ob sie einen kritischen Wert enthalten oder nicht.

**G.5 Lemma**
*Enthält $M_{a,b} := f^{-1}\big([a,b]\big)$ für $f \in C^{r+1}(M,\mathbb{R})$, $r \geq 1$ keinen kritischen Punkt, dann ist die berandete Mannigfaltigkeit $M_{a,b}$ diffeomorph zu $f^{-1}(a) \times [a,b]$ (mit einem $C^r$–Diffeomorphismus, der die Niveaumengen $f^{-1}(c)$ auf $f^{-1}(a) \times \{c\}$ abbildet).*

**Beweis:** Man benutzt auf $M_{a,b}$ den Fluss des normierten Gradientenvektorfeldes $X := \frac{\nabla f}{\|\nabla f\|^2}$ bezüglich einer beliebigen riemannschen Metrik. Dieser führt wegen $df(X) = 1$ Niveaumengen in Niveaumengen über. Die Details findet man in Kapitel 6.1, Satz 2.2. von HIRSCH [Hirs]. □

**G.6 Lemma (Morse–Lemma)**
*Es sei $m \in M^n$ ein nicht degenerierter kritischer Punkt von $f \in C^{r+1}(M,\mathbb{R})$, $r \geq 1$ mit Index $k$. Dann gibt es eine $C^r$–Karte $(U,\varphi)$ bei $m$ mit*

$$f \circ \varphi^{-1}(x) = f(m) - \textstyle\sum_{i=1}^{k} x_i^2 + \sum_{i=k+1}^{n} x_i^2 \qquad \big(x \in \varphi(U)\big).$$

**Beweis:** In HIRSCH [Hirs], Satz 1.1 von Kapitel 6.1 (Differenzierbarkeitsstufe in *Exercise* 1). □

Enthält $M_{a,b}$ genau einen kritischen Punkt $m$, dann entsteht topologisch[4] $M_b = M_a \cup M_{a,b}$ aus $M_a$ durch Ankleben der stabilen Mannigfaltigkeit

$$W^s(m) := \big\{x \in M \mid \lim_{t \to +\infty} \Phi_t(x) = m\big\}$$

von $m$ bezüglich des Gradientenflusses $\Phi$ (siehe Abbildung G.1.1, und §3 von MILNOR [Mi]). Diese ist nach dem Morse–Lemma $\mathbf{Ind}(m)$–dimensional.

[4]als sog. Deformationsretrakt von $M_b$. Für einen topologischen Teilraum $A \subseteq B$ heißt eine Homotopie $g : B \times [0,1] \to B$ *Deformationsretraktion* und $A$ *Deformationsretrakt* von $B$, wenn $g(B,1) = A$ und $g(\cdot,1)\restriction_A = \mathrm{Id}_A$ ist. Damit sind $A$ und $B$ insbesondere homotopieäquivalent.

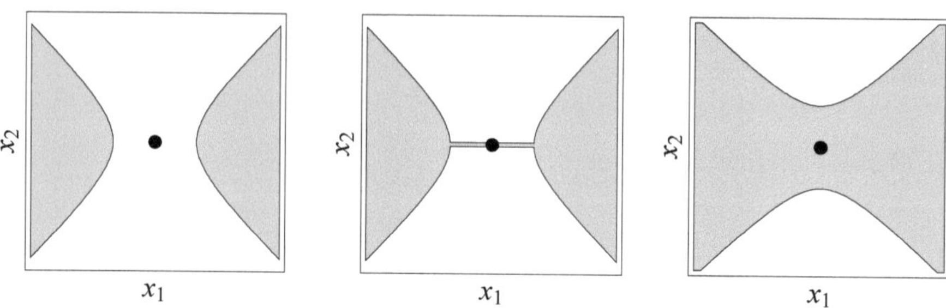


Abbildung G.1.1: Subniveaumengen $M_{c-\varepsilon}$ (links) und $M_{c+\varepsilon}$ (rechts) einer Morse–Funktion $f : M \to \mathbb{R}$ in der Nähe eines kritischen Punktes $m$ mit $c := f(m)$ und $\mathbf{Ind}(m) = 1$. Die mittlere Abbildung zeigt die Vereinigung von $M_{c-\varepsilon}$ und der stabilen Mannigfaltigkeit von $m$. Die Karte entspricht der im Morse–Lemma.

Mit den im nächsten Abschnitt aufbereiteten Techniken der singulären Homologie wird die dabei stattfindende Topologieänderung der Subniveaumenge kontrolliert.

## G.2 Singuläre Homologie

Die Morse–Ungleichungen enthalten die in (B.8.2) mithilfe der de-Rham–Kohomologie definierten Betti–Zahlen. Es erscheint daher natürlich, diese Ungleichungen auch mit dem Kalkül der Differentialformen zu beweisen.

Statt der de-Rham–Kohomologie wird für diesen Beweis aber üblicherweise die sogenannte singuläre Homologie verwandt. Ein Grund dafür ist die Tatsache, dass diese für beliebige topologische Räume, nicht nur für endlich-dimensionale Mannigfaltigkeiten definierbar ist.

Damit kann die Morse–Theorie auch auf so wichtige Fragen wie die nach geschlossenen Geodäten angewandt werden (siehe Bemerkung G.3.2).

Singuläre Homologie ist eine Homologietheorie, die einem topologischen Raum $X$ abelsche Gruppen $H_k(X)$, $k \in \mathbb{N}_0$ zuordnet, die diesen teilweise charakterisieren. Das Buch [Cr] von Croom ist eine elementare Einführung.

Bausteine sind die Simplices: Sind $a_0, \ldots, a_k \in \mathbb{R}^n$ geometrisch unabhängig in dem Sinn, dass sie in keinem $(k-1)$–dimensionalen affinen Unterraum liegen, so heißt die konvexe Hülle

$$\sigma_k := [a_0, \ldots, a_k] := \left\{ \sum_{i=0}^k t_i a_i \;\middle|\; t_i \geq 0, \sum_{i=0}^k t_i = 1 \right\} \subset \mathbb{R}^n$$

dieser Punkte **Standard–$k$–Simplex**; die **$i$–te Seite**

$$\sigma_{k-1}^{(i)} := [a_0, \ldots, \hat{a}_i, \ldots, a_k] \qquad (i = 0, \ldots, k)$$

von $\sigma_k$ ist Konvexkombination der Eckpunkte von $\sigma_k$ außer $a_i$.

**G.7 Definition**

- *Ein* **singulärer** $k$**–Simplex** *des topologischen Raumes* $X$ *ist ein Paar* $(\sigma_k, f)$ *mit einer stetigen Abbildung* $f : \sigma_k \to X$.

- *Es sei* $G$ *eine abelsche Gruppe. Eine* **singuläre** $k$**–Kette** *ist eine endliche formale Linearkombination* $\sum_i g_i\,(\sigma_{k,i}, f_i)$ *singulärer* $k$*–Simplices, mit* $g_i \in G$. *Die Menge* $C_k(X;G)$ *(oder kurz:* $C_k(X)$*) dieser singulären Ketten ist damit wieder eine abelsche Gruppe.*

- *Der* **Rand** *eines singulären* $k$*–Simplex* $(\sigma_k, f)$ *ist die formale Linearkombination*

$$\partial(\sigma_k, f) \;:=\; \sum_{q=0}^{k}(-1)^q \left(\sigma_{k-1}^{(q)}, f\restriction_{\sigma_{k-1}^{(q)}}\right) \;\in\; C_{k-1}(X;G),$$

*der* **Rand** *einer singulären* $k$*–Kette* $c_k := \sum_i g_i\,(\sigma_{k,i}, f_i)$ *ist*

$$\partial c_k := \sum_i g_i\,\partial(\sigma_{k,i}, f_i)\,.$$

**G.8 Satz**
$\partial : C_k(X) \to C_{k-1}(X)$ $(k \in \mathbb{N})$ *ist ein Gruppenhomomorphismus, und es gilt*

$$\boxed{\partial\partial = 0\,.}$$

Diese einfach nachzurechnende Formel ist mit der Eigenschaft $dd = 0$ der äußeren Ableitung vergleichbar. Wie diese in (B.8.1) zur Definition der de-Rham–Kohomologie benutzt wurde, führt Satz G.8 zur Definition der singulären Homologie:

**G.9 Definition (und Satz)**

- *Eine Kette* $c_k \in C_k(X;G)$ *heißt*
  **Zykel** *(*$c_k \in Z_k(X;G)$*), wenn* $\partial c_k \;=\; 0$,
  **Rand** *(*$c_k \in B_k(X;G)$*), wenn* $c_k = \partial c_{k+1}$ *für ein* $c_{k+1} \in C_{k+1}(X;G)$.
  *Damit ist* $Z_k(X)$ *eine Untergruppe von* $C_k(X)$ *und* $B_k(X)$ *eine Untergruppe von* $Z_k(X)$.

- *Zwei Zykeln* $c_k', c_k'' \in Z_k(X)$ *heißen* **äquivalent**, *wenn* $c_k' - c_k''$ *Rand ist. Das ist eine Äquivalenzrelation.*

- *Die Menge* $H_k(X;G)$ *der Äquivalenzklassen heißt* $k$*–te* **singuläre Homologiegruppe**. *Sie ist damit die Faktorgruppe* $H_k(X) = Z_k(X)/B_k(X)$.

Für die Morse–Theorie wird als additive Gruppe $G$ oft der Körper $\mathbb{R}$ der reellen Zahlen verwandt. $C_k(X)$ und analog $Z_k(X)$, $B_k(X)$ und $H_k(X)$ werden damit zu $\mathbb{R}$–Vektorräumen. Während erstere aber typischerweise unendlich-dimensional sind, ist etwa für kompakte Mannigfaltigkeiten $X$ die Homologiegruppe $H_k(X)$ endlich–dimensional. Nach dem universellen Koeffiziententheorem (Satz 15.14

in [BT]) und dem Satz von de Rham (etwa: Satz 8.9 in [BT]) gilt dann sogar: $\dim(H_k(X)) = \mathrm{betti}_k(X)$ mit den Betti–Zahlen $\mathrm{betti}_k(X)$.

Eine stetige Abbildung topologischer Räume $\varphi : X \to Y$ induziert den Homomorphismus

$$\varphi_* : C_k(X;G) \to C_k(Y;G) \quad , \quad \varphi_*(c_k) = \textstyle\sum_i g_i\,(\sigma_{k,i}, \varphi \circ f_i) \qquad (k \in \mathbb{N}_0)$$

der Ketten, für $c_k := \sum_i g_i\,(\sigma_{k,i}, f_i)$. $\varphi_*$ induziert wiederum einen Homomorphismus

$$\varphi_* : H_k(X;G) \to H_k(Y;G) \qquad (k \in \mathbb{N}_0). \tag{G.2.1}$$

Dieser hängt nur von der Homotopieklasse von $f$ ab. Insbesondere besitzen homotopieäquivalente Räume isomorphe (singuläre) Homologiegruppen.

**G.10 Beispiel** Die gelochte Ebene und die Kreislinie sind nach Beispiel A.24.1 homotopieäquivalent. Daher gilt $H_k(\mathbb{C}\backslash\{0\};G) = H_k(S^1;G)$. ◇

Für den Beweis der Morse–Ungleichungen benötigen wir auch die *relativen* Homologien. Ist $Y$ ein Teilraum des topologischen Raumes $X$, dann ist die Gruppe $C_k(Y;G)$ Untergruppe von $C_k(X;G)$. Die Faktorgruppe wird mit

$$C_k(X,Y) := C_k(X)/C_k(Y)$$

bezeichnet. $\partial$ bildet $C_k(Y)$ in $C_{k-1}(Y)$ ab, und definiert damit einen Randoperator

$$\partial : C_k(X,Y) \to C_{k-1}(X,Y)\,.$$

Es sei die Gruppe der *relativen Zykeln* $Z_k(X,Y) := \{c_k \in C_k(X,Y) \mid \partial c_k = 0\}$ und die Gruppe der *relativen Ränder*

$$B_k(X,Y) := \left\{c_k \in C_k(X,Y) \mid \exists\, c_{k+1} \in C_{k+1}(X,Y) : \, c_k = \partial c_{k+1}\right\}.$$

Die *$k$–te relative Homologiegruppe* ist die Faktorgruppe

$$H_k(X,Y) := Z_k(X,Y)/B_k(X,Y)\,.$$

- Da jeder Zykel aus $H_k(X)$ als einer in $H_k(X,Y)$ betrachtet werden kann, erhalten wir einen Homomorphismus

$$j : H_k(X) \to H_k(X,Y) \quad , \quad [z_k] \mapsto [z_k + C_k(Y)]\,.$$

- Andererseits induziert die Inklusion $i : Y \to X$ mit (G.2.1) einen Homomorphismus

$$i_* : H_k(Y) \to H_k(X)\,.$$

- Zu guter Letzt stellen wir fest, dass für $[z_k + C_k(Y)] \in H_k(X,Y), n \geq 1, z_k + C_k(Y)$ ein relativer $k$–Zykel ist, $\partial z_k$ also in $C_{k-1}(Y)$ liegt. Da $\partial\partial z_k = 0$ (Satz G.8), ist $\partial z_k$ ein $(k-1)$–Zykel; $\partial z_k \in Z_{k-1}(Y)$ definiert also ein Element $[\partial z_k] \in H_{k-1}(Y)$. Die entsprechende Abbildung ist

$$\partial_* : H_k(X,Y) \to H_{k-1}(Y) \quad , \quad [z_k + C_k(Y)] \mapsto [\partial z_k]\,.$$

**G.11 Satz** *Die Sequenz*

$$\ldots \stackrel{\partial_*}{\to} H_k(Y) \stackrel{i_*}{\to} H_k(X) \stackrel{j}{\to} H_k(X,Y) \stackrel{\partial_*}{\to} H_{k-1}(Y) \stackrel{i_*}{\to} \ldots H_0(X,Y) \to 0$$

*ist exakt, also* $\ker(i_*) = \mathrm{Im}(\partial_*)$ , $\ker(j) = \mathrm{Im}(i_*)$ *und* $\ker(\partial_*) = \mathrm{Im}(j)$.

**Beweis:** Siehe Band 3, §5 von DUBROVIN, FOMENKO und NOVIKOV [DFN]. □

Wir kehren zum Beweis der Morse–Ungleichungen zurück. Für diesen ist es nützlich, das *Poincaré–Polynom der Mannigfaltigkeit* $M^n$

$$P_M(t) := \sum_{\ell=0}^n \mathrm{betti}_\ell(M)\, t^\ell$$

mit dem *Poincaré–Polynom der Morse–Funktion* $f : M \to \mathbb{R}$

$$Q_M(f,t) := \sum_{\ell=0}^n \mathrm{crit}_\ell(f)\, t^\ell$$

zu vergleichen.

Durch genügend kleine Veränderung von $f$ auf disjunkten Umgebungen der kritischen Punkte erreichen wir, dass die Werte $c_k := f(x_k)$ der kritischen Punkte $x_1, \ldots, x_N$ von $f$ voneinander verschieden sind, ohne dabei ihren Index zu ändern. Wir nummerieren die $c_k$ aufsteigend, und definieren für $Y \subseteq X$ die relativen Betti–Zahlen

$$\mathrm{betti}_\ell(X,Y) := \dim H_\ell(X,Y) \qquad (\ell \in \mathbb{N}_0).$$

Wir wählen reguläre Werte $a_i \in (c_i, c_{i+1})$, mit $a_0 < c_1$ und $a_N > c_N$.

**G.12 Lemma** *Das Poincaré–Polynom von* $f$ *ist*

$$Q_M(f,t) = \sum_{k=1}^N \sum_{\ell=0}^n \mathrm{betti}_\ell\big(M_{a_k}, M_{a_{k-1}}\big)\, t^\ell .$$

**Beweis:**

• Aus der sogenannten *Exzisionseigenschaft* der relativen Homologie folgt

$$H_\ell(X,Y) = H_\ell(X/Y, *)\,,$$

wobei $*$ eine einpunktige Menge symbolisiert und $X/Y$ der Raum mit Quotiententopologie ist, bei dem $Y$ zu einem Punkt zusammengeschlagen wird.

• In unserem Fall ist für den kritischen Punkt $x_k$ mit Index $m$ die Mannigfaltigkeit $M_{a_k}/M_{a_{k-1}}$ homotopieäquivalent zu $D^m/\partial D^m \cong S^m$, siehe das auf das Morse–Lemma G.6 folgende Argument.

Daher sind die Betti–Zahlen $\mathrm{betti}_\ell\big(M_{a_k}, M_{a_{k-1}}\big) = \mathrm{betti}_\ell(S^m, *) = \delta(\ell, m)$. □

Aus der Exaktheit der Sequenz

$$\ldots H_i \stackrel{f_i}{\to} H_{i+1} \stackrel{f_{i+1}}{\longrightarrow} \ldots \stackrel{f_{i+k-1}}{\longrightarrow} H_{i+k} \stackrel{f_{i+k}}{\longrightarrow} \ldots$$

endlich-dimensionaler Vektorräume, also $\dim\big(\ker(f_{\ell+1})\big) = \dim\big(\mathrm{im}(f_\ell)\big)$, folgt mit dem Dimensionssatz $\dim(H_\ell) = \dim(\ker(f_\ell)) + \dim(\mathrm{im}(f_\ell))$ der Linearen Algebra für die alternierende Summe:

$$\textstyle\sum_{\ell=i}^{i+k}(-1)^{\ell-i}\dim(H_\ell) \;=\; \dim\big(\ker(f_i)\big) + (-1)^k \dim\big(\mathrm{im}(f_{i+k})\big)\,.$$

Satz G.11 impliziert daher

$$\sum_{\ell=0}^{\infty}(-1)^\ell\,\big(\mathrm{betti}_\ell(Y) - \mathrm{betti}_\ell(X) + \mathrm{betti}_\ell(X,Y)\big) = 0. \qquad \text{(G.2.2)}$$

**Beweis der Morse–Ungleichungen:**

• Die Formel (G.1.2) für die Euler–Charakteristik folgt wegen $M = M_{a_N}$ durch Summation über $k$ aus (G.2.2), mit $Y := M_{a_k}$ und $X := M_{a_{k-1}}$.

• In ähnlicher Weise wie (G.1.2) beweist man die *starken* Morse–Ungleichungen

$$\textstyle\sum_{\ell=0}^{m}\,(-1)^{\ell-m}\,\mathrm{crit}_\ell(f) \geq \sum_{\ell=0}^{m}\,(-1)^{\ell-m}\,\mathrm{betti}_\ell(M) \qquad (m = 1,\ldots,n-1). \qquad \text{(G.2.3)}$$

Daraus folgen die *schwachen* Morse–Ungleichungen (G.1.1) durch Addition von (G.2.3) für Paare benachbarter Werte von $m$. □

## G.3 Geodätische Bewegung und Morse–Theorie

In diesem Abschnitt wird ein Überblick über Anwendungen und Erweiterungen der Morse–Theorie gegeben, insbesondere für die Analyse der Geodäten einer vollständigen riemannschen Mannigfaltigkeit $(M,g)$.

Eine Geodäte auf $(M,g)$ ist eine Kurve $c \in C^2(I,M)$, für die der Paralleltransport entlang $c$ den Geschwindigkeitsvektor $c'$ invariant lässt, die also in lokalen Koordinaten die Geodätengleichung (8.4) erfüllt. Für das Intervall $I = [0,1]$ ist sie damit Extremal des Energiefunktionals (G.1.4) und des *Längenfunktionals*

$$\mathcal{L} : H^1(I,M) \to [0,\infty) \quad , \quad \mathcal{L}(c) := \int_I \sqrt{g_{c(t)}\big(\dot c(t),\, \dot c(t)\big)}\,\mathrm{d}t, \qquad \text{(G.3.1)}$$

im Vergleich mit Kurven, deren Anfangs- und Endpunkt gleich $c(0)$ bzw. $c(1)$ sind. Eine analoge Aussage gilt für beliebige Punktepaare auf der Geodäte.

Ist $M$ eine Untermannigfaltigkeit des $\mathbb{R}^k$ und die riemannsche Metrik $g$ auf $M$ die Restriktion der euklidischen Metrik des $\mathbb{R}^k$, dann zeichnen sich die Geodäten auf $M$ dadurch aus, dass ihre Beschleunigung $c''(t) \in T_{c(t)}\mathbb{R}^k$ senkrecht auf dem Tangentialraum $T_{c(t)}M$ ist.

Die geodätische Bewegung, aufgefasst als Fluss auf dem Tangentialbündel $TM$, ist hamiltonsch, mit der Hamilton–Funktion

$$H : TM \to \mathbb{R} \quad , \quad v \mapsto \tfrac{1}{2} g_m(v,v) \ \text{ für } v \in T_m M. \qquad \text{(G.3.2)}$$

Dabei ist die das hamiltonsche Vektorfeld $X_H$ definierende symplektische Form die mittels der Bündelabbildung $TM \to T^*M$, $v \mapsto g(v,\cdot)$ vom Kotangentialbündel $T^*M$ auf $TM$ zurückgezogene kanonische symplektische Form $\omega_0$ (siehe Seite 211).

Das Längenfunktional $L$ ermöglicht es, eine (zusammenhängende) riemannsche Mannigfaltigkeit $(M,g)$ als metrischen Raum mit Metrik $d : M \times M \to [0,\infty)$,

$$d(q_0,q_1) := \inf\left\{\mathcal{L}(c) \mid c \in H^1(I,M),\ c(0)=q_0,\ c(1)=q_1\right\} \qquad \text{(G.3.3)}$$

aufzufassen. Nach der Cauchy-Schwarz–Ungleichung gilt für die Zeitintervalle $[t_0,t_1] \subseteq I$:

$$d\big(c(t_0),c(t_1)\big) \le \sqrt{2\,\mathcal{E}(c)\,(t_1-t_0)}\,.$$

**G.13 Definition**

- *Die riemannsche Mannigfaltigkeit $(M,g)$ heißt* **geodätisch vollständig**, *wenn es für jeden Tangentialvektor $v \in T_m M$ eine Geodäte $c : \mathbb{R} \to M$ mit $c(0) = m$ und $c'(0) = v$ gibt.*
- *Auf einer geodätisch vollständigen Mannigfaltigkeit heißt mit diesen Bezeichnungen die Abbildung*

  $$\exp : TM \to M \quad , \quad v \mapsto c(1)$$

  **Exponentialabbildung**.
  *Ihre Restriktion auf $T_m M$ wird mit $\exp_m : T_m M \to M$ bezeichnet.*

Diese Exponentialabbildung der Differentialgeometrie sollte nicht mit der gleichnamigen Abbildung (E.3.1) aus der Theorie der Lie–Gruppen verwechselt werden[5].

**G.14 Beispiele**

1. Kompakte Mannigfaltigkeiten sind bezüglich jeder riemannschen Metrik geodätisch vollständig. Denn die flussinvarianten Niveauflächen der Hamilton–Funktion (G.3.2) sind dann ebenfalls kompakt. Damit folgt die Behauptung aus Satz 3.27.

[5]Bei einer unter der Links- und der Rechtswirkung (E.1.3) invarianten Metrik auf einer Lie–Gruppe $G$ fallen die beiden Begriffe aber zusammen, wenn man die Lie–Algebra $\mathfrak{g}$ in $\exp : \mathfrak{g} \to G$ als Tangentialraum $T_e G$ von $G$ beim neutralen Element $e \in G$ auffasst. Beispiele sind abelsche Lie–Gruppen wie $\mathbb{R}^n$ und der Torus $\mathbb{T}^n$.

2. Ein einfaches Beispiel für eine Exponentialabbildung ist die der runden Sphäre $S^2 \subset \mathbb{R}^3$. Vom Tangentialraum $T_nS^2 \cong \mathbb{R}^2$ des Nordpols $n$ aus gesehen wird durch die Inverse der Tangentialabbildung $\exp_n : T_nS^2 \to S^2$ die (Erd-) Kugel azimutal auf die Ebene abgebildet. Die Geodäten sind in diesem Fall Großkreise.

   Der Nordpol erscheint als Nullpunkt und in Form konzentrischer Kreise der Radien $2\pi n$, $n \in \mathbb{N}$. In nebenstehender Abbildung sieht man die Antarktis mit dem Südpol als Kreis mit Radius $\pi$. ◇

Inverse Exponentialabbildung der Erde am Nordpol, also äquidistante Azimutalprojektion.[6]

**G.15 Satz (Hopf und Rinow)** *Für eine zusammenhängende riemannsche Mannigfaltigkeit $(M, g)$ sind die folgenden Aussagen äquivalent:*

1. *$(M, g)$ ist geodätisch vollständig.*
2. *$(M, d)$ (mit der Metrik $d$ aus (G.3.3)) ist ein vollständiger metrischer Raum;*
3. *die abgeschlossenen und bezüglich $d$ beschränkten Teilmengen von $M$ sind kompakt;*

*Unter dieser Voraussetzung existiert für je zwei Punkte $q_0$ und $q_1$ von $M$ eine Geodäte $c : [0,1] \to M$ mit $c(i) = q_i$ und minimaler Länge $\mathcal{L}(c) = d(q_0, q_1)$.*

Um die Geodäten mithilfe von Morse–Theorie zu untersuchen, muss man ihren Index bezüglich des Energiefunktionals verstehen. Dieser hängt mit ihren konjugierten Punkten zusammen.

**G.16 Definition**

- *Es sei $c : [0,T] \to M$ ein Geodätensegment auf der riemannschen Mannigfaltigkeit $(M, g)$. Dann heißt $q := c(t)$* **konjugierter Punkt von** *$p := c(0)$ (entlang $c$), wenn die lineare Abbildung*

$$T_{c'(0)t} \exp_p \; : \; T_{c'(0)t} T_p M \longrightarrow T_q M$$

*einen nichttrivialen Kern besitzt.*

[6]Bild: Mit freundlicher Genehmigung des Wikipedia-Autors RokerHRO

- *Die Dimension dieses Kerns heißt* **Multiplizität** $\mathrm{Mult}_c(t)$ *des konjugierten Punktes.*

**G.17 Bemerkung (konjugierte Punkte)**
Man betrachtet also die Linearisierung der Exponentialabbildung und schaut damit, ob eine Variation der Anfangsgeschwindigkeit der bei $p$ startenden Geodäte uns trotzdem in der Zeit $t$ zu $q = \exp_p(c'(0)t)$ führt. Die zu $p$ konjugierten Punkte $c(t)$ entlang der Geodäte $c$ besitzen damit Zeitparameter $t$, die sich nicht häufen.

Ist $q$ konjugierter Punkt von $p$ entlang $c$, dann ist auch $p$ konjugierter Punkt von $q$ (entlang der umgekehrt durchlaufenen Geodäte).

In Beispiel G.14.2 sind genau die Antipodenpaare $(p,q) = (p,-p)$ und die Paare $(p,p)$ der Sphäre zueinander konjugiert, entlang jedes sie treffenden Großkreissegmentes. ◇

Die in Bemerkung G.3.2 eingeführte Hilbert–Mannigfaltigkeit $H^1(I,M)$ besitzt nur die konstanten Kurven als kritische Punkte des Energiefunktionals $\mathcal{E}$. Man kann aber über die Endpunktabbildung

$$\pi : H^1(I,M) \to M \times M \quad , \quad c \mapsto \big(c(0), c(1)\big)$$

Untermannigfaltigkeiten von $H^1(I,M)$ definieren und $\mathcal{E}$ darauf restringieren. Besonders wichtig sind die Räume

$$\Omega_{p,q}M := \pi^{-1}\big((p,q)\big) \qquad (p,q \in M)$$

der bei $p$ beginnenden und bei $q$ endenden Kurven, und

$$\Lambda M := \pi^{-1}(\Delta) \quad \text{, mit der Diagonale} \quad \Delta := \{(q,q) \mid q \in M\}.$$

**G.18 Satz (Index–Satz von Morse)** *Der Index des Energiefunktionals*

$$\mathcal{E} : \Omega_{p,q}M \longrightarrow [0,\infty)$$

*bei einer Geodäte $c$ von $p$ nach $q$ ist*[7] $\sum_{t\in(0,1)} \mathrm{Mult}_c(t)$.

**Beweis:** In KLINGENBERG [Kli2], *Theorem 2.5.9.* □

Der Raum $\Lambda M$ kann sinnvollerweise als Raum von *$H^1$–Schleifen* $c : S^1 \to M$ aufgefasst werden. Das (wieder mit $\mathcal{E}$ bezeichnete) auf $\Lambda M$ restringierte Energiefunktional ist dann invariant unter den Drehungen $t \mapsto t + s$ auf $S^1 = \mathbb{R}/\mathbb{Z}$. Es ist also immer degeneriert und damit keine Morse–Funktion[8]. Die kritischen

[7] Die Summe ist endlich!

[8] Aber es könnte eine sogenannte Morse-Bott–Funktion sein. Bei einer *Morse-Bott–Funktion* ist die kritische Menge eine abgeschlossene Untermannigfaltigkeit und die Hesse–Matrix in Normalenrichtung ist nicht degeneriert.

Punkte von $\mathcal{E} : \Lambda M \to [0,\infty)$ besitzen aber endlichen Index, und sie sind geschlossene Geodäten. Letzteres schließt man durch partielle Integration aus der Formel (G.1.5) für ihre Ableitung $\mathrm{D}\mathcal{E}$, ähnlich wie beim hamiltonschen Variationsprinzip in Satz 8.16.

**G.19 Satz** *Falls $(M,g)$ vollständig ist, sind auch $\Omega_{p,q}M$ und $\Lambda M$ bezüglich der von (G.1.3) abgeleiteten Metrik auf $H^1(I,M)$ vollständige metrische Räume.*

**Beweis:** Siehe *Theorem 2.4.7* in KLINGENBERG [Kli2]. Dort wird angenommen, dass $M$ kompakt ist. Die leichte Verallgemeinerung auf vollständige $(M,g)$ findet man zum Beispiel in *Proposition 4.1* von [9]. □

Um in $\Omega_{p,q}M$ beziehungsweise $\Lambda M$ Geodäten als kritische Punkte von $\mathcal{E}$ zu finden, überprüft man eine sogenannte Palais-Smale–Bedingung. Wir bezeichnen diese Räume dabei pauschal mit $\Omega$:

**G.20 Definition (Palais-Smale–Bedingung)**
*Alle Folgen $(c_k)_{k\in\mathbb{N}}$ von Kurven in $\Omega$, für die die Folge $\big(\mathcal{E}(c_k)\big)_{k\in\mathbb{N}}$ beschränkt ist und $\lim_{k\to\infty} \|\mathrm{grad}\,\mathcal{E}(c_k)\| = 0$ gilt, besitzen eine konvergente Teilfolge.*

**G.21 Beispiel (Gegenbeispiel)**
Ist $(M,g)$ die (vollständige) riemannsche Mannigfaltigkeit $M := \mathbb{R}$ mit euklidischer Metrik $g$, dann ist die Palais-Smale–Bedingung für $\Lambda M$ nicht erfüllt.

Denn etwa die Folge der konstanten Schleifen $c_k$ mit $c_k(t) := k$ erfüllt die Voraussetzung der Definition, besitzt aber keine konvergente Teilfolge. ◇

**G.22 Lemma** *Die Palais-Smale–Bedingung ist für $\Omega_{p,q}M$ erfüllt, falls $(M,g)$ vollständig ist, und für $\Lambda M$, falls $M$ kompakt ist.*

Unter den genannten Voraussetzungen erzeugt das Gradientenvektorfeld $\mathrm{grad}\,\mathcal{E}$ einen vollständigen Fluss auf $\Omega$. Man findet also beispielsweise in jeder Zusammenhangskomponente von $\Omega_{p,q}M$ ein $p$ mit $q$ verbindendes Geodätensegment. Diese Zusammenhangskomponenten werden durch die Fundamentalgruppe $\pi_1(M)$ nummeriert.

Auch im Fall trivialer Fundamentalgruppe kann man oft die Existenz vieler solcher Geodätensegmente nachweisen:

**G.23 Beispiel**

- Sei zunächst $M = S^n$ mit Standardmetrik $g$ und $p,q \in S^n$ nicht konjugiert, also nicht gleich oder Antipoden. Wir können diese beiden Punkte mit unendlich vielen Geodäten–Segmenten mit Multiplizitäten $k(n-1)$, $k \in \mathbb{N}_0$ verbinden. Allerdings sind diese alle Segmente *einer* (in $\mathrm{span}(p,q)$ liegenden) Geodäte.

[9] M. Klein, A. Knauf: Classical Planar Scattering by Coulombic Potentials. LNP 13. Berlin: Springer, 1993

- Ist die Metrik nicht die Standardmetrik, so lässt sich unter Zuhilfenahme des Satzes von Sard (siehe Seite 308), angewandt auf die Exponentialabbildung, immer noch feststellen, dass fast alle $(p,q) \in M \times M$ nicht konjugiert sind, und man erhält wieder viele verbindende Geodätensegmente.
  Allerdings werden diese im Allgemeinen geometrisch verschieden sein. ◇

Eine andere Fragestellung ist die nach Existenz und Zahl geschlossener Geodäten. Man benutzt dabei das in Bemerkung G.3.2 eingeführte und auf den Raum der $H^1$–Schleifen $c : S^1 \to M$ restringierte Energiefunktional $\mathcal{E} : \Lambda M \to [0,\infty)$.

**G.24 Satz (Ljusternik-Fet)** *Auf einer* geschlossenen *(das heißt kompakten und randlosen) riemannschen Mannigfaltigkeit existiert eine periodische Geodäte.*

**Beweis:** Neben dem Originalbeweis in [LF], siehe auch *Theorem 3.7.7* von Klingenberg [Kli2], gibt es in [Kli2], *Thm. 2.4.20* einen weiteren Beweis. Beweisidee:
• Wenn die Fundamentalgruppe $\pi_1(M)$ nicht trivial ist, dann gibt es auch nicht triviale Konjugationsklassen (siehe Satz E.5) in $\pi_1(M)$, also nicht kontrahierbare Schleifen. Da allgemein die Zusammenhangskomponenten von $\Lambda M$ den Konjugationsklassen entsprechen, finden wir durch Straffziehen einer solchen Schleife mit dem Gradientenfluß eine geschlossene Geodäte.
• Ist aber $M$ einfach zusammenhängend, dann existiert eine nicht triviale Homotopiegruppe[10] $\pi_\ell(M)$, $2 \le \ell \le \dim(M)$. Sei $f : S^\ell \to M$ nicht homotop zu einer konstanten Abbildung. Wir zerlegen $S^\ell$ (auf die in der Abbildung für $\ell = 2$ angedeuteten Weise) in durch $B^{\ell-1}$ parametrisierte Orbits von $S^1$, mit konstanten Kreisen für Parameter aus $\partial B^{\ell-1}$. Diese ziehen wir gemeinsam straff. Die meisten Schleifen schrumpfen zu konstanten Schleifen zusammen. Aber, da $f$ nicht homotop zu einer konstanten Abbildung ist, konvergiert eine Schleife gegen eine geschlossene Geodäte positiver Länge. Beispiel: Im Fall von $M = S^2$ mit Standardmetrik und $f = \mathrm{Id}_{S^2}$ ist diese der Äquator. □

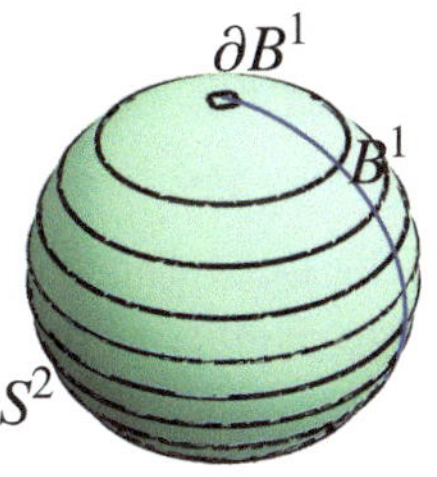


**G.25 Bemerkung (Existenz vieler geschlossener Geodäten)**
Typischerweise besitzt eine geschlossene riemannschen Mannigfaltigkeit $(M,g)$ (mit $\dim(M) \ge 2$) mehr als eine geschlossene Geodäte. Dabei nennen wir zwei Geodäten geometrisch verschieden, wenn ihre Orbits im Einheitstangentenbündel $T_1M$ verschieden sind. Dies kann man zeigen, wenn die Fundamentalgruppe $\pi_1(M)$ hinreichend groß ist (etwa für Tori, siehe Satz 8.33). Aber auch zum Beispiel für die Sphäre $S^2$ mit beliebigen Metriken ist das bewiesen worden, siehe Bangert [Ban]. ◇

Ein großes Problem bei der Anwendung der Morse–Theorie ist die Voraussetzung der Nichtdegeneriertheit der kritischen Punkte. Zwar ist diese Voraussetzung in

[10] eine analog zur Fundamentalgruppe definierte Gruppe von Homotopieklassen von Abbildungen $S^\ell \to M$.

einem generischen Sinn erfüllt, doch für den konkreten Einzelfall lässt sie sich nur schwer nachprüfen.

In diesem Zusammenhang ist die Ljusternik–Schnirelmann–Kategorie nützlich, weil ihre Aussagen nicht die Nichtdegeneriertheit der Funktion voraussetzen:

**G.26 Definition**
*Die* **Ljusternik–Schnirelmann–Kategorie** $\mathrm{cat}(X)$ *eines Hausdorff–Raumes* $X$ *ist die kleinste Kardinalität kontrahierbarer abgeschlossener*[11] *Mengen* $A_i \subseteq X$ $(i \in I)$ *mit*

$$X = \bigcup_{i\in I} A_i \,.$$

**G.27 Beispiel (Kreislinie)**
Die Ljusternik–Schnirelmann–Kategorie $\mathrm{cat}(S^1)$ der Kreislinie $S^1$ ist gleich 2. Denn zum Beispiel die beiden abgeschlossenen Teilmengen $A_\pm := \{z \in S^1 \subset \mathbb{C} \mid \pm\mathrm{Re}(z) \leq 1/2\}$ sind kontrahierbar, mit $A_- \cup A_+ = S^1$. Aber $S^1$ selbst ist nicht kontrahierbar. ◇

Ist $X$ kompakt, dann ist $\mathrm{cat}(X) < \infty$. Es gilt der

**G.28 Satz** *Eine Funktion* $f \in C^2(M, \mathbb{R})$ *auf einer geschlossenen Mannigfaltigkeit* $M$ *besitzt mindestens* $\mathrm{cat}(M)$ *kritische Punkte.*

**Beweis:**
Einen Beweis findet man in Band 3, §19 von DUBROVIN, FOMENKO und NOVIKOV [DFN]. Siehe auch NICOLAESCU, [Ni, Theorem 2.58]. □

Die Ljusternik–Schnirelmann–Kategorie können wir oft mithilfe der sogenannten *cup–Länge* berechnen (hier für den Koeffizientenring $\mathbb{R}$ definiert).

**G.29 Definition** *Die* **cup–Länge** $\mathrm{cup}(M)$ *einer Mannigfaltigkeit* $M$ *ist die Maximalzahl von Elementen* $\alpha_1, \ldots, \alpha_p \in H^*(M)$ *mit Grad* $\geq 1$ *und*

$$\alpha_1 \wedge \ldots \wedge \alpha_p \neq 0 \,.$$

Damit ist die cup–Länge einer $n$–dimensionalen Mannigfaltigkeit höchstens $n$.

**G.30 Satz** $\mathrm{cat}(M) \geq \mathrm{cup}(M) + 1$.

**Beweis:** In Band 3, §19 von DUBROVIN, FOMENKO und NOVIKOV [DFN]. □

**G.31 Beispiel (Torus)**
$\mathrm{cup}(\mathbb{T}^n) = n$, wie man durch Benutzung einer Basis $\alpha_1, \ldots, \alpha_n \in H^1(\mathbb{T}^n)$ von $H^*(\mathbb{T}^n)$ sieht (vergleiche mit Beispiel B.54).

---

[11] Man kann für unsere Zwecke auch *offene* Überdeckungen verwenden, siehe R. Fox: On the Lusternik-Schnirelmann Category. The Annals of Mathematics, Second Series, **42**, 333–370 (1941)

Jede glatte Funktion $f : \mathbb{T}^n \to \mathbb{R}$ besitzt also mindestens $n + 1$ kritische Punkte.
Diese untere Schranke wird auch realisiert. Etwa für den 2-Torus $\mathbb{T}^2 := \mathbb{R}^2/\pi\mathbb{Z}^2$ ist die Funktion $f : \mathbb{T}^2 \to \mathbb{R}$,

$$x \mapsto \sin(x_1)\sin(x_2)\sin(x_1 + x_2)$$

wohldefiniert und hat genau drei kritische Punkte:

| | |
|---|---|
| $(0, 0)$ | (degeneriert), |
| $(\pi/3, \pi/3)$ | (Maximalstelle), und |
| $(2\pi/3, 2\pi/3)$ | (Minimalstelle), |

siehe Abbildung. ◇

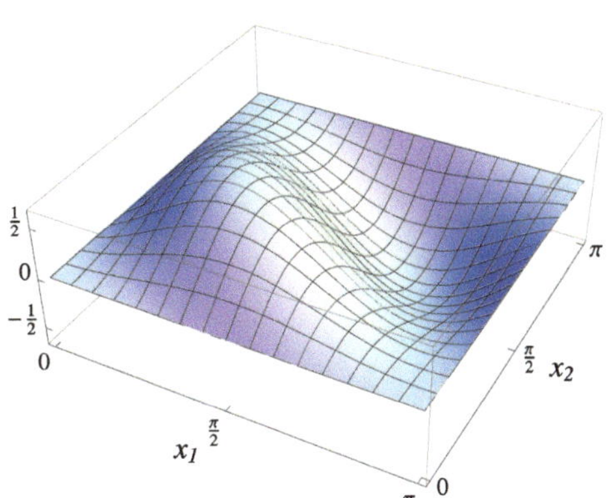


*„Finishing a book is just like you took a child out in the yard and shot it."*
TRUMAN CAPOTE

# Anhang H

# Lösungen der Aufgaben

## Kapitel 1, Einleitung

**Aufgabe 1.1 auf Seite 6 (Drittes Keplersches Gesetz):**

(a) Mit der Parametergleichung (1.7) sind die Minimal- und Maximalabstände

$$r_{\min} = R(\varphi_0) = \frac{p}{1+e} \quad \text{und} \quad r_{\max} = R(\varphi_0 + \pi) = \frac{p}{1-e}.$$

Praktisch nach Definition ist die große Halbachse $a = \frac{p}{1-e^2}$ deren arithmetisches Mittel.

Der Abstand der beiden Brennpunkte ist $r_{\max} - r_{\min}$. Daher gilt mit der Gärtner-Definition der Ellipse[1]: Die kleine Halbachse $\tilde{b}$ erfüllt nach Pythagoras die Beziehung

$$\tilde{b}^2 + (r_{\max} - r_{\min})^2/4 = (r_{\max} + r_{\min})^2/4 \quad \text{oder} \quad \tilde{b} = (r_{\min}\, r_{\max})^{1/2} = b\,.$$

(b) Der Flächeninhalt der Ellipse ist $\pi ab$, also nach dem zweiten Keplerschen Gesetz gleich $\ell T/2$, mit der Umlaufzeit $T$. Damit ist $T = 2\pi ab/\ell$.

(c) Mit $b = p/\sqrt{1-e^2} = \sqrt{pa} = \ell\sqrt{a/\gamma}$ folgt aus Teil b) für die Umlaufzeit:

$$T = \tfrac{2\pi ab}{\ell} = 2\pi \tfrac{a^{3/2}}{\sqrt{\gamma}}.$$ □

## Kapitel 2, Dynamische Systeme

**Aufgabe 2.5 auf Seite 13 (Cantor–Menge):**

- Die Cantor–Menge ist definiert als $\tilde{C} := \bigcap_{n\in\mathbb{N}} C_n$ mit $C_0 := I$, wobei

[1] also aufgefaßt als die Menge der Punkte, deren Summe der Abstände zu den Brennpunkten konstant ist, die also gezeichnet werden kann, indem man einen Faden an zwei Nägeln festbindet und ihn mit einem Stift staffzieht. Im Barock und im Rokoko waren ellipsenförmige Beete beliebt.

$C_{n+1} \subset C_n$ aus $C_n$ durch Wegnahme des mittleren Drittels aller Teilintervalle entsteht.
• Da für $x \in [0,1/3]$ beziehungsweise $x \in [2/3,1]$ gilt: $f(x) = 3x$ bzw. $f(x) = 3(1-x)$, ist $f(C_{n+1}) = C_n$, also $f(\tilde{C}) = \tilde{C}$ und damit $\tilde{C} \subseteq C$.
• Ist umgekehrt $x_0 \in I \setminus \tilde{C}$, dann existiert genau ein $n \in \mathbb{N}_0$ mit $x_n \in C_n$ aber $x_{n+1} \notin C_{n+1}$. Dann ist $x_{n+1} \in L$. □

**Aufgabe 2.12 auf Seite 15 (Periode):**

1. • Für $\Phi_t(m) = \exp(2\pi\imath t\alpha)m$ gilt $\Phi_0(m) = \exp(0)m = m$ und $\Phi_{t_1} \circ \Phi_{t_2}(m) = \exp(2\pi\imath t_1\alpha)\exp(2\pi\imath t_2\alpha)m = \exp(2\pi\imath(t_1+t_2)\alpha)m = \Phi_{t_1+t_2}(m)$. $(\Phi_t)_{t\in\mathbb{Z}}$ ist also ein dynamisches System auf $S^1$.
   • Für $\alpha = q/p$ mit $q \in \mathbb{Z},\ p \in \mathbb{N}$ ist $\Phi_p(m) = \exp\left(2\pi\imath p\frac{q}{p}\right)m = m$, $p$ also Periode von $m \in S^1$.
   Die Minimalperiode $r \in \mathbb{N}$ von $m$ teilt $p$ (in Zeichen: $r|p$), und aus $\Phi_r(m) = m$ folgt $\exp\left(2\pi\imath\frac{rq}{p}\right) = 1$, also $p|rq$. Da $q$ und $p$ nach Annahme teilerfremd sind, folgt $p|r$. Da auch $r|p$ gilt, ist $r = p$.
   • Falls für ein $t \in \mathbb{Z}$ und $m \in S^1$ gilt: $\Phi_t(m) = m$, dann folgt $\exp(2\pi\imath\alpha t) = 1$, und damit $\alpha t \in \mathbb{Z}$. Ist $\alpha \in \mathbb{R}\backslash\mathbb{Q}$, dann ist $t = 0$.

2. Durch Induktion folgt für $m, n \in \mathbb{N}$ und $f_m(z) := z^m$: $f_m^{(n)} = f_{m^n}$.
   Für $\ell \in \mathbb{N}$ folgt aus $f_\ell(z) = z$ die Gleichung $z^\ell = z$ oder $z^{\ell-1} - 1 = 0$. Für $\ell > 1$ ist das Polynom vom Grad $\ell - 1$, besitzt also genau $\ell - 1$ Nullstellen auf dem komplexen Einheitskreis.
   Damit ist $P_n(f_m) = P_1\big(f_m^{(n)}\big) = P_1\big(f_{m^n}\big) = m^n - 1$. □

**Aufgabe 2.15 auf Seite 16 (Minimalperiode des dynamischen Systems):**
Für dynamische Systeme gilt, dass die $\Phi_t : M \to M$ Bijektionen sind. Ist $M$ eine endliche Menge und $m \in M$, dann gibt es Zeiten $t_1 < t_2$ mit $\Phi_{t_1}(m) = \Phi_{t_2}(m)$. Dann ist $t := t_2 - t_1$ eine Periode: $\Phi_t(m) = m$. Jeder Punkt $m \in M$ ist also periodisch, und wegen $t \in \mathbb{Z}$ gibt es auch eine Minimalperiode $T(m) \in \mathbb{N}$.

Da das kleinste gemeinsame Vielfache $\hat{T} \in \mathbb{N}$ der $T(m)$ $(m \in M)$ wegen der Endlichkeit von $M$ existiert, gilt für alle $m \in M$: $\Phi_{\hat{T}}(m) = m$. Andererseits ist $\hat{T}$ auch Minimalperiode des dynamischen Systems. □

**Aufgabe 2.19 auf Seite 19 (Shift):**

1. $d_{\mathcal{A}}$ ist eine Metrik auf $\mathcal{A}$, also auch $2^{-|j|}d_{\mathcal{A}}$ für beliebige $j \in \mathbb{Z}$.
   Da außerdem $\sum_{j\in\mathbb{Z}} 2^{-|j|} = 3 < \infty$ ist, ist $d$ eine Produktmetrik auf $\mathcal{A}^{\mathbb{Z}}$:
   • Für $x \neq y$ gibt es ein $j \in \mathbb{Z}$ mit $x_j \neq y_j$, also $d(x,y) \geq 2^{-|j|} > 0$.
   • $d(x,y) = d(y,x)$, da $d_{\mathcal{A}}(a,b) = d_{\mathcal{A}}(b,a)$.
   • $d(x,z) = \sum_{j\in\mathbb{Z}} 2^{-|j|}d_{\mathcal{A}}(x_j,z_j) \leq \sum_{j\in\mathbb{Z}} 2^{-|j|}\big(d_{\mathcal{A}}(x_j,y_j) + d_{\mathcal{A}}(y_j,z_j)\big) = d(x,y) + d(y,z)$.
   $\Phi$ ist stetig, denn $d\big(\Phi_{\pm1}(x), \Phi_{\pm1}(y)\big) \leq 2d(x,y)$.

2. • $m = (m_j)_{j\in\mathbb{Z}}$ ist genau dann $n$–periodisch, wenn $m_{j+kn} = m_j$ für $j = 0, \ldots, n-1$ und $k \in \mathbb{Z}$ gilt. Es gibt also genau $2^n$ $n$–periodische Punkte.
   • Die Minimalperiode $T$ eines $n$–periodischen Punktes $m \in M$ teilt $n$ (siehe Satz 2.13). Daher gibt es für $n = 2,\ 3$ beziehungsweise $4$ genau $2 = 2^2 - 2,\ 6 = 2^3 - 2$ bzw. $12 = 2^4 - 2 - 2$ Punkte mit Minimalperiode $n$.
   • Die periodischen Orbits der Minimalperiode $k$ umfassen $k$ Punkte. Es gibt also $2 = 2/1,\ 1 = 2/2,\ 2 = 6/3$ bzw. $3 = 12/4$ Orbiten der Minimalperioden $1, 2, 3$ bzw. $4$. Damit gibt es genau $2, 3, 4$ bzw. $6$ Orbiten dieser Perioden.

   Steht $B(n)$ für die Anzahl der periodischen Orbits mit Minimalperiode $n \in \mathbb{N}$, so ist
   $$2^n = \sum_{d:\, d|n} d\, B(d),$$
   und die Möbius–Inversion dieser Beziehung sagt einem nun
   $$B(n) = \frac{1}{n} \sum_{d:\, d|n} 2^d \mu(\tfrac{n}{d}).$$
   Dabei ist $\mu\colon \mathbb{N} \to \{-1, 0, 1\}$ die *Möbius–Funktion*
   $$\mu(n) := \begin{cases} 0\ , & n \text{ hat einen mehrfachen Primteiler} \\ 1\ , & n = 1 \text{ oder } n \text{ hat eine gerade Anzahl (verschiedener) Primteiler} \\ -1, & n \text{ hat eine ungerade Anzahl (verschiedener) Primteiler.} \end{cases}$$
   Ist $n$ prim, so vereinfacht sich die Formel für $B$ zu $B(n) = \frac{1}{n}(2^n - 2)$.

3. Es sei etwa $x = (x_j)_{j\in\mathbb{Z}}$ mit $x_j := 0$ für $j \leq 0$ und $(x_j)_{j\in\mathbb{N}}$ die Folge $0\,1\,00\,01\,10\,11\,000\,001\,010\,011\ldots$, bei der also nacheinander die Bitfolgen der Längen $1, 2, \ldots$ lexikalisch geordnet aneinandergehängt werden. □

**Aufgabe 2.22 auf Seite 20 (Stabilität):**

1. Die Abbildungen $\Phi_t : \mathbb{C} \to \mathbb{C},\ \Phi_t(m) := \lambda^t m\ (t \in \mathbb{Z})$ bilden für $\lambda \in \mathbb{C}\backslash\{0\}$ ein stetiges dynamisches System, weil die $\Phi_t$ lineare, also stetige Abbildungen sind, $\Phi_0(m) = \lambda^0 m = m$ und $\Phi_{t_1} \circ \Phi_{t_2}(m) = \lambda^{t_1}\lambda^{t_2} m = \lambda^{(t_1+t_2)} m$ gilt. Wegen Linearität ist $0$ ein Fixpunkt.

2. Die Umgebungsbasis $\{U_\varepsilon(0) \mid \varepsilon > 0\}$ der Null besitzt genau für $|\lambda| \leq 1$ die Eigenschaft $\Phi_t(U_\varepsilon(0)) \subseteq U_\varepsilon(0)$ für alle $t \geq 0$. Damit ist für diese $\lambda$–Werte $0$ Liapunov–stabil.

   Ist dagegen $|\lambda| > 1$, dann ist $\lim_{t\to\infty} |\lambda|^t \varepsilon = \infty$, und wegen $\Phi_t(U_\varepsilon(0)) = U_{|\lambda|^t\varepsilon}(0)$ ist die $0$ nicht Liapunov–stabil.

3. Ist $|\lambda| < 1$, dann ist $0$ nicht nur Liapunov–stabil, sondern der Radius $|\lambda|^t\varepsilon$ der Kreisscheibe $\Phi_t(U_\varepsilon(0))$ geht für $t \to \infty$ gegen Null. Also ist die $0$ asymptotisch stabil. □

**Aufgabe 2.25 auf Seite 21 (Attraktor):**

1. Die Vereinigung $A$ zweier Attraktoren $A_1, A_2$ ist wieder ein Attraktor, denn sind $U_i \subseteq M$ vorwärts invariante Umgebungen von $A_i$, dann ist $U := U_1 \cup U_2$ eine solche für $A$, und mit einer offenen Umgebung $V \subseteq U$ von $A$ sind $V_i := V \cap U_i \subseteq U_i$ solche für $A_i$. Es existieren dann $\tau_i > 0$ mit $\Phi_t(U_i) \subseteq V_i$ für alle $t \geq \tau_i$. Für $\tau := \max(\tau_1, \tau_2)$ ist dann auch $\Phi_t(U) \subseteq V$ für alle $t \geq \tau$.

2. $A \subseteq \bigcap_{t\geq 0} \Phi_t(U_0)$ folgt aus $A \subseteq U_0$ und $\Phi(t, A) = A$ für alle $t \in G$.
   Sei $x \in \bigcap_{t\geq 0} \Phi_t(U_0) \setminus A$. Dann ist $V := U_0 \setminus \{x\}$ offen und erfüllt $A \subseteq V \subseteq U_0$. Also existiert ein $\tau \geq 0$ mit $\Phi(t, U_0) \subseteq V$ für alle $t \geq \tau$. Das widerspricht $x \in \bigcap_{t\geq 0} \Phi(t, U_0)$. □

**Aufgabe 2.27 auf Seite 23 (Logistische Familie):**

1. • Für $f_4(x) = 4x(1-x)$ gilt: $f_4\left(\frac{1}{2}\right) = 1$ ist der Maximalwert, und $f(0) = f(1) = 0$. Da $f_4^{(n)} - \mathrm{Id}$ ein Polynom $2^n$–ten Grades ist (bei der Komposition von Polynomen werden ja die Grade multipliziert), kann es höchstens $2^n$ Nullstellen haben. Damit existieren höchstens $2^n$ Fixpunkte von $f_n^{(n)}$.

   • Andererseits gibt es für $f_4^{(n)}$ Punkte $x_k^{(n)}$ $(k = 0, \ldots, 2^n)$ mit
   $$x_0^{(n)} = 0 \quad , \quad x_k^{(n)} < x_{k+1}^{(n)} \quad \text{und} \quad x_{2^n}^{(n)} = 1\,,$$
   sodass $f_4^{(n)}\left(x_{2\ell}^{(n)}\right) = 0$ und $f_4^n\left(x_{2\ell+1}^{(n)}\right) = 1$ ist.
   Das folgt durch Induktion aus $x_1^{(1)} := \frac{1}{2}$, denn $f_4$ wächst auf $\left[0, \frac{1}{2}\right]$ streng monoton von $0$ auf $1$ und fällt auf $\left[\frac{1}{2}, 1\right]$ streng monoton auf $0$.
   Daher existieren mindestens $2^n$ Fixpunkte von $f_4^{(n)}$.

2. Es ist $f_p(y_p) = y_p$, und für $p \geq 1$ ist $y_p \in [0,1]$. Damit ist $y_p$ im Parameterbereich $p \in (1,3)$ der zweite Fixpunkt von $f_p$ neben $0$. Dass für alle $x \in (0,1)$ gilt: $\lim_{n\to\infty} f_p^{(n)}(x) = y_p$, wurde für Parameterwerte $p \in (1,2]$ in Beispiel 2.26 gezeigt. Für $p \in (2,3)$ betrachten wir
   $$f_p^{(2)}(x) = p^2 x(1-x)\big(1 - px(1-x)\big)\,.$$
   Wir beginnen mit einer Kurvendiskussion.
   • Für die Parameterwerte ist $\frac{1}{2}$ Minimalstelle von $f_p^{(2)}$, und die Maximalstellen von $f_p^{(2)}$ liegen bei $m_p^{\pm} := \frac{1}{2} \pm \frac{\sqrt{p(p-2)}}{2p}$. Der Maximalwert ist $f_p^{(2)}(m_p^{\pm}) = \frac{p}{4}$.
   • Die beiden Wendepunkte von $f_p^{(2)}$ liegen an den Stellen $w_p^{\pm} := \frac{1}{2} \pm \frac{\sqrt{p(p-2)/3}}{2p}$, und $\frac{\mathrm{d}}{\mathrm{d}x} f_p^{(2)}(w_p^{\pm}) = \pm\left(\frac{p(p-2)}{3}\right)^{3/2}$.

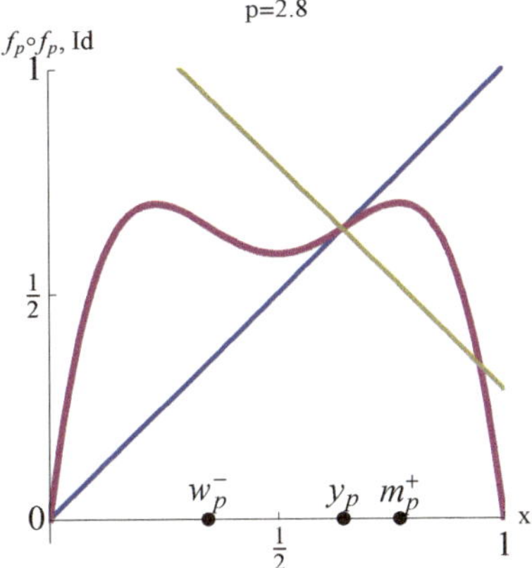

Da das Intervall $(2,3)$ innerhalb des Intervalls $\left(2, 1+\sqrt{5}\right)$ liegt, für das $f_p^{(2)}(m_p^+) < m_p^+$ gilt, wird das Intervall $[m_p^+, 1)$ durch $f_p^{(2)}$ in $(0, m_p^+)$ abgebildet, und auch $f_p^{(2)}\left((0, m_p^+)\right) \subseteq (0, m_p^+)$.
Wir zeigen, dass sich der Abstand von $x$ zum Fixpunkt $y_p$ unter Iteration verkleinert. Das folgt aus der für $x \in (0, m_p^+)$, $x \neq y_p$, gültigen Abschätzung

$$|f_p^{(2)}(x) - y_p| < |x - y_p| \,.$$

Der Graph von $f_p^{(2)}$ ist ja in $(0, y_p)$ oberhalb der Diagonale, aber wegen $\frac{\mathrm{d}}{\mathrm{d}x} f_p^{(2)}(x) \geq \frac{\mathrm{d}}{\mathrm{d}x} f_p^{(2)}(w_p^-) > -1$ auch unterhalb der Gerade $x \mapsto 2y_p - x$ durch den Fixpunkt. Für das Intervall $(y_p, m_p^+)$ argumentiert man analog.

Einen für alle $p \in (1,3]$ gültigen Lösungsansatz findet man in Denker [De], Kapitel 1.5. □

**Aufgabe 2.30 auf Seite 24 (Konjugation):**
Es gelte $h \circ \Phi_t^{(1)} = \Phi_t^{(2)} \circ h$ $(t \in G)$, für einen Homöomorphismus $h : M^{(1)} \to M^{(2)}$. Da Konjugation eine Äquivalenzrelation ist, reicht es aus, eine Implikation der folgenden Äquivalenzen zu zeigen.

(a) $x \in M^{(i)}$ ist genau dann eine Ruhelage, wenn $\Phi_t^{(i)}(x) = x$ $(t \in G)$. Ist $x_1 \in M^{(1)}$ eine Ruhelage, dann ist also

$$\Phi_t^{(2)}(x_2) = \Phi_t^{(2)} \circ h(x_1) = h \circ \Phi_t^{(1)}(x_1) = h(x_1) = x_2 \,.$$

Ist $U^{(2)} \subseteq M^{(2)}$ eine Umgebung von $x_2$, so auch $U^{(1)} := h^{-1}(U^{(2)}) \subseteq M^{(1)}$ für $x_1$. Ist $x_1$ Liapunov–stabil, dann existiert eine Umgebung $V^{(1)} \subseteq U^{(1)}$ von $x_1$ mit $\Phi_t^{(1)}(V^{(1)}) \subseteq U^{(1)}$ $(t \geq 0)$. Entsprechend ist $V^{(2)} := h(V^{(1)}) \subseteq U^{(2)}$ eine Umgebung von $x_2$ mit

$$\Phi_t^{(2)}\left(V^{(2)}\right) = \Phi_t^{(2)} \circ h\left(V^{(1)}\right) = h \circ \Phi_t^{(1)}\left(V^{(1)}\right) \subseteq h\left(U^{(1)}\right) = U^{(2)} \,.$$

Die asymptotische Stabilität überträgt sich analog.

Auch die Teile (b) und (c) sind Routineaufgaben. □

**Aufgabe 2.45 auf Seite 29 (Diffeomorphismengruppe):**

- Es sei $(U, \varphi)$ eine Karte von $M$ mit $x \in U$, und mit $V := U(\varphi) \subseteq \mathbb{R}^n$ sei das Kartenbild bezeichnet. Für genügend kleine $\varepsilon > 0$ ist die $\varepsilon$–Kugel $U_\varepsilon(\tilde{x})$ um $\tilde{x} := \varphi(x)$ ganz in $V$ enthalten. Es sei $\tilde{\chi} \in C^\infty\left(U_\varepsilon(\tilde{x}), [0,1]\right)$ eine Abschneidefunktion, also etwa $\tilde{\chi}\restriction_{U_{\varepsilon/4}}(\tilde{x}) = 1$ und $\tilde{\chi}(z) = 0$ für $z \notin U_{\varepsilon/2}(\tilde{x})$. Ist nun $\tilde{y} \in U_{\varepsilon/4}(\tilde{x})$, dann ist $\tilde{v} : U_\varepsilon(\tilde{x}) \to \mathbb{R}^n$, $\tilde{v}(z) := \tilde{\chi}(z) \cdot (\tilde{y} - \tilde{x})$ ein Vektorfeld, das außerhalb von $U_{\varepsilon/2}(\tilde{x})$ verschwindet und innerhalb $U_{\varepsilon/4}(\tilde{x})$ gleich $\tilde{y} - \tilde{x}$ ist. Durch Fortsetzung mit Null wird das auf $\varphi^{-1}\left(U_\varepsilon(x)\right) \subseteq U$ geliftete Vektorfeld zu einem Vektorfeld $v$ auf $M$. Sein Zeit–1–Fluss $f \in \mathrm{Diff}(M)$ existiert (das folgt aus einem zum Beweis von Satz 3.27 analogen Argument). Zudem gilt mit $y := \varphi^{-1}(\tilde{y})$ : $f(x) = y$ (denn in der Karte gilt für alle $z_t := (1-t)\tilde{x} + t\tilde{y}$, dass $\tilde{v}(z_t) = \tilde{y} - \tilde{x}$).

- Damit ist die Menge $M_x := \{y \in M \mid$ es gibt ein $f \in \mathrm{Diff}(M)$ mit $f(x) = y\}$ offen und nicht leer.
  Aber auch $M \backslash M_x$ ist offen, denn mit $z \in M \backslash M_x$ kann auch ganz $M_z$ nicht erreicht werden (hier nutzt man, dass $\mathrm{Diff}(M)$ eine Gruppe ist). Nun ist $M$ nach Annahme zusammenhängend, also $M_x = M$. □

# Kapitel 3, Gewöhnliche Differentialgleichungen

**Aufgabe 3.12 auf Seite 37 (Einzeldifferentialgleichungen erster Ordnung):**

1. • Es ist genau dann $f_1(x) = 0$, wenn $|x| = 1$ ist, sonst ist $f_1(x) > 0$. Damit sind die minimalen invarianten Mengen $(-\infty, -1), \{-1\}, (-1, 1), \{1\}$ und $(1, +\infty)$. Die Lösungen sind in den offenen Intervallen streng monoton wachsend. Da $f_1(x) \geq x^4/2$ gilt, falls $|x| \geq 2$, sind die Existenzintervalle für Anfangswerte $x_0 > 1$ von oben, für $x_0 < -1$ von unten beschränkt.
   • Es ist $f_2(x) \geq f_2(0) = 1$. Damit ist der Phasenraum $\mathbb{R}$ die einzige (nicht leere) invariante Menge, und es gibt insbesondere keine Fixpunkte.
   Die Lösungen sind streng monoton wachsend und existieren nur für ein endliches Zeitintervall, denn $f_2(x) \geq x^4$.

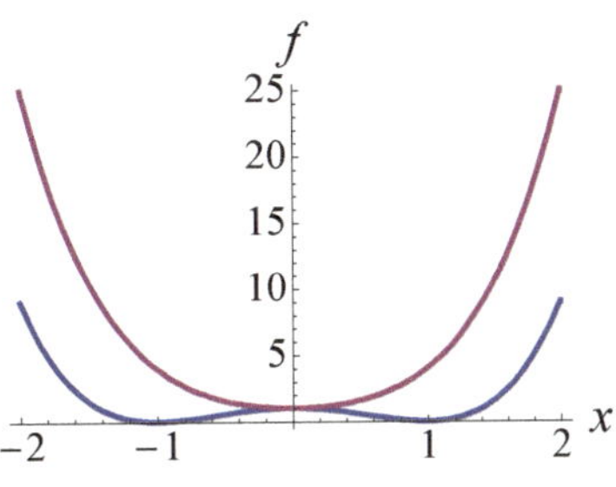


2. Die Differentialgleichung $\dot{x} = f(x)$ für $f : (0, \infty) \to \mathbb{R}$, $x \mapsto x^\alpha$ besitzt die Lösungen $x(t) = e^t x_0$, falls $\alpha = 1$, und $x(t) = \left(\beta t + x_0^\beta\right)^{1/\beta}$ mit $\beta := 1 - \alpha$ sonst.
   Letzteres berechnet man durch Trennung der Variablen und Anpassung der Integrationskonstanten an den Anfangswert $x_0 > 0$.
   Während also für den linearen Fall $\alpha = 1$ die Lösung für alle Zeiten existiert, ist das für $\alpha > 1$ nur für das Zeitintervall $\left(-\infty\, ,\, x_0^\beta/|\beta|\right)$ der Fall, für $\alpha \in [0, 1)$ nur für $t \in \left(-x_0^\beta/\beta\, ,\, +\infty\right)$. □

**Aufgabe 3.19 auf Seite 42 (Picard–Lindelöf):**

(a) Die von Satz 3.17 garantierte Maximalzeit ist $\varepsilon(r) := \min\{r, \frac{r}{N(r)}, \frac{1}{2L(r)}\}$ mit $r > 0$, $B_r(0) \subseteq D_f = \mathbb{R}$, $N(r) := \max\{|f(x)| \mid x \in B_r(0)\} = e^r$ und Lipschitz–Konstante $L(r) := \mathrm{Lip}(f \restriction B_r(0)) = e^r$.
Für $r = \frac{1}{2}$ erhält man $\varepsilon(r) = \frac{1}{2\sqrt{e}}$, und das ist der Maximalwert.

(b) Die Picard–Iteration stellt man mit dieser Rekursionsformel auf:

$$x_0(t) := x_0 = 0 \quad \text{und} \quad x_{j+1} := x_0 + \int_{t_0}^t f(x_j(\tau))\, d\tau = \int_0^t e^{-x_j(\tau)}\, d\tau.$$

(c) Die maximale Lösung des AWP ist $\varphi\colon (-1,\infty) \to \mathbb{R}$, $\varphi(t) = \log(1+t)$. □

**Aufgabe 3.25 auf Seite 46:**
Die Funktion sin ist auf $\mathbb{R}$ (nicht aber auf $\mathbb{C}$!) Lipschitz–stetig. Also besitzt das Anfangswertproblem $\dot{x} = \sin x$, $x_0 = \pi/2$ eine eindeutige Lösung. Diese gewinnt man durch Trennung der Variablen: $t = \int_{x_0}^{x} \frac{1}{\sin y}\mathrm{d}y = \log\left(\tan\left(\frac{y}{2}\right)\right)\Big|_{x_0}^{x} = \log\left(\frac{\tan(x/2)}{\tan(\pi/4)}\right)$, also $x(t) = 2\arctan(e^t)$. Damit ist

$$\lim_{t\to\infty} x(t) = \lim_{y\to\infty} 2\arctan(y) = \pi \quad \text{und} \quad \lim_{t\to-\infty} x(t) = 2\arctan(0) = 0. \quad \square$$

**Aufgabe 3.28 auf Seite 47 (Existenz des Flusses):**

(a) Für eine beliebige Zahl $n \in \mathbb{N}$ von Freiheitsgraden ist $H : \mathbb{R}^{2n} \to \mathbb{R}$, $H(x) := \|x\|^2$ eine Funktion, deren Subniveaumengen $H^{-1}\big((-\infty, E]\big)$ kompakte Vollkugeln sind. $H$ ist die Hamilton–Funktion eines harmonischen Oszillators.

(b) • $H$ ist Konstante der Bewegung, denn für eine Lösung $\varphi\colon [-\varepsilon,\varepsilon] \to \mathbb{R}^{2n}$ der hamiltonschen Differentialgleichung gilt

$$\frac{\mathrm{d}}{\mathrm{d}t} H\big(\varphi(t)\big) = \sum_{j=1}^{2n} \frac{\partial H}{\partial x_j}\big(\varphi(t)\big)\,\dot{\varphi}_j(t) = 0.$$

• Wir betrachten die Subniveaumenge $P_E := H^{-1}\big((-\infty, E]\big)$ für $E > 0$. Diese ist invariant unter dem hamiltonschen Fluss, denn $H$ ist ja eine Konstante der Bewegung. Da $P_E$ nach Annahme kompakt ist, ist das Vektorfeld $\mathbb{J}\,\nabla H\restriction_{P_E}$ mit $\mathbb{J} = \left(\begin{smallmatrix} 0 & -\mathbb{1}_n \\ \mathbb{1}_n & 0 \end{smallmatrix}\right)$ Lipschitz–stetig. Der hamiltonsche Fluss auf $P_E$ ist damit für alle Zeiten definiert. Da $E$ beliebig war und $\mathbb{R}^{2n} = \bigcup_{E>0} P_E$, folgt die Vollständigkeit des Vektorfelds auf $\mathbb{R}^{2n}$. □

**Aufgabe 3.30 auf Seite 48:**
Die lineare Differentialgleichung $\ddot{x} = x$ besitzt als Basis des Lösungsraums $x_\pm : \mathbb{R} \to \mathbb{R}$, $x_\pm(t) = \exp(\pm t)$, also $x_\pm(0) = 1$, $\dot{x}_\pm(0) = \pm 1$. Für die Anfangsbedingungen $(x_0, \dot{x}_0) = (1, -1)$ ergibt sich also die Lösung $x(t) = x_-(t) = \exp(-t)$, mit $0 = \lim_{t\to\infty} x(t)$. □

**Aufgabe 3.41 auf Seite 53 (Fluchtzeit):**
Die hamiltonschen Differentialgleichungen lauten wie behauptet

$$\dot{p} = -\frac{\partial H}{\partial q} = -\frac{m}{q^2} \quad , \quad \dot{q} = \frac{\partial H}{\partial p} = p.$$

Wir haben die Erhaltungsgröße $H(p,q) = \frac{1}{2}p^2 - \frac{m}{q} = E$, also

$$q = \frac{m}{\frac{1}{2}p^2 - E} \quad \text{bzw.} \quad p = \pm\sqrt{2\big(E + \tfrac{m}{q}\big)}.$$

Gemeinsame Lösung der Teile (a) und (b):

- $p_0 > 0$, $E := H(p_0, q_0) \geq 0$: Es ist

$$\dot{q}(t) = \sqrt{2(E + \tfrac{m}{q(t)})} \geq \sqrt{2E} \quad \text{, also für } t \geq 0: \; q(t) \geq q_0 + t\sqrt{2E}.$$

Der linke Rand des Definitionsbereichs wird von $q \in (0, \infty)$ also für positive Zeiten nie erreicht. Weiter gilt für $t \geq 0$ und wieder $p_0 > 0$, $E \geq 0$

$$\dot{q}(t) = \sqrt{2(E + \tfrac{m}{q(t)})} \leq \sqrt{2(E + \tfrac{m}{q_0})} \implies q(t) \leq q_0 + t\sqrt{2(E + \tfrac{m}{q_0})}.$$

Das bedeutet, dass für $p > 0$, $E \geq 0$ die Fluchtzeit $T_F = \infty$ ist.

- $p_0 \leq 0$, $E < 0$. Die Differentialgleichung $\dot{q} = -\sqrt{2(\frac{m}{q} - |E|)}$ wird mit Trennung der Variablen zu

$$t = -\int_{q_0}^{q} \frac{\mathrm{d}\tilde{q}}{\sqrt{2\left(\frac{m}{\tilde{q}} - |E|\right)}} = g(q) - g(q_0)$$

mit $g(q) = (2|E|)^{-\frac{3}{2}}\left(q\sqrt{2|E|}\sqrt{2(\frac{m}{q} - |E|)} + m\arcsin(1 - 2|E|\frac{q}{m})\right)$, was für $q \in (0, \frac{m}{|E|}]$ definiert ist. Für $q \searrow 0$ erhalten wir die Fluchtzeit $\lim_{q\searrow 0}(g(q) - g(q_0)) = \frac{m\pi}{2(2|E|)^{\frac{3}{2}}} - g(q_0)$.

- $p_0 > 0$, $E < 0$. Die Differentialgleichung für $q$ lautet $\dot{q} = \sqrt{2(\frac{m}{q} - |E|)}$ und lässt sich umschreiben zu

$$t = \int_{q_0}^{q} \frac{\mathrm{d}\tilde{q}}{\sqrt{2(\frac{m}{\tilde{q}} - |E|)}} = g(q_0) - g(q).$$

Die Differentialgleichung verliert ihre Gültigkeit bei $0 = \dot{q} = \sqrt{2(\frac{m}{q} - |E|)}$, also wenn $q = \frac{m}{|E|}$. Bis dahin vergeht die Zeit $g(q_0) - g(\frac{m}{|E|}) = g(q_0) + \frac{m\pi}{2(2|E|)^{\frac{3}{2}}}$, anschließend übernimmt das Regime $p_0 \leq 0$, $E < 0$. Wir erhalten die Fluchtzeit $g(q_0) + \frac{3m\pi}{2(2|E|)^{\frac{3}{2}}}$.

- $p_0 \leq 0$, $E = 0$. Die Differentialgleichung $\dot{q} = -\sqrt{2\frac{m}{q}}$ wird mit Trennung der Variablen zu

$$t = -(2m)^{-\frac{1}{2}} \int_{q_0}^{q} \sqrt{\tilde{q}}\,\mathrm{d}\tilde{q} = -\frac{2}{3\sqrt{2m}}(q^{\frac{3}{2}} - q_0^{\frac{3}{2}}) \iff q = \left(q_0^{\frac{3}{2}} - 3t\sqrt{\tfrac{m}{2}}\right)^{\frac{2}{3}}.$$

Wir können die Fluchtzeit $\frac{\sqrt{2}}{3\sqrt{m}}q_0^{\frac{3}{2}}$ direkt ablesen.

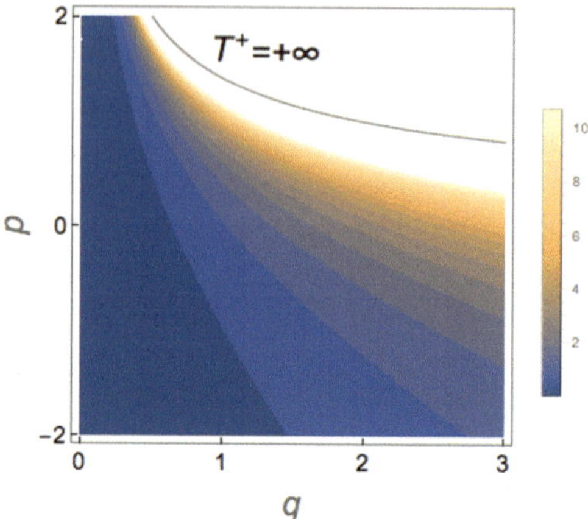


Abbildung H.1: Höhenliniendiagramm der Fluchtzeit des (unregularisierten) Kepler-Problems

- $p_0 < 0,\ E > 0$. Die Differentialgleichung lautet nun $\dot{q} = -\sqrt{2(\frac{m}{q} + E)}$, und das führt auf

$$t = -\int_{q_0}^{q} \frac{d\tilde{q}}{\sqrt{2(\frac{m}{\tilde{q}} + E)}} = g(q) - g(q_0) \quad \text{mit}$$

$$g(q) = \tfrac{\sqrt{2}}{4E}\Big(\tfrac{m}{\sqrt{E}} \log\big(m + 2Eq + 2q\sqrt{E}\sqrt{\tfrac{m}{q} + E}\big) - 2q\sqrt{\tfrac{m}{q} + E}\Big) \quad (q > 0).$$

Mit $\lim_{q\searrow 0} g(q) = m\log(m)/(2E)^{\frac{3}{2}}$ ist die Fluchtzeit $g(q_0){+}m\log(m)/(2E)^{\frac{3}{2}}$. Abbildung H.1 zeigt ein Höhenliniendiagramm von $T^+$.

(c) Ein Beispiel ist $\dot{x} = x^2$. Denn die Lösung des AWP $x(0) = x_0$ ist eindeutig, $x(t) = 0$ ist eine Lösung, und für $x_0 \in \mathbb{R} \setminus \{0\}$ lautet sie (siehe Aufgabe 3.12) $x(t) = \left(x_0^{-1} - t\right)^{-1}$ auf $\left(x_0^{-1}, \infty\right)$ für $x_0 < 0$, bzw. $\left(-\infty, x_0^{-1}\right)$ für $x_0 > 0$. □

# Kapitel 4, Lineare Dynamik

**Aufgabe 4.11 auf Seite 67 (Matrixexponential):**
$A = \mathbb{1} + B$ mit $B := \left(\begin{smallmatrix} 0&0&0\\ 1&0&0\\ 1&1&0 \end{smallmatrix}\right)$. Also ist der Lösungsoperator für alle Zeiten $t \in \mathbb{R}$

$$\exp(At) = e^t \exp(Bt) = e^t \left(\mathbb{1} + Bt + \tfrac{1}{2}B^2t^2\right) = e^t \begin{pmatrix} 1 & 0 & 0\\ t & 1 & 0\\ t{+}t^2/2 & t & 1 \end{pmatrix}. \qquad \square$$

# Kapitel 5, Klassifikation linearer Flüsse

**Aufgabe 5.5 auf Seite 81 (Index):**
Es ist 1 ein doppelter und $-1$ ein einfacher Eigenwert der Matrix $A := \begin{pmatrix} 1 & 1 & -1 \\ 0 & -1 & 2 \\ -2 & -1 & 1 \end{pmatrix}$. Die Matrix ist damit hyperbolisch und ihr Index ist 1. Es gilt $B^{-1}AB = J$ mit

$$B = \begin{pmatrix} -1 & -1 & 1 \\ 2 & 0 & -2 \\ 2 & 1 & 0 \end{pmatrix}, \quad B^{-1} = \frac{1}{4}\begin{pmatrix} 2 & 1 & 2 \\ -4 & -2 & 0 \\ 2 & -1 & 2 \end{pmatrix} \text{ und Jordan–Matrix } J = \begin{pmatrix} 1 & 1 & 0 \\ 0 & 1 & 0 \\ 0 & 0 & -1 \end{pmatrix}.$$

Ein Fundamentalsystem der Lösungen ist also

$$\mathbb{R} \ni t \mapsto e^t \begin{pmatrix} -1 \\ 2 \\ 2 \end{pmatrix}, \quad \mathbb{R} \ni t \mapsto e^t \left( t \begin{pmatrix} -1 \\ 2 \\ 2 \end{pmatrix} + \begin{pmatrix} 1 \\ 0 \\ -1 \end{pmatrix} \right), \quad \mathbb{R} \ni t \mapsto e^{-t} \begin{pmatrix} 1 \\ -2 \\ 0 \end{pmatrix},$$

und die letzte davon bleibt für $t \to +\infty$ beschränkt. □

**Aufgabe 5.12 auf Seite 87: (Hookesches Kraftgesetz)**
Es ist $(At)^2 = at^2 \left(\begin{smallmatrix} 1 & 0 \\ 0 & 1 \end{smallmatrix}\right)$, also

$$\exp(At) = \sum_{n=0}^{\infty} \frac{(At)^n}{n!} = \mathbb{1} \sum_{k=0}^{\infty} \frac{(at^2)^k}{(2k)!} + At \sum_{k=0}^{\infty} \frac{(At^2)^k}{(2k+1)!}.$$

(a) Für $a > 0$ und $\omega = \sqrt{a}$ ist also

$$\exp(At) = \mathbb{1} \cosh(\sqrt{a}t) + A \frac{\sinh(\sqrt{a}t)}{\sqrt{a}} = \begin{pmatrix} \cosh(\omega t) & \sinh(\omega t)/\omega \\ \omega \sinh(\omega t) & \cosh(\omega t) \end{pmatrix},$$

(b) Für $a = 0$ ist $A^2 = 0$, also $\exp(At) = \left(\begin{smallmatrix} 1 & t \\ 0 & 1 \end{smallmatrix}\right)$.

(c) Für $a < 0$ ist mit $\omega = \sqrt[2]{-a}$

$$\exp(At) = \mathbb{1} \cos(\omega t) + A \frac{\sin(\omega t)}{\omega} = \begin{pmatrix} \cos(\omega t) & \sin(\omega t)/\omega \\ \omega \sin(\omega t) & \cos(\omega t) \end{pmatrix}.$$ □

# Kapitel 6, Hamiltonsche Gleichungen und Symplektische Gruppe

**Aufgabe 6.23 auf Seite 106 (Symplektische Algebra):**
$u$ ist infinitesimal symplektisch. Für die darstellende Matrix $U$ von $u$ bezüglich einer Basis, in der die symplektischen Bilinearform $\omega$ durch $\mathbb{J} = \left(\begin{smallmatrix} 0 & -\mathbb{1} \\ \mathbb{1} & 0 \end{smallmatrix}\right)$ dargestellt wird, gilt daher $\mathbb{J}U + U^\top \mathbb{J} = 0$. Die Eigenwerte sind Nullstellen des charakteristischen Polynoms

$$\begin{aligned} \det(\lambda\mathbb{1} - U) &= \det\left(\mathbb{J}(\lambda\mathbb{1} - U)\right) = \det(\lambda\mathbb{J} - \mathbb{J}U) = \det\left(\lambda\mathbb{J} + U^\top\mathbb{J}\right) \\ &= \det\left((\lambda\mathbb{1} + U^\top)\mathbb{J}\right) = \det\left(\lambda\mathbb{1} + U^\top\right) = \det(\lambda\mathbb{1} + U) = \det(-\lambda\mathbb{1} - U). \end{aligned}$$

Das charakteristische Polynom ist also gerade, und damit ist mit $\lambda$ auch $-\lambda$ Eigenwert. Da $U$ nur reelle Einträge hat, ist mit $\lambda$ auch $\overline{\lambda}$ Eigenwert. Die Multiplizitäten der so zueinander gehörenden Eigenwerte stimmen überein.

Die gerade Multiplizität der Null ergibt sich auch daraus, dass das charakteristische Polynom gerade ist. □

**Aufgabe 6.26 auf Seite 107 (Symplektische Matrizen):**

(a) $u^\top \mathbb{J} + \mathbb{J} u = \begin{pmatrix} A^\top & C^\top \\ B^\top & D^\top \end{pmatrix} \begin{pmatrix} 0 & -1\!\!1 \\ 1\!\!1 & 0 \end{pmatrix} + \begin{pmatrix} 0 & -1\!\!1 \\ 1\!\!1 & 0 \end{pmatrix} \begin{pmatrix} A & B \\ C & D \end{pmatrix} = \begin{pmatrix} C^\top - C & -A^\top - D \\ D^\top + A & -B^\top + B \end{pmatrix}.$

(b) Dies folgt daraus, dass der folgende Ausdruck gleich Null ist:

$$\begin{aligned} a^\top \mathbb{J} a - \mathbb{J} &= \begin{pmatrix} A^\top & C^\top \\ B^\top & D^\top \end{pmatrix} \begin{pmatrix} 0 & -1\!\!1 \\ 1\!\!1 & 0 \end{pmatrix} \begin{pmatrix} A & B \\ C & D \end{pmatrix} - \begin{pmatrix} 0 & -1\!\!1 \\ 1\!\!1 & 0 \end{pmatrix} \\ &= \begin{pmatrix} C^\top & -A^\top \\ D^\top & -B^\top \end{pmatrix} \begin{pmatrix} A & B \\ C & D \end{pmatrix} - \begin{pmatrix} 0 & -1\!\!1 \\ 1\!\!1 & 0 \end{pmatrix} = \begin{pmatrix} C^\top A - A^\top C & C^\top B - A^\top D + 1\!\!1 \\ D^\top A - B^\top C - 1\!\!1 & D^\top B - B^\top D \end{pmatrix}. \end{aligned}$$

(c) $\mathrm{SL}(2,\mathbb{R}) = \{u \in \mathrm{Mat}(2,\mathbb{R}) \mid \det u = 1\}$ und die Bedingung aus (b) zeigen die erste Behauptung. Der dreidimensionale offene Volltorus ist $S^1 \times B$. Wegen

$$\mathrm{SO}(2) = \left\{ \begin{pmatrix} \cos(\varphi) & -\sin(\varphi) \\ \sin(\varphi) & \cos(\varphi) \end{pmatrix} \mid \varphi \in S^1 \right\}$$

ist die $S^1$–Koordinate bereits identifiziert. Die positiven symmetrischen Matrizen mit Determinante 1 lassen sich schreiben als $\begin{pmatrix} A & B \\ B & C \end{pmatrix}$ mit $A > 0$, $B \in \mathbb{R}$ und $C = \frac{1+B^2}{A}$. Die *Cayley–Transformation* der riemannschen Zahlenkugel

$$\mathbb{C} \cup \{\infty\} \to \mathbb{C} \cup \{\infty\} \quad , \quad z \mapsto \tfrac{z-\imath}{z+\imath}$$

bildet die Obere Halbebene $\{z = B + \imath A \in \mathbb{C} \mid B \in \mathbb{R},\ A > 0\}$ mit einem Diffeomorphismus (mit Inverser $w \mapsto \imath\frac{1+w}{1-w}$) auf die offene Einheitskreisscheibe $B = \{w \in \mathbb{C} \mid |w| < 1\}$ ab.

(d) Wegen $\begin{pmatrix} a & b \\ b & -a \end{pmatrix}^{2n} = (a^2+b^2)^n 1\!\!1$ ist

$$\exp\begin{pmatrix} a & b \\ b & -a \end{pmatrix} = \cosh\left(\sqrt{a^2+b^2}\right) 1\!\!1 + \frac{\sinh\left(\sqrt{a^2+b^2}\right)}{\sqrt{a^2+b^2}} \begin{pmatrix} a & b \\ b & -a \end{pmatrix}.$$

Also ist $\mathrm{tr}(M) = 2\cos(\varphi)\cosh\left(\sqrt{a^2+b^2}\right)$. Die Formel

$$\tfrac{1}{2}\left(\mathrm{tr}(M) \pm \sqrt{\mathrm{tr}(M)^2 - 4\det(M)}\right)$$

für die Eigenwerte einer Matrix $M \in \mathrm{Mat}(2,\mathbb{R})$ zeigt, dass die Eigenwerte der symplektischen Matrix $M$ genau für $|\mathrm{tr}(M)| = 2$ einander gleich sind. □

**Aufgabe 6.34 auf Seite 111 (Lissajous–Figuren):**

1. Das Frequenzverhältnis ist $\frac{\omega_2}{\omega_1} = \frac{\text{Zahl der Maximalstellen von } q_2}{\text{Zahl der Maximalstellen von } q_1}$.

2. $\mathcal{E} := \{Q \in \mathbb{R}^2 \mid H(0,Q) \le E\} = \{Q \in \mathbb{R}^2 \mid \omega_1 Q_1^2 + \omega_2 Q_2^2 \le 2E\}$ ist das elliptische Hillsche Gebiet, aus dem wir den Anfangspunkt $q$ wählen. Dann ist der Abschluss der Lissajous-Figur mit Anfangsbedingung $(p,q)$, $H(p,q) = E$ das Rechteck $R_p := \{Q \in \mathbb{R}^2 \mid |Q_k| \le \sqrt{p_k^2 + q_k^2}\}$.

Die Vereinigung dieser Rechtecke ergibt die Teilmenge des Ellipsengebiets

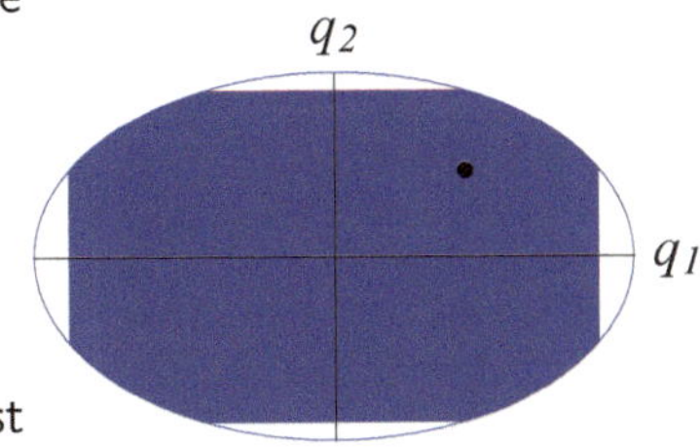


$$\mathcal{E} \cap [-R_1, R_1] \times [-R_2, R_2],$$

mit $R_1 := \sqrt{(2E - \omega_2 q_2^2)/\omega_1}$ und $R_2 := \sqrt{(2E - \omega_1 q_1^2)/\omega_2}$. Kein Punkt $q' \in \mathcal{E}$ außerhalb dieses Gebiets ist von $q$ aus erreichbar, und für $q \neq 0$ gibt es solche Punkte $q'$. Das Analogon des Satzes von Hopf und Rinow gilt also nicht für Hillsche Gebiete. □

**Aufgabe 6.38 auf Seite 114 (Verschlingungszahl):**

• Mit den Frequenzen $\omega_k = n_k \omega_0$ ist die Bewegung des harmonischen Oszillators periodisch mit Minimalperiode $T = \frac{2\pi}{\omega_0}$. Die Normalschwingungen auf der Energieschale $\Sigma_E = H^{-1}(E)$, $E > 0$ können daher mit $S^1 := \mathbb{R}/T\mathbb{Z}$ in der Form

$$\tilde{c}_k : S^1 \to \Sigma_E \quad , \quad \tilde{c}_1(t) = \sqrt{\frac{2E}{\omega_1}} \begin{pmatrix} \cos(\omega_1 t) \\ 0 \\ \sin(\omega_1 t) \\ 0 \end{pmatrix} \quad , \quad \tilde{c}_2(t) = \sqrt{\frac{2E}{\omega_2}} \begin{pmatrix} 0 \\ \cos(\omega_2 t) \\ 0 \\ \sin(\omega_2 t) \end{pmatrix}$$

dargestellt werden. $\Sigma_E \subset \mathbb{R}^4$ ist unter der linearen Abbildung

$$(p_1, p_2, q_1, q_2)^\top \longmapsto (2E)^{-1/2} \big(\sqrt{\omega_1} p_1, \sqrt{\omega_2} p_2, \sqrt{\omega_1} q_1, \sqrt{\omega_2} q_2\big)^\top$$

diffeomorph zu $S^3 \subset \mathbb{R}^4$. Die Projektionen der Normalschwingungen seien mit $\hat{c}_k : S^1 \to S^3$ bezeichnet. Diese projizieren[2] wir nun mit der stereographischen Abbildung aus Beispiel A.29.3 auf $\mathbb{R}^3$. Es ergeben sich als Bildkurven der $\hat{c}_k$

$$c_1 : S^1 \to \mathbb{R}^3 \quad , \quad c_1(t) = 2 \begin{pmatrix} \cos(\omega_1 t) \\ 0 \\ \sin(\omega_1 t) \end{pmatrix} \quad , \text{ also } \quad c_1'(t) = 2\omega_1 \begin{pmatrix} -\sin(\omega_1 t) \\ 0 \\ \cos(\omega_1 t) \end{pmatrix}$$

$$c_2 : S^1 \to \mathbb{R}^3 \cup \{\infty\},\ c_2(t) = \tfrac{2}{1-\sin(\omega_2 t)} \begin{pmatrix} 0 \\ \cos(\omega_2 t) \\ 0 \end{pmatrix} \ , \text{ also } c_2'(t) = \tfrac{2\omega_2}{1-\sin(\omega_1 t)} \begin{pmatrix} 0 \\ 1 \\ 0 \end{pmatrix}.$$

Damit ist $\Delta c(t) = \|c_1(t_1) - c_2(t_2)\| = 2\sqrt{\frac{2}{1-\sin(\omega_2 t_2)}}$ und

$$G(t_1, t_2) = \frac{1}{\sqrt{2}} \begin{pmatrix} \cos(\omega_1 t_1)\sqrt{1-\sin(\omega_2 t_2)} \\ -\cos(\omega_2 t_2)/\sqrt{1-\sin(\omega_2 t_2)} \\ \sin(\omega_1 t_1)\sqrt{1-\sin(\omega_2 t_2)} \end{pmatrix}.$$

[2] Dass $\hat{c}_2(t)$ für $t = \left(\frac{\pi}{2} + 2\pi k\right)/\omega_2$, $k \in \mathbb{Z}$ gleich dem Nordpol $(0,0,0,1)^\top \in S^3$ ist, stört bei der Integration nicht.

Für die Verschlingungszahl (6.3.9) der beiden Kurven erhalten wir also wegen

$$\det\left(\mathrm{D}G(t)\right) = -\omega_1\omega_2\sqrt{1-\sin(\omega_2 t_2)}$$

$$\begin{aligned} LK(c_1,c_2) &= -\frac{\omega_1\omega_2}{4\pi\sqrt{8}}\int_0^T\int_0^T \sqrt{1-\sin(\omega_2 t_2)}\,\mathrm{d}t_1\,\mathrm{d}t_2 \\ &= -\frac{n_1\omega_2}{4\sqrt{2}}\int_0^T \sqrt{1-\sin(\omega_2 t_2)}\,\mathrm{d}t_2 = -n_1 n_2. \end{aligned}$$

• Für beliebige Paare voneinander verschiedener periodischer Trajektorien in $\Sigma_E$ existiert eine stetige Homotopie der Anfangsbedingungen, die diese mit $\tilde{c}_1(0)$ beziehungsweise $\tilde{c}_2(0)$ verbindet und dabei Gleichheit der deformierten Orbits vermeidet.
In der Abbildung sind die Werte der Abbildung $\Sigma_E \to \mathbb{R}^2$, $x \mapsto \binom{F_1(x)}{F_2(x)}$ mit den Konstanten der Bewegung $F_k$ aus (6.3.5) aufgetragen. Es ergibt sich eine Strecke, denn[3]

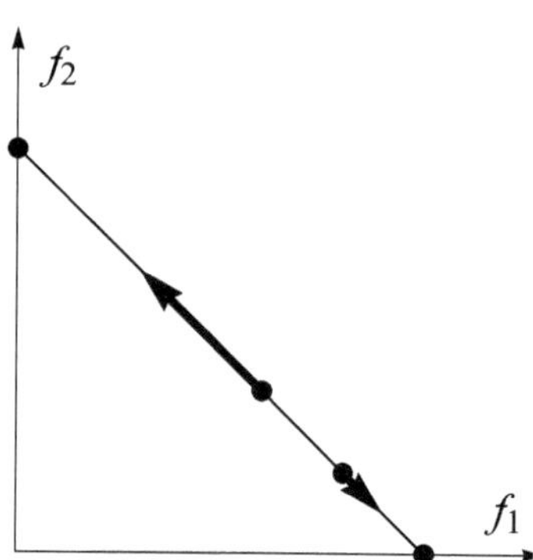


$$F_k \geq 0 \quad \text{und} \quad F_1 + F_2 = H\,.$$

Die Wirkung der Homotopie auf die Werte von $F$ sind durch Pfeile angedeutet.
• In der Abbildung auf Seite 113 entspricht dem horizontalen Kreis die projizierte Normalschwingung $c_1$, der vertikalen Gerade $c_2$. Diese Zuordnung ändert sich auch für voneinander verschiedene Frequenzen ($n_1 \neq n_2$) nicht. □

**Aufgabe 6.40 auf Seite 117 (Dispersionsrelation):**

(a) Ist für den Ansatz $q_\ell^{(a)}(t) := c^{(a)}\exp(2\pi\imath\, k\ell/n + \imath\,\omega_k t)$ das Verhältnis $\lambda := c^{(2)}/c^{(1)}$, dann ergibt sich aus den Gleichungen für die Impulsänderungen $\dot{p}_\ell^{(a)} = -\omega_k^2 m^{(a)} q_\ell^{(a)}$ das gekoppelte System

$$\omega_k^2 m^{(1)} = c[2-\lambda(e^{2\pi\imath k/n}+1)] \quad , \quad \omega_k^2 m^{(2)} = c[2-\lambda^{-1}(e^{-2\pi\imath k/n}+1)]\,.$$

Die quadratische Gleichung für die quadrierten Frequenzen $\omega_k^2$ lautet daher

$$\left(\omega_k^2 - \frac{2c}{m^{(1)}}\right)\left(\omega_k^2 - \frac{2c}{m^{(2)}}\right) - 2c^2\frac{1+\cos\left(\frac{2\pi k}{n}\right)}{m^{(1)}m^{(2)}} = 0\,.$$

Ihre Lösungen sind die beiden Zweige der Dispersionsrelation.

(b) Aus den Gleichungen (6.3.12) für die Frequenzen $\omega_k$, also

$$\omega_k^2 = \frac{2}{m}\sum_{r\in\mathcal{L}} c_r\big(1-\cos(2\pi k\, r/n)\big) \qquad (k\in\mathcal{L})$$

[3] Die Endpunkte der Strecke sind die $F$–Werte der Normalschwingungen.

ergibt sich durch Fourier–Transformation bezüglich der Gruppe $\mathcal{L} = \mathbb{Z}/n\mathbb{Z}$ die Bestimmungsgleichung für die Kopplungskonstanten $c_r$: Nur die Summen $c_r + c_{-r}$ gehen in die Wechselwirkung ein, und diese sind proportional zu den Fourier–Koeffizienten $\hat{\omega}_r^2 := \sum_{k\in\mathcal{L}} \omega_k^2 \exp(2\pi\imath k\, r/n)$. □

**Aufgabe 6.42 auf Seite 120**
**(Obere Halbebene und Möbius–Transformationen):**

(a) Wir haben $\operatorname{Im}(\widehat{M}z) > 0$ zu überprüfen.

$$\begin{aligned}\operatorname{Im}(\widehat{M}z) &= \tfrac{1}{2\imath}\left(\tfrac{az+b}{cz+d} - \overline{\tfrac{az+b}{cz+d}}\right) = \tfrac{1}{2\imath}\left(\tfrac{(az+b)(c\bar{z}+d)-(cz+d)(a\bar{z}+b)}{|cz+d|^2}\right)\\ &= \frac{ad\operatorname{Im}z - bc\operatorname{Im}z}{|cz+d|^2} \overset{\det M=1}{=} \frac{\operatorname{Im}z}{|cz+d|^2} > 0\end{aligned}$$

(b) Seien $M, M' \in \mathrm{SL}(2,\mathbb{R})$ und $z \in \mathbb{H}$. Es ist $M^{-1} = \left(\begin{smallmatrix} d & -b\\ -c & a\end{smallmatrix}\right)$ und $M^{-1}M' = \left(\begin{smallmatrix} a'd-bc' & b'd-bd'\\ ac'-a'c & ad'-b'c\end{smallmatrix}\right)$.

$$\begin{aligned}\widehat{M^{-1}}\widehat{M'}z &= \widehat{M^{-1}}\frac{a'z+b'}{c'z+d'} = \frac{d\frac{a'z+b'}{c'z+d'} - b}{-c\frac{a'z+b'}{c'z+d'} + a} = \frac{d(a'z+b') - b(c'z+d')}{-c(a'z+b') + a(c'z+d')}\\ &= \frac{(a'd-bc')z + b'd - bd'}{(ac'-a'c)z + ad' - cb'} = \widehat{M^{-1}M'}z,\end{aligned}$$

also handelt es sich um eine Gruppenwirkung.

(c) Wir setzen die Fixpunktgleichung an:

$$z = \widehat{M}z = \frac{az+b}{cz+d} \iff (cz+d)z = az+b \iff cz^2 + (d-a)z - b = 0$$

Diese quadratische Gleichung hat die Diskriminante

$$(d-a)^2 + 4bc = (\operatorname{tr} M)^2 - 4\,.$$

- Für eine elliptische Matrix ist die Diskriminante negativ, also existiert genau ein Fixpunkt in $\mathbb{H}$.
- Für eine parabolische Matrix verschwindet die Diskriminante, also existiert ein (doppelter) Fixpunkt in $\mathbb{R}\cup\{\infty\}$, letzteres passiert bei $c = 0$.
- Für eine hyperbolische Matrix erhalten wir zwei Fixpunkte in $\mathbb{R}\cup\{\infty\}$, denn die Diskriminante ist positiv. Im Fall $c = 0$ ist einer von ihnen $\infty$.

(d) Die Möbius–Transformationen zu $M_1 := \left(\begin{smallmatrix} a & b\\ 0 & a^{-1}\end{smallmatrix}\right)$ und $M_2 := \left(\begin{smallmatrix} 0 & c\\ -c^{-1} & 0\end{smallmatrix}\right)$ sind

$$\widehat{M_1}\colon z \mapsto a^2 z + ab \quad \text{und} \quad \widehat{M_2}\colon z \mapsto c^2 z^{-1} = \frac{c^2\bar{z}}{|z|^2} = c^2\frac{x - \imath y}{x^2+y^2}.$$

Ihre Ableitungen bei $z = x + \imath y \in \mathbb{H}$ sind

$$\mathrm{D}\widehat{M_1}(x,y) = \begin{pmatrix} a^2 & 0 \\ 0 & a^2 \end{pmatrix} \quad \text{und} \quad \mathrm{D}\widehat{M_2}(x,y) = \frac{c^2}{(x^2+y^2)^2} \begin{pmatrix} y^2-x^2 & -2xy \\ 2xy & y^2-x^2 \end{pmatrix}.$$

Wir transportieren die Metrik. $\widehat{M_1}^* g = (a^2 y)^{-2}(a^4 \mathrm{d}x \otimes \mathrm{d}x + a^4 \mathrm{d}y \otimes \mathrm{d}y) = g$ und mit $v = (v_x, v_y) \in T_z\mathbb{H}$:

$$\begin{aligned}
(\widehat{M_2}^* g)(z)(v,v) &= g(\widehat{M_2} z)\left(\mathrm{D}\widehat{M_2} v, \mathrm{D}\widehat{M_2} v\right) \\
&= \frac{(x^2+y^2)^2}{(c^2 y)^2} \left\| \frac{c^2}{(x^2+y^2)^2} \begin{pmatrix} (y^2-x^2)v_x - 2xyv_y \\ 2xyv_x + (y^2-x^2)v_y \end{pmatrix} \right\|^2 \\
&= \frac{((y^2-x^2)v_x - 2xyv_y)^2 + (2xyv_x + (y^2-x^2)v_y)^2}{y^2(x^2+y^2)^2} \\
&= \frac{(y^2-x^2)^2(v_x^2+v_y^2) + 4x^2y^2(v_x^2+v_y^2)}{y^2(x^2+y^2)^2} = \frac{\|v\|^2}{y^2} = g(z)(v,v).
\end{aligned}$$

Die überprüften Matrizen erzeugen $\mathrm{SL}(2,\mathbb{R})$. Denn falls $M = \begin{pmatrix} a & b \\ c & d \end{pmatrix} \in \mathrm{SL}(2,\mathbb{R})$ nicht von der Form $M_1$ ist, dann ist $c \neq 0$. Ist dann $M$ nicht von der Form $M_2$, dann ist $a \neq 0$ oder $d \neq 0$. Durch Konjugation erreicht man $\begin{pmatrix} 0 & 1 \\ -1 & 0 \end{pmatrix} M \begin{pmatrix} 0 & 1 \\ -1 & 0 \end{pmatrix} = \begin{pmatrix} -d & c \\ b & -a \end{pmatrix}$, Durch nachfolgende Multiplikation mit einer Matrix vom Typ $M_1$ kann man den rechten oberen Eintrag Null setzen. Nochmalige Konjugation mit $\begin{pmatrix} 0 & 1 \\ -1 & 0 \end{pmatrix}$ erzeugt eine Matrix vom Typ $M_1$.

Damit ist $g$ unter allen Möbius–Transformationen invariant.

(e) folgt aus Aufgabe 6.26 (a).

(f) Das Doppelverhältnis $DV(z_1,z_2,z_3,z_4) := \frac{z_1-z_2}{z_1-z_4} \cdot \frac{z_3-z_4}{z_3-z_2}$ ist genau dann reell, wenn die vier Punkte $z_1,z_2,z_3,z_4 \in \mathbb{C}$ auf einem Kreis liegen.

- $m = \begin{pmatrix} 0 & 1 \\ -1 & 0 \end{pmatrix}$: $\exp\left(t \begin{pmatrix} 0 & 1 \\ -1 & 0 \end{pmatrix}\right) = \begin{pmatrix} \cos t & \sin t \\ -\sin t & \cos t \end{pmatrix}$ ist elliptisch (außer bei $t \in \pi\mathbb{Z}$) mit Fixpunkt $\imath \in \mathbb{H}$. Die Orbits sind Kreise in $\mathbb{H}$, siehe Abbildung H.2, links.
- $m = \begin{pmatrix} 0 & 0 \\ 1 & 0 \end{pmatrix}$: $\exp\left(t \begin{pmatrix} 0 & 0 \\ 1 & 0 \end{pmatrix}\right) = \begin{pmatrix} 1 & 0 \\ t & 1 \end{pmatrix}$ ist parabolisch (nur bei $t = 0$ gleich $\begin{pmatrix} 1 & 0 \\ 0 & 1 \end{pmatrix}$) mit Fixpunkt $0 \in \partial\mathbb{H}$. Der Abschluss eines Orbits ist ein Kreis, der am Ursprung tangential an $\partial\mathbb{H}$ ist, siehe Abbildung H.2, Mitte.
- $m = \begin{pmatrix} 0 & 1 \\ 1 & 0 \end{pmatrix}$: $\exp\left(t \begin{pmatrix} 0 & 1 \\ 1 & 0 \end{pmatrix}\right) = \begin{pmatrix} \cosh t & \sinh t \\ \sinh t & \cosh t \end{pmatrix}$ ist hyperbolisch (außer bei $t = 0$) mit Fixpunkten $-1, 1 \in \partial\mathbb{H}$. Die Orbits sind durch die Fixpunkte begrenzte Kreissegmente, siehe Abbildung H.2, rechts. □

**Aufgabe 6.45 auf Seite 122 (Symplektische Abbildungen und Unterräume):**

(a) Da die antisymmetrische Bilinearform $\omega : E \times E \to \mathbb{R}$ des $2n$–dimensionalen Vektorraums $E$ nicht degeneriert ist, gibt es für $v, w \in E \backslash \{0\}$ nach dem linearen Satz von Darboux (Satz 6.13.2) sogar zwei Basen $d_1, \ldots, d_{2n}$ und $e_1, \ldots, e_{2n}$ von $E$ mit $d_1 = v,\ e_1 = w$ und

$$\omega(d_k, d_\ell) = \omega(e_k, e_\ell) = \delta_{k+n,\ell} \qquad (1 \le k \le \ell \le 2n). \tag{H.1}$$

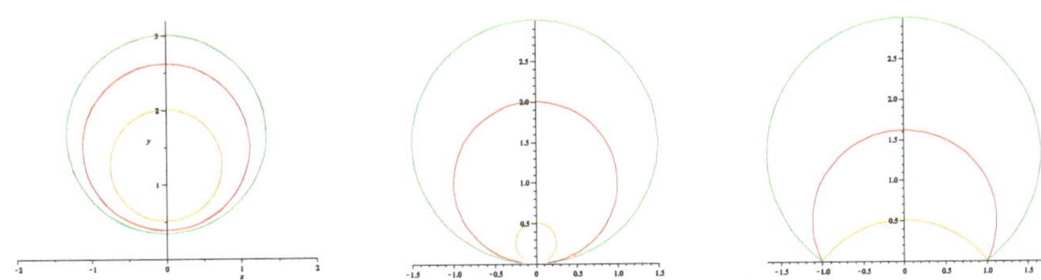

Abbildung H.2: Orbits der Gruppen aus 6.42 (f) durch die Punkte $1+\imath$, $3\imath$ und $\imath/2$. Links: elliptisch, Mitte: parabolisch, Rechts: hyperbolisch. Abbildung: Christoph Schumacher

Die lineare Abbildung $f: E \to E$, die durch den Basiswechsel $f(d_k) := e_k$ $(k = 1, \ldots, 2n)$ definiert wird, ist in $\mathrm{Sp}(E, \omega)$.

(b) Sei $E := \mathbb{R}^4$ mit kanonischer Basis $e_1, \ldots, e_4$ und symplektischer Form $\omega$, die durch $\omega(e_k, e_\ell) = \delta_{k+2,\ell}$ $(1 \leq k \leq \ell \leq 4)$ festgelegt ist. Dann ist $F := \mathrm{span}(e_1, e_2)$ lagrangesch, $F' := \mathrm{span}(e_1, e_3)$ symplektisch. Daher gibt es kein $f \in \mathrm{Sp}(E, \omega)$ mit $f(F) = F'$.

(c) Seien $F, F' \subseteq E$ symplektisch und von gleicher Dimension $2m$. Der Beweis von Satz 6.13.2 liefert die Existenz von Basen $d_1, \ldots, d_{2n}$ und $e_1, \ldots, e_{2n}$ von $E$ mit (H.1) und $d_1, \ldots, d_{2m} \in F$, $e_1, \ldots, e_{2m} \in F'$. Die durch $f(d_k) := e_k$ definierte Abbildung $f \in \mathrm{Sp}(E, \omega)$ bildet also $F$ auf $F'$ ab. □

**Aufgabe 6.47 auf Seite 123 (Dimensionsformel):**
Ist $f_1, \ldots, f_m$ eine Basis von $F \subseteq E$, dann sind wegen der Nichtdegeneriertheit von $\omega$ die Linearformen $f_1^*, \ldots, f_m^* \in E^*$, $f_k^*(e) := \omega(f_k, e)$ für $e \in E$, linear unabhängig. Also ist

$$F^\perp = \{e \in E \mid f_1^*(e) = \ldots = f_m^*(e) = 0\}$$

von Dimension $\dim(F^\perp) = \dim(E) - \dim(F)$. □

**Aufgabe 6.53 auf Seite 126 ($\mathbf{SO(3) \cong \mathbb{R}P(3)}$):**
• Die Rodrigues–Parametrisierung $A \in C^\infty(B^3_\pi, \mathrm{SO}(3))$ aus (E.3.3) ist surjektiv und, eingeschränkt auf die *offene* Vollkugel vom Radius $\pi$, ein Diffeomorphismus auf das Bild. Dies sieht man zum Beispiel, indem man nachprüft, dass für $\|x\| \in (0, \pi)$ die Invertierung von $A(x)$ durch $\frac{r}{2\sin(r)}(A(x) - A(x)^\top)$ mit $r := \arccos\left(\frac{\mathrm{tr}(A(x))-1}{2}\right)$ erfolgt.

Auch bei $x \in \partial B^3_\pi$, also $\|x\| = \pi$ ist $A$ ein lokaler Diffeomorphismus. Bei Identifikation $\sim$ der Antipoden der Zwei–Sphäre $\partial B^3_\pi$ ist $A$ sogar injektiv.
• Andererseits ist $B^3_\pi/\sim$ diffeomorph zu $\mathbb{R}P(3)$. Denn unter einer (mit $\pi/2$

skalierten) stereographischen Projektion $S^3\backslash\{(0,0,-1)^\top\} \to \mathbb{R}^3$ ist $B^3_\pi$ als berandete Mannigfaltigkeit diffeomorph zur Nordhalbkugel $\{x \in S^3 \mid x_3 \geq 0\}$, siehe Beispiel A.29.3. Außerdem hat jede Ursprungsgerade des $\mathbb{R}^3$ (also jedes Element von $\mathbb{R}P(3)$) genau einen Schnittpunkt mit der Nordhalbkugel, bis auf diejenigen, die den Äquator $\{x \in S^3 \mid x_3 = 0\}$ an Antipoden treffen. □

**Aufgabe 6.59 auf Seite 129 (Maslov–Index):**

1. Für $u \in \Lambda_k(m) = \{u \in \Lambda(m) \mid \dim(u \cap v) = k\}$ mit $v = \mathbb{R}^m_p \times \{0\}$ setzen wir $u_v := u \cap v$. Für $w \in \mathrm{Gr}(v,k)$ besteht die Faser $\pi_k^{-1}(w)$ also aus den $u \in \Lambda_k(m)$ mit $u_v = w$. Diese lässt sich durch den Unterraum $\mathrm{Sym}(w^\perp)$ der selbstadjungierten Abbildungen von
$$w^\perp := \{x \in \mathbb{R}^m \mid \forall\, y \in w : \langle x,y\rangle = 0\}$$
in sich parametrisieren, denn deren Graph ist lagrangesch, und der symplektische Vektorraum $(\mathbb{R}^m \times \mathbb{R}^m, \omega_0)$ ist die direkte Summe seiner symplektischen Unterräume $w \times w$ und $w^\perp \times w^\perp$.
Andererseits ist $\dim\big(\mathrm{Sym}(w^\perp)\big) = \binom{m-k+1}{2}$, denn $\dim\big(w^\perp\big) = m-k$.
Trivialisierung des Bündels $\pi_k : \Lambda_k(m) \to \mathrm{Gr}(v,k)$ ist über einer Umgebung von $w \in \mathrm{Gr}(v,k)$ durch Orthogonalprojektion möglich.
Da die Dimension des Totalraums eines Bündels die Summe der Dimensionen von Basis und typischer Faser ist, folgt mit $\dim\big(\mathrm{Gr}(v,k)\big) = k(m-k)$ (Satz 6.51)
$$\dim\big(\Lambda_k(m)\big) = k(m-k) + \tfrac{1}{2}(m-k+1)(m-k) = \binom{m+1}{2} - \binom{k+1}{2}\,.$$
2. Die unter 1. gezeigte Parametrisierung von $\Lambda_0(m)$ durch $\mathrm{Sym}(\mathbb{R}^m)$ zeigt, dass $\Lambda_0(m) \subset \Lambda(m)$ offen ist. Ist $u \in \Lambda_k(m)$ für $k \geq 2$, dann kann man in $u_v \in \mathrm{Gr}(v,k)$ eine orthogonale Zerlegung $u_v = a \oplus b$ in einen eindimensionalen Unterraum $a$ und einen $(k-1)$–dimensionalen Unterraum $b$ wählen. Damit wird $u_v$ durch die Folge der Lagrange–Unterräume
$$(\{0\} \times a) \oplus \mathrm{Graph}(n\mathbb{1}_b) \qquad (n \in \mathbb{N})$$
approximiert, mit der identischen Abbildung $\mathbb{1}_b : b \to b$. □

**Aufgabe 6.61 auf Seite 130 (Wertebereich des Maslov-Index):**

- Für $m = 1$ und $I \in \mathbb{Z}$ hat die Abbildung
$$c : S^1 \to \Lambda(1) \quad , \quad z \mapsto \mathrm{span}_\mathbb{R}\big(z^{I/2}\big) \subset \mathbb{C} \cong \mathbb{R}^2$$
den gewünschten Maslov–Index $I$. Dabei wurde von der Schreibweise $S^1 = \{z \in \mathbb{C} \mid |z| = 1\}$ und $\Lambda(1) = \{\mathrm{span}_\mathbb{R}(z) \mid z \in S^1\}$ Gebrauch gemacht. Man beachte, dass $\mathrm{span}_\mathbb{R}\big(z^{I/2}\big)$ auch für ungerade $I$ wohldefiniert ist.
- Für $m > 1$ bettet man $\Lambda(1)$ in $\Lambda(m)$ ein, etwa mit
$$\Lambda(1) \to \Lambda(m) \quad , \quad u \mapsto u \oplus \mathbb{R}^{m-1} \times \{0\}.$$
□

**Aufgabe 6.62 auf Seite 131 (Harmonischer Oszillator):**
Eine solche geschlossene Lösungskurve $\tilde{c}: S^1 \to F^{-1}(f) \subset \mathbb{R}^4$ ist für $f = (f_1, f_2)$ mit $f_i > 0$ und $k_i = 2f_i/\omega_i$ gegeben durch

$$\tilde{c}(t) = \big(k_1 \sin(\omega_1(t-t_1)), k_2 \sin(\omega_2(t-t_2)), k_1 \cos(\omega_1(t-t_1)), k_2 \cos(\omega_2(t-t_2))\big)\,.$$

Der invariante Phasenraum-Torus $F^{-1}(f)$ projiziert auf ein Rechteck des Konfigurationsraums. Entlang der Kurven $\{(0, k_2 \sin\varphi,\ \pm k_1, k_2 \cos\varphi) \mid \varphi \in [0, 2\pi]\}$ und $\{(k_1 \sin\varphi, 0, k_1 \cos\varphi, \pm k_2) \mid \varphi \in [0, 2\pi]\}$ ist diese Projektion vertikal.

Diese Kurven werden von $\tilde{c}$ innerhalb einer Periode $[0, T]$ mit $T = \frac{6\pi}{\omega_1} = \frac{10\pi}{\omega_2}$ sechsmal beziehungsweise zehnmal, also insgesamt 16–mal getroffen.

Man sieht der Projektion $t \mapsto \big(k_1 \cos(\omega_1(t-t_1)),\ k_2 \cos(\omega_2(t-t_2))\big)$ von $\tilde{c}$ auf dem Konfigurationsraum an, dass die 1–Komponente sechs, die 2–Komponente zehn Extrema besitzt. □

# Kapitel 7, Stabilitätstheorie

**Aufgabe 7.4 auf Seite 136 (Starke Stabilität):**
Zunächst einmal ist

$$X_H : \mathbb{R}_t \times \mathbb{R}^2_x \to \mathbb{R}^2 \quad , \quad X_H(t,x) = \begin{pmatrix} 0 & -f(t) \\ 1 & 0 \end{pmatrix} x$$

das zeitabhängige hamiltonsche Vektorfeld zu $H$. Die Differentialgleichung ist nach Satz 4.14 für alle Zeiten lösbar, denn $X_H$ ist linear in $x$ und genügt damit einer Lipschitz–Bedingung.

(a) Gegenbeispiel zur Gruppeneigenschaft: Für die 2–periodische charakteristische Funktion $f := 1\!\!1_{[0,1]+2\mathbb{Z}}$ ist die eindeutige Existenz der Lösung weiterhin gesichert, denn die Lipschitz–Bedingung bezieht sich nur auf $x$ (siehe die Bemerkung 3.24.3). Wir können die Differentialgleichung stückweise lösen: $x(t) = M_k(\{t\})x(\lfloor t \rfloor)$ mit $M_0(t) := \begin{pmatrix} \cos(t) & -\sin(t) \\ \sin(t) & \cos(t) \end{pmatrix}$, $M_1(t) := \begin{pmatrix} 1 & 0 \\ t & 1 \end{pmatrix}$ und $k := 0$ für gerade $\lfloor t \rfloor$, $k := 1$ für ungerade $\lfloor t \rfloor$. Es ist $M_0^2(1) \neq M_0(1)M_1(1)$.

(b) Für $s = 0$ gilt $\Phi_{T+s} = \Phi_0 \circ \Phi_T$, denn $\Phi_0 = \mathrm{Id}$. Weiter gilt

$$\frac{\mathrm{d}}{\mathrm{d}s}\Phi_{T+s}(x) = X_H\big(T+s, \Phi_{T+s}(x)\big) = \begin{pmatrix} 0 & -f(s) \\ 1 & 0 \end{pmatrix} \Phi_{T+s}(x),$$

denn $f(T+s) = f(s)$, sowie

$$\frac{\mathrm{d}}{\mathrm{d}s}\Phi_s \circ \Phi_T(x) = X_H\big(s, \Phi_s \circ \Phi_T(x)\big) = \begin{pmatrix} 0 & -f(s) \\ 1 & 0 \end{pmatrix} \Phi_s \circ \Phi_T(x).$$

Die Funktionen $s \mapsto \Phi_s \circ \Phi_T(x)$ und $s \mapsto \Phi_{T+s}(x)$ erfüllen also dasselbe eindeutig lösbare Anfangswertproblem, und daher stimmen sie überein.

(c) Die Abbildung $\Phi_t\colon \mathbb{R}^2 \to \mathbb{R}^2$ ist für alle $t \in \mathbb{R}$ linear, denn für $t = 0$ ist $\Phi_0 = \mathrm{Id}$, was sicher linear ist, weiter gilt

$$\frac{\mathrm{d}}{\mathrm{d}t}\Phi_t(\lambda x + y) = X_H\big(t, \Phi_t(\lambda x + y)\big) = \left(\begin{smallmatrix} 0 & -f(t) \\ 1 & 0 \end{smallmatrix}\right)\Phi_t(\lambda x + y)$$

und $\frac{\mathrm{d}}{\mathrm{d}t}\big(\lambda\Phi_t(x) + \Phi_t(y)\big) =$

$$\lambda X_H\big(t, \Phi_t(x)\big) + X_H\big(t, \Phi_t(y)\big) = \left(\begin{smallmatrix} 0 & -f(t) \\ 1 & 0 \end{smallmatrix}\right)\big(\lambda\Phi_t(x) + \Phi_t(y)\big).$$

Die Funktionen erfüllen dasselbe Anfangswertproblem, stimmen also überein. Die Wronski–Determinante $t \mapsto \det\Phi_t$ besitzt die Ableitung $\frac{\mathrm{d}}{\mathrm{d}t}\det\Phi_t =$

$$\mathrm{tr}\big(\det(\Phi_t)\Phi_t^{-1}\dot{\Phi}_t\big) = \det(\Phi_t)\mathrm{tr}\big(\Phi_t^{-1}X_H(t)\Phi_t\big) = \det(\Phi_t)\mathrm{tr}\big(X_H(t)\big) = 0.$$

Wegen $\det\Phi_0 = 1$ folgt insbesondere $\det A = 1$. Mit $\mathbb{J} = \left(\begin{smallmatrix} 0 & -1 \\ 1 & 0 \end{smallmatrix}\right)$ ist

$$\mathrm{tr}\big(X_H(t)\big) = \mathrm{tr}\big(\mathbb{J}B(t)\big) = \mathrm{tr}\big(B^\top(t)\mathbb{J}^\top\big) = -\mathrm{tr}\big(B(t)\mathbb{J}\big) = -\mathrm{tr}\big(\mathbb{J}B(t)\big) = 0.$$

(d) Wenn die Nulllösung des hamiltonschen Flusses Liapunov–stabil ist, dann ist $0$ auch Liapunov–stabiler Fixpunkt der Abbildung $A$, denn es ist ja $\Psi = \Phi\restriction_{\mathbb{Z}\times\mathbb{R}^2}$. Zur Umkehrung sei $\kappa := (\sup\{\|\Phi_s\| \mid s \in [0,T]\})^{-1}$ und eine Umgebung $U$ von $0 \in \mathbb{R}^2$ gegeben. Wir wählen $\varepsilon > 0$, so dass $B_\varepsilon(0) \subseteq U$ und mit Hilfe der Liapunov–Stabilität von $\Psi$ ein $\delta > 0$, so dass $\Psi(n, x_0) \in B_{\varepsilon\kappa}(0)$ für alle $n \in \mathbb{N}_0$ und für alle Anfangsbedingungen $x_0 \in B_\delta(0)$. Für $t = nT + s$ mit $n \in \mathbb{N}_0$ und $s \in [0, T[$ erhalten wir

$$\|\Phi_t(x)\| = \|\Phi_s(\Psi(n,x))\| \le \|\Phi_s\|\|\Psi(n,x)\| \le \kappa^{-1}\varepsilon\kappa = \varepsilon.$$

Damit ist $\Phi$ Liapunov–stabil.

(e) Zunächst einmal ist $\Psi$ Liapunov–stabil, wenn $|\mathrm{tr}(A)| < 2$ erfüllt ist, denn das charakteristische Polynom von $A$ lautet

$$\begin{aligned}\chi_A(\lambda) &= \lambda^2 - \lambda\,\mathrm{tr}A + \det A \\ &\overset{\det A=1}{=} \left(\lambda - \tfrac{1}{2}\mathrm{tr}A + \imath\sqrt{1 - (\tfrac{1}{2}\mathrm{tr}A)^2}\right)\left(\lambda - \tfrac{1}{2}\mathrm{tr}A - \imath\sqrt{1 - (\tfrac{1}{2}\mathrm{tr}A)^2}\right).\end{aligned}$$

Die Eigenwerte von $A$ haben Betrag $1$, wie man leicht nachrechnet. Damit ist $A$ eine Drehung und Liapunov–stabil.

Wir setzen $B(t) := \left(\begin{smallmatrix} 1 & 0 \\ 0 & f(t) \end{smallmatrix}\right)$ $(t \in \mathbb{R})$ und $U := \{\tilde{H} \mid \|\tilde{H} - H\| < \delta\}$ mit noch zu bestimmendem $\delta > 0$. Sei nun $K := \sup\{\|\Phi_s^{-1}\|, \|\tilde{\Phi}_s\| \mid s \in [0,T],\ \tilde{\Phi}$ von $\tilde{H} \in U$ generiert.$\}$. Es ist $K < \infty$, denn

$$\begin{aligned}\|\tilde{\Phi}_t\| &= \left\|\tilde{\Phi}_0 + \int_0^t \mathbb{J}\,\tilde{B}(s)\tilde{\Phi}(s)\,\mathrm{d}s\right\| \le \|\tilde{\Phi}_0\| + \int_0^t \|\tilde{B}(s)\|\|\tilde{\Phi}(s)\|\,\mathrm{d}s \\ &\le 1 + \int_0^t (\|B(s)\| + \delta)\|\tilde{\Phi}(s)\|\,\mathrm{d}s,\end{aligned}$$

und das Lemma von Gronwall verrät uns nun

$$\|\tilde{\Phi}_t\| \le \exp \int_0^t (\|B(s)\| + \delta)\,\mathrm{d}s \le \exp \int_0^T (\|B(s)\| + \delta)\,\mathrm{d}s.$$

Wir vergleichen die beiden Zeitentwicklungen:

$$\frac{\mathrm{d}}{\mathrm{d}t}(\Phi_t^{-1}\tilde{\Phi}_t) = \Phi_t^{-1}\dot{\Phi}_t\Phi_t^{-1}\tilde{\Phi}_t + \Phi_t^{-1}\dot{\tilde{\Phi}}_t = \Phi_t^{-1}\mathbb{J}\left(B(t) - \tilde{B}(t)\right)\tilde{\Phi}_t$$

und erhalten

$$\begin{aligned}\|\tilde{\Phi}_t - \Phi_t\| &\le \|\Phi_t\|\|\Phi_t^{-1}\tilde{\Phi}_t - \mathbb{1}\| = \|\Phi_t\| \left\| \int_0^t \frac{\mathrm{d}}{\mathrm{d}s}(\Phi_s^{-1}\tilde{\Phi}_s)\,\mathrm{d}s \right\| \\ &\le \|\Phi_t\| \int_0^t \|\Phi_t^{-1}\|\,\|B(t) - \tilde{B}(t)\|\,\|\tilde{\Phi}_t\|\,\mathrm{d}s \le K^3T\delta.\end{aligned}$$

Wegen der Stetigkeit der Spur sind alle $\tilde{\Phi}$ Liapunov–stabil, und der Fixpunkt 0 ist stark stabil. Matrizen mit absoluter Spur kleiner 2 heißen auch elliptisch.

(f) Für $\varepsilon = 0$ reduziert sich die Differentialgleichung zu $\ddot{x}(t) = -\omega^2 x(t)$, und der Fluss hat die Form

$$\Phi_t = \begin{pmatrix} \cos(\omega t) & -\omega\sin(\omega t) \\ \omega^{-1}\sin(\omega t) & \cos(\omega t)\end{pmatrix}.$$

Es ist $T = 2\pi$, und entsprechend ist

$$A = \Phi_{2\pi} = \begin{pmatrix} \cos(2\pi\omega) & -\omega\sin(2\pi\omega) \\ \omega^{-1}\sin(2\pi\omega) & \cos(2\pi\omega)\end{pmatrix}$$

mit $|\mathrm{tr}(A)| = 2|\cos(2\pi\omega)| < 2$, weil $2\omega \notin \mathbb{Z}$. □

**Aufgabe 7.8 auf Seite 138 (Liapunov–Funktion):**

(a) Es ist $\nabla V(x) = x$ und $f_1(x) = -\|x\|^2 x$, also $\frac{\mathrm{d}}{\mathrm{d}t}V(x(t)) = -\|x(t)\|^4 < 0$ für $x \in \mathbb{R}^2 \setminus \{0\}$. Der Ursprung ist damit asymptotisch stabil.

(b) Wegen $f_2 = -f_1$ ist der Ursprung instabil.

(c) Die Form $f_3(x) = (1+x_1)\binom{-x_2}{x_1}$ des Vektorfeldes impliziert, dass $\frac{\mathrm{d}}{\mathrm{d}t}V(x(t)) = 0$ ist, die Orbits also in Kreisen um den Ursprung enthalten sind. Jeder Punkt auf der Gerade $x_1 = -1$ entspricht einem Orbit, ebenso die Kreissegmente, die durch Schnitt dieser Kreise mit den Halbebenen $(-1, \infty) \times \mathbb{R}$ und $(-\infty, -1) \times \mathbb{R}$ entstehen.

(d) $V : \mathbb{R}^3 \to \mathbb{R},\ x \mapsto \frac{1}{2}\|x\|^2$ ist eine Liapunov–Funktion, mit

$$\langle f_4(x), \nabla V(x)\rangle = -x_1^2\|x\|^2 - x_2^4 - x_3^6 < 0 \quad \text{für} \quad x \in \mathbb{R}^3 \setminus \{0\}.$$

Also ist $0 \in \mathbb{R}^3$ asymptotisch stabil.

(e) Es ist $A := \mathrm{D}f(0) = \begin{pmatrix} 0 & -1 & 0 \\ 1 & 0 & 0 \\ 0 & 0 & 0 \end{pmatrix}$, also $\exp(At) = \begin{pmatrix} \cos t & -\sin t & 0 \\ \sin t & \cos t & 0 \\ 0 & 0 & 1 \end{pmatrix}$. Der Ursprung dieses linearisierten Systems ist damit liapunov–stabil, aber nicht asymptotisch stabil. Insbesondere besteht die $x_3$–Achse aus Fixpunkten. □

**Aufgabe 7.21 auf Seite 146 (Parametrisierte periodische Orbits):**
Nach Annahme ist die Abbildung $(t, m, p) \mapsto \Phi_t^p(m)$ $n$-mal stetig differenzierbar, und für Parameterwert $p_0 \in P$ gibt es nach Satz 7.17 eine Poincaré–Abbildung von $\Phi^{p_0}$ beim Punkt $m \in M$ des $\Phi^{p_0}$–periodischen Orbits. Es folgt aus einem Transversalitätsargument die Existenz einer Umgebung $\tilde{P} \subseteq P$ von $p_0$ und einer zu allen Flüssen $\Phi^p$, $p \in \tilde{P}$ transversalen Hyperfläche $S \subset M$ durch $m$. Damit existieren auch eine in $S$ offene Umgebung $U \subset S$ von $m$, und Poincaré–Zeiten $\tilde{T} : U \times \tilde{P} \to \mathbb{R}^+$ mit $F^p(u) := \Phi^p\big(\tilde{T}(u,p), u\big) \in S$.

Nach Voraussetzung ist $F^{p_0}(m) = t_0$, und $\tilde{T}$, also auch $(u, p) \mapsto F^p(u)$ sind in $C^n$. Ebenfalls ist nach Voraussetzung 1 kein Eigenwert von $\mathrm{D}F^{p_0}(m)$. Damit erhalten wir mit Satz 7.12 eine Abbildung $X \in C^n(\tilde{P}, S)$, mit $X(p_0) = m$, für die $F^p\big(X(p)\big) = X(p)$ ist, die also den Fixpunkt parametrisiert.[4]

Ebenso können wir annehmen, dass $\mathrm{D}F^p\big(X(p)\big)$ keinen Eigenwert 1 besitzt. Die Minimalperiode $t : \tilde{p} \to (0, \infty)$ ist die durch $t(p) = \tilde{T}\big(X(p), p\big)$ definierte Abbildung.

Es kann zwar in beliebigen kleinen Umgebungen vom $X(p)$ weitere periodische Orbits geben, aber nicht mit einer nahe bei $t(p)$ liegenden Minimalperiode. □

# Kapitel 8, Variationsprinzipien

**Aufgabe 8.5 auf Seite 152 (Legendre–Transformation):**

(a) Wegen $r > 1$ ist $H \in C^1(\mathbb{R}^d, \mathbb{R})$ und strikt konvex. Wir suchen für $q \in \mathbb{R}^d$ den Vektor $\hat{p} = \hat{p}(q) \in \mathbb{R}^d$ mit

$$\nabla_p\big(\langle p, q\rangle - H(p)\big)\Big|_{p=\hat{p}} = 0.$$

Wegen $\nabla H(0) = 0$ ist $\hat{p}(0) = 0$. Sonst gilt $q = \|\hat{p}\|^{r-2}\hat{p}$, also $\|q\| = \|\hat{p}\|^{r-1}$ oder mit $(r-1)(s-1) = 1$: $\|\hat{p}\| = \|q\|^{s-1}$. Daher ist

$$\hat{p} = \frac{q}{\|\hat{p}\|^{r-2}} = \frac{q}{\|q\|^{(r-2)(s-1)}} \overset{rs=r+s}{=} \|q\|^{s-2} q.$$

Damit können wir $H^*$ ausrechnen:

$$H^*(q) = \langle q, \|q\|^{s-2} q\rangle - H\big(\|q\|^{s-2} q\big) = \|q\|^s - \tfrac{1}{r}\|q\|^{(s-1)r} = \tfrac{1}{s}\|q\|^s.$$

(b) Wir gehen wie in (a) vor.

$$0 = \nabla_p\big(\langle p, q\rangle - H(p)\big)\Big|_{p=\hat{p}} = q - A\hat{p} - b,$$

[4] Hier und im Weiteren müssen gegebenenfalls Definitionsbereiche wie $\tilde{P}$ verkleinert werden.

also $q = A\hat{p} + b$ oder $\hat{p} = A^{-1}(q-b)$. Und wieder berechnen wir $H^*$:

$$\begin{aligned} H^*(q) &= \langle q, A^{-1}(q-b)\rangle - H\big(A^{-1}(q-b)\big) \\ &= \langle q, A^{-1}(q-b)\rangle - \tfrac{1}{2}\langle A^{-1}(q-b), AA^{-1}(q-b)\rangle - \langle b, A^{-1}(q-b)\rangle - c \\ &= \langle q-b, A^{-1}(q-b)\rangle - \tfrac{1}{2}\langle q-b, A^{-1}(q-b)\rangle - c \\ &= \tfrac{1}{2}\langle q-b, A^{-1}(q-b)\rangle - c. \end{aligned}$$ □

**Aufgabe 8.8 auf Seite 154 (Legendre-Transformation):**

(a) Polarkoordinaten: $x = r\cos\varphi$, $y = r\sin\varphi$, $v = \begin{pmatrix} v_r\cos\varphi - v_\varphi r\sin\varphi \\ v_r\sin\varphi + v_\varphi r\cos\varphi \end{pmatrix}$.

$$L\left(\begin{pmatrix} r \\ \varphi \end{pmatrix}, \begin{pmatrix} v_r \\ v_\varphi \end{pmatrix}\right) = \tilde{L}\left(\begin{pmatrix} x(r,\varphi) \\ y(r,\varphi) \end{pmatrix}, \begin{pmatrix} v_r\cos\varphi - v_\varphi r\sin\varphi \\ v_r\sin\varphi + v_\varphi r\cos\varphi \end{pmatrix}\right) = \tfrac{1}{2}(v_r^2 + r^2 v_\varphi^2) - U(r).$$

Die Legendre–Transformierte davon lautet

$$H\left(\begin{pmatrix} r \\ \varphi \end{pmatrix}, \begin{pmatrix} p_r \\ p_\varphi \end{pmatrix}\right) = \tfrac{1}{2}\big(p_r^2 + r^{-2}p_\varphi^2\big) + U(r).$$

(b) Es ist $\nabla_v L(q,v) = mv + \frac{e}{c}A(q)$, also folgt

$$\begin{aligned} &\sup\big\{\langle p, v\rangle - L(q,v) \mid v \in \mathbb{R}^2\big\} \\ &= \langle p, \tfrac{1}{m}(p - \tfrac{e}{c}A(q))\rangle - \tfrac{1}{2m}\|p - \tfrac{e}{c}A(q)\|^2 + e\phi(q) - \tfrac{e}{cm}\langle p - \tfrac{e}{c}A(q), A(q)\rangle \\ &= \tfrac{1}{2m}\|p - \tfrac{e}{c}A(q)\|^2 + e\phi(q). \end{aligned}$$ □

**Aufgabe 8.12 auf Seite 158 (Perle am Draht):**

(a) Zum Zeitpunkt $t \in \mathbb{R}$ wird der parabolische Draht parametrisiert durch

$$w \longmapsto \tilde{q}(t,w) = \begin{pmatrix} w\cos(\omega t) \\ w\sin(\omega t) \\ \frac{\alpha^2}{2}w^2 \end{pmatrix}.$$

Ist der Parameterwert gleich $w(t)$, dann ist für $q(t) := \tilde{q}\big(t, w(t)\big)$

$$\dot{q}(t) = \begin{pmatrix} \dot{w}(t)\cos(\omega t) - \omega w(t)\sin(\omega t) \\ \dot{w}(t)\sin(\omega t) + \omega w(t)\cos(\omega t) \\ \alpha^2 w(t)\dot{w}(t) \end{pmatrix},$$

also $\|\dot{q}\|^2 = \dot{w}^2 + w^2\omega^2 + \alpha^4 w^2\dot{w}^2$. Die nicht explizit zeitabhängige Lagrange–Funktion besitzt damit die Gestalt

$$L(w,\dot{w}) = \tfrac{m}{2}\big(1 + \alpha^4 w^2\big)\dot{w}^2 \;+\; \tfrac{m}{2}\big(\omega^2 - g\alpha^2\big)w^2\,.$$

Der zu $w$ konjugierte Impuls ist $p_w = \mathrm{D}_2 L(w,\dot{w}) = m(1+\alpha^4 w^2)\dot{w}$. Damit ist die Hamilton–Funktion für $c := g\alpha^2 - \omega^2$ gleich

$$H(p_w, w) = \frac{p_w^2}{2m(1+\alpha^4 w^2)} + V(w) \quad \text{mit} \quad V(w) = \tfrac{m}{2}c\,w^2\,.$$

(b) Die Linearisierung $A := DX_H(0)$ des hamiltonschen Vektorfelds $X_H = \binom{-D_2H}{D_1H}$ am Ursprung ist von der Form $A = \begin{pmatrix} 0 & -mc \\ \frac{1}{m} & 0 \end{pmatrix}$. Damit ist $\det(A) = c$. Für $c > 0$ (d.h. langsame Rotation) ist daher die Ruhelage $(p_w, w) = (0,0)$ ein elliptischer Fixpunkt und die Bewegung Liapunov–stabil.

(c) Für langsame Rotation ($c > 0$) wird die Periode der Librationsbewegung in Abhängigkeit von der Energie $E$ durch

$$T(E) = 4\int_0^{w_{\max}} \frac{dw}{\dot{w}(E,w)} \qquad \text{mit } \dot{w}(E,w) = \sqrt{\tfrac{2(E-\beta^2w^2)}{m(1+\alpha^4w^2)}} \text{ und } w_{\max} = \tfrac{\sqrt{E}}{\beta}$$

bestimmt. Es ergibt sich

$$T(E) = \frac{\sqrt{8m}}{\beta}\int_0^1 \sqrt{\frac{1+\frac{E\alpha^4}{\beta^2}y^2}{1-y^2}}\,dy = \frac{\sqrt{8m}}{\beta}\int_0^{\pi/2} \sqrt{1+\tfrac{E\alpha^4}{\beta^2}\sin^2\theta}\,d\theta. \qquad \square$$

**Aufgabe 8.20 auf Seite 162**
**(Beispiel zur Nichtminimalität des Wirkungsfunktionals):**

(a) Die Extremalen erfüllen die Euler–Lagrange–Gleichung (8.3.4), also $\ddot{q} = -(0,q_2)^\top$. Die Lösungsschar mit Anfangsbedingung $q(0) = 0$ hat die Form

$$q(t) = \binom{v_1\, t}{c_2\, \sin t} \qquad (t \in \mathbb{R}).$$

Für $T \in \mathbb{R}\backslash\pi\mathbb{Z}$ kann nur dann $q(T) = \binom{c}{0}$ sein, wenn $v_1 = \frac{c}{T}$ und $c_2 = 0$ gilt. Ist dagegen $T \in \pi\mathbb{Z}\backslash\{0\}$, dann erhalten wir die einparametrige Lösungsschar $q(t) = \left(\frac{c}{T}t, c_2\sin t\right)^\top$.

(b) Die Variation des Wirkungsfunktionals in Richtung $\delta q$ ist

$$\begin{aligned} X(\delta q) &= \tfrac{1}{2}\int_0^T \left[\left\|\left(\begin{smallmatrix}\frac{c}{T}\\0\end{smallmatrix}\right) + \delta\dot{q}(t)\right\|^2 - \left\|\left(\begin{smallmatrix}\frac{c}{T}\\0\end{smallmatrix}\right)\right\|^2 - \delta q_2^2(t)\right] dt \\ &= \tfrac{1}{2}\int_0^T \left[\|\delta\dot{q}(t)\|^2 - \delta q_2^2(t)\right] dt + \int_0^T \left\langle \left(\begin{smallmatrix}\frac{c}{T}\\0\end{smallmatrix}\right), \delta\dot{q}(t)\right\rangle dt. \end{aligned}$$

Das zweite Integral ist gleich $\left\langle \left(\begin{smallmatrix}\frac{c}{T}\\0\end{smallmatrix}\right), \delta q(T) - \delta q(0)\right\rangle = 0$. Für die angegebene Variation ist $\delta\dot{q}_2(t) = \frac{\pi}{T}\sum_{n=1}^\infty nc_n \cos\left(\frac{\pi nt}{T}\right)$, also ist $X(\delta q)$ gleich

$$\sum_{n=1}^\infty c_n^2 \int_0^T \left[\frac{\pi^2}{T^2}n^2\cos^2\left(\frac{\pi nt}{T}\right) - \sin^2\left(\frac{\pi nt}{T}\right)\right] dt = \sum_{n=1}^\infty \frac{c_n^2}{2T}(\pi^2n^2 - T^2).$$

Für $T \in \big(l\pi, (l+1)\pi\big)$ und $l \in \mathbb{N}_0$ ist $\pi^2n^2 < T^2$ genau dann, wenn $n \le l$ gilt. Auf dem durch $c_k = 0$ $(k > l)$ bestimmten Unterraum ist also $X$ negativ definit, aber es gibt keinen höherdimensionalen solchen Unterraum von Variationen. $\square$

**Aufgabe 8.21 auf Seite 165 (Tautochronen-Problem):**
Die Zeit, die zwischen dem Start am Punkt $(x_0, y_0)$ und der Ankunft am tiefsten Punkt $(r, -2r)$ vergeht, ist analog zu (8.3.6)

$$\tilde{T}(y_0) := \int_{x_0(y_0)}^{r} \sqrt{\frac{1+Y'(x)^2}{2g(y_0 - Y(x))}}\,\mathrm{d}x = \int_{x_0}^{r} \sqrt{\frac{r}{gY(x)(Y(x)-y_0)}}\,\mathrm{d}x\,,$$

denn die Startgeschwindigkeit ist 0. Bei der Umformung wurde die Differentialgleichung (8.3.7) der Brachistochrone verwandt. Substitution der $y$–Variable ergibt

$$\tilde{T}(y_0) = \int_{y_0}^{-2r} \sqrt{\frac{r}{gy(y-y_0)}}\frac{\mathrm{d}y}{\sqrt{-1-\frac{2r}{y}}} = \int_{y_0}^{-2r} \sqrt{\frac{r}{g(-y-2r)(y-y_0)}}\,\mathrm{d}y\,.$$

Substitution von $z := \frac{y_0 - y}{2r+y_0}$, also $y = y_0 - z(2r+y_0)$, ergibt
$\tilde{T}(y_0) = \int_0^1 \sqrt{\frac{r}{gz(1-z)}}\,\mathrm{d}z = \pi\sqrt{\frac{r}{g}}$, unabhängig von $y_0$. □

**Aufgabe 8.23 auf Seite 167**
**(Längenfunktional und Euler–Lagrange-Gleichung in Polarkoordinaten):**

(a) Die Polarkoordinaten $(r,\varphi) \in (0,\infty)\times(-\pi,\pi)$ der geschlitzten Ebene stehen zu den kartesischen Koordinaten in der Beziehung $x_1 = r\cos\varphi$, $x_2 = r\sin\varphi$. Es ist also

$$\dot{x}_1 = \dot{r}\cos\varphi - \dot{\varphi}r\sin\varphi\ ,\ \dot{x}_2 = \dot{r}\sin\varphi + \dot{\varphi}r\cos\varphi \quad \text{und} \quad \|\dot{x}\|^2 = \dot{r}^2 + r^2\dot{\varphi}^2\,.$$

Die Lagrange–Funktion $L(x,\dot{x}) = \frac{1}{2}\|\dot{x}\|^2$ besitzt damit die Gestalt

$$\tfrac{1}{2}\left(g_{r,r}(r,\varphi)\dot{r}^2 + 2g_{r,\varphi}(r,\varphi)\dot{r}\dot{\varphi} + g_{\varphi,\varphi}(r,\varphi)\dot{\varphi}^2\right),$$

mit $g_{r,r} = 1$, $g_{r,\varphi} = 0$ und $g_{\varphi,\varphi}(r,\varphi) = r^2$. Die Formel (8.4.2) für die Christoffel–Symbole ergibt mit $g^{r,r} = 1$, $g^{r,\varphi} = 0$ und $g^{\varphi,\varphi}(r,\varphi) = r^{-2}$:

$$\Gamma^r_{\varphi,\varphi}(r,\varphi) = -r \quad , \quad \Gamma^\varphi_{r,\varphi}(r,\varphi) = \frac{1}{r} = \Gamma^\varphi_{\varphi,r}(r,\varphi)\,,$$

während $\Gamma^r_{r,\varphi} = \Gamma^r_{\varphi,r} = \Gamma^r_{r,r} = \Gamma^\varphi_{\varphi,\varphi} = \Gamma^\varphi_{r,r} = 0$ ist.

(b) Mit der obigen Form des metrischen Tensors in Polarkoordinaten ist das Längenfunktional von der Form $\int_{t_0}^{t_1}\|\dot{x}(t)\|\,\mathrm{d}t = \int_{t_0}^{t_1}\sqrt{\dot{r}^2 + r^2\dot{\varphi}^2}\,\mathrm{d}t$. Nach (8.4.3) sind die Euler–Lagrange–Gleichungen des Energiefunktionals in Polarkoordinaten $\ddot{r} + \Gamma^r_{\varphi,\varphi}(r,\varphi)\dot{\varphi}^2 = 0$, $\ddot{\varphi} + 2\Gamma^\varphi_{r,\varphi}(r,\varphi)\dot{r}\dot{\varphi} = 0$, also

$$\ddot{r} = r\dot{\varphi}^2 \quad \text{und} \quad \ddot{\varphi} = -\frac{2}{r}\dot{r}\dot{\varphi}.$$ □

**Aufgabe 8.26 auf Seite 169 (Rotationsflächen-Geodäten):**
Die Bedingung positiven Profils $R(x_3) > 0$ ist wichtig, ansonsten ist $M$ keine Mannigfaltigkeit.

(a) In der Formel für die Christoffel–Symbole:

$$\Gamma^k_{i,j}(x) = \sum_l \tfrac{1}{2} g^{k,l}(x)\Big(\frac{\partial g_{l,j}}{\partial x_i}(x) + \frac{\partial g_{i,l}}{\partial x_j}(x) - \frac{\partial g_{i,j}}{\partial x_l}(x)\Big) \qquad (i,j,k \in \{r,\varphi\})$$

ist der metrische Tensor $g(x) =$

$$\begin{pmatrix} R'(z)\cos\varphi & R'(z)\sin\varphi & 1 \\ -R(z)\sin\varphi & R(z)\cos\varphi & 0 \end{pmatrix} \begin{pmatrix} R'(z)\cos\varphi & -R(z)\sin\varphi \\ R'(z)\sin\varphi & R(z)\cos\varphi \\ 1 & 0 \end{pmatrix} = \begin{pmatrix} (R'(z))^2+1 & 0 \\ 0 & (R(z))^2 \end{pmatrix},$$

denn $\begin{pmatrix} x_1 \\ x_2 \\ x_3 \end{pmatrix} = \begin{pmatrix} R(z)\cos\varphi \\ R(z)\sin\varphi \\ z \end{pmatrix}$. Die Christoffel–Symbole lauten also

$$\Gamma^z_{z,z} = \tfrac{1}{2} g^{z,z} \frac{\partial g_{z,z}}{\partial z} = \frac{R'(z)R''(z)}{(R'(z))^2+1} \qquad \Gamma^z_{z,\varphi} = \Gamma^z_{\varphi,z} = -\tfrac{1}{2} g^{z,z} \frac{\partial g_{z,z}}{\partial \varphi} = 0$$

$$\Gamma^z_{\varphi,\varphi} = -\tfrac{1}{2} g^{z,z} \frac{\partial g_{\varphi,\varphi}}{\partial z} = -\frac{R(z)R'(z)}{(R'(z))^2+1} \qquad \Gamma^\varphi_{z,z} = -\tfrac{1}{2} g^{\varphi,\varphi} \frac{\partial g_{z,z}}{\partial \varphi} = 0$$

$$\Gamma^\varphi_{z,\varphi} = \Gamma^\varphi_{\varphi,z} = \tfrac{1}{2} g^{\varphi,\varphi} \frac{\partial g_{\varphi,\varphi}}{\partial z} = \frac{R'(z)}{R(z)} \qquad \Gamma^\varphi_{\varphi,\varphi} = \tfrac{1}{2} g^{\varphi,\varphi} \frac{\partial g_{\varphi,\varphi}}{\partial \varphi} = 0.$$

Die allgemeine Geodätengleichung ist $\ddot{x}_k + \sum_{i,j} \Gamma^k_{ij} \dot{x}_i \dot{x}_j = 0$, und hier übersetzt sich das zur Behauptung.

(b) Ein Meridian $\gamma\colon I \to M$ hat die Form

$$\gamma(t) = \begin{pmatrix} R(z(t))\cos\varphi \\ R(z(t))\sin\varphi \\ z(t) \end{pmatrix} \quad \text{, also} \quad \dot{\gamma}(t) = \begin{pmatrix} R'(z(t))\dot{z}(t)\cos\varphi \\ R'(z(t))\dot{z}(t)\sin\varphi \\ \dot{z}(t) \end{pmatrix}.$$

Nach Bogenlänge zu parametrisieren heißt $\|\dot{\gamma}(t)\| = 1$ für alle $t$ zu fordern. Das bedeutet

$$1 = \|\dot{\gamma}(t)\|^2 = \big(\dot{z}(t)\big)^2\big((R'(z(t)))^2+1\big) \text{, also } \big(\dot{z}(t)\big)^2 = \big((R'(z(t)))^2+1\big)^{-1}. \tag{H.2}$$

Wir notieren $\dot{z}(t) \neq 0$. Ableiten dieser Gleichung liefert uns

$$\dot{z}(t)\ddot{z}(t) = -\big((R'(z(t)))^2+1\big)^{-2} R'\big(z(t)\big)\, R''\big(z(t)\big)\, \dot{z}(t)$$

Zusammen mit (H.2) und $\dot{\varphi} = 0$ ergibt das die Geodätengleichung für $z$. Die Geodätengleichung für $\varphi$ ist trivialerweise erfüllt.

(c) Breitenkreise $\gamma\colon \mathbb{R} \to M$ haben die Form

$$\gamma(t) = \begin{pmatrix} R(z)\cos\varphi(t) \\ R(z)\sin\varphi(t) \\ z \end{pmatrix} \quad \text{, also} \quad \dot{\gamma}(t) = \begin{pmatrix} -R(z)\dot{\varphi}(t)\sin\varphi(t) \\ R(z)\dot{\varphi}(t)\cos\varphi \\ 0 \end{pmatrix}.$$

Nach der Geodätengleichung für $z$ und $\dot{z} = \ddot{z} = 0$ ist $R'(z) = 0$ und nach der Geodätengleichung für $\varphi$ die Parametrisierung von $\gamma$ mit konstanter Geschwindigkeit. □

**Aufgabe 8.35 auf Seite 176 (Lichtbrechung):**

1. Es ist $\nabla_v L(q,v) = n(q)^2 v$ und $\nabla_q L(q,v) = n(q)\|v\|^2 \nabla n(q)$, also
$$\frac{\mathrm{d}}{\mathrm{d}t}\nabla_v L(q,\dot q) = 2n(q)\langle \nabla n(q), \dot q\rangle \dot q + n(q)^2 \ddot q\,,$$
woraus sich (8.6.1) nach Division durch $n > 0$ ergibt. (8.35) folgt durch Substitution $\tilde y(x(t)) = y(t)$ der unabhängigen Variablen $x$ aus der in der Form
$$n\ddot x = -2n'\dot x\dot y \quad , \quad n\ddot y = n'(\dot x^2 - \dot y^2)$$
geschriebenen Gleichung (8.6.1), denn $\ddot y(t) = \tilde y'\big(x(t)\big)\ddot x(t) + \dot x(t)^2 \tilde y''\big(x(t)\big)$.

2. Auswertung von (8.6.1) für einen nur von der $y$–Koordinate abhängigen Brechungsindex $n$ ergibt also die Differentialgleichung
$$2n'(y)\dot y\dot x + n(y)\ddot x = 0 \quad , \text{ oder } \quad \frac{\mathrm{d}}{\mathrm{d}t}\big(n^2(y)\dot x\big) = 0. \tag{H.3}$$
Also ist $\dot x = c/n^2(y)$, mit einer Konstante $c$.

   Wenn man dies in die konstante Lagrange–Funktion $L$ einträgt, ergibt sich aus $\ell = \frac12 n^2(y)\dot x^2\big(1 + (y'(x))^2\big)$ die Beziehung $1 + (y'(x))^2 = \frac{2\ell}{c^2}n^2(y)$ oder
$$y'(x) = \pm\sqrt{\frac{2\ell}{c^2}n^2(y) - 1}\,.$$
Diese Differentialgleichung ist durch Separation der Variablen lösbar. Für $n$ von der Form (8.6.3) ergibt sich (8.6.4).

   Die Integration von (H.3) ist wegen der Translationsinvarianz der Lagrange–Funktion in $x$–Richtung möglich.

3. Mit den angegebenen Koordinaten der Punkte $a_i$ ist die Laufzeit
$$T(a_0) = \frac{\|a_1 - a_0\|}{c_1} + \frac{\|a_2 - a_0\|}{c_2} = \frac{\sqrt{x_0^2 + y_1^2}}{c_1} + \frac{\sqrt{(x_2 - x_0)^2 + y_2^2}}{c_2}.$$
Bezeichnen wir diese nur noch von $x_0$ abhängige Funktion mit $t(x_0)$, dann ist $t'(x_0) = \frac{\sin\alpha_1}{c_1} - \frac{\sin\alpha_2}{c_2}$, denn $\sin\alpha_1 = \frac{x_0}{\sqrt{x_0^2+y_1^2}}$ und $\sin\alpha_2 = \frac{x_2-x_0}{\sqrt{(x_2-x_0)^2+y_2^2}}$. Bei minimalem $t$ gilt $t'(x_0) = 0$, also das Brechungsgesetz von Snellius. □

**Aufgabe 8.41 auf Seite 179 (Reflektion von Licht an einer Tasse):**

(a) Die zur 1-Achse parallelen Strahlen, die an der Stelle $A(\varphi) := \binom{\sin\varphi}{\cos\varphi}$ mit $\varphi \in [0,\pi]$ die Kreislinie treffen, werden an deren Normale $A(\varphi)$ gespiegelt. Die gespiegelten Strahlen haben also die Richtung $A\left(\frac{\pi}{2} + 2\varphi\right) = C(2\varphi)$ mit $C(\varphi) := \binom{\cos\varphi}{-\sin\varphi}$. Andererseits folgt bei Benutzung trigonometrischer Additionstheoreme, dass der zweite Schnittpunkt des gespiegelten Strahls mit $S^1$ der Punkt $A(3\varphi) = A(\varphi) + 2\sin(\varphi)\,C(2\varphi)$ ist.

(b) Aus $\mathbb{J}A(\varphi) = -C(\varphi)$ und $\frac{\mathrm{d}}{\mathrm{d}\varphi}A(\varphi) = C(\varphi)$ folgt

$$\left\langle \frac{\mathrm{d}}{\mathrm{d}\varphi} B_t(\varphi), \mathbb{J}\big(A(3\varphi) - A(\varphi)\big) \right\rangle = \langle tC(\varphi) + 3(1-t)C(3\varphi), C(\varphi) - C(3\varphi)\rangle .$$

Für $t = \frac{3}{4}$ ist dies gleich $\frac{3}{4}\,\langle C(\varphi) + C(3\varphi), C(\varphi) - C(3\varphi)\rangle = 0.$

(c) Daher ist die Kaustik die Kurve $\varphi \mapsto B_{3/4}(\varphi)$. Genau für $\varphi = \frac{\pi}{2}$ ist $\frac{\mathrm{d}}{\mathrm{d}\varphi}B_{3/4}(\varphi) = \frac{3}{4}\big(C(\varphi) + C(3\varphi)\big) = 0$. Dies entspricht dem Punkt

$$\frac{1}{4}\left(3A\left(\frac{\pi}{2}\right) + A\left(\frac{3\pi}{2}\right)\right) = \begin{pmatrix} 1/2 \\ 0 \end{pmatrix}.$$

In diesem Brennpunkt sammeln sich die parallelen Lichtstrahlen. □

**Aufgabe 8.42 auf Seite 180 (Lineare Optik):**

- Zunächst ist tatsächlich $N := \left(\begin{smallmatrix} \mathbb{1} & \Delta n\, A \\ 0 & \mathbb{1} \end{smallmatrix}\right) \in \mathrm{Sp}(4,\mathbb{R})$, denn $A$ ist symmetrisch, und daher ist das Kriterium aus Aufgabe 6.26 (b) erfüllt.

- An der Stelle $\big(O(q), q\big) \in \mathbb{R}^3$ der Grenzfläche zeigt die Flächennormale in die Richtung $\left(\begin{smallmatrix} 1 \\ -Aq \end{smallmatrix}\right) + \mathcal{O}(\|q\|^3)$. Der Strahl in dem ersten Medium besitze die Richtung $v_1 := \left(\begin{smallmatrix} 1 \\ p_1/n_1 \end{smallmatrix}\right)/\|\left(\begin{smallmatrix} 1 \\ p_1/n_1 \end{smallmatrix}\right)\|$, nach Brechung an der Grenzfläche $v_2 := \left(\begin{smallmatrix} 1 \\ p_2/n_2 \end{smallmatrix}\right)/\|\left(\begin{smallmatrix} 1 \\ p_2/n_2 \end{smallmatrix}\right)\|$. Nach dem snellschen Gesetz gilt mit dem Einheitsvektor $e(q)$ der Flächennormale an der Stelle $\big(O(q), q\big)$, dass die durch $w_i := v_i - \langle v_i, e(q)\rangle\, e(q)$ gegebenen Tangentialkomponenten in der Beziehung $n_1 w_1 = n_2 w_2$ stehen. Hier ist $e(q) = \left(\begin{smallmatrix} 1 \\ -Aq \end{smallmatrix}\right) + \mathcal{O}(\|q\|^2)$, denn $\|\left(\begin{smallmatrix} 1 \\ -Aq \end{smallmatrix}\right)\| = 1 + \mathcal{O}(\|q\|^2)$. Damit ergibt sich $w_i = v_i - \left(\begin{smallmatrix} 1 \\ -Aq \end{smallmatrix}\right) + \mathcal{O}(\|x\|^2) = \left(\begin{smallmatrix} 0 \\ p_i/n_i + Aq \end{smallmatrix}\right) + \mathcal{O}(\|x\|^2)$, mit dem Phasenraumpunkt $x = (p,q) \in \mathbb{R}^2 \times \mathbb{R}^2$. Nach dem snellschen Gesetz ist damit

$$p_2 = p_1 + \Delta n\, Aq + \mathcal{O}(\|x\|^2) \quad , \text{mit} \quad \Delta n := n_1 - n_2 .$$ □

**Aufgabe 8.45 auf Seite 181 (Optische Geräte):**

1. Das dem Auge zugewandte Okular des Mikroskops ist eine Dünne Linse mit Brennweite $f_{\mathrm{ok}}$, und für das dem Objekt zugewandte Objektiv nennen wir die entsprechende Größe $f_{\mathrm{ob}}$. Um das Objekt entspannt zu betrachten, sollen die das Okular verlassenden, von einem Objektpunkt stammenden Strahlen ein paralleles Bündel bilden. Das erreichen wir z.B. durch Einstellen des Abstandes $d$ zwischen den Linsen. Für den Abstand $d_{\mathrm{ob}}$ zwischen Objekt und Objektiv ergibt sich die Matrix $M_d$ des Mikroskops als

$$\left(\begin{smallmatrix} 1 & -1/f_{\mathrm{ok}} \\ 0 & 1 \end{smallmatrix}\right)\left(\begin{smallmatrix} 1 & 0 \\ d & 0 \end{smallmatrix}\right)\left(\begin{smallmatrix} 1 & -1/f_{\mathrm{ob}} \\ 0 & 1 \end{smallmatrix}\right)\left(\begin{smallmatrix} 1 & 0 \\ d_{\mathrm{ob}} & 1 \end{smallmatrix}\right) = \begin{pmatrix} \frac{1 + d(d_{\mathrm{ob}} - f_{\mathrm{ob}}) - d_{\mathrm{ob}}(f_{\mathrm{ok}} + f_{\mathrm{ob}})}{f_{\mathrm{ok}} f_{\mathrm{ob}}} & \frac{d - f_{\mathrm{ok}} - f_{\mathrm{ob}}}{f_{\mathrm{ok}} f_{\mathrm{ob}}} \\ d + d_{\mathrm{ob}} - \frac{d\, d_{\mathrm{ob}}}{f_{\mathrm{ob}}} & 1 - \frac{d}{f_{\mathrm{ob}}} \end{pmatrix}.$$

Nach unseren Anforderungen muss das von einem Punkt ausgehende Licht durch $M_d$ parallelisiert werden, das heißt $M_d\left(\begin{smallmatrix} c \\ 0 \end{smallmatrix}\right) = \left(\begin{smallmatrix} 0 \\ c' \end{smallmatrix}\right)$. Der linke obere Matrixeintrag muss also verschwinden, was für Abstand $d = f_{\mathrm{ok}} + b_{\mathrm{ob}}$ mit Bildweite $b_{\mathrm{ob}}$ des Objektivs geschieht. Wählt man diesen Parameter $d = f_{\mathrm{ok}} + \frac{d_{\mathrm{ob}} f_{\mathrm{ob}}}{d_{\mathrm{ob}} - f_{\mathrm{ob}}}$

von $M_d$, dann ist

$$M_d = \begin{pmatrix} 0 & \frac{f_{\text{ob}}}{(d_{\text{ob}} - f_{\text{ob}}) f_{\text{ok}}} \\ f_{\text{ok}} - \frac{d_{\text{ob}} f_{\text{ok}}}{f_{\text{ob}}} & 1 - \frac{f_{\text{ok}}}{f_{\text{ob}}} + \frac{d_{\text{ob}}}{f_{\text{ob}} - f_{\text{ok}}} \end{pmatrix}.$$

Multipliziert man eine Veränderung des Objektpunktes $\binom{0}{\Delta q}$ mit $M_d$, dann ergibt sich die Veränderung des Winkels der ausgehenden Strahlen $m_{22}\Delta q$ gegen die optische Achse. Bei Beobachtung des Objekts mit bloßem Auge mit Abstand $D$ (z.B. $D = 25$ cm), ist dagegen diese Winkelveränderung von der Form $\frac{\Delta q}{D}$. Der Vergleich liefert die Vergrößerung des Mikroskops um den Faktor

$$\frac{d - f_{\text{ok}} - f_{\text{ob}}}{f_{\text{ok}} \cdot f_{\text{ob}}} \cdot D.$$

Zum Beispiel ergibt sich für die Brennweiten $f_{\text{ob}} = f_{\text{ok}} = 25$ mm und den Linsenabstand $d = 30$ cm der Objektabstand $d_{\text{ob}} = 27,5$ mm und eine Vergrößerung um den Faktor $100$.

2. Optiker rechnen gern in Dioptrien, also Kehrwerten von Brennweiten (Einheit $1\,\text{dpt} = 1/\text{m}$). Wie man an (8.7.5) abliest, addieren sich diese bei Kombination von Linsen, wenn deren Abstand $d = 0$ ist, denn $L_0 = \begin{pmatrix} \mathbb{1} & \left(\frac{1}{f_1}+\frac{1}{f_2}\right)\mathbb{1} \\ 0 & \mathbb{1} \end{pmatrix}$.
Für positive Abstände $d$ liest man aus $L_d$ die *Gullstrand–Formel* für die Gesamtbrechkraft $D_{\text{ges}}$ ab:

$$D_{\text{ges}} = D_1 + D_2 - dD_1D_2 \quad , \text{ für } \quad D_i := 1/f_i\,.$$

Ist $D_1$ der Brechwert des Auges (also der Kombination von Hornhaut und Linse), $D_{\text{ges}}$ der Kehrwert des Abstandes zum Gelben Fleck, dann muss die Brille $D_2 = \frac{D_{\text{ges}} - D_1}{1 - dD_1}$ Dioptrien haben, um auf die Ferne zu korrigieren.

Für die beiden Brechzahlen des astigmatischen Auges gilt diese Formel auch, denn die Hauptkrümmungsachsen stehen ja senkrecht aufeinander (siehe auch Beispiel 8.24).

Typische Werte sind $D_{\text{ges}} = 60\,\text{dpt}$, und der Hornscheitelabstand (Abstand zwischen Glas und Hornhaut) $d = 14$ mm. Für Kontaktlinsen ist $d = 0$, und entsprechend ändert sich der notwendige Brechwert. □

# Kapitel 9, Ergodentheorie

**Aufgabe 9.6 auf Seite 186 (Invariantes Maß):**
Die Gauss–Abbildung $h$ gleicht auf ihren Stetigkeitsintervallen den Abbildungen $h_n : \left(\frac{1}{n+1}, \frac{1}{n}\right] \to [0,1)$, $x \mapsto \frac{1}{x} - n$ $(n \in \mathbb{N})$. Diese besitzen die Inversen $f_n : [0,1) \to \left(\frac{1}{n+1}, \frac{1}{n}\right]$, $y \mapsto \frac{1}{y+n}$. Das Bildmaß des Maßes mit Dichte $x \mapsto \frac{1}{1+x}$ hat damit an der Stelle $y \in [0,1)$ die Dichte

$$\sum_{n=1}^{\infty} \frac{|f_n'(y)|^{-1}}{1 + f_n(y)} = \sum_{n=1}^{\infty} \frac{1}{(y+n)(y+n+1)} = \sum_{n=1}^{\infty} \left(\frac{1}{y+n} - \frac{1}{y+n+1}\right) = \frac{1}{y+1}.$$

Das Maß ist also invariant unter der Gauss–Abbildung. Wegen $\int_0^1 \frac{1}{1+x}\,\mathrm{d}x = \log 2$ ist $\mu$ ein Wahrscheinlichkeitsmaß. □

**Aufgabe 9.10 auf Seite 187 (Phasenraumvolumen):**
Für $E < 0$ ist das Volumen des Phasenraumbereichs mit dieser Höchstenergie gleich

$$\begin{aligned} V(E) &= \lambda^{2n}\Big(H^{-1}((-\infty,E])\Big) = \int_{B^n_{|E|^{-1/a}}} \int_{B^n_{\sqrt{2(E+\|q\|^{-a})}}} \mathrm{d}p\,\mathrm{d}q \\ &= v^{(n)} s^{(n-1)} \int_0^{|E|^{-1/q}} r^{n-1}\big(2(E+r^{-a})\big)^{n/2}\,\mathrm{d}r, \end{aligned}$$

wobei $v^{(n)} = \lambda^n(B_1^n)$ das Lebesgue–Maß der $n$–dimensionalen Einheitskugel und $s^{(n-1)}$ das Maß von $S^{n-1}$ bezeichnen. Bei Radius $r = 0$ ist der Integrand zu $2^{n/2} r^{n(1-\frac{a}{2})-1}$ asymptotisch, ist also genau für $a \in (0,2)$ integrabel. □

**Aufgabe 9.23 auf Seite 195 (Korrelationsabfall):**
Diese Aufgabe basiert auf [BrSi]. Wir benutzen die Orthonormalbasis $e_k$ der Charaktere aus (9.3.5).

(a) Wir müssen den Ausdruck $\langle f, U^n g\rangle - \langle f, 1\!\!1\rangle\langle 1\!\!1, g\rangle$

$$\begin{aligned} &= \Big\langle \sum_{k\in\mathbb{Z}^2} f_k e_k(x), \sum_{\ell\in\mathbb{Z}^2} g_\ell e_\ell(T^n x)\Big\rangle - \Big\langle \sum_{k\in\mathbb{Z}^2} f_k e_k(x), 1\!\!1\Big\rangle\Big\langle 1\!\!1, \sum_{\ell\in\mathbb{Z}^2} g_\ell e_\ell(x)\Big\rangle \\ &= \sum_{k,\ell\in\mathbb{Z}^2} f_k \overline{g_\ell}\Big\langle e_k(x), e_{(\hat{T}^\top)^n \ell}(x)\Big\rangle - f_0\overline{g_0} \;=\; \sum_{k\in\mathbb{Z}^2\setminus\{0\}} f_k \overline{g_{\tilde{T}^{-n}k}} \end{aligned}$$

kontrollieren.

(b) Die Summe fassen wir als Skalarprodukt auf und wenden die Hölder–Ungleichung und die letzte Ungleichung aus dem Tipp darauf an (diese sieht man durch Einschieben von $x$: Für $x \geq y \geq 1$ ist $xy \geq x \geq \frac{x+y}{2}$.)

$$\begin{aligned} \Big|\sum_{k\in\mathbb{Z}^2\setminus\{0\}} f_k\overline{g_{\tilde{T}^n k}}\Big| &= \Big|\sum_{k\in\mathbb{Z}^2\setminus\{0\}} (\|k\|_2 f_k)(\|\tilde{T}^n k\|_2 \overline{g_{\tilde{T}^n k}})(\|k\|_2\|\tilde{T}^n k\|_2)^{-1}\Big| \\ &\leq \tfrac{1}{2} L \Big(\sum_{k\in\mathbb{Z}^2\setminus\{0\}} (\|k\|_2\|\tilde{T}^n k\|_2)^{-4}\Big)^{\frac{1}{4}} \\ &\leq L \Big(\sum_{k\in\mathbb{Z}^2\setminus\{0\}} (\|k\|_2 + \|\tilde{T}^n k\|_2)^{-4}\Big)^{\frac{1}{4}} \qquad \text{(H.4)} \end{aligned}$$

mit $L := 2\big(\sum_{k\in\mathbb{Z}^2\setminus\{0\}} \|k\|_2^2 |f_k|^2\big)^{\frac{1}{2}} \big(\sum_{h\in\mathbb{Z}^2\setminus\{0\}} \|h\|_2^4 |g_h|^4\big)^{\frac{1}{4}}$. Es ist $L < \infty$, da die $\ell^p$–Räume monoton in $p$ sind, also speziell $\ell^2(\mathbb{Z}^2) \subset \ell^4(\mathbb{Z}^2)$ ist. Damit ergibt sich die Behauptung.

(c) • Sei $n = 2m$ zunächst gerade. Wir müssen die Terme $\|k\|_2 + \|\tilde{T}^n k\|_2$ in (H.4) nach unten abschätzen, und benutzen dafür $h := \tilde{T}^m k$:

$$\begin{aligned}\|\tilde{T}^m h\|_2 + \|\tilde{T}^{-m} h\|_2 &\geq C^{-1}(\|\tilde{T}^m h\|_E + \|\tilde{T}^{-m} h\|_E) \\ &= C^{-1}(\lambda^{-m}\|h_s\|_2 + \lambda^m \|h_u\|_2 + \lambda^m \|h_s\|_2 + \lambda^{-m}\|h_u\|_2) \\ &\geq C^{-1}\lambda^m \|h\|_E \geq C^{-2}\lambda^m \|h\|_2.\end{aligned}$$

Da die Abbildung $k \mapsto h = \tilde{T}^m k$ eine Permutation von $\mathbb{Z}^2 \setminus \{0\}$ ist, erhalten wir

$$|\langle f, U^n g\rangle - \langle f, 1\rangle\langle 1, g\rangle| \leq C^2 L \lambda^{-m}\Big(\sum_{h\in\mathbb{Z}^2\setminus\{0\}} \|h\|_2^{-4}\Big)^{\frac{1}{4}}.$$

• Für ungerade $n = 2m' + 1$ ist analog

$$\begin{aligned}\|\tilde{T}^{m'+1} h\|_2 + \|\tilde{T}^{-m'} h\|_2 &\geq C^{-1}(\|\tilde{T}^{m'+1} h\|_E + \|\tilde{T}^{-m'} h\|_E) \\ &= C^{-1}(\lambda^{-m'-1}\|h_s\|_2 + \lambda^{m'+1}\|h_u\|_2 + \lambda^{m'}\|h_s\|_2 + \lambda^{-m'}\|h_u\|_2) \\ &\geq C^{-1}\lambda^{m'}\|h\|_E \geq C^{-2}\lambda^{m'}\|h\|_2,\end{aligned}$$

also $|\langle f, U^n g\rangle - \langle f, 1\rangle\langle 1, g\rangle| \leq C^2 L\lambda^{-m'}\left(\sum_{h\in\mathbb{Z}^2\setminus\{0\}} \|h\|_2^{-4}\right)^{\frac{1}{4}}$.

• Aus $m = \frac{n}{2} = \lfloor\frac{n}{2}\rfloor$ und $m' = \frac{n-1}{2} = \lfloor\frac{n}{2}\rfloor$ folgt die Behauptung. □

**Aufgabe 9.25 auf Seite 196 (Produktmaß auf dem Shiftraum):**

• Die Zylindermengen bilden ein Mengensystem $\mathcal{S}$, das die $\sigma$–Algebra $\mathcal{M}$ erzeugt. Sind zunächst $A, B \in \mathcal{S}$, dann gibt es ein $T \in \mathbb{N}$ mit

$$\mu_p(\Phi_t(A) \cap B) = \mu_p(A)\,\mu_p(B) \qquad (|t| \geq T)$$

für die Produktmaße $\mu_p$. Dies ist bei Zylindermengen $A = [\tau_1, \ldots, \tau_j]_k^{k+j-1}$ und $B = [\kappa_1, \ldots, \kappa_i]_\ell^{\ell+i-1}$ für $T := \max(\ell + i - k,\ k + j - \ell)$ der Fall.

• Sind nun $A, B \in \mathcal{M}$, dann gibt es für alle $\varepsilon > 0$ Elemente $\tilde{A}, \tilde{B}$ der von den Zylindermengen erzeugten Algebra $\mathcal{A}(\mathcal{S})$ mit symmetrischen Differenzen $\mu_p(\tilde{A} \triangle A) < \varepsilon$ und $\mu_p(\tilde{B} \triangle B) < \varepsilon$ (siehe zum Beispiel Elstrodt [El]). Für dieses Paar gibt es ebenfalls eine Minimalzeit $\tilde{T}$ mit

$$\mu_p\big(\Phi_t(\tilde{A}) \cap \tilde{B}\big) = \mu_p(\tilde{A})\,\mu_p(\tilde{B}) \qquad \big(|t| \geq \tilde{T}\big).$$

Andererseits ist wegen

$$\big(\Phi_t(A) \cap B\big) \triangle \big(\Phi_t(\tilde{A}) \cap \tilde{B}\big) \subseteq \big(\Phi_t(A) \triangle \Phi_t(\tilde{A})\big) \cup \big(B \triangle \tilde{B}\big)$$

für alle Zeiten $t$ das Maß der linken Seite kleiner als $2\varepsilon$. Ist nun $|t| \geq \tilde{T}$, dann folgt

$$\begin{aligned}&\big|\mu_p\big(\Phi_t(A) \cap B\big) - \mu_p(A)\,\mu_p(B)\big| \leq \\ &\quad \big|\mu_p\big(\Phi_t(A) \cap B\big) - \mu_p\big(\Phi_t(\tilde{A}) \cap \tilde{B}\big)\big| + \big|\mu_p\big(\Phi_t(\tilde{A}) \cap \tilde{B}\big) - \mu_p(\tilde{A})\,\mu_p(\tilde{B})\big| \\ &\quad + \big|\mu_p(\tilde{A}) - \mu_p(A)\big|\,\mu_p(\tilde{B}) + \mu_p(A)\,\big|\mu_p(\tilde{B}) - \mu_p(B)\big| \\ &\quad < 2\varepsilon + 0 + \varepsilon + \varepsilon = 4\varepsilon.\end{aligned}$$

Da $\varepsilon > 0$ beliebig war, folgt $\lim_{|t|\to\infty} \mu_p(\Phi_t(A) \cap B) = \mu_p(A)\,\mu_p(B)$. □

**Aufgabe 9.27 auf Seite 199 (Shiftraum):**

• Wir finden zunächst *einen* Punkt $m = \{m_k\}_{k\in\mathbb{Z}} \in M$ mit Häufungsmenge $[-1,1]$ der Mittelwerte. Sei dafür

$$m_k := \begin{cases} 1 & ,k \in \{-1,0,1\} \\ (-1)^{\lfloor \log_2(\log_2 |k|)\rfloor} & ,k \in \mathbb{Z}\setminus\{-1,0,1\}. \end{cases}$$

Nun wählen wir die Teilfolge $n_a := 2^{(2^a)}$ und bemerken für $a \in \mathbb{N}_0$

$$\begin{aligned} k &\in \{n_{2a},\ldots,n_{2a+1}-1\} &&\Longrightarrow && m_k = 1\\ k &\in \{n_{2a+1},\ldots,n_{2a+2}-1\} &&\Longrightarrow && m_k = -1. \end{aligned}$$

Damit können wir die Mittelwerte für die Teilfolge abschätzen:

$$\begin{aligned} &|A_{n_{2a}} f(m) + 1| = \left|\tfrac{1}{n_{2a}} \textstyle\sum_{t=0}^{n_{2a}-1} f\circ\Phi^t(m) + 1\right| \\ \leq\ & \frac{1}{n_{2a}} \sum_{t=0}^{n_{2a-1}-1} 1 + \left|\frac{1}{n_{2a}} \sum_{t=n_{2a-1}}^{n_{2a}-1} f\circ\Phi^t(m) + 1\right| \\ \leq\ & \tfrac{n_{2a-1}}{n_{2a}} + \left|\tfrac{n_{2a}-n_{2a-1}}{n_{2a}} - 1\right| \leq 2\tfrac{n_{2a-1}}{n_{2a}} = 2^{1+2^{a-1}-2^a} = 2^{1-2^{a-1}} \xrightarrow{a\to\infty} 0, \end{aligned}$$

das heißt $\lim_{a\to\infty} A_{n_{2a}} f(m) = -1$. Ebenso erhalten wir $\lim_{a\to\infty} A_{n_{2a+1}} f(m) = 1$. Damit sind $\pm 1$ Häufungspunkte der Folge $\big(A_n f(m)\big)_{n\in\mathbb{N}}$. Wegen

$$\begin{aligned} &|A_n f(m) - A_{n+1} f(m)| = \left|\frac{1}{n}\sum_{t=0}^{n-1} f\circ T^t(m) - \frac{1}{n+1}\sum_{t=0}^{n} f\circ T^t(m)\right| \\ \leq\ & \Big(\frac{1}{n} - \frac{1}{n+1}\Big)\sum_{t=0}^{n-1} |f\circ T^t(m)| + \frac{1}{n+1}\left|\sum_{t=0}^{n-1} f\circ T^t(m) - \sum_{t=0}^{n} f\circ T^t(m)\right| \leq \frac{2}{n+1} \end{aligned}$$

müssen dann alle Punkte zwischen $-1$ und $1$ Häufungspunkte sein.

• Nun müssen wir $\{m\} \subseteq M$ zu einer dichten Teilmenge $U$ von $M$ ausbauen. Wir setzen für alle $m' \in M$

$$x^{m',s} \in M \quad \text{mit} \quad x_k^{m',s} := \begin{cases} m'_k & ,|k| \leq s \\ m_k & ,|k| > s \end{cases} \qquad (s\in\mathbb{N}, k \in \mathbb{Z}).$$

Es ist also $\lim_{s\to\infty} x^{m',s} = m'$. Die Menge $U := \{x^{m',s} \in M \mid m' \in M,\ s\in\mathbb{N}\}$ ist damit dicht in $M$ und hat die gewünschte Häufungspunkteigenschaft. □

**Aufgabe 9.35 auf Seite 203 (Birkhoffscher Ergodensatz für Flüsse):**

• Der Fluss $\Phi : \mathbb{R}\times M \to M$ ist stetig, also messbar. Die Zeit $t$–Abbildungen $\Phi_t : M \to M$ $(t \in \mathbb{R})$ erhalten das Maß $\mu$. Also lässt sich für alle $T > 0$ und das auf $[0,T]$ restringierte Lebesgue–Maß $\lambda_T$ der Satz von Fubini anwenden; $\int_{[0,T]\times M} f\circ\Phi \,\mathrm{d}\lambda_T\,\mathrm{d}\mu = T\int_M f\,\mathrm{d}\mu = \int_M \left(\int_{[0,T]} f\circ\Phi(t,m)\,\mathrm{d}\lambda(t)\right)\mathrm{d}\mu$. Insbesondere existiert das innere Integral für $\mu$–fast alle $m\in M$.

- Wir können für $\mu$–fast alle Anfangsbedingungen $m\in M$ das Zeitintegral $\int_0^T f\circ\Phi(t,m)\,\mathrm{d}t$ durch das mit ganzzahliger oberer Grenze abschätzen, denn mit $G := \int_0^1 |f\circ\Phi_t|\,\mathrm{d}t \in L^1(M,\mu)$ ist

$$\left|\int_0^T f\circ\Phi(t,m)\,\mathrm{d}t - \int_0^{\lfloor T\rfloor} f\circ\Phi(t,m)\,\mathrm{d}t\right| \le G\circ\Phi(\lfloor T\rfloor, m). \qquad \text{(H.5)}$$

Da nach dem birkhoffschen Ergodensatz (Satz 9.32) $\overline{G}(m)$ für $\mu$–fast alle $m\in M$ existiert, folgt mit dem Beweis von Lemma 9.28 auch

$$\lim_{n\to\infty}\tfrac{1}{n}G\circ\Phi_n(m) = 0 \qquad (\mu\text{–fast überall}).$$

Damit folgt aus (H.5) und dem Ergodensatz $\mu$–fast überall

$$\lim_{T\to\infty}\frac{1}{T}\int_0^T f\circ\Phi(t,m)\,\mathrm{d}t = \lim_{T\to\infty}\frac{1}{\lfloor T\rfloor}\int_0^{\lfloor T\rfloor} f\circ\Phi(t,m)\,\mathrm{d}t = \overline{F}(m)$$

mit $F := \int_0^1 f\circ\Phi_t\,\mathrm{d}t \in L^1(M,\mu)$. Damit ist $\mu$–fast überall $\overline{f} = \overline{F}$. Die weiteren Aussagen über $\overline{f}$ folgen mit dem Ergodensatz und Bemerkung 9.33.1 aus analogen Aussagen für $\overline{F}$. □

**Aufgabe 9.36 auf Seite 203 (Normale reelle Zahlen):**

- Die Abbildung

$$T: M\to M,\ x\mapsto 2x \ (\mathrm{mod}\, 1) \qquad \text{auf } M := [0,1)$$

ist ergodisch und sogar mischend bezüglich des auf $M\subseteq\mathbb{R}$ eingeschränkten $T$–invarianten Lebesgue–Maßes $\lambda$. Denn $L^2(M,\lambda)$ wird von den Funktionen $e_k : M\to S^1$, $e_k(x) = \exp(2\pi\imath kx)$ $(k\in\mathbb{Z})$ aufgespannt, und $e_k(T(x)) = e_{2k}(x)$.

- Die Menge $N\subseteq M$ der Zahlen mit nicht eindeutiger dyadischer Entwicklung (also die mit der Periode $\overline{0}$ oder $\overline{1}$) ist abzählbar, hat also das Lebesgue–Maß $\lambda(N) = 0$. Außerdem gilt $T(N) = N$.
- Da $T$ in der dyadischen Darstellung als Verschiebung (shift) um eine Ziffer wirkt, betrachten wir die Funktion $f := \mathbb{1}_{[0,\frac{1}{2})} \in L^1(M,\lambda)$.

Nach dem birkhoffschen Ergodensatz (Satz 9.32) existiert für $\lambda$–fast alle $x\in M$ das Zeitmittel $\overline{f}(x)$ von $f$. Nach der obigen Bemerkung lässt es sich für $\lambda$–fast alle $x\in M$ als Frequenz deuten. Wegen der Ergodizität von $T$ ist es für $\lambda$–fast alle $x\in M$ gleich $\int_M f\,\mathrm{d}\lambda = \frac{1}{2}$. □

# Kapitel 10, Symplektische Geometrie

**Aufgabe 10.8 auf Seite 212 (Teilchen im Magnetfeld):**

(a) • $\omega_B = \omega_0 + B_1\, dq_2 \wedge dq_3 + B_2\, dq_3 \wedge dq_1 + B_3\, dq_1 \wedge dq_2 \in \Omega^2(P)$ auf dem Phasenraum $P = \mathbb{R}^3_q \times \mathbb{R}^3_v$ mit der symplektischen Form $\omega_0 = \sum_{i=1}^3 dq_i \wedge dv_i$ ist *geschlossen*, denn nach Voraussetzung ist $\operatorname{div} B = 0$, und

$$\begin{aligned} d\omega_B &= dB_1 \wedge dq_2 \wedge dq_3 + dB_2 \wedge dq_3 \wedge dq_1 + dB_3 \wedge dq_1 \wedge dq_2 \\ &= \operatorname{div}(B)\, dq_1 \wedge dq_2 \wedge dq_3. \end{aligned}$$

• $\omega_B$ ist *nicht degeneriert*, denn für einen Tangentialvektor $X \neq 0$ bei $(q,v) \in P$ gibt es ein $i \in \{1,2,3\}$ mit nicht verschwindender $\frac{\partial}{\partial q_i}$–Komponente, oder sonst mit nicht verschwindender $\frac{\partial}{\partial v_i}$–Komponente von $X$. Im ersten Fall setzen wir $Y := \frac{\partial}{\partial v_i}$, im zweiten Fall $Y := \frac{\partial}{\partial q_i}$. Immer gilt $\omega_B(X,Y) = \omega_0(X,Y) \neq 0$.

(b) Mit $X = \sum_{i=1}^3 \left( X_i^{(v)} \frac{\partial}{\partial v_i} + X_i^{(q)} \frac{\partial}{\partial q_i} \right)$ und $Y = \sum_{i=1}^3 \left( Y_i^{(v)} \frac{\partial}{\partial v_i} + Y_i^{(q)} \frac{\partial}{\partial q_i} \right)$ ist $\omega_B(X,Y) = \langle X^{(q)}, Y^{(v)} \rangle - \langle X^{(v)}, Y^{(q)} \rangle + \det(B, X^{(q)}, Y^{(q)})$.

(c) $dH(q,v) = \sum_{i=1}^3 v_i dv_i$, also $dH(Y)(q,v) = \langle v, Y^{(v)}(q,v) \rangle$. Koeffizientenvergleich in $\omega_B(X_H, \cdot) = dH$ ergibt wegen $\omega_B(X,Y) = \langle X^{(q)}, Y^{(v)} \rangle + \langle B \times X^{(q)} - X^{(v)}, Y^{(q)} \rangle$: $\quad X^{(q)}(q,v) = v,\ X^{(v)}(q,v) = B(q) \times v$.

(d) Aus (c) folgen die Bewegungsgleichungen der Lorentz–Kraft (siehe (6.3.14)):

$$\dot q = v \quad , \quad \dot v = B(q) \times v$$ □

**Aufgabe 10.30 auf Seite 220 (Kugel und Zylinder):**

Die totale Ableitung der Abbildung $F : \mathcal{Z} \to S^2$ an der Stelle $x \in \mathcal{Z}$ ist $\mathrm{D}F_x = \begin{pmatrix} w & 0 & -\frac{x_1 x_3}{w} \\ 0 & w & -\frac{x_2 x_3}{w} \\ 0 & 0 & 1 \end{pmatrix}$, mit der Abkürzung $w := \sqrt{1 - x_3^2} > 0$ für die Wurzel.

Das Flächenelement $\varphi$ auf dem Zylinder ist bei $x \in \mathcal{Z}$ durch

$$\varphi_x(Y,Z) = \det(\tilde x, Y, Z) \qquad (Y,\, Z \in T_x\mathcal{Z})$$

gegeben, mit der Radialkomponente $\tilde x := \begin{pmatrix} x_1 \\ x_2 \\ 0 \end{pmatrix}$ von $x$. Damit ist

$$\begin{aligned} \omega_{F(x)}\big(\mathrm{D}F_x(Y)\,,\, \mathrm{D}F_x(Z)\big) &= \det \begin{pmatrix} x_1 w & Y_1 w - Y_3 \frac{x_1 x_3}{w} & Z_1 w - Z_3 \frac{x_1 x_3}{w} \\ x_2 w & Y_2 w - Y_3 \frac{x_2 x_3}{w} & Z_2 w - Z_3 \frac{x_2 x_3}{w} \\ x_3 & Y_3 & Z_3 \end{pmatrix} \\ &= x_1(Y_2 Z_3 - Y_3 Z_2) + x_2(Y_3 Z_1 - Y_1 Z_3) = \varphi_x(Y,Z). \end{aligned}$$

Bei der Berechnung der Determinante wurde benutzt, dass für Tangentialvektoren $Y, Z$ des Zylinders die 3–Komponente $Y_1 Z_2 - Y_2 Z_1$ ihres Kreuzproduktes Null ist. □

**Aufgabe 10.45 auf Seite 230**
**(Darstellung des Flusses mit erzeugenden Funktionen):**

(a) Die erzeugende Funktion $H : (-\pi/2, \pi/2) \times \mathbb{R}^2 \to \mathbb{R}$ ist auch in ihrer Zeitabhängigkeit stetig, denn $\lim_{t\to 0} H_t(p,q) = H_0(p,q)$. Nach (10.5.1) gilt

$$p_t = \frac{p_0}{\cos(t)} - q_t \tan(t) \quad , \quad q_t = q_0 + q_t\left(1 - \frac{1}{\cos(t)}\right) + p_0 \tan(t)\,,$$

also $q_t = q_0 \cos(t) + p_0 \sin(t)$, $p_t = p_0 \cos(t) - q_0 \sin t$. Dies ist die Lösung der Differentialgleichung des harmonischen Oszillators mit Hamilton-Funktion $H_0$.

(b) Die Lösung der hamiltonschen Gleichungen für die quadratische Hamilton–Funktion $H_0(x) = \frac{1}{2}\langle x, Ax\rangle$ und Anfangswert $x_0 = (p_0, q_0)$ ist von der Form $x_t = (p_t, q_t) = \exp(\mathbb{J}At)x_0$, also linear.

Damit gibt es eine Zeit $T > 0$, sodass für alle $|t| < T$ der Ort zur Zeit $t$ als Funktion der Anfangswerte die Eigenschaft hat, dass $\mathrm{D}_2 q_t(p_0, q_0)$ maximalen Rang (also Rang $n$) besitzt. Nach dem Satz über die implizite Funktion können wir daher die Beziehung invertieren und eine glatte Abbildung $Q_t : \mathbb{R}^{2n} \to \mathbb{R}^n$, $q_0 = Q_t(p_0, q_t)$ finden.

Die erzeugende Funktion $H_t$ erfüllt die integrable Relation $\mathrm{D}H_t(p_0, q_t) = \mathbb{J}\left(\frac{x_0 - x_t}{t}\right)$, deren rechte Seite bekannt ist. Die Konvention $H_t(0) = 0$ legt $H_t$ fest. Da $x_t = \exp(\mathbb{J}At)x_0$ gilt, folgt $\lim_{t\to 0} \frac{x_t - x_0}{t} = \mathbb{J}Ax_0$, also $\lim_{t\to 0} \mathrm{D}H_t(x) = Ax_0$, was sich zu $H_0(x) = \frac{1}{2}\langle x, Ax\rangle$ aufintegrieren lässt.

(c) Der anharmonische Oszillator besitzt eine Hamilton–Funktion

$$H_0 : \mathbb{R}^2 \to \mathbb{R} \quad , \quad H_0(p,q) = \tfrac{1}{2}p^2 + V(q) \quad \text{mit} \quad V(q) := \tfrac{1}{2}(q^2 + q^4) \geq 0\,.$$

Nach Satz 11.1 erzeugt $H_0$ damit einen Fluss $\Phi \in C^1\big(\mathbb{R} \times \mathbb{R}^2, \mathbb{R}^2\big)$. Da $V'(q) = q + 2q^3$ eine ungerade Funktion des Ortes $q$ ist, mit $V'(q) > 0$ für $q > 0$, ist $(p_0, q_0) = (0,0)$ die einzige Ruhelage.
Da außerdem $\lim_{|q|\to\infty} V(q) = +\infty$ ist, sind für alle $h > 0$ die Energiekurven $H_0^{-1}(h) \subset \mathbb{R}^2$ diffeomorph zu einer Kreislinie $S^1$. Alle Orbits sind also periodisch. Die Periode ist eine Funktion $T : (0,\infty) \to (0,\infty)$ der Energie $h$. Es gilt $\lim_{h\to\infty} T(h) = 0$. Denn mit der Maximalauslenkung $c(h) := \sqrt{\frac{\sqrt{1+8h}-1}{2}}$ und $Q := q/c(h)$ ist $T(h)$ gleich

$$\int_{-c(h)}^{c(h)} \frac{\mathrm{d}q}{\mathrm{d}q/\mathrm{d}t} = 2\int_0^{c(h)} \frac{\mathrm{d}q}{\sqrt{2h - q^2 - q^4}} = \frac{2}{c(h)} \int_0^1 \frac{\mathrm{d}Q}{\sqrt{\frac{2h}{c(h)^4} - \left(\frac{Q}{c(h)}\right)^2 - Q^4}}\,.$$

Das Integral hat für $h \to \infty$ den Limes $\int_0^1 \frac{\mathrm{d}Q}{\sqrt{1-Q^4}} > 0$, was die Behauptung $\lim_{h\to\infty} T(h) = 0$ zeigt. Dies beweist aber, dass (im Gegensatz zu (b)) für den *an*harmonischen Oszillator die implizite Beziehung $q_0 = Q_t(p_0, q_t)$ für kein Zeitintervall $t \in (-T, T)$ auf dem gesamten Phasenraum lösbar ist. □

# Kapitel 11, Bewegung im Potential

**Aufgabe 11.2 auf Seite 233 (In endlicher Zeit nach Unendlich):**

- Für $c \geq 0$ ist $V \in C^\infty(\mathbb{R}^d, \mathbb{R})$ nicht negativ. Also erzeugt nach Satz 11.1 die hamiltonsche Differentialgleichung (11.1.2) einen Fluss.

- Für $c < 0$ und eine Lösung $x = (p,q) : I \to P$ betrachten wir die Funktion $f : I \to [0, \infty)$, $f(t) = 1 + \|q(t)\|^2$. Die Energie ist zeitlich konstant, und für Anfangsbedingungen $(p_0, q_0)$ mit $p_0 = \sqrt{2(E - V(q_0))}\frac{q_0}{\|q_0\|} \neq 0$ ist $H(x(t)) = E$. Außerdem gilt $\dot{p} = -2c(1+\varepsilon)(1+\|q\|^2)^\varepsilon q$, weswegen auch $p(t)$ und $q(t)$ in $\mathrm{span}(q_0)$ liegen und ihre Beträge in der Zeit monoton wachsen. $f$ erfüllt für $E \geq 0$ die Differential**un**gleichung

  $$f'(t) = 2\langle q(t), p(t)\rangle = 2\sqrt{2(E + |c|(1 + \|q(t)\|^2)^{1+\varepsilon})}\|q(t)\| \geq k f(t)^{1+\varepsilon/2}$$

  mit $k := \sqrt{|c|}\min(1, \|q_0\|)$, denn $\|q(t)\|^2 \geq \frac{1}{2}(1 + \|q(t)\|^2)\min(1, \|q_0\|^2)$.

  Die entsprechende Differential**gleichung** $g'(t) = kg(t)^{1+\varepsilon/2}$ besitzt die Lösung $g(t) = \left(g(0) - k\frac{\varepsilon}{2}t\right)^{-\frac{2}{\varepsilon}}$, divergiert also zum Zeitpunkt $\frac{2g(0)}{\varepsilon k}$. Setzt man $g(0) := f(0)$, dann muss für $t \in I$, $t \geq 0$ auch $f(t) \geq g(t)$ gelten. Das impliziert die Divergenz von $f$ in endlicher Zeit.

  Eine Modifikation des Arguments zeigt, dass auch Lösungen für Energie $E < 0$ divergieren. □

**Aufgabe 11.15 auf Seite 243 (Ballistische und gebundene Bewegung):**

(a) Wir verkürzen die geschlossene Kurve $c_\ell : S^1 \to \mathbb{T}$, $c_\ell(t) = t\,\ell$ in der Jacobi–Metrik und erhalten wie in Satz 8.33 eine geschlossene Geodäte $\widehat{c}_\ell : S^1 \to \mathbb{T}$.

Diese entspricht nach Satz 8.31 einer zeitperiodischen Lösungskurve $t \mapsto \widehat{q}(t, \hat{x}_0)$ mit Anfangswert $\hat{x}_0 \in \widehat{H}^{-1}(E)$ und einer Periode $T > 0$.

Für jede Anfangsbedingung $x_0 \in \Sigma_E$ mit Projektion $\pi(x_0) = \hat{x}_0$ gilt die Aussage des Satzes.

(b) Sei $\tilde{V} \in C^2\big([0,\infty), (-\infty, 0]\big)$ eine reelle Funktion mit $\tilde{V}'(0) = 0$ und $\tilde{V}(r) = 0$ für alle $r \geq R > 0$. Dann ist für Dimension $d \in \mathbb{N}$ und das Gitter $\mathcal{L} := 2R\mathbb{Z}^d$ das $\mathcal{L}$–periodische Potential

$$V : \mathbb{R}^d \to \mathbb{R} \quad , \quad V(q) = \sum_{\ell \in \mathcal{L}} \tilde{V}(\|q - \ell\|)$$

ebenfalls zweimal stetig differenzierbar. Außerdem ist $V(q) = \tilde{V}(\|q\|)$, falls $\|q\| \leq R$. Wie man aus der Betrachtung des effektiven Potentials (siehe Seite 316) ersieht, gibt es für $d \geq 2$ und geeignete Wahl von $\tilde{V}$ und $E > 0$ Anfangsbedingungen $x_0 = (p_0, q_0) \in \Sigma_E$ mit $\|q(t, x_0)\| \leq R$ für alle $t \in \mathbb{R}$. Diese besitzen sogar positives Liouville-Maß. □

**Aufgabe 11.19 auf Seite 245 (Totale Integrabilität):**
Es sei das separable Potential $V(q) = \sum_{i=1}^d V_i(q_i)$ mit $T_i$–periodischen Funktionen $V_i$. Damit ist das reguläre Gitter $\mathcal{L} := \{(k_1T_1, \ldots, k_dT_d)^\top \mid k_i \in \mathbb{Z}\} \subset \mathbb{R}^d$ Periodengitter von $V$. Dann ist für Anfangswert

$$x_0 = (p_0, q_0) = (p_{1,0}, \ldots, p_{d,0}, q_{1,0}, \ldots, q_{d,0})$$

die Lösung von der Form $(p(t), q(t))$, wobei $(p_i(t), q_i(t))$ die hamiltonschen Gleichungen für $H_i : \mathbb{R}^2 \to \mathbb{R}$, $H_i(p_i, q_i) = \frac{1}{2}p_i^2 + V_i(q_i)$ löst. Für $d \geq 2$, Gesamtenergie $E > V_{\max} = \sum_{i=1}^d V_{i,\max}$ und $j \in \{1, \ldots, d\}$ können wir Anfangsbedingungen mit $H_j(p_{1,j}, q_{1,j}) = V_{j,\max}$ und $H_i(p_{1,i}, q_{1,i}) > V_{i,\max}$ für alle $i \in \{1, \ldots, d\} \setminus \{j\}$ wählen. Ist der Summand $V_j$ nicht konstant, dann können wir dabei $p_{1,j} > 0$ annehmen. Dann ist zwar $t \mapsto q_{1,j}(t)$ streng monoton wachsend, aber beschränkt. Das ist unvereinbar mit einer bedingt-periodischen, also nicht wandernden[5] Bewegung auf einem Torus.
Bemerkung: Die Bewegung in einem solchen separablen Potential ist zwar nicht total integrabel, aber die nicht auf einem invarianten Torus liegenden Phasenraumpunkte bilden eine Nullmenge. Werte der Energien $H_j$, die echt kleiner als $V_{j,\max}$ sind, entsprechen invarianten Phasenraumtori, die nicht diffeomorph auf den Konfigurationstorus $\mathbb{R}^d/\mathcal{L}$ projizieren. □

**Aufgabe 11.21 auf Seite 246 (Konstanten der Bewegung):**

- Für den Gesamtimpuls $p_N$ gilt

$$\dot{p}_N = \sum_{k=1}^n \dot{p}_k = -\sum_{k=1}^n \nabla_{q_k} V(q) = \sum_{k=1}^n \sum_{\ell \neq k} \frac{m_k m_\ell}{\|q_k - q_\ell\|^3}(q_\ell - q_k) = 0\,.$$

- $q_N(p, q; t) = \frac{1}{m_N} \sum_{k=1}^n (m_k\, q_k - p_k\, t)$, der 'Schwerpunkt zur Zeit Null' im Erweiterten Phasenraum, hängt in Wirklichkeit explizit von der Zeit $t$ ab, aber

$$\begin{aligned}\dot{q}_N &= \frac{1}{m_N} \sum_{k=1}^N (m_k \dot{q}_k - \dot{p}_k t - p_k) = \frac{1}{m_N} \sum_{k=1}^N \left( m_k \frac{p_k}{m_k} + \nabla_{q_k} V(q) - p_k \right) \\ &= -\frac{\dot{p}_N}{m_N} = 0\,.\end{aligned}$$

- Auch die Komponenten des Gesamtdrehimpulses sind konstant, denn

$$\begin{aligned}\dot{L}_{i,j} &= \sum_{k=1}^n \left( \dot{q}_{k,i}\, p_{k,j} + q_{k,i}\, \dot{p}_{k,j} - \dot{q}_{k,j}\, p_{k,i} - q_{k,j}\, \dot{p}_{k,i} \right) \\ &= \sum_{k=1}^n \left( \frac{1}{m_k} p_{k,i}\, p_{k,j} - q_{k,i}\, \partial_{q_{k,j}} V(q) - \frac{1}{m_k}\, p_{k,j}\, p_{k,i} + q_{k,j}\, \partial_{q_{k,i}} V(q) \right) \\ &= \sum_{k=1}^n \sum_{\ell \neq k} \frac{m_k m_\ell}{\|q_k - q_\ell\|^3} \left[ q_{k,i}(q_{\ell,j} - q_{k,j}) - q_{k,j}(q_{\ell,i} - q_{k,i}) \right] = 0.\end{aligned}$$

[5] **Definition:** Ein Punkt eines topologischen dynamischen Systems $\Phi : G \times M \to M$ heißt *wandernd*, wenn er eine Umgebung $U \subset M$ besitzt mit $U \cap \Phi_t(U) = \emptyset$ für alle $t \geq T$.

- Die Wahl der Konstanten $p_N = 0$, $q_N = 0$ impliziert $\sum_{k=1}^n m_k q_k = 0$. Wegen der linearen Unabhängigkeit dieser Einzelgleichungen haben wir eine $2(n-1)d$–dimensionale Untermannigfaltigkeit des Phasenraums $\widehat{P}$ definiert.
- Für $n = 1$ Teilchen ist das ein Punkt, und genau $2d$ Konstanten sind algebraisch unabhängig.
- Im Fall von $n = 2$ Teilchen können wir zu Relativkoordinaten $(p_r, q_r) \in T^*(\mathbb{R}^d \backslash \{0\})$ übergehen, in denen die Teilchenbewegung der eines Teilchens im Feld einer Zentralkraft gleicht. Deren Hamilton–Funktion ist $H_r(p_r, q_r) = \frac{\|p_r\|^2}{2m_r} - \frac{m_1 m_2}{\|q_r\|}$ mit reduzierter Masse $m_r = \frac{m_1 m_2}{m_1+m_2}$ (siehe Beispiel 12.39). In $d = 2$ Freiheitsgraden ist (bei Weglassen des Index $r$)

$$\begin{aligned}(dH \wedge dL)(p,q) &= \left(\frac{p_1\,dp_1 + p_2\,dp_2}{m} + \frac{m_1 m_2}{\|q\|^3}(q_1\,dq_1 + q_2\,dq_2)\right) \\ &\qquad\qquad \wedge (q_1\,dp_2 + p_2\,dq_1 - q_2\,dp_1 - p_1\,dq_2) \\ &= \langle q,p\rangle \left(dp_1 \wedge dp_2 - \frac{m_1 m_2}{\|q\|^3} dq_1 \wedge dq_2\right) + \sum_{i,j=1}^{2} f_{i,j}(p,q) dq_i \wedge dp_j .\end{aligned}$$

  Die beiden Konstanten der Bewegung sind also algebraisch unabhängig.

  Eine analoge Betrachtung zeigt auch für $d = 3$, dass $H$ und die Drehimpulskomponenten $L_{i,k}$ algebraisch unabhängig sind.

  Gleiches gilt erst recht für $n > 2$. Für $d = 2$ haben wir also $\binom{d+2}{2} = 6$, für $d = 3$ insgesamt $\binom{d+2}{2} = 10$ unabhängige Konstanten der Bewegung. □

**Aufgabe 11.22 auf Seite 247 (Laplace–Runge–Lenz–Vektor):**

(a) Der Laplace–Runge–Lenz–Vektor hat die Zeitableitung

$$\frac{\mathrm{d}}{\mathrm{d}t}\hat{A}(x) = Z\left(\frac{\hat{L}(x)}{\|q\|^3}\begin{pmatrix}-q_2\\ q_1\end{pmatrix} - \frac{\|q\|^2 p - \langle p,q\rangle\, q}{\|q\|^3}\right) = 0\,,$$

mit $x(t) = \big(p(t), q(t)\big)$.

Das Perizentrum $q$ der Bahn zeichnet sich dadurch aus, dass dort $\langle p,q\rangle = 0$ gilt und gleichzeitig die Radialbeschleunigung positiv ist:

$$\frac{1}{2}\frac{\mathrm{d}^2}{\mathrm{d}t^2}\|q(t)\|^2 = \|p(t)\|^2 - \frac{Z}{\|q(t)\|} \geq 0\,.$$

Dann ist $\left\langle \hat{A}(x), q\right\rangle \geq 0$ und $\hat{A}$ parallel zu $q$.

(b) Am Perizentrum (und damit wegen (a) entlang der gesamten Bahn) ist $\frac{\|\hat{A}\|}{Z} = \frac{\langle \hat{A},q\rangle}{Z\|q\|} = \frac{\ell^2/Z - \|q\|}{\|q\|} = e$, denn die Exzentrizität besitzt nach (1.7) die Gestalt $e = \frac{\ell^2}{ZR} - 1$. □

**Aufgabe 11.25 auf Seite 253 (Regularisierbare singuläre Potentiale):**

1. Mit der Substitution $r = \ell^{\frac{2}{2-a}} R$ besitzt für Drehimpuls $\ell > 0$ der vom Ursprung aus gesehene Ablenkwinkel für das $a$–homogene Potential die Form

$$\Delta\varphi(E,\ell) = 2\int_{R_{\min}}^{\infty} \frac{\mathrm{d}R}{R\sqrt{2E\ell^{\frac{2a}{2-a}} + 2ZR^{2-a} - 1}}\,.$$

   Also ist $\Delta\varphi(E,0_+) = 2\int_{R_{\min}}^{\infty} \frac{\mathrm{d}R}{R\sqrt{2ZR^{2-a}-1}}$, mit $R_{\min} = (2Z)^{-\frac{1}{2-a}}$.

   Die Substitution $R = (2Z)^{-\frac{1}{2-a}} u$ zeigt, dass der Ablenkwinkel weder von $E$ noch von der Ladung $Z > 0$ abhängt, denn $\Delta\varphi(E,0_+) = 2\int_{u_{\min}}^{\infty} \frac{\mathrm{d}u}{u\sqrt{u^{2-a}-1}}$ mit $u_{\min} = 1$. Es folgt $\Delta\varphi(E,0_+) = \frac{2\pi}{2-a}$.

   $\Delta\varphi(E,\ell)$ ist ungerade in $\ell$, also ist $\lim_{\ell\nearrow 0}\Delta\varphi(E,\ell) = -\frac{2\pi}{2-a}$. Die beiden Winkel sind genau dann gleich mod $2\pi$, wenn $a = 2(1-1/n)$ mit $n \in \mathbb{N}$.

2. Wir müssen entsprechend Bemerkung 11.24.4 die Orbits des geodätischen Flusses $\Psi$ auf dem Einheitstangentenbündel $T_1S^d$ parametrisieren.

   (a) Für $d = 2$ kann dies durch die Abbildung

   $$T_1S^2 \to S^2 \quad , \quad (x,y) \mapsto x \times y$$

   geschehen. Diese ist $\Psi$–invariant, denn mit $\big(x(t),y(t)\big) = \Psi_t(x_0,y_0)$ gilt

   $$x(t)\times y(t) \;=\; \cos^2(t)x_0\times y_0 - \sin^2(t)y_0\times x_0 \;=\; x_0\times y_0\,.$$

   Verschiedene Orbits liegen in verschiedenen orientierten Ebenen. Damit ist der Orbitraum die Sphäre $S^2$.

   (b) Für $d = 3$ ist der Orbitraum (analog zu $d = 2$) die Grassmann–Mannigfaltigkeit der orientierten zweidimensionalen Ebenen im $\mathbb{R}^4$. Diese werden durch die Orthonormalbasen $(x,y) \in T_1S^3$ aufgespannt. Die Abbildung

   $$\Phi : T_1S^3 \to S^2\times S^2 \quad , \quad (x,y)\mapsto (xy^*, y^*x)\,,$$

   (bei der Punkte $(a,b,c,d)^\top \in \mathbb{R}^4$ mit $x = \left(\begin{smallmatrix} a+b\imath & c+d\imath \\ -c+d\imath & a-b\imath\end{smallmatrix}\right) \in \mathbb{H}$ identifiziert wurden), bildet $T_1S^3$ wegen $\|mn\| = \|m\|\|n\|$ für $m,n\in\mathbb{H}$ in $S^2\times S^2$ ab. Außerdem gilt für $\big(x(t),y(t)\big) = \Psi_t(x_0,y_0)$

   $$\begin{aligned} x(t)y(t)^* &= \big(\cos(t)x_0 + \sin(t)y_0\big)\big(-\sin(t)x_0 + \cos(t)y_0\big)^* \\ &= \sin(t)\cos(t)(y_0y_0^* - x_0x_0^*) + \cos^2(t)x_0y_0^* - \sin^2(t)y_0x_0^* \;=\; x_0y_0^*. \end{aligned}$$

   Denn $\|x_0\| = \|y_0\| = 1$, also $x_0x_0^* = y_0y_0^* = \mathbb{1}$, und $x_0y_0^* = -y_0x_0^* \in \mathrm{Im}\mathbb{H}$, denn die Vektoren stehen aufeinander senkrecht, also $\mathrm{tr}(x_0y_0^*) = 0$. Analog ist $y^*(t)x(t) = y_0^*x_0$. Wir können also die Abbildung $\Phi$ durch die Drehung $\Psi$ faktorisieren.

Für ein Quaternion $z \in \mathbb{H}$ der Norm $\|z\| = 1$ und das Bild $(u, v) := (xy^*, y^*x)$ der Abbildung $\Phi$ ist

$$z - uzv = 2(\langle z, x\rangle\, x + \langle z, y\rangle\, y). \tag{H.6}$$

Man kann daher aus dem Bild die von $x$ und $y$ aufgespannte Ebene rekonstruieren. Wegen

$$\Phi(y, x) = (yx^*, x^*y) = -(xy^*, y^*x) = -\Phi(x, y)$$

erhalten wir auch ihre Orientierung.

Damit ist $\Phi/S^1$ injektiv. Die Surjektivität folgt ebenfalls mit (H.6), wenn wir $(u, v) \in S^2 \times S^2$ beliebig wählen.

Damit ist $\Phi/S^1$ auch schon ein Diffeomorphismus.

(c) Wegen der Regularisierung (11.3.12) der *Richtung* des Laplace–Runge–Lenz–Vektors ist auch dieser selbst regularisierbar. Die im Tipp angegebene Formel für $A$ folgt daher aus der in (11.3.13) bewiesenen Formel $\|\hat{A}\|^2 = 2\|\hat{L}\|^2\hat{H} + Z^2$ für $\hat{A}$.

Damit folgt für $E < 0$, dass $\|A\| \leq Z$ ist.

Für $\|A\| < Z$ ist die Ellipse nicht degeneriert, und es gibt genau zwei periodische Orbits mit diesem Wert von $A$ in $\Sigma_E$.

Dagegen entsprechen die Vektoren mit $\|A\| = Z$ den Kollisionsbahnen, also denjenigen periodischen Orbits in $\Sigma_E$, die mit ihrem Bild unter Zeitumkehr (Definition 11.3) übereinstimmen.

Damit erhalten wir topologisch zwei entlang ihres Randes verklebte Kreisscheiben, also $S^2$, als Orbitraum.

Umgekehrt ist $\|A\| \geq Z$, falls $E > 0$, und der Orbitraum ist dann ein Zylinder $S^1 \times \mathbb{R}$. □

# Kapitel 12, Streutheorie

**Aufgabe 12.7 auf Seite 272 (Asymptotik der Potentialstreuung):**

1. Wegen der Reversibilität des Flusses, genügt es, für alle Anfangswerte $x_0 \in P$ die Existenz des Cesàro-Limes $p^+(x_0) = \lim_{T\to\infty} \frac{1}{T}\int_0^T p(t, x_0)\, dt$ zu zeigen.

   - Für $E > 0$ und $x_0 \in s_E^+$ existiert dieser nach Satz 12.5.
   - Ist $x_0 \in b^+$, dann ist $p^+(x_0) = \lim_{T\to\infty} \frac{q(T,x_0)}{T} = 0$, denn $\limsup_T \|q(T, x_0)\| < \infty$.
   - Für $E > 0$ ist $\Sigma_E = s_E^+ \cup b_E^+$, für $E < 0$ gilt $\Sigma_E = b_E^+$. Es bleibt der Fall $E = 0$. Dann ist $\|p\| = \sqrt{2V(q)} \leq c\,\langle q\rangle^{-\varepsilon}$. Wäre $\limsup_{T\to\infty} \frac{\|q(T,x_0)\|}{T} > 0$, gäbe es also ein $k > 0$ und eine wachsende Folge von Zeiten $t_n \to \infty$ mit $\frac{\|q(t_n,x_0)\|}{t_n} \geq k$, dann würde für alle $n \geq n_0$ insbesondere die Ungleichung

$\langle q(t_n, x_0)\rangle > \left(\frac{2c}{k}\right)^{1/\varepsilon}$ gelten. Da dann aber $\|q(t_{n+1}, x_0)\| - \|q(t_n, x_0)\|$ kleiner als

$$\int_{t_n}^{t_{n+1}} \|p(t, x_0)\| \, \mathrm{d}t < c \int_{t_n}^{t_{n+1}} \langle q(t, x_0)\rangle^{-\varepsilon} \, \mathrm{d}t < \frac{k}{2}(t_{n+1} - t_n),$$

also $\limsup_{m\to\infty} \frac{\|q(t_m, x_0)\|}{t_m} \le k/2$ wäre, kann dies nicht sein.

2. Wir schreiben kurz $\big(p(t), q(t)\big) := \big(p(t, x_0), q(t, x_0)\big)$ und setzen $L(t) := q(t) \wedge p(t)$.

   Da nach Voraussetzung ein Potential $W$ mit $W(q) = \tilde{W}(\|q\|)$ existiert, für das $V - W$ kurzreichweitig ist, ist $W$ automatisch langreichweitig.

   Bei der Überprüfung des Cauchy–Kriteriums für den Limes von $L$ gilt:

$$\begin{aligned} \|L(t_2) - L(t_1)\| &= \left\| \textstyle\int_{t_1}^{t_2} q(t) \wedge \nabla V\big(q(t)\big) \, \mathrm{d}t \right\| \\ &= \left\| \int_{t_1}^{t_2} q(t) \wedge \nabla \big[V\big(q(t)\big) - W\big(q(t)\big)\big] \, \mathrm{d}t \right\| \le \int_{t_1}^{t_2} \langle q(t)\rangle^{-1-\varepsilon} \, \mathrm{d}t, \end{aligned}$$

   analog zu (12.1.6).

   Die Anwendbarkeit auf die singulären Molekülpotentiale (12.7) folgt aus der Kurzreichweitigkeit der Differenzen $\frac{Z_k}{\|q - s_k\|} - \frac{Z_k}{\|q\|} = \mathcal{O}(\|q\|^{-2})$. □

**Aufgabe 12.10 auf Seite 274 (Streuorbits):**

1. Für vorgegebene Werte $E > 0$ und $\ell \in \mathbb{R}$ gibt es einen Minimalradius $r_{\min} = -\frac{Z}{2E} + \sqrt{\frac{Z^2}{4E^2} + \frac{\ell^2}{2E}} \ge 0$. Für $r_2 > r_1 \ge r_{\min}$ existieren Zeiten $t_2 > t_1 \ge t_{\min}$, sodass die Bahn $t \to q(t) \in \mathbb{R}^2$ diese Abstände realisiert, das heißt $\|q(t_{\min})\| = r_{\min}$, $\|q(t_i)\| = r_i$.

   Es folgt $t_2 - t_1 = \int_{r_1}^{r_2} \frac{r}{\sqrt{2r^2 E + 2Zr - \ell^2}} \, \mathrm{d}r$, da für Zeiten $t > t_{\min}$ gilt:

$$\frac{\mathrm{d}}{\mathrm{d}t}\|q(t)\| = \frac{\langle \dot{q}(t), q(t)\rangle}{\|q(t)\|} = \sqrt{2\left(E + \frac{Z}{\|q(t)\|} - \frac{\ell^2}{2\|q(t)\|^2}\right)} > 0\,.$$

2. Es sei $t \mapsto \big(p(t), q(t)\big)$ eine Lösung der hamiltonschen Gleichungen mit $\lim_{t\to+\infty} q_1(t) = +\infty$. Wir betrachten die Dynamik der zweiten Koordinate auf dem erweiterten Phasenraum $R := \mathbb{R}_p \times \mathbb{R}_q \times \mathbb{R}_t$ (lassen also den Index 2 weg). Diese wird durch die zeitabhängige Hamilton-Funktion

$$h : R \to \mathbb{R} \quad , \quad h(p, q, t) := \tfrac{1}{2}\big(p^2 + q_1^2(t) q^2\big)$$

   beschrieben. Ähnlich wie in Beispiel 10.44 gehen wir zu Polarkoordinaten für diesen explizit zeitabhängigen harmonischen Oszillator über. Dazu setzen wir als erzeugende Funktion

$$s(q, \varphi, t) := \tfrac{1}{2} q_1(t) q^2 \cot(\varphi)\,.$$

Die zeitabhängige kanonische Transformation ist damit

$$p = \frac{\partial s}{\partial q} \quad \text{, also} \quad \varphi = \arctan\left(q_1(t)\frac{q}{p}\right)$$
$$J = -\frac{\partial s}{\partial \varphi} \quad \text{, also} \quad J = \tfrac{1}{2}\left(q_1(t)q^2 + \frac{p^2}{q_1(t)}\right)$$

Damit ist $h(p,q,t) = q_1(t)J(p,q,t)$. Die Hamilton–Funktion $k$ mit

$$k(J,\varphi,t) = q_1(t)J + \frac{\partial s}{\partial t}(q(J,\varphi,t),\varphi,t)$$

erzeugt in den neuen Koordinaten die Dynamik. Explizit ist

$$k(J,\varphi,t) = q_1(t)J + \tfrac{1}{2}\frac{q_1'(t)}{q_1(t)}J\sin(2\varphi).$$

Damit ist $\dot{J} = -\frac{q_1'(t)}{q_1(t)}J\cos(2\varphi)$ und $\dot{\varphi} = q_1(t) + \frac{1}{2}\frac{q_1'(t)}{q_2(t)}\sin(2\varphi)$.

Unter unserer Annahme $\lim_{t\to+\infty} q_1(t) = +\infty$ ist auf dieses Differentialgleichungssystem die Störungstheorie des Kapitels 15.2 anwendbar.

Nach Satz 15.13 gibt es also ein $c > 0$, sodass

$$|J(t) - J(t_0)| < \frac{c}{q_1(t_0)} \qquad \left(t - t_0 \in \left(0, \tfrac{1}{q_1(t_0)}\right)\right).$$

$J$ ist also eine sogenannte *adiabatische Invariante* (siehe ARNOL'D [Ar2, Kapitel 10E]). Im Limes großer $t_0$ folgt wegen der Energieschranke $E \geq h\big(p(t),q(t),t\big) = q_1(t)J\big(p(t),q(t),t\big)$ und $q_1(t) \to +\infty$, dass gilt: $J\big(p(t_0),q(t_0),t_0\big) = 0$.

Dann ist aber $p(t_0) = q(t_0) = 0$, und damit in den ursprünglichen Koordinaten $p_2(t) = q_2(t) = 0$ für alle Zeiten $t \in \mathbb{R}$. □

**Aufgabe 12.13 auf Seite 280 (Møller-Transformationen in 1D):**
Da die Møller-Transformationen $\Omega^{\pm}$ nach (12.2.2) die Energien erhalten, gilt

$$H^{(0)} \circ \mathcal{S}(x) = H^{(0)} \circ (\Omega^+)^{-1} \circ \Omega^-(x) = H \circ \Omega^-(x) = H^{(0)}(x).$$

Damit muss für $x = (p,q) \in P_+^{(0)}$ und $x' = (p',q') := \mathcal{S}(x)$ gelten: $|p'| = |p|$.

Nun besteht für $E > V_{\max}$ die Energieschale $\Sigma_E = H^{-1}(E)$ aus genau zwei Zusammenhangskomponenten, für die $\operatorname{sign}(p)$ gleich $+1$ beziehungsweise $= -1$ ist. Da diese invariant unter dem Fluss $\Phi_t$ sind, gilt $p' = p$.

Da $V_{\max} \geq 0$ ist und $E > V_{\max}$ angenommen wurde, existiert das $\tau(p)$ definierende Lebesgue-Integral für kurzreichweitige $V$. Da für beliebige Intervalle $I := [q_1, q_2] \subset \mathbb{R}$ die Aufenthaltsdauer des freien Teilchens in $I$ gleich $\frac{q_2 - q_1}{\sqrt{2E}}$, die des Teilchens im Potential gleich $\int_{q_1}^{q_2} \big(2(E - V(q))\big)^{-1/2}\,dq$ ist, folgt die Formel $\tau(p) = \int_{\mathbb{R}} \left[\big(2(E - V(q)\big)^{-1/2} - (2E)^{-1/2}\right] dq$. □

**Aufgabe 12.24 auf Seite 287 (Streuung bei hohen Energien):**

(a) Wegen $E > \|V\|_\infty$ ist für alle Zeiten $t$ die Richtung $\theta(t) := \frac{p(t)}{\|p(t)\|}$ wohldefiniert. Die Richtungsänderung

$$\frac{\mathrm{d}\theta}{\mathrm{d}t} = \frac{-\nabla V\big(q(t)\big)\|p(t)\| + \Big\langle \nabla V\big(q(t)\big), \frac{p(t)}{\|p(t)\|}\Big\rangle p(t)}{\|p(t)\|^2}$$

besitzt eine durch $\left\|\frac{\mathrm{d}\theta}{\mathrm{d}t}\right\| \le \frac{\|\nabla V\|_\infty}{\|p(t)\|} \le \frac{\|\nabla V\|_\infty}{v_{\min}}$ beschränkte Norm, denn $\|p(t)\| \in [v_{\min}, v_{\max}]$.

(b) Für alle Zeiten $t > 0$ gilt

$$\|q(t) - q(0)\| = \left\|\int_0^t p(s)\,\mathrm{d}s\right\| \le v_{\max}\, t\,.$$

Eine untere Schranke erhält man durch Projektion der Bahn auf ihre Anfangsrichtung. Für Zeiten $t > 0$ ist

$$\begin{aligned}
\|q(t) - q(0)\| &\ge \Big\langle q(t) - q(0)\,, \tfrac{p(0)}{\|p(0)\|}\Big\rangle = \int_0^t \Big\langle p(s)\,, \tfrac{p(0)}{\|p(0)\|}\Big\rangle\,\mathrm{d}s \\
&\ge \int_0^t \Big\langle p(0) - \int_0^s \nabla V(q(\tau))\,d\tau\,, \tfrac{p(0)}{\|p(0)\|}\Big\rangle\,\mathrm{d}s \\
&\ge \|p(0)\|\,t - \tfrac{1}{2}\|\nabla V\|_\infty\, t^2 \ge t\,(v_{\min} - \tfrac{1}{2}\|\nabla V\|_\infty t).
\end{aligned}$$

Diese Schranke ist für $t < \frac{2v_{\min}}{\|\nabla V\|_\infty}$ positiv, und sie ist maximal für $t = \frac{v_{\min}}{\|\nabla V\|_\infty}$.

(c) Es sei $t_0 \in \mathbb{R}$ ein Zeitpunkt, an dem $\langle p(t_0), q(t_0)\rangle = 0$ ist (falls es ein solches $t_0$ nicht gibt, betrachtet man statt dessen eine Folge $(t_n)_{n\in\mathbb{N}}$ mit $\lim_{n\to\infty} \langle p(t_n), q(t_n)\rangle = 0$).

Die untere Schranke an $E$ impliziert $v_{\min}^2 \ge 4R\|\nabla V\|_\infty$.

Da für $t_\pm := t_0 \pm \frac{2R}{v_{\min}}$ nach (b) gilt: $\left|\Big\langle q(t_\pm) - q_0, \frac{p_0}{\|p(0)\|}\Big\rangle\right| \ge R$, verlässt die Bahn nach $t_+$ und vor $t_-$ die Kugel vom Radius $R$ und bewegt sich außerhalb der Kugel geradlinig weiter.

Die Winkeländerung im Intervall $[t_-, t_+]$ ist nach (a) höchstens

$$\int_{t_-}^{t_+} \left\|\frac{\mathrm{d}\theta}{\mathrm{d}t}\right\|\,\mathrm{d}t \le \frac{4R\,\|\nabla V\|_\infty}{v_{\min}^2} = \frac{2R\,\|\nabla V\|_\infty}{E - \|V\|_\infty} \le 1. \qquad \square$$

**Aufgabe 12.35 auf Seite 297 (Billardkugeln):**

(a) Bezeichnet man in einer Dimension die Orte der Kugelmittelpunkte mit $q_i \in \mathbb{R}$ $(i = 1, \ldots, n)$, dann können wir annehmen, dass diese für alle Zeiten $t$ aufsteigend geordnet sind.

Sind die Radien der Kugeln gleich $R$ und bezeichnet $q_N := \frac{\sum_{k=1}^n m_k q_k}{\sum_{k=1}^n m_k}$ ihren Schwerpunkt, dann wird durch die Abbildung

$$q_k \mapsto q_k - 2kR + \Delta \quad \text{mit} \quad \Delta := 2R \frac{\sum_{\ell=1}^n \ell\, m_\ell}{\sum_{\ell=1}^n m_\ell} \qquad (k = 1, \ldots, n)$$

der Schwerpunkt nicht verändert, aber der Abstand $q_{k+1} - q_k$ um $2R$ vermindert.

Die Dynamik wird damit auf die von $n$ Punktteilchen mit Radius $0$ zurückgeführt (siehe Abbildung).

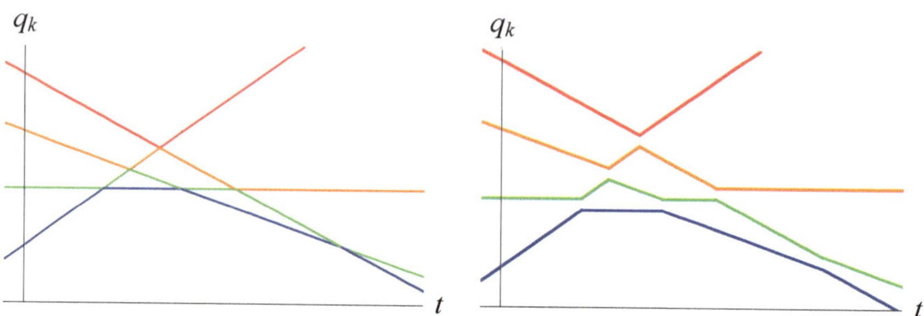


Besitzen nun diese Teilchen gleiche Massen $m := m_1 = \ldots = m_n$, dann gilt für die Geschwindigkeiten $v_i = p_i/m_i$ nach einem Zweierstoß zwischen dem $i$–ten und $(i+1)$–ten Teilchen gemäß (12.5.1):

$$v_i^+ = v_{i+1}^- \quad \text{und} \quad v_{i+1}^+ = v_i^-$$

Die Teilchen tauschen also paarweise ihre Geschwindigkeit aus.

Trägt man nun die Orte $q_1, \ldots, q_n$ als Funktion der Zeit auf, dann ergeben sich $n$ Geraden, mit Achsenabschnitten $q_i$ und Steigungen $v_i$, siehe Abbildung. Da sich $n$ Geraden höchstens $\binom{n}{2}$ mal schneiden, ist $\binom{n}{2}$ die Maximalzahl der Kollisionen. Diese wird genau dann realisiert, wenn alle Anfangsgeschwindigkeiten voneinander verschieden sind.

Auch beim Kugelstoßpendel sind die Massen gleich. Üblicherweise berühren die Kugeln einander in der Ruhelage fast. Zieht man die ersten $k$ Kugeln nach links und lässt sie gemeinsam los, dann werden sich nach den (als *eine* Kollision wahrgenommenen) Stößen die letzten $k$ Kugeln nach rechts weiterbewegen. Da ihre Aufhängung eine rücktreibende Kraft erzeugt, wiederholt sich der Vorgang in gespiegelter Reihenfolge.

(b) Wie aus der Aufgabe (a) hervorgeht, ist für einen Zeitpunkt $t$, bei dem keine Kollision stattfindet, die Lösung $\big(p(t, x_0), q(t, x_0)\big)$ stetig in den Anfangsbedingungen $x_0$. Auch Mehrfachkollisionen können stetig fortgesetzt werden.

Dies ist bei voneinander verschiedenen Massen nicht mehr der Fall. Aber auch wenn wir nur Anfangsbedingungen betrachten, die nicht zu Mehrfachkollisionen führen, wirkt sich die Verschiedenheit der Massen aus. Beispielsweise wird eine Kugel zwischen zwei Kugeln mit viel größeren Massen oft kollidieren können.

*Galperin* hat in [Galp] gezeigt, dass für drei Kugeln mit Massen $m_1, m_2$ und $m_3$ und voneinander verschiedene Anfangsgeschwindigkeiten die Zahl ihrer Kollisionen gleich

$$\left\lceil \frac{\pi}{\arccos\sqrt{\frac{m_1 m_3}{(m_1+m_2)(m_2+m_3)}}} \right\rceil$$

(mit der *ceil*-Funktion $\lceil\cdot\rceil$) ist. Sie ist also mindestens gleich 2, gleich 3 für gleiche Massen, und divergiert für $m_2 \searrow 0$.

Dieses Ergebnis gewinnt man folgendermaßen: Im Konfigurationsraum $\mathbb{R}^3_q$ der drei Teilchen geht man zum Schwerpunktsystem, also zur Ebene

$$\tilde{E} := \left\{ q \in \mathbb{R}^3 \,\middle|\, \textstyle\sum_{i=1}^3 m_i q_i = 0 \right\}$$

über. Die lineare Abbildung $Q := Mq$ mit $M := \operatorname{diag}(\sqrt{m_1}, \sqrt{m_2}, \sqrt{m_3})$ bildet diese auf $E := M\tilde{E} = \left\{ Q \in \mathbb{R}^3 \mid \sum_{i=1}^3 \sqrt{m_i} Q_i = 0 \right\}$ ab. Die Kollisionen entsprechen den Geraden

$$\{Q \in E \mid Q_i/\sqrt{m_i} = Q_{i+1}/\sqrt{m_{i+1}}\}$$

$(i = 1, 2)$. Vorteil des Koordinatenwechsels ist, dass der Vektor der transformierten Geschwindigkeiten $V := Mv$ bei einer Kollision des $i$–ten und $(i+1)$–ten Teilchens an der Gerade $\operatorname{span}(e_i/\sqrt{m_i} - e_{i+1}/\sqrt{m_{i+1}}) \subset E$ gespiegelt wird. Da der Winkel $\varphi$ zwischen diesen beiden Geraden von der Form

$$\varphi = \arccos\left(\sqrt{\frac{m_1 m_3}{(m_1+m_2)(m_2+m_3)}}\right)$$

ist, ergibt sich die Formel durch Entfaltung des Konfigurationsraumes in der Ebene $E$
(Abbildung: Markus Stepan). □

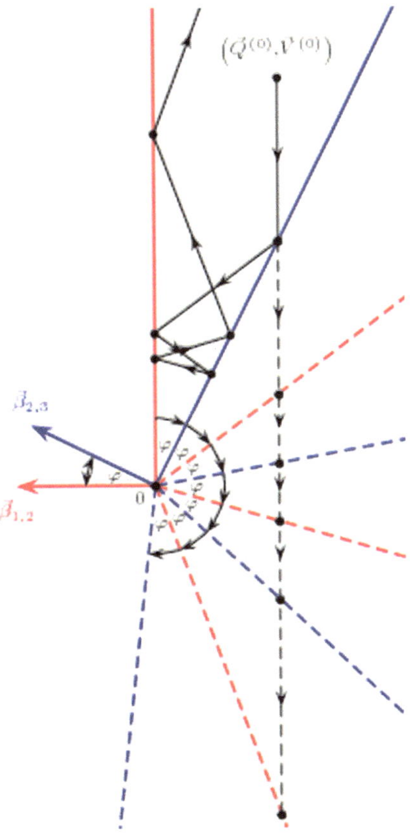

**Aufgabe 12.37 auf Seite 298**
**(Potential einer zentralsymmetrischen Massenverteilung):**

(a) Sowohl das Lebesgue–Maß auf dem $\mathbb{R}^3$ als auch die Kugel $B^3_R$ sind invariant unter der Wirkung von $O \in \mathrm{SO}(3)$. Es gilt also mit $y := O^{-1}x$: $V(Oq) =$

$$\int_{B^3_R} \frac{\rho(x)}{\|Oq - x\|}\,dx = \int_{B^3_R} \frac{\rho(O^{-1}x)}{\|O(q - O^{-1}x)\|}\,dx = \int_{B^3_R} \frac{\rho(y)}{\|O(q-y)\|}\,dy = V(q)\,.$$

(b) $\|q-x\| = \sqrt{x_1^2+x_2^2+(x_3-a)^2}$. Unter Benutzung der Kugelkoordinaten

$$x_1 = r\cos(\theta)\cos(\varphi) \quad , \quad x_2 = r\cos(\theta)\sin(\varphi) \quad , \quad x_3 = r\sin(\theta)$$

ist dies gleich $\sqrt{r^2+a^2-2ra\sin(\theta)}$.

(c) Beim Übergang zu den Kugelkoordinaten wird der Integrand mit der Funktionaldeterminante $r^2\cos(\theta)$ multipliziert. Damit ist für $a = \|q\| > 0$

$$\begin{aligned} V(q) &= 2\pi \int_0^R \int_{-\pi/2}^{\pi/2} \frac{\tilde\rho(r) r^2 \cos\theta}{\sqrt{r^2+a^2-2ra\sin\theta}}\, d\theta\, dr \\ &= \frac{2\pi}{a}\int_0^R \int_{-ar}^{ar} \frac{\tilde\rho(r) r\, du}{\sqrt{r^2+a^2-2u}}\, dr = \frac{2\pi}{a}\int_0^R r\big(|a+r|-|a-r|\big)\tilde\rho(r)\, dr. \end{aligned}$$

(d) Für $a > R$ ist also $V(q) = \frac{2\pi}{a}\int_0^R 2r^2\tilde\rho(r)\, dr$.

In Kugelkoordinaten ist das Integral für die gesamte Masse beziehungsweise Ladung gleich $M = 2\pi \int_0^R \int_{-\pi/2}^{\pi/2} \tilde\rho(r) r^2 \cos\theta\, d\theta\, dr = 2\pi\int_0^R 2r^2\tilde\rho(r)\, dr$.

(e) Für $a \in (0,R]$ ist $V(q) = \frac{2\pi}{a}\int_0^a 2r^2\tilde\rho(r)\, dr + \frac{2\pi}{a}\int_a^R 2ra\tilde\rho(r)\, dr$.

Damit gilt für $\tilde V(\|q\|) = V(q)$: $\frac{2}{a}\partial_a \tilde V(a) = -\frac{4\pi}{a^3}\int_0^a 2r^2\tilde\rho(r)\, dr$ und $\partial_a^2 \tilde V(a) = +\frac{4\pi}{a^3}\int_0^a 2r^2\tilde\rho(r)\, dr - 4\pi\tilde\rho(a)$, also insgesamt $-\Delta V = 4\pi\rho$.

(f) Wir benutzen die Gravitationskonstante $G \approx 6.67 \cdot 10^{-11}\frac{\mathrm{m}^3}{\mathrm{kg\,s}^2}$. Da wegen des newtonschen Kraftgesetzes die Umlaufzeit $T = \sqrt{\frac{3\pi}{\rho G}}$ ist, hängt sie nur von der mittleren Dichte $\rho$ des Himmelskörpers, nicht von seinem Radius ab. Diese Dichte variiert verhältnismäßig wenig ($\rho_{\mathrm{Erde}} \approx 5\,500\frac{\mathrm{kg}}{\mathrm{m}^3}$, wobei die Erde der dichteste Planet ist, $\rho_{\mathrm{Sonne}} \approx 1\,400\frac{\mathrm{kg}}{\mathrm{m}^3}$). Damit würde ein sonnennaher Satellit für einen Umlauf zweidreiviertel Stunden benötigen.[6] □

**Aufgabe 12.45 auf Seite 302 (Clusterprojektionen):**
Die linearen Abbildungen $\Pi_{\mathcal{C}}^E : M \to M$, $\Pi_{\mathcal{C}}^E(q)_\ell = \frac{1}{m_{C_i}}\sum_{j\in C_i} m_j q_j$ (mit Teilchenindex $\ell \in C_i$) auf dem euklidischen Vektorraum $(M, \langle\cdot,\cdot\rangle_{\mathcal{M}})$ sind orthogonale Projektionen:

$$\left(\Pi_{\mathcal{C}}^E \circ \Pi_{\mathcal{C}}^E(q)\right)_\ell = \frac{1}{m_{C_i}}\sum_{j\in C_i}\frac{m_j}{m_{C_i}}\sum_{r\in C_i} m_r q_r = \frac{1}{m_{C_i}}\sum_{r\in C_i} m_r q_r = \Pi_{\mathcal{C}}^E(q)_\ell$$

[6] Tatsächlich lässt sich die Dichte (wie von Victor Weisskopf in seiner 'Modern physics from an elementary point of view' dargestellt) näherungsweise durch Kombination von Naturkonstanten wie dem Bohr-Radius berechnen.

und

$$\begin{aligned}\left\langle \Pi_{\mathcal{C}}^{E}(q'),q\right\rangle_{\mathcal{M}} &= \sum_{\ell=1}^{n} m_\ell \left\langle \Pi_{\mathcal{C}}^{E}(q')_\ell, q_\ell\right\rangle = \sum_{i=1}^{k}\sum_{\ell\in C_i} m_\ell \left\langle \tfrac{1}{m_{C_i}} \textstyle\sum_{r\in C_i} m_r q_r', q_\ell \right\rangle \\ &= \sum_{i=1}^{k}\sum_{r\in C_i} m_r \left\langle q_r', \tfrac{1}{m_{C_i}} \textstyle\sum_{\ell\in C_i} m_\ell q_\ell \right\rangle = \sum_{i=1}^{k}\sum_{r\in C_i} m_r \left\langle q_r', \Pi_{\mathcal{C}}^{E}(q)_r\right\rangle \\ &= \left\langle q', \Pi_{\mathcal{C}}^{E}(q)\right\rangle_{\mathcal{M}}.\end{aligned}$$

Also ist auch $\Pi_{\mathcal{C}}^{I} = 1\!\!1_M - \Pi_{\mathcal{C}}^{E}$ eine orthogonale Projektion:

$$\Pi_{\mathcal{C}}^{I}\circ\Pi_{\mathcal{C}}^{I} = 1\!\!1_M - 1\!\!1_M\circ\Pi_{\mathcal{C}}^{E} - \Pi_{\mathcal{C}}^{E}\circ 1\!\!1_M + \Pi_{\mathcal{C}}^{E}\circ\Pi_{\mathcal{C}}^{E} = 1\!\!1_M - \Pi_{\mathcal{C}}^{E} = \Pi_{\mathcal{C}}^{I}$$

und $\left(\Pi_{\mathcal{C}}^{I}\right)^* = 1\!\!1_M - (\Pi_{\mathcal{C}}^{E})^* = 1\!\!1_M - \Pi_{\mathcal{C}}^{E} = \Pi_{\mathcal{C}}^{I}$. □

**Aufgabe 12.47 auf Seite 304 (Trägheitsmomente):**
Die Mengenpartition $\mathcal{D}\in\mathcal{P}(N)$ ist nach Annahme feiner als $\mathcal{C}\in\mathcal{P}(N)$. Für die Schwerpunktprojektionen gilt damit $\Pi_{\mathcal{C}}^{E}\Pi_{\mathcal{D}}^{E} = \Pi_{\mathcal{D}}^{E}\Pi_{\mathcal{C}}^{E} = \Pi_{\mathcal{D}}^{E}$, wir können also die externen Trägheitsmomente $J_{\mathcal{C}}^{E} = J\circ\Pi_{\mathcal{C}}^{E}$ und $J_{\mathcal{D}}^{E} = J\circ\Pi_{\mathcal{D}}^{E}$ durch $J_{\mathcal{D}}^{E} = J_{\mathcal{C}}^{E}\circ\Pi_{\mathcal{D}}^{E}$ vergleichen. Wegen Konvexität von $J$, also auch von $J_{\mathcal{C}}^{E}$ folgt $J_{\mathcal{D}}^{E}\le J_{\mathcal{C}}^{E}$. □

# Kapitel 13, Integrable Systeme und Symmetrien

**Aufgabe 13.12 auf Seite 331 (Wirkung des planaren Pendels):**
Wir benutzen die vollständigen elliptischen Integrale erster Art, das heißt[7]

$$K(k) = \int_0^{\pi/2}\left(1-k^2\sin^2(\varphi)\right)^{-1/2}\mathrm{d}\varphi = \int_0^1 \frac{\mathrm{d}x}{\sqrt{(1-x^2)(1-k^2x^2)}},$$

und zweiter Art:

$$E(k) = \int_0^{\pi/2}\left(1-k^2\sin^2(\varphi)\right)^{1/2}\mathrm{d}\varphi = \int_0^1 \sqrt{\frac{1-k^2x^2}{1-x^2}}\,\mathrm{d}x.$$

Die Wirkung $I(h) = \int_{H^{-1}([-1,h])}\mathrm{d}p_\psi\,\mathrm{d}\psi$ ist

- für $h>1$ mit $\varphi := \psi/2$ gleich

$$\begin{aligned} I(h) &= 4\int_0^{\pi}\sqrt{2(h+\cos(\psi))}\,\mathrm{d}\psi = 8\int_0^{\pi/2}\sqrt{2(h+1-2\sin^2\varphi)}\,\mathrm{d}\varphi \\ &= 8\sqrt{2(h+1)}\,E\left(\sqrt{\tfrac{2}{h+1}}\right).\end{aligned}$$

[7]Bei deren Benutzung ist darauf zu achten, dass diese oft anders definiert werden!

- Für $h \in (-1,1)$ benutzen wir die Substitution $x := \sqrt{\frac{1-\cos(\psi)}{1+h}}$. Für $\psi \in [0, \arccos(-h)]$ ist also $x \in [0,1]$. Mit der Abkürzung $k := \sqrt{\frac{1+h}{2}}$ ist der Integrand von $I(h) = 4\int_0^{\arccos(-h)} \sqrt{2(h+\cos(\psi))}\,\mathrm{d}\psi$ gleich $\sqrt{2(h+\cos(\psi))} = 2k\sqrt{1-x^2}$ und $\mathrm{d}\psi = \frac{2k}{\sqrt{1-k^2x^2}}\,\mathrm{d}x$. Also ist

$$I(h) = 16k^2 \int_0^1 \sqrt{\frac{1-x^2}{1-k^2x^2}}\,\mathrm{d}x = 16\big(E(k) - (1-k^2)K(k)\big)\,.$$

Die Ableitung der stetigen, monoton wachsenden Funktion $I : [-1,\infty) \to [0,\infty)$ existiert damit überall bis auf die Stelle $h = 1$, und ist gleich der Periode des Orbits. Bei $h = 1$ divergiert sie wegen der oberen Ruhelage. Im Limes $h \nearrow \infty$ ist $I(h)$ asymptotisch zu $4\pi\sqrt{2h}$. □

**Aufgabe 13.29 auf Seite 345 (koadjungierte Orbits):**

(a) Mit $\mathcal{O}(\xi) = \{g\xi g^{-1} \mid g \in G\}$ und der Parametrisierung einer Umgebung von $e \in G$ durch $g = \exp(u)$ mit $g^{-1} = \exp(-u)$ folgt die Behauptung $T_\xi\mathcal{O}(\xi) = \{[u,\xi] \mid u \in \mathfrak{g} \subset \mathrm{Mat}(n,\mathbb{R})\}$ aus der Produktregel der Ableitung.

(b) Die durch Reduktion definierte symplektische Form auf der linken Seite von (13.5.14) ist $\mathrm{Ad}_g^*$–invariant. Wegen $\mathrm{Ad}_g[u,v] = [\mathrm{Ad}_g u, \mathrm{Ad}_g v]$ ist auch die Zwei–Form auf der rechten Seite von (13.5.14) $\mathrm{Ad}_g^*$–invariant. Ihre Identität wird z.B. in Kapitel 14 von Marsden und Ratiu [MR] bewiesen.

(c) Wegen der Formel (13.5.13) für die Impulsabbildung $J : T^*G \to \mathfrak{g}^*$ und der Definitionsgleichung $X_\xi(e) = \xi$ des infinitesimalen Erzeugers $X_\xi : G \to TG$ ist die Restriktion von $J$ auf $T_e^*G = \mathfrak{g}^*$ die Identität. □

**Aufgabe 13.32 auf Seite 347 (Hamiltonsche $S^1$-Wirkung auf $S^2$):**
Auf dem Zylinder $\mathcal{Z} := \{x \in \mathbb{R}^3 \mid x_1^2 + x_2^2 = 1, |x_3| < 1\}$ mit der Flächenform erzeugt $H_\mathcal{Z} : \mathcal{Z} \to \mathbb{R}$, $x \mapsto x_3$ die $S^1$–Wirkung $\Phi_t(x) = \begin{pmatrix} \cos t & -\sin t & 0 \\ \sin t & \cos t & 0 \\ 0 & 0 & 1 \end{pmatrix} x$. Nach Aufgabe 10.30 ist die radiale Projektion $F : \mathcal{Z} \to S^2$ ein Symplektomorphismus auf das Bild, und $H \circ F = H_\mathcal{Z}$. Nur die Pole $\begin{pmatrix} 0 \\ 0 \\ \pm 1 \end{pmatrix}$, auf denen $H$ extremal ist, werden von $F$ nicht getroffen. Damit erzeugt auch $H$ eine $S^1$–Wirkung. □

**Aufgabe 13.37 auf Seite 350**
**(Ky-Fan-Maximumsprinzip für hermitesche Matrizen):**
Da $A \in \mathrm{Herm}(d,\mathbb{C})$ paarweise orthogonale Eigenräume zu den Eigenwerten $\lambda_i$ besitzt, sehen wir durch Wahl orthonormaler Eigenvektoren $x_1,\ldots,x_k \in \mathbb{C}^d$ zu den Eigenwerten $\lambda_1,\ldots,\lambda_k$, dass jedenfalls

$$\sum_{i=1}^k \lambda_i \le \max_{(x_1,\ldots,x_k)\in V_k(\mathbb{C}^d)} \sum_{i=1}^k \langle x_i, Ax_i\rangle$$

gilt. Umgekehrt sei $(x_1,\ldots,x_k)\in V_k(\mathbb{C}^d)$, und wir ergänzen zu einer Orthonormalbasis $(x_1,\ldots,x_d)\in V_d(\mathbb{C}^d)$. Dann besitzt die Darstellung von $A$ in dieser Basis nach dem Satz von Schur und Horn Diagonalwerte $b_{i,i}$, die sich als Konvexkombination der $\lambda_{\sigma(i)}$ $(\sigma\in S_d)$ darstellen lassen:

$$b_{i,i}=\sum_{\sigma\in S_d} c_\sigma\lambda_{\sigma(i)} \quad \text{mit} \quad c_\sigma\geq 0 \quad , \quad \sum_{\sigma\in S_d} c_\sigma = 1\,.$$

Das Maximum von $\sum_{i=1}^k b_{i,i}$ wird aber an einer Ecke des Polytops $\Pi\big(\Lambda^{-1}(\lambda)\big)$ angenommen. Eine solche Ecke ist wegen der schwachen Ordnung $\lambda_1\geq\lambda_2\geq\ldots$ der Eigenwerte die für $\sigma=\mathrm{Id}$. □

# Kapitel 14, Starre und bewegliche Körper

**Aufgabe 14.2 auf Seite 355:** Es ist $(v,O)^{-1}=(-O^{-1}v,O^{-1})$. □

**Aufgabe 14.8 auf Seite 360 (Scheinkräfte):**

1. In der dimensionsunabhängigen Formel (14.2.5) ist für $d=2$ die Matrix $B=O^{-1}O'=\begin{pmatrix}\cos(\varphi)&\sin(\varphi)\\-\sin(\varphi)&\cos(\varphi)\end{pmatrix}\begin{pmatrix}-\sin(\varphi)&-\cos(\varphi)\\\cos(\varphi)&-\sin(\varphi)\end{pmatrix}\varphi'=\varphi'\begin{pmatrix}0&-1\\1&0\end{pmatrix}=\varphi'\mathbb{J}$. Daraus folgt $B^2=-(\varphi')^2\mathbb{1}$, $B'=\varphi''\mathbb{J}$ und die Behauptung.
2. Die Formel folgt sofort aus (14.2.5) und $Bv=i(\omega)v=\omega\times v$ (siehe (13.4.8)).
3. Der Betrag $2m\|C'\|\|\omega\|$ der Coriolis–Kraft hängt nicht von der geographischen Lage ab, da die Fahrtrichtung senkrecht auf der Drehachse der Erde ist. Mit $\|\omega\|=2\pi/T$, $T=86\,400\,\mathrm{s}$ und $\|C'\|=20\,000/3\,600$ m/s beträgt sie etwa 0.08 Newton. Zum Vergleich: eine Schokoladentafel wiegt etwa 1N.

   Die Kraft wirkt vertikal gesehen nach unten und in ihrer Horizontalkomponente nach Norden, macht den den Radfahrer also schwerer und lenkt ihn nach rechts ab. Das sieht man mit der Rechte-Hand-Regel für das Vektorprodukt in der Formel $-2m\omega\times C'$ der Coriolis–Kraft.

   Die Aufteilung auf diese Komponenten entspricht bei der geographischen Breite Berlins von $53.5°$ etwa 0.048 N beziehungsweise 0.064 N.

   Der Betrag der nach rechts ablenkenden Kraftkomponente hängt nicht von der Fahrtrichtung ab. □

**Aufgabe 14.10 auf Seite 363 (Satz von Steiner):**

• Aus der Formel für $I(q)$ folgt schon die Minimalität von $I\big(T_{q_N}(q)\big)$, denn der Summand $m_N\|q_N\|^2(\mathbb{1}_3-P_N)$ ist positiv semidefinit und genau dann gleich Null, wenn der Schwerpunkt $q_N=0$ ist.

• Die Formel selbst ergibt sich aus $I=J\mathbb{1}_3-\tilde{I}$ mit $\tilde{I}$ aus (14.2.3), denn $J(q)-J\big(T_{q_N}(q)\big)=\sum_{k=1}^n 2m_k(\langle q_N,q_k\rangle-\|q_N\|^2)=m_N\|q_N\|^2$. Analog ist $\tilde{I}_0(q)-\tilde{I}_{q_N(q)}(q)=m_N\|q_N\|^2P_N$. □

**Aufgabe 14.11 auf Seite 364 (Hauptträgheitsmomente):**
• Es genügt, den Fall $n = 3$ zu betrachten, da für $q_4 := \dots q_n := 0$ die Hauptträgheitsmomente von den ersten drei Massenpunkten bestimmt werden. Sei nun $q_k = e_k$. Dann ist $I = \mathrm{diag}(m_2+m_3, m_1+m_3, m_1+m_2)$. Für Massen $0 \le m_3 \le m_2 \le m_1$ ist damit $(I_1, I_2, I_3) = (m_2+m_3, m_1+m_3, m_1+m_2)$. Die Ungleichungen der Massen übertragen sich in $I_1 \le I_2 \le I_3 \le I_1 + I_2$.
• Analog zeigt man auch (in einer Orthonormalbasis, in dem $I$ diagonal ist) die allgemeine Gültigkeit der Ungleichung $I_3 \le I_1 + I_2$ für beliebige $n \in \mathbb{N}$.
• Wenn der Schwerpunkt der drei Massenpunkte der Ursprung des $\mathbb{R}^3$ ist, ist $\mathrm{span}(q_1, q_2, q_3)$ höchstens zweidimensional. Damit ist $I_1 + I_2 = I_3$, die Hauptträgheitsmomente sind also Konvexkombinationen von denen einer Scheibe und eines Stabes.
• Dass eine homogene Kugel mit Mittelpunkt 0 drei gleiche Hauptträgheitsmomente besitzt, folgt aus ihrer Symmetrie unter beliebigen Drehungen.
• Für einen in 1–Richtung orientierten Stab ist $I = \mathrm{diag}(0, I_2, I_2)$.
• Den Trägheitstensor $I$ einer kreisförmigen Massenverteilung erhält man durch Integration $I = \int_0^{\pi/2} I(\varphi)\,\mathrm{d}\varphi$ über die Trägheitstensoren $I(\varphi)$ der Konfiguration gleicher Massen an den vier Punkten $\pm e_1(\varphi)$ und $\pm e_2(\varphi)$ mit

$$e_1(\varphi) := \cos(\varphi)e_1 + \sin(\varphi)e_2 \quad \text{und} \quad e_2(\varphi) := \cos(\varphi)e_2 - \sin(\varphi)e_1 .$$

Da dabei $I(\varphi) = I(0)$ gilt, folgt die Aussage $I = \mathrm{diag}(I_1, I_1, 2I_1)$ daraus, dass die Projektion auf die 1–2–Ebene alle vier Punkte $\pm e_1$, $\pm e_2$ invariant lässt, die Projektionen auf die 1–3–Ebene bzw. die 2–3–Ebene dagegen nur jeweils zwei von ihnen, während die beiden anderen auf die Null abgebildet werden. □

**Aufgabe 14.17 auf Seite 370 (Schneller Kreisel):**
Die Anfangsbedingung $\beta(0) = 0$ (also $u(0) = 1$) erfordert $\ell_z = \ell_Z$. Die Anfangsbedingung $\dot\beta(0) = 0$ bedeutet $E = V_{\mathrm{eff}}(0) = \frac{\ell_Z^2}{2I_3} + 1$. Zusammen ergibt das

$$U_{\mathrm{eff}}(u) = I_1^{-1}(1-u)^2\big[2(1+u) - \tfrac{\ell_Z^2}{I_1}\big].$$

Die Drehung ist also stabil für $\frac{\ell_Z^2}{I_1} > 4$, d.h. Frequenz $|\omega| > 2/\sqrt{I_1}$. □

**Aufgabe 14.20 auf Seite 372 (Euklidische Symmetrien):**

1. Die Wirkung von $(v, O) \in \mathbb{SE}(d)$ auf $\mathbb{R}^d$ ist gegeben durch $x \mapsto Ox + v$, siehe (14.1.2). Dabei ist $v \in \mathbb{R}^d$ und $O \in \mathrm{SO}(d)$. Ist nun $K \subset \mathbb{R}^d \times \mathbb{R}^d$ kompakt, also beschränkt mit Schranke $b > 0$, dann kann der Punkt $(x, Ox + v)$ nur dann in $K$ liegen, wenn $\|v\| \le 2b$ gilt. Denn $\|Ox + v\| \ge \|v\| - \|Ox\| = \|v\| - \|x\|$. Da die Drehgruppe $\mathrm{SO}(d)$ kompakt ist, ist damit auch das Urbild von $K$ unter der Abbildung $\big((O, v), x)\big) \mapsto (x, Ox + v)$ kompakt.
   Die Diagonalwirkung von $\mathbb{SE}(d)$ auf $\mathbb{R}^{nd}$ kann als Wirkung einer abgeschlossenen Untergruppe von $\mathbb{SE}(nd)$ aufgefasst werden. Sie ist daher mit dem

gleichen Argument eigentlich. Da die offene, dichte Teilmenge $Q$ invariant unter dieser Wirkung ist, folgt die Aussage auch für die auf $Q$ restringierte Wirkung.

2. Die Wirkung von $G := \mathbb{R}^+ \times \mathbb{SE}(2)$ auf $\mathbb{R}^2$, gegeben durch $x \mapsto \lambda O(x+v)$, ist eine Wirkung der Lie–Gruppe $G$. In komplexer Schreibweise wirkt $G$ auf $\mathbb{R}^2 \cong \mathbb{C}$ durch Multiplikation mit einer komplexen Zahl $z = \lambda O \in \mathbb{C}^*$ und Translation um $v \in \mathbb{C}$.

   $G$ wirkt auch diagonal auf dem Konfigurationsraum $(\mathbb{R}^2)^3 \cong \mathbb{C}^3$ dreier Teilchen in der Ebene. Setzen wir $z := 1/(q_2 - q_1)$ und $v := -q_1$, dann wird $q_1$ auf $0 \in \mathbb{C}$ und $q_2$ auf $1 \in \mathbb{C}$ abgebildet. Das Bild $w \in \mathbb{C} \setminus \{0,1\}$ von $q_3$ parametrisiert dann die Gruppenorbits, und $\mathbb{C} \setminus \{0,1\}$ ist das Bild der Formsphäre unter stereographischer Projektion. □

# Kapitel 15, Störungstheorie

**Aufgabe 15.5 auf Seite 381 (Bedingt-periodische Bewegung):**
Der bedingt-periodische Fluss auf $\mathbb{T}^2$ mit Frequenzvektor $(1, 1/12)$ besitzt die Periode 12. Seine geschlossenen Orbits treffen die Diagonale $\{(x,x) \in \mathbb{T}^2 \mid x \in S^1\}$ elf Mal. Stunden- und Minutenzeiger treffen sich also innerhalb eines Tages 22 Mal. □

**Aufgabe 15.12 auf Seite 386 (Virialsatz für Raummittel):**

(a) $\langle \{f, H\} \rangle_E = \int_{\Sigma_E} \{f, H\} \, \mathrm{d}\lambda_E = \int_{\Sigma_E} \frac{\mathrm{d}}{\mathrm{d}t} f \circ \Phi_t|_{t=0} \, \mathrm{d}\lambda_E = 0$, denn das Maß $\lambda_E$ ist $\Phi$–invariant.

(b) Klar.

(c) Für $f(p,q) := \langle p, q \rangle$ hat die Poisson–Klammer

$$\{f, H\}(p,q) = \sum_{j=1}^{N} \Big( \tfrac{1}{2} \|p_j\|^2 - \langle q_j, \nabla U_j(q_j) \rangle - \sum_{k=j+1}^{N} \langle q_j, \nabla W_{j,k}(q_j - q_k) \rangle \Big)$$

Mittelwert Null. Der erste Summand ist die mittlere kinetische Energie.

(d) Wegen der Kompaktheit der berandeten Mannigfaltigkeit $G$ gibt es ein $\varepsilon > 0$, für das auf $G_\varepsilon := \{q \in \mathbb{R}^3 \mid \mathrm{dist}(q, G) \leq \varepsilon\}$ die Funktion $q \mapsto U(q) = \mathrm{dist}(q,G)^2$ glatt ist. Auf $\partial G_\varepsilon$ ist $U$ gleich $\varepsilon^2$. Also ist für Parameterwerte $\lambda > E/\varepsilon^2$ auch die Energieschale $\Sigma_{E,\lambda}$ glatt, denn sie projiziert bezüglich aller Teilchenindices $j$ auf deren Ortsraumgebiet $G_{\sqrt{E/\lambda}}$. Das Volumen $V_{E/\lambda}$ von $G_{\sqrt{E/\lambda}}$ fällt für $\lambda \nearrow \infty$ auf das Volumen $V$ von $G$.

   Da der Nachweis der idealen Gasgleichung länglich ist, folgt hier nur eine Skizze.

1. Wenn das als Wahrscheinlichkeitsmaß $\mu_{E,\lambda}$ auf $\Sigma_{E,\lambda}$ normierte Liouville–Maß über die Geschwindigkeiten integriert wird, bleibt die Dichte
$$v(E,\lambda)^{-1}\big(2(1-\lambda\tilde{U}(\tilde{q})/E)_+\big)^{d/2-1}\,d\tilde{q} \quad \text{, mit} \quad v(E,\lambda)\in(V,V_{E/\lambda}),$$
$\tilde{q}=(q_1,\ldots,q_N)$ und $\tilde{U}(\tilde{q})=\sum_{k=1}^N U(q_k)$.
Daher wächst im Limes $\lambda\nearrow\infty$ das Integral dieser Dichte über $G^N$ gegen Eins.
2. Wegen $U\geq 0$ ist die kinetische Energie $T$ auf $\Sigma_{E,\lambda}$ kleiner als $E$. Aber da $U\restriction_G=0$ ist, folgt $\lim_{\lambda\nearrow\infty}\langle T\rangle_{E,\lambda}=E$. Also gilt nach dem Virialsatz auch $\lim_{\lambda\nearrow\infty}\langle M\rangle_{E,\lambda}=E$, für $M_\lambda(\tilde{q}):=\sum_{k=1}^N\langle q_k,\nabla\lambda U(q_k)\rangle$.
3. Wenn $G$ der Würfel $[-\ell,\ell]^3$ ist, dann gilt mit den orthonormalen Basisvektoren $e_1,e_2,e_3$ des $\mathbb{R}^3$, dass die Summe der Projektionen auf diese Vektoren Eins ist. Der Gesamtdruck etwa auf die Seitenflächen $\{\pm\ell\}\times[-\ell,\ell]^2$ lässt sich als $\lim_{\lambda\nearrow\infty}\langle R_1\rangle_{E,\lambda}$ definieren, mit
$$R_i(\tilde{q}):=\sum_{k=1}^N \operatorname{sign}(q_k)\,\langle e_i,\lambda\nabla U(q_k)\rangle\ .$$
Nach dem Hauptsatz ist dieses Integral im Limes $\lambda\nearrow\infty$ gleich $2PV$. Summiert man über die drei Basisvektoren, ergibt sich $PV=\frac{2}{3}\langle T\rangle_E$.
4. Für beliebige glatt berandete $G\subset\mathbb{R}^3$ folgt bei Benutzung des Satzes von Stokes eine analoge Aussage. □

**Aufgabe 15.22 auf Seite 396 (Relativistische Periheldrehung):**
Die Hamilton-Funktion [8] (15.3.18) hat die Form $H_\varepsilon=H_0+\varepsilon K$, mit der Hamilton–Funktion $H_0(p,q)=\frac{1}{2}\|p\|^2-\frac{Z}{\|q\|}$ der Kepler-Bewegung und $K(p,q)=-1/\|q\|^3$.

Den maximalen von $H_\varepsilon$ erzeugten Fluss bezeichnen wir mit $\Phi_\varepsilon$. Der Runge-Lenz-Vektor $A$ ist unter dem Kepler-Fluss $\Phi_0$ invariant. Daher verändert sich $A$ nach der hamiltonschen Störungstheorie erster Ordnung innerhalb einer Periode $T$ des $\Phi_\varepsilon$–Orbits $t\mapsto x(t)$ um
$$\int_0^T\frac{\mathrm{d}A}{\mathrm{d}t}\,\mathrm{d}t=\varepsilon\int_0^T\big[-\mathrm{D}_pA\big(x(t)\big)\nabla_qK\big(x(t)\big)+\mathrm{D}_qA\big(x(t)\big)\nabla_pK\big(x(t)\big)\big]\,\mathrm{d}t+\mathcal{O}(\varepsilon^2)\,.$$
Der zweite Integrand verschwindet, der erste liefert wegen
$$\mathrm{D}_pA(x)=\begin{pmatrix}-q_2p_2 & 2q_1p_2-q_2p_1\\ 2q_2p_1-q_1p_2 & -q_1p_1\end{pmatrix}\quad\text{und}\quad\nabla_qK(x)=-\tfrac{3}{\|q\|^5}\begin{pmatrix}q_1\\q_2\end{pmatrix}$$
den zu $\varepsilon$ proportionalen Beitrag in $\int_0^T\frac{\mathrm{d}A}{\mathrm{d}t}\mathrm{d}t=3\varepsilon\ell\int_0^T\begin{pmatrix}q_2\\-q_1\end{pmatrix}/\|q\|^5\,\mathrm{d}t+\mathcal{O}(\varepsilon^2)$. Wir parametrisieren mit dem Winkel $\varphi$ statt mit der Zeit $t$. Unter Verwendung

[8] Wir lassen die Hüte aus (15.3.18) zur Vereinfachung weg.

der Kegelschnittgleichung (1.7) der Kepler–Ellipse mit $\varphi_0 := 0$ und mit $\dot{\varphi} = \ell/r^2$ ist

$$\begin{aligned} 3\varepsilon\ell \int_0^T \frac{\binom{q_2}{-q_1}}{\|q\|^5}\,\mathrm{d}t &= \frac{3\varepsilon Z^2}{\ell^4}\int_0^{2\pi}\left(1+e\cos(\varphi)\right)^2 \binom{\sin\varphi}{\cos\varphi}\,\mathrm{d}\varphi \\ &= \frac{6\pi\varepsilon Z^2}{\ell^4} e \binom{0}{-1} = \frac{6\pi\varepsilon Z}{\ell^4}\|A\|\binom{0}{-1} \end{aligned}$$

In der letzten Umformung wurde $\|A\| = Ze$ aus Aufgabe 11.22 (b) verwandt. Diese Störung ist senkrecht auf dem $A$–Vektor (Aufgabe 11.22 (a)). Also bleibt dessen Norm bis auf Fehler der Ordnung $\varepsilon^2$ konstant. Teilung durch $\|A\|$ liefert die Veränderung des Argumentes von $A$. □

**Aufgabe 15.38 auf Seite 414 (Nichtdegeneriertheitsbedingungen):**

1. $\omega_1(I) = 1 + 2I_1$, $\omega_2(I) = 1$. Daher ist $\mathrm{D}\omega = \begin{pmatrix} 2 & 0 \\ 0 & 0 \end{pmatrix}$ und $\begin{pmatrix} \mathrm{D}\omega & \omega \\ \omega^\top & 0 \end{pmatrix} = \begin{pmatrix} 2 & 0 & 1 \\ 0 & 0 & 1 \\ 1 & 1 & 0 \end{pmatrix}$.

2. $\omega_1(I) = 1 + 2I_1$, $\omega_2(I) = 1 - 2I_2$. $\mathrm{D}\omega = \begin{pmatrix} 2 & 0 \\ 0 & -2 \end{pmatrix}$ und $\begin{pmatrix} \mathrm{D}\omega & \omega \\ \omega^\top & 0 \end{pmatrix} = \begin{pmatrix} 2 & 0 & 1 \\ 0 & -2 & 1 \\ 1 & 1 & 0 \end{pmatrix}$. □

**Aufgabe 15.47 auf Seite 418 (Kettenbruchentwicklung):**

- Dass $\lim_{n\to\infty}\omega_n$ existiert, folgt aus den Teilen 1) und 3) von Satz 15.46. Denn diese sagen, dass die Teilfolgen mit (un-)geradem Index monoton steigend (beziehungsweise fallend) sind, und die Differenz ihrer Glieder gegen Null geht.
- Dass die Folge gegen $\omega$ konvergiert, ist eine Konsequenz der Beziehung

$$\omega = \frac{p_n + h^{(n)}(\{\omega\})\,p_{n-1}}{q_n + h^{(n)}(\{\omega\})\,q_{n-1}} \qquad (n \in \mathbb{N}_0). \tag{H.7}$$

(H.7) folgt induktiv: $\frac{p_0 + h^{(0)}(\{\omega\})\,p_{-1}}{q_0 + h^{(0)}(\{\omega\})\,q_{-1}} = \frac{\lfloor\omega\rfloor + \{\omega\}}{1+0} = \omega$ und, mit $\rho := h^{(n)}(\{\omega\})$,

$$\begin{aligned} \frac{p_{n+1} + h(\rho)\,p_n}{q_{n+1} + h(\rho)\,q_n} &= \frac{a_{n+1}p_n + p_{n-1} + h(\rho)\,p_n}{a_{n+1}q_n + q_{n-1} + h(\rho)\,q_n} = \frac{(\lfloor 1/\rho\rfloor + h(\rho))p_n + p_{n-1}}{\lfloor 1/\rho\rfloor + h(\rho))q_n + q_{n-1}} \\ &= \frac{\rho^{-1}p_n + p_{n-1}}{\rho^{-1}q_n + q_{n-1}} = \frac{p_n + \rho p_{n-1}}{q_n + \rho q_{n-1}} = \omega. \end{aligned}$$

- Denn (H.7) besagt wegen der Positivität von $h^{(n)}(\{\omega\})$, dass $\omega$ zwischen $\omega_n = \frac{p_n}{q_n}$ und $\omega_{n-1} = \frac{p_{n-1}}{q_{n-1}}$ liegt. Siehe auch *Theorem 14* in KHINCHIN [Kh]. □

# Kapitel 16, Relativistische Mechanik

**Aufgabe 16.6 auf Seite 432 (Lorentz–boosts):**

1. Die Lorentz–*boosts* sind nach Definition die positiven Matrizen in der restringierten Lorentz–Gruppe $\mathrm{SO}^+(3,1)$.

   Zunächst sind die angegebenen $L(v)$ von diesem Typ. Das ist für $L(0)$ klar.

Für $v \in \mathbb{R}^3$, $0 < \|v\| < 1$ rechnet man $L(v)^\top I L(v) = I$ nach. Die Positivität von $L(v)$ erhält man für einen Vektor $w = \binom{\tilde{w}}{w_4} \in \mathbb{R}^4$ aus der Identität

$$\langle w, L(v)w \rangle = \gamma(v)(\langle \tilde{w}, v \rangle + v_4)^2 + \|\tilde{w}\|^2 \geq 0\,.$$

Umgekehrt sei $A = \begin{pmatrix} a & b \\ c^\top & d \end{pmatrix} \in \mathrm{SO}^+(3,1)$ (mit $a \in \mathrm{Mat}(3,\mathbb{R})$, $b, c \in \mathbb{R}^3$ und $d \in \mathbb{R}$) positiv und $A \neq 1\!\!1_4$. Aus der Symmetrie von $A$ folgt $b = c$ und $a^\top = a$, aus der Positivität $d > 0$.

Die Bedingung $A^\top I A = I$ beinhaltet die Relationen $d^2 - \|b\|^2 = 1$, die Eigenwertgleichung $ab = cb$ und $a^2 = 1\!\!1_3 + b \otimes b^\top$. Also ist $d \geq 1$. Der Fall $d = 1$ kann nicht vorkommen, denn sonst wäre $b = 0$ und $a = 1\!\!1_3$, was der Annahme $A \neq 1\!\!1_4$ widerspräche. Also ist $d = \gamma$ mit $\gamma := \sqrt{1 + \|b\|^2} > 1$, und für $v := b/\gamma$ gilt $\|v\| \in (0,1)$. Ebenso gilt die Relation $\gamma = (1 - \|v\|^2)^{-1/2}$. $\tilde{a} := 1\!\!1_3 - P_v + \gamma(v)P_v$ ist positiv und besitzt das Quadrat $\tilde{a}^2 = 1\!\!1_3 - P_v + \gamma(v)^2 P_v = 1\!\!1_3 + b \otimes b^\top$.

Wir haben damit bewiesen, dass $A = L(v)$ gilt.

2. Die behauptete Relation $d^2 = 1 + \|b\|^2$ wird so wie im ersten Aufgabenteil gezeigt.

   Wir wissen schon, dass $P$ positiv ist. Es ist zunächst zu zeigen, dass $\tilde{O}$ orthogonal ist. Dazu wertet man die Relation $AIA^\top = I$ aus (diese gilt, da mit $A$ auch $A^\top \in \mathrm{O}(3,1)$ ist):

$$aa^\top - b \otimes b^\top = 1\!\!1_3 \quad , \quad ac = bd \quad , \quad c^\top c = d^2 - 1\,.$$

   Wir erhalten $\tilde{O} = O \oplus 1$ mit $O = a[1\!\!1_3 - P_v + \gamma P_v] - bc^\top$. Berechnung von $OO^\top$ ergibt $1\!\!1_3$. Wegen $[1\!\!1_3 - P_v + \gamma P_v]c = \gamma c = dc$ und $ac = bd$ ist $Oc = (d^2 - c^\top c)b = b$.

3. In der Gleichung $P = L(c/d)$ können $c$ und $d$ aus dem Produkt $A = \begin{pmatrix} a & b \\ c^\top & d \end{pmatrix} := L(v_1)L(v_2)$ abgelesen werden. Es ist $d = \gamma(v_1)\gamma(v_2)(1 + \langle v_1, v_2 \rangle)$ und

$$c = [(1\!\!1_3 - P_{v_1}) + \gamma(v_1)P_{v_1}]\gamma(v_2)v_2 + \gamma(v_1)\gamma(v_2)v_1\,.$$

   Also ist $u = c/d$ gleich

$$\frac{[(1\!\!1_3 - P_{v_1})/\gamma(v_1) + P_{v_1}]v_2 + v_1}{1 + \langle v_1, v_2 \rangle} = \frac{v_1 + v_2 + \left(1 - \sqrt{1 - \|v_1\|^2}\right)\left(v_1 \langle v_1, v_2 \rangle / \|v_1\|^2 - v_2\right)}{1 + \langle v_1, v_2 \rangle}\,.$$

   Aus der Identität $v_1 \times (v_1 \times v_2) = v_1 \langle v_1, v_2 \rangle - v_2 \|v_1\|^2$ ergibt sich (16.2.6).

   Das Quadrat von $u = \left(v_1 + v_2 + \frac{v_1 \times (v_1 \times v_2)}{1 + \sqrt{1 - \|v_1\|^2}}\right) / (1 + \langle v_1, v_2 \rangle)$ hat den Zähler

$$\|v_1 + v_2\|^2 + 2\frac{\langle v_2, v_1 \times (v_1 \times v_2) \rangle}{1 + \sqrt{1 - \|v_1\|^2}} + \left\| \frac{v_1 \times (v_1 \times v_2)}{1 + \sqrt{1 - \|v_1\|^2}} \right\|^2$$

$$= \|v_1 + v_2\|^2 - \|v_1 \times v_2\|^2 \, \frac{2(1 + \sqrt{1 - \|v_1\|^2}) - \|v_1\|^2}{(1 + \sqrt{1 - \|v_1\|^2})^2}\,.$$

Der letzte Faktor ist Eins. Wegen $\|v_1 \times v_2\|^2 + \langle v_1, v_2\rangle^2 = \|v_1\|^2\|v_2\|^2$ ergibt sich weiter

$$\|u\|^2 = \frac{\|v_1 + v_2\|^2 - \|v_1 \times v_2\|^2}{(1 + \langle v_1, v_2\rangle)^2} = 1 - \frac{(1 - \|v_1\|^2)(1 - \|v_2\|^2)}{(1 + \langle v_1, v_2\rangle)^2} < 1 .$$

4. Aus der Relation $D_{12} = D_{21}^\top$ und (16.2.7) schließen wir, dass $L(u_{21}) = \tilde{D}_{12}\, L(u_{12})\, \tilde{D}_{12}^\top$ ist, also wegen (16.2.8) gilt: $u_{21} = D_{12}u_{12}$. Da $u_{21}$ und $u_{12}$ sich im von $v_1$ und $v_2$ aufgespannten Unterraum befinden, liegt die Drehachse von $D_{12}$ senkrecht dazu. □

**Aufgabe 16.8 auf Seite 433 (Minkowski–Produkt):**
Durch Lorentz–Trans-formation erreichen wir, dass $v = (0,0,0,v_4)^\top$ ist, also $\langle v, w\rangle_{3,1} = -v_4 w_4$.
Andererseits ist nach Lorentz–Transformation ein raumartiger Vektor von der Form $v = (v_1, 0, 0, 0)^\top \neq 0$, besitzt also etwa den $\langle\cdot,\cdot\rangle_{3,1}$–orthogonalen raumartigen Unterraum $\mathrm{span}(e_2, e_3)$. □

**Aufgabe 16.14 auf Seite 438 (Modifiziertes Zwillingsparadox):** In den Formeln von Beispiel 16.13 ist die Zeitdifferenz $t_w - t_0 = 2\frac{u_E v_E}{c^2} + \mathcal{O}\left(\frac{v_{\max}^3}{c^2}\right)$.

Dieser Altersunterschied der beiden Schnecken nach ihrer Erdumrundung ist also im Limes verschwindender Kriechgeschwindigkeit gleich $2\frac{u_E v_E}{c^2} \approx 0.41\mu s$ (Mikrosekunden). □

**Aufgabe 16.22 auf Seite 449 (Galilei–Gruppe):**

(a) Die Galilei–Transformation setzt sich aus einer Translation

$$(p_1, \ldots, p_n, E; q_1, \ldots, q_n t) \mapsto (p_1, \ldots, p_n, E; q_1{+}\Delta q, \ldots, q_n{+}\Delta q, t{+}\Delta t), \tag{H.8}$$

einer Drehung

$$(p_1, \ldots, p_n, E; q_1, \ldots, q_n, t) \mapsto (Op_1, \ldots, Op_n, E; Oq_1, \ldots, Oq_n, t) \tag{H.9}$$

und einem *boost*

$$\begin{gathered}(p_1, \ldots, p_n, E; q_1, \ldots, q_n, t) \mapsto \\ (p_1 + m_1 v, \ldots, p_n + m_n v, E + \langle v, p_N\rangle + \tfrac{1}{2}m\|v\|^2; q_1 + vt, \ldots, q_n + vt, t)\end{gathered} \tag{H.10}$$

des erweiterten Phasenraums $P_n$ zusammen.
Die Translation besitzt Ableitung $\mathbb{1}$, ist also symplektisch. Dass die Phasenraumdrehung symplektisch ist, folgt wie in Beispiel 13.17.

Die Ableitung des *boosts* besitzt die Form $\left(\begin{smallmatrix} A & B \\ C & D\end{smallmatrix}\right)$ mit Untermatrizen $A$, $B$, $C$, $D \in \mathrm{Mat}(nd+1, \mathbb{R})$, $B = C = 0$ und $A = D^\top = \left(\begin{smallmatrix} \mathbb{1}_{nd} & 0 \\ v\ldots v & 1\end{smallmatrix}\right)$.

Da wir die symplektische Form (16.5.5) mit Konfigurationsraum $M = \mathbb{R}^{nd}_q$ benutzen, ergibt das mit der Zeitspiegelung $I$ modifizierte Kriterium aus Aufgabe 6.26 (b), dass auch der *boost* symplektisch ist.

(b) Da das Potential nur von den Abständen $q_k - q_\ell$ abhängt, ist $H$ unter den Translationen (H.8) invariant. Die Forderung $V_{k,\ell}(Oq) = V_{k,\ell}(q)$ der Rotationsinvarianz impliziert Invarianz bezüglich (H.9). Der *boost* (H.10) verändert $H$ nicht, denn $m = m_1 + \ldots + m_n$ und $p_N = p_1 + \ldots + p_n$. □

**Aufgabe 16.25 auf Seite 450 (konstante Beschleunigung):**
Die Beschleunigung $g > 0$ bewirkt eine raumartige Entfernung $1/g$ des Beobachters vom Kreuzungspunkt der Geraden. Für $g = 10$ m/s$^2$ ist die Entfernung damit $c^2/g \approx 9 \cdot 10^{12}$ km, also ungefähr ein Lichtjahr. □

# Kapitel 17, Symplektische Topologie

**Aufgabe 17.13 auf Seite 461 (elliptischer Billard):**

- Die Orbits $\{(\pm a_1, 0; \mp 1, 0)\}$ und $\{(0, \pm a_2; 0, \mp 1)\}$ auf den Achsen haben die Periode 2.
- Ein Orbit der Periode 2 muss zu einer Billardtrajektorie gehören, die eine an ihren Endpunkten $p_1, p_2 \in \mathcal{C}$ auf $T_{p_i}\mathcal{C}$ senkrechte Strecke ist. Damit ist $T_{p_1}\mathcal{C}$ parallel zu $T_{p_2}\mathcal{C}$ und $p_1 = -p_2$, die Strecke geht also durch den Mittelpunkt der Ellipse. Da $a_1 < a_2$ ist, ist die Strecke eine Halbachse. □

# Anhänge

**Aufgabe A.47 auf Seite 482 (Differentialtopologie):**

1. $f : \mathbb{R} \to \mathbb{R}$, $t \mapsto t^3$ besitzt die nur bei $t = 0$ verschwindende Ableitung $f'(t) = 3t^2$, ist also injektiv und nur bei 0 nicht immersiv. Da $\lim_{t\to\pm\infty} f(t) = \pm\infty$ gilt, ist $f(\mathbb{R}) = \mathbb{R}$.
2. Für $f : \mathbb{R} \to \mathbb{R}^2$, $t \mapsto \binom{t^3}{t^2}$ ist $f'(t) = \binom{3t^2}{2t}$. Damit ist $\lim_{\pm t\searrow 0} \frac{f'(t)}{\|f'(t)\|} = \binom{0}{\pm 1}$ und $f(\mathbb{R})$ ist keine Untermannigfaltigkeit.
3. Die Ableitungen der Rosenkurven $f_k : \mathbb{R} \to \mathbb{R}^2$, $t \mapsto \cos(kt)\binom{\sin t}{\cos t}$ sind für $k \in \mathbb{R}$ gleich $f_k'(t) = -k\sin(kt)\binom{\sin t}{\cos t} + \cos(kt)\binom{\cos t}{-\sin t}$. Sie besitzen also die Norm $\sqrt{1 + k^2\sin^2(kt)} > 0$, weshalb die $f_k$ Immersionen sind. Für $k \neq 0$ ist $0 \in f_k(\mathbb{R})$, aber es gibt im Allgemeinen verschiedene Richtungen $f_k'(t)$ für die $t$–Werte mit $f_k(t) = 0$. Dann ist $f_k(\mathbb{R})$ keine Untermannigfaltigkeit.
4. $f$ ist $2\pi$-periodisch, also nicht injektiv. Dass $S^1 \subset \mathbb{R}^2$ eine Untermannigfaltigkeit ist, folgt mit $S^1 = g^{-1}(1)$ für $g(x) := \|x\|^2$.
5. $f : \mathbb{R} \to \mathbb{R}^2$, $t \mapsto \exp(-t^2)\binom{t}{t^3}$ hat $f'(t) = \binom{1-2t^2}{t^2(3-2t^2)}e^{-t^2} \neq 0$ als Ableitung. $f$ ist ungerade und für $t > 0$ wächst $t \mapsto \frac{f_2(t)}{f_1(t)} = t^2$ streng monoton. Also ist $f$ injektiv. Andererseits ist $\lim_{t\to\pm\infty} f(t) = 0 = f(0)$, also ist $f$ nur eine injektive Immersion und keine Einbettung.

6. Für $f \in C^1(M,N)$ und $m \in M$ ist $\operatorname{rang}(T_m f) \le \min\big(\dim(M), \dim(N)\big)$.

7. Ist $\pi : E \to B$ ein $C^1$–Faserbündel, dann ist nach Definition F.1 die Abbildung $\pi$ eine $C^1$–Abbildung von Mannigfaltigkeiten. Ist $b \in B$, dann existiert eine Umgebung $U \subset B$ von $b$ und ein Diffeomorphismus $\Phi : \pi^{-1}(U) \to U \times F$ mit $\Phi\big(\pi^{-1}(b')\big) = \{b'\} \times F$. Also ist für alle $f \in F : \pi \circ \Phi^{-1}\big((b', f)\big) = b'$. Daraus folgt die Submersionseigenschaft von $\pi$. □

**Aufgabe B.9 auf Seite 488 (Volumenform):**
Im äußeren Produkt $\omega^{\wedge n} \in \mathbf{\Omega}^{2n}(\mathbb{R}^{2n})$ gibt es bei Ausmultiplikation genau $n!$ nicht verschwindende Summanden. Um diese bezüglich der Dualbasis $\alpha_1, \ldots, \alpha_{2n}$ in der Form $\bigwedge_{i=1}^n (\alpha_i \wedge \alpha_{i+n})$ zu ordnen, muss jeweils eine gerade Anzahl von Transpositionen vorgenommen werden. Dabei ändert sich das Vorzeichen nicht. Andererseits ist $\bigwedge_{i=1}^n (\alpha_i \wedge \alpha_{i+n}) = (-1)^{\binom{n}{2}} \bigwedge_{j=1}^{2n} \alpha_j$, denn bei der sukzessiven Vertauschung von $\alpha_{2n-1}, \alpha_{2n-2}, \ldots, \alpha_{n+1}$ an die $(2n-1)$–te, $(2n-2)$-te, $\ldots, (n+1)$–te Stelle müssen $1, 2, \ldots, n-1$ Transpositionen vorgenommen werden. □

**Aufgabe B.16 auf Seite 490 (Invarianz der Volumenform):**
Wegen Satz B.15.5 ist $f^*(\omega^{\wedge n}) = (f^*\omega)^{\wedge n} = \omega^{\wedge n}$. Wegen Aufgabe B.9 wird also die Volumenform invariant gelassen. □

**Aufgabe B.24 auf Seite 495 (Pull-back von äußeren Formen):**
Die zu beweisende Formel für den pull–back von Differentialformen folgt aus der entsprechenden Aussage für äußere Formen, also Satz B.15.5. □

**Aufgabe B.32 auf Seite 501 ($\wedge$-Antiderivation):**
Die Behauptung, dass das innere Produkt eine $\wedge$–Antiderivation ist, folgt durch Restriktion auf die Tangentialräume $T_m M$, also aus einer analogen Formel für äußere Formen.
Für äußere Formen kann sie auf einer Basis der Grassmann–Algebra $\mathbf{\Omega}^*(E)$ über dem Vektorraum $E$ überprüft werden. Hier folgt sie aus der Antisymmetrie des äußeren Produktes von Eins–Formen. □

**Aufgabe E.25 auf Seite 530 (Exponentialabbildung für $\mathrm{GL}(n, \mathbb{R})$):**
Linksinvarianz des Vektorfelds $X^{(\xi)} = X_L^{(\xi)} : G \to TG$ mit $X^{(\xi)}(e) = \xi \in \mathfrak{g}$ bedeutet mit der Linkswirkung $L_h : G \to G,\ g \mapsto h \circ g \quad (h \in G)$, dass gilt:

$$\left((L_h)_* X^\xi\right)(f) = X^\xi(f) \qquad (f \in G).$$

Nun ist für ein Vektorfeld $Y : G \to TG$ dieser *push–forward* von der Form $\left((L_h)_* Y\right)(f) = \mathrm{D}L_h(h^{-1} \circ f)\big(Y(h^{-1} \circ f)\big)$. Im Fall $Y = X^{(\xi)}$ ist $Y\big(h^{-1} \circ f\big) = h^{-1} \circ f\,\xi$. Da für $G = \mathrm{GL}(n, \mathbb{R})$ die Wirkung $L_h$ von links mit der Matrix $h$ multipliziert, folgt die Behauptung $X_L^{(\xi)}(g) = g\,\xi$. Der Beweis der Formel für die

rechtsinvarianten Vektorfelder ist analog.
Der von $X_L^{(\xi)}$ erzeugte Fluss $\Phi^{(\xi)}:\mathbb{R}\times G\to G$ ist wegen $\frac{\mathrm{d}}{\mathrm{d}t}\Phi_t^{(\xi)}(g)|_{t=0} = X_L^{(\xi)}(g) = g\,\xi$ von der Form $\Phi_t^{(\xi)}(g) = g\exp(\xi t)$. Damit ist der Kommutator der linksinvarianten Vektorfelder, angewandt auf $f\in C^\infty(G,\mathbb{R})$, von der Form

$$\begin{aligned}[X^{(\xi)},X^{(\eta)}]\,f(g) &= \lim_{\varepsilon\to 0}\varepsilon^{-2}\left[f\left(\Phi_\varepsilon^{(\xi)}\circ\Phi_\varepsilon^{(\eta)}(g)\right)-f\left(\Phi_\varepsilon^{(\eta)}\circ\Phi_\varepsilon^{(\xi)}(g)\right)\right]\\ &= \lim_{\varepsilon\to 0}\varepsilon^{-2}\big[f\big(\exp(\varepsilon\xi)\exp(\varepsilon\eta)g\big)-f\big(\exp(\varepsilon\eta)\exp(\varepsilon\xi)g\big)\big]\\ &= df(g)[\xi,\eta] = X^{([\xi,\eta])}f\,(g).\end{aligned}$$ □

**Aufgabe E.27 auf Seite 531 (Lie–Gruppen und Lie–Algebren):**

1. **Unitäre Gruppe:** Eine Kurve $c\in C^1\big(I,\mathrm{U}(n)\big)$ hat einen Tangentialvektor $\dot c(0)\in\mathrm{Alt}(n,\mathbb{C})$, denn wegen $c(s)^* = c(s)^{-1}$ ist $\dot c^*(0) = -\dot c(0)$. Ist umgekehrt $X\in\mathrm{Alt}(n,\mathbb{C})$, dann kommutieren $X$ und $X^* = -X$, woraus sich

   $$\exp(X)\exp(X)^* = \exp(X)\exp(X^*) = \exp(X+X^*) = 1\!\!1,$$

   also $\exp(X)\in\mathrm{U}(n)$ ergibt. Damit ist die Lie–Algebra $\mathfrak{u}(n) = \mathrm{Alt}(n,\mathbb{C})$ und

   $$\dim\big(\mathrm{U}(n)\big) = \dim_{\mathbb{R}}\big(\mathrm{Alt}(n,\mathbb{C})\big) = n^2\,.$$

   **Speziell unitäre Gruppe:** Für einen Weg $c\in C^1\big(I,\mathrm{SU}(n)\big)$ in der Untergruppe $\mathrm{SU}(n)$ von $\mathrm{U}(n)$ gilt zusätzlich wegen $0=\frac{\mathrm{d}}{\mathrm{d}t}\det(c(t))|_{t=0} = \mathrm{tr}(\dot c(0))$, dass der Tangentialvektor $\dot c(0)\in\mathrm{Alt}(n,\mathbb{C})$ verschwindende Spur besitzt. Daher ist die Lie–Algebra $\mathfrak{su}(n) = \{X\in\mathrm{Alt}(n,\mathbb{C})\mid \mathrm{tr}(X)=0\}$, und

   $$\dim\big(\mathrm{SU}(n)\big) = \dim_{\mathbb{R}}\big(\mathfrak{su}(n)\big) = n^2-1\,.$$

   **Symplektische Gruppe:** Die Lie–Algebra $\mathfrak{sp}(\mathbb{R}^{2n})$ von $\mathrm{Sp}(\mathbb{R}^{2n})$ wurde schon in Aufgabe 6.26 bestimmt, ebenso ihre Dimension $n(2n+1)$.

2. (Isomorphien von Lie–Algebren)

   (a) Mit $i:\mathbb{R}^3\to\mathfrak{so}(3)$ aus (13.4.8) und $i(a)b = a\times b$ folgt mit der Jacobi–Identität: $\big(i(a_1)i(a_2)-i(a_2)i(a_1)\big)b = a_1\times(a_2\times b)-a_2\times(a_1\times b) = a_1\times(a_2\times b)+a_2\times(b\times a_1) = (a_1\times a_2)\times b$.

   (b) Verwenden wir die Basis von $\mathfrak{su}(2)$ der mit $\sqrt{-1}$ multiplizierten *Pauli–Matrizen* $(\tau_1,\tau_2,\tau_3) := \left(\left(\begin{smallmatrix}0&\imath\\ \imath&0\end{smallmatrix}\right),\left(\begin{smallmatrix}0&-1\\ 1&0\end{smallmatrix}\right),\left(\begin{smallmatrix}\imath&0\\ 0&-\imath\end{smallmatrix}\right)\right)$, dann ist die Abbildung

   $$\mathfrak{so}(3)\longrightarrow\mathfrak{su}(2)\quad,\quad\begin{pmatrix}0&-a_3&a_2\\ a_3&0&-a_1\\ -a_2&a_1&0\end{pmatrix}\longmapsto\tfrac12\textstyle\sum_{i=1}^3 a_i\tau_i$$

   ein solcher Isomorphismus, denn $[\tau_i,\tau_j] = 2\sum_{k=1}^3\varepsilon_{ijk}\tau_k$.

(c) Mit der auf die imaginären Quaternionen $\mathrm{Im}\,\mathbb{H}$ restringierten Einbettung

$$bi + cj + dk \mapsto \begin{pmatrix} b\imath & c+d\imath \\ -c+d\imath & -b\imath \end{pmatrix} = b\tau_3 - c\tau_2 + d\tau_1 ,$$

wird $ij$ auf $-\tau_3\tau_2 = \tau_1$, $jk$ auf $-\tau_2\tau_1 = \tau_3$ und $ki$ auf $\tau_1\tau_3 = -\tau_2$ abgebildet (sowie $ii$, $jj$ und $kk$ auf $\tau_1^2 = \tau_2^2 = \tau_3^2 = -\mathbb{1}$). □

**Aufgabe E.31 auf Seite 534 (adjungierte Darstellung):**
Mit dem Lie-Algebren-Isomorphismus $i : \mathbb{R}^3 \to \mathfrak{so}(3)$ , $a = \begin{pmatrix} a_1 \\ a_2 \\ a_3 \end{pmatrix} \mapsto \begin{pmatrix} 0 & a_3 & a_2 \\ a_3 & 0 & -a_1 \\ -a_2 & a_1 & 0 \end{pmatrix}$ aus (13.4.8) ist die Formel

$$O\, i(a)\, O^{-1} = i(Oa) \qquad (O \in \mathrm{SO}(3),\ a \in \mathbb{R}^3)$$

zu überprüfen. Für die Elemente der Form $O = \begin{pmatrix} c & -s & 0 \\ s & c & 0 \\ 0 & 0 & 1 \end{pmatrix}$ mit $c^2 + s^2 = 1$ sind beide Seiten gleich $\begin{pmatrix} 0 & -a_3 & ca_2+sa_1 \\ a_3 & 0 & -ca_1+sa_2 \\ -ca_2-sa_1 & ca_1-sa_2 & 0 \end{pmatrix}$. Jede Drehung aus $\mathrm{SO}(3)$ ist aber zu einer solchen Drehung um die 3–Achse (und mit dem gleichen Winkel) konjugiert. □

**Aufgabe E.34 auf Seite 535 (adjungierte Wirkung):**
• Für die Lie–Gruppe $G := \mathrm{GL}(n, \mathbb{R})$ mit Lie–Algebra $\mathfrak{g} := \mathrm{Mat}(n, \mathbb{R})$ ist wegen

$$\mathrm{Ad}_g(\eta) = g\eta g^{-1} \qquad (\eta \in \mathfrak{g},\ g \in G)$$

$\mathrm{Ad}_g([\xi, \eta]) = \mathrm{Ad}_g(\xi\eta - \eta\xi) = g\xi g^{-1}\, g\eta g^{-1} - g\eta g^{-1}\, g\xi g^{-1} = [\mathrm{Ad}_g(\xi), \mathrm{Ad}_g(\eta)]$.
• Entsprechend ist $\exp\left(\mathrm{Ad}_g(\xi)\right) = \exp(g\xi g^{-1}) = g \exp(\xi) g^{-1}$.
• Die adjungierte Darstellung von $\xi \in \mathfrak{g}$ ist, angewandt auf $\eta \in \mathfrak{g}$, gleich

$$\begin{aligned} \frac{\mathrm{d}}{\mathrm{d}t} \mathrm{Ad}_{\exp(t\xi)}\, \eta \Big|_{t=0} &= \frac{\mathrm{d}}{\mathrm{d}t} \exp(t\xi)\ \eta\ \exp(-t\xi)\Big|_{t=0} \\ &= \frac{\mathrm{d}}{\mathrm{d}t} \exp(t\xi)\Big|_{t-0} \eta\ +\ \eta\ \frac{\mathrm{d}}{\mathrm{d}t} \exp(-t\xi)\Big|_{t=0} = [\xi, \eta]. \end{aligned}$$ □

**Aufgabe E.37 auf Seite 536 (Lie–Gruppenwirkungen):**

1. Dass $\Phi : \mathrm{SO}(n) \times \mathbb{R}^n \to \mathbb{R}^n$, $(O, m) \mapsto Om$ eine Wirkung der Lie–Gruppe $\mathrm{SO}(n)$ ist, ist klar. Da $\mathrm{SO}(n)$ kompakt ist (siehe Beispiel E.37.2), ist die Wirkung eigentlich. Sie ist für $n > 1$ nicht frei, denn $\Phi(\mathrm{SO}(n), \{0\}) = \{0\}$. $B = \mathbb{R}^n/\mathrm{SO}(n) = [0, \infty)$, denn die anderen Orbits sind Sphären mit dem Nullpunkt als Mittelpunkt, parametrisiert durch den Radius. Also ist $\partial B = \{0\}$.

2. Die Abbildung $\Phi : \mathbb{R} \times M \to M$, $(t, m) \mapsto \begin{pmatrix} e^t & 0 \\ 0 & e^{-t} \end{pmatrix} x$ auf $M = \mathbb{R}^2 \backslash \{0\}$ ist eine Lie–Gruppenwirkung von $(\mathbb{R}, +)$, denn sie ist die Restriktion eines linearen dynamischen Systems auf eine offene flussinvariante Teilmenge des $\mathbb{R}^2$.

   Sie ist frei, denn durch Entfernung des Ursprungs gibt es keine periodischen Orbits. Sie ist aber nicht eigentlich, denn das Urbild der kompakten Menge $\left\{(x, y) \in M \times M \mid \|x - e_1\| \le \frac{1}{2} \ge \|y - e_2\|\right\}$ unter der Abbildung $\mathbb{R} \times M \to M \times M$, $(t, m) \mapsto \left(m, \Phi(t, m)\right)$ ist nicht kompakt.

Der topologische Raum $B = M/\mathbb{R}$ ist nicht hausdorffsch, denn die Bilder der Punkte $e_1$ und $e_2$ sind voneinander verschieden, befinden sich aber nicht in disjunkten Umgebungen. □

**Aufgabe F.7 auf Seite 539 (Trivialität von Hauptfaserbündeln):**

- Besitzt das Hauptfaserbündel $\pi : E \to B$ mit der Lie–Gruppe $G$ als typischer Faser einen Schnitt $s : B \to E$ (also $\pi \circ s = \mathrm{Id}_B$), dann ist, mit der Wirkung $\Psi : E \times G \to E$ der Gruppe, die Abbildung

$$\rho : B \times G \to E \quad , \quad \rho(b,g) := \Psi_g \circ s(b)$$

ein Homöomorphismus. Denn $\rho$ ist nach Definition stetig und bijektiv, mit stetiger Umkehrabbildung $\rho^{-1}(e) = \big(\pi(e)),\ g(s \circ \pi(e), e)\big) \quad (e \in E)$.

- Umgekehrt ist für das neutrale Element $e \in G$ der Gruppe bei Existenz einer Trivialisierung $\Phi : E \to B \times G$ die Abbildung $s : B \to E,\ s(b) = \Phi^{-1}(b, e)$ ein Schnitt. □

# Literaturverzeichnis


[AA] V.I. Arnol'd, A. Avez: Ergodic Problems of Classical Mechanics. Reading: Benjamin, 1968

[Aa] J. Aaronson: An Introduction to Infinite Ergodic Theory (Mathematical Surveys and Monographs). American Mathematical Society, 1997

[AB] R. Arens, D. Babbitt: The Geometry of Relativistic $n$ Particle Interactions. Pacific Journal of Mathematics **28**, 243–274 (1969)

[AbMa] A. Abbondandolo, S. Matveyev: Middle-dimensional squeezing and non-squeezing behavior of symplectomorphisms. `arXiv:1105.2931` (2011)

[ACL] M. Audin, A. Cannas da Silva, E. Lerman: Symplectic Geometry of Integrable Hamiltonian Systems (Advanced Courses in Mathematics, CRM Barcelona). Basel: Birkhäuser, 2003

[AF] I. Agricola, T. Friedrich: Globale Analysis. Differentialformen in Analysis, Geometrie unf Physik. Braunschweig: Vieweg, 2001

[AG] V.I. Arnol'd, A. Givental: Symplectic geometry. Dynamical Systems IV, Symplectic Geometry and its Applications (Arnold, V., Novikov, S., eds.), Encyclopaedia of Mathematical Sciences **4**, Berlin: Springer 1990

[AGV] V.I. Arnol'd, S.M. Gusein-Zade, A.N. Varchenko: Singularities of Differentiable Maps, Vol 1 (Monographs in Mathematics). Basel: Birkhäuser, 1985

[AlK] A. Albouy, V. Kaloshin: Finiteness of central configurations of five bodies in the plane. Annals of Mathematics **176**, 535–588 (2012)

[AM] R. Abraham, J.E. Marsden: Foundations of Mechanics, second edition, fourth printing. Reading: Benjamin/Cummings, 1982.

[Am] H. Amann: Gewöhnliche Differentialgleichungen. Berlin: de Gruyter

[AN] V. Arnol'd, S. Novikov, eds.: Dynamical Systems VII: Integrable Systems. Nonholonomic Dynamical Systems. (Encyclopaedia of Mathematical Sciences **16**) Berlin: Springer 1993

[AR] D. Arnold, J. Rogness: Möbius Transformations Revealed. Notices of the AMS **55**, 1226–1231 (2008).

[Ar1] V.I. Arnol'd: Gewöhnliche Differentialgleichungen. Berlin: Springer, 1980

[Ar2] V.I. Arnol'd: Mathematical Methods of Classical Mechanics. Graduate Texts in Mathematics **60**. Berlin: Springer 1989

[Ar3] V.I. Arnol'd: Geometrical Methods in the Theory of Ordinary Differential Equations. Grundlehren der mathematischen Wissenschaften **250**. Berlin: Springer, 1997

[Ar4] V.I. Arnol'd: Characteristic class entering in quantization conditions. Functional Analysis and Its Applications **1**, 1–13 (1967)

[Ar5] V.I. Arnol'd: First Steps in Symplectic Topology. Russian Mathematical Surveys **41**, 1–21 (1986)

[Ar6] V.I. Arnol'd: Huygens and Barrow, Newton and Hooke: Pioneers in Mathematical Analysis and Catastrophe Theory from Evolvents to Quasicrystals. Basel: Birkhäuser, 1990

[Art] E. Artin: Geometric Algebra. New York: Interscience Publishers, 1957

[At] M. Atiyah: Convexity and commuting Hamiltonians. Bull. Lond. Math. Soc. **14**, 1-15 (1982)

[AvK] J. Avron, O. Kenneth: Swimming in curved space or the Baron and the cat. New Journal of Physics **8**, 68–82 (2006)

[Bala] V. Baladi: Positive Transfer Operators and Decay of Correlation. (Advanced Series in Nonlinear Dynamics). Singapore: World Scientific, 2000

[Ball] W. Ballmann: Lectures on Spaces of Nonpositive Curvature. Basel: Birkhäuser, 1995

[Ban] V. Bangert: On the existence of closed geodesics on two-spheres. International Journal of Mathematics **4**, 1–10 (1993)

[Bau] H. Bauer: Maß- und Integrationstheorie. Berlin: de Gruyter, 1992

[BBT] O. Babelon, D. Bernard, M. Talon: Introduction to classical integrable systems. Cambridge, Cambridge University Press, 2003

[Berg] M. Berger: A Panoramic View of Riemannian Geometry. Berlin: Springer 2003

[Bern] Jacob Bernoulli: Problema novum ad cujus solutionem Mathematici invitantur. Acta Eruditorum **18**, 269 (1696)

[Berr] M. Berry: Singularities in Waves and Rays, in Les Houches Lecture Series Session XXXV, eds. R. Balian, M. Kléman and J-P. Poirier, North-Holland: Amsterdam, 453-543, 1981

[BFK] D. Burago, S. Ferleger, A. Kononenko: Uniform estimates on the number of collisions in semidisperging billiards. Annals of Mathematics **147**, 695–708 (1998)

[BH] H. Broer, G. Huitema: A proof of the isoenergetic KAM-theorem from the 'ordinary' one. J. Differential Equations **90**, 52–60 (1991)

[Bi1] G.D. Birkhoff: Proof of the ergodic theorem. Proceedings National Acad. Sci. **17**, 656–660 (1931)

[Bi2] G.D. Birkhoff: An extension of Poincaré s last geometric theorem. Acta Mathematica **47**, 297–311 (1925)

[Bi3] G.D. Birkhoff: Dynamical Systems. American Mathematical Society, 1927

[BJ] Th. Bröcker, K. Jänich: Einführung in die Differentialtopologie. Berlin: Springer, 1990

[BKMM] A. Bloch, P. Krishnaprasad, J. Marsden, R. Murray: Nonholonomic mechanical systems with symmetry. Archive for Rational Mechanics and Analysis **136** 21–99 (1996)

[BMZ] A. Bloch, J. Marsden, D. Zenkov: Nonholonomic Dynamics. Notices of the AMS **52**, 324–333 (2005).

[BoSu] A. Bobenko, Y. Suris: Discrete differential geometry: Integrable structure. Graduate Studies in Mathematics **98**. Providence: Amer. Math. Soc. 2008

[Bo1] R. Bott: On the iteration of closed geodesics and the Sturm intersection theory. Comm. Pure Appl. Math. **9**, 171–206 (1956)

[Bo2] R. Bott: Lectures on Morse theory, old and new. Bull. Amer. Math. Soc. **7**, 331–358 (1982)

[Br] H. Bruns: Über die Integrale des Vielkörper-Problems. Acta Math. **XI**, 25–96 (1887)

[BrSe] H. Broer, M. Sevryuk: KAM Theory: quasi-periodicity in dynamical systems. In: Handbook of Dynamical Systems, Eds: B. Hasselblatt, A. Katok. North-Holland: 2007

[BrSi] F. Brini, S. Siboni: Estimates of correlation decay in auto/endomorphisms of the $n$-torus. Computers & Mathematics with Applications **42**, 941–951 (2001)

[BT] R. Bott, L. Tu: Differential forms in algebraic topology. Graduate Texts in Mathematics **82**, New York: Springer 1995

[Bu] L.A. Bunimovich et al: Dynamical Systems, Ergodic Theory and Applications. Encyclopaedia of Mathematical Sciences **100**, Berlin: Springer, 2000

[CB] R. Cushman, L. Bates: Global aspects of classical integrable systems. Basel: Birkhäuser, 1997

[CDD] Y. Choquet-Bruhat, C. DeWitt-Morette, M. Dillard-Bleick: Analysis, Manifolds and Physics, Part 1: Basics. North-Holland, 1982

[CFKS] H.L. Cycon, R.G. Froese, W. Kirsch, B. Simon: Schrödinger Operators with Application to Quantum Mechanics and Global Geometry. Texts and Monographs in Physics. Berlin: Springer 1987

[CFS] I.P. Cornfeld, S.U. Fomin, Ya.G. Sinai: Ergodic Theory. Grundlehren der mathematischen Wissenschaften **245**. Berlin: Springer 1982

[CJS] D. Currie, T. Jordan, E. Sudarshan: Relativistic Invariance and Hamiltonian Theories of Interacting Particles. Reviews of Modern Physics **35**, 350–375 (1963)

[CL] A. Correia, J. Laskar: Mercury's capture into the 3/2 spin-orbit resonance including the effect of core-mantle friction. Icarus **201.1**, 1–11 (2009)

[CM] A. Chenciner, R. Montgomery , A remarkable periodic solution of the three-body problem in the case of equal masses. Annals of Mathematics, **152**, 881–901 (2000)

[CN] C.A.A. de Carvalhoa, H.M. Nussenzveig: Time delay. Physics Reports **364**, 83–174 (2002)

[Cr] F. Croom: Basic Concepts of Algebraic Topology. Undergraduate Texts in Mathematics. New York: Springer (1978)

[CSM] R. Carter, G. Segal, I. Macdonald: Lectures on Lie groups and Lie algebras. London Mathematical Society Student Texts **32**. Cambridge: Cambridge University Press (1995)

[Cv] P Cvitanović, R. Artuso, R. Mainieri, G. Tanner, G. Vattay, N. Whelan and A. Wirzba: Chaos: Classical and Quantum.

[CW] N. Calkin, H. Wilf: Recounting the rationals. American Mathematical Monthly **107**, 360–363 (2000)

[DB] P. Deuflhard, F. Bornemann: Numerische Mathematik II: Gewöhnliche Differentialgleichungen. Berlin: de Gruyter, 2002

[De] M. Denker: Einführung in die Analysis dynamischer Systeme. Berlin: Springer, 2004

[DFN] B.A. Dubrovin, A.T. Fomenko, S.P. Novikov: Modern Geometry — Methods and Applications, Band I–III. Berlin: Springer, 1992

[DG] J. Dereziński, C. Gérard: Scattering Theory of Classical and Quantum $N$-Particle Systems. Texts and Monographs in Physics. Berlin: Springer, 1997

[DH] F. Diacu, P. Holmes: Celestial Encounters: The Origins of Chaos and Stability. Princeton: Princeton University Press, 1996

[Do] R. Douady: Applications du théorème des tores invariants. Thèse de 3e cycle, Université Paris, Paris 1982

[Du] J.J. Duistermaat: Symplectic Geometry, Course notes of the Spring School 2004.

[Dum] S. Dumas: The KAM Story. A Friendly Introduction to the Content, History, and Significance of Classical Kalmogorov-Arnold-Moser Theory. Singapore: World Scientific, 2014

[Ei1] A. Einstein: Zur Elektrodynamik bewegter Körper. Annalen der Physik und Chemie **17**, 891–921 (1905).

[Ei2] A. Einstein: Die Grundlage der allgemeinen Relativitätstheorie. Annalen der Physik **49** (der ganzen Reihe: **354**), 770–822 (1916).

[EH] I. Ekeland, H. Hofer: Symplectic topology and hamiltonian dynamics. Mathematische Zeitschrift **100**, 355–378 (1989)

[El] J. Elstrodt: Maß- und Integrationstheorie. Berlin: Springer 2009

[Ep] M. Epple: Die Entstehung der Knotentheorie: Kontexte und Konstruktionen einer modernen Mathematischen Theorie. Braunschweig: Vieweg, 1999

[Eu] L. Euler: De motu rectilineo trium corporum se mutuo attrahentium. Novi commentarii academiæ scientarum Petropolitanæ **11**, 144–151 (1767).

[Fei] M.J. Feigenbaum: The Metric Universal Properties of Period Doubling Bifurcations and the Spectrum for a Route to Turbulence. Ann. New York. Acad. Sci. **357**, 330–336 (1980)

[Fej1] J. Féjoz: Démonstration du 'théorème d'Arnold' sur la stabilité du système planétaire (d'après Herman). Ergodic Theory and Dynamical Systems **24**, 1521–1582 (2004)

[Fej2] J. Féjoz: A proof of the invariant torus theorem of Kolmogorov. Regular and Chaotic Dynamics **17**, 1–5 (2012)

[FOF] J. Figueroa-O'Farrill: Deformations of the Galilean Algebra. Journal of Mathematical Physics **30**, 2735–2739 (1989)

[FP] D. Fowler, P. Prusinkiewicz: Shell models in three dimensions. In H. Meinhardt: The Algorithmic Beauty of Sea Shells. Springer 4. Auflage, 2009

[Gali] P. Galison: Einsteins Uhren, Poincarés Karten. Die Arbeit an der Ordnung der Zeit. Frankfurt am Main: S. Fischer, 2003

[Galp] G. Galperin: Billiard balls count $\pi$. MASS Selecta, AMS, Providence, RI, 197-204 (2003)

[Gal1] G. Galilei: Dialog über die beiden hauptsächlichen Weltsysteme, das ptolemäische und das kopernikanische (Dialogo sopra i due massimi sistemi, Florenz 1632) Leipzig 1891

[Gal2] G. Galilei: Über zwei neue Wissenszweige. (Discorsi e dimostrazioni matematiche, Leiden 1638) In: S. Hawking, Ed. Die Klassiker der Physik. Hamburg: Hoffmann und Campe. 2004

[Ge] H. Geiges: Contact geometry. In: Handbook of Differential Geometry vol. 2 (Herausgeber: F.J.E. Dillen and L.C.A. Verstraelen), North-Holland, Amsterdam (2006).

[GHL] S. Gallot, D. Hulin, J. Lafontaine: Riemannian Geometry. Berlin: Springer, 1993

[Gi] V.L. Ginzburg: The Weinstein conjecture and the theorems of nearby and almost existence. in 'The Breadth of Symplectic and Poisson Geometry'. Festschrift in Honor of Alan Weinstein; J.E. Marsden and T.S. Ratiu (Eds.), Birkhäuser, 2005, pp. 139–172

[GiHi] M. Giaquinta, St. Hildebrandt: Calculus of Variations II: The Hamiltonian formalism. Grundlehren der mathematischen Wissenschaften **311**. Berlin: Springer

[GS1] V. Guillemin, S. Sternberg: Symplectic Techniques in Physics. Cambridge: Cambridge University Press, 1984

[GS2] V. Guillemin, S. Sternberg: Convexity properties of the moment mapping. Inventiones mathematicae **67**, 491–513 (1982)

[GuHo] J. Guckenheimer, P. Holmes: Nonlinear Oscillation, Dynamical Systems and Bifurcations of Vector Fields (Applied Mathematical Sciences). Berlin: Springer 2002

[GZR] T. Geisel, A. Zacherl, G. Radons: Chaotic diffusion and $1/f$-noise of particles in two-dimensional solids. Z. Phys. B - Condensed Matter **71**, 117–127 (1988).

[HaMe] G. Hall, K. Meyer: Introduction to Hamiltonian Dynamical Systems and the $N$-Body Problem. Berlin: Springer, 1991

[HaMo] M. Hampton, R. Moeckel: Finiteness of relative equilibria of the four-body problem. Inventiones Mathematicae **163**, 289–312 (2006)

[Hel] S. Helgason: The Radon Transform. Second Edition. Basel: Birkhäuser, 1999

[Her] M. Herman: Sur la conjugaison différentiable des difféomorphismes du cercle à des rotations. Publ. Math., Inst. Hautes Étud. Sci. **49**, 5–233 (1979)

[Heu] H. Heuser: Gewöhnliche Differentialgleichungen. Teubner, 1995

[Hil] S. Hildebrandt: Analysis 1 und 2. Berlin: Springer, 2002

[Hirs] M. Hirsch: Differential Topology. Graduate Texts in Mathematics **33**. Berlin: Springer, 1988

[Hirz] F. Hirzebruch: Divisionsalgebren und Topologie. In: Ebbinghaus, H.-D. et al: Zahlen. Berlin, Heidelberg, New York: Springer, 1992

[HK] J. Hafele, R. Keating: Around the world atomic clocks: predicted relativistic time gains; observed relativistic time gains. Science **177**, 166–168; 168–170 (1972)

[Hun] W. Hunziker: Scattering in Classical Mechanics. In: Scattering Theory in Mathematical Physics. J.A. La Vita and J.-P. Marchand, Eds., Dordrecht: Reidel, 1974

[Huy] Ch. Huygens: Discours de la cause de la pesanteur. Addition. 1690,

[HZ] H. Hofer, E. Zehnder: Symplectic Invariants and Hamiltonian Dynamics. Basel: Birkhäuser, 1994

[Jac] C.G.J. Jacobi: Vorlesungen über Dynamik. Neunundzwanzigste Vorlesung. Œvres complètes, tome **8**, 1–290, 1866.

[Jae] K. Jänich: Topologie. Berlin, Heidelberg, New York: Springer, 1987

[JLJ] J. Jost, X. Li-Jost: Calculus of Variations. Cambridge: Cambridge University Press, 1999

[Jo] J. Jost: Riemannian geometry and geometric analysis. Universitext. Berlin, Heidelberg, New York: Springer, 2008

[KB] U. Kraus, M. Borchers: Fast lichtschnell durch die Stadt. Physik in unserer Zeit, Heft 2/2005, 64–69

[KH] A. Katok, B. Hasselblatt: Introduction to the Modern Theory of Dynamical Systems. Cambridge: Cambridge University Press, 1997

[Kh] A. Ya. Khinchin: Continued Fractions, Mineola: Dover, 1997

[Ki] A. A. Kirillov: Merits and demerits of the orbit method. Bull. Amer. Math. Soc. **36**, 433–488 (1999).

[Kl] F. Klein: Vergleichende Betrachtungen über neuere geometrische Forschungen. (Erlanger Programm). 1872.

[KL] V. Kaloshin, M. Levi: An example of Arnold diffusion for near-integrable Hamiltonians. Bull. Amer. Math. Soc. **45**, 409–427 (2008).

[Kle] A. Klenke: Wahrscheinlichkeitstheorie. Berlin: Springer, 2006

[Kli1] W. Klingenberg: Eine Vorlesung über Differentialgeometrie. Berlin: Springer, 1973

[Kli2] W. Klingenberg: Riemannian Geometry. (De Gruyter Studies in Mathematics 1), 2nd Edition. Berlin: de Gruyter, 1995

[KMS] I. Kolář, P. Michor, J. Slovák: Natural Operations in Differential Geometry. Berlin, Heidelberg, New York: Springer, 1993.

[KN] S. Kobayashi, K. Nomizu: Foundations of Differential Geometry 1. New York: John Wiley & Sons, 1996

[Kn1] A. Knauf: Ergodic and Topological Properties of Coulombic Periodic Potentials. Commun. Math. Phys. **110**, 89–112 (1987)

[Kn2] A. Knauf: Closed orbits and converse *KAM* theory. Nonlinearity **3**, 961–973 (1990)

[Kn3] A. Knauf: The $n$-Centre Problem of Celestial Mechanics for Large Energies. Journal of the European Mathematical Society **4**, 1–114 (2002)

[Kop] N. Kopernikus: De Revolutionibus Orbium Coelestium. Nürnberg, 1543. Zitat aus deutscher Übersetzung, Seite 31 in: S. Hawking, Ed. Die Klassiker der Physik. Hamburg: Hoffmann und Campe. 2004

[KP] Th. Kappeler, J. Pöschel: KdV & KAM (Ergebnisse der Mathematik und ihrer Grenzgebiete **45**). Berlin: Springer, 2003

[KR] M. Koecher, R., Remmert: Hamiltonsche Quaternionen. In: Ebbinghaus, H.-D. et al: Zahlen. Berlin, Heidelberg, New York: Springer, 1992

[Kre] U. Krengel: Ergodic Theorems (De Gruyter Studies in Mathematics 6). Berlin: de Gruyter, 1985

[KS] A. Knauf, Ya. Sinai: Classical Nonintegrability, Quantum Chaos. DMV–Seminar Band 27. Basel: Birkhäuser, 1997

[KT] V.V. Kozlov, D.V. Treshchev: Billiards : a genetic introduction to the dynamics of systems with impacts. AMS Translations of mathematical monographs **89**, 1991

[Lag] J. Lagrange: Essai sur le Probléme des trois Corps (1772). Œuvres de Lagrange/ publ. par les soins de J.-A. Serret, Tome 6. Paris: Gauthier-Villars, 1873.

[LaMe] A. Laub, K. Meyer: Canonical forms for symplectic and Hamiltonian matrices. Celestial Mechanics and Dynamical Astronomy **89**, 213–238 (1974)

[Lap] P. de Laplace: Philosophischer Versuch über die Wahrscheinlichkeit. Üb.: R. von Mises Reihe Ostwalds Klassiker, Bd. 233. Frankfurt am Main: Verlag Harri Deutsch, 2003

[Las1] J. Laskar: Large Scale Chaos and Marginal Stability in the Solar System. Celestial Mechanics and Dynamical Astronomy**64**, 115–162 (1996)

[Las2] J. Laskar: Existence of collisional trajectories of Mercury, Mars and Venus with the Earth. Nature **459**, 817–819 (2009).

[Leu] H. Leutwyler: A no-interaction theorem in classical relativistic Hamiltonian particle mechanics. Nuovo Cimento **37**, 556–567 (1965)

[Lev] M. Levi: The Mathematical Mechanic: Using Physical Reasoning to Solve Problems. Princeton: Princeton University Press, 2009

[LF] L. Lusternik, A. Fet: Variational problems on closed manifolds. Dokl. Akad. Nauk. SSSR **81**, 17–18 (1951); Amer. Math. Soc. Transl. **90** (1953)

[Li] P. Littelmann: Über Horns Vermutung, Geometrie, Kombinatorik und Darstellungstheorie. Jahresberichte der Deutschen Mathematiker-Vereinigung **110**, 75–99 (2008)

[LiMa] P. Libermann, Ch.-M. Marle: Symplectic Geometry and Analytical Mechanics. Dordrecht: Reidel, 1987

[LL] A. Lichtenberg, M. Lieberman: Regular and chaotic dynamics. Applied Mathematical Sciences. Berlin, Heidelberg, New York: Springer, 1993

[Lon] Y. Long: Index theory for symplectic paths with applications. Progress in Mathematics **207**. Basel: Birkhäuser, 2002

[Lou] A.K. Louis: Inverse und schlecht gestellte Probleme. Stuttgart: Teubner, 1989

[LW] C. Liverani, M.P. Wojtkowski: Ergodicity in Hamiltonian Systems. Dynamics Reported IV, 130–202. Berlin: Springer, 1995.

[Mac] R.S. MacKay, I.C. Percival: Converse KAM: theory and practice. Commun. Math. Phys. **98**, 469–512 (1985)

[MaMe] L. Markus, K.R. Meyer: Generic Hamiltonian dynamical systems are neither integrable nor ergodic. Memoirs of the AMS **144** (1974)

[Mat] J. N. Mather: Existence of quasiperiodic orbits for twist homeomorphisms of the annulus. Topology **21**, 457–467 (1982)

[McD] D. McDuff: Floer theory and low dimensional topology. Bull. Amer. Math. Soc. **43**, 25–42 (2006).

[Me] B. Meißner: Die mechanische Wissenschaft und ihre Anwendung in der Antike. In: Physik/Mechanik. Astrid Schürmann (Hg.). Geschichte der Mathematik und der Naturwissenschaften 3. Franz Steiner Verlag, 2005

[Mi] J. Milnor: Morse Theory. Annals Math. Stud. **51**. Princeton: Princeton University Press, 1963

[Min] H. Mineur: Réduction des systèmes mécaniques à $n$ degrès de liberté admettant $n$ intégrales premières uniformes en involution aux systèmes à variables séparées. J. Math. Pures Appl. **15**, 385–389 (1936)

[MKO] R.J. MacKay, R.W. Oldford: Scientific method, statistical method and the speed of light. Statistical Science **15**, 254–278 (2000)

[MM] R. MacKay, J. Meiss: Hamiltonian Dynamical Systems: A reprint selection. Taylor & Francis, 1987

[MMC] J. Marsden, M. McCracken: The Hopf Bifurcation and Its Applications. Applied Mathematical Sciences **19**. New York: Springer-Verlag, 1976.

[MMR] J. Marsden, R. Montgomery, T. Ratiu: Reduction, symmetry, and phases in mechanics. Memoirs of the American Mathematical Society **436**, Volume 88. Providence (1990)

[Mon1] R. Montgomery: A Tour of Subriemannian Geometries, Their Geodesics and Applications. (Mathematical Surveys and Monographs **91**). American Mathematical Society, 2002

[Mon2] R. Montgomery: A New Solution to the Three-Body Problem. Notices of the AMS **48**, 471–481 (2001).

[Mos1] J. Moser: Is the Solar System Stable? The Math. Intelligencer **1**, 65–71 (1978).

[Mos2] J. Moser: Various aspects of integrable Hamiltonian systems. Dynamical systems, C.I.M.E. Lect., Bressanone 1978, Prog. Math. **8**, 233–290 (1980)

[Mos3] J. Moser: Regularization of Kepler's problem and the averaging method on a manifold. Communications on Pure and Applied Mathematics **23**, 609–636 (1970)

[Mos4] J. Moser: Stable and random motion in dynamical systems. Princeton: Princeton University Press, 1973

[Mos5] J. Moser: Recent developments in the theory of Hamiltonian systems. SIAM review **28**, 459–485 (1986)

[Mos6] J. Moser: Dynamical Systems – Past and Present. Proc. Int. Congress of Math., Documenta Mathematica Extra Volume ICM 1998.

[Mou] F. Moulton: The straight line solutions of the problem of $N$ bodies. Annals of Mathematics **12**, 1–17 (1910)

[MP] A. Maciejewski, M. Przybylska: Differential Galois approach to the non-integrability of the heavy top problem. Annales de la Faculté des sciences de Toulouse: Mathématiques **14**, No. 1 (2005)

[MPC] H. Müller, A. Peters, St. Chu: A precision measurement of the gravitational redshift by the interference of matter waves. Nature **463**, 926–929 (2010)

[MR] J. Marsden, T. Ratiu: Einführung in die Mechanik und Symmetrie. Berlin: Springer, 2001

[MS] D. McDuff, D. Salamon: Introduction to Symplectic Topology. Oxford: Oxford University Press, 1999

[MV] B. Marx, W. Vogt: Dynamische Systeme: Theorie und Numerik. Spektrum, Akad. Verlag, 2010

[MW] J. Marsden, A. Weinstein: Reduction of symplectic manifolds with symmetry. Rep. Math. Phys. **5**, 121–130 (1974).

[Nar] H. Narnhofer: Another Definition for Time Delay. Phys. Rev. D **22**, 2387–2390 (1980)

[Nat] F. Natterer: The Mathematics of Computerized Tomography. Teubner, 1986

[Ne] I. Newton: Philosophiæ Naturalis Principia Mathematica. 1687. Deutsch in: S. Hawking, Ed. Die Klassiker der Physik. Hamburg: Hoffmann und Campe. 2004

[Ni] L. Nicolaescu: An Invitation to Morse Theory. Universitext. New York: Springer, 2007

[No] E. Noether: Invariante Variationsprobleme. Nachrichten von der Königl. Gesellschaft der Wissenschaften zu Göttingen, Mathematisch-physikalische Klasse, 235–257 (1918).

[NT] H. Narnhofer, W. Thirring: Canonical Scattering Transformation in Classical Mechanics. Phys. Rev. A **23**, 1688–1697 (1981)

[OP] M.A. Olshanetsky, A.M. Perelomov: Classical integrable finite dimensional systems related to Lie algebras. Physics Reports **71**, 313–400, (1981)

[OV] A. Onishchik, E. Vinberg: Lie Groups and Lie Algebras III: Structure of Lie Groups and Lie Algebras. Encyclopaedia of Mathematical Sciences **41**, Berlin: Springer 1994

[Pai] P. Painlevé: Leçons sur la théorie analytique des équations differentielles. Leçons de Stockholm, in "Œuvres de P. Painlevé I", Editions du C.N.R.S., Paris, 199–818, 1972.

[Pat] G. Paternain: Geodesic Flows (Progress in Mathematics). Basel: Birkhäuser, 1999

[PdM] J. Palis, W. de Melo: Geometric theory of dynamical systems. New York: Springer, 1982

[Pen] R. Penrose: The apparent shape of a relativistically moving sphere. Proc. Cambridge Philos. Soc. **55**, 137–139 (1959)

[Per] L. Perko: Differential equations and dynamical systems. Berlin: Springer, 2. Aufl., 1991

[Poe] J. Pöschel: Integrability of Hamiltonian Systems on Cantor Sets. Commun. Pure Appl. Math. **35**, 635–695 (1982)

[Poi1] H. Poincaré: Sur les courbes définies par les équations différentielles. Journal des Mathématiques pures et appliquées **3**, 375–422 (1881)

[Poi2] H. Poincaré: Les Méthodes Nouvelles de la Mécanique Céleste, Band 3. Paris: Gauthier-Villars, 1899

[Poi3] H. Poincaré: The present and the future of mathematical physics. Bull. Amer. Math. Soc. **12**, 240–260 (1906).

[PR1] R. Penrose, W. Rindler: Spinors and Space-Time: Volume 1, Two-Spinor Calculus and Relativistic Fields. Cambridge: Cambridge University Press 1987

[PR2] I. Percival, D. Richards: Introduction to Dynamics. Cambridge: Cambridge University Press, 1983

[Ro] C. Robinson: Dynamical Systems: Stability, Symbolic Dynamics, and Chaos. CRC Press, 1999

[Roe] Ole Rømer: Demonstration touchant le mouvement de la lumière trouvé. Journal des Sçavans **7**, 276–279 (1676)

[Qu] E. Quaisser: Diskrete Geometrie. Heidelberg: Spektrum, Akad. Verlag, 1994

[Sa] D. Saari: Collisions, rings, and other Newtonian $N$–body problems. AMS, Providence, 2005

[SB] H. Schulz-Baldes: Sturm intersection theory for periodic Jacobi matrices and linear Hamiltonian systems. 2010

[Schm] St. Schmitz: Zum inversen Streuproblem der klassischen Mechanik. Dissertation, TU München (2006)

[Scho] M Schottenloher: Geometrie und Symmetrie in der Physik: Leitmotiv der mathematischen Physik. Wiesbaden: Vieweg 1995

[Schw] M. Schwarz: Morse homology. Progress in Mathematics **111**. Basel: Birkhäuser, 1993

[Sib] K.F. Siburg: The Principle of Least Action in Geometry and Dynamics. Lecture Notes in Mathematics **844**. Berlin: Springer, 2004

[Sim] B. Simon: Wave operators for classical particle scattering. Commun. Math. Phys. **23**, 37–48 (1971)

[Sin] Ya. G. Sinai: Dynamical Systems with Elastic Reflections. Russian Math. Surveys **25**, 137–191 (1970)

[SM] C.L. Siegel, J. Moser: Lectures on Celestial Mechanics. Grundlehren der mathematischen Wissenschaften **187**. Berlin: Springer 1971

[Smi] U. Smilansky: The Classical and Quantum Theory of Chaotic Scattering. In: Chaos and Quantum Physics. M.-J. Giannoni et al, Eds. Les Houches LII. Amsterdam: North-Holland 1989

[Sm1] S. Smale: Differentiable dynamical systems. Bull. Amer. Math. Soc. **73**, 747–817 (1967).

[Sm2] S. Smale: Topology and mechanics, Part I. Inventiones Mathematicae **10**, 305–331 (1970); Part II: The planar $n$-body problem. Inventiones Mathematicae **11**, 45–64 (1970)

[Sob1] D. Sobel: Längengrad. München: Btb 1998

[Sob2] D. Sobel: Galileos Tochter. Berlin: BTV 2008

[Som] A. Sommerfeld: Mechanik. Vorlesungen über Theoretische Physik, Band I. Thun: Harry Deutsch, 1977

[StSc] E. Stiefel, G. Scheifele: Linear and regular celestial mechanics. Grundlehren der mathematischen Wissenschaften in Einzeldarstellungen **174**. Berlin: Springer, 1971

[SV] J. Sanders, F. Verhulst: Averaging methods in nonlinear dynamical systems. Berlin: Springer 1985

[SW] H. Sussmann, J. Willems: 300 years of optimal control: from the brachystochrone to the maximum principle. IEEE Control Systems Magazine **17**, 32–44 (1997)

[Ta] S. Tabachnikov: Geometry and Billiards. American Mathematical Society, 2005.

[Te] J. Terrell: Invisibility of the Lorentz contraction. Physical Review **116**, 1041–1045 (1959)

[Th1] W. Thirring: Lehrbuch der Mathematischen Physik, Band 1. Klassische Dynamische Systeme. Wien: Springer, 1988

[Th2] W. Thirring: Lehrbuch der Mathematischen Physik, Band 2. Klassische Feldtheorie. Wien: Springer, 1990

[Un] A. Ungar: The relativistic velocity composition paradox and the Thomas rotation Foundations of Physics **19**, 1385–1396 (1989)

[Wa1] W. Walter: Gewöhnliche Differentialgleichungen. Springer 1996

[Wa2] P. Walters: An Introduction to Ergodic Theory. Graduate Texts in Mathematics **79**. Berlin, Heidelberg, New York: Springer, 1982

[WDR] H. Waalkens, HR. Dullin, P. Richter: The problem of two fixed centers: bifurcations, actions, monodromy. Physica D: Nonlinear Phenomena **196**, 265–310 (2004)

[Weid] J. Weidmann: Spectral Theory of Ordinary Differential Operators (Lecture Notes in Mathematics **1258**) Berlin: Springer, 2009

[Wein] A. Weinstein: Symplectic geometry. Bull. Amer. Math. Soc. **5**, 1–13 (1981).

[Wey] H. Weyl: Über die Gleichverteilung von Zahlen mod. eins. Mathematische Annalen **77**, 313–352 (1916).

[Whi] E. Whittaker: A treatise on the analytical dynamics of particles and rigid bodies. Cambridge, 1904.

Analytische Dynamik der Punkte und starren Körper. Nach der 2. Auflage übersetzt; Berlin: Springer, 1924

[Wil] J. Williamson: On the algebraic problem concerning the normal forms of linear dynamical systems. American Journal of Mathematics **58**, 141–163 (1936)

[Wit] E. Witten: Supersymmetry and Morse theory. J. Differential Geometry **17**, 661–692 (1982)

[WPM] J. Wisdom, S. Peale, F. Mignard: The chaotic rotation of Hyperion. Icarus **58**, 137–152 (1984)

[Wu] R. Wüst: Höhere Mathematik für Physiker, Bd. 1. Berlin: de Gruyter, 1995

[Xi] Z. Xia: The Existence of Noncollision Singularities in Newtonian Systems. Annals of Mathematics **135**, 411–468 (1992)

[Yo] H. Yoshida: Construction of higher order symplectic integrators. Physics Letters A **150**, 262–268 (1990)

[Zee] E. Zeeman: Causality Implies the Lorentz Group. Journal of Mathematical Physics **5**, 490–493 (1964)

[Zeh] E. Zehnder: Lectures on Dynamical Systems. Textbooks in Mathematics. Zürich: European Mathematical Society, 2010

[Zei] E. Zeidler (Hg.): Teubner - Taschenbuch der Mathematik. Vieweg+Teubner, 2003

[ZP] W. Zurek, J. Paz: Why We Don't Need Quantum Planetary Dynamics: Decoherence and the Correspondence Principle for Chaotic Systems. arxiv.org (1996)

# Namensregister

# Symboltabelle

$A^B = \{f : B \to A\}$
$\alpha(x)$ $\alpha$–Limesmenge, 20
$\mathrm{Alt}(n, \mathbb{R})$, 531
$B_r^d$ Kugel, xv
$C_{f,g}$ Korrelationsfunktion, 191
$d$ äußere Ableitung, 491
$\mathrm{D}_k$ Ableitung nach dem $k$–ten Argument
$\deg(f)$ Abbildungsgrad, 127
exp Exponentialfunktion auf $\mathrm{Lin}(V)$, 62
$\mathbb{E}(n)$ euklidische Gruppe, 355
$\mathbb{E}(f \mid \mathcal{I})$ bedingte Erwartung, 200
$J_r(\lambda)$ Jordan–Block, 64
$F^\perp$ $\omega$–orthogonales Komplement, 122
$\mathrm{Gr}(v, n)$ Grassmann–Mannigfaltigk., 124
$g$ riemannsche Metrik, 166
$\Gamma_{i,j}^h$ Christoffel–Symbol, 167
$\overline{f}$ Birkhoff-Zeitmittel, 197
$\mathbf{i}_X$ inneres Produkt mit Vektorfeld $X$, 501
$\mathrm{Id}_M$, identische Abbildung, $\mathrm{Id}_M(x) = x$
$J$ Impulsabbildung, 333
$LK(c_1, c_2)$ Verschlingungsintegral, 114
$L_X$ Lie–Ableitung nach Vektorfeld $X$, 501
$\mathcal{L}(c)$ Länge einer Kurve $c$, 166, 560
$\lambda^d$ Lebesgue–Mass auf $\mathbb{R}^d$, 185
$\Lambda(E, \omega)$ Lagrange–Grassmann–Mannigfaltigkeit, 124
$L(v)$ Lorentz–*boost*, 432
$\mathcal{O}(d)$ metrische Topologie, 465
$\mathcal{O}(f)$, $o(f)$ Landausche Symbole
$\mathcal{O}(\mathcal{F})$ von $\mathcal{F}$ erzeugte Topologie, 464
$\mathcal{O}(m)$ Orbit durch $m$, 14
$\omega(x)$ $\omega$–Limesmenge, 20
$\omega_0$ kanonische symplektische Form, 211
$\Omega^\pm$ Møller-Transformationen, 276
$\mathbf{\Omega}^k(E)$ Raum der äußeren $k$–Formen, 486
$\Omega^k(U)$ Raum der Differentialformen $k$–ter Stufe, 491
$\pi_M^*$ Fußpunktprojektion, 210
$p^\pm$ asymptotische Impulse, 269
$\mathcal{P}(N)$ Partitionsverband, 301
$\overline{\mathbb{R}}$ erweiterte Zahlengerade, 51
$\mathbb{R}P(m)$ projektiver Raum, 124
$R_{\mathrm{vir}}$ Virialradius, 269
$\sigma(\cdot)$ erzeugte $\sigma$–Algebra, 184
$\mathcal{S}$ Streutransformation 282
$\mathcal{S}(\mathbb{R}^d)$ Schwartz–Raum, 290
$S^d$ Sphäre, xv
$\mathbb{SE}(d)$ orientierungserhaltende euklidische Gruppe, 355
$\mathrm{Sym}(n, \mathbb{K})$, 527
$\mathbb{T}^d$ Torus 173
$\mathcal{T}$ Zeitumkehr, 234
$T^\pm$ Fluchtzeiten, 50
$T^*f$ Kotangentiallift von $f$, 222
$TM$ Tangentialbündel von $M$, 478
$T^*M$ Kotangentialbündel von $M$, 208
$v^\top$ transponierter Vektor
$\theta_0$ tautologische Form, 211
$\mathcal{X}(M)$ Raum der Vektorfelder, 480

$f^{(t)}$ iterierte Abbildung $f$, 12
$\lceil \cdot \rceil : \mathbb{R} \to \mathbb{R}$ *ceil*–Funktion, 51
$\lfloor \cdot \rfloor : \mathbb{R} \to \mathbb{R}$ *floor*–Funktion, 51
$\dot{x}$ Zeitableitung
$\ominus$, 123
$\langle \cdot \rangle$ geglättete Betragsfunktion, 268
$\overline{f}$ Birkhoff-Zeitmittel von $f$, 197
$\partial A$ Rand einer Teilmenge $A$, 466
$\partial M$ Rand einer Mannigfaltigkeit $M$, 475
$\frac{\mathrm{d}\sigma}{\mathrm{d}\theta}$ differentieller Wirkungsquersch., 284
$f : M \hookrightarrow N$ Einbettung, 482
$\wedge$ äußeres Produkt, 487

# Abbildungsnachweis

- Das Bild auf Seite 1 stammt von der Cambridge University Library.
- Die Bilder in Abbildung 1.1 auf Seite 10 sind von Andy Wolski (Liverpool).
- Die Abbildungen auf Seite 11 entstammen dem von D. Fowler und P. Prusinkiewicz geschriebenen Kapitel 10 des Buchs [FP] von H. Meinhardt.
- Foto auf Seite 133: The U.S. National Archives and Records Administration.
- Foto auf Seite 149 (Parabelrutschen): Zentrum Mathematik (Technische Universität München).
- Abbildung 8.6.2 auf Seite 176 aus Wikipedia, `https://es.wikipedia.org/wiki/Archivo:Desert_mirage_62907.JPG`, Mai 2007, Foto: Mila Zinkova.
- Die Abbildung auf Seite 183 stammt von Rick Hanley.
- Foto des foucaultschen Pendels auf Seite 231: Miami University (Oxford, Ohio). Fotograf: Scott Kissell.
- Foto auf Seite 267 aus Wikipedia, `https://commons.wikimedia.org/wiki/File:Billard.JPG`, August 2006, Foto von Noé Lecocq in Zusammenarbeit mit H. Caps. Courtesy of Noé Lecocq. Mit freundlicher Genehmigung von Noé Lecocq.
- Die Abbildung auf Seite 313 stammt von Ulrich Pinkall.
- Fotos auf den Seiten 353 und 370: NASA/JPL-Caltech.
- Die retrograde Bewegung von Mars auf Seite 360 (links) wurde von Tunç Tezel fotografiert.
- Die Abbildungen auf Seite 366 entstammen
  - The Mathematica Journal (links),
  - NASA/JPL/Space Science Institute (Mitte) und
  - The Mathematical Sciences Research Institute (MSRI, Berkeley, California), DVD 'The Right Spin' (rechts).
- Die Abbildung auf Seite 371 wurde von Gérard Lacz fotografiert.
- Die Abbildung auf Seite 377 entstammt NASA/JPL-Caltech.
- Die Abbildung auf Seite 413 entstammt Figure 8.3-3 im Buch *Foundations of Mechanics* [AM] von Ralph Abraham und Jerrold E. Marsden.

- Foto links auf Seite 419: National Archaeological Museum, Athens (Greece) (NAM inv. No. X 15087); *The rights of the depicted monuments belong to the Greek Ministry of Culture and Sports (Law 3028/2002).*

  Bild rechts: De Solla Price, *Transactions of the American Philosophical Society*, Vol 64, No 7 (1974).

- Die Abbildungen auf Seite 425 stammen von Ute Kraus und Marc Borchers, www.spacetimetravel.org.

- Das Bild auf Seite 451 wurde von Norbert Nacke fotografiert.

- Die Fotografie der Boyschen Fläche auf Seite 484 stammt vom Mathematischen Forschungsinstitut Oberwolfach.

- Abbildung auf Seite 562: Mit freundlicher Genehmigung des Wikipedia-Autors RokerHRO.

- Die Abbildung auf Seite 583 stammt von Christoph Schumacher.

- Die Abbildung auf Seite 611 stammt von Markus Stepan.

Ich danke allen, die den Abdruck der genannten Abbildungen erlaubten. Die anderen Abbildungen wurden vom Autor produziert.

# Sachregister

**Fett: Seitenzahlen von Definitionen.**